# Der Bauingenieur in der Praxis

Eine Einführung in die wirtschaftlichen und praktischen Aufgaben des Bauingenieurs

von

**Theodor Janssen**
Professor, Reg.-Baumeister a. D.

Zweite, neubearbeitete und erweiterte Auflage



Berlin
Verlag von Julius Springer
1927

ISBN-13: 978-3-642-89902-7 e-ISBN-13: 978-3-642-91759-2
DOI: 10.1007/978-3-642-91759-2



Softcover reprint of the hardcover 2nd edition 1927

# Vorwort.

Die Herausgabe der ersten Auflage dieses Buches im Jahre 1913 war ein Versuch, um dem jungen Bauingenieur den Eintritt in die Praxis zu erleichtern. Dieser Versuch hat Anerkennung und, wie ich zu meiner Freude feststellen kann, auch Nachfolger gefunden. Mancherlei Arbeiten sind inzwischen von Ingenieuren aus dem Gebiete der Bauwirtschaft und des Baubetriebes sowie der allgemeinen Wirtschaftslehre erschienen. Infolge des Krieges und der politischen Umwälzungen vom 9. Nov. 1918 haben sich aber die Auffassungen und die wirtschaftlichen Verhältnisse wesentlich geändert und auch heute ist noch alles in der Umbildung begriffen. Diesem Neuen mußte bei der Bearbeitung der neuen Auflage Rechnung getragen werden, neue Fragen durften nicht unberücksichtigt bleiben. So war eine vollständige Neubearbeitung notwendig, bei welcher die Wirtschafts- und Sozialpolitik und insbesondere die Kostenberechnungen und Bauausführung eine Erweiterung erfahren haben, wohingegen die allgemeine Wirtschaftslehre eingeschränkt und die Verkehrslehre und Buchführung fortbleiben konnten, weil sie bereits in dem 1925 erschienenen Buche des Verfassers „Technische Wirtschaftslehre" ausführlich behandelt sind. Ich hoffe, daß es mir gelungen ist, dem jungen Bauingenieur auch unter den gegenwärtigen schwierigen wirtschaftlichen Verhältnissen eine Anleitung zur Einarbeitung in die praktische Tätigkeit zu geben.

Berlin, im März 1927.

**Theodor Janssen.**

# Inhaltsverzeichnis.

## I. Wirtschaftslehre.



## II. Soziallehre.



## III. Kostenberechnungen.



## IV. Die Bauausführung.

## Anlagen.

# I. Wirtschaftslehre.

## 1. Technik und Wirtschaft.

Die Beziehungen zwischen Technik und Wirtschaft[1]) waren lange Zeit unterbrochen und nicht erkannt. Wir finden im 18. Jahrhundert noch in Deutschland eine Verbindung von Technik und Wirtschaft in den Kameralwissenschaften, welche einerseits die allgemeinen Lehren von der Land- und Forstwirtschaft, von dem Bergbau, dem Gewerbe und Fabrikwesen, andererseits auch die theoretischen Grundsätze der Wirtschaftslehre und der Volkswohlfahrtspflege sowie der Finanzwirtschaft in ihrer ursprünglichen Gestalt umfaßten. Aber die Entwicklung der Kameralwissenschaften wurde Ende des 18. Jahrhunderts durch den übermächtigen Einfluß der Lehre von Adam Smith unterbrochen, und sie unterlagen dann den neuen englischen Theorien auf dem Gebiete der Volkswirtschaftslehre und Wirtschaftspolitik. Es fand jetzt eine Trennung von Technik und Wirtschaft statt, die Kameralwissenschaften lösten sich auf in Technik, Volkswirtschaftslehre, Verwaltungslehre und Finanzwissenschaft. Das Band zwischen der Technik und den Wirtschaftswissenschaften war zerrissen. Technik und Wirtschaftswissenschaften gingen fortan ihre eigenen Wege. Die Wirtschaftswissenschaften entwickelten sich an den Universitäten zu reinen Geisteswissenschaften, und die Technik fand in den polytechnischen Schulen ihre selbständige Pflegestätte, an welcher der technische Fortschritt sozusagen als Selbstzweck betrieben wurde, so daß jegliche organische Bindung mit den Wirtschaftswissenschaften fehlte. Man kann das Unterliegen der Kameralwissenschaften heute nur mit großem Bedauern feststellen, denn die Folgezeit zeigt bis auf den heutigen Tag nur eine große Verwirrung der Begriffe und Anschauungen.

Die Entwicklung der modernen Technik brachte es mit sich, daß die technischen Wissenschaften einen immer größer werdenden Umfang annahmen, so daß eine Spezialisierung eintreten mußte. Und so sehen wir denn am Ende des 19. Jahrhunderts diese Entwicklung in einem schrankenlosen Sieg des Spezialismus und in einer Verselbständigung der Einzelwissenschaften enden. Die Nachteile einer solchen Einseitigkeit blieben aber nicht aus, und es setzen daher jetzt die Bestrebungen ein,

---

[1]) Näheres über die Begriffe sowie die geschichtliche Entwicklung von Technik und Wirtschaft siehe Janssen, Th.: Technische Wirtschaftslehre. Leipzig 1925.

die Verbindung von Technik und Wirtschaft wiederherzustellen. Die beiden Probleme, die mit dem Fortschreiten der Technik in den Bereich der Wirtschafts- und Sozialwissenschaften einbezogen werden mußten, sind das wirtschaftliche System der Technik und die Technik als Kulturwissenschaft. Der Entwicklungsgang der Technik wurde ausschlaggebend dadurch bestimmt, daß ihre Entfaltung in das Zeitalter des Freihandels, der individualistischen Wirtschaftsordnung fiel. Alle Fortschritte der Technik wurden unmittelbar der Wirtschaft dienstbar gemacht, und daher galt in der ganzen, nach historischer Methode aufgebauten Nationalökonomie die moderne Technik nur als ein Arbeitsmittel im Wirtschaftsleben, als ein Behelf der Wirtschaft. Die Erkenntnis von Wesen und Bedeutung der modernen Technik war der volkswirtschaftlichen Betrachtung vollständig entrückt, und erst eine neue Wissenschaft, die auf den Naturwissenschaften basierende Theorie der Technik konnte der Volkswirtschaftslehre das Verständnis der neuen Materie vermitteln[1]). Die ältere Volkswirtschaftslehre hatte sich von den Kameralwissenschaften her eine synthetische Betrachtung aller Vorgänge des Kultur- und Wirtschaftslebens bewahrt. So unterscheidet noch Karl Heinrich Rau[2]) in dem der Arbeit als Güterquelle gewidmeten Abschnitt seiner „Politischen Ökonomie“ in der Gruppe der „Wirtschaftlichen Arbeiten“ erstens die Urproduktion, Bergbau und Landwirtschaft, und zweitens die Technische Produktion, umfassend Gewerksarbeit, Industrie, Baukunst usw. Aber die Industrietechnik hatte in der zweiten Hälfte des vorigen Jahrhunderts eine derart unübersehbare und unvermittelte Entwicklung genommen, daß ihr Gebiet einer eingehenden volkswirtschaftlichen Betrachtung immer mehr entrückte. Und wie die handwerksmäßige Überlieferung in der industrialisierten Bevölkerung rasch verblaßte, so endete die empirische Betrachtung der Maschinentechnik vor der Übermacht neuartiger, an nichts Bisheriges anknüpfender Erscheinungen. Diese Erscheinungen und damit die gesamte Technik wieder in den Bereich der Betrachtungen der Volkswirtschaft zu ziehen, ist das Verdienst Emanuel Herrmanns, des Professors der politischen Ökonomie an der Technischen Hochschule Wien[3]). Seine Untersuchungen bilden den Ausgangspunkt des wissenschaftlichen Systems technischer Arbeitsvorgänge. Er geht von der Kulturbedeutung der modernen Technik aus, aber sein System umfaßt ausschließlich die Industrietechnik, weil er ihr die größte ethische Bedeutung beimaß. „Freiheit und Macht sind die Ziele der Menschheit seit ihren ersten Kulturbestrebungen, nur die Wege, dazu zu gelangen, waren verschiedene. Aber der sicherste, wenn auch mühevollste Weg unter allen bisherigen (Religion, Kunst, Wissenschaft usw.) ist gewiß jener der technischen Wissenschaft. Auf diesem Wege ent-

[1]) Brunner, Dr. Karl H.: Baupolitik als Wissenschaft. Wien 1925.

[2]) Rau, Dr. K. H.: Lehrbuch der politischen Ökonomie. 8. Aufl. Heidelberg 1868.

[3]) Herrmann, Dr. E.: Prinzipien der Wirtschaft. Wien 1878, und Technische Fragen und Probleme der modernen Volkswirtschaft. Leipzig 1891.

ringen wir uns dem Absolutismus des Himmels, der Schönheit, des Schwertes, der Meinung am vollständigsten und werden auf die exakteste Weise frei nach allen Richtungen, auf diesem Wege bezwingen wir die Natur und uns selbst." Wenn hiernach Herrman auch nicht im entferntesten an einen Mißbrauch der Technik dachte, so waren ihm doch die Gefahren, welche dieser erstrebten Freiheit eben durch die einseitige Pflege der Wirtschaft drohten, noch nicht gewärtig, sonst hätte er seinem System der technischen Wirtschaft gewiß ein solches der sozialen Forderungen beigegeben.

Eine organische Verbindung fand das wirtschaftliche System der Technik mit der Volkswirtschaft dann durch Julius Wolf, indem er erstmalig 1892 und ausführlicher in seiner „Nationalökonomie als exakte Wissenschaft"[1]) zu den von der klassischen Volkswirtschaftslehre anerkannten Produktionsfaktoren: Natur, Arbeit und Kapital, den der „Technischen Idee" zufügte. Hierin lag ein bedeutender Fortschritt, daß nunmehr die aller angewandten, schaffenden Technik zugrunde liegende Idee erkannt und gewertet wurde.

Die Theorie der Technik wurde zuerst in grundlegender Weise von Reuleaux angebahnt, der die technische Wissenschaft als einer der ersten über die Grenzen ihrer Spezialgebiete führte und in einem Vortrage im Niederösterreichischen Gewerbeverein vom Jahre 1884[2]) die Frage aufwarf: „Welche Stellung nimmt die Technik unserer Tage eigentlich in der Gesamttätigkeit am Kulturproblem ein? Eine Stellung, von welcher wir uns, wie mir scheint, lange nicht so genau Rechenschaft geben als von der sozialen und ökonomischen Wichtigkeit, welche wir der Technik beimessen". Reuleaux schöpfte damals als erster die Erkenntnis, daß die „wissenschaftliche Technik die Trägerin der Kultur, der kraftvollen unermüdlichen Arbeiterin im Dienste der Gesittung und Bildung des Menschengeschlechtes" sei.

Die weitere Behandlung des Problems blieb aber vereinzelt, und es klingt wieder wie aus moderner Anschauung gesprochen, wenn Professor Ad. Ernst in einer dem gleichen Thema gewidmeten Festrede im Polytechnikum Stuttgart im Jahre 1888[3]) erklärt: „Die sozialen Verhältnisse richten an die gebildeten Vertreter der Technik die eindringliche Mahnung, nicht nur wissenschaftliche und wirtschaftliche Produkte zu liefern, Lohn und Brot unter die arbeitenden Klassen auszuteilen, sondern auch mit der Entschlossenheit eines festen Charakters für die sittlichen Wahrheiten einzutreten, welche sich dem Industriellen wie dem Forscher stets offenbaren." Ernst wandte sich in seiner Rede insbesondere gegen die Geringschätzung des Baugewerbes und gegen das Vorherrschen des nackten Nützlichkeitsprinzips im technischen Schaffen.

Man stand damals noch vollständig unter der Vorherrschaft des rein ökonomischen Denkens, und nur schrittweise machten sich in der vorwiegend auf das ökonomische Moment eingestellten Nationalökonomie

---

[1]) Wolf, Julius: Nationalökonomie als exakte Wissenschaft. Leipzig 1908.

[2]) Reuleaux, F.: Vortrag über Kultur und Technik. Wien 1884.

[3]) Ernst, Ad.: Kultur und Technik, Z. d. V. d. I., 1888.

Lehrmeinungen geltend, welche geeignet waren, der Technik zu ihrer richtigen, kulturellen Einschätzung zu verhelfen. Werner Sombart suchte die Technik als den Inbegriff aller derjenigen Fähigkeiten und Kenntnisse zu fassen, die dazu dienen, in zweckmäßiger Weise die Dinge der äußeren Natur zu nützen. Gegenüber der Gebundenheit der Wirtschaft als „geordneter Unterhaltsfürsorge" erklärt er, in Übereinstimmung mit Emanuel Herrmann, als das Entwicklungsprinzip der Technik die „Freiheit", die Befreiung der Menschen von den Schranken der Natur, von örtlicher wie zeitlicher Gebundenheit, und zwar nicht die Befreiung des einzelnen, sondern vielmehr die Befreiung der Menschheit als Ganzes[1]).

Von grundlegender Bedeutung für die Bestrebungen der neueren Zeit, das Gesamtgebiet der Technik in Bezug zur Volkwirtschaftslehre zu bringen, sind die Werke von Max Kraft[2]), welcher lange Jahre als Professor der Technologie an der Technischen Hochschule in Graz wirkte. In seinem Werke „System der technischen Arbeit" und in der späteren Schrift „Güterherstellung und Ingenieur in der Volkswirtschaft" hat er der bisherigen Sonderstellung der technischen Wissenschaften dadurch ein Ende bereitet, daß er die Gesamtmaterie der Technik von Gesichtspunkten der Volkswirtschaft beleuchtet und für die erhöhte Anerkennung ihrer wirtschaftlichen Bedeutung eintritt. Kraft ging nicht von der historischen Richtung der Nationalökonomie (Roscher, Schmoller u. a.) aus, sondern schuf einen neuen, das Gesamtgebiet der wirtschaftlich nutzbar gemachten Technik ursprünglich erfassenden Aufbau des Stoffes durch dessen Gliederung nach den Produktionselementen: Energie, Materie, Zeit und Raum. Seine Lehre war für die richtige Erkenntnis der wesentlichen Inhalte technischen Schaffens in der Volkswirtschaft von größter Bedeutung, aber mit seiner rein mechanischen und energetischen Einstellung konnte er doch dem modernen Bau- und Verkehrswesen nicht gerecht werden. Wenn er bei der Erörterung der Wechselwirkung von Materie und Energie in Zeit und Raum im Abschnitt über die „Sicherung des Raumes als Hilfsmittel des technischen Arbeitsvorganges" alle als Arbeitsraum dienenden Objekte, wie Fundamente, Gerüste, Umfriedungen, aber auch Straßendecken, Magazine, Werkstätten, Ställe, Wohnräume usw. also „alle diejenigen Produkte, deren Herstellung Zweck des Tief- und Hochbaues ist", einordnet und im Abschnitt über die „Hilfsmittel zur Überleitung der aktuellen Energie auf das Produkt", zu einem Sammelbegriff der industriellen Transportgeräte und der Verkehrswege einschließlich der Straßen- und Eisenbahnen als die „Hilfsmittel zur Herstellung und Verwendung der kinetischen Energie im Luftmedium auf fester Grundlage, Landtransport" gelangt, so mußte er mit dieser einseitigen Begriffsbildung zu unfruchtbaren Theorien kommen. Daß daher

---

[1]) Sombart, Werner: Technik und Wirtschaft. Leipzig 1901, Ders.: Deutsche Volkswirtschaft im 19. Jahrhundert. Berlin 1913.

[2]) Kraft, Max: Das System der technischen Arbeit. Leipzig 1902. — Ders.: Güterherstellung und Ingenieur in der Volkswirtschaft, in deren Lehre und Politik. Wien 1910.

bei den staatswissenschaftlich vorgebildeten Volkswirtschaftlern eine Voreingenommenheit gegen seine theoretischen Erkenntnisse geweckt wurde, ist um so leichter zu verstehen, als Krafts Bestreben vor allem auf eine erhöhte Einschätzung des Ingenieurs in der Wirtschaft und in der öffentlichen Verwaltung gerichtet war, während nach der damals noch vorherrschenden Denkungsart in der Technik lediglich ein Behelf der Wirtschaft und ein Arbeitsmittel im Wirtschaftsleben gesehen wurde. Krafts Verdienst liegt also darin, daß er nicht allein die richtige Erkenntnis der wesentlichen Inhalte technischen Schaffens in der Volkswirtschaft gefördert hat, sondern auch ein unermüdlicher, selbstloser Vorkämpfer für die Stellung des Ingenieurs in der Volkswirtschaft gewesen ist.

Die Fortschritte der Technik wurden unmittelbar der Wirtschaft dienstbar gemacht und die Folge war, daß auch die Begriffe Technik und Wirtschaft vielfach gleichgestellt wurden. Erst die jüngsten Untersuchungen der Volkswirtschaftslehre haben hier eine Änderung gebracht. Die nach dem heutigen Stande der Wissenschaft erschöpfendste Darstellung fanden die Wechselbeziehungen zwischen Technik und Wirtschaft durch Professor Friedrich von Gottl-Ottilienfeld[1]). Er schuf, zum Teil auf dem Werke Krafts basierend, eine lückenlose Lehre von den wirtschaftlichen Prinzipien der Gütererzeugung. Diese Beschränkung auf die Produktionstechnik wird aber der gesamten Technik nicht gerecht, die Einstellung der Produktionslehre allein auf die Herstellung industrieller und gewerblicher Güter, welche dem Konsum oder dem Export dienen und so die Grundlage für Handel und Transportwesen bilden, ist unvollständig und geht an dem Wesen des Bau- und Verkehrswesens vorbei.

Wir finden im Rahmen der Produktionslehre die Bauunternehmung als eine Raumgüter erzeugende Tätigkeit und das Bauwesen als den Inbegriff dieser Raumgüter hingestellt. Diese Auffassung ist aber unvollkommen und widerspricht den volkswirtschaftlichen Begriffen. Denn die Erzeugnisse des Bauwesens sind keine Güter im wirtschaftlichen Sinne. Wenn auch ein Wohn- oder Geschäftshaus noch insofern den Charakter eines wirtschaftlichen Gutes hat, als es verkäuflich ist und den Gesetzen von Angebot und Nachfrage unterliegt, so trifft dies für öffentliche Anlagen und Gebäude nicht mehr zu. Es wird bei der Definition der Erzeugnisse des Bauwesens als Raumgüter übersehen, daß im Prozeß des Bauens das Wesentliche die Veränderung der Zwecke ist. Durch diesen Prozeß wird der wirtschaftliche Charakter der Baumaterialien und der Bauherstellung auf Grund des der Arbeit zugrunde liegenden Programmes, ihres Zweckes, in einen sozialen Charakter des fertigen Baues umgebildet. Das Bauwesen wurde in der Begriffsbildung der Technik bei der Betrachtung von rein theoretisch-technischer oder von kultur-philosophischer Seite gewissermaßen nur mitgenommen, d. h. seinem innersten Sinne nach übergangen. Das

[1]) von Gottl-Ottilienfeld, Friedr.: Der wirtschaftliche Charakter der technischen Arbeit. Berlin 1910. — Ders.: Wirtschaft und Technik, im Grundriß der Sozialökonomik, II. Abt. 2. Teil. Tübingen 1923.

Bau- und Verkehrswesen hat nicht allein einen ökonomischen Charakter, sondern greift auch tief in das soziale und kulturelle Leben hinein. Es war eine Umstellung der durch die Alleinherrschaft des ökonomischen Grundsatzes irregeleiteten Auffassung auch bei den Technikern notwendig, bis sie als letzten Zweck der Technik das Moment des kulturellen Fortschrittes erkannten. Es ist das Verdienst Eberhard Zschimmers[1]), hier der Technik neue Wege gewiesen zu haben. In seiner „Philosophie der Technik" geht er nicht von der wirtschaftlichen Seite der Technik aus, sondern stellt vor allem fest, daß „die Technik nur als organische Teilerscheinung eines größeren Phänomens, der Kulturentwicklung überhaupt" betrachtet werden könne. Er definiert das technische Schaffen als „zweckvolles Umgestalten der Naturwirklichkeit, charakterisiert durch den Grundgedanken der von der Technik erstrebten materiellen Freiheit des menschlichen Lebens". Diese Auffassung geht nicht einseitig vom technischen Arbeitsprozeß, von dem Prozeß der Gütererzeugung aus und ist darum auch auf das Bau- und Verkehrswesen anwendbar. Ostwalds energetischer Imperativ, der Lehrsatz: Vergeude keine Energie, verwerte sie![2]) sei wohl ein Kennzeichen der modernen Ingenieurtechnik, aber keineswegs das einzige und ausschlaggebende. Die wahre innerste Idee der Technik entfalte sich vielmehr in der von der ganzen Menschheit praktisch erlebten und genossenen materiellen Freiheit, die die Techniker ihr schenken. So gelangte Zschimmer als erster zu einer organischen Entwicklung vom Kulturwerte und dem Kulturziele der Technik, und es ist sein Verdienst, die tiefere technische Idee auch im Bauwesen erkannt zu haben, ein großer Fortschritt gegenüber Kraft, der noch das Bau- und Verkehrswesen der Güterproduktion eingliederte.

Den vielseitigsten Überblick über die moderne Technik und ihre Wechselbeziehungen zu den geistigen Inhalten des Lebens gewährt schließlich das Werk Robert Weyrauchs, des vor kurzem verstorbenen Professors der Technischen Hochschule Stuttgart, über „Die Technik, ihr Wesen und ihre Beziehungen zu anderen Lebensgebieten", Stuttgart 1922. Das Werk ist ein Kompendium über alle der Erforschung der Technik, ihres innersten Wesens und ihrer Ziele gewidmeten wissenschaftlichen Arbeiten und läßt keine der möglichen Beziehungen außer acht.

Von den beiden Problemen, das wirtschaftliche System der Technik und die Technik als Kulturproblem, wurde also zunächst nur das erstere als die einzige, letzte und höchste Organisationsform angesehen, die man der angewandten Technik, der Technik der Güterproduktion, welche auch das Bau- und Verkehrswesen mit umfaßte, geben konnte. Aber die Wirtschaft allein stellt keineswegs der Technik alle Probleme und ist nicht immer der letzte Endzweck ihres Schaffens, sondern wenn einmal erkannt ist, daß die Wirtschaftlichkeit im Sinne des Sparens ein Grundsatz jeglicher Technik ist, dann steht fest, daß die Technik

---

[1]) Zschimmer, Eberhard: Philosophie der Technik. Jena 1924.

[2]) Ostwald, Wilhelm: Der energetische Imperativ. Leipzig 1912.

auch zahlreiche Aufgaben unmittelbar aus den sozialen und kulturellen Bedürfnissen der Menschheit erhält. Das soziale oder kulturelle Moment tritt uns bereits bei den Wohngebäuden entgegen, noch mehr aber bei allen öffentlichen Bauten, welche der Bildung, der Pflege der Künste oder dem Kultus gewidmet sind, und ganz besonders bei allen Siedlungen, dem Städtebau. Auch im Bauingenieurwesen können zahlreiche Gebiete herausgegriffen werden, in welchen durch den Bestand oder Betrieb der einschlägigen Schöpfungen vorwiegend soziale Bedürfnisse befriedigt werden. Es sei nur an den kulturellen Wert der durch das moderne Verkehrswesen ermöglichten Freizügigkeit der Menschen und an die rein sozialen Vorteile der Verkehrseinrichtungen überhaupt erinnert. Im ganzen Bauwesen kommen also zu den Gesetzen der Wirtschaftlichkeit soziale und kulturelle Momente hinzu, und den ersten Versuch einer Eingliederung der Technik in die Soziologie, ihrer theoretisch begründeten Einordnung in die Gesellschaftswissenschaften hat in jüngster Zeit Professor Schilling in Berlin unternommen. Bei der Eingliederung der Technik wird aber die Technik wieder vollends als ein Gebiet der Wirtschaft definiert, und zwar wird mit dem Begriff Technik wieder nur die Industrietechnik gemeint und diese mit dem Bereich der Wirtschaft derart weitgehend identifiziert, daß er die Reformierung der technischen Hochschulen nach der wirtschaftlichen Seite fordert — „selbst wenn sie sich dann nicht mehr als Technische Hochschulen, sondern als Wirtschaftshochschulen bezeichnen müssen[1])".

Die Gesetze der Wirtschaftlichkeit an sich sind vornehmlich dem Gesamtbereiche der Produktion eigen, soziale Gebote hingegen, also die aus dem Dasein und den Zielen der menschlichen Gesellschaft hervorgehenden Forderungen, beherrschen diejenigen Bereiche technischen Schaffens, welche der Vergegenständlichung des sozialen Gefüges dienen. Und dies trifft zu für das Bauwesen hinsichtlich der Schaffung von Wohnungen, der Bauten für Kultur und Verwaltung sowie hinsichtlich der Verkehrs- und hygienischen Anlagen. In dieser Gruppe sind gesellschaftliche und kulturelle Inhalte das Vorherrschende, während die Wirtschaftlichkeit nur insofern mitspricht, als sie ein Grundsatz jeglichen technischen Schaffens ist.

Diese Feststellung bedeutet, daß für das Bau- und Verkehrswesen nicht allein die Gesetze der Wirtschaftlichkeit in Betracht kommen, sondern auch die der Soziologie. Eine Verbindung der technischen Wissenschaften mit den wirtschaftlichen und sozialen Wissenschaften kann nun kurz mit „Baupolitik" bezeichnet werden, eine Bezeichnung, die Dr. Brunner in seiner obengenannten Schrift eingeführt hat. Die Baupolitik stellt nach ihm ein unmittelbares Verbindungsglied zwischen Bauwesen und Sozialökonomie dar und ihr soll für die Gruppe Bau- und Verkehrswesen die Aufgabe zufallen, „dem technischen Schaffen ihres Gebietes grundsätzlich die richtige Einstellung zu den Bedürfnissen der kultivierten Menschheit, zu den Gesetzen der angewandten Sozial-

---

[1]) Schilling, A.: Die Stellung der Technik im Rahmen der Wissenschaften. Techn. u. Wirtsch. 1924, Heft 5.

wissenschaften zu geben. Die Lehre der Baupolitik hat den Techniker in das Gebiet gesellschaftlicher Wissenschaften einzuführen, verwandte Grenzgebiete der in Frage kommenden Disziplinen synthetisch zu einem Gesamtgerüst zu vereinigen, das dann allen idealen Forderungen nach Entwicklung und Wohlfahrt der Menschheit die Wege technischer Verwirklichung weist."

## 2. Grundbegriffe der Wirtschaftslehre.

Von den Grundbegriffen der Wirtschaftslehre[1]) kommen für die Praxis des Bauingenieurs besonders in Betracht die Begriffe Wert und Preis, Geld und Kapital.

Das Wertproblem und die Preisfrage sind von jeher Ausgangspunkt jeder theoretischen Betrachtung der menschlichen Wirtschaft gewesen und haben die verschiedensten Theorien gezeitigt. Es wird der letzte Maßstab des Güterwertes einerseits im wertenden Subjekte selbst gesucht, d. i. die subjektive Werttheorie, und andererseits außerhalb der menschlichen Natur, d. i. die objektive Werttheorie.

Subjektive Werttheorien haben zumeist die alten Merkantilisten aufgestellt, denn als tüchtige erfahrene Kaufleute, welche die ganze Welt mit ihren Waren versorgten, betrachteten sie naturgemäß die Werterscheinung vom privatwirtschaftlichen Standpunkt aus, sie wußten zur Genüge, wie sehr der Preis von den persönlichen Wertschätzungen ihrer Abnehmer abhing, und ihr oberstes Gesetz war das Gesetz von Angebot und Nachfrage. In der Freihandelslehre ist daher der Marktpreis der vorherrschende Begriff, der Tauschwert einer Ware wird lediglich durch die aufgewendete Arbeit im privatwirtschaftlichen Sinne bestimmt. Als Kapital werden alle Güter bezeichnet, welche zur Produktion dienen, und der Begriff Kapital wird somit ebenfalls im privatwirtschaftlichen Sinne verallgemeinert.

Die objektiven Werttheorien sind dagegen die Lehren der Philosophen im Zeitalter des Naturrechtes und der Marxisten. Diese sog. Klassiker und ihre Nachfolger, die reinen Arbeitswerttheoretiker, suchten nach dem natürlichen Werte, und der heranwachsende Kapitalismus mit seiner immer mehr erstarkenden freien Konkurrenz besonders im Inlande gab ihnen einen vollkommeneren Maßstab in die Hand: die Produktionskosten. Denn offenbar war es, daß bei freier Konkurrenz und ungehemmter Produktion der Preis sich auf die Dauer nach den Gestehungskosten richten mußte, mindestens aber das Bestreben hatte, sich ihnen zu nähern. Die Arbeitswerttheoretiker, insbesondere Karl Marx, gehen dabei von der Ware: menschliche Arbeitskraft aus, wie sie im freien Markte von den kapitalistischen Unternehmern gekauft wird, und konstruieren einen Unterschied zwischen dem Preis, dem Lohn und dem Gebrauchswert des Arbeitserzeugnisses. Für sie ist der Gebrauchswert der maßgebende Begriff, nach welchem sich der Preis richten muß, und in dem Unterschied zwischen Preis und Wert der

---

[1]) Siehe Th. Janssen, Technische Wirtschaftslehre, Teil III.

Ware Arbeitskraft liegt für sie die soziale Frage. Dieser Sozialismus versteht daher folgerichtig unter Kapital auch nur eine Geldsumme, mit welcher der Unternehmer sich menschliche Arbeitskräfte kaufen kann, um die Arbeitserzeugnisse mit Gewinn zu verkaufen. Er beschränkt also den Begriff Kapital auf die Wertsummen, die angelegt werden, um Gewinn zu erzeugen; und da der Mehrwert nicht im Tausch der Waren auf dem Markt erzeugt wird, so muß er im Produktionsvorgang beim Gebrauch der gekauften Ware Arbeitskraft entstanden sein.

In der neueren theoretischen Nationalökonomie wird nun das Grenznutzengesetz als Erklärungsprinzip für alle Werterscheinungen in der Volkswirtschaft angesehen[1]), und der Kapitalbegriff wird unterschieden in Kapital im volkswirtschaftlichen Sinne und in privatwirtschaftliches Kapital. Als ersteres werden die produzierten Produktionsmittel bezeichnet, d. i. also ein rein technischer Begriff, und unter letzterem werden die im Besitz der einzelnen wirtschaftenden Personen befindlichen Gewinn abwerfenden Gegenstände verstanden. Verschiedentlich erblickt man auch das grundsätzliche und entscheidende Moment im Begriff des Kapitals, gerade so wie im Begriffe des arbeitslos Rentenbezug ermöglichenden Großgrundeigentums, in den gesellschaftlichen Machtverhältnissen, die den Besitzer größerer Mengen produzierter Produktionsmittel innerhalb der gegenwärtigen Wirtschaftsordnung in den Stand setzen, einen arbeitslosen Monopolgewinn einzustreichen[2]). Kurz, die Begriffe Wert, Preis und Kapital erfahren je nach dem Standpunkte, von welchem aus das Wirtschaftsleben betrachtet wird, mehr oder weniger auseinandergehende Deutungen.

Die Güter werden entweder durch die Verwendung zur Bedürfnisbefriedigung vernichtet, verbraucht, wie ein Brot, oder nur genutzt, wie ein Grundstück, das in seiner Substanz unverändert bleibt, oder auch abgenutzt wie ein Kleidungsstück, das eine wiederholte, aber nicht unendlich oft wiederholte Benutzung zuläßt. Die Güter sind entweder unmittelbar nützlich, wie das Brot, oder mittelbar nützlich, wie ein Werkzeug, und sind zusammengesetzt aus Naturstoffen und menschlicher Arbeit in einer bestimmten Zusammensetzung, die den Nützlichkeits- oder Gebrauchswert bestimmt. Die bei der Herstellung von Gütern aufgewendeten Güterelemente werden die Kosten genannt, und der Aufwand an Gütern bei der Produktion ergibt den Kostenwert. Demgegenüber steht der Leistungswert als der von dem Aufwand an Gütern ausgehende Effekt, und der Überschuß des Leistungswertes über den Kostenwert ist dann der Mehrwert des Produktes, der Erfolg. So liegt der Effekt oder Erfolg einer Maschine darin, daß der Aufwand an Gütern für ihre Herstellung weniger kostet, als die Verwendung der Maschine Arbeit ersetzt. Die Brauchbarkeit eines Gutes für einen bestimmten Zweck bestimmt also allgemein den wirtschaftlichen Wert des Gutes, den Gebrauchswert, dagegen ist der Tauschwert eines

---

[1]) Kellenberger, E.: Kritische Beleuchtung der modernen Wert- und Preistheorie. Z. f. d. ges. Staatswissenschaft 1912.

[2]) Oppenheimer, Dr. Franz: Theorie der reinen und politischen Ökonomie.

Gutes lediglich die Brauchbarkeit eines Gutes zum Tausch gegen andere Güter. Der Tauschwert kann subjektiv oder objektiv sein. Im Handelsverkehr kommt vorzugsweise der objektive Tauschwert der Güter in Betracht, wo die Handelsgesetze von Wert sprechen, ist regelmäßig der objektive Tauschwert gemeint. Dieser kann auf privater oder obrigkeitlicher Einzelbewertung oder auf der Wertschätzung der Gesamtheit von Wirtschaftssubjekten (eines bestimmten Ortes zu einer bestimmten Zeit) beruhen. Der durchschnittliche objektive Tauschwert heißt Verkehrswert oder gemeiner Wert und für den Umsatz der Tauschgüter auf einem Markt der Marktwert (Börsenwert, Kurswert). In der Privatwirtschaftslehre heißt Wert der in Geld schätzbare Wert, der Wertbetrag ist der ziffermäßig ausgedrückte Geldwert eines Gutes.

Im freien Tauschverkehr bilden sich die Preise der Güter durch Angebot und Nachfrage, indem das Angebot den Gesamtvorrat der Güter, die Nachfrage die Gesamtheit der Bedürfnisse zum Ausdruck bringt. Der in Geld ausgedrückte Preis ist die Menge von Geldeinheiten, die im Tauschverkehr für ein Gut gegeben wird, der Preis ist daher eine verkehrswirtschaftliche Tatsache. Er ist abhängig von Vorrat und Bedarf und richtet sich ebenso wie der Wert nach der Nützlichkeit und relativen Knappheit der Güter. Je nützlicher ein Gut ist, um so wertvoller ist es, und je geringer der Vorrat, um so größer ist der Wert. Die Größe des Vorrats entscheidet also darüber, welcher von den verschiedenen Nutzen, die das Gut gewähren kann, im Einzelfalle von ihm abhängt, das erste Stück, das zur Befriedigung des stärksten Bedürfnisses dient, hat sicherlich einen größeren Nutzen als die weiteren Stücke, die einem minder starken Bedürfnisse dienen. Ist also der Vorrat größer als der Bedarf, so ist der letzte Nutzen des gesamten Vorrates das Maß des Wertes, und dieser letzte Nutzen wird Grenznutzen genannt. Wenn auch das Gut allgemein nach dem Preise geschätzt wird, der auf dem Markt dafür gezahlt werden muß, so wird doch immer, wenn auch vielleicht unbewußt, das Gut nur gekauft, wenn der Preis niedriger ist als die subjektive Wertschätzung des Grenznutzens des Gutes.

Zu diesem Grenznutzengesetz tritt bei der Produktion noch das Produktionskostengesetz. Denn der Verkaufspreis der Ware kann auf die Dauer nicht geringer sein als der Einkaufspreis der benötigten Produktionsgüter oder als der Kostenwert der Produktion, und das praktische Leben lehrt auch, daß die Warenpreise in der Regel durch die notwendigen Herstellungskosten bestimmt werden. Aber das Produktionskostengesetz macht sich nur unter der Wirkung der freien Konkurrenz, unter der Wirkung von Angebot und Nachfrage geltend. Der Marktpreis der unter freier Konkurrenz stehenden Waren ist für die Produktion richtunggebend, der Preis der Produktionsgüter wird bestimmt durch den Preis ihrer Produkte, und in dem Gesetz von Angebot und Nachfrage kommen alle die subjektiven Wertschätzungen der Käufer zum Ausdruck, in letzter Linie deren Schätzung des Grenznutzens.

Zu den Güterelementen Naturkraft und menschliche Arbeit kommt nun in der modernen Volkswirtschaft noch als weiterer Produktionsfaktor das Kapital hinzu. Kapital ist ursprünglich Produktionsvermögen, ein Vorrat von wirtschaftlichen Gütern oder Geldwerten über den Bedarf, der zu weiterer wirtschaftlicher Tätigkeit verwandt wird. Diese Verwendung des Vermögens macht die wirtschaftliche Tätigkeit ergiebiger, und diese Erkenntnis führte zur kapitalistischen Produktionsmethode, indem das Vermögen in zweckentsprechende Hilfsmittel umgewandelt wird. Daraus folgt als typische Funktion des Kapitals in der wirtschaftlichen Tätigkeit die Erhöhung der Produktivität der Arbeit und damit der Nutzen der kapitalistischen Produktionsmethode oder Arbeitsart. Es gibt aber auch ein Hindernis für die Kapitalbildung, nämlich die Anforderungen des laufenden, auf rasche Befriedigung dringenden Bedarfs, und somit hat auch die kapitalistische Produktionsmethode einen Wert.

Diese Erfahrungstatsachen haben zur Anwendung der kapitalistischen Arbeitsart geführt, und da die Möglichkeit, Kapitalgüter anzusammeln, mit dem Fortschreiten der Technik zugenommen hat, so hat sich im Laufe der Zeit die kapitalistische Arbeitsart immer mehr vertieft und verbreitert, zur kapitalistischen Unternehmung und schließlich zur kapitalistischen Wirtschaftsform geführt. Die Herstellungskosten der Güter werden bei dieser Arbeitsart niedriger und die Preise sinken auch, sobald arbeitsparende Betriebsweisen eingeführt sind, aber sie sinken nicht um den vollen Betrag der ersparten Arbeit, sondern um etwas weniger, indem ein neuer Faktor, der Kapitalzins, hinzutritt. Der Kapitalzins ist wieder ein Ergebnis aus dem Wettbewerb der Kapitalbegehrenden untereinander, und hieraus ergibt sich seine Höhe. Der Zins kommt zum Ausdruck in dem Enderzeugnis, und es zahlen ihn die Käufer der Erzeugnisse in dem Kaufpreis, an letzter Stelle also die Verbraucher.

Die kapitalistische Produktionsweise ist eine zweckmäßige und vorteilhafte, daher, wie selbst Karl Marx zugibt, ein notwendiges, folglich auch berechtigtes Glied in der wirtschaftlichen Entwicklung. Aber mit Kapitalismus wird auch die Geldherrschaft oder das Finanzkapital benannt, das mit der Zeit immer mächtiger geworden ist und seine Macht ausgenutzt hat, um die Herrschaft über die Wirtschaft zu erlangen. Dieses Ziel ist ihm erleichtert worden, weil in dem Wettbewerb der einzelnen kapitalistischen Unternehmungen entscheidend wurde der Besitz an Kapital. Ohne Kapital war bei der neuen Technik und der großen Ausdehnung des Wettbewerbes keine Unternehmung mehr zu führen; von den Entschließungen der Kapitalbesitzer wurden die Richtung und der Umfang der Produktion abhängig, von dem Kapital hingen die Verwendungsgelegenheiten für die Arbeitskräfte der Besitzlosen ab, die sich im Wettbewerb untereinander um die Verwendung ihrer Arbeitskraft im Dienste des Kapitals bewerben mußten. Dadurch wurde die breit angewachsene Schicht der Arbeiterklasse in ihrer ganzen Lebenshaltung an die Interessen der Kapitalbesitzer und mit diesen an die Schwankungen der Marktpreise und die dadurch bedingten Rentabilitätsaussichten der Unternehmungen gebunden. Dieses Übergewicht des Finanzkapitals in der Organisation und Führung der

Wirtschaften ist in den letzten Jahrzehnten immer deutlicher hervorgetreten und so bestimmend für den Charakter der Volkswirtschaft geworden, daß man diese Periode mit dem modernen Finanzkapitalismus bezeichnen kann. Es wird das Finanzkapital als Träger der kapitalistischen Produktionsweise, das Finanzkapital als Produktionskapital angesehen, und damit sind auch die Mißstände und Übel der Geldherrschaft auf die kapitalistische Arbeitsart übertragen worden. Aber das Produktionskapital als industrielles oder landwirtschaftliches Betriebskapital ist national, Industrie und Landwirtschaft können gar nichts anderes als streng national sein, denn beide würden den Ast absägen, auf dem sie sitzen, wenn sie nicht ausgesprochen national wären, sie sind erdgebunden. Das Finanzkapital dagegen ist international, die großen internationalen Zusammenhänge und Vorteilsgemeinschaften sind die eigentlichen Besonderheiten des Finanzkapitals. Und in diesem Internationalismus kommt dann auch die Wirtschaftsgesinnung des Finanzkapitals, das Herrschenwollen, zum Ausdruck. Das Finanzkapital ist der eigentliche Vertreter des modernen Kapitalismus.

Das Geld ist als Tauschmittel und Wertmesser Verkehrsmittel, und als solches hat es sich mit der Zeit zu Geld im engeren Sinne, zu dem Metallgeld in der Form der Münze entwickelt. Als solches ist es keine Ware mehr. Dies gilt aber nur für das Inland, hier hat das Geld keinen Preis, dagegen im Auslande ist das Geld immer Ware, nur Edelmetall, wenn nicht eine Münz- oder Währungsunion zwischen den Ländern besteht. Die Münze im modernen Sinn ist ein Metallstück, dessen Gewicht und Feingehalt durch die Unversehrtheit des ihr aufgedruckten Stempels bezeugt wird. In jedem Lande bestehen gesetzliche Bestimmungen über die Geldmittel, die gesetzliches Zahlmittel sein sollen, und diese wirtschaftlich rechtliche Seite des Münzwesens nennt man Währung. In allen am Welthandel beteiligten Staaten ist heute die Goldwährung vorherrschend, es gibt nur ein Währungsmetall, das Gold. Die Währung ist an einen Geldstoff gebunden, aber daneben bestehen freie Währungen, bei denen der Geldwert sich gegenüber allen anderen Gütern, auch den Edelmetallen, frei bewegt, und die wichtigste Erscheinungsform der freien Währung ist die Papierwährung, indem papierne Geldzeichen, die auf einen bestimmten Betrag lauten, mit gesetzlicher Zahlungskraft ausgestattet und daher im juristischen Sinn Geld sind[1]).

In Deutschland sind die Währungsverhältnisse neu geregelt durch die Bank- und Münzgesetze vom 30. August 1924. Währungseinheit ist die Reichsmark, welche in 100 Reichspfennige eingeteilt ist. Es gilt die Goldwährung, und alleinige gesetzliche Zahlungsmittel sind Goldmünzen und die von der Reichsbank ausgestellten, auf Reichsmark lautenden Banknoten unbeschränkt, Silbermünzen und Kupfermünzen nur in dem Umfange, daß niemand verpflichtet ist, Silbermünzen von mehr als 20 RM. und Kupfermünzen von mehr als 5 RM. in Zahlung zu nehmen.

---

[1]) Näheres über Geld und Währung sowie Bank und Börse s. Janssen, Th: Technische Wirtschaftslehre. Teil VII.

Neben diesen Reichsmünzen sind vorläufig noch weiter die Rentenbankscheine zugelassen, jedoch ist eine weitere Ausgabe untersagt und der Umlauf muß allmählich bis 1934 verschwinden.

Im wirtschaftlichen Leben vollzieht sich nun der Austausch wirtschaftlicher Güter nicht immer Zug um Zug, so daß bei der Leistung gleich die Gegenleistung stattfindet, sondern auch so, daß zwischen Empfangnahme eines Gutes und der Gegenleistung eine Zeitdifferenz liegt, es wird Kredit in Anspruch genommen. Zur Erleichterung dieses Kreditverkehrs sind Kreditpapiere geschaffen, welche entweder Geldpapiere oder Wertpapiere (Effekten) sind. Geldpapiere dienen zur Übertragung von Geldsummen und werden als Zahlungsmittel zum Ersatz des Geldes verwendet, das sind die Banknoten als Schuldscheine einer staatlich privilegierten Bank, der Wechsel und der Scheck. Die Wertpapiere dienen zur Anlage von Geld als Kapital und geben daher einen Ertrag als Zinsen (Zinspapiere) oder Dividenden (Dividendenpapiere), was die Geldpapiere nicht tun. Der Wechsel ist eine in gesetzlich vorgeschriebener Form abgefaßte Urkunde, durch welche der Aussteller entweder selbst verspricht, an einen anderen oder auf dessen Auftrag, an Order eine bestimmte Geldsumme zu einer bestimmten Zeit und an einem bestimmten Ort zu zahlen, d. s. die Eigen- oder Solawechsel, oder durch welche der Aussteller eine dritte Person beauftragt, dies zu tun, d. s. die gezogenen Wechsel oder Tratten. Der Eigen- oder Solawechsel ist ein Schuldschein in Wechselform, der gezogene Wechsel dagegen eine Zahlungsanweisung in Wechselform. Der Wechsel ist kein Ersatzmittel des Geldes, er vertagt die Barzahlung nur, macht sie nicht überflüssig. Der Wechsel als Zahlungsversprechen oder Zahlungsanweisung ist vom Gesetz mit besonderen Vorrechten ausgestattet, er kann bei Nichteinlösung am Fälligkeitstage sofort im beschleunigten Verfahren zum Protest gegeben und eingeklagt werden. Einreden im Wechselprozeß sind nach dem Wechselrecht ausgeschlossen, es ist nur die Einrede der Fälschung zulässig. Der Richter prüft allein, ob der Wechsel vorschriftsmäßig ausgestellt ist, und fragt nur den Aussteller oder Akzeptanten, ob er seine Unterschrift anerkenne. Muß er dies tun, so wird er ohne weiteres verurteilt, und das Urteil ist sofort vollstreckbar. Und nicht allein der Akzeptant, sondern auch der Girant kann im Falle der Zahlungsunfähigkeit des Akzeptanten im Wege der vom Lieferanten oder einem seiner Nachmänner angestrengten Wechselklage in wenigen Tagen verurteilt werden. Der Kläger wird bevorzugt den früheren Besitzer des Wechsels verklagen, der ihm am zahlungsfähigsten erscheint.

Die Funktion des Wechsels ist also einerseits die Geldüberweisung, d. i. die Ersparung des Bargeldtransportes zwischen zwei Orten, insbesondere zwischen zwei Ländern mit verschiedenem Geld (Devisen) und andererseits die Kreditierung des Kaufpreises, indem der Käufer einen auf ihn gezogenen Wechsel akzeptiert und damit verspricht, am Fälligkeitstage zu zahlen. Der Aussteller des Wechsels, d. i. der Verkäufer, braucht nun nicht auf die Zahlung bis zum Fälligkeitstage zu warten, sondern er kann, um sofort das Geld zu erhalten, den Wechsel an eine Bank verkaufen, ihn diskontieren, oder er kann auch mit dem Wechsel eine eigene Schuld bezahlen, indem er den Wechsel giriert, d. h. auf der Rückseite des Wechsels den Übertragungsvermerk setzt. Diskontieren heißt eine unverzinsliche befristete Forderung vorzeitig zu ihrem heutigen Werte verkaufen, und Diskont ist daher der Unterschied zwischen dem heutigen Wert und dem Wert zur Zeit der Fälligkeit. Hauptdiskonteur ist die Reichsbank, und der Zinssatz, zu welchem sie Wechsel und Schecks ankauft, ist der Reichsbankdiskont. Unter Giro versteht man allgemein die Übertragung einer Forderung.

Ein diskontfähiger Wechsel darf keine Formfehler enthalten, denn diese können den Ankauf durch eine Bank unmöglich machen. Das heute übliche Wechselformular hat folgende Form:

Vorderseite

August Müller & Co.[10]

per 18. April 1926 auf Elberfeld[1])

Köln a. Rh.,[2]) den 20. Jan. 1926[3]) RM. 1000,50[4])

Am 18. April 1926[5]) zahlen Sie gegen diesen Wechsel[6]) an die Order von mir selbst[7]) die Summe von

Reichsmark: Tausend Reichsmark 50 Rpfg.[4])

den Wert verrechnet laut Bericht.

Herren August Müller & Co.,[10]) Papierhaus[8])
in Vohwinkel, Wilhelmstraße 17

Ferdinand Schmidt, Papierfabrik,[14]) Köln a. Rh.[2])

zahlbar: Rheinische Kredit-Anstalt,[9]) K. a. Akt., Elberfeld.[1])

Rückseite

Wechsel-Stempelmarke über RM. —,60 20. Jan. 1926

Wechsel-Stempelmarke[11]) über RM. —,40 20. Jan. 1926

Wechsel-Stempelmarke über RM. —,10 20. Jan. 1926

Ferdinand Schmidt, Papierfabrik, Köln a. Rh.[14])

A.-G. für Industriebedarf
ppa. Müller ppa. Schmitz

Für uns an die Order[15]) der Rheinischen Kredit-Anstalt K. a. Akt., Köln.

Wert in Rechnung.[17])

Köln, den 8. Februar 1926.[16])

Europäische Handels-Akt.-Ges.
ppa. Fuchs ppa. Meyer

Zur Vermeidung von Formfehlern ist zu den beigedruckten Ziffern folgendes zu beachten:

[1]) Als Fälligkeitsort ist der Ort anzugeben, wo der Wechsel zahlbar gestellt ist.

[2]) Der Ausstellungsort ist der Ort, an dem der Aussteller seinen Wohnsitz hat.

[3]) Das Ausstellungsdatum soll den Tag in Zahlen, den Monat in Buchstaben tragen, die Ziffer des Jahres ist vollständig auszuschreiben.

[4]) Die Beträge in Ziffern und Buchstaben müssen übereinstimmen. Unsere heutige Währung ist die Reichsmark.

[5]) Das Verfallsdatum muß genau wie das Ausstellungsdatum ausgefüllt werden. Wechsel mit mehr als dreimonatiger Lieferzeit werden von den Banken meist nicht mehr angekauft.

[6]) Die Bezeichnung mit „Wechsel" muß ausdrücklich im Text erfolgen, wo nicht im Text, kann diese Bezeichnung auch am linken Rande mit „Prima-Wechsel", „Sekunda- und Tertia-Wechsel" erfolgen.

[7]) Die Order lautet bei Einzelfirmen oder Einzelpersonen als Aussteller „von mir selbst", bei Gesellschaften „von uns selbst". Der Wechsel kann aber auch an die Order eines Dritten ausgestellt werden, beispielsweise direkt an die „Order der A.-G. für Industriebedarf". In diesem Falle hat diese Firma auf der Rückseite des Wechsels auch als erste zu girieren.

[8]) Der Wechsel hat den zur Zahlung Verpflichteten in genauer Firmenbezeichnung zu enthalten. Der Bezogene verpflichtet sich erst dadurch, daß er akzeptiert, querschreibt, wechselmäßig. Es empfiehlt sich, zu dem Bezogenen dessen Geschäftszweig (Branche) hinzuzufügen. Genaue Adresse, an großen Orten auch Straße und Hausnummer und Stockwerk, ist erforderlich.

[9]) Die Reichsbank und mit ihr die meisten anderen Banken kaufen nur solche Wechsel an, die auf einen Platz lauten, an dem die Reichsbank mit einer Niederlassung vertreten ist. Bezogene, die an Orten ohne Reichsbankniederlassung wohnen, stellen ihre Wechsel zweckmäßig bei einer Bank an einem solchem Platze zahlbar.

[10]) Der Akzeptant muß mit dem Bezogenen buchstabengetreu übereinstimmen.

Bei den Ausfertigungen auf der Rückseite ist zu beachten:

[11]) Die Stempelmarken sind unmittelbar unter dem schmalen Rande auf der Rückseite des Wechsels aufzukleben. Mehrere erforderliche Marken werden zunächst nebeneinander, weitere darunter geklebt.

[12]) Die Wechselstempelsteuer beträgt für jede angefangene 100 RM 0,10 RM, für eine Laufzeit von mehr als 3 Monaten und 5 Tagen bis zur Dauer von einem Jahr 0,20 RM.

[13]) Die Entwertung der Marken geschieht durch Aufschreiben oder Aufstempeln des Ausstellungsdatums auf die unten auf der Marke hierfür vorgedruckte Linie in der Form, daß Tag und Jahr in arabischen Ziffern, der Monat in Buchstaben, evtl. verständlich abgekürzt, angegeben werden. Ausradieren, abändern, durchstreichen und über-

schreiben ist unstatthaft. Alle Unterzeichner eines Wechsels haften dafür, daß der Wechsel ausreichend verstempelt, und daß die Stempelmarken richtig entwertet sind. Sie können gegebenenfalls mit dem Fünfzigfachen des ausmachenden Steuerbetrages bestraft werden.

[14]) Das Giro muß in der Weise erfolgen, daß als erster der Aussteller (Ferdinand Schmidt) giriert, denn er hat den Wechsel an seine eigene Order gestellt.

[15]) Ein Blankogiro ohne den Zusatz „für mich (oder uns) an die Order ..." ist an sich möglich.

[16]) Die Angabe des Wohnsitzes und des Datums der Weitergabe durch den Giranten ist zwar erwünscht, jedoch nicht unbedingtes Erfordernis.

[17]) Die Angabe der Wertklausel ist nicht notwendig.

Korrekturen dürfen im Giro weder beim Namen noch beim Datum vorgenommen werden. Sofern Änderungen unumgänglich sind, ist das ganze Giro durchzustreichen und unmittelbar darunter ein neues richtiges Giro zu setzen.

Zur Vereinfachung des Geschäftsverkehrs können die in früheren Zeiten allgemein gebräuchlichen, aber heute zu einer leeren Form ohne jede Bedeutung herabgesunkenen und für die Gültigkeit des Wechsels nicht wesentlichen Zusätze auf den Wechselformularen am besten fortgelassen werden. Zu ihnen gehören die Valuta-Klausel („Valuta erhalten", „Wert erhalten", „Wert in Waren erhalten"), die häufig undurchstrichen bleibt, auch wenn der Aussteller die Valuta tatsächlich nicht empfangen hat; die Deckungs- oder Revalierungsklausel („stellen Wert in Rechnung") und die Avisklausel („laut Bericht"), die auf eine dem Wechsel folgende nähere Mitteilung verweist. Auch die Formel „An die Order des Herrn X" kann ohne Schaden für die Gültigkeit des Wechsels durch ein einfaches „an Herrn X" ersetzt werden. Endlich erübrigt sich im allgemeinen die Bezeichnung des Wechsels als „Prima-Wechsel", der Zusatz „Prima" ist nur dann erforderlich, wenn dem Remittenten, dem Käufer des Wechsels, auf sein Verlangen mehrere gleichlautende Exemplare des Wechsels ausgehändigt werden, wobei die übrigen als Sekunda, Tertia usw. zu bezeichnen sind[1]).

Das dritte Geldpapier war der Scheck. Der Scheck ist eine Anweisung, aber Anweisung ist keine Zahlung, daraus folgt, daß die Zahlung erst als erfolgt anzusehen ist, wenn der Angewiesene, die Bank, den Scheck honoriert hat. Dadurch unterscheidet sich also der Scheck von der Banknote. Aber es sind auch noch weitere Unterschiede vorhanden, die Banknote enthält ein Zahlungsversprechen, der Scheck einen Zahlungsauftrag des Ausstellers, die Banknote lautet auf eine bestimmte runde Summe, der Scheck auf eine beliebige Summe, die Banknote darf nur von bestimmten privilegierten Banken, der Scheck kann von jedermann ausgestellt werden. Der Scheck kann nur auf eine Bank, bei der der Aussteller ein Guthaben hat, gezogen

---

[1]) Vgl. Mitteilungen der Industrie- und Handelskammer zu Berlin 1926, Nr. 14.

werden, darf keine Zahlungszeit enthalten und ist nicht akzeptabel. Der Aussteller sowie jeder Inhaber eines Schecks kann durch den quer über der Vorderseite geschriebenen oder gedruckten Vermerk „Nur zur Verrechnung" verbieten, daß der Scheck bar ausgezahlt wird. Der Bezogene, d. i. die Bank, darf in diesem Falle den Scheck nur durch Verrechnung einlösen. Die Verrechnung gilt als Zahlung. Das Verbot kann nicht zurückgenommen werden. Die Übertretung des Verbotes macht den Bezogenen für den dadurch entstehenden Schaden verantwortlich. Dies sind die sog. Verrechnungsschecks.

Der Scheckverkehr ist geregelt durch das deutsche Scheckgesetz vom 11. März 1908, seine privatwirtschaftliche Bedeutung besteht vor allem in einer Entlastung des Scheckkunden von den mit dem Barverkehr verbundenen Unbequemlichkeiten und Gefahren, und die volkswirtschaftliche Bedeutung besteht in der Ansammlung der Metallgeldvorräte in wenigen Kassen und in der Vermeidung der Bewegung dieser Metallmassen. Die nächste Folge des Zusammenströmens des Währungsgeldes in den Kassen der Zentralbanken ist die Verbilligung des sich im Zinssatze, besonders im Bankdiskont ausdrückenden Geldpreises, je größer der Geldvorrat, zu desto billigeren Bedingungen werden die Banken, die Geldgeber des Großverkehrs, ihre überschüssigen Kapitalien nutzbar anlegen. Aber der einseitige Scheckverkehr hat volkswirtschaftlich nur eine geringe Bedeutung, soll er seine segensreiche Wirkung zur Ersparung des Bargeldverkehrs ausüben, so müssen möglichst viele am Geldverkehr Beteiligte auch am Scheckverkehr teilnehmen.

Der Scheck ist in dem modernen Depositen- und Giroverkehr das gebräuchlichste Geldpapier geworden. Er ist eine Zahlungsanweisung auf eine Bank, bei welcher der Aussteller auf Grund eines Depots oder eines Kredits ein Guthaben hat oder mit der er in laufender Rechnung, im Kontokorrentverkehr steht. Er lautet auf den Inhaber oder Überbringer und ist zahlbar auf Sicht. Daher ist auch die Ausstellung nicht ordnungsmäßig gedeckter Schecks unzulässig, die Hingabe solcher Schecks kann als Betrug bestraft werden, und zwar ist nach der Reichsgerichtsentscheidung vom 3. 2. 1925 (I. 1003/24) die Strafbarkeit schon dann begründet, wenn im Zeitpunkt der Scheckhingabe das Scheckkonto nicht ausreicht, und der Hingebende wird dann auch nicht dadurch entlastet, daß er mit Recht glauben konnte, es werde in der Zwischenzeit noch eine Zahlung auf sein Scheckkonto eingehen und sonach der Scheck bei Vorkommen eingelöst werden.

## 3. Das wirtschaftliche Prinzip.

Das Objekt der Wirtschaftswissenschaft ist das Wirtschaftsleben der Menschen, das Zusammenwirken ihrer Handlungen zur Befriedigung ihrer Bedürfnisse. Der Mensch steht zwischen seinen Bedürfnissen und den Gegebenheiten der Umwelt und der Natur, seine Handlungen zur Bedürfnisbefriedigung sind zwar eindeutig unbestimmbar, da das Prinzip der Kausalität bei der Erklärung der menschlichen Handlungen sein

Ende findet, aber relativ vergleichbar durch das wirtschaftliche Prinzip. Dieses ermöglicht es uns, die Handlungen der Menschen in bezug auf ihre Wirtschaftlichkeit zu untersuchen, ist also nur ein Kriterium der wirtschaftlichen Bedürfnisbefriedigung, ein objektives Kriterium für die wirklichen Motive der handelnden Menschen fehlt.

Das wirtschaftliche Prinzip entstammt aus dem allgemeinen Prinzip der Sparsamkeit, soweit es auf Verminderung der Kosten ankommt, und aus dem Prinzip des Maximums, soweit eine Ertragssteigerung angestrebt wird. In diesem allgemeinen Sinne macht sich das wirtschaftliche Prinzip zwar auch auf anderen Gebieten des Seins und Werdens geltend, aber nirgends läßt sich seine Geltung so universell und deutlich nachweisen, wie im Wirtschaftsleben und in der Technik. In der Technik pflegt man die Güter konkret zu betrachten, und man kommt mit dieser konkreten Betrachtung aus, solange es sich nur um das Problem der Kostenersparnis an einem einzigen Mittel handelt, denn auf ein solches lassen sich immer die Mengenbegriffe größer und kleiner, mehr oder weniger anwenden. Erst wenn es sich um die Gesamtkosten einer Produktion mit mehreren verschiedenartigen Mitteln oder um den Vergleich der verschiedenartigen Mittel für eine Produktion handelt, ist ein gemeinsames Maß der verschiedenen Kostenbestandteile sowie des Produktes notwendig, und dieses Maß stellt das Geld dar. Die Wirtschaftlichkeitslehre teilt sich also in zwei Hauptteile: die reine technische Wirtschaftlichkeit und die chrematische technische Wirtschaftlichkeit, d. i. derjenige Teil der Wirtschaftlichkeitslehre, der des Geldbegriffes nicht entbehren kann. Die reine technische Wirtschaftlichkeit umfaßt die allgemeinen Regeln für Kraft- und Stoffersparnis und ist Gegenstand der technisch-wissenschaftlichen Aufgaben[1]) Die chrematische technische Wirtschaftlichkeit umfaßt die Selbstkosten- und Erfolgsberechnungen, welche im dritten Abschnitt behandelt werden.

Das wirtschaftliche Prinzip kann nur unter schon bekannten, ja nur unter den im Augenblick der Entscheidung dem Bewußtsein gegenwärtigen Möglichkeiten entscheiden, ist daher nur ein Prinzip der Auswahl. Es ist niemals möglich zu sagen, daß eine Handlung objektiv und absolut die wirtschaftlichste war, sondern nur, sie war die wirtschaftlichste unter den verglichenen. Subjektiv ist das wirtschaftliche Prinzip immer erfüllt, es gibt keine Handlung, die ein Mensch zu seiner Bedürfnisbefriedigung vornehmen kann, auf die man nicht diesen Grundsatz anwenden kann. Objektiv dagegen ist das wirtschaftliche Prinzip ein wirkliches Kriterium, und die objektive Erfülltheit dieser Anforderung ist nicht immer vorhanden. Denn zwei Dinge sind die Voraussetzung zum objektiven wirtschaftlichen Handeln, das ist einmal der Wille zur Wirtschaftlichkeit und sodann das Vermögen, diesen Willen zur Tat werden zu lassen. Der Wille zur objektiven Wirtschaftlichkeit ist eine Erscheinung, die in ausgesprochenem und bewußtem Maße nicht allen Zeiten eigen war. Die Völker einer reichen Natur oder eines geringen Bedürfnisgrades kennen nicht diese rechnende Wirtschaft. Der Wille

---

[1]) S. Janssen, Th.: Technische Wirtschaftslehre. Teil II.

ist vielmehr einer speziellen Wirtschaft eigen, einer Wirtschaft mit besonderer Mentalität, einer Wirtschaft der bewußten Knappheit, welche die relative Armut ihrer Möglichkeiten gegenüber ihren Bedürfnissen empfindet, und der aus solchem Bewußtsein der Wille zur Wirtschaftlichkeit erwächst. Der Wille zur Wirtschaftlichkeit ist ein Glied einer späteren Entwicklung, Frucht einer späteren Zeit und macht die Wirtschaft zu der vollkommensten, welche die technischen Möglichkeiten eines Zeitalters zulassen.

Zu diesem wirtschaftlichen Wollen muß aber auch das wirtschaftliche Können hinzukommen. Und dieses Können ist in unserer heutigen Verkehrswirtschaft beschränkt, sei es vom Recht und von den Maßnahmen des Staates, sei es von der Wirtschaft selbst, von der freien Konkurrenz. Daher bleibt die empirische Wirtschaft immer um ein weniges hinter der denkbar wirtschaftlichsten zurück. Jede Wirtschaftlichkeitsberechnung basiert auf den bekannten und im Augenblick vorhandenen Möglichkeiten, und jede Änderung in der Technik, jeder Fortschritt der Methoden, jedes neue Gesetz, jede neue politische Maßnahme vermag die Berechnung über den Haufen zu werfen.

Das wirtschaftliche Prinzip in seiner objektiven Form ist also einerseits ein Urteilskriterium für vollbrachte Handlungen, andererseits eine mögliche Richtschnur für zu vollbringende Handlungen. Aber es gibt kein absolutes Maximum der Wirtschaftlichkeit, sondern der Wirtschaftlichkeitsbegriff gibt nur eine relative Vergleichung zwischen verschiedenen Wahlmöglichkeiten. Der Exaktheit der Beurteilung einer Einzelhandlung auf ihre Wirtschaftlichkeit stehen praktisch wesentliche Hindernisse entgegen, die aus der gegenseitigen Verflechtung einer Vielheit wirtschaftlicher Handlungen entspringen. Deshalb kann auch die Brauchbarkeit des wirtschaftlichen Prinzips als objektives Kriterium für den Erfolg einer vorzunehmenden Handlung illusorisch gemacht werden durch die Unvorhersehbarkeit der Konsequenzen. Wenn wir ein bestimmtes Bedürfnis befriedigen wollen, über dessen Befriedigungsnotwendigkeit wir keinen Zweifel haben, und wenn uns die Gegenstände nicht unmittelbar gegeben sind, mit denen wir dieses Bedürfnis befriedigen können, so stehen wir in unserer heutigen Wirtschaft vor der Frage, sie uns durch Kauf zu erwerben. Gibt es nun verschiedene Gegenstände, welche in gleicher Weise geeignet sind, unserem Bedürfnis Genüge zu tun, so werden wir den Erwerb desjenigen, das wir am billigsten, d. h. unter Opferung der geringsten Gütermenge, die wir besitzen, oder gegen die geringste Arbeitsleistung zu erlangen imstande sind, als die objektiv wirtschaftlichste Handlung bezeichnen dürfen. Mit der Erfindung des Geldes und mit dem Umstande, daß alle Güter und Leistungen, die ich erwerben kann, in einer einheitlichen Maßeinheit ausgedrückt werden, sind nun alle Wahlhandlungen über das eine Medium des Geldes miteinander vergleichbar und wird das objektive Kriterium für unsere Wirtschaftshandlungen praktisch belangvoll. Bei der Erwerbswirtschaft laufen also alle Handlungen in einer Einheit des Zweckes zusammen, d. i. möglichst viel Geld zu verdienen. Damit ist ein einziges Bedürfnis gegeben und eindeutig festgelegt. Es gibt keine

Auswahl der Bedürfnisse, sondern eine Auswahl besteht nur bei der Wahl der engeren Ziele, der Mittel, durch die das Geld verdient werden soll. Ist für die Möglichkeit der Erwerbung die Notwendigkeit eines Konsums Voraussetzung, so ist in der entwickelten Markt- und Geldwirtschaft die Möglichkeit für die objektive Anwendung des wirtschaftlichen Prinzips gegeben. Sind die für einen bestimmten Augenblick möglichen und allein in Frage kommenden Handlungen bekannt, so kann ich den Erfolg durchaus miteinander vergleichen, und wenn die Handlung nicht die wirtschaftlichste war, feststellen, um wieviel weniger Nutzen sie trug als die beste. Es gibt aber keinen absoluten Grad der Wirtschaftlichkeit, sondern nur eine relative Wirtschaftlichkeit[1]).

Das wirtschaftliche Prinzip oder der Grundsatz der Wirtschaftlichkeit gilt allgemein für alle Zweige des Wirtschaftslebens und charakterisiert die innere Natur der Wirtschaft. Es bedeutet demnach Wirtschaften nicht nur die Versorgung mit Sachgütern schlechtweg, sondern eine Versorgung, bei der man bestrebt ist, einen möglichst großen Erfolg mit einem möglichst geringen Aufwand, die möglichst größte Differenz zwischen der Leistung und dem Kraft- und Güteraufwand zu erzielen. In diesem Sinne ist das Ziel der Wirtschaft die Gütererzeugung mit den geringsten Kosten zum Zwecke des größten Erfolges. Je mehr nämlich der Ertrag unter gleichzeitiger Verminderung oder wenigstens Nichterhöhung der Kosten gesteigert wird, desto wirtschaftlicher, also zweckmäßiger erscheint ein bestimmtes Produktionssystem. Es kommt also dabei sowohl auf die Verringerung des Aufwandes als auf die Steigerung des Erfolges an. In unserem jetzigen Wirtschaftssysteme, der Verkehrswirtschaft, versucht man, einen möglichst großen Erfolg mit einem Minimum an Kosten zu erreichen, in der Technik hingegen erstrebt man nicht nur im einzelnen Falle Vermehrung der Ausbeute oder Verminderung der technischen Arbeitsleistung, man befolgt hier mehr den Grundsatz des kleinsten Kraftaufwandes, mit dem kleinsten Aufwande die größte Leistung zu erzielen. Daraus folgt für die Bauwirtschaft, daß diejenige Bauweise die wirtschaftlichste ist, bei der die Summe aus Bau- und Betriebskosten einen Kleinstwert darstellt. Denn nicht allein die ersten Herstellungskosten sind maßgebend, sondern auch die Betriebs- und Unterhaltungskosten sowie die Betriebs- oder Bestandsdauer sind von ausschlaggebender Bedeutung.

## 4. Wirtschaftspolitik.

Die wirtschaftlichen Vorgänge lassen sich je nach dem Gebiete, auf welchem sie in Erscheinung treten, in Privatwirtschaft, Volkswirtschaft und Weltwirtschaft einteilen, so daß sich als Zweige der durch die allgemeine Wirtschaftstheorie vereinigten allgemeinen Wirtschaftslehre ergeben: 1. die Privatwirtschaftslehre, 2. die Sozial- oder Volkswirtschaftslehre und 3. die Weltwirtschaftslehre. Diese Dreigliederung ist besonders von Bernhard Harms aus-

---

[1]) Halberstaeder, Hermann: Die Problematik des wirtschaftlichen Prinzips. Berlin 1925.

gebildet worden[1]). Er definiert den Begriff Privat- oder Eigenwirtschaft als „die von einem Wirtschaftssubjekt geleitete Organisation zur Beschaffung (Erhaltung) und Verwendung von Sachgütern", den Begriff Volkswirtschaft als den „gesamten Inbegriff der durch Verkehrsfreiheit und die technischen Verkehrsverhältnisse ermöglichten sowie durch einheitliche Rechtsetzung geregelten und durch wirtschaftspolitische Maßnahmen geförderten Beziehungen und deren Wechselwirkungen zwischen den Einzelwirtschaften eines staatlich verbundenen Volkes" und schließlich den Begriff Weltwirtschaft als den „gesamten Inbegriff der durch hochentwickeltes Verkehrswesen ermöglichten und durch staatliche internationale Verträge sowohl geregelten wie beförderten Beziehungen und deren Wechselwirkung zwischen den Einzelwirtschaften der Erde". Diese Dreigliederung wird zwar von Sombart als Systematisierung der wirtschaftlichen Erscheinungen abgelehnt, aber erscheint doch wegen ihrer natürlichen Verbindungen als praktische Gliederung brauchbar.

Die den Begriff der Wirtschaft bildenden Grundbestandteile sind 1. die Wirtschaftsgesinnung oder der Geist im Wirtschaftsleben, 2. die Geordnetheit oder die Form des Wirtschaftslebens und 3. die Technik, welche gleichsam den Stoff des wirtschaftlichen Prozesses bildet[2]).

Die Wirtschaftsgesinnung kommt zum Ausdruck in der Zweckeinstellung der Menschen zum Wirtschaftsleben, in der Mittelwahl und in dem Verhalten der einzelnen am Wirtschaftsleben beteiligten Personen zueinander. Sie können entweder sich zum Ziel setzen, Gebrauchsgüter für sich oder andere herzustellen, d. h. einen bestimmten Bedarf zu decken, oder sie können als ihre Aufgabe erachten, möglichst viel Geld zu verdienen, Gewinn zu erzielen. Sie lassen sich also entweder vom Bedarfsprinzip oder vom Erwerbs- oder Gewinnprinzip leiten. In der Mittelwahl sind ebenfalls zwei grundsätzliche Einstellungen zu unterscheiden, die traditionalistische und die rationalistische. Traditionalistisch wirtschaftet ein Mensch, wenn er sich beim Wirtschaften der überkommenen Mittel bedient aus keinem anderen Grunde, als weil sie überkommen sind. Es ist dies die historisch längste Zeit vom wirtschaftenden Menschen geübte Art zu wirtschaften. Der Handwerker macht seine Arbeit, wie der Meister es ihn gelehrt hat, der Bauer bearbeitet den Acker, wie er es vom Vater gelernt hat, usw. Rationalistisch dagegen wirtschaftet der Mensch, wenn er jedes Mittel, das er anwendet, auf seine höchste Zweckmäßigkeit hin prüft, wenn er sich also kritisch zu den überkommenen Mitteln verhält und diese verwirft, sofern sie seiner Meinung nach den Anforderungen der Zweckmäßigkeit nicht entsprechen. Dies ist die moderne Wirtschaft.

Das Verhalten der einzelnen am Wirtschaftsleben beteiligten Personen zueinander kann schließlich auch in zweifacher Weise gestaltet sein, entweder individualistisch oder solidarisch. Individualistisch oder

[1]) Harms, Bernhard: Volkswirtschaft und Weltwirtschaft 1912.
[2]) Sombart, Werner: Die Ordnung des Wirtschaftslebens. Berlin 1925.

egoistisch ist das Verhalten der einzelnen zueinander, wenn es sich ausschließlich von dem eigenen Interesse leiten läßt, ausschließlich auf eigene Kraft vertraut und nur das Selbstverantwortungsgefühl kennt. Dem entgegengesetzt ist das Solidaritätsprinzip, bei welchem der wirtschaftende Mensch sich nicht als einzelner, sondern als das Glied einer größeren Gemeinschaft fühlt. Sein Handeln ist nicht ausschließlich durch sein persönliches Interesse, sondern gleichzeitig durch die Rücksichtnahme auf das Interesse der anderen und der Gruppe, der er angehört, bestimmt. Er fühlt sich verantwortlich auch für die anderen und erwartet gegebenenfalls das Eintreten der anderen auch für ihn.

Für die Gestaltung der Form, d. h. der Regelung und Organisation des Wirtschaftslebens kommen folgende Grundsätze in Betracht: Die drei Ordnung schaffenden Instanzen sind zunächst 1. der größere Verband, in dem die Wirtschaft sich abspielt, 2. das Wirtschaftssubjekt, welches die Ordnung organisiert, die Menschen durch bewußte und planmäßige Vornahme zu gemeinsamer Tätigkeit einheitlich zusammenfaßt und 3. die Wissenschaft, welche die Vorgänge des Wirtschaftslebens durch Systematisierung ordnet. Der Inbegriff aller das Verhalten der wirtschaftenden Personen bestimmenden Normen wird Wirtschaftsordnung genannt. Die Wirtschaftsordnung enthält aber nur die Möglichkeiten wirtschaftlichen Handelns, ist ein allgemeiner Rahmen, in den die wirtschaftlichen Handlungen sich einfügen lassen. Die Organisation dagegen ist das Werk der Wirtschaftssubjekte, in ihr tritt das wirtschaftliche Handeln in Erscheinung und wird im Wirtschaftsplan gestaltet und zur Ausführung gebracht. Das Wirtschaftsleben selbst kann gebunden oder frei, privatwirtschaftlich oder gemeinwirtschaftlich geordnet, aristokratisch oder demokratisch, geschlossen oder aufgelöst, Bedarfsdeckungs- oder Verkehrswirtschaft sein und schließlich die Form der Einzelbetriebe oder der gesellschaftlichen Betriebe annehmen.

Das Wirtschaftsleben ist gebunden, wenn die Regelung die Betätigung des einzelnen in jedem Falle an gesetzliche oder sittliche Vorschriften bindet, und frei, wenn nur bestimmte Handlungen verboten sind, alles nicht Verbotene aber als erlaubt betrachtet wird. Bei der privatwirtschaftlichen Ordnung des Wirtschaftslebens liegt die Initiative zu wirtschaften, der Schwerpunkt des Wirtschaftslebens in einzelnen Wirtschaften, bei der gemeinwirtschaftlichen bei irgendwelchen Kollektivitäten, Stamm, Stadt, Staat. Aristokratisch ist eine Wirtschaft dann organisiert, wenn in einer Gesamtheit wirtschaftender Menschen nur wenige Wirtschaftssubjekte sind und die Mehrzahl aus Wirtschaftsobjekten besteht, d. h. aus solchen Personen, die sich den Anordnungen der wenigen Wirtschaftssubjekte fügen müssen, wenn die Einzelwirtschaften also Herrschaftsverbände darstellen; demokratisch hingegen, wenn die Mehrzahl der am Wirtschaftsleben beteiligten Menschen aus Wirtschaftssubjekten gebildet wird, die auch über die zur Produktion notwendigen Produktionsmittel verfügen. Geschlossen ist das Wirtschaftsleben einer größeren Anzahl wirtschaftender Menschen, wenn jede der einzelnen Wirtschaften alle vorkommenden wirtschaftlichen Tätigkeiten ausführt, und aufgelöst, wenn die verschiedenen wirtschaftlichen Tätigkeiten je in verschiedenen Wirtschaften ausgeführt werden, berufslose und berufsbestimmte Wirtschaft. Bedarfsdeckungswirtschaft liegt vor, wenn die Güterproduktion tatsächlich als Gebrauchsgüterproduktion erfolgt, Eigenwirtschaft oder sozialistische Wirtschaft, und Verkehrswirtschaft, wenn die Güter grundsätzlich für den Austausch gegen andere Güter, also nicht als Gebrauchsgüter, sondern als Tauschgüter hergestellt werden. Die Form des Wirtschaftslebens wird schließlich bestimmt durch die Gestaltung, welche die Betriebsorganisation erfährt, die Betriebe können sich grundsätzlich verschieden gestalten, je nachdem sie die Form der Einzelbetriebe oder die der gesellschaftlichen Betriebe annehmen.

Wie bei der Systematisierung der Wirtschaftsprinzipien, so ergeben sich auch bei der Technik, bei dem bei der Herstellung und dem Transport der Güter zur Anwendung gelangenden Verfahren, drei Gegensatzpaare: die Technik ist empirisch oder wissenschaftlich begründet, in ihrer Bewegung stationär oder revolutionär und in ihrer Durchführung organisch oder nicht organisch, mechanisch oder anorganisch. Die empirische Technik ruht auf der Erfahrung, auf der persönlichen Erfahrung, die von Meister zu Meister, von Geschlecht zu Geschlecht durch die ebenso persönliche Lehre übertragen wird. Diese Lehre ist lediglich eine Regellehre, ein Nachweis der Handgriffe, die anzuwenden sind, um einen bestimmten technischen Erfolg zu erzielen. Beim wissenschaftlichen Verfahren tritt an die Stelle des Könnens das Wissen. Bei ihm wird nichts mehr vollbracht, weil ein Meister sich im Besitz des persönlichen Könnens befindet, sondern weil jedermann, der sich mit dem Gegenstand beschäftigt, die Gesetze kennt, die dem technischen Vorgang zugrunde liegen und deren korrekte Befolgung auch jedermann den Erfolg verbürgt. Es wird nicht mehr nach Regeln, sondern nach Gesetzen gearbeitet. Die Technik tritt damit in eine Abhängigkeit von den theoretischen Naturwissenschaften, deren Fortschritte über das Ausmaß ihrer eigenen Leistungsfähigkeit entscheiden.

Von dem Gegensatz des empirischen und wissenschaftlichen Verfahrens sind auch die weiteren Unterscheidungen in der Technik teilweise abhängig. Stationär ist eine Technik, wenn die in ihr zur Anwendung kommenden Verfahrungsweisen sich nur in langen Zeiträumen grundsätzlich verändern, wie im Altertum und Mittelalter, revolutionär, wenn der häufige Wechsel der Verfahrensweisen in grundsätzlicher Hinsicht die Regel ist, wie in der Neuzeit. Organisch verfährt eine Technik, wenn sie sich für ihre Zwecke der lebendigen Organismen, Pflanzen, Tiere, Menschen, der organischen Wachstumsprozesse der Natur und der Kräfte, die Wind und Wasser darbieten, bedient, wenn der technische Prozeß, Produktion und Transport, sich im Bereiche des organischen Lebens abspielt. Die nicht organische Technik beruht entweder auf dem mechanischen oder anorganischen Verfahren. Mechanisch ist das Verfahren, soweit es nicht von

Tieren oder Menschen, sondern von Mechanismen oder Chemismen ausgeführt wird, die der Mensch nur noch leitet. Anorganisch ist das Verfahren, wenn die Güterwelt aus dem Reiche der leblosen Natur aufgebaut wird, wenn anorganische Kräfte und Stoffe genutzt werden.

Eine Wirtschaftsweise, die von einem bestimmten Geiste beherrscht wird, eine bestimmte Ordnung und Organisation hat und eine bestimmte Technik anwendet, wird ein Wirtschaftssystem genannt. In einem Wirtschaftssystem weisen also die Grundbestandteile der Wirtschaft je eine bestimmte Gestaltung auf, und wenn die Wirtschaftsgesinnung, der Geist, durch die Recht setzende Gewalt insofern bestimmt wird, als sie bestimmte Grundsätze befolgt und eine bestimmte Rechtsgesinnung aufweist, so können wir von einem bestimmten wirtschaftspolitischen System sprechen als Bestandteil der allgemeinen Staats- und Gesellschaftspolitik.

Die Wirtschaftspolitik kann entweder das Wohl des Ganzen, Staat oder Gemeinde, bezwecken und das wirtschaftliche Verhalten der einzelnen einem System bindender Rechtsregeln unterstellen oder das Wohl der Individuen, einzelner oder vieler, bezwecken und die Gestaltung der Wirtschaftsführung grundsätzlich dem Gutdünken der einzelnen überlassen und für das Verhalten der Individuen nur gewisse Grenzen in Gestalt von strafrechtlichen Bestimmungen ziehen. Demnach können ganz allgemein universalistische und gebundene oder individualistische und freiheitliche wirtschaftspolitische Systeme unterschieden werden.

Das erstere System finden wir in der Wirtschaftspolitik der mittelalterlichen Städte mit ihren Straßen-, Meilen-, Stapel- und Bannrechten nebst der Zunftordnung sowie in dem Merkantilismus vom 16.—18. Jahrhundert, der die Wirtschaftspolitik der Städte auf ein größeres Territorium ausdehnte und mit seiner Versorgungs-, Absatz- und inneren Gewerbe-, Handels- und Verkehrspolitik die wirtschaftliche Tätigkeit des Volkes zum Heil des Staates überwachte, daneben aber auch durch Förderung der produktiven Kräfte des Landes Geld in die Kassen der Fürsten zu bringen suchte. Im Gegensatz zu diesen bei den universalistischen und gebundenen wirtschaftspolitischen Systemen steht der Liberalismus, der ein ausgesprochen individualistisches Ziel verfolgte und grundsätzlich der Willkür der einzelnen den weitesten Spielraum gewährte. Er war das wirtschaftspolitische System, das im 19. Jahrhundert im Innern der Staaten fast vollständig, in den Beziehungen der Staaten zueinander wenigstens eine Zeitlang zur Herrschaft gelangte (Freihandel).

Die Wirtschaftspolitik der mittelalterlichen Städte und der Merkantilismus gehören der vorkapitalistischen Zeit an, ihnen liegen das Bedarfsdeckungsprinzip im Bereiche der Wirtschaftsgesinnung und die Gebundenheit im Bereiche der Regelung zugrunde. Die Wirtschaftssysteme sind entweder Eigenwirtschaften wie die Geschlechter- und Dorfwirtschaften sowie die Oikenwirtschaft der alten Griechen und Römer und die Fronwirtschaft des europäischen Mittelalters, oder Verkehrswirtschaften, wie das Handwerk, insofern als es nicht für den eigenen Bedarf, sondern für den Austausch der Leistungen produziert. Im Merkantilsystem, dem letzten großzügigen System einer aus Staatsgesinnung zielbewußten Regelung der wirtschaftlichen Vorgänge, finden wir aber bereits die Anfänge des kapitalistischen Wirtschaftssystems, indem die staatlichen Machtmittel eingesetzt wurden, um die wirtschaftliche Tätigkeit Privater ins Leben zu rufen oder rentabler zu machen, d. h. kapitalistische Interessen anzuregen oder zu fördern, weil man die Entfaltung der produktiven Kräfte durch eine Entwicklung des Kapitalismus bewirken zu können glaubte. Das kapitalistische Wirtschaftssystem bildet dann die Grundlage des Liberalismus und des wirtschaftspolitischen Systems der Gegenwart.

Bei dem Kapitalismus wird der Geist, die Wirtschaftsgesinnung bestimmt durch das Erwerbsprinzip als herrschendes Wirtschaftsprinzip, durch den Individualismus oder das Konkurrenzprinzip, indem das einzelne Wirtschaftssubjekt sich ausschließlich auf sich allein gestellt fühlt und rücksichtslos handelt, und durch den ökonomischen Rationalismus, d. i. die grundsätzliche Einstellung aller Vornahmen auf höchst mögliche Zweckmäßigkeit. Die Form wird bestimmt durch eine grundsätzliche freie Wirtschaftsordnung, durch eine aristokratische Struktur, durch eine aufgelöste Wirtschaft auf verkehrswirtschaftlicher Grundlage. Die kapitalistische Wirtschaft ist grundsätzlich Privatwirtschaft, und alle Produktion erfolgt für den Markt, alle Produkte gehen in den Verkehr.

Die liberalistische Wirtschaftspolitik ist dann gegen Ende des 19. Jahrhunderts wieder verlassen worden und durch ein wirtschaftspolitisches System ersetzt, das man als das der Gegenwart bezeichnen kann. Dieses System trägt aber kein einheitliches Gepräge, sondern wird durch eine Stilmischung gekennzeichnet, die sich darin ausdrückt, daß die Wirtschaftspolitik unserer Tage sowohl universalistisch als individualistisch eingestellt ist und sich zum Prinzip der freien Konkurrenz bekennt, aber doch vor weitgehender Regelung des Wirtschaftslebens nicht zurückschreckt. Man hat es daher als Neumerkantilismus bezeichnet, weil es viele verwandte Züge mit der alten merkantilistischen Wirtschaftspolitik aufweist. Das in den 1860er und 1870er Jahren in einer ganzen Reihe von Staaten eingeführte Freihandelssystem wurde sehr bald wieder verlassen, und es kam die Idee eines selbständigen, nationalen Wirtschaftsgebietes wieder zur Geltung. Zunächst kehrten seit den 1880er Jahren alle Länder, mit Ausnahme Englands, wieder zu einer ausgesprochen schutzzöllnerischen Handelspolitik zurück, deren Befolgung durch das eine Land die anderen fast zwangsläufig zur Nachahmung nötigte. Sodann begann in den 1880er Jahren eine Ära der Kolonialpolitik und der Schaffung von „Interessensphären", wodurch die unzivilisierten oder halbzivilisierten Völker in Abhängigkeit vom Mutterlande gebracht wurden, so daß letzterem besondere Vorteile auf wirtschaftlichem Gebiete, Anlage von Kapital, Staatsbestellungen usw. gewährt werden mußten. Man bezeichnet die Gesamtheit dieser Expansionsbestrebungen der Großmächte mit „Imperialismus", an dessen Entwicklung übrigens das einzige zollpolitisch freihändlerische Land, England, nicht zum wenigsten beteiligt gewesen ist. Mitbestimmend für diese Wirtschaftspolitik der Staaten sind zweifellos die wirtschaftlichen Interessen gewesen, der Kapitalismus verlangte wie in seinen Anfängen wieder die Unterstützung durch die Machtmittel des Staates.

Die innere Wirtschaftspolitik der Gegenwart kennzeichnet sich durch eine Umbildung des freiverkehrswirtschaftlichen Systems des Liberalismus in ein durch Rechtsregeln gebundenes, was man mit „Sozialisierung" bezeichnet. Der Begriff Sozialisierung bedeutet nach der Definition der Sozialisierungskommission „eine Bewegung in der Richtung auf die zugunsten einer Volksgemeinschaft planmäßig betriebene und kontrollierte Volkswirtschaft". Danach ist jede öffentliche Kontrollmaßregel eines wirtschaftlichen Vorganges schon ein Akt der Sozialisierung. Bei der Produktion handelt es sich dabei entweder nur um eine Regelung oder Beeinflussung der grundsätzlich unternehmungsmäßig gebliebenen privaten Wirtschaft, Betriebsräte, Fabrikinspektion, Arbeiterschutzgesetze, Rationierung der Rohstoffe usw., oder um die Ausschaltung der unternehmungsmäßigen Wirtschaft, also Ersetzung oder Ergänzung der privatwirtschaftlichen Organisation durch eine irgendwie gemeinwirtschaftlich gefärbte Ordnung, Verstaatlichung oder Verstadtlichung der Betriebe, Zwangssyndikate unter öffentlicher Kontrolle, gemischt-öffentliche Unternehmungen. Bei der Verteilung bedeutet Sozialisierung die Verfügung über schon erzeugte Güter nach einem Plan, wie Wohnungsverteilung, Rationierung der Warenbezüge, Preistaxen, Zwangsversicherung u. a. Bei der Konsumtion schließlich bedeutet Sozialisierung jede öffentliche Aufsicht über feilgebotene Waren, Nahrungs- und Genußmittel, wie Alkoholverbote, Rauchverbote u. dgl. Um diese Teilsozialisierung handelt es sich heute, wenn man von Sozialisierung spricht, eine Vollsozialisierung, d. i. eine Normalisierung, Rationalisierung des gesamten Wirtschaftslebens eines Volkes, eine vollständig planmäßige Ordnung der Wirtschaft haben wir zur Zeit nur in Rußland.

Den sozialistischen Wirtschaftssystemen liegt als Wirtschaftsgesinnung das Bedarfsdeckungsprinzip, der Rationalismus und der Solidarismus zugrunde und als Form eine gebundene Wirtschaftsordnung im weitesten Sinne, so daß sie eine planmäßige Regelung der gesamten Wirtschaft einschließt oder bei einer der modernen Technik entsprechenden weitgehenden Berufsspezialisation und großbetrieblichen Organisation gleichwohl eine planmäßige Bedarfsdeckungs- und Gemeinwirtschaft ist. In diesen Punkten stimmen alle sozialistischen Wirtschaftssysteme überein, sie unterscheiden sich hauptsächlich nur darin, ob der Anteil, den der einzelne am Gesamtprodukt erhält, nach seinen Leistungen, entgeltlich, oder nach seinen Bedürfnissen, kommunistisch, festgestellt wird[1]).

Während des Krieges und in der Nachkriegszeit hat einerseits der Produktionsapparat der deutschen Wirtschaft eine nicht im Verhältnis

---

[1]) Weitere Ausführungen zu diesen Grundbegriffen s. Janssen, Th.: Technische Wirtschaftslehre.

zum Verbrauch stehende Ausdehnung erfahren und sind andererseits die weltwirtschaftlichen Beziehungen zwischen den Nationen teils durchschnitten, teils in andere Bahnen gelenkt worden. Die den Weltkrieg beendenden Diktatfrieden haben die wirtschaftliche Struktur Europas und eines Teils der übrigen Welt geändert, und die Gewaltpolitik der Siegerstaaten hat nicht allein in den Ländern der Besiegten, sondern auch in den Ländern der Sieger eine immer schwieriger werdende wirtschaftliche Lage entstehen und dadurch erkennen lassen, daß die Gebote der Weltwirtschaft sich nicht mehr ungestraft verletzen lassen. Amerika ist durch den Weltkrieg aus einem Schuldner zu einem Gläubiger Europas geworden, dem Forderungen in Höhe von insgesamt 57 Milld. Goldmark gegen die europäischen Staaten zustehen. Das wirtschaftliche Schwergewicht liegt daher jetzt in Amerika und macht sich trotz der bewußten Zurückhaltung der Vereinigten Staaten aus den Verwicklungen des alten Europa doch im europäischen Wirtschaftsleben in starkem Maße fühlbar. Das parzellierte Europa vermag in seinem gegenwärtigen Zustand, in dem jedes Land sich mit hohen Zollschranken umgibt und zur möglichsten Selbstversorgung seine Industrie auszubauen sucht, den Anforderungen der Weltwirtschaft nicht zu entsprechen. Eine weitere Gefahr liegt in dem wirtschaftlichen Imperialismus der Siegerstaaten, welche sich den größten Teil der überseeischen Rohstoffquellen der Welt angeeignet haben. Alles dieses widerspricht den Anforderungen der Weltwirtschaft, und es ist ein zwingendes Gebot für alle Nationen, diesen Anforderungen nachzukommen, in die sie alle verflochten sind, sonst werden die schweren Leiden, welche die Völker befallen haben, chronisch werden und zur Auszehrung führen.

Der überspannte Produktionsapparat muß einerseits in organischer Weise entsprechend dem verkleinerten Betriebskapital und verengten Absatzmarkt eingeschränkt und andererseits so gestaltet werden, daß die Konkurrenz mit dem Auslande wieder aufgenommen werden kann. Die Verkleinerung des Produktionsapparates bedingt außer Maßnahmen auf den Gebieten der allgemeinen Finanz- und Wirtschaftspolitik eine Rationalisierung unserer Wirtschaft, eine vernunftgemäße Anwendung aller technischen und organisatorischen Mittel, um die Ergiebigkeit der menschlichen Arbeit möglichst zu steigern. Der Materialmangel der Kriegs- und Nachkriegsjahre und die Inflation sind uns aber in dieser Hinsicht schlechte Lehrmeister gewesen. Der Materialmangel hat dazu geführt, daß einerseits eine behördliche Einwirkung auf die Wirtschaft bestehen blieb, um die im Lande vorhandenen oder importierten Rohstoffe „richtig und gerecht“ zu verteilen, also die Rationen abzumessen, und daß andererseits Ersatzstoffe oder Altmaterial verwandt wurden, wodurch billige und vielfach schlechte Ware erzeugt wurde, die den Inlandsverbraucher abschreckte und bei Verschleuderung nach dem Auslande eine Diskreditierung des deutschen Produktes und Zollerhöhungen des Auslandes herbeiführte. Von der Inflation, von der Geldseite her hat der rationellen Wirtschaftsführung sodann das Bestreben der Fabrikleitungen entgegengewirkt, unter allen Umständen wieder zur Höhe der Friedensproduktion zurückzukommen. Da die

Produktionshöhe nach dem Kriege infolge Verkürzung der Arbeitszeit und Nachlassen der Arbeitsintensität weit hinter dem Friedensausmaß zurückblieb, wurden teils neue Fabrikationszweige in das Arbeitsprogramm aufgenommen, teils schritt man zu Erweiterungsanlagen oder zur Errichtung von Filialbetrieben. Der Einzelbetrieb bemerkte es nicht, daß die deutsche Wirtschaft viel weniger an der Befriedigung eines echten Verbrauchs als an der Vergrößerung des Produktionsapparates Beschäftigung fand und die Nachfrage nach Ware künstlich erweitert wurde. Man schaffte neue Maschinen an, der Fabrikraum wurde räumlich erweitert oder neue Bauten nebst Einrichtungen wurden erstellt, und unnormal große Vorräte wurden gehalten, um zu verhindern, daß Mark oder Markguthaben unbenutzt liegenblieben und sich entwerteten. Diese künstliche Erweiterung der Nachfrage nach Ware und die Anlegung der Guthaben und Betriebsmittel in Neuanschaffungen, Erweiterungsbauten und Neuanlagen, führte zu einer irrationellen, unvernünftigen Wirtschaft, denn ratio heißt Vernunft. Das hat sich bitter gerächt und zu der jetzigen schweren Krisis unserer Wirtschaft geführt, die im Grunde eine Absatzkrisis und keine Deflations- oder Stabilisierungskrisis mehr ist. Allerdings ist nach der Stabilisierung unserer Währung die Geldseite einer der schwächsten Punkte unserer jetzigen Wirtschaft, aber der Druck von dieser Richtung her wird noch wesentlich verstärkt durch die Wirkungen, die in der irrationellen Gestaltung der Produktionsseite unserer Wirtschaft in der Inflationszeit ihre Grundlage haben. Man braucht sich nur zu vergegenwärtigen, daß z. B. auf der letzten Leipziger Messe 14000 Aussteller ihre Waren anboten statt 4000 Verkäufer, die auf der letzten Friedensmesse dort Absatz suchten. Unsere Produktion und damit auch die Warenverteilung ist überfüttert und überpfründet.

Daher ist auch die gegenwärtige Wirtschaftskrisis primär und in allem Wesentlichen eine Absatzkrisis, hervorgerufen dadurch, daß ein Jahrzehnt lang die Entwicklung der Industrie unter künstlichen Konjunkturen vor sich ging, und daß gleichzeitig die Märkte verarmten. Der Produktionsapparat muß eingeschränkt werden, da die Größe der Erzeugungsstätten weder mit den Absatzmöglichkeiten noch mit dem eigenen Betriebskapital in Einklang steht. Daraus folgt eine Rationalisierung der Betriebe, indem die Fabrikation von mehreren Betrieben an einem Ort vereinigt und bisher getrennt marschierende Unternehmungen zusammengeschlossen werden, und indem innerhalb der Betriebe jeder einzelne stets danach strebt, ein Maximum zu leisten. In der Erzeugung für den inneren Markt muß dabei eine weitgehende Normalisierung und Typisierung angestrebt werden, die jedoch die individuelle Gestaltung der erzeugten Güter nicht ausschließen dürfen. Dazu ist beste Ausbildung des Nachwuchses an Beamten und Arbeitern erforderlich. Bei der Konzentration der Betriebe muß das Streben nach verbilligter Erzeugung durch vermehrte Produktion und nach erhöhter Absatzwerbung vorherrschen. Dies kann durch eine gesunde und verantwortliche Kartelltätigkeit gefördert werden, denn auch auf dem Weltmarkte sind internationale Kartelle ein geeignetes Mittel, um dem zügellosen Wettbewerb entgegenzuwirken. Die unnatürliche Übersetzung der Güterverteilung, die preisverteuernde Wirkung eines unnatürlich aufgeblähten Zwischenhandels muß im Wege eines natürlichen Bereinigungsprozesses, durch eine Verringerung der Verteilungskosten, durch eine Beschränkung der Zahl der Handelsunternehmungen und die Geschäftstendenz „großer Umsatz, kleiner Nutzen“ wieder beseitigt werden.

Zu der Absatzkrise von der Produktionsseite her kommt dann noch von der Geldseite her eine Inflationskrise, welche durch die inflationistische Wirkung der zur Beschaffung von Markzahlungsmitteln verwendeten Auslandskredite hervorgerufen ist und in dem Augenblick zum Durchbruch kam, als die Auslandskredite nachließen, die Inflation also aufhörte, der durch sie geschaffene Konjunkturanreiz fortfiel, die in dieser künstlichen Konjunktur produzierten Waren sich als unabsetzbar erwiesen, die Kredite einfroren. Das Bild der Wirtschaft, von der Geldseite her betrachtet, zeigte ein allgemeines stillschweigendes Moratorium, das man sich gegenseitig teils gewährte, teils aufzwang und in den Massen umlaufender Finanzwechsel sowie in dem ungesunden und bekämpfenswerten Umlauf von Wechseln als Zahlungsmittel zum Ausdruck kam. Was aber diese Krise besonders heute noch charakterisiert, das ist auf der einen Seite eine ständige Steigerung der Arbeitslosigkeit, auf der anderen Seite aber ein bisher unvermindertes Preisniveau. Und letzteres bedeutet nichts anderes, als das von der Produktionsseite her keine Aussicht auf Milderung der Krise vorhanden ist, da nur sinkende Preise eine solche Milderung bringen können. Während sonst jede Krisis in Preisstürzen ein Heilserum aus sich heraus erzeugt, ist das bei der deutschen Krise bisher nicht der Fall.

Von den Rationalisierungsbestrebungen bringt die vertikale Organisation, die Vereinigung der Erzeugung vom Urstoff bis zum Fertigfabrikat mit allen dazwischenliegenden Stufen, auf finanziellem Gebiete nicht immer am schnellsten sichtbare Erfolge, die Erfolge liegen vielmehr in der Förderung der Technik. Die horizontale Organisation, die Teilung und Verbindung von Arbeiten oder Erzeugnissen auf der gleichen Produktionsstufe, dagegen sucht die Erfolge mehr auf kaufmännischem und Verwaltungsgebiete. Alle Rationalisierungsbestrebungen bedeuten aber im Grunde, mit weniger Menschen dieselbe Leistung zu vollbringen, und das bedeutet zunächst eine Vergrößerung der Arbeitslosigkeit, bis schließlich die Produktionsverbilligung wieder eine Belebung der Wirtschaft und eine allgemeine Besserung des Arbeitsmarktes hervorruft. Daher dürfen auch die Zahlen der Arbeitsmarktstatistik nicht allein als maßgebend für die Bewegungen auf dem Arbeitsmarkt angesehen werden, sie führen sogar leicht zu falschen Schlüssen. Denn die Zahl der Arbeitslosen ist nicht allein auf die schlechte Lage des Arbeitsmarktes zurückzuführen, sondern kann auch durch die Stilllegung veralteter und unwirtschaftlicher Betriebe, durch die Rationalisierung der Betriebe beeinflußt werden. Und eine nicht allein technische, sondern auch organisatorische Rationalisierung kann ein Zeichen der Gesundung der Wirtschaft sein, wenn sie auch zur Verschlechterung des Arbeitsmarktes zeitlich beiträgt. So hängen die Entlassungen in der

Großeisenindustrie und in der chemischen Industrie zur Zeit jedenfalls mit diesen Vorgängen zusammen, und man darf die Verschlechterung des Arbeitsmarktes nicht ohne weiteres als eine Verschlechterung der Wirtschaftslage ansehen.

Das Wesen der im Herbst 1925 einsetzenden Wirtschaftskrisis besteht also in einer Liquidation der Fehlentwicklung, die durch die Inflation hervorgerufen war. Diese Liquidation ist im Jahre 1926 in der Hauptsache durchgeführt worden und vor uns liegt jetzt die außerordentlich große und schwierige Aufgabe des Aufbaues. Hierfür muß die Wegrichtung sein: Von irrationeller Produktion und Werksausdehnung zur Rationalisierung der Betriebe und Stillegung überflüssiger Werkstätten, vom Interessen- und Klassenkampf zur Gemeinschaftsarbeit und zum Solidaritätsgefühl, von der Rationalisierung und dem Zusammenarbeiten zur Qualitätsarbeit und zur Verbilligung der Selbstkosten und Preise sowie schließlich von Qualitätsware und billigen Preisen zu einer Verstärkung der Ausfuhr.

## 5. Betriebswirtschaftslehre.

Die Privatwirtschaftslehre befaßt sich mit der Erforschung des Wesens der Einzelwirtschaften, der Unternehmung oder des Betriebes, im Gegensatz zur Nationalökonomie, die die Gesamtheit der Einzelwirtschaften, also die Volkswirtschaft zum Gegenstand ihrer Betrachtung macht. Diese Erforschung erstreckt sich nach zwei Richtungen: auf das innere Leben des Einzelbetriebes, wirtschaftliche Betriebslehre, und auf den Verkehr der Betriebe untereinander, betriebswirtschaftliche Verkehrslehre. In beiden Beziehungen kann man einen allgemeinen, theoretischen Teil und einen speziellen, praktischen Teil unterscheiden, so daß sich eine allgemeine und eine spezielle Betriebswirtschaftslehre ergibt. Die allgemeine Betriebswirtschaftslehre beschäftigt sich mit den Betriebsformen als Einzelbetriebe und Gesellschaften in ihren verschiedenen Arten, mit den Betriebsmitteln, mit den Begriffen Vermögen, Schulden, Kapital, Kredit, Finanzierung, Zahlungsmittel, leitende und ausführende Arbeit und schließlich mit der Organisation des Betriebes als Umsatz, Ertrag, Wettbewerb, Unternehmungsrisiko, Spekulation, Konjunktur. Maßgebend ist für die Privatwirtschaftslehre immer die Wirtschaftlichkeit des Einzelbetriebes. Während z. B. für den Juristen nur die Frage in Betracht kommt, wie eine offene Handelsgesellschaft, eine Aktiengesellschaft, eine Gesellschaft mit beschränkter Haftung, eine Genossenschaft usw. geschaffen wird, stellt der Privatwirtschaftler die Frage, welche Unternehmungsform muß ich in einem bestimmten Fall wählen, um das beste wirtschaftliche Ergebnis zu erzielen, nämlich um mit möglichst wenig Geld und Arbeitsaufwand den größtmöglichen wirtschaftlichen Erfolg zu erzielen[1]).

[1]) Vgl. hierzu das Schrifttum von Leitner: 1. Privatwirtschaftslehre der Unternehmung; 2. Buchhaltung und Bilanzkunde; 3. Bankbetrieb und Bankgeschäfte; 4. Selbstkostenberechnung industrieller Betriebe, Kontrolle und Statistik in kaufmännischen Unternehmungen.

Die praktische oder spezielle Betriebslehre beschäftigt sich mit den einzelnen Gebieten der Betriebsarten, also mit Bank-, Fabrik-, Warenhandels-, Landwirtschafts-Betriebslehre usw. Jede derselben hat ihre Eigenarten, gemeinsam ist aber allen das rein Technische, nämlich die Buchhaltung, die Preisberechnung oder Kalkulation, die Selbstkostenberechnung, das Risiko der Unternehmung, der Kredit- und Zahlungsverkehr, der Güter- und Nachrichtenverkehr.

In dem Begriff Betrieb faßt man die inneren Zustände und die Vorgänge im Leben einer Einzelwirtschaft, welche der Erzeugung wirtschaftlicher Werte dient, zusammen. In den Betrieben erfolgt die ständige Organisation der wirtschaftlichen Arbeit. Betrieb ist nach Sombart „eine Veranstaltung zum Zwecke fortgesetzter Werkverrichtung", d. i. eine planmäßige, geordnete und dauernde gemeinsame Tätigkeit. Sie bedingt eine Betriebsordnung, welche die einzelnen Produktionsfaktoren zu einem Ganzen durch ihre richtige Verteilung über Raum und Zeit zusammenfaßt. Die Betriebsordnung muß demnach folgende Punkte regeln:

1. Die Einleitung des Arbeitsprozesses; dazu gehören Bestimmungen über Annahme, Anstellung, Entlassung der Arbeiter in quantitativer wie qualitativer Hinsicht, sowie Verfügung über die zur Produktion nötigen Werkstätten und Arbeitsmittel;
2. Die Einrichtung des Arbeitsprozesses, d. s. die Bestimmungen über den Ort, wo? und die Zeit, wann? gearbeitet werden soll;
3. Die Ausführung des Arbeitsprozesses, d. h. die Fürsorge für die tatsächliche Durchführung des vorgezeichneten Planes, für die vorschriftsmäßige Abwicklung des Arbeitsprozesses.

Die Ordnung durch Organisation in den Betrieben ist das eigene Werk der Wirtschaftssubjekte, in der Betriebsorganisation tritt das wirtschaftliche Handeln in Erscheinung, jeder Betrieb ist die lebendige Gestaltung eines Wirtschaftsplanes. Alle Organisation menschlicher Arbeit beruht aber nur auf zwei Prinzipien, auf der Spezialisation und auf der Kooperation. Spezialisation ist diejenige Art der Anordnung, welche einem und demselben Arbeiter gleiche, wiederkehrende Verrichtungen dauernd zuweist. Sie ist diejenige Form, in der das arbeitzerlegende Verfahren nutzbar gemacht wird. Der Grad der Spezialisation kann natürlich ein außerordentlich verschiedener sein, sie kann zwischen Betrieben oder innerhalb eines Betriebes erfolgen. Im ersteren Falle entstehen Spezialbetriebe, die wiederum in Spezialbetriebe unterteilt werden können, z. B. ist die Schmiederei ein spezialisierter Betrieb, nachdem sich die Schlosserei von ihr getrennt hat, die Werkzeugschmiederei ist innerhalb der spezialisierten Schmiederei wieder ein Spezialbetrieb, die Sensenschmiederei innerhalb der Werkzeugschmiederei usw. Unter Kooperation versteht man das Zusammenwirken mehrerer an einem Gesamtwerk, sie kann eine einfache sein, wenn alle Zusammenwirkenden dasselbe tun, einfache Arbeitskooperation, oder eine arbeitsteilige, wenn die einzelnen Arbeiter oder die einzelnen Gruppen von Arbeitern Spezialarbeiten verrichten, arbeitsteilige Werks- oder Arbeitskooperation.

Die Betriebsformen sind mannigfaltigster Art und abhängig von dem Zweck, dem der Betrieb dient, von der Bedingtheit der Betriebsgestaltung durch die Technik, deren man sich bedient, und von der Bedingtheit durch die Organisationsprinzipien. Der Zweck des Betriebes, ob Eisen oder Garn, Ziegel oder Schuhe usw. hergestellt, ob Güter transportiert oder abgesetzt werden sollen, bestimmt die Gestaltung des Betriebes und die Beschaffenheit der in dem Betriebe zu leistenden Arbeit. Die Technik schreibt Art und Größe der Produktionsmittel vor. Sollen Schuhe maschinell hergestellt werden, so sind bestimmte Maschinen erforderlich, die wieder einen bestimmten Grad von Spezialisation und eine bestimmte Anzahl von Arbeitern voraussetzen. Spezialisation macht nun nicht nur grundsätzlich Kooperation notwendig, sondern auch das Maß der Spezialisation bestimmt den Umfang der Kooperation und damit die Größe des Betriebes.

Die Betriebsformen werden schließlich noch durch die Organisationsprinzipien bedingt, ob Alleinbetrieb oder gesellschaftlicher Betrieb und wie die einzelnen Produktionsfaktoren sich zueinander verhalten. Beim Alleinbetrieb ist das Werk in allen seinen Teilen und im Ganzen das ureigene Werk des Alleinarbeiters, beim gesellschaftlichen Betrieb ist der Gesamtarbeitsprozeß in seine einzelnen Bestandteile aufgelöst, die je von einer Arbeitskraft vertreten werden, und das Produkt ist nicht mehr das Werk eines einzelnen, sondern das gemeinsame Werk von mehreren Arbeitskräften. Die Lokomotive wird z. B. nicht mehr von einer oder einigen Personen, sondern von zehntausend Menschen im gesellschaftlichen Arbeitsprozeß hergestellt. Das Verhältnis der einzelnen Produktionsfaktoren zueinander kommt in den Betrieben zum Ausdruck in der Stellung, welche der persönliche oder der sachliche Produktionsfaktor im gewerblichen Betriebe oder der Boden im landwirtschaftlichen Betriebe einnimmt. Wir können danach Handbetriebe und automatische, chemische oder maschinelle Betriebe unterscheiden.

Das üblichste Verfahren, die Betriebe zu klassifizieren, ist ihre Einordnung in Größenklassen. Die deutsche Gewerbestatistik unterscheidet Kleinbetriebe mit bis 5 Personen, Mittelbetriebe mit 6—50 und Großbetriebe mit 51 und mehr Personen.

Die Grundsätze der Betriebsbildung führen zu der Frage, ob es eine Größe des Betriebes gibt, bei welcher der gewünschte Produktionserfolg am besten erzielt, das Maximum der Produktivität erreicht wird? Es ist dies die Frage der optimalen Betriebsgröße, welche drei Bedingungen zu erfüllen hat. Es muß das produktivste Verfahren angewandt und sämtliche Produktionsfaktoren müssen optimal genutzt werden und in einem richtigen Größenverhältnis zueinander stehen. Das Optimum kann ein absolutes oder ein relatives sein. Dieses wird bestimmt unter Berücksichtigung der Menge der herzustellenden Produkte, jenes ohne diese Rücksichtnahme, so daß als das zu lösende Problem sich ergibt: ein einzelnes Gut oder eine einzelne Leistung unter den dem jeweiligen Stande der Technik entsprechenden günstigsten Bedingungen herzustellen.

Diese Grundsätze der Betriebsbildung haben auf allen Gebieten des Wirtschaftslebens Geltung, aber die verschiedenen Arten der Betriebe haben auch wieder verschiedene Formen, und die Verschiedenheit der Betriebsgestaltung tritt am deutlichsten hervor in den großen Stufen des wirtschaftlichen Prozesses: Urproduktion, Stoffverarbeitung und Güterabsatz. Die Betriebsformen in der Landwirtschaft werden unterschieden je nach der Art der dem Boden abzugewinnenden Produkte, Futter- oder Körnerpflanzen, und je nach dem größeren oder geringeren Aufwand von Produktionsmitteln und Arbeit auf eine gegebene Bodenfläche, intensiver und extensiver Betrieb. Die Betriebsformen im Gewerbe sind das Handwerk als Gehilfenbetrieb, die Manufaktur und die Fabrik. Manufaktur ist ein gesellschaftlicher Großbetrieb, in dem wesentliche Teile des Produktionsprozesses noch durch Handarbeit ausgeführt werden, während in der Fabrik als Großbetrieb alle wichtigen Teile des Produktionsprozesses oder der gesamte Produktionsprozeß von der formenden Mitwirkung des Arbeiters unabhängig gemacht worden sind, der gesamte Betrieb automatisiert ist. Die landwirtschaftlichen Betriebe empfangen ihr eigentümliches Gepräge durch ihre Beziehung zum Boden, die gewerblichen durch ihre Beziehung zur Technik; im Warenumsatz, im Handel dagegen entstehen die Sonderformen der Betriebe durch ihre Beziehungen zur Kundschaft. Wir unterscheiden Groß- und Kleinhandel oder, wie die Fachausdrücke lauten, Engros- und Endetail-Betriebe, je nachdem die Waren an Geschäftsleute oder an letzte Konsumenten abgesetzt werden, stehende Betriebe oder Betriebe im Umherziehen, Hausierbetriebe, je nachdem die Kundschaft zum Händler oder dieser zur Kundschaft kommt, Herkunft- und Hinkunftbetriebe, je nachdem die einen Handelsbetrieb erfüllenden Waren ihre Einheit in der Herkunft, Branchengeschäft oder Lokalgeschäft, oder in ihrer Hinkunft auf einen bestimmten Bedarf, Bedarfsartikelgeschäft, finden. Eine besondere Betriebsform ist das Warenhaus, dessen Eigenart durch das Zusammentreffen dreier Merkmale gebildet wird, Größe, Hinkunft des Gesamtbedarfs und Heterogenität der in ihm vereinigten Warengruppen.

Besondere Eigenarten weist die Betriebsgestaltung noch in der kapitalistischen Wirtschaft auf. Neben den Betrieben, die zur Erzeugung von Sachgütern, von Transport- oder anderen Leistungen errichtet sind, treten Betriebe auf, die keine andere Aufgabe haben als nur die Erzeugung von Gewinn. Sombart nennt die ersteren Werkbetriebe, die letzteren Wirtschaftsbetriebe. In der Regel fallen beide Betriebsarten zusammen, der Kontorbetrieb und der Fabrikbetrieb sind nur zwei Abteilungen ein und derselben Einheit, aber es gibt Fälle, wo der Wirtschaftsbetrieb mehrere Werkbetriebe umfaßt, z. B. eine Großunternehmung wie AEG oder Siemens-Schuckert schließt zahlreiche Fabriken, Elektrizitätswerke, Straßenbahnen in sich, eine Großbank hat viele Filialen usw. Der Wirtschaftsbetrieb in der kapitalistischen Wirtschaft heißt kapitalistische Unternehmung, in der Rechtsprache Firma. Das Kennzeichen der kapitalistischen Unternehmung als Betriebsorganisation ist die Verselbständigung des Geschäftes, ein von der Person losgelöster Erwerbsmechanismus, in welchem das Erwerbsprinzip zur ungehinderten Betätigung gelangen kann. In dieser, von allem Persönlichen losgelösten Unternehmung wird auch erst die Idee der vollständigen Rationalisierung aller Wirtschaftsvorgänge, werden Planmäßigkeit und Zweckmäßigkeit in die Wirklichkeit überführt. Der wesentliche Inhalt der kapitalistischen Unternehmung ist nicht die Erzeugung oder der Transport von Gütern oder der Absatz von Waren, die Vermittlung von Kredit usw., sondern ihr Zweck ist die Erzielung von Gewinn und das Mittel zur Erfüllung des Zweckes ist die Vertragschließung über geldwerte Leistungen und Gegenleistungen, ihr Inhalt daher Rechnen. Jedes technische Problem muß sich im Rahmen der kapitalistischen Unternehmung in einen Vertragsabschluß auflösen lassen, auf dessen vorteilhafte Gestaltung alles Sinnen und Trachten des kapitalistischen Unternehmers gerichtet ist.

Die kapitalistische Betriebsgestaltung weist in der Gegenwart sowohl die Spezialisation zwischen Betrieben in ihren äußersten Konsequenzen auf als auch die Kombination, die Vereinigung selbständiger Betriebe verschiedenen Inhalts zu einem Betriebe. Die Spezialisation umfaßt einerseits die wirtschaftlichen Funktionen als Beschaffung des Kapitals, der Arbeitskräfte und der Produktionsmittel sowie den Warenabsatz, andererseits die sachlichen Funktionen als die horizontale Spezialisation nebeneinander zu verrichtender Tätigkeiten, wie Herstellung verschiedener Eisensorten, oder als vertikale Spezialisation nacheinander zu vollziehender Produktionsprozesse, wie Gießerei und Maschinenbau oder Spinnerei und Weberei, oder als Typisierung, Spezialisation auf wenige, nach bestimmten Normalmaßen hergestellte, gleichförmige Typen einer Warengattung. (Normalisierung ist die Vereinheitlichung einzelner Teile eines Fabrikates.) Bei der Kombination bleiben entweder die Werkbetriebe als Einzelbetriebe selbständig und nur der Wirtschaftsbetrieb ist einheitlich, oder die Einzelbetriebe verlieren ihre Selbständigkeit und gehen in einen neuen Betrieb auf, in dem sie nur mehr Betriebsabteilungen bilden.

Der kapitalistische Betrieb erstrebt eine vollständige Rationalisierung aller Betriebsvorgänge, Planmäßigkeit und Zweckmäßigkeit sind der Leitgedanke, der verwirklicht wird durch Mechanisierung, Intensivierung und Ökonomisierung der Betriebe. Die Mechanisierung besteht in der Zerlegung des ganzen Arbeitsprozesses in einzelne, nach rein sachlichen Gesichtspunkten abgegrenzte Teilvorrichtungen, die dann normalisiert, spezialisiert, automatisiert und schließlich taylorisiert werden, wodurch der Betrieb völlig versachlicht, mechanisiert wird. Die Intensivierung besteht in der Steigerung des Energieaufwandes durch Zusammendrängen von mehr Arbeit in einer gegebenen Zeit, Schnellbetrieb, durch Vervollkommnung des Produktionsapparates, Verwendung besserer Maschinen usw., durch Einstellung höher qualifizierter Arbeiter. Die Ökonomisierung ist das Mittel, durch möglichst sparsame Verwendung der Produktionsfaktoren die Leistungsfähigkeit des Betriebes zu steigern, und das geschieht durch Beschaffung billigerer Produktionsmittel und ihre bessere Ausnutzung, wie rationellere Feuerungsanlagen, Verminderung oder Verwertung der Abfälle,bessere Ausnutzung der Arbeitskräfte und Vervollkommnung der

Löhnungsmethoden, Akkordarbeit, Prämienlohnsystem oder Pensumsystem.

Der Sieg des Großbetriebes in der modernen Wirtschaft ist eine Folge der rationellen Ausnutzung von Kapital und Arbeitskraft, und dennoch besteht diese Rationalisierung des Betriebes nicht immer nur in Ausschaltung überflüssiger Arbeit, sondern schafft in vielen Fällen neue Arbeit und neue Aufgaben, die auf den ersten Blick scheinbar Leerlauf bedeuten, in Wirklichkeit aber zur Durchführung rationeller Betriebsmethoden unerläßlich sind. Im Einzelunternehmen alten Stils vollzog sich der Betrieb in solchen Grenzen, daß der Inhaber ihn mühelos überblicken und alle leitenden Funktionen selbst ausüben konnte. Je mehr die Betriebe wuchsen, desto notwendiger wurde die Arbeitsteilung, Leitung und Verwaltung wurden in verschiedene Arbeitskreise geteilt und an Stelle des persönlichen Kontakts und der persönlichen Leitung trat die straffe Organisation. Diese bedarf aber ständiger Kontrolle, wenn der ganze Apparat reibungslos und ökonomisch arbeiten soll, und für diese Kontrolle mußten neue Arbeitskräfte ausgebildet und eingestellt werden. Es genügen aber nicht Intuition und Erfahrung, sondern die Kontrolle muß sich auf exakte Zahlen, auf die Statistik stützen, und daraus ergibt sich die große Bedeutung der Betriebsstatistik. Nur eine sorgfältige Betriebsstatistik ermöglicht die Kontrolle eines Großbetriebes, nur sie läßt erkennen, an welchen Stellen noch unwirtschaftlich gearbeitet wird, und nur sie kann auch die Grundlage für die Durchführung eigentlicher Rationalisierungsmaßnahmen bilden.

Unter den verschiedenen Arten der Betriebe nehmen nun durch ihre Eigenart eine besondere Stellung die Baubetriebe ein. Das Baugewerbe stellt Güter her, die unbeweglich sind, mit dem Grund und Boden fest verbunden werden, und daher keine Ware sind. Der Herstellung geht stets ein Bedarf voraus, die Produktion des Baugewerbes ist reine Kundenproduktion. Aber auch die Bedarfsdeckung ist nicht immer ausschlaggebend für die Bautätigkeit, sondern diese hängt neben wirtschaftlichen auch von politischen, persönlichen und finanziellen Einflüssen ab, und daraus ergibt sich ein stets schwankender und ungleichmäßiger Beschäftigungsgrad des Baugewerbes, da eine Produktion auf Vorrat nicht möglich ist. Herstellungs- und Verwendungsort der Bauwerke fallen zusammen, und daraus folgt ein stetiger Wechsel der eigentlichen Betriebsstätten, ein Wanderbetrieb. Diese Unstetigkeit der Baubetriebe hat dann weiter zur Folge, daß die Mehrzahl der benötigten Arbeitskräfte immer erst an Ort und Stelle angeworben werden kann, wenn auch naturgemäß jede Unternehmung einen festen Stamm von Angestellten und Facharbeitern sich erhält. Während in den Fabriken der Arbeiter ständige Arbeit erhalten kann und damit bessere Arbeits-, Wohn-, Verpflegungs- und Einkommensbedingungen findet, zeigt die Zusammensetzung der Arbeitskräfte auf größeren Baustellen die bunteste Mannigfaltigkeit und einen fortwährenden Wechsel. Daraus ergibt sich dann auch ohne weiteres, daß die Leistungen aller dieser auf einer größeren Baustelle zusammenströmenden Arbeiter eine außerordentlich unterschiedliche ist.

Mit dieser produktionstechnischen Eigenart der Baubetriebe ist nun auch die betriebstechnische Eigenart eng verknüpft. Die produktionstechnische Eigenart macht sich weniger bei Hochbauten als bei Ingenieurbauten geltend, das Baugewerbe teilt sich daher zunächst auch in Hochbau- und Tiefbaugewerbe oder besser Ingenieurbaugewerbe, da auch der Betonbau zum Ingenieurbau gehört und beide gewerblich vereinigt sind. Im Ingenieurbau besonders wirkt die Mannigfaltigkeit der Arbeiten auf die Betriebsgestaltung zurück. Die Verschiedenartigkeit der Bauanlagen nach Art und Arbeitsumfang erfordert jedesmal die Aufstellung eines neuen Arbeits- und Betriebsplanes, mit jeder neuen Arbeit ändert sich die Zahl, Zusammensetzung und Leistung der Arbeiter, die Zahl und Größe der Maschinen und Geräte, der Werkstätten, der Bedarf an Bau- und Betriebsstoffen. Die Boden- und Wasserverhältnisse, die Lohn- und Arbeitsbedingungen, die Leistung der zu erwartenden Arbeitskräfte, die Einrichtung der Baustelle, der Transport der Arbeitsgeräte und Baustoffe, die Mengen und Kosten der Baustoffe sowie viele andere Dinge erfordern jedesmal eine sorgfältige Berücksichtigung und Berechnung. Daher ist die Tätigkeit im Ingenieurbau in ihren Vorbedingungen, ihrer Vorbereitung und Durchführung so vielen Unsicherheiten unterworfen, daß der Erfolg des Wirtschaftens immer ein ungewisser ist.

Die betriebstechnische Eigenart im Ingenieurbau besteht also darin, daß die Betriebsorganisation eine fortwährend wechselnde ist, fortwährend neu gestaltet werden muß, daß der Unternehmer dauernd vor neue technische und betriebliche Aufgaben gestellt ist. Während bei den meisten gewerblichen Betrieben Zahl, Zusammensetzung und Leistung der Arbeiter, Zahl und Art der verwendeten Maschinen, Arbeits- und Betriebsplan, Rohstoff- und Betriebsstoffbedarf sowie Absatz eine gewisse Gleichmäßigkeit zeigen, während also die ganze Betriebsorganisation auf eine längere Betriebsperiode eingestellt ist, wechselt diese im Ingenieurbaugewerbe in viel kürzeren Zwischenräumen. Und alle diese Schwierigkeiten wachsen mit zunehmender Betriebsgröße, am wenigsten werden davon die Klein- und Mittelbetriebe getroffen, solange sie nur kleinere Arbeiten ausführen[1]).

Der Wanderbetrieb und der fortwährende Wechsel der Betriebsorganisation stellt nun auch besondere Anforderungen an die Betriebsordnung. Die Regelung der Einleitung, Einrichtung und Ausführung des Arbeitsprozesses hat zunächst eine technische und kaufmännische Seite, zu der technischen Leitung muß daher eine kaufmännische Leitung hinzukommen. Die Aufgaben der technischen Leitung sind Mechanisierung und Intensivierung des Betriebes, die Ökonomisierung dagegen verlangt kaufmännische Mitarbeit, die sich insbesondere auf Einkauf, Material- und Geräteverwaltung und auf Statistik erstrecken muß. Die Statistiken müssen alle Erfahrungen sammeln, die auf Baustellen gemacht werden, als Baustoffverbrauch, Aufwendung von Arbeitszeit, Hilfsmaterialverbrauch, insbesondere Holzverschnitt bei Schalungen,

---

[1]) Beermann, Th.: Das deutsche Tiefbaugewerbe. Leipzig 1925.

Verbrauch von Geräten und Werkzeugen usw. Der einzelne Mitarbeiter muß innerhalb seines Tätigkeitsgebiets alles Wissenswerte schriftlich fixieren, und die Betriebsorganisation muß diese Erfahrungen allen zugänglich machen. Dann kann es nicht mehr vorkommen, daß bereits gemachte Erfahrungen immer wieder erneut auf Kosten des Betriebes gemacht werden.

Einkauf, Materialien- und Geräteverwaltung sind bei allen größeren Betrieben zu zentralisieren, denn gerade in Material und Gerät steckt ein großer Teil des Betriebs- und Anlagekapitals. Eine gut organisierte und unter kaufmännischer Leitung stehende Verwaltung muß jede Bewegung aller Wertgegenstände vom Werkplatz zum Bau, von Bau zu Bau, von Nebenbetrieb zu Nebenbetrieb usw. sorgfältig registrieren, um jederzeit angeben zu können, wo sich jedes einzelne Stück befindet, sie muß ferner vor jeder Neuanschaffung überlegen, ob nicht auf dieser oder jener Baustelle das Gewünschte frei gemacht werden kann, und vor jeder Neuanschaffung kalkulieren, ob das Benötigte durch Kauf oder Selbstanfertigung auf dem Werkplatz billiger zu stehen kommt. Die technische Leitung muß also durch die kaufmännische unterstützt werden, beide haben ihre getrennten Aufgaben, müssen sich aber gegenseitig unterstützen, Hand in Hand arbeiten. Und dieses Zusammenarbeiten ist bestimmend für die Bureauorganisation. Eine gute, wohldurchdachte und straffe Bureauorganisation erspart nicht nur Zeit und Geld, sondern auch manchen Ärger, sie ist ein Erfordernis moderner Betriebsgestaltung. Aber damit allein ist das Problem der Rationalisierung der Betriebe nicht gelöst, denn es ist weiter zu prüfen, ob nicht eine Spezialisierung der Betriebe in dem Sinne anzustreben ist, daß nicht jede einzelne größere Unternehmung große Summen in Maschinen und Geräten festlegt und vielfach noch erhebliche Kapitalien in Nebenbetrieben, als Sägewerken, Ziegeleien, Kunststeinfabriken usw. stecken hat und doch immer nur mit einem Bruchteil der Werke gleichzeitig arbeiten kann. Auch für Baubetriebe erweitert sich das Problem der Rationalisierung in Richtung auf Spezialisierung und auf Zusammenschlüsse, auf Vereinigung von mehreren Betrieben oder Zusammenschlüsse von bisher getrennt marschierenden Unternehmungen. Hierbei machen sich aber die Eigenarten der Ingenieurbaubetriebe, die sich aus ihrer rechtlichen und gewerberechtlichen Stellung ergeben, hemmend bemerkbar.

Infolge der Gewerbefreiheit können auch technisch nicht vorgebildete Personen bei Anstellung eines geeigneten Geschäftsführers oder Bauleiters das Baugewerbe ausüben. Eine mangelhafte Ausführung der Bauten birgt aber Gefahren für Bauarbeiter und Allgemeinheit während der Ausführung und nach der Vollendung. Daher ist ein Schutz geschaffen worden gegen unzuverlässige Bauunternehmer durch das Reichsgesetz vom 7. Januar 1907 betr. Abänderung der Gew.-O. Hiernach kann die Ausübung des Baugewerbes untersagt werden, wenn Tatsachen vorliegen, die eine Unzuverlässigkeit des Unternehmers in bezug auf diesen Gewerbebetrieb darstellen, § 35 Gew.-O. Die Unzuverlässigkeit kann technischer, wirtschaftlicher und moralischer Art sein. Bei Bauten, deren Ausführung einen höheren Grad praktischer Erfahrung oder technischer Vorbildung erfordert, kann die Untersagung der Bauausführung oder Bauleitung wegen Unzuverlässigkeit sich im Einzelfalle auch gegen bestimmte Personen richten, § 35a Gew.-O. Dieses Nachtragsgesetz zur Gew.-O., der sog. kleine Befähigungsnachweis, hat aber besonders im Ingenieurbau keine praktische Bedeutung gehabt. Die freie Ausübung des Tiefbaugewerbes lockt nach wie vor auch technisch nicht vorgebildete Kräfte an, die das Bauen lediglich als Spekulation ansehen, so daß die verschiedenartigsten Elemente als Tiefbauunternehmer auftreten.

Umstritten ist auch die gewerberechtliche Stellung der Ingenieurbaubetriebe. Die Handwerkskammern betrachten die Tiefbaubetriebe als Handwerksbetriebe, die Handelskammern dagegen heben ihren industriellen Charakter hervor. Die Spruchpraxis der Verwaltungsbehörden und der Gerichte über den Betriebscharakter gewerblicher Unternehmungen erkennt grundsätzlich neben dem Handwerkerbetrieb und dem Fabrikbetrieb eine dritte Betriebsform, den kaufmännisch-gewerblichen Großbetrieb an, dessen Zuordnung zum Handwerkerbetrieb der Auffassung des Verkehrslebens widersprechen würde. Auch die Vorschriften der Gew.-O. nötigen nicht dazu, daß ein auf Herstellung von körperlichen Gütern gerichteter Gewerbebetrieb schlechterdings dann als Handwerk betrachtet werden müßte, wenn er nicht unter den Begriff „Fabrik" fällt. Und eine Reichsgerichtsentscheidung vom 12. April 1904 besagt, daß eine Bauunternehmung außer der gemeinsamen Arbeitsstätte im wesentlichen die Merkmale des Fabrikbetriebes habe und daher nicht als Handwerk, aber auch nicht als reine Fabrik angesehen werden könne. Die Begriffe Handwerk und Fabrik sind gesetzlich nicht festgelegt, die Festlegung ist vielmehr den Gerichten und Verwaltungsbehörden nach den konkreten Umständen des einzelnen Falles überlassen worden. Immerhin lassen sich aus der Spruchpraxis eine Reihe von Merkmalen entnehmen, bei deren Vorhanden- oder Nichtvorhandensein ein Schluß auf den Charakter des Betriebes gezogen werden kann. Als dem Handwerksbetriebe wesentliche Merkmale werden angesehen, wenn der Unternehmer des Betriebes selber gelernter Handwerker ist und wenn die Gehilfen des Unternehmers, von Handlangern abgesehen, Handwerksgesellen sind, die in einem besonderen Handwerk ihre Lehrzeit durchgemacht haben. Ein Betrieb mit mehr als 50 Personen wird ferner als Großbetrieb angesehen, und solchen Betrieben fehlt schon deswegen die Handwerkseigenschaft, weil ein Großbetrieb ohne fabrikmäßige Arbeitsteilung nicht denkbar ist. Auch deutet die Verwertung verschiedenartiger Maschinen und die mechanisierte Arbeitsweise bei Ausführung der Bauarbeiten nach genauen Zeichnungen von Ingenieuren darauf hin, daß es sich nicht um einen Handwerksbetrieb handelt. Es fehlt einem größeren Baubetrieb, um als Fabrikbetrieb gelten zu können, lediglich das für einen solchen wesentliche Merkmal der Konzentration der Arbeit in der gewerblichen Anlage des Unternehmers. Schließlich ist auch die Ausbildung von Lehrlingen kein Privileg des Handwerks, sondern Bauunternehmungen sind ebenso wie jeder Handwerksbetrieb berechtigt, Lehrlinge für ein

Handwerk, Maurerei und Zimmerei, auszubilden und sie zur Ablegung der Gesellenprüfung bei der Handwerkskammer anzumelden, ohne daß sie vorher in einen Handwerksbetrieb übertreten müssen. Nur für Handwerksbetriebe hat die Gew.-O. besondere Bestimmungen hinsichtlich der Lehrlingsausbildung in den §§ 129—132a getroffen, für alle anderen nicht zum Handwerk gehörigen Betriebe gelten diese Sonderbestimmungen nicht, sondern nur die Bestimmungen der §§ 124 bis 128 Gew.-O. über Lehrlingsverhältnisse im allgemeinen. Diesen allgemeinen Bestimmungen unterliegen beispielsweise auch die Betonlehrlinge (Zementfacharbeiter, Betonzimmerer und Einschaler) als Industrielehrlinge. Für die Industrielehrlinge fehlt es aber zur Zeit noch an Prüfungsausschüssen, und es ist Sache der Industrie- und Handelskammern, eigene Prüfungsausschüsse einzurichten. Die rechtliche Grundlage ist dafür im § 38 Abs. 2 des Gesetzes über die Handelskammern gegeben, nach welchem den Industrie- und Handelskammern die Befugnis zusteht, Einrichtungen für die technische und geschäftliche Ausbildung, die Erziehung und den sittlichen Schutz der Lehrlinge in Handel und Gewerbe zu begründen, zu unterhalten und zu unterstützen. Sie können also die Voraussetzungen für die nach § 127c Abs. 2 Gew.-O. auszustellenden Lehrbriefe selbst gestalten, denn auch bei den Innungen ist die Aushändigung des Lehrbriefes immer schon an die Ablegung einer Gesellenprüfung geknüpft worden[1]).

Nach diesen Grundsätzen ist bereits in mehreren Fällen von den

---

[1]) Eine planmäßige Förderung des Arbeiternachwuchses ist eine notwendige Aufgabe der Industrie, besonders auch der Bauindustrie hinsichtlich aller Spezialarbeiter und kann wirksam nur durch die Heranbildung von Lehrlingen erfolgen. Eine geordnete Lehrlingshaltung und -ausbildung gab es bis vor kurzem nur im Handwerk, erst in neuester Zeit ist auch die Industrie dazu übergegangen, sich die erforderlichen Facharbeiter selbst heranzubilden, und hat der Lehrlingsausbildung ihr Augenmerk zugewandt. Die Reichsarbeitsverwaltung unterstützt auch diese Bestrebungen, und die Berufsberatung und die mit ihr verbundene Lehrstellenvermittlung hat im Arbeitsnachweisgesetz vom 22. Juli 1922 eine reichsgesetzliche Grundlage. Die Landesämter für Arbeitsvermittlung sind verpflichtet ihre Tätigkeit auf dieses Gebiet zu erstrecken, während die Arbeitsnachweise dazu zwar ermächtigt, jedoch noch nicht verpflichtet sind. Preußen, Württemberg und Thüringen haben, wenn auch unter gewissen Einschränkungen, eine Verpflichtung für die Arbeitsnachweise ausgesprochen. Auch der Entwurf eines Berufsausbildungsgesetzes ist fertiggestellt.

Das geltende Recht der Lehrlingsausbildung, §§ 126—128 der Gew.-O., welche sich auf die Gewerbebetriebe im allgemeinen beziehen, und die §§ 129—132a, welche die Lehrlingsverhältnisse nur für Handwerksbetriebe regeln, bedürfen der Revision, weil sie die Lehrlingsverhältnisse in der Industrie nicht berücksichtigen. Vor allem wird auch für die Industrielehrlinge eine Gesellenprüfung einzurichten sein, nicht allein wegen des Befähigungsnachweises, sondern auch wegen der moralischen Bedeutung.

Träger des industriellen Lehrlingswesens müssen die Berufsvertretungen werden, derart, daß dieselben Aufgaben, wie sie für die handwerklichen Lehrlinge den Handwerkskammern zustehen, so für die Industrielehrlinge den Industrie- und Handelskammern kraft Gesetzes übertragen werden, wobei dem Staat das Genehmigungs- und oberste Aufsichtsrecht vorbehalten bleibt.

Gerichten entschieden worden, daß alle größeren Baubetriebe nicht zur Handwerkskammer, sondern zur Handelskammer gehören. Aber auch für mittlere und kleine Tiefbaubetriebe fehlen die Kennzeichen des Handwerksbetriebes. Denn vielen Tiefbauarbeiten, insbesondere den Erdarbeiten, die gerade für den kleinen Tiefbauunternehmer ein Hauptgebiet bilden, fehlt der Charakter als Handwerksarbeit, ihre Ausführung erfordert keine sachliche Vorbildung, nur eine gewisse Übung, und Handwerker werden, wenn überhaupt, immer nur in geringer Zahl verwendet. Auch beteiligt sich der Betriebsunternehmer in der Regel nicht selbst an der Ausführung der Arbeit, selbst der kleine Tiefbauunternehmer hat eine vorwiegend kaufmännische Tätigkeit, wie das Verdingungswesen, der Verkehr mit den Auftraggebern, die Beschaffung oder das Mieten von Geräten usw. zeigen. Schließlich ist jeder Tiefbaubetrieb nicht auf einem überlieferten Betriebsumfang beschränkt, sondern muß der jeweiligen Bauaufgabe angepaßt werden. Es überwiegen also schon beim Kleinbetrieb die industriellen, kaufmännisch-gewerblichen Merkmale, um so mehr natürlich beim Mittel- und Großbetrieb, so daß es wohl berechtigt ist, wenn man allgemein von einer Tiefbauindustrie spricht. Andererseits ist aber auch wieder die Teilung der Tiefbaubetriebe in Klein-, Mittel- und Großbetriebe ein Hindernis für den Zusammenschluß, wenn auch diese Teilung in gewisser Hinsicht dem Betriebsgrundsatz der Spezialisation entspricht.

Das Eindringen der Wissenschaft in die Technik hat sich im vergangenen Jahrhundert ausschließlich auf die rein konstruktiven Probleme der Technik beschränkt, die Ausführung und Herstellung der technischen Erzeugnisse blieb im Handwerksmäßigen haften. Aber die Herstellungsverfahren und die für sie verwendeten Maschinen und Einrichtungen wurden immer zahlreicher und verwickelter, und daher mußten zwangsläufig zu den konstruktiven Problemen diejenigen der Ausführung oder des Betriebes hinzukommen. Wir sehen daher seit Beginn dieses Jahrhunderts eine stetige Zunahme der Versuche, auch diese Probleme wissenschaftlich zu durchforschen und der ausführenden Technik neue Wege zu weisen. Allerdings stellen sich gerade im Bauwesen der wissenschaftlichen Durchforschung besondere Schwierigkeiten entgegen und ist noch immer die reine Erfahrung von weittragender Bedeutung.

„Die Betriebswissenschaft hat die Aufgabe, die Zustände und Vorgänge im Betrieb zu erforschen, ihre Wirkungen und Einflüsse aufeinander zu ergründen und soweit als möglich die gesetzmäßigen Zusammenhänge in Ursache und Wirkung klarzulegen mit dem ausgesprochenen Zweck, die Herstellung der Erzeugnisse des Betriebes mit dem geringsten Aufwand an Stoff und Arbeit zu ermöglichen und gleichzeitig die Güte der Erzeugnisse auf das Höchstmaß zu bringen. Die Betriebswissenschaft soll also nicht Selbstzweck sein, ihre Ergebnisse sollen vielmehr den Betriebsleitern den mühsamen Weg, den das Sammeln der Erfahrung durch jeden einzelnen verursacht, erleichtern und ihnen die Möglichkeit geben, die Wirkungen neuer Maßnahmen und Methoden vorausschauend richtig zu bewerten. Die Betriebswissenschaft ist der Natur der Sache nach eine Erfahrungswissenschaft, sie darf aber nicht etwa zu einem Sammeln von Rezepten herabsinken, sie soll vielmehr durch methodische und systematische Durchforschung der gesamten, den Betrieb bildenden Faktoren die grundlegenden Bedingungen für die rationelle Führung eines Betriebes aufsuchen und ihre Anwendung lehren[1])." Und da zu diesen Faktoren auch Menschen gehören, so hat die Betriebswissenschaft auch ethische Aufgaben zu erfüllen. Diese treten besonders auf bei der Regelung der Höhe der Arbeitsleistung. Die Arbeitsleistung jedes einzelnen muß auf das Höchstmaß gebracht werden, aber dies darf nicht geschehen durch ein Überspannen der Kräfte, sondern muß in einer Weise erfolgen, daß nicht nur nicht eine Schädigung der Gesundheit der Arbeiter eintritt, sondern daß im Gegenteil die Arbeitsfreudigkeit und die Liebe zur Arbeit gehoben wird.

Das geeignetste Mittel, diese schwierige Aufgabe zu lösen, ist die Zeitstudie. Die Zeitdauer aller Einzelheiten der verschiedenen Arbeitsvorgänge ist mit der Stoppuhr möglichst genau zu erfassen, und aus den so gewonnenen Unterlagen läßt sich dann leicht ermitteln, welche Arbeitsleistung unter Berücksichtigung der erforderlichen Pausen und der unvermeidlichen Unterbrechungen bei der Arbeit dem einzelnen zugemutet werden kann, ohne daß eine Überanstrengung stattfindet. Bei solcher gewissenhaften Prüfung aller Arbeitsvorgänge wird sich auch bald ergeben, an welchen Stellen Leerlauf vorhanden ist, und man wird dem anzustrebenden Ziel, daß alle Arbeiter des Betriebes ständig voll beschäftigt sind, nahekommen. Die Zeitstudie gibt auch das Mittel zu einem gerechten Aufbau der Akkorde, die bisherige Festsetzung nach Erfahrungen oder Schätzungen ist immer mit unvermeidlichen Fehlern verbunden. Ein Streit über die Höhe der Leistungen muß ausgeschlossen sein, es darf nur über die Höhe des Stunden- oder Grundlohnes verhandelt werden, der Akkordarbeiter muß wissen, daß er bei jeder Arbeit mit dem richtigen Fleiß einen angemessenen Mehrverdienst erzielen kann.

Ein weiterer Zweig der Betriebswissenschaft ist die Eignungsprüfung. Wenn auch die Ergebnisse der Psychotechnik heute noch nicht immer den Erwartungen entsprochen haben, so erscheint es doch keineswegs ausgeschlossen, daß auch im Bauwesen bei Ausarbeitung geeigneter Prüfungsmethoden und ihrer Anwendung bei der Auswahl der Bauarbeiter und besonders der Arbeiter für die Bedienung der Baumaschinen Mißerfolge unterbleiben und Enttäuschungen vermieden werden.

Kennzeichnend für eine Betriebsorganisation nach neuzeitlichen Grundsätzen ist sodann, daß vor Inangriffnahme der Arbeit eine eingehende Vorbereitung derselben erfolgt, und daß eine straffe Führung des Betriebes bis in alle Einzelheiten von einer Stelle aus eintritt. Diese Stelle gibt sämtliche Anordnungen über die Reihenfolge aller einzelnen Arbeitsvorgänge und über die Verteilung der Arbeit. Die Zettel, auf welchen die Arbeitsvorgänge vermerkt sind, und welche die

---

[1]) Schellewald: Bauing. Heft 10, 1925.

einzelne Bauarbeit bis zur Erledigung verfolgen, können zur Eintragung der zu zahlenden Arbeitskosten in Geld oder Zeit benutzt werden und so als Akkordzettel dienen. Die zu einer Bauarbeit gehörigen Arbeitszettel werden zweckmäßig auf einem Vordruck eingetragen, auf welchem der Beginn und die Beendigung jedes einzelnen Arbeitsvorganges vermerkt werden, so daß ein Blick auf diese Vordrucke erkennen läßt, wie weit die Arbeiten gediehen sind, ohne daß eine besondere Nachfrage erforderlich ist. Da die Arbeitszeiten im voraus festgelegt sind, so ist die Möglichkeit gegeben, an Hand der vorliegenden Daten den Beginn und die Beendigung der verschiedenen Bauarbeiten auf längere Zeit hinaus festzulegen, jede Abweichung tritt dann sofort in Erscheinung.

Die Betriebsorganisation darf sich nicht allein auf die produktiven Arbeiter beschränken, sondern muß auch die unproduktiven Kräfte mit umfassen. Das Mittel zur Überwachung der unproduktiv beschäftigten Arbeiter ist eine gut geführte Statistik, da nur systematische Beobachtungen die Mindestzahl der unproduktiv beschäftigten Arbeiter und das niedrigste erreichbare Verhältnis zwischen produktiv und unproduktiv beschäftigten Arbeitern ermitteln können.

Den größten Wert für einen Betrieb hat aber die Selbstkostenberechnung. Nur eine eingehende, alle Kosten in weitestgehendem Maße fassende Selbstkostenberechnung und das dauernde Verfolgen der einzelnen Kosten, die Beobachtung der Schwankungen derselben sowie eine Kritik des Verhältnisses der einzelnen Kosten zur Gesamtarbeit geben Aufschlüsse, die zum Sparen mit Stoff und Arbeitsleistungen und zu Verbesserungen führen. Die Selbstkostenberechnung gibt ebenso wie die Zeitstudien und die Statistik Aufschluß, an welchen Stellen des Betriebes Ersparnisse erzielt werden können.

Ein großes Gebiet, das noch der Bearbeitung harrt, umfaßt die Einrichtung der Baustellen, die Baumaschinen und die Hilfseinrichtungen sowie die Kraftwirtschaft der Baubetriebe. Die Einrichtung muß unter dem Hauptgesichtspunkt erfolgen, daß der Weg der Baustoffe bei ihrer Verarbeitung in einer stetigen Richtung verläuft, daß das Kreuzen der verschiedenen Wege und vor allem rückläufige Bewegungen vermieden werden. Bei der wechselnden Gestalt des Bauplatzes und des zur Verfügung stehenden Geländes sowie bei der verschiedenartigen Lage der Zufuhrwege erfordert die Einrichtung der Baustelle ein eingehendes Studium hinsichtlich der Größe und Anordnung der Lager- und Arbeitsplätze für die Baustoffe, des Raumes für die Baumaschinen und der Anordnung der Transport- und Hilfsanlagen. Und nicht nur die Transportwege, sondern auch die Transportmittel und die Arbeitsmaschinen erfordern sorgfältige Überlegung. Denn diese stehen in zahlreicher Gestalt zur Verfügung, und ihre Wirtschaftlichkeit, der Kraftbedarf und das ihren Eigenarten Rechnung tragende Anwendungsgebiet sind sehr verschieden.

Wenn nun auch im Baubetriebe die wissenschaftliche Beobachtung und Durchforschung der Bauarbeiten mit außerordentlichen Schwierigkeiten verbunden und man in hohem Maße auf Erfahrungen angewiesen ist, so wird doch eine methodische Untersuchung der Einzelarbeiten der Weg sein, auf dem die Erfahrungen gesammelt, Gemeinsames herausgearbeitet und durchforscht sowie Verbesserungen erzielt werden können. Werden die Zeiten und die Kosten für die Einzelvorgänge dauernd festgestellt und Vergleiche gezogen, so wird sich bald ergeben, wo die Möglichkeiten zur Rationalisierung liegen und wie eine systematische Vorbereitung der Baubetriebe auszubilden ist. Man darf sich heute nicht mehr damit begnügen, die Vorbereitung eines Baubetriebes in der Bereitstellung der erforderlichen Maschinen und Hilfseinrichtungen sowie in der Beschaffung der Baustoffe zu sehen, man muß vielmehr den Gang der Arbeiten vor dem Beginn derselben genau überlegen und durcharbeiten und genaue Festlegungen über die Reihenfolge und die Zeiten treffen. Und die bisherigen Erfahrungen, die namentlich im Werkstättenbetrieb gemacht worden sind, lassen den hervorragenden Nutzen der Betriebswissenschaft erkennen.

Die Betriebslehre ist in der Idee uralt, denn seit es den Begriff der Arbeit überhaupt gibt, galt das Bestreben, mit möglichst wenig Kraftaufwand möglichst viel zu erreichen. Aber erst die Neuzeit hat das Problem in ein System gebracht, und es ist das Verdienst Taylors, den Weg zu diesem System gezeigt und die Grundlage für eine wissenschaftliche Betriebsführung geschaffen zu haben mit dem Ziel der wirklichen Arbeitsteilung, der Trennung von physischer und psychischer Arbeit[1]).

Die Grundsätze Taylors lassen sich zusammenfassend definieren als eine vervollkommnete Organisation der Arbeit, die das Ziel verfolgt, von den technischen Hilfsmitteln und der Arbeiterschaft ein Maximum von Nutzeffekt zu erlangen. Allerdings darf man nicht in den Fehler verfallen, den Arbeiter nur als Maschine, als physischen Motor anzusehen und seinen Eigenwert als Mensch mit allen menschlichen Bedingtheiten zu übersehen, im Gegenteil müssen bei der psychophysiologischen Seite einer Organisation der menschlichen Arbeit die persönlichen Einflüsse des Arbeiters mit in Rechnung gestellt werden. Taylor sieht in der Unternehmung einen lebenden Organismus, begabt mit dem Willen, mit den vorhandenen Mitteln das Vollkommene, nicht das meiste zu leisten. Der Organismus bleibt nur so lange gesund, als seine einzelnen Teile gesund bleiben, sich wohl und zufrieden fühlen. Die unerläßliche Voraussetzung hierfür sieht er in der harmonischen Zusammenarbeit zwischen Arbeitgeber und Arbeitnehmer, d. i. in der Arbeitsgemeinschaft. Die Verantwortung für die Ausführung der Arbeiten muß so geteilt werden, daß die Verwaltung alle Vorarbeiten besorgt, die den Arbeiter entlasten und ihm die besten, durch technische Wissenschaft und Erfahrung zur Zeit bekannten Arbeitsverfahren angibt. Der Arbeiter muß hiervon bestmöglichen Gebrauch machen und die Einhaltung der erzielbaren Zeitersparnisse unterstützen. Die Tagesleistung, die vom Arbeiter auf die Dauer ohne gesundheitliche Schädigung erwartet

---

[1]) Taylor, F. W.: Die Grundsätze wissenschaftlicher Betriebsführung. Deutsche Ausgabe von R. Roesler. München und Berlin 1913.

werden kann, ist durch gewissenhafte Untersuchung festzustellen. Die Arbeiten Taylors bilden die Grundlage der neuzeitlichen wissenschaftlichen Betriebsführung, und ihr Wesen läßt sich demnach wie folgt kennzeichnen[1]).

Jede Arbeit soll, bevor sie begonnen wird, theoretisch vollständig festgelegt sein, jeder körperlichen Arbeit in der Werkstatt muß eine geistige in dem Arbeitsverteilungsbureau vorangehen. Dazu ist erforderlich, daß jeder Arbeitsvorgang genau studiert, jeder in Frage kommende Handgriff und jede Bewegung ausprobiert werden. Zunächst sind die einzelnen Bewegungen zu messen, indem am besten mittels des Kinematographen Bewegungsbilder aufgenommen und zeitlich erfaßt werden. Die Bewegungsbilder ermöglichen es, jede einzelne Bewegung auf Zeitdauer und Zweckmäßigkeit hin zu untersuchen und nur die absolut notwendigen beizubehalten. Sie ergeben auch oftmals, daß der ganze Arbeitsvorgang von Grund aus geändert werden muß. Auf Grund dieser Studien wird vom Arbeitsverteilungsbureau eine nunmehr ständig anzuwendende Arbeitsmethode als Normalie aufgestellt, nach welcher alle Arbeiter arbeiten, so daß sie fortan auf die rascheste Weise arbeiten, die mit den augenblicklichen Mitteln möglich ist, und im ganzen Betriebe keine einzige unnötige Bewegung gemacht und keine Kraft verschwendet wird. Der Arbeiter hat sich bei jeder Bewegung an die auf einer Arbeitsanleitungskarte enthaltenen Angaben des Arbeitsverteilungsbureaus zu halten, und da jeder Arbeiter tunlichst immer mit derselben Art Arbeit beschäftigt werden soll und die Arbeit immer auf die gleiche Weise ausgeführt wird, so wird er die vorgeschriebenen Bewegungen schließlich vollständig automatisch ausführen.

Zu dieser Festlegung der Arbeitsmethoden und der Unterweisung der Arbeiter in der richtigen Arbeitsweise kommt die Prüfung der speziellen Fähigkeiten des einzelnen Arbeiters, welche nach den Methoden der Psychotechnik gemessen werden können. An Hand der Arbeitsnormalie werden die Leistungen der besten Arbeiter unter Einrechnung einer ebenso wissenschaftlich genau bestimmten Erholungszeit und eines gewissen Spielraumes für nicht ganz so erstklassige Arbeiter als Pensum festgelegt. Dieses Arbeitspensum gilt als Maßstab. Wer es nicht erreichen kann, eignet sich aus irgendeinem physischen oder psychischen Grunde nicht für die Arbeit und muß an einem anderen Platz beschäftigt werden. Der Grundsatz der Arbeitsteilung bietet ja genügend andere Beschäftigungsmöglichkeiten. Wer das Pensum in der dafür angesetzten Zeit erfüllt, bekommt eine Prämie. Die Entlohnung muß ebenso systematisiert und den einzelnen Arbeitern angepaßt sein wie alles andere.

Hand in Hand mit den Bewegungsstudien muß auch die Prüfung der Werkzeuge und des Arbeitsplatzes auf die Möglichkeit der Vereinfachung des ganzen Arbeitsprozesses gehen. Die Werkzeuge müssen den

[1]) Vgl. Gilbreth—Colin Ross: Das ABC der wissenschaftlichen Betriebsführung. Berlin 1919.

physischen Bedingungen der Arbeit angepaßt werden und die Arbeit erleichtern, der Arbeitsplatz muß planmäßig durchdacht und eingerichtet werden nach dem Grundsatz der möglichsten Kraftersparnis des Menschen. Durch Anwendung der raschesten Arbeitsmethode, durch die Befreiung von geistiger Arbeit und durch arbeitserleichternde Werkzeuge usw. kann der Arbeiter sehr viel mehr leisten als früher. Infolgedessen können die Lohnsätze für die Stückeinheit herabgesetzt werden, aber trotzdem verdient der Arbeiter, da er ja soviel Stücke mehr herstellen kann, viel mehr als früher, und das Unternehmen kann ihm dieses Mehr viel leichter zukommen lassen, da so viel mehr produziert wird. Beide haben einen Gewinn.

Die Grundlage des Systems der wissenschaftlichen Betriebsführung bilden also die Zeit- und Bewegungsstudien. Jede Arbeitsverrichtung wird dabei in einzelne, möglichst kleine Verrichtungen zerlegt und dann jede Teilverrichtung für sich auf ihre Zweckmäßigkeit geprüft, ob sie sich nicht einfacher und auf weniger ermüdende Weise ausführen läßt. Ungeschickte und nutzlose Bewegungen werden ausgeschaltet, so daß nur noch die absolut unerläßlichen Bewegungen übrigbleiben, die so ausgemessen sind, daß mit den wenigen einfachen Bewegungen mehr erreicht wird als vorher mit vielen verwickelten. Die einzelnen Bewegungen werden gleichzeitig zeitlich gemessen und die Teilverrichtungen, die am wenigsten Zeit erfordern, werden registriert und systematisch zusammengestellt, so daß die neue Arbeitsmethode im ganzen eine Reihenfolge der einfachsten und raschesten Bewegungen darstellt. Mit dieser neuen Arbeitsmethode ist es möglich, die Zeit, die für eine Arbeit benötigt ist, genau vorauszubestimmen, so daß schon, ehe der Arbeiter beginnt, feststeht, wieviel er leisten wird, ein Vorteil, der erst eine richtige Vorausberechnung der Kosten ermöglicht.

Neben den Bewegungen, welche die Arbeit enthält, wird jede Arbeit aber noch durch andere Faktoren beeinflußt, die vom Arbeiter, von seiner Umgebung und von der Art der Arbeit abhängen. Die Körperbeschaffenheit, das Auffassungsvermögen des Arbeiters sowie seine Ernährung, seine Lebensgewohnheiten und seine psychische Einstellung beeinflussen die Arbeit, ebenso üben auch die Arbeitsstelle, ihre Einrichtung, Heizung, Beleuchtung, Lüftung sowie die Arbeitsgeräte, das Material usw. einen Einfluß auf die Arbeit aus. Es gilt daher auch alle diese Faktoren genau zu untersuchen, wenn die Arbeit streng normalisiert werden soll. Einerseits kommen hierfür die Regeln der technischen Wirtschaftlichkeitslehre[1]) in Betracht, andererseits sind es soziale Forderungen, die erfüllt werden müssen, wenn das günstigste Arbeitsergebnis erzielt werden soll.

Die neue Arbeitsmethode wird in einer Normalie festgelegt und jedem Arbeiter auf der Arbeitsanleitungskarte angegeben. Auch alle Dinge, die mit seiner Arbeit zusammenhängen, das Material, das er verarbeiten soll, die Maschine wie sein Werkzeug werden normalisiert, d. h. in Normalien gebracht, die so beschaffen oder gestaltet sind, wie

[1]) Näheres hierüber s. Janssen, Th.: Technische Wirtschaftslehre.

es für die Arbeit am zweckmäßigsten und besten ist. Die Schaufel z. B., die zum Steinschaufeln dient, ist anders und entspricht einer anderen Normalie als die, mit der Sand geschaufelt werden soll, usw. Die Differenzierung des Arbeitsgerätes ist ebenso wichtig wie die Differenzierung der Arbeiter nach ihren psychophysischen Anlagen.

Auf Grund aller dieser Normalien kann dann das Arbeitspensum, d. i. die Summe von Arbeit von vorgeschriebener Qualität, die in einer bestimmten Zeit getan werden soll, festgesetzt werden, indem zu der als notwendig festgestellten Arbeitszeit ein bestimmter Prozentsatz für Erholung und für unvermeidliche Verzögerungen, selten weniger als $12^1/_2$ vH, oft dagegen mehr als 30 und über 50 vH, zugeschlagen wird. Denn das Arbeitspensum soll die Summe von Arbeit angeben, die der Arbeiter fortgesetzt leisten kann ohne Schädigung seiner Gesundheit.

Die Funktionen der Arbeitsverteilung und Anleitung sowie der Zeit- und Kostenberechnung gehen vom Arbeitsverteilungsbureau aus. Es hat insbesondere die einzelnen Arbeitsvorgänge und ihre Reihenfolge festzulegen, Rohstoffe und Arbeitsmittel derart bereit zu stellen, daß vermeidbare Wartezeit und unnötige Wege für den Arbeiter vermieden werden, die Liefertermine zu ermitteln, Mängel abzustellen usw. Die Funktionsmeister sind dann verantwortlich dafür, daß die auf der Arbeitskarte angeführten Anweisungen eingehalten und daß die Anordnungen des Arbeitsverteilungsbureaus richtig zur Ausführung kommen. Der Arbeitsverteiler bestimmt, wo und wann die Arbeit zu erledigen ist und wer sie zu erledigen hat. Der Arbeitsanleiter arbeitet die Einzelheiten für die Anleitungskarten aus und bestimmt, wie die Arbeit zu erledigen ist. Der Zeit- und Kostenbeamte regelt die Arbeitszeit, veranschlagt die Kosten und bearbeitet die Lohn- und Prämienlisten. Der Unterrichtsmeister bereitet die Arbeit innerhalb der Arbeitsstätte vor, erklärt die Arbeitskarte und achtet darauf, daß der Arbeiter die vorgeschriebenen Anweisungen genau befolgt, und daß jeder Arbeiter stets voll beschäftigt ist. Der Reparaturmeister sorgt für die Instandhaltung der Werkzeuge und für die genaueste Nachprüfung aller Maschinen in regelmäßigen Zeitabschnitten, um Betriebsstörungen nach Möglichkeit vorzubeugen. Der Geschwindigkeitsmeister sorgt dafür, daß die Maschinen mit der richtigen, auf der Arbeitsanleitungskarte angegebenen Geschwindigkeit laufen. Der Prüfmeister prüft nach und während der Arbeit, ob das Arbeitsstück der vorgeschriebenen Normalie entspricht, und zwar wird das erste Stück jeder Arbeit so lange nachgeprüft, bis es allen Anforderungen genügt, und erst dann können die weiteren Stücke in Arbeit genommen werden. Der Fabrikrichter endlich ist der Schiedsrichter bei allen Unstimmigkeiten im ganzen Betriebe, insbesondere bei der Festsetzung von Mindestlöhnen und bei allen Personalangelegenheiten die letzte Instanz.

Die Funktionsmeister sind für ihre besonderen Arbeiten genau spezialisiert und entsprechend vorgebildet, dadurch daß einer immer nur für eine Funktion einzustehen hat, kann er sich in dieser Funktion besonders vervollkommnen. Die Funktionsmeister stehen mit jedem Arbeiter in direkter Verbindung, so daß sie ihn jederzeit unterweisen und ihm zur Hand gehen können. Der Arbeiter selbst hat sich nicht mehr um sein Werkzeug noch um den Stand der Maschine, noch um die Einteilung seiner Arbeit zu kümmern. Der Grundsatz der Arbeitsteilung wird voll durchgeführt.

Die wissenschaftliche Betriebsführung kann überall angewandt werden, wo nur immer ein Betrieb geführt wird, ganz gleichgültig, ob es eine Fabrik, eine Baustelle, ein kaufmännisches Bureau, eine Haushaltung oder schließlich der Staat selber ist. Ihr Ziel ist die Einführung der Arbeitsmethode, die für Unternehmer und Arbeiter unter den vorhandenen Umständen den größten Ertrag abwirft. Da aber das System sich ausführlich mit der wissenschaftlichen Feststellung von Grundregeln der Wirtschaftlichkeit beschäftigt, so weist es auch ständig auf neue Arbeitsmittel und Erfindungen hin und erhöht dadurch die Leistungsfähigkeit und Wirtschaftlichkeit nicht allein der Betriebe, sondern auch der ganzen nationalen Wirtschaft.

Die wissenschaftliche Betriebsführung geht von dem Grundsatz aus, die betriebsmäßige Produktion durch die technische Vernunft zu vervollkommnen, an Stelle der traditionellen, rein empirischen Technik die vernünftige Technik zu setzen und durch technische Anordnungen den spezifischen Aufwand bei der Produktion, die Gestehungskosten, herabzusetzen. Von diesem Grundsatz geht auch ein zweiter Amerikaner, der Automobilfabrikant Henry Ford, aus, aber in anderer Weise wie Taylor. Während bei Taylor der Angriffspunkt der technischen Vernunft bei der Führung des Betriebes liegt und sein Ziel die „organisatorisch zwangsläufige Bestgestaltung der auszuführenden Arbeit im Betriebe" ist, ist für Ford der einheitlich geschlossene Produktionsverlauf, die richtige Anordnung der einzelnen Akte des Produktionsprozesses, der Maschinen und Arbeiter das Ideal.

Nach Taylor kommen als Objekt der Bestgestaltung immer nur die einzelnen Verrichtungen der Arbeiter, die Handgriffe, in Frage, es wird dem Arbeiter alles vorgeschrieben, bis in die allerkleinste Bewegung, und er hat nur den höchsten Arbeitseifer aufzubringen, um das vorgeschriebene Tempo einzuhalten. Ein Arbeitsbureau besorgt vorweg die sog. Normung aller jener Handgriffe und ihrer Behelfe. Da wird jede Verrichtung in ihre letzten Elemente zerlegt und diese werden dann durch Zeit- und Bewegungsstudien solange einzeln und in ihrer Verbindung variiert, bis der so verbesserte, veredelte Arbeitsvollzug, die Bestarbeit, zugleich nur mehr eine minimale Zeit erheischt, die Bestzeit. Alles Unnötige ist dann ausgemerzt, das Nötige zugleich des glattesten Vollzuges fähig geworden. Hiermit ist die Arbeit erleichtert und auch die Leistung gesteigert. Die Funktionsmeister als Außenorgane des Arbeitsbureaus haben sodann im Betriebe die nach Eignungsprüfung auserlesenen Arbeiter auf die Normung anzulernen und sie damit in ein festes Netz von Hilfen und Kontrollen einzuschnüren, um sie in ihrer Leistung der Bestleistung dauernd nahe zu erhalten. Ein Lohnsystem beliebiger Art, wenn es nur den rechten Anreiz in sich schließt, tut das übrige hinzu, um die Arbeiter solcher Anspannung willig zu machen. Jeder Arbeiter für sich hängt durch die Funktionsmeister, von denen der eine anlernt, der zweite die Geschwindigkeit des Arbeitsvollzuges überwacht, der dritte für die Versorgung mit Werkzeugen und das Einrichten der Maschinen da ist und so fort, wieder am Arbeitsbureau, das gleichsam das Triebwerk eines Mechanismus ist, der den ganzen Arbeitsvollzug in einer zwangsläufigen Bewegung hält. Ein solcher Weg, um zur Höchstleistung zu gelangen, kann aber im Falle der Zuspitzung des Systems zu einer Verkünstelung des Betriebes, zum Seelenlosen des Mechanismus führen. Und in einer solchen Überorganisation liegt die Gefahr des Taylorismus, welche das Vernünftige des Systems in das Gegenteil umkehren kann.

Ganz anders wie beim Taylorismus ist die Betriebsgestaltung bei Henry Ford[1]). Wenn man nur weitgehendste Arbeitsteilung als das maßgebende bei beiden Systemen ansieht, so kann man allerdings wohl von einer Gleichartigkeit sprechen. Aber der Weg zur Höchstleistung ist bei Ford ein ganz anderer wie bei Taylor. Denn es ist nicht der Geist der Organisation, sondern der lebendige Geist der Persönlichkeit, der in den Fordbetrieben waltet, den ganzen Riesenbetrieb durchweht und noch den letzten Arbeiter umspült. Es gibt kein Arbeitsbureau, sondern nur ein Anstellungsbureau. Leiter des Arbeitsvollzuges sind die Gruppenführer, die nicht allein den Arbeitsvollzug anzugeben und zu kontrollieren haben, sondern auch zu dessen steter Vervollkommnung berufen sind. Und nicht sie allein, sondern jeder Vorarbeiter darf mit der Stoppuhr in der Hand Verbesserungen ersinnen, vorschlagen, ausprobieren und durchsetzen. Bis zum letzten Handlanger soll die technische Vernunft den Betrieb durchsetzen. Die Erziehung zur Persönlichkeit und die Mitwirkung aller Arbeiter an der Vervollkommnung des Betriebes ist das Charakteristische des Fordschen Systems. Es findet keinerlei Festlegung in der Art und Weise der Handgriffe, keinerlei Normung statt, sondern der Betriebsgang nimmt den einzelnen Arbeiter selbsttätig mit, Fließarbeit, und alle Verschwendung in Weg und Kraft wird ausgemerzt. Die ganze Anordnung sorgt dafür, daß sich kein Arbeiter zu bücken braucht, und daß keiner mehr als einen Schritt bei der Arbeit tun muß, wodurch gleichzeitig bedeutend an Arbeitsraum gespart wird. Alle gesonderten Verrichtungen werden im laufenden Betriebe mit der Stoppuhr scharf gemessen, um festzustellen, welches Pensum, welche Leistungsmenge vom Arbeiter zu liefern ist, um den Grundlohn seiner Kategorie zu erarbeiten. Dieser übersteigt bereits beträchtlich die sonst übliche Höhe und auf ihn baut sich dann als Überlohn noch eine Gewinnbeteiligung auf, so daß der Arbeiter, der das Seinige leistet, mindestens 6 Dollar oder noch mehr am Tage, je nach Lohnklasse, beim Achtstundentag verdient.

Die Ausbildung der Facharbeiter erfolgt durch mehrjährige Erziehung in der Fabrikschule, im übrigen werden die Arbeiter nach ihrer Eignung nur kurz, meist nur wenige Tage angelernt, und es wird ihnen selbst überlassen, für die einzelnen Handgriffe die beste Lösung zu

---

[1]) v. Gottl.Ottilienfeld, F.: Fordismus? Von Frederik W. Taylor zu Henry Ford. Jena 1925.

finden. Ihm wird keine starre Lösung vorgeschrieben, wie beim Taylorismus, und dadurch seine Arbeit nicht entpersönlicht. Von unten anfangen muß jeder Arbeiter, aber es ist auch jedem der berufliche Aufstieg möglich. Es gibt in jeder Kategorie der Arbeit drei Lohnklassen als Stufen des Aufstieges für den tüchtigen Arbeiter. Für die Auslese ist also lediglich die Bewährung maßgebend, und die Tatsache, daß sich dem Aufstieg grundsätzlich jeder Spielraum eröffnet, hebt auch das Persönlichkeitsgefühl und läßt eine stramme Disziplin ertragen, wie sie eine scharf geregelte Maschinerie mit hochgespannter persönlicher Leistung erfordert.

Jedem Arbeiter liegt nur eine Verrichtung ob, aber die gleiche Verrichtung auch oft mehreren oder vielen Arbeitern, und zwar überwiegend an Maschinen. Daher gilt es nicht eigentlich die Arbeiter, sondern die Maschinen richtig im Raume zu verteilen, deren Bedienung ihnen obliegt. Genauer gesagt, es sind die einzelnen Akte des Produktionsverlaufes richtig im Raume anzuordnen. Daraus ergibt sich ein gewisses Ideal der Anordnung der Prozesse, die Vorstellung eines einheitlich geschlossenen Produktionsverlaufes, welchem Maschinen und Arbeiter unterzuordnen sind. Und in der Verwirklichung dieses Ideals erkennt man das Walten der technischen Vernunft gerade in den Fordschen Betrieben. Jedes Fordauto setzt sich aus über 5000 Teilen zusammen, alle auswechselbar, so daß jeder Teil in jedes Auto an seiner Stelle passen würde. Zur Bearbeitung und Zusammensetzung dieser Teile sind rund 8000 verschiedene Verrichtungen erforderlich, die von rund 50000 Arbeitern bewirkt werden. Zuerst werden die Teile einzeln und von Station zu Station ihrer eigenen Vollendung zugeführt, sodann werden die einzelnen Teile montiert, indem z. B. beim Rade dem Grundteil, dem Radkranze, zunächst nacheinander die Speichen eingefügt und diese dann mit der Nabe verbunden werden. Ebenso muß dann das Chassis zusammengesetzt werden und der Motor, endlich das Auto als Ganzes. Es ist also ein verwickelter Zusammenmarsch, ein Nacheinander von Hantierungen erforderlich, um ein so vielteiliges Gebilde wie ein Auto erstehen zu lassen. Die Teile zur Hauptmontage, zur Zusammensetzung des Autos, bestehen nun wieder aus den verschiedensten Einzelteilen, welche vorerst von Station zu Station wandern. Und dieses Wandern erfolgt nach dem ideellen Plane auf ganz bestimmten Verbindungslinien, gleichviel, daß die einzelnen Akte der Produktion räumlich zerrissen sind, je nach der Aufstellung der Maschinen und auch der Gruppen der bei einer Montage beschäftigten Arbeiter. Der ideelle Plan ist in den Fordwerken zu Ende gedacht und verwirklicht durch ein mechanisches Bewegungssystem. Erstens erfolgt die räumliche Verteilung der Prozesse, also die Aufstellung der Maschinen und Postierung der Arbeiter der Wirkungsfolge entsprechend, zweitens weist man den Wanderungen der Teile in der einfachsten Weise die richtigen und zugleich kürzesten Wege an, indem man ganz allgemein diese Wege selber wandern läßt. Gleitbahnen und bewegliche Montagebahnen nehmen die Teile mit und alle diese wandernden Wege hängen wieder untereinander zusammen. Es ist ein stetiges Strömen und Zusammenströmen der Teile, von den

Hochöfen usw. aus bis dort, wo am äußersten Ende der kilometerlangen Hauptmontagebahn das fertige Auto gleich zur Probefahrt ausrollt. Bei der Verarbeitung oder Materialbehandlung versickern die Ströme in Maschinen und Apparaten, beim Wandern der Teile von Station zu Station nimmt jeder Arbeiter sich sein Werkstück heraus, um es nach seinem Handgriff wieder dem Strome zu übergeben. Die Arbeiter passen sich dabei in ihrem Tempo wie von selber dem geregelten Lauf des Stromes an. Die Geschwindigkeit des Stromes ist natürlich von Station zu Station verschieden, aber so zueinander geregelt, daß der vielverzweigte Material- und Fabrikatstrom nirgends abreist.

Dieser Ausbau der wandernden Wege hat sich natürlich erst allmählich vollzogen und zeigt, wie die stetig wachsende Massenbasis der Produktion technisch immer vollkommenere Einrichtungen ermöglicht im Wege immer stärkeren Eingriffes der technischen Vernunft. Die Gedanken, die Werkstücke mechanisch von Station zu Station den Arbeitern in die Hände zu befördern durch Gleitbahnen, mit Hilfe der endlosen Bänder im Sinne der „Arbeit auf dem Laufbande", oder den Hergang einer Montage durch eine Schwebebahn zu veredeln, welche z. B. den Radkranz erfaßt und nun an den Arbeitern vorbeiführt, die nacheinander die Speichen einfügen und an der Nabe befestigen, sind durch das Fordsche System der wandernden Wege überholt. Vorraussetzung für ein solches System ist allerdings die „Einläufigkeit" des Betriebes, wenn daher, wie in der Regel, ein Mehrerlei oder gar Vielerlei an Produkten in dem gleichen Betriebszusammenhang erzeugt wird, also eine „Mehrläufigkeit" oder „Wechselläufigkeit" des Betriebes vorhanden ist, so liegt für die Theorie dann schon immer eine Verschmelzung oder gar nur eine Verquickung einer Mehrheit von Betrieben vor. Denn nur die geschlossene, eben reihenhafte Wiederkehr von Prozessen des gleichen Inhalts ermöglicht erst ein bündiges Zusammenfassen des zu Verrichtenden, jene kluge Verwebung der Prozesse in Gestalt aller Vorkehrungen, Maschinen, Anlagen usw., worin ja die technische Vernunft aller Mechanisierung letzten Endes beruht und so mittelbar auch die des betriebsmäßigen Vollzugs der Produktion. Die Einläufigkeit des Betriebes ist bei Ford bis aufs äußerste durchgeführt, sogar die Prozesse innerhalb des Betriebes werden wieder gestückelt, und es wird auch die Folgerung des Mechanisierens: „Keinem Arbeiter mehr als einen Griff und kein Griff von Hand, wenn ihn die Maschine übernehmen kann" restlos gezogen.

Eine besondere Erscheinung der Nachkriegszeit ist die bedeutende Steigerung aller Baukosten, und es ist eine wichtige Aufgabe der Betriebswissenschaft, den Ursachen dieser Steigerung nachzugehen. Die Steigerung der Baukosten betrug Anfang 1926 noch 75—80 vH gegenüber der Vorkriegszeit, während die allgemeine Verteuerung der Lebenshaltung nur 40 vH, also etwa die Hälfte betrug. Die Gründe für die allgemeine Verteuerung liegen in der Geldknappheit und in dem dadurch bedingten hohen Zinsfuß, in der Belastung der Wirtschaft durch hohe Steuern, soziale Lasten usw. Die über das allgemeine Niveau hinausgehende Steigerung der Baukosten läßt sich dagegen mit allgemeinen wirtschaftlichen Gründen nicht rechtfertigen, die Ursachen hierfür müssen innerhalb der Bauwirtschaft selbst gesucht werden.

Die nachstehende Zusammenstellung gibt zunächst ein Bild der Entwicklung der Bauarbeiterlöhne, seitdem die Währung wieder stabil ist, und die folgende graphische Darstellung stellt diese Entwicklung in Vergleich mit der Entwicklung der Großhandelspreise und der Lebenshaltungskosten nach den Indexziffern der Reichsstatistik.

**Bauarbeiterlöhne und Indexziffern vom Januar 1924 bis März 1926.**

1. Stundenlohn in Pfennigen.
(Gewogener Durchschnitt von 47 Großstädten.)
1913/14 Maurer 72,44 — Tiefbauarbeiter 50,8

| | 1924 | | 1925 | | 1926 | |
|---|---|---|---|---|---|---|
| | Maurer | Tiefbauarbeiter | Maurer | Tiefbauarbeiter | Maurer | Tiefbauarbeiter |
| Januar . . | 58,0 | 47,8 | 86,8 | 64,9 | 116,6 | 80,0 |
| Februar . . | 58,0 | 47,7 | 88,0 | 65,7 | 116,6 | 80,0 |
| März . . . | 58,7 | 48,0 | 94,4 | 69,4 | 116,6 | 80,0 |
| April . . . | 63,9 | 51,8 | 98,8 | 71,8 | 116,6 | 80,0 |
| Mai . . . . | 73,6 | 55,9 | 102,8 | 75,6 | | |
| Juni . . . . | 75,3 | 57,1 | 111,2 | 78,4 | | |
| Juli . . . . | 77,1 | 58,1 | 111,4 | 79,3 | | |
| August . . | 81,0 | 60,7 | 112,0 | 79,6 | | |
| September . | 81,2 | 60,9 | 116,1 | 80,1 | | |
| Oktober . . | 84,4 | 62,9 | 116,6 | 79,9 | | |
| November . | 86,3 | 64,5 | 116,6 | 80,0 | | |
| Dezember . | 86,3 | 64,5 | 116,6 | 80,0 | | |

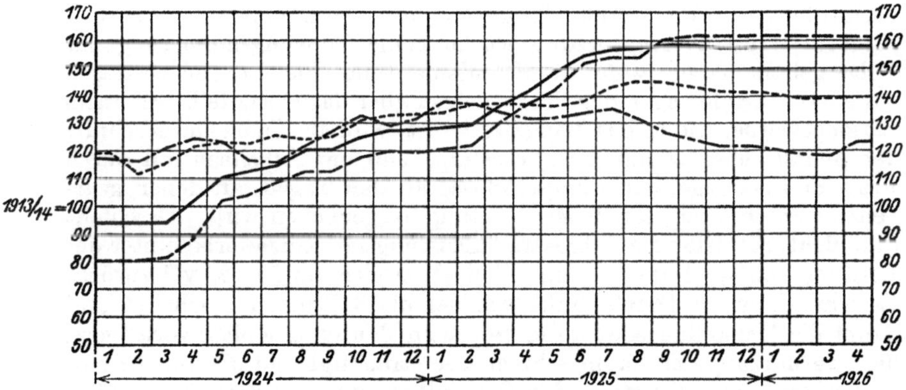


Vergleich zwischen Lohnentwicklung und Entwicklung der Preise und Lebenshaltungskosten. Die Lohnhöhe ist relativ zum Vorkriegsstand angegeben.

———————— Tiefbauarbeiterlohn —.—.—.— Großhandelsindex
— — — — — — Maurerlohn ---------------- Lebenshaltungsindex.

Aus diesen Zusammenstellungen ergibt sich zunächst, daß die Lohnhöhe der Bauarbeiter in der Vorkriegszeit nach der Stabilisierung der Währung bereits im Mai 1924 erreicht war und sodann stetig gestiegen ist, bis sie im März 1926 die Vorkriegshöhe um rund 60 vH überschreitet. Demgegenüber hat die allgemeine, durch die Großhandelsindexziffer nachgewiesene Preissteigerung ihren Höchstwert im Januar 1925 mit 38 vH über Vorkriegshöhe erreicht und ist sodann bis Januar 1926 auf 20 vH gefallen, und die Lebenshaltungskosten haben ihren höchsten Stand mit 45 vH über Vorkriegsstand im August 1925 erreicht und sind sodann ebenfalls auf rund 40 vH herabgegangen. Die Löhne sind also der allgemeinen Preisentwicklung nicht gefolgt, sondern haben ihre steigende Tendenz zum Nachteil der Baukosten behalten können.

Diese hohen Löhne würden indes dann nicht verteuernd wirken, wenn gleichzeitig auch die Arbeitsleistungen in gleichem Verhältnis steigen würden. Lohn und Arbeitsleistung sind ein untrennbar Ganzes. Beide, Löhne und Arbeitsleistung, haben aber in den letzten Jahren nicht die gleiche Entwicklung genommen, sondern sind in ein erhebliches Mißverhältnis zueinander geraten. Während die Löhne den Vorkriegsstand wesentlich überschritten haben, liegt die Arbeitsleistung weit unter der Vorkriegsleistung. In einem Aufsatz in der Deutschen Bauzeitung (1924 Nr. 22/25) wird nachgewiesen, daß bei einem Einsatz von 88 vH der Friedensarbeitskräfte nur etwa 50 vH Friedensrealleistung zu verzeichnen ist, wobei auf den einzelnen Beschäftigten nur etwa 65 vH der Vorkriegsarbeitsleistung entfällt. Das Sinken der Arbeitsleistung ist auf verschiedene Ursachen zurückzuführen, wie Nachlassen der Arbeitslust als allgemeine Kriegs- und Nachkriegserscheinung, gesetzlicher Entlassungsschutz, Radikalisierung der Bauarbeiter durch kommunistische Elemente usw., aber vor allem hat die Verkürzung der Arbeitszeit und die Abkehr vom Leistungslohn die Leistung stark beeinträchtigt. Die durch Einführung des Achtstundentages herbeigeführte Arbeitszeitverkürzung würde keine Leistungsminderung zur Folge gehabt haben, wenn die Stundenleistung entsprechend gestiegen wäre. Die Erfahrungen der Praxis zeigen aber das Gegenteil. In einem Saisongewerbe, wie es das Baugewerbe ist, wird im Jahresdurchschnitt der Achtstundentag nur gewährleistet, wenn der Arbeitsausfall durch Frost und sonstige Witterungseinflüsse an den Tagen, an denen gearbeitet werden kann, durch Mehrleistung ausgeglichen wird. Geschieht dies nicht, so bleibt die Jahresarbeitsleistung im Baugewerbe hinter der Leistung anderer Industrie- und Gewerbezweige um 20—25 vH zurück. Es wird dann im Durchschnitt weniger als 8 Stunden gearbeitet und damit die Herstellungsdauer der einzelnen Bauten erheblich verlängert, die Ausnutzung der Baumaschinen beeinträchtigt und die auf die einzelnen Arbeiten zu verteilenden Generalunkosten des Betriebes erhöht. Alles Momente, die zu Erhöhung der Baukosten beitragen.

Weit größer wie die Steigerung der Löhne ist aber noch die Steigerung der Baustoffpreise, sie beträgt noch teilweise bis 100 vH der Vorkriegspreise. Eine Verbilligung des Bauens kann also nur eintreten, wenn einmal eine Steigerung der Arbeitsleistung eintritt, wozu eine Abkehr von dem schematischen Achtstundentag und die systematische Durchführung des Leistungslohnes, d. i. der Akkord- und Prämienarbeit, notwendig ist, und wenn weiter eine ganz bedeutende Senkung der überspannten Baustoffpreise eintritt. Nur so kann die Bautätigkeit wieder eine wirtschaftliche werden und damit auch das Baugewerbe wieder gesunden.

## 6. Die Unternehmung.

Unternehmer ist in weitestem Sinne jede physische oder juristische Person, die einen wirtschaftlichen Betrieb auf eigene Rechnung und Gefahr unterhält und leitet. Insbesondere begreift man darunter aber den, der auf seine Rechnung und Gefahr Kapital und Arbeit vereinigt, also Kapital produktiv verwertet und als Arbeitsvermittler erscheint. Die wirtschaftlichen Funktionen des Unternehmers sind demnach die Organisierung der Produktionsmittel im Dienste der Werterzeugung, die Übernahme des Risikos und die Gewinnung von Einkommen für den Kapitalisten und für den Arbeiter. Die Übernahme des Risikos der Produktion für einen ungewissen und unbekannten Absatz ist das wesentliche bei der Unternehmung, dadurch unterscheiden sich vor allem Unternehmer und Lohnarbeiter. Die Unternehmung kann Verbindung von eigenem Kapital mit eigener Arbeit oder auch nur von eigenem mit fremden Kapital und fremder Arbeit, Lohnarbeit, sein.

Die Unternehmungsformen sind 1. Einzelunternehmungen, 2. Gesellschaftliche Unternehmungen, 3. Genossenschaftsunternehmungen, 4. Korporationsunternehmungen, 5. Gewerkschaften. Die Einzelunternehmung ist die allgemeinste Form, bei ihr ist das Interesse des Unternehmers am Erfolg der Unternehmung am stärksten und der Unternehmer am freiesten in der Gestaltung des Produktionsprozesses und besonders in der Ausnutzung rasch vorübergehender günstigen Verhältnisse, der sog. Konjunktur. Aber sie ist begrenzt durch Arbeitskraft, Vermögen und Kredit eines Menschen. Daher wird sie in der modernen Volkswirtschaft mit ihrer großen Steigerung der Produktionsleistungen immer mehr verdrängt durch die gesellschaftlichen Unternehmungen. Diese sind insbesondere die offenen Handelsgesellschaften, die Kommanditgesellschaften und die Aktiengesellschaften. Sie unterscheiden sich juristisch nach der Haftung der Gesellschafter, wirtschaftlich nach dem Maß der Beteiligung von Kapital und Arbeit und der dementsprechenden Verteilung von Gewinn und Verlust. Bei der offenen Handelsgesellschaft sind regelmäßig alle Gesellschafter sowohl mit Kapital als mit Arbeit beteiligt und nach § 118 HGB. haften alle Gsellschafter für die Verbindlichkeiten der Gesellschaft den Gläubigern als Gesamtschuldner persönlich. Bei der Aktiengesellschaft sind alle Gesellschafter grundsätzlich nur mit Kapital beteiligt, während die leitende Arbeit von besoldeten Direktoren, also Lohnarbeitern, verrichtet wird. Nach § 178 HGB. sind sämtliche Gesellschafter der Aktiengesellschaft mit Einlagen auf das in Aktien zerlegte Grundkapital beteiligt, ohne persönlich für die Verbindlichkeiten zu haften. Die volkswirtschaftliche Aufgabe der Aktiengesellschaft ist einerseits die Ermöglichung der Beteiligung jedes Kapitalisten an jedem Unternehmen und Beschaffung von Kapital für jeden Zweck und anderseits die Ermöglichung der Zusammenfassung von Kapital sehr vieler, d. h. die erleichterte Bildung großer und größter Unternehmungen. Die Kommanditgesellschaft ist eine Mischform der beiden anderen, der persönlich haftende Gesellschafter entspricht dem der offenen Handelsgesellschaft, der Kommanditist dem Aktionär. Nach § 161 HGB. ist bei einem oder einigen von den Gesellschaftern die Haftung gegenüber den Gesellschaftsgläubigern auf den Betrag einer bestimmten Vermögenseinlage beschränkt (Kommanditisten), während bei dem anderen Teil der Gesellschafter eine Beschränkung der Haftung nicht stattfindet (persönlich haftende Gesellschafter). Bei der Kommanditgesellschaft auf Aktien muß nach § 320 HGB. mindestens ein Gesellschafter den Gesellschaftsgläubigern unbeschränkt haften (persönlich haftende Gesellschafter), während die übrigen sich nur mit Einlagen auf das in Aktien zerlegte Grundkapital der Gesellschaft beteiligen (Kommanditisten). Für Deutschland ist durch Gesetz vom 20. April 1892 noch die Gesellschaft mit beschränkter Haftung hinzugetreten. Sie hat rechtlich eine Mittelstellung zwischen den streng individualistischen Gesellschaftsformen des geltenden Rechtes und der als äußerste Konsequenz des kapitalistischen Prinzips sich darstellenden Aktiengesellschaft.

Eine weitere Unternehmungsform sind die Genossenschaftsunternehmungen. Die Hauptformen sind Kreditgenossenschaften zur Befriedigung des Personalkredites und als Sparkassen, weiter Handwerkergenossenschaften, und zwar als Rohstoffgenossenschaft zum gemeinschaftlichen Einkauf von Rohstoffen, als Magazingenossenschaft zum gemeinschaftlichen Vertrieb der Waren, als Werkgenossenschaft zur Errichtung einer gemeinschaftlichen Betriebsstätte und als Produktionsgenossenschaft zur gemeinschaftlichen Produktion. Die letztere ist aber bereits eine Unternehmung, die wie die rein kapitalistische Unternehmung mit Lohnarbeitern arbeitet. Von letzterer, der Produktionsgenossenschaft, zu unterscheiden ist die Produktivgenossenschaft, in welcher alle Mitglieder Unternehmer und Arbeiter zugleich, in welcher also der Unterschied zwischen beiden aufgehoben ist. Diese Gesellschaftsform widerspricht aber dem wirtschaftlichen Prinzip der Arbeitsteilung, und dies ist auch der Grund, weshalb die Produktivgenossenschaften sowohl der Handwerker wie der Arbeiter nicht haben aufkommen können. Ferner gehören noch zu den Genossenschaftsunternehmungen die landwirtschaftlichen Genossenschaften, die Konsumvereine und die Baugenossenschaften. Alle diese Genossenschaften haben aber mehr sozialen als rein kapitalistischen Charakter, ihre rechtlichen Verhältnisse ergeben sich nach dem Reichsgesetz über die Erwerbs- und Wirtschaftsgenossenschaften vom 20. Mai 1898 bzw. nach den Bestimmungen des BGB.

Den Einzel- und Gesellschaftsunternehmungen gegenüber stehen die Unternehmungen, die sich in Händen von Zwangsgemeinwirtschaften, wie des Staates, der Gemeinde, der Provinz usw., befinden, das sind die Korporationsunternehmungen. Staatliche, städtische usw. Unternehmungen sind z. B. Eisenbahn, Post und Telegraph, Bergwerke,

Banken, Wasser-, Gas- und Elektrizitätswerke. Sie können entweder aus finanziellen Gründen nach privatwirtschaftlichen, kapitalistischen Gesichtspunkten zur Erzielung eines möglichst großen Gewinnes oder unter Verzicht auf Gewinn mit Rücksicht auf das gemeine Wohl betrieben werden. Auch beide Momente können maßgebend sein, wie es z. B. bei den Verkehrsanstalten der Fall ist. Bei manchen Unternehmungen besitzt auch der Staat ein Monopol oder ein Regal, wie beim Post-, Telegraph- und Münzwesen. Der Staat als Unternehmer steht aber dem Privaten als Unternehmer und auch den Aktiengesellschaften gegenüber vermöge des schwächeren Selbstinteresses der geschäftsführenden Beamten und der ihnen vorgesetzten Behörden notwendig zurück. Von jedem Großbetrieb, insbesondere von jedem Staatsbetrieb ist Bureaukratie, d. i. die Herrschaft der Vorschrift, untrennbar.

Eine bereits im 12. Jahrhundert vorkommende Form der Vergesellschaftung ist die Gewerkschaft. Sie hat ihren Grund in den beim Bergbau herrschenden besonderen Verhältnissen. Das Grubenfeld bildet die Grundlage der Gewerkschaft, und die Gewerkschaft ist nicht wie bei der Aktiengesellschaft in Anteile von bestimmter Größe eingeteilt, sondern in ideelle Anteile an dem gesamten Bergwerksbesitz, in die sog. Kuxe, welche stets auf den Namen des Inhabers, des Gewerken, lauten. Die Gewinne, die Ausbeute, werden verteilt, alle Verluste, d. h. Ausgaben, werden durch Einforderung einer Zubuße beglichen.

Eine Eigentümlichkeit der modernen Volkswirtschaft sind schließlich die Unternehmerverbände, die Kartelle und Syndikate und die Kollektivunternehmung im engeren Sinne, die Fusion und der Trust. Kartelle und Syndikate sind Verbindungen von Unternehmungen, welche die wirtschaftliche Tätigkeit ihrer Mitglieder in einem Punkt, sei es Preis, Absatzorganisation oder Umfang der Produktion, beschränken, im übrigen aber selbständig lassen, es sind Interessengemeinschaften zur Ausschaltung der Konkurrenz sowohl den Käufern des Produktes als den Verkäufern des Rohstoffes und den Arbeitern gegenüber[1]). Die Fusion ist dagegen die Verschmelzung mehrerer Unternehmungen in eine neue Unternehmung, in der die alten nur noch Teile, nicht mehr selbständig sind. Unter den Fusionen ist eine besondere Form der Trust, der eine faktische, wenn auch nicht rechtliche Fusion von bisherigen Gesellschaftsunternehmungen, insbesondere Aktiengesellschaften in eine neue Aktiengesellschaft ist.

Der Zweck der Unternehmerverbände ist, die Nachteile der freien Konkurrenz zu beseitigen und den Unternehmern eine Einwirkung auf die Preisbildung der in ihren Betrieben hergestellten Erzeugnisse zu verschaffen. Produktion und Preisfestsetzung sollen in einer Hand vereinigt und der spekulative Einschlag soll möglichst ausgeschaltet werden, so daß an die Stelle der früheren Unsicherheit bis zu einem gewissen Grade Sicherheit und Stetigkeit treten. Allen diesen Verbänden wohnt daher eine mehr oder weniger monopolistische Tendenz inne, nämlich

[1]) Die Rechtsverhältnisse dieser Interessengemeinschaften sind neu geregelt durch das deutsche Kartellgesetz vom 2. November 1923.

die Ausschaltung der freien Konkurrenz als Preisregulator, vgl. Kohlensyndikat und Stahlwerkverband. Sie entstehen gewöhnlich, aber nicht notwendig, infolge der Notlage eines Industriezweiges. Die Fusion hat an sich nur das Ziel, die Vorteile des größeren Betriebes zu gewinnen, wenn sie sich aber auf einen ganzen Produktionszweig in einer Volkswirtschaft erstreckt oder doch zu erstrecken sucht, verfolgt sie dasselbe monopolistische Ziel, nur noch energischer und erfolgreicher, vgl. die Fusionen unserer Großbanken. Der Trust ist als Organisationsform der Produktion das letzte Wort der auf das Prinzip der Einzelunternehmungen gegründeten und sonach individualistischen Produktionsweise. Die technische und wirtschaftliche Vervollkommnung eines Betriebes, Kostenherabsetzung durch das Mittel der Arbeitsteilung, der Maschine und des Großbetriebes, hat mindestens zeitlich ihre Grenzen, und daraus ergibt sich dann eine Betriebsgemeinschaft, eine Kombination sich in ihrer Art ergänzender, etwa den Weg vom Rohstoff zum Fertigfabrikat durchschreitender Betriebe, welche durch das vollkommene Ineinandergreifen der Teilbetriebe noch ein Herabdrücken der Produktionskosten unter jene der einfachen, nicht kombinierten Betriebe ermöglicht. Der Trust hat am meisten die Tendenz der Aufsaugung, der monopolistischen Organisation.

Von den fünf Unternehmungsformen finden wir in der Landwirtschaft hauptsächlich noch die Einzelunternehmung und neuerdings zahlreiche Genossenschaftsunternehmungen. Im Handel herrschen Einzelunternehmung und Gesellschaftsunternehmung vor, hauptsächlich als offene Handelsgesellschaft und Kommanditgesellschaft, aber auch Genossenschaftsunternehmung ist in der Form des Konsumvereins weit verbreitet. Im Bankwesen und im Verkehrswesen steht die Aktiengesellschaft im Vordergrund, daneben die öffentliche, die Korporationsunternehmung und die Kreditgenossenschaft. Im Gewerbe endlich finden wir alle Formen und insbesondere neuerdings die Kartelle und Trusts.

In der Nachkriegszeit und besonders in der Inflationszeit haben sich die Unternehmungen in Produktion und Handel weit über das Bedürfnis hinaus vermehrt, mit der Stabilisierung der Währung im Jahre 1924 mußte sich daher notwendigerweise ein Deflationsprozeß anschließen. Einer Zahl von 5486 Aktiengesellschaften im Jahre 1913 und von 5345 im Jahre 1919 standen Ende 1924 17074 gegenüber, ohne daß sich das Gesamtkapital sehr wesentlich erhöht hatte. Auch die Gesellschaften mit beschränkter Haftung haben sich in fast gleichem Grade von 26790 Ende 1913 auf 79257 Ende 1924 vermehrt. Bei den Unternehmungen von Einzelpersonen hat ebenfalls ein großer Zuwachs stattgefunden. Durch diese Vielköpfigkeit, die sich in den gegen früher verringerten Gesamtumsatz teilen wollte, wurde Herstellung und Vertrieb der Ware mit zu hohen Kosten belastet und zuviel Kapital, Kredit und Vorrat gebunden. Die Wettbewerbsfähigkeit im Ausfuhrgeschäft wurde beeinträchtigt und im Inlandsgeschäft die reale Kaufkraft der Einkommen zu sehr geschmälert. Als sich nun auch nach der Umstellung auf Goldmark und nach starken Abstrichen in der Substanzbewertung eine Rentabilität der Unternehmen nicht mehr herausstellen wollte, erwies sich die Notwendigkeit einer gründlichen Rationalisierung der Wirtschaft immer deutlicher und entstand die gegenwärtige Wirtschaftskrisis.

Von der ungünstigen wirtschaftlichen Lage ist besonders auch das deutsche Baugewerbe schwer betroffen worden. Während im Jahre 1913 nach dem Bericht der Tiefbauberufsgenossenschaft für 1924 die vom Tiefbaugewerbe gezahlten Lohnsummen 300 Mill. M. betrug, ist sie im Jahre 1924 auf 195 Mill. M. herabgesunken, das bedeutet bei etwa gleicher Lohnhöhe einen Rückgang der Aufträge als solcher auf 35 vH. Dazu kommt ebenfalls eine starke Vermehrung der Bauunternehmungen, besonders der Bauaktiengesellschaften in der Nachkriegszeit. So war nach der Reichsstatistik der Bestand an Bauaktiengesellschaften

| 1913 | 1919 | 1923 | 1924 |
|---|---|---|---|
| 72 | 52 | 299 | 323. |

Die Zahl hat sich also gegen 1913 fast verfünffacht. Über die Höhe der Kapitalien und die Art ihrer Zusammensetzung enthält die Reichsstatistik für 44 Vorkriegs- und 178 Nachkriegs-Bauaktiengesellschaften folgende Angaben:

| | 44 Bau-A.-G. | | 178 Bau-A.-G. |
|---|---|---|---|
| | Bilanz 1913/14 in 1000 M. | Reichsmark Eröffnungsbilanz in 1000 RM. | Reichsmark Eröffnungsbilanz in 1000 RM. |
| Aktienkapital | 87384 | 67146 | 115272 |
| Echte Reserven | 15821 | 6132 | 10081 |
| Obligationen und Hypotheken | 20294 | 2553 | 15089 |
| Sonstige Schulden | 55388 | 12098 | 24075 |
| Beamten- und Arbeiterfonds | 457 | 1130 | — |

Die Summe der arbeitenden Mittel beträgt hiernach bei den 178 neuen Bauaktiengesellschaften 165117000 M. und bei den sämtlichen 44 + 178 = 222 erfaßten Bauaktiengesellschaften zusammen 253046000 M. Die 178 in der Nachkriegszeit gegründeten baugewerblichen Aktiengesellschaften sind durchweg kleiner als die vor dem Kriege bereits bestehenden, denn sie haben ein durchschnittliches Aktienkapital von nur 648000 M., während die 44 Vorkriegs-Bauaktiengesellschaften durchschnittlich 1526000 M. Kapital hatten. In der Vorkriegszeit arbeiteten die 44 Aktiengesellschaften mit 103205000 M. = 56 vH eigenem und 81682000 M. = 44 vH fremdem Kapital, die sämtlichen 222 Aktiengesellschaften dagegen haben jetzt 198631000 M. = 78,5 vH eigenes und 54415000 M. = 21,5 vH fremdes Kapital, eine Folge des jetzigen teueren Kredites für Betriebskapital.

Die sozialistischen Experimente der Nachkriegszeit haben im Baugewerbe auch die Produktivgenossenschaften wieder erstehen lassen, der Versuch ist aber ebenso wie früher gescheitert, die Bauproduktivgenossenschaften sind entweder in Konkurs geraten oder haben sich in privatkapitalistische Unternehmen gemausert. „Gemeinnützige Bauproduktivgenossenschaften" gibt es heute nicht mehr. Auf die „Gemeinnützigkeit" und ihre steuerlichen Vorteile wurde verzichtet, nachdem die Steuerbehörden verlangt hatten, daß auch die tatsächliche Betätigung sich auf gemeinnützige Aufgaben beschränken müsse. Die Form der Produktivgenossenschaft wurde verworfen, weil die Erfahrung gezeigt hatte, daß, wenn diese zu Kapital gelangte, sich die Tendenz ergab, daß die derzeitigen Anteilseigner oder die Leitung sich des Betriebes bemächtigten. Daher wurde beschlossen, alle Genossenschaften umzuwandeln in „Bauhütten", d. h. in Gesellschaften mit beschränkter Haftung. Bei der Kapitalbeschaffung, die man anfangs sich so gedacht hatte, daß öffentlich rechtliche Körperschaften das Kapital zur Gründung hergeben sollten, und daneben nur noch Zeichnungen durch die Gewerkschaften und einzelne Arbeitnehmer hergingen, ist man künftig der Hauptsache nach auf die Gewerkschaften angewiesen. Der Deutsche Baugewerksbund führt z. B. 5 vH seiner Einnahmen an die sozialen Baubetriebe ab. Wirtschaftlich betrachtet, vollzieht sich also der Geschäftsbetrieb in allen wesentlichen Punkten, Unternehmungsform, Betriebsorganisation usw. nach den gleichen Gesichtspunkten wie beim privatkapitalistischen Unternehmen, denn man darf wohl voraussetzen, daß die Stellen, die Kapital hineingesteckt haben, auf Kapitalerhaltung und mindestens in gewissen Grenzen auch auf Verzinsung Wert legen. Nur entsprechend gewerkschaftlicher Eigenart hat man sich auch künftig für kollektive Geschäftsführung entschieden. Die Eigenart dieser Baubetriebe liegt aber noch immer in der Vorzugsstellung, die sie kraft ihrer „gemeinwirtschaftlichen" Tendenz beanspruchen, und in der engen Verbindung mit den Gewerkschaften. Letzteres bietet ihnen einen natürlichen Vorteil auf dem Gebiete der Löhne und Arbeitsbedingungen und ersteres verführt zu einer Ausnutzung politischer Beziehungen zu Behörden und Beamten, die nicht bedenkenfrei erscheint, da in geschäftlichen Dingen unbedingte Sachlichkeit, Neutralität und Korrektheit von den Behörden und Beamten in unserem heutigen Staatswesen verlangt werden muß. Die Umformung der sozialen Baubetriebe muß sich daher auch darauf erstrecken, daß sie fortan den Wettkampf mit den privaten Unternehmungen nur auf dem Boden gleicher Bedingungen vollziehen und auf die Ausnutzung politischer Beziehungen verzichten. Daß letzteres bisher nicht der Fall war, zeigt die Verquickung dieser Baubetriebe mit den Sozialversicherungsanstalten. Denn bei den meisten Zusammenbrüchen waren die Bauhütten mit namhaften Versicherungsbeiträgen rückständig (Gleiwitz, Allgäu u. a.) und auch von der Bauhütte Hannover ist bekannt geworden, daß sie der Allgemeinen Ortskrankenkasse Hannover für die Monate August bis Dezember 1925 Beiträge in Höhe von rund 23000 *RM* schuldete.

Die Vermehrung der Baubetriebe und die Verringerung der baugewerblichen Aufträge haben naturgemäß auch im Baugewerbe zu einer schweren Krise geführt. Die zur Behebung der allgemeinen Wirtschaftskrise notwendige Verbilligung des Produktionsapparates bedingt eine Steigerung der Leistungsintensität sowie eine Herabminderung der Selbstkosten und der allgemeinen Unkosten im weitesten Sinne. Zur Lösung dieses Problems ergeben sich für das Baugewerbe folgende Maßnahmen. Die Steigerung der Leistungsintensität fordert Besserstellung des gelernten Arbeiters gegenüber dem an- und ungelernten Arbeiter und damit den Anreiz für den Nachwuchs, das Opfer der Lehrzeit zu bringen; ferner Förderung der Akkordarbeit und der Verwendung zweckentsprechender Maschinen und Geräte, nicht nur in der Richtung auf Normung und Typisierung, sondern auch in der Richtung der wirtschaftlichsten Anwendung durch sorgfältige Bedienung, Verwaltung und Unterhaltung (Ausbildung von Maschinentechnikern auf dem Sondergebiete des Baumaschinenwesens) sowie sachgemäße Anwendung von arbeitsparenden Arbeitsmethoden auf der Grundlage wissenschaftlicher Prüfung. Die Herabminderung der Selbstkosten fordert Verringerung der Belastungen, die einerseits dem Gewerbe durch Staat und Gemeinde auferlegt sind, Steuern und soziale Lasten, andererseits im Betriebe selbst entstehen, wie unproduktive Ausgaben für Provisionen, Reklame, Submissionen, Verbände, unwirtschaftliche Betriebsweisen usw., sowie schließlich eine Folge der Schwierigkeit für Beschaffung des Betriebskapitals und der hohen Kreditzinsen sind. Diese Fragen sind im Baugewerbe dadurch verschärft, daß bei verminderter Bautätigkeit eine wesentlich größere Anzahl von Betrieben als in der Vorkriegszeit vorhanden ist. Die Folge davon ist, daß das Baugewerbe sich in einer sinnlosen Weise unterbietet. Diese Unterbietungen sind gleichzeitig Folge des Daniederliegens der Bautätigkeit und Ursache der wirtschaftlichen Notlage zahlreicher Betriebe, die umgekehrt dann wieder glauben, sich durch erneute Unterbietungen noch über Wasser halten zu können. Die wirtschaftlichen Verhältnisse werden daher unweigerlich zu einer Verminderung der Betriebe führen müssen[1]).

Neben den Korporationsunternehmungen hatte sich in den letzten Jahren vor dem Kriege noch eine neue Wirtschaftsform herausgebildet, das waren die gemischtwirtschaftlichen Unternehmungen, welche eine Verbindung der Korporationsunternehmung mit der Privatunternehmung darstellen. Man war zu der Überzeugung gekommen, daß der Betrieb industrieller Unternehmungen, wie Gas-, Wasser- und Elektrizitätswerke, Straßenbahnen usw., durch öffentliche Verwaltungen doch oft mit Schwierigkeiten verknüpft ist und überließ daher die Geschäftsleitung im wesentlichen dem Privatunternehmer, während die öffentlichen Körperschaften sich an dem Unternehmen in geeigneter Form beteiligten und ihre Interessen durch Erhebung entsprechender Abgaben sowie durch das Rückkaufs- oder durch das Heimfallrecht wahrten. Bei dieser Form des Geschäftsbetriebes konnte also die Initiative und die Beweglichkeit der Privatindustrie mit dem Einfluß, dem Kredit und dem Ansehen der öffentlichen Körperschaften zu-

[1]) Vgl. Bauing., 1925, Heft 9, S. 348.

sammenarbeiten. Nach dem Kriege haben diese gemischtwirtschaftlichen Unternehmungen in den Kommunalverwaltungen noch bedeutend zugenommen. Nach der statistischen Korrespondenz haben z. B. die kommunalen Betriebe der preußischen Städte 1924 Überschüsse von zusammen 169,4 Mill. RM. gehabt, wovon allein 126 Millionen, das sind über 74 vH, auf die Gas-, Wasser- und Elektrizitätswerke entfallen. Insgesamt machen diese Überschüsse für die in der Erhebung einbezogenen preußischen Gemeinden 12,4 vH ihres Gesamtsteueraufkommens aus, und es entfallen 8,6 RM. auf den Kopf der Bevölkerung.

Von wesentlichem Einfluß auf die heute zweckmäßigste Unternehmungsform sind schließlich noch die neuen Steuergesetze. Nach einer Zusammenstellung in den Mitteilungen der Industrie- und Handelskammer zu Berlin vom 25. Juli 1926 kommen folgende deutschen Reichs-, Landes- und Gemeindesteuern bei Errichtung eines Gewerbebetriebes in Betracht.

## I. Reichssteuern.

### a) Umsatzsteuer.

Der Umsatzsteuer unterliegen Lieferungen oder sonstige Leistungen, die jemand im Inland gegen Entgelt innerhalb der von ihm selbständig ausgeübten gewerblichen oder beruflichen Tätigkeit ausführt. Der Steuersatz beträgt 0,75 vH des Umsatzes.

### b) Vermögensteuer.

Steuerpflichtig mit dem gesamten Vermögen (unbeschränkt steuerpflichtig) sind alle natürlichen Personen, solange sie im Deutschen Reich ihren Wohnsitz oder gewöhnlichen Aufenthalt haben (als gewöhnlich gilt ein Aufenthalt von mehr als sechs Monaten), und Erwerbsgesellschaften (Aktiengesellschaften, Gesellschaften mit beschränkter Haftung usw.), wenn der Sitz oder der Ort der Leitung im Inland liegt.

Nur mit dem Inlandsvermögen (d. h. beschränkt) steuerpflichtig sind alle natürlichen Personen, die im Deutschen Reich keinen Wohnsitz oder gewöhnlichen Aufenthalt haben, und Erwerbsgesellschaften, wenn Sitz oder Ort der Leitung im Ausland liegen.

Die Vermögensteuer beträgt 5 vT des auf volle Hundert nach unten abgerundeten Vermögens jährlich; sie ermäßigt sich, wenn das Vermögen

| | | | | | |
|---|---|---|---|---|---|
| 10000 RM. | nicht | übersteigt, | auf . . | 1 | vT |
| 20000 „ | „ | „ | „ . . | 2 | „ |
| 30000 „ | „ | „ | „ . . | 3 | „ |
| 50000 „ | „ | „ | „ . . | 4 | „ |

Die ersten 5000 RM. des Vermögens sind steuerfrei, wenn es sich um unbeschränkt steuerpflichtige Personen handelt.

Vom Jahre 1927 ab erhöht sich die Vermögensteuer folgendermaßen, wenn das abgerundete Vermögen

| | | | | | | | |
|---|---|---|---|---|---|---|---|
| 250000 | RM, | aber nicht | 500000 | RM | übersteigt, | auf | 5,5 vT |
| 500000 | „ | „ „ | 1000000 | „ | „ | „ | 6 „ |
| 1000000 | „ | „ „ | 2500000 | „ | „ | „ | 6,5 „ |
| 2500000 | „ | „ „ | 5000000 | „ | „ | „ | 7 „ |
| 5000000 | „ | übersteigt, | | | | „ | 7,5 „ |

Die Vermögensteuer für das Kalenderjahr 1926 wird nur in Höhe von drei Vierteln der Vermögensteuer für 1925 erhoben; eine besondere Veranlagung findet für 1926 nicht statt.

### c) Industriebelastung (auf Grund des Dawesplans).

Aufbringungspflichtig sind die Unternehmer sämtlicher industriellen und gewerblichen Betriebe einschließlich des Handels, soweit das Betriebsvermögen 20000 ℛℳ und mehr beträgt. Die Aufbringungslast, die der einzelne Unternehmer zu verzinsen und zu tilgen hat, beträgt gegenwärtig 13,64 vH des Betriebsvermögens. An Zins- und Tilgungsleistungen sind im laufenden Reparationsjahr (1. September 1925 bis 31. August 1926) 3,75 vT des Betriebsvermögens zu leisten.

### d) Einkommensteuer.

Steuerpflichtig sind nur natürliche Personen; die Steuerpflicht der juristischen Personen ist durch das Körperschaftssteuergesetz (s. unter I e) geregelt.

Unbeschränkt (d. h. mit dem gesamten Einkommen) steuerpflichtig sind alle natürlichen Personen, solange sie im Deutschen Reich ihren Wohnsitz oder gewöhnlichen Aufenthalt haben. Personen, die im Deutschen Reich keinen Wohnsitz oder gewöhnlichen Aufenthalt haben, sind nur mit dem aus dem Inland bezogenen Einkommen (beschränkt) steuerpflichtig.

Die Einkommensteuer beträgt:

| | | | | | |
|---|---|---|---|---|---|
| für die ersten | 8000 | ℛℳ | des steuerbaren Einkommens | 10 | vH |
| „ „ nächsten | 4000 | „ | „ „ „ | 12,5 | „ |
| „ „ „ | 4000 | „ | „ „ „ | 15 | „ |
| „ „ „ | 4000 | „ | „ „ „ | 20 | „ |
| „ „ „ | 8000 | „ | „ „ „ | 25 | „ |
| „ „ „ | 18000 | „ | „ „ „ | 30 | „ |
| „ „ „ | 34000 | „ | „ „ „ | 35 | „ |
| „ „ weiteren Beträge | | | | 40 | „ |

### e) Körperschaftsteuer.

Erwerbsgesellschaften (Aktiengesellschaften, Gesellschaften mit beschränkter Haftung usw.) haben statt Einkommensteuer Körperschaftsteuer zu zahlen. Erwerbsgesellschaften sind mit dem ganzen Einkommen (unbeschränkt) steuerpflichtig, wenn Sitz oder Ort der Leitung im Inland liegen; befinden sich Sitz oder Ort der Leitung im Ausland, so besteht eine beschränkte Steuerpflicht mit dem inländischen Einkommen.

Der Steuersatz beträgt für Erwerbsgesellschaften 20 vH des Einkommens bzw. des ausgewiesenen Gewinns.

Inländische Gesellschaften mit beschränkter Haftung und bestimmte Genossenschaften, deren Stammkapital (bzw. Summe der Einlagen) sowie zuletzt veranlagtes Vermögen 50000 ℛℳ nicht übersteigen, zahlen Steuern in derselben Höhe wie die Einzelpersonen (s. I d Einkommensteuer), mit der Einschränkung, daß die Steuer 20 vH des gesamten Einkommens nicht übersteigen darf.

Von weiteren Reichssteuern, die für den Geschäftsmann von Bedeutung sind, sind noch zu erwähnen.

### f) Grunderwerbsteuer.

Steuerpflichtig ist der Übergang des Eigentums an inländischen Grundstücken, persönlich steuerpflichtig sind der Erwerber und der Veräußerer.

Die Steuer beträgt 3 vH des gemeinen Wertes des Grundstückes oder des Veräußerungspreises, wenn dieser höher ist.

Die Länder sowie mit deren Genehmigung die Gemeinden und Gemeindeverbände können Zuschläge zur Grunderwerbsteuer erheben. Die Zuschläge dürfen zusammen nicht mehr als 2 vH, und wenn eine Wertzuwachssteuer nicht erhoben wird, nicht mehr als 4 vH des steuerpflichtigen Wertes betragen. Vom 1. April 1927 ab dürfen die Zuschläge zusammen nicht mehr als 2 vH betragen.

### g) Wechselsteuer.

Gegenstand der Besteuerung sind gezogene und eigene Wechsel sowie Schecks, wenn sie eine rechtlich gültige Annahmeerklärung enthalten. Die Wechselsteuer beträgt 0,10 *RM* für je 100 *RM*. Bei langfristigen, auf einen bestimmten Zahlungstag gestellten Wechseln erhöht sich der Steuersatz. Bei Wechseln, die vom Inland auf das Ausland gezogen und nur im Ausland zahlbar sind, ermäßigt sich die Steuer auf die Hälfte.

### h) Kraftfahrzeugsteuer.

Die Kraftfahrzeugsteuer beträgt (einschließlich des 25 vH Zuschlags für Wegebauzwecke) bei Personenkraftwagen für jede Pferdestärke oder einen Teil davon

| | | | |
|---|---|---|---|
| von | 1—10 PS | 37,50 *RM* | jährlich |
| „ | 11—15 PS | 75,— „ | „ |
| „ | 16 PS und mehr | 100,— „ | „ |

bei Kraftomnibussen und Lastkraftwagen

für je 200 kg Eigengewicht des betriebsfertigen Fahrzeugs oder einen Teil davon

| | | | | |
|---|---|---|---|---|
| bei einem Eigengewicht | bis | 2000 kg | 37,50 *RM* | jährlich |
| „ „ „ | über | 2000 „ | 25,00 „ | „ |

Für elektrisch oder mit Dampf angetriebene Lastkraftwagen beträgt die Steuer die Hälfte der vorstehenden Sätze.

## II. Landes- und Gemeindesteuern.

Es kommen hauptsächlich in Betracht: Grundsteuern, Hauszinssteuern, (Mietssteuern), Gewerbesteuern, Berufsschulbeiträge und Stempelsteuern.

### a) Grundsteuer (Grundvermögensteuer).

Die Grundsteuer beträgt in Preußen bei bebauten Grundstücken, die nicht dauernd landwirtschaftlichen Zwecken dienen, also bei Wohnhäusern. Geschäftshäusern und Fabriken, für je 1000 *RM* des Wertes 0,20 RM. monatlich.

Die Gemeinden können Zuschläge erheben. Die Stadt Berlin erhebt gegenwärtig einen Zuschlag von 200 vH.

Steuerpflichtig ist der Eigentümer; der 100 vH der staatlichen Grundvermögensteuer übersteigende Teil des Gemeindezuschlages kann auf die Mieter umgelegt werden.

### b) Hauszinssteuer.

Die Steuer wird in Preußen in Form eines Zuschlages zur Grundvermögensteuer erhoben; sie beträgt seit dem 1. Juli 1000 vH der Grundvermögensteuer. Für Grundstücke, die für gewerbliche Zwecke genutzt werden, sind Ermäßigungen vorgesehen; außerdem ist die Steuer je nach dem Grad der dinglichen privatrechtlichen Belastung am 31. Dezember 1918 gestaffelt.

Seit dem 1. Juli 1926 dürfen in Preußen gemeindliche Zuschläge zur Hauszinssteuer nicht mehr erhoben werden.

### c) Gewerbesteuer.

Die Gewerbesteuer wird in Preußen vom Staat veranlagt, aber nicht erhoben; sie fließt vielmehr den Gemeinden zu.

Der Gewerbesteuer unterliegt der Betrieb eines stehenden Gewerbes, zu dessen Ausübung in Preußen eine Betriebsstätte unterhalten wird. Zweigniederlassungen, Fabrikationsstätten, Ein- und Verkaufsstellen gelten als Betriebsstätten.

Bemessungsgrundlage für die Gewerbesteuer ist der Gewerbeertrag und das Gewerbekapital; an Stelle des Gewerbekapitals kann auf Beschluß der Gemeinde die Lohnsumme treten.

Bei der Steuer nach dem Gewerbeertrag bleiben bei Einzelfirmen, bei Gesellschaften mit beschränkter Haftung und bei Kommanditgesellschaften auf Aktien 1500 RM. steuerfrei.

Die staatlichen Steuersätze (Grundbeträge) sind in Preußen folgende:

1. Steuersatz (Grundbetrag) nach dem Gewerbeertrag: für die ersten 2400 RM. des steuerpflichtigen Ertrages 1 vH; für die nächsten 1200 ℛℳ des steuerpflichtigen Ertrages $1^1/_2$ vH; für die weiteren Beträge des steuerpflichtigen Ertrages 2 vH.

2. Steuersatz (Grundbetrag) nach dem Gewerbekapital: für die ersten 12000 ℛℳ des Gewerbekapitals $^1/_3$ vT, für die weiteren Beträge $^1/_2$ vT.

3. Der Steuersatz nach der Lohnsumme beträgt 1 vT der Löhne und Gehälter.

Die Gewerbesteuer wird von den Gemeinden erhoben in Form von Hundertsätzen (Zuschlägen) dieser Steuersätze. Die Stadt Berlin erhebt die Gewerbesteuer als Gewerbeertragssteuer und Lohnsummensteuer. Der Berliner Zuschlag zur Gewerbeertragsteuer beträgt zur Zeit 425 vH und zur Lohnsummensteuer 1000 vH.

Bei einem steuerpflichtigen Gewerbeertrag von 100000 ℛℳ und einer Lohnsumme von 350000 ℛℳ würde sich also beispielsweise in Berlin die Gewerbesteuer wie folgt stellen:

Gewerbeertrag 100000 ℛℳ

Grundbetrag vom Ertrage

| | | | | |
|---|---|---|---|---|
| für die ersten | 2400 ℛℳ | 1 | vH = | 24 ℛℳ |
| „ „ nächsten | 1200 „ | $1^1/_2$ | „ = | 18 „ |
| „ „ „ | 96400 „ | 2 | „ = | 1928 „ |
| | | | | 1970 ℛℳ. |

Die Gewerbesteuer beträgt 425 vH dieses Grundbetrages, also 8372,50 ℛℳ
Lohnsumme 350000 ℛℳ
Steuergrundbetrag von der Lohnsumme: 1 vT der Lohnsumme = 350 ℛℳ
Die Lohnsummensteuer beträgt 1000 vH dieses Grundbetrages, also 3500 ℛℳ
An Gewerbesteuer sind also 8372,50 ℛℳ und 3500 ℛℳ gleich 11872,50 ℛℳ zu zahlen.

d) Berufsschulbeiträge.

Die Gemeinden erheben zur Deckung der laufenden Unterhaltungskosten der Berufsschulen von den Gewerbetreibenden Beiträge. In Preußen können diese Beiträge entweder in der Form von Zuschlägen zur Gewerbesteuer oder durch Umlage nach einem Durchschnittssatz entsprechend der Zahl der beschäftigten Arbeiter und Angestellten erhoben werden. Die Stadt Berlin erhebt die Beiträge als Zuschläge zur Gewerbesteuer, und zwar 50 vH des Gewerbesteuergrundbetrages vom Ertrage jährlich. In dem oben erwähnten Beispiel sind also 50 vH von 1870 RM. = 985 RM. als Berufsschulbeitrag zu entrichten.

e) Stempelsteuern.

Den Stempelsteuern unterliegen Urkunden, z. B. Abtretungsverträge, Kauf- und Tauschverträge, Miet- und Pachtverträge, Vollmachten usw. Die Höhe ist je nach Art der zu verstempelnden Urkunden verschieden.

Die steuerliche Belastung spielt heute in Deutschland eine große Rolle für die Rentabilität eines Unternehmens. Es ist aber, wie der Reichsfinanzhof wiederholt ausgesprochen hat, gutes Recht jedes Steuerpflichtigen, diejenige gesetzlich zugelassene Form sowohl für das Unternehmen als auch für die einzelnen Geschäftsvorgänge zu wählen, bei der er steuerlich am besten abschneidet. Daher bedarf es bei Neugründungen sorgfältigster Prüfung im einzelnen Falle, ob Einzelunternehmen, offene Handelsgesellschaft, Gesellschaft m. b. H., Aktiengesellschaft oder welche sonstige Gesellschaftsform zu wählen ist. Neben der Belastung durch die Einkommen- und Körperschaftsteuer, welche bei juristischen Personen zu einer Doppelbesteuerung führen, ist die Umsatzsteuer und bei Gründungen besonders die Grunderwerbsteuer zu berücksichtigen. Ganz allgemein kann nur gesagt werden, daß bei kleinen und mittleren Unternehmungen sich steuerlich am besten die offenen Handelsgesellschaften und Kommanditgesellschaften stehen, da sich bei ihnen infolge des gestaffelten Einkommensteuertarifs die niedrigsten Steuersätze ergeben. Gesellschaften m. b. H. und Aktiengesellschaften unterliegen der höheren Körperschaftsteuer[1]).

Wie hoch heute die Steuerbelastung der Unternehmungen ist, ergibt sich u. a. aus den von der Industrie- und Handelskammer zu Berlin gemachten Erhebungen, welche ergeben haben, daß die Steuerbelastung von 94 Industrie-Aktiengesellschaften ihres Bezirkes 21,5 vH des Bruttogewinnes betragen.

## 7. Die Berufsvereine.

Das Recht zum Zusammenschluß in Berufsvereine zum Zwecke der Erlangung günstiger Arbeitsbedingungen, das sog. Koalitionsrecht, war schon durch § 152 Gew.-O. den gewerblichen Arbeitgebern und Arbeitnehmern verliehen worden und ist jetzt durch Art. 159 RV. vom 11. August 1919 für jedermann und für alle Berufe gewährleistet. Unter § 152 Gew.-O. fällt aber nach der Rechtsprechung des Reichsgerichts eine Vereinigung nur, wenn sie darauf ausgeht, wirtschaftliche Kampfmittel anzuwenden, um zum Abschluß günstiger Arbeitsbedingungen zu gelangen oder sie aufrechtzuerhalten. Ein Verein, dessen Satzung z. B. von irgendwelchen Kampfmitteln gegen die Arbeiter oder von einer Abwehr der Arbeiterforderungen nicht spricht, ist kein Kampfverein und fällt daher nicht unter § 152 Gew.-O. Dagegen ist ein Arbeitgeberverein, dessen Satzung den Mitgliedern im Falle eines Streiks bei Strafvermeidung verbietet, bis zur Herbeiführung eines Vereinsbeschlusses Streikende einzustellen, ein Kampfverein und fällt damit unter § 152 Gew.-O.; eine Vertragsstrafe kann daher von einem solchen Verein gegen seine Mitglieder nicht ausgeklagt werden. Denn § 152 Abs. 2 bestimmt, daß jedem Mitglied der Austritt jederzeit freisteht, und daß der Berufsverein gegen seine Mitglieder keine Klage erheben kann. Damit ist diesen Berufsvereinen gegenüber ihren Mitgliedern jeder Rechtsschutz entzogen.

Es ist daher strittig geworden, ob der § 152 Abs. 2 Gew.-O. nach Art. 159 RV. noch fortgilt oder nicht, und diese Streitfrage ist durch Urteil des Reichsgerichts vom 2. Juli 1925 dahin entschieden worden, daß der § 152 Abs. 2 Gew.-O. mit der durch Art. 159 RV. anerkannten

---

[1]) Vgl. hierzu Steuersyndikus Dr. Brönner: Die zweckmäßigste Unternehmungsform nach den neuen Steuergesetzen. Dt. Tiefb. Zg. Nr. 31, 1925.

Vereinigungsfreiheit in Widerspruch steht und daher gemäß Art. 172 Abs. 2 RV. als aufgehoben zu gelten hat. Art. 159 RV. gewährleistet die Vereinigungsfreiheit zur Wahrung der Förderung der Arbeits- und Wirtschaftsbedingungen und erklärt alle Abreden und Maßnahmen, welche diese Freiheit einschränken und zu behindern suchen, für rechtswidrig. Die Vereinigungsfreiheit erschöpft sich also nicht darin, daß der einzelne das Recht freier Entschließung hat, sondern geschützt ist in gleichem Maße das positive Recht der anderen auf Zusammenschluß. Demgemäß werden ihre Organisationen in Art. 165 Abs. 2 RV. ausdrücklich anerkannt. Ihrem Wesen und Zweck nach muß aber diese Vereinigungsfreiheit der zum Verband zusammengeschlossenen Teilnehmer die weitere Befugnis in sich begreifen, sie wirksam auszugestalten und zur rechtlichen Geltung zu bringen. Auch dies fällt begrifflich in den Rahmen des der Organisation als solcher gewährleisteten Freiheitsrechts. Ihre Koalitionsfreiheit würde in Wahrheit unvollkommen und ein Schattenbild sein, wenn nicht auch das Recht der Gesamtheit der Teilnehmer geschützt wäre, die zur Durchführung des Koalitionszweckes erforderlichen Maßnahmen und Abmachungen zu treffen, z. B. Vertragsstrafen gegen unbotmäßige, dem Verbandszweck zuwiderhandelnde Mitglieder festzusetzen und einzuklagen. Die Schutzbestimmung des Art. 159 RV. hat hiernach, und zwar in diesem weiteren Sinne auch zugunsten der Vereinigung selbst, gegenüber einschränkenden Maßnahmen Anwendung zu finden.

Die §§ 152, 153 Gew.-O. haben in den Lohnkämpfen des deutschen Wirtschaftslebens eine bedeutende Rolle gespielt. Der § 152 beseitigte reichsgesetzlich die landesgesetzlichen Verbote und Strafbestimmungen, welche der Koalitionsfreiheit entgegenstanden. Der Abs. 2 erklärt aber die in Abs. 1 näher charakterisierten Verabredungen und Vereinigungen zur Erlangung günstiger Arbeits- und Lohnbedingungen für klaglos und gewährt jedem Teilnehmer den freien Rücktritt. Diese Vorschrift ist stehengeblieben, auch nachdem durch Reichsgesetz vom 22. Mai 1918 der viel umstrittene § 153, welcher den Schutz der Arbeitswilligen durch eine spezielle Strafbestimmung zu sichern unternahm, beseitigt war. Rechtsgültigkeit hat also zur Zeit nach der Reichsgerichtsentscheidung vom 2. Juli 1925 nur noch der § 152 Abs. 1. Eine Verabredung im Sinne dieses Paragraphen stellt aber wieder der Tarifvertrag nicht dar, denn er ist an sich kein Kampfmittel, sondern entweder das Ziel des Kampfes oder doch dessen Ergebnis oder auch ein zur Abwendung des Kampfes vorgenommener Akt. Und unter § 152 fällt eine Vereinigung, die den Abschluß von Tarifverträgen erstrebt, auch nur, wenn sie, was vielfach zutreffen wird, darauf ausgeht, wirtschaftliche Kampfmittel anzuwenden, um zum Abschluß günstiger Lohntarife zu gelangen oder, wo solche bestehen, sie aufrechtzuerhalten, wenn z. B. ein günstiger Lohntarif im Wege des Streiks erzwungen werden soll. Es kommt immer auf die jeweiligen Umstände an, und deshalb ist es im wesentlichen Tatfrage, ob eine Vereinigung, deren Ziel auch der Abschluß von Tarifverträgen ist, unter § 152 fällt.

Die Berufsvereine, deren Zweck nicht auf einen wirtschaftlichen Geschäftsbetrieb gerichtet ist, können, wenn ihre Satzung gewisse Normativbestimmungen erfüllt, Rechtsfähigkeit durch Eintragung in das Vereinsregister erlangen, § 21 BGB. Von dieser Möglichkeit pflegen meist Arbeitgeberverbände, nicht aber die Gewerkschaften Gebrauch zu machen. Die Erlangung der Rechtsfähigkeit hat für den Berufsverein die Bedeutung, daß der rechtsfähige Verein selbst Klage erheben kann, während der nicht rechtsfähige Verein nicht klagen, sondern nur verklagt werden kann, und daß für die Schulden des rechtsfähigen Vereins nur dieser, nicht auch dessen Mitglieder haften, während beim nicht rechtsfähigen Verein die für diesen Handelnden und meist auch die Mitglieder haften.

Jeder aus Arbeitgebern oder Arbeitnehmern bestehende Berufsverein hat an sich die Fähigkeit, Tarifverträge abzuschließen, Tariffähigkeit. Für die Frage, ob der Berufsverein auch zum Tarifabschluß ermächtigt ist, ist aber ausschlaggebend, ob in der Satzung vorgesehen ist, daß die Regelung der Arbeitsverhältnisse von Angestellten und namentlich der Abschluß von Tarifverträgen zu den Aufgaben des Vereins gehört.

Zu den Berufsvereinen gehören allgemein alle Vereinigungen, welche die Förderung der beruflichen Interessen ihrer Mitglieder bezwecken. Da jedoch diejenigen unter ihnen, die auf den Kampf zwischen Arbeitgebern und Arbeitnehmern über die Ausgestaltung der Lohn- und Arbeitsbedingungen abgestellt sind, im Wirtschaftsleben am meisten hervortreten, so pflegt man gewöhnlich auch nur diese als Berufsvereine zu nennen. Es fallen darunter die Arbeitnehmer- und die Arbeitgeberverbände. Die Arbeitnehmerverbände sind zuerst aufgetreten und ihre zunehmende Macht hat dann als Gegenwirkung die Bildung von Arbeitgeberverbänden ausgelöst.

Eine Arbeitnehmerorganisation oder Gewerkschaft — die Arbeitnehmerverbände heißen Gewerkschaft — soll bestehen aus den Arbeitnehmern des betreffenden oder verwandten Berufes, ihr Zweck ist die Verbesserung der Lohn- und Arbeitsbedingungen und die Hebung der wirtschaftlichen und sozialen Lage der Arbeitnehmer. Zur Erreichung des Zweckes kommen in Betracht: Verhandlungen mit den Arbeitgebern und ihren Organisationen über die Regelung der Lohn- und Arbeitsbedingungen und den Abschluß von kollektiven Lohn- und Arbeitsverträgen, Tarifverträgen, die Arbeitsniederlegung, der Streik, wenn die Verhandlungen zu keinem annehmbaren Ergebnis führen, Zahlung von Streikunterstützung an die Mitglieder, geistige und fachliche Ausbildung der Mitglieder, Rechtsschutz und Unterstützungseinrichtungen, Streben nach Sicherung der Arbeitnehmerrechte durch die Gesetzgebung. Die finanziellen Mittel zur Durchführung des Zweckes sind durch Beiträge der Mitglieder aufzubringen. Eine Arbeitnehmergewerkschaft darf weder Arbeitgeber noch deren Vertreter aufnehmen noch Zuwendungen materieller Art von Unternehmern oder Unternehmerorganisationen annehmen. Diese Grundsätze gelten sinngemäß auch für die Arbeitnehmerorganisationen der

Beamten, Angestellten und Arbeiter staatlicher und kommunaler Betriebe.

Die Arbeitergewerkschaften umfassen in der Regel die Arbeiter eines bestimmten Geschäftszweiges, so z. B. Metallarbeiter, Bergarbeiter, Bauarbeiter, Holzarbeiter usw. Für die Angestellten besteht als Grundsatz die Gliederung nach Berufsgruppen, so bestehen Verbände für kaufmännische männliche und weibliche Angestellte, für technische Angestellte, Bureauangestellte, Werkmeister usw. Innerhalb der Berufsgruppen bestehen aber weiter noch Fachgruppen für die einzelnen Geschäftszweige. Die Beamtenverbände gliedern sich sowohl nach Dienstgraden als auch nach den Aufgaben ihrer Dienstbehörde, Eisenbahn, Post, Steuer usw. Nach der Vereinbarung vom 15. November 1918 sind die anerkannten Gewerkschaften Deutschlands in drei Spitzenverbände zusammengefaßt:

I. Freigewerkschaftliche Organisationen:

1. Allgemeiner Deutscher Gewerkschaftsbund (ADGB.),
2. Allgemeiner freier Angestelltenbund (Afabund),
3. Allgemeiner Deutscher Beamtenbund (ADBB.).

II. Deutscher Gewerkschaftsbund (DGB.), als Dachorganisation für

1. Gesamtverband der christlichen Gewerkschaften,
2. Gesamtverband Deutscher Angestellten-Gewerkschaften (Gedag),
3. Gesamtverband Deutscher Beamten-Gewerkschaften.

III. Gewerkschaftsring Deutscher Arbeiter-, Angestellten- und Beamtenverbände als Dachorganisation für

1. Verband Deutscher Gewerkvereine (Hirsch-Duncker),
2. Gewerkschaftsbund der Angestellten (GDA.),
3. Ring Deutscher Beamtenverbände.

Diese Spitzenverbände haben den Zweck, die Arbeiten der angeschlossenen Organisationen zu stützen und zu fördern, insbesondere in wirtschaftspolitischen und allgemeinpolitischen Fragen das geschlossene Auftreten ihrer Mitgliedermassen herbeizuführen. Sie unterhalten Landes- und Ortsausschüsse, die in ihren Arbeitsgebieten diese Aufgabe zu erfüllen haben.

Die drei freigewerkschaftlichen Organisationen zu I bestehen als selbständige Spitzenverbände nebeneinander, der ursprünglich geplante Zusammenschluß im ADGB. hat sich nicht verwirklichen lassen, weil die Angestellten- und Beamtenverbände Wert auf Beibehaltung voller Selbständigkeit legten. Durch Vertrag hat aber der Afabund mit ADGB. eine Arbeitsgemeinschaft gebildet, welcher als dritte Säule der ADBB. angegliedert wurde. Dem ADGB. gehören 41, dem Afabund 15, und dem ADBB. 20 Verbände an.

Unter „freien Gewerkschaften" sind diejenigen zu verstehen, die sich auf den Standpunkt der Unüberbrückbarkeit der Gegensätze zwischen Kapital und Arbeit stellen. Die geistige Grundlage der freien Gewerkschaften ist die Lehre von Karl Marx, ihre parteipolitische

Vertretung ist die Sozialdemokratie. Der ADBB. nimmt daher auch die Dienstverweigerung nach Erschöpfung aller Verhandlungsmöglichkeiten als gewerkschaftliches Kampfmittel für seine Mitglieder in Anspruch.

Der II. Spitzenverband, der Deutsche Gewerkschaftsbund, verkörpert in sich die christlich-nationale Gewerkschaftsbewegung. Sie unterscheidet sich von den freien Gewerkschaften dadurch, daß sie den Zweck verfolgt, „den unser Volk zerfressenden Materialismus durch die Pflege allgemein sittlicher, christlicher und nationaler Gedanken zu überwinden", und daß anerkannt wird, „daß Arbeiter, Angestellte und Beamte besondere Leistungen und Aufgaben im Wirtschaftsleben zu erfüllen haben und demgemäß eine ihrer Eigenart gerecht werdende Sozialpolitik treiben müssen". Es werden daher die Gegensätze zwischen Arbeitgeberschaft und Arbeitnehmerschaft als natürliche Gegensätze angesehen, die überbrückbar sind durch Tarifverträge, Arbeitsgemeinschaften und andere Mittel. Das Daseinsrecht der Privatwirtschaft wird anerkannt, deren Auswüchse aber durch die Pflege christlicher und nationaler Gesinnung und erforderlichenfalls durch Bekämpfung mit allen gewerkschaftlichen Mitteln, wofür gerüstet zu sein als vornehmste Pflicht angesehen wird, beseitigt werden sollen. Die Besitz- und Gewinnbeteiligung der Arbeitnehmer an den wirtschaftlichen Unternehmungen wird angestrebt. Die dem DGB. angehörigen drei Gesamtverbände a, b, c sind selbständige Spitzenorganisationen, die als solche zusammen den DGB. bilden. Ihm sind 53 Verbände angeschlossen.

Der III. Spitzenverband, der Gewerkschaftsring, ist der jüngste der drei großen Spitzenverbände, er umfaßt die freiheitlich-nationalen Verbände, welche die ältesten ihrer Art sind. Auch er gliedert sich nach dem Vorbild des DGB. in drei Gruppen. Die Hirsch-Dunckerschen Gewerkschaften sind durch Dr. Max Hirsch und den langjährigen Vorsitzenden der Fortschrittspartei Franz Duncker nach dem Vorbild der ältesten englischen Gewerkvereine gebildet. Die deutschen Gewerkvereine unterscheiden sich von den freien Gewerkschaften durch die Ablehnung des sozialdemokratischen Klassenkampfgedankens und von den christlichen Gewerkschaften durch den Verzicht auf die Pflege einer bestimmten Weltanschauung. Sie unterscheiden sich auch von den sog. „gelben Vereinigungen" (s. unten) durch die Erkenntnis, daß Unternehmertum und Arbeiterschaft sich getrennt und in voller Unabhängigkeit voneinander organisieren müssen. Dem Verband der Hirsch-Dunckerschen Gewerkvereine sind 17 Gewerkvereine angeschlossen. Der Gewerkschaftsbund der Angestellten ist Ende 1920 aus der Zusammenlegung verschiedener kaufmännischer und Angestelltenvereine entstanden. Den Ring Deutscher Beamtenverbände bildet der Allgemeine Eisenbahner-Verband.

Diese drei Gewerkschaftszentralen bilden in den Wirtschaftskämpfen der Arbeiter die Gegenparteien der Arbeitgeber. In scharfem Gegensatz zu ihnen stehen auf der einen Seite die syndikalistischen und kommunistischen und auf der anderen Seite die wirtschaftsfriedlichen Arbeitnehmerorganisationen. Die syndikalistischen Berufsverbände haben sich im Jahre 1919 in der „freien Arbeiter-Union Deutschlands“ eine Zentrale geschaffen und die auf kommunistischem Boden stehenden Organisationen haben im Jahre 1920 die „Allgemeine Arbeiter-Union“ gegründet. Daneben besteht noch die „Union der Hand- und Kopfarbeiter Deutschlands“.

Die wirtschaftsfriedlichen Arbeitervereinigungen haben sich im Jahre 1919 zum „Nationalverband Deutscher Berufsverbände“ zusammengeschlossen, nachdem sich die wirtschaftsfriedliche Bewegung wieder einigermaßen von den schweren Schlägen erholt hatte, die ihr die Staatsumwälzung und vor allem das Abkommen der drei Gewerkschaftsverbände mit den Unternehmerverbänden vom 15. November 1918 zugefügt hatte.

In den Werkvereinen bestand vor dem Kriege noch eine sog. „gelbe Arbeiterbewegung“, welche die Auffassung vertrat, daß der wirtschaftliche und soziale Aufstieg der deutschen Arbeiterschaft nicht durch Klassenkampf oder durch kollektive Abmachungen zwischen den Verbänden der Arbeitgeber und Arbeitnehmer, sondern durch unmittelbares, selbstgewolltes Zusammenwirken mit dem Unternehmer der einzelnen Betriebe am ehesten erreicht werde. Sie erhielt seitens der Arbeitgeber und ihrer Organisationen weitgehende Unterstützung, wurde aber von den Gewerkschaften scharf bekämpft und auch aus der Vereinbarung vom 15. November 1918 ausgeschlossen, was zu ihrer fast völligen Vernichtung führte.

In der Angestelltenbewegung haben sich nach der Staatsumwälzung ebenfalls drei Hauptrichtungen herausgebildet, nämlich der freigewerkschaftliche Allgemeine freie Angestelltenbund (Afabund), der mit den christlichen Gewerkschaften verbundene „Gesamtverband Deutscher Angestellten-Gewerkschaften“ und der mit den Hirsch-Dunckerschen Gewerkvereinen zusammengehende „Gewerkschaftsbund der Angestellten“. Neben diesen drei Gruppen besteht als besondere Spitzenorganisation der leitenden Angestellten die „Vereinigung der leitenden Angestellten in Handel und Industrie“ (Vela).

Die öffentlichen Beamten haben sich schließlich nach der Revolution auch eine organisatorische Zusammenfassung in dem „Deutschen Beamtenbund“ geschaffen. Seine größten Verbände sind die Reichsgewerkschaft der Post- und Telegraphenbeamten und die Reichsgewerkschaft deutscher Eisenbahnbeamten und -anwärter. Ursprünglich gehörte dem Deutschen Beamtenbund auch der Bund höherer Beamten an, er ist aber im Jahre 1920 ausgetreten und hat einen eigenen Verband unter dem Namen „Reichsbund höherer Beamter“ gebildet. Außerhalb des Deutschen Beamtenbundes stand bisher noch der mit den christlichen Gewerkschaften verbundene „Gesamtverband Deutscher Beamten-Gewerkschaften“, er hat sich aber neuerdings mit dem Deutschen Beamtenbund zusammengeschlossen, und dadurch sind weit über eine Million deutscher Beamten in dem großen neuen Bund vereinigt. Sie stellen eine Macht dar, die den isoliert gebliebenen sozialistisch gefärbten kleinen Teil der Beamtenschaft, vertreten durch den

Allgemeinen Deutschen Beamtenbund, ADBB., völlig in den Hintergrund drängt.

Nachdem sich die Arbeitnehmer in ihren Vereinen und Gewerkschaften einen Zusammenschluß hergestellt hatten, durch den sie in allen Arbeitsfragen einen scharfen Druck auf die Unternehmer auszuüben vermochten, gingen auch diese dazu über, sich Verbände zu schaffen, in denen sie ihr Interesse bei der Regelung der Löhne, der Arbeitszeit usw. wahrnehmen konnten. So entstanden neben den Kartellen und wirtschaftlichen Verbänden, im Handwerk neben den Innungen teilweise im Zusammenhang mit ihnen, die Arbeitgeberverbände, die in erster Linie sozialpolitische Aufgaben zu erfüllen hatten. Als ältester Verband dieser Art ist der Deutsche Buchdruckerverein 1869 gegründet, dann hat sich die Bildung von Arbeitgeberverbänden hauptsächlich im Baugewerbe verbreitet, wo sich schon in den 1870er Gründerjahren ein Zusammenschluß zur Abwehr von Streiks anbahnte. Als die eigentliche Gründungszeit der Arbeitgeberverbände ist die Zeit um 1890 anzusehen. Es entstanden damals der Gesamtverband deutscher Metallindustrieller als Vorbild einer über das ganze Reich verbreiteten Branchenvereinigung und der Arbeitgeberverband Hamburg-Altona als Vorbild für gemischte Ortsverbände. Hiernach bildeten sich auf allen Gebieten der Industrie und des Handwerkes ähnliche Verbände, und es kam 1903/04 zur Gründung des Vereins deutscher Arbeitgeberverbände, die am 5. April 1913 in der Vereinigung der Deutschen Arbeitgeberverbände zusammengefaßt wurden. Es waren entweder allgemeine Branchenverbände oder gemischte Ortsverbände, ihre Zahl betrug vor dem Kriege in den verschiedenen Gewerben zusammen 3162, davon im Baugewerbe allein 1421.

Nach dem Kriege und infolge der Revolution hat dann der Zusammenschluß der Arbeitgeber einen außerordentlichen Aufschwung genommen, besonders durch die Notwendigkeit, überall Tarifverträge abzuschließen. Das Wachstum der Verbände zeigen folgende Zahlen: 1913 61 Verbände mit 1650000 Arbeitern, 1918 76 Verbände und 298 Unterverbände mit 2414393 Arbeitern, 1921 215 Verbände und 1751 Unterverbände mit 8000000 Arbeitern in rund 100000 Betrieben. Auch im Handel und in der Landwirtschaft sind die Arbeitgeber dazu übergegangen, Arbeitgeberverbände zu bilden.

Durch Kartellverträge und vollständige Verschmelzung hat sich eine weitere Konzentration der Arbeitgeberverbände vollzogen, fast überall haben sich Reichs- oder mindestens Landes- oder Bezirksverbände gebildet. So sind in der Metallindustrie über die ursprüngliche Organisation hinaus der Reichsverband der deutschen Metallindustrie, im Baugewerbe der deutsche Wirtschaftsbund, im Handel der Zentralverband des deutschen Großhandels gegründet worden, und der am 12. April 1919 aus dem Zentralverband deutscher Industrieller, dem Bund der Industriellen und dem Verein zur Wahrung der Interessen der chemischen Industrie entstandene Reichsverband der deutschen Industrie arbeitet in Gemeinschaft mit der Vereinigung der deutschen Arbeitgeberverbände. Während aber letztere die sozialen und sozialpolitischen Aufgaben erledigt und als Berufsverein auf den Kampf zwischen den Arbeitnehmern und Arbeitgebern über die Ausgestaltung der Lohn- und Arbeitsbedingungen abgestellt ist, hat der Reichsverband der deutschen Industrie die Aufgabe, die wirtschaftlichen und wirtschaftpolitischen Aufgaben zu vertreten.

Eine besondere Rolle innerhalb der Arbeitgeberbewegung spielen die Versicherungsgesellschaften für Streikschaden, die ebenfalls bis auf die 1870er Jahre zurückgehen und dann in immer größerer Zahl innerhalb der einzelnen Gewerbe entstanden. Am 12. Dezember 1913 wurden auch diese verschiedenen Gesellschaften in einer Zentrale der deutschen Arbeitgeberverbände für Streikversicherung vereinigt und schließlich am 6. Juli 1920 im Deutschen Streikschutz zentralisiert. Durch die Gründung des Deutschen Streikschutzes als einer Tochtergesellschaft der Vereinigung deutscher Arbeitgeberverbände hat diese die Bearbeitung der Streikversicherungsaufgaben der neuen Organisation zur selbständigen Bearbeitung, aber in enger organisatorischer Verbindung mit ihr überwiesen. Es ist also die gesamte deutsche Industrie zur Zeit in zwei großen Zentralorganisationen zusammengeschlossen, in dem Reichsverband der deutschen Industrie zur Vertretung der wirtschaftlichen und wirtschaftspolitischen Aufgaben und in der Vereinigung der deutschen Arbeitgeberverbände zur Erledigung der sozialen und sozialpolitischen Aufgaben.

Vor dem Kriege trat der Gegensatz zwischen der organisierten Arbeitgeber- und Arbeitnehmerschaft auch äußerlich scharf in Erscheinung, während des Krieges zeigte sich aber die Notwendigkeit einer gemeinschaftlichen Arbeit, und es entstanden mehrfach örtliche Arbeitsgemeinschaften, beispielsweise entwickelte sich 1915 aus dem Kriegsausschuß für die Metallbetriebe Groß-Berlins eine Arbeitsgemeinschaft, an welcher die Organisation der Arbeitgeber, der Verband Berliner Metallindustrieller, und auf der anderen Seite die freien, christlichen und Hirsch-Dunckerschen Gewerkschaften beteiligt waren.

Um die Jahreswende 1917/18 wurden dann Verhandlungen gepflogen, die auf die Bildung einer neutralen Arbeitsgemeinschaft abzielten, aber erst nach der Revolution kam unter dem Druck der Verhältnisse eine Einigung zustande. Am 15. November 1918 wurde zwischen den Spitzenverbänden der Arbeitgeber und Arbeitnehmer eine neue Vereinbarung getroffen, in welcher die Arbeitgeberverbände die Gewerkschaften als berufene Vertreter der Arbeiterschaft anerkannten und erklärten, daß sie fortan die wirtschaftsfriedlichen Werkvereine sich vollkommen selbst überlassen und nicht unterstützen würden. Es wurden Kollektivverträge mit Schlichtungs- und Arbeiterausschüssen vorgesehen, der Achtstundentag festgelegt, die gemeinsame Regelung des Arbeitsnachweises vereinbart und anderes mehr. In der Vereinbarung, daß die Arbeitsbedingungen für alle Arbeiter und Arbeiterinnen entsprechend den Verhältnissen des betreffenden Gewerbes durch Kollektivvereinbarungen mit den Berufsvereinigungen der Arbeitnehmer festzusetzen sind, liegt der Ausgang des Tarifvertragsgedankens. Am 12. Dezember 1919 wurde das Werk abgeschlossen und der Zentralausschuß der Arbeitsgemeinschaft in Berlin konstituiert, womit eine über das ganze Reich verbreitete Organisation geschaffen war, wie sie in der Geschichte aller Vereinsbildungen bis dahin nicht bestanden hat.

Die Arbeitsgemeinschaft gliedert sich in vier zentrale Arbeitsgemeinschaften, nämlich der Zentralarbeitsgemeinschaft industrieller und gewerblicher Arbeitgeber und Arbeitnehmer Deutschlands, des deutschen Transport- und Verkehrsgewerbes, des deutschen Handels und der Reichsarbeitsgemeinschaft der land- und forstwirtschaftlichen Arbeitgeber- und Arbeitnehmervereinigungen, die wieder in Fach-, Bezirks- und Ortsgruppen unterteilt sind. Eine Fachgruppe der industriellen Zentralarbeitsgemeinschaft bildet auch das Baugewerbe unter dem Namen Reichsarbeitsgemeinschaft im Baugewerbe.

Der Aufgabenkreis der Arbeitsgemeinschaft ist sehr vielseitig, er erstreckt sich nicht allein auf das sozialpolitische Gebiet als Regelung der Lohn- und Arbeitsbedingungen, sondern auch auf das wirtschaftliche Gebiet als gemeinsame Bemühung zur Beschaffung von Arbeitsaufträgen, Preis- und Verkaufsregelung u. a. m., kurz auf eine gemeinschaftliche paritätische Beratung beruflicher Angelegenheiten. Die Arbeitsgemeinschaft hat das große Verdienst, in den Revolutionsstürmen das Zusammenprallen der großen sozialen Mächte abgeschwächt und die Wirtschaft vor dem Chaos bewahrt zu haben. Aber in der Bewältigung des großen Aufgabenkreises und in der Lösung der neugestellten sozialen Probleme versagte sie allzu rasch. Weder der vorgesehene Ausbau der Organisationen im Lande konnte durchgeführt werden, noch übte die Zentrale in entscheidenden Augenblicken ihre Funktionen aus. Im Jahre 1922 waren daher nur noch Trümmer des Baues, der mit so großen Hoffnungen begrüßt war, vorhanden. Die Schuld an diesem Schicksal tragen gleicherweise Arbeitgeber und Arbeitnehmer, es fehlte die notwendige Erkenntnis der Gemeinschaftsarbeit, die nationale und soziale Gesinnungsgemeinschaft. Der Klassenkampfgedanke der sozialistischen Gewerkschaften zeigte sich erheblich stärker als das Verbundenheitsgefühl von Arbeit und Kapital, und der Terror, der auf die Unternehmer durch die radikalen, aufgehetzten Klassen ausgeübt wurde, mußte bei der Arbeitgeberschaft eine Verbitterung erzeugen und die Forderung nach gemeinsamem friedlichen Ausgleich im Keime ersticken. Verschärft wurden die sozialen Gegensätze durch den Kampf um Welt- und Staatsanschauungen zwischen Arbeitgebern und Arbeitnehmern. Im Lager der Arbeitgeber fehlte vielfach die Erkenntnis von der Einschätzung des Arbeiters als des wichtigsten Mitarbeiters im Unternehmen, als eines gleichberechtigten Menschen. Eine Arbeitsgemeinschaft kann nicht auf reinen Zweckerwägungen, sondern nur auf der Gesinnung aufgebaut werden. Die Arbeitsgemeinschaft besteht formell noch, aber sie ist tot.

Trotzdem lebt noch der Gedanke der Arbeitsgemeinschaft in weiten Kreisen der Arbeitnehmer- und Arbeitgeberschaft, davon geben Zeugnis die zahlreichen Äußerungen führender Unternehmer und vor allem christlicher Gewerkschaftskreise.

Das Versagen der Arbeitsgemeinschaft hat in Unternehmerkreisen vielfach zu einer grundsätzlichen Ablehnung jeder Verständigung mit den Gewerkschaften geführt, so daß sie unter Ausschaltung der Arbeiterorganisationen den Wirtschaftsfrieden durch die Werksgemeinschaften herbeiführen wollen. Sie übersehen aber dabei die historische Entwicklung, welche die Bildung großer Organisationen auf beiden Seiten erzwungen und notwendig gemacht hat. Das Gegenspiel von Kapital und Arbeit drückt sich in der Bildung von Klassen aus, in denen die Einzelpersönlichkeit — von großen Führerpersönlichkeiten abgesehen — die Wahrung ihrer Berufsinteressen sucht. Als gleichberechtigter Partner wird daher in der Regel dem Unternehmer nicht der einzelne Arbeitnehmer, sondern die Arbeitergruppe gegenüberstehen, und eine Arbeitsgemeinschaft wird nur möglich sein, wenn die Unternehmerschaft Fühlung und Verständigung mit den Gewerkschaften findet.

Das schließt auch keineswegs aus, daß der Gedanke der Betriebsgemeinschaft, d. h. der Verständigung zwischen dem Arbeitgeber und seiner Belegschaft, an sich durchaus gesund ist. Vielfach werden die Werksangehörigen sogar für die Bedürfnisse ihres Betriebes größeres Verständnis haben als die Gewerkschaften, z. B. in Lohnfragen, woraus sich für die Tarifpolitik sehr ernsthafte Folgen ergeben können. Das moderne Arbeitsrecht (s. Abschnitt II, 3) erkennt ja auch den Betriebsgedanken an durch die Schaffung des Betriebsrätegesetzes, das bei ehrlicher Werksgemeinschaft gewiß manche Betätigungsmöglichkeiten bietet. Und gerade der beste Teil unserer Arbeiterschaft sieht in der Werksverbundenheit ein Ideal. Aber andererseits darf auch nicht übersehen werden, daß auf Arbeitgeberseite in der Werksgemeinschaft ein Weg zu einer einseitigen Betriebsherrschaft und Ausschaltung der Gewerkschaften erblickt und damit eine Zersplitterung der Arbeiterschaft angestrebt werden kann, eine Politik, vor der unbedingt gewarnt werden muß. Denn sie kann wohl zu kleinen vorübergehenden Teilerfolgen führen, aber ist auf dem Wege zu einer wahrhaften, auf Gesinnungsgemeinschaft beruhenden Arbeitsgemeinschaft das größte Hindernis und kann deren letzten Zweck niemals erreichen.

Im deutschen Baugewerbe bestehen zur Zeit die folgenden wirtschaftlichen Berufsvereine:

1. Deutscher Wirtschaftsbund für das Baugewerbe,
2. Reichsverband des Deutschen Tiefbaugewerbes,
3. Beton- und Tiefbauwirtschaftsverband,
4. Deutscher Arbeitgeberverband für Feuerungs- und Schornsteinbau,
5. Bund der Deutschen Betonwerke,
6. Verband Deutscher Wasserleitungsunternehmer,
7. Vereinigung der Naßbaggerunternehmungen,
8. Verband der Baugeschäfte von Groß-Berlin.

Diese Verbände bilden zusammen die Fachgruppe Bauindustrie des Reichsverbandes der Deutschen Industrie.

Zur Wahrung der sozialpolitischen Belange sind die baugewerblichen Unternehmungen in folgende Arbeitgeberverbände zusammengefaßt:

1. Deutscher Arbeitgeberbund für das Baugewerbe,
2. Reichsverband des Deutschen Tiefbaugewerbes,
3. Beton- und Tiefbau-Arbeitgeberverband,
4. Bayerischer Baugewerbeverband.

Sie gehören sämtlich wieder der Spitzenorganisation der Arbeitgeberverbände, der Vereinigung der Deutschen Arbeitgeberverbände an.

Der Deutsche Wirtschaftsbund für das Baugewerbe und der Deutsche Arbeitgeberbund für das Baugewerbe vertreten die Interessen des Hochbaugewerbes in wirtschaftlicher und wirtschaftspolitischer bzw. in sozialpolitischer Beziehung. Der Reichsverband des deutschen Tiefbaugewerbes ist gleichzeitig wirtschaftlicher Berufsverein und Arbeitgeberverband. Er ist der älteste Berufsverein im Tiefbaugewerbe, 1900 gegründet und hatte am 15. September 1925 1222 Mitglieder. In ihm sind hauptsächlich die Tiefbauunternehmungen mittlerer Größe vereinigt. Die früheren besonderen wirtschaftlichen Abteilungen des 1898 gegründeten Deutschen Betonvereins haben sich später verselbständigt in dem Beton- und Tiefbauwirtschaftsverband und dem Beton- und Tiefbauarbeitgeberverband. Hier sind ebenso wie im Hochbaugewerbe zwei besondere Rechtssubjekte zur Verfolgung der wirtschaftlichen und sozialpolitischen Ziele gebildet worden. Der Betonverein selbst verfolgt seitdem lediglich technisch-wissenschaftliche Zwecke. Den beiden Verbänden gehören zur Zeit rund 300 Mitglieder an, und in ihnen haben sich die größeren Ingenieurbauunternehmungen, insbesondere die gemischten Bauunternehmungen, die neben dem Tiefbau auch den Hochbau betreiben, zusammengeschlossen. Die Beton- und Tiefbauverbände zusammen mit dem Reichsverband des deutschen Tiefbaugewerbes vereinigen etwa 60 vH sämtlicher Tiefbauunternehmungen, und es sind im allgemeinen die kleinen Unternehmer, welche noch keinen Anschluß an die Berufsvereine gesucht haben.

Die baugewerblichen Unternehmungen sind also zur Zeit in drei Verbände gespalten, einerseits der Hochbau und andererseits der Ingenieurbau in Tiefbau und Beton- und Tiefbau, ein Nachteil, der sich besonders in sozialpolitischer Hinsicht mehrfach gezeigt hat. Es hat daher auch nicht an Bestrebungen gefehlt, eine geschlossene Organisation der Arbeitgeberverbände herbeizuführen.

So hatte bereits 1913 der Betonbauarbeitgeberverband Aufnahme in den Hochbauarbeitgeberbund gefunden, und 1917 kam auch eine Arbeitsgemeinschaft des Reichsverbandes der Deutschen Tiefbauunternehmer mit dem Betonbauarbeitgeberverband zum Abschluß, wurde aber 1919 wieder aufgehoben, nachdem eine Tarifgemeinschaft mit dem Hochbauarbeitgeberbund abgeschlossen war, dem bereits der Betonbauarbeitgeberverband als Fachgruppe angehörte und somit eine besondere Arbeitsgemeinschaft mit ihm sich erübrigte. Die Tarifgemeinschaft mit dem Hochbaugewerbe hat jedoch nicht lange bestanden, sondern fand bereits aus Anlaß der Erneuerung des Reichstarifvertrages im April 1920 ihr Ende, worauf 1921 wieder die Arbeitsgemeinschaft des Tiefbauverbandes mit dem Betonbauverbande erneuert wurde unter dem Namen „Arbeitsgemeinschaft der Deutschen industriellen Bauunternehmungen“. Eine Folge dieser Arbeitsgemeinschaft war dann im Januar 1922 die Gründung einer Zentralarbeitsgemeinschaft zwischen ihr und dem Hochbauarbeitgeberbund zu dem Zwecke, die Tarifverhandlungen mit den Arbeitnehmern gemeinsam so zu führen, als ob die vertragschließenden Zentralverbände eine einheitliche Partei darstellten. Aber auch diese Arbeitsgemeinschaft ist Ende 1924 wieder erloschen und eine Einheitsfront der drei Bauarbeitgeberverbände besteht zur Zeit nicht mehr. Nur in Bayern haben sich die Strömungen zur Bildung eines Einheitsverbandes verwirklicht. Die Gruppe Bayern hat sich 1921 vom Reichsverband des Deutschen Tiefbaugewerbes abgetrennt und zusammen mit dem Hochbau- und Betonbaugewerbe zu dem Bayerischen Baugewerbeverband in München entwickelt. Er steht indes durch einen Kartellvertrag vom 13. November 1922 mit den Spitzenverbänden des Hoch-, Tief- und Betonbaues in den übrigen deutschen Ländern in der Weise in Verbindung, daß er als Kontrahent der Reichstarifverträge anerkannt wird und auch Sitz und Stimme in den Organen der Spitzenverbände hat.

# II. Soziallehre.

## 1. Allgemeines.

Soziologie oder Gesellschaftswissenschaft ist die Lehre von der Gesellschaft der Menschen als einer Vereinigung der einzelnen Individuen zwecks Durchführung verschiedenartiger Zwecke. Diese Vereinigungen sind geschichtlich auf Macht und Unterwerfung aufgebaut, haben aber eine gewisse gesellschaftliche Ordnung und damit die Möglichkeit von Kulturfortschritten gebracht, durch welche allmählich die ursprünglich Bedrückten und Ausgebeuteten zu besseren Lebenslagen und schließlich zur Freiheit und gesellschaftlichen Selbständigkeit geführt wurden. Eine ordnende Zwangsgewalt bleibt indes für den Bestand der Gesellschaft unentbehrlich, und diese finden wir in dem Staat, durch den die Gesellschaft nach außen festen Abschluß und im Innern festen Halt für ihre einzelnen Teile erhält. Die staatliche Tätigkeit bildet also einen Teil des Gesellschaftslebens, erschöpft es aber keineswegs. Die Individuen wirken innerhalb der Staatsordnung noch auf die mannigfaltigste Weise aufeinander ein und unterhalten zueinander noch wichtige engere Beziehungen. Sie folgen selbsterzeugten Sitten und Gewohnheiten, bilden besondere Gemeinschaften unter sich, Geschlechter, Familien, kirchliche Vereinigungen usw., aber vor allem vollzieht sich der wirtschaftliche Prozeß und die dadurch bedingte Verteilung der Güter im einzelnen unabhängig von der Mitwirkung des Staates, wenn auch gewisse, vom

Staat gegebene und geschützte Grundlagen mitwirken. Denn durch die wirtschaftlichen Einflüsse und vor allem durch die Verteilung der Güter entstehen innerhalb der Gesellschaft besondere, von der staatlichen Gliederung unabhängige Schichtungen, Abhängigkeitsverhältnisse und Zusammenhänge, die einen gewissen Gegensatz zwischen Gesellschaft und Staat bilden können. Solange die wirtschaftlich herrschenden Klassen zugleich auch rechtlich oder tatsächlich die Staatsgewalt in Händen hatten, war dieser Gegensatz verdeckt, sobald aber der Staat über die gesellschaftlichen, durch die Besitzverschiedenheit bedingten Parteien gestellt und ihm die Aufgabe zugewiesen wird, die sozialen Gegensätze auf Grundlage der bestehenden Rechtsordnung nach Möglichkeit zu mildern, wird der Gegensatz offenbar und die Stellung der wirtschaftlich herrschenden Klassen erschüttert. Der Staat hat dann die Aufgabe, den Gegensatz zu überbrücken, und diese Aufgabe ist Gegenstand der Sozialpolitik im weitesten Sinne. Im engeren Sinne wird die Gesellschaftswissenschaft dann als gleichbedeutend mit der Soziallehre oder Sozialökonomie betrachtet, die nach der Verteilung, welche die Güter im Volke finden, fragt. Sozialpolitik im weitesten Sinne ist daher das Verhalten des Staates in bezug auf die gesellschaftlichen Zustände und Klassen, im engeren Sinne die Politik in bezug auf den Stand der Lohnarbeiter, das planmäßige positive Eingreifen des Staates zum Zwecke der dem Gemeinwohl förderlichsten Ordnung der sozialen Verhältnisse, insbesondere durch Hebung der arbeitenden Klassen und damit Milderung des Gegensatzes zwischen arm und reich, zwischen Kapital und Arbeit. In diesem Sinne begreift man unter Sozialwissenschaft die Lehre von den Maßnahmen, die Lage der Lohnarbeiter zu verbessern und sie gegen die Gefahren und Nachteile zu schützen, die aus der neuzeitlichen Gestaltung des Arbeitsverhältnisses entspringen.

Die Aufgaben der Sozialpolitik sind demnach einerseits Regelung der Arbeits- und Lohnverhältnisse, andererseits Schutz der Gesundheit und Arbeitskraft des Volkes. Dabei darf aber nicht unberücksichtigt bleiben, daß „eine gesunde Sozialpolitik nicht nur dem Wohle der Arbeitnehmer dient, sondern mit dem Gedeihen der Wirtschaft und des gesamten Volkes aufs innigste verknüpft ist[1])“. Die Sozialpolitik steht also in engster Verbindung mit der Wirtschaftspolitik und kann nicht um ihrer selbst willen und nicht ohne Zusammenhang mit der Entwicklung der wirtschaftlichen Leistungsfähigkeit getrieben werden. Der Kampf zwischen wirtschaftlichen Notwendigkeiten und sozialen Bedürfnissen darf nicht zuungunsten der wirtschaftlichen Notwendigkeiten entschieden werden.

Die Grundgedanken der Sozialpolitik sind keineswegs eine Errungenschaft der Neuzeit. Schon Platon hat den Staat entstehen lassen aus dem Bedürfnis des Individuums nach Unterstützung durch die Mitmenschen und geht daher auch von der Pflicht des Staates aus, allen

---

[1]) Reichskanzler Dr. Luther in der Sitzung des Reichstages am 19. Januar 1925.

Menschen das Leben zu erleichtern bis zu dem Maße, daß sie in seinem Bereiche alle glücklich werden können. Aus diesem idealen Grundgedanken jeder Sozialpolitik ergibt sich ohne weiteres das Problem der Stützung des wirtschaftlich Schwachen durch die Gesamtheit. Die Frage nach den Aufgaben des Staates ist aber keine Rechtsfrage, sondern eine Frage der Politik. Und mit der politischen Grundeinstellung ist daher auch sofort die verschiedene Haltung zum Begriff der sozialen Aufgaben des Staates gegeben. Solange es verschiedene politische Parteien gibt, ist eine Einigung der Gesamtheit ausgeschlossen.

Von den beiden Aufgaben der Sozialpolitik ist zuerst die Fürsorge für Erhaltung der Gesundheit und Arbeitskraft des Volkes Gegenstand staatlicher und gesetzlicher Maßnahmen gewesen, und diese Fürsorge ist in Deutschland eingeleitet durch die Kaiserliche Botschaft vom 17. November 1881. Lohn und Arbeitszeit sind erst nach der Umwälzung im November 1918 Gegenstand der gesetzlichen Regelung geworden, stehen aber heute neben der Sozialversicherung im Mittelpunkt der Sozialpolitik. Der geschichtlichen Entwicklung entsprechend werden daher im folgenden zunächst die Arbeiterfürsorgegesetze behandelt[1]).

## 2. Soziale Fürsorge.

Als vor 40 Jahren der Aufbau der Arbeiterschutz- und Versicherungsgesetzgebung begann, war es eine Forderung ethischer Natur, die Lage des vierten Standes zu verbessern. Die Sozialpolitik war Selbstzweck, eine Verkettung von Arbeiterpflege und Wirtschaft blieb unbeachtlich, Produktivität der Wirtschaft und Kosten der Arbeiterpflege wurden nicht aufeinander bezogen. Dies war auch nicht nötig, denn die ertragreiche Produktion konnte die Soziallasten ohne Schaden ertragen. Heute hat sich die Lage wesentlich verändert, und die verarmte Wirtschaft Deutschlands bedingt neben der ethischen auch die wirtschaftliche Seite der Sozialpolitik zu berücksichtigen. Die Ausgaben für Sozialpolitik müssen heute durch die Erfordernisse der Wirtschaft ihre Höchstgrenze umschrieben erhalten. Werden die sozialen Lasten durch eine größere Produktivität infolge verstärkter Arbeitsintensität und verringerter Klassenreibungen ausgeglichen, dann lassen sie sich wie jede andere werbende Anlage im Wirtschaftsbetrieb behandeln. Sie bilden einen Kostenbestandteil unter anderen und unterliegen daher auch den allgemeinen Gesetzen kaufmännischer Geschäftsführung, so daß auch den Ausgaben für Arbeiterpflege Höchstgrenzen wie allen anderen werbenden Anlagen zu ziehen sind. Diese Grenzen ergeben sich aus der Rentabilität und Produktivität der Wirtschaft.

Die sozialen Fürsorgegesetze sind heute so umfangreich geworden, daß sie schwer übersehbar sind. Immerhin lassen sich in ihnen einheitliche Grundsätze und verbindende Linien erkennen. An der Spitze steht der Grundsatz des Schutzes der Gesundheit und Arbeitskraft der

---

[1]) Hinsichtlich der wissenschaftlichen Probleme und der geschichtlichen Entwicklung der Sozialpolitik wird auf die Technische Wirtschaftslehre des Verfassers verwiesen.

Versicherten, wie er besonders in dem neuen Recht der Unfallversicherung und in dem Gesetz vom 28. Juli 1925 über Gesundheitsfürsorge in der Reichsversicherung zum Ausdruck kommt. In der Invaliden- und Angestelltenversicherung wird der Schwerpunkt auf das Gebiet der vorbeugenden Fürsorge und sozialen Hygiene verlegt. Die neuen Gesetze sehen nicht bloß auf den Versicherten, sondern berücksichtigen auch in der Krankenpflege, Wochenhilfe, im Kinderschutz usw. die Angehörigen, die der Versicherte zu ernähren hat. Es wird also auch die Notwendigkeit des Familienschutzes anerkannt. Der Gemeinschaftsgedanke versucht eine gerechtere Verteilung der Lasten. Die Sozialfürsorge stellt sich nach den neuen Gesetzen als öffentlich rechtlicher Sparzwang mit Risikoausgleich zur Erhaltung von Gesundheit und Arbeitskraft der Bevölkerung dar und vereinigt in sich die frühere gesetzliche Fürsorge der Unternehmer, die eigene Vorsorge der Arbeitnehmer und die Fürsorge der öffentlichen Verbände. Sie ist in der Form der Versicherung ausgebaut, und es kommen fünf leitende Grundgedanken in Betracht:

1. Genossenschaftlicher Zusammenschluß der Arbeitnehmer zur gegenseitigen Hilfeleistung (Knappschaften, Innungen, freie Hilfskassen usw.),
2. Fürsorgepflicht der Arbeitgeber (Gesinde- und Seemannsordnung),
3. Fürsorgepflicht des Staates (Versicherungsämter und Zuschüsse),
4. Haftpflichtgedanke (Reichshaftpflichtgesetz vom 7. Juni 1871, Beitragspflicht der Arbeitgeber, Unfallfürsorge).
5. Versicherungsprinzip (soziale Versicherungsgesetzgebung).

Das versicherte Rechtsgut ist die Arbeitskraft der Arbeitnehmer, die Gefahr für die arbeitenden Klassen, deren Arbeitskraft natürliche Produktionskosten sind, soll durch Versicherung gedeckt werden. Nach dem Versicherungsprinzip steht den Versicherten der Versicherer gegenüber, und der planmäßige Betrieb der Versicherung beruht auf Wahrscheinlichkeitsrechnung. Die Notwendigkeit der Versicherung ergab sich aus der modernen Produktionsweise, welche die zwar politisch freien, aber wirtschaftlich gebundenen Arbeiter in eine dauernde lebenslängliche Abhängigkeit ohne Aussicht auf Selbständigkeit zwingt. Die Gefahren für diese Unselbständigen sind Krankheit, Unfall, Invalidität und Arbeitslosigkeit, und die daraus entstehenden Schäden bilden den Gegenstand der Versicherungsgesetze, welche auf öffentlich rechtlicher Grundlage beruhen.

Die Grundlage der sozialen Gesetzgebung, der Fürsorge für die arbeitenden Klassen in der Rechtsform der Versicherung bildet, wie bereits erwähnt, die Kaiserliche Botschaft vom 17. November 1881. Es entstanden danach das Krankenversicherungsgesetz vom 15. Juni 1883, das Unfallversicherungsgesetz vom 6. Juli 1884, das Altersversicherungs- und Invalidenversicherungsgesetz vom 22. Juni 1889. Diese Einzelgesetze sind später in der Reichsversicherungsordnung vom 19. Juli 1911 zusammengefaßt und noch durch das am 1. Januar 1913 in Kraft getretene Versicherungsgesetz für Angestellte vom 20. Dezember 1911 ergänzt worden. In den Inflationsjahren 1922/23 drohte die soziale Versicherung zusammenzubrechen trotz mancherlei eingeführter Sparmaßnahmen, mit der Stabilisierung der Währung, vom 1. Januar 1924 an begann aber der Wiederaufstieg, und eine Reihe neuer Gesetze und Verordnungen hat die Versicherung weiter ausgebaut. Dadurch war aber mit der Zeit eine so große Unübersichtlichkeit entstanden, daß eine Neufassung der sämtlichen Sozialversicherungsgesetze notwendig wurde, und diese ist dann auch durch Bekanntmachung vom 15. Dezember 1924[1]) erfolgt. Das soziale Schutzrecht, die Arbeiterfürsorgegesetze sind ein Produkt der neueren Zeit und daher auch in die neue RV. aufgenommen.

Die Träger der Reichsversicherung sind für die Krankenversicherung die Krankenkassen, für die Unfallversicherung die Berufsgenossenschaften, für die Invaliden- und Hinterbliebenenversicherung die Versicherungsanstalten und Sonderanstalten und für die Angestelltenversicherung die Reichsversicherungsanstalt für Angestellte in Berlin.

Öffentliche Versicherungsbehörden sind 1. die Versicherungsämter für den Bezirk einer unteren Verwaltungsbehörde, 2. die Oberversicherungsämter für den Bezirk einer oberen Verwaltungsbehörde und 3. das Reichsversicherungsamt, an dessen Stelle in Bayern, Sachsen, Württemberg und Baden die Landesversicherungsämter treten. Die Versicherungsämter sind Aufsichtsbehörde für die Krankenkassen, sie nehmen die Geschäfte der Reichsversicherung wahr und bilden Spruchausschüsse für die Sachen des Spruchverfahrens und einen Beschlußausschuß für die Sachen des Beschlußverfahrens. Sie bestehen aus dem Leiter als Vorsitzenden und mindestens 12 Beisitzern, die je zur Hälfte aus Arbeitgebern und Versicherten entnommen werden. Die Oberversicherungsämter nehmen die Geschäfte der Reichsversicherung als höhere Spruch-, Beschluß- und Aufsichtsbehörde wahr. Sie bestehen aus einem Direktor und 40 Beisitzern, die je zur Hälfte aus Arbeitgebern und Versicherten erwählt werden. Das Reichsversicherungsamt in Berlin nimmt die Geschäfte der Reichsversicherung als oberste Spruch-, Beschluß- und Aufsichtsbehörde wahr. Seine Entscheidungen sind endgültig, soweit das Gesetz nicht anderes vorschreibt. Es besteht aus einem Präsidenten sowie ständigen und nichtständigen Mitgliedern. Die ständigen Mitglieder werden vom Reichspräsidenten auf Vorschlag des Reichsrats ernannt. Von den 32 nichtständigen Mitgliedern werden ebenfalls 8 vom Reichsrat und je 12 als Vertreter der Arbeitgeber und der Versicherten gewählt.

Über den heutigen Umfang der Sozialfürsorge im Vergleich mit der Vorkriegszeit gibt folgendes Zahlenmaterial in abgerundeten Zahlen Aufschluß[2]).

---

[1]) Neufassung der Reichsversicherungsordnung durch Gesetz vom 14. Juli 1925 und durch Gesetz zur Abänderung der Reichsversicherungsordnung und des Angestelltenversicherungsgesetzes vom 25. Juni 1926.

[2]) Vgl. Denkschrift der Reichsregierung über die Sozialversicherung 1924/1925.

| Versicherungszweig | Ende 1913 | Ende 1924 | Ende 1925 |
|---|---|---|---|
| **A. Zahl der Versicherten.** | | | |
| Krankenversicherung[1]) | 14000000 | 19000000 | 19000000 |
| Unfallversicherung | 24600000 | 24000000 | 24000000 |
| Invalidenversicherung | 18000000 | 17000000 | 17000000 |
| Angestelltenversicherung | 1685100 | 2000000 | 2200000 |
| Knappschaftsversicherung | 1500000 | 780000 | 716000 |
| Erwerbslosenfürsorge | | 15000000 | 15000000 |
| **B. Beitragseinnahmen.** | | | |
| Krankenversicherung | 520000000 | 961000000 | 1100000000 |
| Unfallversicherung | 228000000 | 150400000 | 191000000 |
| Invalidenversicherung | 290000000 | 360000000 | 525000000 |
| Angestelltenversicherung | 138000000 | 125600000 | 175000000 |
| Knappschaftsversicherung | 80000000 | 148000000 | 149400000 |
| | 1256000000 | 1745000000 | 2140400000 |
| Erwerbslosenfürsorge vom 1. Juli 24 bis 30. Juni 25[2]) | | | 205000000 |
| **C. Ausgaben für Leistungen.** | | | |
| Krankenversicherung | 468000000 | 860000000 | 900000000 |
| Unfallversicherung | 176000000 | 117000000 | 162000000 |
| Invalidenversicherung | 205192000 | 310000000 | 370000000 |
| Angestelltenversicherung | 11000000 | 22509000 | 55000000 |
| Knappschaftsversicherung | 44000000 | 91000000 | 152900000 |
| | 904192000 | 1400509000 | 1639900000 |
| Erwerbslosenfürsorge vom 1. Juli 24 bis 30. Juni 25 | | | 214200000 |
| **D. Verwaltungskosten.** | | | |
| Krankenversicherung | 50000000 | 90000000 | 100000000 |
| Unfallversicherung | 52000000 | 33000000 | 30000000 |
| Invalidenversicherung | 24408000 | 30000000 | 45000000 |
| Angestelltenversicherung | 2928000 | 6135100 | 10000000 |
| Knappschaftsversicherung | 4000000 | 7000000 | 8000000 |
| | 133336000 | 166135100 | 193000000 |
| Erwerbslosenfürsorge vom 1. Juli 24 bis 30. Juni 25 | | | 35400000 |
| **E. Zahl der Rentenempfänger insgesamt.** | | | |
| Unfallversicherung | 834897 | 680000 | 720000 |
| Invalidenversicherung | 1082000 | 3100000 | 3400000 |
| Angestelltenversicherung | 3 | 65096 | 77133 |
| Knappschaftsversicherung | — | 308076 | 359483 |
| | 1916900 | 4153172 | 4556616 |
| **F. Zahl der Witwen- und Waisenrentner.** | | | |
| Unfallversicherung | 49231 | 110000 | 120000 |
| Invalidenversicherung | 52000 | 1500000 | 15000000 |
| Angestelltenversicherung | 3 | 40451 | 64309 |
| Knappschaftsversicherung | — | 195787 | 206995 |
| | 101234 | 1846238 | 1891304 |

[1]) Einschließlich knappschaftliche Krankenversicherung.

[2]) Rund 3 vH der Beitragseinnahmen erhalten die Krankenkassen als Vergütung für den Beitragseinzug.

| Versicherungszweig | Ende 1913 | Ende 1924 | Ende 1925 |
|---|---|---|---|
| **G. Reichszuschüsse.** | | | |
| Invalidenversicherung | | | |
| a) bar . . . . . . . . . . . . | 57 000 000 | 106 000 000 | 155 000 000 |
| b) für Beitragseinzug und Rentenauszahlung durch die Reichspost . . . . . . . . | — | 13 400 000 | 15 810 000 |
| Erwerbslosenfürsorge . . . . . . | — | 170 000 000 | 120 000 000 |
| | 57 000 000 | 289 400 000 | 290 810 000 |

Nach diesen Zahlen hat in der Krankenversicherung die Zahl der Versicherten um rund 5 Millionen zugenommen, und die Beiträge haben sich fast verdoppelt. Die Zunahme der Versicherten ist im wesentlichen auf die Umschichtung der Bevölkerung in und nach dem Kriege zurückzuführen, die Industrialisierung und Proletarisierung weiter Schichten mußte den Kreis der versicherten Arbeitnehmer erheblich ausdehnen. Ihr besonderes Gepräge erhalten die Krankenkassenjahre 1924/25 von der Ungunst des Arbeitsmarktes, von der Einschränkung und Stilllegung von Betrieben, von der Erwerbslosigkeit und Kurzarbeit. Es ist eine soziale und wirtschaftliche Wetterregel: geht die Beschäftigungsziffer zurück, dann steigt die Krankenziffer, sinkt das Lohnkonto, dann geht das Versicherungskonto in die Höhe. Den Beweis hierfür liefern die Betriebskrankenkassen, bei ihnen ist der durchschnittliche Jahresbeitrag um 40 vH höher als bei den allgemeinen Ortskrankenkassen und fast dreimal so hoch als bei den Landkrankenkassen.

In der Unfallversicherung herrschen zum Teil andere Entwicklungsgesetze. Der Aufwand für Leistungen und Verwaltung von insgesamt 228 Mill. M. im Jahre 1913 fiel im Jahre 1924 auf 155 und im Jahre 1925 auf 192 Mill. M. zurück. Im Verhältnis zur Zahl der Versicherten geht die Unfallziffer ständig zurück, bei den Unfällen mit schweren und dauernden Schäden rascher als bei den Unfällen mit leichten oder vorübergehenden Folgen. Mit dem Rentenniveau sinkt die Unfallast. Diesem hemmenden Gesetz steht ein treibendes gegenüber. Für die Entschädigung ist der Verdienst im letzten Jahre vor dem Unfall maßgebend. Lohnerhöhungen heben daher das Rentenniveau und mit ihm die Unfallast. Die Inflationsgesetze hatten den wirklichen Verdienst nicht berücksichtigt und drückten daher stark auf die Rentenhöhe, so daß die Unfallast 1924 kaum zwei Drittel der Last des Jahres 1913 betrug. Mit der Aufhebung der Inflationsgesetze mußte die Unfallast 1925 sprunghaft steigen und wird sich künftig wieder nach der Höhe der Löhne richten. Von 1926 an müssen sich aber die neuen Sachleistungen, verstärkter Unfallschutz, verbesserte Heilbehandlung, Berufsfürsorge usw., mildernd bemerkbar machen, wenn die Träger der Unfallversicherung die neuen Befugnisse, die ihnen das Gesetz auf diesem Gebiete gibt, ausnutzen.

Die Invalidenversicherung hat etwa 17 Millionen und die Angestelltenversicherung 2 Millionen Versicherte, beide zusammen soviel wie die Krankenversicherung. Zur Zeit versorgt die Invalidenversicherung 3,4 Millionen Invaliden, Witwen und Waisen gegen 1,08 Millionen im Jahre 1913. Die Zahl der Rentenempfänger hat sich, insbesondere infolge der Aufnahme der Witwen und Waisen von Kriegsteilnehmern innerhalb 12 Jahren fast verdreifacht. Mit der zeitlichen Entfernung vom Kriegsende wird die Zahl der Witwen- und Waisenrenten allmählich sinken, die Zahl der Invalidenrentner wird aber steigen. Die Zahl der neuen Invalidenrenten übertrifft die der weggefallenen zur Zeit um 140000—150000 im Jahre, der Grund liegt hauptsächlich in dem früheren Eintritt der Invalidität, aber auch in der allgemeinen Verschlechterung des Arbeitsmarktes, von der vor allem ältere Leute nachhaltig betroffen werden.

Für den Bergmann, der den gefährlichsten und aufreibensten Beruf hat, wird die allgemeine Invalidenversicherung durch die knappschaftliche Pensionsversicherung ergänzt. Infolge des Daniederliegens des Bergbaues nach dem Kriege waren in ihm 200000 Arbeiter weniger als früher beschäftigt, daher hatte die Zahl der Pensionsempfänger, die ohne förmlichen Nachweis der Berufsunfähigkeit nur die zeitlichen Voraussetzungen für den Erwerb der Pensionen erfüllt hatten, eine Höhe erreicht, die wohl alle Annahmen bei der Entstehung des Gesetzes übertraf. Für den Arbeiter, der im Bergbau blieb, wurde der Anteil an der Gesamtlast immer größer. Eine Reform des Knappschaftsgesetzes war notwendig und diese ist durch die Novelle vom 28. Juni 1926 erfolgt.

Die Leistungen der Sozialversicherung sind Bestandteile der Entlohnung der Arbeitnehmer, der soziale Arbeitgeberbeitrag ist als ein Teil des Lohnes, der gesamten personellen Unkosten zu bewerten. Die Gesamtsumme der sozialen Aufwendungen ist dagegen nicht als restlose Belastung der Wirtschaft und der Produktion anzusehen, da ein erheblicher Teil, fast die Hälfte der Beiträge für Sozialversicherung und Erwerbslosenfürsorge, von der Arbeitnehmerschaft aufgebracht wird, ebenso wie deren Lohnsteuerabzüge auch nicht unter die steuerliche Belastung eines Unternehmens gerechnet werden.

Der Gesamtaufwand für die Sozialfürsorge hat heute einen gewaltigen Umfang angenommen, er ist von 1095 Mill. M. im Jahre 1913 gestiegen auf 1856 Mill. M. im Jahre 1924 und auf 2373 Mill. M. im Jahre 1925, hat sich also gegen 1913 mehr als verdoppelt und ist 1925 noch um 27 vH gegen 1924 gestiegen. Bei 19 Millionen Versicherten, d. i. fast ein Drittel der ganzen deutschen Bevölkerung, beträgt der Aufwand 1925 rund 2000 Millionen, d. i. 105 M. auf den Versicherten. Hiervon kann kaufmännisch gesprochen rund die eine Hälfte als eine Abschreibung wegen Abnahme und Verlust der Arbeitskraft und die andere Hälfte als Ansammlung eines Fonds für Erneuerung und Wiederherstellung der Arbeitskraft angesehen werden.

Eine besondere Fürsorge ist noch für die Schwerkriegsbeschädigten getroffen. Das Gesetz über die Beschäftigung Schwerbeschädigter vom 12. Januar 1923 nebst Verordnung über die Durchführung des Gesetzes vom 13. Februar 1924 bestimmt, daß ein Arbeitgeber, der über 20 bis einschl. 50 Arbeitsplätze verfügt, wenigstens einen Schwerbeschädigten, und wenn er über mehr Arbeitsplätze verfügt, auf je 50 weitere Arbeitsplätze wenigstens einen weiteren Schwerbeschädigten beschäftigen muß. Ein Überschuß von 20 wird dabei vollen 50 gleich gerechnet. Diese Bestimmung bezieht sich nach dem Gesetz vom 8. Juli 1926 nicht nur auf Neueinstellungen, sondern jeder Arbeitgeber muß ohne Rücksicht auf das Betriebsbedürfnis einen Schwerbeschädigten einstellen, wenn er überhaupt mehr als 20 Arbeitsplätze besetzt hat.

a) Krankenversicherung.

Die Krankenversicherung, zweites Buch der Reichsversicherungsordnung, will der Notlage vorbeugen, in die im Falle vorübergehender Krankheit und einer dadurch bedingten Arbeitsunfähigkeit der auf seinen Lohn angewiesene Arbeiter oder Angestellte und seine Familie geraten können. Versicherungspflichtig sind erstens ohne Rücksicht auf die Höhe des Entgelts und des Alters alle Personen in niederer abhängiger Stellung, also Arbeiter, Gehilfen, Gesellen, Dienstboten, Lehrlinge, und zweitens Gehilfen, Hausgewerbetreibende und Personen in gehobener Stellung, deren Jahresarbeitsverdienst oder jährliches Einkommen nach der Verordnung vom 10. Januar 1925 2700 M. nicht übersteigt. Zum freiwilligen Beitritt zur Krankenversicherung sind berechtigt Versicherungsfreie sowie unentgeltlich beschäftigte Familienangehörige und Kleinunternehmer, die höchstens zwei Versicherungspflichtige beschäftigen.

Die Arten der Krankenkassen sind Orts-, Land-, Betriebs-, Innungs- und Knappschaftskrankenkassen sowie freie Kassen. Die allgemeinen Ortskrankenkassen und die Landkrankenkassen sind Normalkassen, die im allgemeinen bestehen müssen. Die übrigen Kassen sind gesetzlich nicht notwendig, sondern nur zulässig. Allgemeine Ortskrankenkassen werden für örtliche Bezirke bei Vorhandensein von mindestens 1000 Versicherungspflichtigen errichtet. In ihnen sind die gewerblich Beschäftigten allgemein aufzunehmen. Landkrankenkassen werden für die Versicherung der in der Landwirtschaft Beschäftigten, der Dienstboten, der im Wandergewerbe Beschäftigten und der Hausgewerbetreibenden oder Heimarbeiter ebenfalls innerhalb des Bezirks eines Versicherungsamts durch Gemeindebeschluß errichtet, wenn mindestens 1000 Versicherungspflichtige vorhanden sind. Sobald der Mitgliederbestand einer dieser beiden Kassen weniger als 1000 beträgt, können Orts- und Landkrankenkassen vereinigt werden. Betriebskrankenkassen sind für die Versicherung der in einem Betriebe (auch Baubetriebe, aber nicht für einen einzelnen Bau) beschäftigten Personen bestimmt. Die Errichtung einer gemeinsamen Betriebskrankenkasse für mehrere Betriebe des gleichen Unternehmens ist zulässig. Voraussetzung für die Errichtung solcher Kassen ist ein Bestand von mindestens 150 Versicherungspflichtigen (in landwirtschaftlichen Betrieben mindestens 50) und die Zustimmung des Betriebsrates. Außerdem wird verlangt, daß die Allgemeine Orts- bzw. Landkrankenkasse des Bezirks nicht gefährdet wird, d. h., daß die Zahl der

Mitglieder, die ihnen bei Zulassung anderer Kassen verbleiben würde, nicht unter 250 sinkt, und daß die Leistungsfähigkeit, welche denen der maßgebenden Orts- oder Landkrankenkassen mindestens gleichwertig sein muß, gesichert ist. Betriebskrankenkassen bedürfen der Genehmigung des Oberversicherungsamtes, sie können wieder geschlossen werden, wenn sie dauernd weniger als 150 Mitglieder haben.

Eine freie Innung oder Zwangsinnung kann für die ihr angehörigen Betriebe ihrer Mitglieder eine Innungskrankenkasse errichten. In diese Kasse sind die in diesen Betrieben beschäftigten Versicherungspflichtigen aufzunehmen, sofern sie nicht einer Normalkasse angehören müssen. Die Bedingungen für die Errichtung dieser Kassen sind die gleichen wie bei den Betriebskrankenkassen. Mehrere Innungskrankenkassen im Bezirk desselben Versicherungsamtes können vereinigt werden.

Infolge Errichtung des Reichsknappschaftsvereins durch das Reichsknappschaftsgesetz vom 23. Juni 1923 ist die Krankenversicherung der Personen, die in den der Aufsicht der Bergbehörde unterstellten Bergwerken, Aufbereitungsanstalten, Salinen, Hüttenwerken und sonstigen gewerblichen Anlagen beschäftigt sind, von den früheren knappschaftlichen Krankenkassen auf den Reichsknappschaftsverein übergegangen und wird in dessen Auftrage durch die Bezirksknappschaftsvereine gewährt.

Die Organe dieser gesetzlichen Krankenkassen sind Vorstand und Ausschuß. In beiden Organen stehen entsprechend der Beitragsleistung zwei Drittel der Stimmen den Versicherten zu, während ein Drittel auf die Arbeitgeber entfällt. Der Ausschuß wird von den Kassenmitgliedern nach der Verhältniswahl gewählt, ebenso der Vorstand von dem Ausschuß. Bei den Betriebskrankenkassen werden nur die Vertreter der Versicherten für beide Organe gewählt, die Stimmen der Arbeitgeber werden durch den Unternehmer wahrgenommen, der auch den Vorsitz im Vorstand und Ausschuß führt. Bei den Innungskrankenkassen bestellt die Innung den Vorsitzenden des Vorstandes und seinen Stellvertreter aus den Vorstandsmitgliedern.

Für jede Krankenkasse muß eine Satzung errichtet werden, die den Bezirk der Kasse und den Kreis ihrer Mitglieder angeben und besonders vorgeschriebene Bestimmungen enthalten muß. Die Satzung darf nichts bestimmen, was gesetzlichen Vorschriften zuwiderläuft oder nicht im Zwecke der Kasse liegt. Sie bedarf der Genehmigung des Oberversicherungsamtes, ebenso ihre Änderung. Die Kassenorgane unterstehen der Aufsicht des Versicherungsamtes, das darauf zu achten hat, daß Gesetz und Satzung befolgt werden.

Freie Kassen oder Ersatzkassen sind bestimmte, leistungsfähige, in Versicherungsvereine auf Gegenseitigkeit umgewandelte eingeschriebene Hilfskassen, die gewissen gesetzlichen Anforderungen genügen. Die Errichtung neuer Ersatzkassen ist ausgeschlossen. Sinkt der Mitgliederstand unter die Mindestzahl 1000 (ausnahmsweise 250) ohne Aussicht auf Zuwachs, so kann die Ersatzkasse auf behördliche Anordnung geschlossen werden. Die Satzung muß hinsichtlich der Aufnahme von Mitgliedern, der Leistungen, der Beendigung der Mitgliedschaft und der inneren Organisation bestimmten gesetzlichen Vorschriften entsprechen. Sie haben den Mitgliedern mindestens die Regelleistungen der zuständigen Krankenkassen zu gewähren. Die Mitglieder sind nicht mehr gleichzeitig Mitglieder der Normalkrankenkassen, sie haben daher den Arbeitgeber bei Antritt der Beschäftigung eine Bescheinigung über ihre Zugehörigkeit zur Ersatzkasse vorzulegen. Die Ersatzkasse hat Anspruch auf den vollen Beitragsteil, den der Arbeitgeber an die Krankenkasse abzuführen hätte, bei der der Versicherte ohne die Mitgliedschaft bei der Ersatzkasse versichert sein würde. Der Arbeitgeber hat den Beitragsteil unmittelbar an den Versicherten bei der Lohn- oder Gehaltszahlung abzuliefern. Maßgebend bei Erstattung des Arbeitgeberdrittels ist der Grundlohn der sonst zuständigen Krankenkasse.

Die Arbeitgeber haben jeden von ihnen beschäftigten Versicherungspflichtigen binnen 3 Tagen nach Beginn der Beschäftigung anzumelden und alle Angaben zu machen, die durch die Satzung zur Berechnung der Beiträge gefordert werden. Änderungen in den Lohn- oder Gehaltsverhältnissen muß der Arbeitgeber binnen 3 Tagen anmelden und ebenso hat auch die Abmeldung innerhalb dreier Tage nach Beendigung der Beschäftigung zu erfolgen. Der Arbeitgeber ist auch verpflichtet, über alle Tatsachen, die eine Meldung zu enthalten hat, der Krankenkasse Auskunft zu geben, Lohnlisten und Geschäftsbücher vorzulegen. Ebenso sind die Versicherten verpflichtet, über ihren Personenstand sowie über Art und Dauer ihrer Beschäftigung und ihren Arbeitsverdienst Auskunft zu geben. Zur Erfüllung dieser Verpflichtung können Arbeitgeber und Versicherte vom Versicherungsamt durch Geldstrafen bis zu 1000 M. angehalten werden.

Die Beiträge werden in Hundertsteln des Grundlohnes so bemessen, daß sie mit anderen Einnahmen die Ausgaben decken. Jeder Beschäftigte wird seinem täglichen oder monatlichen Arbeitsverdienst nach einem bestimmten Grundlohn zugeteilt. Der Grundlohn selbst wird bemessen:

a) nach Lohnstufen, indem jeder Versicherte seiner Lohnhöhe nach einer bestimmten Lohnstufe zugeteilt wird und der Durchschnitt der Lohnstufe den Grundlohn bildet;

b) nach dem wirklichen Arbeitsverdienst, indem das auf den Tag treffende Entgelt jedes Versicherten gleichzeitig auch seinen Grundlohn bildet;

c) nach den Klassen derjenigen Versicherten, für welche die Kasse errichtet ist, indem der Versicherte einer bestimmten Berufsklasse zugeteilt wird und der Grundlohn jeweils das durchschnittliche Tagesentgelt dieser Berufsklassen ist.

Die Berechnung des Grundlohnes wird in der Weise vorgenommen, daß das für die Woche verdiente Entgelt durch 7, das für den Monat verdiente Entgelt durch 30 und das für das Jahr verdiente Entgelt durch 360 geteilt wird.

Bei Errichtung der Kassen dürfen höhere Beiträge als $7^1/_2$ vH des Grundlohnes nicht erhoben werden, darüber hinaus können die Beiträge nur durch übereinstimmenden Beschluß der Arbeitgeber und Versicherten im Ausschuß zur Deckung der Regelleistungen bis auf 10 vH des Grundlohnes erhöht werden. Reichen sie auch dann zur Deckung der Regelleistungen nicht aus, so hat bei Orts- und Landkrankenkassen der Gemeindeverband, bei Betriebskrankenkassen der Unternehmer und bei Innungskrankenkassen die Innung Zuschüsse zu gewähren.

Die Versicherungspflichtigen haben zwei Drittel, ihre Arbeitgeber ein Drittel der Beiträge zu entrichten. Bei Innungskrankenkassen kann eine Hälftelung der Beiträge beschlossen werden, sonst aber nicht. Bei Arbeitsunfähigkeit sind für die Dauer der Krankenhilfe keine Beiträge zu leisten. Zahlungspflichtig ist bei Beiträgen für versicherungspflichtige Personen der Arbeitgeber. Dieser kann seinen Beschäftigten zwei Drittel der Beiträge vom Lohn oder Gehalt abziehen. Sind diese Abzüge unterblieben, so dürfen sie nur bei der Lohnzahlung für die nächste Lohnzeit nachgeholt werden, wenn nicht die Beiträge ohne Verschulden des Arbeitgebers verspätet entrichtet worden sind. Arbeitgeber, die mit der Zahlung der Beiträge für die angemeldeten Beschäftigten und Hausgewerbetreibenden länger als eine Woche von der Zahlungsaufforderung ab in Verzug sind, können mit einem Zuschlag zu den Beiträgen in Höhe der ortsüblichen Verzugszinsen belegt werden.

Streitigkeiten über Art und Höhe des Lohnabzuges zwischen Arbeitgebern und Versicherten entscheidet das Versicherungsamt (Beschlußausschuß) endgültig. Streit über die Verpflichtung, Beiträge zu leisten, ein- oder zurückzuzahlen, soweit er zwischen einer Krankenkasse einerseits und einem Arbeitgeber oder Versicherten andererseits entsteht, entscheidet ebenfalls das Versicherungsamt und auf Beschwerde das Oberversicherungsamt endgültig.

Die Leistungen der Krankenkassen erstrecken sich auf Krankenhilfe, Familienhilfe, Sterbegeld und Wochenhilfe. Zu unterscheiden ist dabei zwischen Regel- (Muß-) und zwischen Mehr- (Kann-) Leistungen, welche den Kassen anheimgegeben sind. Die Krankenhilfe besteht in Krankenpflege und in Krankengeld und endet spätestens mit Ablauf der 26. Woche nach Beginn der Krankheit. Die Krankenpflege besteht in der Gewährung von ärztlicher Behandlung, Versorgung mit Arzneimitteln usw. Je nachdem, ob die Kasse die Behandlung durch bestimmte, von ihr angestellte Ärzte besorgt oder den Erkrankten die Wahl unter allen Ärzten des Kassenbezirks frei läßt, unterscheidet man die Form der Kassenärzte oder die der freien Ärztewahl. Die Wahl der einen oder anderen Form bleibt der einzelnen Kasse überlassen. Das Krankengeld wird bei Arbeitsunfähigkeit vom vierten Krankheitstage (Karenzzeit) an gezahlt, die gesetzliche Höhe beträgt die Hälfte des Grundlohnes. An Stelle der Krankenpflege und des Krankengeldes kann auch Verpflegung in einem Krankenhaus sowie an einem Kurort gewährt werden. Unter Familienhilfe wird die Gewährung von Kassenleistungen an Angehörige der Versicherten verstanden, sie stellt nur eine Mehr- und nicht eine Pflichtleistung der Kassen dar, und ein Rechtsanspruch besteht nur dann, wenn die Familienhilfe in der Satzung als Kassenleistung vorgesehen ist. Die Hinterbliebenen eines jeden Kassenmitgliedes haben Anspruch auf Sterbegeld, aus der Familienhilfe darf das Sterbegeld nur beim Tode eines Ehegatten oder eines Kindes des Versicherten gewährt werden. Das Sterbegeld an Hinterbliebene beträgt bei Regelleistungen mindestens das Zwanzigfache des Grundlohnes und kann bei Mehrleistungen durch die Satzung bis zum Vierzigfachen des Grundlohnes erhöht werden. In der Familienhilfe beträgt das Sterbegeld für Ehegatten bis zu $^{2}/_{3}$ und für ein Kind bis zu $^{1}/_{3}$ des Mitgliedersterbegeldes.

Die Wochenfürsorge ist seit 1. April 1924 zu einer öffentlichen Fürsorgeaufgabe gemacht, die von den Landes- bzw. Bezirksfürsorgebehörden zu erfüllen ist. In den Bereich der Krankenversicherung gehören daher nur noch die Wochenhilfe und Familienwochenhilfe.

### b) Invaliden- und Hinterbliebenenversicherung.

Die Invaliden- und Hinterbliebenenversicherung, viertes Buch der Reichsversicherungsordnung, verfolgt nachstehende Zwecke. Es soll

1. den über 65 Jahre alten oder den infolge von Krankheit oder anderen Gebrechen dauernd invaliden Versicherten eine Invalidenrente,
2. den Hinterbliebenen eine Witwen- und Waisenrente gesichert werden.

Sie ist gleich den anderen Zweigen der sozialen Versicherung eine Zwangsversicherung und an die Ausübung einer bestimmten Tätigkeit gegen Entgelt geknüpft. Der Eintritt in die Versicherung ist an kein bestimmtes Lebensalter gebunden, die Untergrenze von 16 Jahren ist fortgefallen, und die Versicherungspflicht wird auch nicht durch die Vollendung des 65. Lebensjahres ausgeschlossen, wenn eine versicherungspflichtige Beschäftigung ausgeübt wird.

Versicherungspflichtig sind Arbeiter, Gesellen, Hausgehilfen, Lehrlinge, Dienstboten, Hausgewerbetreibende, die Schiffsbesatzung deutscher Seefahrzeuge und die Besatzung von Fahrzeugen der Binnenschiffahrt, soweit sie nicht in gehobener Stellung nach dem Angestelltenversicherungsgesetz versicherungspflichtig sind. Die Reichsregierung kann mit Zustimmung des Reichsrats verfügen, daß die Versicherungspflicht auch auf solche Gewerbetreibende oder sonstige Betriebsunternehmer ausgedehnt wird, welche in der Regel keinen oder höchstens einen Versicherungspflichtigen beschäftigen. Freiwillig der Versicherung beitreten können bis zu einem Lebensalter von 40 Jahren Gewerbetreibende und andere Betriebsunternehmer, die in ihren Betrieben regelmäßig keine oder höchstens zwei Versicherungspflichtige beschäftigen, sowie Personen, die nur gegen freien Unterhalt oder in vorübergehenden Dienstleistungen beschäftigt sind. Versicherungsfrei sind kraft Gesetzes Beamte des Reiches, eines Landes, eines Gemeindeverbandes, einer Gemeinde oder eines Versicherungsträgers sowie Lehrer und Erzieher an öffentlichen Schulen, wenn ihnen Anwartschaft auf Ruhegehalt im Mindestbetrag der Invalidenrente nach den Sätzen der niedrigsten Lohnklasse sowie auf Witwen- und Waisenrente nach den

Sätzen der gleichen Lohnklasse gewährleistet ist oder solange sie lediglich für ihren Beruf ausgebildet werden. Versicherungsfrei ist auch, wer invalide ist oder eine reichsgesetzliche Invaliden- oder Hinterbliebenenrente bezieht. Auf Antrag können auch befreit werden, wer während oder nach der Zeit des Hochschulunterrichts zur Ausbildung für seinen künftigen Beruf oder in einer Stellung beschäftigt ist, die den Übergang zu einer der Hochschulbildung entsprechenden versicherungsfreien Beschäftigung bildet. Über den Antrag entscheidet das Versicherungsamt und auf Beschwerde das Oberversicherungsamt endgültig.

Träger der Versicherung sind die Landesversicherungsanstalten und die zugelassenen sog. Kasseneinrichtungen, die für die Invalidenversicherung der Arbeiter in Betrieben des Reichs, eines Staates oder eines Kommunalverbandes gegründet worden sind. Es sind dies für die Reichseisenbahnverwaltung die Arbeiterpensionskassen in Preußen-Hessen, Bayern, Baden, Sachsen, für Bergwerksbetriebe die Knappschaftspensionskassen und für Seefahrer die Kasse der Seeberufsgenossenschaft. Der Betrieb der 29 Landesversicherungsanstalten, die über ganz Deutschland verteilt sind, wird durch eine Satzung geregelt. Die Organe sind der Vorstand und der Ausschuß. Der Ausschuß besteht je zur Hälfte aus Vertretern der Arbeitgeber und der Versicherten, insgesamt mindestens 10 Mitglieder. Dem Vorstand gehören vom Staate oder der Provinz ernannte Beamte und außerdem Vertreter der Arbeitgeber und der Versicherten als nicht beamtete Mitglieder an, die vom Ausschuß gewählt werden.

Die Mittel für die Gewährung der Leistungen werden durch Beiträge der Arbeitgeber, Arbeitnehmer und der freiwillig Versicherten aufgebracht. Außerdem leistet das Reich einen Beitrag zu jeder Rente. Zum Zweck der Bemessung der Beiträge und der Renten sind für die Versicherten Lohnklassen gebildet. Nach dem Gesetz vom 28. Juli 1925 gibt es jetzt nebenstehende sechs Lohn- und Beitragsklassen:

| Lohnklasse | Wöchentliches Entgelt von M. | Wöchentliches Entgelt bis M. | Wert der wöchentlichen Beitragsmarken Pfg. |
|---|---|---|---|
| 1 | — | 6 | 25 |
| 2 | 6 | 12 | 50 |
| 3 | 12 | 18 | 70 |
| 4 | 18 | 24 | 100 |
| 5 | 24 | 30 | 120 |
| 6 | 30 | — | 140 |

Für die Zuteilung zu den Lohnklassen ist der tatsächlich in der Woche gezahlte Lohn maßgebend. Als wöchentlicher Arbeitsverdienst gilt:

bei zehntäglicher Zahlung . . . . . . . . . . $^{9}/_{13}$
bei monatlicher Zahlung . . . . . . . . . . . $^{5}/_{13}$
bei vierteljährlicher Zahlung . . . . . . . . $^{1}/_{13}$
bei halbjährlicher Zahlung . . . . . . . . . . $^{1}/_{26}$
bei jährlicher Zahlung . . . . . . . . . . . . $^{1}/_{52}$

des gezahlten Entgelts. Für unständig Beschäftigte, die weniger als eine Woche nach der Natur der Arbeit oder im voraus durch den Arbeitsvertrag beschränkt beschäftigt sind, z. B. Waschfrauen, Ausbesserinnen, Markthelfer, gilt als wöchentlicher Arbeitsverdienst das Vierfache des

Ortslohnes, der vom Versicherungsamt festgesetzt wird. Zur Erhebung der Beiträge werden Marken verwendet, die bis auf weiteres die Bezeichnung der Lohnklasse und des Geldwertes enthalten und von einer Verkaufsstelle, in der Regel den Postanstalten im Bezirke der Versicherungsanstalt des Beschäftigungsortes, zu erwerben sind. Ungültig gewordene Marken können innerhalb drei Monaten nach Ablauf der Gültigkeitsdauer bei den Verkaufsstellen umgetauscht werden. Die Beitragsmarken werden in die Quittungskarte des Versicherten eingeklebt. Ausgabestellen für die Quittungskarten sind die Polizeibehörden. Beitragspflichtig bei der Pflichtversicherung sind je zur Hälfte der Arbeitgeber und der Versicherte, der sich bei der Lohnzahlung die auf ihn entfallende Hälfte abziehen lassen muß. Für Versicherte, deren wöchentliches Entgelt 6 M. nicht übersteigt, muß der Arbeitgeber die vollen Beiträge entrichten. Die Bestimmung in § 1387 Abs. 2 RVO., daß auch für Lehrlinge der Arbeitgeber die vollen Beiträge zu entrichten habe, ist seit dem 1. Juli 1926 fortgefallen, so daß auch der Lehrling, wenn er ein Entgelt von mehr als 6 M. wöchentlich erhält, nach den allgemeinen Bestimmungen die Hälfte der Beiträge zu zahlen hat. Zahlungspflichtig ist in der Regel der Arbeitgeber, doch kann auch der Versicherte die vollen Beiträge entrichten und nach Entwertung der Marken die Hälfte vom Arbeitgeber erstattet verlangen, der Anspruch muß aber spätestens bei der zweitnächsten Lohnzahlung erhoben werden. Sind bei einer Lohnzahlung Abzüge vom Arbeitgeber nicht gemacht, so dürfen sie nur bei der nächsten nachgeholt werden. Die Quittungskarte ist zum Einkleben und Entwerten der Marken dem Arbeitgeber vorzulegen, der bei der Lohnzahlung für jede Kalenderwoche, in der die Beschäftigung stattgefunden hat, eine Beitragsmarke einzukleben und zu entwerten hat. Die Entwertung geschieht in der Weise, daß der letzte Tag des Zeitraumes, für welchen die Marke gilt, in Ziffern auf der Marke mit Tinte oder Farbstift eingetragen wird. Die Beitragswoche beginnt bereits am Montag. Derjenige Arbeitgeber, welcher den Versicherten zuerst in der Woche beschäftigt, muß die Marken kleben. Die Quittungskarte darf wider den Willen des Versicherten nicht zurückgehalten werden, dem Arbeitgeber steht ein Zurückbehaltungsrecht unter keinen Umständen zu. Die Quittungskarte soll binnen zwei Jahren nach dem Tage der Ausstellung umgetauscht werden, bei dem Umtausch erhält der Versicherte eine Aufrechnungsbescheinigung. Streitigkeiten bei der Beitragsleistung entscheidet das Versicherungsamt und auf Beschwerde endgültig das Oberversicherungsamt.

Leistungsgründe sind Invalidität und der Tod des Versicherten. Dementsprechend werden Invalidenrenten und Hinterbliebenenrenten gewährt. Die Altersrenten haben zu bestehen aufgehört, sie sind in allen Teilen mit der Invalidenrente verschmolzen, indem jeder über 65 Jahre alte Versicherte Invalidenrente erhält, gleichviel ob er Invalide ist oder nicht. Anwartschaft auf die Leistungen tritt ein nach einer bestimmten Anzahl von Beitragswochen, die Wartezeit dauert, wenn auf Grund der Versicherungspflicht mindestens 100 Beiträge geleistet sind, 200 sonst 500 Beitragswochen. Zur Erhaltung der Anwartschaft müssen in zwei

Jahren mindestens 20 Beiträge entrichtet worden sein. Die Invalidenrente besteht aus einem Grundbetrag für alle Lohnklassen von 120 M. und einem Reichszuschuß von 48 M. jährlich, zu welchen noch ein Steigerungszuschlag von 10 vH der Beiträge kommt, die für die Zeit seit dem 1. Januar 1924 entrichtet worden sind. Der Kinderzuschuß beträgt für jedes Kind unter 18 Jahren 36 M. jährlich. Die Witwenrente setzt sich zusammen aus $^6/_{10}$ der aus Grund- und Steigerungsbetrag errechneten Invalidenrente und dem Reichszuschuß von 48 M. Die Waisenrente setzt sich für jede Waise unter 18 Jahren zusammen aus $^5/_{10}$ der aus Grund- und Steigerungsbetrag errechneten Invalidenrente und dem Reichszuschuß von 24 M. jährlich.

Zur Abwendung drohender oder zur Beseitigung eingetretener Invalidität eines Versicherten oder einer Witwe kann ohne Rücksicht auf die Zahl der Beitragsmarken ein Heilverfahren eingeleitet werden, das insbesondere in der Unterbringung des Erkrankten in einem Krankenhaus oder Genesungsheim bestehen kann.

### c) Unfallversicherung.

Die Unfallversicherung hat ihren Ausgang genommen von der privatrechtlichen Haftpflicht der Unternehmer für Unfälle im Betriebe. Diese hatte zur Voraussetzung ein Verschulden des Unternehmers oder seiner Betriebsleiter. Der Schuldnachweis wurde zunächst mit Ausnahme höherer Gewalt durch das Reichshaftpflichtgesetz vom 7. Januar 1871 beseitigt. Sodann wurde der Haftpflichtgedanke verbunden mit dem Versicherungsprinzip, und es entstand das Unfallversicherungsgesetz, mit welchem das Privatrecht ersetzt wurde durch öffentliches Recht. Die Unfallversicherung ersetzt also die frühere privatrechtliche Haftung und ist eigentlich keine Arbeiter-, sondern eine Unternehmerversicherung gegen die Unkosten, die sich für die Unternehmer durch Unfälle im Betriebe ergeben. Sie verfolgt einen doppelten Zweck: Entschädigung der Unfälle und Verhütung von Unfällen. Demgemäß ist die Versicherung an die Beschäftigung in bestimmten Betrieben geknüpft und die Versicherung der gewerblichen, der landwirtschaftlichen und der Seeschiffahrtsbetriebe besonders geregelt. Die Unfallversicherung ist eine Zwangsversicherung, aber mit weitgehender Freiheit in der Durchführung der Gesetze, 3. Buch RVO. mit Ergänzungen durch Gesetz vom 14. Juli 1925.

Die Unfallversicherung begrenzt die Ansprüche des Geschädigten unter Festsetzung bestimmter, leicht durchführbarer Entschädigungsansprüche und bietet dem einzelnen Unternehmer versicherter Betriebe den Vorteil der Beschränkung der eigenen privatrechtlichen Haftung. Der Unternehmer und seine Angestellten haften den Versicherten und Hinterbliebenen für Schadenersatz aus Betriebsunfällen nur noch dann, wenn strafgerichtlich festgestellt ist, daß sie den Unfall vorsätzlich herbeigeführt haben, und diese Haftung beschränkt sich auf den Betrag, um den die Verbindlichkeit die Entschädigung aus der Unfallversicherung übersteigt. Für den Aufwand der Gemeinden, Kranken-, Sterbekassen usw. infolge des Unfalls bleiben Unternehmer versicherter Betriebe und ihre Angestellten haftbar, wenn strafrechtlich festgestellt ist, daß sie den Unfall vorsätzlich oder fahrlässig mit Außerachtlassung der Aufmerksamkeit herbeigeführt haben, zu der sie vermöge ihres Amtes, Berufes oder Gewerbes besonders verpflichtet sind. Den Berufsgenossenschaften ist der Ersatzanspruch unter der gleichen Voraussetzung ohne strafgerichtliche Feststellung gegeben.

Der gewerblichen Unfallversicherung unterliegen alle gewerblichen Betriebe, der gesamte Betrieb der Eisenbahnen und der Post- und Telegraphenverwaltungen sowie die Betriebe der Marine- und Heeresverwaltungen und der Binnenschiffahrtsbetrieb. Nicht versichert sind im Bereiche der Unfallversicherung hauptsächlich nur die kaufmännische und Bureautätigkeit. Der landwirtschaftlichen Unfallversicherung unterliegen die landwirtschaftlichen Betriebe sowie die Gärtnerei, die Park- und Gartenpflege und der Friedhofsbetrieb. Der Seeunfallversicherung ist im wesentlichen die Seeschiffahrt und die Seefischerei unterstellt (6. Buch, 4. Abschn. RVO.).

Zwangsversichert sind alle in den Betrieben beschäftigten Arbeiter, Gehilfen, Gesellen, Lehrlinge, Betriebsbeamte ohne Rücksicht auf ihren Jahresverdienst. Kraft Gesetzes können sich ferner Betriebsunternehmer ohne Rücksicht auf ihren Jahresarbeitsverdienst und die Zahl der von ihnen Beschäftigten selbstversichern. Nach dem Gesetz vom 14. Juli 1925 unterliegen der Versicherung alle Bezieher von Jahresverdiensten bis 8400 M., Mehrverdiener sind aber nicht von der Versicherungspflicht befreit, sondern sie sind lediglich für den 8400 M. übersteigenden Jahresverdienst nicht versicherungspflichtig.

Die Träger der Unfallversicherung sind die Berufsgenossenschaften, welche z. T. das ganze Reich, z. T. nur Teile des Reiches umfassen. Für die Betriebe des Reiches und der Länder treten an Stelle der Berufsgenossenschaften die Ausführungsbehörden. Es bestehen zur Zeit in Deutschland 67 gewerbliche Berufsgenossenschaften, von denen sich 33 auf das ganze Reich, 34 auf einzelne Teile desselben erstrecken,* 45 landwirtschaftliche Berufsgenossenschaften, 1 Seeberufsgenossenschaft und rund 500 Ausführungsbehörden. Im Baugewerbe bestehen für das Hochbaugewerbe 12 örtlich begrenzte Berufsgenossenschaften, die Baugewerks-Berufsgenossenschaften, für das gesamte Tiefbaugewerbe mit allen Nebenbetrieben eine einheitliche Berufsgenossenschaft für das ganze Reich, die Tiefbau-Berufsgenossenschaft.

Die Berufsgenossenschaften werden durch den Reichsrat errichtet und bestehen aus sämtlichen Unternehmern der versicherten Betriebe gleicher oder ähnlicher Art für das Gebiet des gesamten Reiches oder eines Teiles. Die Berufsgenossenschaften sind Selbstverwaltungskörper. Die Verwaltung liegt ausschließlich in den Händen der Betriebsunternehmer, weil sie die Kosten der ganzen Versicherung allein zu tragen haben. Die Arbeiter haben in den Organen der Berufsgenossenschaft, dem Genossenschaftsvorstand und der Genossenschaftsversammlung keine Vertretung, wohl aber ist ihnen eine Vertretung überall da gesichert, wo ihre Rechte und Interessen entscheidend in Frage kommen, wie bei der Unfalluntersuchung und der Beratung und Festsetzung der Unfallverhütungsvorschriften. Die Aufsicht führen das Reichsversicherungsamt, in Bayern, Baden und Sachsen die Landesversicherungsämter.

Die Aufgabe der Berufsgenossenschaften besteht in der Unfallverhütung und Entschädigungsleistung. Die Aufgabe der Unfallverhütung erfüllt sie, indem sie für Unternehmer und Arbeiter verbindliche Unfallverhütungsvorschriften erläßt und deren Innehaltung überwacht, gegebenenfalls unter Festsetzung von Strafen.

Die Kosten der Versicherung tragen die in der Berufsgenossenschaft vereinigten Unternehmer. Die Beiträge werden im Verhältnis zu den von den einzelnen Betriebsunternehmern gezahlten Löhne, in der landwirtschaftlichen Unfallversicherung auch nach dem Maßstab des Arbeitsbedarfs, des Steuerfußes oder anderen Maßstäben umgelegt. Die Umlage berücksichtigt neben den sonstigen Ausgaben nur die innerhalb des Rechnungszeitraumes fällig gewordenen Rentenzahlungen, nicht aber den Kapitalwert der laufenden Rentenverpflichtungen, doch ist insbesondere für Zeiten wirtschaftlicher Krisen eine Rücklage zu sammeln. Nur bei der Tiefbauberufsgenossenschaft ist der Kapitalwert der in dem Rechnungszeitraum entstandenen Rentenlasten umzulegen, weil Tiefbaubetriebe weniger ständig sind als andere Unternehmungen.

Bei Bemessung der Mitgliederbeiträge und der Prämien in der gewerblichen Unfallversicherung wird der Grad der Unfallgefährlichkeit des Betriebes berücksichtigt. Zu diesem Zwecke werden für die einzelnen in der Berufsgenossenschaft vereinigten Gewerbezweige und Arbeitstätigkeiten sog. Gefahrenziffern festgesetzt, deren zahlenmäßiges Verhältnis zueinander die verschiedene Höhe der durchschnittlichen Unfallgefährlichkeit rechnerisch zum Ausdruck bringt.

Jeder Unternehmer eines Betriebes, der zu den einer Berufsgenossenschaft zugewiesenen Gewerbezweigen gehört und in ihrem Bezirk seinen Sitz hat, ist Mitglied der Genossenschaft. Die Betriebseröffnung hat der Betriebsunternehmer binnen einer Woche dem Versicherungsamt, in dessen Bezirk der Betrieb seinen Sitz hat, anzuzeigen, dieses leitet die Anzeige an den Vorstand der zuständigen Berufsgenossenschaft weiter.

Die Berufsgenossenschaften führen Betriebsverzeichnisse. Änderungen im Betrieb, die seine Zugehörigkeit zur Genossenschaft berühren, führen zur Überweisung an die nunmehr zuständige Berufsgenossenschaft. Solche Änderungen sowie ein Wechsel in der Person des Betriebsunternehmers sind dem Genossenschaftsvorstand anzuzeigen.

Jeder Unfall ist binnen drei Tagen vom Betriebsunternehmer oder seinem Stellvertreter sowohl der Berufsgenossenschaft wie der Ortspolizeibehörde anzuzeigen, wenn durch den Unfall eine im Betriebe beschäftigte Person getötet oder so verletzt wird, daß sie mehr als drei Tage völlig oder teilweise arbeitsunfähig wird. Die Ortspolizeibehörde untersucht dann den Unfall und teilt das Ergebnis der Berufsgenossenschaft mit. Diese ergänzt die Untersuchung und erteilt bei Abschluß dem Verletzten einen Bescheid, ob und gegebenenfalls in welcher Höhe sie eine Entschädigungspflicht anerkannt. Binnen einem Monat kann bei der Berufsgenossenschaft gegen den Bescheid Einspruch erhoben werden, auf Grund dessen die Berufsgenossenschaft nach erneuter Prüfung, vor allem nach persönlicher Vernehmung des Verletzten den Endbescheid erteilt. Gegen diesen ist innerhalb eines Monats Berufung an das Oberversicherungsamt zulässig und gegen dessen Urteil binnen einem Monat Rekurs an das Reichsversicherungsamt, soweit dieser nicht wegen Geringfügigkeit der Sache oder wegen anderer in Betracht kommender Umstände, als Krankenbehandlung, Renten usw. ausgeschlossen ist. Die einmal getroffene Feststellung ist dann abänderungsfähig, wenn eine wesentliche Änderung der Verhältnisse eingetreten ist.

Die Unfallversicherung leistet Ersatz des Schadens, der durch Körperverletzung oder Tötung infolge von Betriebsunfällen eintritt. In beiden Fällen werden Renten gewährt, und zwar bei Körperverletzung neben der Krankenbehandlung, bei Tötung neben dem Sterbegeld. Die Leistungspflicht aus der Unfallversicherung beginnt allgemein mit dem Ablauf der dreizehnten Woche nach dem Unfall, hat der Verletzte Krankengeld bezogen und ist dieses vor Ablauf der dreizehnten Woche weggefallen, etwa weil der Verletzte schon wieder arbeitsfähig im Sinne der Krankenversicherung geworden ist, so ist die Rente schon vom Tage des Wegfalls des Krankengeldes ab zu gewähren. Bis zum Eingreifen der Unfallversicherung sorgt für den Verletzten regelmäßig die Krankenkasse, bei nicht gegen Krankheit Versicherten der Arbeitgeber. Das Krankengeld beträgt vom Beginn der fünften Woche nach dem Unfall bis zum Ablauf der dreizehnten mindestens zwei Drittel des maßgebenden Grundlohnes. An Stelle von Krankenbehandlung und Rente kann auch freie Kur und Verpflegung in einer Heilanstalt gewährt werden. In diesem Falle ist den Angehörigen des Verletzten eine Rente zu gewähren, soweit sie ihnen bei seinem Tode zustehen würde.

Die Krankenkassen müssen auch dann leisten, wenn eine Berufsgenossenschaft zur Entschädigung verpflichtet ist. Leistet die Krankenkasse pflichtgemäß aus Anlaß eines Unfalls für eine Zeit, für die der Berechtigte einen Anspruch auf Unfallentschädigung hat, so kann sie als Ersatz die Unfallentschädigung in Höhe des Anspruches beanspruchen. Ist die Invalidität Unfallfolge, so ist nur der die Unfallrente etwa ausnahmsweise übersteigende Betrag der Invalidenrente aus der Invalidenversicherung zu gewähren. Sonst werden die Leistungen beider Versicherungszweige gewährt, jedoch ruht die Invaliden- oder Hinterbliebenenrente, soweit sie mit der Unfallrente zusammen einen gewissen Höchstbetrag überschreitet.

Durch das Gesetz vom 14. Juli 1925 ist das Unfallversicherungsgesetz noch weiter ausgedehnt worden, und zwar einerseits durch Umgestaltung der Unfallverhütung, indem die Zwangstherapie die Heilung überleitet zur Prophylaxe, zu vorbeugenden Maßnahmen, und andererseits durch Aufnahme der Berufsfürsorge.

Aus dem Geschäftsbericht des Verbandes der deutschen Baugewerksberufsgenossenschaften ergeben die Gegenüberstellungen der Jahre 1913 und 1924 ein Bild der Entwicklung der Unfallversicherung und des Baugewerbes überhaupt gegenüber der Vorkriegszeit.

Versicherte Betriebe waren bei den 12 Baugewerksberufsgenossenschaften:

| | | |
|---|---|---|
| 1913 . . . . . . . . . . | 177000 | |
| 1924 . . . . . . . . . . | 147000 | |
| Abnahme . . . . . . . | 30000 | = rund 17 vH. |

Die Zahl der versicherten Personen betrug:

| | | |
|---|---|---|
| 1913 . . . . . . . . . . | 1386000 | |
| 1924 . . . . . . . . . . | 972000 | |
| Abnahme . . . . . . . | 414000 | = rund 30 vH. |

Die Zahl der Rentenempfänger betrug:

| | | |
|---|---|---|
| 1913 . . . . . . . . . . | 76000 | |
| 1924 . . . . . . . . . . | 47000 | |
| Abnahme . . . . . . . | 29000 | = rund 38 vH. |

Die Entschädigungsleistungen betrugen:

| | | |
|---|---|---|
| 1913 . . . . . . . . . . | 17700000 M. | |
| 1924 . . . . . . . . . . | 7811000 „ | |
| Abnahme . . . . . . . | 9889000 M. | = rund 55 vH. |

Die nachgewiesenen Lohnsummen beliefen sich auf:

| | | |
|---|---|---|
| 1913 . . . . . . . . . . | 1328000000 M. | |
| 1924 . . . . . . . . . . | 1053000000 „ | |
| Abnahme . . . . . . . | 275000000 M. | = rund 20 vH. |

An Verwaltungskosten hatten die 12 Berufsgenossenschaften aufzubringen:

| | | |
|---|---|---|
| 1913 . . . . . . . . . . | 2600000 M. | |
| 1924 . . . . . . . . . . | 3200000 „ | |
| Zunahme . . . . . . . | 600000 M. | = rund 23 vH. |

Die Tiefbau-Berufsgenossenschaft[1]) umfaßt den Gewerbebetrieb aller Unternehmer, welche Tief- oder Bauingenieurbauten ausführen. Im Unfallversicherungsgesetz vom 8. Juli 1884 war die Unfallfürsorge noch nicht auf die Arbeiter und Betriebsbeamten in den Tiefbaubetrieben ausgedehnt, erst der für 1888 beschlossene Beginn der Bauarbeiten des Nord-Ostsee-Kanals wurde die Veranlassung des Bau-Unfallversicherungsgesetzes vom 11. Juli 1887, das später mit in die RVO. aufgegangen ist. Auf Grund dieses Bau-Unfallversicherungsgesetzes wurde auch 1887 die Tiefbau-Berufsgenossenschaft errichtet, die sich über das ganze Reich erstreckt.

Organe der Genossenschaft sind: die Genossenschaftsversammlung, der Genossenschaftsvorstand und die Vertrauensmänner. Die Genossenschaftsversammlung besteht aus sämtlichen Mitgliedern der Berufsgenossenschaft, der Vorstand aus 16 von der Genossenschaftsversammlung auf die Dauer von 4 Jahren gewählten Mitgliedern. Die Vertrauensmänner werden vom Vorstand gewählt, der auch die Abgrenzung ihrer Bezirke bestimmt. Das Deutsche Reich ist in 12 Vorstandsbezirke eingeteilt, die durch ein Vorstandsmitglied vertreten werden und von denen jeder wieder in mehrere Vertrauensmännerbezirke unterteilt ist. Das maßgebende Organ ist der Vorstand, er hat die Genossenschaft zu verwalten und erledigt seine Obliegenheiten in besonderen, nach Bedarf

[1]) Vgl.: Die Unfallversicherung im Tiefbau. Hrsg. von der Tiefbau-Berufsgenossenschaft. Berlin-Wilmersdorf 1924.

vom Vorsitzenden einberufenen Sitzungen. Die laufenden Geschäfte werden nach den gesetzlichen und Satzungsvorschriften von der Verwaltung, an deren Spitze zwei Geschäftsführer stehen, erledigt.

Jeder neueröffnete Tiefbau-Gewerbebetrieb ist von dem Unternehmer durch das Versicherungsamt des Betriebsorts der Tiefbau-Berufsgenossenschaft anzumelden, nach Prüfung der Verhältnisse erfolgt Aufnahme, Eintragung in das Betriebsverzeichnis und Aushändigung eines Mitgliedscheines. Die gesamten für die Bedürfnisse der Tiefbau-Berufsgenossenschaft erforderlichen Mittel werden auf die Mitglieder umgelegt. Die Höhe der Beiträge der einzelnen Mitglieder richtet sich einmal nach dem Bedarf der Berufsgenossenschaft, sodann nach der Höhe der von den Mitgliedern gezahlten Lohnsummen sowie nach der Größe der Unfallgefahr ihrer einzelnen Betriebe, sie sind also nach der Gefahr der Arbeiten abgestuft. Die verschiedenen Arten von Tiefbauarbeiten sind zu diesem Zwecke in dem „Gefahrtarif der Tiefbau-Berufsgenossenschaft“ entsprechend ihrer Gefährlichkeit in Gruppen zusammengefaßt und in Gefahrklassen mit verschieden hohen Gefahrziffern eingeteilt, s. Anl. 1. Die Mitglieder haben zur Einschätzung und Zuteilung ihrer einzelnen Betriebe zu den in Frage kommenden Gefahrklassen alle neu begonnenen Bauarbeiten dem Vorstande sofort anzumelden und nach ihrer Beendigung abzumelden sowie über die für die Einschätzung maßgebenden Verhältnisse die erforderlichen Angaben zu machen. Nach Schluß des Jahres bzw. nach Beendigung der einzelnen Bauarbeiten sind die verausgabten Lohnsummen nachzuweisen. Auf Grund dieser Lohnsummen und der Gefahrziffern der einzelnen Betriebe erfolgt die Berechnung des Anteils der einzelnen Mitglieder an der Gesamtumlage der Berufsgenossenschaft, der Mitglieder Beiträge. Zur Deckung des laufenden Bedarfs haben die Mitglieder im Laufe des Jahres auf ihre Beiträge Vorschüsse zu zahlen, die nach der Höhe der für das letztvergangene Rechnungsjahr auf sie umgelegten Beiträge bemessen werden.

Da die Tiefbaubetriebe mehr als andere dem Wechsel unterworfen sind, ist für die Tiefbau-Berufsgenossenschaft, um eine ausreichende finanzielle Sicherheit für die Erfüllung ihrer Verpflichtungen den Verletzten und Hinterbliebenen gegenüber zu schaffen, die Kapitaldeckung eingeführt, d. h. die Mitgliederbeitrage werden so berechnet, daß durch sie außer den sonstigen Leistungen der Berufsgenossenschaft der Kapitalwert der dem abgelaufenen Rechnungsjahr zur Last gefallenen Renten gedeckt wird. Es bedeutet dies, daß jedes Jahr seine vollen Unfalllasten selbst trägt, und hat den Vorteil, daß bei einem Wechsel in der Konjunktur, dem erfahrungsgemäß das Tiefbaugewerbe mehr als andere Gewerbe ausgesetzt ist, schlechte Jahre nicht an den Lasten guter Jahre zu tragen haben. Denn Jahre, in denen viele Arbeiten ausgeführt werden, bringen auch mehr Unfälle.

Die Gefahrziffern werden aus dem Verhältnis der auf die einzelnen Gefahrklassen nachgewiesenen Lohnsummen zu den entsprechenden Rentenlasten ermittelt und sind zugleich der theoretisch, aus der Statistik sich ergebende Beitrag für je 1000 M. Lohn. Für den tatsächlich zu zahlenden Beitrag sind diese Gefahrziffern noch mit einem Beiwert zu multiplizieren, der alljährlich nach dem Geldbedarf der Berufsgenossenschaft wechselt. Dieser Beiwert, Beitragsziffer genannt, würde stabil bleiben, wenn in den einzelnen Jahren die Lohnsumme zu dem umzulegenden Betrag im gleichen Verhältnis stehen würde; steigt dagegen der umzulegende Betrag und die Lohnsumme fällt, so wird selbstverständlich die Beitragsziffer eine höhere, während sie umgekehrt eine niedrigere wird. Aus der nebenstehenden Tabelle sind die durchschnittlichen Gefahrziffern sowie die Beitragsziffern seit Einführung der neuen Gefahrziffern, d. i. seit 1910, ersichtlich.

| Jahr | Durchschnittsgefahrziffer für 1000 M. Lohn | | | Beitragsziffer für 1000 Lohneinheiten |
|---|---|---|---|---|
| | aus den gewerblichen Betrieben | aus den Betrieben der Gemeinden usw. | aus sämtlichen Betrieben | |
| 1910 | 14,67 | 8,40 | 14,11 | 1,3 |
| 1911 | 14,67 | 8,39 | 14,17 | 1,1 |
| 1912 | 14,62 | 8,27 | 14,10 | 1,1 |
| 1913 | 14,70 | 8,36 | 14,23 | 1,15 |
| 1914 | 14,48 | 8,63 | 13,90 | 1,3 |
| 1915 | 14,61 | 9,06 | 14,07 | 1,4 |
| 1916 | 15,58 | 8,83 | 14,95 | 1,4 |
| 1917 | 15,87 | 8,73 | 15,36 | 1,2 |
| 1918 | 15,89 | 8,54 | 15,39 | 1,2 |
| 1919 | 14,36 | 10,08 | 13,77 | 1,2 |
| 1920 | 14,90 | 9,42 | 14,19 | 1,0 |
| 1921 | 14,61 | 9,08 | 13,97 | 1,0 |
| 1922 | 14,19 | 8,73 | 13,82 | 1,5 |
| 1923 | 14,20 | 9,69 | 13,85 | — |
| 1924 | 13,20 | 10,03 | 12,87 | 1,5 |
| 1925 | 12,39 | 9,21 | 12,09 | 1,7 |

Die von den Mitgliedern nachgewiesenen Löhne sind von 300,1 Millionen im Jahre 1913 auf 194,8 Millionen im Jahre 1924, d. i. um rund 35 vH gesunken, ein Zeichen des Rückganges in der tiefbaulichen Tätigkeit. Der Kapitalbedarf für Entschädigung, Unfallverhütung, Verwaltung usw. ist dagegen nur von 5 Mill. M. in 1913 auf 3,8 Mill. M. in 1924, d. i. um 24 vH zurückgegangen.

Für Tiefbauarbeiten, die nicht in gewerbsmäßigen Betrieben ausgeführt werden, ist die Tiefbau-Berufsgenossenschaft satzungsgemäß ebenfalls zuständig. Die Versicherung erfolgt in der ihr angegliederten und von dem Vorstande mitverwalteten „Zweiganstalt der Tiefbau-Berufsgenossenschaft“ auf Kosten der Unternehmer gegen feste Prämie auf Grund eines Prämientarifs, der vom Reichsversicherungsamt festgesetzt wird. Die Leistungen für die Versicherten sind die gleichen wie bei gewerbsmäßigen Tiefbauarbeiten.

Tiefbauarbeiten, die von einer Gemeinde, einem Gemeindeverband oder einer anderen öffentlichen Körperschaft in eigener Regie ausgeführt werden, sind ohne weiteres bei der Zweiganstalt der Tiefbau-Berufsgenossenschaft versichert. Diese öffentlichen Körperschaften können jedoch durch eine Erklärung ihres Vorstandes Mitglieder der Tiefbau-Berufsgenossenschaft werden, oder sie können sich durch die oberste Verwaltungsbehörde zur Übernahme der durch die Unfallversicherung entstehenden Lasten für leistungsfähig erklären lassen, d. h. sie werden dann selbst Versicherungsträger, und die Rechte und Pflichten der Genossenschaftsorgane werden durch Ausführungsbehörden wahrgenommen. Reich und Länder sind für Bauarbeiten, die auf ihre eigene Rechnung gehen, aus eigenem Recht leistungsfähig und Träger der Versicherung für diese Bauarbeiten, aber auch sie können durch eine Erklärung der zuständigen obersten Verwaltungsbehörde für ihre Tiefbauarbeiten in die Tiefbau-Berufsgenossenschaft als Mitglied eintreten.

Jeder Unfall ist vom Betriebsunternehmer oder Betriebsleiter sofort der zuständigen Ortspolizeibehörde und der Tiefbau-Berufsgenossenschaft zu melden. Nach Prüfung der Frage, ob ein Betriebsunfall vorliegt und ob er sich in einem bei der Tiefbau-Berufsgenossenschaft versicherten Betriebe ereignet hat, entscheidet sich die Berufsgenossenschaft auf Grund einer Auskunft des erstbehandelnden Arztes, ob sie die Gewährung der Krankenhilfe in den ersten 13 Wochen der Krankenkasse weiter überlassen will oder ob es zweckmäßig erscheint, die Heilfürsorge selbst zu übernehmen. Bei der zentralen Verwaltung der Tiefbau-Berufsgenossenschaft einerseits und der Verteilung der Tiefbaubetriebe über ganz Deutschland andererseits stößt die Frühübernahme des Heilverfahrens in vielen Fällen auf größere Schwierigkeiten als dies bei kleinen dezentralisierten Verwaltungen der Fall ist. Sind nach Abschluß der Heilbehandlung die Folgen des Unfalls nicht beseitigt, so wird eine Rente für die Dauer der Erwerbsunfähigkeit festgesetzt, deren Höhe dem Maße der Einbuße an Erwerbsfähigkeit entspricht. Bei Tötung infolge eines Betriebsunfalls wird Sterbegeld und Hinterbliebenenrente gewährt. Die Entscheidung über die Leistungen wird von der Entschädigungs-Feststellungskommission der Tiefbau-Berufsgenossenschaft getroffen, welche aus je einem Vorstandsmitgliede und je einem Versichertenvertreter, Arbeiter, paritätisch zusammengesetzt ist.

Alle Fürsorgemaßnahmen der Tiefbau-Berufsgenossenschaft sind mehr als auf Gewährung von Renten und mehr als auf bloße Heilung auf möglichst vollkommene Beseitigung der Unfallfolgen und der möglichst vollkommenen Wiederherstellung der Arbeitsfähigkeit gerichtet. Zu der Verletztenfürsorge gehört als besonders wichtiger Punkt eine gute und schnelle Hilfeleistung unmittelbar nach dem Unfall vor Ankunft des Arztes sowie Vorkehrungen, daß der Verletzte so schnell wie möglich in die Behandlung eines zuverlässigen Arztes kommt. Auf Veranlassung und auf Kosten der Tiefbau-Berufsgenossenschaft sind deshalb in allen größeren Betrieben „Betriebshelfer" ausgebildet, Personen, die in sachgemäßer Weise die erste Hilfe leisten und einen schnellen Abtransport des Verletzten bewerkstelligen. Außerdem wird von der Tiefbau-Berufsgenossenschaft darauf geachtet, daß sich auf allen Baustellen ein Verbandskasten, möglichst der von ihr selbst zusammengestellte „Normal-Verbandskasten der Tiefbau-Berufsgenossenschaft" befindet.

Die wichtigste Aufgabe der Berufsgenossenschaft ist aber die vorbeugende, schadenverhütende Tätigkeit, die Unfallverhütung. Sie ist doppelt wichtig, für den Arbeiter sowohl wie für den Unternehmer und somit auch für die Allgemeinheit. Für den Arbeiter und seine Familie ist es zweifelhaft besser, wenn er gesunde Glieder behält und arbeitsfähig bleibt, als wenn er verletzt ist und eine noch so hohe Rente bekommt. Andererseits werden durch die Verhütung von Unfällen erhebliche Kosten für Heilbehandlung und Renten und somit an Beiträgen der Unternehmer zur Berufsgenossenschaft gespart. Alle Aufwendungen für Unfallverhütung sind also im wahrsten Sinne produktive Ausgaben. Schadenverhütung ist wichtiger als Schadenvergütung.

Zur Erfüllung dieser Aufgabe hat die Tiefbau-Berufsgenossenschaft die „Unfallverhütungsvorschriften der Tiefbauberufsgenossenschaft" erlassen, welche aufgebaut sind auf den praktischen Erfahrungen der Tiefbauunternehmer, der Tiefbauarbeiter, der Tiefbau-Berufsgenossenschaft und insbesondere ihrer technischen Aufsichtsbeamten, nach deren Berichten sie alljährlich auf etwaige Verbesserungen hin nachgeprüft werden. Die Unfallverhütungsvorschriften sind in drei Teile eingeteilt, und zwar

A. Vorschriften für Betriebsunternehmer und deren Stellvertreter,
B. Vorschriften für die Versicherten,
C. Ausführungs- und Strafbestimmungen.

Sie dürfen auf keiner Baustelle, in keinem Baubureau fehlen.

Zur Überwachung der Betriebe hinsichtlich Durchführung der Vorschriften sind acht technische Aufsichtsbeamte von der Tiefbau-Berufsgenossenschaft angestellt, von denen jeder einen örtlich begrenzten Bezirk zu verwalten hat und für die Durchführung der Vorschriften in allen Tiefbaubetrieben innerhalb seines Bezirkes verantwortlich ist. Die Überwachung erfolgt durch örtliche Revisionen der einzelnen Baubetriebe. Alle Mängel, die dem Aufsichtsbeamten bei diesen Betriebsbesichtigungen auffallen, müssen vom Unternehmer innerhalb einer bestimmten Frist beseitigt werden. Zur Unterstützung der technischen Aufsichtsbeamten sind in allen größeren Betrieben aus dem Kreise der Arbeitnehmer Unfallvertrauensleute gewählt, die den Betriebsleiter auf Mängel in bezug auf Unfallverhütungsvorschriften aufmerksam machen und auf die Arbeiter zur Beachtung der Vorschriften einwirken sollen. In neuerer Zeit hat die Tiefbau-Berufsgenossenschaft auch „Unfallverhütungsbilder" hergestellt, von denen jedes einen Unfall, seine Ursache und die Möglichkeit seiner Verhütung in drastischer, auf den Arbeiter einwirkenden Weise darstellt. Diese Bilder sollen auf allen Baustellen an sichtbarer Stelle zur Warnung und Belehrung der Arbeiter ausgehängt werden, und die Tiefbau-Berufsgenossenschaft sieht darin ein weiteres Hilfsmittel zur Vervollkommnung der Unfallverhütung. Aber die Tiefbau-Berufsgenossenschaft schreibt auch am Schlusse der angeführten Schrift mit Recht:

„Alle Unfallverhütungsvorschriften, alle Betriebsrevisionen durch die technischen Aufsichtsbeamten und alle sonstigen Bestrebungen der Tiefbau-Berufsgenossenschaft zur Verringerung der Zahl der Betriebsunfälle können aber nur dann Erfolg haben, wenn die Bauleiter und sonstigen Aufsichtsorgane der Unternehmer die Betriebsgefahren und ihre Ursachen, die gerade im Tiefbaugewerbe oft verwickelt sind und häufig in dem Zusammenwirken einer Reihe oft nur kleiner Ursachen liegen, und insbesondere die Vorschriften und Maßnahmen, ihnen vorzubeugen, beherrschen. Gerade bei den so verschiedenartigen Baustellen im Tiefbau, von denen fast nie eine der anderen gleicht, sind auch die Gefahrquellen besonders vielseitig und durch örtliche und Betriebsverhältnisse bedingt; deshalb hat im Tiefbau mehr als in anderen Betrieben der Bauleiter den maßgebenden Einfluß auf die Unfallverhütung, in sachlicher Beziehung sowohl wie in bezug auf die persönliche Einwirkung auf seine Arbeiter, nämlich, daß er sie dahin erzieht, zu erkennen, daß die Beachtung der Unfallverhütungsvorschriften in ihrem eigensten Interesse liegt. Die Unfallverhütung ist zum großen Teile eine Erfahrungsarbeit. Um diese Aufgabe erfüllen zu können, ist es seine Pflicht, sich zeitig und gründlich mit den Unfallgefahren und ihrer Verhütung vertraut zu machen und ihnen dauernd seine besondere Aufmerksamkeit zuzuwenden.“

### d) Angestelltenversicherung.

Die Angestelltenversicherung nach der Neufassung des Gesetzes vom 28. Mai 1924 ist eine Zwangsversicherung zum Zwecke

a) berufsunfähigen (invaliden oder dauernd kranken) sowie allen über 65 Jahre alten Angestellten ein Ruhegeld,

b) im Falle des Todes des Angestellten seinen Hinterbliebenen (Witwen, Witwern, Waisen und anderen Verwandten in aufsteigender Linie) eine Hinterbliebenenrente zu gewähren.

Träger der Angestelltenversicherung ist die Reichsversicherungsanstalt für Angestellte in Berlin. Ihre Organe sind das Direktorium, der Verwaltungsrat und die Vertrauensmänner. Das Direktorium besteht aus einem Präsidenten, seinem Stellvertreter und weiteren beamteten Mitgliedern sowie aus drei Vertretern der Versicherten und ihrer Arbeitgeber, es vertritt die Anstalt gerichtlich und außergerichtlich. Der Verwaltungsrat besteht aus dem Präsidenten des Direktoriums und mindestens je 12 Vertretern der versicherten Angestellten und ihrer Arbeitgeber. Seine Aufgabe besteht in der Vertretung der versicherten Angestellten gegenüber dem Direktorium, in der Beschlußfassung über den Voranschlag und die Anlegung des Vermögens und in der Entgegennahme des Rechnungsabschlusses. Die Vertrauensmänner sind Ehrenbeamte, welche die Reichsversicherungsanstalt und die Versicherungsämter bei der Durchführung ihrer Aufgabe unterstützen und die Beisitzer für die Spruchbehörden wählen. Spruchbehörden sind die Versicherungsämter, die Oberversicherungsämter und das Reichsversicherungsamt.

Versicherungspflichtig sind:

1. Angestellte in leitender Stellung, auch wenn die Beschäftigung in leitender Stellung nicht den Hauptberuf bildet,

2. Betriebsbeamte, Werkmeister und andere Angestellte in einer ähnlich gehobenen oder höheren Stellung. Die zu dieser Gruppe gehörenden Personen sind nach 19 verschiedenen Gewerbegruppen unter-

teilt und in jeder Gruppe besonders aufgezählt. In Gruppe XV, Baugewerbe, sind folgende Personen angeführt:

a) Architekten, Bauingenieure, Bautechniker,

b) Zeichner,

c) Bauaufseher, Maurer-, Zimmer-, Straßenbaumeister, Poliere, Schachtmeister oder unter einer ähnlichen Bezeichnung Tätige, sofern sie

α) nicht lediglich vorübergehend mit der Leitung oder Beaufsichtigung eines Betriebes oder eines Betriebsteils oder mit der Entscheidung über die Arbeitsabnahme beschäftigt und nicht vorwiegend in der Arbeit an der Maschine oder sonst körperlich tätig sind, oder

β) sonst in einer für die Zwecke des Betriebs wesentlichen, nicht überwiegend körperlichen Arbeit unter eigener Verantwortung tätig sind.

3. Bureauangestellte, soweit sie nicht ausschließlich mit Botengängen, Reinigung, Aufräumung und ähnlichen Arbeiten beschäftigt werden, einschließlich der Bureaulehrlinge und Werkstattschreiber.

4. Handlungsgehilfen und Handlungslehrlinge, andere Angestellte für kaufmännische Dienste, auch wenn der Gegenstand des Unternehmens kein Handelsgewerbe ist, Gehilfen und Lehrlinge in Apotheken,

5. Bühnenmitglieder und Musiker sowie Lehrlinge dieser Betriebe,

6. Angestellte und Lehrlinge in Berufen der Erziehung, des Unterrichts, der Fürsorge, der Kranken- und Wohlfahrtspflege,

7. Aus der Besatzung deutscher Seefahrzeuge und aus der Besatzung der Fahrzeuge für Binnenschiffahrt: Schiffsführer, Offiziere des Deck- und Maschinendienstes, Verwalter und Verwaltungsassistenten sowie die in einer ähnlich gehobenen oder höheren Stellung befindlichen Angestellten ohne Rücksicht auf ihre Vorbildung.

Außerdem stehen den genannten Gruppen gleich Angehörige der Schutzpolizei und Soldaten, aber nur wenn sie bei ihrer vorgesetzten Dienststelle die Versicherung beantragen, sowie selbständige Lehrer und Erzieher, die in ihrem Betriebe keine Angestellten beschäftigen. Auf Personen, die eine ähnliche Tätigkeit wie die unter 1—7 genannten, auf eigene Rechnung ausüben, aber in ihrem Betrieb keine Angestellten beschäftigen, kann die Versicherungspflicht ausgedehnt werden. Für die Entscheidung über die Frage, ob eine Person bei der Angestellten- oder Invalidenversicherung zu versichern ist, ist ausschließlich der Ausschuß für Angestelltenversicherung beim Versicherungsamt zuständig.

Die Beschäftigung der genannten Personen muß eine versicherungspflichtige sein, d. h. die Personen müssen gegen Entgelt in einem Dienstverhältnis beschäftigt werden. Der Jahresarbeitsverdienst dieser Personen darf eine bestimmte Grenze nicht überschreiten. Die Jahresarbeitsverdienstgrenze wird den Verhältnissen entsprechend jeweils vom Reichsarbeitsminister festgesetzt, zur Zeit liegt sie bei einem Jahresentgelt bis zu 6000 M. Das Alter von 60 Jahren darf beim Eintritt in die versicherungspflichtige Beschäftigung noch nicht überschritten sein, eine Untergrenze besteht nicht. Befreit von der Versicherungspflicht kraft Gesetzes sind u. a. vorübergehende Beschäftigungen und Personen, die zu ihrer wissenschaftlichen Ausbildung für den zukünftigen Beruf gegen Entgelt tätig sind, z. B. Werkstudenten.

Die Beiträge sind zu gleichen Teilen vom Arbeitgeber und Angestellten zu tragen, und zwar nicht nur für die Zeit versicherungspflichtiger Beschäftigung, sondern auch für Krankheitszeiten, in denen die Versicherten das Gehalt fortbezogen haben. Für Versicherte, deren monatliches Entgelt 50 M. nicht übersteigt, sowie für Lehrlinge muß ab 1. Juli 1925 der Arbeitgeber die vollen Beiträge entrichten. Der Anspruch auf Rückstände verjährt, soweit nicht absichtliche Hinterziehung vorliegt, in zwei Jahren nach Ablauf des Kalenderjahres der Fälligkeit. Der Versicherte muß sich bei der Gehaltszahlung die Hälfte des Betrages vom Gehalt abziehen lassen. Als Arbeitsverdienst für die Beitragsberechnung gilt das Entgelt, das der Angestellte für den laufenden Monat erhalten hat. Gewinnanteile, Gratifikationen und ähnliche Bezüge, die nicht in jedem Monat zu erwarten sind, sind anteilig mitzurechnen. Zum Zwecke der Bemessung der Beiträge sind nach der Höhe des monatlichen Arbeitsverdienstes Gehaltsklassen gebildet, und zwar seit dem 28. Juli 1925 6 Klassen:

| Gehaltsklasse | Monatliches Entgelt von M. | bis M. | Wert der monatlichen Beitragsmarken M. |
|---|---|---|---|
| A | — | 50 | 2 |
| B | 51 | 100 | 4 |
| C | 101 | 200 | 8 |
| D | 201 | 300 | 12 |
| E | 301 | 400 | 16 |
| F | 401 | 500 | 20 |

Die Entrichtung der Beiträge geschieht durch Marken, welche der Arbeitgeber aus eigenen Mitteln bei den Postanstalten erwirbt, bei der Gehaltszahlung in die Versicherungskarte einklebt und sofort entwertet. Die Entwertung erfolgt dadurch, daß auf der Marke ihr letzter Geltungstag mit Tinte oder haltbarem Farbstoff vermerkt wird. Die Versicherungskarte wird von der Ausgabestelle der Angestelltenversicherung auf Antrag des Versicherten oder des Arbeitgebers unentgeltlich ausgestellt. Ausgabestellen sind im allgemeinen in Städten von mehr als 50000 Einwohnern die Ausgabestellen der Invalidenversicherungskarten, die Ortspolizeibehörden oder die Krankenkassen, auch die Reichsversicherungsanstalt selbst stellt Versicherungskarten aus. Die Karte ist dem Arbeitgeber zur Beitragsentrichtung zu übergeben, sie muß aber jederzeit dem Versicherten auf Verlangen zur Einsichtnahme ausgehändigt werden. Die Zurückbehaltung der Karte durch den Arbeitgeber gegen den Willen des Versicherten ist verboten und strafbar. Sind die Markenfelder gefüllt, spätestens aber drei Jahre nach der Ausstellung muß der Versicherte die Karte bei der Ausgabestelle umtauschen. Die Ausgabestelle rechnet die Versicherungskarte auf und übergibt eine Aufrechnungsbescheinigung dem Versicherten mit der neuen Versicherungskarte. Diese Bescheinigungen sind vom Versicherten sorgfältig aufzubewahren. In gleicher Weise werden verlorene, unbrauchbar gewordene oder zerstörte Versicherungskarten durch die Ausgabestelle ersetzt, wobei der Inhaber den Inhalt solcher Karten nachzuweisen hat.

Die Leistungen, die von der Versicherung gewährt werden, bestehen in Ruhegehalt, Kinderzuschuß und Hinterbliebenenrente. Das Ruhegeld zerfällt in Grundbetrag, der für alle Gehaltsklassen jährlich 360 M. beträgt, und in Steigerungsbetrag von 10 vH der Beiträge, die für die Zeit seit dem 1. Januar 1924 entrichtet worden sind. Ruhegeld erhalten die dauernd oder seit mindestens 26 Monaten vorübergehend berufsunfähigen und die über 65 Jahre alten Versicherten, gleichviel ob sie berufsunfähig oder noch weiter gegen Entgelt beschäftigt sind. Das Ruhegeld erhöht sich für jedes Kind unter 18 Jahren um jährlich 36 M. Die Witwe erhält nach dem Tode ihres versicherten Ehemannes eine Rente von sechs Zehntel des aus Grund- und Steigerungsbetrag errechneten Ruhegeldes. Die gleiche Rente erhält auch der Witwer, wenn er erwerbsunfähig und bedürftig ist und die Verstorbene den Lebensunterhalt ganz oder überwiegend bestritten hat. Waisenrente erhalten nach dem Tode des versicherten Vaters die Kinder oder nach dem Tode einer Versicherten die vaterlosen Kinder unter 18 Jahren in Höhe von je fünf Zehntel des aus Grund- und Steigerungsbetrag errechneten Ruhegeldes.

Die Anwartschaft auf die Leistungen ist von einer Wartezeit, von der Erfüllung einer bestimmten Anzahl von Beitragsmonaten abhängig. Die Wartezeit beträgt beim Ruhegeld für männliche Versicherte 120, für weibliche 60 und bei allen Hinterbliebenenrenten 120 Beitragsmonate. Zur Erhaltung der Anwartschaft müssen nach dem Kalenderjahr, in dem der erste Beitragsmonat zurückgelegt, innerhalb der zunächstfolgenden 10 Kalenderjahre mindestens 8 und nach dieser Zeit mindestens 4 Beitragsmonate während eines Kalenderjahres zurückgelegt sein.

Wer aus irgendwelchen Gründen aus der Invalidenversicherung zur Angestelltenversicherung oder umgekehrt übertritt, sog. Wanderversicherter, verliert seine bisher erworbenen Rechte nicht, es werden vielmehr die zu der einen Versicherung geleisteten Beiträge rentensteigernd durch die andere Versicherung angerechnet. Hat ein Versicherter Beiträge zur Angestellten- und Invalidenversicherung entrichtet und ist die Wartezeit für das Ruhegeld oder für die Hinterbliebenenrente erfüllt, so werden die Leistungen der Angestelltenversicherung zuzüglich des Steigerungsbetrages der Invalidenversicherung gewährt, es tritt zu den Leistungen der Angestelltenversicherung eine Ergänzung in Höhe des Steigerungsbetrages der Invalidenversicherung. Ist die Wartezeit in der Angestelltenversicherung nicht erfüllt, so werden dem Wanderversicherten die zur Angestelltenversicherung entrichteten Beiträge auf die Wartezeit der Invalidenversicherung wie freiwillige Beiträge zu letzterer angerechnet. Der Wanderversicherte, der 100 Pflichtbeiträge zur Invalidenversicherung entrichtet hat, kann also mit Beitragsmonaten zur Angestelltenversicherung, die volle Kalenderwochen umfassen, die Wartezeit für die Invalidenversicherung erfüllen.

Die Reichsversicherungsanstalt kann ein Heilverfahren sowohl zur Abwendung der drohenden Gefahr einer Berufsinvalidität als auch zur

Beseitigung der Berufsunfähigkeit eines Ruhegehaltsempfängers einleiten und diesen in einem Krankenhaus oder Genesungsheim unterbringen. Angehörige des Erkrankten, deren Unterhalt er ganz oder überwiegend aus seinem Arbeitseinkommen bestritten hat, erhalten während der Unterbringung in einem Krankenhaus oder Genesungsheim täglich ein Hausgeld von mindestens drei Zwanzigstel des zuletzt entrichteten Monatsbeitrages, sofern nicht Lohn oder Gehalt auf Grund eines Rechtsanspruches weitergezahlt wird.

Angestellte, die beim Eintritt in die versicherungspflichtige Beschäftigung mindestens 30 Jahre alt sind, sind von der eigenen Beitragsleistung befreit, sofern für sie mindestens seit 3 Jahren eine Lebensversicherung besteht. Die hierfür zu zahlende Prämie muß jedoch die gleiche Höhe haben, die sie persönlich, also nur die Hälfte des Gesamtbeitrages für die Angestelltenversicherung, zu zahlen haben würden. Der Antrag auf Befreiung ist vom Versicherten unter Vorlegung des Versicherungsscheines bei der Ausgabestelle der Angestelltenversicherung zu stellen.

### e) Erwerbslosenfürsorge.

Die Erwerbslosenfürsorge ist eine Folge der Kriegsauswirkungen und durch eine Verordnung der Volksbeauftragten vom 13. Dezember 1918 eingeführt. Diese Verordnung wurde aber im Laufe der Jahre unter dem Druck der verschiedensten Verhältnisse sehr oft abgeändert und mußte schließlich, nachdem die Zeit der Geldentwertung überstanden war und das gesamte Wirtschaftsleben, vor allem das deutsche Finanzwesen vor neue Aufgaben gestellt wurde, ebenfalls auf eine neue Grundlage gestellt werden. Dies ist geschehen durch die Verordnung vom 16. Februar 1924.

Das Ziel der Erwerbslosenfürsorge ist die Beendigung der Erwerbslosigkeit durch Aufnahme von Arbeit, nur wenn keine Arbeit nachgewiesen werden kann, darf Erwerbslosenfürsorge in Geld oder in Sachleistungen gewährt werden. Demgemäß wird unterschieden zwischen produktiver und unterstützender Erwerbslosenfürsorge. Produktive Erwerbslosenfürsorge ist jede Form der Erwerbslosenfürsorge, die sich nicht in der Unterstützung der Erwerbslosen erschöpft, sondern darüber hinaus bestrebt ist, mit ihren Mitteln wirtschaftliche Werte zu schaffen und damit gleichzeitig die Arbeitslosigkeit zum mindesten mittelbar zu bekämpfen. Das Entgelt, das für die Leistung von Arbeit, Pflichtarbeit, gewährt wird, ist dabei als Unterstützung, nicht aber als Lohn zu betrachten. Unterstützende Erwerbslosenfürsorge wird in Geld oder in Sachleistungen oder in beiden gewährt, und zwar besteht sie in der Hauptunterstützung für den Erwerbslosen selbst und in Familienunterstützungen.

Die Erwerbslosenfürsorge soll allgemein nur arbeitsfähigen und arbeitswilligen über 16 Jahre alten Personen deutscher Staatsangehörigkeit gewährt werden, die sich durch gänzliche oder teilweise Erwerbslosigkeit infolge wirtschaftlicher Nachwirkungen des Krieges in bedürftiger Lage befinden und die eine bestimmte Wartezeit erfüllt haben. Im besonderen wird die Unterstützung nur solchen Erwerbslosen gewährt, die in den letzten 12 Monaten vor Eintritt ihrer Unterstützungsbedürftigkeit mehr als 3 Monate hindurch eine Beschäftigung ausgeübt haben, in der sie gegen Krankheit pflichtversichert waren. Die Wartezeit beträgt in der Regel mindestens 6 Wochentage, die Mehrzahl der Länder hat jedoch diese Frist auf 3 Tage abgekürzt. Ist die Erwerbslosigkeit durch Streik oder Aussperrung verursacht, so wird Erwerbslosenfürsorge frühestens nach einer Wartezeit von 4 Wochen nach Beendigung des Streikes oder der Aussperrung gewährt. Die Höchstdauer für Unterstützungen in Geld oder in Sachleistungen beträgt in normalen Fällen innerhalb 12 Monaten 26 Wochen, sie kann für Angehörige von Berufen, die einen besonders günstigen Arbeitsmarkt aufweisen, auf 13 Wochen beschränkt und für Angehörige von Berufen, die einen besonders ungünstigen Arbeitsmarkt haben, über 26—39 Wochen als Höchstdauer und darüber hinaus noch bis zu weiteren 13 Wochen gewährt werden. Zuständig für die Gewährung der Erwerbslosenfürsorge ist die Gemeinde, in der der Erwerbslose bei Eintritt der Unterstützungsbedürftigkeit nicht nur vorübergehend seinen Wohnort hat. Infolge der unerwartet langen Dauer der Arbeitsmarktkrise im Jahre 1926 hat der Reichsarbeitsminister grundsätzlich die Dauer der Erwerbslosenfürsorge auf 39 Wochen verlängert und empfiehlt gleichzeitig den zuständigen Stellen, von der Befugnis, die Fürsorge über die 39. Woche hinaus bis höchstens um 13 Wochen, also im ganzen für die Dauer von 52 Wochen zu verlängern, Gebrauch zu machen. Von dieser Vergünstigung sind jedoch die Saisonberufe ausgenommen, so daß u. a. auch für das Baugewerbe mit seinen Hilfsbetrieben und für die Baustoffindustrie die Verlängerung nicht gilt.

Neben den Erwerbslosen erhalten auch sog. Kurzarbeiter Unterstützung, das sind Arbeiter, die weniger als die in ihrem Berufe an dem betreffenden Ort übliche Zeit arbeiten. Der Kurzarbeiter muß arbeitsfähig, arbeitswillig, mindestens 16 Jahre alt und bedürftig sein, ferner muß er ebenfalls in den letzten 12 Monaten vor Eintritt der Kurzarbeit mindestens 3 Monate eine krankenversicherungspflichtige Beschäftigung ausgeübt und die Kurzarbeit muß eine Lohnkürzung zur Folge haben. Eine Wartezeit besteht nicht. Schließt sich an die Kurzarbeit Vollerwerbslosigkeit an, so entfällt auch für diese die Wartezeit.

Die Mittel für die Erwerbslosenfürsorge werden von den Arbeitnehmern und deren Arbeitgebern sowie von den Gemeinden aufgebracht. Das Reich und die Länder leisten nur Beihilfen. Der Beitragspflicht unterliegen neben den Arbeitgebern diejenigen Arbeitnehmer, die auf Grund der Reichsversicherungsordnung oder des Reichsknappschaftsgesetzes für den Fall der Krankheit pflichtversichert sind. Die Beiträge sind zu gleichen Teilen vom Arbeitgeber und Arbeitnehmer zu tragen und als Zuschläge zu den Krankenkassenbeiträgen und mit diesen zu entrichten. Die Arbeitgeber müssen gleichzeitig mit der Abführung der Beiträge den Krankenkassen angeben, welche Beiträge auf die Krankenversicherung und welche auf die Erwerbslosenfürsorge entfallen. Die Höhe der Beiträge beträgt für den Arbeitgeber und Arbeitnehmer höchstens je $1^1/_2$ vH des Grundlohnes nach den Bestimmungen der Reichsversicherungsordnung über Krankenversicherung, zusammen also höchstens 3 vH des Grundlohnes. Dieser Satz stellt den Höchstsatz dar, unter den heruntergegangen werden kann, wenn dies die Verhältnisse im Bezirk des öffentlichen Arbeitsnachweises gestatten. Die Leistungen der unterstützenden Erwerbslosenfürsorge werden jeweils nach der Lage der Verhältnisse festgesetzt und dürfen bestimmte Höchstsätze nicht übersteigen, welche nach den 3 Wirtschaftsgebieten, I Osten, II Mitte und III Westen, und nach 3 Ortsklassen abgestuft sind. Nach der Anordnung vom 27. Februar 1926 betragen die Höchstsätze vom 1. März 1926 ab in Reichspfennigen:

| | Wirtschaftsgebiet | | | | | | | | |
|---|---|---|---|---|---|---|---|---|---|
| | I. Osten Ortsklasse | | | II. Mitte Ortsklasse | | | III. Westen Ortsklasse | | |
| | A | B | C | A | B | C | A | B | C |
| a) Für Erwerbslose, die keine Familienzuschläge beziehen und nicht dem Haushalte eines anderen angehören: | | | | | | | | | |
| 1. Für Personen über 21 Jahre . . . . . | 152 | 142 | 132 | 178 | 166 | 154 | 191 | 178 | 165 |
| 2. Für Personen unter 21 Jahren . . . . . | 100 | 93 | 86 | 118 | 110 | 102 | 126 | 118 | 110 |
| b) Für alle übrigen Hauptunterstützungsempfänger vom Beginn der 9. Unterstützungswoche ab, wenn sie während der 8 vorhergehenden Wochen ununterbrochen unterstützt worden sind: | | | | | | | | | |
| 1. Für Personen über 21 Jahre . . . . . | 152 | 142 | 132 | 178 | 166 | 154 | 191 | 178 | 165 |
| 2. Für Personen unter 21 Jahren . . . . . | 91 | 85 | 79 | 108 | 101 | 94 | 116 | 108 | 100 |

Für die Angehörigen eines Erwerbslosen, Ehegatten, Kinder und sonstige unterstützungsberechtigte Angehörige, wird die Unterstützung in Form von Familienzuschlägen erhöht. Die Unterstützung wird nur für die sechs Wochentage gewährt und nur gezahlt, wenn keine Möglichkeit besteht, eine Arbeitsgelegenheit zuzuweisen. Für den Fall, daß dem Erwerbslosen Arbeit an einem Ort zugewiesen wird, der außerhalb seines Wohnortes liegt, erhält er die Fahrkosten und eine angemessene Beihilfe zu den Reisekosten sowie beim Umzug der Familie Beihilfe zu den Umzugkosten.

Kurzarbeiter erhalten, wenn sie weniger als zwei Drittel ihres vollen Arbeitsverdienstes in der Kalenderwoche oder Kalenderdoppelwoche erzielen, den Unterschied zwischen Arbeitsverdienst und zwei Drittel des vollen Verdienstes als Kurzarbeiterunterstützung, und zwar 40 vH dieses Unterschiedes für ihre Person und 10 vH des Unterschiedes mehr für jeden zuschlagsberechtigten Angehörigen bis zu zwei Drittel des vollen Arbeitsverdienstes.

Alle Erwerbslosen, die eine Gemeinde zu unterstützen hat, sollen von dieser bei der Allgemeinen Ortskrankenkasse versichert werden. Zu diesen rechnen aber nur Erwerbslose, die keinen Verdienst haben, also nicht auch Teilunterstützte und Kurzarbeiter. Die Gemeinde hat die Erwerbslosen binnen 3 Wochen nach Beginn der Unterstützung anzumelden und die vollen Beiträge aus den Mitteln der Fürsorge für sie zu zahlen. Nach der Entscheidung des Reichsarbeitsministers vom 19. Mai 1925 ist als Grundlohn für die Krankenversicherung der Erwerbslosen sechs Siebentel der doppelten Erwerbslosenunterstützung zu rechnen, eine besondere Einstufung in Lohnstufen oder Mitgliedsklassen findet nicht mehr statt.

Die Unterstützung der Erwerbslosen ist einkommensteuerfrei, ebenso auch die Unterstützung für Kurzarbeiter, der tatsächlich verdiente Lohn der letzteren unterliegt dagegen der Einkommensteuer.

Nach der 7. Ausführungsverordnung des Reichsarbeitsministers zur Verordnung über Erwerbslosenfürsorge vom 21. Januar 1926 ist die Erwerbslosenfürsorge seit 1. Januar 1926 auch auf diejenigen Beschäftigten, Angestellte, ausgedehnt, die infolge ihres 225 M. übersteigenden Monatsgehaltes nicht mehr nach der Reichsversicherungsordnung, aber auf Grund des Angestelltenversicherungsgesetzes für den Fall der Krankheit pflichtversichert sind, d. i. bis 6000 M. Jahresgehalt. Die Arbeitgeber sind daher verpflichtet, auch für diese Angestellten Erwerbslosenbeiträge zu zahlen und haben zu dem Zwecke sie bei der Krankenkasse anzumelden, bei der sie für den Fall der Krankheit pflichtversichert wären, wenn ihr Arbeitsverdienst nicht über die Grenze der Krankenversicherungspflicht hinausginge. Bei der Berechnung der Beiträge wird die obere Grenze der Krankenversicherungspflicht als wirklicher Arbeitsverdienst, zur Zeit also 225 M. monatlich, zugrunde gelegt. Ein diese obere Grenze übersteigendes Monatsgehalt unterliegt mit dem Mehrbetrage nicht mehr der Beitragspflicht. Der Beitragssatz beträgt danach zur Zeit 3 vH von 225 = 6,75 M., wovon der Arbeitgeber und der Angestellte die Hälfte tragen.

Die Bedeutung der Erwerbslosenfürsorge ergibt sich daraus, daß am 1. Januar 1926 in Deutschland 2029000 Hauptunterstützungsempfänger, 2360000 Zuschlagsempfänger und außerdem etwa 1 Million nicht unterstützungsberechtigte Erwerbslose vorhanden waren, mithin ein Zehntel des ganzen deutschen Volkes arbeitslos war.

Der Grundgedanke der Erwerbslosenfürsorge ist das „Recht auf Arbeit“. Der Staat oder die Allgemeinheit hat die Pflicht anerkannt, seinen Angehörigen entweder den zu ihrem Lebensunterhalt notwendigen Verdienst aus Arbeit zu verschaffen oder, falls ihm dies nicht möglich ist, den betreffenden Personen durch Unterstützungsgewährung Daseinsmöglichkeit zu geben. Das Recht auf Arbeit bedingt aber auch die Pflicht zur Arbeit, und daher bestimmt die Verordnung vom 16. Februar 1924 einerseits, daß die Zahlung der Erwerbslosenunterstützung von einer Arbeitsleistung abhängig zu machen ist, und anderseits, daß die unproduktive, d. h. ohne Arbeitsleistung gezahlte Unterstützung in produktive Arbeit umzusetzen ist. Dieses Ziel verfolgt die sog. produktive Erwerbslosenfürsorge durch die Notstandsarbeiten, während die Pflichtarbeit bei Arbeiten abzuleisten ist, die gemeinnützigen Charakter tragen und zusätzlicher Natur sind. Bei leichteren Arbeiten sollen wöchentlich 3, bei schwereren Arbeiten 2 Tage geleistet werden. Die Notstandsunternehmen haben den Zweck, durch die Beschäftigung von Erwerbslosen die sonst zu zahlende Unterstützung zu sparen. Sie müssen aber einen volkswirtschaftlichen Wert haben und eine zusätzliche Arbeitsgelegenheit schaffen, d. h. das Unternehmen wird nur zur Beschäftigung von Erwerbslosen ausgeführt oder würde wenigstens ohne eine Förderung aus Mitteln der produktiven Erwerbslosenfürsorge in absehbarer Zeit nicht ausgeführt werden.

Nach den Bestimmungen des Reichsarbeitsministers über öffentliche Notstandsarbeiten vom 30. April 1925 ist die Beschäftigung der Erwerbslosen bei Notstandsarbeiten eine Form der Erwerbslosenfürsorge, gilt aber als Beschäftigung gegen Entgelt im Sinne der Reichsversicherungsordnung und des Einkommensteuergesetzes. Die Notstandsarbeiter erhalten an Stelle der Erwerbslosenunterstützung eine Vergütung, die der Leistung angemessen ist. Soweit die Art der Arbeit es irgend zuläßt, ist eine Akkordvergütung oder eine Leistungsprämie vorzusehen. Falls dies nicht möglich ist, muß mindestens ein angemessenes Maß an Arbeitsleistung für den Arbeitstag festgesetzt werden. Die Arbeitsdauer beträgt wöchentlich 48 Stunden und die Dauer der Beschäftigung bei Notstandsarbeiten in der Regel 3 Monate. Die Höhe der Vergütung wird vom Landesarbeitsamt festgesetzt. Für Berlin und Provinz Brandenburg gelten die in Anl. 2 abgedruckten Arbeitsbedingungen. Die Bestimmungen des Betriebsrätegesetzes über Betriebsräte (s. Kap. 3e) finden nach einer Entscheidung des Arbeitsgerichtes in München auf Notstandsarbeiten keine Anwendung.

Über Umfang und Art der produktiven Erwerbslosenfürsorge macht die Zeitschrift „Wirtschaft und Statistik" folgende Angaben: In Preußen wurden vom 1. April 1920 bis 1. April 1925 80344000 Tagewerke geleistet, was einer viermonatigen Beschäftigung von 800000 Erwerbslosen entspricht. Die Tagewerke verteilen sich mit 29 vH auf Erd- und Straßenbauten, 25 vH auf Meliorationen und 46 vH auf Hochbauten, Sport- und Spielplätze. Auch in Bayern und Thüringen machen die Erd- und Straßenbauten den Hauptanteil aus, in Bayern von 1930 Maßnahmen in der Zeit 1919/24 35 vH und in Thüringen von 832 Maßnahmen in der Zeit 1920/24 58 vH, auf Meliorationen in Bayern 39 vH, in Thüringen 12 vH und der Rest auf Hochbauten usw. Im ganzen sind im Deutschen Reiche laut Reichsarbeitsblatt Nr. 8, 1925 in der Zeit vom 1. Januar 1920 bis 1. Januar 1925 33661 Maßnahmen mit 110945431 Tagewerken anerkannt worden, wovon

| | |
|---|---|
| auf den Tiefbau . . . . . | 102120015 |
| auf den Hochbau . . . . | 8881141 |
| auf Verschiedenes . . . . | 9944275 entfallen. |

Durch das große Versicherungswerk des vorigen Jahrhunderts wurde der Arbeiter vor den Folgen der Krankheit und der Unglücksfälle im Berufsleben, des Alters und der Invalidität auf Kosten der Gesamtwirtschaft geschützt, nur für den Fall unverschuldeter Arbeitslosigkeit blieb der Arbeiter der Armenpflege überantwortet, und dadurch entstand in den Wirtschaftskrisen der Nachkriegszeit ein unhaltbarer Zustand, der dann durch das Erwerbslosenfürsorgegesetz beseitigt wurde. Aber auch diese Fürsorge entspricht weder der Psyche des modernen Arbeiters noch dem Sinne sozialer Krisen, und in folgerichtiger Fortführung des Versicherungsgedankens muß daher auch für die Arbeitslosigkeit das Fürsorgeprinzip durch das auf das Selbstverwaltungsprinzip gestellte Versicherungssystem ersetzt werden, bei dem Arbeitgeber und Arbeitnehmer sich in die Kosten teilen. Ein Gesetzentwurf für die Arbeitslosenversicherung[1]) ist daher auch bereits aufgestellt. Mit dem Versicherungsprinzip kommt die fürsorgerechtliche Bedürftigkeitsprüfung in Fortfall, und damit wird nicht allein ein gewisser Verwaltungsaufwand erspart, sondern es werden auch die Bedingungen für den Empfang der Unterstützungen erheblich verschärft werden können. Die Versicherungsbeiträge sind dann ebenfalls Sparsummen, die für die Zukunft vorsorgen sollen, wobei allerdings dem einzelnen die freie Entscheidung über Beginn und Höhe dieser Spartätigkeit entzogen und das Risiko auf die Schultern der Gesamtheit gelegt ist. Die Arbeitslosenversicherung wird daher die Krönung der Deutschen Sozialversicherung bedeuten.

Die produktive Erwerbslosenfürsorge als Ergänzungsmaßnahme zur unterstützenden Fürsorge ist wohl ein Mittel zur Linderung der Not, zur Erhaltung der Arbeitsfreude und der Arbeitsfähigkeit, zur Fluktuation auf dem Arbeitsmarkt, kann aber als Mittel zur Bekämpfung der Arbeitslosigkeit selbst nicht in Betracht kommen. Die Arbeitslosigkeit als Massenerscheinung ist ein Problem, das in vollem Umfange erst dem kapitalistischen Zeitalter gestellt worden ist. Wenn in früheren Zeiten durch Produktionsverschiebungen einzelne Bevölkerungsteile arbeitslos wurden, so war es leicht, den aus ihrem traditionellen Beruf Vertriebenen sehr bald restlos neue Erwerbsmöglichkeiten zu schaffen, weil die Welt mit ihren natürlichen Produktionsbedingungen für jeden, der arbeiten wollte, noch genügend Raum bot. Erst mit dem Übergang zum modernen Kapitalismus bildete sich das moderne städtische Proletariat, das Staat und Gesellschaft vor ganz neue Aufgaben stellt.

Im Merkantilismus sehen wir bereits die Erkenntnis aufdämmern, daß es sich bei den Arbeitslosen um Opfer der Wirtschaftsführung handelte, für die die Allgemeinheit auf Grund von Armengesetzen oder freier Wohltätigkeit aufzukommen hatte. Der dieses System ablösende Liberalismus nahm freilich wieder eine andere Stellung zu dem Arbeitslosenproblem ein. In seinem ungeheuren Optimismus und seiner unbedingten Anbetung des wirtschaftlich-technischen Erfolges glaubte er im völlig freien Wettbewerb und der unbeschränkten Selbstbestimmung zugleich auch die soziale Frage lösen zu können. Die Arbeitslosigkeit war ihm ein selbstverschuldetes, verdientes Schicksal, mit dem der einzelne sich selbst auseinandersetzen mußte. Nur wenige klare

[1]) Reichsarbeitsblatt 1925, Heft 34.

Köpfe durchschauten bereits die wahren gesellschaftlichen Zusammenhänge und formulierten das Problem so, wie es sich uns heute darbietet, nämlich Massenarbeitslosigkeit als Folge des neuen Wirtschaftsystems, eine dem Auf und Ab der Konjunkturentwicklung entsprechende Krisenerscheinung des nationalen und internationalen Arbeitsmarktes. Damit war auf der sozialen Seite dem Kapitalismus eine Aufgabe gestellt, von deren Lösung vielleicht sogar sein Schicksal abhängt.

### f) Arbeitnehmerschutz.

Neben der Sozialversicherung sind noch durch die Reichsgewerbeordnung Tit. VII und eine Reihe reichs- und bundesgesetzlicher Maßnahmen Vorschriften über den Arbeitnehmerschutz getroffen. Sie betreffen außer der Regelung der Arbeitszeit (s. Kap. 3b) die Arbeit an Sonntagen und gesetzlichen Feiertagen, den Schutz der Arbeiter gegen Gefahren für Leben und Gesundheit, die Einrichtungen zur Aufrechterhaltung der guten Sitten und des Anstandes, die Arbeitszeit der weiblichen und jugendlichen Arbeiter, die Kinderarbeit und die Hausarbeit.

Die Sonntagsruhe ist vorgeschrieben bei der Beschäftigung gewerblicher Arbeiter durch §§ 105a—i, 136 Abs. 4 Gew.-O., für Handlungsgehilfen in der Verordnung über Sonntagsruhe im Handelsgewerbe und in Apotheken vom 5. Februar 1919.

Die Arbeitsräume und Maschinen sind so einzurichten und der Betrieb ist so zu regeln, daß die Arbeiter gegen Gefahren für Leben und Gesundheit so weit geschützt sind, wie es die Natur des Betriebes gestattet. Diese gewerbehygienischen Maßnahmen beziehen sich im wesentlichen auf das Arbeitsverfahren, die Arbeitsstoffe und Arbeitsräume. Überwiegende Anstrengung einzelner Körperteile, z. B. andauerndes Stehen weiblicher Personen usw., ist zu vermeiden. Maschinen und Apparate sind so aufzustellen, daß eine Gesundheitsschädigung der Arbeiter durch Geräusche und Erschütterungen ausgeschlossen ist, alle Triebwerke sind zu verkleiden oder abzuschließen. Gegen Einwirkung starker Hitze und Kälte sind die Arbeiter ebenfalls zu schützen. Die Arbeitsräume müssen durch direktes Tageslicht oder künstliche Beleuchtung gut erhellt sein und wirksam gelüftet werden können, als Luftraum für eine Person sind mindestens 15 cbm zu rechnen; der Staub muß durch mechanische Abfangvorrichtungen an der Entstehungsstelle abgesaugt und so beseitigt werden, daß er die Arbeiter und Anwohner nicht belästigen kann; schädliche Dünste und Gase sind in gleicher Weise abzusondern und unschädlich zu machen. Für gutes Trinkwasser an passenden Stellen, für Wasch- und Ankleideräume, Speiseräume und erforderlichenfalls auch für Brausebäder ist Vorsorge zu treffen. Zur Aufrechterhaltung der guten Sitten und des Anstandes sind entsprechende Einrichtungen, als getrennte Wasch- und Ankleideräume, Aborte usw., zu treffen und zu unterhalten, wenn möglich ist bei der Arbeit die Trennung der Geschlechter durchzuführen.

Unter minderjährigen Arbeitern im Sinne der Gew.-O. sind alle in gewerblichen Betrieben beschäftigten männlichen und weiblichen Personen unter 21 Jahren und unter jugendlichen Arbeitern solche unter 16 Jahren zu verstehen. Für die letzteren und für Arbeiterinnen überhaupt besteht bei zahlreichen Gewerbezweigen, die mit besonderen Gefahren für die Gesundheit und Sittlichkeit verbunden sind, ein Beschäftigungsverbot oder die Beschäftigung ist von besonderen Bedingungen abhängig. Die Ruhezeit für jugendliche Arbeiter ist allgemein auf ununterbrochen 11 Stunden festgesetzt, an Sonn- und Festtagen ist ihre Beschäftigung allgemein verboten. Die Beschäftigung von jugendlichen Arbeitern unter 14 Jahren darf die Dauer von 6 Stunden nicht überschreiten, für die Arbeitszeit der jugendlichen Arbeiter zwischen 14 und 16 Jahren gelten die allgemeinen Anordnungen über die Arbeitszeit gewerblicher Arbeiter. Die Einstellung minderjähriger Personen als Arbeiter darf nur erfolgen, wenn sie mit einem Arbeitsbuch versehen sind, das von der Polizei kosten- und stempelfrei ausgestellt wird und den Zweck hat, Minderjährige vom Vertragsbruch abzuhalten. Der Arbeitgeber muß deshalb das Arbeitsbuch dem Minderjährigen erst nach rechtmäßiger Auflösung des Arbeitsvertrages zurückgeben (§§ 107 bis 111, 146—154a Gew.-O.). Die Gewerbetreibenden sind ferner verpflichtet, ihren Arbeitern unter 18 Jahren, die eine von der Gemeindebehörde oder vom Staat als Fortbildungsschule anerkannte Unterrichtsanstalt besuchen, hierzu die erforderliche Zeit zu gewähren. Die Fortbildungsschule dient zur Erweiterung der in der Volksschule erworbenen Kenntnisse, möglichst in Anlehnung an den künftigen Beruf. Die Pflicht zum Besuch der Fortbildungsschule besteht bis zum 18. Lebensjahr (Art. 145 der RV.). Der von minderjährigen Arbeitern verdiente Lohn darf ihnen nur mit schriftlicher Zustimmung der Eltern oder Vormünder unmittelbar ausgezahlt werden.

Über die Beschäftigung von Kindern trifft das Kinderschutzgesetz vom 30. März 1903 eingehende Bestimmungen. Als Kinder im Sinne dieses Gesetzes gelten Knaben und Mädchen unter 13 Jahren, soweit sie noch volksschulpflichtig sind. Sie dürfen in Gewerbebetrieben nur beschäftigt werden, wenn dem Arbeitgeber vor der Beschäftigung eine von der Polizei ausgestellte Arbeitskarte eingehändigt wird. Die Arbeitszeit von Kindern darf nicht länger als drei Stunden und während der Schulferien nicht über 4 Stunden täglich dauern.

Für Hausarbeiter, die gewerbliche Arbeit verrichten, sieht das Hausarbeitsgesetz vom 20. Dezember 1911 und 27. Juni 1923 den Erlaß besonderer Bestimmungen über die tägliche Arbeitszeit nach dem Ermessen der zuständigen Behörde vor.

Die Aufsicht über sämtliche Arbeiterschutzvorschriften wird neben den ordentlichen Polizeibehörden von besonderen staatlichen Behörden, Gewerbeaufsichtsamt, Fabrikinspektion, auf Grund der Gew.-O. ausgeübt. Die Organisation der Gewerbeaufsicht ist den einzelnen Landesregierungen im Rahmen der gesetzlichen Bestimmungen überlassen. In allen Ländern besteht eine zentrale Behörde, von der aus die Aufsicht über die Durchführung der Arbeiterschutzvorschriften durch Gewerbeaufsichtsbeamte, Gewerberäte, Gewerbeinspektoren, erfolgt. Die Tätigkeit dieser Beamten erstreckt sich nicht nur auf die fortlaufende Besichtigung der gewerblichen Anlagen hinsichtlich der Betriebsgefahren sowie der Beschäftigungsweise der erwachsenen und jugendlichen Arbeiter, sondern auch auf die Mitwirkung bei der Neuanlage und bei Umbauten gewerblicher Betriebe. Das Gewerbeaufsichtsamt und dessen Organe wirken überhaupt stets gutachtlich, sachverständig und beratend bei allen den Arbeiterschutz betreffenden Fragen mit. Zur Durchführung seiner Aufgaben hat der Gewerbeaufsichtsbeamte das Recht, die ihm zur Aufsicht unterstellten Anlagen jederzeit zu betreten und zu besichtigen, auch in der Nacht während der Arbeitszeit. Die Arbeitgeber sind verpflichtet, geeignete Auskünfte zu erteilen und statistische Mitteilungen über ihre Arbeiter zu machen. Alle Auskünfte, gleichviel ob sie vom Arbeitgeber oder Arbeitnehmer kommen, dürfen aber, soweit sie sich auf Betriebs- oder sonstige Geschäftsverhältnisse beziehen, nur im Rahmen der amtlichen Notwendigkeit verwendet werden. Bekanntgabe an Dritte würde nicht nur eine Verletzung der Amtsverschwiegenheit sein, sondern auch straf- oder zivilrechtliche Folgen gegen den Beamten oder den Staat nach sich ziehen. Über die amtliche Tätigkeit der Gewerbeaufsichtsbeamten werden alljährlich Jahresberichte ausgegeben.

Auf dem Gebiete der Unfallverhütung findet eine gemeinsame Betätigung mit den technischen Aufsichtsbeamten der Berufsgenossenschaften statt. Die Aufsicht über die Dampfkesselanlagen, Dampffässer, elektrischen Anlagen, Aufzüge, Azetylenanlagen u. a. üben neben diesen auch die Ingenieure der Dampfkesselüberwachungsvereine aus. Für die Bekämpfung der Betriebsgefahren, bei der Unfall- und Krankheitsverhütung sollen nach dem Betriebsrätegesetz auch die Betriebs- oder Arbeiterräte mitwirken und die Tätigkeit der amtlichen Aufsichtspersonen unterstützen.

Über die Annahme und Entlassung der Arbeiter bei Bauausführungen, über die Wohlfahrtseinrichtungen auf Baustellen usw. bestehen in den meisten Ländern gesetzliche oder polizeiliche Vorschriften, die auch den Bauverträgen zugrunde gelegt werden. So sind in den Anlagen 3 und 4 die Bestimmungen über die Annahme und Entlassung von Arbeitnehmern sowie über Arbeiterfürsorge beim Bau des Weser-Elbe-Kanals wiedergegeben. Alle der Wohlfahrt der Arbeiter auf Baustellen dienenden Anlagen bedürfen außerdem der polizeilichen Genehmigung.

### g) Arbeitsnachweis.

Seit Einführung der Erwerbslosenfürsorge haben immer größere Bedeutung erlangt die öffentlichen Arbeitsnachweise. Die ursprüngliche Form der Arbeitssuche, die Umschau nach einer Arbeitsgelegenheit, ist in der Neuzeit immer mehr verdrängt worden von den modernen Formen der Bekanntmachung und der organisierten Stellenvermittlung. Eine reichsgesetzliche Regelung hat dann das Reichsarbeitsnachweisgesetz vom 22. Juli 1922 gebracht. Dieses Gesetz regelt die öffentliche Arbeitsvermittlung sowohl für Arbeiter als auch für Angestellte und kennt 3 Formen der Arbeitsnachweisämter: die Arbeitsnachweise, die Landesämter für Arbeitsvermittlung und das Reichsamt für Arbeitsvermittlung.

Die Arbeitsnachweise sollen sich in erster Linie mit der Arbeitsvermittlung befassen, das Gesetz überträgt ihnen ferner die Mitwirkung bei der Arbeitslosenversicherung. Weitere Aufgaben zur Regelung des Arbeitsmarktes, insbesondere bezüglich der Arbeitsbeschaffung, der Erwerbsbeschränkten- und Wandererfürsorge, können ihnen durch die zuständigen Gemeinden, die obersten Landesbehörden oder das Reichsamt überwiesen werden. Diese können die Arbeitsnachweise auch ermächtigen oder verpflichten, ihre Tätigkeit auf Berufsberatung und Lehrstellenvermittlung zu erstrecken. Für den Bezirk jeder unteren Verwaltungsbehörde soll grundsätzlich ein Arbeitsnachweis errichtet werden, jedoch kann die oberste Landesbehörde nach Anhörung des zuständigen Landesamtes für Arbeitsvermittlung anordnen, daß für den Bezirk mehrerer unterer Verwaltungsbehörden ein gemeinsamer Arbeitsnachweis oder daß innerhalb des Bezirks einer unteren Verwaltungsbehörde weitere Arbeitsnachweise errichtet werden. Das gesamte Reichsgebiet soll mit einem Netz von Arbeitsnachweisen überspannt werden, das jedoch nicht gleichmäßig sein, sondern auf die örtlichen Verhältnisse, Bevölkerungsdichte, Häufigkeit des Stellenwechsels u. a. m. Rücksicht nehmen muß.

Die Verfassung der öffentlichen Arbeitsnachweise ist durch eine Satzung, die Geschäftsführung durch eine Geschäftsordnung zu regeln, für welche Muster vom Reichsamt aufgestellt sind[1]).

Die Landesämter für Arbeitsvermittlung sind die sachlichen Aufsichts- und Beschwerdestellen gegenüber den Arbeitsnachweisen. Sie haben den Ausbau der Arbeitsvermittlung in ihrem Bezirk zu fördern und auf ein geordnetes Zusammenarbeiten der Arbeitsnachweise hinzuwirken. Die Landesämter werden für größere Bezirke, Länder und Provinzen vom Reichsarbeitsminister errichtet. Das Reichsamt für Arbeitsvermittlung ist durch Reichsgesetz vom 5. Mai 1920 zur Beobachtung des Arbeitsmarktes und zur einheitlichen Regelung der Arbeitsvermittlung im Reichsgebiet geschaffen und durch Gesetz vom 30. Dezember 1923 in „Reichsarbeitsverwaltung“ umbenannt worden, welche dem Reichsarbeitsminister untersteht. Die Leitung liegt in den Händen des Präsidenten, der ebenso wie die Mitglieder von dem Reichspräsidenten ernannt wird.

Für jeden Arbeitsnachweis sowie für jedes Landesamt ist ein Verwaltungsausschuß, für das Reichsamt ein Verwaltungsrat gebildet. Der Verwaltungsausschuß der öffentlichen Arbeitsnachweise besteht aus dem Vorsitzenden des Arbeitsnachweises oder seinem Stellvertreter und mindestens je drei Arbeitgebern und Arbeitnehmern als Beisitzer. Der Verwaltungsausschuß des Landesamtes besteht aus dem Vorsitzenden dieses Landesamtes oder einem seiner Stellvertreter und mindestens je vier Arbeitgebern, Arbeitnehmern und Vertretern der Errichtungsgemeinden im Bezirke des Landesamtes als Beisitzer. Unter den Beisitzern sollen sich in beiden Ausschüssen Frauen befinden. Der Verwaltungsrat beim Reichsamt besteht aus dem Präsidenten des Reichs-

[1]) Reichsarbeitsblatt 1922, Nr. 22, 23 und 24.

amtes oder seinem Stellvertreter als Vorsitzenden sowie aus Vertretern der öffentlichen Körperschaften, Arbeitgebern und Arbeitnehmern, unter denen sich mindestens eine Frau befinden muß.

Für einzelne Fachgruppen sollen nach Bedarf bei den Arbeitsnachweisen Fachabteilungen gebildet werden, die aber auch mit Zustimmung des Landesamtes für den Bezirk mehrerer Arbeitsnachweise gemeinsam errichtet werden können.

Die Vermittlungstätigkeit soll unentgeltlich, unparteiisch und ohne Rücksicht auf die Zugehörigkeit zu einer Vereinigung erfolgen. Sie soll dahin wirken, daß freie Stellen durch möglichst geeignete Arbeitskräfte besetzt werden. Soweit ein Tarifvertrag besteht, hat der öffentliche Arbeitsnachweis die Vermittlung beteiligter Arbeitnehmer an beteiligte Arbeitgeber nur zu tariflich zulässigen Bedingungen vorzunehmen. Für den Fall des Ausstandes oder der Aussperrung verpflichtet das Gesetz die Arbeitgeber und berechtigt die wirtschaftlichen Vereinigungen der Arbeitnehmer, den zuständigen Arbeitsnachweisen von Beginn und Beendigung des Ausstandes oder der Aussperrung schriftlich Anzeige zu machen. Ist diese erstattet, so hat der Arbeitsvermittler den Arbeitsuchenden von dem Arbeitskampf zu unterrichten und ihn nur dann zu vermitteln, wenn er es verlangt. Auch darf der Arbeitsvermittler ausständige oder ausgesperrte Arbeitnehmer nur dann vermitteln, wenn er dem Arbeitgeber von dem Arbeitskampf Kenntnis gegeben hat.

Über die Arbeitsvermittlung außerhalb der Arbeitsnachweise bestimmt das Gesetz, daß die nichtgewerbsmäßigen Arbeitsnachweise der Aufsicht des Landesamtes für Arbeitsvermittlung unterstehen, und daß für sie die gleichen Vermittlungsgrundsätze wie für die gesetzlichen Arbeitsnachweise gelten. Die gewerbsmäßige Stellenvermittlung ist vom 1. Januar 1931 ab verboten.

Die Regelung der Kostenfrage behält das Arbeitsnachweisgesetz einem besonderen Gesetz vor, sie ist vorläufig erfolgt durch die Verordnung vom 13. Februar 1924, nach welcher die von Arbeitgeber und Arbeitnehmer zu leistenden Beiträge für die Erwerbslosenfürsorge auch die notwendigen Kosten des öffentlichen Arbeitsnachweises zu zwei Drittel mit decken sollen. Das restliche Drittel wird von der oder den Errichtungsgemeinden getragen.

Zur Aus- und Durchführung des Arbeitsnachweisgesetzes sind eine ganze Reihe von Verordnungen und Anweisungen ergangen. Die wichtigsten davon sind:

1. Die allgemeinen Bestimmungen für die Berufsberatung und Lehrstellenvermittlung bei den Arbeitsnachweisämtern und außerhalb derselben vom 13. Mai 1923. Sie stellen die allgemeinen Richtlinien für die Berufsberatung und Lehrstellenvermittlung auf, einmal soweit diese bei den Arbeitsnachweisen erfolgt und dann soweit andere Stellen sich dieser Aufgabe annehmen.

2. Die Verordnung über die Einstellung und Beschäftigung ausländischer Arbeiter sowie über Anwerbung und Vermittlung ausländischer Landarbeiter vom 2. Januar 1923. Sie bestimmen, daß ausländische Arbeiter nur in genehmigten Arbeitsstellen und nur dann beschäftigt werden dürfen, wenn sie Ausweispapiere besitzen. Auch machen sie den Übertritt ausländischer landwirtschaftlicher Arbeiter aus der Landwirtschaft in die

Industrie von der Zustimmung des zuständigen Landesamtes für Arbeitsvermittlung abhängig. Ausländische landwirtschaftliche Arbeiter dürfen nur durch die Deutsche Arbeiterzentrale bzw. mit ihrer Genehmigung angeworben und vermittelt werden.

3. Die Verordnungen über Anwerbung und Vermittlung von Arbeitnehmern nach dem Auslande vom 4. Oktober 1923 und 23. Juli 1924. Sie machen diese Vermittlung von besonderer Erlaubnis abhängig.

4. Die Bestimmungen über Angestelltenvermittlung vom 17. Juli 1924. Sie stellen die gesamte behördliche Arbeitsvermittlung von der Fachabteilung für Angestellte beim Reichsamt für Arbeitsvermittlung bis zu dem kleinsten Arbeitsnachweisamt, auch wenn dieses keine besondere Fachabteilung für Angestellte hat, in den Dienst der Angestelltenvermittlung. Dabei berücksichtigen sie einmal die besonderen Eigenheiten dieses Vermittlungszweiges, zum anderen aber auch die Sonderbelange der Vermittlungseinrichtungen der großen kaufmännischen Verbände, die ihre Vermittlungstätigkeit z. T. über größere Gebiete, einige von ihnen sogar über das ganze Reich erstrecken.

An ausländischen gewerblichen Arbeitern waren vor dem Kriege in der deutschen Volkswirtschaft (ohne Bayern, Baden und Württemberg) etwa 355000 beschäftigt, dagegen im Jahre 1924 nur noch 108000 bei einer Gesamtzahl der einheimischen gewerblichen Arbeiter von 8,2 Millionen. Von den 108000 waren auch 83,5 vH schon längere Zeit in Deutschland ansässig. Die ausländischen Arbeiter verteilen sich zur Hauptsache auf 9 verschiedene Berufe, unter denen das Baugewerbe der Anzahl der Arbeiter noch an 7. Stelle stand. Die Zahl der ausländischen Arbeiter im Baugewerbe betrug 1924 2312,davon waren 1879 schon längere Zeit in Deutschland und 433 waren neu hinzugekommen.

Die Einstellung und Beschäftigung ausländischer Arbeiter ist geregelt durch eine Verordnung des Reichsarbeitsministers, welche in Anl. 5 wiedergegeben ist.

## 3. Arbeiter- und Angestelltenrecht.

### a) Arbeitsvertrag.

Das Ziel jeder nationalen Arbeitspolitik muß sein: jedem Volksangehörigen Arbeitsgelegenheit und Arbeitsmöglichkeit zu geben. Im Vordergrunde dieser Politik stehen in sozialer Hinsicht die beiden Probleme: Lohn und Arbeitszeit. Sie finden ihre Regelung in dem Arbeitsvertrage.

Der Arbeitsvertrag ist der gegenseitige Vertrag, durch den sich der Arbeitnehmer zur Leistung von Diensten, der Arbeitgeber zur Leistung einer Vergütung verpflichtet. Für den Arbeitsvertrag gelten die allgemeinen Rechtsgrundsätze des bürgerlichen Rechtes, die Vorschriften der §§ 611—630 BGB. über den Dienstvertrag, sowie die allgemeinen arbeitsrechtlichen Bestimmungen anderer Gesetze und Verordnungen, wie des Betriebsrätegesetzes, und schließlich die für gewisse Arbeitnehmergruppen getroffenen Sondervorschriften, wie der Gew.-O. für gewerbliche Arbeiter und Angestellte und des HGB. für Handlungsgehilfen. Für das Verhältnis dieser Bestimmungen zueinander ist zu beachten, daß das Sondergesetz dem allgemeinen

Gesetz vorgeht, die allgemeinen Vorschriften finden nur insoweit Anwendung, als nicht die Sondergesetze etwas anderes bestimmen. Den gesetzlichen Vorschriften gehen zudem etwaige Sondervereinbarungen, Tarifverträge, Arbeitsordnung oder Arbeitsvertrag vor, soweit sie nicht ausnahmsweise verboten sind, und da die letzteren zur Zeit immer mehr eine kollektive Regelung finden, so treten die gesetzlichen Vorschriften über das Arbeitsvertragsrecht und arbeitsvertragliche Einzelvereinbarungen mehr und mehr an Bedeutung zurück, die individualistische Einzelregelung des Arbeitsvertrages ist durch kollektive oder Gesamtregelung in den Hintergrund gedrängt worden. Die wichtigste Aufgabe des Arbeitsvertrages ist heute meist nur noch die Begründung des Arbeitsverhältnisses, der Inhalt des Arbeitsvertrages selbst ist meist eingehend durch Kollektivvertrag oder Regelungsvertrag, nämlich durch Tarifvertrag und Arbeitsordnung, manchmal auch durch Betriebsvereinbarung geregelt. Der Tarifvertrag ist ein Vertrag über den Inhalt von Arbeits- oder Lehrverträgen, abgeschlossen zwischen einem Arbeitgeber oder Arbeitgeberverband einerseits und einer Arbeitnehmervereinigung anderseits, während die Betriebsvereinbarung eine Vereinbarung zwischen Unternehmer und Betriebsvertretung über die Regelung der Arbeitsbedingungen oder die Rechtsbeziehungen zwischen Unternehmer und Betriebsvertretung ist. Solche Vereinbarungen sind neben der meist besonders geregelten Arbeitsordnung auch nach dem Betriebsrätegesetz zulässig. Regelform des Arbeitsvertrages ist aber zur Zeit Tarifvertrag und Arbeitsordnung (s. unter c und d). Die Betriebsvereinbarungen kommen zustande entweder durch freie Vereinbarung zwischen Unternehmer und Betriebsvertretung oder, falls sich diese nicht einigen können, im Wege des Schlichtungsverfahrens (s. unter e). Eine Betriebsvereinbarung kann nur in Betrieben mit gesetzlicher Betriebsvertretung und nur im Rahmen ihres Aufgabenkreises abgeschlossen werden, sie ist ausgeschlossen, soweit die Arbeitsbedingungen durch Tarifvertrag abschließend geregelt sind. Eine Form ist für die Betriebsvereinbarung nicht vorgeschrieben, indes empfiehlt sich schriftlicher Abschluß. Der Inhalt der Betriebsvereinbarung scheidet sich ähnlich wie der der Tarifverträge in einen normativen oder einzelvertraglichen Teil, das sind die allgemeinen Vorschriften über Arbeitsbedingungen, und einen obligatorischen oder gesamtvertraglichen Teil, das sind namentlich die Vorschriften über die Beziehungen zwischen dem Unternehmer und der Betriebsvertretung und über den Bestand der Betriebsvereinbarung. Die Betriebsvereinbarung hat unmittelbare Wirkung dahin, daß die von ihr verfaßten Arbeitsverträge mit dem in der Betriebsvereinbarung festgelegten Inhalt erfüllt werden. Die Dauer der Betriebsvereinbarung richtet sich nach der ausdrücklich vereinbarten Zeit oder Kündigungsmöglichkeit, ist hierüber nichts vereinbart, so ist jederzeitige fristlose Kündigung zulässig.

Bei allen Verhandlungen über den Abschluß von Arbeitsverträgen spielen nun Lohn und Arbeitszeit die Hauptrolle. Das Lohnproblem ist durch die Nivellierungspolitik der Gewerkschaften zweifellos auf ein falsches Gleis geschoben, denn vom gesunden wirtschaftlichen Standpunkt aus muß der Lohn mit der Leistung im Zusammenhang stehen. Qualitätsleistungen werden stets auf die Dauer eine Qualitätsentlohnung bedingen, während ein niedriges Lohnniveau auf die Dauer der technischen und organisatorischen Verbesserung der Wirtschaft abträglich sein kann. Wie sehr die Lohnpolitik der Gewerkschaften auf eine Nivellierung der Löhne hingearbeitet hatte, zeigt folgender Vergleich der Stundenlöhne der gelernten und ungelernten Arbeiter im Berliner Baugewerbe. Es betrug der Stundenlohn

| | 1895 | 1913 | 1919 | 1922 | 1924 | 1925 |
|---|---|---|---|---|---|---|
| für einen gelernten Arbeiter . . | 0,50 | 0,80 | 3,20 | 26,0 | 0,96 | 1,26 M. |
| für einen ungelernten Arbeiter . | 0,25 | 0,55 | 2,85 | 25,0 | 0,77 | 0,96 „ |
| Unterschied . . . . . . . . . | 50 | 31 | 11 | 4 | 20 | 24 vH. |

Der Unterschied war also im Jahre 1922 fast verschwunden, ist aber seitdem wieder in der Zunahme begriffen, ein Beweis für die Unhaltbarkeit der gewerkschaftlichen Lohnpolitik.

In der Akkordarbeit kommt es darauf an, daß aus der Arbeit der höchste Nutzeffekt gezogen wird, erhebt sich dabei der Verdienst eines Arbeiters weit über den kalkulierten Durchschnitt, so ist die bisweilen beobachtete Herabsetzung der Akkordsätze sehr bedenklich, da ein wesentlicher Anreiz für die Qualitätsarbeit verlorengeht und es schließlich doch nur auf den Lohnanteil am einzelnen Produkt ankommt. Es wird stets eine Differenzierung der Löhne nach der Leistung notwendig sein, daher schaden allgemeine Tarifverträge zwischen großen zentralen Organisationen den hochqualifizierten und in leistungsfähigen Betrieben beschäftigten Arbeitnehmern insofern, als sie sich lediglich auf den Durchschnitt aufbauen. Ebenso wie sich die Preispolitik der Kartelle nicht nach den Gestehungskosten der leistungsschwachen Mitglieder richten darf, so darf auch die Lohnpolitik nicht auf eine Nivellierung der Löhne hinausgehen. Die Lohnpolitik muß dem freien Spiel der Kräfte überlassen bleiben, behördliche Eingriffe durch Tarif- oder Verbindlichkeitszwang müssen abgelehnt und durch die selbstverantwortlichen Parteien möglichst ausgeschaltet werden. Nur wo wirklich ein dringendes Interesse der Allgemeinheit, etwa in lebensnotwendigen Betrieben, vorliegt, wird der Staat seine Vermittlung und nötigenfalls auch seinen Zwang nicht ganz aufgeben können.

In engster Verbindung mit dem Lohn steht die Arbeitszeitfrage. Jedes tote Schema ist ein Verhängnis für die Wirtschaft, die sich auf freiester Differenzierung aufbauen muß. „Die Frage kann heute für die Arbeitszeitregelung nur so gestellt werden, ob und wie bei den gegebenen Verhältnissen mit längerer Arbeitszeit ein höheres und verbilligtes Produktionsergebnis zu erzielen ist[1]).“ Da bei dieser Kalkulation mit Menschen gerechnet wird, so können natürlich Eigenarten eines Betriebes sowie gesundheitliche und kulturelle Bedürfnisse eine Grenze ziehen. Demgegenüber wird von Seiten der sozialistischen

---

[1]) Denkschrift des Reichsverbandes der deutschen Industrie vom Januar 1926.

Parteien und Gewerkschaften zur Begründung einer allgemeinen Herabsetzung der gewerblichen Arbeitszeit auf 8 Stunden angeführt: „Von der produktionstechnischen Seite bedeutet in der Regel die allgemeine Festsetzung der Arbeitszeit auf 8 Stunden täglich keine Beeinträchtigung, sondern eine Förderung der Produktion und der Produktivität der Arbeit. Eingehende Untersuchungen für die verschiedenen Wirtschaftszweige haben einwandfrei ergeben, daß bei Verkürzung der Arbeitszeit eine erhebliche Steigerung der Intensität einzutreten pflegt[1])." Aber dieses Argument, das den Kern aller gewerkschaftlichen Arbeitszeitbetrachtungen bildet, beruht auf einer falschen Verallgemeinerung wissenschaftlicher Einzelergebnisse. Daß mit fortschreitender Mechanisierung und Rationalisierung der Produktion sich eine Tendenz zur Verkürzung der Arbeitszeit bemerkbar macht, ist richtig, und ebenso, daß in manchen Betrieben, die an die Intensität der Arbeit höchste Ansprüche stellen, der Achtstundentag nicht nur eine sanitäre, sondern auch eine produktionspolitische Obergrenze darstellt. Wenn sich vor dem Kriege bei technisch hochstehenden Unternehmungen ergeben hat, daß bei einem Übergang von einer sehr langen Arbeitszeit, etwa 10—12 Stunden, auf eine kürzere Dauer der Nutzeffekt der einzelnen Arbeitsstunde stieg und der Fortfall der 12. oder 11. Stunde durch eine gehobene Leistungsfähigkeit der Arbeiter in den übrigen Stunden, die zu einer rationelleren Ausnutzung des teueren Produktionsapparates führte, mehr als kompensiert wurde, so läßt sich daraus keineswegs ohne weiteres schließen, daß ein Steigen des Arbeitseffektes auch bei einer weiteren Arbeitseinschränkung auf 8 oder 7 Stunden sich fortsetzt. Dazu kommt daß die Herabsetzung der Arbeitszeit in der Regel parallel ging mit einer technischen Verbesserung der Betriebe, mit einer Verfeinerung der Lohnpolitik und mit einer Höherbildung der Arbeitskraft, und wie weit diese Änderungen auf die Leistungssteigerung neben der Arbeitszeitverkürzung mitgewirkt haben, läßt sich nicht feststellen. Und schließlich kommt die Verschiedenartigkeit der Betriebe, ob feinmechanische oder auf einfache Handarbeit angewiesene, sowie die Verschiedenheit der heimischen Arbeiterschaften, ob langsam und bedächtig oder rasch und oberflächlich, in Betracht. Es liegen also in keiner Weise die gleichen Voraussetzungen vor und daher sind Folgerungen aus Einzelerfahrungen auf die gesamte Wirtschaft ausgeschlossen.

Der Achtstundentag ist auch kein Ergebnis wissenschaftlicher Forschung, aus der Dreiteilung des Tages in acht Stunden Arbeit, acht Stunden Freizeit und acht Stunden Schlaf ist er als eine durchaus willkürliche Arbeiterforderung entstanden. Daß er keine wissenschaftliche Begründung findet, möge an einigen neuen Feststellungen von sozialpolitischen Gelehrten, die sich der Bedeutung von Arbeitszeitverkürzungen keineswegs verschließen, gezeigt werden.

In seiner „Lehre von der Produktion" schreibt Professor Karl Diehl:

---

[1]) Denkschrift des Allgemeinen Deutschen Gewerkschaftsbundes vom März 1926.

„Es gibt keinen Normalarbeitstag in dem Sinne, daß das Optimum an Arbeitsintensität in einer gewissen Stundenzahl erreicht würde und daher bei Durchführung eines verkürzten Arbeitstages Produktivität und Rentabilität der industriellen Betriebe ungeschmälert erhalten blieben."

In seinen umfangreichen Untersuchungen über die Arbeitszeitverkürzungen kommt Professor Otto Lipmann zu dem Ergebnis, „daß es einen ökonomischen Normalarbeitstag von einer bestimmten Länge nicht geben kann, sondern daß das wirtschaftliche Optimum je nach Art der Arbeit, z. B. Hand- oder Maschinenarbeit, und je nach der Persönlichkeit des Arbeiters verschieden ist."

Und Professor Waldemar Zimmermann schreibt in seiner kürzlich erschienenen Schrift über „Die Arbeiterfrage in Deutschland": „Ein wirtschaftswissenschaftlicher Beweis dafür, daß der Achtstundentag das wirtschaftliche Optimum bedeute, ist bis heute, im Gegensatz zu den Berichten der Gewerkschaften, nicht geliefert."

Vom wissenschaftlichen Standpunkt aus wird also das Dogma des Achtstundentages abgelehnt, wie überhaupt eine grundsätzliche Festlegung der Arbeitszeit mit der Differenziertheit der Produktionsverhältnisse nicht in Einklang zu bringen ist, diese bedingt vielmehr eine Regelung, die für jeden besonderen Fall genügend Spielraum läßt. Die Arbeitszeit ist ein nationales Problem, das unter gleichberechtigter Mitwirkung der Arbeitgeber und Arbeitnehmer zu lösen ist.

Die Regelung des Arbeitsverhältnisses hat seinen Ausgang von der französischen Revolution genommen. Sie zerstörte das Korporationswesen des Mittelalters, behinderte aber noch zunächst durch das Koalitionsverbot die Arbeiter am Zusammenschluß zur wirksamen Vertretung ihrer Interessen. Dieses Verbot ist in einem späteren Zeitabschnitt zwar aufgehoben, aber der Staat verhielt sich weiter neutral. Als Reaktion auf diese Indifferenz des liberalen Staates, der sich um die durch die Zunahme der Maschinenindustrie immer unerträglicher gewordenen Zustände in der Arbeiterklasse nicht kümmerte, ist dann der Sozialismus entstanden, der durch die den Arbeitern gewährte Freiheit zum Zusammenschluß die Bahn für den Klassenkampf freigemacht hat. Die Selbstverteidigung des Arbeiterstandes ist dann aber bald aus der reinen wirtschaftlichen Sphäre herausgewachsen und hat auf das politische Gebiet übergegriffen. Die Gewerkschaften zusammen mit der sozialistischen Partei haben dank ihrer Macht häufig genug den Arbeitgebern und dem Staat ihren Willen aufzwingen können, ebenso wie die Organisationen vielfach ihre Anhänger auch gegen deren Willen in den Streik hineingezogen haben. In diesem Klassenkampf hat der Staat als der Vertreter der Gesamtinteressen anfangs dank seiner liberalen Doktrin sich jeden Einflusses enthalten oder Lösungen versucht, die alle nur Teillösungen waren, und erst die Organisierung von Berufsgruppen hat die nationale Solidarität aller Berufsschichten erkennen und die bestehenden Klassengegensätze voranstellen lassen. Kollektivverträge und Ausgestaltung des Arbeitsrechts sind die Folgen der Umstellung.

### b) Arbeitszeitregelung.

Die Arbeitszeit ist geregelt für gewerbliche Arbeiter durch die Verordnung vom 23. November 1918 und für Angestellte durch die Verordnung vom 18. März 1919. Die Geltungsdauer dieser Verordnungen war am 17. November 1923 abgelaufen, durch Verordnung vom 21. Dezember 1923 sind sie dann mit Änderungen und Ergänzungen wieder in Kraft gesetzt und auf Grund des Ermächtigungsgesetzes vom 8. Dezember 1923 als dauernde Gesetzesvorschriften ohne Befristung bestätigt und durch Ausführungsbestimmungen vom 17. April 1924 ergänzt worden. Hiernach gilt folgender Rechtszustand:

Für gewerbliche Arbeiter und für Angestellte darf die regelmäßige tägliche Arbeitszeit ausschließlich der Pausen 8 Stunden nicht überschreiten, jedoch kann der an einzelnen Werktagen für den Betrieb oder eine Betriebsabteilung eintretende Ausfall von Arbeitsstunden nach Anhörung der gesetzlichen Betriebsvertretung durch Mehrarbeit an den übrigen Werktagen der gleichen oder der folgenden Woche ausgeglichen werden, Zulassung der 48stündigen Arbeitswoche und der 96stündigen Doppelarbeitswoche. Die Höchstdauer an den einzelnen Tagen ist also nicht begrenzt. Die Arbeitszeitverordnung regelt nur die Dauer der werktäglichen Arbeitszeit und läßt die Vorschriften über Sonntagsruhe unberührt. Sonntagsruhe ist, wie bereits erwähnt, vorgeschrieben bei der Beschäftigung gewerblicher Arbeiter durch §§ 105, 106 Abs. 4 der Gew.-O., für Handelsgehilfen in der Verordnung vom 5. Februar 1919. Offene Verkaufsstellen, mit Ausnahme der Apotheken, müssen an Werktagen von 7 Uhr abends bis 7 Uhr morgens für den geschäftlichen Verkehr geschlossen sein, an 20 Tagen im Jahr kann die Ortspolizei Ausnahmen bewilligen. Arbeit an einem Sonntag oder an einem gesetzlichen Feiertag fällt auch nicht unter die tarifliche Arbeit, sondern ist besonders zu vergüten, wie beispielsweise die Zentralschlichtungskommission für Poliere und Schachtmeister am 25. August 1925 entschieden hat. Diese Entscheidung lautet: „Arbeitet ein Schachtmeister an einem gesetzlichen Feiertage, an dem üblicherweise im Baugewerbe des Wirtschaftsgebietes auch von den Gesellen nicht gearbeitet wird, so handelt es sich nicht um tarifliche Arbeit, die durch den Wochenlohn abgegolten ist, sondern um eine Sonderleistung, für die eine Sondervergütung (Stundenlohn im Verhältnis zum 48stündigen Wochenlohn) mit dem tariflichen Zuschlag für Feiertagsarbeit geschuldet ist."

An Ausnahmen von der achtstündigen Arbeitszeit sind zugelassen:

1. Gemeinsam für Arbeiter und Angestellte:

a) An 30 Tagen im Jahr kann der Arbeitgeber nach Anhören der Betriebsvertretung Mehrarbeit bis zu 2 Stunden anordnen.

b) Bei gewissen Vorbereitungs- und Abschlußarbeiten kann die zulässige Arbeitszeit für weibliche und jugendliche Arbeitnehmer bis zu 1 Stunde, bei männlichen Arbeitnehmern über 16 Jahren bis zu 2 Stunden überschritten werden.

c) Durch Tarifvertrag kann eine längere Arbeitszeit eingeführt werden.

d) Soweit keine tarifliche Regelung der Arbeitszeit besteht, kann der Gewerbeaufsichtsbeamte nach Anhören der Betriebsvertretung eine längere Arbeitszeit zulassen, für größere Bezirke auch die oberste Landesbehörde und der Reichsarbeitsminister.

e) Die Obergrenze für die Anwendung der unter Ziffer a—d bezeichneten Ausnahmen beträgt 10 Stunden, deren Überschreitung nur aus dringlichen Gründen des Gemeinwohls zulässig ist.

f) Die Beschränkungen der Arbeitszeit finden auf vorübergehende Arbeiten in Notfällen oder zur Verhütung des Verderbens von Rohstoffen oder des Mißlingens von Arbeitserzeugnissen keine Anwendung.

2. Besondere Ausnahmen:

a) Für gewerbliche Arbeiter: Bei Arbeiten mit besonderen Gefahren für Leben und Gesundheit ist die Überschreitung der 8 bzw. 48stündigen Arbeitszeit davon abhängig, ob sie aus Gründen des Gemeinwohls dringend erforderlich ist, oder ob sie sich in langjähriger Übung als unbedenklich erwiesen hat und eine halbe Stunde nicht übersteigt.

b) Für Angestellte: Für die Beschäftigung der Angestellten, die von öffentlichen Körperschaften gemeinsam mit Beamten beschäftigt werden, sind die für die Beamten gültigen Dienstvorschriften maßgebend.

Zuwiderhandlungen gegen die Arbeitszeitbestimmungen werden mit Geldstrafe, bei vorsätzlicher Wiederholung mit Gefängnis bestraft. Keine Bestrafung erfolgt, wenn die Mehrarbeit von über 16 Jahre alten männlichen Arbeitern freiwillig vorübergehend geleistet wird und weder unter Ausbeutung einer Notlage erfolgt noch eine gesundheitliche Gefährdung mit sich bringt. Strafbar ist bei Zuwiderhandlungen nur der Arbeitgeber, nicht auch der Arbeitnehmer (Urteil des RG. vom 6. Juli 1920), und § 151 Abs. 1 Gew.-O. über die Strafbarkeit der vom Gewerbetreibenden bestellten Betriebsleiter findet Anwendung.

Im Rahmen dieser gesetzlichen Vorschriften kann der Arbeitgeber die Arbeitszeit allgemein oder für die einzelnen Arbeitnehmer verschieden einseitig festsetzen, muß aber auf Verlangen der Betriebsvertretung deren Zustimmung zur allgemeinen Festsetzung der Arbeitszeit für die von ihm vertretenen Arbeitnehmergruppen nachträglich einholen. Wird dieses Verlangen von der Gruppenvertretung an den Arbeitgeber gerichtet, so hat dieser mit der Vertretung zu verhandeln. Kommt eine Einigung zustande, so entsteht dadurch eine Betriebsvereinbarung, eine Dienstvorschrift oder Arbeitsordnung. Mißlingt die Einigung, so kann die Gruppenvertretung den Schlichtungsausschuß anrufen, der dann nach den Bestimmungen des Betriebsrätegesetzes endgültig entscheidet. Der Grundsatz der einseitigen Festsetzung der Arbeitsordnung durch den Arbeitgeber erleidet jedoch folgende Einschränkung: Die Arbeitszeit darf durch die Arbeitgeber allgemein nur insoweit festgesetzt werden, als er nicht über diese Frage schon eine Betriebsvereinbarung oder Arbeitsordnung abgeschlossen hat oder nicht zur Erlassung einer Arbeitsordnung verpflichtet ist. Denn die Festsetzung von Anfang und Ende der regelmäßigen Arbeitszeit und der Arbeitspausen gehört zum notwendigen Inhalt der Arbeitsordnung, und der Arbeitgeber kann demnach Beginn und Ende der regelmäßigen Arbeitszeit nicht einseitig festsetzen, wenn er zur Erlassung einer Arbeitsordnung verpflichtet ist. Zu vorübergehenden Abweichungen von der regelmäßigen Arbeitszeit, z. B. bei Arbeitsstreckung, braucht der Arbeitgeber die Zustimmung der Betriebsvertretung nicht. Der Arbeitgeber kann vielmehr Arbeitsstreckung ohne vorherige Zustimmung der Betriebsvertretung rechtswirksam anordnen, aber die Gruppenvertretung kann Abänderung der Anordnung verlangen. Kommt dann eine Einigung nicht zustande, so ist eine Gesamtstreitigkeit über die Dauer der Arbeitszeit entstanden und der Schlichtungsausschuß kann auf Antrag einen Schiedsspruch erlassen, der aber entweder der Annahme seitens beider Parteien oder der Verbindlichkeitserklärung durch den Schlichter bedarf.

Unter Arbeitsstreckung wird die Vermehrung der Arbeitsgelegenheit durch Verkürzung der täglichen Arbeitszeit oder Einführung von Ruhetagen oder von Schichtarbeit (Kurzarbeit) verstanden zu dem Zwecke, die vorhandene Arbeit auf möglichst zahlreiche Arbeitnehmer zu verteilen und damit zu vermeiden, daß der eine voll beschäftigt, der andere völlig arbeitslos wird. Man unterscheidet freiwillige Arbeitsstreckung, die der Arbeitnehmer vornehmen kann, und gesetzlich gebotene Arbeitsstreckung, die er vornehmen muß. Freiwillige Arbeitsstreckung ist stets zulässig, jedoch haben die Arbeitnehmer Anspruch auf volle Lohnzahlung, wenn ihnen die Arbeitsstreckung nicht unter Einhaltung der Kündigungsfrist bestimmt angekündigt worden ist. Ist jedoch die Ankündigung der Arbeitsstreckung unter Einhaltung der Kündigungsfrist geschehen, so verringert sich der Lohn entsprechend der gekürzten Arbeitszeit. Die gesetzlich vorgeschriebene Arbeitsstreckung wird durch die Verordnung über Betriebsstillegungen und Arbeitsstreckung vom 5. November 1920 und Ergänzungen vom 15. Oktober 1923 geregelt. Hiernach unterliegen Betriebsstillegungen der Anzeigepflicht seitens des Arbeitgebers an die Demobilmachungsbehörde und Entlassungen von Arbeitern dürfen innerhalb einer Sperrfrist von 4 Wochen nur mit Genehmigung der Demobilmachungsbehörde vorgenommen werden, wenn in Betrieben mit weniger als 200 Arbeitnehmern 10 Arbeitnehmer, in größeren Betrieben 5 vH der Belegschaft, jedenfalls mehr als 50 Arbeitnehmer von der Entlassung betroffen werden. Ohne diese Genehmigung vorgenommene Entlassungen sind unwirksam und außerdem strafbar. Die Demobilmachungsbehörde kann, statt die Genehmigung oder Verweigerung der Entlassungen während der Sperrfrist auszusprechen, gestatten, daß die Arbeitszeit vor Ablauf der Sperrfrist verkürzt und der Lohn entsprechend herabgesetzt wird. Diese, die Entlassungen während der Sperrfrist einschränkenden Bestimmungen gelten aber nicht, soweit die Betriebseinschränkungen durch die Eigenart des Betriebes bedingt sind, Saisonbetriebe, wie das Baugewerbe, sowie bei wirtschaftlichen Kämpfen, Streiks und Aussperrungen, und bei Stilllegung auf Anordnung einer Behörde. Nach einer Entscheidung des Reichswirtschaftsministers im Einvernehmen mit dem Reichsarbeitsminister vom 27. Juni 1925 ist die Verordnung über Stillegung von Betriebsanlagen auf die Stillegung von Bauten nicht anzuwenden, da Bauten nicht zu den Betrieben der Stillegungsverordnung gehören. Unberührt bleibt auch das Recht des Arbeitgebers zur fristlosen Entlassung und zur jederzeitigen Entlassung von Arbeitnehmern in geringerer Zahl wie vor angegeben. Die Beschränkungen gelten auch nur in gewerblichen Betrieben im Sinne des § 105b Gew.-O. und in Betrieben des Verkehrsgewerbes, also z. B. nicht in Handelsbetrieben. Die Demobilmachungsbehörden sind durch Verordnung vom 25. März 1924 seit 1. April 1924 aufgehoben und ihre Aufgaben der obersten Landesbehörde übertragen.

In der Londoner Konferenz zur internationalen Regelung der Arbeitszeit im März 1926 ist die Arbeitszeit definiert worden als „die Zeit, in der der Arbeitnehmer dem Arbeitgeber (ohne die Ruhepausen) zur Verfügung steht.“ Die normale Arbeitszeit soll täglich 8 Stunden betragen, in die sich daraus ergebende 48 Stundenwoche ist der Sonntag nicht mitgerechnet. Wenn daher eine Arbeit ihrer Art nach an dem wöchentlichen Ruhetag notwendig ist, so fällt ihre Regelung unter die landesgesetzlichen Vorschriften, für die eine allgemeine Bindung nicht besteht. Bei vorübergehenden Arbeitshäufungen ist allgemein die Anordnung von Überstunden mit 25 vH Lohnzuschlag zulässig, eine bestimmte Höchstzahl von zulässigen Überstunden ist nicht festgesetzt, diese Festsetzung gehört vielmehr zur Zuständigkeit der Gesetzgebung jedes Landes. Die Ruhetagsarbeit kann in diese Höchstzahl der zulässigen Überstunden aufgenommen werden. Für ununterbrochene Betriebe mit Schichtwechsel gilt die 56 Stundenwoche. Bei Unglücksfällen, höherer Gewalt und dringlichen Arbeiten an Maschinen ist eine Überschreitung der Höchstarbeitszeit zugelassen. Ebenso sind Saisonbetriebe nicht an die Höchstarbeitszeit gebunden, und unter die Saisonbetriebe fällt auch das Baugewerbe, so daß es möglich ist, die Bauarbeiter im Sommer über den Achtstundentag arbeiten zu lassen, wenn im Winter eine entsprechende Verkürzung vorgenommen wird.

Die endgültige Regelung der Arbeitszeit wird in Deutschland das in Vorbereitung befindliche Arbeitsschutzgesetz bringen.

### c) Arbeitsordnung.

Die Regelung der Arbeitsbedingungen erfolgt in der Arbeitsordnung, sie regelt die Arbeitsverhältnisse der Arbeiter und Angestellten für einen einzelnen Betrieb. Eine Arbeitsordnung muß erlassen werden für jeden Gewerbebetrieb, in dem in der Regel mindestens 20 Arbeiter tätig sind, § 134a Gew.-O. Sie muß vom Arbeitgeber mit dem Arbeiterrat oder Angestelltenrat nach den Bestimmungen des Betriebsrätegesetzes vereinbart werden. Zu dem Zwecke hat der Arbeitgeber einen Entwurf dem Arbeiter- oder Angestelltenrat vorzulegen, kommt dann eine Einigung zustande, so ist die Arbeitsordnung vom Arbeitgeber und vom Vorsitzenden des Gruppenrates zu unterzeichnen, kommt eine Einigung nicht zustande, so kann der Arbeitgeber oder der Gruppenrat den Schlichtungsausschuß anrufen, der (mit Ausnahme der Dauer der Arbeitszeit) eine bindende Entscheidung trifft. Die Arbeitsordnung muß an geeigneter, allen beteiligten Arbeitnehmern zugänglichen Stelle ausgehängt werden und wird durch diesen Aushang rechtsverbindlich. Sie ist jedem von ihr betroffenen Arbeitnehmer beim Eintritt zu behändigen, sie gilt aber auch ohne diese Behändigung, wenn sie ordnungsmäßig erlassen und ausgehängt ist. Behördlicher Genehmigung bedarf die Arbeitsordnung nicht, sie ist aber binnen 3 Tagen nach Erlaß in zweifacher Ausfertigung der unteren Verwaltungsbehörde einzureichen.

Die Arbeitsordnung muß Bestimmungen enthalten über Anfang und Ende der Arbeitszeit und Pausen, Zeit und Art der Abrechnung, Lohnzahlung, Kündigungsfrist, falls es nicht bei der gesetzlichen Kündigungsfrist (14 Tagen bei den gewerblichen Arbeitern und 6 Wochen zum Kalenderviertesjahresschluß bei den Handlungsgehilfen und gewerblichen Angestellten) bleiben soll, Art und Höhe der vorgesehenen Ordnungsstrafen und über die für die Gesundheit der Arbeiter zu treffenden Maßnahmen. Sie kann noch weitere, die Ordnung des Betriebes und das Verhalten der Arbeiter im Betrieb betreffende Bestimmungen enthalten. Die Arbeitsordnung ist abdingbar, d. h. es können Arbeitgeber und Arbeitnehmer Vereinbarungen, die von dem Inhalt der Arbeitsordnung abweichen, treffen, jedoch mit der Ausnahme, daß andere als die in der Arbeitsordnung oder in §§ 123, 124 Gew.-O. vorgesehenen Kündigungsgründe nicht vereinbart und andere Strafen als die in der Arbeitsordnung vorgesehenen nicht verhängt werden dürfen. Die Arbeitsordnungen als die Betriebsgesetze stehen etwa bestehenden Tarifverträgen als den Berufsgesetzen nach und treten in ihrer Bedeutung hinter diesen immer mehr zurück, weil darin immer mehr Fragen geregelt werden. In Anl. 6 ist die vom Reichsverband des deutschen Tiefbaugewerbes aufgestellte Normalarbeitsordnung wiedergegeben.

### d) Tarifvertrag.

Der Tarifvertrag ist ein Vertrag über den Inhalt von Arbeits- oder Lehrverträgen, abgeschlossen zwischen einem Arbeitgeber oder einem Arbeitgeberverband einerseits und einer Arbeitnehmervereinigung anderseits. Tariffähig sind auf Arbeitgeberseite sowohl die einzelnen Arbeitgeber als auch Vereinigungen von Arbeitgebern, auf Arbeitnehmerseite dagegen nur Arbeitnehmervereinigungen. Der Tarifvertrag beruht auf der Tarifvertragsverordnung vom 23. Dezember 1918, welche das Ergebnis des Abkommens vom 15. November 1918 zwischen den Arbeitgeber- und Arbeitnehmerverbänden war. Der Abschluß des Tarifvertrages kann durch Vereinbarung oder im Wege des Schlichtungsverfahrens erfolgen und muß schriftlich beurkundet werden. Das Schlichtungsverfahren ersetzt die Zustimmung der widerstreitenden Parteien durch einen Staatsakt, durch die Verbindlichkeitserklärung, eingeführt durch die Verordnungen vom 4. und 24. Januar sowie 3. März 1919 und bestätigt durch die Verordnungen vom 20. Februar 1920 und 30. Oktober 1923. Es stützt sich auf § 894 ZPO., nach welchem eine Willenserklärung als abgegeben gilt, wenn die Verurteilung zur Abgabe der Erklärung die Rechtskraft erlangt hat. Der notwendige Inhalt des Tarifvertrages ist die Regelung des Inhalts von Arbeits- und Lehrverträgen, der Tarifvertrag ist also ein Regelungsvertrag. Seine Wirkung besteht darin, daß Arbeitsverträge zwischen den beteiligten Personen, d. h. namentlich den Mitgliedern der Tarifparteien, insoweit unwirksam sind, als sie von der tariflichen Regelung abweichen, und daß an die Stelle unwirksamer Vereinbarungen die entsprechenden Bestimmungen des Tarifvertrages treten. Der Tarifvertrag ist also grundsätzlich unabdingbar. Unabdingbarkeit ist die Unzulässigkeit abweichender Vereinbarungen, jedoch sind Abweichungen insoweit zulässig, als sie im Tarifvertrag zugelassen sind oder eine vom Tarifvertrag nicht verbotene Abänderung zugunsten des Arbeitnehmers enthalten. Die Dauer des Tarifvertrages richtet sich nach der getroffenen Vereinbarung, ist über die Dauer nichts vereinbart, so kann der Tarifvertrag jederzeit fristlos gekündigt werden.

Durch Gesetz vom 23. Januar 1923 über die Erklärung der allgemeinen Verbindlichkeit von Tarifverträgen kann ein Tarifvertrag auf Antrag von der Reichsarbeitsverwaltung für allgemein verbindlich erklärt werden. Der Antrag ist vorher bekanntzumachen. Allgemeinverbindlichkeitserklärung ist die behördliche Erstreckung der Wirkung des an sich nur für die Tarifbeteiligten geltenden Tarifvertrages auf die Außenseiter, das sind die nicht an dem Tarifvertrag beteiligten Personen. Die Allgemeinverbindlichkeitserklärung hat die Folge, daß der Tarifvertrag innerhalb seines räumlichen Geltungsbereichs für Arbeitsverträge, die nach der Art der Arbeit unter den Tarifvertrag fallen, auch dann unmittelbar und unabdingbar gelten, wenn die Parteien des Arbeitsvertrages an dem Tarifvertrag nicht beteiligt sind. Die Allgemeinverbindlichkeit erstreckt sich daher nur auf den Teil des Tarifvertrages, der Inhalt der einzelnen Arbeitsverträge werden kann, also z. B. auf die Vorschriften des Tarifvertrages über Lohn, Urlaub, Arbeitszeit, auf den übrigen Teil des Inhalts des Tarifvertrages, z. B. auf die Vereinbarungen über Errichtung einer mit der Schlichtung von Streitigkeiten zwischen Tarifparteien beauftragten Schiedsstelle u. dgl. findet die Allgemeinverbindlichkeitserklärung keine Anwendung.

Im Baugewerbe hat im Hochbaugewerbe bereits seit Jahrzehnten ein hochentwickeltes Tarifwesen bestanden, für das Tiefbaugewerbe hat sich dagegen die Notwendigkeit zu tariflichen Regelungen erst nach der Umwälzung 1918 ergeben, erst durch den Anschluß an die Vereinigung der deutschen Arbeitgeberverbände[1]) hat sich auch das Tiefbaugewerbe grundsätzlich bereit erklärt, die Lohn- und Arbeitsbedingungen tariflich zu regeln. Daß vorher ein Bedürfnis nicht vorhanden, lag in der Eigenart der Tiefbaubetriebe, welche fast nur unorganisierte Arbeitermassen beschäftigten[2]). Es waren zwar früher bereits Tarifgemeinschaften mit dem Hochbaugewerbe abgeschlossen, aber stets mit dem Vorbehalt, daß für das Tiefbaugewerbe keinerlei Verpflich-

---

[1]) S. Abschn. I, 7. S. 70. [2]) S. Abschn. I, 5. S. 35.

tungen zum Abschluß von Tarifverträgen entstehen würden, und daß die Lohn- und Arbeitsbedingungen im Tiefbaugewerbe infolge ihrer wesentlichen Abweichungen von denen des Hochbaues durch den Tiefbau selbst geregelt werden müßten. Durch den Anschluß an die Vereinigung der Deutschen Arbeitgeberverbände, die als Hauptträgerin des Novemberabkommens die Vertretung der gesamten Arbeitgeberschaft repräsentierte, hatte sich aber jetzt das Tiefbaugewerbe gleichfalls auf den Boden dieses Abkommens gestellt und damit auch sich grundsätzlich zu Tarifverträgen bereit erklärt. Es schloß sich daher zunächst dem noch bestehenden und bis zum 31. März 1919 laufenden Reichstarifvertrag für das Baugewerbe an und konnte sich nur vorbehalten, die besonderen Bedingungen des Tiefbaugewerbes in einem Nachtragsvertrag zu regeln.

Bei den ersten Verhandlungen hierüber stellten aber die Gewerkschaften im Gegensatz zu der von den Arbeitgebern angenommenen Stellung die Forderung nach einem besonderen Reichstarifvertrag für das Tiefbaugewerbe auf und als Ergebnis der weiteren Verhandlungen wurde am 17. April 1919 der erste Reichstarifvertrag für das Tiefbaugewerbe abgeschlossen, dessen wesentliche Abweichungen vom Hochbauvertrage sich bezogen auf die Zulässigkeit von Akkordarbeit, die Bezahlung der Wechselschichten, Sonderbestimmungen für Maschinisten und Heizer, Beschaffenheit der Wohn- und Schlafräume und Verwaltung der Kantinen, die Arbeitskategorien, insbesondere selbständige Gestaltung des Tiefbauarbeiterlohnes und die Spezialisierung der Zuschläge. In Auswirkung dieses Reichstarifvertrages wurden dann die Lohn- und Arbeitstarife in den einzelnen Bezirken durchgeführt.

Die Dauer dieses Tarifvertrages war nur für die Dauer eines Jahres berechnet. Die Verhandlungen über den Abschluß eines neuen Vertrages wurden dann dadurch erschwert, daß die Tarifgemeinschaft mit dem Hochbau und dem Betonbau zu Bruche ging, und die Arbeitnehmer daher glaubten, auch den Tiefbau zur Anerkennung des mit dem Hoch- und Betonbau neu abzuschließenden Reichstarifvertrages zwingen und damit die Tiefbauarbeiter unter die Bauhilfsarbeiter eingliedern zu können. Nachdem aber diese Absicht mißlungen, kam am 10. Juni 1920 durch Annahme eines Schiedsspruches ein neuer Reichstarifvertrag für das Tiefbaugewerbe zustande, der bis zum Jahre 1922 lief und dann verlängert wurde, bis am 5. Juli 1922 ein neuer Reichstarifvertrag für das gesamte Baugewerbe unterzeichnet und auch vom Reichsarbeitsminister für allgemein verbindlich erklärt wurde. Dieser Vertrag kam zustande, nachdem der Beton- und Tiefbauarbeitgeberverband sich vom Deutschen Arbeitgeberbund gelöst und mit dem Reichsverband des Deutschen Tiefbaugewerbes ein neues Vertragsverhältnis in Form der „Arbeitsgemeinschaft der Deutschen industriellen Bauunternehmungen“ eingegangen war.

In diesem letzten Reichstarifvertrag war eine Regelung der Arbeitszeit erfolgt, welche die Arbeitgeber nicht befriedigte. Als daher die Reichsregierung eine Verordnung erließ, welche die bisherige Arbeitszeitregelung in gewisser Hinsicht änderte, kündigten die Arbeitgeber mit Wirkung vom 12. Februar 1924 die entsprechende Bestimmung des Reichstarifvertrages. Die darauffolgenden Verhandlungen führten schließlich zu einem Schiedsspruch der Schlichtungskammer vom 16. Juli 1924, der aber von den baugewerblichen Arbeitgeberverbänden abgelehnt wurde. Seitdem ist das Baugewerbe ohne umfassende reichstarifliche Regelung für die Arbeiter. Der zentrale tariflose Zustand wurde versuchsweise in den einzelnen Bezirken überbrückt durch tarifliche Abkommen, in denen die wesentlichen Arbeitsbedingungen neben der Regelung des Arbeitslohnes aufgenommen wurden. Mit dieser Regelung hat man sich seitdem zu behelfen gewußt.

Im Jahre 1925 wurde vom Reichsarbeitsministerium nochmals der Versuch gemacht, die Parteien einander näher zu bringen, aber alle Versuche scheiterten an der Unnachgiebigkeit besonders hinsichtlich der Arbeitszeitfrage seitens der Bauarbeitergewerkschaften. Damit läuft der tariflose Zustand für das Reich weiter. Um aber im Jahre 1926 regellose bezirkliche Verhandlungen und Kämpfe zu vermeiden, ist wenigstens zur Regelung der Löhne und der mit dem Lohne unmittelbar in Beziehung stehenden Bestimmungen zwischen den Spitzenverbänden der Arbeitgeber und Arbeitnehmer eine Vereinbarung über die Einsetzung eines zentralen Lohnschiedsgerichts zustande gekommen, das bei erfolglosen Verhandlungen die Löhne endgültig festsetzt. Dieses Abkommen ist in Anl. 7 wiedergegeben, es läuft bis zum 28. Februar 1927, konnte jedoch von den Arbeiterverbänden bis zum 1. September 1926 gekündigt werden und die Zuständigkeit des Lohnschiedsgerichts endet dann mit dem Tage der Kündigung. Ein Reichstarifvertrag besteht dagegen im Baugewerbe noch mit den Organisationen der technischen Angestellten, der vom Reichsarbeitsminister als allgemein verbindlich erklärt und in Anl. 8 zum Abdruck gebracht ist. Außerdem bestehen noch Reichstarifverträge für Schachtmeister und Poliere sowie ein besonderer Reichstarifvertrag für Naßbaggerunternehmungen ab 1. Juni 1926. Für kaufmännische Angestellte besteht im Baugewerbe ein Reichstarifvertrag zur Zeit nicht, die Verhandlungen hatten vielmehr als Ergebnis folgenden Schiedsspruch:

„Angesichts der Schwierigkeiten, die sich aus der absolut gegensätzlichen Stellung der Parteien über die Frage der Gehaltsbemessung nach dem Leistungsprinzip ergeben haben, und mit Rücksicht darauf, daß im Baugewerbe ausreichende Erfahrungen mit dem neuerdings im Reichstarifvertrag für die technischen Angestellten eingeführten System der Mindestgehälter noch nicht vorliegen, wird zur Zeit vom Abschluß eines Reichstarifvertrages mit den kaufmännischen Angestellten im Baugewerbe abgesehen."

Hinsichtlich der Haftbarkeit von Vertragspartei und Einzelmitglied bei Tarifverträgen hat das Reichsgericht in einem Urteil vom 27. Januar 1926 entschieden, daß lediglich die beiderseitigen Organisationen für die Durchführung eines Tarifvertrages bzw. eines verbindlich erklärten Schiedsspruches haften. Unterläßt es ein Verband als Tarifvertragspartei, seine Mitglieder zur Erfüllung der Tarifvertragsbestimmungen anzuhalten und nötigenfalls mit satzungsgemäßen Druck- und Strafmitteln gegen sie vorzugehen, so kann der Vertragsgegner auf vertragsgemäßes Verhalten und gegebenenfalls auf Schadenersatz klagen. Diese Klagerechte gegen den Verband stehen sowohl der gegnerischen Vertragspartei wie auch den einzelnen Mitgliedern dieser Organisation zu. Dagegen kann gegen die Einzelmitglieder eines Verbandes, die trotz des von ihrer Organisation ausgeübten Druckes die Erfüllung tarifvertraglicher Bestimmungen verweigern, nicht im Klagewege vorgegangen werden.

### e) Betriebsvertretungen.

Nach dem Betriebsrätegesetz vom 5. Februar 1920 ist in allen Betrieben, die in der Regel mindestens 20 Arbeitnehmer beschäftigen, von denen mindestens drei wählbar sein müssen, ein Betriebsrat zu errichten. Ein Betriebsrat ist nicht zu errichten, wenn seiner Errichtung oder Tätigkeit besondere Schwierigkeiten entgegenstehen und auf Grund eines für allgemein verbindlich erklärten Tarifvertrages eine andere Vertretung der Arbeitnehmer vorgesehen ist, wie im Baugewerbe. Für die Unternehmungen und Verwaltungen des Reiches, der Länder und der Gemeindeverbände kann die Betriebsvertretung im Verordnungswege anderweitig geregelt werden. Die Zahl der Mitglieder des Betriebsrates richtet sich nach der Größe des Betriebes und beträgt in Betrieben von 20—49 Arbeitnehmern 3, bei 50—99 Arbeitnehmern 5 und nimmt dann mit der Zahl der Arbeitnehmer zu bis zur Höchstzahl von 30. Befinden sich unter den Arbeitnehmern sowohl Arbeiter wie Angestellte, so muß jede Gruppe entsprechend ihrem Zahlenverhältnis bei Anberaumung der Wahl im Betriebsrat vertreten sein. Die Arbeitermitglieder des Betriebsrates bilden den Arbeiterrat, die Angestelltenmitglieder den Angestelltenrat. Die Mitglieder des Betriebsrates werden in unmittelbarer und geheimer Wahl nach den Grundsätzen der Verhältniswahl auf die Dauer von einem Jahre gewählt. Wiederwahl ist zulässig. Wahlberechtigt sind alle mindestens 18 Jahre alten männlichen und weiblichen Arbeitnehmer, die sich im Besitz der bürgerlichen Ehrenrechte befinden. Wählbar sind die mindestens 24 Jahre alten reichsangehörigen Wahlberechtigten, die nicht mehr in Berufsausbildung sind und am Wahltag mindestens 6 Monate dem Betrieb sowie mindestens 3 Jahre dem Gewerbe- oder Berufszweig angehören, in dem sie tätig sind.

Der Betriebsrat hat die gemeinsamen wirtschaftlichen Interessen aller Arbeitnehmer dem Arbeitgeber gegenüber wahrzunehmen und den Arbeitgeber in der Erfüllung der Betriebszwecke zu unterstützen. Zu seinem Aufgabenkreis gehören u. a. seitens des Arbeitgebers die Auskunfterteilung über alle den Dienstvertrag und die Tätigkeit der Arbeitnehmer berührenden Betriebsvorgänge, die vierteljährliche Berichterstattung über die Lage und den Gang des Unternehmens und die alljährliche Vorlegung einer Betriebsbilanz; seitens der Arbeitnehmer die Wahl eines Vertreters in den Aufsichtsrat, wenn für das Unternehmen ein solcher besteht, die Mitwirkung bei Aufstellung der Arbeitsordnungen oder sonstigen Betriebsvereinbarungen und der Einspruch gegen Entlassung von Arbeitnehmern.

Auf Grund des Betriebsrätegesetzes können in Betrieben, für die ein Betriebsrat errichtet ist, die Arbeitnehmer im Falle der Kündigung seitens des Arbeitgebers binnen 5 Tagen nach der Kündigung unter den in §§ 84ff. angegebenen Voraussetzungen beim Arbeiter- oder Angestelltenrat Einspruch erheben, der zunächst über den Einspruch zu entscheiden hat. Billigt der Arbeiter- oder Angestelltenrat den Einspruch, so hat er zu versuchen, durch Verhandlung eine Verständigung mit dem Arbeitgeber herbeizuführen; gelingt diese Verständigung binnen einer Woche nicht, so kann der Arbeiter- oder Angestelltenrat oder der betroffene Arbeitnehmer binnen weiteren 5 Tagen das Arbeitsgericht anrufen, das endgültig über den Einspruch entscheidet. Ein Rechtsmittel gegen diese Entscheidung gibt es nicht. Billigt der Arbeiter- oder Angestelltenrat den Einspruch nicht, so kann der gekündigte Arbeitnehmer den Einspruch in der Regel nicht weiter verfolgen.

Die Betriebsvertretungen sind öffentliche Zwangseinrichtungen, die Mitgliedschaft in einem Betriebsrat ist daher kein privates Rechtsverhältnis und kann nicht Gegenstand eines bürgerlichen Rechtsstreits sein. Die Entscheidung über sie hat das Arbeitsgericht, der Zivilrechtsweg ist unzulässig. Allgemeine Arbeitsgerichte werden nach dem Arbeitsgerichtsgesetz vom 23. Dezember 1926 demnächst errichtet werden, bis dahin gelten als Arbeitsgerichte noch die bestehenden Gewerbe- und Kaufmannsgerichte und in Orten, für die ein solches Gericht nicht besteht, sind die Schlichtungsausschüsse vorläufig zuständig.

Die Schlichtungsausschüsse sind vom Reich für das gesamte Reichsgebiet mit besonderer örtlicher Zuständigkeit errichtete Behörden zur Schlichtung, d. h. Beseitigung von Gesamtarbeitsstreitigkeiten, zur Entscheidung gewisser Einzelarbeitsstreitigkeiten und zur Ausübung gewisser Aufsichts- und Strafbefugnisse. Sie sind nach der Verordnung vom 30. Oktober 1923 und der Ausführungsverordnung vom 29. Dezember 1923 allgemein auf die Schlichtung von Gesamtstreitigkeiten beschränkt, die Einzelstreitigkeiten sowie die Dienstaufsichtsbefugnisse aus dem Betriebsrätegesetz sind auf die Arbeitsgerichte übergegangen. Die Schlichtungsausschüsse sind Landeseinrichtungen und bestehen aus einem unparteiischen, von der obersten Landesbehörde zu ernennenden Vorsitzenden und seinen Stellvertretern und aus ebenfalls durch die oberste Landesbehörde auf 3 Jahre berufenen Beisitzern. Neben den Schlichtungsausschüssen sind besondere Schlichter vorgesehen, die für größere Wirtschaftsbezirke in allen Fällen von besonderer Wichtigkeit die Schlichtung übernehmen sollen. Sie werden durch den Reichsarbeitsminister als ständige Schlichter oder für den einzelnen Fall ernannt. Die Aufsicht über die Schlichtungsausschüsse führt die oberste Landesbehörde, über die Schlichter der Reichsarbeitsminister. Die Kosten der Schlichtungsausschüsse und der Schlichter trägt das Reich. Neben diesen behördlichen Schlichtungsausschüssen und Schlichtern und etwaigen vereinbarten Schiedsstellen gibt es keinerlei Einigungsämter und Sonderschlichtungsausschüsse mehr.

Unter **Gesamtstreitigkeiten**, für die allein noch die Schlichtungsausschüsse und Schlichter zuständig, wenn erstere nicht hilfsweise als Arbeitsgerichte bestellt sind, sind zu verstehen: Streitigkeiten, bei denen auf seiten beider Parteien oder einer Partei kollektive Interessen auf dem Spiele stehen, Streitigkeiten über den Abschluß von gemeinsamen Dienstvorschriften und Arbeitsordnungen, und Streitigkeiten, die die Abänderung eines bereits bestehenden Rechtszustandes zum Gegenstande haben, sog. Regelungsstreitigkeiten, als Lohnvereinbarungen, Abschluß und Abänderung von Tarifverträgen oder Betriebsvereinbarungen. Die Einleitung des **Schlichtungsverfahrens** erfolgt auf Anruf einer Partei oder von Amts wegen. Zunächst hat der unparteiische Vorsitzende des Schlichtungsausschusses oder der Schlichter allein durch Vorverhandlung den Abschluß einer Gesamtvereinbarung, Tarifvertrag oder Betriebsvereinbarung, zu versuchen. Gelingt das nicht, so erfolgt die Verhandlung vor der besetzten Schlichtungskammer, die, falls keine Einigung zustande kommt, einen Schiedsspruch fällt, der von den Parteien angenommen oder abgelehnt werden kann. Im Falle der Ablehnung durch eine Partei kann der Schiedsspruch für verbindlich erklärt werden, und zwar durch den für den Bezirk zuständigen Schlichter. Der Schiedsspruch eines Schlichtungsausschusses, der über den Bezirk des zuständigen Schlichters wesentlich hinausgeht, oder der Schiedsspruch eines Schlichters selbst wird durch den Reichsarbeitsminister für verbindlich erklärt, die Verbindlichkeitserklärung ist zulässig, wenn der Schiedsspruch rechtsgültig zustande gekommen ist und die im Schiedsspruch getroffene Regelung bei gerechter Abwägung der Interessen beider Teile der Billigkeit entspricht und ihre Durchführung aus wirtschaftlichen und sozialen Gründen erforderlich ist. Die Verbindlichkeitserklärung ersetzt die Annahme des Schiedsspruches und hat daher die Wirkungen einer von den Parteien abgeschlossenen Gesamtvereinbarung. Der verbindliche Schiedsspruch bildet aber noch keinen prozessualen Titel zur Durchsetzung, Vollstreckung der erworbenen Vertragsrechte, hierzu ist vielmehr noch gerichtliche Anrufung erforderlich. Die Abänderung des Schiedsspruches bei der Verbindlichkeitserklärung setzt die Zustimmung aller an dem Schiedsspruch beteiligten Parteien voraus. Rechtsmittel gegen Schiedssprüche oder gegen eine abgewiesene oder ausgesprochene Verbindlichkeitserklärung bestehen nicht, wohl aber die Möglichkeit gerichtlicher Nachprüfung, die sich aber nicht auf die sachliche Richtigkeit, sondern lediglich auf die Prüfung der Formerfordernisse, Zuständigkeit, Besetzung und etwaige Verstöße gegen zwingende Rechtsvorschriften erstreckt. Das Verfahren vor den Schlichtungsausschüssen und dem Schlichter ist gebühren- und stempelfrei.

Im Baugewerbe sind an Stelle eines Betriebsrates die **Baudelegierten** getreten und die rechtliche Basis für die Baudelegierten als Betriebsvertretung im Baugewerbe war in dem Reichstarifvertrag gegeben. Diese Basis entfiel mit dem Ablauf des Reichstarifvertrages am 31. März 1924, sollten daher im Baugewerbe nicht die nach dem Betriebsrätegesetz erforderlichen ordnungsmäßigen Betriebsvertretungen eingerichtet werden, so mußte an Stelle des Tarifvertrages eine Ersatzregelung getroffen werden. Dies ist dann auch geschehen durch eine Vereinbarung über die besondere Betriebsvertretung im Baugewerbe vom 9. Oktober 1924, welche am 20. Oktober 1924 in Kraft getreten und vom Reichsarbeitsminister für allgemeinverbindlich erklärt worden ist. Diese Vereinbarung ist in Anlage 9 zum Abdruck gebracht und zur Zeit noch in Kraft. Hiernach liegt es den Gewerkschaften oder Belegschaften selbst ob, für die Benennung oder Wahl ihrer Betriebsvertretung Sorge zu tragen, der Arbeitgeber hat nicht die nach dem Betriebsrätegesetz ihm sonst obliegende Pflicht zur Ernennung eines Wahlvorstandes. Dagegen liegt auch im Baugewerbe diese Pflicht dem Arbeitgeber ob für die Wahl der Betriebsvertretung der Angestellten, hierfür besteht im Baugewerbe keine Sonderbestimmung. Wenn also in einem größeren Betriebe die Zahl der Angestellten die Wahl eines Angestelltenrates nach dem Betriebsrätegesetz (§§ 1, 2 und 15ff. sowie 23 und 102) erforderlich macht, so ist der Arbeitgeber verpflichtet, einen Wahlvorstand zu bestellen, damit er sich nicht einer Schadenersatzklage aussetzt. Dies kann beispielsweise der Fall sein, wenn ein Angestellter entlassen wird und er mangels einer Betriebsvertretung nicht imstande ist Einspruch zu erheben, so daß er vor dem Kaufmannsgericht wegen der mangelnden Voraussetzungen des Einspruchverfahrens abgewiesen wird.

# III. Kostenberechnungen.

## 1. Grundlagen der Kostenberechnung.

Die Kostenberechnungen im Bauwesen stellen den Übergang des Baukapitals in das Bauwerk ziffernmäßig dar, ihre Aufgabe ist es, den Aufwand an Stoff, Kraft und Zeit für eine Bauausführung nach Zahlen, Mengen und Preisen zu ermitteln. Die Kosten entstehen durch die Vorbereitung und Ausführung des Baues und umfassen eine große Zahl einzelner Vorgänge, die bei der Mannigfaltigkeit der Erzeugnisse einem steten Wechsel unterliegen. Voraussetzung für eine richtige Kostenberechnung ist demnach 1. Kenntnis des Verlaufs der technischen Vorgänge (Arbeitsvorgang); 2. Kenntnis des erforderlichen Anlage- und Betriebskapitals, des Wertes der Produktionsmittel, ihrer Bestandteile und ihrer Verteilung auf die einzelnen Teilvorgänge (Betriebe, Werkstätten usw.); 3. Kenntnis der Art der laufenden Ausgaben, des Aufwandes, ihrer Gliederung und Größe sowie ihrer Verteilung auf die einzelnen Teilvorgänge; 4. Kenntnis der Leistungen der sachlichen und persönlichen Produktionsmittel, der Kraft- und Arbeitsmaschinen, Betriebsanlagen, Arbeiter usw.

Um diese Voraussetzungen zu erfüllen, ist zunächst die Aufstellung eines Bauprogramms, eines Arbeitsplanes erforderlich, der alle für den Bau erforderlichen Lieferungen und Arbeiten sowie die Art und Reihenfolge derselben und die erforderlichen Betriebs- und Hilfsmittel umfaßt. Die Vielseitigkeit der Bauarbeiten verlangt dabei eine weitgehende Zergliederung des Gesamtbauvorganges in die einzelnen Teilvorgänge, um die einzelnen preisbildenden Gestehungsgrundteile zu erkennen. Daraus ergibt sich eine Verteilung der Kosten auf die einzelnen Kostenträger und in diesen nach Kostenarten, welche wiederum die einzelnen Kostenelemente enthalten. Wir haben somit einen Aufbau der Kosten aus den Kostenelementen in Kostenarten für einen Kostenträger. Kostenträger sind die einzelnen Bauarbeiten als Teile des Gesamtbauvorganges. Die Zusammenfassung der Kostenelemente, ihre Gliederung nach Kostenarten und ihre Verteilung auf die Kostenträger erfolgt in der technischen Buchführung, deren Zweck die Ermittelung der Selbstkosten und eine Erfolgstatistik ist.

Wir stellen Selbstkostenrechnungen, Erfolgsstatistiken auf, um als Erwerbswirtschaftler daraus zu lernen, um in der nächsten Wirtschaftsperiode günstiger, wirtschaftlicher zu arbeiten, größeren Erfolg mit geringeren Mitteln zu haben. Wir können aber unsere Taten vorausbedenkend auf ihre Wirtschaftlichkeit hin gegeneinander nur so weit abwägen, als es in bezug auf vergangene grundsätzlich möglich ist. Daher ist die Registrierung des Vergangenen, wie sie die technische Buchführung ermöglicht, die Voraussetzung für eine Vorausberechnung. In diesem Vorausbedenken liegen allerdings noch besondere Probleme. Wir müssen in unserer heutigen Wirtschaft unterscheiden zwischen der zweckmäßigsten Verwendung, die ein Mensch von seiner Arbeitskraft macht, dem größten Nutzen, den ein Kapitalist aus seinem Vermögen zieht, und schließlich zwischen dem Maximum des Erfolges eines Unternehmens als solchem, welches sinngemäß nur angegeben werden kann als Funktion eines investierten Kapitals. Aber man kann exakte Aussagen über das Maß der Wirtschaftlichkeit eines Unternehmens letzten Endes nur machen, wenn es zu bestehen aufgehört hat, bis dahin muß man sich mit einer Annäherung begnügen, die aber für die Bedürfnisse der Praxis ausreichend ist. Jede Bilanz, die ein Erwerbsunternehmen aufmacht, um seine Erfolge oder Mißerfolge innerhalb eines bestimmten Zeitraums in positiven Zahlen sich vor Augen zu führen, beruht auf einer Fiktion. Einer notwendigen Fiktion, sicherlich, denn ohne sie wäre überhaupt keine Bilanz möglich, aber immerhin eine Fiktion, deren man sich bewußt bleiben sollte. Es gibt keinen richtigen Wert für den Gebäude- und den Maschinenpark einer Fabrik, für Lagerware, die man nicht loswerden konnte, für Fabrikate, die sich mitten in der Bearbeitung befinden, denn für alle diese Dinge ist kein Marktpreis vorhanden, und jede Bewertung, jede Gleichsetzung einer Geldsumme für diese Gütermenge, ist eine Willkür, wie sie auch immer ausfällt.

Ebenso ist es mit den Selbstkosten. Es gibt in einem so komplizierten Betrieb, wie es jedes Erwerbsunternehmen darstellt, und eine Fabrik in ganz besonderem Maße, eine Unzahl von Kosten verursachenden Verrichtungen, die zwar durch die Existenz des Unternehmens als Ganzes verursacht werden und sicherlich wesentliche Faktoren seiner Rentabilität sind, bei denen sich aber eine direkte Kausalität von den einzelnen Erzeugnissen des Unternehmens nicht mehr herleiten läßt.

Die Art der Verrechnung dieser Kosten kann eine ganz verschiedene sein, sie können prozentual auf die ganzen Selbstkosten, auf den Verkaufspreis der Erzeugnisse aufgeschlagen werden, oder nur auf die Arbeitslöhne oder auch auf die Zeit der Bearbeitung des Erzeugnisses. Ein exakter Vergleich der nach diesen verschiedenen Methoden errechneten Selbstkosten ist dann nicht möglich. Eine weitere Kontroverse ist die Frage der Abschreibungen und ihrer Verrechnung auf das einzelne Gut. Mit welcher Lebensdauer soll gerechnet werden, soll in Zeiten einer schlechteren Konjunktur, in denen tagelang der Betrieb stillsteht, mit derselben Jahresquote gerechnet werden, und wie sollen die Betriebsanlagen bei den Selbstkosten berücksichtigt werden, wenn sie buchmäßig völlig abgeschrieben sind, aber doch noch immer existieren und funktionieren und eine Erneuerung nicht notwendig wird? Alle diese Fragen bilden das Grundproblem der Investition, der einmaligen Ausgabe für die Herstellung oder für die Beschaffung eines Objektes, das einer unbekannten Anzahl von Nutzungen zugute kommen soll.

Bei allen Selbstkostenberechnungen und Erfolgsstatistiken sind also gewisse Schätzungen und Annahmen unvermeidlich, und daher ist auch jede Vorausberechnung, jedes Bild der Zukunft auf gewissen Annahmen und Voraussetzungen aufgebaut. Die Brauchbarkeit des wirtschaftlichen Prinzips[1]) als objektives Kriterium für den Erfolg einer vorzunehmenden Handlung kann illusorisch gemacht werden durch die Unvorhersehbarkeit der Konsequenzen, und damit tritt der Begriff der Spekulation, des Risikos bei Vornahme einer Handlung auf, deren Ausgang zweifelhaft sein kann und muß. Und dieses Risiko ist bei Bauanlagen wegen der Vielseitigkeit der technischen und wirtschaftlichen Produktionsbedingungen besonders groß. Der Wert der Selbstkostenberechnungen und Erfolgsstatistiken wird aber dadurch nicht beeinträchtigt, im Gegenteil, sie ermöglichen erst das Risiko oder Wagnis richtig einzuschätzen und in der Wagnisgebühr zum Ausdruck zu bringen. Nur um sich vor Selbsttäuschungen zu schützen, darf man an diesen Problemen nicht vorübergehen.

Die Gesamtjahreskosten eines Fabrikationsunternehmens lassen sich in der Formel darstellen:

$$J = V + \frac{p}{100} \cdot B + \frac{p}{100} \cdot K + \frac{q}{100} \cdot K + \frac{r}{100} \cdot K + \frac{p_1}{100} \cdot U.$$

Hierin bedeuten:

$V$ = Verbrauchskosten.
$B$ = unabnutzbarer Boden.
$K$ = abnutzbare Gebrauchsgüter.
$U$ = Betriebskapital.
$p$ und $p_1$ = jährliche Zinsfüße.
$q$ = Abnutzungsquoten für die Gebrauchsgüter.
$r$ = Unterhaltungsquoten.

---

[1]) Vgl. Abschn. I, 3.

Die Gebrauchsgüter $B + K$ stellen das Anlagekapital dar und die Kosten der Verbrauchsgüter $V$ mit der Verzinsung des Betriebskapitals $\frac{p_1}{100} \cdot U$ ergeben die Betriebskosten.

Die Aufwendungen für das Anlagekapital bestehen in den Kapitalnutzungskosten, ausgedrückt durch die Verzinsung des Anlagekapitals, und in der Abnutzung der abnutzbaren Gebrauchsgüter, ausgedrückt durch die Abnutzungsquoten. Die Verzinsung des Anlagekapitals, dargestellt durch die beiden Faktoren $\frac{p}{100} \cdot B$ und $\frac{p}{100} \cdot K$, ist selbstverständlich, wenn es durch Anleihen aufgebracht ist, aber auch bei eigenem Kapital muß die landesübliche Verzinsung in Ansatz gebracht werden als Ersatz für den Ertrag, den es bei anderweiter Nutzung, Ausleihung, ohne weiteres bringen würde. Unter landesüblicher Verzinsung ist der Zinsfuß zu verstehen, der in einem bestimmten Lande zu einer bestimmten Zeit für bestimmte Arten von Anlagewerten üblich ist, er ist also sehr verschieden und kann nur von Fall zu Fall bestimmt werden.

Die Abnutzung der Gebrauchsgüter wird berücksichtigt durch die Abschreibungen. Die Abschreibungen sind der Form nach Wertminderungen an den Vermögensbestandteilen, die periodisch bei Anlaß der Inventur und Bilanz gemacht werden. Es wird in jeder Betriebsperiode ein dem Wert der Abnutzung entsprechender Betrag zurückgelegt, so daß am Ende der Nutzungsdauer der ursprüngliche Wert des Gebrauchsgutes wieder vorhanden ist. Größe und Maß der Abschreibungen werden teils von Erfahrungstatsachen abgeleitet, wie die Betriebsdauer einer bestimmten Kraft- oder Arbeitsmaschine, teils nach subjektivem Urteil aus inneren Gründen des Betriebes bemessen. Daher gibt es wohl Normen, aber keine feststehenden Grundsätze für das Maß der Abschreibung. Die Abschreibungen werden ausgedrückt in Prozenten des Neu- oder Anschaffungswertes. Man unterscheidet die einfache Abschreibung und die Abschreibung mit Zinseszinsen. Hat das Gebrauchsgut nach vollständiger Abnutzung noch einen Altwert $N$ und ist die Nutzungsdauer $= n$ Jahre, so wird die Abnutzung oder Abschreibungsquote $q = \frac{K - N}{n}$. Berücksichtigt man die Zinsen, welche die Rücklagen der einzelnen Jahre bringen können, wenn sie angesammelt werden, so ergibt sich nach der Rentenrechnung die Abschreibungsquote

$$q = \frac{\frac{p}{100}}{\left(1 + \frac{p}{100}\right)^{n-1}} (K - N).$$

Diese Abschreibungsquote ist natürlich kleiner, als wenn man ohne Zinsen rechnet, aber sie rechtfertigt sich nur, wenn ein tatsächlicher Fonds für die Rücklagen angelegt wird, und wenn die Nutzungszeit eine verhältnismäßig lange ist. In der Praxis läßt man in der Regel die Rücklagen im Betrieb mitarbeiten und rechnet daher ohne Zinseszinsen. Auch wird der etwaige Altwert des Gebrauchsgegenstandes nicht mit breücksichtigt, weil in der Regel die spätere Neuanschaffung des Gebrauchsgutes teuerer wird als der tatsächliche Anschaffungswert. Man rechnet somit in der Regel die Abschreibungsquote nach der einfachen Formel $q = \frac{K}{n}$ und zerlegt $K$ in die Werte für die einzelnen Gebrauchsgüterkategorien mit verschiedener Nutzungsdauer. Die maßgebenden gesetzlichen Bestimmungen für die Abschreibung sind in den §§ 39, 40 und 261 HGB. enthalten[1]).

Der Grund und Boden ist an und für sich nicht abnutzbar und bedarf daher keiner Abschreibung. Es ist aber auch nicht berechtigt, einen steigenden Bodenwert zu berücksichtigen, da er nur bei einem Verkauf des Grundstückes realisiert wird. Die Werterhöhung des Bodens gehört zu den stillen Reserven.

Unter Anlagekapital ist also der Wert des unabnutzbaren Bodens $B$ und die Summe der abnutzbaren Gebrauchsgüter $K$ zu verstehen. Dieser Begriff ist aber durchaus kein feststehender, über die Summe der durch einen Betrieb festgelegten Gebrauchsgüter gehen die Auffassungen auseinander. Zu den Gebrauchsgütern gehören unbedingt der Grund und Boden, die Gebäude und Maschinen, und die Kosten für die Beschaffung dieser technischen Einrichtungen gehören in erster Linie zu dem Anlagekapital. Dies sind bei der Neugründung eines Unternehmens die Baukosten, und zu diesen gehören dann selbstverständlich auch alle Kosten für Entwürfe und Bauleitung. Aber mit den Baukosten allein ist es nicht getan, die Gründung eines Unternehmens erfordert noch mancherlei andere Ausgaben, die auch aus dem Anlagekapital bestritten werden müssen, und dies sind

1. die Gründungskosten (bei Aktiengesellschaften der Aktienstempel, die Bankverdienste für Ausgabe der Aktien usw.),
2. die Zinsen der Baukosten während der Bauzeit,
3. die Kosten für die Beschaffung technischer oder kaufmännischer Vorteile, wie Patente, Abfindungen, Ablösungen, Gewinnung von Absatzverbindungen usw.,
4. die Kosten für die Inbetriebsetzung der Anlagen, für den Probebetrieb,
5. die Kosten für Reserveteile, die von Anfang an vorrätig sein müssen, sowie für Umbauten und Ergänzungen während der ersten

[1]) Für die Steuerbilanz gelten folgende Abschreibungen als Richtsätze:

| | | |
|---|---|---|
| 1. Fabrikgebäude | | 2—4 vH |
| 2. Maschinen: | Betriebsmaschinen | 5 „ |
| | Spezialmaschinen (autom. arbeitende) | 10—15 „ |
| 3. Werkzeuge | | $33^1/_3$—50 „ |
| 4. Sonstiges Inventar: | | |
| Geschäftseinrichtungen (Bureaumöbel usw.) | | 3—5 „ |
| Wagen (Kastenwagen) | | 10—15 „ |
| Schreibmaschinen | | 15—20 „ |
| Pferde | | 15—20 „ |
| 5. Automobile: | Personenwagen | 10—15 „ |
| | Lastwagen | 15—20 „ |

Betriebszeit und für die Unterhaltung, sofern diese in der ersten Zeit ungewöhnlich hoch ist, ferner für Einnahmeausfälle wegen Schäden der ersten Anlage, d. i. die Überwindung der sog. Kinderkrankheiten,

6. die Kursverluste während der Bauzeit,
7. die erste Dotierung des Erneuerungsfonds.

Dies alles sind Ausgaben, die aus dem Anlagekapital bestritten werden müssen.

Der preußische Staat fordert z. B. bei der Gründung von Eisenbahnen durch Aktiengesellschaften in dem Hauptkostenanschlage neben den eigentlichen Baukosten unter Tit. I—XIII die Einsetzung folgender Beträge:

Tit. XIV. die Kosten der Bauleitung,
„ XV. Ausfälle beim Betrieb zu Lasten des Baufonds, d. s. die vorhin unter 5 erwähnten Kinderkrankheiten,
„ XVI. Zinsen während der Bauzeit,
„ XVII. Kursverluste,
„ XVIII. Erste Dotierung der Reservefonds.

Das Anlagekapital oder das stehende Kapital muß alles umfassen, was zu längerem Gebrauche dient und jedenfalls in einer Betriebsperiode nicht untergeht.

Alle Aufwendungen für das Anlagekapital sind nun dadurch gekennzeichnet, daß sie nur für eine Betriebsperiode, also in der Regel für 1 Jahr berechnet werden. Da das Anlagekapital bekannt ist, so erscheinen die Aufwendungen für das Anlagekapital in Form einiger wenigen, aber großen Posten am Schluß einer Betriebsperiode. Diese Gruppe von Ausgaben ist daher für alle Unternehmungen gleich und einheitlich und bildet den Hauptbestandteil der indirekten oder Zusatzkosten. Im Gegensatz hierzu zerfallen die laufenden Betriebskosten in unendlich viele große, kleine und kleinste Einzelbeträge, die in kleinen Zeitabständen zu zahlen sind. Bei ihnen ist daher eine allgemeine Erörterung nicht möglich, weil Art und Verwendung bei den verschiedenen Unternehmungen zu verschiedenartig ist. Sie bilden im allgemeinen die direkten oder Grundkosten und sind nach den Betriebselementen zu zerlegen. Für die Ermittlung der Selbstkosten muß demnach der Faktor $V$ spezialisiert werden, denn er umfaßt alles, was in der technischen Buchführung als direkter Aufwand und z. T. auch als indirekter Aufwand verbucht wird, das sind die Kosten für die verwendeten passiven und aktiven Güter[1]). Die laufenden Betriebskosten umfassen die Kosten für die Beschaffung der Rohstoffe und Hilfsstoffe und für den Verbrauch an Energien sowie die Kosten für die Verwertung der Erzeugnisse. Die Kosten für Verbrauch an Energien setzen sich dann wieder zusammen aus den Kosten für die menschliche Arbeitskraft, die man auch die persönlichen Kosten nennt, das sind die Gehälter und Arbeitslöhne, und aus den Kosten für die mechanische Kraft, die Arbeitsgeräte, Maschinen, Wärme und Licht, sowie für die Unterhaltung dieser Betriebsanlagen, welche man auch die Betriebskosten im engeren Sinne nennt.

---

[1]) Vgl. hierzu Janssen, Th.: Technische Wirtschaftslehre Teil II. Technische Wirtschaftlichkeitslehre.

Bezeichnen wir mit $R$ die Kosten für die Rohstoffe, mit $H$ die Kosten für die Hilfsstoffe, mit $L$ die Arbeitslöhne, mit $M$ die Kosten für die mechanischen Betriebsanlagen und mit $P$ die Kosten für die Verwertung der fertigen Erzeugnisse, so ist $V$ zu zerlegen in

$$V = R + H + L + M + P.$$

Wir erhalten dann für die Selbstkosten folgendes Schema

Selbstkosten

Kosten des Anlagekapitals $B + K$
- Verzinsung
- Abschreibung

Betriebskosten
- Verbrauchskosten $V$
  - Rohstoffe und Hilfsstoffe $K + H$
  - Energien
    - Arbeitskraft $L$
    - mechanische Kraft $M$
      - Gebrauchskosten
      - Unterhaltungskosten
  - Verwertung der Produkte $P$
- Verzinsung des Betriebskapitals $U$.

Die Kosten für die Roh- und Hilfsstoffe $R + H$ umfassen alle Kosten für den Einkauf, Transport und das Verpacken, für die Lagerung und das Schützen gegen Feuer, Diebstahl, Witterung usw. Alle diese Kosten werden verbucht in den Beschaffungskonten, und zwar ist es im allgemeinen nötig, für jeden wichtigen Stoff ein besonderes Konto anzulegen. In den Beschaffungskonten sind alle Kosten zusammenzustellen, um zu wissen, was jeder Stoff dem Unternehmen selbst kostet, wenn er zur Verarbeitung gelangt. Die Beschaffungskosten für die verbrauchten passiven Güter sind unschwer zu ermitteln. Weit schwieriger ist dagegen die Berechnung der Selbstkosten für die verbrauchten aktiven Güter, für die Energien. Hier kommt vor allem Art und Umfang des Betriebes in Betracht; wird nur ein bestimmtes Gut hergestellt, wie bei Zementfabriken, Ziegeleien usw., so ist auch eine Trennung der Kosten für die verbrauchten aktiven Güter nicht erforderlich, und diese können daher ebenfalls ohne weiteres zu den Grundkosten gerechnet werden. Werden dagegen verschiedene Güter hergestellt, so muß der ganze Betrieb in einzelne Teile zerlegt werden, die sich mit einer gewissen Selbständigkeit einander gegenüberstehen, damit bei den Teilbetrieben oder den Betriebselementen die Verbrauchskosten für die aktiven Güter wieder einen Teil der Grundkosten bilden. Bei Bauausführungen zerlegt man den ganzen Bau in die einzelnen Bauteile oder Bauarbeiten, als Erd-, Wasserhaltungs-, Ramm-, Beton-, Mauer-, Zimmerer-, Eisenarbeiten usw.

Das wichtigste von allen aktiven Gütern ist die menschliche Arbeitskraft, ihre Kosten nennen wir Löhne und Gehälter. Unter Löhne werden die Bezüge der Arbeiter und unter Gehälter die Bezüge der Beamten verstanden. Zur Berechnung der Selbstkosten ist diese Einteilung im allgemeinen bedeutungslos, sie hat nur insofern Bedeutung, als die Gesamtsumme der Gehälter der Beamten im voraus im allgemeinen feststeht, weil die Zahl der Beamten nicht so schwankt wie die der Arbeiter, und weil auch das Gehalt jedes Beamten im voraus für längere Zeiträume feststeht. Bei den Arbeitern schwankt dagegen die Zahl und meist auch der Lohnsatz sehr mit der Konjunktur.

Die Gehälter der Beamten und die Löhne der Arbeiter sind aber noch nicht die vollen Ausgaben für die menschliche Arbeitskraft, es kommen vielmehr noch eine ganze Reihe von Nebenausgaben hinzu. Dazu gehören zunächst alle Ausgaben für Mehrleistungen über die normale Arbeitszeit als Überstunden, Nachtschichten, Feiertagsarbeit, weiter Entschädigungen für besondere Aufwendungen und Zeitverluste als Reisekosten, Tagegelder, Übernachtungskosten, Zuschüsse für Kleidung, Stiefel usw., und schließlich die Ausgaben für Wohlfahrtszwecke, sei es, daß sie auf gesetzlicher Verpflichtung wie die Zwangsversicherungen, Unfallverhütungseinrichtungen usw., oder auch nur auf moralischer Verpflichtung beruhen wie Wohnungen, Kantinen, Aufenthaltsräume usw. Alle diese aus den verschiedensten Gruppen sich zusammensetzenden Nebenausgaben haben in Ländern mit hochentwickelter sozialer Gesetzgebung und starkem sozialen Empfinden eine solche Höhe erreicht, daß man dafür einen Zuschlag von etwa 25 vH zu den unmittelbar gezahlten Bezügen ansetzen kann.

Zu der menschlichen Arbeitskraft treten nun die mechanischen Kräfte und die Hilfsmittel, deren sich die menschliche Kraft bedient. Es sind dies die Maschinen und die zu ihrem Betriebe erforderlichen Hilfs- und Betriebsstoffe sowie die Werkzeuge, die Arbeitsräume, ihre Beleuchtung und Erwärmung. Diese Güter sind z. T. Verbrauchsgüter, wie die Hilfs- und Betriebsstoffe, oder Gebrauchsgüter, wie Maschinen und Werkzeuge, die aber auch durch den Gebrauch verbraucht werden. Alle Kosten, die durch den Verbrauch der Verbrauchsgüter und durch den Gebrauch der Gebrauchsgüter entstehen, gehören daher zu den Betriebskosten. Die Gebrauchsgüter selbst werden aus dem Anlagekapital beschafft, die Beschaffungskosten der Gebrauchsgüter gehören zum Anlagekapital. Dagegen gehören die Kosten für den Gebrauch zu den Betriebskosten und die Kosten für den Gebrauch bestehen wieder in den Kosten für die Betriebsstoffe und in Arbeitslöhnen. Dazu kommt aber noch ein neuer Kostenbestandteil, das sind die Unterhaltungskosten, der Faktor $\frac{r}{100} \cdot K$.

Die Unterhaltung der Gebrauchsgüter umfaßt die Arbeiten, die notwendig sind, um sie gegen Schadhaftwerden zu sichern, damit sie nicht betriebsgefährlich werden und auch nicht zu unwirtschaftlich arbeiten. Zweck der Unterhaltung ist nicht etwa, jede Einrichtung auf der vollen Güte des Anfangszustandes zu erhalten, das ist bei allen abnutzbaren Gebrauchsgütern gar nicht möglich, weil diese ihrer Natur nach vergänglich sind und trotz guter Unterhaltung nach Ablauf einer gewissen Zeit erneuert werden müssen. Die Unterhaltung ist auch nur wirtschaftlich, wenn die Unterhaltungskosten in einem bestimmten Verhältnis zur Verlängerung der Nutzungsdauer stehen. Der Aufwand an Unterhaltungskosten steht also einerseits in Beziehung zur Erneuerung, andererseits auch zu den Betriebskosten. Außerdem bedürfen gute Einrichtungen, welche nach dem Qualitätsgesetz größere Anlagekosten erfordern, geringerer Unterhaltungskosten. Man kann daher für viele Einrichtungen Verzinsung, Erneuerung und Unterhaltung kaum trennen. Bei den Kosten des Oberbaues der Eisenbahnen werden z. B. auch im Etat Erneuerung und Unterhaltung einheitlich verrechnet. Hinsichtlich der Unterhaltung müssen in jedem einzelnen Fall die Verhältnisse klargestellt werden. Als allgemein gültig kann nur gesagt werden, daß zur Unterhaltung auch das Ersetzen einzelner Teile zu rechnen ist, die meist ihrer Natur nach schnell abgenutzt werden und daher viel häufiger ersetzt werden müssen als das Ganze und nicht aus dem Erneuerungsfonds zu bestreiten sind. Hierhin sind z. B. zu rechnen alle kleineren Werkzeuge, wie die Bohrer von Bohrmaschinen, die Hobel bei Hobelmaschinen, die Eimer und Eimerketten bei Baggermaschinen, Gegenstände aus Glas oder Steingut usw. Sorgfältige Ausbesserung und Instandhaltung einer Anlage erhöht die Nutzungsdauer und gestattet damit an den Abschreibungsbeträgen zu sparen. Deshalb müssen auch die Unterhaltungskosten neben den Abschreibungskosten berücksichtigt werden, beide bestehen nebeneinander zu Recht. Für viele Fälle, vor allem für überschlägliche Kostenermittlungen genügt es, die Unterhaltungskosten in Form von Prozenten des Anlagekapitals anzusetzen $U = \frac{u}{100} K$, wobei man aber stets beachten muß, daß die Beziehung zwischen Anlagekapital und Unterhaltung sich ins Umgekehrte verschieben kann. Denn wenn an der Anlage, an den Anlagekosten über Gebühr gespart wird, so rächt sich das durch hohe Unterhaltungskosten. Gute Anlagen vorausgesetzt, kann man etwa mit folgenden Sätzen für die Nutzungsdauer und die Unterhaltungskosten rechnen.

| | Nutzungsdauer $n$ in Jahren | Jährliche Unterhaltungskosten in % des Anlagekapitals |
|---|---|---|
| Brücken aus Holz | 15—25 | 1,5—3,5 |
| Brücken aus Eisen für Straßen | 60—80 | 0,5—1,5 |
| Brücken aus Eisen für Bahnen | 35—50 | 0,5—2,0[1] |
| Brücken aus Stein und Beton | 100 | 0,1—0,25 |
| Hochbauten aus bestem Material | 50—80 | 0,25—0,75 |
| Hochbauten aus leichteren Stoffen | 25—40 | 1—1,5 |
| Straßen in Städten aus Hartschotter | 20—25 | 10—15 |
| Straßen in Städten aus Hartasphalt | 15—20 | 2—3 |
| Straßen in Städten aus Holzpflaster | 15—20 | 2—3 |
| Straßen in Städten aus Hartsteingroßpflaster | 40—50 | 0,5—1,5 |
| Leitungsnetze für Wasser und Gas | 70—80 | 0,5—1 |
| Steinzeugrohre | 50—80 | 1—2 |
| Kraftmaschinen aller Art | 5—20 | 5—20 |
| Werkzeuge | 1—10 | 10—30 |
| Zementrohre | 20—80 | 2—5 |

[1]) Mit Anstrich, ohne Anstrich 0,05—0,1 vH. Als Durchschnittsdauer des Anstriches eiserner Brücken können 5—6 Jahre gerechnet werden.

Hinsichtlich der Lebensdauer und der Unterhaltungskosten hatte man anfangs auch die Eisenbetonbauwerke den massiven Bauwerken aus Stein oder reinem Beton gleichgestellt. Aber diese Annahme war nicht zutreffend, denn wie die Erfahrung gelehrt hat, sind die Unterhaltungskosten für Eisenbetonbauwerke weit größer wie für massive Bauwerke, und zwar sind es die Betonzugrisse, welche den Eisenbetonbauwerken gefährlich werden. Die Betonzugrisse entstehen einmal durch das Schwinden des Betons beim Erhärten und sodann durch die Zugbeanspruchungen des Betons infolge der Belastung. Sind aber erst einmal Risse vorhanden, so erweitern sie sich ständig durch die infolge der Belastung eintretenden Beanspruchungen, und es kann feuchte Luft und Wasser an die Eiseneinlagen herantreten, so daß Rostbildung eintritt. Wenn man daher auch vielleicht die Lebensdauer der Eisenbetonbauwerke derjenigen massiver Bauwerke gleichsetzen kann, so ist dies hinsichtlich der Unterhaltungskosten jedenfalls nicht der Fall.

Der letzte Faktor der Verbrauchs- oder Betriebskosten war der Faktor $P$, der die Kosten umfaßt, welche für die Verwertung der fertigen Produkte aufgewendet werden. Bei der Verwertung der erzeugten Güter handelt es sich nicht nur um die Hauptprodukte, sondern auch um die Nebenprodukte und um die Abfälle. An Kosten für die Verwertung sind zu rechnen: der Transport innerhalb der Betriebe und bis zu den Verkaufstellen, das Sortieren, Lagern und Verpacken, sodann die sog. Verkaufspesen, wie Reklame, Reisende, Agenten, ferner die beim Verkauf ab und zu unvermeidlichen Verluste, als da sind nicht eintreibbare Forderungen, Verkauf unter den Selbstkosten bei fallender Konjunktur, schließlich die Zinsverluste für die Produktionskosten für die Zeit von der Fertigstellung bis zum Eingang der Bezahlung für die verkauften Fabrikate.

Alle diese Ausgaben gehören zu den Verbrauchs- oder Betriebskosten, sie sind möglichst derart zu zerlegen, daß sie als Grundkosten der einzelnen Betriebs- oder Bauelemente erscheinen. Bei formelmäßiger Behandlung von Ertragsrechnungen werden sie auch in Prozenten der Anlagekosten ausgedrückt, $V = \frac{v}{100} \cdot K$. Die Betriebskosten sind aber naturgemäß nicht konstant, sondern veränderlich, sie werden insbesondere durch schwankende Preise der Roh- und Hilfsstoffe und durch Lohnschwankungen beeinflußt.

An Stelle der Betriebskosten in Prozenten des Anlagekapitals hat man vielfach einen anderen Begriff eingeführt, d. i. der Begriff des Betriebskoeffizienten. Sind bei einem Werk vom Anlagekapital $K$ in einem bestimmten Zeitraum die Einnahmen $= E$ und die Ausgaben $= A$, so ist die Rente des Werkes in Prozenten $r = 100 \frac{E - A}{K}$.

Man nennt nun den Wert $\frac{A}{E} = c$ den Betriebskoeffizienten und mit ihm wird $r = 100\,(1 - c)\,\frac{E}{K}$.

Für den geldwirtschaftlichen Betrieb sind außer dem stehenden oder Anlagekapital noch die Mittel zu berücksichtigen, die für die Anschaffung der Verbrauchsgüter benötigt werden, d. i. das umlaufende oder Betriebskapital. Diese Aufwendungen sind abhängig von der Größe des Betriebes und dem Umfang und der Art der Produktion, sie kommen zwar mit dem Absatz der Produkte periodisch wieder herein, aber sind doch ebenso wie das stehende Kapital anderweiter Nutzung entzogen. Es ist daher notwendig, auch für dieses umlaufende Kapital $U$ Zinsen zu berechnen.

Die für Privatbetriebe übliche Formel für die Jahreskosten eines Betriebes lautet daher zusammengefaßt nach Kapitalsnutzungskosten und Betriebskosten

$$J = \frac{p}{100} \cdot B + \frac{p+q}{100} \cdot K + V + \frac{r}{100} \cdot K + \frac{p_1}{100} \cdot U\,.$$

Handelt es sich nicht um ein Fabrikationsunternehmen, sondern um ein Betriebsunternehmen, so stellen die Verbrauchskosten $V$ die Betriebskosten dar und ein besonderes Betriebskapital für die Beschaffung der Verbrauchsgüter ist dann nicht erforderlich, es wird $U = O$. Die Betriebskosten werden dann auch in Prozenten des Anlagekapitals ausgedrückt $= \frac{b}{100} \cdot K$, und wir erhalten für die Jahreskosten eines Betriebsunternehmens die Formel

$$J = \frac{p}{100} \cdot B + \frac{p+q+r+b}{100} \cdot K\,.$$

Kommen auch noch die Betriebskosten in Fortfall, so erhalten wir die für Berechnung der Jahreskosten für Bauwerke übliche Formel

$$J = \frac{p}{100} \cdot B + \frac{p+q+r}{100} \cdot K\,.$$

Die Berechnung der Kosten erfolgt nun zweckmäßig nicht allein als Jahressumme, sondern auch für die Betriebseinheit, um sie auf die Betriebselemente verteilen zu können. Bei allen Kraftmaschinen ist z. B. die Betriebseinheit die Pferdekraft- oder Kilowatt-Stunde, man berechnet also aus den Jahreskosten und der Jahresleistung die Kosten für 1 PS oder kW-Stunde und kann dann die Kraftkosten auf die einzelnen Betriebselemente verteilen.

## 2. Die Selbstkostenberechnung.

Die Grundlage der Wirtschaftlichkeit eines Betriebes bildet die Selbstkostenberechnung, denn nur diese gibt dem Betriebsleiter einen Einblick in seine Betriebsverhältnisse, macht ihn gewissermaßen erst sehend, während er ohne sie den Ergebnissen seines Betriebes blind gegenübersteht.

Die beiden Hauptfragen, die das Problem der Selbstkostenberechnung stellt, sind

1. Welche Aufgabe hat die Selbstkostenberechnung zu erfüllen?
2. Wie ist das Selbstkostenberechnungsverfahren zu gestalten?

Die Aufgabe der Selbstkostenberechnung ist eine vielseitige. Diese soll nicht allein Auskunft geben über die Kosten einer bestimmten Leistung oder Lieferung, sondern auch darüber, wie sich die Kosten im einzelnen zusammensetzen, welcher Anteil auf diese, welcher Anteil auf jene Art von Kosten entfällt, und wie sie sich auf die einzelnen mitwirkenden Faktoren, Arbeiter, Maschinen, Leitung usw. verteilen. Denn nur, wenn man diese Kostenverteilung im einzelnen kennt, kann man Vergleiche anstellen, sei es innerhalb des eigenen Betriebes, sei es mit anderen Betrieben, und kann daraus die notwendigen Schlüsse für die Leitung und Vervollkommnung des eigenen Betriebes ziehen. Eine richtige Selbstkostenberechnung führt erst zur sorgfältigen Durcharbeitung der ganzen Organisation. Diese vielseitige Aufgabe kann die Selbstkostenberechnung aber nur erfüllen, wenn sie nicht von vorn herein auf einen einzigen bestimmten Zweck eingestellt, sondern beweglich gestaltet und auf Elemente aufgebaut wird, die je nach der zu beantwortenden Frage gruppiert, zusammengestellt und verglichen werden können.

Eine richtige Gliederung der Selbstkosten in ihre Grundelemente ist also die wesentlichste Aufgabe, die bei der Selbstkostenberechnung zu lösen ist. Und dazu ist zunächst ein Studium der Arbeitselemente erforderlich, wie es die wissenschaftliche Betriebsführung verlangt. Es müssen die einzelnen Arbeitselemente und die Größe ihres Anteils, mit dem sie im Gesamtwert der fertigen Bauarbeit enthalten sind, ermittelt, es muß die Wirkung der einzelnen produktiven Faktoren auf das Gesamtergebnis festgestellt werden. Die gesonderte Ermittlung der Kosten für die einzelnen Herstellungsfaktoren oder Arbeitselemente zeigt ihre spezifische Wirkung für die Kostenbildung und liefert Vergleichseinheiten für den Vergleich mit anderen Ausführungen, wenn man die veränderlichen Größen, wie Baustoffpreise, Lohnsätze usw., als solche einsetzt. Die gesonderte Ermittlung der Kosten für die einzelnen Herstellungsfaktoren liefert dann auch die Grundlagen für genaue Preisberechnungen, deren Wesen in der möglichst weitgehenden Auseinanderhaltung der einzelnen preisbildenden Faktoren besteht. Die Herstellungsfaktoren sind vom technischen Standpunkt aus Materie und Energie, denen durch die Intelligenz des Menschen Gestalt und Richtung aufgezwungen wird, aber in wirtschaftlicher Hinsicht sind die mechanischen Energien nicht selbständige Herstellungsfaktoren, sondern sind als Repräsentanten des Produktionskapitals Produktivitätsvermittler, d. h. sie erhöhen die Ergiebigkeit der menschlichen Arbeit. Daher ist bei allen Selbstkostenberechnungen dahin zu streben, den Einfluß dieser Produktivitätsvermittler so genau wie möglich kenntlich zu machen. Das erhöht nicht nur die Vergleichsmöglichkeit, sondern befähigt uns auch erst, den Wert der mechanischen Hilfsmittel für die Erhöhung der Ergiebigkeit der menschlichen Arbeit kennenzulernen.

Mit den Grundelementen der Selbstkosten sind dann ohne weiteres die Kalkulationsunterlagen gegeben und kann eine richtige Festsetzung des Liefer- oder Leistungspreises erfolgen, so daß bei der Ausführung weder zugesetzt wird noch zu hohe Preise verlangt werden. Und die außerordentliche Verschiebung in den einzelnen Bestandteilen der Gestehungskosten, Bau- und Betriebsstoffkosten, Löhnen usw., die zu ganz anderen Verhältnissen als vor dem Kriege geführt hat, läßt eine Ermittlung der Lieferungs- oder Leistungspreise auf Grund der Kostenberechnung der Grundelemente unbedingt notwendig erscheinen. Die Kenntnis der Selbstkosten der Grundelemente ermöglicht eine ständige Überwachung des Betriebes hinsichtlich der Wirtschaftlichkeit und ist zugleich das natürlichste und wirksamste Mittel, um Verbesserungsmaßnahmen, wie Normung, Typung, Spezialisierung, Mechanisierung usw., durchzuführen. Ein Betrieb, der mit Hilfe der Selbstkostenberechnungen erkennt, wo er Mängel hat und in welcher Weise die Wirtschaftlichkeit erhöht werden kann, wird ganz von selbst zur Durchführung zweckentsprechender Maßnahmen kommen, und daher muß die Selbstkostenberechnung infolge dieser Wirkung als eines der wichtigsten Mittel zur Förderung des technischen und wirtschaftlichen Fortschrittes angesehen werden. Hierin liegt ihre weit über das Interesse des Einzelbetriebes hinausgehende Bedeutung für die Allgemeinheit.

Eine weitere Aufgabe der Selbstkostenberechnung ist die Schaffung von Unterlagen für eine Übersicht über die Betriebskosten in kürzeren Zeiträumen als die übliche Jahresbilanz und für Preisvereinbarungen. Eine jederzeitige Übersicht über die Betriebskosten ist ein unbedingtes Erfordernis; man muß sich jederzeit bewußt sein, für welche Verhältnisse die Zahlen gelten, mit denen man rechnet. Bei Bauarbeiten lassen sich allgemeine Normal-, Richt- oder Mindestpreise nicht vereinbaren wie bei gleichartigen Erzeugnissen, Rohstoffen, Halbfabrikaten und Massenartikeln, sondern es können nur die Selbstkosten zur Grundlage von Preisvereinbarungen gemacht werden. Man muß vereinbaren, daß niemand unter seinen Selbstkosten zuzüglich eines bestimmten Gewinnzuschlages anbieten darf, und die Selbstkostenberechnung muß durch eine Vertrauensstelle überwacht werden. Um dies aber durchführen zu können, ist es notwendig, daß die Selbstkostenberechnung nach gewissen einheitlichen Grundsätzen erfolgt, daß die Gliederung der Kosten in allen Betrieben die gleiche ist. Denn nur wenn die Kostenarten in den einzelnen Betrieben übereinstimmen, lassen sie sich vergleichen und nötigenfalls die Selbstkosten nachprüfen. Es handelt sich dabei natürlich nicht um eine Vereinheitlichung der Selbstkostenzahlen, sondern lediglich um eine Vereinheitlichung ihrer Gruppierung und Gliederung auf Grund der Grundelemente und des Schemas zur Berechnung des Lieferpreises. Die Selbstkostenzahlen selbst werden in den einzelnen Betrieben äußerst verschieden, und eine Vereinheitlichung derselben würde geradezu eine Sünde gegen den Geist der Selbstkostenberechnung sein. Eine solche Vereinheitlichung der Grundsätze der Selbstkostenberechnung ist dann auch ein Mittel gegen Preisdrückerei und unlauteren Wettbewerb. Jedem Unternehmer muß daran liegen, daß ebenso wie er selbst auch alle seine Mitbewerber richtig kalkulieren, und er muß den Vorzug einer guten Selbstkostenberechnung auch seinen Mitbewerbern verschaffen. Denn wer seine Selbstkosten wirklich kennt, wird wohl einmal ausnahmsweise, z. B. um ins Geschäft zu kommen oder um seinen Betrieb nicht stillstehen zu lassen, unter den Selbstkosten, aber ständig keinesfalls zu den niedrigen Preisen anbieten und dadurch die Preise für eine Arbeit allgemein verlustbringend machen.

Zur Lösung der Aufgaben der Selbstkostenberechnung ist also einmal die Kenntnis der Grundelemente und sodann die Vereinheitlichung der Grundlagen der Selbstkostenberechnung erforderlich, und diesen Erfordernissen muß daher auch das Selbstkostenberechnungsverfahren entsprechen. Dazu ist neben einer dem Zweck des Unternehmens angepaßten kaufmännischen Buchführung eine, wenn auch noch so einfache Betriebsbuchführung notwendig, und mit dieser muß die Selbstkostenberechnung in organischer Verbindung stehen.

Der Begriff der Selbstkosten ist bestimmt durch die Gleichung $S = L - G$, worin $S$ die Selbstkosten, $L$ die Leistung oder Lieferung und $G$ den Gewinn bedeuten. Die Selbstkosten setzen sich für alle Baubetriebe zunächst zusammen aus den Kosten auf der Baustelle, den Baukosten, und den Verwaltungs- oder Geschäftskosten. Demgemäß ist auch die Buchführung zu trennen in die beiden Hauptzweige: in die Geschäftsbuchführung, die eine kaufmännische Buchführung ist, und in die Buchführung des Baubetriebes, oder kurz Betriebsbuchführung genannt, die eine technische Buchführung ist[1]). Denn bei jedem Unternehmen der Gütererzeugung, etwas anderes ist auch ein Bauunternehmen nicht, lassen sich zwei Teile unterscheiden, die in ihrer Wesensart vollständig voneinander verschieden sind, das ist einerseits die kaufmännische und andererseits die technische Tätigkeit; über den kaufmännischen Erfolg soll die Geschäftsbuchführung und über die Wirtschaftlichkeit der technischen Tätigkeit oder der Fertigung soll die Betriebsbuchführung sichere Unterlagen schaffen. Die Betriebsbuchführung erscheint in der Geschäftsbuchführung nur als ein Einzelkonto, das Baubetriebskonto. Das Geschäft beschafft die erforderlichen Baustoffe, Hilfsstoffe, Betriebsstoffe, Maschinen, Werkzeuge usw. und stellt diese sowie das notwendige Betriebskapital den Baubetrieben gegen die Beschaffungskosten oder gegen eine Leihgebühr, die sich nach den den tatsächlichen Verhältnissen entsprechenden, auch sonst maßgebenden üblichen Sätzen für Abschreibung und Zinsen richten muß, zur Verfügung. Die Baubetriebe können also mit festen Zahlen rechnen und haben in ihren Betriebskonten nichts anderes zu tun, als mit größter Genauigkeit die Selbstkosten der ausgeführten einzelnen Bauarbeiten zu berechnen. Sie geben dann diese Selbstkosten ohne Gewinn, aber auch ohne Verlust an die Geschäftsbuchführung weiter, und erst in dieser entsteht nach Hinzurechnung der Geschäfts-

---

[1]) Näheres über die kaufmännische und technische Buchführung s. Janssen, Th.: Technische Wirtschaftslehre.

unkosten auf den Baukonten durch den erzielten Lieferpreis ein Gewinn oder ein Verlust.

Alle Aufwendungen verteilen sich auf die einzelnen, einander nebengeordneten Bauarbeiten, die Kostenträger, innerhalb der Kostenträger nach Kostenarten und innerhalb der Kostenarten nach Kostenelementen. Der Aufbau der Kostenelemente ist beweglich, bald sind nur wenige, bald mehr an der Kostenart beteiligt. Verteilung und Zusammenfassung der Elemente ergeben sich aus dem jeweiligen Zweck, sie ordnen sich nach einmaligen und laufenden Ausgaben. Einmalige Kosten sind solche, die bei der betreffenden Bauarbeit nur einmal entstehen, als An- und Abtransport der Geräte, Montage und Demontage einer Maschinenanlage, laufende Kosten treten dagegen während der ganzen Dauer der Bauarbeit auf, wie für Arbeitslöhne, Betriebsstoffe usw. Die einmaligen Kosten sind bei gleichartigen Bauarbeiten annähernd die gleichen und unabhängig von den zu leistenden Mengen und der Dauer der Leistung.

Bei den Kostenarten ist zu unterscheiden zwischen Einzelkosten und Gemeinkosten. Die Einzelkosten, auch Spezialkosten, unmittelbare (direkte), wirksame Kosten und Grundkosten genannt, entstehen bei der Ausführung des einzelnen Teilbauvorganges oder werden für eine bestimmte Bauarbeit unmittelbar aufgewendet und sind für jeden Teilvorgang in ihrer Höhe nachweisbar, wie die Kosten für Baustoffe, Arbeitslöhne usw. Zu den Einzelkosten gehören ferner die Kosten für Betriebs- und Hilfsanlagen, auch wenn sie nicht für einen, sondern für mehrere Teilarbeiten benötigt werden. In diesem Falle sind sie nach einem bestimmten Schlüssel, Betriebszeit oder Leistungsmenge, auf die Teilarbeiten zu verteilen. Die Gemeinkosten, auch Generalkosten, mittelbare Kosten, Geschäftsunkosten und Ergänzungskosten genannt, haben das besondere Merkmal, daß sie stets für mehrere Teilarbeiten oder die ganze Bauausführung, und wenn es sich um eine Bauunternehmung handelt, die verschiedene Baustellen betreibt, für sämtliche Baubetriebe aufgewendet werden. Sie sind für die einzelnen Bauarbeiten bzw. Baubetriebe ihrer Höhe nach nicht ohne weiteres nachweisbar und treffen daher die Teilarbeit nur mittelbar. Ihre Verrechnung erfolgt durch Umlegung des Gesamtbetrages auf die einzelnen Bauarbeiten. Die Gemeinkosten lassen sich trennen in Betriebsunkosten und allgemeine Verwaltungs- oder Geschäftsunkosten. Die Betriebsunkosten entstehen bei der einzelnen Bauausführung und sind veränderlich, sie sind laufende Ausgaben während des Betriebes und unabhängig von der technischen und wirtschaftlichen Art des Betriebes, wie Betriebseinrichtungen, Arbeitsmethoden, örtlichen Verhältnissen usw. Die Verwaltungs- oder Geschäftsunkosten werden verausgabt bei der Organisation der Verwaltung oder bei der Geschäftsführung der Unternehmung und sind in gewisser Hinsicht konstant, nur abhängig vom Umfang der Verwaltung oder vom Beschäftigungsgrad und Umsatz der Unternehmung.

Unter Kostenträger werden die einzelnen Erzeugnisse und Leistungen des Bauvorhabens, die einzelnen Bauteile oder Bauarbeiten verstanden, für welche im Bauvertrage Preise vereinbart werden. Jeder Bauvorgang besteht aus einer Summe von Einzelvorgängen und jeder Einzelvorgang umfaßt wieder Haupt-, Neben- und Hilfsbetriebe. Haupt- und Nebenbetriebe sind Betriebsabteilungen einer Bauausführung zur Herstellung bestimmter Erzeugnisse, Hilfsbetriebe sind Betriebe ohne Erzeugungszweck und dienen lediglich zur Unterstützung der Haupt- und Nebenbetriebe. Hauptbetrieb ist z. B. die Herstellung von Beton, Nebenbetrieb die Betonmischanlage und Hilfsbetrieb die Gewinnung von Kies oder die Herstellung von Steinschlag. Einzelvorgänge sind die Aufstellung der Schalung, das Mischen, der Transport und das Einbringen des Betons, und die Summe der Einzelvorgänge ist schließlich der fertige Betonkörper als Kostenträger. Daher werden auch in der Regel die Kostenträger als Einzelpositionen eines Kostenanschlages in Ansatz gebracht oder sollten es wenigstens. Denn wenn es nicht geschieht, wenn eine Kostenanschlagsposition aus mehreren Kostenträgern besteht, so muß doch für die technische Buchführung oder bei der Kosten- oder Preisberechnung diese Sammelposition wieder in die einzelnen Kostenträger zerlegt werden.

In dem für jeden Baubetrieb aufzustellenden Arbeitsplan muß jeder Kostenträger seine Nummer erhalten, um die Zusammentragung der einzelnen Kostenanteile zu ermöglichen. Der Arbeitsplan und ein in engster Verbindung mit ihm zu setzendes Arbeitsverzeichnis dienen dazu, alle Unterlagen für die Verrechnung der Aufwendungen festzuhalten, so daß der Baubetrieb auf Grund des Arbeitsplanes und des Arbeitsverzeichnisses sowie auf Grund der ihm zur Verfügung gestellten Zeichnungen die Fertigung aller ihm übertragenen Bauarbeiten restlos vornehmen kann.

Bei den Kostenarten ist es vielfach noch üblich, die unmittelbaren Kosten als produktive und die mittelbaren Kosten als unproduktive zu bezeichnen. Diese Bezeichnung ist aber unzutreffend, denn alle aufgewendeten Kosten müssen für die Produktion notwendig, also produktiv sein, und unproduktive Kosten im eigentlichen Wortsinne darf es in einem wirtschaftlichen Unternehmen überhaupt nicht geben. Es kommt für die Unterscheidung in unmittelbare und mittelbare Kosten lediglich darauf an, ob die Kosten unmittelbar als für eine bestimmte Arbeit verwendet festgestellt werden können oder nicht. Zweckmäßig ist es immer, so wenig wie möglich mit zu verteilenden Kosten zu rechnen und soviel wie möglich die Kosten unmittelbar festzustellen. Und die Gliederung nach unmittelbaren und mittelbaren Kosten darf auch nicht von Fall zu Fall, sondern muß grundsätzlich vorgenommen werden, die Verrechnungsweise muß einheitlich sein. Ist für eine bestimmte Kostenart nicht ständig, sondern nur ausnahmsweise unmittelbare Ermittlung möglich, so muß diese Kostenart stets unter den mittelbaren Kosten verrechnet werden, da sonst sich ein falscher Zuschlag für die mittelbaren Kosten ergeben und gewisse Kosten gewisser Arbeiten doppelt, nämlich zunächst als unmittelbare Kosten und außerdem in Form eines Zuschlages für mittelbare Kosten belastet werden. Einheitliche Behandlung der Kostenarten ist einer der wichtigsten Grundsätze der Selbstkostenberechnung.

Alle Kosten, die eine bestimmte Bauarbeit, also ein bestimmter Kostenträger erfordert, gehören zu den unmittelbaren Kosten, in erster Linie also die für einen Kostenträger unmittelbar aufgewendeten Materialkosten (Fertigungsmaterial) und Bearbeitungslöhne (Fertigungslöhne). Diese Kosten können unmittelbar auf dem Auftragzettel oder der Auftragskarte mit der Nummer des Kostenträgers im Arbeitsplan verzeichnet werden. Dazu kommen dann die für die Herstellung des Kostenträgers erforderlichen Hilfsanlagen, z. B. Transport- und Lehrgerüste, Schalungen usw. sowie die mechanischen Betriebsmittel als Kraft- und Arbeitsmaschinen, Geräte, Werkzeuge usw. Hilfsanlagen sowohl wie Betriebsmittel dienen entweder nur zur Ausführung einer bestimmten Bauarbeit, eines einzigen Kostenträgers und können dann ebenfalls unmittelbar auf dem Auftragzettel verzeichnet werden, oder sie dienen zur Ausführung mehrerer Kostenträger und sind dann zunächst auf einem Sammelkonto zu sammeln und demnächst nach einem bestimmten Schlüssel, bestimmter Zeit oder Menge, auf die einzelnen Kostenträger zu verteilen. Falsch ist es aber, diese Kosten als mittelbare Kosten zu verrechnen, denn sie sind immer nur erforderlich zur Ausführung einer einzelnen oder von mehreren, aber ganz bestimmten Bauarbeiten, so daß sie auch nur für diese verrechnet werden dürfen, und es muß das Ziel einer richtigen Selbstkostenberechnung sein, die mittelbaren Kosten nach Möglichkeit einzuschränken.

Die Beschaffung der Materialien, sowohl der Fertigungs- wie der Fertigungshilfs- und der Betriebsmaterialien, sowie auch die der Betriebsmittel ist eine kaufmännische Tätigkeit und erfolgt daher durch die Geschäftsleitung. Ihre Verrechnung sowie die der Geschäftsunkosten ist somit Gegenstand der Geschäftsbuchführung. Die Betriebsmittel werden zweckmäßig in Großgeräte, Klein- und Verbrauchsgeräte unterteilt. Die Verarbeitung und Verwertung der Materialien sowie die Benutzung der Betriebsmittel ist dagegen eine technische Tätigkeit und ihre Verrechnung demnach Gegenstand der Betriebsbuchführung. Wir erhalten also jetzt folgende Gliederung der Kosten nach Kostenarten in Kostengruppen:

I. Unmittelbare Kosten.

1. Materialien
   a) Baustoffe
   b) Hilfsstoffe
   c) Betriebsstoffe
2. Löhne
   a) Fertigungslöhne
   b) Fertigungshilfslöhne
   c) Löhne für Betriebsmittel
3. Betriebsmittel
   a) Großgeräte
   b) Klein- und Verbrauchsgeräte.

II. Mittelbare Kosten.

1. Betriebsunkosten.
2. Geschäftsunkosten.

Die Gliederung der Kosten nach Kostenarten bietet aber noch keine Möglichkeit, sie ohne weiteres auf die Kostenträger zu verrechnen. Hierfür ist es erforderlich, die Kosten weiter nach den einzelnen Kostenträgern zu gliedern. Diesem Zweck dienen die Verrechnungskonten in der Betriebsbuchführung, in welchen die zunächst als Gesamtposten in den Kostengruppen gebuchten Betriebsaufwendungen auf die einzelnen Kostenträger auf Grund der Materialbescheinigungen und Lohnzettel verteilt werden. Es ist also notwendig, den ganzen Baubetrieb in soviel Kostenträger zu gliedern, als dem beabsichtigten Zweck der Selbstkostenberechnung entspricht. Bei einfachen Bauarbeiten wird man mit einer weniger weitgehenden Gliederung auskommen als bei einem umfangreichen Baubetrieb.

Die Betriebsbuchführung soll den Nachweis der Selbstkosten der einzelnen Bauarbeiten erbringen und dient somit dem Zwecke der Nachkalkulation. Sie darf aber nicht unabhängig von der Geschäftsbuchführung arbeiten, sondern beide müssen in organischem Zusammenhang stehen. Mit Rücksicht auf die Aufstellung gesonderter Monatsabschlüsse enthält sowohl die Geschäftsbuchführung wie auch die Betriebsbuchführung je ein geschlossenes Kontensystem, die durch ein Übergangskonto zusammenhängen.

Das Baubetriebskonto der Geschäftsbuchführung (Sollseite) wird mit allen für den betreffenden Baubetrieb geleisteten Kassenzahlungen und Rechnungsbeträgen oder Leihgebühren seitens der Konten Kasse, Materialien und Betriebsmittel belastet. Zu diesem Konto führt der Betrieb ein Gegenkonto, das stets mit dem ersteren übereinstimmen muß. Der Betrieb teilt nun die Belastungen dieses Hauptkontos auf und belastet mit den entsprechenden Beträgen die verschiedenen Kostengruppen, auf deren Sollseiten also die gesamten Aufwendungen für die Bauarbeiten erscheinen. Und diese Aufwendungen müssen jetzt auf die einzelnen Kostenträger, die einzelnen Bauarbeiten verteilt werden. Dies geschieht in den Verrechnungskonten, indem für jede einzelne Bauarbeit ein besonderes Konto angelegt und mit den auf Grund der anfallenden Material-, Lohn- und sonstigen Verteilungszettel zu verrechnenden Aufwendungen belastet wird. Auf der Habenseite der Kostengruppenkonten werden also die an die Verrechnungskonten für die einzelnen Bauarbeiten erfolgten Abgänge nachgewiesen, und die Sollseiten der Verrechnungskonten weisen sämtliche, für die betreffende Bauarbeit gemachten Aufwendungen auf. Die Summe dieser einzelnen Aufwendungen muß mit den Abgängen der Kostengruppenkonten übereinstimmen, die Selbstkostenberechnung muß durch die Buchführung kontrolliert werden.

Nachdem so durch die Verrechnungskonten festgestellt ist, welcher Betrag an Kosten auf die einzelnen Bauarbeiten entfällt, kann die Betriebsbuchführung die Verrechnungskonten um den festgestellten Wert der fertigen Bauarbeiten entlasten und dafür das Baukonto belasten. Der auf den Verrechnungskonten auf der Sollseite verbleibende Bestand stellt den Wert der unfertigen Bauarbeiten dar. Im Soll des Baukontos der Betriebsbuchführung erscheinen also die Einzelwerte der fertigen Bauarbeiten, und auf der Habenseite kann jetzt die Entlastung für die einzelnen, zur Verrechnung gelangenden Bauteile erfolgen. Diese Werte werden über das Hauptbetriebskonto auf das in der Geschäftsbuchführung geführte Baukonto übertragen, und im Soll dieses Baukontos werden schließlich noch die Geschäftsunkosten verbucht, so daß hier

10*

die gesamten Selbstkosten für einen Baubetrieb erscheinen. Entlastet wird das Baukonto der Geschäftsbuchführung durch die Rechnungsbeträge für die geleisteten Arbeiten, und es gibt somit ein Sollsaldo des Baukontos den Gewinn, und ein etwaiger Habensaldo einen Verlust an. Mit den für die Rechnungsbeträge eingehenden Zahlungen wird das Baukonto wieder entlastet und das Soll der Kasse belastet, womit der Kreislauf des Kapitals, des Baugeldes, geschlossen ist.

Die Selbstkosten einer Bauarbeit setzen sich also aus den auf sie entfallenden Beträgen der einzelnen in Betracht kommenden Kostengruppen, Baustoffe $B$, Fertigungslöhne $L$, Fertigungshilfsanlagen $H$ (Material und Löhne), Betriebsmittel $M$ (Geräte, Material und Löhne) zusammen. Zu diesen unmittelbaren Kosten kommen die mittelbaren Kosten, die Betriebsunkosten $U_b$ und die Geschäftsunkosten $U_g$, welche in der Regel als prozentuale Zuschläge $p$ zu den unmittelbaren Kosten in Anrechnung gebracht werden. Setzt man $B + L + H + M = K$, so wird $p_b = \frac{U_b \cdot 100}{K}$ und $p_g = \frac{U_g \cdot 100}{K + U_b}$. Es werden dann die Selbstkosten:

$$S = [K(1 + p_b)]\,[1 + p_g],$$

und zur Berechnung des Lieferpreises $L$ hat der Unternehmer dann noch einen Zuschlag für Risiko und Gewinn zu machen, so daß $L = S + \mathrm{G}$.

Die Schwierigkeit der Selbstkostenberechnungen für Bauarbeiten liegt in der Beschaffung der Unterlagen für die Verteilung der Ausgaben auf die einzelnen Kostenträger in den Verrechnungskonten. Kostenträger sind die einzelnen Bauarbeiten, wie sie im Kosten- oder Verdingungsanschlage aufgeführt sind, sie werden also festgestellt nach dem Arbeitsplan und dem Arbeitsverzeichnis und fortlaufend nummeriert. Ihre Unterteilung erfolgt nach den Kostenarten, aus welchen die Kostenträger bestehen, das sind Fertigungsmaterial, Fertigungslöhne, Betriebsmittel, Hilfsanlagen und Betriebsunkosten. In den Verrechnungskonten ist demnach für jeden Kostenträger ein Konto anzulegen mit so viel Spalten, als der Kostenträger Kostenarten enthält. Die Vorbedingung für die Beschaffung der Unterlagen für die Verteilung der Ausgaben ist nun, daß die Beschaffung unmittelbar auf der Baustelle erfolgt, daß die Aufsichtsbeamten, Schachtmeister oder Poliere, gezwungen werden, die Verteilung täglich vorzunehmen, daß die Angaben sich selbst kontrollieren und daher ohne weiteres nachgeprüft und etwaige Differenzen sogleich aufgeklärt werden können. Daraus folgt, daß die Verteilung der Materialien und Löhne auf die einzelnen Kostenarten der Kostenträger unmittelbar auf den von den Aufsichtsbeamten allwöchentlich einzureichenden Material- und Lohnnachweisungen zu erfolgen hat. Besondere Zettel für diese Verteilung neben den Materialverbrauchsscheinen und Lohnlisten zu führen, ist zu vermeiden, weil dadurch leicht Irrtümer und Fälschungen entstehen. Jeder Aufsichtsbeamte, Polier oder Schachtmeister, hat also Listen für Empfang und Verbrauch von Materialien sowie für die Löhne zu führen, welche so zu gestalten sind, daß aus ihnen nicht allein die Gesamtbeträge, sondern auch deren Verteilung auf die einzelnen Kostenarten der Kostenträger für jeden Tag zu ersehen sind, und daß die Kontrolle darin besteht, daß die Einzelzahlen der Verteilung mit der Gesamtsumme übereinstimmen muß. Die Verteilung muß sich dabei sowohl auf die Mengen bzw. Arbeitszeiten als auf die Geldbeträge beziehen, um Vergleichsmöglichkeiten zu schaffen, weil die Preise der Materialien und die Lohnsätze sich vielfach ändern.

Diesen Gesichtspunkten entsprechen die nachstehenden Formulare 1—5. Die beiden Formulare 1a und 1b betreffen die Anlieferung der Materialien nach der Baustelle und die Berechnung der Preise frei Baustelle. Sie unterscheiden sich nur nach der Art der Materialien, ob es sich um Rohstoffe, wie Kies, Sand, Kohlen usw. bzw. um einheitliche Waren, wie Zement, Ziegel usw., oder um Fabrikate, wie Walzeisen, Ton- und Zementwaren u. dgl. handelt. Die Nachweise über die gelieferten Materialien werden vom Materialienverwalter geführt und der Bauleitung wöchentlich eingereicht behufs Berechnung der Preise frei Baustelle und Prüfung der Lieferantenrechnungen. Hierbei ist es gleichgültig, ob die Materialien auf den Lagerplatz oder unmittelbar nach den einzelnen Baustellen geliefert werden, auch die letzteren müssen zunächst vom Materialienverwalter abgenommen und nachgewiesen werden zwecks einheitlicher Kontrolle. Der Materialienverwalter verabfolgt dann die Materialien nach Bedarf an die einzelnen Baustellen bzw. Aufsichtsbeamten, und der Aufsichtsbeamte hat die nach seiner Baustelle gelieferten Materialien sowie deren Verbrauch für die einzelnen Kostenträger nach Kostenarten getrennt auf einem besonderen Formular nachzuweisen, Formular 2. Spalten für 3 bis 4 Kostenträger werden im allgemeinen immer für einen Aufsichtsbeamten genügen. Die Formulare 1 und 2 werden zweckmäßig als Durchschreibbücher geheftet mit einem perforierten und einem festen Vordruck, damit eine Kopie im Buch verbleiben kann.

Am schwierigsten ist die Lohnverteilung, hieran scheitern die meisten Selbstkostenberechnungen, weil sie gewöhnlich erst nachträglich auf besonderen Zetteln gemacht wird. Das ist aber unbedingt zu vermeiden, die Verteilung der Löhne auf die einzelnen Kostenarten der Kostenträger muß vielmehr auf den von den Aufsichtsbeamten einzureichenden Lohnlisten selbst erfolgen, es muß für jeden Arbeiter täglich nachgewiesen werden, bei welcher Arbeit er beschäftigt gewesen ist. Es genügt nicht, die tägliche Arbeitszeit eines Arbeiters zu kennen, sondern für die Zwecke der Selbstkostenberechnung ist es erforderlich, zu wissen, für welchen Kostenträger und für welche Kostenart die Arbeitszeit zu verrechnen ist. Dazu kommt noch eine weitere Schwierigkeit, d. i. daß der Lohnsatz kein einheitlicher ist, sondern daß die verschiedenartigsten Zuschläge für Überstunden, Wasserarbeit, Prämien usw., mit zu verrechnen sind. Alle diese Umstände erschweren die übersichtliche und einfache Gestaltung eines zweckmäßigen Formulars, besonders wenn in einer Lohnwoche die Arbeiter für verschiedene Kostenträger beschäftigt gewesen sind. In Formular 3 sind alle diese Umstände berücksichtigt. Es sind allerdings nur zwei Kostenträger vorgesehen

*Formular 1a.*

Bau ..............................
Materialienverwalter ..............................

**Materialienlieferung**
Woche vom .................... bis ....................

| Datum | Lieferant | Fuhrmann | Waggon Nr. oder Wagen | Material | Menge | Lieferpreis | | Berechnung | | | | | | | | Gesamtbetrag | | Einheitspreis | |
|---|---|---|---|---|---|---|---|---|---|---|---|---|---|---|---|---|---|---|---|
| | | | | | | | | Lieferung | | Fracht | | Anfuhr | | Abladen | | | | | |
| | | | | | | M. | Pf. | M. | Pf. | M. | Pf. | M. | Pf. | M. | Pf. | M. | Pf. | M. | Pf. |
| | | | | | | | | | | | | | | | | | | | |

*Formular 1b.*

Bau ..............................
Materialienverwalter ..............................

**Materialienlieferung**
Woche vom .................... bis ....................

| Datum | Lieferant | Fuhrmann | Material | | | | | Lieferpreis | | Berechnung | | | | | | | | Gesamtbetrag | | Einheitspreis | |
|---|---|---|---|---|---|---|---|---|---|---|---|---|---|---|---|---|---|---|---|---|---|
| | | | Stück | Länge | | Profil | Gewicht kg | | | Lieferung | | Fracht | | Anfuhr | | Abladen | | | | | |
| | | | | einzeln | zusammen | | | M. | Pf. | M. | Pf. | M. | Pf. | M. | Pf. | M. | Pf. | M. | Pf. | M. | Pf. |
| | | | | | | | | | | | | | | | | | | | | | |

*Formular 2.*

Baustelle ..............................
Aufsichtsbeamter ..............................

**Materialiennachweis**
für die Woche vom .................... bis ....................

| Nr. | Datum | Material | Bestand | Lieferung | Preis | Kostenträger Nr. .......... | | | | | | | | | Kostenträger Nr. .......... | | | | | | | | | Kostenträger Nr. .......... | | | | | | | | | Betriebsunkosten | | | Verbrauch | | | Bestand |
|---|---|---|---|---|---|---|---|---|---|---|---|---|---|---|---|---|---|---|---|---|---|---|---|---|---|---|---|---|---|---|---|---|---|---|---|---|---|---|---|
| | | | | | | Fertigung | | | Hilfsanlagen | | | Betriebsmittel | | | Fertigung | | | Hilfsanlagen | | | Betriebsmittel | | | Fertigung | | | Hilfsanlagen | | | Betriebsmittel | | | Menge | Betrag | | Menge | Betrag | | |
| | | | | | M. | Menge | M. | Pf. | Menge | M. | Pf. | Menge | M. | Pf. | Menge | M. | Pf. | Menge | M. | Pf. | Menge | M. | Pf. | Menge | M. | Pf. | Menge | M. | Pf. | Menge | M. | Pf. | | M. | Pf. | | M. | Pf. | |
| | | | | | | | | | | | | | | | | | | | | | | | | | | | | | | | | | | | | | | | |

Baustelle ......................................

*Formular 3.*

Aufsichtsbeamter ..........................

**Lohn-**

| 19.... ..... Woche von ...................... bis ...................... | | | Kostenträger Nr. .................................................... | | | | | | | | | | | | | | | | | | | | | | | | | | | Kostenträger Nr. .................................................... | | | | | | | | | | | | | | | | | |
|---|---|---|---|---|---|---|---|---|---|---|---|---|---|---|---|---|---|---|---|---|---|---|---|---|---|---|---|---|---|---|---|---|---|---|---|---|---|---|---|---|---|---|---|---|---|---|---|
| | | | Fertigung Stunden | | | | | | | | | Hilfsanlagen Stunden | | | | | | | | | Betriebsmittel Stunden | | | | | | | | | Fertigung Stunden | | | | | | | | | Hilfsanlagen Stunden | | | | | | | | |
| Nr. | Arbeiter Stand | Arbeiter Name | S | S | M | D | M | D | F | Zus. | Zuschl. | S | S | M | D | M | D | F | Zus. | Zuschl. | S | S | M | D | M | D | F | Zus. | Zuschl. | S | S | M | D | M | D | F | Zus. | Zuschl. | S | S | M | D | M | D | F | Zus. | Zuschl. |
| 1 | 2 | | 3 | | | | | | | | | 4 | | | | | | | | | 5 | | | | | | | | | 6 | | | | | | | | | 7 | | | | | | | | |

**liste**

| ...................... Betriebsmittel Stunden | | | | | | | | | Betriebsunkosten Stunden | | | | | | | | | Tagelohnarbeiten Stunden | | | | | | | | | Tariflohn | | | | Zuschläge | | | | Summe | | Steuerfreie Abzüge | | | | Verbleibender Betrag | | Steuerabzug | Vorschuß | Auszuzahlender Betrag | |
|---|---|---|---|---|---|---|---|---|---|---|---|---|---|---|---|---|---|---|---|---|---|---|---|---|---|---|---|---|---|---|---|---|---|---|---|---|---|---|---|---|---|---|---|---|---|---|
| S | S | M | D | M | D | F | Zus. | Zuschl. | S | S | M | D | M | D | F | Zus. | Zuschl. | S | S | M | D | M | D | F | Zus. | Zuschl. | Stundenzahl | Lohnsatz M. | Betrag M. | Betrag Pf. | Stundenzahl | Zuschlag | Betrag M. | Betrag Pf. | M. | Pf. | K. M. | J. M. | E. M. | Zus. M. | M. | Pf. | M. | M. | M. | Pf. |
| 8 | | | | | | | | | 9 | | | | | | | | | 10 | | | | | | | | | 11 | | | | 12 | | | | 13 | | 14 | | | | 15 | | 16 | 17 | 18 | |

und außerdem die Betriebsunkosten sowie etwaige Tagelohnarbeiten; sollte es der Bau erfordern, daß in einem Schacht in einer Woche die Arbeiter bei mehr als zwei Kostenträgern beschäftigt werden müssen, so ist das Formular aber unschwer durch weitere Spalten für Kostenträger zu erweitern.

Der Aufsichtsbeamte, Schachtmeister oder Polier, hat also in diese Lohnliste wöchentlich einmal die Namen der Arbeiter des Schachtes einzutragen, sodann täglich die einzelnen Arbeitszeiten der Arbeiter für die verschiedenen Arbeitsleistungen und die in Betracht kommenden Zeiten für etwaige Zuschläge. Am Schlusse der Woche hat er ferner diese einzelnen Arbeitszeiten zusammenzuzählen, welche mit der Gesamtarbeitszeit des Arbeiters nach seinem von ihm außerdem zu führenden gewöhnlichen Lohnbuche übereinstimmen muß. Schließlich hat er noch den Tariflohn des Arbeiters und die etwaigen Zuschläge einzutragen und die Lohnliste sodann dem Baubureau einzureichen. Hier wird dann die Ausrechnung vorgenommen, so daß die Lohnliste nunmehr alle Angaben für die Aufstellung der für die Auszahlung erforderlichen Lohnlisten enthält und letztere nur noch eine Abschrift aus der Urliste ist.

Für die Selbstkostenberechnung sind sodann aus den einzelnen Lohnlisten für die verschiedenen Schächte die Arbeitszeiten und Lohnbeträge für die einzelnen Kostenträger in ein Lohnbuch zu übertragen, welches in Formular 4 dargestellt ist. Der Zweck dieses Lohnbuches ist die Zusammentragung aller Lohnkosten der verschiedenen Schächte in einer Woche auf die einzelnen Kostenträger unter Hinzurechnung der vom Unternehmer zu zahlenden Versicherungsbeiträge, so daß hier die tatsächlichen gesamten Lohnkosten auftreten. Aus den Lohnlisten ist für jede Arbeiterklasse die Summe der Lohnbeträge nach Abzug der Versicherungsbeiträge aus Spalte 15 zu entnehmen und in Spalte 16 des Lohnbuches einzutragen, sodann sind die vom Arbeitgeber zu zahlenden Versicherungsbeiträge hinzuzuzählen, Spalte 17, und daraus die Gesamtlohnbeträge festzustellen, Spalte 18. Durch Division dieser Beträge mit den Stundenzahlen für die einzelnen Kostenarten ergeben sich dann die Lohnbeträge für die einzelnen Kostenarten. Die Kontrolle der Eintragungen besteht darin, daß die Zeit- und Lohnsummen mit denjenigen der Lohnlisten übereinstimmen müssen. Die Spalten für die Kostenträger sind je nach Bedarf zu ergänzen. Damit bei größeren Bauausführungen das Formular nicht unhandlich wird, können die Kostenträger nach den einzelnen Bauanlagen getrennt blattweise geordnet werden.

Aus den Materialiennachweisen und dem Lohnbuch werden schließlich Mengen und Kosten der verbrauchten Materialien sowie die Arbeitszeiten und die Lohnbeträge auf die für die einzelnen Kostenträger angelegten Konten übertragen, Formular 5, das Verrechnungskonto und Baukonto zusammen umfaßt. Die Verrechnungskonten enthalten somit die ganze Nachkalkulation, zum Vergleich mit der Vorkalkulation werden zweckmäßig die entsprechenden Zahlen für die Kalkulation des Lieferpreises mit andersfarbiger Tinte in die betreffenden Spalten oben

Bau: ..............................

Bauleitung: ..............................

## Lohnbuch

*Formular 4*

19....

Woche von ..... bis .....

| Nr. | Schacht | Arbeiter | Lohnsatz | Kostenträger Nr. ........ | | | | | | Kostenträger Nr. ........ | | | | | | Kostenträger Nr. ........ | | | | | | Betriebsunkosten | | Gesamtstundenzahl | Lohnbetrag ohne Steuerabzug | Versicherungsbeiträge | | | | Gesamtlohnbetrag |
|---|---|---|---|---|---|---|---|---|---|---|---|---|---|---|---|---|---|---|---|---|---|---|---|---|---|---|---|---|---|---|
| | | | | Fertigung | | Hilfsanlagen | | Betriebsmittel | | Fertigung | | Hilfsanlagen | | Betriebsmittel | | Fertigung | | Hilfsanlagen | | Betriebsmittel | | | | | | K | J | *E* | Zus. | |
| | | | M. | Stunden | Betrag M. \| Pf. | Stunden | Betrag M. \| Pf. | Stunden | Betrag M. \| Pf. | Stunden | Betrag M. \| Pf. | Stunden | Betrag M. \| Pf. | Stunden | Betrag M. \| Pf. | Stunden | Betrag M. \| Pf. | Stunden | Betrag M. \| Pf. | Stunden | Betrag M. \| Pf. | Stunden | Betrag M. \| Pf. | | M. \| Pf. | M. | M. | M. | M. | M. \| Pf. |
| 1 | 2 | 3 | 4 | 5 | | 6 | | 7 | | 8 | | 9 | | 10 | | 11 | | 12 | | 13 | | 14 | | 15 | 16 | 17 | | | | 18 |
| 1 | N. N. | Vorarbeiter<br>Zimmerer<br>Maurer<br>Schmiede<br>Maschinisten<br>Arbeiter üb. 18 Jahre<br>Arbeiter unt. 18 Jahre<br>usw. | | | | | | | | | | | | | | | | | | | | | | | | | | | | |
| 2 | X. Y. | Vorarbeiter<br>Arbeiter<br>usw. | | | | | | | | | | | | | | | | | | | | | | | | | | | | |

## Verrechnungskonto

Kostenträger Nr. ..............................

Bauarbeit ..............................

| Woche | | Fertigung | | | | | | Hilfsanlagen | | | | | | Betriebsmittel | | | | | | | | Betriebsunkosten | Baukosten zus. |
|---|---|---|---|---|---|---|---|---|---|---|---|---|---|---|---|---|---|---|---|---|---|---|---|
| | | Material | | | | Löhne | | Material | | | | Löhne | | Material | | | | Löhne | | Unterhaltung | An- u. Abtransport | | |
| von | bis | Art | Menge | Preis | Betrag M. \| Pf. | Stunden | Betrag M. \| Pf. | Art | Menge | Preis | Betrag M. \| Pf. | Stunden | Betrag M. \| Pf. | Art | Menge | Preis | Betrag M. \| Pf. | Stunden | Betrag M. \| Pf. | M. \| Pf. | M. \| Pf. | M. \| Pf. | M. \| Pf. |
| | | | | | | | | | | | | | | | | | | | | | | | |

## Baukonto

*Formular 5.*

Kostenträger Nr. ..............................

Bauarbeit ..............................

| Datum | Menge | Einheitspreis | Gegenstand | Betrag | Gesamtbetrag |
|---|---|---|---|---|---|
| | | M. | | M. \| Pf. | M. \| Pf. |
| | | | | | |

eingetragen. Mit den fertigen Arbeiten zu den tatsächlichen Ausführungskosten nach den Verrechnungskonten werden diese durch das Baukonto entlastet. In das Baukonto werden also zunächst die Leistungsmengen und der Betrag der Ausführungskosten eingetragen, und durch Division beider wird der Einheitspreis ermittelt. Werden auch die unfertigen Arbeiten allmonatlich aufgenommen und in das Baukonto eingetragen, so ermöglicht der gleichzeitige Abschluß der Verrechnungskonten auch ohne weiteres jede Zwischenkalkulation und damit eine ständige geschäftliche Kontrolle über den Stand der Arbeiten besser, wie es mit allen Berichten, Plänen usw. zu erreichen ist.

Kommen Tagelohnarbeiten zur Ausführung, so empfiehlt es sich, für sie besondere Tageszettel einzuführen, welche die Anzahl der Stunden und die Art der geleisteten Arbeit für jeden Tag enthalten und auch das etwa verbrauchte Material nachweisen. Diese Tagelohnzettel können nach dem gleichen Schema wie die Lohnlisten durchgebildet werden. Da die Tagelohnarbeiten an jedem Tag von dem Bauherrn oder dessen Beauftragten, von der Bauleitung geprüft und unterschrieben werden müssen, so ist es praktisch, die Tagelohnzettel in Heftform zu führen, und zwar immer je drei Zettel unter der gleichen Nummer, je zwei Zettel perforiert, der dritte festsitzend. Einen von beiden Seiten unterschriebenen Zettel erhält der Auftraggeber, einen der Unternehmer, und der dritte bleibt im Heft. In den Lohnlisten ist ein Auseinanderziehen der Tagelohnarbeiten nach den einzelnen Arbeiten nicht erforderlich, dort werden nur die Gesamtstunden eingetragen, die Verteilung erfolgt auf den Tagelohnzetteln, nach welchen dann die Tagelohnrechnungen aufgestellt werden, Formular 6.

*Formular 6.*

**Rechnung** Nr..........

für die im Monat .................. 19..... auf Bau.................
geleisteten Tagelohnarbeiten und gelieferten Materialien
von ..........................................................................

| Woche | | Tageszettel | Stunden | | | | | | Materialien | | | |
|---|---|---|---|---|---|---|---|---|---|---|---|---|
| von | bis | Nr. | Erdarbeiter | Zimmerer | Maurer | | | | Zement | Kies | Sand | Ziegel |
| | | | | | | | | | | | | |
| | | Zus. | | | | | | | | | | |

| Nr. | Anzahl | Gegenstand | Einheitssatz | | Betrag | |
|---|---|---|---|---|---|---|
| | | | M. | Pfg. | M. | Pfg. |
| | | | | | | |

Bei der Vereinbarung der Lohnsätze für Tagelohnarbeiten spielt eine wesentliche Rolle der Unkostenzuschlag zu den Tarif- oder ortsüblichen Löhnen. Der Unternehmer, der mit seinem Personal Arbeiten gegen Vergütung der geleisteten Arbeitsstunden ausführt, muß auch Entschädigung erhalten für die von ihm zu tragenden sozialen Lasten, für das den Arbeitern mitgegebene Handwerkszeug usw. und muß diese Unkosten auf die von ihm gezahlten Lohnsätze aufschlagen. Über die Höhe dieses Aufschlages entsteht dann vielfach Streit, und um diesem vorzubeugen, um den Unkostenzuschlag allgemein zu regeln, hat der Reichsschatzminister in seinen Erlassen vom 8. Juni 1920 und 30. Mai 1921 folgende Bestimmungen getroffen:

Die Feststellung der als angemessen anzusehenden Hundertsätze für die allgemeinen Unkosten bei Tagelohnarbeiten für Bauunterhaltungsarbeiten soll nach Verhandlungen mit den Spitzenorganisationen des Bauhandwerkes und des Baugewerbes bezirksweise und für jedes Gewerbe besonders erfolgen, und zwar in Gemeinschaftsarbeit der Dienststellen mit den Verbänden der Baugewerbetreibenden und Handwerker in Bauausschüssen, die am Sitze eines jeden Landesfinanzamtes, Abteilung für Reichsschatzverwaltung, zusammentreten. Die errechneten Unkostensätze bedürfen der Genehmigung des Reichsschatzministers, dem ein besonderer, in gleicher Weise zusammengesetzter Hauptausschuß zur Seite steht. Neben dem zu errechnenden Zuschlag für Geschäftsunkosten soll als Risikoprämie, für Schaffung der für jeden ordnungsmäßig geführten Betrieb notwendigen Rücklagen und für Gewinn ein Zuschlag von 10 vH zum Tariflohn und Unkostenzuschlag gewährt werden.

Bei Vergebung größerer Bauarbeiten sind für die Ausführung etwaiger Tagelohnarbeiten die Tariflöhne für die einzelnen Handwerker und Arbeiter zugrunde zu legen und die Unkosten und Verdienstzuschläge hierzu dem freien Angebot der Unternehmer zu überlassen. Um aber ein unnötiges Hochtreiben der Gesamtlohnsätze zu verhindern und diese bei der Feststellung des angemessensten Angebotes mit berücksichtigen zu können, sind sie unter Annahme einer geschätzten Anzahl von Arbeitsstunden in die Verdingungsanschläge mit einzusetzen.

Nach diesen Bestimmungen wird der Unkostenzuschlag bei Tiefbauarbeiten im allgemeinen auf 30—40 vH des Tariflohnes festgesetzt.

In einem Erlaß der Reichsbahn-Hauptverwaltung vom 16. März 1926 wird die Frage der Unkostenzuschläge zum Tariflohn bei Tagelohnarbeiten im Baugewerbe behandelt. Insbesondere wird auf die allgemeinen Richtsätze, die die Reichsbahndirektion Essen bereits seit längerer Zeit für ihren Bezirk eingeführt hat, verwiesen. Danach ist die Bemessung der Unkostenzuschläge zum Tariflohn bei Bauarbeiten nach folgenden Grundsätzen geregelt:

a) bei Tagelohnarbeiten im Anschluß an einen Vertrag, gleichgültig, ob Gerät gestellt wird oder nicht, und bei Sonderaufträgen, wenn keinerlei Gerät gestellt wird: 30 vH;

b) bei Aufträgen, zu denen der überwiegende Teil der Arbeitskräfte mit und der übrige Teil ohne Gerät, sowie wenn sämtliche Arbeitskräfte nur mit Kleingerät (z. B. Oberbaugerät) gestellt werden, bei Vorhaltung einfacher Schalung und Rüstung: Zuschlag = 35 vH.

c) bei Arbeiten mit mehr oder weniger Großgerät (z. B. Bagger, Baulokomotiven, Dampfwinden, Aufzüge, Betonmaschinen) und Vorhaltung umfangreicher Schalung und Rüstung: Zuschlag im allgemeinen 40 vH, wenn nicht in besonderen Fällen, wie bei Spezialausführungen, Eisenkonstruktionen usw., aus besonderen Gründen ein höherer Zuschlag gerechtfertigt erscheint.

Die Reichsbahn-Hauptverwaltung verweist darauf, daß diese Sätze als Höchstsätze anzusehen seien. Da sich die Maßnahme im Bezirk Essen bewährt habe, erscheint der Reichsbahn-Hauptverwaltung die Herbeiführung einer größeren Einheitlichkeit in der Bemessung der Unkostenzuschläge aus wirtschaftlichen Gründen zweckmäßig. Die Reichsbahndirektionen, die bislang ein solches Verfahren noch nicht eingeführt haben, werden in dem Erlaß ersucht, auch für ihre Bezirke, soweit es die örtlichen Verhältnisse gestatten, nach Benehmen mit den Nachbardirektionen allgemeine Richtsätze für die Bemessung der Unkostenzuschläge zum Tariflohn bei Tagelohnarbeiten im Baugewerbe festzusetzen. Dabei soll zugestanden werden, daß in Sonderfällen, wo die Geschäftsunkosten im Verhältnis zur Arbeitsleistung sehr hoch sind, diese Sätze unter Berücksichtigung der Sonderverhältnisse von Fall zu Fall besonders zu ermitteln und zu vereinbaren sind.

Für die Betriebsmittel, Großgeräte, Klein- und Verbrauchsgeräte, sind je besondere Bücher zu führen, in welchen alle Zu- und Abgänge nebst den Beschaffungs- oder Mietspreisen sowie auch die Unterhaltungskosten eingetragen werden. Für alle Maschinenbetriebe sind die Kosten nach folgendem Schema zu ermitteln und dementsprechend die Unterlagen für die Berechnung aufzuteilen und die Formulare aufzustellen.

1. Anlagekosten

Anschaffung
Antransport
Montage mit Nebenanlagen

2. Betriebskosten

| unmittelbare | mittelbare |
|---|---|
| Betriebsstoffe | Verzinsung der Anlagekosten |
| Bedienung | Unterhaltung |
| | Abschreibung der Anschaffungskosten |

3. Demontage und Abtransport.

## 3. Die Kostenarten.

### a) Baustoffe.

Die Beschaffung und Anlieferung der Baustoffe hat eine kaufmännische und eine technische Seite. Kaufmännisch insofern, als es sich um den Ankauf und die Verrechnung von Baustoffen handelt, technisch insofern, als es sich um die Gewinnung oder Herstellung der Baustoffe handelt. In kaufmännischer Hinsicht kommt also neben der Buchführung in Betracht die Warenkunde und die Handelslehre. Unter Warenkunde versteht man die Lehre von der Herkunft und Herstellung, von der Beschaffenheit und Prüfung der Waren oder der im Handel vorkommenden Erzeugnisse der Natur und Kunst. Sie beansprucht nicht die Stellung einer selbständigen Wissenschaft, ihre Quellen liegen vielmehr für die für uns in Betracht kommenden Waren auf dem Gebiete der Naturwissenschaft und Technologie.

Die Waren werden unterschieden entweder nach der Abstammung, als Waren aus dem Mineralreich und Waren aus dem Pflanzen- und Tierreich, oder ohne Rücksicht auf die Abstammung als rohe oder zubereitete. Als roh bezeichnet man alle Waren, die so in den Handel kommen, wie sie die Natur erzeugt hat, die Rohstoffe. Zubereitete

Waren oder Fabrikate sind aus den Rohstoffen durch eine passende Bearbeitung entstanden, wodurch diese so verändert werden, daß sie den Bedürfnissen der Menschen in geeigneterer Weise zu entsprechen vermögen. Wird die Form des Rohstoffes verändert, so entstehen mechanische Produkte, durch Veränderung des Stoffes oder der Substanz entstehen chemische Produkte.

Die für uns in Betracht kommenden Waren, die Baustoffe, entstammen größtenteils dem Mineralreiche und sind entweder Rohstoffe als Bruchsteine, Sand, Kies, Ton, Kalk, Traß, Asphalt, oder Fabrikate als Werk- und Pflastersteine, Ziegel und Klinker, Zement, Ton- und Zementwaren, Asphaltfabrikate, Eisen- und Stahlwaren. Aus dem Pflanzenreiche entstammt als Baustoff nur das Holz und wird roh als Rundholz und Faschinen, zubereitet als Schnittholz, Kantholz, Bretter, Latten usw. verwandt.

Das Studium der Waren muß Charakteristik, Handel und Gebrauch derselben umfassen. Die Charakteristik einer Ware erfordert die Angabe alles dessen, was sich auf ihre Erkennung bezieht, den Namen, sowohl den wissenschaftlichen als den volkstümlichen, die Abstammung, Gewinnungs- und Zubereitungsart, die wichtigsten Eigenschaften und Merkmale, die im Handel vorkommenden Sorten sowie ihre möglichen Verwechslungen und Verfälschungen und die Methoden und Hilfsmittel, nach denen diese erkannt werden können. Sie gehört ebenso wie der Gebrauch der Ware in das Gebiet der Technologie und Baumaterialienkunde.

Wir haben es hier nur mit dem Handel einer Ware zu tun, welcher umfaßt die Angaben der Preise, der Bezugsquellen, der üblichen Teilmengen und Abmessungen und der Art und Weise, wie sie ihrer Natur gemäß verpackt, bezeichnet, versendet und aufbewahrt werden.

Die Baustoffe für Ingenieurbauten, und zwar sowohl Rohstoffe wie Fabrikate müssen in der Regel angekauft werden, die Gewinnung selbst kommt nur in solchen Fällen vor, wo sie sich als Rohstoffe auf der Baustelle vorfinden und zu dem Bauwerk verwandt werden können. Hierzu gehört in erster Linie der Boden selbst. Er wird aber allgemein nicht zu den Baustoffen gerechnet, weil er keiner besonderen Bearbeitung bedarf und nicht mit anderen Stoffen verbunden, sondern unmittelbar wieder zur Herstellung von Bauanlagen, wie Dämmen usw., benutzt wird.

Baustoffe, die auf der Baustelle gewonnen werden, sind entweder Bruchsteine, z. B. bei Einschnitten in Felsen oder Tunnel, oder andere Bodenarten als Sand, Kies, Ton. In einzelnen Fällen kommt auch die besondere Gewinnung dieser Rohstoffe vor, wenn sie in der Nähe der Baustelle vorhanden sind, z. B. bei Talsperren oder Staudämmen, bei deren Anlage gewöhnlich die Gewinnung der Baustoffe entscheidend ist für die Wahl der Baustelle. Es handelt sich aber immer nur um die Gewinnung von Rohstoffen als Baustoffe, eine Zubereitung von Rohstoffen zu Baustoffen, wie z. B. die Anfertigung von Ziegelsteinen, kommt auf der Baustelle bei unserem modernen Wirtschaftsbetriebe nicht mehr vor.

Unter Kauf versteht man den Umsatz von wirtschaftlichen Gütern gegen Geld und unter Handelskauf im engeren Sinne den Kauf von beweglichen Gütern, von Waren. Für den Handelskauf gelten neben den allgemeinen Bestimmungen des BGB. und des HGB. auch die Sondervorschriften des HGB. §§ 343—382.

Jeder Kauf wird betätigt durch den Kaufvertrag. Dieser verpflichtet den Verkäufer, die verkaufte Sache dem Käufer zu übergeben und ihm das Eigentum daran zu verschaffen. Die Gefahr eines zufälligen Untergangs und der zufälligen Verschlechterung einer Sache trägt grundsätzlich der Eigentümer. Mit der Übergabe der Sache geht daher die Gefahr auf den Käufer über. Beim Übersendungskauf, d. h. in dem Falle, daß der Verkäufer auf Verlangen des Käufers die verkaufte Sache nach einem anderen Ort als dem Erfüllungsort versendet, geht die Gefahr auf den Käufer schon über, sobald der Verkäufer die Sache dem Spediteur, Frachtführer oder der sonst zur Ausführung der Versendung bestimmten Person oder Anstalt übergibt.

Die Kosten der Übergabe der verkauften Sache, insbesondere die Kosten des Messens und Wägens fallen dem Verkäufer, die Kosten der Abnahme und Versendung von dem Erfüllungsort nach einem anderen Ort fallen dem Käufer zur Last, wenn nichts anderes besonders vereinbart ist. Dies ist aber beim Kauf z. B. von Baustoffen gewöhnlich der Fall, es wird Frankolieferung vereinbart, d. h. der Verkäufer trägt die Kosten und die Gefahr der Versendung, oder es wird Frankolieferung mit Vorlage der Fracht vereinbart, d. h. der Verkäufer trägt wieder die Kosten und die Gefahr der Versendung, aber der Käufer zahlt die Frachtkosten beim Empfang der Ware und verrechnet sie nachher auf den Kaufpreis. Beim Versendungskauf genügt sonst der Verkäufer seiner Verpflichtung nach § 433 BGB., dem Käufer die verkaufte Sache zu übergeben, durch Auslieferung der Ware an einen geeigneten Spediteur. Und nach Handelsgebrauch ist beim Übersendungskauf der Käufer erst zur Zahlung verpflichtet, wenn er am Bestimmungsort zur Verfügung über die Ware in die Lage versetzt ist[1]).

Der Käufer ist verpflichtet, den vereinbarten Kaufpreis zu zahlen. Über Zeit und Ort der Erfüllung dieser Pflicht gelten die allgemeinen Vorschriften oder die besonderen Vereinbarungen. Der Käufer hat ferner dem Verkäufer die Kaufsache abzunehmen. Abnahme ist die tatsächliche Übernahme in die Verfügungsgewalt des Käufers. Die Abnahmepflicht besteht nur, wenn die Kaufsache dem Vertrage entspricht. Das ist dann der Fall, wenn sie zu der Zeit, zu welcher die Gefahr auf den Käufer übergeht oder doch infolge der Abnahme übergehen würde, nicht mit Fehlern behaftet ist, die den Wert oder die Tauglichkeit zu dem gewöhnlichen oder dem nach der besonderen Vereinbarung vorausgesetzten Gebrauch aufheben oder erheblich mindern würden, und wenn sie zu derselben Zeit die besonderen zugesicherten Eigenschaften hat. Genügt die Kaufsache diesen Voraussetzungen nicht, so braucht der

---

[1]) RG. Entsch. 30. Oktober und 24. November 1924, Jur. Wochenschr. Jahrg. 54, Nr. 6.

Käufer sie nicht abzunehmen. Lehnt er die Abnahme, also die Übernahme der Sache in seine Verfügungsgewalt ab, so ist die Sache nicht geliefert, dem Käufer bleibt sein Anspruch auf Erfüllung erhalten, er kann außerdem je nach Lage der Sache von den Rechten aus dem Verzug oder aus der Unmöglichkeit der Leistung nach den Bestimmungen des BGB. Gebrauch machen. Ist dagegen die Lieferung erst einmal erfolgt, ist die Kaufsache in die Verfügungsgewalt des Käufers gelangt, so entfällt damit der Anspruch auf Erfüllung ebenso, wie die bis zur Abnahme bestehenden Rechte aus Verzug und Unmöglichkeit entfallen. Der Käufer hat von nun an nur noch die im Gesetz besonders geregelten Gewährleistungsansprüche wegen Mängel der Kaufsache. Diese verjähren bei beweglichen Sachen in 6 Monaten.

Kommt die Ware am Bestimmungsort an, so ist sie vor der Übernahme genau zu prüfen, um äußerlich erkennbare Mängel und Beschädigungen festzustellen. Rühren diese vom Transport her, so sind sie sofort dem Frachtführer oder, wenn dieser die Ware schon mit Mängeln behaftet übernommen und im Frachtbrief als solche bezeichnet hat, dem Absender gegenüber geltend zu machen. Eine derartige Reklamation nach Übernahme der Ware würde fruchtlos sein. Bei Versendung der Waren mit der Eisenbahn hat die Prüfung vor dem Ausladen aus dem Wagen zu geschehen, und über etwaige Beschädigungen muß eine bahnamtliche Bescheinigung ausgestellt werden. Ohne diese gewährt die Eisenbahn keinen Ersatz.

Nach der Abnahme ist die Ware möglichst rasch, beim Handelsgeschäft zwischen zwei Kaufleuten nach § 377 HGB. unverzüglich, d. h. ohne schuldhaftes Verzögern, auf die innere Beschaffenheit zu prüfen. Dies kann bei den meisten Waren sofort geschehen, oft können sich der Natur der Sache nach innere Mängel erst nach geraumer Zeit zeigen, und aus diesem Grunde hat das BGB. die Gewährleistungsfrist auf 6 Monate festgesetzt. Häufig bestimmt aber der Verkäufer in der Beschwerdeklausel auf der Faktura eine kürzere Frist, 8—14 Tage für die Mängelrüge, eine solche einseitige Bestimmung hat aber keine rechtliche Gültigkeit. Ein Handelsgebrauch, nach welchem bei Lieferung frei Waggon die Untersuchung der Ware auf ihre vertragsmäßige und gesetzmäßige Beschaffenheit und eine Mängelrüge noch vor dem Ausladen zu erfolgen hat und eine nach Abnahme der Waggons und Ausladung der Ware erhobenen Rüge der Lieferer nicht mehr gegen sich gelten zu lassen braucht, besteht nicht. Also die Mängelrüge kann auch noch nach dem Ausladen, die Beschädigungsrüge muß aber vor dem Ausladen erhoben werden.

Die Prüfung der Ware erstreckt sich auf die Feststellung der Maße und Gewichte durch Vergleichung mit der Rechnung, auf die Feststellung der Beschaffenheit der Ware durch Vergleichung mit den Mustern. Mängel müssen dem Verkäufer sofort nach ihrer Entdeckung mitgeteilt werden. Mangelhafte Waren dürfen aber nicht einfach zurückgesandt werden, sondern sind dem Verkäufer zur Verfügung zu stellen und inzwischen ordnungsgemäß aufzubewahren. Der Verkäufer wird alsdann die Ware zurückziehen oder umtauschen oder dem Empfänger einen angemessenen Nachlaß gewähren. Dies tritt namentlich ein, wenn es sich nicht um wesentliche Mängel handelt, die allein dem Empfänger das Recht geben, vom Vertrag zurückzutreten oder die Wandlungsklage zu stellen, sondern um kleinere Mängel, die nur zur Minderungsklage berechtigen.

Die Zahlungsbedingungen sind entweder vorher zu vereinbaren oder werden auf der Rechnung angegeben. Für die gegen bar gekauften Waren wird ein niedrigerer Preis gezahlt, da der Verkäufer hierbei früher in den Besitz des Geldes gelangt und es somit zinstragend anlegen oder wenigstens mit noch größerem Gewinn im Geschäfte selbst wiederum verwenden kann. Die Preisermäßigung bei Barzahlung, der Skonto, beträgt daher auch gewöhnlich mehr als der landesübliche Zins ausmachen würde. Beim Bareinkauf erhält der Abnehmer vom Verkäufer auch deshalb eine Preisermäßigung, weil die Gefahr des Eingangs des Geldes dadurch beseitigt wird. Der Kauf auf Kredit bildet im binnenländischen Handel die Regel, die Zahlungsfrist, das Ziel, ist beim Kauf zu vereinbaren. Da der Verkäufer in sehr vielen Fällen bei der Lieferung der Ware nicht weiß, ob der Käufer die Ware sofort bezahlen wird, so berechnet er die Preise meist für den Kreditkauf unter Angabe des Skontos, den er bei Barzahlung berechnet, z. B. Ziel drei Monate oder $2^1/_2$ Skonto.

Beim Tageskauf, Effektivgeschäft, ist die Ware sofort zu liefern, beim Lieferungs- oder Termingeschäft erst an einem späteren, vereinbarten Termin, indem häufig die Ware bei Kaufabschluß noch nicht im Besitz des Verkäufers oder noch nicht erzeugt ist. Für den Hersteller haben die Lieferungsgeschäfte den großen Vorteil, daß sie ihm einen regelmäßigen Geschäftsbetrieb gestatten. Die Bestellung erfolgt entweder auf Grund eines Ausschreibungsverfahrens oder mündlich, brieflich, durch Telegramm oder Telephon. In jedem Falle aber hat der Besteller dem mündlichen Auftrag eine schriftliche Bestätigung folgen zu lassen, die den wesentlichen Inhalt seiner Bestellung wiederholt, Menge, Gattung, Lieferzeit usw.

Über den Erfüllungsort beim Kaufvertrag entscheidet in erster Linie die Natur der Kaufsache, so ist z. B. für die Verpflichtung, eine Eisenkonstruktion zu liefern und in ein Bauwerk einzubauen, der Ort, an welchem das Bauwerk hergestellt wird, der Erfüllungsort. In zweiter Linie entscheidet die Vereinbarung. Fehlt es an dieser und an besonderen Umständen, so hat die Leistung dort zu erfolgen, wo der Verkäufer seinen Wohnsitz hat. Hiernach hätte in der Regel der Käufer die Ware abzuholen. Tatsächlich liegt die Sache meist umgekehrt. Der Verkäufer pflegt regelmäßig die Kaufsache an den Ort zu übermitteln, wo sie ihre wirtschaftliche Verwendung finden soll, an den Bestimmungsort. Diese Übermittlung ist bei Geldschulden sogar gesetzliche Pflicht. Bei anderen Schulden, besonders bei solchen aus Handelsgeschäften, Distanzkauf, entspricht sie der Verkehrssitte. Durch diese Übermittlung wird jedoch am gesetzlichen Erfüllungsort nichts geändert. Erfüllungsort bleibt der Wohnsitz oder die Niederlassung des Verkäufers selbst dann, wenn dieser die Kosten der Übersendung an den Bestimmungsort übernommen hat. Die Frage, welcher Platz als Erfüllungsort gilt, ist besonders wesentlich für die Zuständigkeit des Gerichtes bei etwaigen Klagen gegen den Verkäufer. Zwischen Bestimmungsort und gesetzlichem Erfüllungsort ist also ein wesentlicher Unterschied.

Die Vorschrift des § 447 Abs. 1 BGB., wonach beim Versendungskauf die Gefahr (des zufälligen Untergangs und einer zufälligen Verschlechterung) mit der Auslieferung der Kaufsache an die zur Ausführung der Versendung bestimmte Person oder Anstalt auf den Käufer übergeht, setzt eine Versendung vom Erfüllungsort voraus, daß also der Verkäufer weder den Übergang der Gefahr noch, wenn es sich um einen Gattungskauf handelt, die Beschränkung des Schuldverhältnisses gemäß § 243 Abs. 2 BGB. durch die Versendung von irgendeinem anderen Orte aus beliebig herbeiführen kann[1]).

Beim Versendungskauf kommt zum Kauf noch die Übersendung der Waren an den Bestimmungsort, mithin zum Kaufgeschäft das Frachtgeschäft. Und für letzteres sind folgende allgemeinen rechtlichen Bestimmungen zu beachten.

Die beiderseitigen Verpflichtungen des Absenders und des Frachtführers finden ihren Ausdruck im Frachtbrief; dieser gilt als Beweismittel für den Inhalt der geschlossenen Vereinbarung. Der Absender hat das Gut in versandbereitem Zustande mit allen erforderlichen Begleitscheinen zu übergeben und haftet dem Frachtführer für allen Schaden, den die Unzulänglichkeit oder Unrichtigkeit der Papiere zur Folge hat. Der Absender hat dem Frachtführer ferner nach Ausführung der Beförderung den vereinbarten oder üblichen Frachtlohn zu zahlen und die gehabten Auslagen zu ersetzen, soweit nicht diese Verpflichtung vom Empfänger erfüllt wird. Wegen aller dieser Ansprüche hat der Frachtführer ein Pfandrecht an dem Gute, solange er es im Besitz hat oder mittels Ladescheins oder Lagerscheins darüber verfügen kann. Durch die Ankunft des Gutes am Lieferungsort erwächst dem Empfänger das Recht, alle durch den Frachtvertrag begründeten Rechte in eigenem Namen, nicht nur in Vertretung des Absenders, gegen den Frachtführer geltend zu machen, allerdings nur gegen Erfüllung der aus dem Frachtvertrag dem Absender obliegenden Pflichten. Unter diesen Rechten des Empfängers stehen in erster Linie die Ansprüche auf Auslieferung des Gutes und auf Übergabe des Frachtbriefes. Solange der Frachtbrief noch nicht übergeben ist, kann der Absender das Recht des Empfängers noch durch Gegenorder an den Frachtführer vereiteln. Ist aber einmal der Frachtbrief ausgehändigt, dann ist das Verfügungsrecht des Absenders erloschen. Von diesem Zeitpunkt ab hat der Frachtführer nur noch die Anweisungen des Empfängers zu beachten, verletzt er diese Pflicht, so ist er dem Empfänger für das Gut verhaftet. Es steht in der Hand des Empfängers, ob er von diesen Rechten Gebrauch machen will. Pflichten sind also mit der Entstehung der Rechte zunächst noch nicht verbunden. Erst wenn der Empfänger den

[1]) R. G. Entsch. 19. Mai 25, Z 111. S. 23.

Frachtbrief und das Gut vom Frachtführer entgegengenommen hat, ist er nunmehr auch verpflichtet, dem Frachtführer nach Maßgabe des Frachtbriefes Zahlung zu leisten. Mit dem Eintritt dieser Verpflichtung wird der Absender dem Frachtführer gegenüber frei, das Vertragsverhältnis hat sich also völlig verschoben. Der erste wichtige rechtliche Akt ist also die Übergabe des Frachtbriefes.

Macht der Empfänger von seinem Verfügungsrecht, d. i. von seinem Rechte auf Abnahme keinen Gebrauch, so ist der Frachtführer nicht befugt, ihn zur Abnahme des Gutes zu zwingen, der Frachtführer kann hiernach Rechte aus dem Frachtvertrage gegen den Empfänger immer erst geltend machen, wenn dieser durch Annahme des Frachtbriefes und des Gutes gezeigt hat, daß er mit der Übernahme der Verpflichtungen einverstanden ist. Tritt dieser Fall nicht ein, so muß der Frachtführer es dem Absender überlassen, seine Rechte gegen den Empfänger zu verfolgen. Er ist nur verpflichtet, falls der Empfänger die Annahme des Gutes verweigert, dem Absender unverzüglich Anzeige zu machen und dessen Anweisung einzuholen, und er muß seine Ansprüche dem Absender gegenüber geltend machen. Bleibt es bei dem Regelfall, daß das Gut angenommen und die Fracht sowie die Nebenausgaben bezahlt werden, so sind damit alle Ansprüche des Absenders wie des Empfängers gegen den Frachtführer aus dem Frachtvertrag erloschen. Auch Schadenersatzansprüche sind ausgeschlossen, wenn nicht schon vor der Annahme des Gutes dessen Beschädigung oder Minderung durch amtlich bestellte Sachverständige festgestellt worden ist, oder bei äußerlich nicht erkennbaren, nachweislich zwischen Übernahme und Ablieferung entstandenen Mängeln die Feststellung des Mangels durch amtlich bestellte Sachverständige unverzüglich nach der Entdeckung und spätestens eine Woche nach der Annahme beantragt war.

Außer dem Frachtbrief kann noch ein Ladeschein oder Konnossement vom Frachtführer dem Absender ausgestellt werden, im Landfrachtverkehr ist dies allerdings nicht üblich, dagegen beim Schiffsfrachtverkehr die Regel. In dem Ladeschein verpflichtet sich der Frachtführer, das empfangene Gut an den durch den Schein ausgewiesenen Empfänger auszuliefern. Der Ladeschein ist also ein Verpflichtungsschein, und zwar bezieht er sich nur auf die Verpflichtung des Frachtführers gegenüber dem Empfänger, während er den Frachtvertrag zwischen Absender und Frachtführer unberührt läßt. Ist ein Ladeschein ausgestellt, so ist er für den Umfang der Verpflichtungen des Frachtführers gegen den Empfänger ausschließlich maßgebend. Die nicht in ihn aufgenommenen Bestimmungen des Frachtvertrages und die nicht aus ihm ersichtlichen, auf dem Gute ruhenden Lasten wirken dem Empfänger gegenüber nicht. Insoweit ist der Ladeschein für den Empfänger eine klare Urkunde, er besitzt aber noch eine andere Eigenschaft, und das ist seine Eigenschaft als Traditionspapier, d. h. die Übergabe des Ladescheins an denjenigen, der durch den Schein zur Empfangnahme des Gutes legitimiert wird, hat, wenn das Gut vom Frachtführer übernommen ist, für den Erwerb von Eigentum und sonstigen dinglichen Rechten an dem Gute dieselbe Wirkung wie die

Übergabe des Gutes selbst. Mit der Übergabe des Gutes wird aber, wie wir gesehen haben, der Absender dem Frachtführer gegenüber frei. Also die Annahme des Ladescheins vom Empfänger hat dieselbe rechtliche Wirkung wie die Annahme des Gutes selbst. Daher ist bei Annahme eines Ladescheins stets Vorsicht zu üben.

Bei der Eisenbahn hat auf Verlangen des Absenders die Eisenbahn ebenfalls den Empfang des Gutes auf einem Duplikat des Frachtbriefes zu bescheinigen. Die Ausstellung dieses Duplikates hat ähnliche Wirkungen wie die Ausstellung eines Ladescheins, das Duplikat ist aber kein Traditionspapier und hat also nicht die besonderen rechtlichen Eigenschaften des Ladescheins. An sich soll das Frachtbriefduplikat nur dazu dienen, den Empfänger gegen eigenmächtige Verfügungen des Absenders über das Frachtgut zu sichern, in der Übergabe des Duplikates ist daher an sich nichts weiter zu erblicken, als daß dadurch der Absender sich die Möglichkeit nimmt, während des Transportes Dispositionen über das Frachtgut zu treffen. Ist der Käufer selbst im Frachtbrief als Empfänger bezeichnet, so wird in der Regel in der Übergabe des Duplikatfrachtbriefes zugleich die Abtretung der Herausgabeansprüche an die Bahn und demgemäß die Übergabe des Eigentums erblickt werden können, denn in solchem Falle entfallen mit der Verfügungsbefugnis des Absenders gegenüber der Bahn alle Möglichkeiten für den Absender, überhaupt über die Ware, sei es während des Transportes, sei es nach Ankunft, zu verfügen. Dem wird der Fall der Sendung an einen Spediteur gegenübergestellt. Ist die Absendung der Ware an einen Spediteur bereits erfolgt und wird die rollende Ware an einen Dritten verkauft und das Duplikat übergeben, so wird regelmäßig eine Abtretung der Herausgabeansprüche und Eigentumsübertragung nicht angenommen werden können, denn es wird dann zwischen dem Absender und dem Spediteur regelmäßig ein obligatorisches Verhältnis irgendwelcher Art bestehen, auf Grund dessen der Spediteur gegenüber dem Absender zum Empfang berechtigt und verpflichtet ist, daher nach Abnahme des Gutes von der Bahn dessen Anweisungen zu folgen obligatorisch gehalten ist. Der Käufer ist dann nicht Empfänger, sondern der Spediteur, da nur dieser mit dem Absender in einem Vertragsverhältnis steht und die Bahn auch nur ihm als dem Adressaten das Gut ausliefern wird. Der Käufer hat also trotz des Besitzes des Duplikates keine Möglichkeit, während des Transportes auf die Bahn einzuwirken. In einem solchen Fall genügt also nicht die Übergabe des Duplikatfrachtbriefes zur Übertragung des Eigentums, vielmehr ist noch erforderlich, daß der Absender auch den Spediteur anweist, den Weisungen des Käufers zu entsprechen und seinerseits auf Verfügungen gegenüber dem Spediteur verzichtet.

Ist zur Zeit des Verkaufs die Ware noch nicht abgesandt und verlangt der gegen Kasse auf Duplikatfrachtbrief kaufende Käufer, daß die Ware für ihn an einen Dritten, einen Spediteur, versandt werde, so kann der Absender durch die Übergabe des Duplikates zwar der Eisenbahn gegenüber die Disposition nicht mehr ändern, aber der Adressat, nämlich der Spediteur, bleibt ihm gegenüber verpflichtet, und die Ware gerät nach Ablieferung durch die Bahn auf Grund des obligatorischen Verhältnisses zwischen Absender und Spediteur wieder unter den Willen und den Zugriff des Absenders. Will der Käufer das verhindern, so muß er neben der Übergabe des Duplikates auch noch dafür sorgen, daß der Absender die Ware zu seiner Verfügung absendet und den Spediteur anweist, seinen Weisungen zu folgen.

Die Beförderung der Güter wird geregelt durch die Frachttarife, durch die Zusammenstellung der Bedingungen, zu welchen eine Verkehrsanlage die Beförderung von Gütern übernimmt. Diese Bedingungen bestehen in den Preisen, zu denen die Beförderung stattfindet, und in den Vorschriften, welche die Anwendung der Preise und ihre Berechnung im einzelnen regeln, d. s. die sog. Tarifvorschriften. Die Frachttarife unterliegen besonderer Vereinbarung, wenn es sich um Beförderung der Güter durch Privatunternehmen handelt, wie beim Landfuhrwerk, bei der Binnen- und Seeschiffahrt, sie besitzen öffentlich rechtliche Gültigkeit bei staatlichen oder staatlich konzessionierten Unternehmen, wie Eisenbahnen, Straßenbahnen usw. Die Tarife bilden die Grundlage des Frachtvertrages, sind ihrer Rechtsnatur nach erst die Aufforderung an das Publikum zur Abgabe von Angeboten zur Beförderung, und erst mit deren Annahme seitens des Transportunternehmens wird der Frachtvertrag geschlossen. Die Beurkundung des Frachtvertrages erfolgt im Frachtbrief.

Die Beförderung von Gütern auf der Eisenbahn ist in Deutschland geregelt durch die Verkehrsordnung vom 1. April 1909, welche auch nach der Begründung der Deutschen Reichseisenbahngesellschaft im wesentlichen bestehen geblieben ist. Bei der Massenhaftigkeit des Verkehrs lassen sich die Beförderungspreise nicht genau nach Leistung und Gegenleistung bemessen, es bedarf vielmehr der Festsetzung von Preisabteilungen, Tarifklassen, die bestimmte Güter und bestimmte Beförderungsarten von annähernd gleichen Anforderungen zu einer Gruppe oder Klasse mit gleichen Beförderungsbedingungen zusammenfassen, und jede dieser Tarifklassen erhält dann ihren Einheitssatz, den Tarifsatz. Der Tarifsatz setzt sich zusammen aus der Streckenfracht als Entgelt für die Beförderung und aus der Abfertigungsgebühr als Entgelt für die die Beförderung vorbereitenden und abschließenden Maßnahmen auf der Empfangs- und Abgangsstation. Streckenfracht und Abfertigungsgebühr sind bei den deutschen Bahnen im Frachtsatz vereinigt, während bei den ausländischen Bahnen diese gewöhnlich getrennt sind, die Abfertigungsgebühr wird hier als Nebengebühr in den Tarifen besonders ausgeworfen. Nur für besondere Nebenleistungen gibt es auch in Deutschland einen eigenen Nebengebührentarif. Die Streckenfracht bildet den veränderlichen Bestandteil des Frachtsatzes und steigt mit zunehmender Entfernung, welche die Sendung zurückzulegen hat. Sie entsteht durch Vervielfältigung des Einheitssatzes mit der Länge der Entfernung und dem aufgegebenen Gewicht, geteilt durch das dem Einheitssatz zugrunde liegende Einheitsgewicht (100 oder 1000 kg). Die Abfertigungsgebühr ist dagegen der feste Bestandteil, sie ist unabhängig von der Länge des Beförderungsweges, weil sie nur die Stationskosten enthält.

Die Anpassung der Tarife an die wirtschaftlichen Bedürfnisse von Handel und Verkehr finden wir in den Tarifsystemen. Das Tarifsystem kann ein Raumsystem oder ein Wertsystem sein, je nachdem die Güter nach dem beanspruchten Raum oder nach ihrem verschiedenem Werte klassifiziert werden. Die deutschen Eisenbahnen haben ein gemischtes Tarifsystem. Dem Raumsystem ist die Unterscheidung zwischen Frachtgut und Eilgut, zwischen Stückgut und Wagenladungen entnommen und den Anforderungen des Wertsystems wird durch eine allgemeine Wagenladungsklasse sowie durch Spezialtarife Rechnung getragen. Hiernach sind Normaltarife für den Güterverkehr aufgestellt, die aber wieder durch Ausnahmetarife unterbrochen werden. Die Frachttarife werden in Deutschland von der Ständigen Tarifkommission in Gemeinschaft mit der Reichsbahn aufgestellt und öffentlich bekanntgemacht. Die Frachtsätze für die einzelnen Tarifklassen sind aus dem Reichsbahn-Gütertarif, Heft C I a, „Frachtanzeiger für die regelrechten Tarifklassen" zu entnehmen oder im Bedarfsfalle bei den Güterexpeditionen zu erfragen.

Die Frachtkosten betragen in Reichspfennig für 100 kg:

| Entfernung km | 1. 7. 1914 Spezialtarif III | Wagenladungsklassen seit 1. Oktober 1924 | | | | | | |
|---|---|---|---|---|---|---|---|---|
| | | A | B | C | D | E | F | Ausnahmetarif I |
| 50 | 19 | 78 | 68 | 57 | 45 | 31 | 24 | 37 |
| 100 | 34 | 135 | 116 | 96 | 76 | 49 | 37 | 62 |
| 200 | 56 | 238 | 202 | 167 | 131 | 83 | 62 | 107 |
| 300 | 78 | 331 | 279 | 229 | 181 | 112 | 83 | 148 |
| 400 | 100 | 411 | 346 | 283 | 225 | 183 | 102 | 184 |
| 500 | 122 | 480 | 404 | 330 | 262 | 160 | 118 | 214 |

Gebrauchtes Baugerät wurde in der Vorkriegszeit nach Spezialtarif III (Wagenladungsklasse E) befördert, nach dem Kriege aber aus diesem Spezialtarif nach Wagenklasse B auftarifiert, wodurch eine Verteuerung um etwa 250 vH eintrat. Auf wiederholte Beschwerden seitens der Baugewerbetreibenden hat dann auch die Reichsbahn vom 1. November 1925 ab gebrauchtes Baugerät wieder in die Wagenladungsklasse E eintarifiert. Zu gebrauchtem Baugerät werden gerechnet Geräte, Maschinen, Werkzeuge, Gleisbaugegenstände, Fahrzeuge, Gerüstholz, Baracken und deren Einrichtungen. Diese Baugerätschaften müssen deklariert werden als „Baugerätschaften, gebrauchte für das Baugewerbe, unmittelbarer Versand an oder von der Bauunternehmung . . . zur Verwendung im Eigenbetriebe" oder „unmittelbarer Versand an oder von Bauunternehmung . . . zur Lagerung im Eigenbetriebe" oder „unmittelbarer Versand an oder von Bauunternehmung . . . zur Instandsetzung".

Ein Interesse an der rechtzeitigen Lieferung muß im Frachtbrief deklariert werden, anderenfalls ist die Eisenbahn für verspätete Lieferung nicht haftbar. Die Verjährungsfrist für Schadenersatzansprüche und für Rückforderung zu hoch berechneter Fracht beträgt ein Jahr. Innerhalb dieser Frist kann auch die Eisenbahn zu niedrig erhobene Frachten nachträglich noch einziehen.

Bei der Schiffahrt ist das Tarifwesen nicht so fest geregelt wie bei der Eisenbahn, die Frachtsätze schwanken je nach dem verfügbaren Laderaum und bei der Binnenschiffahrt außerdem nach dem Wasserstande. Die Frachtsätze werden außerdem verschieden notiert, z. B. ab Ladestelle, ab Waggon Ladekai, ab Bord des Schiffes usw., so daß immer noch verschiedene Spesen, wie Umschlagspesen, Werftgebühren, Ufer-, Kai-, Krangebühren u. a. m. zu berücksichtigen sind. Das Be- und Entladen wird bei der Binnenschiffahrt in der Regel von der Schiffsbemannung ganz oder teilweise besorgt und in dem Frachtpreise mit einbegriffen, Ufer- und Krangeld am Bestimmungsorte hat dagegen der Empfänger zu zahlen, wenn nicht besonders das Gegenteil vereinbart ist. Für Laden und Löschen sind besondere Fristen festgesetzt, werden sie vom Absender oder Empfänger nicht eingehalten, so hat der Schiffer Anspruch auf Liegegelder.

Für die Binnenschiffahrt werden die Rechte und Pflichten der Transportunternehmungen geregelt durch das Reichsgesetz betreffend die privatrechtlichen Verhältnisse der Binnenschiffahrt vom 15. Juni 1895. Für Beschwerden wegen Verspätung, Verlust oder Schädigung der Sendung durch den Schiffer gelten im allgemeinen die Haftpflichtbestimmungen des HGB., die auf den Frachtführer Bezug haben. Für den Landtransport kommen rechtlich hauptsächlich die Bestimmungen in den §§ 425—473 BGB. in Betracht.

Alle Kauf- oder Lieferungsverträge unterliegen der Stempelsteuer, und zwar in Preußen nach dem Stempelsteuergesetz vom 16. März 1924 mit $^2/_3$ vH des Lieferungspreises. Unter Verträge ist hierbei ein schriftliches, von beiden Kontrahenten unterzeichnetes Abkommen verstanden. Ergibt sich die Einigung über ein Geschäft lediglich aus einem Briefwechsel oder durch den Austausch sonstiger schriftlicher Mitteilungen, so wird in der Regel eine Stempelsteuer nicht erhoben. Um daher bei Bauverträgen die Stempelsteuer zu ersparen, ist vom Reichsverdingungsausschuß[1]) in den Allgemeinen Bestimmungen über die Vergebung von Bauleistungen eine Bestimmung aufgenommen, daß die Festlegung des Vertrages in besonderer Urkunde nur dann vorgesehen werden soll, wenn nicht bereits durch das Angebot in Verbindung mit den Ausschreibungsunterlagen, durch das Zuschlagsschreiben und sonstige schriftliche Festlegungen alle wesentlichen Bedingungen des Vertragsverhältnisses eindeutig festgelegt sind. Bei Baustoffen muß unterschieden werden, ob sie in demjenigen Zustand, in welchem sie mit dem Grund und Boden in dauernde Verbindung gebracht werden sollen, vom Unternehmer beschafft worden sind, also Baustoffe, die ohne Bearbeitung verbaut werden, wie Ziegelsteine, fertig zugeschnittenes Bauholz usw., oder ob sie im Betriebe des Unternehmers erzeugt oder hergestellt sind. Denn wenn ein Kauf- oder Lieferungsvertrag Mengen von Sachen oder Waren betrifft, die im Inland in dem Betrieb eines der Vertragschließenden hergestellt sind und dann zu dem Werke mit dem Grund und Boden in dauernde Verbindung gebracht werden, so sind diese von der Stempel-

[1]) Vgl. Abschn. IV, 2e.

steuer befreit. Nach den Entscheidungen des Reichsgerichtes beginnt die Menge bereits bei einer Anzahl von 3 Stück gleichartiger Gegenstände, der Begriff der Gleichartigkeit ist weiter ausgedehnt und die Vertretbarkeit der einzelnen Gegenstände fallen gelassen. Es sind also auch alle nach Angabe oder Zeichnung besonders hergestellten Gegenstände vom Lieferungsstempel befreit, wenn sie in mindestens 3 Stück von einem der Vertragschließenden selbst erzeugt oder hergestellt werden. Auch der Begriff der Herstellung vor der Verbindung mit dem Grund und Boden ist bedeutend erweitert worden. So ist die Lieferung der Stoffe zu Beton und Eisenbeton von der Stempelsteuer befreit, denn der Unternehmer liefert dem Auftraggeber ein Werk, das dadurch hergestellt wird, daß Beton, der durch inniges Mischen von Zement, Sand, Kies, Steinschlag und Wasser im eigenen Betriebe des Unternehmers hergestellt ist, mit dem Grund und Boden in dauernde Verbindung gebracht wird. Dieser Beton stellt dann eine neue Ware anderer Gattung dar als die zu seiner Bereitung verwendeten Stoffe. Es sind daher die Bestimmungen über Befreiungen anzuwenden, welche bei der Tarifstelle „Kauf- und Tauschverträge“ für Sachen, die im Betriebe einer der vertragschließenden Parteien hergestellt, vorgesehen sind. Der Wert der für die Bereitung des Betons verwendeten Stoffe kann daher bei der Berechnung der Stempelsteuer außer Ansatz bleiben. Das gleiche trifft zu für die Eiseneinlagen, wenn solche auf der Baustelle oder in der Werkstatt des Unternehmers zugerichtet werden.

Betrachten wir jetzt die einzelnen Baustoffe, die für Ingenieurbauten in Betracht kommen, näher, so folgen wir am besten ihrer Abstammung und beginnen mit dem Naturgestein. Natürliche Steine werden entweder unbearbeitet als Bruchsteine oder bearbeitet als Werksteine, Pflastersteine usw. verwendet, oder wir zerschlagen und zerbrechen sie und benutzen die Zerkleinerungsprodukte zur Herstellung von Straßenfahrbahnen und Eisenbahn-Gleisbettungen oder zur Herstellung von künstlichem Gestein, von Beton. Wir gewinnen die natürlichen Gesteine durch Zertrümmerung der gewachsenen Felsen oder großer massiger Blöcke oder einzelner Findlinge mittels Werkzeugen und Sprengstoffen. Bei dieser Zertrümmerung entstehen entweder unregelmäßig geformte oder lagerhafte Bruchsteine, je nachdem das Urgestein eine einheitliche dichte Masse bildete oder geschichtet, mit Lagern und Bänken behaftet war. Die lagerhaften Steine sind in der Regel billiger als die unregelmäßig geformten, da das Brechen der ersteren nicht soviel Arbeitszeit und Sprengmittel erfordert als das der letzteren.

Der Preis der Bruchsteine an der Gewinnungsstelle richtet sich nach den Kosten der Gewinnung und nach der Art des Betriebes, ob er ein ständiger, mit modernen Maschinen eingerichteter, oder nur ein vorübergehender, für den betreffenden Bau besonders eingerichteter ist. Die Gewinnungskosten bestehen aus:

1. Kosten des Abraumes, d. i. der Beseitigung der aus Erde, Geröll und verwittertem Felsen bestehenden Massen, welche dem festen Gestein übergelagert sind.
2. Bruchzins oder Pacht für den Steinbruch.

3. Kosten der Arbeit beim Brechen, welche einerseits von der Höhe des Lohnsatzes, andererseits von der Härte und Zähigkeit des Gesteins abhängig sind, ob der Felsen geschichtet ist oder in zusammenhängenden Massen ansteht.

4. Kosten der Sprengmaterialien.

5. Kosten der Werkzeuge für Vorhaltung, Unterhaltung und Erneuerung.

6. Allgemeine Kosten.

Für die Beurteilung der Kosten des Brechens unterscheidet man weiches, klüftiges Gestein, das zur Hälfte noch mit Spitzhauen und Brechstangen, zur Hälfte durch Sprengung mit Pulver zu gewinnen ist, als Sandstein, weicher Kalkstein, Grauwacke, Gneis, Tonschiefer; mittelhartes, wenig klüftiges Gestein, das größtenteils durch Sprengen mittels Pulver und Dynamit zu lösen ist, als Granit, fester Gneis, Porphyr, Diorit, weicher Basalt; hartes, kompaktes Gestein, das nur durch Sprengen mit Dynamit oder anderen Nitriten zu lösen ist, als fester Granit, Basalt, Grünstein, Glimmerschiefer, Kieselschiefer, Dolomit, fester Granulit.

Der Aufwand an Sprengmitteln ist verschieden, er hängt ab von dem Sprengverfahren und der Festigkeit und Schichtung des Gesteins. Die Sprengverfahren sind: Minenlegung und Herstellung einzelner Bohrlöcher. Bei der Minenlegung werden Schächte und Stollen von oft bedeutender Tiefe und Länge angelegt, von den Stollen gehen wieder Seitengänge mit den Pulverkammern ab. Das Verfahren kommt nur in ständigen Brüchen zur Anwendung, bei Baubetrieben ist das Sprengen mit einzelnen Bohrlöchern üblich, womit nicht soviel Wagnis verbunden ist. Die Sprenglöcher werden mit Bohrmaschinen oder meistens durch zwei Arbeiter, Mineure, vorgetrieben. Als Sprengmittel dient Pulver in verschiedener Zusammensetzung, Dynamit und andere nitrierte Stoffe. Pulver ist zweckmäßig bei weichem und klüftigem Gestein. Man rechnet gewöhnlich, daß 1 kg bestes Dynamit denselben Nutzeffekt gibt wie 5 kg bestes Sprengpulver. Der Aufwand an Sprengmitteln wird nach der Tiefe des Bohrloches bemessen, indem man $^1/_3$ der Bohrlochtiefe auf die Ladung rechnet und die übrigen $^2/_3$ auf den Versatz.

Die Tiefe der Bohrlöcher beträgt bei dünnen Lagen festen Gesteins 0,3—0,5 m, dagegen in Massengestein 2—2,5 m. Zur Herstellung der Bohrlöcher durch zwei Mineure sind für je 1 m Tiefe bei 25 mm Weite des Bohrloches an Arbeitszeit erforderlich:

| | |
|---|---|
| in Sandstein . . . . . . . . . | 1,5—2 Stunden, |
| in Granit und festem Kalkstein | 5 Stunden, |

bei 40 mm Weite des Bohrloches:

| | |
|---|---|
| in Gneis . . . . . . . . . . . | 8— 9 Stunden |
| in hartem Granit . . . . . . . | 10—13 Stunden. |

Die Geschirrunterhaltung beträgt für 1 m Bohrloch 1—1,50 M.

Die Kosten der Sprengmittel hängen sehr von der Lage des Bruches ab, da in Deutschland Sprengmittel mit der Eisenbahn nur unter besonderen Vorsichtsmaßnahmen und zu erhöhten Frachtsätzen befördert werden dürfen (§ 50 der Verkehrsordnung vom 26. Oktober 1899). Sie betragen im Mittel für

| | |
|---|---|
| 1 kg gewöhnliches Schwarzpulver . . . . | 1,— M. |
| 1 kg Dynamit . . . . . . . . . . . . . . | 2,80 M. |
| 1 Ring mit 10 m Zündschnur . . . . . . | 0,50 M. |
| 1 Dynamitkapsel . . . . . . . . . . . . | 0,03 M. |

Im allgemeinen rechnet man die Masse des durch einen Schuß zu lösenden Gesteins zu $kt^2$ in cbm, worin $t$ die Lochtiefe und $k$ eine Erfahrungsgröße = 0,8—1,5 bedeutet.

Zur Gewinnung großer Bausteine wendet man das Kesselschießen an. Hierbei wird das Bohrloch zunächst unten durch eine Dynamitpatrone kesselartig erweitert, indem das Dynamit das Gestein zertrümmert und hinausschleudert. In den Kessel wird dann eine größere Pulverladung gebracht, durch deren Explosion größere Massen gehoben, aber nicht zersplittert werden.

Für die Verwendung von Sprengstoffen ist zu beachten das Reichsgesetz gegen den verbrecherischen und gemeingefährlichen Gebrauch von Sprengstoffen vom 9. Juni 1884. Hiernach ist der Besitz und der Gebrauch von Sprengstoffen an eine Genehmigung der zuständigen Behörde gebunden. Erlaubnisscheine zum Besitz von Sprengstoffen können nach der Verordnung vom 24. Dezember 1887 dem Nachsuchenden nicht nur für seine Person, sondern auch für seine Vertreter oder Gehilfen (Betriebsbeamte, Geschäftsangestellte, Arbeiter usw.) erteilt werden, sie sind aber nur unter Beschränkung auf bestimmt zu bezeichnende Zwecke und Örtlichkeiten auszustellen. Die Verwendung von Sprengstoffen in Steinbrüchen, bei Bauten und ähnlichen Betrieben darf nach der Verordnung vom 19. September 1894 dann nur von den Personen vorgenommen werden, die ein auf ihren Namen lautendes Besitzzeugnis für diese Stoffe haben. In Steinbrüchen und bei Bauten wird daher gewöhnlich ein Schießmeister angestellt, für welchen die Ausstellung eines Besitzzeugnisses bei der zuständigen Polizeibehörde beantragt wird, und welcher dann allein die Sprengstoffe besitzen und verwenden darf[1]).

Die abgesprengten Felsstücke werden weiter zu baumäßigen Bruchsteinen zerschlagen oder bei hartem Gestein durch die Steinspalter gespalten. 1 cbm gewachsener Felsen gibt 1,3—1,5 cbm aufgesetzte Bruchsteine, 1 cbm Mauerwerk erfordert 1,15—1,5 cbm aufgesetzte Bruchsteine oder 0,80—1,0 cbm gewachsene Felsmasse, je nach Lagerhaftigkeit der Steine. 1 cbm aufgesetzte Bruchsteine oder Findlinge liefert 1,2—1,4 cbm Steinschlag. Die Gewinnung von 1 cbm Bruchsteine einschließlich Sprengmittel und Vorhalten der Geräte kostet 3—10 M. Das Herstellen von Steinschlag mit Hand kostet 3—5 M. und darüber, je nach der Härte und Zähigkeit des Steins, mit Steinbrechmaschinen erheblich weniger. Bei der Herstellung von Pflaster-

[1]) Verordnung und Erläuterung betr. die polizeiliche Genehmigung zur Herstellung, zum Vertrieb und zum Besitz von Sprengstoffen sowie zu deren Einführung aus dem Auslande vom 10. August 1921.

steinen aus Bruchsteinen muß zunächst eine Sonderung vorgenommen werden, da nur ein Teil der Bruchsteine zu Pflastersteinen verwendet werden kann. Bei der Bearbeitung der ausgesonderten Bruchsteine ergibt sich ein weiterer Abfall, der bei Kopfsteinen zu Reihenpflaster 30 vH, bei polygonalen Steinen, die nur eine ebene Kopffläche haben, 15 vH beträgt. Es ergibt daher 1 cbm aufgesetzte Bruchsteine 0,63 cbm Reihen- und 0,75 cbm Polygonal-Pflastersteine. 1 cbm Pflastersteine ergibt 6,6 qm Pflaster von 15 cm hohen und 5 qm von 20 cm hohen Steinen. Zu 1 qm Feldsteinpflaster von 15 cm Höhe sind 0,20 cbm Feldsteine erforderlich.

Die Gewinnung oder Lösung der Werksteine erfolgt mittels Keilen, die Kosten sind sehr verschieden und hängen von der Härte, Zähigkeit, Beschaffenheit und der Lagerung des Gesteins ab. Unbearbeitete Werksteine kosten gebrochen 20—60 M., Granit und Syenit, auch Marmor bis 120 M. pro Kubikmeter in den bei Bauten gebräuchlichen Abmessungen. Die unbearbeiteten Stücke sind um das Arbeitsmaß, den Bruchzoll oder Arbeitszoll, d. i. um diejenige Masse, welche beim Bearbeiten des Steines weggeschlagen werden muß, um die gewünschten Abmessungen des Werksteines zu erhalten, größer zu bestellen. Die Preise für Platten sind durchschnittlich höher als für Quader und höher für dünne Platten als für dicke, da erstere ein öfteres Trennen und Schroten oder wegen des Stehenlassens des Bruchzolls mehr Masse erfordern.

Die Bearbeitungskosten der Werksteine sind sehr verschieden je nach der Beschaffenheit des Steines und nach der Art der Bearbeitung. Die Bearbeitung erfolgt gewöhnlich bereits im Bruch, selten auf der Baustelle. Werksteine, die im Bruch bearbeitet werden, gehören bereits zu den Fabrikaten und werden als solche gewöhnlich bestellt und beschafft, es erübrigt sich daher, auf die Bearbeitungskosten näher einzugehen.

Hauptbezugsquellen sind: für Sandstein: Elbsandsteingebirge im Freistaat Sachsen bei Cotta, Postelwitz, in Preußen in der Provinz Sachsen bei Rackwitz, Friedersdorf, in der Provinz Schlesien bei Alt-Warthau, Kudowa, Friedersdorf, Wünschelburg, am Main bei Eltmann und Miltenberg; für Muschelkalk: Thüringen und Franken; für Granit: Sachsen, Lausitz, Bayern, Fichtelgebirge, Bayrischer Wald, Hessen, Odenwald, Württemberg, Schwarzwald, Schlesien, Riesengebirge, Harz, außerdem Böhmen, Schweden, Norwegen.

Zu den Gewinnungskosten des Steinmaterials kommen dann noch die Bezugskosten, als Bahnfracht, An- und Abfuhr nach der Bahn und nach der Baustelle, Verpackung sowie das Aufsetzen auf der Baustelle. Es wiegt 1 cbm in Haufen aufgesetzte Bruchsteine:

| | |
|---|---|
| Basalt . . . . . . . . . . . . . . . | 2200 kg |
| Basaltlava . . . . . . . . . . . . . | 2100 kg |
| Granit, Syenit, Trachyt, Grauwacke . . | 2000 kg |
| Kalkstein . . . . . . . . . . . . . . | 1900 kg |
| Sandstein . . . . . . . . . . . . . . | 1600 kg |
| Steinschlag im Durchschnitt . . . . . | 1500 kg |

Bei der Beförderung mit der Eisenbahn kann man also mit 5 cbm Bruchsteine als eine Wagenladung von 10000 kg rechnen, für Steinschlag rechnet man 7 cbm[1]).

Die zweite Art der Naturstoffe, welche auf der Baustelle selbst gewonnen werden und als Baustoffe Verwendung finden, sind die Sande und Kiese. Sie finden sich vor als Geschiebe in unseren Flüssen und werden durch Ausbaggerung gewonnen, oder sie finden sich als Ablagerungen früherer Wasserläufe und werden mit Hand oder Maschinen gegraben. Je nach der Gewinnungsart stellen sich auch die Gewinnungskosten verschieden. Bei Handarbeit kann man annehmen, daß ein Arbeiter 15—20 cbm Sand, aber nur 10 cbm Kies bei zehnstündiger Arbeitszeit lösen und laden kann. Kies ist schwieriger auf der Schaufel zu halten und daher die Leistung wesentlich geringer wie bei reinem Sand. Wird der Sand als Mauersand verwendet, so muß er gewöhnlich noch durch ein Sieb durchgeworfen werden. Der Kies wird entweder zur Herstellung von Straßenfahrbahnen und als Bettungsmaterial oder zur Herstellung von Beton verwendet. Für die ersteren Zwecke wird er ebenfalls in der Regel bei der Gewinnung durchgesiebt, je nachdem man Grob- oder Feinkies verwenden will. Für die Betonbereitung ist in vielen Fällen der Kies, wie er aus der Grube gewonnen oder aus dem Flusse gebaggert wird, brauchbar, weil bei ihm die Natur bereits die zweckmäßigste Mischung hergestellt hat. Ist in der Nähe der Baustelle kein reiner Sand oder Kies vorhanden, so kann noch das Waschen unreinen Materials in Frage kommen. Es sollte dies aber immer nur ein Notbehelf sein, denn durch das Waschen verliert namentlich für Betonarbeiten der Sand an Güte, weil auch die feinen Sandteilchen mit fortgespült werden.

Für Kies und Sand als Handelsware, wenn sie also nicht auf der Baustelle selbst oder in der Nähe gewonnen werden können, sind die Preise sehr verschieden und hauptsächlich von den Bezugskosten abhängig. Während z. B. in den norddeutschen Tiefebenen guter Mauersand nur 1,50 M. frei Baustelle kostet, stellt sich der Preis in manchen hochgelegenen Orten des Rheinlandes auf 9 M. Für den Versand kann man 6 cbm Sand und Kies auf eine Wagenladung von 10000 kg rechnen.

Als letzter Naturstoff, der als Baustoff auf Baustellen selbst gewonnen wird, kommt noch der Ton in Betracht. Er findet zu Dichtungszwecken Verwendung, und zwar entweder bei Staudämmen und Kanälen als Einlage, bei Mauern als Hinterfüllung und bei Rohrleitungen als Muffendichtung. Die Gewinnungskosten sind nach der Lagerung und Zähigkeit des Tons sehr verschieden. Für Lösen und Laden sind im Mittel 2—3 Arbeitsstunden für 1 cbm zu rechnen. Das Gewicht beträgt für 1 cbm Ton 1800—2600 kg. Als Handelsware schwankt der Preis wieder nach der Entfernung der Baustelle vom Gewinnungsort zwischen 5 und 20 M.

---

[1]) Für das Prüfverfahren für natürliche Gesteine als Baustoff sind die Normen seitens des „Deutschen Verbandes für die Materialprüfungen der Technik“ in Vorbereitung.

Wir kommen jetzt zu den Baustoffen, die nicht mehr als Rohstoffe, sondern mehr oder weniger zubereitet als Halbfabrikate oder Fabrikate zur Verwendung gelangen. Diese Baustoffe sind durchweg Handelsware und werden entweder vom Hersteller oder vom Händler gekauft.

Die Preise für Baustoffe im Handel richten sich nach der Konjunktur, nach Angebot und Nachfrage. Für die meisten Baustoffe sind die Hersteller zu wirtschaftlichen Verbänden, zu Kartellen oder Verkaufsorganisationen vereinigt, und es werden von diesen die Preise und die Verkaufsbedingungen festgesetzt. Sowohl bei der Veranschlagung wie bei der Ausführung ist es daher notwendig, sich jedesmal nach den zeitigen Preisen der Baustoffe vorher zu erkundigen und bei der Ausarbeitung von Angeboten sich bindende Offerten geben zu lassen, um vor späteren Überraschungen gesichert zu sein.

Außer den bereits behandelten Rohstoffen, wenn sie nicht auf oder in der Nähe der Baustelle gewonnen werden können, kommen für den Kauf in Betracht aus dem Mineralreich noch die weiteren Rohstoffe als Kalk, Traß und Gips sowie die Fabrikate Zement und Zementwaren, Ziegel, Klinker, Ton- und Steinzeugwaren, Eisen und Stahl sowie die Asphaltfabrikate.

Die Kalke kommen gebrannt als Ätzkalk in den Handel. Man unterscheidet den fetten oder Weißkalk, auch Luftkalk genannt, wenn der Ätzkalk nur geringe Beimengungen bis 10 vH zu dem Kalziumoxyd, CaO, hat, und den mageren Kalk, wenn die Beimengungen in größerer Menge vorhanden sind. Bestehen diese Beimengungen aus kieselsaurer Tonerde, so wird aus diesem mageren Kalk ein hydraulischer Kalk[1]) oder ein natürlicher Zement, auch Roman-Zement genannt, je nachdem der Gehalt an kieselsaurer Tonerde 10—30 vH oder darüber bis 50 vH beträgt. Es ist somit jeder hydraulische Kalk oder Zement stets ein magerer Kalk, nicht aber jeder magere Kalk hydraulisch.

Der gebrannte Kalk, sowohl der fette als der magere Kalk, kommt entweder in Stücken oder in Pulverform in den Handel. Der gemahlene Kalk hat den Vorteil, daß er wegen der dichten Lagerung nur oberflächlich von der feuchten Luft angegriffen werden kann, in Säcken bequem zu verschicken und gut abzumessen ist, sowie daß Verluste wie beim Stückkalk nicht vorkommen. Die Mahlkosten, welche etwa 30 M. für 10000 kg betragen, werden durch die Vorteile bei der Verpackung und beim Versand wieder eingebracht.

Die gebrannten Stückkalke werden nach Kubikmeter oder nach Tonnen zu 220 l gehandelt, die gemahlenen in Säcken von 1 hl Inhalt mit einem Bruttogewicht von 70 kg. 1 cbm Stückkalk in Haufen gemessen wiegt 800—1400 kg und kostet ab Kalkofen etwa 16 M. Das Gewicht ist nach der Herkunft des Kalkes sehr verschieden, und man tut daher gut, mit dem Preise sich auch stets das Gewicht aufgeben zu lassen, denn vom Gewicht hängt auch die Ausbeute beim Löschen ab.

---

[1]) Vgl. Leitsätze für hydraulischen Kalk. Hrsg. vom Verein Deutscher Kalkwerke, Zentralbl. d. Bauverw. 1913. S. 556.

Der Weißkalk wird auch gelöscht als Sackkalk in Säcken von nicht unter 40 kg Rohgewicht verpackt oder als Kalkteig aus der Grube verkauft. 1 cbm gebrannter Fettkalk mit einem Gewicht von 950 kg ergibt beim Löschen 2 cbm Kalkhydrat von 2750 kg Gewicht, 1 cbm magerer Kalk, nicht hydraulisch, mit einem Gewicht von 850 kg ergibt 1,65 cbm Kalkhydrat von 1500 kg Gewicht und 1 cbm magerer Kalk, hydraulisch, mit einem Gewicht von 830 kg ergibt 1,55 cbm Kalkhydrat von 1070 kg Gewicht.

Der Roman-Zement wird ebenso wie der hydraulische Kalk behandelt, kommt aber in der Regel nur gemahlen und in Säcken verpackt in den Handel. Viel wichtiger als der natürliche sind die künstlichen Zemente, der Portlandzement, der Eisenportlandzement, der Hochofenzement und neuerdings noch der Schmelzzement. Diese künstlichen Zemente sind hydraulische, selbständig erhärtende Bindemittel. Eisenportlandzement besteht aus mindestens 70 vH Portlandzement und höchstens 30 vH feingemahlener, ihrer Beschaffenheit und Zusammensetzung nach zu diesem Zweck geeigneter, basischer, granulierter Hochofenschlacke. Hochofenzement besteht zum überwiegenden Teile aus feingemahlener basischer Hochofenschlacke, der ein geringer Anteil normengemäßen Portlandzementes in inniger Mischung beigefügt ist. Neben diesen normenmäßigen Zementen werden in neuerer Zeit noch hochwertige Zemente hergestellt, die entweder Portland- oder Tonerdezemente (Schmelzzemente) sind. Für sie werden folgende Mindestfestigkeiten verlangt

| | Druckfestigkeit | Zugfestigkeit |
|---|---|---|
| nach 3 Tagen | 250 | 25 kg/cm² |
| nach 28 Tagen | 450 | 35 ,, |

Ein Spezialzement ist schließlich noch der von der Portlandzementfabrik Hannover hergestellte Eisen- oder Erzzement, bei dem die Tonerde durch ein Metalloxyd ersetzt ist.

Für Herstellung, Verpackung und Prüfung der Zemente sind die „Deutschen Normen für einheitliche Lieferung und Prüfung" von Portlandzement und Eisenportlandzement vom Dezember 1909 sowie von Hochofenzement vom November 1917 maßgebend.

Die Verpackung der Zemente geschieht in Fässern und in Säcken. Das Normalfaß hat 180 kg Rohgewicht und etwa 170 kg Reingewicht, das halbe Faß 90 bzw. 85 kg Gewicht. Das Sackgewicht wird nach Wunsch verschieden genommen, jedoch meist zu 70, 50 und $56^2/_3$ kg = $^1/_3$ Faß. Da die leeren Behälter zurückgenommen und zu einem gewissen Preise verrechnet werden, so ist dem Käufer möglichste Schonung und Ordnung der Fässer und Säcke anzuempfehlen. Die Rücksendung der leeren Säcke geschieht, um die Nachprüfung zu erleichtern, am besten in Bündeln zu je 10 Stück staubfrei verpackt. Bei den Preisen für Zemente sind also außer dem Preis ab Fabrik und den Bezugskosten noch die Kosten für die Rücksendung der leeren Behälter abzüglich der Rückvergütung für diese zu berücksichtigen.

Das Reingewicht der Zementarten und der einzelnen Marken innerhalb einer Zementart ist verschieden und schwankt zwischen 1200 und

1400 kg für 1 cbm. Zur Umrechnung von Gewichtsteilen auf Raumteile ist deshalb das Gewicht des Zementes nach losem Einfüllen in ein Hektolitergefäß zu bestimmen. Im allgemeinen wird mit einem Gewicht von 1400 kg gerechnet, so daß ein Normalfaß 120 l und ein Sack von 70 kg 50 l Zement enthält. Die Fässer und Säcke sollen außer der Gewichtsangabe auch die Firma oder Fabrikmarke der betreffenden Fabrik und können auch eine Marke, welche die Zugehörigkeit zu einem Verein bezeichnet, tragen. Kennzeichen des reinen Portlandzementes sind graugrünes, feines, sich scharf anfühlendes Pulver von hohem Eigengewicht. Große Fässer von 180 kg Normalgewicht sind verdächtig, weil minderwertige Fabrikate meistens leichter sind. Streuverlust sowie etwaige Schwankungen im Einzelgewicht können bis zu 2 vH nicht beanstandet werden.

Die Zementfabriken sind zur Zeit sämtlich syndiziert, und zwar bestehen drei Syndikatsgebiete: der Norddeutsche, Westdeutsche und Süddeutsche Zementverband. Diese Syndikate liefern den Zement nach dem System der Stationsfrankopreise, indem jedes Syndikatsgebiet in mehrere Preiszonen gegliedert ist, für welche ein Einheitspreis festgesetzt wird. Der Abwerkpreis wird in der Zeitschrift „Wirtschaft und Statistik“ für 10 t Zement im Durchschnitt des Deutschen Reiches für 1913 mit 315 M. und am 1. Januar 1926 mit 390,25 M. angegeben, Steigerung 23,8 vH. Die Stationsfrankopreise liegen dagegen wesentlich höher, die Preissteigerung beträgt gegenüber 1914 im Gesamtdurchschnitt des Norddeutschen Zementverbandes 63 vH. (frei Waggon Großberlin betrug der Zementpreis 1914 für 10 t abzüglich des Rückvergütungssatzes für mitgelieferte Stoffsäcke 316 M. gegenüber 493 M. am 1. Mai 1926), im Gesamtdurchschnitt des Westdeutschen Zementverbandes 61 vH und des Süddeutschen Zementverbandes 60 vH.

Um den fetten Kalk ebenfalls hydraulisch zu machen, wird Traß verwandt. Das Rohmaterial liefern die Tuffsteine der vulkanischen Eifel. Im Brohltale, der früheren Fundstätte, ist nur noch der minderwertige, aus Tuffasche bestehende Traß vorhanden, der gute wird jetzt im Nettetal bei Andernach gewonnen. Er enthält etwa 19 vH lösliche Kieselsäure, $7^1/_2$ vH Tonerde, der beste noch erheblich mehr, und 26 vH in Salzsäure lösliche Alkalien. Die Farbe ist gelb, grau, dunkelgrau und blau. Je dunkler und härter das Material und je schärfer der Bruch ist, desto besser ist der Traß. Er wird in Stücken oder Mehlform gehandelt. Weil beim Bezug von gemahlenem Traß Gefahr vorhanden ist, daß wilder Traß dazwischen gemahlen wird, empfiehlt es sich, bei großem Bedarf ihn in Stücken zu beziehen und auf der Baustelle selbst in Kollergängen zu pulverisieren. Je feiner die Mahlung ist, desto besser ist der Traß. Maßgebend sind die Vorschriften für die Prüfung von Traß vom 7. Januar 1922.

Guter Traß ist auch schwerer als der minderwertige, dieser wiegt in Stücken etwa 770 kg/cbm, während der gute 850—900 kg wiegt. Traßpulver wiegt 900—1000 kg/cbm. Es wird nach Gewicht verkauft und kostet ab Bahnhof Andernach zur Zeit etwa 15 M. für 1000 kg. Traß wird außer zu dem fetten Kalk auch als Zusatz zum hydraulischen

Kalk und zum Zement verwandt und macht diese widerstandsfähiger gegen salz- und säurehaltige Wasser und verringert ferner die Volumenveränderung des reinen Zementmörtels beim Erhärten.

Ähnlich wie Traß wirken auch die Puzzolane, ihre chemische Zusammensetzung ist fast dieselbe, sie erhärten aber selbständig. Auch machen Zusätze von Schlackensand, Si-Stoffen und Ziegelmehl zum Kalk diesen hydraulisch. Hierauf näher einzugehen, erübrigt sich aber, da die Verwendung solcher Stoffe nur ausnahmsweise vorkommt und die Kosten von Fall zu Fall durch Nachfrage ermittelt werden müssen.

Schließlich kommen als Rohstoffe aus dem Mineralreich noch in Betracht der Asphalt und der Gips. Gips findet bei Ingenieurbauten nur selten Verwendung, er kommt in Pulverform, als Stuck- und Bildhauergips oder als Maurer- und Estrichgips in den Handel. Ersterer ist schnellbindend, letzterer verhält sich wie langsam bindender Zement. Er wird in Säcken von 75 und 50 kg gehandelt, 100 kg = 0,1 cbm kosten etwa 2,5 M.

Der Asphalt wird als natürlicher oder künstlicher Asphalt bei Ingenieurbauten verwendet zum Dichten von Tonröhren und von im Nassen stehenden Bauteilen, zu Straßenbauten und Isolierungen. Der natürliche Asphalt wird durch Ausschmelzen des Asphaltsteines, d. i. ein mit Bergteer getränkter Kalkstein, gewonnen, oder er wird als Erdpech in Hohlräumen älterer Gesteine vorgefunden. Künstlicher Asphalt ist eine Mischung etwa von 5 Teilen Kolophonium, 24 Teilen Basaltstaub, 15 Teilen feinem Sand und 6 Teilen Holzteer, sie wird unter lebhaftem Feuer in Kesseln zusammengeschmolzen. Auch wird künstlicher Asphalt durch Abdestillieren von Steinkohlenteer gewonnen. Goudron ist natürlicher Asphalt, vermischt mit etwa 25 vH Rückständen aus der Petroleumdestillation. Asphaltmastix wird durch Mischen von pulverisiertem Asphaltstein mit geschmolzenem Goudron hergestellt; es kommt in Broten von 25 kg in den Handel.

Die Verwendung des Asphalts erfolgt in flüssigem Zustande zur Herstellung von Isolierungen, Bürgersteigen Vergießen von Pflaster, zum Dichten von Bauwerken und Tonrohren usw. Für den letztgenannten Zweck kommen auch Asphaltkitte von verschiedener Zusammensetzung zur Anwendung, welche nur angewärmt und breiartig mit der Kelle in die Muffen gestrichen werden. Zur Herstellung von Straßenfahrbahnen kommt fast nur noch Stampfasphalt zur Verwendung. Dieses ist Asphaltstein, der bei 120° zum Zerfallen gebracht wird. Stampfasphalt gemahlen kostet 16 M., Gußasphalt in Blöcken etwa 12 M., Goudron 6,5 M. für 100 kg. Letzterer kommt in Fässern in den Handel. Außerdem kommen noch die verschiedensten Asphaltfabrikate, als Dachpappe, Asphaltfilze, Asphaltjute, Pachytekt genannt, usw. in den Handel und werden zu Isolierungen und Abdeckungen verwandt. Güte und Preise dieser Fabrikate sind sehr verschieden.

Hiermit sind die Naturstoffe aus dem Mineralreich, welche bei Ingenieurbauten als Baustoffe Verwendung finden, im wesentlichen erschöpft, und wir kommen jetzt zu den Fabrikaten. Von diesen haben wir allerdings den Portlandzement schon vorweggenommen, und wir wollen daran anschließend zunächst die Zementwaren behandeln. Für den Bauingenieur kommen hauptsächlich in Betracht die Kanalisationsartikel, als Rohre, Schachtringe und Sinkkasten, außerdem die Zementplatten, Pfosten und Maste sowie Eisenbetonschwellen, weniger die Zementkunststeine.

Zementrohre werden entweder als dickwandige ohne Eiseneinlage oder als dünnwandige mit Eiseneinlagen gefertigt, als zylindrische in Weiten von 15—100 cm und als eiförmige von 20/30—100/150 cm. Die zweckmäßige Verwendung der Zementrohre beginnt bei 30 cm rund und 30/45 cm Eiform, für kleinere Abmessungen werden glasierte Tonrohre billiger, und die obere Grenze dürfte des Gewichtes wegen bei 100 cm rund und 100/150 cm Eiform gefunden sein. Nicht leicht ist es, die Güte der Zementrohre zu beurteilen, am besten wird man tun, sich an eine als zuverlässig bekannte Fabrik zu wenden. Eine Prüfung der Rohre auf ihre Tragfähigkeit erfolgt zweckmäßig und allein richtig durch direkte Scheitelbelastung des frei aufliegenden Rohres. Je nach Durchmesser und Form der Rohre kann man eine Tragfähigkeit bis zu 5000 kg pro Quadratmeter lichter Horizontalprojektion für runde Rohre mit 50 cm Durchmesser sowie für eiförmige Rohre mit 60 cm kleinstem Lichtmaß fordern. Von kleineren Rohren kann man mehr verlangen, größere haben mit wachsendem Durchmesser geringere Tragfähigkeit.

Der deutsche Betonverein hat in seiner 13. Hauptversammlung am 23. Februar 1910 Mindesttraglasten von Zementrohren angenommen, und zwar sollen runde und eiförmige Zementrohre mit Fuß bei freier Scheitelbelastung und Belastung bis zum Bruch auf 1 m Rohrlänge mindestens die in folgender Tabelle, die auch gleichzeitig die Wandstärken und Gewichte enthält, angegebenen Festigkeiten (Bruchlasten) aufweisen:

| Dickwandige gestampfte Rohre (ohne Eiseneinlagen) | | | | | | | |
|---|---|---|---|---|---|---|---|
| Kreisförmige Rohre | | | | Eiförmige Rohre | | | |
| Lichter Durchmesser in cm | Wandstärke in cm | Gewicht von 1,0 m Baulänge in kg | Bruchlast in kg für 1 m | Lichte Weiten in cm | Wandstärke in cm | Gewicht von 1,0 m Baulänge in kg | Bruchlast in kg für 1 m |
| 7,5 | 1,5—2,5 | 17 | | | | | |
| 10,0 | 2,0—3,0 | 22 | | | | | |
| 15,0 | 2,5—3,5 | 35 | | | | | |
| 20,0 | 3,0—4,0 | 60 | 2000 | 20/30 | 3,0—4,0 | 90 | 3000 |
| 25,0 | 3,5—4,5 | 90 | 2200 | 25/37,5 | 4,0—5,0 | 130 | 3000 |
| 30,0 | 4,0—5,0 | 120 | 2500 | 30/45 | 4,5—6,0 | 160 | 3000 |
| 35,0 | 4,0—5,0 | 150 | 2800 | 35/52,5 | 5,0—6,0 | 210 | 3200 |
| 40,0 | 4,5—5,5 | 185 | 2800 | 40/60 | 6,0—7,0 | 280 | 3400 |
| 45,0 | 5,0—6,0 | 235 | 2900 | 50/75 | 7,0—8,0 | 400 | 3400 |
| 50,0 | 5,5—6,5 | 270 | 3000 | 56/84 | 8,0—9,0 | 490 | |
| 55,5 | 5,5—6,5 | 330 | | 60/90 | 9,0—10,0 | 610 | 3800 |
| 60,0 | 6,0—7,0 | 375 | 3000 | 63/95 | 9,5—11,0 | 700 | |
| 70,0 | 7,0—8,0 | 450 | 3000 | 70/105 | 10,0—12,0 | 800 | 3800 |
| 80,0 | 7,5—8,5 | 590 | 3000 | 73/110 | 10,5—13,0 | 950 | |
| 90,0 | 8,5—9,5 | 670 | 3000 | 80/120 | 11,5—14,0 | 1040 | 4200 |
| | | | | 90/135 | 12,5—15,0 | 1250 | 4400 |
| 100,0 | 9,0—11,0 | 810 | 3000 | 100/150 | 13,0—17,0 | 1500 | 4400 |

Da die Widerstandsfähigkeit eines Rohres gegen äußeren Druck nicht allein vom Alter, sondern auch von der Art der Baustoffe, von der Aufbereitung und Verarbeitung, von der Behandlung nach der Herstellung, von der Jahreszeit und anderen Umständen abhängt, allmeine Vorschriften über Wandstärke, Mischungsverhältnisse und Alter der Rohre deshalb nicht gemacht werden können, so ist es dem Hersteller überlassen worden, auf welche Art und Weise und durch welche Mittel er Rohre herstellen will, die den obigen Festigkeitsanforderungen entsprechen.

Für Rohre mit anderem Querschnitt als die obigen Zementrohre mit Fuß (Rohre mit zylindrischem Querschnitt, Zißlerrohre u. a.) können die Festigkeitszahlen nicht ohne weiteres Anwendung finden.

Zementrohre werden auch mit Sohlenschalen und Platten aus Steinzeug zum Schutz gegen säurehaltige Abwässer geliefert. Die Preise sind je nach der Güte der Ware sehr verschieden und bei Berechnung der Kosten frei Baustelle spielen des großen Gewichtes der Zementwaren wegen die Bezugskosten eine wesentliche Rolle. Bei Bedarf ist es in jedem Falle notwendig, bei den in Betracht kommenden Fabriken nach Preisen und Gewichten anzufragen, da jede Fabrik ihre eigenen Preise hat und die Gewichte auch nach der Herstellungsart verschieden sind.

Die Betonplatten werden in allen Formaten und mit allen Mustern unter Zusatz von farbigen Stoffen, Granit, Marmor, Perlmutter, Glasabfälle usw., zu Fußboden- und Wandplatten, hauptsächlich aber zum Bürgersteigbelag, sog. Granitoidplatten, hergestellt. Pfosten in Eisenbeton werden für Geländer, Zäune, Einfriedigungen, als Laternenpfosten und viele andere Zwecke ausgeführt. Masten aus Eisenbeton finden hauptsächlich Verwendung als Leitungs- und Lichtmasten. Eisenbahnschwellen aus Eisenbeton kommen immer mehr zur Verwendung, indem die Befestigung der Schienen auf den Schwellen durch einbetonierte Bolzen oder Holzdübel bewirkt wird oder indem unter den Schienenauflagern ein wie Holz zu bearbeitender, elastischer Beton aus Zement und Asbest, Schlackenwolle und ähnlichen mineralischen, silikathaltigen Stoffen gleichzeitig mit dem übrigen Beton üblicher Zusammensetzung ohne Zwischenfugen eingestampft wird. Alle diese Zement- oder Betonwaren sind Spezialartikel, die einen Marktpreis nicht haben, so daß die Preise von Fall zu Fall von den betreffenden Fabriken eingefordert werden müssen.

Mannigfaltiger als die Zementwaren sind noch die Waren aus Ton, die Ziegel, Klinker, Ton- und Steinzeugwaren[1]).

Die weicheren Sorten der aus Lehm, Ton geformten und in Meilern oder Öfen gebrannten Steine heißen Ziegel- oder Backsteine, die aus kalkhaltigem Lehm hergestellten und bis zur Versinterung gebrannten Steine heißen Klinker. Gut gebrannte Ziegelsteine sollen beim Anschlagen mit dem Hammer einen hellen Klang geben, der Bruch soll scharfkantig sein, sie dürfen nur bis zu 16 vH Wasser aufnehmen und

[1]) Vgl. Erlaß des preußischen Ministers der öffentlichen Arbeiten vom 8. Dezember 1919 (Zentralbl. d. Bauverw. 1920, S. 1).

nicht abfärben. Die Klinker nehmen wenig oder gar kein Wasser auf, klingen hell, sind vollständig wasser- und wetterbeständig und deshalb zu Verblendungen von Bauwerken, welche im Wasser stehen, sehr geeignet. In der norddeutschen Tiefebene finden sie zur Herstellung von Straßenfahrbahnen ausgedehnte Verwendung.

Das Normalformat der gebrannten Steine ist 25 · 12 · 6,5 cm, in der norddeutschen Tiefebene ist das Format vielfach 22 · 10,5 · 5 oder 23 · 11 · 5,5 cm, die Oldenburger Klinker halten 22 · 11 · 5 cm. 1000 Hintermauerungssteine, Normalformat, wiegen 2800—3100 kg, 1000 hartgebrannte Ziegel 3200—4000 kg.

Im Berliner Ziegelsteinhandel werden in der Hauptsache 3 Gruppen von Ziegelsteinen unterschieden und unter folgenden Bezeichnungen in den Handel gebracht:

1. Hintermauerungssteine I., II. und III. Klasse, je nach Form und Güte.
2. Hartbrandsteine, Klinker, Rathenower Steine.
3. Verblendsteine aller Art.

Als Klinker sind nur solche Ziegel zu bezeichnen, welche eine Mindestdruckfestigkeit von 350 $kg/cm^2$ aufweisen, als Hartbrandziegel solche mit einer Mindestdruckfestigkeit von 250 $kg/cm^2$, als Hintermauerungsziegel I. Klasse solche mit einer Mindestdruckfestigkeit von 150 $kg/cm^2$ und als Hintermauerungsziegel II. Klasse solche mit einer Druckfestigkeit von 100—150 $kg/cm^2$.

Man rechnet bei Mauerwerk eine Stoßfugenstärke von 1 cm, eine Lagerfugenstärke von 1,2 cm und somit auf 1 m Höhe des Mauerwerks 13 Schichten, auf 1 $cm^3$ Mauerwerk 400 Steine mit Normalformat $25 \cdot 12 \cdot 6{,}5 = 1950\ cm^3 = 400 \cdot 0{,}00195 = 0{,}78\ m^3$ Ziegelsteine und 0,22 $m^3$ Mörtel.

An Stelle der Ziegelsteine treten vielfach die Kalksandsteine, welche aus 1 Teil Ätzkalk und 16 Teilen Sand bestehen. Die Masse wird gut gemischt, auf Trockenpressen zu Steinen im Normalziegelformat gepreßt und in Dampfkesseln von 2 m Durchmesser einem Druck von 8—10 Atmosphären während 8—10 Stunden ausgesetzt. Die Kalksandsteine sind für jede Verwendung zugelassen, für welche gebrannte Ziegelsteine verwendbar sind. Ihre Mindestdruckfestigkeit soll 150 $kg/cm^2$ sein, Steine mit geringerer Druckfestigkeit dürfen den Namen Kalksandsteine nicht führen, sondern sind als Mörtelsteine zu bezeichnen[1]). Das Gewicht der Kalksandsteine entspricht ungefähr dem der hartgebrannten Ziegel, 1000 Stück wiegen 3000—3500 kg, der Preis wird aus Konkurrenzgründen in der Regel etwas niedriger gehalten wie der Preis der Hintermauerungssteine.

Als Tonwaren kommen hauptsächlich die Dränrohre in Betracht und als Steinzeugwaren außer den Platten wie die Sinziger, Saargemünder, Mettlacher Platten, namentlich wieder die Kanalisationsartikel, als Rohre, Sinkkasten, Sohl- und Einlaßstücke.

---

[1]) Vgl. die Preußischen Bestimmungen über die Beanspruchung der Baustoffe vom 24. Dezember 1919.

Die Dränrohre sind unglasiert und ohne Muffen, haben eine lichte Weite von 30—200 mm und sind bis 70 mm Weite 30 cm und von 100—200 mm Weite 50 cm lang. Die Steinzeugrohre sind glasiert und besitzen Muffen, sie werden rund von 5—100 cm lichter Weite und in den kleineren Dimensionen auch eiförmig hergestellt. Preise und Gewichte sind ebenso wie für Zementwaren je nach Fabrikat und Güte verschieden, am besten wendet man sich wieder an Fabriken, die als zuverlässig bekannt sind.

Wir kommen jetzt zu den Baustoffen aus Metallen, von welchen einer die vielseitigste Anwendung bei Ingenieurbauten findet, das ist Eisen und Stahl. Die einheitlichen Benennungen des Eisens sind in Preußen geregelt durch Ministerialerlaß vom 29. Januar 1889.

Roheisen ist das Erzeugnis des Hochofens mit 2—6 vH Kohlenstoff, C.

Gußeisen ist das umgeschmolzene und dann in besondere Formen gegossene Roheisen. Man unterscheidet Rohguß, Hartguß mit Zusatz von Stahlabfällen, Temperguß aus nachträglich schmiedbar gemachtem Roheisen.

Schweißeisen wird in teigigem Zustand in der Regel im Puddelprozeß hergestellt, ist schweiß- und schmiedbar mit 0,6—1 vH C.

Flußeisen wird in flüssigem Zustand im Bessemer-, Thomas- oder Martin-Verfahren hergestellt, ist schmiedbar, enthält über 1 vH C, ist daher wenig schweißbar, da bei $1^3/_4$ vH C das Schweißen bereits schwierig wird, und nicht härtbar.

Schweißeisen und Flußeisen heißen gemeinsam Schmiedeeisen.

Schweißstahl wird wie Schweißeisen gewonnen, enthält 0,5 bis 1,6 vH C und ist schweiß-, schmied- und härtbar.

Flußstahl wird wie Flußeisen gewonnen, ist schmied- und härtbar, aber wenig schweißbar.

Besondere Stahlsorten mit erhöhten Festigkeiten sind einerseits die legierten Sorten, als Nickelstahl und Chromnickelstahl, und andererseits die hochgekohlten Sorten, als der von den Linke-Hofmann-Lauchhammer-Werken hergestellte Baustahl 48 und der von der A.-G. Freund & Co. herausgebrachte F-Stahl.

Die Handelsfabrikate von Eisen und Stahl sind:

a) von Gußeisen: Röhren, Säulen, Auflager- und Abdeckplatten u.a.m.;

b) von Schmiedeeisen und Stahl: Stabeisen als Rund-, Quadrat- und Flacheisen, Walzeisen als L-, T-, I-, Z- und ⊏-Eisen, d. s. die Normalprofile, welche vom Verband deutscher Architekten- und Ingenieur-Vereine, vom Verband deutscher Ingenieure und vom Verein deutscher Hüttenleute nach dem Grundsatz des kleinsten Materialverbrauches für größte Festigkeit aufgestellt worden sind; sodann Schienen, Schwellen, Bleche, Röhren, Draht, Ketten, Nägel und vieles andere. Für Rundeisen zu Eisenbetonbauten ist im Handel die Bezeichnung „Moniereisen" üblich.

Die Normallängen für Walzeisen sind 4—10 m, die größte Länge ist 14 m. Bleche mit ebener glatter Fläche werden gegenwärtig 0,5 bis

30 mm stark, 0,70—2 m breit und meist 4,5 m lang hergestellt. Eisendraht kommt nach der Stärke in 42 verschiedenen Sorten vor und wird in Bünden von 2, 5, 10, 25 und 50 kg geliefert. Die Stärke wird in Bruchform angegeben, indem der Zähler die Anzahl der $^1/_{10}$ mm, der Nenner die Anzahl der $^1/_{100}$ mm angibt. So heißt z. B. Nr. $3/_1$ ein Draht von $0,3 + 0,01 = 0,31$ mm Stärke und wird gelesen Nr. Dreieins. Alle Eisenwaren werden nach Gewicht gehandelt, 1 $m^3$ Gußeisen wiegt 7250 kg, 1 $m^3$ Schweißeisen 7800 kg, 1 $m^3$ Flußeisen 7850 kg und 1 $m^3$ Flußstahl 7860 kg. Die Eisenerzeuger sind fast sämtlich kartelliert, es wird für normale Sorten mit Grundpreisen ab Werk gerechnet, welche von Zeit zu Zeit festgesetzt werden. Für anormale Längen und Profile kommen Überpreise in Anrechnung. Außerdem werden je nach der Größe der Lieferung und der Lage der Verwendungsstelle besondere Preisermäßigungen gewährt. Die Werkpreise für Stabeisen betragen zur Zeit ab Ruhrwerk 140 M./t gegenüber 98 M./t im Jahre 1913, demnach Steigerung 43 vH. Neben den Erzeugersyndikaten ist in letzter Zeit auch eine Kartellierung des Eisenhandels durchgeführt worden, und zwar haben sich die Händler in vier Verbänden: in dem Rheinisch-Westfälischen, dem Nordwest-Mitteldeutschen, dem Nordostdeutschen und dem Süddeutschen Verband zusammengeschlossen. Der Händlerpreis beträgt zur Zeit ab Lager Düsseldorf 157 M., ab Lager Mannheim 163 M., ab Lager Berlin 170 M. und ab Lager Schlesien 220 M. pro Tonne.

An sonstigen Metallen kommen als Baustoffe bei Ingenieurbauten, wenn auch nur in geringem Maße, noch in Anwendung: Blei, Kupfer, Zink und Zinn.

Das Blei kommt als Gießblei oder als Walzblei in den Handel. Als Gießblei wird es in Mulden von etwa 75 kg Gewicht geliefert und zu Rohrverbindungen bei Eisenrohren, zum Vergießen von Geländerstützen usw. verwandt. Als Walzblei wird es in Tafeln ausgewalzt und in 18 Sorten von 1—10 mm Stärke, 1,0—2,5 m Breite und 8 bis 10 m Länge geliefert. Es wird verwandt zu Dachdeckungen, zu Isolierungen und zum Bekleiden feuchter Wände. Blei findet ferner noch Verwendung zu Wasserleitungsröhren und als Hartblei mit 8—18 vH Antimonzusatz zu Auflagerplatten und Lagerschalen. 1 $m^3$ Blei wiegt 11400 kg.

Kupfer wird als Blech, Draht oder Röhren verwandt. 1 $m^3$ wiegt gewalzt 9000 kg, gegossen etwas weniger.

Zink findet als Zinkblech zu Abdeckungen, Rinnen und Röhren Verwendung. 1 $m^3$ schlesisches oder belgisches Zink wiegt gewalzt 7200, gegossen 6860 kg.

Zinn findet Verwendung zum Verzinnen von Eisen, zu Legierungen, zu Röhren usw. Weißbleche sind verzinnte Eisenbleche. 1 $m^3$ Zinn wiegt gewalzt 7500, gegossen 7300 kg. Reines Zinn wird in Blöcken von 60 kg gehandelt. Lötzinn enthält 50 vH Blei.

Die Preise für alle diese Materialien sind außerordentlich schwankend und hängen von der Konjunktur auf dem Weltmarkt ab.

Der letzte Baustoff, der für uns in Betracht kommt, entstammt dem Pflanzenreiche, d. i. das Holz.

Die Gebräuche oder Usancen im Holzhandel sind in Deutschland merkwürdigerweise noch recht verschiedenartig, sowohl in betreff der Maßangaben als der Preisbestimmungen. Es ist sogar vielfach noch üblich, die Maßangaben nach Fuß oder Zoll zu machen, und zwar im Osten Deutschlands nach alten preußischen Maßen und im Westen Deutschlands nach englischen Maßen. Man soll sich aber bei Anfragen und Bestellungen niemals auf diese veralteten Maßangaben und Berechnungen einlassen, sondern stets das Metermaß anwenden. Es ist im Holzhandel notwendig, die Angebote stets recht sorgfältig durchzusehen und die Maß- und Preisangaben eingehend zu prüfen, da die verschiedenartigen Handelsgebräuche sonst sehr leicht Veranlassung zu späteren Streitigkeiten geben[1]).

Man unterscheidet beim Handelsnutzholz:

1. Rundholz, d. s. Baumstämme mit oder ohne Rinde.

2. Kantholz, wird aus dem Stamm geschnitten entweder als Ganzholz, Halbholz oder Kreuzholz, je nachdem aus dem Stamm 1, 2 oder 4 Hölzer geschnitten werden. Man unterscheidet nach der Qualität splintfreie, scharfkantige, vollkantige, baumkantige Balken und Pfosten.

3. Breitschnittholz, d. s. Planken 10—15 cm stark, Bohlen 5—8 cm und Bretter unter 5 cm stark.

4. Schwarten, d. s. die Abfälle beim Schneiden der Ganzhölzer aus dem Stamm.

5. Latten, als Dachlatten 2,5/5—3/6 cm stark, Doppellatten 5/8 cm stark und Spalierlatten 1,5/2,5 cm stark.

Rundholz, Kantholz und Planken werden nach Festmeter, Bohlen und Bretter nach Quadratmeter, Latten nach laufenden Meter gehandelt.

Als Waldnutzholz kommen noch in Betracht das Stangenholz, als Gerüststangen, Baumpfähle, Zaunpfähle und Pfähle für Leitungsdrähte, sowie das Reisig zu Faschinen. Stangenholz wird nach Stückzahl, Reisig in Bunden nach Raummeter gehandelt. Ebenso werden Schwellen für Eisenbahnen und Baugleisen nach Stückzahl gehandelt.

Allgemeine Kennzeichen von gutem Holz sind gesundes Aussehen von allen Seiten und Splintfreiheit, es darf nicht kernschälig, nicht kernrissig und nicht wurmstichig sein. Die Fasern müssen möglichst parallel mit den Seitenflächen, weder spiralförmig noch verdreht laufen. Bei Hölzern, die eingerammt werden sollen, ist besonders auf Astlöcher oder lose Äste zu achten, da solche zu Brüchen Anlaß geben.

Für die Abmessungen der Kanthölzer sowohl wie der Bohlen und Bretter sind Normalien aufgestellt, doch haben sie noch keine allgemeine Anwendung gefunden, die Sägewerke liefern als Handelsware in den verschiedenen Gegenden Deutschlands die mannigfaltigsten Abmessungen. Man tut daher stets gut, bei allen Anfragen Stärken

[1]) Nach § 28 der Gebräuche im Holzhandel des Wirtschaftsgebietes der Industrie- und Handelskammer zu Berlin hat die Feststellung der Gesundheit, der Mengen und der vertragsmäßigen Lieferung der Ware am Empfangsort zu erfolgen, und zwar bei Waggonladungen längstens innerhalb 6 Werktagen nach Entladung.

und Längen genau zu bezeichnen. Da es aber im Interesse einer einheitlichen Holzbeschaffung liegt, so mögen die Vorschriften der preußischen Staatsbauverwaltung nach dem Ministerialerlaß vom 5. Juni 1898 hier angeführt werden.

### Normalquerschnitte für Bauhölzer.

#### A. Kanthölzer.

| Höhe cm | Breite cm | Fläche $cm^2$ | Trägheitsmoment $cm^4$ | Widerstandsmoment $cm^3$ |
|---|---|---|---|---|
| 8 | 8 | 64 | 341,3 | 85,3 |
| 10 | 8 | 80 | 666,6 | 133,3 |
| | 10 | 100 | 833,3 | 166,7 |
| 12 | 10 | 120 | 1440,0 | 240,0 |
| | 12 | 144 | 1728,0 | 288,0 |
| 14 | 10 | 140 | 2286,7 | 326,7 |
| | 12 | 168 | 2744,0 | 392,0 |
| | 14 | 196 | 3201,3 | 457,3 |
| 16 | 12 | 192 | 4096,0 | 512,0 |
| | 14 | 224 | 4778,6 | 597,3 |
| | 16 | 256 | 5461,3 | 682,7 |
| 18 | 14 | 252 | 6804,0 | 756,0 |
| | 16 | 288 | 7776,0 | 864,0 |
| | 18 | 324 | 8748,0 | 972,0 |
| 20 | 14 | 280 | 9333,3 | 933,3 |
| | 16 | 320 | 10667 | 1067 |
| | 18 | 360 | 12000 | 1200 |
| | 20 | 440 | 13333 | 1333 |
| 22 | 16 | 352 | 14197 | 1291 |
| | 18 | 396 | 15972 | 1452 |
| | 20 | 440 | 17747 | 1613 |
| 24 | 18 | 432 | 20736 | 1728 |
| | 20 | 480 | 23040 | 1920 |
| | 24 | 576 | 27648 | 2304 |
| 26 | 20 | 520 | 29293 | 2253 |
| | 24 | 624 | 35152 | 2704 |
| | 26 | 676 | 38081 | 2929 |
| 28 | 22 | 616 | 40245 | 2875 |
| | 26 | 728 | 47563 | 3397 |
| | 28 | 784 | 51221 | 3657 |
| 30 | 24 | 720 | 54000 | 3600 |
| | 28 | 840 | 63000 | 4200 |

#### B. Schnitthölzer.

Bretter, Bohlen, Pfosten, Latten.

In Längen von 3,5, 4,0, 4,5, 5,0, 5,5, 6,0, 7,0 und 8,0 m.

In Stärken von 15, 20, 25, 30, 35, 40, 45, 50, 60, 70, 80, 90, 100, 120 und 150 mm.

Besäumte Bretter in Breiten von Zentimeter zu Zentimeter steigend.

Dachlatten 6—8 cm breit, 4 cm stark (6 m lang).

Zaunlatten 4 cm breit, 2 cm stark.

Zu den Einkaufspreisen der Baustoffe kommen weiter die **Bezugskosten**, d. s. die Kosten für das Heranschaffen und das Aufsetzen und Aufmessen auf der Baustelle. Für das Heranschaffen nach der Baustelle kommt entweder Anfuhr mit Pferdefuhrwerk, mit der Eisenbahn oder mit Schiff in Betracht. Anschlußgleise zur direkten Beförderung der Eisenbahnwagen auf die Baustelle oder Feldbahnen kommen selten zur Verwendung, da gewöhnlich die Möglichkeit zur Herstellung solcher Bahnanlagen fehlt und die Anlagekosten sich auch nur bei großen Mengen bezahlt machen. Gewöhnlich hat man mit Eisenbahn- oder Schiffsbeförderung und Anfuhr mit Fuhrwerken zu rechnen. Die Bezugskosten sind entweder allgemeine Kosten als Gewichts- oder Mengenspesen, wie Fracht, Verlade- und Abladespesen, Speditionsgebühren, Lagermiete u. a., oder als Wertspesen, wie Versicherungsprämien, oder es sind besondere Unkosten, wie Zoll, Hafenabgaben, Verpackungskosten u. a. m.

Aus den Einkaufspreisen und den Bezugskosten erfolgt die Berechnung der Baustoffkosten für die Mengeneinheit, indem man die Gesamtkosten bis an den Verwendungsort ermittelt und durch die bei der Abnahme festgestellte Menge teilt. Als Baustoff gilt alles, was als Bestandteil des Bauwerks nach mechanischer Verarbeitung oder Bearbeitung ganz oder teilweise wieder erscheint. Es ist aber der wirkliche Verbrauch an Baustoffen den Kosten des Bauwerks anzurechnen, nicht etwa nur die im Bauwerk enthaltenen Mengen, denn in vielen Fällen ist die Verarbeitung des Baustoffes mit größeren oder geringeren Verlusten verbunden. Diese Verluste sind also auch dem Bau zu belasten, ebenso wie sie auch bei der Veranschlagung mit zu berücksichtigen sind. Ferner sind bei einem Bau Mengen und Lieferzeiten der Baustoffe gewöhnlich annähernd von vornherein bekannt, man deckt daher in der Regel den Bedarf durch Abschluß von Lieferungsverträgen für die ganze Bauzeit. So vorteilhaft solche langfristigen Lieferungsverträge als feste Berechnungsgrundlagen sind, ebenso nachteilig können sie aber bei starken Schwankungen der Tagespreise und bei etwaigen Bauänderungen werden.

### b) Arbeitslöhne.

Der Arbeitslohn kommt hier nicht als Arbeitseinkommen, als Arbeitsverdienst für einen bestimmten Zeitabschnitt in Betracht, das ist Gegenstand der Volkswirtschaftslehre, sondern lediglich als **Produktionsfaktor**, als Preis für eine bestimmte Leistung. Der Arbeiter und seine Leistung ist **Produktionsmittel**, als solches wird er angenommen und bezahlt. Der **Lohn**, der Arbeitslohn im engeren Sinne, ist das vertragsmäßige Entgelt bei nicht fester dauernder Anstellung für vorwiegend körperliche Leistungen. Der gezahlte Lohn ist für den Arbeitgeber, den Unternehmer, ein Teil der verausgabten Produktionskosten. Der **im** Arbeitsvertrag festgestellte Lohn hat wirtschaftlich die Natur eines Preises, und alle Lohnbildung ist eine Preisbildung. Sie ist heute rechtlich eine freie. Alle Arbeiter, die gegen Lohn bei Unternehmungen beschäftigt sind, Lohnarbeiter, sind heute bei den Kulturvölkern freie Personen, die Freiheit ihrer Arbeit und des Arbeitsvertrages ist rechtlich anerkannt und die Grundlage des modernen Arbeitsrechtes. Die Löhne bilden sich heute als Arbeitspreise durch freie Konkurrenz der Lohnarbeiter im Angebot ihrer Arbeitskräfte und durch freie Konkurrenz der Arbeitgeber im Begehr nach Arbeitskräften, sie sind freie Konkurrenzpreise. Dies ist die allgemeine Rechtslage, welche auch für alle Sonderregelungen, wie öffentliche Arbeitsnachweise und Tarifverträge, bestehen bleibt.

Unter den Arbeitern sind zu unterscheiden: die gelernten, welche eine regelrechte mehrjährige Lehrzeit durchgemacht haben, und die ungelernten. Diese seit alters übliche Unterscheidung wird durchbrochen durch eine Mittelgruppe, die angelernten Arbeiter. Mit der fortschreitenden Technik erfolgt ein Ersatz der körperlichen Arbeitsleistungen des Menschen in immer höherem Grade durch Leistungen mechanischer Produktionsmittel, und dadurch werden früher rein körperliche Arbeiten mehr zu geistigen, insofern diese Umwandlung der Arbeitsproduktion und die Beherrschung und Leitung der jetzt produzierenden mechanischen Kräfte geistige Arbeit ist. Hierdurch hat sich die Gruppe der angelernten Arbeiter herausgebildet, gewissermaßen als eine Folge der Verdrängung der Handarbeit durch Maschinenarbeit.

Als Form des Arbeitslohnes kommt Naturallohn nicht mehr in Betracht, sondern nur Geldlohn. Durch § 115 der Gewerbeordnungsnovelle von 1891 ist das sog. Trucksystem, d. h. die Auslohnung der Arbeiter in Waren aller Art statt in barem Gelde gesetzlich verboten, es müssen die Löhne in Reichswährung berechnet und bar ausgezahlt werden.

Als Lohnsatz, d. i. als Wert der Arbeit für die Zeiteinheit, Zeitlohn, ist an Stelle des früher üblichen Tagelohnes jetzt fast allgemein der Stundenlohn getreten, gleichzeitig ist eine Differenzierung des Lohnsatzes auf Grund verschiedener persönlicher Tüchtigkeit sowohl für gelernte wie ungelernte Arbeiter infolge der gewerkschaftlichen Bewegung fortgefallen. Ein einheitliches Vorgehen der Arbeiter zwecks Steigerung des Stundenlohnsatzes ist in der Tat leichter zu erreichen, wenn alle Arbeiter sich in derselben Lohnklasse befinden und somit alle das gleiche Interesse an der Steigerung dieser Lohnstufe haben. Ein Ausgleich unter den persönlich durchaus nicht gleichwertigen Arbeitskräften findet dadurch statt, daß besonders gute Arbeiter Zulagen erhalten, daß auch die tüchtigeren Kräfte leichter Arbeit finden, dadurch bleibt bei diesen ein gewisser Ansporn zu besseren Leistungen trotz der schematischen Entlohnungsweise bestehen. Die Höhe des Lohnsatzes, die Bewertung der menschlichen Arbeitskraft, hat sich in den letzten 25 Jahren in höherem Maße gehoben als der wöchentliche Arbeitsverdienst, eine Folge der verkürzten Arbeitszeit. Die Lohnentwicklung im Tiefbaugewerbe von 1900—1925 ist in der nachstehenden tabellarischen Zusammenstellung, welche dem Geschäftsbericht des Reichsverbandes des deutschen Tiefbaugewerbes zu seinem 25jährigen Bestehen im Jahre 1925 entnommen ist, für einige Orte der Bezirksvereine des Reichsverbandes dargestellt und zeigt, daß die Steigerung des wöchentlichen Arbeitsverdienstes ganz wesentlich gegen die Erhöhung des Lohnsatzes zurückbleibt.

Vergleichsweise Übersicht über die Tiefbauarbeiterlöhne 1900—1925 und 1926.

| Ort | Der Stundenlohn betrug für einen Tiefbauarbeiter | | | | Steigerung des Stundenlohnes von 1900—1925 | | Steigerung des Stundenlohnes von 1914—1925 | | Der Wochenlohn eines Tiefbauarbeiters betrug | | Stundenlöhne am 1. Juni 1926 | | |
|---|---|---|---|---|---|---|---|---|---|---|---|---|---|
| | 1900 | 1914 | 1924 | 1925 | in Pf. | in vH | in Pf. | in vH | 1914 bei 60 std. Arbeitszeit | 1925 bei 48 std. Arbeitszeit | Maurer | Bauhilfsarb. | Tiefbauarbeiter |
| **Bezirksverein I** | | | | | | | | | | | | | |
| Königsberg | — | 35 | 53 | 64 | — | — | 29 | 82,9 | 21,00 | 30,72 | 96 | 82 | 64 |
| Allenstein | — | 38 | 47 | 58 | — | — | 20 | 52,6 | 22,80 | 27,84 | 86 | 73 | 58 |
| Tilsit | — | — | — | — | — | — | — | — | — | — | 86 | 73 | 58 |
| Johannisburg | — | — | — | — | — | — | — | — | — | — | 76 | 63 | 51 |
| **Bezirksverein II** | | | | | | | | | | | | | |
| Berlin | 40 | 40 | 63 | 74 | 34 | 85 | 34 | 85 | 24,00 | 35,52 | 125 | 96 | 74 |
| Brandenburg | 25 | 38 | 51 | 60 | 35 | 140 | 22 | 57,9 | 22,80 | 28,80 | 90 | 72 | 60 |
| Eberswalde | — | 39 | 54 | 70 | — | — | 31 | 79,5 | 23,40 | 33,60 | 90 | 72 | 60 |
| Guben | 25 | 35 | 51 | 60 | 35 | 140 | 25 | 71,4 | 21,00 | 28,80 | 90 | 72 | 60 |
| Stettin | 25 | 37 | 57 | 70 | 45 | 180 | 33 | 89,2 | 22,20 | 33,60 | 109 | 92 | 70 |
| Greifswald | — | 45 | 50 | 57 | — | — | 12 | 26,7 | 27,00 | 27,36 | 92 | 77 | 57 |
| Schneidemühl | — | 30 | 41 | 61 | — | — | 21 | 70 | 18,00 | 29,28 | 92 | 73 | 61 |
| **Bezirksverein III** | | | | | | | | | | | | | |
| Breslau | 28 | 35 | 63 | 78 | 50 | 178,6 | 43 | 122,9 | 21,00 | 37,44 | 105 | 86 | 76 |
| Görlitz | 25 | 38 | 53 | 63 | 38 | 152 | 25 | 65,8 | 24,00 | 30,24 | 93 | 78 | 63 |
| Waldenburg | 31 | 38 | 50 | 65 | 34 | 109,7 | 27 | 71,1 | 22,80 | 31,20 | 94 | 76 | 60 |
| Grünberg | — | — | — | — | — | — | — | — | — | — | 86 | 69 | 56 |
| **Bezirksverein IV** | | | | | | | | | | | | | |
| Hamburg | — | 45 | 65 | 89 | — | — | 44 | 97,8 | 27,00 | 42,72 | 128 | 107 | 89 |
| Flensburg | 28 | 43 | 58 | 77 | 49 | 175 | 34 | 79,1 | 30,00 | 36,96 | 106 | 94 | 77 |
| Lübeck | 30 | 43 | 54 | 77 | 47 | 158,9 | 34 | 79,1 | 25,80 | 36,96 | 106 | 94 | 77 |
| Kiel | 35 | 42 | 55 | 77 | 42 | 120 | 35 | 83,3 | 25,20 | 36,96 | 106 | 94 | 77 |
| Rendsburg | 32 | 45 | 54 | 76 | 44 | 137,5 | 31 | 68,9 | 27,00 | 36,48 | 101 | 88 | 76 |
| Rostock | 28 | 40 | 55 | 67 | 39 | 139,3 | 27 | 64,5 | 24,00 | 32,16 | 97 | 84 | 67 |
| Schwerin | — | 43 | 55 | 67 | — | — | 24 | 55,8 | 25,80 | 32,16 | 97 | 84 | 67 |

Vergleichsweise Übersicht (Fortsetzung).

| Ort | Der Stundenlohn betrug für einen Tiefbauarbeiter | | | | Steigerung des Stundenlohnes von 1900—1925 | | Steigerung des Stundenlohnes von 1914—1925 | | Der Wochenlohn eines Tiefbauarbeiters betrug | | Stundenlöhne am 1. Juni 1926 | | |
|---|---|---|---|---|---|---|---|---|---|---|---|---|---|
| | 1900 | 1914 | 1924 | 1925 | in Pf. | in vH | in Pf. | in vH | 1914 bei 60 std. Arbeitszeit | 1925 bei 48 std. Arbeitszeit | Maurer | Bauhilfsarb. | Tiefbauarbeiter |
| **Bezirksverein V** | | | | | | | | | | | | | |
| Hannover | 35 | 46 | 65 | 85 | 50 | 142,9 | 39 | 84,8 | 27,60 | 40,80 | 109 | 93 | 81 |
| Braunschweig | 27 | 40 | 63 | 84 | 57 | 211,1 | 44 | 110 | 24,00 | 40,32 | 109 | 95 | 80 |
| Alfeld | — | 38 | 49 | 65 | — | — | 27 | 71,1 | 22,80 | 31,20 | 82 | 71 | 65 |
| Göttingen | — | 40 | 54 | 75 | — | — | 35 | 87,5 | 24,00 | 36,00 | 96 | 83 | 71 |
| Minden i. W. | 23 | 40 | 57 | 73 | 50 | 217,4 | 33 | 82,5 | 24,00 | 35,04 | 102 | 90 | 70 |
| Bremen | 32 | 45 | 74 | 90 | 58 | 181,3 | 45 | 100 | 27,00 | 43,20 | 114 | 101 | 95 |
| Emden | — | 54 | 75 | 82 | — | — | 28 | 51,9 | 32,40 | 39,36 | 108 | 97 | 82 |
| Osnabrück | 38 | 42 | 60 | 80 | 42 | 110,5 | 38 | 90,5 | 25,20 | 38,40 | 104 | 89 | 76 |
| Cassel | — | 50 | 66 | 85 | — | — | 35 | 70 | 30,00 | 40,80 | 105 | 87 | 85 |
| **Bezirksverein VI** | | | | | | | | | | | | | |
| Cöln | 32 | 50 | 61 | 76 | 44 | 137,5 | 26 | 52 | 30,00 | 36,48 | 113 | 94 | 75 |
| Crefeld | 32 | 43 | 61 | 76 | 44 | 137,5 | 33 | 76,7 | 25,80 | 36,48 | 113 | 94 | 75 |
| Düsseldorf | — | 50 | 59 | 76 | — | — | 26 | 52 | 30,00 | 36,48 | 113 | 94 | 75 |
| Trier | — | 45 | 59 | 75 | — | — | 30 | 66,7 | 27,00 | 36,00 | 111 | 93 | 74 |
| Coblenz | 26 | 43 | 59 | 75 | 49 | 188,5 | 32 | 74,4 | 25,80 | 36,00 | 111 | 93 | 74 |
| Aachen | 36 | 45 | 55 | 73 | 37 | 102,8 | 28 | 62,2 | 27,00 | 35,04 | 105 | 87 | 70 |
| Barmen-Elberfeld | — | 46 | 61 | 76 | — | — | 30 | 65,2 | 27,60 | 36,48 | 113 | 94 | 75 |
| Solingen | 35 | 50 | 61 | 76 | 41 | 117,1 | 26 | 52 | 30,00 | 36,48 | 113 | 94 | 75 |
| **Bezirksverein VII** | | | | | | | | | | | | | |
| Halle | 32 | 40 | 60 | 72 | 40 | 125 | 32 | 80 | 24,00 | 34,56 | 103 | 88 | 72 |
| Magdeburg | 35 | 40 | 60 | 73 | 38 | 108,6 | 33 | 82,5 | 24,00 | 35,04 | 105 | 90 | 73 |
| Erfurt | — | 50 | 72 | 86 | — | — | 36 | 72 | 30,00 | 41,28 | 101 | 88 | 86 |
| Eisenach | 36 | 43 | 64 | 77 | 41 | 114 | 34 | 79 | 25,80 | 36,96 | 92 | 78 | 77 |
| Gotha | 25 | 40 | 64 | 77 | 52 | 208 | 37 | 92,5 | 24,00 | 36,96 | 92 | 78 | 77 |
| **Bezirksverein VIII** | | | | | | | | | | | | | |
| Dresden | 34 | 44 | 77 | 86 | 52 | 153 | 42 | 95,5 | 26,40 | 41,28 | 113 | 94 | 86 |
| Leipzig | 32 | 45 | 79 | 88 | 56 | 175 | 43 | 95,5 | 27,00 | 42,24 | 115 | 96 | 89 |
| Chemnitz | 30 | 52 | 77 | 86 | 56 | 183,3 | 34 | 65,4 | 32,40 | 41,28 | 113 | 94 | 86 |
| Grimma | — | 39 | 58 | 63 | — | — | 24 | 61,5 | 23,40 | 30,24 | 96 | 77 | 69 |
| Zittau | — | 36 | 62 | 69 | — | — | 33 | 91,7 | 21,60 | 33,12 | 96 | 77 | 69 |
| Zwickau | 37 | 43 | 72 | 81 | 44 | 119 | 38 | 88,4 | 25,80 | 38,80 | 108 | 89 | 81 |

| | | | | | | | | | | | | | |
|---|---|---|---|---|---|---|---|---|---|---|---|---|---|
| **IX. Bayr. Baugew.-Verb.** | | | | | | | | | | | | | |
| München | 38 | 59 | 72 | 98 | 60 | 158 | 39 | 66,1 | 35,40 | 47,04 | 115 | 92 | 92 |
| Augsburg | 27 | 47 | 72 | 98 | 71 | 263 | 51 | 108,5 | 28,20 | 47,04 | 115 | 92 | 92 |
| Nürnberg | — | 55 | 72 | 98 | — | — | 43 | 78,2 | 33,00 | 47,04 | 115 | 92 | 92 |
| Bamberg | — | 42 | 64 | 85 | — | — | 43 | 102,4 | 25,20 | 40,80 | 105 | 84 | 84 |
| Schweinfurt | 26 | 45 | 64 | 85 | 59 | 227 | 40 | 88,9 | 27,00 | 40,80 | 76 | 61 | 61 |
| Würzburg | — | 47 | 67 | 89 | — | — | 42 | 89,4 | 28,20 | 42,72 | 86 | 69 | 69 |
| **Bezirksverein X** | | | | | | | | | | | | | |
| Stuttgart | 28 | 45 | 62 | 95 | 67 | 239,3 | 50 | 111,1 | 27,00 | 45,60 | 115 | 92 | 85 |
| Heilbronn | — | 45 | 62 | 90 | — | — | 45 | 100 | 27,00 | 43,20 | 112 | 90 | 80 |
| Göppingen | 35 | 47 | 62 | 90 | 55 | 157,1 | 43 | 91,5 | 28,20 | 43,20 | 102 | 82 | 75 |
| Ulm | — | 37 | 62 | 90 | — | — | 53 | 143,3 | 22,20 | 43,20 | 102 | 82 | 75 |
| Freiburg i. Br. | — | 42 | 70 | 86 | — | — | 44 | 104,9 | 25,20 | 41,28 | 112 | 90 | 86 |
| Karlsruhe | — | 42 | 70 | 86 | — | — | 44 | 104,9 | 25,20 | 41,28 | 112 | 90 | 86 |
| Mannheim | — | 48 | 73 | 89 | — | — | 41 | 85,4 | 28,80 | 42,72 | 115 | 92 | 89 |
| Pforzheim | — | 45 | 70 | 86 | — | — | 41 | 91,9 | 27,00 | 41,28 | 112 | 90 | 86 |
| Frankfurt a. M. | 35 | 57 | 74 | 100 | 65 | 185,7 | 43 | 132,5 | 34,20 | 48,00 | 115 | 95 | 95 |
| Wiesbaden | — | 50 | 74 | 100 | — | — | 50 | 100 | 30,00 | 48,00 | 115 | 95 | 95 |
| **Bezirksverein XII** | | | | | | | | | | | | | |
| Essen | — | 45 | 54 | 65 | — | — | 20 | 44,4 | 27,00 | 31,20 | 105 | 86 | 62 |
| Duisburg | 34 | 50 | 54 | 65 | 31 | 91,2 | 15 | 30 | 30,00 | 31,20 | 105 | 86 | 62 |
| Dortmund | 32 | 45 | 54 | 65 | 33 | 103,1 | 20 | 44,4 | 27,00 | 31,20 | 105 | 86 | 62 |
| Bochum | 32 | 40 | 54 | 65 | 33 | 103,1 | 25 | 62,5 | 24,00 | 31,20 | 105 | 86 | 62 |
| Paderborn | 32 | 40 | 43 | 65 | 33 | 103,1 | 25 | 62,5 | 24,00 | 31,20 | 99 | 82 | 62 |
| **Pfalz** | | | | | | | | | | | | | |
| Speyer | — | — | — | — | — | — | — | — | — | — | 115 | 92 | 89 |
| Kaiserslautern | — | — | — | — | — | — | — | — | — | — | 110 | 91 | 91 |
| **Oberschlesien** | | | | | | | | | | | | | |
| Oppeln | — | — | — | — | — | — | — | — | — | — | 77 | 62 | 49 |
| Gleiwitz | — | — | — | — | — | — | — | — | — | — | 82 | 70 | 52 |
| Neisse | — | — | — | — | — | — | — | — | — | — | 80 | 65 | 49 |
| Ratibor | — | — | — | — | — | — | — | — | — | — | 73 | 59 | 47 |
| Grottkau | — | — | — | — | — | — | — | — | — | — | 69 | 56 | 45 |

Bei der Bemessung des Lohnsatzes als Preis für die Leistung, bei der Lohnbemessung oder der Art der Entlohnung ist zu unterscheiden, ob Zeit oder Leistungserfolg die Grundlage bilden soll. Wird der Leistungserfolg zugrunde gelegt, so erhalten wir den Werklohn im Gegensatz zum Zeitlohn. Der Werklohn kann an die einzelnen Arbeiter nach gefertigten Stücken gezahlt werden, dann ist er Stücklohn, oder nach der geleisteten Menge im Gedinge an einzelne Arbeiter oder an Gruppen von Arbeitern, dann ist er Akkordlohn. Stücklohn und Akkordlohn sind also nur in ihren Besonderheiten Unterformen vom Werklohn.

Der Zeitlohn hängt nur teilweise und mittelbar ab von der Größe der Leistung, deren Entgelt er bilden soll; er richtet sich zunächst nur nach der Länge der Arbeitszeit, und ihm haftet der Nachteil an, daß die Arbeiter bei weitem nicht das gleiche natürliche Interesse dafür besitzen, ihre Arbeit zu einer wirklichen Leistung zu machen, wie die Unternehmer. Der Zeitlohn ist daher als Preis für die Leistung nur so lange berechtigt, als ein Zwang zur Arbeit vorliegt, sei es ein moralischer Zwang, wie bei den Beamten, sei es der Zwang des Lebensunterhaltes. Fällt dieser Zwang fort, wie nach Einführung der Tariflöhne und der Arbeitslosenunterstützung, so hat der Arbeiter auch kein Interesse mehr daran, zu arbeiten, d. h. in der Arbeitszeit etwas zu leisten. Der Grund, weshalb die Arbeiterorganisationen für den Zeitlohn sind, liegt wieder darin, daß ein einheitliches Vorgehen der Arbeiter zwecks Steigerung des Lohnsatzes beim Zeitlohn, wenn alle Arbeiter sich in derselben Lohnklasse befinden, leichter zu erreichen ist, und weil beim Werklohn dem Arbeiter nicht der volle Nutzen der Mehrleistung zugute kommt.

„Der Arbeiter hat kein Anrecht auf Arbeit, daher schützt ihn auch nichts vor späterer Arbeitslosigkeit, wenn er heute seine ganze Arbeitskraft einsetzt. Akkordarbeit hemmt das Solidaritätsgefühl der Arbeiterschaft, ermöglicht eine Auslese der leistungsfähigsten Kräfte und benachteiligt dadurch die weniger leistungsfähigen[1]).“

Der Unterschied zwischen Zeitlohn und Werklohn liegt also in der Bemessungsweise des Entgelts. Rechtlich ist die Abgrenzung der Pflichten des Arbeiters beim Werklohnverhältnis dieselbe wie beim Zeitlohnverhältnis; nämlich die des Dienstlöhners. Die Bestimmungen des BGB. über den Werkvertrag finden auf das Arbeitsverhältnis beim Werklohn, auf den Arbeiterakkordvertrag keine Anwendung, weil der Werkvertrag stets einen selbständigen Unternehmer voraussetzt. Es fällt vielmehr das ganze Gebiet des Arbeitsvertrages unter die Normen des Dienstvertrages (§§ 611—630 BGB.).

Für die Entwicklung des modernen Werklohnwesens ist hauptsächlich ein wirtschaftlicher Grund maßgebend gewesen, nämlich die Befreiung des Unternehmers von einem Moment der Unsicherheit. Denn seine ganze Berechnung unterliegt im Falle der Durchführung seines Unternehmens mit der Lohnbemessung nach Maßgabe der aufgewendeten Arbeitszeit einer gewissen Unsicherheit, da mit der Bezahlung und vorher mit dem Veranschlagen einer bestimmten Zeiteinheits-

---

[1]) Soziale Bauwirtschaft Nr. 4 vom 15. Februar 1922.

größe von Arbeit keine unbedingt verläßliche Leistungs- oder Wertgröße für irgendwelche Berechnung erfaßt wird. Es liegt vielmehr hierin immer ein Risiko. Dieses Risiko kommt namentlich im Baugewerke zur Geltung, weil hier der Unternehmer stets neuartigen Aufträgen und damit einem beständigen Wechsel in der Einrichtung der Arbeit und in der Beschäftigung der einzelnen Arbeiter gegenübersteht. Der Unternehmer ist gezwungen, Preise für die Bauarbeiten zu machen, bevor er in die Durchführung der Arbeit eintritt, er muß also eine Berechnung auf Wahrscheinlichkeit anstellen. Damit aber seine Berechnung auch im Verlauf der Durchführung der Arbeit, die dann auf Grund der Berechnung eingeleitet wird, eingehalten werde, drängt die Sachlage ganz von selbst dazu, daß der Unternehmer die Arbeiten, für die er in seinem Anschlag schon bestimmte Kosten einzusetzen gezwungen war, zu den betreffenden Preisen auch an die Arbeiter weiter vergibt. Der z. B. für 1 $m^3$ Mauerwerk in den Anschlag für die Arbeit eingesetzte Kostenbetrag kann am leichtesten eingehalten werden durch Vergebung der Arbeit im Werklohnsatz. Die Ungleichmäßigkeit der Arbeitsvorgänge im ganzen wie im einzelnen und die Notwendigkeit der Vorausberechnung des Produktpreises sind die beiden Hauptmomente für die Einführung des Werklohnwesens. Das Risiko, das bei allen Zeitlohnverhältnissen besteht, muß der Unternehmer bestrebt sein, einzuschränken, dieses Bestreben liegt im Wesen des vernünftig wirtschaftenden Unternehmertums. Das Risiko verschwindet aber beim Werklohn nicht ganz, es erscheint vielmehr z. T. wenigstens auf seiten des Arbeiters wieder, dessen Arbeit nicht nach Zeiteinheiten, sondern nach der Leistung bemessen wird. Und dieses wirtschaftliche Risiko des Werklöhners hat in unserem positiven Recht bisher noch keine Berücksichtigung gefunden, es ist vielmehr noch ein Problem de lege ferenda, den Arbeitsvertrag so zu gestalten, daß nur ein Minimum an wirtschaftlichem Risiko aus ihm für den Arbeiter sich ergibt. Dieses Risiko erklärt auch die vielfach ablehnende Haltung der Arbeiterschaft gegen die Methode überhaupt, es kann aber wesentlich vermindert werden durch die Berechnungsweise und vor allem durch die Verkleinerung der Lohnbemessungseinheit. Eine stärkere Entwicklung der Lohnbemessung nach Arbeitsgrundteilen hat außerdem den Vorteil, daß die Gefahr unrichtiger Vorausberechnung, vor allem zu geringer Lohnsätze verringert wird, denn der Übergang zum Werklohn nach Arbeitsgrundteilen bedingt gegenüber dem allgemeinen Akkord eben getrennte Berechnungen über die einzelnen Arbeitsleistungen, während beim Akkord für größere Teile der Arbeit die Arbeitskosten einen größeren, dem fertigen Produkt nähergebrachten Produktionsumfang betreffen. Die Berechnung des Werklohnes nach Arbeitsgrundteilen wird Elementenberechnung genannt und bildet auch den Kern der wissenschaftlichen Betriebsführung nach dem System Taylor.

Die Rückübertragung des Risikos, welches beim Akkord vom Arbeitgeber auf den Arbeitnehmer abgewälzt wird, bildet neben der Sicherung eines gewissen Durchschnittsgesamtverdienstes für die Zeiteinheit, d. i. eines Minimallohnes, das lohnpolitische Problem der Gegenwart. Der

Zweck der Festsetzung der Mindestlohnsätze ist Schutz der Arbeiter gegen die Konjunktur des Arbeitsmarktes, und der Zweck des Schutzes gegen das Risiko ist die Vermeidung der Unbilligkeit und Härte, welche in einer solchen Gefahrenübertragung liegt. Und die Rechtsprechung unserer Gewerbegerichte geht in dieser Hinsicht zum Schutze der Arbeiter sogar über das positive Recht hinaus, d. h. die Gewerbegerichte legen bei Streitigkeiten unter allen Umständen das Risiko dem Unternehmer auf, obgleich unsere heutigen Gesetze darüber keine Bestimmung enthalten. Der Werklohn hat aber gegenüber dem Zeitlohn unbestreitbar einen großen wirtschaftlichen Vorteil, d. i. die Verringerung des Lohnaufwandes für eine Arbeit. Es zeigt sich nämlich regelmäßig, daß bei der Vergebung einer Arbeit in Werklohn dieselbe Arbeit in viel kürzerer Zeit geleistet wird wie in Zeitlohn, und daß der Werklohnsatz in ganz kurzer Zeit herabgesetzt werden kann. Es hat die Herabsetzung der Werklohnsätze eine Steigerung der Arbeitsleistung zur Folge. Die Arbeiter widerstreben daher auch gewöhnlich der Vergebung einer Arbeit in Werklohn, und die Herabsetzung der Werklohnsätze hat den Ausgangspunkt für eine Reihe größerer Lohnkämpfe gebildet und auch sonst zu Gegenmaßnahmen der Arbeiter geführt, wie Verschleierung der Akkordarbeitserträge und Zurückhalten mit der Arbeitskraft seitens des Werklöhners. Trotzdem fehlt den Arbeitern nicht das Verständnis dafür, daß die Werklohnbemessungsmethode die gerechtere, feinere, höherstehende ist, und hinter dem Schlagwort der Arbeiter: „Akkord ist ein Mittel, die Arbeitskraft zugunsten des Kapitals auszubeuten“, steckt immer nur die Angst vor der Lohnsatzkürzung, während sie im übrigen zugeben, daß diese Bemessungsmethode weit mehr den Interessen des Arbeiters entspreche als Zeitlohnbemessung. Bei der Abneigung der Arbeiter gegen die reine Akkordarbeit wird daher ein Lohnsystem die meiste Aussicht auf Verwirklichung haben, das einen Mindestlohnsatz garantiert und alle Arbeiter am Gewinn beteiligt.

Als ein Kompromiß zwischen den einander entgegenstehenden Bestrebungen der Arbeitsvertragsparteien hinsichtlich der Werklohnbemessungsmethode ist die Ausbildung der Prämiensysteme sowie der Gewinnbeteiligung anzusehen. Von den Prämiensystemen sind die wichtigsten das Taylorsche Differentialsystem und das Zeitlohnprämiensystem, und das Wesen derselben besteht darin, daß für jede zu entlohnende Arbeitsaufgabe eine Grundzeit festgesetzt und bei Unterschreitung dieser Grundzeit ein höherer Lohn oder eine Prämie gezahlt wird.

Bei dem Taylorschen Differentialsystem wird die Grundzeit, in der die Arbeit getan werden kann, durch Beobachtungen wissenschaftlich ermittelt und festgestellt. Hält der Arbeiter diese Grundzeit ein oder unterschreitet er sie, so bekommt er den für diese Leistung angesetzten Lohn, den sog. hohen Stücklohn. Überschreitet der Arbeiter die Grundzeit, so erhält er den minderen Stücklohn. Ist z. B. die Grundzeit für die Herstellung eines Stückes auf eine Stunde ermittelt und der Lohn für das Stück bei Einhaltung der Grundzeit auf 1,40 M. festgesetzt, so wird bei Überschreitung der Grundzeit ein niedrigerer Lohnsatz von

1,00 M. gezahlt. Der Arbeiter verdient also nach diesem Differentialsystem bei achtstündiger Arbeitszeit bei Einhaltung der Grundzeit, also bei Herstellung von acht Stück in den acht Arbeitsstunden 8 · 1,40 = 11,20 M., während der Arbeiter, der in den acht Arbeitsstunden nur sieben Stück herstellt, nur 7 · 1,00 = 7,00 M. verdient.

Bei dem Zeitlohnprämiensystem wird ebenfalls eine solche Grundzeit festgesetzt, und die Arbeiter erhalten einen sicheren Stundenlohn für jede tatsächliche, auf die Arbeit verbrauchte Arbeitsstunde als Grundlohn. Für jede ersparte Stunde, also für den Unterschied zwischen der tatsächlich gebrauchten und der Grundzeit, wird dann dem Arbeiter eine Prämie in der Höhe eines fixen oder veränderlichen Bruchteils des Stundenlohnsatzes zuerkannt. Z. B. als Grundzeit für ein Stück wird eine Stunde festgesetzt, der Stundenlohn sei 1,00 M., mithin bei achtstündiger Arbeitszeit der Grundlohn 8 · 1,00 = 8,00 M. Ein fleißiger Arbeiter braucht aber nur 50 Minuten für ein Stück, erspart also an der Grundzeit 8 · 10 = 80 Minuten = $1^1/_3$ Stunden. Hierfür wird eine Prämie gezahlt, angenommen 2,00 M. für eine Stunde, ergibt Prämie für einen Tag $1^1/_3 \cdot 2$ = rd. 2,70 M. Der Erfolg dieses Systems hängt also von der Bemessung der Grundzeit, die seitens der Unternehmer zugestanden wird, ebenso wesentlich ab, wie von der absoluten Höhe des Grundlohnes und der Prämie. Die Prämienrate kann entweder fixiert werden für die Stunde Zeitersparnis, oder sie kann veränderlich sein, indem sie mit der Zeitersparnis steigt. Die Zufriedenheit der Unternehmer mit dieser Lohnform fußt auf der wesentlichen Verbilligung der Produktionskosten infolge des Werklohnes, denn die Verbilligung entsteht ja nicht allein durch die Lohnersparung, durch die absolute Verminderung an Löhnen, sondern zu einem großen Teil auch durch eine Verminderung der auf die Produktionseinheit entfallenden Generalunkosten, es wächst eben der Divisor bei Feststellung dieses Quotienten.

Die Gewinnbeteiligung will auch die Unvollkommenheit des Werklohnes beseitigen, welche darin besteht, daß der Nutzen der Mehrleistung beim Werklohn nicht dem Arbeiter, sondern dem Unternehmer zugute kommt. Die Gewinnbeteiligung ist keine Lohnform mehr, sie hat von dem Problem des Lohnes als des vertragsmäßig vereinbarten Arbeitsentgeltes unbedingt getrennt zu bleiben. Denn der Anteil am Gewinn ist etwas unter allen Umständen Zweifelhaftes und bringt das Moment des Risikos in die Einkommensverhältnisse der Arbeiter, das dem nackten Arbeitsentgelt des Arbeitslohnvertrages nicht anhaften darf. Die Gewinnbeteiligungszusicherung ist rechtlich entweder ein schenkungsartiges Zugeständnis des Unternehmers oder, wenn vertragsmäßig vereinbart, ein Zusatzvertrag zum reinen Arbeitsvertrag. Die Gewinnbeteiligung ist eine wirtschaftlich und rechtlich von dem Lohnverhältnis völlig getrennte Beziehung zwischen Unternehmer und Arbeiter.

Das Problem der Gewinnbeteiligung in wirtschaftlicher Hinsicht besteht darin, daß einerseits der Arbeiter einen prozentualen Anteil an dem Erlös der erzeugten Werte erhält, daß aber andererseits auch eine Erhöhung der Leistung sowie eine Verbesserung der Qualität der Leistung eintritt und daß die Arbeitsfreudigkeit gehoben wird.

Die in den einzelnen Arbeiterklassen zu zahlenden Löhne sind jetzt im wesentlichen durch Tarifverträge, durch Gesamtabkommen zwischen den Organisationen der Arbeitgeber und Arbeitnehmer geregelt[1]). Bei allen tariflichen Bindungen bleibt aber immer ein soziales Moment unberücksichtigt, das ist einmal, daß ein verheirateter Arbeitnehmer mit seinem Arbeitseinkommen einen wesentlich höheren Ernährungsbedarf zu bestreiten hat als ein unverheirateter, und daß mit zunehmendem Alter die Lebensbedürfnisse zunehmen, während die Leistungsfähigkeit abnimmt. Erschien schon vor dem Kriege die Forderung des Soziallohnes sozial- und bevölkerungspolitisch durchaus geboten, so ist die praktische Lösung des Problems besonders dringend zu einer Zeit, in der durch die Steigerung der Lebenshaltungskosten und der damit verbundenen Erhöhung der Löhne die Differenz der Lebenshaltungskosten zwischen Ledigen und Verheirateten sich immer mehr zuungunsten der letzteren vergrößert. Während auf der einen Seite der verheiratete kinderreiche Arbeitnehmer kaum in der Lage ist, die dringendsten Bedürfnisse seiner Familie zu befriedigen, erhält auf der anderen Seite der Unverheiratete einen Lohn, der über das Existenzminimum einer Einzelperson hinaus geht und ihn häufig zu unwirtschaftlichen Ausgaben verleitet. Ferner können beim Werklohn jüngere rüstigere Arbeiter einen höheren Verdienst erzielen als ältere. Das Verhältnis der Einnahmen zu den notwendigen Ausgaben gestaltet sich daher mit zunehmendem Alter immer ungünstiger.

Um diesem volkswirtschaftlichen Übelstande abzuhelfen, ist man dazu übergegangen, differenzierte Löhne festzusetzen, indem man entweder zu einem für alle Arbeiter gleich hohen Grundlohn Familien- und Kinderbeihilfen gewährt oder bereits bei Festsetzung des Grundlohnes eine Staffelung unter Berücksichtigung des Familienstandes und des Alters eintreten läßt. In den Tarifverträgen für Angestellte hat die Durchstaffelung der Gehälter nach Alter und Familienstand verhältnismäßig schnell Eingang gefunden, ebenso wie ja auch bei Beamten diesem sozialen Moment durch steigenden Zeitlohn. Rechnung getragen wird. Neben einem für alle Angestellten einheitlichen Grundlohn werden an die Verheirateten Kinder- und teilweise auch Haushaltungszulagen gezahlt. Dagegen ist es bei der tariflichen Festsetzung der Arbeiterlöhne bisher nur vereinzelt gelungen, eine Berücksichtigung des sozialen Momentes durchzusetzen.

Schon rein technisch ist die praktische Lösung des Problems bei den Arbeitern erheblich schwieriger als bei den Angestellten, weil die Kündigungsfrist bei den ersteren erheblich kürzer ist, im Baugewerbe z. B. tägliche Kündigung die Regel bildet, und infolgedessen die Arbeiterschaft in den Betrieben viel häufiger wechselt, als es bei den Angestellten der Fall ist. Dazu kommt, daß in freigewerkschaftlichen Kreisen jede Differenzierung der Arbeiterlöhne bisher zum größten Teil strikte ab-

[1]) Vgl. Abschn. II, 3d.

gelehnt wird. Die Gründe, die gegen die Durchführung des Soziallohnes geltend gemacht werden, liegen sowohl auf gewerkschaftspolitischem als auch auf wirtschaftlichem Gebiet. Im Interesse der Solidarität der Arbeitermassen wird von jeher bei den Tarifverhandlungen von den Gewerkschaftsführern der Grundsatz verfochten: „Gleiche Arbeit, gleicher Lohn", und betont, daß der Familienvater keineswegs mehr leistet als der in frischester Kraft stehende ledige Arbeiter. Daß es aber den Gewerkschaftlern mit der strikten Durchführung des reinen Leistungsprinzips keineswegs ernst ist, ergibt sich aus dem Bestreben, die Löhne der ungelernten Arbeiter denen der gelernten anzugleichen. Obwohl der Facharbeiter zweifellos qualitativ mehr leistet als der ungelernte, wird in diesem Falle der Grundsatz vertreten, daß es in jetzigen Zeitläuften nicht angängig sei, die Entlohnung der Arbeitsleistung anzupassen, da der ungelernte Arbeiter von seinem Arbeitseinkommen die gleich hohen Lebenshaltungskosten bestreiten müsse als der Facharbeiter, bei der Bemessung des Hilfsarbeiterlohnes müsse man lediglich den Bedarfslohn und nicht den Leistungslohn zugrunde legen. Ausschlaggebend für die Tarifpolitik der Gewerkschaften ist wohl in erster Linie die Tatsache, daß die jüngeren, meist radikaleren Elemente gegen jede Schmälerung ihres derzeitigen Verdienstes sich auflehnen und die Arbeiterführer an der Durchführung sozialerer tarifpolitischer Ideen hindern. Wirtschaftlich wird die ablehnende Haltung gegen die Familienstandsentlohnung damit begründet, daß die Arbeitgeber eine etwa durch die Einführung von Familienzulagen bedingte Mehrbelastung ihrer Betriebe dadurch zu verhindern suchen würden, daß sie die verheirateten Arbeiter entlassen und ledige wieder einstellen. Daß dieser Einwand nicht ganz seiner Berechtigung entbehrt, kann nicht bestritten werden. Aber von einer praktisch befriedigenden Lösung des Problems muß unbedingt verlangt werden, daß eine wirtschaftliche Schädigung der Familienväter unter allen Umständen vermieden wird. Das ist das Kernproblem, das gelöst werden muß.

Die Initiative zur Gewährung von Familienzulagen an Arbeiter ist zumeist von den Arbeitgeberverbänden ergriffen worden. Praktisch durchgeführt ist die Familienstandsentlohnung zur Zeit im Bergbau und in einzelnen anderen Industriezweigen, und zwar entweder als unmittelbare Zulagen für Haushalt und Kind für die Schicht oder unter Zuhilfenahme von Ausgleichskassen. Auch im Baugewerbe ist in dem Reichstarifvertrag über die Lohn- und Arbeitsbedingungen der technischen Angestellten vom 15. Juni 1920 in einer protokollarischen Erklärung die Prüfung der Frage nach einer Differenzierung der Gehaltsätze für ledige und verheiratete Angestellte vorgesehen, und auf Grund derselben ist in den Bezirkstarifverträgen für Nordwestdeutschland und Oberschlesien eine Abstufung der Gehälter nach dem Familienstand, wenn auch ohne Ausgleichsverfahren bereits durchgeführt. Einer Differenzierung der Bauarbeiterlöhne nach dem Familienstand stehen aber im Hinblick auf das Ausgleichsverfahren, ohne das eine praktisch befriedigende Lösung nicht möglich ist, besondere Schwierigkeiten entgegen, weil der weitaus größte Teil der Bauarbeiterschaft ständig von einem Unternehmer zum anderen, von einer Baustelle zur anderen wechselt. Trotz der in der Eigenart des Baugewerbes begründeten, besonders schwierigen Weise des Ausgleichs werden aber Versuche von den Orts- oder Bezirksverbänden zu machen sein, welche Art des Ausgleichverfahrens am einfachsten im Baugewerbe sich durchführen läßt[1]).

Eine Berücksichtigung des Alters war vor dem Krieg besonders bei der Preußischen Eisenbahnverwaltung durchgeführt, und zwar nicht allein bei den in Zeitlohn beschäftigten Eisenbahnarbeitern, sondern auch bei den in Stücklohn arbeitenden Werkstattarbeitern. Für diese war das Stückpreisverfahren ersetzt worden durch das Stückzeitverfahren in Verbindung mit einer Lohnstaffel. Es wurde grundsätzlich für jede im Stückverfahren auszuführende Arbeit eine Zeit bestimmt auf Grund von Probearbeiten nach der Dauer, die von Arbeitern mittlerer Leistungsfähigkeit zur ordnungsmäßigen Herstellung der Arbeiten gebraucht wurde. Diese Stückzeiten sind also von den zeitlichen und örtlichen Lohnverhältnissen vollkommen unabhängig, sie richten sich nur nach den in den einzelnen Werkstätten verschiedenen maschinellen und sonstigen Einrichtungen. Zur Bemessung des Verdienstes dienen dann die Lohnstaffeln, welche den örtlichen Teuerungsverhältnissen Rechnung tragen und das planmäßige Aufsteigen der Arbeiterschaft im Lohneinkommen bis zu einem bestimmten Beschäftigungsalter sicherstellen sollen. Die Lohnstaffel besteht aus Stundenlohnsätzen, welche sich von Jahr zu Jahr erhöhen bis zum höchsten Satz, der von den gelernten Arbeitern nach 20, von den ungelernten nach 15 Jahren erreicht wird. Die Verrechnung des Lohnes erfolgt also in der Weise, daß die Stückzeiten in einem Löhnungszeitraum nach dem Stückzeitheft zusammengezählt und mit dem Lohnsatz, der dem Arbeiter nach der Lohnstaffel zusteht, vervielfältigt werden. In den Stückzeiten kommt also die Leistung des Arbeiters zum Ausdruck, der fleißige Arbeiter kann in einer Arbeitsstunde mehr als eine Stückstunde leisten, der weniger fleißige wird die Stückzeit nicht erreichen. Und der ältere Arbeiter, der nach der Lohnstaffel sich in einer höheren Stufe befindet, erhält für die Stückzeit mehr Lohn als der jüngere.

Wenn somit die Regelung des Arbeitslohnvertrages noch heute keine befriedigende ist, weder in wirtschaftlicher noch in sozialer Hinsicht, und daher Lohnkämpfe weiter auf der Tagesordnung stehen werden, so ergibt sich von selbst, daß auch der Arbeitslohn als Kalkulationsfaktor eine unsichere Größe bleiben wird. Die Bauarbeiten sind zudem nicht allein als Saisonarbeiten von der Jahreszeit und der Witterung abhängig, sondern auch die Höhe der Lohnsätze ist an den verschiedenen Orten sehr verschieden, ein Umstand, der für das Baugewerbe als Wandergewerbe wohl zu berücksichtigen ist. In der Übersicht auf S. 185 sind auch die am 1. Juni 1926 geltenden Löhne für Arbeiter im Baugewerbe angegeben, daraus ergibt sich, daß für gelernte Arbeiter (Maurer) die höchsten Stundenlöhne in Hamburg 128 Pf. und in Berlin 125 Pf. und die niedrigsten in Oberschlesien, 69—80 Pf., und Ostpreußen, 76—96 Pf., gezahlt werden, während die Stundenlöhne für Tiefbauarbeiter am höchsten in Bremen, Frankfurt a. M. und Wiesbaden, 95 Pf., und am niedrigsten wieder in Oberschlesien, 45—49 Pf., sind. In den ländlichen

[1]) Vgl. Dt. Tiefb. Ztg. 1921, Nr. 11. Zur Frage der tariflichen Entlohnung nach dem Familienstand. — Das Baugewerbe 1921, Nr. 5. Der soziale Lohn in der Praxis.

Bezirken sind die Löhne im allgemeinen niedriger. Die Schwankungen sind bei den gelernten Arbeitern wesentlich geringer als bei den Tiefbauarbeitern, sie betragen bei den ersteren höchstens 50 vH, während sie bei letzteren bis 120 vH steigen.

Diese Schwankungen zeigen, von wie großer Bedeutung der Ort der Bauausführung für den Produktionsfaktor Arbeitskraft und damit für die Baukosten ist. Die Höhe des Lohnsatzes hat auch nicht nur einen unmittelbaren Einfluß auf die Baukosten, sondern erfordert auch die Prüfung der Frage, ob die Verwendung arbeitsparender Maschinen wirtschaftlich ist oder nicht, d. h. ob die Gesamtkosten sich niedriger stellen bei einer technisch vollkommenen Betriebsart oder bei einer minder vollkommenen. Denn es kann der Fall eintreten, daß die Arbeitslöhne sich so niedrig stellen, daß sich ein Heranschaffen und ein Betrieb von Maschinen nicht mehr lohnt.

Die Berechnung der Löhne erfolgt in Lohnlisten, für welche jede Berufsgenossenschaft besondere Formulare vorgeschrieben hat. Die Unterlagen für die Lohnberechnung werden den Berichten der Aufsichtsbeamten, Formular 3, S. 151 entnommen und müssen neben dem Arbeitsverdienst auch die Abzüge für die verschiedenen Versicherungen und die Lohnsteuer enthalten. Das nebenstehende Formular zeigt, wie die Lohnberechnung mit Berücksichtigung der Abzüge zu erfolgen hat.

Die Höhe der Beiträge zu den Versicherungen sowie die Lohnsteuerabzüge sind auf Grund der einzelnen Personal- oder Stammkarten festzustellen, welche alle notwendigen Angaben über den Arbeitnehmer, Lohn- oder Gehaltsklasse, Familienverhältnisse usw. enthalten müssen. Bei der Berechnung sind dann zu unterscheiden die Beitragsteile, die auf den Arbeitgeber entfallen, und die Beitragsteile, die vom Arbeitnehmer, dem Versicherten, zu entrichten sind. Es ist also vom Lohnbureau bei der Lohn- oder Gehaltsberechnung eine beson-

Formular 7

Löhnungsliste für die Zeit vom ............ bis ............

| Nr. | Name | Anzahl der | | | | Brutto-Betrag | | Davon steuerfrei sowie Auslagen | | Steuerpflichtiger Lohn | | Abzüge | | | | | | | | | | | Gezahlter Betrag | |
|---|---|---|---|---|---|---|---|---|---|---|---|---|---|---|---|---|---|---|---|---|---|---|---|---|
| | | | | | | | | | | | | Steuern | | | Kranken-Kasse | | Invaliden-Versich. | | Erwerbslosenfürsorge | | | | | |
| | | Arb.-Tage | Lohn-Stdn. | Über-Stdn. | Akk.-Stdn. | RM | Pf. | RM | Pf. | RM | Pf. | vH | RM | Pf. | RM | Pf. | RM | Pf. | RM | Pf. | | | RM | Pf. |
| | | | | | | | | | | | | | | | | | | | | | | | | |

dere Liste aufzustellen, in die unter Angabe des Namens und der sonstigen Erfordernisse die Beiträge zur Sozialversicherung eingetragen werden, getrennt nach Arbeitgeber- und Arbeitnehmeranteilen. Der auf den Arbeitgeber entfallende Anteil wird als Belastung des Lohnkontos oder des Geschäftsunkostenkontos in den Geschäftsbüchern verbucht, der Anteil des Arbeitnehmers wird in die Lohn- oder Gehaltslisten eingetragen und vom Arbeitslohn oder Gehalt abgesetzt, braucht also nicht in den Geschäftsbüchern zu erscheinen.

Die Abrechnung mit den Versicherungsbehörden erfolgt für die Angestellten- und Invalidenversicherung durch das Markenverfahren[1]). Für die Beitragsleistung zur Krankenversicherung und Erwerbslosenfürsorge bilden die Grundlage die Meldebücher, die bei der An- und Abmeldung der Arbeiter bei den Krankenkassen verwendet werden. Unter der Nummer des Meldebuches werden die Arbeiter in ein Verrechnungsbuch, Arbeitgeberkonto, eingetragen. Solche Verrechnungsbücher sind für männliche und weibliche Arbeiter getrennt zu führen. Die Verrechnungsbücher gehen an die Krankenkassen, und zwar vierwöchentlich für Arbeiter und monatlich für Angestellte. Die Krankenkasse stellt danach ihre Rechnung auf und läßt die Beiträge entweder selbst einziehen oder durch irgendein Überweisungsverfahren begleichen. Die Beiträge für die Erwerbslosenfürsorge sind als Zuschläge zu den Krankenversicherungsbeiträgen und mit diesen zu entrichten. In vielen Fällen besorgen auch die Krankenkassen die Beitragserhebung für die Invalidenversicherung mit, die Beiträge werden dann ebenfalls in das Verrechnungsbuch eingetragen und mit den Krankenkassenbeiträgen eingezogen. Neuerdings werden von den Krankenkassen, z. B. von der Allgemeinen Ortskrankenkasse der Stadt Berlin, dem Arbeitgeber keine Beitragsrechnungen mehr zugestellt, die Arbeitgeber haben infolgedessen die Kassenbeiträge und Erwerbslosenzuschläge selbst zu berechnen und mindestens am Ende eines jeden Monats der Kasse unaufgefordert zu überweisen.

Die von den einzelnen Krankenkassen satzungsgemäß festzusetzende Höhe der Beiträge ist örtlich und zeitlich verschieden, sie beträgt zur Zeit bei der Allgemeinen Ortskrankenkasse in Berlin 6 vH vom Gesamtverdienst der Beschäftigten. Zu dem Gesamtverdienst gehören der Barlohn und andere Bezüge, wie z. B. freie Station, Teilkost, Kleidung, freie Wohnung usw. Dazu kommen dann als Erwerbslosenbeitrag 3 vH. vom Gesamtverdienst.

Die Lohnsteuer, der Steuerabzug vom Arbeitslohn, ist geregelt durch das Einkommensteuergesetz vom 10. August 1925 in der Fassung des Gesetzes über die Senkung der Lohnsteuer vom 19. Dezember 1925, abgeändert durch Gesetz zur Vereinfachung der Lohnsteuer vom 26. Februar 1926. Sie beträgt 10 vH des Arbeitslohnes, wovon seit dem 1. Januar 1926 1200 M. für das Jahr steuerfrei bleiben und außerdem für die Ehefrau und jedes

---

[1]) Vgl. Abschn. II, 2.

minderjährige Kind je 10 vH des noch zu besteuernden Lohnes, mindestens aber

120 M. für die Ehefrau
120 M. für das Kind
240 M. für das 2. Kind
480 M. für das 3. Kind
720 M. für das 4. Kind
und je 960 M. für das 5. und folgende Kinder.

Der steuerfreie Lohnbetrag ergibt sich demnach bei einem Arbeiter mit Ehefrau und zwei Kindern bereits zu 1200 + 120 + 120 + 240 = 1680 M. für das Jahr oder 32,30 M. für die Woche und bei 48 Arbeitsstunden wöchentlich zu 0,67 M. für die Stunde. Das besagt, daß die größte Zahl der verheirateten Arbeiter lohnsteuerfrei bleibt, das besagt aber auch die Umständlichkeit, die mit der Lohnsteuerberechnung verbunden ist, da die Familienverhältnisse jedes Arbeiters berücksichtigt werden müssen.

Während nun die Lohnsteuer von den Arbeitnehmern allein zu tragen und der Arbeitgeber nur für die rechtzeitige Abführung der Lohnsteuer zu sorgen hat, sind die Beiträge für die Unfallversicherung vom Arbeitgeber allein zu tragen. Und die Belastungen des Lohnkontos durch die vom Arbeitgeber zu tragenden Beiträge für die Sozialversicherung ergeben sich bei Tiefbauarbeiten unter Zugrundelegung der Krankenkassenbeiträge der Allgemeinen Ortskrankenkasse in Berlin[1]) wie folgt:

| | |
|---|---|
| 1. Krankenversicherung $^1/_3$ von 6 vH . . . . . . . | = 2,00 vH |
| 2. Invalidenversicherung $^1/_2$ von 4 vH . . . . . . | = 2,00 vH |
| 3. Unfallversicherung bei einer mittleren Gefahrziffer von 15 und einer Beitragsziffer von 1,5 . . . . | = 2,25 vH |
| 4. Erwerbslosenfürsorge $^1/_2$ von 3 vH . . . . . . . . | = 1,50 vH |
| | 7,75 vH |
| Dazu kommt zur Zeit noch die vom Unternehmer zu zahlende Lohnsummensteuer von den gezahlten Löhnen und Gehältern . . . . . . . . . . . . | = 1,00 vH |
| so daß die Löhne im ganzen belastet werden mit . | 8,75 vH |

Für die **Lohnzahlungen** schreibt die Novelle zur Reichsgewerbeordnung vom 27. Dezember 1911 vor, daß den Arbeitern bei der regelmäßigen Lohnzahlung ein schriftlicher Beleg über den Betrag des verdienten Lohnes und der einzelnen Arten der vorgenommenen Abzüge auszuhändigen ist. Durch diese Vorschrift sind die früher nur auf minderjährige Arbeiter angewendeten Vorschriften verallgemeinert und auf alle Arbeiter ausgedehnt worden. Um dieser Vorschrift zu genügen, haben sich Lohnbeutel mit Aufschrift (S. 198) als am zweckmäßigsten erwiesen.

Werden die Lohnbeutel dann mit einem Doppelblatt für die Aufschrift zum Durchschreiben versehen, so hat man den Vorteil, daß die Lohnabrechnungen der einzelnen Personen ohne weitere Schreibarbeit und gleichlautend gesammelt werden können[2]).

[1]) Die Beitragssätze der Krankenkassen liegen in den verschiedenen Orten zur Zeit etwa zwischen 5 und 9 vH des tatsächlich verdienten Arbeitsentgeltes.

[2]) Solche Lohnbeutel mit Doppelblatt zum Durchschreiben sind der Druckerei Hönemann, Halle (Saale), patentiert.

Firma ........................................................................................

**Lohnabrechnung** für die Zeit vom .................. bis ..................

für .................................................................. Nr. ..............

| | | |
|---|---|---|
| Arbeitstage (Schichten) je..... | | |
| Lohnstunden je..... | | |
| „ je..... | | |
| Überstunden je..... | | |
| | | |
| | | |
| | | |
| Summa *RM* | | |

| Abzüge: | | | | |
|---|---|---|---|---|
| Krankenkassen-Beitrag | | | | |
| Invalidenvers.-Beitrag | | | | |
| Erwerbslosenfürs.-Beitrag | | | | |
| | | | | |
| | | | | |
| Bruttolohn ........... | | | | |
| Lohnsteuer steuerfrei ...... | | | | |
| .....vH von *RM* ........... | | | | |
| bleibt *RM*. | | | | |
| + Auslagen für | | | | |
| | | | | |
| Einliegend *RM*. | | | | |

Die Auszahlung darf nach § 115a RGew.-O. nicht in Gast- und Schankwirtschaften oder in Verkaufsstellen erfolgen, es sei denn, daß die unteren Verwaltungsbehörden hierzu in Fällen dringenden Bedürfnisses die Genehmigung erteilen. Verboten ist auch, den Lohn eines Arbeiters an einen anderen auszuzahlen, auch wenn der Arbeiter dem anderen seinen Lohn abgetreten hat, denn nach dem Lohnbeschlagnahmegesetz sind derartige Verfügungen des Arbeiters über seinen Lohn rechtlich ungültig und vom Arbeitgeber deshalb zur Vermeidung von Doppelzahlungen nicht zu beachten. Lohneinbehaltungen zur Deckung etwaiger Gegenforderungen des Arbeitgebers dürfen zwar erfolgen, aber zur Gültigkeit der Einbehaltung ist immer das Einverständnis des Arbeiters am Zahltage selbst erforderlich, denn er darf nur über seinen fälligen, nie über seinen künftigen Lohn verfügen.

Die Rechtsfrage der Lohn- und Gehaltspfändung ist nicht nur für den Arbeitnehmer, sondern auch für den Arbeitgeber wichtig, sei es, daß er selbst gegen einen Lohnempfänger klagbare Ansprüche geltend zu machen hat, sei es, daß der Lohn eines bei ihm in Arbeit stehenden Lohnempfängers von dritter Seite gepfändet wird. Den Arbeitgeber trifft in letzterem Falle die Verpflichtung, selbst genau zu prüfen, ob und inwieweit er solcher Pfändung Folge zu leisten hat, widrigenfalls er sich bei falscher Berechnung der an den schuldnerischen Lohnempfänger und den pfändenden Gläubiger zu zahlenden Beträge nachträglichen Regreßansprüchen entweder des Lohnempfängers oder des Gläubigers auszusetzen Gefahr läuft.

Das Recht der Lohn- und Gehaltspfändung geht bis auf das sogenannte Lohnbeschlagnahmegesetz zurück, das am 21. Juni 1869 erlassen und seitdem durch zahlreiche Novellen geändert wurde, zuletzt durch die 5. Verordnung über die Lohn- und Gehaltspfändung vom 7. Januar 1925.

Die für die praktische Handhabung des geltenden Rechtes der Lohn- und Gehaltspfändung bedeutsamen Bestimmungen sind kurz folgende:

1. Unpfändbar ist für alle Arbeitnehmer ein Lohn bis zu 30 M. für die Woche.

2. Soweit der Wochenlohn den Betrag von 30 M. überschreitet, bleibt ein Drittel des Mehrbetrages ebenfalls unpfändbar.

3. Hat der schuldnerische Lohnempfänger unterhaltungsberechtigte Personen (z. B. Ehegatten, frühere Ehegatten, Verwandte, uneheliche Kinder) zu versorgen, so erhöht sich für jede unterhaltungsberechtigte Person der unpfändbare Teil des Mehrbetrages um ein Sechstel, höchstens aber auf zwei Drittel des Mehrbetrages.

4. Übersteigt der Wochenlohn 100 M., so ist von dem die Summe von 30 M. übersteigenden Betrage stets nur ein Drittel unpfändbar, es fallen dann die Vergünstigungen wie zu Ziffer 3 weg.

5. Die Unpfändbarkeit des Lohnes odes Gehaltes ist aufgehoben, sobald die Pfändung zur Beitreibung der den Ehegatten oder Verwandten kraft Gesetzes zu entrichtenden Unterhaltungsbeiträge erfolgt.

6. Die Unpfändbarkeit des Lohnes ist weiterhin aufgehoben, sobald die Pfändung zur Beitreibung von Steuern, städtischen und staatlichen Abgaben, wie solche von Kreis-, Kirchen-, Schul- und Gemeindeverbänden erfolgt, wenn dieselben nicht länger als drei Monate fällig sind.

7. Es ist beachtenswert, daß die Unpfändbarkeit erlischt, wenn der Arbeitnehmer seinen Lohn oder Gehalt nicht am Tage seiner Fälligkeit abhebt.

8. Erfolgen Veränderungen in der Zahl der unterhaltungspflichtigen Personen des Lohnempfängers (Todesfall, Geburt, Heirat usw.), so tritt die Erweiterung bzw. Beschränkung der Pfändbarkeit von dem Zeitpunkt an ein, an dem die nächste Lohnzahlung fällig wird.

9. Ungeklärt ist die Frage, ob Steuern und soziale Beiträge, also solche zu Angestellten-, Kranken- und Invalidenversicherungen, bei der Errechnung des pfändbaren Teiles abzuziehen sind. In dem alten Lohnbeschlagnahmegesetz findet die Abzugsfähigkeit keine Stütze. Es liegt jedoch eine Entscheidung des Gewerbegerichtes Berlin vor, nach welcher der dem Gläubiger auszuzahlende Teil des Lohnes um die Abzüge für Steuern und Versicherungsbeiträge zu kürzen ist, damit der unpfändbare Teil dem Arbeitnehmer in voller Höhe verbleibt.

Von großer Wichtigkeit für alle Baubetriebe ist die Kontrolle des Lohnzahlungs- und Kassenverkehrs, sei es, daß sie in die kaufmännische Organisation eingebaut ist, sei es, daß sie durch besonders dazu bestellte Kontrollorgane ausgeübt wird. Die Hauptpunkte, auf welche sich die Kontrolle des Lohnzahlungsverkehrs erstrecken muß, sind: Trennung der Führung der Lohnlisten von der Kassenverwaltung, Kontrolle der richtigen Übernahme der Stunden aus den Polier- oder Schachtmeisterbüchern, richtige Ausrechnung der Löhne und der Abzüge sowie Übereinstimmung der Auszahlungen der Kasse mit den Lohnlisten. Die fälligen Lohngelder müssen rechtzeitig in der richtigen Stücklung vorhanden sein, nach dem Eintüten sind die Kassenausgaben auf ihre Übereinstimmung mit der Nettospalte der Lohnlisten zu prüfen, und zwar am gleichen Tage, da später etwaige Differenzen nicht mehr oder nur unter großem Zeitaufwand aufgeklärt werden können.

Für Großbetriebe kommen Bureaumaschinen in Betracht, welche die Funktion der Schreib- und Rechenmaschine in der Weise verbinden, daß auf ihnen die Lohnlisten geschrieben werden und ein großer Teil der rechnerischen Arbeiten durch Hebelvorrichtungen selbsttätig ausgelöst wird. Ein Durchschlag der Lohnliste kann nachher in Streifen geschnitten werden, welche die Abrechnung für die einzelnen Arbeiter enthalten, so daß auch das zeitraubende Ausschreiben der Lohntüten gespart wird.

Bei jedem Arbeitsvertrag, ob Zeitlöhnung, Werklöhnung oder Zeitprämienlöhnung, handelt es sich in der Hauptsache um ein Vermieten der Arbeitskraft, aber neben der Kraft wirken noch Geschicklichkeit, Intelligenz und Wille des Arbeiters mit und von diesen drei Faktoren beeinflußt der Wille allein die Entgeltbemessungsmethode bei Werk- und Zeitprämienlöhnung. Wenn man daher die Notwendigkeit einräumt, daß die Lohnbemessungsmethode auch dem Zwecke dienen soll, eine bessere Ausnutzung des Produktionsfaktors Arbeitskraft unter entsprechender Gewähr des gesundheitlichen Schutzes zu erzielen, dann muß auch alles Streben darauf gerichtet werden, der Werklöhnung weitere Verbreitung zu verschaffen, denn sie ist geeignet, zu jenem Ziel zu führen, sie entspricht dem Bestreben, die Produktivität auch durch Steigerung der Leistungen der menschlichen Arbeitskraft zu erhöhen, und sie bietet dem Arbeiter die Möglichkeit, in der Zeiteinheit einen höheren Verdienst zu erlangen.

Die Werklohnberechnung bei Bauarbeiten erfolgt gewöhnlich nach Maßeinheiten des Bauteiles, z. B. x M. für 1 $m^3$ oder 1 $m^2$. Diese Einheitsberechnung ermöglicht zwar eine genaue Werklohnberechnung, aber da die vorzunehmenden Arbeiten nicht immer gleichmäßig sind und auch die Schwierigkeiten wechseln, so empfiehlt sich mehr die Elementenberechnung, die Zerlegung jeder Akkordarbeit in ihre Grundteile und die Festsetzung eines Werklohnes für jedes Arbeitsgrundteil. Die Berechnung der Arbeitsgrundteile ist einfach, genau und zuverlässig und die Reihenfolge der Teilleistungen im gesamten Arbeitsvorgang ist bei dieser Berechnungsmethode auf den Werklohn ohne Einfluß, während bei der Einheitsberechnung infolge mitunter durch Arbeitsteilung, unvorhergesehene Hindernisse und ähnliches notwendig werdenden Änderungen der Arbeiter in seinem Lohn geschädigt werden kann. Die einzelnen Teilleistungen stehen zur Gesamtarbeit in einem bestimmten Verhältnis, das sich prozentual berechnen läßt. So erfordert beispielsweise bei Herstellung von Bruchsteinmauerwerk das Heranschaffen und Reinigen der Bruchsteine etwa 17 vH, die Mörtelbereitung mit Hand 13 vH und die Maurerarbeit 70 vH des Gesamtlohnes für 1 $m^3$ fertiges Mauerwerk. Tritt eine Änderung des Arbeitsverfahrens ein, wird für die Mörtelbereitung eine Maschinenmischung statt Handmischung eingeführt, so fällt der zweite Akkordsatz fort, und die Arbeiter haben nur noch auf den ersten und dritten Akkordsatz Anspruch. Auch die Werklohnberechnung für Nebenleistungen, für die Hilfsarbeiter, nach Maßgabe der Leistungen des Hauptarbeiters, bietet manchmal Schwierigkeiten, wenn auch Nebenleistungen und Hauptleistungen stets in Beziehung stehen. Denn je mehr der Hauptarbeiter leistet, desto mehr wachsen die notwendigen Nebenleistungen, der Gehilfenakkord wird sich also nach den Leistungen des Hauptarbeiters richten müssen. Die Einheitsberechnung gewährt daher wohl dem Gehilfen einen Ertrag an der Gesamtarbeit, andererseits macht sie ihn aber von der Leistung des Hauptarbeiters abhängig, auf die ihm kein Einfluß zusteht. Will man daher die Hilfsdienste nicht in Zeitlohn bezahlen, so empfiehlt sich wieder die Elementenberechnung.

Für Bauarbeiten kommt Stücklohn im allgemeinen nicht in Betracht, sondern nur gemeinschaftliche Akkorde. Diese können in zwei Hauptgruppen unterschieden werden: Akkordmeistersystem und Gruppenakkord.

Bei dem Akkordmeistersystem übernimmt ein Vorarbeiter oder Kolonnenführer, der Akkordmeister, die Ausführung einer Arbeit in Akkord, die er mit Hilfe einer Anzahl von Arbeitern durchführt. Die beteiligten Arbeiter erhalten entweder einen Zeitlohn, manchmal auch erhöhten Akkordstundenlohn, sind somit am Erträgnis der Arbeit nicht beteiligt, und der Unterschied zwischen Akkordbetrag und bezahlten Stundenlöhnen fällt dem Kolonnenführer zu; oder die Arbeiter sind ebenfalls zu gleichen Teilen oder mit Abstufungen am Akkord beteiligt. In letzterem Falle erhalten die Arbeiter gewöhnlich während der Arbeit einen bestimmten Stundenlohn, während der Akkordüberschuß nach Beendigung derArbeit verteilt wird. Sind alle Arbeiter am Akkord beteiligt, so erfolgt die Verteilung entweder nur nach der Zahl der Arbeitsstunden oder im Verhältnis zum Stundenlohn und der verbrauchten Zeit. Dem Kolonnenführer wird gewöhnlich ein bestimmter Prozentsatz vom Akkord vorweg gewährt. Auf alle Fälle tut aber der bauleitende Beamte gut, den Verteilungsmodus schriftlich festzulegen und allen Beteiligten bekanntzugeben, wenn er Streitigkeiten in den Kolonnen vermeiden will.

Für die Gruppenakkorde oder das Kolonnensystem ist kennzeichnend, daß die Arbeit durch Arbeitergruppen ohne Leitung eines Meisters ausgeführt wird, wie es namentlich bei Erdarbeiten der Fall ist. Dieses System ist nur dort anwendbar, wo eine rein mechanische Arbeit ohne besondere intelligentere Leitung zu verrichten ist. Die Tätigkeit aller Arbeiter ist auf das gleiche Arbeitsergebnis gerichtet. Die Arbeit selbst wird entweder von jedem Arbeiter selbständig, getrennt von den anderen, wie bei Erdarbeiten mit Handkarren, oder von den an der Arbeit beteiligten gemeinsam, wie bei Erdarbeiten mit Kippwagen, oder schließlich derart durchgeführt, daß die Arbeiter gewissermaßen Hand in Hand arbeiten, wie bei Nietkolonnen. Die Verteilung des Akkordes erfolgt entweder gleichmäßig nach der Arbeitszeit, oder wenn die Arbeit des einen anstrengender, jene des anderen dagegen verantwortlicher ist, wie bei den Nietkolonnen, durch Vereinbarung der Gruppenmitglieder untereinander.

### c) Betriebsmittel.

Nach der Wirtschaftslehre sind die eigentlichen Produktionsfaktoren nur die Naturstoffe und die menschliche Tätigkeit, Maschinen und andere mechanische Hilfsmittel der Produktion sind nicht selbständige Produktionsfaktoren, sondern sie erhöhen nur die Produktivität der menschlichen Arbeit. Wenn sich z. B. bei einer Erdarbeit die Kosten für das Lösen und Laden des Bodens mit einem Trockenbagger auf 0,20 M./$m^3$ gestellt haben und die Kosten für die gleiche Arbeitsleistung durch Arbeiter 0,60 M./$m^3$ betragen würden, so haben wir mit einem Trockenbagger eine Erhöhung der Produktivität in Geld ausgedrückt um $0{,}60 - 0{,}20 = 0{,}40$ M./cbm oder rund 67 vH erzielt.

Entsprechend diesem wirtschaftlichen Grundsatz sind also auch die Bauausführungen zu zerlegen in die eigentlichen Bauarbeiten oder Baubetriebe als unmittelbare Produktionsfaktoren und in die Hilfsarbeiten oder Hilfsbetriebe als Mittelglieder im Produktionsverfahren. Die Baubetriebe umfassen sinngemäß die Baustoffe und ihre Verarbeitung und die Hilfsbetriebe alle zur Beförderung der Baustoffe, zur Formgebung des Bauwerks usw. dienenden Betriebe sowie weiter auch die mechanischen Hilfsmittel als Ersatz der menschlichen Arbeitskraft. Da nun der Wert dieser mittelbaren Produktionsfaktoren in dem Endprodukt, dem Bauwerk, wieder zur Erscheinung kommt, so ist es von großer Wichtigkeit, ihre Ergiebigkeit und ihren Einfluß auf die Produktionskosten so genau wie möglich zu erkennen. Dadurch wird nicht nur die Vergleichsmöglichkeit erhöht, sondern auch erst die Möglichkeit geboten, den Nutzen der mechanischen Hilfsmittel für die Erhöhung der Produktivität kennenzulernen. Die Hilfsbetriebe müssen also besonders verrechnet werden, ihre Verrechnung erfolgt in den Konten der Betriebsmittel, wobei jeder Hilfsbetrieb als selbständig angesehen wird und sein besonderes Unterkonto erhält. Diese sämtlichen Konten werden dann im Betriebskonto mit den Baubetrieben vereinigt.

Die Betriebsmittelkonten umfassen alle mechanischen Hilfsmittel, Kraft- und Arbeitsmaschinen, und ihre Betriebskosten sowie die Werkzeuge und Arbeitsgeräte. Unter Betriebskosten einer Kraft- oder Arbeitsmaschine ist zu verstehen die Summe aller unmittelbaren und mittelbaren Aufwendungen, welche zur Erzeugung der mechanischen Nutzleistung zu machen sind. Die Betriebskosten können auf das Betriebsjahr, auf die ganze Bauzeit oder auf die Leistungseinheit und Stunde bezogen werden. Um die Selbstkosten der Leistungseinheit für die Betriebsstunde bestimmen zu können, müssen zunächst die Gesamtkosten für das Betriebsjahr oder die Bauzeit, die mittlere Belastung der Maschinen und die gesamte Betriebsstundenzahl berechnet werden. Die Leistungseinheit ist für alle Maschinen die Stunde und die effektive, nicht die indizierte Pferdekraft.

Die **Betriebskosten** einer Maschinenanlage setzen sich zusammen aus den Anlagekosten und den Betriebskosten im engeren Sinne, sie sind entweder **direkte** Ausgaben, wie Kosten der Kraft, Bedienung, Instandhaltung und Ausbesserung der Anlage, oder **indirekte** Kosten, wie Abschreibung und Verzinsung des Anlagekapitals. Zu den **Anlagekosten** gehören die Anschaffungspreise für die Maschinen oder bei vorhandenen Maschinen die Inventarwerte, die Kosten für das Heranschaffen und für die betriebsfertige Montage, also auch die Kosten für die Nebenanlagen, wie Pumpen, Rohrleitungen, Wasserbehälter, Wasserwagen, Schuppen usw. Die **Kraftkosten** bestehen aus den Ausgaben für Brennmaterial und Wasser. Eine Verwertung des Abdampfes bei Dampfmaschinen ist auf den Baustellen in der Regel nicht möglich, sonst ist das Konto um den Heizwert der Abdämpfe zu entlasten. Der Kohlenverbrauch einer Dampfmaschine wird ermittelt, indem man den Dampfverbrauch für die effektive PS-Stunde normaler Belastung multipliziert mit der Maschinenleistung und das Produkt durch das Verdampfungsvermögen des Brennmaterials teilt. Z. B. eine 100 PS zweifache Expansionsmaschine verbraucht bei Überhitzung des Dampfes etwa 6 kg Dampf für die effektive PS-Stunde, 1 kg Kohle verdampft im Mittel 7,5 kg Wasser, d. h. erzeugt 7,5 kg Dampf, der Kohlenverbrauch beträgt somit $\frac{100}{7,5} \cdot 6 = 80$ kg pro Stunde.

Der Heizwert des Brennmaterials wird beurteilt nach der Anzahl von Wärmeeinheiten, die 1 kg Brennstoff bei vollkommener Verbrennung entwickelt. Kennt man den Heizwert des Brennmaterials, so lassen sich daraus die Brennstoffkosten für die Dampferzeugung berechnen. Z. B. 1 kg Steinkohle entwickelt 7500 WE, welche bei einem Steinkohlenpreise von 2,50 M. für 100 kg 2,5 Pf. kosten. Hiervon werden bei 60 vH Wirkungsgrad des Kessels $7500 \cdot 0,6 = 4500$ WE ausgenutzt. Zur Verdampfung von 1 kg Wasser sind 650 WE erforderlich, mithin kostet 1 kg Dampf $\frac{650 \cdot 2,5}{4500} = 0,35$ Pf.

Zur Beurteilung der Wirtschaftlichkeit der Brennstoffkosten ist aber nicht allein die Frage nach dem Wärmeverbrauch auf einen Brennstoff bezogen maßgebend, sondern es ist gleichzeitig der Preis für die Wärmeeinheit mit zu berücksichtigen. Es ist nicht der kalorisch wärmste Brennstoff der billigste, sondern jener, der für die PS-Stunde die geringsten Kosten verursacht, und die Kosten für die PS-Stunde sind unsere Betriebseinheit. (Näheres S. 213 u. f.)

Für Anheizen und Betriebspausen ist der so ermittelte Brennstoffverbrauch bei Baumaschinen noch um 15—20 vH zu erhöhen. Um unnützen Brennstoffverbrauch zu verhüten, empfehlen sich die Heizerprämien. Besondere theoretische Berechnungen über die Ausnutzung der Wärme im Kessel und über Dampfverbrauch erübrigen sich bei Berechnung der Betriebskosten für Baumaschinen, da diese niemals so geregelt und gleichmäßig beansprucht werden wie ortsfeste Maschinen.

Die Kosten des Wasserverbrauchs ergeben sich entweder aus den Löhnen für Pumpen und Heranschaffen des Wassers oder aus dem durch Wassermesser gemessenen Verbrauch aus einer Wasserleitung. Bei der elektrischen Kraft wird der Kostenpreis auf die Kilowattstunde berechnet. Die Kosten für 1 PS = 736 Watt werden also gefunden durch Division der Kosten für die verbrauchten Kilowattstunden mit der Anzahl der Pferdestärken und der Betriebsstunden.

Bei Motoren für flüssige Brennstoffe stellt sich der Brennstoffverbrauch für 1 PS und Stunde bei Benzinbetrieb auf 0,35 kg, bei Benzolbetrieb auf 0,30 kg, bei Spiritusbetrieb auf 0,40 kg, bei Petroleumbetrieb auf 0,40 kg. Bei Dieselmotoren beträgt der Verbrauch 0,20 kg bei einem Minimalheizwert von 10000 WE für 1 kg. Zu dem Brennstoffverbrauch kommen noch die Kosten für das Reinigungs- und Kühlwasser.

Die Kosten für Bedienung bestehen in den Löhnen für Maschinisten und Heizer sowie in den Ausgaben für Schmier- und Putzmittel, Soda zur Wasserreinigung, Dichtungs- und Verpackungsmaterial. Der Verbrauch für diese Bedienungsmaterialien wird zweckmäßig ebenso wie der Brennstoffverbrauch durch Aussetzung von Prämien für den Wärter herabgedrückt. Die Löhne sind am größten bei Dampfmaschinen, am geringsten bei elektrischen Maschinen.

Die Kosten für Instandhaltung und Ausbesserungen setzen sich zusammen aus Löhnen und Ausgaben für Material. Alle Ausbesserungen werden auf größeren Baustellen in der Regel in eigener Werkstätte ausgeführt, mit den Kosten dieser Werkstätte ist also das betreffende Maschinenkonto anteilmäßig zu belasten. Der Wert etwa beschaffter, aber noch nicht eingebauter Ersatzteile und Reservestücke ist den Anlagekosten zuzurechnen.

Als besondere Kosten, die noch den Betriebskosten hinzugerechnet werden müssen, sind noch zu erwähnen: die Versicherungskosten und die Gebühren für Kesselrevisionen.

Alle Dampfkessel unterliegen im Deutschen Reiche nach §§ 24, 25 RGew.-O., Gesetz vom 21. Juni 1869 und 1. Januar 1873, der Genehmigungspflicht. Die allgemeinen polizeilichen Bestimmungen über die Anlegung von Dampfkesseln sind enthalten im Erlaß des Reichskanzlers vom 5. August 1890. Hiernach müssen bei beweglichen Dampfkesseln, die für unsere Baubetriebe allein in Frage kommen, eine Genehmigungsurkunde und ein Revisionsbuch sich befinden, welche vor der Inbetriebnahme des Kessels auf einer Baustelle der Ortspolizeibehörde einzureichen sind.

Die Genehmigung und Untersuchung der Dampfkessel ist geregelt durch das Gesetz vom 3. Mai 1872 betr. den Betrieb der Dampfkessel und in Preußen besonders durch den Erlaß des Ministers für Handel und Gewerbe vom 9. März 1900. Die Prüfung und fortlaufende Untersuchung der Dampfkessel erfolgt entweder durch die zuständigen staatlichen Beamten oder durch die staatlicherseits zugelassenen Ingenieure der preußischen oder in Preußen anerkannten Dampfkessel-Überwachungsvereine im staatlichen Auftrage. Diesen Überwachungsvereinen ist also die jedesmalige Veränderung des Aufenthalts- oder Betriebsortes eines Kessels anzuzeigen.

Jeder bewegliche Dampfkessel ist mindestens alljährlich einer äußeren Revision und alle 3 Jahre einer inneren Revision oder Wasserdruckprobe zu unterwerfen. Die Wasserdruckprobe erfolgt bei Kesseln, welche für eine Dampfspannung von nicht mehr als 10 Atm Überdruck bestimmt sind, mit dem anderthalbfachen Betrage des genehmigten Überdrucks, bei allen übrigen Kesseln mit einem Druck, welcher den genehmigten Überdruck um 5 Atm übersteigt.

Für die Ausführung der vorgeschriebenen, regelmäßig wiederkehrenden Untersuchungen werden von den Kesselbesitzern im Laufe des Etatsjahres, d. i. der Zeitraum zwischen dem 1. April und 31. März, Jahresgebühren für jeden beweglichen Kessel erhoben.

Verfehlungen gegen diese gesetzlichen und polizeilichen Vorschriften werden mit Geld- oder Haftstrafe geahndet.

Die indirekten Betriebskosten sind schließlich die Abschreibungen und die Verzinsung des Anlagekapitals. Bei der Verzinsung ist der gesamte Anschaffungswert der Anlage zu berücksichtigen.

Die Abschreibungsfrage wird in der Buchhaltung der meisten technischen Unternehmungen sehr oberflächlich behandelt, es sind gewissermaßen handelsüblich die Abschreibungsquoten von 10 vH auf Maschinen, 15 vH auf Werkzeuge. Diese Quoten sind aber in der Regel viel zu niedrig. Ferner wird in der Buchführung der Einfachheit wegen öfters vom restlichen Buchwert und nicht vom Neuanschaffungswert abgeschrieben. Diese Abschreibungssätze zeitigen dann zu hohe Buchwerte und erschweren dadurch die Ausstattung eines Betriebes mit den neuesten, wirtschaftlichst arbeitenden Maschinen und Einrichtungen. Es werden dann bei Neuanschaffungen stets große Abschreibungen auf einmal notwendig, da die zu ersetzenden Maschinen noch mit sehr hohen Beträgen zu Buche stehen. Infolge der zu kleinen Abschreibungen sind manche Bauunternehmungen Sklaven ihres großen Maschinen- und Geräteparkes, sie müssen unter allen Umständen für Arbeit sorgen, damit ihr mit hohem Werte zu Buche stehender Gerätepark sich wenigstens verzinst, wenn auch die Arbeit selbst keinen Gewinn bringt.

Die Abschreibungsfrage ist bei Gesellschaftsunternehmungen leider meist eine Bilanzfrage geworden, und es wird in guten Jahren, wo viel verdient wird, nur darauf gesehen, möglichst hohe Dividenden auszuschütten, nicht aber darauf geachtet, möglichst kräftig abzuschreiben und sich stille Reserven dadurch zu schaffen, daß man Arbeitsmaschinen, Geräte und Hilfsmaterialien bis auf 1 M. in der Bilanz heruntersetzt.

Der Ingenieur muß sich dem Kaufmann gegenüber das Recht verschaffen, die Abschreibungen nach dem Stand und der Erneuerungsbedürftigkeit der Maschinen zu bestimmen. Weiß er, daß z. B. bei den raschen Fortschritten unseres Maschinenbaues und der Änderung der Bauweisen manche Maschine zwar noch arbeitsfähig ist, daß aber schon verbesserte, wirtschaftlicher arbeitende und der neuen Bauweise angepaßte Maschinen auf den Markt gebracht sind, so muß er sich durch kräftige Abschreibungen die Möglichkeit verschaffen, die alten Maschinen durch neue zu ersetzen. Die Summe der Abschreibungen wird bei dieser Bemessung zwar in keinem Verhältnis zum Buchsaldo des

Maschinenkontos stehen, aber es werden Abschreibungen festgelegt, die den tatsächlichen Verhältnissen entsprechen, und es werden Neuanschaffungen ermöglicht, ohne die alten wertlosen Maschinen in den Büchern noch weiter mitschleppen zu müssen.

Bei den Werkzeugen und anderen Geräten muß durch Inventaraufnahme festgestellt werden, welcher Betrag abzuschreiben ist. Nach vorsichtigster Bewertung der Bestände ergibt sich aus dem Unterschied zwischen Buchsaldo des Gerätekontos und Aufnahme laut Inventur die Höhe der vorzunehmenden Abschreibungen. Wenn so vorgegangen wird, dann wird der Wertansatz in der Bilanz den Vorschriften des HGB. entsprechen, was heute nicht in allen Bilanzen der Unternehmungen der Fall ist. Bei den meisten Unternehmungen werden nämlich die Inventaraufnahmen wohl von dem Techniker, aber die Abschreibungen werden von dem Kaufmann gemacht, und dadurch kommt es, daß die Buchwerte des Maschinen- und Gerätekontos mit den tatsächlichen Werten der Maschinen und Geräte dann so wenig übereinstimmen, daß bei technisch notwendigen Neuanschaffungen der Buchhalter immer auf den Buchwert der alten Maschinen hinweist und dadurch sehr oft die Anschaffung wirtschaftlicher arbeitenden Maschinen verhindert. Konkurrenzfähig ist aber heute immer nur ein Unternehmer, dem die besten, wirtschaftlichst arbeitenden Maschinen zur Verfügung stehen. Bei allen Abschlüssen sowohl wie auch bei allen Preisberechnungen spielt die Abschreibungsfrage eine wesentliche Rolle, jahrelanges Festhalten an gewissen, einmal unter bestimmten Voraussetzungen ermittelten Erfahrungszahlen ist ein in der Kalkulation aller Industriezweige anzutreffender Fehler, auf den nicht oft genug hingewiesen werden kann.

Die Abschreibung bei allen Baugeräten kann ganz allgemein als Bewertung der Verluste durch Brauchbarkeitsminderung bezeichnet werden, und diese berechnet sich im allgemeinen aus dem Unterschiede zwischen Anschaffungs- oder Neuwert und dem Erlös durch Verkauf als Altmaterial unter Berücksichtigung der Verwendungs- oder Lebensdauer.

Bei allen Baumaschinen und Baugeräten ist ein Altmaterialwert kaum vorhanden und bleibt daher am besten außer Ansatz. Die Lebensdauer der Baumaschinen ist wegen der ungünstigen Betriebsverhältnisse auf Baustellen eine weit kürzere als bei ständigen Anlagen, die Möglichkeit der Wiederverwendung ist eine unsichere und die Benutzungsdauer macht in der Regel nur einen Bruchteil der ganzen Bauzeit aus. Alle diese Umstände müssen bei den Abschreibungen und damit bei den Kostenberechnungen berücksichtigt werden. Wenn es z. B. üblich ist, die Lebensdauer der Kraftwagen nur auf 4 Jahre anzunehmen und im ersten Jahre die Abschreibung für Personenkraftwagen auf 30—$33^1/_3$ vH und für Lastkraftwagen auf 25—30 vH des Anschaffungswertes zu bemessen und den Rest auf das 2.—4. Jahr gleichmäßig zu verteilen, so ist eine Abschreibung in ähnlicher Art und Höhe auch für alle Baumaschinen zu empfehlen. Die Wertverminderung ist auch bei Baumaschinen keine gleichmäßige, sondern eine veränderliche und in den ersten Jahren eine größere wie in den folgenden Jahren. Man rechnet daher im ersten Jahre mit 20—25 vH Abschreibung und vermindert diese in den folgenden Jahren je nach der Nutzungs- oder Gebrauchsdauer. Diese kann für Baumaschinen zu 5—15 Jahren angenommen werden, für Werkzeuge und Arbeitsgeräte dagegen nur zu 1—5 Jahren. Dabei können als Unterhaltungskosten jährlich angenommen werden für Baumaschinen 5—10 vH und für Werkzeuge und Arbeitsgeräte 10—30 vH des Anschaffungswertes.

Bei allen Abschreibungen muß man sich klarmachen, daß Abschreibungen Wertverminderungen und somit Vermögensverluste sind. Daraus folgt, daß die ordentlichen Abschreibungen regelmäßig zu den Selbstkosten gerechnet werden müssen. Denn dies bedeutet einen Ersatz, die Wiedererstattung der Vermögensverluste durch denjenigen, der das Bauwerk benutzt, also durch den Besteller. Es werden einmalige Anlagekosten in Betriebskosten umgewandelt, Teile des Anlagekapitals, die Abschreibungen, in Betriebskapital umgeformt. Wenn z. B. die Abschreibungen auf das gesamte, für einen Bau investierte Kapital für Maschinen und Geräte 20000 M. betragen, so muß dieser Betrag, richtige Verteilung dieser Summe vorausgesetzt, wieder erscheinen als ein Teil der Selbstkosten in der Gesamtheit der Arbeitspreisforderungen oder des Herstellungspreises der Bauarbeiten, die in dem Zeitraum ausgeführt werden, für welchen die Abschreibungen berechnet sind. Was durch Wertverminderungen infolge Abnutzung am Anlagevermögen verlorengeht, wird in den Herstellungskosten der Bauarbeit zurückerstattet, d. i. eine allmähliche teilweise Liquidierung des immobilen Unternehmungskapitals. Nach vollständiger Abschreibung einer Anlage soll der ursprüngliche Anlagewert in den verschiedenen Formen des Betriebskapitals vorhanden sein. Im Falle des Ersatzes der gebrauchsunfähigen und etwa bis auf den Altmaterialienwert amortisierten Maschinen usw. durch neue wird wiederum Betriebskapital festgelegt und das so investierte Kapital geht entsprechend den alljährlichen Abschreibungen in flüssiges Kapital über. Daher sind nach der herrschenden Theorie die ordentlichen Abschreibungen auch als Verluste anzusehen, die durch den Betrieb entstehen, und bilden also wirtschaftlich einen Teil der Selbstkosten. Sie sind gleichmäßig und unabhängig von der Höhe des Geschäftsgewinnes und der Geschäfts- und Dividendenpolitik des Unternehmers anzusetzen.

Die Kostenermittlung für unsere Vergleichseinheit bei Maschinenbetrieben für die PS-Stunde umfaßt also einerseits die Verzinsung des Anlagekapitals und die Abschreibungen, andererseits den Verbrauch an Brennstoffen und sonstigen für die Betriebskraft aufgewendeten Materialien und die Kosten der Instandhaltung und Ausbesserung sowie die Löhne für die Bedienung. Die Einzelkosten der letzteren Ausgaben werden aus dem Betriebsmaterialien- und Lohnkonto zusammengestellt. Die Abschreibungs- und Verzinsungsbeträge sind unmittelbar auf dem Maschinenkonto zu verrechnen. Für eine Dampfmaschine ergibt diese technische Methode beispielsweise unter Benutzung der vom Magdeburger Verein für Dampfkesselbetriebe aufgestellten Formeln folgende Berechnung der Kosten für 1 PS-Stunde:

Die **Betriebskosten** für Dampfmaschinen setzen sich aus folgenden Einzelfaktoren zusammen, und es berechnen sich zunächst die Kosten für 100 kg Dampf wie folgt:

1. Beschaffungskosten der **Kohlen** = $K$ M. für 100 kg.

$$= \frac{K}{100} \text{ M. für } 1 \text{ kg.}$$

2. Verdampfungsfähigkeit von 1 kg Kohle = $x$ kg Wasser.
3. Ausnutzungsgrad der Kohlenwärme im Kessel = $y$ vH.

$$1 \text{ kg Kohle} = \frac{x}{100} \cdot y \text{ Dampf} = \frac{K}{100} \text{ M.}$$

100 kg Dampf kosten also an Kohlen

$$\frac{\frac{K}{100}}{\frac{x}{100} \cdot y} \cdot 100 = \frac{K \cdot 100}{x \cdot y} \text{ M.}$$

4. **Anlagekapital** = $A$

Verzinsung 10 vH, Abschreibung 15 vH
Betriebszeit = $a$ Tage im Jahr
Täglich erzeugte Dampfmenge = $D$

Kosten für 1 Betriebstag $\frac{A\,(10 + 15)}{100 \cdot a}$

Kosten für 100 kg Dampf

$$\frac{A\,(10 + 15) \cdot 100}{100 \cdot a \cdot D} = \frac{A\,(10 + 15)}{a \cdot D}$$

5. **Bedienung** bei 10stündiger Betriebszeit:

Maschinist 10 Stunden, Lohnsatz = $L_1$
Heizer 12 Stunden, Lohnsatz = $L_2$
Verbrauch an Pack-, Schmier- und Putzmaterial für 1 Tag = $m$ M.

Kosten für 100 kg Dampf $\frac{10\,L_1 + 12\,L_2 + m}{\frac{D}{100}}$

6. **Nebenkosten** bei Stillstand des Betriebes

Betriebstage = $a$
Stillstand = $b$ Tage im Jahr, an welchen auch die Löhne an Maschinist und Heizer für 10 Stunden gezahlt werden müssen.

Kosten für 100 kg Dampf $\frac{b \cdot 10\,(L_1 + L_2)}{a \cdot \frac{D}{100}}$

7. **Gesamtkosten** für 100 kg Dampf =

$$\frac{K \cdot 100}{x \cdot y} + \frac{A\,(10 + 15)}{a \cdot D} + \frac{10\,L_1 + 12\,L_2 + m}{\frac{D}{100}} + \frac{b \cdot 10\,(L_1 + L_2)}{a \cdot \frac{D}{100}}.$$

Nach dieser Formel kann man also die Kosten für 100 kg Dampf berechnen, wenn die Einzelfaktoren bekannt sind, und aus dem von der Bauart der Dampfmaschine abhängenden und bekannten Dampfverbrauch für 1 PS-Stunde schließlich die Kosten für 1 PS-Stunde. Nimmt man für die Einzelfaktoren Mittelwerte an, so erhalten wir die Vergleichseinheit.

Nehmen wir z. B. eine Lokomobile von 35 PS an, welche von den 305 Arbeitstagen im Jahre nur 250 Tage in Betrieb ist, so wird $a = 250$ und $b = 55$. Die Anlagekosten seien $A = 9000$ M., die Beschaffungskosten der Kohlen seien 2,50 M. für 100 kg. 1 kg Steinkohle erzeugt 12,2 kg Dampf, somit $x = 12,2$, der Ausnutzungsgrad der Wärmemenge der Kohlen im Kessel $y$ sei 60 vH, so daß $x \cdot y = 12,2 \cdot 0,6 =$ rund 7,5 wird.

Bei einem Dampfdruck von 10 Atm beträgt der Dampfverbrauch bei einer Verbundmaschine mit Kondensation 9 kg für die PS-Stunde, mithin für 1 Tag von 10 Betriebsstunden und einer mittleren Belastung der Lokomobile von 30 PS der Dampfverbrauch $D = 30 \cdot 10 \cdot 9 = 2700$ kg. Zur Bedienung ist nur ein Heizer erforderlich, der Stundenlohn $L_2 = 35$ Pf. Der Verbrauch an Schmiermaterial usw. betrage täglich $m = 0,50$ M.

Die Gesamtkosten für 100 kg Dampf berechnen sich nach Formel 7 zu

$$\frac{2,50}{7,5} + \frac{9000\,(10 + 15)}{250 \cdot 2700} + \frac{12 \cdot 0,35 + 0,50}{\frac{2700}{100}} + \frac{55 \cdot 10 \cdot 0,35}{250 \cdot \frac{2700}{100}}$$

$$= 0,33 + 0,33 + 0,17 + 0,029 = 0,859 \text{ M.}$$

Für Anheizen und Betriebspausen ist der Kohlenverbrauch noch um 15 vH zu erhöhen, so daß sich die Kosten auf 0,33 + 15 vH = 0,380 M. und die Gesamtkosten auf 0,91 M. stellen. Bei 9 kg Dampfverbrauch für 1 PS-Stunde erhalten wir somit die Kosten für 1 PS-Stunde zu

$$\frac{0,91}{100} \cdot 9 = 8 \text{ Pf.}$$

Für die Geräte und Werkzeuge wird ein besonderes Unterkonto angelegt. Dieselben werden den einzelnen Baubetrieben zugeteilt und entweder in ein besonderes Gerätebuch oder in das Arbeitsbuch des Vorarbeiters eingetragen. Unbrauchbar gewordene Geräte und Werkzeuge sind behufs Ersatzes zurückzuliefern. Verlorene sind vom Arbeiter zu ersetzen, fahrlässig verdorbene auf Kosten des Besitzers auszubessern.

Ist eine Werkstätte zur Ausbesserung der Maschinen und Werkzeuge auf der Baustelle vorhanden, so wird hierfür ein besonderes Unterkonto angelegt und die Ausgaben werden auf die einzelnen Hilfs- oder Baubetriebe verteilt.

In einigen Betrieben werden auch die Werkzeuge als Betriebsmaterialien auf das Betriebsmaterialienkonto verrechnet, doch ist dies nicht zutreffend, da sie keine Verbrauchsmaterialien sind, sondern am Jahresschluß oder bei Beendigung des Baues einen Wert haben, mit welchem das Konto wieder zu entlasten ist.

Für alle Maschinenanlagen kommen also zu den Kosten für Anschaffung und Montage, den Kapitalkosten, die Betriebskosten, d. s. die Ausgaben für Löhne, Betriebsstoffe und Ausbesserungen, und wir können für den Faktor $M$ der allgemeinen Kalkulationsformel die Formel aufstellen

$$M = L_m + E_m + \frac{p + q + r}{100} \cdot K_m\, t$$

$L_m$ = Betriebslöhne $\qquad K_m$ = Anlagekosten
$E_m$ = Betriebsstoffe $\qquad t$ = Betriebszeit.

Die Anlagekosten $K_m$ umfassen nun bei Baumachinen nicht allein die Anschaffungskosten, sondern auch die Kosten für das Heranschaffen und für die betriebsfertige Aufstellung einschließlich aller Nebenanlagen sowie schließlich noch die Kosten für das Abmontieren und Zurückschaffen nach Beendigung des Baues. Alle diese Kosten sind dem betreffenden Bau ganz zu belasten, während für die Anschaffungskosten selbst nur ein Teil, nämlich die Verzinsung $p$ und die Abschreibung $q$ in Anrechnung kommen. Wir müssen also die Anlagekosten $K_m$ teilen in die Anschaffungskosten $K_a$ und die Kosten für Antransport, Aufstellung und Abtransport $2(K_m - K_a)$, und die Formel für $M$ wird dann

$$M = L_m + E_m + \left(\frac{p+r}{100} K_m + \frac{q \cdot K_a}{100}\right) t + 2\,(K_m - K_a)\,.$$

1. Beispiel. Betriebskosten für eine Lokomotive für Kohlenfeuerung mit 160 PS-Leistung. Von einer vollen Ausnutzung der PS-Leistung kann bei der Natur des Baubetriebes nicht die Rede sein. Länge, Steigungen und Krümmungen der Gleisanlage, deren Unterhaltungszustand, die Zugfolge und die Dampfhaltungspausen, das Wagenmaterial und dessen Zustand, die Wasserversorgung, das Heizmaterial beeinflussen die Betriebskosten wesentlich. Im Durchschnitt kann die Ausnutzung bei angestrengtem Kippenbetrieb mit etwa 40 vH und bei leichtem Transportbetrieb nicht mit viel mehr als 25 vH der Normalleistung gerechnet werden[1]).

Anschaffungskosten $K_a = 20000$ M. Anlieferung zur Baustelle 2000 M., mithin Anlagekosten $K_m = 22000$ M. Verzinsung $p = 10$ vH, Abschreibung $q = 15$ vH, Unterhaltung $r = 10$ vH. Zeit der Benutzung $t = 1$ Jahr mit $230 \cdot 10 = 2300$ Betriebsstunden.

$$\text{Kapitalkosten} = \frac{10+10}{100} \cdot 22000 + \frac{15}{100} \cdot 2000 + 2 \cdot 2000 = 11400 \text{ M.},$$

$$\text{für 1 Betriebsstunde } \frac{11400}{2300} = 4{,}96 \text{ M.}$$

Der Kohlenverbrauch in kg läßt sich nach Eckert[2]) auf einfache Weise nach folgender Gleichung ermitteln

$$K = \frac{Q \cdot H_w}{270}\,\gamma\,,$$

worin bedeuten:

$Q$ das jeweilige Zuggewicht in $t$, $H_w$ die Widerstandshöhe in $m$, $\gamma$ den Betriebsstoffverbrauch in kg für eine PS-Stunde.

Der Wert $\gamma$ wird von den Maschinenfabriken zu 1,5—2 kg angegeben, je nach der Güte der Kohle, diese Angabe trägt aber den tatsächlichen Verhältnissen im Baubetrieb in keiner Weise Rechnung.

Eckert hat vielmehr aus verschiedenen Messungen des Kohlenverbrauchs bei Lokomotivbetrieb den Kohlenverbrauch für die rechnungsmäßig ermittelte PS-Stunde berechnet und empfiehlt, für die Ermittlung des voraussichtlichen Kohlenbedarfs von Lokomotiven bei Baggerarbeiten den Verbrauch für die rechnungsmäßig notwendige PS-Stunde anzunehmen mit 3 kg, wenn die Beladung der Wagen durch Eimerbagger erfolgt, und mit 4 kg, wenn sie durch Löffelbagger vorgenommen wird. Hiernach läßt sich der Kohlenbedarf für einen Zug berechnen, wenn folgende Annahmen gemacht werden. Es soll mit der Lokomotive Baggergut (Eimerbagger) in Zügen von 20 Wagen zu 4,5 m³ auf 3000 m mittlere Entfernung mit 5 m Steigung transportiert werden. Gleiskurven insgesamt 500 m von 200 m Halbmesser. Tägliche Arbeitszeit 24 Stunden. Zeitaufwand für einen Zug 1½ Stunde.

---

[1]) Garbotz, G.: Betriebskosten und Organisation im Baumaschinenwesen. Berlin 1922.

[2]) Eckert, H.: Über Kostenberechnung im Tiefbau. Berlin 1925.

| Vollzug | Leerzug |
|---|---|
| Lokomotive, Betriebsgewicht | |
| $G_1 = 19$ t | $G_1 = 19$ t |
| Wagen, Gewicht | |
| $G_2 = 20\,(3{,}0 + 4{,}5 \cdot 1{,}7) = 213$ t | $G_2 = 20 \cdot 3 = 60$ t |
| $Q = G_1 + G_2 = 232$ t | $Q = 79$ t |
| Laufwiderstand der Lokomotive | |
| $w_1 = 10$ kg/t | $w_1 = 10$ kg/t |
| Laufwiderstand des Wagenzuges | |
| $w_2 = 6$ kg/t | $w_2 = 6$ kg/t |
| $w = \frac{19 \cdot 10 + 213 \cdot 6}{232} = 6{,}33$ kg/t | $w = \frac{19 \cdot 10 + 60 \cdot 6}{79} = 6{,}96$ kg/t |
| Krümmungswiderstand | |
| $k = \frac{400}{200-16} = 2{,}172$ kg/t | $k = 2{,}172$ kg/t |
| Steigung | |
| $s_m = \frac{5000}{3000} = 1{,}67$ vT | $s_m = 1{,}67$ vT |
| $l = 3000$ m | $l = 3000$ m |
| Geschwindigkeit | |
| $v = 10$ km/st. | $v = 14$ km/st. |
| Fahrzeit = 18 Minuten | Fahrzeit = 13 Minuten. |

Zeitaufwand pro Zug 1,5 Stunden.

Dampfhaltungspausen 1,5 — 0,517 = 0,983 Stunden.

| Vollzug | Leerzug |
|---|---|
| Grenzneigung der Lokomotive | |
| $s_0 = 149$ vT | $s_0 = 149$ vT |
| Grundwert der Leistungsfähigkeit | |
| $\lambda = \frac{149 - 1{,}67}{6 + 1{,}67} = 19{,}2$ | $\lambda = \frac{149 + 1{,}67}{6 - 1{,}67} = 34{,}8$ |
| Wirkungsgrad der Zugförderung | |
| $\alpha = \frac{213}{232} = 92$ vH | $\alpha = \frac{60}{79} = 75{,}9$ vH |
| Widerstandshöhe $H_w =$ | |
| $h_1 =$ 5,000 m | $h_1 -$ 5,000 m |
| $h_w = 0{,}001 \cdot 6{,}33 \cdot 3000 =$ 18,990 m | $h_w = 0{,}001 \cdot 6{,}96 \cdot 3000 =$ 20,880 m |
| $h_k = 0{,}001 \cdot 2{,}172 \cdot 500 =$ 1,086 m | $h_k =$ 1,086 m |
| $h_0 = 75\,(1 - 0{,}92)\,\frac{0{,}983}{2} =$ 2,949 m | $h_0 = 75\,(1 - 0{,}759)\,\frac{0{,}983}{2} =$ 8,884 m |
| $H_w =$ 28,025 m | $H_w =$ 35,850 m |
| $Q \cdot H_w = 232 \cdot 28{,}025 = 6502$ t/m | $Q \cdot H_w = 79 \cdot 35{,}850 = 2832$ t/m. |

Kohlenbedarf für einen Zug $= \frac{6502 + 2832}{270} = 34{,}57 \cdot 3{,}0 =$ **104 kg.**

Der Kohlenbedarf beträgt mithin für 1 Betriebsstunde $\frac{104}{1{,}5}$ = rund 70 kg und die Kosten werden bei einem Kohlenpreise von 25 M./t $70 \cdot 0{,}025 = 1{,}75$ M.

Der Wasserverbrauch kann zum 6—10fachen des Kohlenverbrauches angenommen werden, mithin zu 0,70 $m^3$ in der Betriebsstunde, und die Kosten werden bei einem Preis von 0,20 M./$m^3$ 0,70 · 0,20 = 0,14 M.

Für Schmier- und Putzmittel können nach Eckert für die Betriebsstunde angenommen werden

| | |
|---|---|
| Zylinderöl 0,10 kg zu 0,50 M. . . . . . . . . | = 0,050 M |
| Maschinenöl 0,175 kg zu 0,50 M. . . . . . . | = 0,088 M. |
| Putzöl 0,02 kg zu 0,25 M. . . . . . . . . . . | = 0,005 M. |
| Putzwolle 0,03 kg zu 0,60 M. . . . . . . . . | = 0,018 M. |
| | 0,161 M. |

d. i. rund 10 vH der Kohlenkosten.

$E_m$ = 1,75 + 0,14 + 0,16 = . . . . . . . . . 2,05 M.

Zur Bedienung sind erforderlich:

| | |
|---|---|
| 1 Lokomotivführer 1 Stunde . . . . . . . . | 1,25 M. |
| 1 Heizer 1 Stunde . . . . . . . . . . . . . | 0,90 M. |
| | 2,15 M. |
| Zuschlag für soziale Lasten 10 vH . . . . | = 0,22 M. |
| $L_m$ = . . . . . . | = 2,37 M. |

M = 2,37 + 2,05 + 4,96 = 9,38 M. für 1 Betriebsstunde.

Bei ununterbrochenem Tag- und Nachtbetrieb ist eine Besetzung der Maschinen mit zwei Mannschaften üblich, die je 12 Stunden Dienst tun. Bei unterbrochenem Betrieb sind für das Maschinenpersonal zur Erfassung der Überzeit- und Sonntagsarbeit (für Anheizen, Kesselwaschen usw.) bei täglich 8 Stunden Arbeitszeit $9^1/_2$ Stunden und bei täglich 12 Stunden Arbeitszeit 14 Stunden einzusetzen. Der Lohnsatz ist also bei einschichtigem Betrieb für das Maschinenpersonal um rund 20 vH zu erhöhen.

2. Beispiel. Betriebskosten für eine Betonmaschine mit 0,50 $m^3$. Füllung und Benzinmotor von 10 PS. Anschaffungskosten $K_a$ = 5000 M. Für Heranschaffen und Montage sollen 800 M. gerechnet werden, so daß Anlagekosten $K_m$ = 5800 M., Verzinsung $p$ = 10 vH, Abschreibung $q$ = 15 vH, Unterhaltung $r$ = 5 vH., Zeit der Benutzung $t$ = 1 Jahr, mithin

$$\text{Kapitalkosten} = \frac{10+5}{100} \cdot 5800 + \frac{15}{100} \cdot 5000 + 2 \cdot 800 = 3220\ \text{M.}$$

Bei 230 Betriebstagen zu 8 Stunden für 1 Betriebsstunde $\frac{3220}{230 \cdot 8}$ = 1,75 M.

Der Benzinverbrauch für 1 PS-Stunde kann gerechnet werden zu 0,5 kg

| | |
|---|---|
| zu 0,40 M. . . . . . . . . . . . . . . . . . . . . | = 0,200 M. |
| und der Kühlwasserverbrauch zu 0,03 $m^3$ zu 0,20 | = 0,006 M. |
| Dazu für Putz- und Schmiermittel rund 10 vH der Brennstoffkosten = . . . . . . . . . . . . . . | 0,020 M. |
| Zusammen: für 1 PS-Stunde . . . | 0,226 M. |

mithin $E_m$ für 1 Betriebsstunde 10 · 0,226 = 2,26 M.

Zur Bedienung genügt ein Mann, Stundenlohn 1,00 M + 10 vH Versicherungsbeiträge; $L_m$ = 1,10 M.

Kosten für 1 Betriebsstunde zusammen $M.$ = 1,75 + 2,26 + 1,10 = 5,11 M oder bei 17 Füllungen in der Stunde für 1 $m^3$

$$\frac{5{,}11}{17 \cdot 0{,}50} = 0{,}61\ \text{M.}$$

Bei allen Maschinenbetrieben spielt eine wichtige Rolle die Wahl der Betriebskraft. Wenn es sich um die Frage handelt, ob Kraftmaschinenbetrieb oder Handbetrieb im gegebenen Fall wirtschaftliche Vorteile bietet, so kommen außer der Größe und dem Umfang des Be, triebes, d. i. der Kraftbedarf und die jährliche Betriebsdauer, auch die örtlichen Verhältnisse, die Arbeiterverhältnisse, Löhne usw., in Betracht, denn besonders die Löhne können unter Umständen den Handbetrieb trotz allgemein höherer Betriebskosten doch vorteilhafter machen. Liegen aber die Vorteile auf seiten der Kraftmaschine, so ist weiter zu untersuchen, welche Maschinenart anzuwenden ist. Denn die Dampfmaschine ist heute nicht mehr die allein in Frage kommende Kraftmaschine, sondern in Wettbewerb mit ihr treten die Verbrennungsmaschinen und die Elektromotoren. Maßgebend für die Wahl sind hierbei nur die Betriebskosten, und für reinen Kraftbetrieb ist die Kraftmaschine die wirtschaftlichste, welche unter Berücksichtigung sämtlicher Aufwendungen, also der unmittelbaren und mittelbaren Ausgaben die Nutzpferdekraftstunde am billigsten liefert. Eine Nebenrolle spielen dann noch die Einfachheit des Betriebes, die Betriebssicherheit, der Raumbedarf, die Überlastungs- und Regelfähigkeit, die mehr oder weniger rasche Betriebsbereitschaft, die Geräuschlosigkeit, Rauchbelästigung usw.

Bei der Wahl von Kraftmaschinen haben wir also die Frage zu beantworten, für welche Kraftmaschine sind die Betriebskosten für eine Nutzpferdekraftstunde die niedrigsten? Die Betriebskosten sind abhängig von den Kosten der Betriebsstoffe, von dem Ausnutzungsgrad der Betriebskraft, von den Löhnen für die Bedienung und von den Kapitalkosten.

Bei den Wärmekraftmaschinen kommen also zunächst die Brennstoffkosten in Betracht. Die Brennstoffe sind entweder feste oder flüssige. Bei den festen Brennstoffen, d. s. Steinkohle und Braunkohle (Holz kommt für uns als Brennstoff nicht mehr in Betracht), ist der Preis hauptsächlich von der Lage des Verbrauchsortes und von der Verbrauchsmenge abhängig wegen der Transportkosten, bei den flüssigen Brennstoffen, d. s. Benzin, Benzol, Gasöl und Motorspiritus, fallen die Transportkosten im Verhältnis zum Gestehungspreis weniger ins Gewicht, der Preis ist also nicht so sehr vom Verbrauchsort abhängig, desto mehr aber von den schwankenden Marktpreisen und der Verbrauchsmenge. Unter Zugrundelegung von normalen Preisen ergeben sich folgende Gewichts- und Warenpreise für die verschiedenen Brennstoffe:

| | Heizwert WE | Preis für 100 kg frei Verbrauchsort | Wärmepreis für 10000 WE |
|---|---|---|---|
| Steinkohle . . . | 7500 | 1,60— 2,80 M. | 2,1— 3,7 Pf. i. M. 2,9 Pf. |
| Braunkohle . . | 4000 | 0,80— 1,70 M. | 2,0— 4,3 Pf. i. M. 3,15 Pf. |
| Benzin (zollfrei) . | 10300 | 30—40 M. | 29,1—38,8 Pf. i. M. 34 Pf. |
| Benzol . . . . | 9300 | 25—26 M. | 26,9—28,0 Pf. i. M. 27,5 Pf. |
| Gasöl für Dieselmotoren . . . | 10000 | 12—15 M. | 12 —15 Pf. i. M. 13,5 Pf. |
| Motorspiritus (mit 20 vH Benzol) . . . | 6280 | 26—28 M. | 41,4—44,6 Pf. i. M. 43 Pf. |

Der billigste Wärmepreis ergibt sich also für die festen Brennstoffe. Stein- oder Braunkohle, so daß unter Voraussetzung gleich guter Ausnutzung die Krafterzeugung mit festen Brennstoffen erheblich billiger sein müßte als die mit flüssigen Brennstoffen. In Wirklichkeit ist nun aber die Wärmeausnutzung in den verschiedenen Kraftmaschinen eine wesentlich verschiedene. Bei den Verbrennungsmaschinen wird die Wärme infolge der unmittelbar im Arbeitszylinder vor sich gehenden Energieumwandlung bedeutend besser ausgenutzt als bei Dampfmaschinen.

Bei den Dampfmaschinen unterscheidet man bekanntlich Maschinen, die mit Naßdampf, Trockendampf oder Heißdampf arbeiten. Naßdampf ist Wasserdampf mit 5 vH Wassergehalt. Der Wärmeaufwand, um aus 1 kg Wasser von 10° Dampf von 200° bei 15 Atm Überdruck zu erzeugen, beträgt $193{,}5 + 464 = 657{,}5$ WE, nämlich 193,5 WE sind erforderlich, um 1 kg Wasser von 10 auf 200° zu erwärmen und 464 WE sind erforderlich, um 1 kg Wasser von 200° in Dampf von 200° zu verwandeln. Der Kesselwirkungsgrad kann zu 70 vH angenommen werden. Trockendampf ist Wasserdampf, der in einem Rauchkammerüberhitzer auf 40° über die Sättigungstemperatur erhitzt ist. Zur Überhitzung des Dampfes um 40° sind weitere $40 \cdot 0{,}552 = 22{,}1$ WE erforderlich, demnach Gesamtwärmeaufwand $657{,}5 + 22{,}1 = 679{,}6$ WE (0,552 WE ist die sog. spezifische Wärme des Wasserdampfes, d. h. die Anzahl der Wärmeeinheiten, welche erforderlich sind, um die Wärme von 1 kg Wasserdampf um 1° C zu erhöhen). Kesselwirkungsgrad = 70 vH. Heißdampf ist Wasserdampf, der den Rauchröhrenüberhitzer mit 120° über Sättigungstemperatur verläßt. Gesamtwärmeaufwand $657{,}5 + 120 \cdot 0{,}552 = 723{,}7$ WE. Kesselwirkungsgrad 67 vH.

Hiernach verdampft also 1 kg Steinkohle mit 7500 WE

$$\text{Naßdampf} \quad \frac{7500}{657{,}5} \cdot 0{,}7 = 8 \text{ kg Wasser}$$

$$\text{Trockendampf} \quad \frac{7500}{679{,}6} \cdot 0{,}7 = 7{,}7 \text{ kg Wasser}$$

$$\text{Heißdampf} \quad \frac{7500}{723{,}7} \cdot 0{,}67 = 6{,}9 \text{ kg Wasser}$$

und der Kohlenverbrauch für 1 kg Dampf beträgt

Naßdampf $^1/_8$ . . . . . . = 0,125 kg Steinkohle
Trockendampf $^1/_{7,7}$ . . = 0,13 kg Steinkohle
Heißdampf $^1/_{6,9}$ . . . . = 0,145 kg Steinkohle.

Durch Versuche ist nun festgestellt, daß der Dampfverbrauch für 1 PS-Stunde, am Triebradumfang gemessen, also für die Nutzpferdekraftstunde beträgt:

| | Naßdampf | Trockendampf | Heißdampf |
|---|---|---|---|
| Zwillingsmaschine . . . . . . . | 13 kg | 12,4 kg | 9,6 kg |
| Verbundmaschine . . . . . . . | 11,2 kg | 10,9 kg | 8,9 kg |
| Heißdampflokomobile . . . . . . | — | — | 4,0 kg |

Somit erhalten wir den Wärmeverbrauch für 1 Nutzpferdekraftstunde in Mark zu

$$\text{Naßdampf} = \frac{13 + 11{,}2}{2} \cdot 0{,}125 \cdot 7500 = 11\,350 \text{ WE}$$

$$\text{Trockendampf} = \frac{12{,}4 + 10{,}9}{2} \cdot 0{,}13 \cdot 7500 = 11\,360 \text{ WE}.$$

$$\text{Heißdampf} = \frac{9{,}6 + 8{,}9 + 4{,}0}{3} \cdot 0{,}145 \cdot 7500 = 8160 \text{ WE}$$

Demgegenüber ist der Wärmeverbrauch für 1 PS-Stunde bei den Verbrennungsmotoren durch Feststellung der indizierten Arbeit und des Wärmeverbrauches wie folgt gefunden: Der Wärmeverbrauch beträgt:

| | | |
|---|---|---|
| Benzinmotor | 2800—4000, i. M. | . . 3400 WE |
| Benzolmotor | 2200—3500, i. M. | . . 2850 WE |
| Dieselmotor | 1800—2000, i. M. | . . 1900 WE |
| Spiritusmotor | 2000—2800, i. M. | . . 2400 WE. |

Wir erhalten also jetzt den Wärmepreis für 1 PS-Stunde.

1. Dampfmaschine, Naßdampf (Steinkohle) $\frac{11\,350}{10\,000} \cdot 2{,}9 =$ . . . . . . . . . . 3,3 Pf.

Trockendampf $\frac{11\,360}{10\,000} \cdot 2{,}9 =$ . . . . . . . . . . 3,3 Pf.

Heißdampf $\frac{8160}{10\,000} \cdot 2{,}9 =$ . . . . . . . . . . 2,4 Pf.

2. Verbrennungsmaschinen:

Benzinmotor $\frac{3400}{10\,000} \cdot 34 =$ . . . . . . . . . . 11,6 Pf.

Benzolmotor $\frac{2850}{10\,000} \cdot 27{,}5 =$ . . . . . . . . . . 7,8 Pf.

Dieselmotor $\frac{1900}{10\,000} \cdot 13{,}5 =$ . . . . . . . . . . 2,6 Pf.

Spiritusmotor $\frac{2400}{10\,000} \cdot 43 =$ . . . . . . . . . . 10,3 Pf.

Die Wärmepreise verschieben sich also bei den verschiedenen Kraftmaschinen ganz bedeutend, wenn man sie für 1 PS-Stunde berechnet. Den geringsten Wärmepreis zeigen die Heißdampfmaschinen, und ihnen fast gleichstehend die Dieselmotoren. Diese beiden sind also als reine Kraftmaschinen in bezug auf die Brennstoffkosten die wirtschaftlichsten, und da der Preis für das Dieselmotoröl verhältnismäßig weniger schwankt als der Preis für die Steinkohle, so ist der Dieselmotor für die meisten Gegenden Deutschlands sogar die wirtschaftlichste Kraftmaschine.

Benzolmotoren haben vor Benzinmotoren den Vorzug, daß sie wesentlich höhere Kompression vertragen ohne Gefahr von Selbstentzündungen, der Wärmeverbrauch ist daher kleiner, und da auch der Preis des Benzols niedriger ist, so haben Benzolmotoren 20—40 vH niedrigere Brennstoffkosten wie Benzinmotoren.

Die Kraftmaschine mit den geringsten Brennstoffkosten ist nun aber noch nicht immer die wirtschaftlichste, da noch die übrigen Kosten, d. s. die Betriebsführungskosten und die Kapitalkosten, mit in Betracht kommen. Und diese Kosten treten besonders hervor, wenn der Ausnutzungs- oder Belastungsfaktor der Maschine nur gering ist, sei es, daß die Maschine nur schwach belastet wird, sei es, daß es sich um kurze Betriebszeiten oder um Aushilfsanlagen handelt. In solchen Fällen spielen die Brennstoffkosten gewöhnlich nicht die entscheidende Rolle, sondern die Bedienungs- und Kapitalkosten. Von wesentlichem Einfluß sind also die jährliche Betriebsdauer und der Belastungsfaktor. Man muß von Fall zu Fall ermitteln, wie hoch die Zahl der Betriebsstunden anzunehmen ist. Unter Belastungsfaktor versteht man das Verhältnis der jährlichen Nutzleistung zu der Höchstleistung und der Zahl der Betriebsstunden. Wir erhalten den Belastungsfaktor aus der Gleichung $\frac{n}{h \cdot b}$, worin $n$ = jährliche Nutzleistung der Kraftmaschine in SP-Stunden, $h$ = Höchstleistung der Kraftmaschine und $b$ = Anzahl der jährlichen Betriebsstunden. Die durchschnittliche Belastung einer Kraftmaschine wird nämlich meistens falsch geschätzt, und es wird dann auch der Brennstoffverbrauch falsch, wenn man nur die durchschnittliche Belastung schätzt. Bei Kraftmaschinen besteht der Gesamtverbrauch an Betriebsstoff einerseits aus einem gleichbleibenden, von der Belastung unabhängigen Verbrauch und aus einem zusätzlichen Verbrauch je nach der Belastung. Und diesen zusätzlichen Verbrauch kann man nur ermitteln, wenn man sich den Belastungsfaktor aus der jährlichen Nutzleistung und der Betriebsdauer berechnet.

Weiter kommt noch in Betracht die Überlastbarkeit der Maschine. Während Verbrennungsmaschinen in der Regel nur eine vorübergehende Überlastung von 10—20 vH über ihre Normalleistung zulassen, haben Dampfmaschinen eine dauernde Überlastungsfähigkeit von 20—30 vH und vorübergehend noch erheblich mehr. Dies ist besonders für solche Betriebe wertvoll, die oft für kurze Zeit eine größere Kraft erfordern, wie z. B. bei Baggerbetrieben. Die Dampfkraftmaschine ist auch betriebssicherer, weil sie mit einem Betriebsmittel arbeitet, das unter Druck steht, bei den Verbrennungsmaschinen muß die treibende Kraft erst in der Maschine selbst erzeugt werden, sind die Bedingungen für die Erzeugung dieser Kraft nicht erfüllt, ist die Maschine schlecht konstruiert oder wird sie mangelhaft eingestellt und bedient, so versagt sie ihren Dienst. Verbrennungsmaschinen haben im übrigen den Vorzug rauch- und rußfreien Betriebes, geringen Platzbedarfs und geringen Wasserverbrauchs, sie sind stets betriebsbereit und in jedem Raum aufstellbar, auch von der Revisionspflicht frei.

Für vorübergehende Betriebe ist die Lokomobile die geeignetste Wärmekraftmaschine, da sie keine Fundamente erfordert, in kürzester Zeit aufgestellt und nach Gebrauch leicht wieder fortgeschafft und auch verkauft werden kann. Die Heißdampflokomobile hat es heute zu einem so hohen Grad technischer und thermischer Vollkommenheit gebracht, daß sie in bezug auf Wirtschaftlichkeit sogar an Großmaschinen heranreicht. Bei Verbrennungsmaschinen wird man sich für kleinere Anlagen in der Regel zwischen Benzin- und Benzolmotoren zu entscheiden haben, für mittlere und größere Anlagen sind Dieselmotoren zu bevorzugen.

Die Elektromotoren nun sind keine Kraftmaschinen im eigentlichen Sinn, denn sie sind nur dort anwendbar, wo ein Elektrizitätswerk und ein Verteilungsnetz vorhanden sind. Der Elektromotor hat aber insofern besondere Vorzüge, als er nur geringen Platz erfordert und immer betriebsbereit ist. Er kann ohne weiteres an- und abgestellt werden, hat einen ruhigen, stoßfreien Gang, und es findet keine Rauch- und Rußbelästigung statt. Bei Teilleistungen ist auch der Mehrverbrauch an Strom nur gering.

In nachstehender Tabelle sind für die in Baubetrieben hauptsächlich zur Verwendung kommenden Kraftmaschinen die Betriebskosten für 1 PS-Stunde zusammengestellt[1]). Als Betriebsstunden sind 2000 im Jahre und als Mittelwert der Leistung 60 vH der Normalleistung angenommen. Der Preis der Kohle ist mit 25 M. pro Tonne, des Teeröls mit 4,50 M. für 100 kg, des Benzols mit 25 M. für 100 kg, des elektrischen Stromes mit 0,20 M. für die kW/st. und des Wassers mit 0,20 M. für 1 $m^3$ eingesetzt. Der Preis des Maschinenöls ist zu etwa 40 M. für 100 kg, des Zylinderöls zu 70 M. für 100 kg und für Staufferfett zu 100 M. für 100 kg angenommen. (S. Tabelle auf nachfolgender Seite.)

Bei den Lokomobilen sind die ersten beiden ohne Kondensation und nur die 100 PS-Maschine hat Kondensation. Es zeigt sich, daß bereits bei dem Wasserpreis von 0,20 M./$m^3$ die Vorteile der Kondensation völlig verlorengehen. Die Lebensdauer der Lokomobilen kann im Baubetrieb verhältnismäßig hoch angenommen werden, doch empfiehlt es sich, nicht mit der Abschreibung unter 10 vH herunterzugehen.

Der Dieselmotor hat im Baubetrieb noch wenig Eingang gefunden, der Grund liegt vielleicht darin, daß die sachgemäße Bedienung hohe Anforderungen an das Personal stellt. Der Dieselmotor ist aber die billigste Kraftmaschine, der Brennstoffanteil der Betriebskosten beträgt nur etwa 30 vH von dem der Lokomobile. Bei Verwendung von Gasöl zu etwa 8,50 M. für 100 kg werden die Brennstoffkosten noch niedriger als bei Teeröl. Dagegen sind die Kosten für Schmiermaterialien sowie die Löhne höher. Auch die Lebensdauer kann nicht so lang angenommen werden, daher sind für Abschreibung 12 vH gerechnet.

Die ungünstigsten Betriebsergebnisse zeigen die Benzolmotoren. Sie werden im allgemeinen nur mit geringen Leistungen verwandt und erfordern daher an und für sich schon verhältnismäßig hohen spezifischen Brennstoffverbrauch, der noch bei Belastungen unter normal durch hohe Verluste vergrößert wird. Außerdem fallen bei den kleinen Leistungen der Kühlwasserbedarf und vor allem die Löhne stark ins Gewicht. Die Abschreibung rechnet man am besten nicht unter 15 vH.

Der Elektromotor ist die geeignetste Antriebsmaschine für Baubetriebe, sobald Strom vorhanden ist oder auf der Baustelle selbst erzeugt werden kann. „Sein geringes Gewicht, der geringe Platzbedarf, die Anspruchslosigkeit der Wartung, der Vorzug, nur so viel Strom aufzunehmen, als er Energie abgibt, die geringe Wirkungsgradverschlechte-

[1]) Die in dieser und in den folgenden Tabellen zusammengestellten Betriebsergebnisse sind unter Benutzung der Tabellen von Garbotz in dem bereits angeführten Buche berechnet.

## Betriebskosten für 1 PS-Stunde

bei 2000 Betriebsstunden im Jahr und 60 vH. Ausnutzung der Normalleistung.

| Leistung | Gewicht | Preis | Abgegebene | Brennstoff | | Wasser | | Schmier- und Putzmittel | | Löhne b. durchschnittl. 1,00 M. Stundenlohn | Ausbesserungen | | Transport und Montage | Versicherung | Abschreibung | 10 vH. Verzinsung | Summe |
|---|---|---|---|---|---|---|---|---|---|---|---|---|---|---|---|---|---|
| PS | kg | M. | PS | kg | Pfg. | l | Pfg. | in vH. des Brennstoffes | Pf. | Pf. | in vH. des Preises | Pf. | Pf. | Pf. | Pf. | Pf. | Pf. |
| **I. Lokomobilen.** | | | | Kohle | | | | | | | | | | 8 ‰ | 10 % | | |
| 18 | 4600 | 6000 | 21600 | 2,1 | 5,250 | 12,5 | 0,250 | 31 | 1,448 | 9,260 | 7 | 1,945 | 0,926 | 0,222 | 2,778 | 2,778 | 24,86 |
| 40 | 7700 | 10000 | 48000 | 1,9 | 4,750 | 10,0 | 0,200 | 26 | 1,083 | 4,160 | 7 | 1,451 | 0,729 | 0,166 | 2,083 | 2,083 | 16,71 |
| 100 | 17000 | 20000 | 120000 | 1,5 | 3,750 | 208,0 | 4,160 | 24 | 0,797 | 1,662 | 8 | 1,332 | 0,916 | 0,133 | 1,667 | 1,667 | 16,09 |
| **II. Dieselmotoren.** | | | | Teeröl | | | | | | | | | | 8 ‰ | 12 % | | |
| 50 | 11000 | 15000 | 60000 | 0,280 | 1,260 | 20 | 0,40 | 77 | 0,966 | 4,00 | 3,3 | 0,917 | 1,917 | 0,200 | 3,00 | 2,500 | 15,16 |
| 80 | 20000 | 28000 | 96000 | 0,270 | 1,201 | 20 | 0,40 | 66 | 0,802 | 2,50 | 2,8 | 0,812 | 1,667 | 0,234 | 3,469 | 2,917 | 14,01 |
| 120 | 22000 | 30000 | 144000 | 0,265 | 1,192 | 20 | 0,40 | 54 | 0,660 | 1,668 | 3,0 | 0,625 | 1,320 | 0,167 | 2,500 | 2,083 | 10,61 |
| **III. Benzolmotoren.** | | | | Benzol | | | | | | | | | | 8 ‰ | 15 % | | |
| 4 | 450 | 1200 | 4800 | 0,500 | 12,50 | 25 | 0,50 | 13 | 1,561 | 20,80 | 5 | 1,250 | 1,040 | 0,200 | 3,750 | 2,500 | 41,60 |
| 8 | 680 | 1700 | 9600 | 0,450 | 11,25 | 25 | 0,50 | 13 | 1,417 | 10,41 | 5 | 0,948 | 0,781 | 0,142 | 2,656 | 1,771 | 28,09 |
| 20 | 2500 | 5500 | 24000 | 0,400 | 10,00 | 25 | 0,50 | 12 | 1,125 | 4,164 | 4,1 | 0,938 | 0,625 | 0,183 | 3,438 | 2,292 | 20,98 |
| **IV. Elektromotoren.** | | | | Strom | | | | | | | | | | 6 ‰ | 8 % | | |
| kW | | | | kW/st. | Pf. | | | | | | | | | | | | |
| 5 | 200 | 650 | 8150 | 1,000 | 20,00 | — | — | 1,2 | 0,245 | — | 5,4 | 0,439 | 0,307 | 0,048 | 0,638 | 0,798 | 22,47 |
| 10 | 290 | 880 | 16300 | 0,963 | 19,26 | — | — | 0,8 | 0,154 | — | 5 | 0,276 | 0,189 | 0,031 | 0,432 | 0,540 | 20,87 |
| 20 | 600 | 1580 | 32600 | 0,920 | 18,40 | — | — | 0,7 | 0,123 | — | 5 | 0,246 | 0,153 | 0,029 | 0,388 | 0,485 | 19,82 |
| 50 | 1100 | 3000 | 81600 | 0,880 | 17,60 | — | — | 0,35 | 0,061 | — | 5 | 0,184 | 0,092 | 0,022 | 0,294 | 0,368 | 18,65 |
| 100 | 2600 | 6100 | 163200 | 0,865 | 17,30 | — | — | 0,2 | 0,037 | — | 4,8 | 0,181 | 0,061 | 0,018 | 0,299 | 0,374 | 18,27 |

rung bei Belastungen unter normal usw. lassen ihn für Baubetriebe als geradezu prädestiniert erscheinen", sagt Garbotz mit Recht. In der Tabelle sind durchweg Gleichstrommotoren mit 220 Volt Spannung angenommen, für Drehstrommotoren mit 500 Volt erhöhen sich die Betriebskosten nur unwesentlich. Der spezifische Leistungsverbrauch bewegt sich zwischen 0,9 und 0,8 kW/PS, je nach der Größe der Maschine, wobei er bei nur 60 vH Ausnutzung fast gar nicht steigt. Den Ausschlag geben die Stromkosten, gegen sie können die anderen Aufwendungen fast vernachlässigt werden. Auch die Lebensdauer ist eine außerordentlich hohe, so daß eine Abschreibung von 8 vH genügt. Ebenso erfordert die Montage nur geringe Kosten.

### d) Betriebs- und Hilfsstoffe.

Betriebsstoffe sind erforderlich für die Maschinenbetriebe und werden im allgemeinen mit diesen zusammen verrechnet, nur bei großen Bauausführungen mit verschiedenen maschinellen Betrieben ist es zweckmäßig, ein besonderes Nebenkonto zum Maschinenkonto für sie zu führen, um einerseits die Vorteile des Einkaufs in größeren Mengen zu genießen und andererseits eine bessere Kontrolle des Verbrauchs ausüben zu können. Als Betriebsstoffe kommen in Betracht die Brennstoffe, Kohlen und die verschiedenen Ölprodukte als flüssige Brennstoffe, ferner die Schmiermittel, Öle und Fette sowie Putz- und Verpackungsmaterial, Putzmittel, Asbest, Gummi, Mennige, Seife usw. Alle diese Stoffe sind Handelsware, die gekauft werden müssen und einen Marktpreis haben. Die von den einzelnen Stoffen für Maschinenbetriebe benötigten Mengen sind bereits im vorigen Kapitel angegeben.

Zu den Hilfsstoffen zählen alle Stoffe, welche nicht als Bestandteil des fertigen Baukörpers auftreten. Sie dienen zur Herstellung der Hilfskonstruktionen und Hilfsanlagen, welche zur Herstellung des Bauwerks erforderlich sind. Da diese bei manchen Bauausführungen eine ganz bedeutende Rolle spielen, wie die Lehr- und Transportgerüste bei Brücken und die Schalungen bei Betonbauten, so sind die Kosten der Hilfsanlagen besonders zu ermitteln. Als Material kommt des provisorischen Charakters der Hilfsanlagen wegen vor allem das Holz in Betracht, in einigen Fällen auch Eisen, selten Beton- oder Maurermaterialien. Die Verrechnung der Hilfsstoffe erfolgt wie die der Baustoffe, und die tatsächlich verbrauchten Hilfsstoffe müssen ganz auf den Bau verrechnet werden, dagegen sind die nach Beendigung des Baues noch vorhandenen und verwendbaren Hilfsstoffe zu bewerten und um diese Werte sind die Kosten der Hilfsanlagen zu verringern. Man geht bei dieser Bewertung am besten so vor, daß man einen Kauf oder Verkauf von einer Baustelle zur anderen annimmt. Bei einzelnen Großunternehmungen findet tatsächlich ein solcher Verkauf der Hilfsstoffe von einer Baustelle zur anderen statt. Dies hat den Vorteil, daß der Bauleiter, welcher sie von seiner Baustelle abgibt, einen möglichst hohen Preis zu erzielen sucht, während der andere, der sie gebraucht und daher kaufen muß, möglichst wenig zahlen will, um seinen Bau möglichst wenig mit Nebenkosten zu belasten. Bei diesem Widerstreit der Interessen wird am besten der Wert der Hilfsstoffe ermittelt. Eine schematische Abschreibung in Hundertteilen des Nennwertes ist jedenfalls zu vermeiden, es ist vielmehr immer der noch vorhandene Gebrauchswert zu ermitteln.

Der Verbrauch an Baustoffen für die Hilfsanlagen läßt sich ohne Schwierigkeit ermitteln, wenn Zeichnungen vorliegen. Beim Holz sind zu den sich nach der Zeichnung ergebenden Mengen für Verschnitt noch 3—5 vH zuzuschlagen.

Für überschlägliche Ermittlungen können nach Ritter[1]) folgende Angaben benutzt werden. Es wird an Holz (Kantholz, Rundholz, Bohlen usw.) benötigt für:

Lehrgerüste, je nach Art und Stärke des Gerüstes und den erforderlichen Holzstärken für 1 m³ verbauten Luftraum 0,04—0,07 m³.

Unter „verbautem Luftraum" ist derjenige Raum zu verstehen, der sich durch Multiplikation der Ansichtsfläche mit der Gewölbetiefe ergibt. Bei Sprengwerkkonstruktionen ist dabei der ganze über den Gewölbekämpfern befindliche Raum zu verstehen.

Auf 1 m³ Gewölbemauerwerk umgerechnet erhält man angenähert 0,3—0,6 m³.

| Zimmererarbeit | Zimm.-Std. für ein lfd. m | Arb.-Std. für ein lfd. m |
|---|---|---|
| **A. Abbinden und Aufstellen.** | | |
| 1. Einfache Holzkonstruktionen, die z. T. ohne vorhergehendes Abbinden aufgestellt werden können, mit Holzstärken von etwa 10/10—20/20 cm . . | 1,0—1,5 | 0,3—0,5 |
| bei schwächeren Holzstärken . . . . . . . . . | 0,8—1,3 | 0,2—0,4 |
| 2. Komplizierte Holzkonstruktionen, wie Lehrgerüste, mit Holzstärken von 10/10—20/20 cm . . . . . | 1,5—1,8 | 0,2—0,4 |
| mit Holzstärken von 12/16—30/30 cm . . . . . | 1,8—2,0 | 0,3—0,5 |
| 3. Holzkonstruktionen mit langen und nicht zu starken Hölzern und einfachen Schwellen, wie Transportstege und Montagegerüste, bestehend aus hohen Rundholzböcken, die in der Hauptsache ohne vorhergehendes Abbinden aufgestellt werden können, mit Holzstärken von etwa 10/24—24/24 cm | 0,5—0,8 | 0,3—0,5 |
| 4. Dieselben, jedoch im allgemeinen schwächer, mit Holzstärken von etwa 10/10—20/20 cm . . . . | 0,4—0,6 | 0,2—0,4 |
| 5. Verzangungen von Pfahlgerüsten und Pfahlstegen und Aufbringen der Schwellen . . . . . . . . | 0,8—1,0 | 0,3—0,5 |
| 6. Bohlenbelag auf Gerüsten und Transportstegen anbringen . . . . . . . . . . . . für 1 m² | 0,5—0,6 | 0,2—0,4 |
| 7. Einfaches Geländer auf Transportstegen anbringen | 1,0—1,5 | 0,3—0,5 |
| **B. Abbrechen.** | | |
| 1. Einfache Holzkonstruktionen . . . . . . . . . | 0,3—0,4 | |
| 2. Komplizierte Holzkonstruktionen. . . . . . . . | 0,4—0,5 | |
| 3. Holzkonstruktionen mit langen und nicht zu starken Hölzern . . . . . . . . . . . . . . | 0,2—0,3 | |
| 4. Dieselben, jedoch im allgemeinen schwächer . . | 0,1—0,2 | 0,2—0,4 |
| 5. Verzangungen von Pfahlgerüsten usw. . . . . . | 0,1—0,2 | |
| 6. Bohlenbelag . . . . . . . . . . . . für 1 m² | 0,1—0,2 | |
| 7. Einfaches Geländer . . . . . . . . . . . . . | 0,1—0,2 | |

Bei Wasserarbeit sind alle vorstehenden Werte um etwa 20 vH zu erhöhen.

[1]) Ritter, H.: Kostenberechnung im Ingenieurbau. Berlin 1922.

Transportstege, Aufstellungsgerüste für eiserne Brücken u. dgl., kräftig gebaut, z. B. geeignet zum Befahren mit Baulokomotiven für 1 $m^3$ verbauten Luftraum 0,03—0,04 $m^3$, leicht gebaut 0,02—0,03 $m^3$.

Unter „verbautem Luftraum" ist hier der ganze, von dem Gerüst eingenommene Raum zu verstehen.

Pfahlgerüste und Pfahlstege: Für Verzangung der Pfähle und Abdeckung mittels Bohlen werden benötigt, wenn die Pfähle nur an den Köpfen durch Zangen oder Holme miteinander verbunden werden, für 1 $m^2$ Grundfläche 0,10—0,12 $m^3$, wenn die Pfähle auch noch durch tiefer gelegene Zangen und durch Streben verbunden werden müssen 0,14—0,16 $m^3$.

Der Bedarf an Baubolzen und Klammern beträgt für 1 $m^3$ Holz bei einfachen Holzkonstruktionen und Transportstegen mit hohen Böcken 10—15 kg, bei komplizierten Holzkonstruktionen, wie Lehrgerüste usw., 20—35 kg. Kommen noch Anker, Schuhe u. dgl. hinzu, so kann der Bedarf steigen bis 70 kg.

Für Arbeitsgerüste kann auch, wenn $h$ die Höhe des Gerüstes, mit folgenden Holzmengen gerechnet werden: für 1 $m^3$ Ansichtsfläche $0{,}006\,h$ in Kubikmeter, für 1 m Gerüstlänge $0{,}006\,h^2$ in Kubikmeter.

Ebenso können die Kosten für Lehrgerüste, Holz, Eisenzeug, Zurichten und Aufstellen, berechnet werden nach der Formel $K = (3{,}05\,l + 0{,}564\,l^2)\,b$ in Mark, wenn $l$ die Spannweite und $b$ die Breite des Gewölbes beträgt.

Die Berechnung der Arbeitskosten für Abbinden und Aufstellen der Holzkonstruktionen sowie für das Abbrechen erfolgt nach laufenden Metern Holz, die erforderlichen Arbeitszeiten sind in nebenstehender Tabelle zusammengestellt. Die Kosten für die erforderlichen Eisen arbeiten werden am einfachsten mit dem Einheitspreis der Eisenteile zusammengefaßt, so daß sie unter den Materialkosten mit erscheinen.

### e) Gemeinkosten.

Die bei der Ausführung eines Baues oder durch den Betrieb eines Unternehmens entstehenden Gemeinkosten lassen sich nicht ohne weiteres auf die einzelnen Teilarbeiten als Kostenträger verteilen, da sie den ganzen Bau bzw. die ganze Geschäftsführung belasten. Sie sind daher mittelbare Kosten, die zunächst auf einem Sammelkonto zu verrechnen und dann nach Beendigung des Baues oder am Jahresschlusse nach einem entsprechenden Schlüssel als Zuschläge auf die einzelnen Kostenträger zu verteilen sind. Die mittelbaren Kosten entstehen entweder bei der Bauausführung selbst und sind Betriebsunkosten oder es sind Kosten, die für die Organisation der Verwaltung oder den Betrieb der Unternehmung als Ganzes verausgabt werden und daher Verwaltungs- oder Geschäftsunkosten sind.

Zu den Betriebsunkosten gehören die Kosten für die örtliche Bauleitung, Beamte, Bureau, Schreib- und Zeichenmaterialien, Porto u. a. m., ferner die Einrichtung und Abrüstung der Baustelle, die Herstellung von Zufuhrwegen, die Miete für Lager- und Arbeitsplätze, die Aufstellung und Einrichtung von Schuppen, Unterkunftsräumen und Aborten für die Arbeiter, die Einrichtung von Arbeiterbaracken und Kantinen, die Bewachung und Beleuchtung der Baustelle, die Arbeiterschutzmaßnahmen usw. Eine erschöpfende Übersicht und Abgrenzung läßt sich nicht geben. Für alle Baulichkeiten, für Beleuchtungsanlagen usw. sind die Inventarwerte oder Anschaffungswerte zu buchen.

Für die Verteilung der Betriebsunkosten auf die einzelnen Bauarbeiten hat als allgemeiner Grundsatz zu gelten: Jeder Bauarbeit müssen diejenigen Betriebsunkosten zugerechnet werden, welche sie verursacht hat, welche dem Baubetrieb oder der Baustelle wirtschaftlich zur Last fallen. Es sind also alle Betriebsunkosten nicht einfach auf alle Bauarbeiten gleichmäßig, den produktiven Ausgaben proportional zu verteilen, sondern es ist ein Verteilungsmodus zu wählen, der den wirklichen Aufwendungen für die einzelnen Bauarbeiten so nahe wie möglich kommt. Wenn z. B. eine Beleuchtungsanlage eingerichtet ist und nur für Maurer- oder Betonierungsarbeiten benutzt wird, dagegen nicht für die zu gleicher Zeit, aber nur am Tage ausgeführten Erdarbeiten, so wäre es falsch, die Kosten auch auf die Erdarbeiten mit zu verteilen.

Die kumulative Berechnung und Verteilung der Betriebsunkosten, d. i. die Zusammenrechnung aller Betriebsunkosten zu einer Einheit und die verhältnismäßige Verteilung nach den produktiven Kosten der einzelnen Bauarbeiten, sollte nur bei einfachen, einheitlichen Baubetrieben erfolgen. Bei größeren Bauausführungen mit verschiedenartigen Unterbetrieben sollte dagegen die elektive Berechnung und Verteilung Anwendung finden, indem die gemeinsamen Betriebsunkosten in die einzelnen Bestandteile oder doch in einzelne Gruppen zerlegt und individuell nach dem Verbrauch verteilt werden. Nur bei der letzteren Methode ist es möglich, die einzelnen Unkostenarten entsprechend dem Verbrauch auf die Einzelbetriebe mit größter Annäherung an die absolute Richtigkeit zu verteilen. Allgemeine Regeln lassen sich aber hierfür nicht aufstellen, es hängt die Verteilung der Betriebsunkosten immer von der Art des Baubetriebes ab und muß von Fall zu Fall ein Verteilungsmodus der Sachlage entsprechend aufgestellt werden. Unrichtig ist es aber, einen Zuschlag für die Betriebsunkosten nur auf die Menge oder den Wert der Baustoffe oder nur auf die Löhne zu machen, wenn der Bau Lieferungen und Arbeiten umfaßt. Das Wertverhältnis zwischen Material und Löhne ist ein sehr verschiedenes, und deshalb ist es auch weiter unrichtig, den Zuschlag auf Material und Löhne gleichmäßig zu machen, denn hierbei würden die Unkosten als eine Einheit aufgefaßt und würde keine Rücksicht darauf genommen werden, ob die Unkosten größtenteils für das Material oder für die Arbeit verausgabt werden. Es würden dann Bauteile aus dem teueren Material mit gleichen Arbeitskosten im Verhältnis zu Bauteilen aus billigerem Material einen höheren Kostenaufwand tragen müssen, obwohl die gleichen Unkosten aufgewendet wurden wie bei dem Bauteil aus geringerem Material. Dem Werte der Baustoffe sind alle Kosten zuzuschlagen, welche für die Beschaffung, Lagerung und Verwaltung entstehen, alle übrigen Betriebsunkosten sind den Arbeits- und Betriebskosten zuzuschlagen.

Zu den Verwaltungs- oder Geschäftsunkosten gehören die Gehälter, Tantiemen, Gratifikationen und Reisekosten der Angestellten, die Mieten für Bureauräume, der Bureaubedarf an Schreib- und Zeichenmaterialien, Fernsprecher, Licht, Heizung, Reinigung usw., kurz, alle

Ausgaben für den Bureau- oder Geschäftsbetrieb und ferner die Steuern, Versicherungsprämien für Feuer-, Haftpflicht-, Transport- usw. Versicherung, Miete und Unterhaltung von Lagerräumen und Magazinen und schließlich die Kosten der Geldbeschaffung als Zinsen, Provisionen, Hypotheken usw. sowie die Kapitalkosten, d. i. die Amortisation und Verzinsung des Anlagekapitals. Eine erschöpfende Übersicht läßt sich auch für diese allgemeinen Kosten nicht geben.

Die Verteilung aller dieser Allgemeinkosten erfolgt bei Unternehmungen am zweckmäßigsten nach dem Produktionswert oder dem Jahresumsatz, wenn nicht einzelne Ausgaben einem bestimmten Bau besonders zur Last fallen. Bei den Verwaltungen ist dagegen eine unmittelbare Verteilung auf die Bauausführungen selbst nicht angängig, weil die Verwaltungskosten in der Regel nicht allein die Bauausführungen betreffen. Eine möglichste Zergliederung der Generalunkosten ist aber auch hier behufs entsprechender Verteilung anzustreben.

Man kann die allgemeinen Unkosten als konstante bezeichnen im Gegensatz zu den veränderlichen Betriebsunkosten. Daraus folgt, daß sie um so kleiner werden, je größer die Produktionsmenge, je größer der Beschäftigungsgrad, je größer der Umsatz ist. Die genaue Feststellung, d. h. Berechnung der allgemeinen Unkosten, ist nicht nur notwendig für eine genaue Kalkulation, sondern ist auch für eine allgemeine Information der Verwaltung oder Geschäftsleitung von gleicher Wichtigkeit. Durch genaue Kenntnis der Allgemeinkosten ist die Verwaltung in der Lage, überflüssige oder außerordentlich hohe Ausgaben zu vermeiden oder herabzusetzen. Je weitergehend eine Gliederung der Ausgaben stattfindet, desto eher wird es der Verwaltung möglich sein Fehler zu beheben, Kosten zu vermindern. Und je mehr Betriebsabteilungen in einer Verwaltung oder Unternehmung vereinigt sind, je größer das Unternehmen ist, desto mehr müssen die Generalkosten zergliedert werden, wenn die Unkosten einer jeden Abteilung, einer jeden Bauausführung den tatsächlichen Verhältnissen entsprechend berechnet werden sollen.

Bei Baubetrieben oder Bauunternehmungen beruht die kaufmännische Tätigkeit hauptsächlich in der Geldbeschaffung und in der möglichst billigen Beschaffung der Baustoffe, Hilfs- und Betriebsmaterialien, es ist also hauptsächlich eine Einkaufstätigkeit, eine Verkaufstätigkeit kommt nur vor, wenn gleichzeitig Baustoffe als Waren produziert und verkauft werden. In letzterem Falle, bei jeder Fabrikation, muß die Kostenberechnung natürlich so erfolgen, daß sie angibt, was der technische Prozeß und was der Vertrieb kostet.

Außer den Kapitalzinsen, d. s. die Zinsen für das Anlagekapital, kommen für Bauunternehmungen noch die Zinsen für das Betriebskapital in Betracht. Denn die Herstellung eines Bauwerks dauert längere Zeit, es müssen also theoretisch die Barausgaben für die Bauarbeit bis zum Tage der Fertigstellung bzw. der Bezahlung verzinst werden. Der Unternehmer muß sich also das erforderliche Betriebskapital und die hierfür zu zahlenden Zinsen ausrechnen, er vernachlässigt dies aber gewöhnlich, indem er mit laufenden Abschlagszahlungen rechnet oder höchstens einen geringen Zuschlag auf die Gesamtsummen macht. Richtiger ist es aber, die Zinsen, die er selbst seinen Geldgebern zahlen muß, auf das erforderliche Betriebskapital für die ganze Bauzeit zu berechnen, oder wenn er mit eigenem Kapital arbeitet, den Zinsverlust für das Betriebskapital, also die im Handelsverkehr üblichen Zinsen zu rechnen.

Außer den Zinsen kommen bei den allgemeinen Unkosten noch weiter in Betracht die Abschreibungen für Verluste an Forderungen, für Verluste durch Preisschwankungen, außerordentliche Verluste am Anlagekapital u. a. Diese Verluste bilden aber keinen Bestandteil der Selbstkosten, es sind anorganische Kosten und daher aus dem Einkommen zu decken. Sie finden ihre Berücksichtigung bei Bemessung des Risikos oder der Wagnisgebühr. Im übrigen aber gehören die allgemeinen Unkosten ebenso wie die Betriebsunkosten zu den Selbstkosten, und ihre Verrechnung erfolgt im allgemeinen als Zuschlag zum Produktionswert.

Bezeichnen wir wieder mit $B$ die Baustoffe, mit $L$ die Fertigungslöhne, mit $H$ die Fertigungshilfsanlagen (Material und Löhne) und mit $M$ die Betriebsmittel (Maschinen und Geräte, Betriebsstoffe und Löhne), ferner mit $U_b$ die Betriebsunkosten und mit $U_g$ die allgemeinen Unkosten, so ist zunächst $U_b$ zu trennen in $U_{bb}$ für die Baustoffe, $U_{bl}$ für die Löhne, $U_{bh}$ für die Hilfsanlagen und $U_{bm}$ für die Betriebsmittel. Die Zuschläge für die Betriebsunkosten werden dann

$$p_b = \frac{U_{bb} \cdot 100}{B}$$

$$p_l = \frac{U_{bl} \cdot 100}{L}$$

$$p_h = \frac{U_{bh} \cdot 100}{H}$$

$$p_m = \frac{U_{bm} \cdot 100}{M},$$

und wir erhalten für die Berechnung der Selbstkosten die Formel

$$S = \left(B + \frac{B \cdot p_b}{100}\right) + \left(L + \frac{L \cdot p_l}{100}\right) + \left(H + \frac{H \cdot p_h}{100}\right) + \left(M + \frac{M \cdot p_m}{100}\right)$$

oder $S = B \cdot 1{,}0\ p_b + L \cdot 1{,}0\ p_l + H \cdot 1{,}0\ p_h + M \cdot 1{,}0\ p_m$.
Dazu kommt dann ein Gesamtzuschlag für die allgemeinen Unkosten $U_g$ mit $p_g = \frac{U_g \cdot 100}{S}$, so daß die gesamten Selbstkosten werden

$$S_1 = (B \cdot 1{,}0\ p_b + L \cdot 1{,}0\ p_l + H \cdot 1{,}0\ p_h + M \cdot 1{,}0\ p_m)\ 1{,}0\ p_g.$$

Zu diesen Selbstkosten hat der Unternehmer noch einen Zuschlag für sein Risiko und seinen Verdienst zu machen, der mit $p_r$ bezeichnet werden mag, und der Lieferpreis wird dann

$$L = S_1 \cdot 1{,}0\ p_r.$$

Bei Bemessung der Wagnisgebühr sind bei Tiefbauten vor allem die unvorherzusehenden Arbeiten zu berücksichtigen, als Wasser- und Frostschäden, Nachbesserungen usw. Weiter dürfen Erhöhungen der Materialpreise, die bei längerer Bauzeit nicht durch dauernd bindende Verträge fixierbar sind, Lohnsteigerungen, Verluste durch Streiks oder Aussperrungen nicht unberücksichtigt bleiben. Die Zeittendenz gibt die Möglichkeit einer zutreffenden oder wenigstens angenäherten Schätzung, so daß erhebliche Schädigungen sich ausschalten lassen. Auch Arbeitermangel kann unter Umständen den erhofften Gewinn illusorisch machen, denn wenn auch im allgemeinen die Akkordarbeit eine relative Schädigung am einzelnen Arbeitsstück in engere und erträgliche Grenzen einschließt, so bleibt durch Arbeitermangel der absolute Verlust infolge Aufschub der Bauvollendung dennoch bestehen. Die Zinsen für die bereits aufgewendeten Bausummen lassen sich nicht im gleichen Maße verringern, wie der Arbeitsfortschritt durch Arbeitermangel abnimmt. In Zeiten aufsteigender Konjunktur sowohl in Industrie als im Baugewerbe oder in Zeiten nur vorübergehender erhöhter Bautätigkeit am gleichen Ort und seiner nächsten Umgebung ist zur Vermeidung von Verlusten mit diesen ganz erheblichen Einflüssen zu rechnen.

Alle diese Umstände sind bei Bemessung der Wagnisgebühr wohl zu beachten und daher sollten Wagnisgebühr und Verdienst, der Zuschlag $p_r$, bei Tiefbauten im allgemeinen zur Zeit nicht unter 15 vH angenommen werden. Es muß ein solcher Zuschlag als der allergeringste bezeichnet werden, denn er soll ja nicht allein den unmittelbaren Lebensbedarf für den Unternehmer und seine Familie oder eine angemessene Verzinsung des Geschäftskapitals decken, sondern auch eine Rücklage für einen Reservefonds ermöglichen und gegen die Gefahren schützen, mit denen bei Bauausführungen immer gerechnet werden muß, und die so erheblich sind, daß selbst bei aller Vorsicht im Laufe der Jahre größere Kapitalverluste nicht zu vermeiden sind.

Der Zuschlag für allgemeine Unkosten $p_g$ wird bei Unternehmungen zur Zeit infolge der hohen Steuerlasten kaum unter 25 vH angenommen werden dürfen. Für die Betriebsunkosten lassen sich keine Zahlen angeben, für Baustoffe wird man im allgemeinen wohl mit $p_b = 5$ vH auskommen, während die übrigen Zuschläge stark schwanken und bis 50 vH steigen können je nach Größe und Art des Baues. Werden nur Baustoffe und Löhne getrennt und alle Hilfsanlagen und Betriebsmittel mit zu den Betriebsunkosten gerechnet, wie es häufig, aber durchaus falsch geschieht, so ergeben sich natürlich wesentlich andere Hundertteile Zuschläge, $p_b$ kann in diesem Falle bis 20 vH und $p_l$ über 100 vH steigen.

## 4. Die Veranschlagung.

Die gleichen Rechnungsgrößen wie bei der Ermittlung der Selbstkosten kommen auch in Betracht, wenn es sich um die Vorausberechnung der Kosten eines Produktes oder einer technischen Anlage handelt, die wir mit Veranschlagung benennen. Die wirtschaftliche Aufgabe verlangt, einmal die Gütererzeugung dem Bedarfssystem anzupassen und sodann das Gebot der Wirtschaftlichkeit zu beachten, d. h. den gewollten Nutzen mit den geringsten Kosten zu erreichen. Wir haben die Kosten definiert als den Wert der Güter, die für den gewollten Nutzen verwendet werden, und der Wert der Güter sowie die Gesamtmenge der überhaupt verfügbaren Güter kommen zum Ausdruck in den Preisen[1]). Demnach zerfällt auch das Problem der Veranschlagung in zwei Teile. Wir haben erstens die Kosten des Erzeugnisses zu ermitteln und zweitens den Nutzen des Erzeugnisses. Bei jeder technischen Anlage ist außer der technischen Wirtschaftlichkeit noch der Nachweis erforderlich, daß sie dem Bedarfssystem, den Anforderungen der Wirtschaft entspricht. Und unter der technischen Wirtschaftlichkeit ist nicht allein die Erreichung des Kostenminimums für die Herstellung der Anlage zu verstehen, sondern es gehört dazu auch eine solche Anordnung der Anlage im ganzen und in ihren Teilen, daß die Betriebs- und Unterhaltungskosten möglichst klein werden, während die Lebensdauer einen Größtwert erreicht, der wieder einen Kleinstwert der Abschreibungssätze zur Folge hat. Wir erhalten somit als Grundsatz der technischen Wirtschaftlichkeit, daß die Jahreskosten jeder technischen Anlage oder jedes Arbeitsbetriebes ein Minimum werden. Die technische Wirtschaftlichkeit findet ihre Grenze in den kleinsten Selbstkosten, während die Frage nach dem größtmöglichen Betriebsüberschuß Gegenstand der kaufmännischen Wirtschaftlichkeit ist. Der Wirkungsgrad der kaufmännischen Wirtschaftlichkeit eines Betriebes wird dargestellt durch die Betriebszahl des Reingewinns $\gamma = \frac{G}{E}$, wenn $G$ der Reingewinn und $E$ die Betriebseinnahmen sind.

Neben der technischen Vollkommenheit und der rein rechnerischen Wirtschaftlichkeit einer Anlage spielen aber weiter eine Rolle die Sicherheit und Einfachheit des Betriebes sowie in gewissen Fällen auch die Erweiterungsfähigkeit der Anlage. Bei allen technischen Anlagen ist nämlich zu unterscheiden, ob die Anlagen für einen gegebenen feststehenden Bedarf zu errichten sind, oder ob mit einer Änderung des Bedarfs, in welcher Richtung und in welcher Zeit zu rechnen ist. Im allgemeinen wird mit einem steigenden Bedarf und daher mit einer allmählichen Vergrößerung der Anlage zu rechnen sein, aber der Bedarf kann auch plötzlich bedeutend steigen und andererseits auch stillstehen und sogar zurückgehen. So können z. B. gemeindliche Einrichtungen, wie Wasser-, Gas- und Elektrizitätswerke, Kanalisations- und Kläranlagen infolge von Eingemeindungen oder durch Anschluß an Zweckverbände sich plötzlich ungleichmäßig entwickeln oder auch stillstehen und zurückgehen. Diese oft stark schwankende Entwicklung gilt insbesondere für Elektrizitätswerke durch Anschluß an Überlandwerke, durch Heranziehung oder durch Aufkommen neuer Industrien. Man darf daher die Wirtschaftlichkeitsberechnungen für solche Anlagen nicht auf zu große Zeitdauer erstrecken, wenn man einigermaßen sichere Zahlen für die Beurteilung der Ausbaugröße erhalten will.

---

[1]) Vgl. Abschn. I. 2.

Die richtige Wahl der Ausbaugröße ist ein weiteres Problem bei den Wirtschaftlichkeitsberechnungen. Diese Anforderungen liegen aber außerhalb des Rahmens der rein rechnerischen Wirtschaftlichkeit und müssen daher hier ausscheiden. Das Problem der Veranschlagung ist vielmehr auf die Kosten und den Nutzen einer technischen Anlage zu beschränken. Der Nutzen ist mit zu berücksichtigen, denn ohne den Nutzen einer Anlage zu kennen, kann auch nicht beurteilt werden, ob die Kosten der Anlage wirtschaftlich berechtigt sind oder nicht. Die Kosten werden bedingt durch die Preise der Güterelemente oder Produktionsmittel, der Nutzen kann einerseits der Gewinn des Produzenten oder Unternehmers sein, andererseits der Ertrag der Erzeugnisse oder des Werkes. Zu der Kostenberechnung kommt also eine Gewinn- oder Ertragsberechnung hinzu, und beide zusammen, Kosten- und Ertragsberechnung bilden den Gegenstand der Veranschlagung.

Die Kostenberechnung oder der Kostenanschlag umfaßt die Zusammenstellung aller für das Werk erforderlichen Materialien und Arbeiten und deren Preise. Er gliedert sich formell in eine Massenberechnung, in eine Berechnung des Bedarfs an Materialien und in eine Berechnung der Kosten nach den Massen und den Einheitspreisen. Diese Dreiteilung des Kostenanschlages ist behufs Erreichung möglichster Klarheit und Übersichtlichkeit bei allen größeren Veranschlagungen vorzunehmen, bei kleineren Arbeiten ist eine Zusammenfassung zulässig, indem die Ansätze der Massen- und Bedarfsberechnungen den einzelnen Posten der Kostenberechnung vorangestellt werden.

Die Massenberechnung wird nach den Zeichnungen und Plänen aufgestellt und bildet die Hauptgrundlage für die Kostenanschläge, nach ihr erfolgt sowohl die Berechnung des Bedarfs an Materialien wie auch die der Kosten. In der Kostenberechnung werden die einzelnen Lieferungen und Arbeiten fortlaufend numeriert und gattungsweise nach Titeln geordnet aufgeführt, indem die Vordersätze aus der Massen- und Materialienberechnung entnommen und mit den Einheitspreisen multipliziert werden. Die Einheitspreise schließlich werden nach den Regeln der Selbstkostenberechnung ermittelt.

Der Kostenanschlag ergibt in seiner Schlußsumme den Preis des veranschlagten Werkes. In rechtlicher Hinsicht sind nun zwei Arten von Kostenanschlägen zu unterscheiden, je nachdem ob mit der Kostenberechnung eine Gewähr für den Preis übernommen wird oder nicht. Es ist zu unterscheiden, ob die Schlußsumme eines Kostenanschlages die Bedeutung eines festen Preises haben soll oder nur die Bedeutung einer Gesamtsumme. Soll sie die Bedeutung eines festen Preises haben, soll eine Gewähr für den Preis übernommen werden, so muß dies unzweideutig zum Ausdruck kommen, die Angabe einer Pauschalsumme allein genügt nicht als Preis, da eine Pauschalsumme auch nur eine Gesamtsumme bedeuten kann. Ist aber die Gewähr für die Kostenanschlagssumme als Preis übernommen, so ist sie der feste Preis für das Werk und unterscheidet sich rechtlich in nichts von den Kauf- oder Mietspreisen. Ist die Gewähr nicht übernommen, so gibt das BGB. in den Bestimmungen über den Werkvertrag eine besondere

Vorschrift, die den auf Grund eines Kostenanschlages bestimmten Werkpreis von anderen Preisabreden durchaus unterscheidet, indem unter gewissen Bedingungen die etwa erforderliche höhere Kostenaufwendung von dem Ausführenden ersetzt verlangt werden kann. Die Vergebung eines Werkes zu einem Pauschalpreis genügt also nicht, um jede Nachforderung auszuschließen. Voraussetzung für solche Nachforderungen ist allerdings, daß der Aufsteller des Kostenanschlages nicht die im Verkehr erforderliche Sorgfalt außer acht gelassen, § 276 BGB., insbesondere nicht den Werkpreis vorsätzlich falsch berechnet hat. In diesem Falle kann der Aufsteller des Kostenanschlages sogar schadenersatzpflichtig gemacht werden, wenn nicht der je nach seiner Sachkenntnis zu einer gewissen Überprüfung verpflichtete Besteller die falsche Berechnung bemerkt hat oder bemerken mußte.

Neben dem Kostenanschlag gehört zu der Veranschlagung eine Ertragsberechnung. Sie ist erforderlich, wenn es sich um Unternehmungen handelt, die ein bestimmtes Wirtschaftsgut erzeugen wollen, also bei Gas-, Wasser-, Elektrizitätswerken, Bergwerken usw. oder bei Unternehmungen, die ein Verkehrsmittel schaffen wollen, wie Eisenbahnen, Straßenbahnen usw. Eine Ertragsberechnung läßt sich von vornherein nur selten genau aufstellen, da das Anlagekapital stets von der Leistung der Anlage abhängig ist, und die Leistung, die wir wieder auf ein Jahr beziehen, also die Jahresleistung, keine feststehende Größe ist, sondern innerhalb gewisser Grenzen geschätzt werden muß. Anlage und Ausrüstung des Werkes sind abhängig von der Größe des künftigen Absatzes oder Verkehrs, und dieser kann im voraus nur geschätzt werden. Ausnutzung der Anlagen, Absatz oder Verkehr und die Preise für die Leistungseinheit bestimmen den künftigen Ertrag des Unternehmens und sind in gewisser Beziehung wieder voneinander abhängig. Man begnügt sich daher, für diese einzelnen Faktoren bestimmte Werte anzunehmen, und bedient sich als Anhalt der Betriebsergebnisse ähnlicher bestehenden Anlagen. Wenn man nämlich von einer Reihe Unternehmungen gleicher Art, aber von verschieden großer Jahresleistung das Anlagekapital, die Betriebsausgaben und Einnahmen in Beziehung zur Jahresleistung berechnet, so kann man daraus die wahrscheinlichen Grenzwerte für Anlagekapital, Betriebsausgaben und Einnahmen entnehmen, sobald man die Jahresleistung geschätzt hat. Es muß also bei jeder Ertragsberechnung zunächst die Jahresleistung ermittelt werden, und zwar als Höchstleistung und Mindestleistung. Die Höchstleistung ist dann maßgebend für die Leistungsfähigkeit des Unternehmens, mithin für das Anlagekapital, und die Mindestleistung ist maßgebend für den Preis der Leistungseinheit. Für die Leistung zwischen diesen beiden Grenzen, für die mittlere Leistung sind dann die Betriebsausgaben, die Betriebskosten, zu berechnen. Die Betriebskosten sowohl wie die Kapitalkosten werden am zweckmäßigsten auf die Leistungseinheit bezogen, und auf dieselbe Einheit müssen dann auch die Einnahmen gebracht werden. Die Leistung multipliziert mit dem Durchschnittspreis der Leistungseinheit ergibt die Einnahme.

Anders liegt die Aufgabe, wenn es sich nicht um ein Produktions- oder Verkehrsunternehmen handelt, sondern um die Herstellung eines Bauwerkes oder einer Bauanlage. In diesem Fall erübrigt sich eine Ertragsberechnung, und es kommt nur ein Wirtschaftlichkeitsnachweis in Frage, für welche wieder die Jahreskosten maßgebend sind. Diese Jahreskosten setzen sich nach der im 1. Kapitel auf S. 140 angegebenen Formel zusammen aus den Zinsen der Baukosten, den jährlichen Unterhaltungskosten und den Rücklagen in einen ideellen Erneuerungsfonds. Die Jahreskosten sind in erster Linie abhängig von der Dauer des Bauwerks und von den erforderlichen Unterhaltungskosten, also vom Konstruktionssystem und vom Baustoff. Die Baukosten selbst lassen sich an Hand von Vorentwürfen für verschiedene Bauweisen unschwer ermitteln und somit auch die diesen Baukosten entsprechenden Jahreszinsen; schwieriger ist es, die Unterhaltungskosten und die Abschreibungsquote zu bestimmen, hier können nur die gestellten Anforderungen, die voraussichtliche Abnutzung und die Zeitverhältnisse einen Anhalt geben und sind danach zu schätzen. Die technische Wirtschaftlichkeit verlangt dann, die Bauweise mit den geringsten Jahreskosten zu wählen. Aber es kommen auch wieder verschiedene andere Gründe in Betracht, welche die reine technische Wirtschaftlichkeit durchkreuzen. So kommen z. B. bei Brücken in Betracht die durch Verkehrs- oder Stromverhältnisse bedingten lichten Öffnungsweiten und verfügbaren Konstruktionshöhen u. a. m.

Bei jeder technischen Anlage ist außerdem bei der Ertragsberechnung zu berücksichtigen die Art der Anlage und die Absichten des Bauherrn. Es ist zu berücksichtigen, ob ein Überschuß der Einnahmen über die Ausgaben, also ein Gewinn erzielt werden soll, oder ob nur ein Kostenausgleich verlangt oder ob endlich eine teilweise Deckung der Ausgaben genügt und ob andere nicht unmittelbar in Geld auszudrückende Vorteile, wie Erhöhung des Volkswohlstandes der betreffenden Landesteile, den Überschuß der Ausgaben über die Einnahmen oder die Ausgaben überhaupt rechtfertigen. Alle diese Momente beeinflussen zwar die kaufmännische Wirtschaftlichkeit der technischen Anlage, sind aber trotzdem in volkswirtschaftlicher Hinsicht von Bedeutung.

Bei der Berechnung der Anlage- oder Baukosten unterscheidet man je nach dem Zweck und dem Grad der Durcharbeitung der Entwürfe Kostenüberschläge oder Kostenanschläge. Die ersteren werden auf Grund allgemeiner Entwürfe aufgestellt, und die Baukosten werden durch eine auf Schätzung beruhende Berechnung ermittelt. Es geschieht dies meist in der Weise, daß man für besonders kennzeichnende Einheiten die bekannten Kosten einer möglichst gleichartig ausgeführten Bauanlage einsetzt, z. B. bei Kanälen, Flußregulierungen, Eisenbahnen je 1 km Länge, bei Schleusen je 1 m Hebung, bei Wehren je 1 $m^2$ Durchflußöffnung, bei Talsperren je 1 $m^3$ Fassungsraum, bei Kraftanlagen je 1 PS usw. oder auch bei mehr Zeitaufwand und besseren Unterlagen, indem der Umfang der vorkommenden Bauarbeiten, z. B. Erdarbeiten, Uferbefestigungen u. a. überschläglich bestimmt und die Kosten an Hand der von anderen Bauten bekannten Einheitspreise berechnet werden, oder auch, indem für einzelne Bauwerke, Schleusen, Brücken, Gebäude, geschätzte Werte eingesetzt werden. Für Wasserbauten ist für diesen Zweck sehr zu empfehlen die Benutzung der statistischen Nachweisungen über ausgeführte Wasserbauten des preußischen Staates von P. Roloff, Berlin 1907. Auch das Handbuch der Ingenieurwissenschaften enthält brauchbare Beispiele.

Die Kostenüberschläge enthalten also nur überschlägliche Berechnungen und haben den Zweck, bei den ersten Vorarbeiten für eine Bauaufgabe festzustellen, ob überhaupt, in welcher Weise und mit welchen Mitteln ein Bau in Aussicht zu nehmen ist, und ob seine Kosten in richtigem Verhältnis zu den Vorteilen stehen. Die Kostenanschläge sollen bereits eine möglichst zutreffende Ermittlung der zu erwartenden Kosten geben, bedürfen daher bereits ausführlicher Entwürfe. Sie bestehen aus ausführlichen Berechnungen, wenn die baulichen Maßnahmen bereits eng umgrenzt sind und es sich bereits um die Veranschlagung bestimmter Bauwerke handelt, die in allen ihren Teilen durch Unterlagen und Entwurfszeichnungen der Art und dem Umfang nach hinreichend bekannt sind.

Ein Kostenanschlag setzt sich zusammen aus:

a) der Massenberechnung,
b) der Berechnung des Bedarfs an Baustoffen,
c) der Kostenberechnung.

Behufs Erreichung möglichster Klarheit und Übersichtlichkeit ist diese Teilung bei allen größeren Veranschlagungen vorzunehmen, bei einfachen Bauten ist eine Zusammenfassung zulässig, indem die Ansätze der Massen- und Bedarfsberechnungen den einzelnen Posten der Kostenberechnung vorangestellt werden. Der Kostenanschlag umfaßt also die Ermittlung, die übersichtliche Aufstellung und Beschreibung der erforderlichen Baustoffe sowie der beim Bau vorkommenden Arbeiten, so daß die Berechnung der Kosten im einzelnen erfolgen kann. Es müssen hierbei sämtliche Gattungen von Bauarbeiten möglichst nach der Reihenfolge, wie sie beim Bau zur Ausführung kommen, einzeln aufgeführt und nach ihrem Wert berechnet werden.

Die Massenberechnungen bilden die Hauptunterlage für die Kostenanschläge. Sie müssen alle Posten enthalten, die zur Veranschlagung kommen, geordnet in derselben Reihenfolge wie im Anschlage und mit fortlaufenden Nummern versehen, die tunlichst mit denen der Kostenberechnung übereinstimmen. Die Rechnungsansätze sind kurz und übersichtlich darzustellen, alle in ihnen vorkommenden Maße müssen in den Zeichnungen enthalten sein oder durch besondere Skizzen nachgewiesen werden. Außer den Einzelmaßen müssen auch sämtliche Maße einer Richtung zusammengezählt und mit der ganzen Länge oder Tiefe des Bauwerks verglichen werden, da durch das einzelne Messen mit dem Zirkel leicht Fehler und Ungenauigkeiten entstehen können. Sind für einzelne Posten der Massenberechnung umfangreiche Zusammenstellungen unter Benutzung besonderer Formulare erforderlich, so werden diese als besondere Anlagen behandelt und in die Massenberechnung wird ein entsprechender Hinweis aufgenommen.

Bei der Berechnung der Erdarbeiten wird je nach Art des Entwurfs verschieden vorzugehen sein. Für Einzelbauwerke, wo es sich nur um Herstellung der Baugrube handelt, wird die auszuhebende Bodenmenge aus den in den Entwurfszeichnungen angegebenen Maßen, nötigenfalls unter Beifügung von Maßskizzen, berechnet. Bei umfangreichen Erdarbeiten erfolgt die Ermittlung der zu bewegenden Bodenmassen aus den Querschnitten, indem der körperliche Inhalt zwischen zwei Querschnitten durch Multiplikation der halben Summe der Querschnitte mit ihrer Entfernung bestimmt wird. Für den Bedarf an Boden zu Aufträgen ist hierbei die Auflockerung der Abtragmassen, das Setzen der Auftragmassen, etwaiger Verlust durch Stromangriff oder durch Zusammendrückbarkeit des Untergrundes zu berücksichtigen. Die abzutragenden Bodenmassen werden zweckmäßig nach Bodenarten wegen der verschiedenen Lösekosten getrennt. Für die Berechnung der Erdmassen empfiehlt sich folgendes Formular, welchem nach Bedarf Spalten für die verschiedenen Bodenarten angefügt werden können.

Berechnung der Erdmassen.

| Nr. der Station | Ansatz | Querschnitt $m^2$ | Summe zweier Querschnitte $m^2$ | Mittlerer Querschnitt $m^2$ | Entfernung der Querschnitte m | Inhalt $m^3$ |
|---|---|---|---|---|---|---|
| | | | | | | |

Im Anschluß an die Erdmassenberechnung ist bei größeren Erdarbeiten ein Massenverteilungsplan rechnerisch oder zeichnerisch aufzustellen, aus dem die Verwendung der gewonnenen Erdmassen und die Förderweiten hervorgehen. Am zweckmäßigsten wird die Massenverteilung auf zeichnerischem Wege vorgenommen unter Benutzung der in der Erdmassenberechnung ermittelten Werte. In Betracht kommen hier die von Göring, Launhardt, Oppermann u. a. angegebenen Verfahren. Eine Zusammenstellung der zu bewegenden Erdmassen erfolgt außerdem noch zweckmäßig nach folgendem Formular:

Berechnung der Erdarbeiten.

| Lfd. Nr. | Zu befördernde Bodenmassen | Verteilung der Bodenmassen | | | | | | Mittlere Transportweite |
|---|---|---|---|---|---|---|---|---|
| | | Ort der Entnahme | | | Ort der Verwendung | | | |
| | | Station | | Schwerpunkt | Station | | Schwerpunkt | |
| | $m^3$ | von | bis | Station | von | bis | Station | m |
| | | | | | | | | |

Auf Grund der Massen- und Arbeitsberechnungen und etwaiger sonst auf die Preisbestimmung noch einwirkenden Umstände sind sodann die Einheitspreise für die Bodenbewegung zu berechnen.

Bei Naßbaggerarbeiten ist es vielfach notwendig, die Einheitspreise auf lose Masse zu beziehen, so wie sie in den Fördergefäßen, Prähmen oder Schuten, fortgeschafft wird. Das Auflockerungsverhältnis schwankt bei sandigen oder moorigen Bodenarten zwischen 1,1 und 1,5. Für den Kostenanschlag ist es daher zweckmäßig, die aus den Querschnitten berechnete Bodenmasse durch Multiplikation mit dem Auflockerungsverhältnis auf lose Masse umzurechnen.

Für Maurer-, Steinmetz-, Zimmerer- und Pflasterarbeiten wird folgendes Formular unter Einsetzung der aus den Zeichnungen entnommenen Maße benutzt:

Inhaltsberechnung von Bauteilen.

| Lfd. Nr. | Vordersatz | Gegenstand | Länge m | Breite m | Fläche m² | Höhe m | Inhalt m³ |
|---|---|---|---|---|---|---|---|
| | | | | | | | |

Kommen Werksteine in größerer Zahl im Mauerwerk vor, so wird für jeden Stein der Inhalt des umschriebenen Raumrechtecks ermittelt; der wirkliche Inhalt der Werksteine wird außerdem bei den Mauermaßen in Abzug gebracht.

Bei Bauholz ist in der Massenberechnung jede Holzart gesondert zu berechnen, die Abmessungen sind einschließlich Zapfen, Blätter, Federn usw. anzugeben oder es ist für Verschnitt ein angemessener Prozentsatz hinzuzufügen. Zweckmäßig ist folgendes, auf zwei Seiten zu verteilendes Formular.

1. Seite.

Berechnung

| Lfd. Nr. | Stückzahl | Länge im einzelnen m | | Schnittholz Breite cm | | Rundholzdurchmesser cm | Bezeichnung der Hölzer |
|---|---|---|---|---|---|---|---|
| | | im einzelnen m | im ganzen m | Breite cm | Höhe cm | | |
| | | | | | | | |

der Hölzer.

2. Seite.

| Länge der Hölzer bei den Querschnitten von | | | | | | | Für die Arbeitslohnberechnung | |
|---|---|---|---|---|---|---|---|---|
| 15/18 cm | 20/25 cm | / cm | / cm | / cm | / cm | / cm | Bohlen oder Bretter m² | Langholz m |
| | | | | | | | | |

Die aus **Metallen**, Eisen, Stahl, Kupfer, Blei usw. herzustellenden Bauteile werden in der Regel nach Gewicht, unter Umständen auch nach Stückzahl berechnet. Teile, deren Maße in den Entwurfszeichnungen nicht dargestellt sind, werden durch Maßskizzen zur Seite erläutert. Gegenstände schwer zu berechnender Form werden überschläglich ermittelt. Für die Gewichtsberechnung kommt folgendes Formular in Betracht.

Gewichtsberechnung von Eisenbauwerken.

| Lfd. Nr. | Anzahl | Benennung | Abmessungen Länge mm | Breite mm | Dicke mm | Gewichte in kg für 1 m oder 1 m² (2 Dezimalen) | für 1 Stück (1 Dezimale) | Gesamtgewicht (ohne Dezimale) |
|---|---|---|---|---|---|---|---|---|
| | | | | | | | | |

Für die Preußische Staatsbauverwaltung war die Aufstellung von Entwürfen und Kostenanschlägen geregelt durch den Ministerialerlaß vom 26. März 1908 betreffend Vorschriften der Staatsbauverwaltung für Tiefbauten. Diesen Vorschriften sind auch die Formulare für Massen- und Kostenberechnungen beigefügt.

Am Schlusse jeder Massenberechnung werden der berechneten Menge und dem Stoffe entsprechende Abrundungen grmacht. Zuschläge für Verluste, Verschnitt, Bruch usw. an Baustoffen werden aber besser bei den einzelnen Baustoffen gemacht.

Die Berechnung des **Bedarfs an Baustoffen** erfolgt auf besonderen Formularen durch Multiplikation der in der Massenberechnung ermittelten Mengen der einzelnen Bauwerksteile mit den für die Einheit erforderlichen Baustoffmengen, wenn der Baukörper nicht aus einem einzelnen Baustoff besteht wie bei Holz- und Eisenkonstruktionen, sondern aus mehreren Baustoffen, wie die Maurer-, Beton- und Faschinenarbeiten. Für diese Baukörper ist es also notwendig, den **Bedarf** an einzelnen Baustoffen zu kennen. Die besten Zusammenstellungen über den Bedarf an Baustoffen für Maurer-, Beton- und Faschinenarbeiten sind in den Vorschriften der früheren Preußischen Staatsbauverwaltung für Wasserbauten enthalten. Diese lauten für Maurerarbeiten:

Zusammenstellung des Bedarfs an Maurerbaustoffen zu Wasserbauten.

| Lfd. Nr. | Einheit | Gegenstand | Bruchsteine m³ | Ziegel (Normalformat) Stück | Steinschlag m³ | Mörtel m³ | Bemerkungen |
|---|---|---|---|---|---|---|---|
| 1 | 1 m³ | Beton . . . . . . . | — | — | 0,90 | 0,460 | Beim Mörtel |
| 2 | 1 m³ | Stampfbeton . . . . | — | — | 0,80 | 0,460 | sind 3—5 vH |
| 3 | 1 m³ | Bruchsteinfundamentmauerwerk. . | 1,25—1,30 | — | — | 0,333 | Verlust zu rechnen |

Zusammenstellung des Bedarfs an Maurerbaustoffen zu Wasserbauten (Fortsetzung).

| Lfd. Nr. | Einheit | Gegenstand | Bruchsteine m³ | Ziegel (Normalformat) Stück | Steinschlag m³ | Mörtel m³ | Bemerkungen |
|---|---|---|---|---|---|---|---|
| 4 | 1 m³ | Bruchsteinfreimauerwerk | 1,25—1,30 | — | — | 0,300 | |
| 5 | 1 m³ | Werksteinmauerwerk | — | — | — | 0,100 | |
| 6 | 1 m³ | Werksteingewölbe | — | — | — | 0,120 | |
| 7 | 1 m³ | Ziegelmauerwerk | — | 400 | — | 0,280 | Bei gutem Ziegelmaterial sind 3 vH, bei geringerem 5–8 vH Verlust zu rechnen |
| 8 | 1 m³ | Ziegelgewölbe | — | 400 | — | 0,280 | |
| 9 | 1 m² | Ziegelmauerwerk (½ Stein starke Fachwerkwand) | — | 35 | — | 0,025 | |
| 10 | 1 m² | Ziegelmauerwerk in Kreuzverband zu verblenden | — | 75 | — | 0,052 | |
| 11 | 1 m² | Bruchstein-Herdpflaster | — | — | — | 0,063 | |
| 12 | 1 m² | Werksteinplatten zu verlegen | — | — | — | 0,028 | |
| 13 | 1 m³ | Ziegelsteinabdekkung (Rollschicht) | — | 400 | — | 0,250 | |
| 14 | 1 m² | Ziegelpflaster flach mit vergossenen Fugen | — | 32 | — | 0,008 | |
| 15 | 1 m² | Ziegelpflaster hochkantig wie vor | — | 56 | — | 0,015 | |
| 16 | 1 m² | Bruchsteinmauerwerk zu fugen | — | — | — | 0,018 | |
| 17 | 1 m² | Werksteinmauerwerk zu fugen | — | — | — | 0,004 | |
| 18 | 1 m² | Ziegelmauerwerk zu fugen | — | — | — | 0,007 | |
| 19 | 1 m² | Bruchsteinmauerwerk zu berappen | — | — | — | 0,025 | |
| 20 | 1 m² | Ziegelmauerwerk zu berappen | — | — | — | 0,015 | |
| 21 | 1 m² | Ziegelmauerwerk zu putzen | — | — | — | 0,020 | |

Der Bedarf an Mörtelstoffen ergibt sich aus folgender

Mörteltafel.

| Lfd. Nr. | Zusammensetzung nach Raumteilen R. T. Portland-Zement | Traßmehl | Kalkteig | Sand | Ergiebigkeit R. T. | Bedarf für 1 m³ Mörtel an Portland-Zement | Traßmehl | Kalkteig | Sand | Verwendbarkeit des Mörtels zu |
|---|---|---|---|---|---|---|---|---|---|---|
| | | | | | **A. Traßmörtel.** | | | | | |
| 1 | — | 1 | 0,5 | — | 1,1 | — | 0,91 | 0,46 | — | Fugen |
| 2 | — | 1 | 0,75 | 0,5 | 1,6 | — | 0,63 | 0,47 | 0,31 | Beton } je nachdem dauernd oder zeitweise unter Wasser oder im Trocknen |
| 3 | — | 1 | 1 | 1 | 2,1 | — | 0,48 | 0,48 | 0,48 | ,, |
| 4 | — | 1 | 1,5 | 2 | 2,5 | — | 0,40 | 0,60 | 0,80 | ,, |
| 5 | — | 1 | 2 | 3 | 4,0 | — | 0,25 | 0,50 | 0,75 | Gew. Mauerwerk, Rapputz |

Mörteltafel (Fortsetzung).

| Lfd. Nr. | Zusammensetzung nach Raumteilen R. T. | | | | Ergiebigkeit | Bedarf für 1 m³ Mörtel an | | | | Verwendbarkeit des Mörtels zu | |
|---|---|---|---|---|---|---|---|---|---|---|---|
| | Portland-Zement | Traßmehl | Kalkteig | Sand | R. T. | Portland-Zement | Traßmehl | Kalkteig | Sand | | |
| | | | | | B. Zementmörtel. | | | | | | |
| 6 | 1 | — | — | 1 | 1,3 | 0,77 | — | — | 0,77 | Fugen, Vergießen | |
| 7 | 1 | — | — | 1,5 | 1,7 | 0,59 | — | — | 0,88 | Putz, Gewölbe | |
| 8 | 1 | — | — | 2 | 2,2 | 0,45 | — | — | 0,91 | Pflaster, Rapputz | |
| 9 | 1 | — | — | 3 | 3,0 | 0,33 | — | — | 1,00 | Mauerwerk, Beton | siehe lfde. Nr. 2 bis 4 |
| 10 | 1 | — | — | 4 | 3,8 | 0,26 | — | — | 1,05 | „ „ | |
| 11 | 1 | — | — | 5 | 4,6 | 0,22 | — | — | 1,09 | „ „ | |
| 12 | 1 | — | 0,5 | 3 | 3,5 | 0,29 | — | 0,14 | 0,86 | „ „ | |
| 13 | 1 | — | 1 | 5 | 5,0 | 0,20 | — | 0,20 | 1,00 | „ „ | |
| 14 | 1 | — | 1 | 7 | 6,8 | 0,15 | — | 0,15 | 1,03 | „ „ | |
| 15 | 1 | — | 2 | 10 | 9,4 | 0,11 | — | 0,21 | 1,06 | Füllbeton, Gußmauerwerk | |
| | | | | | C. Wasserkalkmörtel. | | | | | | |
| 16 | — | — | 1 | 2 | 2,4 | — | — | 0,42 | 0,83 | Mauerwerk | |

Für den Bedarf an Baustoffen zu Beton sind in der Zusammenstellung feste Zahlen angegeben, die nicht ohne weiteres als maßgebend angesehen werden dürfen. Denn die Betonbaustoffe weisen vielfach recht erhebliche Unterschiede in ihrer Beschaffenheit auf, denen alle Zahlenangaben überhaupt nicht Rechnung tragen können. Betonbaustoffe sind Sand, Kies, Grus und Steinschlag. Sand und Kies werden unterschieden nach der Korngröße, indem Gemische bis zu 7 mm Korngröße als Sand und solche von 7—70 mm Korngröße als Kies bezeichnet werden. Kiessand ist das natürliche Gemenge von Sand und Kies, wie es sich in der Gewinnungsstelle vorfindet. Unter Steingrus oder Splitt wird zerkleinertes Gestein von 7 bis etwa 25 mm Korngröße und unter Steinschlag oder Schotter zerkleinertes Gestein von etwa 25—70 mm größter Abmessung verstanden. Unreinigkeiten wie Lehm, Ton und ähnliche Bestandteile wirken schädlich auf die Festigkeit des Betons, wenn sie an den Sand- oder Kieskörnern fest haften. Sind sie im Sand fein verteilt, ohne an den Körnern fest zu haften, so schaden sie in der Regel nichts, sie können sogar unter Umständen die Festigkeit erhöhen. Haften sie an den Körnern, so können die Sande und Kiese zuweilen durch Waschen noch brauchbar gemacht werden, in den meisten Fällen ist aber Waschen verfehlt. Braunkohlenstücke, die in manchen Flußkiessanden vorkommen, wirken schädlich, wenn sie in größeren Mengen vorhanden sind. Für Eisenbetonbauten dürfen unreine Materialien überhaupt nicht verwandt werden.

Im Westen Deutschlands hat man im allgemeinen, wenn nicht gerade Flußsand zur Verfügung steht, Mangel an Sand und Überfluß an Grus- und Steinschlag. Im Osten dagegen, wo der zur Verfügung stehende Baustoff den diluvialen Geschieben entstammt, ist Überfluß an Sand und Mangel an Kies. So ergibt beispielsweise der in Königsberg zur Verfügung stehende Kiessand beim Aussieben von 1 m³ nur

200 l Kies mit über 7 mm Korngröße und hiervon haben wiederum nur 50 l ein größeres Korn als 25 mm. Die Siebproben ergeben also ein Verhältnis von Sand zu Kies wie 4 : 1, oder wenn man den Kies mit über 25 mm Korngröße als ungeeignet für Eisenbetonbauten ansieht, von 6,6 : 1. Verwendet man also den Kiessand nach Aussieben des groben Kieses, so erhält man bei einem Mischungsverhältnis von 1 Zement zu 3,5 Kiessand, der aus 6,6 Teilen Sand und 1 Teil Kies besteht, $\frac{3,5}{7,6} = 0,46$ Kies und $0,46 \cdot 6,6 = 3,04$ Sand, d. i. ein Mischungsverhältnis des Betons von 1 : 3, 04 : 0,46, womit, wie wir nachher sehen werden, ein dichter Beton nicht zu erzielen ist.

Die Menge der Einzelstoffe für den Beton ist von der Ergiebigkeit der Betonmischung, also hauptsächlich von dem Raum, den die Hohlräume im Kies oder Steinschlag einnehmen, abhängig. Das Maß dieser Hohlräume kann aber je nach der Beschaffenheit des Zuschlagsstoffes verschieden sein. Beim Sand ist das Maß der Hohlräume nicht so schwankend, daher die Mörtelergiebigkeit ziemlich konstant, dagegen kann das Maß der Hohlräume bei den Zuschlagsstoffen sehr verschieden sein. Theoretisch läßt sich also der Bedarf an Baustoffen nach den in den Zuschlagstoffen vorhandenen Hohlräumen ermitteln, indem der Mörtel die Hohlräume der Zuschlagstoffe, Kies oder Steinschlag, ausfüllen soll, und zwar so, daß alle Stücke der Zuschlagstoffe von einer dünnen Mörtelhaut eingehüllt sind. Praktisch ergibt aber die Ausfüllung aller Hohlräume des Zuschlagstoffes mit Mörtel einen unnötig fetten Beton. Z. B. enthält Steinschlag oder Schotter, wenn er in der Korngröße ziemlich gleichmäßig ist, bis zu 50 vH Hohlräume, so daß zur Ausfüllung der Hohlräume in 1 $m^3$ Steinschlag 0,5 $m^3$ Mörtel erforderllch wäre. Dies würde Verschwendung sein und man nimmt daher entweder den Steinschlag gemischtkörnig, so daß ein Teil der Hohlräume bereits durch feineren Steinschlag ausgefüllt wird, oder man setzt zur Ausfüllung eines Teils der Hohlräume feinen Kies hinzu, d. h. man wählt zum Mörtel statt des reinen Sandes Kiessand, der aus etwa 60 vH feinem bis grobem Sand und 40 vH Kies bis zu 18 mm Korngröße besteht. Zu einem Mörtel aus Zement oder Traßkalk und solchem Kiessande kann man dann als Zuschlag reine Kiessteine oder Steinschlag nehmen, und zwar, wenn man nur die Festigkeit des Betons im Auge hat, etwa 25 vH mehr Steinschlag wie Kiessteine. Man erzielt daher immer den wirtschaftlich besten Beton, wenn man sowohl zum Mörtel wie zu den Zuschlägen ein gemischtkörniges Material nimmt, das möglichst alle Korngrößen enthält. Zweckmäßige Betonmischungen sind dann für erdfeuchten Stampfbeton bei Kiesbeton 1 : 3 : 3, 1 : 4 : 4, 1 : 5 : 5, 1 : 6 : 6, 1 : 7 : 7 und bei Steinschlagbeton 1 : 3 : 4, 1 : 4: 5, 1 : 5 : 6, 1 : 6 : 8, 1 : 7 : 9. Und den Bedarf an Baustoffen berechnet man dann praktisch am einfachsten, indem man den Zement unberücksichtigt läßt, die Einzelteile an Kiessand und Kiessteinen bzw. Steinschlag addiert und durch Abzug von 20 vH bei Kiesbeton und von 25 vH bei Steinschlagbeton die gestampfte Betonmasse ermittelt. Z. B. Kiesbeton 1 : 6 : 6 enthält 12 Teile Kiessand und Kiessteine, Verdichtung

20 vH ergibt 12—2,4 = 9,6 m³ Beton, mithin erforderlich für 1 m³ Beton $\frac{1}{4,6}$ = 0,104 m³ Zement zu 1400 kg = 146 kg, $\frac{6}{9,6}$ = 0,625 m³ Kiessand und Kiessteine. Oder bei Steinschlagbeton 1 : 6 : 8 = 14 Teilen Kiessand und Steinschlag und 25 v. H. Eingang ergibt 14 — 3,5 = 10,5 m³ Beton, mithin Materialbedarf $\frac{1}{10,5}$ = 0,095 · 1400 = 133 kg Zement, $\frac{6}{10,5}$ = 0,57 m³ Kiessand, $\frac{8}{10,5}$ = 0,76 m³ Steinschlag. In der Praxis wählt man nun für die einzelnen Teilmengen runde Zahlen und erhält dann für Kiesbeton 1 : 6 : 6 die Mengen zu einer Mischung 50 l = 70 kg Zement, 6 · 50 = 300 l Kiessand und Kiessteine, für den gleichwertigen Steinschlagbeton 50 l = 70 kg Zement 6 · 50 = 300 l Kiessand 8 · 50 = 400 l Steinschlag oder ein Mehrfaches von diesen Mengen je nach der Größe der Mischungen. Wenn man dann noch vorsichtshalber für Verluste 5 vH hinzurechnet, so erhält man Betonstoffmengen, mit denen man auf der Baustelle immer auskommt.

Handelt es sich indes um Betonarbeiten von großem Umfang oder starker Beanspruchung, so ist immer eine genaue Untersuchung der zur Verfügung stehenden Materialien erforderlich. Es müssen Proben gemacht werden zur Feststellung der Hohlräume, es müssen Festigkeitsproben bei den verschiedenen Mischungsverhältnissen gemacht werden und erst dann kann nach der Beschaffenheit der Materialien und nach der verlangten Festigkeit das richtige Mischungsverhältnis bestimmt werden.

Das Maß der Hohlräume schwankt im allgemeinen bei eingestampftem Zuschlagstoff, d. i. in der Lagerung, wie er sie später im Beton haben soll, zwischen 0,30 und 0,45 der Menge des Zuschlagstoffes. Hat man z. B. für die Hohlräume den Wert 0,325 gefunden, so ermitteln sich für eine Betonmischung 1 : 3 : 3 die Mengen der Einzelstoffe wie folgt: In 3 Teilen Steinschlag oder Kies sind 3 · 0,325 = 0,975 Teile Hohlräume enthalten, in welche ebensoviel Mörtel hineingeht. Der Mörtel 1 : 3 hat eine Ergiebigkeit von 3, daher Ergiebigkeit des Betons 3 — 0,975 + 3 = 5,025. Zu 1 m³ Beton 1 : 3 : 3 gehören also $\frac{1}{5,025}$ = 0,2 m³ Zement, $\frac{3}{5,025}$ = 0,6 m³ Sand und $\frac{3}{5,025}$ = 0,6 m³ Steinschlag oder Kies.

Vielfach ist es nun heute noch nicht möglich, Sand und Kies getrennt zu beschaffen, sondern es wird der aus Sand und Kies bestehende Kiessand, wie er in der Grube vorkommt, geliefert. Dann weiß man nicht, wieviel Sand und Kies in dem Kiessand enthalten ist und muß dies zunächst feststellen. Für die Mörtelmischung kommt nur der Sandgehalt des Kiessandes in Betracht, der Kiesgehalt ist dafür gleichgültig. Es ist also zunächst der Kiessand auf einem Sieb mit runden Löchern von 7 mm Durchmesser durchzusieben und festzustellen, wieviel Teile Sand und wieviel Teile Kies sich aus 100 Raumteilen Kiessand ergeben. Die sich ergebende Summe der Sand- und Kiesmenge wird wegen der Hohlräume des Kieses größer sein als die Menge Kiessand. Sodann sind die Hohlräume im ausgesiebten Kies festzustellen. Hat man z. B. gefunden, daß 100 Raumteile Kiessand 72 Teile Sand und 38 Teile Kies enthalten und sind die Hohlräume im gesiebten Kies zu 0,36 festgestellt, so sind, wenn wieder eine Betonmischung

1 : 3 : 3 hergestellt werden soll, zu 3 Raumteilen Sand $\frac{100 \cdot 3}{72} = 4{,}17$ Raumteilen Kiessand nötig, in welchen wiederum $\frac{4{,}17}{100} \cdot 38 = 1{,}58$ Raumteile Kies enthalten sind. Da 3 Raumteile Kies erforderlich sind, so müssen $3 - 1{,}58 = 1{,}42$ Raumteile Kies dem aus Kiessand und Zement gebildeten Mörtel zugesetzt werden. Der Betonmischung 1 : 3 : 3 würde also hier eine Mischung von 1 : 4,17 Kiessand und 1,42 Kies entsprechen. Da ferner in 3 Raumteilen Kies $3 \cdot 0{,}36 = 1{,}08$ Raumteile Hohlräume enthalten sind und die Ergiebigkeit des Mörtels 1 : 3 gleich 3 ist, berechnet sich die Ergiebigkeit der Betonmischung 1 : 4,17 : 1,42 $= 3 + 3 - 1{,}08 = 4{,}92$. Zu 1 m³ Beton sind daher nötig $\frac{1}{4{,}92} \cdot 1400 = 284$ kg Zement, $\frac{4{,}17}{4{,}92} = 0{,}85$ m³ Kiessand und $\frac{1{,}42}{4{,}92} = 0{,}29$ m³ Kies. Um die Mengen der Einzelbaustoffe berechnen zu können, muß man also das Verhältnis des Sandes und Kieses in dem Kiessand und die Hohlräume im Kies ermitteln, dann kann man die Ergiebigkeit der verlangten Betonmischung und daraus die erforderlichen Einzelmengen berechnen.

Die Wahl der Betonmischung richtet sich in erster Linie nach der Beanspruchung durch Druck, Zug oder Biegung, welcher der Beton im Bauwerk gewachsen sein soll, und zwar wird sich hiernach hauptsächlich die Mörtelzusammensetzung, also das Verhältnis von Zement und Sand im Beton bestimmen. Der Stein- oder Kieszusatz hat einen geringeren Einfluß auf die Festigkeit des Betons, vorausgesetzt, daß Steine oder Kies nicht weniger widerstandsfähig sind als der Mörtel nach seiner Erhärtung. Der zu wählende Zuschlagstoff muß wenigstens die Festigkeit des erhärteten Mörtels haben, wenn man keinen wirtschaftlichen Fehler begehen will.

Der Beton für Eisenbetonarbeiten soll nun nach den Vorschriften auch dicht sein. Um einen dichten Beton herzustellen, muß zunächst die Bedingung erfüllt sein, daß die Mörtelmenge die Hohlräume des Zuschlagstoffes übersteigt, und zwar um mindestens 20 vH, besser 25—30 vH. Eine größere Menge des Zuschlagstoffes gibt Veranlassung zur Bildung von Steinnestern im Beton, bei denen der Mörtel zur genügenden Verkittung nicht ausreicht. Sodann muß auch der Mörtel selbst möglichst dicht sein. Ein Maß für die Dichtigkeit des Sandes gibt das Verhältnis zwischen seinem Raumgewicht und seinem spezifischen Gewicht, und zwar ist das Raumgewicht für den eingerüttelten Zustand des Sandes maßgebend, weil er im gestampften Betonmörtel ebenfalls eine dichte Lagerung haben soll. Bei Kiessand gilt das gleiche. Ein Mörtel wird möglichst dicht, wenn die Hohlräume des Sandes mit dem chemischen Stoff, der aus der Verbindung von Zement und Wasser entsteht, vollständig angefüllt werden und außerdem noch ein gewisser Überschuß davon zum Einhüllen der einzelnen Körnchen vorhanden ist. Die Größe dieses Überschusses kann man ebenfalls zu etwa 20 vH wählen. Bei der Herstellung des Betons ist es aber kaum möglich, den Wasserzusatz so genau zu bemessen, daß er gerade zur dichtesten chemischen Verbindung mit dem Zement ausreicht und kein Überschuß an Zement oder an Wasser verbleibt. Denn der erforderliche Wasserzusatz ist nicht gleichbleibend, sondern jedesmal von der Art der Baustoffe, der Witterung, dem Feuchtigkeitsgehalt und der Wasseraufnahmefähigkeit der Baustoffe abhängig. Ein Überschuß an Wasser verdunstet oder versickert allmählich im Beton und verringert dessen Dichtigkeit, ein Überschuß an Zement ist allerdings weniger nachteilig für die Dichtigkeit des Betons, da er nicht wie das Wasser verschwinden und Hohlräume hinterlassen kann, aber unwirtschaftlich. In der Praxis wird man daher den dichtesten Beton dadurch am zuverlässigsten erhalten, daß man den Zementzusatz größer als die Undichtigkeit im Sand oder Kiessand und den Wasserzusatz nicht zu reichlich wählt.

Ergibt sich z. B. für einen Kiessand

| | |
|---|---|
| Raumgewicht eingefüllt zu . . . . . . . . . | 1,941 |
| Raumgewicht eingerüttelt zu . . . . . . . . | 2,211 |
| spezifisches Gewicht zu . . . . . . . . . . | 2,667 |

so ist der Dichtigkeitsgrad $= \frac{2,211}{2,667} = 0,829$ und der Undichtigkeitsgrad $1 - 0,829 = 0,171$. Will man nun mit diesem Kiessand einen möglichst dichten Beton herstellen, so wird der Zementzusatz zu 1 Raumteil Kiessand $0,171 + 20$ vH $= 0,205$ Raumteile. Ist das Raumgewicht des eingefüllten Kiessandes, wie man ihn in der Praxis abmißt, zu 1,941 gefunden, so entsprechen dem eingerüttelten Kiessand $\frac{1 \cdot 2,211}{1,941} = 1,14$ Raumteile eingefüllter Kiessand. Das Verhältnis von Zement und Kiessand wird also, wenn die Raumgewichte des eingerüttelten Zementes 1,92 und des eingefüllten Zementes 1,4 betragen, $\frac{0,205 \cdot 1,92}{1,4} : 1,14 =$ rund $1:4$. Nehmen wir wieder an, daß in 100 Raumteilen des Kiessandes 72 Raumteile Sand und 38 Raumteile Kies enthalten sind, so ergibt sich die reine Mörtelmischung zu $1 : \frac{72 \cdot 4}{100} = 1 : 2,9$ mit einer Ergiebigkeit von etwa 2,9. Sollen von dieser Mörtelmenge nun 25 vH = rund 0,75 Raumteile als Überschuß zum Umhüllen der einzelnen Stücke des Zuschlagstoffes dienen, so bleiben für die Ausfüllung der Hohlräume noch $2,9 - 0,75 = 2,15$ Raumteile. Hat der Kies wieder 36 vH Hohlräume, so kann die Zuschlagmenge $\frac{2,15}{0,36} = 6$ Raumteile betragen. Da in den 4 Raumteilen Kiessand $\frac{38 \cdot 4}{100} = 1,5$ Raumteile Kies enthalten sind, so können demnach dem Kiessand noch $6,0 - 1,5 = 4,5$ Raumteile Kies zugesetzt werden, so daß das Mischungsverhältnis, das bei dem gewählten Kiessande rechnerisch noch als dicht zu bezeichnen ist, 1 : 4 : 4,5 lauten würde.

Die Dichte ist also der Wert: $\frac{\text{Kittmasse}}{\text{Hohlräume}}$. Dieser Bruch muß größer als die Zahl 1 sein, wenn Dichte vorliegen soll. Für den Beton mit Königsberger Kiessand von 1 : 3,04 : 0,46 erhalten wir dann bei dem Wasserzusatz von 16 vH zu den Mörtelstoffen von 1 m³ Zement und 3,04 m³ Sand folgende Verhältnisse:

| Raumteile | Ausbeute | Kittmasse | Hohlräume | Dichte |
|---|---|---|---|---|
| 1 Zement . . . | 0,48 | 0,48 | — | |
| 3,04 Sand . . . | $3,04 \cdot 0,6 = 1,82$ | — | $3,04 \cdot 0,4 = 1,22$ | $\frac{1,13}{1,22} = 0,93$ |
| $4,04 \cdot 0,16 = 0,65$ | | | | |
| Wasser . . . | 0,65 | 0,65 | — | |
| | 2,95 | 1,13 | 1,22 | 0,93 |

Die Dichte im Mörtel ist also kleiner als 1, und es liegt somit Undichte vor, d. h. es sind nicht alle Hohlräume im Sande durch Kittmasse ausgefüllt. Um diesen Mörtel dicht zu machen, muß ich den Sandgehalt herabsetzen. Erfahrungsgemäß wird nun der Mörtel erst dicht, wenn der Sandgehalt nicht höher als 2,5 ist. Bei diesem Mischungsverhältnis des Mörtels von 1 : 2,5 ergibt sich nämlich

| Raumteile | Ausbeute | Kittmasse | Hohlräume | Dichte |
|---|---|---|---|---|
| 1 Zement . . . . . . | 0,48 | 0,48 | — | $\frac{1,04}{1,0} = 1,04$ |
| 2,5 Sand . . . . . . | 1,50 | — | 1,00 | |
| $3,5 \cdot 0,16 = 0,56$ Wasser | 0,56 | 0,56 | — | |
| | 2,54 | 1,04 | 1,00 | 1,04 |

Wir erhalten für die Dichte einen Wert von 1,04, und dieser Wert besagt, daß mehr Kittmasse im Mörtel ist als Hohlräume, der Mörtel ist dicht. Noch besser ist das Verhältnis von 1 Zement zu 2 Sand, dann wird die Dichte in gleicher Weise berechnet = 1,2. Wir wissen also jetzt, daß wir, um einen dichten Mörtel zu erhalten, nicht mehr wie 2,5 Teile Sand zu 1 Teil Zement hinzusetzen dürfen. Um weiter zu wissen, wieviel Kies wir zu einem Mörtel 1 : 2,5 zusetzen dürfen, um auch einen dichten Beton zu erhalten, muß man den umgekehrten Weg einschlagen und die gewünschte oder verlangte Dichte annehmen. Wir wollen sie zu 1,3 für den Beton annehmen, dann ist $\frac{\text{Kittmasse}}{\text{Hohlräume}} = 1,3$. Für den Beton ist nun die Kittnasse gleich dem Mörtel und die Ausbeute der Mörtelstoffe bei 1 : 2,5 war 2,54. Wir erhalten also $\frac{2,54}{x} = 1,3$ und $x = 1,95$. Die Summe der Hohlräume ist also 1,95, und aus diesem Wert können wir jetzt den Kies ermitteln, wenn wir die Hohlräume im Kies wieder zu 40 vH annehmen. Wir erhalten dann $y \cdot 0,40 = 1,95$ und daraus $y = 4,9$. Wir könnten also 4,9 Teile Kies zusetzen, um mit Hilfe des Mörtels 1 : 2,5 den dichten Beton 1 : 2,5 : 4,9 zu finden, und würden dabei immer noch die Dichte im Beton von 1,3 haben. Bei dem besseren Mörtel 1 : 2 mit einer Mörteldichte von 1,20 könnte man 4 Teile Kies zusetzen und erhält dann eine Betondichte von 1,38. Werden noch höhere Ansprüche in bezug auf Mörteldichte gestellt, so muß man zu Traßzusatz greifen. Mit diesem hydraulischen Zuschlag läßt sich bei einem Mischungsverhältnis, wie es Jntze zu seinen Talsperrenmauern benutzt hat, von 1 Teil Kalkteig zu $1^1/_2$ Teil Traß zu $1^3/_4$ Teil Sand eine Dichte von 3 erzielen. Eine noch größere Dichte von 5 erhält man bei einem Mischungsverhältnis von 1 Teil Kalk zu $1^1/_2$ Teil Traß zu 1 Teil Sand.

Bei Verwendung des ungesiebten Kiessandes haben wir also einen undichten Mörtel 1 : 3,04 und nur 0,46 m³ Kies mit $0,46 \cdot 0,40 = 0,184$ m³ Hohlräume, zu deren Ausfüllung 2,95 m³ Mörtel oder Kittmasse zur Verfügung stehen. Erforderlich sind bei 1,10 Dichte nur $1,10 \cdot 0,184 = 0,20$ m³ Mörtel, und es ist daher ein Überschuß an Mörtel von $3,04 - 0,20 = 2,84$ m³ vorhanden. Hieraus ergibt sich bereits ohne weiteres die Unzweckmäßigkeit der Verwendung des ungesiebten Sandkieses in technischer Hinsicht. Da nun aber auch der Mörtel der teuerste Stoff wegen des Zementes ist, so zeigt uns eine Kostenberechnung sofort, daß auch vom wirtschaftlichen Standpunkt aus die Verwendung des ungesiebten Sandkieses eine unzweckmäßige ist, daß der Kaufmann sich im Irrtum befindet, wenn er diese für billiger hält. Bei einem Zementpreise von 5,50 M. für 100 kg, d. i. von $14 \cdot 5,5 = 77,00$ M. für 1 m³, von 9,00 M. für 1 m³ Sandkies, von 8,00 M. für den ausgesiebten Sand und von 14,00 M. für den ausgesiebten Kies ergeben sich folgende Preise für die Stoffe zu 1 m³ Beton ungestampft:

1. Beton aus 1 Teil Zement und 3,5 Teilen ungesiebten Sandkies:

| | |
|---|---|
| 1 m³ Zement . . . . . . . . . . . . . | 77,00 M. |
| 3,5 m³ Sandkies 9,0 . . . . . . . . . . . | 31,50 „ |
| | 108,50 M. |

Das Ausbeuteverhältnis des Mörtels 1 : 3,04 war 2,95, zur Ausfüllung der Hohlräume der 0,46 $m^3$ Kies sind 0,20 $m^3$ Mörtel erforderlich, so daß verbleiben 2,75 $m^3$ Mörtel und 0,46 $m^3$ Kies, zusammen 3,21 $m^3$ loser Beton. Mithin 1 $m^3$ $\frac{108,50}{3,21} = 33,80$ M.

2. Beton 1 : 2,5 : 5 :

| | |
|---|---|
| 1 $m^3$ Zement . . . . . . . . . . . . . . . | 77,00 M. |
| 2,5 $m^3$ Sand 8,0 . . . . . . . . . . . . . | 20,00 „ |
| 5 $m^3$ Kies 14,0 . . . . . . . . . . . . . . | 70,00 „ |
| | 167,00 M. |

Das Ausbeuteverhältnis des Mörtels 1 : 2,5 war 2,54, und dieser Mörtel dient zur Ausfüllung der Hohlräume in den 5 $m^3$ Kies, so daß wir 5 $m^3$ losen Beton erhalten. Mithin 1 $m^3$ $\frac{167,00}{5} = 33,40$ M. Der Beton mit einer Mörteldichte 1,1 und einer Betondichte von 1,3 ist also noch 0,40 M./$m^3$ billiger als der undichte Beton aus 1 Zement und 3,5 Sandkies.

Der Irrtum, daß die Verwendung des Naturstoffes, des ungesiebten Sandkieses, zu Eisenbeton billiger sei wie eine richtige Betonzusammensetzung, führt also nicht allein zu unzweckmäßigen Betonmischungen mit geringer Eigenfestigkeit des Betons, sondern auch zu unnützen Mehrausgaben. Es kommt immer auf den Sandgehalt des Materials an, und dessen Feststellung ist unbedingt erforderlich, wenn man einen zuverlässigen Beton erhalten will. Daher ist auch die getrennte Lieferung der Materialien der einzig sichere Weg.

Außer der Festigkeit und Dichtigkeit kommt nun noch ein anderer Gesichtspunkt für die Wahl der Zusammensetzung des Betons in Betracht, das ist das Bestreben, auch eine in wirtschaftlicher Beziehung möglichst vorteilhafte Betonmischung zu erzielen. Und dieser Gesichtspunkt wird sogar häufig von ausschlaggebender Bedeutung für die Wahl der Mischung sein, da oft die gleichen Zwecke mit verschiedenen Betonmischungen erreicht werden können. Allgemeine Regeln lassen sich aber für die Erzielung einer möglichst wirtschaftlichen Betonmischung nicht angeben, da die Preise der einzelnen Betonstoffe in den verschiedenen Gegenden sehr verschieden sind. So kostet z. B. Traß im Westen Deutschlands etwa halb soviel wie ein gleiches Gewicht Zement, während im Osten Traß sogar teurer als Zement ist. Im Westen wird also Traßzusatz, der einen Teil des Zementes gewissermaßen ersetzt, verbilligend auf den Beton wirken, im Osten verteuernd. Im allgemeinen ist indes der Mörtel der verteuernde und der Zuschlagstoff der verbilligende Teil beim Beton, aber das ist auch wieder nur der Fall, solange der Raumteil Mörtel teurer ist als der Raumteil fester Masse des Zuschlagstoffes ohne Hohlräume. Kostet z. B. bei einer Betonmischung 1 : 3 : 3 der Zement 4,50 M. für 100 kg, 1 $m^3$ Sand 6,0 M., so stellt sich der Preis für 1 $m^3$ Mörtel auf $\frac{14 \cdot 4,5 + 3 \cdot 6,0}{3} = 27$ M. Hat der Zuschlagstoff 0,40 Hohlräume in einem Raumteil, so würde danach 1 Raumteil feste Masse des Zuschlagstoffes ohne Hohlräume auf höchstens 27 M. und dementsprechend 1 Raumteil Zuschlagstoff mit 0,40 Hohlräumen $27 \cdot 0,6 = 16,20$ M. kosten dürfen, wenn nicht durch den Zusatz des Zuschlagstoffes der Beton verteuert werden soll. Kostet 1 Raumteil Zuschlagstoff 20 M., so ergeben sich die Kosten für 1 m³ Beton zu $\frac{14 \cdot 4{,}5 + 3 \cdot 6{,}0 + 3 \cdot 20{,}0}{3 + 3 - 3 \cdot 0{,}40} = \frac{63 + 18 + 60}{4{,}8} = 29{,}38$ M. Bei 15 M. Kosten des Zuschlagstoffes hingegen $\frac{63 + 18 + 3 \cdot 15}{4{,}8} = 26{,}25$ M. Im ersteren Falle ist also der Beton durch den Zuschlagstoff teurer als der Mörtel, im letzteren billiger geworden, während bei einem Preis von 16,20 M./m³ Zuschlagstoff der Einheitspreis des Betons gleich dem des Mörtels bleibt, nämlich 27 M. Daher wird es wirtschaftlicher, dem Beton möglichst viel Zuschlagstoff zuzusetzen, sobald die feste Masse des Zuschlagstoffes billiger als die gleiche Menge Mörtel ist. Die Grenze hierfür liegt in Rücksicht auf die Erzielung einer möglichst großen Dichtigkeit, wo solche verlangt wird, oder in der Beachtung der Regel, daß der Mörtel noch mindestens 20 vH Überschuß über die Summe der Hohlräume des Zuschlagstoffes behalten muß, oder bei Eisenbeton in der erforderlichen Umhüllung der Eisen durch Mörtel usw. Bei dem Preis von 15 M. für 1 cbm Zuschlagstoff würde beispielsweise 1 m³ Beton in der Mischung 1 : 3 : 6 $\frac{63 + 18 + 6 \cdot 15}{3 + 6 - 6 \cdot 0{,}40} = 25{,}91$ M. kosten, während er in der Mischung 1 : 3 : 3 26,25 M. kostet.

Aus diesen Untersuchungen geht hervor, daß von verschiedenen gleich teuren Zuschlagstoffen derjenige der wirtschaftlichste ist, dessen Hohlräume am kleinsten sind. Sind die Hohlräume z. B. nicht 0,40, sondern nur 0,35, dann stellt sich die Rechnung für Beton 1 : 3 : 3 auf $\frac{63 + 18 + 45}{3 + 3 - 3 \cdot 0{,}35} = 25{,}45$ M., d. i. um 0,80 M./m³ billiger wie bei 0,40 m³ Hohlräume. Man wird also bei Angeboten auf Lieferung von Betonzuschlagstoffen nicht ohne weiteres das niedrigste Angebot als das wirtschaftlichste ansehen dürfen, sondern immer noch die Beschaffenheit des Zuschlagstoffes hinsichtlich der Kornmischung, also auf das Maß der Hohlräume hin prüfen und mit den anderen vergleichen müssen. Aus demselben Grunde kann es auch wirtschaftliche Vorteile gewähren, wenn man dem Steinschlag Steingrus zur Verringerung seiner Hohlräume zusetzt. Ist Steingrus teurer als Steinschlag, so darf die Menge des Zusatzes nicht über die Ausfüllung der Hohlräume im Steinschlag hinausgehen, den Rauminhalt des Steinschlages also nicht ändern, weil eine Vermehrung des Zuschlagstoffes durch Grus dann den Beton un-

Seite 1. **Berechnung des Bedarfs**

| Lfd. Nr. | Gegenstand | Inhalt des Mauerwerks (Betons) m³ | Fläche des Mauerwerks (Betons) m² | Steine: Bedarf für die Einheit | Steine: Bruchsteine m³ | Steine: Werksteine m³ | Steine | Steine: Gew. Ziegel Tsd. | Steine: Klinkerverblendsteine Tsd. | |
|---|---|---|---|---|---|---|---|---|---|---|
| | | | | | | | | | | |

nötig verteuern würde. Hat also der Steinschlag 0,40 Hohlräume, so werden in diese nicht 0,40 Raumteile Grus hineingehen, sondern weniger, weil schon viele von den Hohlräumen im Steinschlag überhaupt zu klein zur Aufnahme von Grus sind. Hat der Grus 0,25 Hohlräume und soll mit dem Grus eine Mischung des Zuschlagstoffes mit ebenfalls 0,25 Hohlräume hergestellt werden, dann wird das feste Maß der Mischung um $0{,}40 - 0{,}25 = 0{,}15$ größer, als er vor dem Gruszusatz war, nämlich 0,75 statt 0,60. Dieser Zunahme der festen Masse entsprechen $\frac{1 \cdot 0{,}15}{0{,}75} = 0{,}2$ Raumteile Grus, die jedem Raumteil Steinschlag ohne Vermehrung des Rauminhaltes beigemischt werden können. Setzt man z. B. der Betonmischung 1 : 3 : 3, die 26,25 M. kostet, den Grus zu, so ergibt sich ein Mischungsverhältnis von $1 : 3 : 3 : 3 \cdot 0{,}20$ mit einer Ergiebigkeit von $3 + 3 - 3 \cdot 0{,}25 = 5{,}25$. Die Kosten für 1 $m^3$ betragen dann bei einem Preis des Gruses von 18 M./$m^3$ und unter Beibehaltung der übrigen Preise $\frac{63 + 18 + 45 \cdot 0{,}6 \cdot 18}{5{,}25} = 26{,}06$ M. Die Ersparnis von $26{,}25 - 26{,}06 = 0{,}19$ M./$m^3$ ist nicht erheblich, aber dafür ist ein Beton von so verschiedenem Korn dichter und meistens auch fester. Der Preis des Gruses darf auch eine bestimmte Grenze nicht übersteigen, wenn der Gruszusatz wirtschaftliche Vorteile bringen soll. In unserem Beispiele steht als wirtschaftlicher Vorteil den Kosten der 0,6 Raumteile Grus nur ein Zuwachs der Ergiebigkeit des Betons von 4,8 auf 5,25 Raumteile gegenüber. Soll der Beton durch den Gruszusatz nicht verteuert werden, so dürfen die 0,6 $m^3$ Grus nicht mehr als $(5{,}25 - 4{,}8)$ 26,25 M. kosten, d. i. 1 $m^3$ Grus $= \frac{0{,}45 \cdot 26{,}25}{0{,}6} = 19{,}69$ M. Allgemein darf also der Gruszusatz nicht mehr Kosten verursachen, als die durch ihn erzielte größere Betonergiebigkeit wieder wettmacht. Man sieht, auch hier sind enge Grenzen gezogen, und eine willkürliche Wahl der Zuschlagstoffe kann leicht wirtschaftliche Fehler herbeiführen.

Der Eisenbetonbau verlangt reines und nach den verschiedenen Korngrößen sortiertes Material, der Baustoffhandel wird sich daher daran gewöhnen müssen, die Materialien auch in den verlangten Korngrößen vorrätig zu halten, um sie jederzeit liefern zu können.

Für die Berechnung des Bedarfs an Maurerbaustoffen ist folgendes Formular üblich, für die Berechnung der Betonbaustoffe muß es

an Maurerbaustoffen. Seite 2.

| | | Mörtel- und Beton-Baustoffe | | | | | | | | | | | Für laufende Nr. der Massenberechnung |
|---|---|---|---|---|---|---|---|---|---|---|---|---|---|
| | | Die Einheit des Mauerwerks (Betons) erfordert an | | | | | | Gesamtbedarf an | | | | | |
| Dachziegel | Schiefer | Mörtel | Steinschlag | Zement | Traß | gelöschten Kalk | Sand | Zement | Traß | gelöschten Kalk | Sand | Steinschlag | |
| Tsd. | $m^2$ | $m^3$ | $m^3$ | $m^3$ | $m^3$ | $m^3$ | $m^3$ | kg | kg | $m^3$ | $m^3$ | $m^3$ | |
| | | | | | | | | | | | | | |

## Zusammenstellung des Bedarfs an Baustoffen zu Faschinenbauten.

| Lfde. Nr. | Zahl | Gegenstand | Faschinen: Wald- m³ | Faschinen: Grüne Weiden- m³ | Pfähle: Buhnen- 1,25 m lg., 4—6 cm stark Hdt. | Pfähle: Spreitlage- 1 m lg., 4—6 cm stark Hdt. | Pfähle: Pflaster- 1 m lg., 10 cm stark Hdt. | Bindeweiden Hdt. | 1,2 mm starker Eisendraht geglüht kg | 2 mm starker Eisendraht geglüht kg | Steine: Schütt- m³ | Steine: Pflaster- m³ | Kies oder Ziegelbrocken oder Kalksteingrus m³ | Bemerkungen |
|---|---|---|---|---|---|---|---|---|---|---|---|---|---|---|
| 1 | 1 m³ | Packwerk | 1,25 | — | 0,06 | — | — | kleine 0,25 | 0,04 | — | — | — | — | |
| | | | | | | | | oder — | 0,08 | | | | | |
| 2 | 1m³ | Sinkstück | 1,25 | — | 0,04 | — | — | kleine 0,20 | 0,06 | 0,20 | 0,20 | — | — | |
| | | | | | | | | oder — | 0,15 | | | | | |
| 3 | 1 Stck. | Senkfaschine | 1,00 | — | — | — | — | große 0,15 | — | 0,50 | 0,30 | — | — | |
| 4 | 1 m² | Spreitlage | — | 0,20 | 0,02 | 0,03 | — | große 0,05 | 0,02 | — | — | — | — | |
| 5 | 1 m² | Sinklage | — | 0,20 | 0,02 | 0,03 | — | — | 0,02 | — | 0,10 | — | — | Spreitlage mit Steinpackung |
| 6 | 1 m | Randwurst | — | 0,05 | 0,04 | — | — | — | 0,01 | — | — | — | — | |
| 7 | 1 m² | Pflaster | — | — | — | — | — | — | — | — | — | 0,30—0,40 | 0,20—0,30 | |
| 8 | 1 m³ | Steinschüttung | — | — | — | — | — | — | — | — | 1,00 | — | — | |
| 9 | 1 m | Pfahlwand | — | — | — | — | 0,06 | — | — | — | — | — | — | |

entsprechend abgeändert werden. Schließlich ist bei der Berechnung der Baustoffe noch ein Zuschlag für Streuverluste zu machen, der sich nach der Beschaffenheit des Lagerplatzes und der Beförderungs- und Verteilungsverhältnisse der Baustoffe richtet und 5—10 vH betragen kann.

Für Faschinenbauten geben die erwähnten Vorschriften der Preußischen Staatsbauverwaltung nebenstehende Zusammenstellung des Bedarfs an Baustoffen.

In der Kostenberechnung sind nun die einzelnen Lieferungen und Arbeiten fortlaufend numeriert und gattungsweise nach Titeln geordnet aufzuführen. Das Formular ist folgendes:

Kostenberechnung.

| Lfd. Nr. | Vordersätze | Gegenstand | Einheitspreis | | Geldbetrag im einzelnen | | Geldbetrag im ganzen | |
|---|---|---|---|---|---|---|---|---|
| | | | M. | Pf. | M. | Pf. | M. | Pf. |
| | | Übertrag | | | | | | |
| | | Zu übertragen | | | | | | |

Die Vordersätze werden aus der Massen- und Baustoffberechnung entnommen. In der Spalte Gegenstand ist der Umfang der Arbeiten und ihre Art genau zu bezeichnen, auch sind diejenigen Nebenleistungen besonders zu bezeichnen, welche in dem Preis einbegriffen sein sollen, z. B. bei Baustoffen die Anfuhr und das Aufsetzen auf der Baustelle, bei Maurer- und Betonarbeiten das Vorhalten der Gerüste und Schalungen sowie der Geräte usw. Auch ist dem Wortlaute eine solche Fassung zu geben, daß daraus alle auf die Bemessung des Einheitspreises Einfluß übenden Einzelheiten unzweideutig ersichtlich sind. Kommen Nebenleistungen allgemeiner Natur in Betracht, so sind sie am Kopfe des Titels so ausführlich anzugeben, daß Zweifel darüber nicht entstehen können, was in den angesetzten Preisen im ganzen und im einzelnen einbegriffen sein soll. Möglichst zu vermeiden sind aber bereits in den Kostenanschlägen die sog. Sammelnummern, welche die verschiedenartigsten Arbeiten zusammenfassen, wie beispielsweise bei städtischen Kanalbauten die Erd-, Wasserhaltungs-, Rohrverlegungs- und Pflasterarbeiten.

Die Berechnung der Geldbeträge erfolgt mit Hilfe der Einheitspreise, die nach den an dem Bauort geltenden Preisen und den besonderen Umständen des Baues bemessen werden. Die Aufstellung der Kostenberechnung wird erleichtert, wenn man für bezeichnende Einheiten, wie für 1 m³ Mauerwerk, 1 m³ Beton, 1 m Spundwand, 1 m Fangedamm, 1 m² Böschungsbefestigung usw. einschließlich der erforderlichen Baustoffmengen in einer besonderen Anlage die Einheitspreise entwickelt und diese zur Berechnung der Geldbeträge verwendet. Muster für Veranschlagungspläne sind den preußischen Vorschriften beigefügt. Die Anordnung der Titel hat hiernach z. B. für Bauwerke in folgender Weise zu erfolgen:

Kostenberechnung für Bauwerke.

Tit. I. Grunderwerb und Nutzungsentschädigung.
„ II. Fangedämme. a) Lieferungen, b) Arbeitslohn.
„ III. Erdarbeiten.
„ IV. Wasserhaltung.
„ V. Grundbau (Spundwände, Pfahlroste, Betonschüttungen). a) Lieferungen, b) Arbeitslohn.
„ VI. Maurer- und Steinmetzarbeiten. a) Lieferungen, b) Arbeitslohn.
„ VII. Zimmererarbeiten. a) Lieferungen, b) Arbeitslohn.
„ VIII. Metallarbeiten.
„ IX. Anstreicherarbeiten.
„ X. Pflasterarbeiten, Steinschüttungen u. dgl. a) Lieferungen, b) Arbeitslohn.
„ XI. Faschinenarbeiten. a) Lieferungen, b) Arbeitslohn.
„ XII. Maschinen, Rüstungen, Geräte, Schuppen für Baustoffe, Bauzäune usw.
„ XIII. Insgemein.
„ XIV. Kosten der Bauleitung.

Es empfiehlt sich, unter den einzelnen Titeln alle nur irgend ihrem Umfang und ihrer Art nach erkennbaren Arbeiten vorzusehen und unter Insgemein nur die nicht im voraus bestimmbaren Kostenerfordernisse durch einen Hundertteilsatz der berechneten Kosten zu berücksichtigen. Die Bemessung dieses Hundertteilsatzes ist besonders bei Bauten, die Naturereignissen, Stürmen und Hochwasser ausgesetzt sind oder die sich auf einen längeren Zeitraum erstrecken, ferner bei Umbauten und Ausbesserungen, überhaupt bei allen Arbeiten, deren Umfang nicht genau übersehen werden kann oder die starken Preisschwankungen unterliegen, ausreichend hoch vorzunehmen, damit bei dem Eintritt unvorhergesehener Ereignisse oder Mehrarbeiten Kostenanschlagsüberschreitungen vermieden werden. Bei Bauten der Preußischen Wasserbauverwaltung werden die Bauleitungskosten in der eigentlichen Kostenberechnung fortgelassen und am Schluß derselben ein Betrag von 6 vH der reinen Baukosten in einem besonderen Titel hinzugefügt.

Für die Ermittlung der einzelnen Kosten selbst ist wieder die allgemeine Kalkulationsformel

$$S = (B \cdot 1{,}0\, p_b + L \cdot 1{,}0\, p_l + H \cdot 1{,}0\, p_h + M \cdot 1{,}0\, p_m)\, 1{,}0\, p_g$$

maßgebend.

Ein vollständiger Bauentwurf enthält nunmehr folgende Stücke:

1. Pläne und Zeichnungen,
2. Erläuterungsbericht,
3. Kostenanschlag,
4. Ertragsberechnung,
5. Denkschrift zur Vorlage an den Bauherrn oder an die Körperschaft, welche das Geldbewilligungsrecht ausübt.

Als Muster für die Stücke 3 und 4, für die Veranschlagung, möge folgendes Beispiel dienen.

Es soll eine normalspurige eingleisige Nebenbahn in ebenem Gelände veranschlagt werden, welche in dem Punkte $A$ von einer Hauptbahn abzweigt, 30 km lang ist und außer dem Endbahnhof $E$ noch die Zwischenbahnhöfe $B$, $C$ und $D$ erhält. Die Abzweigstation $A$ habe 30000 Einwohner, der 7 km von $A$ entfernte Ort $B$ habe 1000 Einwohner, der nächste Ort $C$, 6 km von $B$, habe 5000, der nächste Ort $D$, 8 km von $C$, habe 2000 und der Endpunkt $E$ habe 15000 Einwohner. Die schematische Darstellung der Nebenbahn ist also:

| | | | | | |
|---|---|---|---|---|---|
| Entfernung km | 0 | 7 | 13 | 21 | 30 |
| | $A$ | $B$ | $C$ | $D$ | $E$ |
| Einwohner | 30000 | 1000 | 5000 | 2000 | 15000. |

Nach dem amtlichen Werk „Das deutsche Eisenbahnwesen der Gegenwart“ verteilen sich die Bauaufwendungen der deutschen Eisenbahnen wie folgt:

| | |
|---|---|
| Grunderwerb . . . . . . . . . . . . . . . | 9,6 vH |
| Bahnkörper nebst Bauwerken . . . . . . | 25,5 „ |
| Oberbau . . . . . . . . . . . . . . . . | 22,1 „ |
| Bahnhöfe und Sicherheitsanlagen . . . . . | 15,2 „ |
| Reparaturwerkstätten . . . . . . . . . . | 1,8 „ |
| Fahrzeuge . . . . . . . . . . . . . . . | 20,6 „ |
| Sonstige Anlagen aller Art . . . . . . . . | 5,2 „ |

## A. Kostenberechnung[1]).

| Pos. | Stückzahl | Gegenstand | Einheitspreis M. | Einheitspreis Pf. | Geldbetrag M. | Geldbetrag Pf. |
|---|---|---|---|---|---|---|
| | | **Tit. I. Vorarbeiten.** | | | | |
| 1 | 30 | km geometrische Vorarbeiten, Absteckungen u. Nivellements 1 km | 300 | — | 9000 | — |
| 2 | 30 | km entwerfende Ausgestaltung der Bahnanlage und landespolizeiliche Prüfung . . . . . . . . . 1 km | 400 | — | 12000 | — |
| | | Tit. I. Vorarbeiten zus. | | | 21000 | — |
| | | **Tit. II. Grunderwerb und Nutzungsentschädigungen.** | | | | |
| | | In ebenem Gelände sind erforderlich für 1 km Bahnlänge<br>freie Strecke rund . 200 a<br>Bahnhöfe . . . . . 20 a<br>für 30 km Bahnlänge 30 · 220 a<br>= 6600 a = 66 ha | | | | |
| 3 | 40 | ha Ackerland . . . . . . . 1 ha | 4000 | — | 160000 | — |
| 4 | 20 | ha Nadelholzbestand . . . . 1 ha | 1500 | — | 30000 | — |
| 5 | 6 | ha Gärten und Bauplätze . 1 ha | 20000 | — | 120000 | — |
| 6 | | für Nutzungsentschädigungen . . | | | 20000 | — |
| 7 | | für Taxationen, Enteignungen, gegerichtliche Umschreibungen, Abgaben u. Schlußvermessung 30 km | 1000 | — | 30000 | — |
| | | Tit. II. Grunderwerb zus. | | | 360000 | — |
| | | **Tit. III. Erd-, Fels- und Böschungsarbeiten.** | | | | |
| 8 | 2000 | a Waldflächen zu roden . . . 1 a | 15 | — | 30000 | — |
| 9 | 250000 | $m^3$ Abtragsmassen zu lösen, fördern und damit den Bahnkörper und die Nebenanlagen profilmäßig herzustellen . . . . . . . . 1 $m^3$ | — | 70 | 175000 | — |
| 10 | 15000 | $m^2$ Parallelwege durch die erforderlichen Erdarbeiten fahrbar zu machen . . . . . . . . . . 1 $m^2$ | — | 20 | 3000 | — |
| 11 | 10000 | m Feuergräben herzustellen . 1 m | — | 30 | 3000 | — |
| 12 | 2000 | a Böschungsflächen des Bahnkörpers und der Nebenanlagen mit Mutterboden zu bekleiden u. anzusäen 1 a | 10 | — | 20000 | — |
| | | Seite | | | 231000 | — |

[1]) In der Kostenberechnung und in der nachfolgenden Ertragsberechnung sind die Preise und statistischen Zahlen aus der Vorkriegszeit beibehalten, da es hier weniger auf die Zahlengrößen als auf den Rechnungsgang ankommt.

| Pos. | Stückzahl | Gegenstand | Einheitspreis M. | Einheitspreis Pf. | Geldbetrag M. | Geldbetrag Pf. |
|---|---|---|---|---|---|---|
| | | Übertrag | | | 231 000 | — |
| 13 | 2 000 | $m^3$ Steinpackungen zur Befestigung von Böschungen und zu Uferpflasterungen herzustellen 1 $m^3$ | 5 | — | 10 000 | — |
| 14 | 100 | $m^3$ Trockenmauerwerk zum Abstützen steiler Böschungen herzustellen . . . . . . . . . 1 $m^3$ | 15 | — | 1 500 | — |
| | | Tit. III. Erd-, Fels- und Böschungsarbeiten zus. | | | 242 500 | — |
| | | **Tit. IV. Einfriedigungen.** | | | | |
| 15 | 1 000 | m Holzgeländer . . . . . . . . 1 m | 4 | — | 4 000 | — |
| 16 | 500 | m Heckenzäune . . . . . . . . 1 m | 1 | 50 | 750 | — |
| 17 | 20 | Stück Drahtzugschranken 1 Stück | 300 | — | 6 000 | — |
| | | Tit. IV. Einfriedigungen zus. | | | 10 750 | — |
| | | **Tit. V. Wegebefestigungen.** | | | | |
| 18 | 150 | a Wegeverlegungen, Parallelwege, Rampen und Bahnsteige mit Kies zu befestigen . . . . . . . 1 a | 80 | — | 12 000 | — |
| 19 | 500 | $m^2$ Chaussierung herzustellen 1 $m^3$ | 6 | 50 | 2 500 | — |
| 20 | 3 000 | $m^2$ Straßenpflaster der Ladeplätze, Zufuhr- und Ladestraßen, Wegeübergänge usw. herzustellen 1 $m^2$ | 8 | | 24 000 | |
| | | Tit. V. Wegebefestigungen zus. | | | 38 500 | — |
| | | **Tit. VI. Brücken und Durchlässe.** | | | | |
| 21 | 1 | Straßenbrücke 15,0 m breit . . . . | | | 60 000 | — |
| 22 | 4 | Chausseebrücken 8,0 m breit . . . | 12 500 | — | 50 000 | — |
| 23 | 6 | Wegebrücken 4,5 m breit . . . . . | 8 000 | — | 48 000 | — |
| 24 | 3 | gewölbte Durchlässe 2,5 m weit . . | 3 000 | — | 9 000 | — |
| 25 | 150 | m Durchlässe aus Ton- oder Zementrohren . . . . . . . . . . 1 m | 10 | — | 1 500 | — |
| 26 | 100 | m Durchlässe aus Eisenrohren 1 m | 20 | — | 2 000 | — |
| | | Tit. VI. Brücken u. Durchlässe zus. | | | 170 500 | — |
| | | **Tit. VII. Tunnel.** | | | | |
| | | Kommen nicht vor. | | | | |

| Pos. | Stück-zahl | Gegenstand | Einheitspreis M. | Pf. | Geldbetrag M. | Pf. |
|---|---|---|---|---|---|---|
| | | **Tit. VIII. Oberbau** | | | | |
| | | nebst allen Nebensträngen und Ausweichungen | | | | |
| 27 | 36000 | m Unterbettung profilmäßig herzustellen (Material für 1 m $\frac{3,80+3,45}{2}\cdot 0,14 = 0,50\ m^3$) 1 m | 3 | — | 108000 | — |
| 28 | 36000 | m Oberbau aus 12 m langen, breitbasigen, 115 mm hohen Schienen auf Holzschwellen einschl. Kleineisenzeug . . . . . . . . . 1 m | 15 | — | 540000 | — |
| 29 | 40 | einfache Weichen als Zuschlag zu Pos. 28 . . . . . . . . . . . . | 450 | — | 18000 | — |
| 30 | 20 | Kreuzungsweichen wie vor . . . . | 2500 | — | 50000 | — |
| 31 | 2 | Drehscheiben . . . . . . . . . . | 5000 | — | 10000 | — |
| | | Tit. VIII. Oberbau zus. | | | 726000 | — |
| | | **Tit. IX. Signale** | | | | |
| | | nebst dazugehörigen Buden und Wärterwohnungen. | | | | |
| 32 | 30 | km optische Signale . . . . 1 km | 250 | — | 7500 | — |
| 33 | 30 | „ Fernsprechanlage . . . 1 „ | 380 | — | 11400 | — |
| 34 | 30 | „ Telegrapheneinrichtungen 1 „ | 330 | — | 9900 | — |
| 35 | 30 | „ elektr. Glockenleitungen 1 „ | 350 | — | 10500 | — |
| 36 | 30 | „ Warnungs-, Stationstafeln usw. . . . . . . . . 1 „ | 100 | — | 3000 | — |
| 37 | 30 | „ Wärterhäuser und Buden 1 „ | 2000 | — | 60000 | — |
| | | Tit. IX. Signale zus. | | | 102300 | — |
| | | **Tit. X. Bahnhöfe und Haltestellen** | | | | |
| | | nebst allem Zubehör an Gebäuden mit Ausstattung. | | | | |
| 38 | 1 | Hauptempfangsgebäude . . . . . | | | 30000 | — |
| 39 | 3 | Nebenempfangsgebäude . . . . . | 20000 | — | 60000 | — |
| 40 | 4 | Güterschuppen . . . . . . . . . | 10000 | — | 40000 | — |
| 41 | 1 | Wagenschuppen . . . . . . . . . | | | 8000 | — |
| 42 | 1 | Lokomotivschuppen . . . . . . . | | | 9000 | — |
| 43 | 1 | Wasserstation . . . . . . . . . | | | 6000 | — |
| 44 | | Nebenanlagen . . . . . . . . . | | | 30000 | — |
| | | Tit. X. Bahnhöfe zus. | | | 183000 | — |
| | | **Tit. XI. Werkstattanlagen.** | | | | |
| 45 | 1 | Reparaturwerkstätte ohne Dampfkraftanlage und Magazine . . . | | | 30000 | — |

| Pos. | Stück-zahl | Gegenstand | Einheitspreis M. | Pf. | Geldbetrag M. | Pf. |
|---|---|---|---|---|---|---|
| | | **Tit. XII. Außerordentliche Anlagen** | | | | |
| | | als Flußverlegungen, Durchführung durch Festungswerke usw. | | | | |
| | | Kommen nicht vor. | | | | |
| | | **Tit. XIII. Betriebsmittel.** | | | | |
| 46 | 6 | Lokomotiven . . . . . . . . . . | 25000 | — | 150000 | — |
| 47 | 40 | Personenwagen . . . . . . . . . | 9000 | — | 360000 | — |
| 48 | 80 | verschiedene Güterwagen . . . . . | 3000 | — | 240000 | — |
| 49 | | Bekleidung des Personals . . . . | | | 20000 | — |
| | | Tit. XIII. Betriebsmittel zus. | | | 770000 | — |
| | | **Tit. XIV. Verwaltung.** | | | | |
| 50 | | Bauleitung und Verwaltung 6 vH v. Tit. I—XIII = 2554550,— M. . | | | 153270 | — |
| | | **Tit. XV. Insgemein.** | | | | |
| 51 | | Für besondere vorübergehende Anlagen, für Beschädigungen durch höhere Gewalt und für andere unvorhergesehene Arbeiten 3 vH von Tit. I—XIV = 2707820,— M. | | | 92180 | — |
| | | **Zusammenstellung.** | | | | |
| | | Tit. I. Vorarbeiten . . . . . . | | | 21000 | — |
| | | „ II. Grunderwerb . . . . . . | | | 360000 | — |
| | | „ III. Erd- u. Böschungsarbeiten | | | 242500 | — |
| | | „ IV. Einfriedigungen . . . . | | | 10750 | — |
| | | „ V. Wegebefestigungen . . . | | | 38500 | — |
| | | „ VI. Brücken und Durchlässe | | | 170500 | — |
| | | „ VII. Tunnel . . . . . . . . | | | — | — |
| | | „ VIII. Oberbau . . . . . . . . | | | 720000 | — |
| | | „ IX. Signale . . . . . . . . | | | 102300 | — |
| | | „ X. Bahnhöfe . . . . . . . | | | 183000 | — |
| | | „ XI. Werkstattanlagen . . . . | | | 30000 | — |
| | | „ XII. Außerordentliche Anlagen | | | — | — |
| | | „ XIII. Betriebsmittel . . . . . | | | 770000 | — |
| | | „ XIV. Verwaltung . . . . . . | | | 153270 | — |
| | | „ XV. Insgemein . . . . . . . | | | 92180 | — |
| | | Im ganzen | | | 2800000 | — |

## B. Ertragsberechnung.

Der bei einer Eisenbahn zu erwartende Verkehr läßt sich allgemein in zwei scharf voneinander getrennte Gruppen zerlegen, d. s. der Ortsverkehr und der Durchgangsverkehr. Für das vorliegende Beispiel, für eine Anschluß- oder Stichbahn kommt nur der Ortsverkehr in Betracht, welcher der Bahn aus den im Interessengebiet liegenden Ortschaften erwächst. Für den Ortsverkehr können für mittlere Verhältnisse folgende Zahlen angenommen werden:

| Bahnhofsort, Einwohner | Auf den Kopf der Einwohner | |
|---|---|---|
| | Anzahl der Reisen | Gütertonnen |
| bis 1000 | 4 — 6 | 1,25 — 1,50 |
| 1000 — 2000 | 6 — 8 | 1,50 — 2,00 |
| 2000 — 5000 | 8 — 10 | 2,00 — 2,50 |
| über 5000 | 10 — 15 | 2,50 — 3,50<br>bei lebhafter Industrie bis 5 |

Für die Berechnung der Jahresleistung oder des zu erwartenden Jahresverkehrs ist es weiter notwendig, die Anzahl der Kilometer zu bestimmen, welche eine Person und eine Gütertonne auf der neuen Bahn durchlaufen. Der Schwerpunkt des Verkehrs liege hier in der Abgangsstation *A* oder darüber hinaus, so daß die Entfernungen der Bahnhofsorte *B*, *C*, *D* und *E* von der Abgangsstation *A* für die Berechnung der Beförderungslängen maßgebend sind. Es ergibt sich dann eine Jahresleistung, wie in nachstehender Tabelle berechnet:

| Bahnhofsort | Einwohner | Reisen auf 1 Einwohner | Gütertonnen | | Beförderungslängen im einzelnen km | Personenkilometer | Tonnenkilometer |
|---|---|---|---|---|---|---|---|
| | | | auf 1 Einwohner | im ganzen | | | |
| *B* | 1000 | 5 | 1,4 | 1400 | 7 | 35000 | 9800 |
| *C* | 5000 | 9 | 2,3 | 11500 | 13 | 585000 | 149500 |
| *D* | 2000 | 7 | 2,8 | 5600 | 21 | 294000 | 117600 |
| *E* | 15000 | 12 | 3,5 | 52500 | 30 | 5400000 | 1575000 |
| | | | | 71000 | | 6314000 | 1851900 |

Aus der Jahresleistung ergeben sich die Betriebseinnahmen durch Multiplikation mit den Einheitspreisen für 1 Personen- und 1 Tonnenkilometer. Der Einheitspreis für 1 Personenkilometer werde im Durchschnitt zu 3 Pf. gerechnet, der Einheitspreis für 1 Tonnenkilometer zu 10 Pf. für Stückgüter und 3 Pf. für Wagenladungsgüter, und von den beförderten Gütermengen mögen 10 vH auf Stückgüter und 90 vH auf Wagenladungsgüter entfallen. Außerdem komme noch für die Hälfte der beförderten Gütermengen eine Abfertigungsgebühr von durchschnittlich 10 Pf. für 100 kg in Anrechnung[1]). Hiernach berechnen sich die Betriebseinnahmen zu

[1]) Die Einheitssätze sind z. Z. etwa 50 vH höher.

| | | | |
|---|---|---|---|
| 6314000 | Personenkilometer | 0,03 = | 189420 M. |
| 185190 | Tonnenkilometer Stückgüter | 0,10 = | 18519 „ |
| 1666710 | Tonnenkilometer Wagenladungsgüter | 0,03 = | 50001 „ |
| 35500 | Tonnen Abfertigungsgebühr | 1,00 = | 35500 „ |
| | | | 293440 M. |
| | Hierzu sind noch zu rechnen die Einnahmen aus dem Gepäck- und Postverkehr, für Verpachtungen usw. mit rund 10 vH | | 29344 „ |
| | Betriebseinnahmen zus. | | 322784 M. |

Die Betriebsausgaben sind nun entweder persönliche, d. s. die Ausgaben für Beamte und ständige Arbeiter, oder sächliche und entstehen aus

1. der allgemeinen Verwaltung,
2. der Bahnverwaltung,
3. der Fahr- oder Betriebsverwaltung.

Die Betriebsausgaben werden berechnet auf 1 Nutzkilometer, d. i. 1 Lokomotivkilometer. Angenommen, es verkehren täglich 4 Personenzüge und 1 Güterzug nach jeder Richtung, so werden jährlich durchfahren

| | |
|---|---|
| 2 · 5 · 30 · 365 = | 109500 Nutzkilometer |
| hierzu für Sonderzüge noch 4 vH = | 4380 „ |
| | 113880 Nutzkilometer |

Nach der Statistik der Preußischen Eisenbahnen stellten sich die Betriebsausgaben für 1 Nutzkilometer wie folgt:

| | | |
|---|---|---|
| I. Persönliche Betriebsausgaben: | | |
| 1. Allgemeine Verwaltung | | 0,167 M. |
| 2. Bahnverwaltung | | 0,127 „ |
| 3. Betriebsverwaltung | | 0,673 „ |
| | | 0,967 M. |
| II. Sächliche Betriebsausgaben: | | |
| 1. Allgemeine Verwaltung | 0,107 M. | |
| 2. Bahnverwaltung, und zwar: | | |
| Unterhaltung der Anlagen auf der freien Strecke | 0,099 „ | |
| Unterhaltung auf den Stationen | 0,055 „ | |
| Unterhaltung der Telegraphen- und Signalanlagen | 0,008 „ | |
| Erneuerung des Oberbaues | 0,192 „ | |
| Allgemeine Kosten | 0,013 „ | 0,474 „ |
| 3. Betriebsverwaltung, und zwar: | | |
| Kosten der Züge | 0,216 M. | |
| Unterhaltung der Betriebsmittel | 0,187 „ | |
| Erneuerung der Betriebsmittel | 0,029 „ | 0,432 „ |
| | | 0,906 M. |

Die Betriebsausgaben berechnen sich hiernach zu

$$113880\,(0{,}967 + 0{,}906) = 213297 \text{ M.}$$

Der Betriebskoeffizient, d. i. das Verhältnis der Betriebsausgaben zu den Betriebseinnahmen beträgt $\frac{213297 \cdot 100}{322784} = 66$ vH, die Betriebsausgaben für 1 Nutzkilometer betragen 1,87 M. und die Betriebseinnahmen $\frac{322784}{113880} = 2{,}83$ M.

Bei den deutschen Eisenbahnen entfielen vor dem Kriege von den Betriebsausgaben rund 50 vH auf die persönlichen und 50 vH auf die sächlichen Betriebsausgaben; der Betriebskoeffizient betrug bei den Staatsbahnen etwa 70 vH und bei den Privatbahnen etwa 66 vH; für 1 Nutzkilometer betrugen die Betriebsausgaben im Durchschnitt 2,6 M. und die Betriebseinnahmen 3,9 M.[1])

Die Ertragsfähigkeit der Nebenbahn ergibt sich nunmehr aus dem Betriebsüberschuß, d. i. der Unterschied zwischen den Betriebseinnahmen und den Betriebsausgaben, zu:

| | |
|---|---|
| Betriebseinnahmen . . . . . . . | 322784 M. |
| ab Betriebsausgaben . . . . . . . . | 213297 „ |
| Betriebsüberschuß | 109487 M. |

Das Anlagekapital beträgt laut Kostenanschlag 2800000 M., mithin der Betriebsüberschuß oder die Verzinsung 3,9 vH des Anlagekapitals. Bei den deutschen Eisenbahnen betrug früher der Betriebsüberschuß etwa 5 vH des Anlagekapitals.

Ist die Nebenbahn eine Privatbahn und im Besitze einer Aktiengesellschaft, so müssen nach den Konzessions- und gesetzlichen Bestimmungen von dem Betriebsüberschuß noch folgende Rücklagen gemacht werden:

1. für den Erneuerungsfonds, diese Rücklagen sind bereits unter II, 2 und 3 berücksichtigt,
2. in den Bilanzreservefonds, diese Rücklage muß bei Aktiengesellschaften 5 vH des Betriebsüberschusses betragen, also hier
$$\frac{109487 \cdot 5}{100} = \ldots\ldots\ldots \quad 5474 \text{ M.}$$
3. in den Spezialreservefonds für die durch Elementarereignisse und außergewöhnliche Unfälle etwa entstehenden Kosten, diese Rücklage wird in der Konzessionsurkunde festgesetzt und beträgt $^1/_2$ bis 3 vH des Betriebsüberschusses; nehmen wir 1,5 vH an, so beträgt diese Rücklage
$$\frac{109487 \cdot 1{,}5}{100} = \ldots\ldots\ldots \quad 1642 \text{ „}$$
4. in den Kapitaltilgungsfonds, diese Rücklage richtet sich nach der Dauer der Konzession und beträgt bei 99 Jahren Konzessionsdauer nach der Formel $R = A \frac{p-1}{p^n - 1}$ bei einem Baukapital $A = 2800000$ M. und einem Zinsfuß von 4 vH
$$R = 2800000 \frac{1{,}04 - 1}{1{,}04^{99} - 1} = \ldots\ldots \quad 2324 \text{ „}$$

Rücklagen zus.: 9440 M.

---

[1]) Für den Güterverkehr allein betrugen 1913 die Selbstkosten der deutschen Staatsbahnen, die reinen Betriebskosten für Personal, Wohlfahrtseinrichtungen, Betriebsmittel und Unterhaltung der Güterwagen und Güterzugslokomotiven, für 1 Zugkilometer bei 250 t mittlerer Zugnutzlast 0,66 M. für Personal und 0,43 M. für Betriebsmittel und Unterhaltung der Fahrzeuge, zusammen 1,09 M.; d. i. für 1 Tonnenkilometer
$$\frac{1{,}09}{250} = 0{,}44 \text{ Pf.}$$

Nach Abzug dieser Rücklagen von dem Betriebsüberschuß verbleibt somit ein Reingewinn von

$$\begin{array}{r} 109\,487 \text{ M.} \\ -\;\;9\,440 \text{ „} \\ \hline 100\,047 \text{ M.} \end{array}$$

$$\text{d. i. } \frac{100\,047 \cdot 100}{2\,800\,000} = 3{,}57 \text{ vH.}$$

Handelt es sich nicht um ein Bauwerk, das mit dem Grund und Boden in feste Verbindung gebracht wird, sondern um eine Handelsware, welche durch Zwischenhändler weiter verkauft wird, so sind zwar die Selbstkosten auch nach der angegebenen Kalkulationsformel zu berechnen, aber die Berechnung des Liefer- oder Verkaufspreises gestaltet sich anders. Es sei z. B. der Selbstkostenpreis eines Stückes der Ware 240 M. und die Ware soll mit 15 vH Nutzen verkauft werden, so muß der Verkaufspreis ab Herstellungsort $240 \cdot 1{,}15 = 276$ M. betragen. Dieser Betrag muß nach Abzug aller besonderen Verkaufsspesen übrigbleiben. Werden nun dem Zwischenhändler 20 vH Rabatt und 2 vH Skonto bewilligt, so kommen zu den 276,00 M.

2 vH Skonto, d. i. Zinsenzuschlag im Hundert, $= \frac{276 \cdot 2}{98} =$ 5,63 „

281,63 M.

20 vH Rabatt im Hundert $= \frac{281{,}63 \cdot 20}{80} =$ . . . . . . . . . 70,40 „

352,03 M.

Diesen Preis setzt also der Fabrikant in seine Preisliste ein und es stellt sich dann die Abrechnung für den Zwischenhändler wie folgt:

Verkaufspreis . . . . . . . . . . . . . . . . . . . . . . . . 352,03 M.

20 vH Rabatt des Zwischenhändlers $\frac{352{,}03 \cdot 20}{100}$ = . . . . . 70,40 „

281,63 M.

2 vH Skonto bei Barzahlung $\frac{281{,}63 \cdot 2}{100}$ = . . . . . 5,63 M.

bleiben 276,00 M.

welche der Fabrikant erhält.

# IV. Die Bauausführung.

## 1. Die Vorbereitungsarbeiten.

### a) Genehmigung der Bauentwürfe und Bewilligung der Geldmittel.

Nachdem ein Bauentwurf fertig ausgearbeitet, ist zunächst die Genehmigung des Bauherrn einzuholen und sodann sind die Geldmittel für die Ausführung zu bewilligen. Die Genehmigung des Bauherrn und die Bewilligung der Geldmittel ist am einfachsten zu erreichen, wenn der Bau im Auftrag einer Einzelperson zur Ausführung kommen soll; bei Gesellschaften erfolgt sie durch den Vorstand oder Aufsichtsrat, bei juristischen Personen des öffentlichen Rechtes, öffentlichen Körperschaften, Kommunalverbänden und Staaten kommen dagegen mehrere Instanzen in Betracht. In Städten erfolgt eine Prüfung der Entwürfe durch technische Magistratsmitglieder oder Beigeordnete und durch die zuständigen Deputationen, worauf nach übereinstimmendem Beschluß der städtischen Körperschaften, welche je nach der Städteordnung aus Magistrat und Stadtverordnetenversammlung oder aus Bürgermeister und Gemeindevertretung bestehen, die Genehmigung des Entwurfes und die Bereitstellung der Mittel erfolgt. In den Kreisen und Provinzen finden die vorbereitenden Schritte seitens der Kreis- und Provinzialausschüsse statt, während die endgültige Beschlußfassung und die Bewilligung der Mittel durch den Kreistag oder Provinziallandtag erfolgt. Städte-, Kreis- und Provinzialordnungen regeln die Selbstverwaltung, aber vorbehaltlich der staatlichen Aufsicht.

Bei den Staatsverwaltungen erfolgt die Aufstellung von Bauentwürfen in der Regel durch die Ortsbaubeamten oder durch besonders gebildete Bauämter. Nach bestimmten Vorschriften müssen die Entwürfe zunächst der vorgesetzten Provinzialbehörde zur Prüfung vorgelegt und sodann zur Nachprüfung dem zuständigen Minister eingereicht werden. Nach erfolgter Genehmigung der Entwürfe werden im Einvernehmen mit dem Finanzminister die erforderlichen Geldmittel in den Staatshaushaltplan oder Etat eingestellt, oder es werden besondere Gesetzesvorlagen ausgearbeitet, die dann der Volksvertretung zur Beschlußfassung vorgelegt werden.

### b) Die Bauleitung.

Sind die Mittel für die Bauausführung bewilligt, so ist der nächste Schritt, die Bauleitung zu bestimmen und einzurichten. Bei einem einfachen, wenig ausgedehnten Bau sind für die Bauleitung weniger Personen erforderlich als für eine sich weit erstreckende Anlage, in der viele und größere Bauwerke vorkommen. Bei großen Bauten wird zur erfolgreichen Durchführung meist ein besonderer Verwaltungsdienst eingerichtet werden müssen. Dieser umfaßt zunächst die feste Abgrenzung der Aufgaben und der Verantwortlichkeit der einzelnen Dienststellen und die Regelung des geschäftlichen Verkehrs, durch welche die Einheitlichkeit in der Behandlung der verschiedenen Dienstzweige herbeigeführt, die Übersichtlichkeit gefördert und die Überwachung erleichtert werden soll. Weiter umfaßt er die Maßnahmen zur Durchführung der polizeilichen Anordnungen sowie der gesetzlichen und Verwaltungsvorschriften über die Wohlfahrt der Arbeiter und Beamten und schließlich das Rechnungswesen. Demgemäß wird z. B. bei den Kanalbauten im allgemeinen eine Hauptgeschäftsstelle für die Oberleitung eingerichtet, welcher die Aufstellung und Nachprüfung der Entwürfe und Kostenanschläge, der Entwurf der Verträge über Leistungen und Lieferungen, die Prüfung der Rechnungen und die Zahlungsanweisungen sowie die Bearbeitung der Grunderwerbsangelegenheiten und die allgemeinen Verwaltungsangelegenheiten obliegen. Ihr unterstehen für die örtliche Bauleitung die Bauämter, welchen wiederum für jedes Baulos Streckenbauleitungen unterstellt sind. Die Bauämter haben die Bauausführung vorzubereiten und zu überwachen, sie haben die Vorarbeiten nach Bedarf zu ergänzen, die Ausführungszeichnungen anzufertigen, die Verdingungsunterlagen aufzustellen, die Ausschreibungen zu veranlassen, die Verdingungstermine abzuhalten, die Verträge unter Vorbehalt der Genehmigung der Oberleitung abzuschließen und sodann mit Hilfe der Streckenbauleitungen die gesamte Bauausführung zu überwachen und abzurechnen.

Außer von dem Umfang der beabsichtigten Bauausführung hängt die Zusammensetzung der Bauleitung aber auch davon ab, ob die Ausführung im Eigenbetriebe oder durch Unternehmer erfolgen soll. Ein im Eigenbetrieb auszuführender Bau erfordert mehr Personal, als wenn der Bau an Unternehmer vergeben wird, die mit ihrem eigenen Personal einen großen Teil der sonst der Bauleitung obliegenden Arbeiten übernehmen.

Verantwortlicher Bauleiter ist bei Staatsbauten der Ortsbaubeamte oder Bauamtsvorsteher, anderenfalls der mit der Bauleitung besonders beauftragte Ingenieur. Die Aufgaben des Bauleiters sind die Vorbereitung und Anordnung der Bauausführung, die Beaufsichtigung der Bauarbeiten und die Erledigung aller mit dem Schriftwechsel und Rechnungswesen zusammenhängenden Arbeiten. Vor Beginn der Bauausführung hat der Bauleiter zu untersuchen, ob die geprüften und festgestellten Entwürfe für die Ausführung bereits völlig klargestellt, baureif sind, trifft dies nicht zu, so hat er rechtzeitig für eine völlige Klarstellung durch Untersuchungen des Baugrundes, durch Anfertigung von Einzelplänen, Werkzeichnungen, Berechnungen usw. zu sorgen sowie einen genauen Arbeitsplan aufzustellen. Diese Pflicht ist dem Bauleiter bei den preußischen Staatsbauten durch Ministerialerlaß vom 15. April 1894 auferlegt. Abweichungen von den genehmigten Entwürfen sind dem Bauleiter nicht gestattet, nur wenn sich im Laufe der Bauausführung die Notwendigkeit einer Abweichung im Interesse der Sicherheit des Baues herausstellt, z. B. bei ungünstigen Witterungsverhältnissen, Hochwasser, schlechtem Baugrund usw., hat er nach eigenem Ermessen und unter eigener Verantwortung die erforderlichen Maßnahmen anzuordnen, von dem Geschehenen aber unverzüglich dem Bauherrn oder der vorgesetzten Behörde Anzeige zu machen.

Der Bauleiter hat die gesamte Bauausführung zu überwachen, für die Beachtung der baupolizeilichen Vorschriften und für die Festigkeit der Rüstungen und Förderanlagen und für das Vorhandensein der erforderlichen Sicherheitsvorrichtungen zu sorgen, die zur Verwendung kommenden Baustoffe zu prüfen und die ihm unterstellten Hilfskräfte zu ordnungsmäßiger Tätigkeit anzuhalten. Bei gefahrdrohenden Arbeiten hat er dafür zu sorgen, daß ein mit der Ausführungsart völlig vertrauter Aufsichtsbeamter während der ganzen Dauer der Gefahr die Arbeiten und die Beobachtung der erforderlichen Vorsichtsmaßregeln überwacht und nötigenfalls selbst diese Überwachung zu übernehmen. Denn im Hintergrunde droht immer das Strafgesetzbuch, welches in §330 ff. bestimmt, daß derjenige, welcher bei Leitung oder Ausführung eines Baues wider die allgemein anerkannten Regeln der Baukunst dergestalt handelt, daß hieraus für andere Gefahr entsteht, mit Geldstrafe bis zu 900 M. oder mit Gefängnis bis zu einem Jahre, und wenn durch Fahrlässigkeit Menschen dabei zu Tode gekommen sind, mit Gefängnis bis zu fünf Jahren bestraft wird.

Bauleiter ist nach einer RG.Entsch. vom 10. Juni 1920[1]) derjenige, nach dessen Anweisungen die Errichtung eines Bauwerks erfolgt, nach dessen selbständig erteilten Anordnungen der Bau tatsächlich zur Entstehung gelangt, dessen geistige Urheberschaft unmittelbar die mechanischen Kräfte für die planmäßige Gestaltung des Baues als eines Ganzen in Bewegung setzt, dessen Intelligenz und Wille die maßgebende Quelle sind für die zu diesem Zweck zu treffenden Anordnungen und Maßregeln, und dem die Bauausführenden als diejenigen gegenüberstehen, welche seiner Intelligenz und seinem Willen folgend das körperliche Bild des Bauwerks verwirklichen.

### c) Die Bauerlaubnis.

Für jede Bauausführung ist die Genehmigung der Polizeibehörde erforderlich. Die Baugenehmigung seitens der Polizeibehörde oder die Bauerlaubnis ist ein Akt der Staatshoheit und daher öffentliches Recht. Sie beruht juristisch auf Gewohnheitsrecht, nicht auf Gesetz, ein Rechtsgrundsatz, der jetzt allgemein anerkannt ist. Die baupolizeilichen Vorschriften betreffen im allgemeinen die Sicherung für Leben und Eigentum sowie für die Ordnung und Aufrechterhaltung des Verkehrs. Die in dieser Hinsicht nötigen allgemeinen Anordnungen zu erlassen ist Aufgabe der Landesgesetzgebung, während die Berücksichtigung der örtlichen Verhältnisse in den lokalen Bauordnungen erfolgt.

Die gemeingültigen und örtlichen Bestimmungen für die Handhabung der Baupolizei bilden immer nur einen Bestandteil des sog. Baurechtes oder des Inbegriffes sämtlicher auf das Bauwesen bezüglichen Vorschriften, denn es gehören zum Baurecht auch noch manche Bestimmungen des Privatrechtes, wie das Nachbar- und Fensterrecht, das Miteigentum an gemeinschaftlichen Mauern, die städtischen Servituten usw. In Deutschland kann jeder auf seinem Grund und Boden bauen, es besteht Baufreiheit, und die Baufreiheit des einzelnen ist reichsgesetzlich gewährleistet. Sie bildet rechtlich den Ausfluß aus dem Eigentumsrecht am Grund und Boden. Aber diese Baufreiheit des einzelnen kann zum öffentlichen Schaden ausschlagen und dem vorzubeugen, also Nachteile für das Gemeinwesen aus der Handlung des einzelnen abzuwenden, ist Befugnis des Staates. Der Staat hat darauf zu achten, daß auszuführende oder bestehende Bauwerke nicht gegen die öffentliche Ordnung, Sicherheit und Gesundheit verstoßen, und da die vorbeugende Abwehr derartiger Gefahren und Nachteile für die Allgemeinheit Aufgabe der Polizei ist, so konnte die Aufsicht über die Bauten nur der Polizei zugeteilt werden. Die Grundsätze, nach denen diese Aufsicht rechtsverbindlich zum Ausdruck kommt, ist der Inhalt des Baupolizeirechtes. Die Grenze zwischen Baurecht und Baupolizei-

[1]) Juristische Wochenschrift. 1921, S. 34.

recht ergibt sich aus der Erwägung, daß alle durch Landesgesetzgebung geschaffenen und zugelassenen Eingriffe in die Baufreiheit, ohne Unterschied, ob sie zugunsten einzelner oder der Allgemeinheit aufgestellt werden, Bestandteile des Baurechtes bilden, während der Baupolizei nur diejenigen Beschränkungen anzurechnen sind, welche der Staat kraft seiner Polizeigewalt darüber hinaus zu treffen verfassungsgemäß befugt erscheint.

In Deutschland besteht ein einheitliches Baupolizeirecht nur auf Grund der Gewerbeordnung und ihrer Ergänzungen für gewisse gewerbliche Anlagen. Die sonstigen Bauten unterstehen der Landesgesetzgebung. In Preußen und anderen Bundesstaaten hat man sich an der Aufstellung einer Anzahl allgemeiner polizeigesetzlicher Bestimmungen genügen lassen und die weitere Ausbildung den Verwaltungsbehörden im Wege der Verwaltungsverordnungen anvertraut. Daraus sind dann auch die verschiedensten Baupolizeiordnungen in den Städten und auf dem Lande entstanden, in Preußen z. B. allein über 300 verschiedene. Eine einheitliche Regelung ist in Preußen erst durch Runderlaß des Staatskommissars für das Wohnungswesen vom 25. April 1919 betreffend den Entwurf zu einer Bauordnung mit Nachtrag vom 28. April 1921[1]) erfolgt, in welchem nunmehr einheitliche Grundsätze für alle Bauordnungen und baupolizeilichen Vorschriften aufgestellt sind. Es dürfen in Zukunft nur noch örtliche, auf klimatischer oder landschaftlicher Verschiedenheit beruhende anerkannte und berechtigte Baugewohnheiten in die einheitliche Bauordnung eingefügt werden.

Eine polizeiliche Genehmigung ist zur Vornahme von allen Neu- und Umbauten erforderlich, denn im Sinne des Strafrechts bedeutet Bau jede Ausübung des Bauhandwerks, die die Herstellung oder Veränderung von Bauwerken zum Gegenstand hat. Wer ohne solche Genehmigung baut oder von derselben abweicht, hat neben der dadurch verwirkten Strafe zu gewärtigen, daß der Bau, wenn er schädlich, gefährlich oder verunstaltend ist, auf seine Kosten abgeändert oder abgetragen wird. Man nennt diese Genehmigung die Bauerlaubnis. Die Erteilung der Bauerlaubnis erfolgt entweder von den Ortspolizeibehörden oder von den Kreis- oder Bezirksbehörden, gegen deren Bescheid innerhalb einer Frist von 14 Tagen die Beschwerde zulässig ist. Die Erledigung der Beschwerde erfolgt im sog. Beschlußverfahren, die Instanzen der Beschlußbehörden sind in Preußen Bezirksausschuß, Provinzialrat und Minister. Die Bauerlaubnis kann bedingt oder bedingungslos erteilt oder gänzlich versagt werden. Bei der Prüfung haben jedoch nur Rücksichten des Verkehrs, der Festigkeit des Bauwerks, der Feuersicherheit, der Gesundheit, der allgemeinen Ordnung sowie der Schönheit in Betracht zu kommen, so daß die Weigerung nicht etwa gestützt werden darf auf mangelndes Bedürfnis oder auf fehlende Regelung der finanziellen Verhältnisse des Bauherrn zu der Gemeinde oder auf den Einfluß privatrechtlicher Streitigkeiten, insbesondere über das Eigentum an der Baustelle oder auf ähnliche Gesichtspunkte. Das Gesuch

[1]) Zentralbl. d. Bauverw. 1919, S. 225, und 1921, S. 249.

ist schriftlich der Ortspolizeibehörde unter Beachtung der besonderen Vorschriften derselben einzureichen. Über die Genehmigung wird ein Bauerlaubnisschein oder Bauschein zugestellt.

Auch alle gemeindlichen und staatlichen Bauten bedürfen der baupolizeilichen Genehmigung, und zwar in Preußen nach dem Gesetz über die Zuständigkeit der Verwaltungsbehörden vom 1. August 1883. Nach der Rechtsprechung des Oberverwaltungsgerichtes ist grundsätzlich bestimmt, daß im Geltungsbereich der Kreisordnung die Prüfung der Entwürfe und die Entschließung über die in ortspolizeilichem Interesse zu stellenden Anforderungen sowie die Abnahme des Rohbaues der Ortspolizeibehörde nicht entzogen werden dürfen. Hiernach unterliegen auch alle staatlichen Bauentwürfe der jeweiligen örtlichen Baupolizeiordnung. Eine Ausnahme machen nur die Bauten, welche der Landesverteidigung dienen. Vielfach bestimmen allerdings die Baupolizeiordnungen, daß es bei den auf Rechnung des Reiches oder Staates von Staatsbeamten ausgeführten Bauten der Einholung der förmlichen baupolizeilichen Genehmigung nicht bedarf, sondern daß es genügt, wenn das Bauvorhaben vor der Ausführung der Polizeibehörde zur Erklärung vorgelegt wird, ob und was in baupolizeilicher Hinsicht dagegen zu erinnern sei. Weiter wird in den Baupolizeiordnungen für solche staatlichen Bauten oftmals die Abnahme des Rohbaues oder die Schlußabnahme ganz nachgelassen. Anderenfalls sind aber immer die Vorschriften der örtlichen Bauordnungen auch für staatliche Bauten maßgebend.

Die aus der erteilten Genehmigung ableitbaren Befugnisse sind persönlicher Natur, also ohne oder gegen den Willen der genehmigenden Behörde nicht übertragbar. Sie erlöschen, wenn sie nicht binnen einer gesetzten Frist durch Beginn und Fortsetzung des Baues ausgeübt werden. Die rechtliche Bedeutung der Bauerlaubnis ist also lediglich die Berechtigung zur Ausführung des Baues; Dritten gegenüber werden keinerlei Rechte dadurch erlangt, und es werden durch die Bauerlaubnis auch keine Änderungen in der rechtlichen Eigenschaft des Grundstückes geschaffen.

Baubeschränkungen sind gegeben für bestimmte, in der Gewerbeordnung bezeichnete gewerbliche Anlagen, welche außer der baupolizeilichen Genehmigung noch der landesgesetzlichen Konzession bedürfen, ferner für die Bauanlagen im Bereich der Festungsanlagen, die neben der baupolizeilichen einer Genehmigung der Kommandantur bedürfen (Gesetz betreffend die Beschränkung des Grundeigentums in der Umgebung von Festungen vom 21. Februar 1871). Ebenso sind Baubeschränkungen begründet durch Verkehrsrücksichten, Wahrung der Sicherheit, feuerpolizeiliche und gesundheitliche Gesichtspunkte. Der allgemeine Verkehr und die öffentliche Ordnung bedingen für die Begründung neuer Ansiedlungen und Kolonien die vorgängige Erteilung einer Ansiedelungsgenehmigung sowie für den Anbau in bestehenden Ortschaften die vorgängige Feststellung von Straßen- und Baufluchtlinien. Die Erteilung der Ansiedlungsgenehmigung beruht in Preußen auf dem Gesetz vom 10. August 1904, sie erfolgt durch die Polizeibehörden. Der Genehmigung muß ein förmliches Verfahren vorangehen, welches mit der öffentlichen Bekanntmachung des Vorhabens beginnt und in einer Erörterung der binnen 3 Wochen vorzubringenden Einsprüche unter den Beteiligten nach ihren tatsächlichen Unterlagen sowie in Erhebung der Beweise verläuft. Gegen den Bescheid ist binnen einer Ausschlußfrist von 2 Wochen Klage im Verwaltungsstreitverfahren zulässig. Die Instanzen im Verwaltungsstreitverfahren sind in Preußen Kreisausschuß, Bezirksausschuß, Oberverwaltungsgericht.

Das Verfahren zur Feststellung der Bebauungspläne beruht auf dem Gesetz betreffend Anlegung und Veränderung von Straßen und Plätzen in Städten und ländlichen Ortschaften vom 2. Juli 1875, zu welchem noch die Vorschriften für die Aufstellung von Fluchtlinien und Bebauungsplänen vom 28. Mai 1876 kommen. Nach erfolgter Zustimmung der Ortspolizeibehörde zu dem beabsichtigten Bebauungsplan ist derselbe öffentlich auszulegen, und nach Erledigung der Einwendungen — der Beschluß über dieselben ist gegebenenfalls im Verwaltungswege anfechtbar — folgt die förmliche Feststellung des Planes durch öffentliche Auslegung und Bekanntmachung. Mit Offenlegung des festgestellten Planes tritt die Beschränkung des Grundeigentums ein und erhält die Gemeinde das Recht, die nach den festgesetzten Straßenfluchtlinien für Straßen und Plätze bestimmte Grundfläche dem Eigentümer zu entziehen.

Weitere Baubeschränkungen im öffentlichen Interesse bestehen noch für Bauten an Chausseen und Eisenbahnen, für welche zwar auch die Polizeibehörde die Bauerlaubnis zu erteilen hat, aber erst nach vorgängiger Einholung der vom Standpunkte der chaussee- und eisenbahnpolizeilichen Interessen zu stellenden Bedingungen seitens der zuständigen Behörden. Für Chausseebauten kommen dabei in Preußen die Vorschriften über Chausseebauten vom 17. Mai 1871 in Betracht. Für die Errichtung von Gebäuden und Lagerung von Materialien in der Nähe der dem Gesetz über die Eisenbahnunternehmungen vom 3. November 1838 unterstehenden Eisenbahnen bestehen außerdem noch besondere Beschränkungen, welche für Preußen in dem Erlaß der Minister des Innern und der öffentlichen Arbeiten vom 23. Juli 1892 näher bezeichnet sind. Über Bauten in der Nähe von Forsten enthält das Feld- und Forstpolizeigesetz vom 1. August 1880 besondere Vorschriften. Zur Ausfuhrung, Erweiterung oder Verlegung von Deichen, Dämmen, Gebäuden und sonstigen baulichen Anlagen im Überschwemmungsgebiet der Ströme und Flüsse bedarf es der Genehmigung des Bezirks- oder Kreisausschusses nach Maßgabe des Gesetzes vom 16. August 1905[1]).

Die Wahrung der Sicherheit wird bezweckt durch die Vorschriften über die Festigkeit des Bauwerks und über die Einfriedigung von Grundstücken. Aus feuerpolizeilichen Gesichtspunkten ergeben sich die Bestimmungen über die Abstände der Bauten, über die Bedachung, über Treppenanlagen, Gebäudehöhen, Feuerungsanlagen, Durch- und Zufahrten usw., und aus gesundheitspolizeilichen Gesichtspunkten ergeben

[1]) Alle diese Gesetze und Verordnungen sind zum Teil veraltet und bedürfen einer den Anforderungen der Neuzeit entsprechenden Neuordnung, die durch das in Vorbereitung befindliche Städtebaugesetz erfolgen soll.

sich die Bestimmungen über Höhe und Beschaffenheit der Wohnräume, über Begräbnisplätze, Brunnen, gewerbliche Anlagen, Aborte, Stallungen, Wasseranlagen, Kanalisationsanlagen usw. Schließlich kommen noch in Betracht das Verunstaltungsgesetz vom 15. Juli 1907 und das Wohnungsgesetz vom 28. März 1918[1]).

Außer der Prüfung und Genehmigung der Bauentwürfe gehört zu den Aufgaben der Baupolizei auch die Aufsicht während der Ausführung, die Bauabnahme und die dauernde Aufsicht über die bestehenden Bauwerke.

Die Baupolizei ist ein Zweig der Sicherheitspolizei, sie gehört mit zu den rein obrigkeitlichen Tätigkeiten der inneren Staatsverwaltung, die von den Organen der Ortspolizei wahrgenommen werden. Auf dem Lande hat also der Amtsvorsteher, in den kleineren Städten der Bürgermeister, beide unter Aufsicht des Landrats, und in den größeren Städten mit eignen Stadtkreisen der Bürgermeister, aber unter Aufsicht des Regierungspräsidenten, die Baupolizei wahrzunehmen. Der Bürgermeister handhabt die Polizei nicht als Organ der Selbstverwaltung, sondern der Staat benutzt nur das Kommunalorgan, den Bürgermeister, zur Wahrnehmung der Polizei. Eine Ausnahme machen die Städte mit besonderen Polizeiverwaltungen, Polizeidirektionen und Polizeipräsidenten, die dann auch das Bauwesen mit verwalten. Nur in Groß-Berlin ist die Baupolizei wieder dem Magistrat übertragen worden.

Für Nachlassen von baupolizeilichen Bestimmungen, für Dispense, sind zuständig in Stadtkreisen und Städten von mehr als 10000 Einwohnern der Bezirksausschuß, in anderen Orten der Kreisausschuß, gegen deren Bescheid die Beschwerde an den Minister der öffentlichen Arbeiten zulässig ist. Der Beschluß über die Konzession gewerblicher Anlagen erfolgt durch den Bezirksausschuß, und die Beschwerdeinstanz ist der Minister für Handel und Gewerbe.

### d) Der Grunderwerb.

Bei dem Erwerb des für eine Bauausführung erforderlichen Grund und Bodens unterscheidet man den freihändigen und zwangsweisen Erwerb von Grundstücken. Der freihändige Erwerb erfolgt auf Grund von Verhandlungen, deren Abschluß durch einen förmlichen schriftlichen Vertrag beurkundet wird. In diesem werden der Kaufpreis, der nach den üblichen Schätzungsregeln oder unter Hinzuziehung von Sachverständigen nach Flächeneinheiten, Ar oder Hektar, vereinbart wird, und der Zahlungstermin angegeben. Insbesondere muß aber ausbedungen werden, daß die zu erwerbenden Grundstücke frei von allen Lasten und Dienstbarkeiten und von allen Eigentumsbeschränkungen übergeben werden. Die Verträge über den Erwerb von Grundstücken haben noch eine besondere Eigenschaft, sie sind nämlich nur dann rechtlich bindend, wenn sie schriftlich abgeschlossen und gerichtlich oder notariell beglaubigt werden, oder wenn die bezüglichen Erklärungen vor dem Grundbuchamt abgegeben werden. Den Verträgen

[1]) Zentralbl. d. Bauverw. 1907, S. 473, und 1918, S. 414.

sind Lagepläne durch Schnur und Siegel beizuheften, aus denen die Größe und die Begrenzung der Flächen sowie deren Bezeichnung im Steuerbuch, dem sog. Kataster, hervorgehen. Dieses Kataster wird bei den Steuerbehörden geführt und für die Erhebung der staatlichen Grund- und Gebäudesteuer angelegt.

Die Umschreibung der erworbenen Grundstücke erfolgt sodann im Grundbuch. Das Grundbuchrecht ist reichsgesetzlich geregelt und in dem Bürgerlichen Gesetzbuch (BGB.) sowie in der Grundbuchordnung vom 24. März 1897 enthalten. Das Grundbuch ist das bei den Grundbuchämtern, in der Regel den Amtsgerichten, geführte, mit öffentlichem Glauben versehene Buch, in welches die Übertragung des Eigentums an einem Grundstück sowie die Belastung eines Grundstückes mit einem Recht eingetragen wird. Jedes Grundstück erhält in dem Buch ein Grundbuchblatt, und jedes Grundstück muß in das Grundbuch eingetragen werden, d. h. es besteht Grundbuchzwang, da auf diesem die Sicherheit des Grundstücksverkehrs beruht. Das Grundbuchwesen ist auch die Grundlage der Vorschriften über Rechte an Grundstücken im BGB. Der ganze privatrechtliche Grundstücksverkehr beruht auf dem Grundbuchwesen und dem Grundbuchzwang, und es können nur noch die aus dem Grundstückseigentum sich ergebenden Befugnisse mit Rechtswirksamkeit gegen Dritte durch Eintragung in das Grundbuch eingeschränkt werden durch die im BGB. begrenzten dinglichen Rechte, als Erbbaurecht, Dienstbarkeiten, Vorkaufsrechte, Reallasten und Grundstückspfandrechte. Verzichte auf Ersatz derjenigen Schäden, welche einem benachbarten Grundstück infolge von baulichen Unternehmungen und deren Betrieb entstehen, sind nicht mehr eintragungsfähig. Bei Verträgen wegen der Abfindung von Schäden, welche infolge von Kanälen, Flußregulierungen, Eisenbahnen oder anderen Unternehmen entstanden sind oder entstehen werden, wegen der Herstellung und Unterhaltung von Wegen und deren Zubehör, von Brücken, Überfahrten, Triften, Einfriedigungen, Uferbauten, Deichen, Bewässerungs- und Vorflutanlagen usw. muß daher darauf geachtet werden, daß die Fassung der Verträge in allen Fällen, in denen dazu die Möglichkeit vorliegt, sich dem Wesen des dinglichen Rechtes des BGB. genau anpaßt. In Betracht kommen hier die Vorschriften des BGB. im dritten Buch über das Sachenrecht, soweit es sich auf Grundstücke bezieht. Beschränkungen des Grundstückeigentums durch öffentliche Rechte, welche schon Kraft ihrer Rechtsnatur gegen Dritte wirken, wie Nachbarrechte, Baupolizeirechte und sonstige Lasten, bedürfen einer solchen Regelung nicht.

Die Eigentumsübertragung erfolgt durch die Eintragung der in dem Vertrag vereinbarten Rechtsänderung in das Grundbuch, und zwar nach vorhergegangener Auflassung. Auflassung ist die beiderseitige gleichzeitige Erklärung des Käufers und Verkäufers vor dem Grundbuchrichter, daß sie bezüglich der Übertragung des Eigentums einig sind. Bei dem Erwerb ganzer Grundstücke, für die bereits ein Grundbuchblatt angelegt ist, kann die Eintragung sofort erfolgen, im anderen Falle muß zunächst die Anlegung eines Grundbuchblattes bei dem zuständigen Grundbuchamt beantragt werden. Handelt es sich um den Ankauf eines Teiles eines Grundstückes, so muß zunächst zum Zweck der Auflassung das Teilgrundstück im Steuerbuch, im Kataster abgetrennt, es muß fortgeschrieben werden. Ein beglaubigter Auszug aus dem Kataster nebst Karte, aus welcher der abgetrennte Teil des Grundstückes nach Lage und Größe zu erkennen ist, ist dem Grundbuchrichter beizubringen. Mit der erfolgten Umschreibung im Grundbuch erlangt der Erwerber erst das Eigentum und die volle Verfügung über das Grundstück. Die Zahlung des Kaufpreises erfolgt gewöhnlich nach beendeter Umschreibung des Grundstückes; in gewissen Fällen empfiehlt es sich jedoch, in dem Vertrag auszubedingen, daß der Kaufpreis hinterlegt werden kann, falls die schulden- und lastenfreie Auflassung des Grundstückes nicht bis zu einem bestimmten Zeitpunkt erfolgt, und daß auch die Verpflichtung zur Zahlung von Zinsen für den Kaufpreis von diesem Zeitpunkt ab aufhört.

Werden für den Bau eine große Anzahl von Grundstücken gebraucht, und ist ein freihändiger Erwerb nicht möglich, so kann ein zwangsweiser Erwerb gestattet werden, und dies geschieht durch das sog. Enteignungsverfahren. Zum zwangsweisen Erwerb von Grundstücken muß für jedes einzelne Unternehmen das Enteignungsrecht erwirkt werden. Dies geschieht in Preußen auf Grund des Gesetzes über die Enteignung von Grundeigentum vom 11. Juni 1874. Das Enteignungsrecht wird dem Unternehmer auf Antrag vom Staat erteilt, der Antrag muß also bei der Regierung gestellt werden. Das Enteignungsverfahren besteht darin, daß zunächst eine vorläufige Planfestsetzung stattfindet. Es werden die Pläne für das Unternehmen von dem Regierungspräsidenten öffentlich ausgelegt, etwaige Einwände werden in einem Termin erörtert und vom Regierungspräsidenten entschieden. Darauf folgt eine nochmalige endgültige Planfeststellung vom Bezirksausschuß in derselben Weise. Erst wenn dieses Planfeststellungsverfahren erledigt ist, kann auf Antrag des Unternehmers die Feststellung der Entschädigung durch den Bezirksausschuß erfolgen. Zu dem Zwecke wird ein Termin an Ort und Stelle anberaumt, an welchem ein Bevollmächtigter des Regierungspräsidenten, der Eigentümer und die Nebenberechtigten, sowie ein oder mehrere Sachverständige teilnehmen. Es wird über die Höhe der Entschädigung verhandelt, und gelingt eine gütliche Einigung nicht, so werden die Akten dem Bezirksausschuß zur Beschlußfassung übergeben. Gegen die von diesem festgesetzte Entschädigung steht sämtlichen Beteiligten innerhalb 6 Monaten der ordentliche Rechtsweg offen, für welchen die Vorschriften der ZPO. maßgebend sind. Nach Ablauf dieser Frist erfolgt durch den Bezirksausschuß die Vollziehung der Enteignung durch die Enteignungserklärung, wodurch die betreffenden Flächen ohne weiteres in den Besitz des Käufers übergehen und die Übertragung im Grundbuch erfolgen kann. Die Enteignungserklärung darf in dringlichen Fällen durch einen besonderen Beschluß des Bezirksausschusses auch vor der Beendigung des Rechtsweges stattfinden, wenn und nachdem die Entschädigungssumme gezahlt und hinterlegt worden ist. Diese Erklärung kann abeı innerhalb einer dreitägigen Frist durch Beschwerde an den Minister der öffentlichen Arbeiten angefochten werden.

Das Enteignungsrecht kann nicht allein zum Bau von Festungen und öffentlichen Gebäuden, sondern namentlich auch zur Herstellung von Eisenbahnen, Kanälen, Landstraßen, Wasserleitungen, städtischen Kanalisationen, Gas- und elektrischen Leitungen in Anspruch genommen und daher nicht allein den staatlichen Behörden und öffentlichen Verbänden, sondern auch den Gemeinden und Privatunternehmern verliehen werden.

In vielen Fällen, in denen eine gütliche Einigung über die Höhe der Entschädigung nicht erreicht werden kann, ist im Interesse des Baufortganges wenigstens zu versuchen, die Erlaubnis zum Beginn der Bauarbeiten auf den fraglichen Grundstücken vor der endgültigen Festsetzung der Entschädigungssumme zu erlangen. Als Gegenleistung wird alsdann die angemessene Verzinsung der demnächstigen Entschädigungssumme von dem Tage der Inanspruchnahme des Grundstückes an bis zur endgültigen Festsetzung der Entschädigung gewährt.

### e) Der Arbeitsplan.

Aus der Pflicht des Bauleiters, die genehmigten Bauentwürfe daraufhin nachzuprüfen, ob sie für die Ausführung bereits völlig klargestellt, baureif sind, folgt, daß er sich von vornherein darüber Klarheit verschaffen muß, welche Arbeiten und Lieferungen für den Bau erforderlich und wie diese auszuführen sind. Es genügt nicht, wie es noch heute vielfach üblich ist, sich allein der Zeichnungen und überschläglichen Massenberechnungen zu bedienen, um die ausführenden Organe, die Baustelle, anzuweisen, den Bau auszuführen. Die Zeichnung ist für die Ausführung weiter nichts als die Illustration, als die Darstellung dessen, was gebaut werden soll, das Wesentliche für den Bauauftrag ist die Spezifikation der Arbeiten und der Lieferungen sowie der Arbeitsplan. Die Spezifikation muß eine erschöpfende Aufstellung aller in der Zeichnung dargestellten Bauteile mit Angaben über Material, Stückzahl, Benennung usw. sein, sie soll der Bestellzettel sein, nach dem gearbeitet wird. Jede einzelne Arbeit muß daher ihre Bestellnummer erhalten, und diese Nummer bildet die Unterlage für alle Berichte und Berechnungen über die betreffende Einzelleistung.

Eine solche Spezifikation, in der alle Einzelleistungen erschöpfend zusammengestellt sind, umfaßt bereits gleichzeitig die vollständige Baudisposition und bildet die Grundlage für die Aufstellung des Arbeitsplanes. Sie ist aber auch eine Sicherheitsmaßregel dafür, daß keine Arbeit zur Ausführung kommen, keine Lieferung oder Leistung bezahlt werden kann, die nicht vorgesehen ist, und daß keine Arbeit unterbleiben kann, ohne sofort bemerkt zu werden. Der Arbeitsplan muß den Zusammenhang und die Reihenfolge sämtlicher Arbeiten und Beschaffungen enthalten. Es sind also die Fristen für die Lieferungen und die einzelnen Arbeiten zu bestimmen, die zur Ausführung der Arbeiten benötigten Groß-, Klein- und Verbrauchsgeräte sowie die erforderliche Zahl der Arbeiter anzugeben, damit die Arbeiten und

Lieferungen planmäßig in der vorgesehenen Bauzeit zur Ausführung gelangen.

Um einen solchen Arbeitsplan aufstellen zu können, sind die technischen Vorarbeiten nachzuprüfen und nötigenfalls zu ergänzen. Denn eine Bestimmung der einzelnen Bauzeiten sowie der erforderlichen Geräte ist nur möglich, wenn die technischen Unterlagen einwandfrei und erschöpfend sind. Insbesondere kommen hier die Bodenuntersuchungen in Betracht, da sie die Grundlage für die Disposition bei allen Erd- und Gründungsarbeiten bilden. Für die Ausführung dieser Bodenuntersuchungen sind bei der preußischen Staatsverwaltung besondere Vorschriften in den Erlassen des Ministers der öffentlichen Arbeiten vom 16. März 1909, 10. Mai 1910 und 10. Februar 1920[1]) gegeben, um Streitigkeiten zwischen der Bauverwaltung und Unternehmern über die Ergebnisse der Bodenuntersuchungen zu vermeiden. Denn diese Bodenuntersuchungen sind nicht allein für die Dispositionen der Bauleitung erforderlich, sondern auch zur Aufklärung der Unternehmer bei Ausschreibung größerer Erd- und Gründungsarbeiten. Sie fallen unter die Aufklärungspflicht des Ausschreibenden.

### f) Rechtsfragen.

Bei allen Vorarbeiten ist auf die mit einem Bauvertrag nach unserem heutigen Recht verbundenen Nebenpflichten zu achten, zu welchen in erster Linie die Aufklärung gehört. In der unvollkommenen Aufklärung über Art und Umfang der Arbeiten, insbesondere über die mit ihnen zunächst kaum erkennbar verknüpften besonderen Kosten und Schwierigkeiten liegt ein Umstand, der einen Unternehmer nicht selten zu Schaden bringt. Bei allen Arbeiten in der Erde sind z. B. die Schwierigkeiten nur zu erkennen, wenn eingehende Bodenuntersuchungen vorher ausgeführt werden, dagegen nicht bei oberflächlicher Prüfung der örtlichen Verhältnisse, wie sie ein Unternehmer in der kurzen Zeit, die zwischen Ausschreibung und Verdingung liegt, und bei der großen Zahl der Bewerber ausführen kann. Stellt sich dann nachher heraus, daß die Arbeiten vorher nicht erkennbare Kosten und Schwierigkeiten verursachen, und daß der Ausschreibende sich der in den ungünstigen Bodenverhältnissen ruhenden Schwierigkeiten wohl bewußt war, sie aber dem Unternehmer nicht mitgeteilt hat, so ist dies Verschweigen ein Verstoß gegen Treu und Glauben. Denn es ist anerkannten Rechtes, daß die Grundsätze von Treu und Glauben den Werkvertrag hervorragend beherrschen, und daß nach ihnen der Ausschreibende auch Nebenpflichten zu erfüllen hat. Darunter fällt vor allem die Pflicht der Auskunftserteilung, und zwar hat nach einer Entscheidung des Kammergerichtes der Unternehmer hierauf stets dort Anspruch, wo ein Vertragsteil der Natur der Sache nach schlechter unterrichtet ist als sein Gegner[2]). Der Ausschreibende haftet also für allen Schaden, der durch sein absichtliches Verschweigen ihm wohl bekannter

[1]) Zentralbl. d. Bauverw. 1910, S. 282, und 1920, S. 113.
[2]) Deutsche Juristen-Zeitung, 15. Jahrg., S. 84.

Umstände entsteht, und muß dem Unternehmer den gesamten Schaden ersetzen, der auch den entgangenen Gewinn in voller Höhe umfaßt.

Aber weiter auch, wenn der Ausschreibende von den Schwierigkeiten keine sichere Kenntnis gehabt, wohl aber aus verschiedenen gelegentlichen Wahrnehmungen die Schwierigkeiten nur vermutet hat, so muß er auch eine derartige Vermutung mitteilen, oder er macht sich für den dem Unternehmer durch das Verschweigen erwachsenen Schaden in demselben Umfang haftpflichtig, als wenn er seine sichere Kenntnis verschwiegen hätte. Denn auch die Kundgabe der Vermutung ist ein Gebot von Treu und Glauben. Das RG. hat diesen Grundsatz wiederholt ausgesprochen. Es verurteilt nach ihm in ständiger Rechtsprechung z. B. den Verkäufer eines Hauses zu vollem Schadenersatz, wenn er dem Käufer den bloßen Verdacht, daß das Haus mit Schwamm behaftet sei, nicht offenbart. Der Ausschreibende sucht sich in einem Prozesse dann häufig hinter der Behauptung zu retten, er habe die Schwierigkeiten nicht absichtlich verschwiegen, sondern bei der Schnelligkeit der Ausschreibung lediglich übersehen. Aber auch dieser Einwand kann ihm nicht helfen, denn das Übersehen einer Erwähnung von für den Bewerber derart wichtigen Umständen bedeutet eine Fahrlässigkeit, und für diese hat der Ausschreibende ebenso einzustehen wie für die Absicht, den Vorsatz.

Anders liegt der Fall, wenn der Ausschreibende dem Unternehmer von den Schwierigkeiten deshalb keine Kenntnis gab, weil er selbst davon nichts wußte und nichts ahnte. Eine Verletzung der Aufklärungspflicht ist also hier ausgeschlossen, denn was jemand selbst nicht weiß noch vermutet, kann er auch nicht mitteilen. Und es bleibt allein die Frage, ob der Ausschreibende die Pflicht hat, vor der Ausschreibung genaue Bodenuntersuchungen vorzunehmen, und ob er sich haftbar macht, falls er durch ein pflichtwidriges Unterlassen solcher Bodenuntersuchungen den Unternehmer zu einem ihm schädlichen Vertragsabschluß gebracht hat? Diese Frage ist für die Staatsbauverwaltung in Preußen ohne weiteres zu bejahen, weil die Bestimmungen über das Verdingungswesen eine solche Pflicht angeordnet haben. Diese Bestimmungen sind getroffen, weil ein dringendes soziales Interesse dazu vorgelegen hat, weil es eine sittliche Pflicht aller Ausschreibenden ist, die bestmögliche und genaue Darstellung von Art und Umfang der Arbeiten den Unternehmern zu geben, um der meist sehr beträchtlichen Zahl der Bewerber die sonst von jedem einzelnen vorzunehmende, umfängliche, zeitraubende und kostspielige Voruntersuchungsarbeit oder sonst eine falsche Kalkulation zu ersparen. Nach diesen Bestimmungen besteht daher in Preußen bereits seit längerer Zeit der gewohnheitsmäßige Grundsatz oder die Verkehrssitte, daß genaue Bodenuntersuchungen vorgenommen werden müssen. Gegen diese Verkehrssitte kann auch der rein formal juristische Gedanke, daß bei der bloßen Ausschreibung ein Vertragsverhältnis noch nicht bestehe und deshalb von einer Nebenverpflichtung zum Werkvertrag noch nicht gesprochen werden könne, nicht mehr ins Gewicht fallen. Es muß vielmehr die Bodenuntersuchungspflicht nach Treu und Glauben und nach der Verkehrssitte als gegeben angesehen werden. Nur wenn eine Ausschreibung von einem Privatmann offenbar ohne fachkundigen Beistand vorgenommen wird, könnte man höchstens zu einer Nachprüfungspflicht seitens des Unternehmers kommen, wenn man auf die veralteten Bestimmungen des allgemeinen Landrechts zurückgreift, welches beim Werkvertrage dem Besteller den Werkmeister und nicht, wie das BGB., den Unternehmer gegenüberstellt. Das allgemeine Landrecht betrachtet ja noch den Besteller als Laien und den Bewerber als den Sachkundigen, daher die Bezeichnung Werkmeister. Dies trifft aber nur für die handwerksmäßige Technik zu, in der heutigen wissenschaftlichen Technik ist der Unternehmer keineswegs mehr immer der Sachverständige, der Begriff Unternehmer ist durchaus nicht mehr gleichbedeutend mit dem Begriff Sachkundiger, sondern es ist vielmehr jetzt der Besteller, wenigstens bei allen staatlichen und kommunalen Bauten, der Sachkundige und der Ausführende ist nur Unternehmer, der die ihm übertragenen einzelnen Arbeiten genau nach Angebot und Vorschrift des Bestellers auszuführen hat. In richtiger Erkenntnis der veränderten Technik hat daher das BGB. auch dem Besteller den Unternehmer gegenübergestellt und ihn nur zur Ausführung des versprochenen Werkes, d. i. bei Bauten zur Ausführung der in dem Preisverzeichniss nach Art und Umfang genau beschriebenen Arbeiten, verpflichtet. Ein solcher Fall, daß ein Privatmann ohne fachkundigen Beistand größere Bauarbeiten ausschreibt, gehört heute überhaupt zu den Seltenheiten, wenigstens sobald es sich nicht mehr um die rein handwerksmäßige Technik handelt, er wendet sich dann an einen Architekten oder Ingenieur als den Sachkundigen, und der Ausführende ist dann auch weiter nichts wie Unternehmer. Bei allen staatlichen und kommunalen Bauten ist aber der Ausführende in allen Fällen nur Unternehmer, und daher sind die Bestimmungen des allgemeinen Landrechts nicht mehr anwendbar.

Bei allen staatlichen und kommunalen Bauten besteht also die Aufklärungspflicht des Ausschreibenden über Art und Umfang der Arbeiten als eine Nebenpflicht des Werkvertrages unter allen Umständen. Verschweigt der Ausschreibende ihm wohl bekannte, aber für den Unternehmer zunächst kaum erkennbare mit den Arbeiten verbundene besondere Kosten und Schwierigkeiten absichtlich oder, wenn er sie auch nur vermutet, fahrlässig, so haftet er für allen Schaden einschließlich des entgangenen Gewinnes. Erfüllt der Ausschreibende die Aufklärungspflicht nicht, unterläßt er die erforderlichen Untersuchungen, so daß ihm selbst die Schwierigkeiten nicht bekannt sind und die Ausschreibung an irreleitenden Mängeln krankt, so ist die Rechtsprechung der ordentlichen Gerichte über diese Fahrlässigkeit bei Vertragsabschluß allerdings nicht einheitlich. Bei Schiedsgerichten hat sich aber bereits eine ständige Rechtsprechung dahin ausgebildet, daß ein Schadenersatzanspruch in Höhe des Mehraufwandes anerkannt wird. Und die Schiedsgerichte stützen sich dabei auf den im § 157 BGB. verkörperten Gedanken des billigen Rechtes, da die Aufklärungs- und Prüfungspflicht heute als Verkehrssitte anzusehen ist.

Enthält nun der Vertrag eine Bestimmung, daß der Unternehmer anerkennt, sich von den örtlichen Verhältnissen genau unterrichtet zu haben, und auf Entschädigung für alle Nachteile verzichtet, welche ihm aus ungenügender Kenntnis der örtlichen Verhältnisse erwachsen sollten, so berührt diese Bestimmung die Aufklärungspflicht nicht, denn diese besteht unter allen Umständen, aber sie schützt den Ausschreibenden vor Ansprüchen, wenn er der Aufklärungspflicht, soweit ihm die Verhältnisse bekannt waren, nachgekommen ist. Da aber neben der Aufklärungspflicht auch die Prüfungspflicht heute als Verkehrssitte anzusehen ist, so ist es auch bereits ständige Schiedsgerichtsjudikatur geworden, daß ein solches Anerkenntnis und ein solcher Verzicht nur insoweit Geltung beanspruchen kann, als der Ausschreibende auch der Prüfungspflicht nachgekommen ist. Hat er diese Pflicht in lässiger Weise versäumt, so entfällt damit auch der Verzicht; denn nach dem Grundsatz von Treu und Glauben des § 157 BGB. kann ein solcher Verzicht nicht auf Umstände, die der Vertragsgegner zu vertreten hat, ausgedehnt werden. Gestützt wird diese Schiedsgerichtsjudikatur auch noch durch die Rechtsprechung der ordentlichen Gerichte in den Fällen, die sich auf die Bestimmungen des allgemeinen Landrechtes beziehen. Wenn in solchen Fällen nämlich das Gericht tatsächlich eine Fahrlässigkeit des Unternehmers als Werkmeister festgestellt hat, so wird der größere oder geringere Grad der Schuld abgewogen und dementsprechend die Schadenverteilung zwischen Unternehmer und Besteller vorgenommen, und nur, wenn des Unternehmers Verschulden gegenüber dem des Bestellers unverhältnismäßig groß ist, wird die Schadenersatzklage gänzlich abgewiesen. Der letztere Fall kann aber überhaupt nicht mehr eintreten, sobald die Prüfungspflicht seitens des Bestellers als Verkehrssitte angenommen wird.

Eine weitere wichtige Rechtsfrage ist die Frage nach der technischen Verantwortlichkeit der Bauunternehmung bei Ausführung von Bauten, für die der Entwurf vom Bauherrn oder von dritter Seite herstammt. In solchen Fällen kommen die Unternehmungen oft in die Zwangslage, von Dritten entworfene Bauten von nur unvollkommener Konstruktion zu übernehmen, für die sie die volle technische Verantwortung nicht tragen können. Bei der Verdingung fehlt es ihnen meist an Zeit und Gelegenheit, um die der Ausschreibung beigefügten Zeichnungen und Berechnungen vor der Abgabe des Angebotes ihrerseits nach jeder Richtung hin technisch gründlich zu prüfen. Um in solchen Fällen die Verantwortlichkeit zu regeln, hat daher der Reichsverdingungsausschuß in den „Allgemeinen Vertragsbedingungen für die Ausführung von Bauleistungen“ folgende Bestimmung vorgesehen:

„Ergeben sich bei der Durchführung der Leistung Bedenken gegen die vorgesehene Art der Ausführung, gegen die Güte der vom Auftraggeber gelieferten Werkstoffe oder gegen die Leistungen anderer Unternehmer, die von Einfluß auf die Vertragsleistung sind, so hat sie der Auftragnehmer alsbald dem Auftraggeber mitzuteilen. Die Verantwortung des Auftraggebers wird durch diese Mitteilungspflicht des Auftragnehmers nicht berührt.“

Hiernach würde die konstruktive Verantwortung dem Auftraggeber, der den technischen Entwurf aufgestellt hat, zufallen, der Unternehmer ist jedoch verpflichtet, Bedenken, die sich bei der Ausführung ergeben, dem Auftraggeber zu melden und seine Weisung einzuholen, womit ein richtiger Ausgleich der beiderseitigen Interessen erreicht sein dürfte.

Wird der Entwurf dagegen vom Unternehmer geliefert, so hat er natürlich auch die volle technische Verantwortung zu tragen, aber es taucht dann die weitere Rechtsfrage nach dem Schutz des geistigen Eigentums an dem Entwurf auf. Die Arbeit des Technikers und Ingenieurs ist in der heutigen Urheberschutzgesetzgebung nicht so gewertet, wie sie es verdient. Eine Bauunternehmung kann zwar wohl, wenn sie feststellt, daß ihre Bauentwürfe ohne ihre Einwilligung in Buch- oder Broschürenform vervielfältigt und im Buchhandel vertrieben werden, gegen den Herausgeber der Drucksache auf Grund des Gesetzes vom 19. Juni 1901 betr. das Urheberrecht an Werken der Literatur und Tonkunst vorgehen und Schadenersatz verlangen, aber wenn ein Bauauftraggeber einen Bau mit Hilfe der vom Unternehmer eingereichten Entwürfe ohne dessen Zustimmung in eigener Regie oder durch einen Dritten ausführen läßt, versagt nach der zur Zeit gültigen Regelung jeder gesetzliche Schutz. Das Gesetz betr. das Urheberrecht an Mustern und Modellen vom 11. Januar 1876 kann den gewünschten Schutz für die Entwurfsarbeiten nicht gewähren, weil es nur auf solche Muster usw. zutrifft, die zur Eintragung in das Musterregister angemeldet und von denen ein Exemplar oder eine Abbildung bei der Registerbehörde hinterlegt ist, und sogar das Reichsgesetz gegen den unlauteren Wettbewerb ist nicht anwendbar, da es nur einen Unterlassungsanspruch gegen die geschäftliche Ausbeutung fremder Arbeitsergebnisse oder Gedanken bietet. Ein geschäftlicher Betrieb im Sinne des Gesetzes liegt aber nur vor, wenn eine gewisse, auf Dauer berechnete gewerbliche Tätigkeit gegeben ist, welche die Schaffung wirtschaftlicher Werte zum Zwecke der Gewinnerzielung zum Inhalt hat. Dieser Tatbestand trifft aber nicht ohne weiteres zu, wenn ein Bauauftraggeber oder ein Dritter die Entwürfe des Unternehmers für eigene Bauausführungen verwendet.

Der fehlende gesetzliche Urheberrechtsschutz für ingenieurtechnische Entwurfsarbeiten muß daher auf andere Weise gesucht werden, und zwar kann der Hersteller den nach der gegenwärtigen Rechtslage größtmöglichen Schutz dadurch erreichen, daß er, abgesehen von ausdrücklichen Bestimmungen in Bauverträgen, einen Vorbehalt durch einen entsprechenden Vermerk auf dem Entwurf und den Zeichnungen zum Ausdruck bringt.

Durch die Hingabe des Angebotes und des Entwurfes, ohne daß später ein Bauauftrag erfolgt, wird ein Vertragsverhältnis, d. h. ein Werkvertrag ohne weiteres noch nicht begründet. Der Entwurf stellt zweifellos ein Werk dar, da es einen bedeutenden Arbeitsaufwand enthält und hohe wirtschaftliche Werte für den Besteller verkörpert, aber es ermangelt der ausdrücklichen oder stillschweigenden Vereinbarung einer Vergütung. Das RG. stellt, wenn eine ausdrückliche Preisabrede nicht getroffen ist, auf die Umstände des Einzelfalles ab und billigt eine Vergütung für die Entwurfsarbeiten nur dann zu, wenn zweifellos feststeht, daß die Beteiligten den Abschluß eines Vertrages wollten, und daß nicht etwa eine bloße Offerte mit Entwurfsbearbeitung vorliegt. Die Vereinbarung einer Vergütung liegt also in der Hand dessen, der die Entwürfe aus der Hand gibt. Es kann Fälle geben, wo der Entwurfsbearbeiter auf eine Vergütung verzichten will, aber dennoch keineswegs die Absicht hat, demjenigen, dem er die Zeichnung übergibt, eine unbeschränkte Verfügung über den Entwurf und die zugrunde liegende geistige Idee zu gewähren. Es ist also seine Sache, bei Übergabe des Entwurfes diese Bedingung durch einen Vorbehalt klarzustellen, und der Empfänger, der die Zeichnung unter dieser Bedingung entgegennimmt, verpflichtet sich damit vertraglich zur Einhaltung. Ein Dritter, der vielleicht durch Zufall in den Besitz des Entwurfes gelangt, kann gleichzeitig, und zwar am besten durch Aufdruck eines Vermerkes auf den Zeichnungen sowohl wie auf dem Erläuterungsbericht, davon Kenntnis erhalten, daß der Urheber mit einer weiteren Verwendung nicht einverstanden ist. Denn, wenn es auch zweifelhaft sein kann, ob die Übertretung des Verbotes durch einen Dritten als unerlaubte Handlung im Sinne des § 823 Abs. 2 oder § 826 BGB. anzusehen ist, so verstößt es doch jedenfalls gegen den geschäftlichen Anstand und die guten Sitten im Verkehr, wenn der Dritte trotz des aufgedruckten Vermerkes einen vom Urheber nicht gewollten Gebrauch von den Zeichnungen macht und dadurch den Urheber um den Ertrag seiner Arbeit bringt (vgl. RG. Entsch. Bd. 73, S. 294).

Die Frage der technischen Verantwortlichkeit spielt weiter eine große Rolle bei Bauunfällen. Zunächst muß die zivilrechtliche Verteilung der Verantwortung zwischen Auftraggeber bzw. seiner Bauleitung und Auftragnehmer, die durch den Bauvertrag begründet ist, mit den polizeilichen und berufsgenossenschaftlichen Bestimmungen im Einklang stehen, nach denen in der Regel der vom Unternehmer bestellte Bauleiter für die Befolgung aller gegebenen Verordnungen usw. verantwortlich ist. Bei Bauunfällen ist dagegen die Verteilung der Verantwortlichkeit in der Rechtsprechung noch heute keine einheitliche, und es bietet daher die gerichtliche Behandlung von Bauunfällen für den praktischen Techniker, der nicht selten für die Folgen der Unfälle einzustehen hat, besonderes Interesse. Denn ihm muß vor allem daran gelegen sein, daß die Rechtsprechung in diesen Dingen nicht an Anschauungen vorübergeht, die sich im Laufe der Zeit in technischen Kreisen im Gegensatz zu den früheren Zeiten allmählich herausgebildet haben. Die neuzeitliche Bauweise hat sich mit dem Umfang und der Höhe der Aufgaben gegen früher merklich geändert, insbesondere durch die Einführung neuer Baustoffe und Konstruktionen, wie Eisenbeton und schwierigere Eisenkonstruktionen, sowie durch die Art der Vergebung der Bauarbeiten. Früher fand eine Vereinigung verschiedener Kräfte, wie sie jetzt im Großbetriebe an der Tagesordnung ist, kaum statt. Die alltäglichen Werke der einzelnen Gewerbe waren derart einfacher Natur, daß die bescheidenen Kenntnisse und Fähigkeiten der Gewerbetreibenden völlig ausreichten; heute tritt bei größeren Bauten eine Vielheit von Gewerben und Firmen in Tätigkeit, deren anstandsloses Zusammenarbeiten zum Ganzen die erste Sorge der Bauleitung ist. Dazu kommt, daß die neueren Konstruktionsarten weit höhere Anforderungen an die statischen Kenntnisse des Technikers stellen, als dies früher der Fall war, daß Änderungen im Bauprogramm, wie solche des öfteren noch während der Bauausführung vorgenommen werden, z. B. wegen Steigerung der Belastungen, Störungen im Ineinandergreifen der verschiedenen Bauarbeiten hervorrufen, die, wenn nicht rechtzeitig in ihren konstruktiven Folgen erkannt, Gefahren für die Standfestigkeit des Baues in sich schließen können.

Durch diese Erschwernisse für den Bauleiter, der gleichzeitig den baupolizeilichen Anforderungen und den oft weitgehenden Wünschen der Bauherrschaft Genüge zu leisten hat, ist die straf- und zivilrechtliche Verantwortlichkeit gegen früher erheblich gewachsen. Diese Erkenntnis tritt aber vielfach in ihrem vollen Umfang erst ein, wenn plötzlich ein Unfall die ersten rechtlichen Folgen für den Bauleiter, seine Gehilfen und die am Bau beteiligten Unternehmer aufdeckt. Wie oft kommt es vor, daß in Straf- und Zivilrechtsfällen der Bauleiter seine Verantwortlichkeit mit dem Hinweis auf die Genehmigung und statische Prüfung des Baues durch die Baupolizeibehörde abzuwälzen sucht und erst im Gerichtssaal erfährt, daß ein solches Bemühen gänzlich aussichtslos ist. Die öffentliche Behörde entlastet ihn niemals von der Plicht, in eigener Person für die Standfestigkeit seiner Bauten einzustehen. Und doch liegt es andererseits auf der Hand, daß ein vielbeschäftigter Bauleiter niemals auch bei gewissenhafter Ausübung seines Amtes für alle Gebrechen aufzukommen vermag, die sich während des Baues einstellen können. Auch erhöht sich die Gefahr für die am Bau Beteiligten dadurch, daß erfahrungsgemäß die meisten Bauunfälle nicht deshalb eingetreten sind, weil ein einziges Gebrechen ausreichte, den Einsturz herbeizuführen, sondern daß es in der Mehrzahl der Fälle ein unglückliches Zusammentreffen von an und für sich nicht übermäßigen Fehlern ist, das die wirkliche Ursache des Zusammenbruches bildet. Oft genügt letzten Endes eine geringfügige Erschütterung, um die Auslösung der zerstörenden Kräfte zu vollziehen. Es ist dann aber wieder ein Irrtum, zu glauben, die Verantwortung mit dem Hinweis darauf ablehnen zu können, daß das vom Bauleiter oder dem Unternehmer zu vertretende Gebrechen für sich allein den Zusammenbruch nicht herbeigeführt hätte, weil der übliche Sicherheitsgrad immer noch ausgereicht hätte, den Einsturz zu verhüten. Diese Sicherheit ist nämlich nicht um deswillen vorgeschrieben, daß sie während des Baues beliebig aufgezehrt werden darf, sondern die verlangte Sicherheit soll nach Vollendung des Werkes vorhanden sein, um schädliche Zufälligkeiten auszugleichen, wie kleinere unentdeckte Mängel in der Güte der Baustoffe oder der Ausführung oder zufällige Überschreitungen in der Belastung, Erschütterungen u. dgl. Zur Bejahung der Schuldfrage genügt es, daß das Gebrechen in erheblicher Weise zum Unfall beigetragen hat. Nicht umsonst droht der § 330 StGB. mit Strafe wegen der Entstehung der Gefahr, nicht wegen deren Auslösung, und in zivilrechtlichem Sinne verlangt das BGB. in § 831 von den für das Bauwesen Verantwortlichen, daß „die im Verkehr erforderliche Sorgfalt" beachtet wird.

Bei der Beurteilung strafrechtlicher Fälle dreht sich alles darum, was zu den „allgemein anerkannten Regeln der Baukunst" zu rechnen ist. Zudem bietet ein Freispruch vor dem Strafrichter noch lange keine Gewähr für die Befreiung von privatrechtlicher Haftung. Diese kann vielmehr bei Körperverletzungen und Todesfällen durch Rentenansprüche, außer dem Sachschaden, weitreichende Folgen haben. Und schließlich ist die Rechtsprechung, auch in den oberen Instanzen, keine ganz einheitliche. Es kommt vor, daß Freispruch eintritt, der nach technischer Beurteilung schwer verständlich ist, und daß andererseits, besonders in Zivilprozessen, die Grenze der Verantwortlichkeit zu weit gesteckt und ausgedehnt wird. Die Ursache dieser Erscheinung ist in der Schwierigkeit der Abgrenzung und Abstufung der Verantwortlichkeit für die am Bau Beteiligten durch den Richter zu suchen. Nicht selten bemühen sich die Parteivertreter, lediglich in formaler Weise aus dem Wort „Bauleiter" oder „Bauführer" die Verantwortung abzuleiten und auf Bauvorgänge auszudehnen, wo eine solche sachlich niemals begründet werden kann. Für den Richter aber ist es vielfach höchst schwierig, trotz aller Gutachten der Sachverständigen, in diese Vorgänge so einzudringen, daß er aus eigener Überzeugung heraus ein sicheres Urteil gewinnt. In den meisten Fällen bleibt er auf die Stellungnahme der Sachverständigen zur Schuldfrage angewiesen, was mißlich werden kann, wenn die Sachverständigen keine einhellige Stellung einnehmen. Es ist daher notwendig, daß der Sachverständige Verständnis für diese Fragen mitbringt und weiß, worauf es letzten Endes bei dem Richterspruch ankommt.

Bei der neuzeitlichen Bauweise verteilt sich nun die **Verantwortlichkeit beim Bau** auf verschiedene Köpfe, und als Grundsatz hat zu gelten, daß jeder den auf ihn fallenden Teil der Verantwortung zu tragen hat, und daß die Verantwortung regelmäßig dort aufhört, wo die sorgfältige und gewissenhafte Ausführung des Berufes die Entstehung von Baugebrechen nicht zu hindern vermag. Diese Grenze zu bestimmen ist eine Tatsachenfrage. Wenn z. B. ein Bauleiter eine gewisse Deckenkonstruktion bei einer als befähigt und solid bekannten Baufirma vertragsmäßig bestellt, so wird in der Regel seine Verantwortung für die Tragfähigkeit und Standfestigkeit der Decke damit abgeschlossen sein, daß er dem Unternehmer zur Aufstellung seines Entwurfes die Gebäudegrundrisse und die Höhe der Nutzlast richtig angibt. Für das andere, für die Richtigkeit der statischen Berechnung und der Pläne, für die Güte der Baustoffe und der Ausführung hat der Unternehmer zu haften; der Bauleiter hat dann nur dafür zu sorgen, daß er diese Bedingungen in den Werkvertrag aufnimmt. Trotzdem wird den Bauleiter immer noch eine Mitschuld treffen, wenn er gelegentlich seiner Kontrolle offenbare Fehler und Mißstände entdeckte und für deren Beseitigung nicht Sorge trüge. Aber unbillig und ungerecht würde es sein, wenn man von dem Bauleiter verlangen würde, daß er auch noch für die statische Berechnung und für die Abmessungen der Tragteile aufzukommen hätte. Wollte man den Bauleiter auch hierfür, sozusagen zur Steigerung der Sicherheit, verantwortlich machen, so würde ihm bei größeren und schwierigeren Bauten eine Arbeitslast zugemutet, die ihm alle Übersicht über den Fortgang des Baues rauben müßte.

Auf der anderen Seite hat aber auch der Unternehmer das Recht zu verlangen, daß die ihm zur Ausführung seines Werkes übergebenen Unterlagen im weitesten Sinne richtig sind. Handelt es sich z. B. um eine eiserne Dachkonstruktion, so muß der Lieferant sicher sein, daß die für die Aufnahme der Eisenkonstruktion bestimmten Pfeiler, die von einem anderen Unternehmer ausgeführt worden sind, die erforderliche Tragkraft aufweisen. Er selbst hat allerdings dem Bauleiter anzugeben, welche Last seine Eisenkonstruktion auf die Pfeiler überträgt, damit die Pfeiler richtig berechnet und ausgeführt werden können. Ist dann der Bauleiter selbst der Verfertiger der Pläne für das Mauerwerk, so haftet er selbstverständlich für deren Brauchbarkeit und auch für die Tragfähigkeit des die Mauerteile tragenden Untergrundes. Aber die Verantwortung für die Gründung kann wieder auf ein Baugeschäft übergehen, das die Gründung ausgeführt und eine bestimmte Tragfähigkeit garantiert hat. Die Verantwortung für alle am Bau Beteiligten stuft sich also je nach Lage der Dinge verschiedenartig ab, und Sache des Gerichtes und der von ihm zu Rate gezogenen Sachverständigen ist es, diese Abstufung und Gliederung richtig zu erfassen und hiernach zu urteilen. In allen reichsgerichtlichen Entscheidungen wird daher auch an einer strengen Trennung der Verantwortlichkeit von Bauleiter und Unternehmer festgehalten. Die Verantwortlichkeit muß aber in den Verträgen stets klar zum Ausdruck gebracht werden. Daß der Verfertiger eines baureifen Entwurfes, einerlei, ob er Bauleiter oder Unternehmer ist, für die Brauchbarkeit seines Werkes einzutreten hat, versteht sich von selbst. Die Pläne und die statischen Berechnungen hierzu sind wesentliche Unterlagen für die Gestaltung des Baues und zählen mit Recht zu denjenigen Arbeiten, die zur Ausführung des Baues gehören[1]).

Die Gliederung und Abstufung der Verantwortung ist somit im Bauwesen eine sehr vielseitige und von Fall zu Fall wechselnde, für die Mitwirkenden ist es daher wohl angebracht, sich über deren Grenzen jederzeit völlige Klarheit zu verschaffen.

Beim Bauen auf Grundstücken, die sich im Eigentum des Bauherrn befinden, sind die Bestimmungen des bürgerlichen Baurechts zu beachten, welche die privatwirtschaftlichen Verhältnisse regeln. Es sind dies die Eigentums- und Nachbarrechte, welche in den §§ 903ff. BGB. enthalten sind. Grundsätzlich kann hiernach der Eigentümer einer Sache, soweit nicht das Gesetz oder Rechte Dritter entgegenstehen, mit der Sache nach Belieben verfahren und andere von jeder Einwirkung ausschließen. Jedoch kann der Eigentümer die Einwirkung auf eine Sache nicht verbieten, wenn die Einwirkung zur Abwendung einer gegenwärtigen Gefahr notwendig und der drohende Schaden gegenüber dem

---

[1]) RG.Entsch. Bd. 39, S. 417a.

aus der Einwirkung dem Eigentümer entstehenden Schaden unverhältnismäßig groß ist.

Das Recht des Eigentümers eines Grundstückes erstreckt sich auf den Raum über der Oberfläche und auf den Erdkörper unter der Oberfläche. Der Eigentümer kann jedoch Einwirkungen nicht verbieten, die in solcher Höhe oder Tiefe vorgenommen werden, daß er an der Ausschließung kein Interesse hat, z. B. bei Anlage von Kanälen, Bergwerken, Fernsprechleitungen usw.

Der Nachbar eines Grundstückes kann verlangen, daß auf diesem nicht Anlagen hergestellt oder gehalten werden, von denen mit Sicherheit vorauszusehen ist, daß ihr Bestand oder ihre Benutzung eine unzulässige Einwirkung auf sein Grundstück zur Folge hat. Es kann also die Nutzungsart eines Grundstückes bei Herstellung eines Bauwerkes insofern privatrechtlich von Bedeutung sein, als mit einer Reihe von Nutzungen gewisse nachteilige Einwirkungen auf die Nachbargrundstücke verbunden sein können, welche sich deren Besitzer unter Umständen nicht gefallen zu lassen brauchen. Es darf das Grundstück nicht in der Weise vertieft werden, daß der Boden des Nachbargrundstückes die erforderliche Stütze verliert, es sei denn, daß für eine genügende anderweitige Befestigung gesorgt ist. Die Baugrubenwände müssen also, wenn sie bis an das Nachbargrundstück heranreichen, so befestigt werden, daß keine Bodenbestandteile, keine festen Bestandteile des Nachbargrundstückes in die Baugrube fallen. Auch bei einer Grundwasserabsenkung ist diese gesetzliche Vorschrift zu beachten, obgleich gegen sie an und für sich die Besitzer der Nachbargrundstücke keine Einwendungen erheben können, weil die Entziehung des Grundwassers auf einem Nachbargrundstück, insbesondere durch Brunnenanlegung, nach dem preußischen Wasserrecht nicht unzulässig und widerrechtlich ist. Wenn jedoch zufolge einer vorgenommenen Vertiefung eines Grundstückes Grundwasser, sei es allein oder zugleich mit Erdschichten, einem Nachbargrundstück derart entzogen wird, daß der Boden des Nachbargrundstückes die erforderliche Stütze verliert, so findet nach der ständigen Rechtsprechung des Reichsgerichtes das der Landesgesetzgebung vorbehaltene Wasserrecht keine Anwendung, sondern die Vorschrift des § 909 BGB., welche ein den Schutz eines anderen bezweckendes Gesetz im Sinne des § 823, Abs. 2 BGB. ist[1]). Es darf also nicht allein durch die auf dem Baugrundstück vorgenommene Vertiefung das Grundwasser auf dem Nachbargrundstücke nicht in der Weise vertieft werden, daß etwa auf dem Nachbargrundstück stehende Baulichkeiten die Stütze verlieren, sondern es darf auch durch Anlegung von Röhrenbrunnen das Grundwasser auf dem Nachbargrundstück nicht in solcher Weise gesenkt werden. Dies kann unter anderem eintreten, wenn der Untergrund auf dem Nachbargrundstück schlammig oder moorig ist. Liegt eine solche Gefahr vor, so müssen geeignete Vorkehrungen zur Verhinderung der Entziehung von Grundwasser auf den Nachbargrundstücken getroffen werden. Ebenso können auch bei

[1]) Urteil des RG. vom 16. Oktober 1920, V 139/20.

Rammarbeiten die Erschütterungen eine unzulässige Einwirkung auf das Nachbargrundstück hervorrufen, und der Urheber ist für den durch diese Einwirkung entstehenden Schaden verantwortlich. Denn Störungen des Eigentums eines Dritten durch Bauarbeiten begründen allgemein einen Schadenersatzanspruch, dies hat das Reichsgericht in einer Entscheidung vom 16. April 1921, V 373, 374/20, ausdrücklich anerkannt.

In der Entscheidung heißt es, daß dem Eigentümer, dem aus besonderen Gründen die Befugnis entzogen ist, Störungen seines Eigentums mit der Unterlassungsklage aus § 1004 BGB. abzuwehren, als Ersatz hierfür ein Anspruch auf Erstattung des durch die Störung verursachten Schadens zugestanden werden muß, ohne daß hierzu der Nachweis eines Verschuldens erforderlich ist. Die sich hieraus ergebende Schadenersatzklage ist nicht bloß ein Ersatz der Unterlassungsklage, so daß sie wie diese schlechthin gegen den Störer gerichtet werden kann, sondern der Schadenersatzanspruch gründet sich auf die Rechtsentziehung, die der beschädigte Eigentümer sich aus Gründen des öffentlichen Rechts gefallen lassen muß, und ruht auf dem Gedanken, daß, wer zugunsten der Allgemeinheit ein Recht aufopfert, von dem, in dessen Interessen die Rechtsentziehung geschieht und gebraucht wird, entschädigt werden muß. Die Pflicht zum Schadenersatz liegt demjenigen ob, der das Recht erhält, von dem benachbarten Eigentümer die Duldung sonst unzulässiger Einwirkungen auf das Eigentum zu verlangen und in seinem Interesse auch von diesem Rechte Gebrauch gemacht hat.

## 2. Die Bauverdingung.

### a) Bauausführung im Eigenbetrieb und durch Unternehmer.

Nach den Beziehungen, in welche bei Bauausführungen der Bauherr und seine Organe zu den ausführenden Personen treten, ist der Bau im Eigenbetriebe, Regie, von dem durch Unternehmer zu unterscheiden. Mit Eigenbetrieb wird jetzt allgemein eine solche Bauausführung bezeichnet, bei welcher der Bauherr selbst Arbeitgeber ist. Der Bauherr ist in eigener Regie tätig, wenn er die Verträge über die Lieferung der Baustoffe selbständig mit den einzelnen Lieferanten abschließt, wenn er die erforderlichen Arbeitsgeräte selbst vorhält und im eigenen Namen die Arbeiter annimmt, wenn also unmittelbare Rechtsbeziehungen nur zwischen dem Bauherrn und den einzelnen Lieferanten und Arbeitern bestehen. Diese Rechtsbeziehungen regeln sich nach den gesetzlichen Bestimmungen über den Kauf und über den Dienstvertrag. Bei einer Bauausführung durch Unternehmer dagegen verpflichtet sich dieser zu einer Gesamtleistung und hat den Arbeitern gegenüber die Stelle des Arbeitgebers. Es bestehen keine unmittelbaren Rechtsbeziehungen zwischen dem Bauherrn und den Arbeitern, diese werden vielmehr lediglich vom Unternehmer angenommen und entlohnt. Der Unternehmer übernimmt die Herstellung eines Werkes, und der Bauherr hat die vereinbarte Vergütung zu zahlen. Die Rechtsbeziehungen zwischen Bauherr und Unternehmer regeln sich nach den Bestimmungen über den Werkvertrag. Nach der Auffassung des bürgerlichen Rechts liegt selbst bei der Einfügung von Baustoffen in ein Grundstück keine Lieferung (Werklieferung), sondern nur ein Werkvertrag vor. Bei dem

Unternehmerbau tritt somit eine vorteilhafte Trennung der Arbeiten ein. Der Unternehmer bewirkt die unmittelbare Ausführung mit eigenem Personal und Gerät, während der Bauherr und seine Organe sich auf die technische Bauleitung und auf die Überwachung der guten Ausführung beschränken können.

Über die Vor- und Nachteile des Eigenbetriebs gegen den Unternehmerbetrieb sind die Meinungen geteilt. Aus einer Umfrage bei den deutschen Städten[1]) hat sich ergeben, daß die Vergebung größerer Bauarbeiten an Unternehmer die normale, dagegen für Unterhaltungsarbeiten der Eigenbetrieb vorzuziehen ist. Die Unterhaltung der städtischen Bauanlagen bedingt es, einen Stamm von angelernten Arbeitern zu halten, die jederzeit zur Verfügung stehen und Gewähr für gute Ausführung der Arbeiten bieten. Mit diesen ständigen Arbeitern werden dann auch gelegentlich kleinere Neubauten ausgeführt. Die Vorteile des Eigenbetriebes beruhen hiernach auf einem Stamm von geübten und erfahrenen Arbeitern, geht aber der Umfang der Arbeiten über den Rahmen hinaus, der durch die Zahl der vorhandenen ständigen Arbeiter und durch die vorhandenen Geräte gezogen ist, so ist der Unternehmerbetrieb als wirtschaftlich vorteilhafter vorzuziehen.

Dieses Ergebnis der Umfrage kann als zutreffend bezeichnet werden, alle ständigen Unterhaltungsarbeiten werden zweckmäßig im Eigenbetriebe ausgeführt, so besonders die Unterhaltungsarbeiten an Betriebsanlagen, weil es dann leichter ist, auf die Erfordernisse des Betriebes Rücksicht zu nehmen. Dagegen empfiehlt sich immer die Vergebung an Unternehmer, wenn es sich um größere Bauarbeiten handelt, die besondere Geräte erfordern oder ein besonders geschultes Personal bedingen oder schließlich die Heranziehung großer Arbeitermassen voraussetzen. Ein tüchtiger Unternehmer verfügt über die zweckmäßigsten und neuzeitlichen Geräte sowie über einen Stab für bestimmte Arbeiten besonders herangebildeter und leistungsfähiger Arbeitskräfte, so daß er nicht allein für kleinere öffentliche Verbände oder Private, die gewöhnlich kein genügendes Personal besitzen, die gegebene Persönlichkeit zur Übernahme ihrer Bauten ist, sondern auch für größere Gemeinde- und Staatsverwaltungen. Denn bei deren bureaukratischem Aufbau fehlt ihnen naturgemäß die kaufmännische Fähigkeit; Verwaltungsgrundsätze und kaufmännischer Geist sind ganz andersartige Dinge, die sich schwer vereinigen lassen. Der kaufmännische Geist verlangt Selbständigkeit, verbunden mit einem Interesse an dem Erfolg, er verträgt nicht starre Dienstvorschriften und ein die freie Bewegung hemmendes Formenwesen, wie sie für größere Verwaltungskörper nun einmal erforderlich sind. Es hat daher mit dem Fortschreiten der Technik auch überall das Baugewerbe ganz bedeutend zugenommen, in Deutschland steht es an zweiter Stelle unter allen Gewerben, und zwar unmittelbar hinter der Eisenindustrie. In allen Ländern sind große Bauunternehmungen entstanden, die mit ihrem großen Gerätepark und ihrem geschulten Personal auch die schwierigsten Bauausführungen unter

---

[1]) Vgl. Techn. Gemeindebl. 1921, S. 210.

eigener Verantwortung auszuführen in der Lage sind. Im allgemeinen ist daher eine Bauausführung durch besondere Unternehmer für die einzelnen Arbeitsgattungen die vorteilhafteste.

### b) Das Verdingungswesen.

Der Begriff des Verdingungswesens ist kein feststehender, die einen verstehen darunter das Vergebungswesen überhaupt, andere dasjenige der öffentlichen Verwaltungen, von Reich, Staat und Gemeinden. Beide Auslegungen treffen den Kern der Sache nicht. Dieser wird nur richtig erfaßt, wenn man von der früheren fremdwörtlichen Bezeichnung „Submission" ausgeht, die gleichbedeutend mit „Unterwerfung" ist und andeutet, daß bei der Submission sowohl die ausschreibende Stelle wie der Anbieter bestimmten Verfahrensvorschriften unterworfen ist. Welche wesentlichen Vorschriften dies sind, lehrt uns die Geschichte des Verdingungswesens, aus der wir ersehen, daß in Deutschland um die Mitte des vorigen Jahrhunderts für die Vergebung der öffentlichen Leistungen unter dem Namen „Submission" allgemein ein Verfahren eingeführt worden ist, das sich durch den schriftlichen Wettbewerb der Anbieter um den Auftrag von den früher üblichen Vergebungsarten, der freihändigen Vergebung an die Zunftmeister auf Grund von Taxen und der öffentlichen Versteigerung oder Lizitation, unterscheidet. Verdingung im richtigen Sinne ist hiernach die Vergebung von Arbeiten und Lieferungen auf Grund eines schriftlichen Wettbewerbes zwischen den Anbietern. Dieser schriftliche Wettbewerb fand anfangs in der Weise statt, daß nach einem von der vergebenden Stelle aufgestellten Kostenanschlag in Hundertteilen ab- oder aufzubieten war. Dieses Hundertteilverfahren verführte aber vielfach zu unüberlegten Angeboten und gab Anlaß zu den heftigsten Klagen, so daß es schließlich durch das heute übliche Einzelverfahren ersetzt wurde.

Zu dem wesentlichen Merkmal des schriftlichen Wettbewerbes treten dann bei der Verdingung von öffentlichen Arbeiten noch bestimmte Grundsätze für die Zuschlagserteilung, die aber auch nicht immer feststehend, sondern einem gewissen Wandel unterworfen waren. Während in der ersten Zeit nach Einführung des Verdingungswesens der Grundsatz bestand, unter allen Umständen dem Mindestfordernden den Zuschlag zu erteilen, bestimmen seit dem Jahre 1885 fast alle staatlichen Verdingungsordnungen, daß die niedrigste Geldforderung allein für die Entscheidung über den Zuschlag nicht den Ausschlag geben, daß der Zuschlag vielmehr nur auf ein in jeder Beziehung annehmbares, die tüchtige und rechtzeitige Ausführung der ausgeschriebenen Leistung gewährleistendes Gebot erteilt werden darf. Das Recht des Mindestfordernden ist also beseitigt und der Anspruch auf Zuschlagserteilung demjenigen Bieter zugesichert, der das preiswürdigste Angebot abgibt.

Auch private Auftraggeber bedienen sich bei der Vergebung von Arbeiten und Lieferungen nicht selten eines Verfahrens, das mit dem amtlichen Verdingungsverfahren mehr oder weniger übereinstimmt. Vielfach wird aber bei privaten Vergebungen diese Vergebungsform lediglich als Mittel benutzt, um dem von vornherein ins Auge gefaßten

Unternehmer eine tunlichst niedrige Preisforderung aufzuzwingen. In solchen Fällen wird also der Wettbewerb der anderen Bieter von dem Veranstalter des Verfahrens nicht in der Absicht angewandt, dem preiswürdigsten Bieter den Auftrag zukommen zu lassen, sondern in sittlich verwerflicher Weise zur Erreichung selbstischer Zwecke mißbraucht. Aus diesem Grunde kann das private Vergebungswesen, auch wenn es sich in den Formen des Verdingungswesens abspielt, nicht ohne weiteres als Verdingungswesen bezeichnet werden.

Das Verdingungswesen im richtigen Sinne, d. h. also das Vergebungswesen der öffentlichen Körperschaften, soweit es sich auf einem schriftlichen Wettbewerbsverfahren und einem bestimmten Grundsatz für die Zuschlagserteilung aufbaut, bedeutet seit etwa 70 Jahren schlechthin die Gesamtheit der Beziehungen zwischen den auftragerteilenden Behörden einerseits und den an öffentlichen Aufträgen beteiligten Erwerbskreisen andererseits. Es wurde um die Mitte des letzten Jahrhunderts hauptsächlich auf das Betreiben der Gewerbestände eingeführt. Diese erhofften von der Durchführung des Wettbewerbsgrundsatzes die Abstellung der vielfachen Mißstände, die mit dem vorher geübten freihändigen Vergebungsverfahren oder mit der Vergebung auf dem Wege der mündlichen Versteigerung verbunden gewesen waren und die sich hauptsächlich in der Begünstigung einzelner Bieter beim ersten und in der unüberlegten Angebotsstellung beim zweiten Verfahren gezeigt hatten. Die öffentlichen Körperschaften dagegen erhofften von der Einführung des Wettbewerbsgrundsatzes preiswürdigere Angebote und bessere Leistungen.

Aber schon von den 70er Jahren des letzten Jahrhunderts an zeigte sich, daß das neue Verfahren mit erheblichen Mißständen verknüpft war, an die man bei seiner Einführung nicht gedacht hatte. Vor allem war es in dem Zeichen des freien Wettbewerbes auch unberufenen und unlauteren Unternehmern möglich, als Bewerber aufzutreten und durch unüberlegte oder beabsichtigte Unterbietungen den Auftrag an sich zu reißen. Wollten die ehrlichen und tüchtigen Bewerber überhaupt Arbeit erhalten, so mußten sie die Schleuderangebote jener Mitbewerber noch unterbieten. Der unzureichende Preis gefährdete aber nicht nur die Güte der Leistung, sondern auch die Wirtschaftslage oder gar die sittliche Auffassung der Unternehmer, leistete also dem Niedergang des Gewerbes äuf allen Gebieten Vorschub. Auch die Hoffnung der Verwaltungen auf preiswürdige und gute Leistungen erwies sich damit als verfehlt, denn es zeigte sich immer deutlicher, daß die überhandnehmende Pfuscharbeit die denkbar unwirtschaftlichste Befriedigung des Staatsbedarfs darstellt. Diese Erfahrungen zeitigten während der letzten 50 Jahre ungezählte Verbesserungsvorschläge, die fast ausschließlich von den führenden Männern des Gewerbes und Handwerkes ausgingen, jedoch trotz des weitestgehenden Entgegenkommens der Behörden zu keinem nennenswerten Erfolg geführt haben. Durch Erlaß des preußischen Ministers der öffentlichen Arbeiten vom 20. Juni 1880 wurde erstmalig die Einheitlichkeit des Verfahrens für die diesem Ministerium unterstellten Dienststellen geregelt. Den Vorstellungen der Gewerbetreibenden wurde dann Rechnung getragen in einer neuen Verdingungsordnung vom 23. Dezember 1905, die aber auch noch vielfach revidiert und schließlich zur neuesten Fassung in den Erlassen des preußischen Ministers der öffentlichen Arbeiten vom 4. September und 18. Dezember 1912[1]) geführt hat. Dieser Verdingungsordnung haben sich dann die anderen deutschen Staaten, das deutsche Reich selbst und auch die kommunalen Behörden im wesentlichen angeschlossen. Trotz aller dieser Verbesserungen, die eine gesunde Entwicklung anstreben und Mängel immer wieder auszumerzen suchen, bleiben aber die Klagen bestehen und ist eine allseitig befriedigende Lösung noch nicht gefunden.

Die Kleingewerbetreibenden und Handwerker wenden sich überhaupt gegen den Grundsatz des freien Wettbewerbes, sie verlangen die gänzliche oder wenigstens teilweise Beseitigung des Wettbewerbsverfahrens und begründen das Verlangen damit, daß eine unbeschränkte Anwendung des Konkurrenzgrundsatzes zu immer stärkeren Unterbietungen und zu Preisen führe, die nicht mehr den wahren Wert der geforderten Leistung zur Grundlage hätten und daher zu minderwertigen Arbeiten, zu Täuschungen und Betrügereien verleiteten, so daß die Rentabilität des Gewerbes verloren gehe und der Handwerkerstand immer tiefer sinke. Die ganze Einrichtung sei eine das Handwerk schädigende und daher verwerfliche.

Diesen Klagen der Kleingewerbetreibenden wurde abzuhelfen versucht durch eine freihändige Vergebung kleinerer Arbeiten nach einem Normalpreisverzeichnis und Verteilung der Aufträge in alphabetischer Reihenfolge unter die einzelnen heimischen Gewerbetreibenden sowie durch ein Mittelpreisverfahren, nach welchem der Zuschlag an denjenigen Bewerber erfolgt, dessen Angebot dem Mittelpreis sämtlicher Angebote nach unten gerechnet am nächsten kommt. Beide Verfahren haben aber eine dauernde preissteigernde Tendenz gezeigt und daher wohl das Handwerk, aber nicht die vergebenden Behörden befriedigt[2]).

Im Gegensatz zum Handwerk haben sich Handel und Industrie nie gegen den Grundsatz des freien Wettbewerbes ausgesprochen, sondern immer nur die Mängel des Verfahrens in technischer Hinsicht bekämpft, und dies ist erklärlich, weil sie es rechtzeitig verstanden haben, die Gefahren des freien Wettbewerbes wenigstens zum Teil selbst auszuschalten, indem sie zur Selbsthilfe geschritten sind durch Zusammenschluß in Kartellen, Syndikaten usw. Und für Gewerbe, die kartelliert sind, hat natürlich der freie Wettbewerb mehr oder weniger seine Bedeutung verloren, denn die so verbundenen Gewerbetreibenden stehen den Abnehmern als eine geschlossene Einheit gegenüber.

In technischer Hinsicht wird in erster Linie das Fehlen einheitlicher Verdingungsvorschriften bemängelt, sodann werden die technisch unangemessenen Verdingungsunterlagen und verschiedene, nicht einwandfreie Geschäftsformen beanstandet.

---

[1]) Zentralbl. d. Bauverw. 1912, S. 473 und 1913, S. 1.

[2]) Vgl. Doerner: Kommunale Submissionspolitik; Huber, Das Submissionswesen; Beutinger, Das Submissionswesen, und Deutsches Baujahrbuch für Veranschlagung und Verdingung. 1914.

In dem Mangel an einheitlichen Verdingungsvorschriften liegt ein Moment der Unsicherheit und Gefahr für den Anbieter, weil die Mehrzahl der Gewerbetreibenden diese Vorschriften kaum durchliest und noch weniger versteht; sind sie aber einheitlich geregelt, so weiß der Anbieter ein für allemal, unter welchen Bedingungen er sein Angebot abgibt. Hieraus erklären sich die Bestrebungen nach einer reichsgesetzlichen Regelung der Verdingungsvorschriften in Deutschland, die bereits vor dem Kriege den Reichstag beschäftigt haben[1]) und neuerdings wieder in einem Antrag aufgenommen worden sind. Eine solche gesetzliche Regelung liegt sowohl im Interesse der vergebenden Behörden wie der Anbieter, weil die Behörden einen Rückhalt an gesetzlichen Bestimmungen erhalten und sich nicht mehr für alle Möglichkeiten den Rücken zu decken brauchen, und weil die Anbietenden in dem Gesetz eine größere Gewähr für die Befolgung der Vorschriften haben.

Die technisch unangemessenen Verdingungsunterlagen sind die Quelle vieler Streitigkeiten und oftmals der einzige Grund der großen Preisunterschiede. Denn wenn der Anbieter aus den Verdingungsunterlagen weder Art noch Umfang der geforderten Leistungen mit genügender Klarheit ersehen kann, so setzt er sich einem Risiko aus, bei dem der Gewissenlosere den Ehrlichen verdrängt. Durch mangelhafte Beschreibung der verlangten Leistungen und ungenügende Durcharbeitung der Verdingunganschläge, durch Vereinigung von verschiedenen Leistungen in einer Sammelposition, die dann ohne genügend genaue Massenangaben für die einzelnen Leistungen sich überhaupt nicht berechnen lassen, durch ungenügende Trennung der Haupt- und Nebenleistungen, durch ungenaue Bezeichnung der verlangten Qualität, durch Ablehnung der Gewähr für die gemachten Grunduntersuchungen und deren Ergebnisse, durch Änderungen am Bauprogramm ohne Entschädigungsansprüche des Unternehmers u. a. m. werden Unsicherheiten in die Preisberechnung hineingetragen, die eine richtige Preisermittlung unmöglich machen und unreelle Angebote von vornherein hervorrufen. Die Gründe für diese unangemessenen Verdingungsunterlagen liegen, abgesehen von der gar nicht selten vorkommenden Absicht, durch Unklarheiten in den Ausschreibungsunterlagen und Verschleierung der tatsächlichen Verhältnisse möglichst niedrige Preise zu erzielen, in der Unkenntnis der Bedürfnisse und der technischen Möglichkeiten sowie in der mangelnden wirtschaftlichen Ausbildung der Ausschreibenden. Die Verfasser der Unterlagen übersehen zweifellos nicht die Tragweite ihrer Vorschriften oder haben keine Kenntnis der entstehenden Folgen, sonst könnten nicht Forderungen gestellt werden, die sich technisch überhaupt nicht ausführen oder erkennen lassen. Wenn der Zweck der Ausschreibung erreicht werden soll, so müssen die verlangten Leistungen genau, klar und einwandfrei festgelegt werden, die Beschreibung der Leistungen muß so klar und eindeutig abgefaßt sein, daß ein Zweifel nicht entstehen

[1]) Vorschlag der 15er Kommission des Reichstages 1914 zu einem Reichsverdingungsgesetz, abgedruckt in Beutinger: Das Submissionswesen.

kann. Denn es ist ein allgemeiner Rechtsgrundsatz, daß eine höhere Leistung, als sie sich absolut eindeutig aus den Verdingungsunterlagen ergibt, und zwar als Ermittlung der geringst zulässigen Leistung, nicht gefordert, soweit aber die Leistung nicht eindeutig festgelegt ist, stets nur eine dem bewilligten Preis angemessene Leistung gefordert werden kann.

Zu den nicht einwandfreien Geschäftsformen gehören besonders das System der Ausbeutung geistiger Arbeit und die Gegengeschäfte. Wenn von Unternehmern nicht allein Preisangebote, sondern auch Entwürfe nebst Berechnungen für die Angebote mit verlangt werden ohne dafür ein Entgelt zu bieten, und wenn dann der Ausschreibende erst auf Grund dieser verschiedenen Entwürfe den für ihn am zweckmäßigsten erscheinenden Vorschlag heraussucht und diesen zur Grundlage der eigentlichen Bestellung nimmt, wobei Dritte, die an der ersten Ausschreibung gar nicht beteiligt waren und somit keine geistige Arbeit geleistet haben, mit herangezogen werden, so ist das eine gewissenlose Ausnutzung der geistigen Arbeit der Bewerber und verstößt gegen den Grundsatz, daß jede gelieferte Arbeit oder Ware bezahlt werden muß. Es ist ein Verstoß gegen Treu und Glauben im Verkehr, wenn die Geistesarbeit eines anderen nur benutzt wird, um sie auszubeuten und andere damit zu drücken. Und kein Unternehmer kann auf die Dauer seine Geschäftsunkosten mit derartig hohen Ausgaben belasten, wie sie Angebote mit vollständigen Entwürfen verursachen, die Auftraggeber müssen schließlich doch die Kosten für diese erfolglosen Arbeiten tragen. Als Rechtsgrundsatz gilt im allgemeinen, daß für Zeichnungen und Kostenanschläge, die lediglich zum Zwecke eines Angebotes mit Aussicht auf Zuschlagserteilung gemacht werden, der Anfertiger keine Vergütung beanspruchen kann, daß dagegen gegen die guten Sitten verstößt, wer sich von einem Unternehmer einen ausführlichen Entwurf zu einer größeren Arbeit herstellen läßt und dann den ihm in der Erwartung des Auftrages unentgeltlich übergebenen Entwurf für sich verwendet[1]). Die Unternehmer tun daher gut, wenn sie sich beim Einreichen von Entwürfen stets das Eigentumsrecht vorbehalten. Zivilrechtlich kann der Mißbrauch der Werkzeichnungen in den meisten Fällen mit Erfolg verfochten werden, und zwar sowohl dem Wettbewerber gegenüber, der die Zeichnungen verwertet, als auch demjenigen gegenüber, der sie an den Wettbewerber weitergibt oder sie selbst verwertet, und die zivilrechtlichen Rechtsbehelfe sind der Unterlassungsanspruch und der Schadenersatzanspruch. Strafrechtlich läßt sich dagegen im allgemeinen mit Erfolg nur gegen denjenigen vorgehen, der die Zeichnungen und Anlagen an einen Wettbewerber weitergibt[2]).

Das Wesen der Gegengeschäfte besteht darin, daß dem Anbieter die Bedingung gestellt wird, er müsse einen Teil seiner Forderung oder gar die ganze Forderung durch Abnahme von Waren, die der Auftraggeber herstellt, ausgleichen. Dieser Zwang wird häufig von größeren Unternehmungen wirtschaftlich schwächeren Personen gegenüber aus-

[1]) RG.Entsch. vom 12. April 1910. [2]) Vgl. auch Kap. 1f.

geübt. Es kann in geeigneten Fällen für beide Parteien vorteilhaft sein, wenn vereinbart wird, daß der Lieferant im Bedarfsfalle Waren vom Auftraggeber beziehen soll, unangebracht ist es aber und kann zu schweren materiellen Schäden führen, wenn diese Bedingung ohne Rücksicht auf die Kaufkraft und den tatsächlichen augenblicklichen Bedarf des Anbieters gestellt wird. Gegengeschäfte mit Zwangsabmachungen sind mit einer gesunden geschäftlichen Moral unvereinbar.

Alle diese Mängel des Verdingungswesens sind längst erkannt, und an Versuchen zu ihrer Beseitigung hat es nicht gefehlt, aber das ganze Problem ist und bleibt eine flüssige Materie, weil es immer von den derzeitigen wirtschaftlichen und sozialen Anschauungen abhängig bleibt. Trotzdem muß aber eine Beseitigung der Mängel angestrebt werden, denn die Heilung des Verdingungswesens ist nicht allein für den gewerblichen Mittelstand eine Lebensfrage, weil die öffentlichen Aufträge in erster Linie zur Erhaltung und Förderung seiner Fachtüchtigkeit und zur Heranziehung eines tüchtigen Nachwuchses dienen, sondern ist auch ein mächtiger Hebel zur Mehrung des Volksvermögens, und zwar unmittelbar, weil sie bewirkt, daß die Erzeugnisse für Rechnung der öffentlichen Körperschaften ihrem Gebrauchszweck möglichst vollkommen entsprechen, eine tunlichst lange Lebensdauer besitzen und möglichst geringe Unterhaltungskosten verursachen, und mittelbar, weil die Art der Vergebung und Erledigung der öffentlichen Aufträge in hohem Grade der Privatwirtschaft als Vorbild dient. Die Allgemeinheit endlich hat alles Interesse an der Beseitigung der Mängel des Verdingungswesens, weil eine angemessene Bezahlung des Unternehmers auch eine angemessene Bezahlung des Arbeiters ermöglicht, und weil eine wirtschaftliche Verwendung der öffentlichen Gelder die Ansprüche an die Steuerzahler vermindert. Der Wert der Arbeiten und Lieferungen, die in Deutschland von Reich, Staaten und Gemeinden auf dem Wege der Verdingung vergeben werden, wurde vor dem Kriege zu 5 bis 6 Milld. M. im Jahre berechnet[1]).

Die Grundlage der Heilung des Verdingungswesens muß ein gesunder Wettbewerb sein, denn dieser ist unerläßlich, um die Tüchtigkeit der einzelnen Gewerbetreibenden zu wecken und zu steigern, und dadurch das Gewerbe selbst und mit ihm die ganze Volkswirtschaft zu heben. Die Gewerbestände vertreten von jeher die Auffassung, daß in erster Linie die Übung der Behörden, auch trotz des gegenteiligen Wortlauts der Verdingungsordnungen nach wie vor dem Mindestfordernden den Zuschlag zu erteilen, zu einem schrankenlosen gegenseitigen Unterbieten der Bewerber geführt und dadurch die beklagten Auswüchse des Verdingungswesens verschuldet und immer mehr vertieft habe. Sie verlangten daher immer wieder das grundsätzliche Verbot der Zuschlagserteilung an den Mindestfordernden und brachten dafür eine Reihe anderer Zuschlagsgrundsätze in Vorschlag. Diese Vorschläge sind auch größtenteils ausgeprobt worden, haben aber ausnahmslos ebenfalls zu Mißerfolgen geführt. Nach der Auffassung der Verwaltungen sollen die

[1]) Handwörterbuch der Staatswissenschaften. Bd. 7, S. 1033.

Hauptursachen der Mängel des Verdingungswesens teils in der Unfähigkeit der Unternehmer zur richtigen Preisermittlung, teils in der neuzeitlichen Entwicklung des Wirtschaftslebens, insbesondere in dem Wesen der Gewerbefreiheit überhaupt oder in der wachsenden Massenerzeugung und im Zusammenhange damit im Überhandnehmen der kapitalistischen Betriebsform und in der Maschinenarbeit zu suchen sein. Bei dieser Auffassung ist es ohne weiteres erklärlich, daß in Behördenkreisen die Mißstände des Verdingungswesens vielfach als unvermeidlich und bestenfalls in einzelnen Punkten verbesserungsfähig angesehen werden. Auf alle Fälle steht fest, daß mit den bisherigen Verbesserungsbestrebungen der Gewerbestände und mit dem bisherigen Verhalten der Verwaltungen eine Heilung des Verdingungswesens in den letzten 50 Jahren nicht erreicht werden konnte. Und dies ist erklärlich, weil man bisher nur die äußeren Formen und Wirkungen des Verfahrens sowie das gültige Verdingungsrecht und das Verhalten der Bieter zum Verdingungswesen erforscht, nicht aber sich um die Zusammenhänge des Verdingungswesens mit dem Verwaltungsleben gekümmert hat. In der Untersuchung dieser Zusammenhänge liegt aber die Erkenntnis des Weges zur Heilung des Verdingungswesens.

Diese Zusammenhänge untersucht zu haben, ist das Verdienst des Oberregierungsbaurats Dr.-Ing. Richard Rothacker[1]). Nach ihm sind die Mängel des Verdingungswesens letzten Endes alle entweder auf die Unklarheit oder Unvollständigkeit der Verdingungsunterlagen oder aber auf den Umstand zurückzuführen, daß bestimmte Unternehmer von vornherein damit rechnen, die Leistungen nicht in der vorgeschriebenen Weise erfüllen zu müssen oder sich an Aufträgen schadlos halten zu können, von denen die Ausschreibungsunterlagen nichts enthalten oder die überhaupt nicht ausgeführt werden. Solche Unternehmer haben natürlich kein Bedenken, ihre weniger unterrichteten oder gewissenhafteren Mitbewerber zu unterbieten. Sowohl die Mangelhaftigkeit der Verdingungsunterlagen als auch diese angedeutete Rechnung einzelner Unternehmer haben ihren Ursprung in dem herrschenden Verwaltungsgeist, der einer sachlich gründlichen Geschäftsbehandlung gern aus dem Wege geht und mit einer äußerlich glatten Abwicklung der Dienstgeschäfte zufrieden ist, der daher einerseits zu einer falschen Erziehung, Auswahl und Verwendung der Beamten und damit zu mangelhaften Verwaltungsleistungen führt und der andererseits bei auftretenden Schwierigkeiten zu unangebrachter Nachgiebigkeit und Rücksichtnahme führt und sogar mittelbar zu unlauteren Machenschaften verleitet, der aber auch weiterhin ein Vertrauensverhältnis zwischen den Behörden auf der einen und den Gewerbeständen auf der anderen Seite unmöglich macht. Das nächstliegende und sicherste Mittel zur Heilung des Verdingungswesens bestehe daher in der Wandlung des Verwaltungsgeistes in der Richtung der streng sachlichen Geschäftsbehandlung durch zweckmäßige Erziehung und Auswahl, durch Gewährung tunlichster Selbständigkeit und voller Verantwortlichkeit der Beamten für ihre Amtshandlungen,

[1]) Das Verdingungswesen und seine Heilung von Richard Rothacker. Karlsruhe: G. Braunscher Verlag, 1919.

durch Änderung der Geschäftsordnungen der öffentlichen Verwaltung und zweckentsprechende Arbeitsteilung. Ein zweites Heilmittel bestehe in der dauernden, auf gegenseitigem Vertrauen gegründeten Gemeinschaftsarbeit zwischen den auftragerteilenden Verwaltungen einerseits und den beteiligten Gewerbeständen andererseits. Demgemäß findet er das Mittel zur Heilung der Schäden des Verdingungswesens in einer Gemeinschaftsarbeit von Verwaltung und Gewerbe, und zwar in der Form von Landesverdingungsämtern für die Sonderbehandlung der Verdingungsangelegenheiten der einzelnen Bundesstaaten sowie eines Reichsverdingungsamtes für die Bearbeitung der allgemeinen und grundlegenden Fragen. Er betrachtet die Heilung und Gesundhaltung des Verdingungswesens als gemeinschaftliche Aufgabe von Staat und Gewerbe und sucht in zweckmäßiger Arbeitsteilung und Arbeitsvereinigung die Hemmungen zu beseitigen, die bisher einerseits im Verwaltungsaufbau, in unzureichender oder verkehrter Vorbildung, Erziehung und Stellung der Baubeamten, und andererseits in der mangelnden gemeinschaftlichen Interessenvertretung der Gewerbe und in der mangelnden wirtschaftlichen und fachlichen Tüchtigkeit der einzelnen Gewerbetreibenden begründet liegen.

Das Baugewerbe ist als gesetzlich freies Gewerbe auch der Spekulation anheimgefallen. In jeder Bauarbeit, namentlich Tiefbauarbeit und ebenso auch in dem öffentlichen Verdingungswesen liegt ein Risiko, welches dem Baugewerbe einen stark spekulativen Ton gegeben hat. Ein Unternehmer öffentlicher Arbeiten kann sich leicht Kredit verschaffen, und dies übt einen großen Anreiz auf solche Personen aus, die das Bauen lediglich als Spekulation ansehen. Es fehlt daher auch nicht an Bestrebungen, welche verlangen, daß das Baugewerbe mit seinen vielen Gefahren nicht der willkürlichsten Gewerbefreiheit überlassen werden darf, daß zu seiner Ausübung zum mindesten ein gewisses geringstes Maß von technischen und moralischen Eigenschaften notwendig sei. Und diese Bestrebungen haben in Deutschland auch insofern Erfolg gehabt, als das Gesetz vom 30. Mai 1908 den unteren Verwaltungsbehörden die Befugnis gibt, Bauunternehmern und Bauleitern die Ausübung des Gewerbes zu untersagen, wenn ihnen geschäftliche Unregelmäßigkeiten, leichtsinnige Ausführung des Gewerbebetriebs und Mangel an der erforderlichen technischen Vorbildung nachgewiesen werden können. Dieser Nachweis kann aber natürlich immer erst geliefert werden, wenn irgendein Geschehnis, ein Bauunfall oder dergleichen eingetreten ist, das Gesetz hat also leider keine vorbeugende Wirkung, und daher bleibt das Baugewerbe auf die Selbsthilfe angewiesen.

Die Selbsthilfebestrebungen des Gewerbes sind zweifellos eine Grundbedingung für die Heilung der Schäden des Verdingungswesens, und die Verwaltungen sind auch andauernd bemüht, sie zu unterstützen. Dies zeigen am deutlichsten die Erlasse des preußischen Ministers der öffentlichen Arbeiten vom 22. Mai 1908, vom 4. September 1912 und vom 25. Februar 1916[1]), worin die unterstellten Behörden ausdrücklich und

[1]) Vgl. Zentralbl. d. Bauverw. 1908, S. 301, 1912 S. 473 und 1916 S. 146.

wiederholt angewiesen werden, die Beteiligung der Handwerkervereinigungen an der Ausführung von Arbeiten und Lieferungen im Auge zu behalten und tunlichst zu fördern. Diesem Beispiel sind auch die meisten staatlichen Verwaltungen gefolgt. Wenn derartige Verordnungen nicht den Erfolg gezeitigt haben, den die Gewerbetreibenden billigerweise erwarten konnten, so liegt das nach Rothacker an den Hemmungen in dem Aufbau und dem Dienstbetrieb der Verwaltungen. Andererseits dürfen aber auch die Selbsthilfebestrebungen nicht nur Interessenschutz und Interessenkampf bezwecken und allein von dem auf unbegrenztes Gewinnstreben gerichteten Geist beherrscht werden, sondern an die Stelle solcher Interessenorganisationen muß die berufsständische Gemeinschaftsarbeit treten. Der Gedanke der berufsständischen Selbstverwaltung tritt neuerdings mehr und mehr hervor, und es wird darunter auch das Zusammenarbeiten mit der Arbeiterschaft verstanden, denn Arbeitgeber und Arbeitnehmer bilden zusammen den Berufsstand. Der Berufsstand soll in den Wirtschaftsprozeß eingeschaltet werden, und von den berufsständischen Vereinigungen müssen dann auch die Selbsthilfebestrebungen im Verdingungswesen ausgehen. Das Verdingungsverfahren darf nicht mehr eine einseitig von der vergebenden Stelle zu bestimmende Angelegenheit sein, sondern es muß eine gemeinschaftliche Angelegenheit von vergebenden Stellen und herstellenden Berufsständen werden. Ebenso wie Arbeitgeber und Arbeitnehmer Kollektivverträge abschließen, müssen auch Kollektivverträge zwischen den vergebenden Stellen und den Berufsständen abgeschlossen werden, in welchen die Bedingungen für die Bedarfsdeckung des Baumarktes gemeinschaftlich geregelt werden.

Die absolut freie Konkurrenz hat für unser Wirtschaftsleben und besonders im Bauwesen keine guten Früchte gezeitigt, das ist auch vom RG. anerkannt worden, denn es hat die bei den einzelnen Ausschreibungen oder für eine räumlich und zeitlich begrenzte Zahl von Ausschreibungen geschlossenen Preiskonventionen in der Entscheidung vom 7. März 1908 mit folgender Begründung als zulässig anerkannt: „Seit es in Staat und Gemeinden üblich ist, Arbeiten auf Grund öffentlicher Ausschreibungen an den Mindestfordernden zu vergeben, bildet die dadurch entfesselte schrankenlose Konkurrenz durch unreelle Unterbietungen eine schwere Gefahr für den Handwerkerstand. Vereinbarungen von Unternehmern, die bezwecken, die Gefahr zu bekämpfen und angemessene Preise aufrechtzuerhalten, sind grundsätzlich als zulässig anzusehen. Sie sind so wenig gegen die guten Sitten, daß sie vom Standpunkt einer gesunden Wirtschaftspolitik im Gegenteil Billigung verdienen."

In gewissem Gegensatz zu dieser RG.Entsch. stehen die Maßnahmen gegen Ringbildung in dem Gesetz betreffend Maßnahmen für den allgemeinen Preisabbau. Es wird jedem, der sich an einer beschränkten oder unbeschränkten Ausschreibung beteiligt, die Verpflichtung auferlegt, anzugeben, ob die Preise seines Angebotes, „auf Grund einer Verständigung mit einem Dritten gestellt worden sind, oder ob er in sonstiger Weise an der Beschränkung des Wettbewerbes in bezug auf diese Vergebung beteiligt ist oder ihr unterliegt.“ Unrichtige Angaben werden mit Geldstrafe oder Gefängnis bis zu einem Jahr bestraft. Diese Bestimmungen gegen Ringbildung haben im Juli 1926 seitens des Reichsfinanzministers folgende Fassung erhalten:

„Bei Abgabe des Angebotes hat der Unternehmer eine Erklärung abzugeben, ob er mit anderen Vereinbarungen über die Preisbildung usw. getroffen hat, die auf diese Vergebung Anwendung finden. Als Vereinbarung gelten auch Kartellabreden. Der Auftraggeber ist berechtigt, vor Zuschlagserteilung Angaben über Art und Inhalt solcher Vereinbarungen zu verlangen. Für den Fall, daß sich die Erklärung über etwaige Vereinbarungen und die Angaben hierüber sich als unrichtig herausstellen, steht es der Verwaltung frei, vom Vertrage zurückzutreten oder die Vertragspreise um 10 vH herabzusetzen.“

Gegen die Abgabe eines solchen Verpflichtungsscheines hat die Fachgruppe Bauindustrie Stellung genommen und folgende Formulierung für eine solche Verpflichtungserklärung empfohlen:

„Die Vereinigungsfreiheit ist für alle Berufe gewährleistet. So wenig es dem Arbeitnehmer verwehrt ist, sich in Wahrung der jedem Staatsbürger zustehenden Rechte zusammenzuschließen, kann es dem Arbeitgeber zugemutet werden, auf eine technische und wirtschaftliche Fühlungnahme mit den Fachgenossen zu verzichten. Wir geben aber gern die Erklärung ab, daß wir keine Abrede mit anderen Bewerbern getroffen haben, die gegen die guten Sitten verstößt oder zur Erzielung eines unangemessen hohen Preises dienen soll.“

Der Erfolg war, daß Ende 1926 der Reichsfinanzminister erklärt hat:

„Die geforderte Erklärung und die verlangten Angaben sollten nur die Mittel bieten, sittenwidrige Vereinbarungen leichter festzustellen. Dabei stand fest, daß die Tatsache einer zulässigen Vereinbarung an sich nicht dazu führen dürfe, Angebote zurückzuweisen oder ungünstiger zu beurteilen.“

Die Deutsche Reichsbahngesellschaft hat daraufhin auch bereits den Verpflichtungsschein wieder fallen gelassen und in einem Bescheide vom 22. Dezember 1926 erklärt:

„Mit Rücksicht darauf, daß nach dem Ergebnis der bisherigen Verhandlungen im Reichsfinanzministerium nicht mehr die Absicht besteht, den ursprünglichen Verpflichtungsschein als Verhandlungsgrundlage beizubehalten, sondern die Frage durch anderweitig vertragliche Regelung zu lösen, haben wir die Reichsbahndirektionen angewiesen, bei der Vergebung von Leistungen und Lieferungen schon jetzt von der Anerkennung und unterschriftlichen Vollziehung des Verpflichtungsscheines Abstand zu nehmen und die Unternehmer und Lieferer lediglich zu verpflichten, das endgültige Verhandlungsergebnis mit ihnen vom Zeitpunkt seines Zustandekommens ab als Bestandteil des Vertrages anzuerkennen. Diese Verpflichtung wird bis auf weiteres in die besonderen Vertragsbedingungen aufgenommen werden.“

Es ist also zu hoffen, daß der Verpflichtungsschein wieder verschwinden wird, denn seine Einführung beruht auf einem Verkennen der heutigen wirtschaftlichen Notwendigkeiten und ist ein Hindernis für die notwendige Gemeinschaftsarbeit zwischen den Verwaltungen und den Gewerbeständen.

In der Nachkriegszeit wurde es infolge der unsicheren wirtschaftlichen Verhältnisse und der sprunghaften Änderungen in den Löhnen und Preisen unmöglich, Bauverträge mit festen, für die ganze Zeit der Bauausführung gültigen Preisen abzuschließen, und es mußten daher neue Formen für die Vergebung gesucht werden. So entstanden die verschiedenen Vertragsformen, welche einerseits eine beschleunigte Vergebung ermöglichen und anderseits das Konjunkturrisiko für den Unternehmer beschränken sollten. Diese neuen Vergebungsarten[1]) waren aufgebaut auf dem sog. Kolonialvertrag, der vor dem Kriege in den deutschen Schutzgebieten üblich war und auch während des Krieges mehrfach Anwendung gefunden hat. Der koloniale Bauvertrag ist dadurch entstanden, daß bei den ersten kolonialen Eisenbahnbauten die Bauverträge vor Ausführung ausführlicher Vorarbeiten auf Grund allgemeiner und überschläglicher Veranschlagungen abgeschlossen werden mußten. Dem Unternehmer wurde der Bau gegen eine Gesamtvergütung unter Aufbürdung des gesamten Risikos übertragen und die Folge war, daß der Unternehmer, der sich naturgemäß vor Verlust bei ungünstigem Verlauf der Bauausführung sichern mußte und nicht auf jeden Gewinn verzichten konnte, sein Risiko sehr vorsichtig hoch veranschlagte und in vielen Fällen bei glattem Verlauf des Baues verhältnismäßig hohe Gewinne erzielte. Daher wurde eine andere Lösung gesucht und in der Weise gefunden, daß die Arbeiten nicht mehr zu einer anschlagsmäßig festgesetzten Höchstsumme vergeben wurden, sondern daß der Unternehmer die von ihm tatsächlich aufgewendeten, durch Belege pflichtgemäß nachzuweisenden Selbstkosten sowie einen nach der Höhe der Bausumme ermittelten Unternehmergewinn erhielt, und daß außerdem eine feste Summe, die sog. Stichsumme, vereinbart wurde, deren Bedeutung darin besteht, daß bei ihrer Überschreitung durch die Selbstkosten der Unternehmer einen Teil der Überschreitung zu tragen hat, und wenn die Selbstkosten unter der Stichsumme bleiben, der Unternehmer einen gleichen Anteil an dieser Ersparnis erhält. Neben der Erstattung der Selbstkosten tritt also eine Ersparnisbelohnung ein, welche den vereinbarten Gewinn erhöht, oder eine Überschreitungsbuße, welche den Gewinn verringert. Beide, Ersparnisbelohnung und Überschreitungsbuße, werden schließlich noch auf einen Höchstwert begrenzt, damit für den Unternehmer einerseits die Höhe seines Risikos von vornherein festgelegt ist und er andererseits nicht angereizt wird, die Ersparnis beim Bau auf Kosten der Güte der Arbeit etwa zu übertreiben.

Diese Vertragsform ist nun im Kriege bei eiligen Bauausführungen ebenfalls angewandt und auch in der Nachkriegszeit mit gewissen Abänderungen noch beibehalten worden, als es galt, für die heimkehrenden Kriegsteilnehmer in beschleunigter Weise Arbeit zu beschaffen. Neben diesen Selbstkostenverträgen mit fester oder veränderlicher Stichsumme wurde weiter noch das Schätzungsverfahren für solche Fälle vorgesehen, in denen sich eine Stichsumme überhaupt nicht feststellen ließ, so daß die Preise von Zeit zu Zeit je nach den Preis-

[1]) Vgl. die Erlasse des preußischen Ministers für öffentliche Arbeiten vom 15. November und 14. Dezember 1918 sowie vom 17. Januar und 11. August 1919.

schwankungen neu festgesetzt werden mußten. Der **Akkordvertrag** wurde schließlich in der Weise gemildert, daß wohl feste Einheitspreise vereinbart wurden, außerdem aber auch die Grundpreise für Löhne und Baustoffe, auf welchen die Vertragspreise sich aufbauten, und daß dann bei Änderung der Grundpreise der Auftraggeber dem Unternehmer die nachweislich für Löhne und Baustoffe gemachten notwendigen Mehraufwendungen besonders vergütete.

Alle diese Vertragsformen haben aber bei der steigenden Geldentwertung eine befriedigende Lösung des Vergebungsproblems nicht herbeiführen können, Selbstkostenverträge und das Schätzungsverfahren haben sich nicht bewährt und sind bald aufgegeben worden, nur der **Akkordvertrag mit Gleitpreisen**, indem die vereinbarten Akkordpreise nach einem bestimmten Modus, sei es Lohnsatz oder Lebenshaltungsindexziffer usw., sich änderten, also gleitend waren, hat die Inflationszeit überdauert.

In der Inflationszeit und noch darüber hinaus waren diese **Gleitpreise** ein Notbehelf, weil die sämtlichen Kalkulationselemente, die Löhne, Materialpreise usw., nicht voraussehbaren Schwankungen unterworfen waren und weil auch die Arbeitsleistung je nach den politischen Verhältnissen großen Schwankungen unterlag. Der Unternehmer, der zu Festpreisen angeboten hätte, wäre nicht Unternehmer, sondern reiner Spekulant gewesen, denn ein Risiko, das sich nicht in einigermaßen schätzbaren Grenzen bewegt, kann der Unternehmer nicht auf sich nehmen.

Mit der Stabilisierung der Währung haben sich aber die Verhältnisse geändert. Wenn auch die Baustoffindustrien noch immer Material zum jeweiligen Tagespreis verkaufen und es nicht auf lange Zeit fest an Hand geben, so vollzieht sich doch die Bewegung der Materialpreise immer mehr in ruhigeren Bahnen. Die Lohnbewegung ist allerdings noch dauernd in Fluß, aber das allgemeine Lohnniveau liegt in der Bauindustrie bereits über dem allgemeinen Lohnniveau der übrigen Industrien, so daß weitere Steigerungen für den Baumarkt schwer tragbar sein würden. Auf der anderen Seite haben auch manche Unternehmer in der Inflationszeit durch die Gleitpreisverträge das Kalkulieren verlernt, denn ein Vertrag, der keine feste Bindung enthält, verführt dazu, sich darauf zu verlassen, daß die Abwicklung doch schon noch den einen oder anderen Vorteil bringen werde. Deshalb wurden Preise angeboten, die selbst unter den eigenen Anschlägen der bauvergebenden Stellen liegen und bei denen das solide und richtig kalkulierende Unternehmertum überhaupt nicht mehr mitkommen kann. Der Erfolg ist, daß der solide Unternehmer mehr und mehr zum Schaden der Volkswirtschaft verdrängt wird. Daher war es notwendig, nachdem die Verhältnisse wieder stabiler geworden, daß seitens der Unternehmer selbst der Entschluß gefaßt wurde, wieder zu Festpreisen überzugehen, d. h. Risiko und Verantwortung für die Preisberechnung wieder zu übernehmen.

Wenn auch das Baugewerbe nur auf Bestellung arbeitet, so entfällt damit keineswegs die Aufgabe und das Risiko des Unternehmers. Schon allein dadurch, daß der richtige Einkauf der Werkstoffe ganz von der

Beurteilung der Konjunktur abhängig ist, und daß die Arbeitnehmer Anspruch auf eine vom Ertrag des Unternehmens unabhängige Entlohnung erheben, ist die Preisberechnung mit einem erheblichen Risiko verbunden. Und die organisatorische Aufgabe des Unternehmers tritt in der Bauindustrie dadurch in den Vordergrund, daß jedes Einzelobjekt ihn vor eine ähnliche Aufgabe stellt, wie sie der Fabrikant nur einmal bei Einrichtung seiner Fabrik zu lösen hat. Zum Wesen des Unternehmers gehört die feste Preissetzung, welche die Übernahme des Risikos einschließt, das sich aus der Aufgabe des Unternehmers ergibt, und daraus folgt, daß gleitende Preise die Axt an die Wurzeln dieses Wesens des Unternehmertums legen.

Durch eine Verfügung vom 3. August 1925 hat der Reichsfinanzminister angeordnet, daß bei öffentlichen Submissionen Angebote zu Festpreisen bevorzugt werden sollen, selbst wenn sie zahlenmäßig ungünstiger sind als Gleitpreisangebote. Bei der Ausführung der Arbeiten sollen Behinderungen durch Streiks und Aussperrungen berücksichtigt werden. Die Behörden werden aufgefordert, alle Maßnahmen zur weiteren Einbürgerung der Festpreisangebote zu fördern. Ähnliche Erlasse sind vom Reichswehrministerium, von der Deutschen Reichsbahngesellschaft und vom Reichspostministerium herausgegeben worden. Auch der preußische Minister für Volkswohlfahrt hat in einem Erlaß vom 6. November 1925 sich für die Notwendigkeit von Festpreisen bei Bauaufträgen ausgesprochen und besonders auch den Gemeinden, die als Auftraggeber von Hauszinssteuerwohnungsbauten in Frage kommen, anempfohlen, auf die Vergebung zu Festpreisen hinzuwirken.

Im November 1925 hat dann auch der Reichsverband der deutschen Industrie zur Frage der Vergebung von Bauaufträgen und zum Verdingungswesen folgende Entschließung gefaßt:

„Der Index der Baukosten ist um 40—45 vH höher als das allgemeine Preisniveau (Großhandelsindex). Die Löhne der Bauarbeiter erheben sich um 30—40 vH über die Löhne der übrigen Industrien. Bei der Bedeutung der Bauwirtschaft, die vor dem Kriege etwa ein Drittel der gesamten gewerblichen Arbeiterschaft direkt beschfätigte, müssen diese Spannen, die sich in einem erhöhten Geldbedarf der Bauwirtschaft auswirken, bei der heutigen Lage als besorgniserregend bezeichnet werden. Die privaten Bauaufträge, die früher vier Fünftel der gesamten Bautätigkeit umfaßten, sind hauptsächlich wegen der Verteuerung des Bauens ständig in der Abnahme begriffen. Das Schwanken der Löhne, die zum Teil sogar im voraus mit staffelweisen Erhöhungen festgesetzt worden sind, und das Vorherrschen der Gleitpreisverträge zeugt von dem Vorhandensein heute nicht mehr angängiger Inflationsübungen. Begünstigt wird die Fortdauer dieses Zustandes dadurch, daß heute die Aufträge der öffentlichen Hand und die mit Hilfe öffentlicher Zuschüsse finanzierten Bauaufträge den Baumarkt beherrschen. Die öffentliche Hand folgt nicht den gleichen Impulsen und steht nicht in gleicher Weise unter dem Zwange der Rentabilität wie die Privatwirtschaft. Die Rückkehr zu einer gesunden Wirtschaft ist nur möglich, wenn das System der Gleitpreise und Selbstkostenverträge im Bauwesen baldmöglichst verlassen und gleichzeitig die Grundlagen der Kalkulation gefestigt werden. Indem durch die Gleitpreise die Vergütung der Unternehmer abhängig wurde von der Entwicklung der Warenpreise und Löhne, fiel dem Bauherrn die an und für sich dem Unternehmer zustehende Einflußnahme auf den Markt zu.

Ein befriedigendes Ergebnis konnte aus diesen Verhältnissen nicht erwachsen, an dem Treiben der Löhne und Preise hat indirekt das Verhalten der Bauherren selbst mitgewirkt, die das eigene Interesse an einer raschen Fertigstellung einmal begonnener Bauten allen anderen Rücksichten voranstellten.

Von den Auftraggebern der öffentlichen Hand ist zu fordern, die Bauaufträge, soweit sie in einem Baujahr fertiggestellt werden können, grundsätzlich zu festen Preisen zu vergeben und dabei gleichzeitig durch Bewilligung der Streik- und Aussperrungsklausel in den Verträgen den Unternehmern eine selbstverantwortliche Lohnpolitik zu ermöglichen.

In diesem Zusammenhang ist auch auf die Mißstände des baugewerblichen Verdingungswesens hinzuweisen. Unterbietungen und Submissionsblüten schlimmster Art sind hier an der Tagesordnung. Es werden, zumal bei öffentlichen Ausschreibungen, Angebote abgegeben, die ohne betrügerische oder wenigstens zweifelhafte Maßnahmen unbedingt zu Verlusten für den Unternehmer führen müssen. Erhalten derartige Angebote den Zuschlag, so ist eine weitere Untergrabung der guten Sitten die unvermeidliche Folge. Es liegt weder im Belange des einzelnen Auftraggebers noch der gesamten Bauwirtschaft, wenn derartige, offensichtlich zu niedrige Angebote vorzugsweise berücksichtigt werden. Jede ausschreibende Stelle muß sich darüber klar sein, daß sie nur zu einem angemessenen Preis eine einwandfreie Arbeit erhalten kann. Die Angemessenheit des Preises schützt den Auftraggeber mehr vor Unredlichkeiten und Übervorteilungen als die schärfste Aufsicht. Es ist ein ungesunder Zustand, wenn es alte erfahrene Unternehmungen ablehnen, sich an öffentlichen Ausschreibungen zu beteiligen, da sie häufig gegenüber einer unverantwortlichen Schleuderkonkurrenz zurückstehen müssen.

Die Ursachen dieser Schäden liegen in der Überzahl von Bauunternehmungen, die weder über sachverständige Leitung noch genügendes Betriebskapital verfügen, während andererseits die Anzahl der zu vergebenden Arbeiten gegenüber der Vorkriegszeit erheblich verringert ist.

Durch die Ausschaltung des ungesunden Überschusses nicht existenzberechtigter Unternehmungen wird auch die unbedingt notwendige Kapitalneubildung und die damit verbundene Gesundung des Unternehmertums möglich werden. Ein wieder gesundetes Unternehmertum wird sich bei dem nötigen Verständnis der bauvergebenden Stellen in Kürze auch wieder gesunde Wettbewerbsverhältnisse schaffen.

Die Art und Form der Ausschreibung ist für diese Gesundung von nachgeordneter Bedeutung. Je nach Lage der Verhältnisse kann die öffentliche oder die beschränkte Ausschreibung das Richtige sein. Der Unternehmer muß nur die geforderte Leistung klar übersehen können und darf sich seinerseits auch der Übernahme eines übersehbaren Wagnisses nicht entziehen.“

Auf Grund dieser Entschließung hat die Fachgruppe Bauindustrie in der Frage des Abschlusses von Festpreisverträgen im Baugewerbe sich auf folgende einheitliche Formulierung geeinigt:

„Angesichts der Erkenntnis, daß der Wiederaufbau der deutschen Wirtschaft wesentlich davon abhängig ist, daß alle ihre Teile ihre Leistungen und Lieferungen wieder in Form von festen Abschlüssen übernehmen, angesichts der Erkenntnis, daß sich dieser grundsätzlichen Forderung selbst gewichtige Bedenken unterordnen müssen, die sich aus den besonderen und in mancher Hinsicht eigenartigen Verhältnissen der Bauwirtschaft ergeben, hat der Vorstand der Fachgruppe Bauindustrie des Reichsverbandes der Deutschen Industrie in seiner Sitzung am 23. November 1925 folgenden Beschluß gefaßt:

Unter der Voraussetzung, daß die Streik- und Aussperrungsklausel in den Bauverträgen anerkannt wird, und daß die Auftraggeber bei etwaigen Lohn- und Tarifstreitigkeiten von allen Maßnahmen Abstand nehmen, welche die Stellung der Bauunternehmer zu schwächen geeignet sind; unter der weiteren Voraussetzung, daß die Auftraggeber in Erkenntnis gleicher Verantwortung gegenüber der Allgemeinheit den Abschluß von Festverträgen dadurch erleichtern, daß sie keine unbilligen Forderungen an die ausführenden Firmen stellen, wird den Mitgliedern der angeschlossenen Verbände empfohlen, Bauverträge allgemein zu Festpreisen abzuschließen, sofern bei ungehinderter Bauausführung die Ausführungszeit voraussichtlich nicht länger als sechs Monate nach Angebotsabgabe dauern wird.

Der Vorstand der Fachgruppe ist sich bewußt, daß der Abschluß von Festverträgen im Einzelfalle davon abhängen wird, daß auch die Baustoffindustrien bereit sind, feste Abschlüsse auf die Dauer von sechs Monaten mit den Bauunternehmungen zu tätigen."

In Bayern ist durch Beschluß des Landtages vom 19. Dezember 1919 das Verdingungsverfahren bei Vergebung behördlicher Aufträge ausgeschaltet worden, und das Staatsministerium des Innern hat am 13. November 1920 neue Richtlinien für das Verdingungswesen herausgegeben. Die Veranlassung zur Ausschaltung des Verdingungsverfahrens war die Forderung von Maßnahmen zur Wiederaufrichtung des Mittelstandes, und demgemäß betreffen die Richtlinien in der Hauptsache den gewerblichen Mittelstand, das Handwerk. Kleine Aufträge sollen tunlichst an die ortsansässigen Handwerker ohne Wettbewerb unmittelbar übertragen und alle Aufträge handwerksmäßiger Natur von einigermaßen nennenswerter Bedeutung mit Hilfe der Handwerker-Wirtschaftsverbände vergeben werden. Für Arbeiten, welche über das Maß handwerksmäßiger Leistung hinausgehen, ist dagegen die Vergebung im Wege des Wettbewerbes, und zwar in der Regel des öffentlichen Bewerbes beibehalten. Bei den auf Grund eines allgemeinen oder beschränkten Wettbewerbes einlaufenden Angeboten bleiben die Vergebungsvorschriften vom 2. April 1903 bestehen und der Zuschlag darf nur auf ein solches Angebot erteilt werden, welches in jeder Beziehung annehmbar ist.

Bei allen drei Gruppen wird auf die Ermittelung des angemessenen Preises besonderes Gewicht gelegt, und es wird allen mitwirkenden Stellen zur Pflicht gemacht, sich über alle für die Preisbildung in Betracht kommenden Verhältnisse Klarheit zu verschaffen. Auf Anforderung der Behörde haben deshalb auch die Unternehmer ihren Angeboten die Preisentwicklung beizufügen.

### c) Die Verdingungsarten.

Die Vergebung der Bauleistungen kann entweder freihändig oder im Wege der Verdingung erfolgen. Unter Verdingung ist jetzt die Vergebung von Arbeiten und Lieferungen auf Grund schriftlicher Angebote von Bewerbern zu verstehen, die entweder unbeschränkt durch öffentliche Bekanntmachung oder in beschränkter Zahl durch schriftliche Einladung zum Wettbewerb aufgefordert werden. Wesentlich für die Verdingung sind somit die schriftliche Form der Angebote und der Wettbewerb, welche beiden Merkmale der freihändigen Vergebung fehlen können.

In Preußen ist die öffentliche Ausschreibung aller Bauarbeiten gesetzlich vorgeschrieben. Der Grundsatz der öffentlichen Ausschreibung beruht auf dem Gesetz über den Staatshaushalt, welches in § 37 bestimmt: „Alle Verträge für Rechnung des Staates müssen auf vorausgegangene öffentliche Ausbietung gegründet sein, sofern nicht Ausnahmen durch die Natur des Geschäftes gerechtfertigt oder durch den zuständigen Minister für den einzelnen Fall oder für bestimmte Arten von Verträgen zugelassen werden[1].“ Die freihändige Vergebung sowohl wie die Ausschreibung unter einer beschränkten Zahl von Wettbewerbern sind hiernach als Ausnahmen anzusehen, die nur unter ganz bestimmten Voraussetzungen zur Anwendung kommen dürfen.

Während die freihändige Vergebung unter Ausschluß jeder Ausschreibung durch unmittelbare Übertragung von Arbeiten oder Lieferungen an einen Unternehmer vor sich geht, erfolgt bei der Verdingung die Vergebung auf dem Wege einer öffentlichen oder engeren Ausbietung. Bei der letzteren wird die Öffentlichkeit ausgeschlossen, es wird nur eine beschränkte Anzahl von Unternehmern zur Abgabe von Angeboten aufgefordert. Die freihändige Vergebung und die engere Ausbietung sind also der Öffentlichkeit entzogen, es rechtfertigt sich daher auch, sie auf bestimmte Ausnahmen zu beschränken. Denn auf die Öffentlichkeit des Verfahrens hat die Allgemeinheit, insbesondere bei Vergebung von Arbeiten und Lieferungen seitens öffentlicher Körperschaften, Anspruch; nicht allein, daß dadurch geeignete Bewerber und Bezugsquellen ermittelt werden, sondern es wird auch dadurch ein öffentlich anerkannter Weg zwischen Gewerbe und Behörde geschaffen, der durch die gegenseitige Überwachung ungerechten Einfluß und Bevorzugungen verhindert. Die Öffentlichkeit macht das Verfahren zu einer Angelegenheit des allgemeinen Vertrauens und sichert den Beamten vor Beschwerden und übler Nachrede. Und der freie Wettbewerb ermöglicht es den Unternehmern, ihre besonderen Leistungen zum Ausdruck zu bringen, er ist ein Antrieb, durch Übertreffen der Leistungen anderer höhere eigene Leistungen und höhere Gewinne zu erzielen, und er ist ein Ansporn zum technischen und wirtschaftlichen Fortschritt. Wenn daher auch unter dem Einfluß parteipolitischer Erwägungen Eingriffe in die Privatwirtschaft erfolgen oder zu gewärtigen sind, die den Grundsatz des Wettbewerbes überhaupt und damit auch im Verdingungswesen beiseitezuschieben versuchen, so kann doch der gesunde und dem natürlichen Instinkt des Menschen entsprechende Grundsatz des Wettbewerbes auf die Dauer nicht unterdrückt werden.

Die Vorteile des Wettbewerbes bleiben innerhalb gewisser Grenzen auch bei der Ausschreibung zu engerer Bewerbung gewahrt, das Verfahren bietet außerdem den Vorteil, für die in Frage stehenden Arbeiten die geeigneten Kräfte auswählen und unzuverlässige Unternehmer ausschließen zu können. Das Verfahren wird daher auch besonders von

---

[1]) Auch die Reichshaushaltsordnung vom 31. Dezember 1922 enthält in § 46 die Bestimmung: Den Verträgen, die für Rechnung des Reiches geschlossen werden, soll eine öffentliche Ausschreibung vorangehen, sofern nicht die Natur des Geschäfts oder besondere Umstände eine Abweichung hiervon rechtfertigen. Für die Schließung von Verträgen werden von der Reichsregierung einheitliche Grundsätze aufgestellt.

Privaten oder Gesellschaften, die in ihren Entscheidungen nicht an enge Vorschriften gebunden sind, mit dem besten Erfolg angewandt. Aber auch für weite Gebiete der kommunalen und staatlichen Aufträge ist das Verfahren des engeren Wettbewerbes durchaus empfehlenswert und daher auch in außerdeutschen Ländern vielfach in Gebrauch. Bei öffentlichen Bauten in Deutschland hat es dagegen zu häufigen Klagen seitens derjenigen Unternehmer geführt, welche durch die Nichtaufforderung zu dem Wettbewerb sich benachteiligt und oft eine gewisse Parteilichkeit in der Wahl der aufgeforderten Wettbewerber zu sehen glaubten. Infolgedessen ist in Deutschland die Vergebung in öffentlicher Ausschreibung für Staatsbauten die Regel. Die Verdingung wird dabei durch ein öffentliches Ausschreiben eingeleitet, und die zu einem bestimmten Zeitpunkt eingegangenen Angebote werden in einem hierzu angesetzten Termin im Beisein der etwa erschienenen Bewerber geöffnet, so daß das ganze Verfahren in voller Öffentlichkeit vor sich geht. Die Art der Zuschlagserteilung ist verschieden. Während bei dem engeren Wettbewerb es wohlbegründete Regel ist, dem Mindestfordernden den Zuschlag zu erteilen, muß bei der öffentlichen Ausschreibung die Wahl unter den Anbietern in gewisser Weise vorbehalten bleiben, um dem Unterbieten zuverlässiger Unternehmer durch minder sichere zu begegnen. Im übrigen ist bei der öffentlichen Ausschreibung die strengste Befolgung der durch die Verdingungsordnungen vorgeschriebenen Formen erforderlich, um selbst den Schein einer ungerechtfertigten Bevorzugung einzelner Anbieter sorgfältigst zu vermeiden.

Die Vergebung von Arbeiten und Lieferungen kann nun weiter erfolgen auf Grund eines Kostenanschlages nach Einheitspreisen oder zu einer Pauschalsumme oder zu einem festen Preise. Die Vergebung von Arbeiten zur Ausführung in Tagelohn ist die seltenere und wird nur da angewandt, wo der Umfang und der Wert der Arbeiten im voraus nicht zu ermessen sind oder eine ungewöhnliche Sorgfalt in der Ausführung verlangt wird, wie z. B. bei Unterhaltungs- oder Wiederherstellungsarbeiten im Betriebe oder unter sonstigen erschwerenden Umständen, wie ungünstige Jahreszeit, Naturereignisse u. dgl.

Die Vergebung auf Grund eines Kostenanschlages oder Leistungsverzeichnisses nach Einheitspreisen ist die übliche. Hierbei kommt es sowohl auf eine genaue Feststellung der Art der Arbeiten oder Lieferungen als auch auf eine annähernd richtige Berechnung der Mengen der einzelnen Leistungen an. Es muß also der Bauentwurf in ausführlicher Ausarbeitung vorliegen, und es müssen die Voruntersuchungen, namentlich des Baugrundes, so vollständig und erschöpfend angestellt sein, daß auf deren Grundlage eine genaue Preisberechnung ermöglicht wird. Über Mehr- oder Minderarbeiten und etwaige Planänderungen sind genaue Bestimmungen zu treffen. Nach den berechneten Massen und den vereinbarten Einheitspreisen kann dann eine Vertragssumme ermittelt werden, die entweder eine Pauschalsumme oder ein fester Preis sein kann. In der Regel wird aber die Schlußrechnung nach den wirklich ausgeführten Arbeiten und Lieferungen und den dafür geltenden Einheitspreisen aufgestellt.

In rechtlicher Beziehung ist hinsichtlich des Zusammenhanges zwischen Kostenanschlag, Pauschalvergütung und festem Preis folgendes zu beachten. Der Kostenanschlag ergibt in seiner Schlußsumme den Preis des veranschlagten Werkes. Dabei ist zu unterscheiden, ob die Schlußsumme des Kostenanschlages die Bedeutung eines festen Preises haben soll oder nur die Bedeutung einer Gesamtsumme. Soll sie die Bedeutung eines festen Preises haben, soll eine Gewähr für den Preis übernommen werden, so muß dies unzweideutig zum Ausdruck kommen, die Vereinbarung einer Pauschalsumme als Preis genügt nicht, da eine Pauschalsumme auch nur eine Gesamtsumme bedeuten kann. Ist die Gewähr für die Kostenanschlagssumme übernommen, so ist sie der feste Preis für das Werk und unterscheidet sich rechtlich in nichts von den Kauf- oder Mietspreisen. Wird dann der Kostenanschlag überschritten, so kommt es darauf an, durch wessen Schuld er überschritten wird. Wird er ohne Verschulden des Bestellers überschritten, so hat der Unternehmer keinen Anspruch auf Vergütung für die Mehrleistung. Wird er durch Verschulden des Bestellers überschritten, hat der Besteller die Überschreitung zu vertreten, so hat der Unternehmer Anspruch auf den angemessenen Preis für die Mehrleistung. Zu vertreten hat der Besteller, wenn der Kostenanschlag auf seinen Angaben beruht, nicht nur diejenigen Arbeiten, welche er besonders innerhalb des Kostenanschlages bestellt, sondern auch diejenigen, welche zur Herstellung des Werkes notwendig, wenn auch im Kostenanschlag nicht aufgeführt sind. Beruht dagegen die Unterlassung der Aufführung dieser notwendigen Arbeiten im Kostenanschlag auf einem Verschulden des Unternehmers und hat der Unternehmer die Gewähr für die Richtigkeit des Kostenanschlages übernommen, so hat er keinen Anspruch auf Vergütung. Hat er dagegen die Gewähr für die Richtigkeit nicht übernommen und zeigt sich, daß das Werk ohne wesentliche Überschreitung der Kostenanschlagssumme nicht ausführbar ist, so hat der Unternehmer die Überschreitung dem Besteller anzuzeigen, und der Besteller hat das Recht, den Vertrag zu kündigen (§ 650 BGB.). Kündigt der Besteller, so kann der Unternehmer nur einen der geleisteten Arbeit entsprechenden Teil der Vergütung und Ersatz der in der Vergütung nicht inbegriffenen Auslagen verlangen (§ 645 BGB.). Kündigt der Besteller nicht, so hat er die angemessene Vergütung für die Mehrarbeit zu entrichten. Unterläßt der Unternehmer die Anzeige, so haftet er dem Besteller für den aus der Unterlassung etwa entstehenden Schaden.

Anders dagegen, wenn die Kostenanschlagsumme nur die Bedeutung einer Pauschalsumme hat. Wird eine Pauschalvergütung vereinbart und dem Bauvertrag der zur Ermittlung der Pauschalsumme dienende, ins einzelne gehende Kostenanschlag angehängt, so umgrenzt dieser Kostenanschlag den Umfang der für die Pauschalvergütung zu leistenden Arbeiten auch dann, wenn der Unternehmer sich ausdrücklich zur kostenlosen Ausführung etwa wichtiger, nicht angeführter Arbeiten verpflichtet hat. Der Kostenanschlag hat infolge seiner ausdrücklichen Erwähnung im Vertrag und im Hinblick auf seinen Zusammenhang mit der Pauschalsumme die Bedeutung, daß alle Arbeiten von erheblicher Art, die in ihm nicht verzeichnet sind und nach der im Bauwesen üblichen Verkehrssitte nicht an sich vom Unternehmer ohne besondere Vergütung auszuführen sind, nicht unter die ausbedungene Pauschalsumme fallen, sondern vom Besteller getragen werden sollen[1]).

### d) Das Verdingungsverfahren.

Das Verdingungsverfahren zerfällt bei jeder einzelnen Verdingung in zwei Zeitabschnitte, es sind zu unterscheiden:

1. Die Vorbereitung und die Ausschreibung bis zur Erteilung des Zuschlags.

2. Die Ausführung und Abrechnung.

---

[1]) RG.-Entsch. vom 29. April 1910.

Den ersten Zeitabschnitt regeln die Bestimmungen über das Verdingungswesen, welche heute fast allgemein bei allen Reichs-, Staats- und Kommunalbehörden bestehen, sie regeln das Verdingungswesen bis zu dem Augenblick, in dem der Vertragsabschluß zustande kommt. Sie befassen sich demnach mit den Vorschriften über die verschiedenen Arten der Vergebung, über das Verdingungsverfahren selbst, über die Beschaffenheit und Eröffnung der Angebote und über die Zuschlagserteilung. Nach der heutigen Rechtsanschauung enthält eine Ausschreibung von Arbeiten und Lieferungen rechtlich nur die Aufforderung, Vertragsangebote zu machen, bildet aber selbst nicht ein Vertragsangebot nach § 145 BGB. Der Ausschreibende ist also grundsätzlich durch die Ausschreibung noch nicht gebunden, und es hat auch der Mindestfordernde kein Recht darauf, die Arbeit oder Lieferung zu erhalten. Nur besondere Umstände oder die Verkehrssitte können im Einzelfall eine sofortige Gebundenheit des Ausschreibenden abweichend von der Regel ergeben.

Für das Rechtsverhältnis nach Erteilung des Zuschlages, für den Abschluß des Vertrages selbst sind weiter allgemeine Vertragsbedingungen aufgestellt, und zu ihrer Ergänzung, zur besonderen Regelung der einzelnen Vergebungen in technischer und rechtlicher Beziehung, ferner zur Erläuterung des allen Aufträgen zugrunde liegenden Leistungsverzeichnisses dienen die besonderen und technischen Bedingungen.

Die Ausschreibungsbedingungen enthalten nun, und müssen es auch allgemein, die Bestimmung, daß mit der Abgabe des Angebotes auch eine Anerkennung der Vertragsbedingungen verbunden ist, mit diesem Zeitpunkt ist also der Anbietende rechtlich bereits an die Vertragsbedingungen gebunden. Praktisch lassen sich also die Vertragsbedingungen nicht von den Ausschreibungsbedingungen trennen. Beide müssen bei der Ausschreibung festgelegt sein. Demgemäß enthalten auch die Bestimmungen über das Verdingungswesen:

1. allgemeine Bestimmungen über die Vergebung von Leistungen und Lieferungen.

2. allgemeine Vertragsbedingungen.

Maßgebend für diese Bestimmungen sind in Deutschland die preußischen Bestimmungen geworden, wie sie in den Erlassen des preußischen Ministers der öffentlichen Arbeiten vom 23. Dezember 1905 und 9. September 1912 niedergelegt sind und welchen sich das Deutsche Reich sowie auch die anderen Bundesstaaten und die kommunalen Verwaltungen mehr oder weniger angeschlossen haben.

In den allgemeinen Bestimmungen über die Vergebung von Leistungen und Lieferungen ist erstens festgelegt, unter welchen Bedingungen Ausnahmen von der als Regel bezeichneten öffentlichen Ausschreibung zulässig sind, es sind Bestimmungen getroffen über die Arten der Vergebung, über die freihändige und die engere Ausschreibung. Zweitens wird das Verfahren bei Ausschreibungen geregelt, über den Gegenstand der Ausschreibung, die Fristen für die Vertragserfüllung, die

Bekanntmachung der Ausschreibung, die Bewerbungsfrist, die Zuschlagsfrist, die Eröffnung der Angebote und die Zuschlagserteilung sind eingehende Bestimmungen getroffen. Drittens werden Anweisungen gegeben für den Abschluß förmlicher Verträge sowie über den Inhalt und die Ausführung der Verträge.

Die allgemeinen Vertragsbedingungen, welche den Verträgen zugrunde zu legen sind, regeln das Vertragsverhältnis in rechtlicher Beziehung, worauf im 3. Kapitel näher eingegangen wird.

Nach den grundlegenden Bestimmungen muß der Gegenstand der Ausschreibung in allen wesentlichen Beziehungen bestimmt bezeichnet werden, über alle für die Preisbildung erheblichen Nebenumstände müssen genaue Angaben gemacht, Haupt- und Nebenleistungen müssen gekennzeichnet werden, auch wenn sie nach üblicher Auffassung ohne weiteres zur Hauptarbeit zugehören, und zur Klarstellung der Art und des Umfanges der zu vergebenden Leistungen und Lieferungen müssen den Verdingungsanschlägen ausreichende zeichnerische Darstellungen und Massenberechnungen beigegeben werden. Hierdurch soll die Voraussetzung für eine richtige Preisberechnung, nämlich die genaue Kenntnis, was für eine Leistung verlangt wird, erfüllt werden. Gegebenenfalls sind bei Aufstellung der Verdingungsanschläge besondere Sachverständige zuzuziehen. Im Interesse des gewerblichen Mittelstandes ist eine weitgehende Zerlegung der Ausschreibungen vorgesehen, welche dann von selbst zur Aufstellung genauerer und eingehenderer Unterlagen führt, da eine Zerlegung einer Leistung oder Lieferung zu einer besonderen Berücksichtigung des späteren Ineinandergreifens der verschiedenen Arbeiten und zu einer eigenen Klärung zwingt, wieweit die Leistungen des einzelnen Unternehmers oder Handwerkers gehen, wie sie zeitlich und räumlich in den Bauplan eingefügt und vor allem, wie Nebenleistungen verteilt werden müssen.

Für das schwierige Gebiet der Preisberechnung für größere Erdarbeiten ist in den bereits erwähnten Erlassen des preußischen Ministers der öffentlichen Arbeiten besondere Anweisung für die Schaffung ausreichender Unterlagen gegeben, um die Arbeit in allen Teilen übersehen und danach den Preis richtig ermitteln zu können. Denn es ist bekannt, daß gerade Erdarbeiten die Spekulation anlocken, weil infolge der Unsicherheit, in der sich der Unternehmer trotz der besten Maßnahmen, die örtlichen Verhältnisse klarzulegen, befindet und infolge der versteckten Schwierigkeiten, welche die Natur bietet und welche nicht im voraus zu übersehen sind, eine richtige Preisberechnung sehr schwierig ist, und daher immer die Möglichkeit besteht, entweder ein gutes Geschäft zu machen oder sonst auf Umwegen das finanzielle Risiko auf den Besteller abzuwälzen. Denn wenn auch in den Bestimmungen über das Verdingungswesen über die Auswahl des Bewerbers hinsichtlich seiner persönlichen und geschäftlichen Eignung weitgehende Vorschriften enthalten sind, so gelingt es trotzdem immer wieder ungeeigneten Bewerbern, auf dem Wege der Verdingung, ja manchmal sogar durch freihändige Übertragung zu großen Aufträgen zu gelangen, denen sie weder in technischer noch in wirtschaftlicher Beziehung gewachsen sind. Die Bestimmungen verlangen zwar, daß nur ein die tüchtige und rechtzeitige Ausführung der betreffenden Arbeit oder Lieferung gewährleistendes Angebot berücksichtigt werden soll, aber diese Bestimmung, die sich zunächst nur auf die Höhe des Angebotes bezieht, ist nur in der Hand eines selbständigen, die Verantwortung nicht scheuenden Beamten ein geeignetes Mittel, ungeeignete Bewerber auszuschließen. Sie ist daher auch in den neueren Ordnungen noch dahin erweitert worden, daß die Bewerber für die bedingungsmäßige Ausführung sowie für die Erfüllung ihrer Verpflichtungen gegenüber den Handwerkern und Arbeitern die erforderliche Sicherheit bieten, und um den vergebenden Stellen das Urteil zu erleichtern, ist für geeignete Fälle eine Auskunftspflicht vorgesehen, als Auskunftsstellen sind die zuständigen Berufsvertretungen, Handwerks-, Handels- oder Landwirtschaftskammern, bezeichnet. Für die preußische Eisenbahn- und allgemeine Bauverwaltung war außerdem durch Erlaß des Ministers der öffentlichen Arbeiten vom 7. März 1910 die Einrichtung regelmäßiger Mitteilungen der Provinzialbehörden an das Eisenbahn-Zentralamt in Berlin über erfolgte Vergebungen von über 100000 M. und die Abwicklung der Verträge getroffen, eine Anordnung, die ebenfalls geeignet war, den Behörden ein Bild über die Geeignetheit der Bewerber und den Umfang ihrer Arbeiten zu geben.

Die schwierigste Frage der Verdingung und dementsprechend die am meisten umstrittene ist die Auswahl des richtigen Angebotes hinsichtlich der Höhe der Preisforderung. Das Mindestpreisverfahren ist infolge der allgemeinen Anfeindung in den meisten neueren Verdingungsordnungen verlassen worden, denn es hat in der Praxis zu Preisunterbietungen geführt, welche die Güte der Leistungen stark beeinflußt und den angestrebten Zweck, eine billige Leistung zu erzielen, oft in das Gegenteil verkehrt haben. Wenn die ganze Verdingung, wie sie es sollte, auf Treu und Glauben beruhte, wenn demnach jeder Bewerber den Willen und das Können hätte, seine Preise so zu errechnen, daß seine Selbstkosten gedeckt und außerdem ein angemessener Gewinn darin enthalten wäre, dann wäre der Zuschlag an den Mindestfordernden, wie Steinbrecher sagt, das beste, gerechteste und einfachste Verfahren[1]). In der Praxis sieht es aber anders aus, viele Bewerber errechnen ihre Preise nicht nach den tatsächlichen Verhältnissen, sondern schätzen sie nach der Konkurrenz ab in der Überlegung, wie sie am ehesten den Zuschlag erlangen können, und viele Bewerber sind trotz der besten Absicht überhaupt nicht fähig, den richtigen Preis zu ermitteln. Und solche niedrigen Preisstellungen müssen dann natürlich auf die Arbeitsbedingungen einen schlechten Einfluß ausüben. Das Mindestpreisverfahren hat sich also sowohl aus praktischen wie aus sozialen Gründen nicht bewährt und ist mit Recht verlassen worden. Allerdings würde heute und wohl auch noch für längere Zeit durch die Einführung der Tariflöhne, des Achtstundentages und der Betriebsräte eine sozial schädliche Wirkung des Mindestpreisverfahrens ausgeschlossen sein, aber die praktisch schädlichen Preisunterbietungen würden bestehen bleiben, da das Risiko des Unternehmers noch verschärft wird.

---

[1]) Steinbrecher: Neuere Vergebungsarten S. 22.

Der Forderung des Baugewerbes, den Mindestfordernden grundsätzlich auszuschließen, ist allerdings keine Folge gegeben worden, und mit Recht. Denn das Mindestangebot braucht durchaus nicht immer auf unlauterer Unterbietung zu beruhen, sondern kann auch durch beste Kenntnis der Bezugsquellen, besonders vorteilhaften Einkauf der Materialien und sparsam arbeitende Betriebseinrichtungen entstehen, eine Ablehnung des Mindestfordernden aus einem formalen Grunde würde daher gegen anerkannt solide Unternehmer ein unberechtigtes Mißtrauen bedeuten.

Ein anderes Verfahren, das im Grunde ebenso willkürlich ist, nämlich das Mittelpreisverfahren, hat dagegen eine ziemliche Verbreitung, vor allem bei kommunalen Verwaltungen, gefunden. Danach soll aus allen Angeboten das arithmetische Mittel errechnet und dem ihm nach unten zunächst liegenden Angebot der Zuschlag erteilt werden. Es geht also von der Annahme aus, daß die mittleren Angebote am reellsten und richtigsten errechnet sind. Das Verfahren setzt an Stelle einer gewissenhaften Nachprüfung der Angebote eine von dem inneren Wert derselben ganz unabhängige mechanische Festsetzung eines bestimmten Angebotes. Die zunächst erreichte Ausschließung des Mindestfordernden hatte zur Folge, daß die Bieter zu ihren in der bisherigen Weise ermittelten Preisen solche Zuschläge machten, daß sie glaubten, in die mittlere Angebotslage zu kommen. Dadurch wurden die Mindestangebote schon erheblich in die Höhe getrieben. Da nun der Mittelpreis wiederum in einer gewissen Höhe über dem Mindestpreis steht, so folgt ohne Verbesserung der Leistung oder Güte der Lieferung eine mechanische Erhöhung der Preise, die z. B. in zweijähriger Erfahrung der Stadt Elberfeld auf $5 + 8 = 13$ vH ermittelt wurde[1]). Das Verfahren ist in einer ganzen Reihe von Städten eingeführt, aber in der Regel schon nach wenigen Jahren wieder fallen gelassen worden.

Ein weiterer wichtiger Schritt wurde sodann durch den Vorschlag des angemessenen Preises von dem Mitglied des Submissionsamtes der Mittelstandsvereinigung im Königreich Sachsen, Dr. Eberle, im Jahre 1911 getan[2]). Der grundlegende Gedanke liegt darin, daß die Angebote selbst überhaupt keinen Maßstab abgeben sollen, sondern daß der angemessene Preis von der vergebenden Stelle auf Grund eingehender Kalkulation ermittelt und an ihm nun die Angebote gemessen werden. Das ihm nach Ausscheidung der aus anderen Gründen für den Einzelfall nicht in Betracht kommenden Bewerber zunächst kommende Angebot erhält den Zuschlag. In Berücksichtigung der Schwierigkeiten und der Verantwortung, den richtigen Preis festzusetzen ohne genaueste Kenntnis der besonderen Umstände bei den verschiedensten Anbietern, sollen Sachverständige hinzugezogen werden.

Der Begriff des angemessenen Preises ist zum Gegenstand ernsthafter Erwägung und zum Ausgangspunkt der meisten neueren Bestrebungen auf dem Gebiet des Verdingungswesen geworden, und die

[1]) Deutsches Baujahrbuch. 1914.

[2]) Eberle: Der angemessene Preis und die Handhabung des angemessenen Preises.

Vorschläge haben auch ihren Niederschlag gefunden in der im Jahre 1914 erschienenen Ordnung über die Vergebung von Arbeiten und Lieferungen der Stadt Dresden. Aber diese Vorschriften leiden doch an erheblichen Mängeln und werden sich daher trotz aller Bestrebungen der interessierten Kreise, besonders der auf diesem Gebiet außerordentlich rührigen und segensreich wirkenden Mittelstandsvereinigung in Sachsen wenigstens allgemein nicht durchführen lassen[1]). Die Erfahrungen in Barmen und Karlsruhe mit fast demselben Verfahren haben auch wieder zu einer nicht unerheblichen Preissteigerung geführt. Aber die Forderungen, daß die vergebenden Stellen sich eine sachlich begründete Meinung über den richtigen Preis zu bilden haben, daß sie bei mangelnder Sachkunde Sachverständige aus dem Gewerbestand heranziehen sollen und daß auch die Leistungen den Bedingungen entsprechen müssen, sind durchaus beachtenswert und gehören zu den besten Verbesserungsvorschlägen.

Einen Mittelweg zwischen allen bisherigen Vorschlägen stellt der annehmbare Preis im Sinne der Vorschriften des preußischen Ministers der öffentlichen Arbeiten vom 23. Dezember 1905 und 4. September 1912 dar. Nach diesen Vorschriften darf „der Zuschlag nur auf ein in jeder Beziehung annehmbares, die tüchtige und rechtzeitige Ausführung der betreffenden Leistung oder Lieferung gewährleistendes Angebot erteilt werden“. Ausgeschlossen sind Angebote, die eine in einem offenbaren Mißverhältnis zu der Leistung oder Lieferung stehende Preisforderung enthalten, so daß nach dem geforderten Preis an und für sich eine tüchtige Ausführung nicht erwartet werden kann. Danach wird den vergebenden Stellen eine sorgfältige Prüfung der Angebote zur Pflicht gemacht und ihnen die Möglichkeit gegeben, das annehmbare Angebot auszusuchen. Es sind zunächst alle Angebote auszusondern, die unter Preis anbieten, die vergebenden Stellen müssen also in der Lage sein eine solche Prüfung vorzunehmen; sie müssen entweder selbst mit der Preisbildung in technischer und wirtschaftlicher Hinsicht vertraut sein oder von der ihnen freigestellten Zuziehung von Sachverständigen Gebrauch machen. Aber alle diese Angebote dürfen nicht ohne weiteres von der Zuschlagserteilung ausgeschlossen werden, denn es kann sehr wohl der Fall sein, daß ein Angebot mit niedrigen Preisen doch annehmbar sein kann, wenn für die niedrigen Preise besondere Umstände vorliegen und nachgewiesen werden. Nach Aussonderung der nach dieser Prüfung als nicht angemessen befundenen Angebote ist dann bei öffentlichen Ausschreibungen demjenigen Anbieter der Zuschlag zu erteilen, der unter den drei jetzt Mindestfordernden das nach den Bestimmungen annehmbarste Angebot abgegeben hat. Die Feststellung des annehmbarsten Angebotes hängt also von der Sachkunde und Sorgfalt der vergebenden Stellen ab, beruht somit auf Vertrauen. Durch den annehmbaren Preis wird aber dem gesunden Gedanken des Wettbewerbes Rechnung getragen und der Gefahr einer allgemeinen Preissteigerung, wie bei dem Mittelpreis oder dem angemessenen Preis, vorgebeugt. Es wird der Forderung, daß der Zuschlag nur auf eine

[1]) Vgl. Rothacker: Das Verdingungswesen und seine Heilung. Karlsruhe 1919.

angemessene Preisforderung erteilt werde, Rechnung getragen, die grundsätzliche Bevorzugung des Mindestfordernden wird beseitigt, und es wird die Auswahl des Unternehmers nach rein sachlichen Gesichtspunkten ermöglicht. Es muß also auch Sorge der vergebenden Stellen sein, die ihnen durch den annehmbaren Preis gegebene Freiheit in der Wahl des Unternehmers bei der Zuschlagserteilung nicht zu mißbrauchen.

Bei den Akkordverträgen mit gleitenden Preisen bestand die Schwierigkeit in der Verrechnung der Preisänderungen als Folge der Geldentwertung auf den Werklohn. Denn die den Werklohn bildenden Preiselemente wurden nicht einheitlich, sondern recht verschieden von den Preisänderungen beeinflußt. Voraussetzung für die Verrechnung der Preisänderungen war demnach die Zergliederung des Werklohnes, des Akkordpreises in seine Elemente.

Unter Preiszergliederung ist also zu verstehen die Aufteilung eines Einheitspreises für einen Kostenträger nach den verschiedenen Kostenarten und Kostenelementen, wie sie die Selbstkostenberechnung verlangt. Eine solche Preiszergliederung zwingt einerseits den Unternehmer, seine Angebotspreise wirklich zu berechnen und ermöglicht andererseits dem Auftraggeber eine Nachprüfung und eine Beurteilung der Angemessenheit der Preise. Sie muß ausgehen von den Grundpreisen der Bau- und Betriebsstoffe sowie den Lohnsätzen, sie muß sich weiter erstrecken auf die Kosten der auf Grund des Betriebsplanes ermittelten Betriebsmittel und Hilfsanlagen für die Leistungseinheit und schließlich die Zuschläge für die mittelbaren Kosten angeben. Die Preisbildungsbestandteile Betriebsmittel und Hilfsanlagen ebenfalls in Form von Zuschlägen zu dem Baustoff- und Lohnaufwand anzugeben ist nur bei ganz gleichartigen, gut übersehbaren Arbeiten angängig, bei umfangreicheren Arbeiten sind sie ihrer Wichtigkeit wegen besonders zu erfassen und ist der Weg, auf dem die Zahlen gewonnen werden, anzugeben.

Die Preiszergliederung in den Angeboten ist bereits in der Vorkriegszeit als Hilfsmittel für die Sicherung angemessener Preise angestrebt worden, in der Nachkriegszeit hat sie sich als das hauptsächlichste Mittel entwickelt, um bei der dauernden Geldentwertung einerseits die Angemessenheit der Angebotspreise der Prüfung zugänglich zu machen und um andererseits einen Maßstab für die Entlastung des Unternehmers vom Wagnis der Geldentwertung während der Bauzeit zu haben. Nachdem dieser Grund wieder fortgefallen ist, wird der Preiszergliederung von der Unternehmerseite ein steigender Widerstand entgegengesetzt, und es ist zu prüfen, ob dieser Widerstand berechtigt ist.

Gegen die Preiszergliederung[1]) wird angeführt, daß sie erstens für die vielfältigen Verschiedenheiten der vorkommenden Leistungen zu schematisch und namentlich für größere Ingenieurarbeiten nicht anpassungsfähig sei, zweitens den wohlbegründeten Kalkulationsgepflogenheiten des prak-

[1]) Vgl. die Aufsätze von Dr.-Ing. Hasse und Direktor Meisenhelder in „Der Bauingenieur“. 1926, Heft 5, 6, 7, 19 und 20.

tischen Unternehmers zu wenig entgegenkomme und daher drittens keine einfache Abschrift der Kalkulation des Unternehmers, sondern eine vollständige Umgruppierung, also eine erhebliche Mehrarbeit bedeute, viertens durch die der Praxis nicht entsprechende Art der Fragestellung dazu verführe, die Zuschläge gefühlsmäßig oder bewußt nach taktischen Erwägungen abzustimmen. Die Preiszergliederung sei wohl ein nützlicher Abrechnungsbehelf in der Zeit des schwankenden Geldstandes gewesen und behalte auch für regelmäßig wiederkehrende gleichartige Handwerksarbeiten des Hochbaues ihren Wert, aber sie sei in der bisher meist üblichen Form kein Mittel zur Weiterbildung des Verdingungswesens in Richtung auf den angemessenen Preis.

Richtig ist an diesen Einwänden, daß bei der Vielseitigkeit der Ingenieurbauten eine schematische Preiszergliederung nicht durchführbar ist, und daß die wichtigen Preisbestandteile Betriebsmittel und Hilfsanlagen nicht allein schwer auf die einzelnen Kostenträger zu verteilen sind, weil sie in der Regel sich über eine größere Zahl von Kostenträgern erstrecken, sondern daß auch die Angabe des Weges, auf dem die Zahlen für Betriebsmittel und Hilfsanlagen gewonnen werden, bereits in das Geschäftsgeheimnis des Unternehmers eingreift und daher der Versuch zur Verschleierung naheliegt. Richtig ist auch, daß eine Preiszergliederung eine weit klarere und ausführlichere Fragestellung seitens der ausschreibenden Stelle verlangt, als wie sie zur Zeit üblich ist, und daß nur derjenige mit einer Preiszergliederung bei einer Prüfung des Preises etwas anfangen kann, der selbst kalkulieren kann. Wenn daher auch eine Preiszergliederung, wie sie die Selbstkostenberechnung fordert, wohl ein geeignetes Mittel ist, um Auftraggeber und Unternehmer zu einer richtigen Preisberechnung zu erziehen, so muß doch andererseits zugegeben werden, daß sie bei Ingenieurbauten nicht das geeignete Mittel zur Erlangung wirtschaftlich vertretbarer Ausschreibungsergebnisse ist.

Die Preiszergliederung hat aber andererseits, wenn sie Vertragsinhalt mit wird, den Vorteil, daß sie den Anbieter gegen die Folgen von Rechenfehlern schützt. Denn nach einer RG.-Entsch. vom 1. April 1925[1]) liegt in dem Falle, daß die Preisberechnung beim Vertragsschluß auf einem dem anderen Teile nicht erkennbaren Rechenfehler beruht, kein Verstoß gegen die guten Sitten vor, wenn trotz des Mißverhältnisses der Leistungen der Anbieter am Preise festgehalten wird. Auch die Anfechtung wegen Irrtums ist nicht zulässig. Das RR. geht davon aus, daß, wenn die Kalkulation nicht Gegenstand des Vertrages und dem Besteller nicht erkennbar ist, auf welche Weise, mit welcher Berechnung der verlangte Preis zustande gekommen ist, wenn der Anbieter nur seinen Preis mitteilt, dem Besteller aber die Kalkulation nicht unterbreitet, auch nicht in ihren Grundzügen, so daß sie also außerhalb des Rahmens der rechtsgeschäftlichen Erklärungen bleibt, es sich nur um einen unbeachtlichen Irrtum im Beweggrunde handelt und die Anfechtung wegen Irrtums daher ausgeschlossen ist. Das Verlangen des Bestellers auf Leistung zum ver-

---

[1]) J. W. 1925, S. 1633.

einbarten Preis widerspreche nicht Treu und Glauben, da diese gerade im Hinblick auf die Stetigkeit und Verläßlichkeit des Verkehrs im ganzen zuungunsten des Anbieters sprechen, selbst wenn sich dadurch im einzelnen Falle eine Einbuße ergibt, die der von ihr Betroffene als unbillig empfindet. Sofern also beim Abschluß der Besteller nicht wußte, daß der Anbieter sich in der Preisberechnung geirrt hatte, könne ihm der gesetzliche Anspruch auf Erfüllung nicht versagt werden.

Die ungünstige Lage des Baumarktes in der Zeit nach der Inflation zeitigt bei jeder Ausschreibung von Bauarbeiten eine Unzahl von Angeboten, und dieses Überangebot hat die vergebenden Stellen veranlaßt, wieder Festpreise zu verlangen und dem anbietenden Unternehmer jedes irgendwie denkbare Wagnis und alle möglichen Nebenleistungen aufzubürden. Gegen dieses Übermaß an Schärfe in den Ausschreibungsbedingungen wenden sich natürlich die Unternehmer mit Recht, und es kommt also darauf an, die Nebenleistungen und Wagnisse, die nicht besonders abgegolten werden, so weit einzuschränken, daß dem Unternehmer überhaupt eine Kalkulation möglich ist. Der Weg hierzu führt zu einer anderen Fragestellung in den Ausschreibungsbedingungen, wie sie bisher üblich ist, und damit zu einem Zwang für die ausschreibende Stelle, sich in ganz anderer Form zu überlegen, was sie verlangt.

Die Grundlage einer verständigen Preisbildung besteht in einem richtig gegliederten Leistungsverzeichnis nach den einzelnen Kostenträgern. An Stelle der Preiszergliederung muß also die Leistungs- und damit die Preisgliederung treten. Diese Gliederung ist so vorzunehmen, daß diejenigen Leistungsbestandteile, die Gegenstand einer selbständigen Kostengruppe sind und daher auch zum Gegenstand eines selbständigen Angebotes gemacht werden können, auch in der Fragestellung des Leistungsverzeichnisses entsprechend selbständig auftreten. Dies trifft insbesondere zu für die Betriebsmittel und die Hilfsanlagen. Es muß mit dem aus formalen Rechtsbegriffen entstandenen Grundsatz gebrochen werden, daß nur solche Leistungen als Leistungseinheiten vorgesehen werden, die in das Eigentum des Bauherrn übergehen. Denn dabei wird keine Rücksicht auf die Leistungsbestandteile genommen, der Unternehmer muß vielmehr diese erst so zerlegen, wie sie sich nach dem wirklichen Gang der Arbeiten darstellen und sie dann auf den verlangten Leistungspreis umrechnen. Werden z. B. bei großen Erdarbeiten und sonstigen umfangreichen Baustellen aus der Einrichtung der Baustelle und ihrem Abbau sowie aus dem Vorhalten der Betriebsmittel und der Hilfsanlagen besondere Positionen des Leistungsverzeichnisses gemacht, wie das ja bereits heute vielfach üblich ist, so werden diese Positionen damit auch zu Positionen der Abschlagszahlungen und das in den Vorbereitungsarbeiten gebundene hohe Betriebskapital kann dem Unternehmer viel rascher zurückerstattet werden. Der Vorteil solcher Positionen liegt also besonders auf seiten des Unternehmers. Man kann sogar mit der Leistungszerlegung noch weitergehen, die Vorhaltung der Betriebsmittel kann in Miete und Unterhaltung zerlegt werden, die Miete ist für den Unternehmer eine selbständige Rechnungsgröße, besonders dann, wenn er Geräte tatsächlich anleiht, und auch die Unterhaltung ist eine für sich erfaßbare Größe, die erfahrungsgemäß annähernd richtig geschätzt werden kann. In gleicher Weise läßt sich auch der Preis für die Erdarbeiten selbst zerlegen in Bodenaushub, Baugrubenaussteifung und Wasserhaltung, und die Wasserhaltung, wenn es sich um Grundwasserabsenkung handelt, weiter in Einheitspreise für den vorgehaltenen Brunnen einchließlich Ein- und Ausbau und nach Einheitspreis für die zum Betrieb einer Wasserhaltung für die Pferdestärke oder Kilowattstunde erforderliche Energie. Dadurch wird dem Unternehmer das Wagnis abgenommen, einmal für die Zahl der erforderlichen Brunnen und sodann für die Menge der Betriebsenergie.

Die allgemeinen technischen Bedingungen für die verschiedenen Fachgruppen liegen als Ergebnis der Arbeit des Reichsverdingungsausschusses abgeschlossen vor. Sie sind als DIN 1962—1985 im Rahmen der Deutschen Industrie-Normen erschienen[1]). Allgemeine Vertragsbedingungen hat jede größere Verwaltung, es bleiben also nur noch die besonderen Bedingungen und das Leistungsverzeichnis für die betreffende Bauausführung. Diese müssen dazu benutzt werden, um auf die besonderen Verhältnisse des Baues hinzuweisen, Haupt- und Hilfsleistungen zu trennen und auch die Wagnisse zum Gegenstand der Fragestellung zu machen. Alle Leistungen, die der Unternehmer getrennt berechnen muß, müssen auch positionsmäßig getrennt werden, etwa gewünschte besondere Leistungen, die von den allgemeinüblichen abweichen, müssen entweder im ganzen oder gesondert zum Gegenstand von Einzelpositionen gemacht werden. Eine Leistungsgliederung in diesem Sinne wird Nebenleistungen und Wagnis für den Unternehmer erkennbar machen und ihm eine richtige Preisermittlung ermöglichen. Die Hauptsache ist, daß nicht Leistungsgruppen in gemeinsame Positionen hineingezwängt werden, die hinsichtlich der Preisgestaltung nichts miteinander zu tun haben, und daß Nebenleistungen und Wagnis für den Unternehmer erkennbar und berechenbar sind. Dann wird es für die ausschreibende Stelle auch leichter möglich sein, das wirtschaftlich vertretbarste Angebot herauszufinden.

### e) Die Verdingungsunterlagen.

Die Verdingungsunterlagen bilden

1. die Allgemeinen Bestimmungen über die Vergebung von Leistungen und Lieferungen,
2. die Allgemeinen Vertragsbedingungen,
3. die Besonderen Bedingungen,
4. das Leistungsverzeichnis oder der Verdingungsanschlag.

Den Allgemeinen Bestimmungen über die Vergebung von Leistungen und Lieferungen sind bei den staatlichen Behörden meist noch Bedingungen für die Bewerbung um Arbeiten und Lieferungen beigefügt, welche von Zeit zu Zeit öffentlich bekanntgemacht werden

---

[1]) Vertrieb der Normenblätter durch Beuth-Verlag G. m. b. H., Berlin SW 19.

und auf welche dann bei den Ausschreibungen verwiesen wird. Sie enthalten Bestimmungen über die Zulassung der Unternehmer, über Form und Inhalt der Angebote, über die Wirkung des Angebotes und über die Erteilung des Zuschlages.

Zur Schaffung einheitlicher Ausschreibungsbedingungen für sämtliche Industrie- und Gewerbezweige ist im Jahre 1922 im damaligen Reichsschatzministerium der Reichsverdingungsausschuß eingesetzt worden, der zunächst einige in der Inflationszeit besonders wichtige Fragen des Vergebungswesens für Bauarbeiten durch Erlaß des Reichsschatzministers vom 15. Juni 1922 vorläufig geregelt hat. Diese vorläufige Regelung hat aber nach der Festigung unserer Währung nur noch historische Bedeutung. Der Reichsverdingungsausschuß hat sodann seine Arbeiten fortgesetzt, im Jahre 1925 die bereits erwähnten technischen Bedingungen für die verschiedenen Fachgruppen fertiggestellt und schließlich im Jahre 1926 auch die Allgemeinen Vergebungsbestimmungen und Vertragsbedingungen für die Ausführung von Bauleistungen verabschiedet und damit die schwierige Aufgabe, eine einheitliche Verdingungsordnung zu schaffen, gelöst. Es ist daher zu wünschen, daß diese Arbeit nunmehr auch zur praktischen Durchführung kommen möge, damit im Reiche, in den Ländern und in den Gemeinden endlich eine einheitliche Verdingungsordnung vorhanden ist. Die Verdingungsordnung ist als DIN 1960 und 1961 erschienen[1]).

Die Hauptgrundlage für jede Verdingung ist das Leistungsverzeichnis oder der Verdingungsanschlag. Er wird auf Grund der festgestellten Kostenanschläge mit den etwaigen Änderungen nach Maßgabe der besonderen, von der Bauleitung ausgeführten Vorarbeiten

---

[1]) Durch den Reichsminister der Finanzen wurde durch nachfolgenden Erlaß Nr. IV. 4000. 26 die Einführung der Verdingungsordnung für Bauleistungen im Bereich der Reichsbauverwaltung und der Landesfinanzämter bekanntgegeben:

Die vom Reichsverdingungsausschuß aufgestellte Verdingungsordnung für Bauleistungen wird probeweise als Dienstvorschrift eingeführt.

Die bisher für die Vergebung von Bauleistungen maßgebenden Vorschriften der Militär- und Marinebauordnung treten außer Kraft.

Den Erlaß etwa noch erforderlich werdender Ausführungsbestimmungen behalte ich mir vor.

Die Verdingungsordnung für Bauleistungen ist allen Kostenanschlägen und Ausschreibungen grundsätzlich unverändert zugrunde zu legen. Dabei ist zu beachten, daß die „Allgemeinen Bestimmungen für die Vergebung von Bauleistungen — DIN 1960 —" (Teil A der VOB.) nur Verfahrungsvorschriften für die Dienststellen sind, nicht Vertragsbestandteil werden und dem Auftragnehmer kein klagbares Recht geben. Als Vertragsbestandteil für die einzelnen Bauvorhaben gelten die „Allgemeinen Vertragsbedingungen für die Ausführung von Bauleistungen" — DIN 1961 — und die „Technischen Vorschriften für Bauleistungen" — DIN 1962—1985 — sowie die „Besonderen Vertragsbedingungen", aus denen alles Nähere hervorgeht. Das Muster für die Besonderen Vertragsbedingungen ist einheitlich bei allen Ausschreibungen anzuwenden.

Auch der Reichspostminister hat in einem Erlaß vom 5. Oktober 1926 bestimmt, daß die Verdingungsordnung für Bauleistungen für den Geschäftsbereich der deutschen Reichspost zunächst probeweise als Dienstvorschrift eingeführt wird.

und ergänzenden Entwurfsbearbeitungen aufgestellt. Er soll alle zur Ausschreibung kommenden Arbeiten und Lieferungen nach Art und Umfang genau enthalten. Die Verbindung verschiedenartiger Arbeiten in einer Nummer, die sog. Sammelnummern, sind zu vermeiden, es müssen vielmehr in jeder Nummer die preisbildenden Grundteile eindeutig erkannt und bewertet werden können. Dazu ist es notwendig, wie bereits im vorigen Kapitel ausgeführt, die Gesamtleistung einmal nach Kostenträgern und sodann diese wieder so weit nach Kostenarten zu trennen, daß unter einer Position mit einem bestimmten Einheitspreis nur solche Arbeitsleistungen zusammengefaßt werden, welche dieselben Gestehungskosten erfordern. Die Entstehung der Kosten, wie sie die Selbstkostenberechnung lehrt, muß auch für die Einteilung des Leistungsverzeichnisses maßgebend sein, und daher ist und bleibt die Kenntnis der Selbstkostenberechnung die Voraussetzung für die Aufstellung eines richtigen Leistungsverzeichnisses.

In dem Verdingungsanschlage dürfen von dem Besteller ermittelte Preisansätze nicht enthalten sein, die Preise sind vielmehr vom Unternehmer anzugeben. Dies ist die heutige allgemeine Regel, das Abbieten nach Hundertteilen eines vom Besteller aufgestellten Kostenanschlages, welches für besondere Fälle noch mehrfach zugelassen ist, sollte überhaupt vermieden werden. Ebenso ist die Vergebung zu einer Pauschalsumme nur in Ausnahmefällen und auch dann nur auf Grund eines zergliederten, ins einzelne gehenden Kostenanschlages zweckmäßig. Denn der Besteller behält auch bei der Vergebung zu einer Pauschalsumme die Verantwortung für die Vorarbeiten und den von ihm aufgestellten Entwurf nebst Kostenanschlag, insbesondere also auch für die Mengen und die Art der Leistungen, und der Vorteil besteht bestenfalls in der vereinfachten Abrechnung. Anders dagegen, wenn ein Bau in Generalunternehmung vergeben wird, wenn also der Unternehmer die Vorarbeiten ausführt, den Entwurf und Kostenanschlag aufstellt; dann übernimmt er auch hierfür die Verantwortung. Eine solche Vergebung an Generalunternehmer kommt gewöhnlich nur dann in Frage, wenn dem Bauherrn, dem Besteller, keine technischen Kräfte zur Verfügung stehen oder wenn es sich um Spezialanlagen handelt.

Die Ausschreibungen sind ferner tunlichst derart zu zerlegen, daß einmal grundsätzlich Lieferungen von den Arbeiten getrennt werden, und daß sodann auch kleineren Gewerbetreibenden und Handwerkern die Beteiligung an der Bewerbung ermöglicht wird. Bei größeren Arbeiten und Lieferungen, die besondere Maschinen und Geräte und ein dementsprechend hohes Betriebskapital erfordern, ist dagegen die Zerlegung in möglichst große Lose erforderlich, damit die Kosten der Einrichtung und Ausrüstung der Baustelle einen möglichst geringen Einfluß auf die Ausführungskosten der einzelnen Arbeiten haben, damit die Allgemeinkosten in richtigem Verhältnis zu dem Umfang der Leistungen stehen.

Zur Erläuterung des Verdingungsanschlages dienen die besonderen Bedingungen, welche einerseits die allgemeinen Bedingungen ergänzen, andererseits zur technischen Beschreibung der einzelnen Arbeiten und Lieferungen dienen. Der allgemeine Teil umfaßt in der Regel folgende Punkte:

1. Gegenstand und Umfang der Unternehmung,
2. Beginn und Vollendung der Arbeiten,
3. Abnahme,
4. Berechnung der Vergütung,
5. Tagelohnarbeiten,
6. Vorlage der Rechnungen,
7. Zahlungen,
8. Vertragsstrafen,
9. Gewährleistung,
10. Sicherheitsleistung.

Die technischen Bedingungen erstrecken sich auf die Grundlagen und die näheren Bestimmungen für die Ausführung der einzelnen Gattungen von Arbeiten und Lieferungen sowie auf die Ordnungsvorschriften. Sie müssen die vom Unternehmer geforderten Leistungen genau festlegen und bestimmen, welche Leistungen allgemeiner Natur vom Unternehmer verlangt werden und welche Nebenarbeiten in den Preisen des Angebotes mit inbegriffen sein sollen, ohne in dem Verdingungsanschlag besonders erwähnt zu werden. So werden allgemein die erforderlichen Maschinen, Geräte, Werkzeuge usw. in den Grundpreis der Arbeiten eingeschlossen, im übrigen ist aber stets zum Ausdruck zu bringen, welche Nebenarbeiten eine besondere Vergütung nicht gewährleisten. Von Wichtigkeit sind besonders die Bestimmungen über die Beschaffenheit der Materialien und die an sie zu stellenden Mindestansprüche sowie über die Art der Be- und Verarbeitung. Es dürfen nicht für untergeordnete Bauten dieselben Qualitätsbedingungen gestellt werden wie für wichtige Bauwerke, an welche sowohl hinsichtlich der Festigkeit als auch der ästhetischen Wirkung erhöhte Ansprüche gestellt werden. Denn dadurch werden entweder die untergeordneten Bauwerke unnütz verteuert, oder es wird schließlich eine minderwertige Ausführung zugelassen zum Nachteil der reellen Unternehmer, welche bedingungsgemäß angeboten haben.

Der Beginn und die Reihenfolge der Arbeiten sind auf Grund eines Arbeitsplanes genau zu bestimmen und hiernach die Fristen zu vereinbaren. Bei Festsetzung der Fristen werden die Lage des Arbeitsmarktes und die Arbeitsverhältnisse für die zu verdingenden Gegenstände stets in der Weise zu berücksichtigen sein, daß es möglich ist, innerhalb der Fristen die Ausführung auch sachgemäß zu bewirken. Im Zusammenhang mit den Fristen stehen dann die Verzugs- oder Vertragsstrafen. Diese müssen dem Bauherrn oder der Bauleitung ein Mittel an die Hand geben, gegen leichtfertige oder auch böswillige Verschleppungen den Bauherrn schadlos zu halten, der vielleicht gerade mit Rücksicht auf die bestimmte Einhaltung eines Termines einen höheren als den normalen Preis bewilligt hat oder durch eine Verzögerung selbst zu materiellem Schaden gelangt.

Besondere Vertragsbedingungen bestehen für die Anfertigung, Anlieferung und Aufstellung von Eisenbauwerken[1]), welche als Normal-

[1]) Erlaß des preußischen Ministers der öffentlichen Arbeiten vom 14. Juni 1912 und Erlaß des Reichsverkehrsministers vom 12. Mai 1922 betr. Grundlagen für das Entwerfen und Berechnen eiserner Eisenbahnbrücken.

bedingungen in Deutschland gelten. Größere Eisenbauarbeiten, namentlich größere Brückenbauten werden indes heute selten noch auf Grund fertiger Entwürfe, sondern in der Regel im Wege des öffentlichen oder engeren Wettbewerbes vergeben. Es wird den Bewerbern nur das Bauprogramm gegeben, im übrigen ihnen aber die Wahl des Konstruktionssystems, die Art der Ausführung und alle Einzelheiten überlassen. Die Bewerber haben dann einen vollständigen Entwurf nebst Kostenanschlag einzureichen, und für die Erteilung des Zuschlages ist neben den sonstigen Vorzügen des Entwurfes der aus der Gewichtsberechnung und den Einheitspreisen sich ergebende Gesamtpreis maßgebend, so daß eine Eisenbauanstalt, die vorteilhafter als die Mitbewerber zu konstruieren vermag und deren Leistungsfähigkeit bekannt ist, auch bei höheren Einheitspreisen den nächsten Anspruch auf den Zuschlag hat.

Der Verdingungsanschlag, die besonderen und allgemeinen Bedingungen sind zu vervielfältigen, die außerdem zu den Verdingungsunterlagen noch gehörenden Zeichnungen und Massenberechnungen jedoch nur, soweit es angängig und unbedingt notwendig ist. Werden die letzteren nicht vervielfältigt, so ist aber den Bewerbern die Einsichtnahme zu gestatten. Erst nach Fertigstellung aller dieser Unterlagen kann die Ausschreibung erfolgen. Erfolgt sie öffentlich, so ist eine Bekanntmachung in den vorgeschriebenen Amtsblättern und in anderen für den Zweck geeigneten Zeitungen zu erlassen. Die Bekanntmachung muß in gedrängter Form diejenigen Angaben vollständig enthalten, die für die Entschließung zur Beteiligung an der Bewerbung von Wichtigkeit sind, insbesondere sind darin anzuführen:

1. Gegenstand und Umfang der Leistung und Lieferung nach den wesentlichen Beziehungen, wobei die Teilung des Gegenstandes nach Handwerkszweigen, Losen usw. hervorzuheben ist,
2. die Frist für die Vertragserfüllung,
3. Ort und Zeit der Eröffnung der Angebote,
4. die Zuschlagsfrist,
5. den Preis der Verdingungsunterlagen und die Stelle, an welcher sie eingesehen werden können.

Die Kosten der Bekanntmachung sind vom Ausschreibenden zu tragen. Zwischen der Bekanntmachung und dem Termin zur Einreichung der Angebote muß ein ausreichender Zwischenraum liegen, um den Bewerbern die nötige Zeit zur sachgemäßen Erkundigung, Vorbereitung und Berechnung der Angebote zu lassen. Bei kleineren Arbeiten oder Lieferungen genügt hierfür im allgemeinen eine Frist von 2 Wochen, bei größeren Arbeiten sollte die Frist aber nicht unter 4 Wochen festgesetzt werden.

Die Zuschlagsfrist ist in allen Fällen, insbesondere aber bei Lieferungen solcher Waren, deren Preise häufigen Schwankungen unterliegen, möglichst kurz zu bemessen und sollte 2 Wochen nicht überschreiten; nur wenn eine Genehmigung höherer Instanzen erforderlich ist, kann die Frist länger, und zwar bis 4 Wochen bemessen werden.

Bei der Verdingung nach Einzelpreisen sind von den Bewerbern die Einzelpreise für die verlangten Bauarbeiten zu berechnen und in den

Verdingungsanschlag einzusetzen. Der ausgefüllte Verdingungsanschlag ist dann ebenso wie die zugehörigen Bedingungen zum Zeichen der Anerkennung von dem Anbieter zu unterschreiben und nebst dem Angebotsschreiben, welches die Erklärung des Anbieters enthält, die ausgeschriebenen Arbeiten oder Lieferungen auf Grund der anerkannten Bedingungen ausführen zu wollen, rechtzeitig zu dem angegebenen Zeitpunkt in verschlossenem Umschlag einzureichen. Alle später eingehenden Angebote müssen unberücksichtigt bleiben, ebenso auch etwaige nachträgliche Änderungen der Angebote. Auch alle Angebote, die den Bedingungen nicht entsprechen, oder die bezüglich des Gegenstandes von der Ausschreibung abweichen oder das Gebot an Sonderbedingungen knüpfen, dürfen in der Regel keine Berücksichtigung finden.

Mit der Abgabe des Angebotes ist der Anbieter bis zum Ablauf der festgesetzten Zuschlagsfrist an sein Angebot gebunden, der Ausschreibende braucht eine etwaige Zurückziehung des Angebotes nicht zu bewilligen, sondern kann auf Erfüllung beim ordentlichen Gericht klagen. In dem Termin zur Eröffnung der Angebote werden die bis dahin unter Verschluß gehaltenen Angebote im Beisein etwa erschienener Bewerber geöffnet, die Forderungen der einzelnen Bewerber werden vorgelesen, und über das Ergebnis der Verdingung wird eine Verhandlung aufgenommen. Eine Veröffentlichung der Angebote ist den Beamten der staatlichen und kommunalen Verwaltungen im allgemeinen nicht gestattet. Sofern die Feststellung des annehmbarsten Angebotes besondere Ermittlungen nicht erfordert und der die Verhandlung leitende Beamte zur selbständigen Entscheidung über den Zuschlag zuständig ist, kann die Erteilung des Zuschlages sogleich in der von dem gewählten Unternehmer mit zu vollziehenden Verhandlungsniederschrift erfolgen, anderenfalls erfolgt die Zuschlagserteilung innerhalb der festgesetzten Frist durch schriftliche Mitteilung.

Sondervorschriften über die Zuschlagserteilung bestehen noch hinsichtlich der einheimischen Gewerbetreibenden und der Handwerker. Bei der Vergebung von Bauarbeiten sollen nämlich im Fall gleicher Preisstellung die am Ort der Ausführung oder in dessen Nähe wohnenden Gewerbetreibenden vorzugsweise berücksichtigt werden, wenn sie die Arbeiten im eigenen Betriebe ausführen, und wenn von mehreren Handwerkern gleichwertige Angebote vorliegen, so sind bei der Zuschlagserteilung diejenigen Handwerker vorzugsweise zu berücksichtigen, die berechtigt sind, den Meistertitel zu führen gemäß § 133 der RGew.-O. vom 1. Juli 1883 und Art. 8 des Gesetzes betreffend die Abänderung der Gew.-O. vom 26. Juli 1897.

Das öffentliche Wettbewerbsverfahren im Baugewerbe krankt daran, daß das Bauunternehmertum kein in sich gleichartiger und stetiger Berufs- und Gewerbestand ist. Während andere Industriegruppen an feste Betriebsstätten und Betriebseinrichtungen gebunden sind und der Mitgliederkreis eine gewisse Stetigkeit aufweist, ist beim Baugewerbe ein fortwährender Wechsel sowohl der Mitglieder als der Betriebsstätte vorhanden und sind die Unterschiede in der technischen Vorbildung, in den Betriebseinrichtungen und Erfahrungen sowie in der moralischen

Qualifikation besonders groß, der spekulative Einschlag des Baugewerbes lockt vielfach auch berufsfremde Elemente an. Wenn daher eine Behörde in einem öffentlichen Ausschreiben ohne einschränkende oder erschwerende Bestimmungen sich an die Gesamtheit des so verschiedenartig zusammengesetzten Gewerbestandes wendet, so kann es auch nicht verwunderlich sein, daß die Ergebnisse so unterschiedlich ausfallen, wie es die Erfahrung zeigt. Und die großen Unterschiede in den Ausschreibungsergebnissen tragen wesentlich mit dazu bei, daß es den Behörden so schwer wird, den angemessenen, d. h. noch auskömmlichen Preis, zu finden. Ein Ausweg würde also sein, wenn die unterschiedlichen Unternehmer sich nicht als gleichberechtigte und gleichartige Bieter betätigen könnten, mit anderen Worten, wenn das öffentliche Wettbewerbsverfahren eingeschränkt würde. Auch beim beschränkten Wettbewerb kann durch Zahl und Art der aufzufordernden Bieter immer noch für genügende Konkurrenz gesorgt werden. Außerdem würden die beim öffentlichen Wettbewerb ganz erheblichen unproduktiven Kosten eingeschränkt werden und dadurch eine allgemeine Preisverbilligung eintreten können.

Aus diesen Erwägungen heraus hat daher auch der Reichsverdingungsausschuß in seiner Reichsverdingungsordnung folgende Bestimmung vorgesehen: „Im allgemeinen sollen Vergebungen von Bauleistungen im Wege des gesunden Wettbewerbes geschehen mit dem Ziel, unter Berücksichtigung der Wohlfahrt der Gesamtwirtschaft die Leistungen zu angemessenen Preisen an leistungsfähige und sachkundige Bewerber zu vergeben.“ Wird dieser Grundsatz durchgeführt, dann ist für den öffentlichen, in keiner Weise beschränkten Wettbewerb nur noch sehr wenig Raum.

## 3. Der Bauvertrag.

### a) Formen der Verträge.

Die von dem Besteller und den die Ausführung der Arbeiten und Lieferungen übernehmenden physischen oder juristischen Personen gegenseitig übernommenen Verpflichtungen pflegen beurkundet zu werden durch

1. Verdingzettel,
2. Bestellzettel,
3. förmliche schriftliche Verträge.

Unter Verdingzettel versteht man die beim Bau im Eigenbetrieb vorkommende Form des schriftlichen Übereinkommens zwischen dem Bauherrn und den Akkordarbeitern[1]). Nach dem Grad der Ausführlichkeit, mit welchem die Arbeiten nach Lage, Maß und Masse bezeichnet werden, und je nachdem es für erforderlich erachtet wird Angaben über die Art der Ausführung, über Beschaffung und Unterhaltung von Gerätschaften u. dgl. außer dem Zahlungsmodus in den Verdingzettel aufzunehmen, bestimmen sich dessen Form und Inhalt.

[1]) Vgl. Abschn. III 3b, S. 201.

Der Bestellzettel ersetzt rechtlich einen förmlichen Vertrag und wird als vereinfachtes, aber rechtsgültiges Auftragsverfahren angewandt, wenn es sich um einfache Verhältnisse handelt, wenn der Wert der Leistung oder Lieferung nur gering ist, und wenn die Preise ortsüblich oder durch Preisverzeichnisse bestimmt sind. Ein Bestellzettelbuch ist als Durchschreibbuch eingerichtet und enthält ein Stamm- und ein abzutrennendes Blatt, auf welchem alle wesentlichen Punkte der Vereinbarung knapp und bestimmt niedergeschrieben werden, dann wird das perforierte Blatt abgetrennt und dem Auftragsempfänger übergeben, der durch Annahme des Bestellzettels zur Leistung verpflichtet ist. Das Bestellzettelverfahren ist auch dann zweckmäßig, wenn bei förmlichen Verträgen außervertragliche Arbeiten vorkommen oder Arbeiten in Tagelohn ausgeführt werden müssen, um spätere Auseinandersetzungen zu vermeiden.

Unter den förmlichen Verträgen sind die von beiden Beteiligten vollzogenen schriftlichen Urkunden zu verstehen, welche in erschöpfender Weise die gegenseitig übernommenen Verpflichtungen feststellen. Wird der Vertrag auf Grund eines Ausschreibungsverfahrens abgeschlossen, so wird das angenommene vollständige Angebot mit den allgemeinen und besonderen Bedingungen sowie erforderlichenfalls mit den Zeichnungen und Massenberechnungen der eigentlichen Vertragsurkunde als Bestandteile beigefügt. Indem der Vertrag hierauf Bezug nimmt, braucht er selbst nur die Bezeichnung der Gegenstände, den Vertragspreis, die Stempelberechnung und die Sicherheitsleistung zu enthalten.

Zur Vollziehung einer schriftlichen Urkunde über den durch Erteilung des Zuschlages zustande gekommenen Vertrag ist der Bewerber auf Erfordern verpflichtet. Rechtlich abgeschlossen ist allerdings der Vertrag bereits durch die Erteilung des Zuschlages. Von einer schriftlichen Beurkundung des Vertrages kann abgesehen werden, wenn die Rechtsgültigkeit des Abkommens dadurch nicht in Frage gestellt wird und ein schriftlicher Vertrag nicht gesetzlich vorgeschrieben ist, wie beim Kauf von Grundstücken. In solchen Fällen ist aber immer durch einen alle wesentlichen Abmachungen enthaltenen Schriftwechsel oder durch schriftliche, gegenseitig anerkannte Aufzeichnungen für die Sicherung der Beweisführung über den wesentlichen Inhalt des Übereinkommens Vorsorge zu treffen.

## b) Der Werkvertrag.

Bauwerkvertrag ist ein Werkvertrag, der die Herstellung eines Bauwerks oder Bauwerkteils zum wesentlichen Vertragsinhalt hat. Unter Bauwerk ist dabei nach der in ständiger Rechtsprechung des RG. festgehaltenen Auffassung eine unbewegliche, durch Verwendung von Arbeit und Material in Verbindung mit dem Erdboden hergestellte Sache zu verstehen. Infolge dieser festen Verbindung gehört das Bauwerk zu den wesentlichen Bestandteilen eines Grundstückes, und das Bauwerk kann im Verhältnis zu dem bebauten Grundstück nicht Gegenstand besonderer Rechte sein. Es ist demnach nicht angängig, daß jemand das Eigentumsrecht an einem Bauwerk hat, ohne auch das Eigentum an dem Grund und Boden zu haben.

Der Satz, daß das Bauwerk zu den wesentlichen Bestandteilen eines Grundstückes gehört, erleidet indes zwei Ausnahmen. Einmal in dem Fall, wenn das Bauwerk nur zu einem vorübergehenden Zweck mit dem Grund und Boden verbunden ist, wie z. B. bei Bauschuppen oder Ausstellungsgebäuden, und sodann in dem Fall, wenn das Bauwerk in Ausübung eines Rechtes an einem fremden Grundstück von dem Berechtigten mit dem Grundstück verbunden ist. Dieses Recht kann entweder ein gesetzliches oder ein vertragliches sein. Ein gesetzliches Recht liegt vor beim Erbbaurecht, wo ein anderer als der Eigentümer des Grundstückes das Recht hat, auf einem Grundstück ein Bauwerk zu haben, und auf vertraglichen Rechten beruht die Anlage von Straßenbahngleisen, Gas- und Wasserleitungen usw. auf städtischen oder privaten Grundstücken.

Wie das Bauwerk aber in der Regel wegen seiner festen Verbindung mit dem Grund und Boden ein Bestandteil des Grundstückes ist, so sind auch Gegenstände, die mit dem Bauwerk derart verbunden sind, daß sie nicht voneinander getrennt werden können, ohne daß eins oder das andere zerstört bzw. in seinem Wesen verändert wird, wesentliche Bestandteile des Bauwerks. Ebenso sind solche Gegenstände, die ohne eine derartige innige Verbindung doch zur Herstellung des Bauwerks eingefügt sind, wesentliche Bestandteile, wenn sie nicht nur zu einem vorübergehenden Zweck eingefügt sind. Und weiter haben auch die Baustoffe ihre rechtliche Selbständigkeit verloren, wenn sie sich auf dem Baugrundstück befinden und dem wirtschaftlichen Zweck der Hauptsache, d. i. dem Grundstück, bei noch nicht vorhandenem oder noch unfertigem Bau zu dienen bestimmt sind, denn dann sind die Baustoffe Zubehör des Grundstückes, §§ 92—97 BGB. Es kann also ein Gläubiger die in ein Bauwerk dauernd eingefügten Gegenstände, wie z. B. Eisenbahnschienen oder Dampfkessel u. dgl., von dem Augenblick an, wo sie ordnungsmäßig eingebaut sind, und ebenso die als Zubehör anzusehenden Baustoffe nicht mehr im Wege der Mobiliarpfändung in Beschlag nehmen, § 865 ZPO.

Mit der Übertragung einer Bauausführung an einen anderen entstehen privatrechtliche Verhältnisse, die ihre Regelung in dem seit dem 1. Januar 1900 im ganzen Deutschen Reich in Kraft getretenen BGB. finden. Die Übertragung des Baues an einen anderen kann in verschiedenem Umfange erfolgen. Sie kann sich erstrecken auf die völlige Herstellung des Baues oder sich beschränken auf einzelne Teile, sie kann in der Weise erfolgen, daß der Bauherr dem Ausführenden die Baustoffe zur Verfügung stellt, oder so, daß deren Beschaffung auch dem Ausführenden obliegt. Ferner kann einer Person die Bauleitung, einer anderen die eigentliche Ausführung übertragen werden. Auch kann der Fall so liegen, daß der Bauherr die Herstellung des Baues einer Person überträgt, z. B. einem Zivilingenieur, der aber die eigentliche Ausführung seinerseits an dritte Personen weiter überträgt. In der Regel wird die Übertragung unter Vereinbarung einer Vergütung für den übernehmenden Teil erfolgen. Auch wenn eine ausdrückliche Vereinbarung nicht stattgefunden hat, ist eine Vergütung dann als ausgemacht anzusehen, wenn die übernommene Herstellung den Umständen nach nur gegen eine Vergütung zu erwarten ist. Ist die Höhe der Vergütung nicht bestimmt, so ist bei dem Bestehen einer Taxe die taxmäßige Vergütung, in Ermangelung einer Taxe die übliche Vergütung als vereinbart anzusehen (§ 632 BGB.).

Der Vertrag, durch den jemand die Herstellung eines Werkes gegen eine Vergütung übernimmt, führt im BGB. die Bezeichnung Werkvertrag. Die Bestimmungen über den Werkvertrag sind enthalten in den §§ 631—651 BGB. Von den an einem Werkvertrag Beteiligten nennt das Gesetz denjenigen, der die Herstellung des Werkes übernimmt, den Unternehmer, den anderen Teil den Besteller.

Für den Bauwerkvertrag kommen aber außer den besonderen Vorschriften des Werkvertrages zunächst noch die allgemeinen Vorschriften des BGB. über Rechtsgeschäfte, Verträge und Schuldverhältnisse in Betracht. Für das gesamte Recht der Schuldverhältnisse hat nämlich das BGB. im § 242 eine grundlegende Norm, einen über dem Willen der Parteien stehenden Grundsatz aufgestellt, daß nämlich der Schuldner verpflichtet ist, die Leistung so zu bewirken, wie Treu und Glauben mit Rücksicht auf die Verkehrssitte es erfordern. Der § 242 stellt eine allgemeine Regel für die Beantwortung der Frage auf, wie das Geschuldete zu leisten, wie zu erfüllen ist. Er will der starren Anwendung der Rechtssätze entgegentreten und den Mißbrauch des Rechtes verhüten. Es soll nicht als Recht durchgesetzt werden, was nach Treu und Glauben im Verkehr nicht gutes Recht ist. Über den Inhalt der Leistung enthalten die §§ 133 und 157 für rechtsgeschäftliche Schuldverhältnisse die ergänzenden Normen. Nach § 133 soll bei der Auslegung einer Willenserklärung der wirkliche Wille zu erforschen und nicht an dem buchstäblichen Sinne des Ausdruckes gehaftet werden, und nach § 157 sollen die Verträge nicht nach dem Buchstaben, sondern nach Treu und Glauben mit Rücksicht auf die Verkehrssitte ausgelegt werden.

Durch diese Bestimmungen sind die von Haus aus ethischen Begriffe, Treu und Glauben, zu Rechtsbegriffen erhoben worden. Es soll nunmehr jede Partei glauben, d. h. mit Zuversicht darauf vertrauen dürfen, daß die andere Partei in Ausübung ihrer Rechte und Pflichten treu sein, d. h. den Anforderungen entsprechen wird, welche ein billig denkender Mensch in Würdigung aller Umstände des einzelnen Falles nach einem objektiven Maßstabe für gerecht halten wird. Der objektive Maßstab, welcher anzulegen ist, ist die Verkehrssitte. Das will nicht nur sagen, daß, wenn eine Verkehrssitte sich gebildet hat, auf diese Rücksicht zu nehmen ist, sondern auch weiterhin, daß, wenn keine tatsächliche Übung besteht, dem Rechtsgeschäft, so weit es an besonderer Bestimmung durch die Parteien fehlt, derjenige Inhalt zu geben ist, welcher der Auffassung redlicher Verkehrsanschauung entspricht.

Die Erhebung der Begriffe Treu und Glauben zu Rechtsbegriffen ist ein gewaltiger Fortschritt gegenüber dem römischen Recht, nach welchem noch das Schuld- oder Obligationenrecht ein jus strictum war, und nach welchem einmal geschlossene Verträge nur nach dem Buchstaben des Vertrages ausgelegt werden durften. Nach dem BGB. sind dagegen nicht nur alle Verträge, sondern alle Schuldverhältnisse bonae fidei, d. h. sie unterliegen einer individualisierenden Beurteilung nach Treu und Glauben. Und die §§ 133, 157 und 242 sind nicht dispositives Recht, sondern zwingendes Recht, d. h. sie können nicht durch Vertrag aufgehoben und müssen von den Gerichten bei allen Streitigkeiten über Vertragsauslegungen von Amts wegen berücksichtigt werden. Hierin liegt ihre große Bedeutung für die Praxis, es soll verhütet werden, daß der äußere Schein des Rechtes, der Buchstabe des Gesetzes oder des Vertrages zum Vorwand materiellen Unrechtes mißbraucht wird, daß das Recht im Widerspruch zur Moral stehe.

Den Grundsatz von Treu und Glauben bringt das BGB. noch in zahlreichen anderen Fällen zum Ausdruck, z. B. wenn es auf die „Umstände des Falles", auf die „verständige Würdigung des Falles", auf „billiges Ermessen" usw. verweist, wenn es „wichtige Gründe" als Grund des Rücktritts von einem Vertrag oder der Kündigung zuläßt. Diese grundlegende Rechtsordnung im Gegensatz zu dem römischen Recht kann man als das Ergebnis einer höheren Kulturentwicklung ansehen, und die Sittenordnung, die Moral hat das BGB. auch noch im § 138 zur Rechtsordnung erhoben, indem es ein Rechtsgeschäft, das gegen die guten Sitten verstößt, als nichtig erklärt. Ebenso weiter im § 826, indem es denjenigen, welcher einem anderen in einer gegen die guten Sitten verstoßenden Weise vorsätzlich Schaden zufügt, zum Ersatz des Schadens verpflichtet. Der Begriff der guten Sitten ist nun allerdings ein sehr dehnbarer, und es ist dem entscheidenden Gericht hier überlassen, den inhaltlichen Maßstab für das, was die gute Sitte erfordert, aus dem herrschenden Volksbewußtsein, dem Anstandsgefühl aller billig und gerecht denkenden Menschen zu entnehmen. Immerhin sind die Rechtssätze von Treu und Glauben sowie der guten Sitte von grundlegender Bedeutung für unser modernes Rechtsleben geworden, sie sind gewissermaßen der Ton, auf dem das ganze Privatrecht im BGB. gestimmt ist.

Weiter ist für den Bauvertrag von Bedeutung die Vorschrift, daß die an einem Schludverhältnis Beteiligten bei Erfüllung ihrer Verpflichtung Vorsatz und Fahrlässigkeit zu vertreten haben, soweit nicht bei einem einzelnen Schuldverhältnis etwas anderes bestimmt ist. Diese Vorschrift im § 276 BGB. ist also nur dispositives Recht und kann durch Vertrag ausgeschlossen werden, während dies bei den grundlegenden Normen über Treu und Glauben sowie gute Sitte nicht der Fall ist. Nach § 276 ist derjenige, der bei Erfüllung der ihm nach Inhalt des Schuldverhältnisses obliegenden Verpflichtung die im Verkehr erforderliche Sorgfalt außer acht läßt, verbunden, dem anderen Teil dafür einzustehen. Hierbei ist wichtig, daß der Schuldner ein Verschulden derjenigen Personen, der er sich zur Erfüllung seiner Verbindlichkeit bedient, in gleichem Umfang mit zu vertreten hat, wie eigenes Verschulden (§ 278 BGB.). Und diese Vertretungspflicht besteht unbedingt, auch wenn der Schuldner bei der Auswahl der Person und bei der Leistung der zur Erfüllung der Verbindlichkeiten erforderlichen Handlungen die im Verkehr erforderliche Sorgfalt beobachtet hat. Es ist diese Vorschrift über Vorsatz und Fahrlässigkeit bei Erfüllung des Schuldverhältnisses wohl zu beachten, denn hier haftet sowohl der bauleitende Beamte wie der Unternehmer unbedingt auch für seine Angestellten, während dies z. B. bei Verletzung fremder Rechtsgüter durch an sich widerrechtliche unerlaubte Handlungen gemäß § 831 BGB. nicht der Fall ist, denn hier ist die Haftpflicht für Angestellte ausgeschlossen, wenn der Geschäftsherr nachweisen kann, daß er bei der Auswahl der bestellten Person und bei der Beschaffung der Vorrichtungen und Gerätschaften sowie bei der Leitung der Ausführung die im Verkehr erforderliche Sorgfalt beachtet hat. Das Gesetz macht also einen grundsätzlichen Unterschied zwischen der Haftung gegenüber dem Gegenkontrahenten, der Gegenpartei eines Schuldverhältnisses (hier ist die Haftung unbedingt) und zwischen der Haftung gegenüber Dritten (hier ist die Haftung nur bedingt). Wenn also z. B. bei Ausführung eines Bauvertrages ein Aufsichtsbeamter in fahrlässiger Weise eine Anordnung trifft, durch welche der Gegenkontrahent, der Unternehmer, geschädigt wird, so muß hierfür der bauleitende Beamte unter allen Umständen haften, wird aber ein Dritter dadurch geschädigt, so haftet der bauleitende Beamte nur, wenn er bei der Auswahl des Aufsichtsbeamten nicht die nötige Sorgfalt bewiesen hat.

Für die Haftung hat das BGB. den etwas farblosen Ausdruck „vertreten“ übernommen, der oft mißverstanden wird, indem man sagt: vertreten kann man nur etwas, was man veranlaßt, verschuldet hat. Diese Bedeutung hat aber das Wort „vertreten“ nicht, sondern es bedeutet nichts anderes, als für etwas haften oder aufkommen, das Interesse für etwas leisten. Das Vertreten hat also mit Verursachen oder Verschulden nichts zu tun. Z. B. wenn bei Herstellung eines Erdeinschnittes durch einen Unternehmer nach dem von der Bauverwaltung vorgeschriebenen Profil große Rutschungen über das vorgeschriebene Profil hinaus entstehen, ohne daß sie der Unternehmer etwa durch falsches Arbeiten verursacht hat, so hat sie die Bauverwaltung grundsätzlich zu vertreten, d. h. sie muß die Mehrleistung zu einem angemessenen Preis bezahlen, obgleich sie die Rutschungen nicht verursacht hat.

In Betreff der Haftung oder des Vertretens besteht nur noch bei einem Schuldverhältnis ein wesentlicher Unterschied zwischen Vorsatz und Fahrlässigkeit, nämlich die Haftung wegen Vorsatz kann dem Schuldner nach § 276 BGB. nicht im voraus erlassen werden, dagegen ist es zulässig, diese Haftung, soweit nur Fahrlässigkeit in Frage kommt, von vornherein durch Vertrag auszuschließen. Dieser Unterschied zwischen Vorsatz und Fahrlässigkeit ist bei der Aufstellung von Bauverträgen wohl zu beachten. Unterläßt es z. B. der Ausschreibende vorsätzlich, den Unternehmer auf irgendwelche ihm bekannte, wesentliche Einzelheiten des Vertragsgegenstandes, wie Bodenbeschaffenheit, Grundwasserstand usw., hinzuweisen, und schreibt er in die Ausschreibungsbedingungen hinein, daß der Unternehmer hierfür die Haftung zu übernehmen hat, so ist diese Abmachung nichtig. Denn die Haftung wegen Vorsatz kann dem Schuldner nicht im voraus erlassen werden, und der

Unternehmer kann in diesem Fall den seiner wirklichen Leistung entsprechenden Preis verlangen. Unterläßt der Ausschreibende es aber nur aus Fahrlässigkeit, dem Unternehmer über alle ihn interessierenden Punkte Aufschluß zu geben, so kann er die Haftung durch Vertrag ausschließen, und dem Unternehmer bleibt dann nur der Anspruch auf Vergütung insoweit, als der Besteller durch die wirkliche Leistung des Unternehmers bereichert worden ist, § 812 BGB., wenn nicht besondere Bestimmungen oder die Verkehrssitte anderes besagen. Auf die Aufklärungs- und Untersuchungspflicht als Nebenverpflichtungen zum Werkvertrag ist bereits in Kap. 1f hingewiesen.

Nach den Sonderbestimmungen über den Werkvertrag erwächst nun dem Unternehmer die Verpflichtung, das versprochene Werk, also auf unser Gebiet angewandt, das versprochene Bauwerk herzustellen. Ein anderes Werk als das versprochene braucht er nicht herzustellen. Deshalb ist es so wichtig, das Werk so genau wie möglich festzulegen, damit über das versprochene Werk kein Zweifel bestehen kann. Ergibt sich nämlich, daß das tatsächlich ausgeführte Werk ein anderes geworden ist, wie das versprochene, so verlieren auch die Vertragspreise ihre Gültigkeit, und es ist die geleistete Arbeit ihrem Werte nach zu vergüten. Die Verpflichtung, das versprochene Werk herzustellen, umschließt gleichzeitig die Verpflichtung, das Werk so herzustellen, daß es die zugesicherten Eigenschaften hat und nicht mit solchen Fehlern behaftet ist, die gegen den Sinn des Vertrages verstoßen. Als solche Fehler sieht das BGB. diejenigen an, die den Wert oder die Tauglichkeit des Werkes zu dem gewöhnlichen oder dem nach dem Vertrag besonders vorausgesetzten Gebrauch aufheben oder mindern. Wenn das hergestellte Werk die zugesicherten Eigenschaften nicht hat, oder wenn es mit Fehlern der bezeichneten Art behaftet ist, so hat der Besteller folgende Rechtsbehelfe: In erster Linie hat der Besteller das Recht, die Beseitigung des Mangels zu verlangen, d. h. mit anderen Worten, der Unternehmer haftet bei fehlerhafter Arbeit für Beseitigung des Mangels, seine Erfüllungspflicht ist also eine ganz scharf bestimmte. Nur in einem Fall gestattet das BGB. aus Rücksichten der Billigkeit dem Unternehmer, die Beseitigung der Fehler zu verweigern, wenn nämlich die Beseitigung einen unverhältnismäßigen Aufwand erfordert. Der Unternehmer müßte z. B. beim Bau einer Brücke mit eisernem Überbau die ganzen Pfeiler wieder abreißen, wenn es sich herausstellt, daß ihr Abstand nicht richtig ist, um den eisernen Überbau aufbringen zu können. Dies kann der Unternehmer verweigern. Zu der Beseitigung eines Mangels ist dem Unternehmer eine angemessene Frist zu setzen, bleibt er dann mit der Beseitigung im Verzug, d. h. verzögert er die Beseitigung trotz der Mahnung schuldhafterweise, so kann der Besteller den Mangel selbst beseitigen und Ersatz der erforderlichen Aufwendungen verlangen. Voraussetzung für die Beseitigung eines Mangels auf Kosten des Unternehmers ist also die Fristsetzung.

In zweiter Linie kommt in Betracht das Recht des Bestellers auf Wandelung oder auf Minderung. Das Recht auf Wandelung ist das Recht auf Rückgängigmachung des Vertrages. Das Recht auf Minderung ist das Recht, verhältnismäßige Herabsetzung der Vergütung zu verlangen. Das Recht auf Wandelung oder auf Minderung besteht aber nicht neben dem Recht auf Beseitigung des Mangels, sondern tritt lediglich unter bestimmter Voraussetzung an dessen Stelle. Bei Festsetzung der Frist für die Beseitigung des Mangels kann nämlich der Besteller dem Unternehmer erklären, daß er die Beseitigung des Mangels nach dem Ablauf der Frist ablehne. Der erfolgte Ablauf der Frist hat dann zur Folge, daß der Besteller Wandelung oder Minderung verlangen kann. Es ist also, um von diesem Recht Gebrauch machen zu können, der Fristsetzung zur Beseitigung des Mangels die Erklärung beizufügen, daß die Beseitigung des Mangels nach Ablauf der Frist abgelehnt wird, anderenfalls hat der Besteller nur das Recht, den Mangel selbst zu beseitigen und Ersatz der Aufwendungen zu verlangen.

Für den Unternehmer hat von den Rechtsbehelfen der Wandelung oder Minderung bei Bauwerken naturgemäß die Minderung die mildere Wirkung. Denn sie hat nur zur Folge, daß die Vergütung in dem Verhältnis herabzusetzen ist, in welchem der Wert des Bauwerks in mangelfreiem Zustand zu dem wirklichen Wert, d. h. zum Wert des mangelhaften Bauwerks zur Zeit der Herstellung, gestanden haben würde. Also angenommen, es wäre dem Unternehmer unter Vereinbarung einer Vergütung von 100000 M. die Ausführung eines Bauwerks übertragen worden, dessen Wert in mangelfreiem Zustand 80000 M. betragen würde. Der Wert braucht nicht identisch zu sein mit den Herstellungskosten. Das hergestellte Werk ist mangelhaft, und der Wert des Bauwerks im wirklichen, d. h. mangelhaften Zustand sei 60000 M., so würde bei der Minderung die Herabsetzung des Herstellungspreises auf $\frac{60}{80} \cdot 100000 = 75000$ M. zu erfolgen haben und nicht auf 60000 M. Herstellungskosten und Wert sind bei der Minderung zwei verschiedene Begriffe.

Weit einschneidender ist die Wirkung, welche für den Unternehmer mit der Wandelung verknüpft ist. Die Wandelung hat, wie gesagt, die Wirkung des Rücktritts vom Vertrag. Und diese besteht darin, daß jeder der beiden vertragschließenden Parteien tunlichst in die gleiche Lage versetzt wird, wie wenn der Vertrag nicht abgeschlossen wäre. Der Besteller ist der Rücktrittsberechtigte und hat also in erster Linie zu beanspruchen, daß für ihn der status quo ante wiederhergestellt wird. Das wird unter Umständen sich nur erreichen lassen, wenn der Bau weggerissen und der Bauplatz wieder in den Zustand gebracht wird, in dem er sich vor Baubeginn befand. Welche Auseinandersetzung außerdem noch einzutreten hat, ob Anspruch auf Schadenersatz vorliegt u. dgl., wird von dem einzelnen Fall abhängen. Jedenfalls ist es einleuchtend, daß die Wandelung, und zwar gerade bei einem Bauwerk, mit schwerwiegenden Folgen verknüpft ist. Es entspricht deshalb der Billigkeit, wenn das BGB. dieser Folgenschwere Rechnung trägt und bestimmt, daß die Wandelung ausgeschlossen ist, wenn der Mangel den Wert oder die Tauglichkeit des Werkes nur unerheblich mindert. Zur Geltendmachung des Rechts auf Beseitigung des Mangels bzw. an dessen Stelle des Rechts auf Minderung oder auf Wandelung genügt die bloße Tatsache, daß der Mangel vorhanden ist, ohne Rücksicht darauf, ob der Unternehmer den Mangel verschuldet hat oder nicht. Nur darf der Mangel nicht zurückzuführen sein auf einen Mangel der vom Besteller gelieferten Materialien oder auf eine vom Besteller erteilte Anweisung. Kommt aber zu der Tatsache des Vorhandenseins des Mangels noch ein Verschulden des Unternehmers hinzu, durch welches der Mangel herbeigeführt worden ist, so steht dem Besteller das Recht zu, statt der Wandelung oder der Minderung Schadenersatz wegen Nichterfüllung zu verlangen. Das gleiche wird auch für den Fall gelten, daß der Unternehmer ein Garantieversprechen gegeben hat, wenn er also einen bestimmten Zustand des Bauwerks garantiert hat; in diesem Fall wird auch ein Verschulden des Unternehmers und eine Schadenersatzpflicht angenommen.

Also, um es zu wiederholen, die Rechtsbehelfe, welche dem Besteller wegen Mängel des Bauwerks zustehen, sind:

1. Recht auf Beseitigung der Mängel,
2. an dessen Stelle eventuell Recht auf Wandelung oder auf Minderung, und
3. an dessen Stelle schließlich eventuell noch Recht auf Schadenersatz, aber letzteres nur, wenn ein Verschulden des Unternehmers vorliegt.

Diese Rechtsbehelfe sind aber in einigen Fällen ausgeschlossen. Denn einmal sind diese Rechtsnormen dispositiver Natur, die Vertretungs- oder Haftpflicht des Unternehmers kann durch Vereinbarung erlassen oder beschränkt werden. Hierbei ist aber zu bemerken, daß jede solche Vereinbarung über Erlaß oder Beschränkung der Vertretungspflicht nichtig ist, wenn der Unternehmer den Mangel arglistig verschweigt. Sodann sind die Rechtsbehelfe ausgeschlossen, wenn der Besteller das mangelhafte Bauwerk, obschon er den Mangel kennt, vorbehaltlos abnimmt. Hierdurch verliert der Besteller das Recht auf Beseitigung des Mangels bzw. auf Wandelung oder Minderung, dagegen geht er seines Rechtes auf Schadenersatz nicht verlustig, dieser Anspruch bleibt bestehen, auch wenn der Besteller das Werk ohne Vorbehalt abnimmt.

Endlich werden die Rechtsbehelfe ausgeschlossen durch Verjährung. Das BGB. setzt für die Verjährung bei Bauwerken eine Frist von 5 Jahren fest, innerhalb deren erfahrungsgemäß Mängel des Materials oder der Ausführung zutage zu treten pflegen. Bei Arbeiten an einem Grundstück ist die Verjährungsfrist auf ein Jahr bemessen, diese kurze Verjährungsfrist trifft also für Erdarbeiten, Meliorationsarbeiten, Dränagen usw. zu, aber nicht für Gründungen von Bauwerken, die Gründungen sind vielmehr wesentliche Bestandteile des Bauwerks und unterliegen der längeren Verjährungsfrist. Nur dann, wenn der Unternehmer den Mangel arglistig verschwiegen hat, gilt die allgemeine Verjährungsfrist von 30 Jahren. Die 5jährige Verjährungsfrist kann durch Vertrag verlängert werden, und dies ist eine Besonderheit des Werkvertrages gegenüber der Verjährungsfrist anderer Ansprüche, welche nach ausdrücklicher Gesetzesvorschrift wohl erleichtert, nicht aber erschwert werden kann.

Aus der Verpflichtung des Unternehmers, das versprochene Werk herzustellen, folgt weiter seine Verpflichtung, das Werk rechtzeitig herzustellen. Was rechtzeitig heißt, wird sich, sofern nicht eine bestimmte Frist vereinbart ist, lediglich unter Berücksichtigung aller in Betracht kommenden Umstände des Einzelfalles beurteilen lassen. Für die Frage, welche Folgen es hat, wenn die Herstellung nicht rechtzeitig erfolgt, kommen zunächst in Betracht die Vorschriften in §§ 284—286 BGB., welche im allgemeinen für den Fall gelten, daß der Schuldner mit seiner Leistung in Verzug kommt. Der Gläubiger kann nach diesen Bestimmungen Ersatz des ihm durch den Verzug entstehenden Schadens verlangen, und wenn die Leistung infolge des Verzuges für ihn kein Interesse mehr hat, sogar unter Ablehnung der Leistung Schadenersatz beanspruchen. Hierbei ist aber zu beachten, daß Voraussetzung des Verzuges ist, daß die Verzögerung auf einem Umstand beruht, den der Unternehmer zu vertreten hat, also zum mindesten auf Fahrlässigkeit, wenn nicht auf Vorsatz beruhen muß. Ist diese Voraussetzung nicht gegeben, was übrigens vom Unternehmer zu beweisen ist, ist z. B. die Verzögerung auf einen Ausstand der Bauarbeiter oder auf höhere Gewalt zurückzuführen, so können jene Schadenersatzansprüche nicht geltend gemacht werden. Für diesen Fall unverschuldeter Verzögerung nutzt auch die Vereinbarung einer Vertragsstrafe dem Besteller nichts, um seinen Schaden ersetzt zu erhalten. Denn Voraussetzung des Verfalls der Vertragsstrafe ist nach ausdrücklicher Gesetzesvorschrift in § 339 BGB. gleichfalls Verzug, und Verzug ist verschuldete Verzögerung. Ohne Unterschied aber, ob Verzug vorliegt oder nicht, gewährt das BGB. im Fall nicht rechtzeitiger Herstellung dem Besteller das Recht, dem Unternehmer eine angemessene Nachfrist mit der Erklärung zu bestimmen, daß er die Herstellung nach dem Ablauf der Frist ablehne. Ist dann die Frist abgelaufen, ohne daß die Herstellung des Werkes erfolgt ist, so kann der Besteller vom Vertrag zurücktreten. Um von diesem Recht Gebrauch machen zu können, muß also nach der Fälligkeit eine Mahnung eintreten, erst durch diese Mahnung kommt der Schuldner in Verzug. Der Bestimmung einer Nachfrist bedarf es indes dann nicht, wenn der Werkvertrag als Fixgeschäft abgeschlossen worden ist, d. h. wenn vereinbart ist, daß die Herstellung des Werkes unbedingt genau bis zu einer fest bestimmten Zeit erfolgt sein muß. In diesem Fall ist der Rücktritt ohne weiteres zulässig (§ 361 BGB.).

In Rücksicht auf die schwerwiegenden Folgen des Rücktritts vom Vertrag, die vorhin bei der Wandelung besprochen sind, sowie mit Rücksicht darauf, daß der Rücktritt im Gegensatz zu der Vertragsstrafe nicht davon abhängig ist, daß dem Unternehmer ein Verschulden zur Last fällt, sollte man bei Fristbestimmungen immer recht vorsichtig vorgehen, da diese für den Unternehmer unter Umständen recht verhängnisvoll werden können. Allerdings hat das BGB. der Willkür des Bestellers hier auch wieder einen Riegel vorgeschoben. Denn die Geltendmachung des aus dem Rücktritt für den Besteller erwachsenen Rechtes auf Wiederherstellung des anfänglichen Zustandes wird immer nur so weit erfolgen können, als der Besteller daran ein Interesse hat und dieses nachweisen kann. Würde der Besteller ohne ein derartiges nachweisbares Interesse z. B. die Beseitigung des Bauwerks, soweit es ordnungsgemäß hergestellt ist, fordern, so würde sich der Unternehmer wohl dagegen wehren können, indem er sich auf den sog. Schikaneparagraphen 226 BGB. beruft, der ausdrücklich bestimmt, daß die Ausübung eines formellen Rechtes unzulässig ist, wenn sie nur den Zweck haben kann, einem anderen Schaden zuzufügen. Im übrigen gelten über Fristen und Termine die Vorschriften der §§ 186—193 BGB.

Dies sind die Hauptverpflichtungen des Unternehmers aus dem Werkvertrag, welchen gegenüberstehen die Verpflichtungen des Bestellers. Der Besteller hat das vertragsmäßig hergestellte Werk abzunehmen und bei der Abnahme die vereinbarte Vergütung zu entrichten. Ist das Bauwerk in Teilen abzunehmen und die Vergütung für die einzelnen Teile bestimmt, so ist die Vergütung für jeden Teil bei dessen Abnahme zu entrichten. Wird die Vergütung nicht rechtzeitig entrichtet, so hat sie der Besteller, vorausgesetzt, daß sie in Geld festgesetzt ist, von der Abnahme an zu verzinsen, und zwar gemäß § 288 BGB. mit 4 vH bzw. wenn beide Parteien Kaufleute sind, nach § 352 HGB. mit 5 vH. Die Verzinsungspflicht besteht dann natürlich nicht, wenn die Vergütung gestundet oder eine spätere Zahlung vereinbart ist. Unter Abnahme des Werkes ist nach jetziger allgemeiner Rechtsanschauung nur die Annahme des Werkes als Erfüllung anzusehen, nicht aber eine Billigung. Darum enthebt die Abnahme als solche den Besteller nicht seiner Gerechtsame wegen etwaiger Mängel, nur der Beweis der Mängel geht nach der Abnahme gemäß § 363 BGB. auf den Besteller über. Erfolgt aber die Abnahme in Kenntnis des Mangels, so bewirkt sie den Untergang aller Ansprüche, soweit sie nicht besonders vorbehalten werden. Außerdem geht mit der Abnahme die Gefahr des Werkes auf den Besteller über, § 644 BGB. Verzögert der Besteller die Abnahme in ungebührlicher Weise, so kann der Unternehmer auf Abnahme klagen. Mit der Abnahme beginnt auch die Verjährungsfrist zu laufen, die Abnahme ist also ein sehr wichtiger rechtlicher Akt und sollte daher stets zweifelsfrei beurkundet werden. Ersetzt wird die Abnahme durch eine vorzeitige Ingebrauchnahme der Bauanlage, die Ingebrauchnahme ersetzt stillschweigend das Erfordernis der Abnahme[1]).

In einer RG.-Entsch. vom 24. April 1925[2]) wird der Begriff der Abnahme eines Bauwerkes dahin festgestellt, daß, wenn eine körperliche Hinnahme durch den Besteller nicht möglich ist, z. B. weil er bereits im Besitz des Werkes ist, die Abnahme in einer ausdrücklichen oder stillschweigenden Erklärung des Auftraggebers gefunden werden muß, daß er das Werk der Hauptsache nach als Erfüllung annehme. Die Abnahme ist daher auch in dem Fall möglich, wenn ein Unternehmer mit einem übertragenen Bau vor der Vollendung aufhört, und es kommt dann auf die Frage an, ob der Auftraggeber Arbeiten des Unternehmers bei der Weiterführung des Baues

---

[1]) Urteil des Preußischen Kammergerichtes vom 7. April 1915.

[2]) Jur. Wochenbl. 1925, S. 1993.

verwendet bzw. sie mit kleinen Änderungen und Nachbesserungen schließlich doch benutzt und damit der Hauptsache nach als Erfüllung angenommen hat, oder ob er sie von Grund aus umgestellt und gewissermaßen ein neues Werk an ihre Stelle gesetzt hat. Da aber für die tatsächliche Feststellung einer stillschweigenden Erklärung die Schwierigkeiten groß sind, weil eine Deutung der Handlung des Auftraggebers in Frage kommt und diese Handlung unter Umständen eine verschiedene Deutung zulassen kann, so empfiehlt es sich im Interesse beider Parteien, daß der Auftraggeber gegebenenfalls durch Aufforderung des Unternehmers zu einer ausdrücklichen Abnahmeerklärung veranlaßt wird. Und gerade bei Einstellung von Bauten wird die Abnahme durch stillschweigende Willenserklärung des Auftraggebers häufig schwer nachzuweisen sein.

Sodann hat der Besteller die Verpflichtung, diejenigen Handlungen vorzunehmen, die zur Herstellung des Werkes seinerseits erforderlich sind, also z. B. die Zeichnungen zu liefern, die Baustelle zu überweisen und, sofern er dies übernommen hat, die Baustoffe rechtzeitig zu beschaffen; er muß die sog. Vorleistungen rechtzeitig bewirken. Geschieht dies nicht, trotzdem sich der Unternehmer zur Herstellung des Werkes bereit erklärt hat, so kann der Unternehmer eine angemessene Entschädigung verlangen. Die Höhe der Entschädigung bestimmt sich einerseits nach der Dauer der Verzögerung und der Höhe der vereinbarten Vergütung, andererseits nach dem, was der Unternehmer infolge der Verzögerung an Aufwendungen erspart oder durch anderweitige Verwendung seiner Arbeitskraft erwerben kann. Der Unternehmer ist auch berechtigt, dem Besteller zur Nachholung der Vorleistungen eine angemessene Frist mit der Erklärung zu bestimmen, daß er den Vertrag kündige, wenn die Vorleistung nicht bis zum Ablauf der Frist vorgenommen werde. Wenn dann die Nachholung nicht bis zum Ablauf der Frist erfolgt, gilt der Vertrag als aufgehoben. In diesem Fall kann der Unternehmer einen der bisher geleisteten Arbeit entsprechenden Teil der Vergütung und Ersatz der in der Vergütung nicht inbegriffenen Ausgaben verlangen.

Um die Pflichten des Bestellers, insbesondere zur Entlohnung, tunlichst sicherzustellen, gewährt das Gesetz dem Unternehmer einen besonderen Schutz. Besteht das Werk in einer beweglichen Sache, so hat der Unternehmer daran ein gesetzliches Pfandrecht. An Grundstücken ist ein entsprechendes Schutzmittel nur unvollkommen ausgebildet, der Unternehmer hat aber auch hier Anspruch auf Einräumung einer Sicherungshypothek am Baugrundstück mit dem Rang vom Tage ihrer erlangten Eintragung an (§ 648 BGB.). Ein weiterer Ausbau dieser Sicherungsmaßregeln für Unternehmer und Handwerker ist enthalten in dem Gesetz über die Sicherung der Bauforderungen vom 1. Juni 1909, das aber für Ingenieurbauten kaum in Betracht kommt und nur zur Bekämpfung des Bauschwindels im Hochbau dient.

Eine wichtige Frage beim Werkvertrag ist noch die, wer die Gefahr für das Werk trägt. Unter Gefahr ist zu verstehen der rein zufällige Eintritt eines Ereignisses, welches den Untergang oder die Verschlechterung des Werkes zur Folge hat, z. B. wenn eine Überschwemmung während der Bauzeit das Bauwerk ganz oder teilweise zerstört. Das BGB. beantwortet die Frage dahin, daß der Unternehmer die Gefahr trägt bis zur Abnahme, sofern aber eine Abnahme durch die Beschaffenheit des Werkes ausgeschlossen ist, wie bei immateriellen Werken, bis zur Vollendung. Die Tragung der Gefahr wird für den Unternehmer die Folge haben, daß er beim Untergang des Werkes des Anspruches auf die Gegenleistung verlustig geht. In dieser Gesetzesbestimmung liegt zweifellos eine große Härte für den Unternehmer, nach dem Wortlaut der §§ 644, 645 ist aber eine andere Auslegung nicht möglich. Eine Teilung der dem Werke drohenden Gefahren in der Weise, daß alle Gefahren, die im Betriebskreise des Unternehmers ihren Grund haben, die also Gefahren der Unternehmung selbst sind, der Unternehmer zu tragen hätte, während die dem Werk durch Ereignisse in der Person oder in dem Wirkungskreise des Bestellers liegenden Gefahren diesem selbst zur Last fielen, würde dem sonst im BGB. vorherrschenden Grundsatz des billigen Rechtes wohl mehr entsprechen. Nach der jetzigen Gesetzesvorschrift trifft aber den Unternehmer grundsätzlich die ganze Gefahr des Werkes, ohne daß nach dem Urgrund des eingetretenen Unfalles gesondert würde. Nur für den zufälligen Untergang oder eine zufällige Verschlechterung der vom Besteller gelieferten Baustoffe ist der Unternehmer nicht verantwortlich. Diese Gesetzesvorschrift über die Tragung der Gefahr muß also der Unternehmer bei Bemessung seines Risikos wohl beachten.

Die Regel, daß die Gefahr erst mit der Abnahme auf den Besteller übergeht, erleidet jedoch eine Ausnahme, nämlich wenn der Besteller das vertragsmäßig hergestellte Werk trotz tatsächlichen Angebotes nicht abnimmt, oder wenn er trotz Leistungsbereitschaft des Unternehmers die Handlungen nicht vornimmt, die seinerseits zur Herstellung des Werkes erforderlich sind. In diesem Falle geht die Gefahr mit dem Zeitpunkt der Säumnis des Bestellers, des sog. Annahmeverzuges auf den Besteller über.

Es kann der Fall vorkommen, daß das Bauwerk vor der Abnahme infolge eines Mangels des vom Besteller gelieferten Stoffes verschlechtert oder unausführbar geworden ist. Es hat z. B. der Besteller so schlechten Baugrund dem Unternehmer überwiesen oder so schlechte Baustoffe geliefert, daß diese den Einsturz des Bauwerkes zur Folge haben. In diesem Falle kann der Unternehmer einen der geleisteten Arbeit entsprechenden Teil der Vergütung und Ersatz der in der Vergütung nicht inbegriffenen Auslagen verlangen. Voraussetzung dieses Anspruches ist aber immer, daß kein Umstand mitgewirkt hat, den der Unternehmer zu vertreten hat. Hätte also im Falle des schlechten Baugrundes oder der schlechten Baustoffe der Unternehmer bei Anwendung der im Verkehr erforderlichen Sorgfalt die Untauglichkeit des Baugrundes oder der Baustoffe erkennen müssen, so kann er den Anspruch auf verhältnismäßige Vergütung nicht geltend machen. Die gleichen Grundsätze gelten übrigens auch für den Fall, daß der Untergang, die Verschlechterung oder die Unausführbarkeit des Bauwerkes zurückzuführen ist auf eine vom Besteller für die Ausführung erteilte Anweisung. Der Unternehmer darf also niemals versäumen auf derartige Mängel der ihm gelieferten Stoffe oder der ihm gegebenen Anweisungen schriftlich aufmerksam zu machen und die Verantwortung abzulehnen.

Schließlich ist noch eine Besonderheit des Werkvertrages zu erwähnen. Es hat nämlich der Besteller das Recht, bis zur Vollendung des Werkes jederzeit ohne irgendwelche Begründung den Vertrag zu kündigen (§ 649 BGB.). Diese Vorschrift, mit welcher den Interessen des Bestellers, insbesondere den Veränderungen in seinen persönlichen Verhältnissen Rechnung getragen wird, scheint auf den ersten Blick eine große Härte für den Unternehmer in sich zu schließen. Dies ist aber nicht der Fall, denn der Unternehmer wird insofern schadlos gehalten, als ihm das Gesetz im Falle der Kündigung das Recht gibt, die vereinbarte volle Vergütung zu verlangen, nur muß er sich dasjenige anrechnen lassen, was er infolge der Aufhebung des Vertrages an Aufwendungen erspart oder durch anderweitige Verwendung seiner Arbeitskraft erwirbt. Was er zu erwerben böswillig unterläßt, steht hierbei dem tatsächlich Erworbenen gleich.

Ein Sonderfall dieses allgemeinen Kündigungsrechtes des Bestellers ist der, wenn dem Vertrage ein vom Unternehmer aufgestellter Kostenanschlag zugrunde gelegt ist, und der Besteller kündigt, weil sich ergibt, daß das Werk nicht ohne wesentliche Überschreitung des Anschlages ausführbar ist (§ 650 BGB.). In diesem Falle ist das Recht des Unternehmers ein eingeschränkteres, es steht ihm nämlich dann nur der Anspruch auf einen der geleisteten Arbeit entsprechenden Teil der Vergütung und Ersatz der in der Vergütung nicht einbegriffenen Auslagen zu. Und auch dieser Anspruch entfällt, wenn der Unternehmer die Gewähr für die Richtigkeit des Anschlages oder das Werk zu einem festen Preise übernommen hat. Denn in diesem Falle fällt ja die Überschreitung dem Besteller nicht zur Last.

Schließlich tut der Besteller gut, sich von dem Unternehmer eine Sicherheit für die Erfüllung der von ihm übernommenen Verpflichtungen geben zu lassen und diese im Vertrage festzusetzen. Bei Bemessung der Höhe einer solchen Sicherheit und der Bestimmung darüber, ob sie auch während der Gewährleistungszeit ganz oder teilweise einbehalten wird, sollte über dasjenige Maß nicht hinausgegangen werden, welches geboten ist, um den Besteller vor Schaden zu bewahren. In der Regel wird die Sicherheit nicht höher als auf 5 vH der Vertragssumme zu bemessen sein. Für die Sicherheitsleistung gelten die Bestimmungen in den §§ 232—240 BGB. Die Sicherheit kann geleistet werden in bar, durch Hinterlegung von mündelsicheren Wertpapieren oder durch Bürgen. Am geeignetsten sind Sparkassenbücher oder Wertpapiere, die auf den Inhaber lauten und einen Kurswert haben, da durch deren Hinterlegung kein Zinsverlust entsteht wie bei Barkautionen, welche in der Regel nicht verzinst werden. Mit der Hinterlegung erwirbt der Berechtigte ein Pfandrecht an dem hinterlegten Gelde oder den hinterlegten Wertpapieren, und das Pfand haftet dem Pfandgläubiger für die Erfüllung des Vertrages seitens des Unternehmers. Der Pfandgläubiger, in unserem Falle der Besteller, kann sich also aus dem Pfand befriedigen, wenn der Unternehmer seinen vertraglichen Verpflichtungen nicht nachkommt. Für das Pfandrecht gelten die Bestimmungen in den §§ 1204—1296 BGB.

In vielen Fällen liefert der Unternehmer bei der Herstellung eines Werkes nicht nur die Arbeit, sondern auch die nötigen Stoffe. Das BGB. unterscheidet hier nun im § 651, ob die vom Unternehmer herzustellende Sache eine vertretbare ist, d. h. ob sie in ihrer wirtschaftlichen Bedeutung durch ein anderes Stück derselben Art ersetzt werden kann, oder ob es sich um eine Sache von besonderer Eigenart handelt. Beispiele für vertretbare Sachen sind Gleise, Kippwagen usw., also Sachen, die in einer Fabrik partieweise hergestellt werden. Beispiele für eigenartige unvertretbare Sachen sind eiserne Brückenträger, Dachbinder usw. In den Fällen der vertretbaren Sachen handelt es sich um Massenartikel, bei welchen die Bedeutung der Arbeit weniger hervortritt als bei den besonders herzustellenden unvertretbaren Sachen. Darum erklärt das Gesetz bei Herstellung vertretbarer Sachen einfach die Bestimmungen über den Kauf für anwendbar. Allerdings hat der Vertrag über solche herzustellenden vertretbaren Sachen immerhin gegenüber dem gewöhnlichen Kauf das Besondere, daß die Sache nicht nur dem Käufer übergeben, sondern zunächst hergestellt werden muß. Man bezeichnet daher einen Vertrag über herzustellende vertretbare Sachen mit Lieferungsvertrag zum Unterschied von dem gewöhnlichen Kaufvertrag.

Bei Herstellung unvertretbarer Sachen würdigt dagegen das Gesetz die ausschlaggebende Bedeutung der Arbeit, der Vertrag bemißt sich nur teilweise nach den Regeln des Kaufes, zum größeren Teil nach den Regeln des Werkvertrages. Insbesondere sollen der Gefahrübergang und die Mängelhaftung nicht nach Kauf-, sondern nach Werkvertragsrecht beurteilt werden. Für ein Pfandrecht ist dagegen bei Herstellung unvertretbarer Sachen im Gegensatz zum reinen Werkvertrag kein Raum, auch kein Bedürfnis, da ja der Unternehmer zunächst Eigentümer der gefertigten, aber noch nicht übergebenen Sache bleibt. Man hat einen Vertrag über Herstellung unvertretbarer Sachen seiner eigenartigen Regelung entsprechend mit dem besonderen Namen Werklieferungsvertrag belegt.

Bei den Bauverträgen sind also zu unterscheiden:

1. Die reinen Kaufverträge bei Erwerbung von Grundstücken und bei der Beschaffung von Baustoffen. Baustoffe werden in der Regel gekauft, der Ankauf ist ein Handelsgeschäft, und es kommen in erster Linie die Vorschriften des HGB. und erst in zweiter Linie die Vorschriften des BGB. (§§ 433ff.) zur Anwendung (s. Abschn. III, 3a).

2. Die Lieferungsverträge über Sachen, die zwar erst hergestellt werden müssen, aber in gleichartigen Mengen hergestellt werden und daher vertretbar sind. Für diese Lieferungsverträge gelten die Vorschriften des BGB. über den Kauf.

3. Die Werkverträge für Bauarbeiten aller Art. Hierfür gelten die besonderen Bestimmungen des BGB. über den Werkvertrag.

4. Die Werklieferungsverträge für herzustellende unvertretbare Sachen, wie Eisenkonstruktionen. Hierfür kommen ebenfalls die Vorschriften über den Werkvertrag in Anwendung und nur zum Teil die Kaufregeln.

### c) Die Vertragsbedingungen.

Die für die Bauverträge maßgebenden Bestimmungen sind, soweit sie allgemeiner Natur sind, in die allgemeinen Vertragsbedingungen und, soweit sie nur für den betreffenden Bau gelten, in die besonderen Vertragsbedingungen aufzunehmen. Die Fassung der Bauverträge und Vertragsbedingungen muß knapp, aber bestimmt und deutlich sein, ihr Inhalt muß die Pflichten und Rechte beider vertragschließenden Parteien genau regeln. Diese beiden Grundsätze müssen die Richtschnur für alle Bauverträge bilden. Die gesetzlichen Bestimmungen in den Bauvertrag aufzunehmen erübrigt sich, denn sie gelten auch ohne der Parteien ausdrückliches Anführen, und den Worten des Gesetzes wird immer der Vorzug einzuräumen sein. Die Aufnahme in den Bauvertrag kann auch immer nur lückenhaft sein, weil sie nie erschöpfend aufgeführt werden können, und ist daher gefährlich. Denn der Richter könnte bei der Beurteilung streitiger Fälle leicht in die Lage kommen, der Parteien Willen falsch zu deuten und anzunehmen, daß die einschlägigen, aber im Vertrage gerade nicht aufgeführten gesetzlichen Bestimmungen nach dem Willen der Kontrahenten in ihrer Anwendbarkeit ausgeschlossen sein sollten. Es ist vielmehr ratsam, Vorschriften hinsichtlich der Rechtsphäre der Parteien nur in solchen Fällen zum Ausdruck zu bringen, wo die Parteien die allgemeingültigen Regeln auf sich entweder gar nicht oder verändert angewandt wissen wollen. Die meisten Vertragsbedingungen, insbesondere vieler Gemeinden, kranken an der Überfülle juristischer Bestimmungen, die alle erdenklichen rechtlichen Vorfälle treffen sollen, so daß schließlich keiner der Vertragsteile mehr weiß oder wissen kann, was er unterschreibt, und deren Gültigkeit schließlich bei strenger juristischer Prüfung doch recht zweifelhaft ist. Gewiß gibt es eine Anzahl allgemeingültiger Momente, die aus rein praktischen Erwägungen erwachsen einer gedeihlichen Fortentwicklung des Baues bis zu seiner Vollendung zu dienen berufen sind, aber an der Festlegung der sich hieraus ergebenden Rechtslage der vielen Beteiligten, vom Bauherrn bis zum ungelernten Arbeiter, scheitert der Schematismus zumeist. Deshalb empfiehlt sich eine größtmögliche Beschränkung in der Ausführung über der Kontrahenten Rechtslage unter diesen oder jenen Umständen und statt dessen eine sorgfältige Spezialisierung der technischen Seite der dem Unternehmer obliegenden Leistungen sowie Art und Umfang der hieraus dem Besteller erwachsenden Pflicht der Vergütung.

Im besonderen ist von dem Vorbehalt einer einseitigen unbegrenzten Vermehrung oder Verminderung der verdungenen Leistungen oder Lieferungen unter Beibehaltung der bedungenen Preiseinheitssätze Abstand zu nehmen. Bestimmungen über schwerwiegende Abänderungen und nicht vorhergesehene, aber mögliche Leistungen sind zu vermeiden und ebenso Bestimmungen, welche den Unternehmer im voraus zur blinden Unterwerfung unter die Entschließungen der Bauleitung auch hinsichtlich der Vergütung für Leistungen nötigen. Denn auch durch solche Bestimmungen wird die Bauleitung nicht ihrer Pflicht enthoben, die Vergütung mit der Leistung des Unternehmers in Einklang zu setzen; im anderen Falle würde des Unternehmers Klage sicherlich von Erfolg begleitet sein, denn der Preis muß der Billigkeit entsprechen. Durch solche Bestimmungen wird dem Zufall zuviel Rechnung getragen, es wird das durch den Verdingungsanschlag als ein reiner Arbeits- bzw. Lieferungsvertrag gekennzeichnete Verhältnis zwischen Besteller und Unternehmer durch Bestimmungen, welche die spätere Gestaltung der Verhältnisse von einer Reihe von Zufälligkeiten abhängig machen, zu einem Spekulationsobjekt gemacht. Alle derartigen Bestimmungen, die es ermöglichen sollen, infolge später eintretender Verhältnisse, die bei den Vorarbeiten übersehen oder nicht erkannt wurden, ein ganz anderes, von dem veranschlagten oder versprochenen Werk abweichendes Werk auszuführen, oder Bestimmungen, die eine Gewähr für die Richtigkeit der Vorarbeiten und der Entwurfsaufstellung ablehnen und erhebliche Abweichungen für die endgültige Bauausführung vorbehalten, sind in den Verträgen zu vermeiden. Denn sie sind gewissermaßen nur eine Reihe von Unfallverhütungsvorschriften in vermögensrechtlicher Beziehung für den Besteller und tragen die Gefahr in sich, daß die Vorarbeiten in dem einen oder anderen Falle nicht mit der Sorgfalt ausgeführt werden, wie es geschehen würde, wenn so erhebliche Abänderungen nicht vorgesehen wären. Die Vertragsbestimmungen müssen vielmehr möglichst genau gefaßt und dann auch ebenso eingehalten werden. Sonst erhält man einen Risikovertrag, der einerseits zu großen Verlusten für den Unternehmer führen, anderseits auch eine unverhältnismäßige Benachteiligung des Bestellers nach sich ziehen kann.

Es ist eine bekannte Tatsache, daß aus Verträgen, in welchen dem Zufall allzuviel Rechnung getragen wird, die meisten Streitigkeiten darüber entstehen, ob die geleisteten Arbeiten den getroffenen Vereinbarungen entsprechen oder nicht. Ein Bauvertrag muß daher in solcher Form und Fassung abgeschlossen werden, daß der Vertragswille unzweifelhaft feststeht, daß alle Differenzen über die Auslegung der einzelnen Bestimmungen ausgeschlossen sind. Dies ist um so notwendiger, als im Prozeßfalle die strittigen Punkte sehr oft nicht von Fachleuten, sondern von Juristen beurteilt werden. Die vielfach noch herrschende Unsitte, aus möglichst vielen Vertragsbedingungen alles herauszusuchen, was zur Knebelung des Unternehmers dient, alles mögliche zu verbieten und alle Rechte für die Unternehmer auszuschalten, ist mit den modernen Rechtsanschauungen nicht mehr vereinbar. Denn daraus entstehen die Vertragsungeheuer, die nur Rechte des Bestellers und Pflichten des Unternehmers kennen, die aber dann, wenn Streitigkeiten eine rechtliche Prüfung erfordern, wie Kartenhäuser zusammenfallen zur großen Verwunderung der Verfasser. Nach allgemeiner Rechtsanschauung und der herrschenden Judikatur ist ein Bauvertrag kein Risikovertrag im Sinne von gewagtem Geschäft, sondern ein Vertrag über die Ausführung von nach Art und Umfang genau umschriebenen Arbeiten, bei welchem dem Besteller die Verantwortung für Vorarbeiten und Vorleistungen und dem Unternehmer nur die Verantwortung für die Ausführung obliegt. Dieser heutigen Rechtsauffassung müssen die allgemeinen Vertragsbedingungen entsprechen, dann ist es aber auch dringende Pflicht des Anbieters oder Unternehmers, die allgemeinen Vertragsbedingungen genau zu prüfen und mit den sonstigen Verdingungsunterlagen zu vergleichen. Durch die Abgabe des Angebotes unterwirft sich der Unternehmer diesen Bedingungen in allen Punkten, und er muß unter Umständen eine frühere Fahrlässigkeit schwer büßen, denn bei vorsichtig und klar abgefaßten Verträgen wird kaum einer der sonst zunächst gesuchten Auswege oder eine andere Auslegung der Verträge möglich sein. Anderseits muß aber auch der Bauherr oder die Bauleitung auf der strikten Einhaltung der Bedingungen bestehen und keine Abweichungen zulassen, denn diese Bedingungen bilden die Grundlage des Angebotes und der Arbeitsübertragung, und der bauleitende Beamte hat daher die Pflicht nicht davon abzuweichen, um einerseits die wegen ihres höheren Angebotes nicht berücksichtigten Unternehmer zu schützen und anderseits um sich selbst keinen Vorwürfen auszusetzen.

Die Preisbestimmung für Bauarbeiten unterliegt lediglich der Vereinbarung, den Richter geht dies nichts an, er hat den Vertrag so auszulegen, wie er nach dem Willen der Parteien geschlossen ist, mag dieser Wille auch den Ausfluß größter geschäftlicher Unfähigkeit darstellen. Dagegen ist eine Vereinbarung, die eine nachträgliche Änderung der Vertragspreise ausschließt und Unternehmer wie Bauleitung unter Verzicht auf jede Einrede an die verabredeten Löhne und Preise bindet, selbst wenn sich solche während der Zeit der Ausführung erheblich ändern, nach dem Grundsatz der Vertragstreue im allgemeinen zu respektieren. Erst die Entwicklung der wirtschaftlichen Verhältnisse seit 1919 und ihre Einwirkung auf die Produktionsbedingungen hat es notwendig gemacht, von dem Grundsatze, daß Verträge unter allen Umständen erfüllt werden müssen, abzuweichen, die ungeheuere wirtschaftliche Umwälzung hat auch das scheinbar starre System dieses Rechtsatzes gebrochen. Der oberste Gerichtshof ist dabei von denjenigen Bestimmungen des BGB. ausgegangen, die von jeher die Begründung für Abweichungen von der Norm in außergewöhnlichen Fällen lieferten: die Rücksichtnahme auf Treu und Glauben und die Lehre von der wirtschaftlichen Unmöglichkeit der Leistung. Die höchstrichterlichen Entscheidungen waren abgestellt auf Auflösung des Vertrages wegen wirtschaftlichen Ruins, auf Erhöhung der Vertragspreise infolge Änderung der Verhältnisse und auf Übereinstimmung zwischen Leistung und Gegenleistung, hafteten aber alle an dem vom formal-juristischen Standpunkt aus unanfechtbaren Grundsatz Mark = Mark, bis die Geldentwertung ein solches Maß annahm, daß dieser Grundsatz verlassen werden mußte und die Entscheidungen auf Aufwertung abgestellt wurden. Diese ganze Judikatur der Inflationszeit hat heute nur noch historisches Interesse und kann daher übergangen werden.

Im Zusammenhang mit der Preisvereinbarung steht noch die vielfach übliche Vereinbarung, daß der Unternehmer bei Empfang des Restguthabens bedingungslos auf die Geltendmachung aller weiteren Ansprüche aus dem Vertragsverhältnis verzichtet. Ein solcher Verzicht des Unternehmers auf jedwede Nachforderung wird rechtlich als eine vertragsmäßige Einigung über das Nichtbestehen weiterer Forderungen angesehen, die Vereinbarung ist daher mit Vorsicht anzuwenden, da sie unter Umständen gegen die guten Sitten verstoßen kann, nämlich dann, wenn dem Unternehmer dadurch alle weiteren Ansprüche schlechtweg und ohne jede Rücksicht auf ihre Berechtigung abgeschnitten werden.

Die allgemeinen Vertragsbedingungen müssen also Bestimmungen enthalten über die Art der Berechnung der Vergütung, über Mehr- und Minderleistungen gegenüber den im Massen- und Preisverzeichnis angegebenen Leistungen, über Beginn, Fortführung und Vollendung der Arbeiten, über Behinderungen und Unterbrechung der Arbeiten oder Lieferungen, über die Ordnungsvorschriften, die etwaige Entziehung der Arbeiten, über die Haftpflicht des Unternehmers, über die Vertragsstrafen, über die Rechnungsaufstellung und die Zahlungen, über die Sicherheitsleistung und über das Verfahren bei Streitigkeiten. Insbesondere sollte der Zusatz nicht fehlen, daß die allgemeinen Vertragsbedingungen nicht durch die besonderen Bedingungen aufgehoben oder geändert werden dürfen, um allgemein eine sichere Grundlage für die Rechtsbeziehungen der Parteien zu schaffen.

Die Übernahme einer Gewährleistung für die dem Besteller zugeischerten Eigenschaften des Werkes ist wichtig, weil dem Unternehmer dann § 633 BGB. die Haftung dafür aufbürdet und in Streitfällen eine Entscheidung zugunsten des Bestellers leichter herbeizuführen ist. Eine zeitliche Begrenzung des Gewährleistungsversprechens ist dagegen überflüssig, weil das Gesetz bereits Bestimmungen über die Verjährungsfrist enthält.

Die Vertragsstrafe verfolgt einen doppelten Zweck, sie soll in erster Linie dem Vertragsbruche steuern und zweitens bei nicht oder nicht gehöriger Erfüllung des Schuldners dem Gläubiger den meist recht schwierigen Nachweis des Schadens ersparen. Ist bei nicht oder nicht gehöriger Erfüllung der Verbindlichkeit des Schuldners die Zahlung einer Geldsumme als Strafe festgesetzt, so ist sie verwirkt, sobald der Schuldner in Verzug kommt (§ 339 BGB.). Wenn die Strafe für den Fall der Nichterfüllung vereinbart ist, kann sie der Gläubiger statt der Erfüllung fordern, er geht allerdings dann seines Anspruches auf Erfüllung verlustig, aber es bleibt ihm außerdem unbenommen, neben der verwirkten Strafe, die er als Mindestbetrag seiner Schadensansprüche fordern kann, noch einen weiteren Schaden einzuklagen (§ 340 BGB.). Während also bei Vertragsbruch die Erfüllung nicht neben der Vertragsstrafe verlangt werden kann, bleibt bei Verzug der Erfüllungsanspruch neben der Strafe bestehen (§ 341 BGB. Abs. 1). Dieser Rechtssatz erfährt aber eine Einschränkung in Abs. 3, nach welchem eine vorbehaltlose Annahme dem Gläubiger den Anspruch auf die Vertragsstrafe raubt. Will sich also der Gläubiger die Vertragsstrafe erhalten, so muß er dies als Vorbehalt bei der Annahme ausdrücklich erklären. Es empfiehlt sich also, hier eine schützende Klausel in den Vertrag aufzunehmen mit etwa folgendem Wortlaut: „In allen Fällen, in denen der Unternehmer eine Vertragsstrafe versprochen hat, wenn er seine Verbindlichkeit nicht gehörig, insbesondere nicht rechtzeitig erfüllt, geschieht die Annahme der Erfüllung nur unter dem ausdrücklichen Vorbehalte der Wahrung des Rechtes auf die Vertragsstrafe.“ Voraussetzung für den Verfall der Strafe bleibt aber immer das Verschulden des Unternehmers, die Rechtsprechung versagt dem Gläubiger den Anspruch auf die Vertragsstrafe, wenn es dem Unternehmer gelingt, den Beweis zu erbringen, daß ihn kein Verschulden an der nicht in gehöriger Weise erfüllten Verbindlichkeit trifft. Eine unverhältnismäßig hohe Vertragsstrafe kann schließlich auf Antrag des Schuldners durch Richterspruch auf den angemessenen Betrag herabgesetzt werden (§ 343 BGB.).

Die besonderen Bedingungen für die einzelnen Arbeiten oder Lieferungen dienen zur technischen Beschreibung derselben und zur Erläuterung des Preisverzeichnisses. Bei allen Arbeiten ist das in Betracht kommende Messungsverfahren genau zu bezeichnen, je genauer diese Bestimmungen getroffen werden, desto einfacher wird sich die Abrechnung gestalten und werden sich Streitigkeiten vermeiden lassen. Ebenso ist das Abrechnungsverfahren selbst genau anzugeben. Bei den Fristbestimmungen ist nicht allein der Endtermin anzugeben, sondern auch die verlangten oder erforderlichen Leistungen für die Woche oder für den Monat sind anzugeben. Eine solche Bestimmung über die verlangten Teilleistungen gibt nämlich der Bauleitung die Handhabe, gegen säumige Unternehmer einzuschreiten, insbesondere sich gegen die oft gebrauchte Ausrede zu verwahren, daß die Arbeiten immer noch rechtzeitig fertig würden. Denn wenn diese Möglichkeit auch vielleicht noch besteht, so liegt die Überstürzung gegen Ende der Bauzeit nicht im Interesse einer soliden Arbeit, unter Umständen können auch die Arbeiten anderer Unternehmer dadurch lahmgelegt werden, und es kann eine Schädigung derselben eintreten, so daß sie mit Schadensersatzansprüchen an den Bauherrn herantreten. Bestimmungen über Fristverlängerungen müssen nach dem Grundsatze getroffen werden, daß Fristverlängerungen nur durch Arbeitsbehinderungen eintreten können, an welchen der Unternehmer keine Schuld trägt. Hat also z. B. ein Unternehmer in der guten Jahreszeit gebummelt und kommt mit seinen Arbeiten in den Winter hinein, so ist dies unter Umständen kein Grund für eine Fristverlängerung, nämlich dann nicht, wenn der Unternehmer die verlangten Teilleistungen nicht erfüllt hat. Daher ist die Festsetzung von Teilfristen empfehlenswert.

Die Vertragsbedingungen bilden schließlich die Grundlage für die Bearbeitung des eigentlichen Preisverzeichnisses, welches der Unternehmer als Angebot auszufüllen hat. Das Preisverzeichnis muß in knapper Form eine genaue Beschreibung der geforderten Arbeiten enthalten, alle Ansprüche an die Qualität der verlangten Materialien und Arbeiten klar und scharf, jede Zweideutigkeit ausschließend, zum Ausdruck bringen.

Am Schlusse jedes Vertrages ist die Erklärung beider Parteien notwendig, daß sie von den Bedingungen Kenntnis genommen haben und die Bedingungen einwandlos anerkennen sowie auf die Einrede des Irrtums verzichten. Die Verträge sind mit Ort und Datum zu versehen, von beiden Parteien zu unterschreiben und doppelt auszufertigen, damit jede Partei eine Ausfertigung erhält.

Nach dem preußischen Stempelgesetz vom 16. März 1924 sind im allgemeinen alle Urkunden, welche mit dem Namen oder der Firma des Ausstellers unterzeichnet sind, stempelpflichtig. Bei allen Urkunden über den Abschluß von Bauverträgen ist die Tarifstelle „Werkverdingungsverträge" anzuwenden, nach welcher ein Bauvertrag so zu versteuern ist, als wenn

1. über die zu dem Bau erforderlichen vom Unternehmer zu beschaffenden Baustoffe,
2. hinsichtlich des Wertes der Arbeitsleistung

zwei verschiedene Verträge abgeschlossen seien. Bei Berechnung des Steuersatzes für den angenommenen besonderen Vertrag über die gelieferten Baustoffe muß wiederum unterschieden werden zwischen Baustoffen, welche „in demjenigen Zustand, in welchem sie mit dem Grund und Boden in dauernde Verbindung gebracht werden sollen", vom Unternehmer beschafft worden sind, d. h. also Baustoffe, die ohne Bearbeitung verbaut werden, und zwischen denjenigen, welche im Betriebe des Unternehmers „erzeugt oder hergstellt sind". Die Baustoffe der ersten Kategorie sind nach den Sätzen der Tarifstelle „Kauf- uud Tauschverträge" mit $^2/_3$ vH des Wertes der Baustoffe zu versteuern. Für die Baustoffe der zweiten Kategorie sind die Bestimmungen über „Befreiungen" anzuwenden, welche bei der Tarifstelle „Kauf- und Tauschverträge" für Sachen vorgesehen sind, „die im Betriebe einer der vertragschließenden Parteien hergestellt sind" (vgl. Abschnitt III, 3a S. 166).

Für den Teil der Bauverträge, welcher die aufzuwendenden Löhne, Gehälter usw. umfaßt, ist in allen Fällen die Tarifstelle „Verträge" anzuwenden, welche einen Einheitssatz von 3 M. vorsieht.

### d) Das schiedsrichterliche Verfahren.

Streitigkeiten aus Bauverträgen können entweder durch die ordentlichen Gerichte oder durch Schiedsgerichte zum Austrag gebracht werden. Eine Bestimmung in den Verträgen, daß die Entscheidung über alle Streitigkeiten dem Besteller zustehen und jede gerichtliche Entscheidung ausgeschlossen sein soll, ist rechtsungültig, da das Klagerecht nicht ausgeschlossen werden und niemand Richter in eigener Sache sein kann. Das schiedsrichterliche Verfahren hat sich im werktätigen Leben immer mehr eingebürgert, es ermöglicht Streitsachen in freierer Art zu behandeln, wenn natürlich auch Schiedsgerichte nicht befugt sind, sich über das geltende Recht hinwegzusetzen, sondern schlüssige Gründe ihrem Schiedsspruch zugrunde legen, nicht nur schätzungsweise etwas zuerkennen oder aberkennen müssen.

Das schiedsrichterliche Verfahren ist reichsgesetzlich geregelt, und zwar in den §§ 1025—1048 ZPO., es hat dadurch seinen Platz im geltenden Recht erhalten. Die Grundlage für das schiedsrichterliche Verfahren ist der Schiedsvertrag. Es muß also im Vertrage selbst die Vereinbarung getroffen sein, daß Streitigkeiten über die durch den Vertrag begründeten Rechte und Pflichten sowie über die Ausführung des Vertrages durch ein Schiedsgericht entschieden werden sollen, daß die Entscheidung eines Schiedsgerichtes für das Rechtsverhältnis zwischen den Parteien maßgebend sein soll. Eine solche direkte Vereinbarung begründet erst den Schiedsvertrag und erstrebt die Beseitigung des Rechtstreites durch ein Schiedsgericht auf direktem Wege.

Das Übliche ist nun, daß bei Abschluß des Vertrages in diesen eine Bestimmung darüber aufgenommen wird, daß über alle streitigen Rechtsansprüche, die aus Anlaß und in Ausführung des Vertrages von einer Partei gegen die andere erhoben werden, unter Ausschluß des Rechtsweges durch ein Schiedsgericht entschieden werden soll, nötig ist dies aber nicht, die Vereinbarung kann auch ebenso wirksam nachträglich getroffen werden. Auch die nachträgliche Aufhebung der Schiedsgerichtsklausel in einem Vertrage ist angängig, wenn beide Vertragskontrahenten sich darüber verständigen[1]), dagegen kann sie nicht einseitig widerrufen werden.

Die Schiedsgerichtsklausel verliert aber ihre Kraft, wenn der ganze Vertrag ungültig wird, in den sie aufgenommen wurde, sei es, daß der Vertrag wegen eines Formfehlers nichtig ist, oder daß er wegen Wuchers, arglistiger Täuschung, Irrtums zu Recht angefochten wird[2]). Wird in einem solchen Falle von der Gegenpartei trotzdem die Zuständigkeit des Schiedsgerichtes behauptet, so kann der andere Teil gemäß § 1046 ZPO. bei demselben Gericht, welches ohne Schiedsgerichtsklausel zuständig wäre, Klage auf Feststellung erheben, daß das schiedsrichterliche Verfahren unzulässig sei. Anderseits aber kann derjenige, der vor den ordentlichen Gerichten verklagt wird, obwohl schiedsrichterliche Entscheidung vereinbart war, die Einlassung vor den ordentlichen Gerichten verweigern mit der Erklärung, daß das schiedsrichterliche Verfahren vereinbart ist. Dies geschieht gemäß § 274 ZPO. in Form einer Einrede, die in der mündlichen Verhandlung vor den ordentlichen Gerichten geltend gemacht wird.

Um das schiedsrichterliche Verfahren einzuleiten, sind zunächst die Schiedsrichter zu benennen. Ist im Vertrage über ihre Ernennung keine Bestimmung getroffen, welche den Bestimmungen der ZPO. vorgeht, so wird nach §§ 1028—1032 ZPO. von jeder Partei ein Schiedsrichter ernannt, indem die betreibende oder klagende Partei den von ihr gewählten Schiedsrichter dem Gegner schriftlich durch eingeschriebenen Brief bezeichnet und ihn auffordert, binnen einer einwöchigen Frist ein Gleiches zu tun. Die Frist von einer Woche kann durch Vereinbarung verlängert oder abgekürzt werden, aber eine Fristsetzung ist notwendig, und diese ist nur dann innegehalten, wenn vor ihrem Ablauf die betreffende Partei die schriftliche Anzeige erhalten hat. Es genügt

[1]) RG.Entsch. in Seufferts Archiv. Bd. 53, Nr. 136.
[2]) RG.Entsch. Bd. 27, S. 379 und Bd. 31, S. 397.

nicht die Absendung innerhalb der Frist. Ist die Frist abgelaufen, ohne daß die Gegenpartei einen Schiedsrichter ernannt hat, so geht diese ihres Ernennungsrechtes verlustig, und die betreibende Partei erlangt das Recht, die Ernennung des Schiedsrichters für die Gegenpartei durch das zuständige ordentliche Gericht zu verlangen. An Stelle des Gerichtes kann im Vertrage eine andere Persönlichkeit oder Behörde hierfür vorgesehen werden.

Die Parteien sind in der Ernennung der Schiedsrichter völlig frei, es kann jedoch im Schiedsvertrage bestimmt werden, daß bestimmte Kategorien von Persönlichkeiten vom Schiedsrichteramte ausgeschlossen oder die Parteien verpflichtet sein sollen, ihre Schiedsrichter einem bestimmten Berufskreise zu entnehmen. Hat eine Partei einmal einen Schiedsrichter ernannt, so ist sie an die Ernennung von dem Augenblicke an gebunden, wenn die Gegenpartei die Anzeige von der Ernennung erhalten hat.

Ein Schiedsrichter kann unter denselben Voraussetzungen und aus denselben Gründen abgelehnt werden, welche zur Ablehnung eines ordentlichen Richters berechtigen, d. i. hauptsächlich wegen Besorgnis der Befangenheit und wegen Interesses an dem Ausgange des Rechtsstreites (§§ 41—43 ZPO.). Die Tatsache des Ausschlusses vom Richteramte ist an sich vom Gericht von Amts wegen zu berücksichtigen, sie kann aber auch, falls das Schiedsgericht die Ausschließung nicht für vorliegend erachtet, in Form der Ablehnung geltend gemacht werden. Die Ablehnung eines Schiedsrichters muß aber sofort geltend gemacht werden, sie ist ausgeschlossen, sobald die betreffende Partei sich in eine Verhandlung mit demselben eingelassen hat, ohne den ihr bekannten Ablehnungsgrund geltend zu machen. Schon die Einreichung der Klageschrift zu Händen des Schiedsrichters, dessen Ablehnung beabsichtigt wird, kann als eine Einlassung in die Verhandlung im Sinne des § 43 ZPO. angesehen werden. Der Ablehnungsantrag ist bei dem zuständigen ordentlichen Gerichte zu stellen, die Gründe der Ablehnung sind glaubhaft zu machen, die Entscheidung erfolgt durch Beschluß des Gerichtes ohne Verhandlung. Erkennt das Gericht, daß die Ablehnung begründet ist, so kann die Gegenpartei hiergegen keine Rechtsmittel einlegen, wird jedoch der Antrag als unbegründet zurückgewiesen, so steht der abgewiesenen Partei die sofortige Beschwerde gemäß § 577 ZPO. zu. Den Schiedsrichtern selbst steht die Entscheidung über einen Ablehnungsantrag nicht zu, in § 1045 ZPO. ist vielmehr diese Entscheidung ausdrücklich den staatlichen Gerichten übertragen. Während des Schwebens des Ablehnungsverfahrens ist das Schiedsgericht nicht an seiner weiteren Tätigkeit gehindert, es kann vielmehr das Verfahren fortsetzen (§ 1037 ZPO.). Aber dies wird sich nicht empfehlen, da, falls die Ablehnung erfolgreich durchgeführt wird, alle bisher vorgenommenen richterlichen Handlungen des Schiedsgerichtes rechtlich ohne Bedeutung sind.

Die übliche Zusammensetzung des Schiedsgerichtes ist die, daß jede Partei einen Schiedsrichter benennt, und daß dann diese beiden Schiedsrichter zunächst versuchen, sich über einen Schiedsspruch zu einigen und erst, wenn keine Einigung zu erzielen ist, einen dritten Schiedsrichter als Obmann wählen. Die Zusammensetzung eines Schiedsgerichtes aus zwei von den Parteien gewählten Sachverständigen und einem von diesen oder von einer im Vertrage bestimmten dritten Person oder Behörde gewählten Obmann ist die normale und sollte stets vereinbart werden, alle abweichenden Vereinbarungen, namentlich ein Einzelschiedsrichter, sollte im Interesse einer objektiven Rechtsprechung vermieden werden. Der Obmann kann ein Techniker oder, wenn schwierigere Rechtsfragen zu entscheiden sind, zweckmäßig ein ordentlicher Richter sein. Die Hauptsache ist stets die Wahl der Schiedsrichter, sie müssen die nötigen Sach- und Rechtskenntnisse besitzen und die Bürgschaft für ein objektives unparteiisches Urteil bieten. Ist ein Richter als Obmann erforderlich oder erwünscht, so sollte er nicht von einer Partei, sondern von dem Präsidenten des zuständigen Landgerichtes ernannt werden. Können die Schiedsrichter sich über die Persönlichkeit eines Obmannes nicht einigen und ist im Vertrage für diesen Fall nichts vorgesehen, so kann nicht etwa ohne weiteres das Gericht auf Betreiben einer Partei eingreifen, um den Schiedsrichtern einen Obmann aufzuzwingen, sondern der ganze Schiedsvertrag muß in diesem Falle als hinfällig angesehen werden, und es steht den Parteien wieder der Rechtsweg an die ordentlichen Gerichte offen[1].

Ist das Schiedsgericht ordnungsmäßig konstituiert, so hat es die Parteien zu hören und das dem Streite zugrunde liegende Sachverhältnis zu ermitteln. Es kann dies durch Schriftsätze oder durch mündliche Verhandlungen geschehen, das Verfahren kann, wenn es nicht im Vertrage besonders festgesetzt ist, von dem Schiedsgerichte nach freiem Ermessen bestimmt werden. Es ist nur gesetzlich bestimmt, daß den Parteien das rechtliche Gehör gewährt werden muß. Die Schiedsrichter können auch Zeugen und Sachverständige vernehmen, welche freiwillig vor ihnen erscheinen; zu einer Vereidigung der Zeugen sind sie aber nicht befugt. Falls das Schiedsgericht oder eine Partei die Beeidigung der Zeugenaussagen für notwendig erachtet, so kann das Schiedsgericht dementsprechend beschließen, und es erfolgt dann auf Antrag der Partei, nicht aber auf Antrag des Schiedsgerichtes, die Beeidigung der Zeugen durch das zuständige Gericht.

Ist die Beweisaufnahme, welche am besten an Hand eines vom Schiedsgericht erlassenen schriftlichen Beweisbeschlusses erfolgt, erschöpft und der ganze Streitstoff geklärt, so ergeht die Entscheidung des Schiedsgerichtes, der Schiedsspruch. Die Entscheidung erfolgt nach der absoluten Mehrheit der Stimmen der Schiedsrichter. Der Schiedsspruch ist unter Angabe des Tages der Abfassung von den Schiedsrichtern zu unterschreiben, den Parteien in einer von den Schiedsrichtern unterschriebenen Ausfertigung zuzustellen und unter Beifügung der Beurkundung der Zustellung auf der Gerichtsschreiberei des zuständigen Gerichtes niederzulegen. Bis diese Erfordernisse erfüllt sind, ist das Schiedsverfahren noch nicht beendet, es kann also solange

[1]) RG.Entsch. Bd. 33, S. 266.

noch eine Wiedereröffnung der Verhandlung stattfinden, ebenso können neue Beratungen erfolgen und damit eine Änderung des Schiedsspruches, der einstweilen noch nicht endgültig geworden ist[1]). Ist dagegen allen Erfordernissen genügt, so ist die Aufgabe des Schiedsgerichtes definitiv erledigt[2]).

Der Schiedsspruch muß, um rechtlich wirksam zu sein, folgenden Erfordernissen genügen:

1. Es ist eine schriftliche Abfassung notwendig, und es müssen dem Schiedsspruche die Entscheidungsgründe in schriftlicher Form beigefügt werden, wenn nicht die Parteien im Schiedsvertrage vereinbart haben, daß der Schiedsspruch nicht mit Gründen versehen zu werden braucht.

2. Der Schiedsspruch ist von sämtlichen Schiedsrichtern zu unterzeichnen. Stirbt daher ein Schiedsrichter oder weigert er sich, den Schiedsspruch zu unterzeichnen, so wird damit das Zustandekommen des Schiedsspruches überhaupt gehindert. In einem solchen Falle müßte gemäß § 1031 ZPO. auf die Aufforderung der Gegenpartei die Partei einen neuen Schiedsrichter bestellen und das ganze Verfahren wiederholt werden, es sei denn, daß die Parteien damit einverstanden sind, daß die bisherigen Ergebnisse des Schiedsgerichtsverfahrens in dem neuen Verfahren Verwertung finden. Ist im Schiedsvertrage für den Fall des Wegfalls eines Schiedsrichters eine Bestimmung nicht getroffen, dann würde gemäß § 1033 ZPO. der Schiedsvertrag überhaupt außer Kraft treten und damit jeder Partei das Recht zustehen, die Erledigung des Rechtsstreites vor den ordentlichen Gerichten herbeizuführen. Das RG. hat den Fall, daß der Schiedsrichter nach der Abstimmung die Unterzeichnung des Schiedsspruches verweigert, in seiner Entscheidung vom 13. April 1887, Bd. 18, S. 369 ausführlich erörtert. Ein Schiedsrichter kann also durch Verweigerung seiner Unterschrift tatsächlich zunächst das schiedsrichterliche Verfahren illusorisch machen. Aber diejenige Partei, die ihn ernannt hat, kann gegen ihn auf Fortsetzung des Verfahrens bzw. Unterzeichnung des Schiedsspruches Klage erheben, und es erscheint auch nicht ausgeschlossen, daß auch die andere Partei ihn im Klagewege zur Fortsetzung und Beendigung des Verfahrens anhalten und einen Anspruch auf Ersatz des Schadens, der der Partei durch die Verzögerung der Entscheidung entsteht, geltend machen kann. Jeder Schiedsrichter wird daher sehr wohl aus eigenen wirtschaftlichen Interessen zu überlegen haben, ob er einen ihm nicht genehmen Schiedsspruch dadurch verhindern will, daß er die Unterschrift verweigert.

3. Dem Schiedsspruch ist der Tag der Abfassung schriftlich beizugeben. Die Datierung kann über oder unter dem Schiedsspruch stehen und braucht auch nicht der wirkliche Tag der Abfassung zu sein.

4. Eine von den Schiedsrichtern unterschriebene Ausfertigung ist den Parteien zuzustellen. Die Ausfertigung braucht nicht besonders als solche bezeichnet zu werden, erforderlich ist nur, daß sie die Originalunterschriften sämtlicher Schiedsrichter trägt. Die Zustellung hat auf

[1]) RG.Entsch. Bd. 38, S. 393.
[2]) RG.Entsch. vom 13. November 1903.

Betreiben der Schiedsrichter zu erfolgen, nicht auf Betreiben der Parteien[1]). Sie muß nach den allgemeingeltenden Vorschriften der §§ 166ff. ZPO. erfolgen, wird also gewöhnlich durch einen Gerichtsvollzieher bewirkt werden, dem seitens des Schiedsgerichtes der Auftrag hierzu zu erteilen ist.

5. Der Schiedsspruch ist auf der Gerichtsschreiberei des zuständigen Gerichtes niederzulegen, ihm sind die Urkunden über die erfolgte Zustellung beizufügen. Hieraus folgt, daß die Niederlegung immer erst nach erfolgter ordnungsmäßiger Zustellung mit Wirksamkeit geschehen kann, die Niederlegung kann durch die Schiedsrichter oder einen beauftragten Dritten, z. B. einen Gerichtsvollzieher, bewirkt werden.

Alle diese angegebenen Erfordernisse sind auf das sorgfältigste zu beachten, weil wegen Fehlens derselben der Schiedsspruch aufgehoben werden kann und dann das schiedsrichterliche Verfahren nicht von neuem eröffnet wird, vielmehr in einem solchen Falle der Streit der Parteien nunmehr der gerichtlichen Entscheidung unterliegt. Allerdings ist es den Parteien unbenommen, auch in einem solchen Falle einen neuen Schiedsvertrag zu vereinbaren und auch die früheren Schiedsrichter wieder zu ernennen[2]).

Der ordnungsmäßig erlassene Schiedsspruch hat unter den Parteien die Wirkung eines rechtskräftigen gerichtlichen Urteils, es kann aus ihm beim ordentlichen Gerichte die Zwangsvollstreckung durch Gerichtsbeschluß beantragt werden. Aber der Schiedsspruch unterscheidet sich von einem Gerichtsurteil dadurch, daß es eine Berufung gegen einen Schiedsspruch nicht gibt. Der Schiedsspruch kann vielmehr nur noch aus formellen Gründen wieder aufgehoben werden, und selbst die Aufhebung ist im Gesetze auf folgende sechs Punkte beschränkt:

1. wenn das Verfahren unzulässig war,

2. wenn der Schiedsspruch eine Partei zu einer Handlung verurteilt, deren Vornahme verboten ist,

3. wenn die Partei in dem Verfahren nicht nach Vorschrift des Gesetzes vertreten war, sofern sie nicht die Prozeßführung ausdrücklich oder stillschweigend genehmigt hat,

4. wenn der Partei in dem Verfahren das rechtliche Gehör nicht gewährt war,

5. wenn der Schiedsspruch nicht mit Gründen versehen ist,

6. wenn die Voraussetzungen vorliegen, unter welchen beim ordentlichen Gerichtsverfahren die Restitutionsklage stattfindet, d. h. wenn eine Urkunde, auf die das Urteil sich stützt, gefälscht ist, oder wenn strafgesetzlich zu ahnende Verfehlungen der Richter, Parteien oder Zeugen vorliegen, wie Rechtsbeugungen, Falscheide und Verleitungen dazu. Nach §§ 334—336 StrGB. werden neben den ordentlichen Richtern auch Schiedsrichter, die sich einer Rechtsbeugung schuldig machen oder für ihre Entscheidung Geschenke annehmen, mit Zuchthaus bis zu fünf Jahren

---

[1]) RG.Entsch. Bd. 5, S. 401.
[2]) Rechtsprechung der Oberlandesgerichte. Bd. 13, S. 248.

bestraft. Gegen derartige Verfehlungen hat also auch bei Schiedsgerichten das StrGB. schon vorgesorgt.

Dem schiedsrichterlichen Verfahren und dem Schiedsspruche ist in unserem geltenden Rechte eine besondere Stellung eingeräumt, und dies sollte Veranlassung sein, in allen Fällen, in welchen die ordentlichen Gerichte auf Sachverständigengutachten angewiesen sind, von vornherein ein Schiedsgericht zu vereinbaren. Es ist sogar im Gesetze den Schiedsrichtern die Befugnis zugesprochen, das Verfahren fortzusetzen und den Schiedsspruch zu erlassen, selbst wenn von einer Partei die Unzulässigkeit des schiedsrichterlichen Verfahrens behauptet wird. Die Partei, welche die Unzulässigkeit des schiedsrichterlichen Verfahrens behauptet, muß aber in diesem Falle sich nur unter Protest an dem Verfahren beteiligen oder es ganz ignorieren, damit sie im künftigen Prozesse vor dem ordentlichen Gerichte den Einwand bekämpfen kann, sie habe sich ungeachtet der Kenntnis von der Unzulässigkeit des Verfahrens mit dessen Fortsetzung und dem Erlasse des Schiedsspruches stillschweigend einverstanden erklärt.

Über die Kosten des schiedsrichterlichen Verfahrens erfolgt zweckmäßig bei der ersten Verhandlung eine Vereinbarung mit den Parteien, damit nachher keine Streitigkeiten darüber entstehen, welche dann eventuell das ordentliche Gericht zu entscheiden hätte. Sind die Gebühren vereinbart, dann sind auch die Kosten des Verfahrens im Schiedsspruch selbst festzusetzen, weil andernfalls für den etwaigen Antrag auf Vollstreckung erst ein ergänzender Spruch des Schiedsgerichtes erwirkt werden muß[1]). Die Kosten können auch erst beigetrieben werden, wenn ein Vollstreckungsbeschluß vorliegt.

Der Schiedsspruch ist in den meisten Ländern stempelsteuerpflichtig, die Stempelsteuer beträgt in Preußen $^2/_{10}$ vH des Wertes des Streitgegenstandes für die Hauptausfertigung und 3 M. für jede Nebenausfertigung.

In der Vorkriegszeit herrschte in bezug auf die Erledigung von Streitigkeiten in den Bauverträgen eine große Mannigfaltigkeit. Von dem Ausschluß des ordentlichen Gerichtsverfahrens und der bindenden Vorschrift auf Anwendung des schiedsrichterlichen Verfahrens bis zur Vorschrift des ordentlichen Gerichtsverfahrens unter Ausschluß des schiedsrichterlichen Verfahrens finden sich die verschiedensten Zwischenformen. In der Reichsverwaltung selbst waren die Bestimmungen nicht einheitlich. Während im Bereiche der Bauverwaltung des Reichsamtes des Innern, der Reichspost- und Telegraphenverwaltung sowie der Marine die Entscheidung von Streitfällen durch ein Schiedsgericht zu erfolgen hatte, wenn der Unternehmer einen Antrag auf schiedsrichterliche Entscheidung stellte, war bei der Heeresverwaltung nur der ordentliche Rechtsweg vorgesehen. In den preußischen allgemeinen Vertragsbedingungen für Bauleistungen war bestimmt, daß ein Schiedsgericht zu entscheiden habe, wenn nicht im vorkommenden einzelnen Streitfall der ordentliche Rechtsweg vereinbart werde. Bayern bestimmte grund-

---

[1]) RG.Entsch. Bd. 59, S. 149.

sätzlich den ordentlichen Rechtsweg, ließ jedoch im Einzelfall die Vereinbarung eines Schiedsgerichtsvertrages mit Genehmigung des Ministeriums zu. Baden hatte überhaupt keine Bestimmung getroffen, so daß grundsätzlich der ordentliche Rechtsweg galt, es waren jedoch Bestimmungen für den Fall gegeben, daß ein Schiedsgericht vereinbart werden sollte. In dem Entwurf der Reichstagskommission betreffend Regelung des Submissions- und Lieferungswesens vom Jahre 1914 war grundsätzlich das schiedsrichterliche Verfahren vorgesehen, jedoch sollten die Parteien nach Entstehen eines Streitfalles auch das ordentliche Gericht vereinbaren können.

Nach dem Kriege wurden im Reiche die bisherigen Bestimmungen durch Erlaß des Reichsverkehrsministers vom 28. März 1922 aufgehoben und an Stelle der Schiedsgerichte allgemein der ordentliche Rechtsweg gesetzt, ein Schiedsgericht ist nur noch einzusetzen, wenn nach Art des Streitfalles die schiedsrichterliche Erledigung der Verwaltung und dem Unternehmer angezeigt erscheint und besonders vereinbart wird. Gegen diesen Erlaß des Reichsverkehrsministers nahm der Reichsverdingungsausschuß Stellung und betonte in seiner Entschließung vom 28. September 1922, daß bei den derzeitigen Verhältnissen und der ständigen Veränderung des Geldwertes zur Entscheidung von Streitigkeiten aus Bauverträgen im allgemeinen der Rechtsweg nicht beschritten werden, sondern vielmehr eine Beschleunigung des Ausgleiches durch vertrauenswürdige und sachverständige Vermittler im Sachverständigen- oder Schiedsgerichtsverfahren gesucht werden sollte. Trotz dieser Entschließung ist aber der Reichsverkehrsminister bei seinem Standpunkt verblieben, weil sich aus dem Ausschluß des ordentlichen Rechtsweges und der alleinigen Zulassung des Schiedsgerichtes für die Verwaltung schwere Nachteile ergeben hätten.

Der Reichsverdingungsausschuß hat dann schließlich in seiner Verdingungsordnung als eine neue Instanz beim Auftreten von Streitigkeiten einen Unparteiischen (Schiedsmann) vorgesehen, der zunächst einen für beide Parteien unverbindlichen Einigungsvorschlag macht. Er soll alsbald nach seiner Ernennung die Feststellung des Tatbestandes unter Anhörung der Parteien vornehmen und spätestens innerhalb sechs Wochen nach seiner Ernennung den Parteien seinen Vergleichsvorschlag übersenden. Nach Ablauf der Frist oder wenn der Vergleichsvorschlag abgelehnt wird, ist die Anrufung des Gerichtes zulässig. Die Anrufung des Unparteiischen soll jedoch nicht Zwang sein, sondern es kann auch sofort das Gericht angerufen werden. Über die Frage, ob Schiedsgericht oder ordentliches Gericht ist weiter vorgesehen, daß, wenn der ordentliche Rechtsweg im Vertrag nicht ausdrücklich vorgesehen ist, alle aus dem Vertrage entspringenden Rechtsstreitigkeiten durch ein Schiedsgericht entschieden werden sollen. Grundsätzlich soll also das schiedsrichterliche Verfahren Platz greifen, es muß ausgeschlossen werden, wenn es nicht in Betracht kommen soll. Ob aber diese Verdingungsordnung einmal Gesetz werden sollte und wann, ist nicht abzusehen, zur Zeit besteht also die frühere Mannigfaltigkeit der Bestimmungen über die Erledigung von Streitigkeiten aus Bauverträgen noch weiter.

Der Grund für die Abkehr der Behörden von den Schiedsgerichten soll in der Beobachtung liegen, daß fast bei sämtlichen Entscheidungen der Schiedsgerichte die Behörde unrecht erhielt und der Unternehmer den Prozeß gewann. Es wird daraus ein Mißtrauen gegen die Objektivität der Schiedsrichter hergeleitet, von Unternehmerseite wird dagegen der Grund für das Unterliegen der Behörden in der veralteten und einseitigen Abfassung der Bauverträge gesucht und wie folgt begründet[1]).

Die behördlichen Vertragstexte werden im Gegensatz zu den in der Wirtschaft sonst üblichen Verträgen einseitig vom Bauherrn aufgestellt, indem gewöhnlich auf die Vorbilder früherer Verträge zurückgegriffen wird. Auf diese Weise erhalten sich auch in den modernsten Verträgen Bestimmungen und Vorschriften, die aus einer Zeit stammen, in der unter ganz anderen technischen und wirtschaftlichen Verhältnissen gearbeitet wurde als heute. Die meisten, und zwar die den Untermehmer am schärfsten belastenden Vertragsbsbedingungen stammen aus einer Zeit, in der der Unternehmer noch nicht gleichzeitig Ingenieur, sondern mehr Praktiker und Geschäftsmann war, in der es nur wenige und einfache Baumaschinen gab und die Einrichtung der Baustelle verhältnismäßig einfach und ihre wirtschaftliche Bedeutung leicht zu übersehen war. Der Aufsichtsbeamte der Behörde war der tatsächliche Führer und Leiter des Baues in technischer Hinsicht, er übersah ziemlich genau den Aufwand, den der Unternehmer zur Bewältigung der ihm übertragenen Arbeiten aufwenden mußte, und es war schließlich nicht bedenklich, wenn zwischen Behörde und Unternehmer etwas einseitige Vertragsbestimmungen bestanden, da meistens die Behörde durch eigene Beobachtung imstande war, aus Billigkeitsgründen die Berichtigung allzu harter Bedingungen vorzunehmen. Daher war es üblich, in den Bauverträgen dem Unternehmer Risiken zuzumuten, die unmöglich von einem gewissenhaften Ingenieur übernommen werden konnten. So ist z. B. die Bestimmung, die in den meisten Tiefbauverträgen vorkommt, daß der auszuhebende Boden so und so beschaffen sei, daß aber keine Gewähr für die Beschaffenheit übernommen werde und beim Antreffen ungünstigerer Verhältnisse dem Unternehmer kein Recht auf Nachforderung zustehe, er könne sich vom Tage der Ausschreibung bis zur Abgabe des Angebotes selbst von der Beschaffenheit überzeugen, selbst Bohrungen usw. vornehmen, unbillig und undurchführbar. Denn es ist dem Unternehmer nicht wohl möglich, in den wenigen Wochen zwischen Ausschreibung und Angebot etwas anderes festzustellen als die meist sehr sorgfältig durchgeführten Untersuchungen der Behörde. Außerdem werden dem Unternehmer durch die Untersuchung Kosten zugemutet, die er bei der Unsicherheit des Auftrages bei öffentlicher Ausschreibung kaum übernehmen kann. Der Unternehmer muß sich demnach auf die Untersuchung der Behörde verlassen. Bringt dann die Wirklichkeit doch viel schwierigere Verhältnisse als angenommen war, so ist gewöhnlich ein Schiedsgericht die Folge und der Unternehmer gewinnt, weil ihm Unbilliges zugemutet war.

---

[1]) Vgl. D. Bauing. 1925, Heft 7.

Die Baustellen des Tiefbaues werden jetzt mit einem umfangreichen, eine Ingenieurarbeit verlangenden Maschinenpark ausgerüstet. Es sind also nicht nur Löhne, sondern auch große Ausgaben für Maschinenbetrieb und -unterhaltung notwendig, und diese machen es der Behörde schwer möglich, den finanziellen Aufwand des Unternehmers für eine Arbeit abzuschätzen. Die Verträge tragen aber den veränderten Verhältnissen nicht Rechnung, sondern sind im Gegenteil infolge des unübersichtlichen Betriebes immer ungünstiger für den Unternehmer und schärfer in ihren Bestimmungen geworden. Es wird ihm jedes Risiko, das die Behörde bei Aufstellung des Bauentwurfes und Abfassung des Vertrages findet, zugeschoben.

Die Inflationszeit hat dann noch ein neues, die Stellung des Unternehmers erschwerendes Moment in die Verträge gebracht. Um eine Bezahlung in dieser Zeit zu ermöglichen, mußten die Preise der Bauverträge bis ins einzelne aufgeteilt werden, und der Bauherr erhielt einen genauen Einblick in die Kalkulation. Die Berechtigung der einzelnen darin aufgeführten Teile der Preise konnte er aber nur für diejenigen Posten nachprüfen, die sich ausschließlich auf der Baustelle abwickelten. Die Betriebsmittelkosten und Geschäftsunkosten entzogen sich der Prüfung des Bauherrn. Die Folge war, daß der Bauherr jeden Gewinn an den nachprüfbaren Preisteilen dem Unternehmer hoch anrechnete und ihn oft unter Verkennung der anderen das finanzielle Schlußergebnis erst bestimmenden Faktoren gegen andere viel größere Verluste aufrechnete. Die Aufteilung der Preise hat sich daher als ein schwerer Nachteil für den Unternehmer erwiesen.

In der Industrie findet die Herstellung im allgemeinen völlig unabhängig vom Besteller in der eigenen Fabrik statt, bei Bauarbeiten dagegen findet die Ausführung unter den Augen des Bestellers statt, der sich vertraglich ein dauerndes Eingriffsrecht vorbehalten hat und davon Gebrauch macht, ohne daß es immer möglich wäre, die hieraus sich ergebenden Folgen finanziell auf ihn abzuwälzen. Die Vertragsbedingungen in Lieferungsverträgen betonen fast stets, daß jede Unsicherheit, jeder indirekte Schaden in seinen finanziellen Auswirkungen nicht zu Lasten des Herstellers gehen darf; bei Bauverträgen ist fast stets das Umgekehrte der Fall. Macht der Besteller für die Ausführung einer Lieferung bestimmte Vorschriften, so ist es selbstverständlich, daß er selbst hierfür die Verantwortung übernimmt; bei Ausführung von Bauverträgen ist es keine Seltenheit, daß den Entwurf der Bauherr liefert und trotzdem der Unternehmer die Verantwortung für den Entwurf mit übernehmen soll. Der Preis bei Lieferungsverträgen ist ein einheitlicher, geschlossener, die Unkosten- und Gewinnhöhe sind unbekannt; im Baubetrieb sind die Einheitspreise oft noch aufgeteilt und ermöglichen dem Besteller die Feststellung jedes anscheinenden Gewinnes, ohne daß sie die Sicherheit bieten, daß auch jeder Verlust erkannt wird.

Aus dieser Gegenüberstellung von Lieferungs- und Bauverträgen ergibt sich, daß letztere der Auffassung des sonstigen Geschäftsverkehrs direkt widersprechen. Der Abschluß solcher nicht einwandfreien Verträge ist nur zu erklären, wenn man berücksichtigt, daß die Herstellung eines Baues stets ein größeres Risikogeschäft ist als ein Lieferungsvertrag, und der Unternehmer daher auf Glück bei der Ausführung oder auf günstige Ereignisse hofft, die auch den schärfsten Vertrag außer Kraft setzen, und besonders auf einen Bauherrn hofft, der, wie es früher üblich war, unerwartete Schwierigkeiten bewertet und über den Vertrag hinaus vergütet. Geht diese Hoffnung nicht in Erfüllung und verlangt dann der Unternehmer eine Vergütung über den Vertrag hinaus, so besteht die Möglichkeit, daß er schwer kontrollierbare und gegebenenfalls zu große Bereicherungen bei einem schiedsrichterlichen Austrag erfährt. Bei einem Vertrage, der der einen Seite, nämlich dem Unternehmer, alle Schwierigkeiten aufbürdet und es unsicher bleibt, wie weit die Lasten nachher auf beide Schultern verteilt werden, kommt in die sowieso schon schwierige Ausführung von Bauten, besonders von Tiefbauten mit ihren unübersehbaren Risiken, noch ein unsicheres Moment hinein, das den Vertrag untragbar macht. Daher müssen alle nicht übersehbaren Risiken aus den Verträgen herausbleiben. Dem Unternehmer ist besonders kein Risiko zuzumuten, das die Behörde selbst nicht übernehmen kann, obwohl sie genauer und länger über die Grundlagen der auszuführenden Arbeit unterrichtet ist. Auf jeden Fall müssen die Verträge zwischen Behörden und Unternehmern beide Parteien als gleichberechtigte Vertragschließende bewerten und erkennen lassen. Dann wird auch eine glatte Abwicklung der Verträge möglich werden und Schiedsgerichtsentscheidungen, die natürlich auch dann incht immer ausbleiben werden, werden dann nicht mehr einseitig zuungunsten der Behörde ausfallen, und letzten Endes wird die Behörde billiger bauen, als es bei den bisherigen Verträgen der Fall war.

Die Vorteile der Schiedsgerichtsklausel sind bei allen Verträgen unverkennbar, die sich auf fachlich-technische oder komplizierte Geschäfte beziehen und bei denen die Entscheidung von etwaigen Streitigkeiten häufig weniger von der Lösung schwieriger Rechtsfragen als von einem Ausgleich divergierender technisch-wirtschaftlicher oder kommerzieller Anschauungen handelt. Das Schiedsgerichtsverfahren gibt in ganz anderem Umfange als die ordentliche Gerichtsbarkeit die Möglichkeit, derartige Fragen dem Spruch eines wirklichen Sachverständigengremiums zu unterbreiten, in dem neben einem Rechtskundigen wirkliche Sachverständige bei einer Entscheidung mitwirken können, und kann in ganz anderem Umfange als ein Gerichtsurteil den wirtschaftlichen Problemen des Falles gerecht werden. Im Prozeßverfahren vor den ordentlichen Gerichten kommt eine Mitwirkung von erfahrenen „Laien“ nur bei den Kammern für Handelssachen in der Landgerichtsinstanz in Frage, bei den ausschlaggebenden höheren Instanzen dagegen kommt das „Laienelement“ völlig in Fortfall. Vor allem aber ist das Schiedsgerichtsverfahren in der Lage, den Parteien rasch eine Entscheidung zu bieten. Unter den heutigen wirtschaftlichen Verhältnissen ist es vielfach gar nicht möglich bei größeren Objekten die beim ordentlichen Gerichtsverfahren nicht selten zwei- bis dreijährige Dauer von Prozessen über drei Instanzen mit in den Kauf zu nehmen ohne schwere

Schädigung der berechtigten Interessen beider Parteien. Es kommt vielfach gar nicht so sehr darauf an, daß letzten Endes eine Entscheidung über den Streitfall erfolgt, die bis in alle Kleinigkeiten exakt und genau ist unter formal-juristischer Anwendung des bestehenden Rechtes auf den vorliegenden Fall, sondern häufig handelt es sich vor allem darum, rasch eine Entscheidung zu haben, die durch die Zusammensetzung des Schiedsgerichtes nicht nur die Gewähr absoluter Objektivität bietet, sondern die vor allem auch den wirtschaftlichen Verhältnissen Rechnung trägt und mit knappen Worten eine Begründung gibt, die den fachlichen Anschauungen der Parteien entspricht.

Bei größeren Objekten fällt auch die Kostenfrage noch ins Gewicht, denn selbst bei sehr generöser Bezahlung der Schiedsrichter wird das Schiedsgerichtsverfahren ganz wesentlich billiger kommen als die Durchführung eines Prozesses bis zum Reichsgericht.

Nachteile des Schiedsgerichtsverfahrens können nur dann eintreten, wenn das Schiedsgericht falsch zusammengesetzt ist. Fehlerhafte Zusammensetzung des Schiedsgerichtes hat fast immer veranlaßt, daß die Schiedssprüche in keiner Weise die Autorität des Gerichtsurteils hatten, und daß vielfach die unterliegende Partei den Spruch des Schiedsgerichtes mit Recht als weniger objektiv und gerecht empfand als ein gerichtliches Urteil. Zu einer solchen fehlerhaften Zusammensetzung des Schiedsgerichtes kann die Bestimmung in § 1028 ZPO., daß jede der Parteien getrennt Schiedsrichter ernennt, beitragen, denn die von den Parteien ernannten Schiedsrichter müssen sich gewissermaßen zwangsläufig als Vertreter einer Partei fühlen, die sie nur deshalb ernannte, weil sie von ihnen eine entsprechende Vertretung ihrer Interessen im Schiedsgericht erwartete. Deshalb wird auch bereits mehrfach die Schiedsgerichtsklausel so gefaßt, daß die Parteien sich von vornherein auf eine überragende Persönlichkeit als Vorsitzenden einigen und diesem dann die Ermächtigung geben, von sich aus zwei weitere unparteiische und besonders sachverständige Schiedsrichter zu ernennen. Auf diese Weise kann jedenfalls eine bessere Gewähr dafür gegeben werden, daß ein unparteiisches Gericht zustandekommt als bei dem in der ZPO. vorgesehenen Verfahren. Zulässig ist ein abweichendes Verfahren, die Bestimmungen in §§ 1028 und 1029 ZPO. sind nur ergänzende, nicht zwingende Rechtsnormen[1]). Man muß sich bei der Zusammensetzung eines Schiedsgerichtes und der Vereinbarung der Schiedsgerichtsklausel immer darüber klar sein, daß es sich um ein unparteiisches Gerichtsverfahren handeln muß, das sich nur insoweit von dem ordentlichen Prozeßverfahren unterscheiden darf, als es die Gewähr größerer Schnelligkeit, geringerer Kosten und größerer Sachverständigkeit der Richter bieten soll.

Die Neufassung der deutschen ZPO. vom 13. Februar 1924 hat auch die Vorteile des Schiedsgerichtsverfahrens insofern anerkannt, als sie gegenüber dem bisherigen Rechtszustande wesentliche Erleichterungen für das Schiedsgerichtsverfahren bringt. Während bisher die

---

[1]) RG.Entsch. Bd. 26, S. 373 u. Bd. 87, S. 185.

Vollstreckung nur möglich war auf Grund eines Vollstreckungs**urteils**, genügt jetzt ein Gerichts**beschluß**, der nur dann nicht erlassen werden darf, wenn sich der Schiedsspruch über eine gesetzliche Vorschrift oder zwingende Rechtsnormen hinweggesetzt hat. Nach der früheren Regelung war das Vollstreckungsurteil schon dann nicht zu erlassen, wenn einer der zahlreichen Gründe vorlag, derentwegen die Aufhebung des Schiedsspruches nach der ZPO. beantragt werden konnte. Jetzt braucht die rechtskräftige Erledigung einer Aufhebungsklage nicht abgewartet werden, sondern der Vollstreckbarkeitsbeschluß kann schon erlassen werden, wenn die Aufhebungsklage in einer Instanz vorläufig vollstreckbar abgewiesen ist. Eine weitere Erleichterung hat das Schiedsgerichtsverfahren ferner mit der Ermöglichung der Vollstreckbarerklärung von schiedsgerichtlichen Vergleichen erfahren. Bei der stets zunehmenden Bedeutung des Schiedsgerichtswesens ist auch zu hoffen, daß die bevorstehende Gesamtprozeßreform noch weitere Erleichterungen und eine Klärung der noch ungelösten Probleme des schiedsrichterlichen Verfahrens bringen wird[1]).

## 4. Die Bauarbeiten.

Die Bauausführung ist der Schlußakt der Tätigkeit des Bauingenieurs, mit dem fertigen Bauwerk tritt er in die Öffentlichkeit. Es ist daher auch natürlich, daß das Bauen von den meisten Menschen als die Hauptarbeit des Bauingenieurs angesehen wird, da die Unmenge von technischen und wirtschaftlichen Vorarbeiten nicht in die Erscheinung tritt. Immerhin ist aber das fertige Bauwerk das sichtbare Zeichen der Arbeit und somit die Bauausführung, wenigstens im engeren Sinne, doch die Hauptarbeit des Bauingenieurs.

Wie bereits in Kapitel 1 ausgeführt, erfordert jede Bauausführung zunächst die Aufstellung eines an Hand der Baupläne und der Bedingnisse aufgestellten sowie der Örtlichkeit angepaßten Bauprogramms oder Arbeitsplanes. Das **Bauprogramm** zerfällt in die drei zeitlich aufeinander folgenden Hauptabschnitte:

1. Die Baustelleneinrichtung,
2. die Ausführung der Bauarbeiten oder die Herstellung des Bauwerkes,
3. die Baustellenabräumung.

Hauptabschnitt 1 erfordert zuerst die Feststellung der benötigten Betriebsmittel, Hauptmaschinen und sonstigen Geräte sowie der Transportanlagen, Werkplätze, Schuppen, Baracken usw., welche erforderlich sind, um einen ungehinderten und wirtschaftlichen Baufortgang zu ermöglichen, und umfaßt alle Arbeiten für den Antransport, für Einrichtung und Montage sowie etwaige Rodungs- und Planierungsarbeiten. Hauptabschnitt 2 umfaßt die Beschaffung der Bau- und Betriebsstoffe

[1]) Eine knappe, dabei aber zuverlässige Darstellung des schiedsrichterlichen Verfahrens bringt das jetzt erschienene Büchlein von Ernst Richter, Landgerichtsdirektor, Das deutsche Schiedsgerichtsverfahren, Berlin 1927.

und den eigentlichen Baubetrieb mit allen Hilfsanlagen. Hauptabschnitt 3 enthält die gleichen Arbeiten wie 1 in umgekehrter Reihenfolge.

Die Arbeitsleistungen werden am besten auf die aufzuwendenden Arbeitszeiten bezogen, denn aus diesen können die Geldkosten durch Einsetzen der Einheitssätze berechnet werden. In Deutschland stehen in den evangelischen Landesteilen in einem gewöhnlichen Jahr von 365 Tagen bei 52 Sonntagen und 8 gesetzlichen Feiertagen 305 Arbeitstage zur Verfügung, in den katholischen Landesteilen kommen noch weitere 7 kirchliche Feiertage hinzu, so daß nur 298 Arbeitstage zur Verfügung stehen. Für Frost- und Regentage sind bei Tiefbauarbeiten im Durchschnitt noch weitere 50 Tage in Abzug zu bringen, so daß nur 250 wirkliche Arbeitstage verbleiben, d. s. bei achtstündiger Arbeitszeit 2000 Arbeitsstunden. Bei maschinellen Betrieben gehen hiervon noch die Unterbrechungen durch Ausbesserungen, Revisionen usw. ab, die man zu etwa 20 Tagen annehmen kann, so daß auf Baustellen mit Maschinenbetrieben nur mit 230 Betriebstagen pro Jahr gegenüber 250 Arbeitstagen gerechnet werden kann.

Nach den Untersuchungen von Eckert[1]) kann indes für größere Erdarbeiten mit Maschinenbetrieben mit einer größeren Zahl von Betriebstagen gerechnet werden, und zwar gibt er folgende Zahlen an:

| Baggerbetriebsart | Durchschnittliche Betriebstage pro Monat | Durchschnittliche Betriebstage pro Jahr |
|---|---|---|
| a) Trockenbagger: | | |
| Eimerbagger . . . . . . . . . | 23 | 276 |
| Löffelbagger . . . . . . . . . | 22 | 264 |
| b) Naßbagger . . . . . . . . . . | 20 | 240 |

Unter Berücksichtigung dieser zur Verfügung stehenden Arbeits- oder Betriebstage sind an Hand des Bauprogramms die Bautermine festzusetzen, und zwar sind sie unter normalen Verhältnissen so zu bemessen, wie es eine ordnungsmäßige Durchführung der Arbeiten ohne jede unnatürliche Beeinflussung erfordert. Nur wenn es sich um Arbeiten handelt, deren rascheste Durchführung ohne Rücksicht auf die damit verbundenen Kosten erforderlich ist, muß der Nachteil eines forcierten Betriebes mit vielfach unrationeller Übersetzung der einzelnen Arbeitsstellen in Kauf genommen werden. Im übrigen ist der Zeitaufwand für die drei Hauptabschnitte des Bauprogramms abhängig von der Art, dem Umfange und der Örtlichkeit der Bauausführung.

### a) Erdarbeiten.

Die erste und manchmal wichtigste Arbeit bei Ingenieurbauten ist die Erdarbeit, d. i. das Bewegen von Erd- oder Bodenmassen. Die Erdarbeiten bestehen entweder im Ausgraben oder Ausschachten, im Einschneiden oder im Auftragen. Das Ausschachten kommt regelmäßig

[1]) Eckert, H.: Über Kostenberechnungen im Tiefbau. Berlin 1925.

vor bei der Herstellung von Baugruben. Das Einschneiden findet statt bei der Herstellung von Gräben, Kanälen, Straßen- und Eisenbahnen.

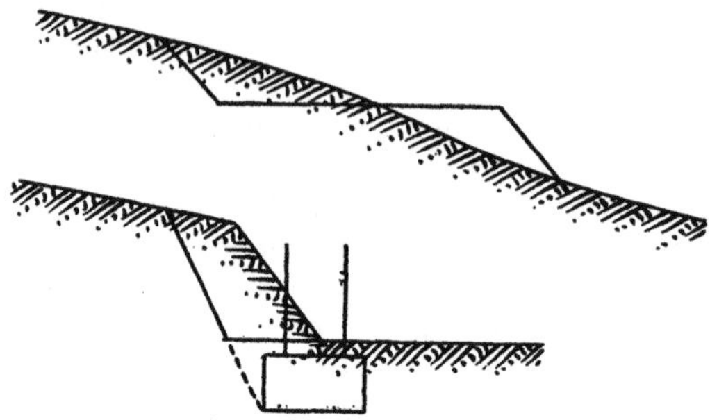

Hierher gehört auch das Anschneiden, d. i. die nur teilweise Entfernung der Bodenmassen zur Herstellung eines Planums oder eines Bauwerkes, wie in nebenstehenden Skizzen angedeutet ist. Einschneiden und Anschneiden werden allgemein mit **Abtrag** bezeichnet.

Der **Auftrag**, d. h. das Aufschütten von Bodenmassen, kommt vorbei der Bildung von Dämmen, Deichen usw.

Der Boden muß nun bei allen Erdarbeiten zunächst gelöst, dann in Fördergefäße geladen, in diesen transportiert und schließlich abgeladen und wieder verbaut werden. Das Lösen und Laden bezeichnet man mit **Bodengewinnung**. Wir haben also drei verschiedene **Arbeitsleistungen** zu unterscheiden:

1. die Gewinnung des abzutragenden Bodens,
2. die Beförderung des Bodens an den Bestimmungsort,
3. das Einbauen des Bodens am Bestimmungsort.

Weiter sind nach den **Arbeitsmethoden** drei Hauptgruppen zu unterscheiden:

1. Erdarbeiten im Trockenen, über Wasser,
2. Erdarbeiten unter Wasser, aber Aushub im Trockenen unter Wasserhaltung,
3. Erdarbeiten unter Wasser ohne Wasserhaltung.

Schließlich kommt noch in Betracht der **Zweck** der Erdarbeit, ob sie nur Nebenarbeit, wie bei Herstellung von Baugruben, oder Hauptarbeit ist, wie bei Herstellung von Verkehrsanlagen, Straßen, Eisenbahnen, Kanälen und Häfen, oder bei Herstellung von Schutzanlagen, Deichen, Staudämmen usw. Je nach dem Zweck der Erdarbeit ist die Arbeitsmethode verschieden und die Arbeitsmethode ist in erster Linie bedingt durch den Wasserstand. Wir teilen also unseren Stoff am besten so ein, daß wir die drei verschiedenen Arbeitsleistungen für sich erörtern und bei jeder Arbeitsleistung den Zweck und die Arbeitsmethode berücksichtigen. Dabei kann hier von einer wirtschaftlichen Verteilung der Erdmassen bei Verkehrsanlagen, welche in das Gebiet der Trassierung gehört, sowie von einer wirtschaftlichen Verwendung oder Ablagerung des Bodens, welche von der Örtlichkeit und den Bodenpreisen im einzelnen Falle abhängen, Abstand genommen werden, und wir können uns beschränken auf die Ausführung von Erdarbeiten nach einem gegebenen Bauplane.

**Die Bodengewinnung.** Das **Lösen** des Bodens geschieht mit den verschiedenartigsten Werkzeugen, je nachdem es sich um trockenen oder nassen, weichen oder harten, felsigen Boden handelt, sowie ob geringe oder bedeutende Mengen zu lösen sind. Außer der gewöhnlichen Schaufel bei losen Bodenarten, d. h. Erdarten ohne Zusammenhang, kommt bei Stichboden der Spaten in Anwendung. Dazu tritt bei Boden mit starkem Zusammenhang die Picke oder Hacke als Breithacke, bei Geröllen und anderen Übergangsbildungen zu den Felsarten die Spitz- und Kreuzhacke, bei schieferigen Felsarten die Brechstange und schließlich bei Fels mit starken Bänken das Sprengen mit Pulver, Dynamit und anderen Nitriten. Sprengungen werden indes bei allen festeren Bodenarten vorgenommen, um die Lösung zu beschleunigen oder auch zu verbilligen; man verwendet hierzu mit Vorteil ein besseres Pulver mit höherem Salpetergehalt.

Handelt es sich um die Lösung größerer Erdmassen, so ist die Verwendung von Arbeitern bei den zeitigen Lohnverhältnissen meistens unwirtschaftlich und es treten an ihre Stelle die Grabmaschinen, Das sind Pflüge, Schraper, Greifer oder Greifbagger, Schaufelgräber oder Löffelbagger, und schließlich die Kettengräber, welche aus einer Kette mit angehängten Eimern bestehen und entweder Trockenbagger oder Naßbagger sind. Zu den Naßbaggern gehören dann ferner noch die Pumpenbagger, welche den Boden unter Wasser durch einen Schneideapparat lösen und aufsaugen.

Die Arbeit des Lösens ist also abhängig einmal von der Bodenart und sodann von dem Umfang der zu bewegenden Bodenmassen. Es ist daher zunächst notwendig, sich Kenntnis von der Beschaffenheit des zu lösenden Bodens zu verschaffen und zu dem Zwecke genaue Bodenuntersuchungen mindestens bis zur Tiefe der Bausohle anzustellen. In Preußen sind in dem Runderlaß des Ministers der öffentlichen Arbeiten vom 16. März 1909 die erforderlichen Bodenuntersuchungen vor der Ausschreibung von Erdarbeiten genau vorgeschrieben.

Je nach ihrer mehr oder weniger schweren Lösung unterscheidet man drei Hauptgruppen Bodenarten:

I. Stichboden, der noch mit dem Spaten gestochen werden kann,
II. Hackboden, der mit der Hacke gelöst werden muß,
III. Sprengboden, der nur durch Sprengen gelöst werden kann.

Jede dieser drei Hauptgruppen läßt sich wieder in zwei Unterklassen einteilen, nämlich:

I. Stichboden in

a) Erdarten ohne Zusammenhang, als Humus, reiner Sand und loser feiner Kies ohne Bindemittel,

b) Erdarten mit geringem Zusammenhang und weichem Gefüge, als sandiger Lehm, sandiger Ton und feiner Kies mit weichem Bindemittel.

II. Hackboden in

a) Erdarten mit starkem Zusammenhang und zähem Gefüge, aber geringem Härtegrade, als Lehm, Ton, Mergel, Kies mit starkem Bindemittel,

b) Übergangsbildungen zu den Felsarten oder schieferige weiche Felsarten, als Gerölle, verwittertes und schieferiges Gestein.

III. Sprengboden in

a) Felsen in Bänken,

b) Massengesteine, welche keine oder wenig natürliche Trennungen aufweisen und daher schwer zu sprengen sind.

Der Boden Ia kann ohne weiteres mit der Schaufel oder dem Spaten gestochen und in die Fördergefäße geladen werden, erfordert also keinen besonderen Arbeitsaufwand zum Lösen.

Der Boden Ib kann ebenfalls noch mit dem Spaten gestochen werden, aber er wird vorteilhafter vorher mit der Hacke oder Picke aufgelockert und dann erst mit der Schaufel in die Fördergefäße geworfen. Der Boden IIa muß bereits vorher mit der Hacke oder Picke oder auch durch Keile gelöst werden, bevor er mit der Schaufel in die Fördergefäße geworfen werden kann. Der Boden IIb muß vorher mit Spitzhacke, Kreuzhacke und Brecheisen gelöst werden. Für den Boden IIIa genügen keine mechanischen Hilfsmittel mehr zum Lösen, sondern es ist schon Sprengen mit Pulver oder Dynamit, Roburit usw. nötig. Der Boden IIIb endlich ist schwer schießbar, sein Lösen erfordert viele und tiefe Sprenglöcher sowie die kräftigsten Sprengmittel.

Diese Einteilung der Bodenarten berücksichtigt lediglich die Festigkeit, den Zusammenhang und die Härte des Bodens und läßt den Wassergehalt unberücksichtigt. Dieser spielt aber für die Bearbeitung des Bodens eine wesentliche Rolle, und daher ist auch vom Reichsverdingungsausschuß eine Einteilung der Bodenarten nach den Schwierigkeiten der Bearbeitung mit Hand unter Berücksichtigung des Wassergehaltes vorgenommen, DIN 1962. Baggerbetriebe verlangen wieder eine andere Einteilung, und zwar eine Einteilung in Klassen, von denen jede alle Bodenarten umfaßt, die einen fast gleichen Einwirkungsgrad auf die Wirtschaftlichkeit der Baggerbetriebe haben. Rathjens[1]) teilt daher für Baggerbetriebe die Bodenarten in folgende 7 Klassen:

Klasse 1. Sand.
Klasse 2. Kies (bis zur Faustgröße).
Klasse 3. Lehm, Letten, trockener Ton.
Klasse 4. Mergel (Geschiebemergel).
Klasse 5. Moor, weicher Schlick, Klai usw.
Klasse 6. Bodenarten, die sich ohne Vorsprengung baggern lassen, wie Trümmergestein, Schiefer und weicher Sandstein.
Klasse 7. Bodenarten, die eine vorherige Sprengung erfordern, wie gewachsener Felsen in geschlossenen Bänken usw.

Die Bodenklasse 5 ist in die sonst übliche Einteilung der Bodenarten eingeschaltet, weil die Bodenarten dieser Klasse schwierig zu baggern sind und bei Niederschlägen eine Baggerung überhaupt unmöglich machen können. Die Baggerleistungen sind daher sehr vorsichtig zu bemessen, sie können bei trockener Witterung größer, bei ungünstiger Witterung oder durch Auftreten von Wasser sehr gering werden.

---

[1]) Rathjens, J.: Erfahrungsergebnisse über Trockenbaggerbetriebe, 2. Aufl. Berlin 1922.

Für die Bodenklassen 6 und 7 kommt der Eimerkettenbagger nicht mehr in Frage, wohl aber der Löffelbagger, der bei geeigneter Bauart in den Bodenarten der Klasse 6 noch ohne vorheriges Lösen des Materials durch Sprengung arbeiten kann, und selbst in gewachsenem Felsen, der durch Sprengung gelöst wird, zum Laden des gelösten Felsens noch günstiger arbeitet als der Handbetrieb. Allerdings gehen die Leistungen in diesen beiden Bodenarten erheblich zurück und steigen somit die Lohnkosten. Erfahrungswerte für diese Bodenklassen gibt Rathjens nicht an.

Als Arbeitsmethoden in technischer Hinsicht stehen bei der Bodengewinnung zur Verfügung:

A. Bei Trockenaushub:

1. das Lösen und Laden von Hand mit Schaufel, Spaten, Picke, Hacke, Brechstange, Keil und Sprengung,
2. das Lösen und Laden mittels Pflügen und Schrapern,
3. das Lösen und Laden mittels Greifbagger,
4. das Lösen und Laden mittels Eimerkettenbagger auf Gleisen, Trockenbagger,
5. das Lösen und Laden mittels Dampfschaufel, Löffelbagger.

B. Bei Aushub unter Wasser:

das Lösen und Laden mittels schwimmender Greifbagger, Eimerkettenbagger und Saugbagger.

Von diesen Arbeitsmethoden kommen je nach dem Zweck der Erdarbeit in Betracht:

a) Beim landwirtschaftlichen Wasserbau: das Lösen und Laden von Hand, mit Pflügen, Schrapern und Dampfschaufelpflug.

b) Beim Aushub von Baugruben, sei es für Gründungen von Bauwerken oder für Rohrleitungen, Kanälen, Untergrundbahnen usw.: das Lösen und Laden von Hand, mit Kranbagger, Greifbagger, Eimerbagger mit senkrecht stehender Eimerkette, sog. Vertikalbagger, und seltener, nur bei ganz großen Baugruben, mit Trockenbagger und Löffelbagger. Die verschiedenen kleineren Geräte für enge Baugruben, als Sackbagger, indische Schaufel, Schlamm- und Sandpumpen, mögen nur nebenbei erwähnt werden.

c) Bei Herstellung von Straßen und Eisenbahnen, Deichen und sonstigen Dammschüttungen: das Lösen und Laden von Hand, mit Trockenbagger und Löffelbagger.

d) Bei Herstellung von Tunnels: das Lösen und Laden von Hand mit Sprengungen unter Benutzung von Bohrmaschinen.

e) Bei Herstellung von Schiffahrtskanälen: das Lösen und Laden von Hand, mit Trockenbagger, Löffelbagger oder mit schwimmendem Eimerkettenbagger und unter besonderen Umständen auch mit Saugbaggern.

f) Bei Herstellung von Vertiefungen in Flüssen, Häfen und Kanälen: das Lösen und Laden mit schwimmenden Greifbaggern, Eimerkettenbaggern und Saugbaggern.

Bei der Ausführung von Erdarbeiten wird noch heute die menschliche Arbeitskraft trotz der großen Kosten im Vergleiche zu den mechanischen Kräften vielfach verwandt, einmal weil sie am vollkommensten ausgenutzt werden kann und nur Geld kostet, solange sie wirklich gebraucht wird, und sodann weil bei Bauarbeiten wegen ihrer Eigenart mechanische Kräfte nicht immer anwendbar sind.

Bei Handarbeit ist es nun die Arbeitsleistung, welche verhältnismäßig viel kostet, während die von der Leistung unabhängigen Kosten der Geräte verschwindend gering sind. Daraus folgt, daß der mechanische Widerstand des Bodens gegen Lösung auf die Kosten der Handarbeit einen viel größeren Einfluß ausübt als auf die Kosten der Maschinenarbeit. Eine möglichst zuverlässige Kennzeichnung und Einteilung der Bodenarten ist daher gerade bei Erdarbeiten im Handbetriebe äußerst wichtig.

Die Gewinnung des Erdbodens läßt sich zwar zerlegen in das Lösen des Bodens und das Laden, d. h. das Werfen des gelösten Bodens in die Fördergefäße, aber im allgemeinen wird die Tätigkeit des Lösens und Ladens nicht getrennt, sondern es werden die meisten Angaben über Erdarbeitsleistungen zusammen für das Lösen und Laden gemacht. Immerhin empfiehlt es sich, die Bildung des gesamten Gewinnungspreises getrennt aus den Kosten für das Lösen und für das Laden herzuleiten. Die Arbeitsleistungen, und daher auch die Kosten, welche für das Lösen des Bodens erfordert werden, hängen vornehmlich von der Festigkeit des Bodens ab. Loser Sand und dergleichen braucht überhaupt nicht gelockert zu werden, und bei etwas festeren Bodenarten kommt die Lösungsarbeit nur dadurch zur Geltung, daß dem Einstechen der Schaufel beim Laden ein kleiner Widerstand entgegengesetzt wird. Noch festerer Boden muß vor der Benutzung der Schaufel oder des Spatens mit anderen Werkzeugen, Picken, Hacken, Brechstangen, Keilen usw. gelockert werden, es muß zunächst Material gemacht werden, wie die Erdarbeiter sich ausdrücken. Fester Fels wiederum muß mit Sprengmitteln aus seinem Gefüge gebracht werden. Während also bei dem losen Sandboden Lösungskosten überhaupt nicht entstehen, bei etwas festeren Bodenarten nur durch Verringerung der Leistung in die Erscheinung treten, können und müssen bei den anderen Bodenarten die Lösungskosten unmittelbar in Rechnung gestellt werden.

Auch die Kosten für das Laden sind, wenn auch in geringerem Grade, abhängig von der Bodenart. Auch hier vermindern sich die Leistungen mit der Festigkeit des Bodens. Die Gründe hierfür liegen erstens in der größeren Auflockerung der festeren Bodenarten, die eine größere Anzahl von Schaufelwürfen auf 1 cbm nötig macht, sodann in dem allgemein höheren spezifischen Gewicht, das die festeren Bodenarten besitzen und durch das die mechanische Arbeit des Hebens vergrößert wird, und schließlich in der rolligen Eigenschaft der gelockerten festeren Bodenarten, die einzelnen Stücke rollen leicht wieder von der Schaufel herunter, wodurch ebenfalls mehr Schaufelwürfe auf 1 cbm erforderlich sind. Außerdem hängt naturgemäß die Leistung in hohem Grade von der Höhe der Förderwagen ab.

Als Leistungen eines Erdarbeiters in Kubikmetern für eine Arbeitsstunde können die in folgender Tabelle angegebenen angenommen werden:

## Zusammenstellung der Bodengewinnungskosten von Hand.

| Bodenklasse | Leistung eines Arbeiters in 1 Arbeitsstunde in cbm | | | Kosten der Gewinnung von 1 cbm Boden in Pf. Arbeitslohn für 1 Arbeitsstunde 70 Pf. | | | | | | | | Arbeitsstunden zum Laden allein von 1 cbm Boden |
|---|---|---|---|---|---|---|---|---|---|---|---|---|
| | | | | | | Verzinsung, Abnutzung und Ausbesserung der | | | | | | |
| | von | bis | durchschnittlich | Arbeitslohn | Versicherungsbeiträge 10 % | Handgeräte | Bohrgeräte | Zerkleinerungsgeräte | Sprengmittel | Zuschlag für Betriebsunkosten 10 % | Gesamtkosten | |
| Ia | 1,1 | 2,0 | 1,45 | 48 | 5 | 2 | — | — | — | 5 | 60 | 0,70 |
| Ib | 0,65 | 1,10 | 0,82 | 85 | 9 | 5 | — | — | — | 10 | 109 | 0,75 |
| IIa | 0,42 | 0,69 | 0,59 | 119 | 12 | 6 | — | — | — | 13 | 150 | 0,80 |
| IIb | 0,30 | 0,50 | 0,44 | 159 | 16 | 8 | — | — | — | 18 | 201 | 0,90 |
| IIIa | 0,17 | 0,30 | 0,23 | 304 | 30 | 10—15 | 10—15 | — | 38[1]) | 40 | 437 | 1,0 |
| IIIb | 0,07 | 0,18 | 0,12 | 583 | 58 | 15—20 | 15—20 | 10—15 | 75[2]) | 76 | 840 | 1,2 |

In nassem Boden, d. h. bei Aushub im Trocknen unter Wasserhaltung, verteuern sich die Löse- und Ladekosten um 15—25 vH, da nasser Boden schwerer ist als trockener und auch leichter von der Schaufel wieder abgleitet.

[1]) 0,15 kg Dynamit zu 2,50 = 0,38 M.
[2]) 0,30 kg Dynamit zu 2,50 = 0,75 M.

Für den praktischen Gebrauch ist es angebracht, eine untere und eine obere Grenze der Leistungen bei den verschiedenen Bodenarten zu haben, um auch innerhalb einer Bodenklasse die etwa in Frage stehende Bodenart noch verschieden bewerten zu können. Es sind daher außer der Durchschnittsleistung auch noch diese Grenzwerte in der Tabelle angegeben. Durch Division des Stundenlohnes mit der durchschnittlichen Arbeitsleistung in einer Stunde ergeben sich dann die Arbeitslöhne für das Lösen und Laden von 1 cbm Boden. Nehmen wir den Stundenlohn zu 70 Pf. an, so ergibt sich der in der Tabelle angegebene Arbeitslohn für 1 cbm Bodengewinnung der einzelnen Bodenklassen. Hierzu kommen die vom Arbeitgeber zu leistenden Versicherungsbeiträge, welche mit 10 vH angenommen sind.

Für die Berechnung der Ausgaben für Hand- und Bohrgeräte, Meßgeräte usw. ist die Arbeiterzahl maßgebend. Bezeichnet man mit Q die Gesamtleistung, mit q die Durchschnittsleistung eines Arbeiters in einer Arbeitsstunde, mit n die Anzahl der Arbeiter, mit t die tägliche Arbeitszeit, mit a die Zahl der Arbeitstage und mit p den Hundertteilsatz der für Nebenarbeiten oder wegen vorübergehender Krankheit im Durchschnitt ausfallenden Arbeiter, so ergibt sich die erforderliche Arbeiterzahl aus der Gleichung

$$Q = a \cdot t \cdot n \cdot q \left(1 - \frac{p}{100}\right)$$

zu

$$n = \frac{Q}{a \cdot t \cdot q \left(1 - \frac{p}{100}\right)}.$$

Ist $Q = 100\,000$ cbm,
$a = 250$ Tage,
$t = 10$ Stunden,
$q = 0{,}59$ cbm bei Bodenklasse IIa,
$p = 5$ vH,

so wird $n = \dfrac{100\,000}{250 \cdot 10 \cdot 0{,}59 \left(1 - \frac{5}{100}\right)} = 71$ Arbeiter.

Nach der Zahl der Arbeiter und nach der Bodenart können die erforderlichen Arbeitsgeräte zum Lösen und Laden des Bodens bestimmt und die Kosten für den An- und Abtransport nach der Baustelle, die Ausgaben für die Verzinsung, Abnutzung und Ausbesserung berechnet werden.

Die Anschaffungskosten der Arbeitsgeräte ergeben die Preislisten der Fabriken oder sind durch Einholung von Angeboten zu ermitteln. Die An- und Abfuhrkosten hängen von der Lage der Baustelle ab, für die Verzinsung der Anschaffungskosten hat der Unternehmer zur Zeit etwa 10 vH zu rechnen, die Abnutzung und die Ausbesserungen richten sich nach dem Umfang der Arbeit und nach der Bodenart, so daß allgemeingültige Durchschnittszahlen hierfür sich nicht angeben lassen. Bei Angeboten muß man also diese Ausgaben für jeden einzelnen Fall ermitteln, für Kostenanschläge kann man aber mit den in der Tabelle angegebenen Mittelwerten rechnen. Der Verbrauch an Sprengstoffen zum Lösen des Bodens wird in neuerer Zeit bei den hohen Arbeitslöhnen zur Beschleunigung der Arbeiten möglichst gesteigert, und man kann im Durchschnitt die in der Tabelle angegebenen Sätze annehmen. Für das Lösen des gewachsenen Felsens mit Sprengmitteln kann mit den in folgender Tabelle angegebenen Durchschnittskosten gerechnet werden.

Durchschnittliche Kosten der Sprengarbeiten.

| Bodenklasse | Bohrarbeit mit Hand: auf 1 m Bohrloch: Arbeiterstunden | Bohrarbeit mit Hand: auf 1 m Bohrloch: Kosten des Bohrerschärfens Pf. | Bohrarbeit mit Hand: auf 1 cbm Fels: Bohrlöcher m | Bohrarbeit mit Hand: auf 1 cbm Fels: Arbeiterstunden | Lösungskosten von 1 cbm Fels in Pf. Lohn für 1 Arbeitsstunde 70 Pf.: Arbeitslohn: Bohren | Arbeitslohn: Bohrerschärfen | Sprengmittel | Zuschlag für Betriebsunkosten 10 vH | Gesamtkosten |
|---|---|---|---|---|---|---|---|---|---|
| IIb | 3 | 20 | 0,10 | 0,3 | 21 | 4 | 15 | 4 | 44 |
| IIIa | 5 | 30 | 0,40 | 2,0 | 140 | 21 | 38 | 20 | 219 |
| IIIb | 9 | 40 | 0,70 | 6,3 | 441 | 70 | 75 | 59 | 645 |
| | **Bohrarbeit mit Druckluftbohrmaschinen** | | | | | | | | |
| | Kosten für 1 Bohrmaschine in 1 Stunde Pf. | Leistung in 1 Stunde m | Kosten für 1 m Bohrung Pf. | auf 1 cbm Fels Bohrlöcher m | | | | | |
| IIb | 350 | 7,0 | 50 | 0,10 | 5 | — | 15 | 2 | 22 |
| IIIa | 350 | 5,0 | 70 | 0,40 | 28 | — | 38 | 7 | 73 |
| IIIb | 350 | 2,5 | 140 | 0,70 | 98 | — | 75 | 17 | 190 |

Neben der Herstellung der Sprenglöcher von Hand kommt bei umfangreichen Felsarbeiten, insbesondere bei Tunnelbauten, eine Herstellung auf maschinellem Wege in Betracht. Die maschinelle Einrichtung besteht dann aus der Kraftanlage und den Bohrmaschinen oder Bohrhämmern. Im Tiefbau gelangen heute in der Hauptsache Druckluftbohrhämmer zur Anwendung. Dampfbohrer sind fast gänzlich verschwunden und elektrisch betriebene Hämmer und Maschinen sind nur dann vorzuziehen, wenn elektrische Kraft billig zu beziehen ist und auch die Leitungen unschwer und sicher gegen Beschädigungen durch fallende Sprengtrümmer geschützt werden können. Im allgemeinen besteht daher die Kraftanlage aus Kompressoren mit Luftkessel und Druckluftleitungen, einer Kühlwasserpumpe sowie den Antriebsmaschinen, als welche wieder Lokomobilen, Benzol- oder Elektromotoren dienen können. Da die Kompressoren auch zu anderen

Zwecken im Tiefbau vielfach verwendet werden, u. a. für Druckluftstampfer, zum Spritzverfahren, für Betonaufreißer usw., so sind in nachstehender Tabelle die Betriebskosten für Kompressoren zusammengestellt. Sie zeigen, daß die Antriebskraft den bedeutendsten Anteil an den Betriebskosten darstellt, daher ist, weil in dem Preßluftbetrieb in der Regel mehr oder weniger größere Pausen auftreten, besonderer Wert auf eine automatische Ausrückvorrichtung zu legen, welche selbsttätig die Saugleitung bei geringem Luftverbrauch abschließt und damit den Energiebedarf nahezu auf die Leerlaufarbeit herunterdrückt.

Ein Bohrhammer, wie er zum Bohren von Fels im Tiefbau im allgemeinen verwendet wird, benötigt durchschnittlich 1 cbm angesaugte Luft pro Minute bei etwa 5 Atm. Überdruck am Windkessel. Zur Erzielung dieses Druckes werden, wie aus der Tabelle ersichtlich, für jeden Kubikmeter angesaugte Luft bei Niederdruck 8—9 und bei Hochdruck 9—11 PS benötigt. Für den Kühlwasserbedarf ist mit 250 l/Std. und für 1 cbm Ansaugleistung bei einstufigen und mit 200 l bei zweistufigen Kompressoren zu rechnen. Die Bedienung kann bei kleineren Anlagen von dem sonst vorhandenen maschinentechnischen Personal nebenbei mit besorgt werden. Die Luftleitungen müssen auf Grund der zu fördernden Luftmenge bemessen werden, bei langen Leitungen wählt man den Querschnitt zu Anfang etwas größer als am Ende. Im allgemeinen wird die Hauptleitung einen Durchmesser von 80—125 mm haben, während die Stärke der Zweigleitungen sich nach der Anzahl der daran hängenden Bohrhämmer oder sonstigen Apparate richten wird und geringer sein kann.

Nachdem so die Kosten der Bodengewinnung für 1 cbm ermittelt sind, müssen noch die Zuschläge für Betriebsunkosten, für allgemeine Unkosten und bei Unternehmungen für Wagnisgebühr und Gewinn gemacht werden. Als Zuschlag für Betriebsunkosten kann man für Kostenanschläge bei Handarbeit im Mittel 10 vH rechnen. Wir erhalten dann als Gesamtkosten für 1 cbm Boden zu lösen und zu laden bei den verschiedenen Bodenarten die in der Tabelle enthaltenen Mittelwerte.

Bei der Verwendung von Maschinen verschieben sich nun die Faktoren L und M der Kalkulationsformel, die Arbeitslöhne L werden geringer, während M durch den Betrieb der Maschinen vergrößert wird. Als Kraftmaschine kommt zur Zeit im wesentlichen nur die Dampfmaschine in Betracht, in Ausnahmefällen wird allerdings auch die elektrische Energie zum Antrieb benutzt, so daß die Dampfanlage entbehrlich wird. Diesen besonderen Fall können wir aber hier außer Betracht lassen. Die Konstruktion der Baggermaschinen wird als bekannt vorausgesetzt.

Die Schraper sind zwar eigentlich keine Grabmaschinen, weil sie keine Kraftmaschine erfordern, sondern von Menschen und Pferden bedient werden, sie werden aber doch dazu gerechnet. Bei den Schleppschrapern schleift das Gefäß, mit dem der Boden gewonnen und befördert wird, auf dem Boden, es hat $^1/_{10}$—$^1/_5$ cbm Inhalt, 40—60 kg Gewicht, wird von 1 oder 2 Pferden gezogen und erfordert 2 Mann Bedienung, den Kutscher und einen Mann zum Leiten des Schrapers beim Laden. Der letztere kann aber mehrere, 3—6 Schraper bedienen. Der Kutscher schleift nämlich den mit 2 Pferden bespannten Schraper an die Ladestelle heran, der zweite Arbeiter erfaßt

**Betriebskosten von Kompressoren**
**im Jahr bei 2000 Betriebsstunden und 60 vH Ausnutzung**

| Druck | Leistung cbm/Min. | Gewicht | Preis | Leistung | | Kraft | | | Kühlwasser | | Schmier- und Putzmittel | Ausbesserungen | Löhne | Transport und Montage | Abschreibung | Verzinsung | Versicherung | Summe | | |
|---|---|---|---|---|---|---|---|---|---|---|---|---|---|---|---|---|---|---|---|---|
| | | | | | | Loko-mobile | Benzol-motor | Elektro-motor | | | | | | | | | | Loko-mobile | Benzol-motor | Elektro-motor |
| Atm. | | kg | M | cbm | PS-Std. | M | M | M | cbm | M | M | M | M | M | M | M | M | M | M | M |
| | | | | | | | | | | | | 8% | | | 10% | 10% | 6‰ | | | |
| 4 | 1,5 | 900 | 950 | 108000 | 16100 | 4186 | 4508 | 3365 | 1100 | 220 | 130 | 76 | 1000 | 150 | 95 | 95 | 5,70 | 5958 | 6280 | 5137 |
| 4 | 4 | 1400 | 1450 | 288000 | 42500 | 8500 | 8925 | 8500 | 2920 | 584 | 150 | 116 | 1000 | 190 | 145 | 145 | 8,70 | 10839 | 11264 | 10839 |
| 4 | 6 | 2000 | 2300 | 432000 | 59500 | 10710 | | 11305 | 4370 | 874 | 185 | 184 | 1000 | 260 | 230 | 230 | 13,80 | 13687 | | 14282 |
| 4 | 12 | 4000 | 3700 | 865000 | 116000 | 19140 | | 21576 | 8650 | 1730 | 325 | 296 | 2000 | 360 | 370 | 370 | 22,20 | 24613 | | 27049 |
| 4 | 15 | 4500 | 4000 | 1080000 | 145000 | 23490 | | 26680 | 10800 | 2160 | 400 | 320 | 2000 | 400 | 400 | 400 | 24,0 | 29594 | | 28784 |
| 6 | 1,5 | 950 | 1000 | 108000 | 19500 | 5070 | 5460 | 4056 | 640 | 128 | 140 | 80 | 1000 | 170 | 100 | 100 | 6,0 | 6794 | 7184 | 5780 |
| 6 | 4 | 1500 | 2000 | 288000 | 51000 | 9690 | 10710 | 9894 | 1700 | 340 | 170 | 160 | 1000 | 250 | 200 | 200 | 12,0 | 12022 | 13042 | 12226 |
| 6 | 6 | 3500 | 3200 | 432000 | 72000 | 12024 | | 13464 | 2550 | 510 | 215 | 256 | 1000 | 330 | 320 | 320 | 19,20 | 14994 | | 16434 |
| 6 | 12 | 5000 | 4800 | 865000 | 136000 | 22440 | | 25024 | 5040 | 1008 | 360 | 384 | 2000 | 560 | 480 | 480 | 28,80 | 27741 | | 30325 |
| 6 | 15 | 8000 | 5800 | 1080000 | 170000 | 27370 | | 31110 | 6300 | 1260 | 445 | 464 | 2000 | 690 | 580 | 580 | 34,80 | 33424 | | 37164 |

ihn und hebt ihn auf 2 Handhaben hinten etwas hoch, so daß er bei der Vorwärtsbewegung in den Boden eingreift und sich sofort füllt, er läßt ihn dann los, der Kutscher schleppt ihn zur Entladestelle und kippt ihn durch Heben der Handhaben, so daß die Spitze des Schrapers in den Erdboden eingreift, wodurch er beim weiteren Anziehen der Pferde umgekippt wird. Die Fahrt geht dann wieder zurück und wiederholt sich, so daß die Pferde überhaupt nicht zum Stillstand kommen. Während des Fortschaffens des einen Schrapers kann also der zweite Mann andere Schraper bedienen und füllen. Den Schleppschraper benutzt man zweckmäßig nur bis zu 50 m Förderweite, weil beim Fortschleppen auf größere Entfernungen der Boden leicht wieder herausfällt. Die Anschüttung erfolgt in Lagen von 0,5 m Stärke und es wird stets gegen die vorhandene Anschüttung gekippt. Man kann auf diese Weise Dämme bis zu 4 m Höhe damit herstellen.

Die Kosten sind für jeden Fall leicht zu berechnen. Der Schraper kostet 40—60 M., seine Dauer beträgt 6—12 Monate, je nachdem ob der Boden kiesig, sandig oder weich ist. Für die Leistung der Pferde kann man einen Weg von 30000 m pro Tag rechnen. Bei 50 m Förderweite muß man infolge der kreisförmigen Bahn, den der Schraper machen muß, für jede Fahrt 150 m rechnen, so daß täglich $\frac{3000}{150} = 200$ Fahrten gemacht werden können. Bei Verwendung eines Schrapers von 0,20 cbm Größe würden also $200 \cdot 0{,}20 = 40$ cbm Boden mit einem Schraper bewegt werden können und 4 Schraper würden zusammen täglich $4 \cdot 40 = 160$ cbm leisten. Sie erfordern $4 \cdot 2 = 8$ Pferde, 4 Kutscher, 1 Mann für die Beladestelle und 1 Mann für die Kippe zum Verbauen des Bodens. Bei Hackboden kommt noch das Lösen durch Pflügen hinzu. Die Leistung eines mit 2 Pferden bespannten Pfluges und 1 Mann zur Bedienung kann bei leichtem Hackboden zu 500 cbm, bei festerem zu 300 cbm täglich angenommen werden.

Der Radschraper faßt 0,25—0,45 cbm, er hat 150—270 kg Gewicht und kostet 180—220 M. Der Schraper hängt an einer zweirädrigen Wagenachse und wird bei der Fahrt an 3 Punkten gehalten und frei getragen. Beim Beladen wird er durch Hebelstellung zum Einfassen in den Boden gesenkt, der Arbeiter muß aber darauf achten, daß die Spitze nicht zu tief in den Boden eingreift, weil der Schraper dadurch zum Überschlagen und Entleeren gebracht werden würde. Bei dem Wagenschraper hängt das Gefäß von der Plattform eines vierrädrigen Wagens herab. Der Wagenschraper wird meistens nur zum Einebnen von Erdwegen benutzt und eignet sich gut zur Herstellung des Planums für Baugleise.

In Deutschland haben die Schraper noch keine Anwendung gefunden, in geeigneten Fällen sind sie aber zur Ersparung von Arbeitslöhnen sehr zweckmäßig. Dagegen finden beim landwirtschaftlichen Wasserbau die Pflüge und namentlich die Dampfpflüge bei Gräben für Ent- und Bewässerungsanlagen sowie auch zum Verlegen von Telegraphenkabel vielfach Anwendung.

Eine Kombination des Pfluges mit der Dampfschaufel ist der Dampfschaufelpflug, der zwischen 2 Dampfpflugwinden hin- und hergezogen wird. Durch das Anziehen der einen Winde schöpft sich der Behälter der Maschine voll von der zu bewegenden Erde, dann zieht die andere Winde den Schaufelpflug mit dem gefüllten Behälter an die Entladestelle. Die Maschine wirkt beim Füllen und Entleeren automatisch und wird von einem Steuermann, der sich darauf stellt, gelenkt. Der Dampfschaufelpflug hat sich bewährt bei der Herstellung großer Teiche, beim Aufwerfen von Deichen und Planierung von unebenem Boden, beispielsweise bei der Aptierung von Rieselfeldern.

Zu den größeren Erdarbeiten werden zur Zeit zwei Hauptgruppen von Baggern verwandt, die in ihrer Wirkungsweise und in ihren Betrieben verschieden sind, d. s. die Eimerkettenbagger und die Löffelbagger, die wieder in verschiedenen Typen hergestellt werden. Die Eimerkettenbagger sind die ältesten und zerfallen in 3 Unterabteilungen: Portalbagger, die ein Durchfahrtsprofil besitzen, Hinter- oder Seitenschütter, bei denen der Transportzug hinter dem Bagger aufgestellt wird, und Doppelschütter, die eine Portalöffnung besitzen, aber auch als Hinterschütter arbeiten können, so daß dem Bagger auf zwei Gleisen von einer Seite die Züge zugeführt werden können. Die Hinter- oder Seitenschütter stellen sich im Anschaffungspreise etwas billiger als ein Bagger gleicher Leistungsfähigkeit in Portalausbildung, ihr Betrieb hat aber wesentliche Nachteile im Gefolge, da die Gleise infolge der verhältnismäßig schmalen Schwellenbasis bei nachgiebigem Untergrunde oder bei langdauerndem Regenwetter einseitig einsinken, wodurch der Einschnittsspan unregelmäßig wird und der Baggerführer dauernd mit dem Heben und Senken der Leiter manövrieren muß. Auch das getrennt vom Baggergleise nebenher verlegte Fördergleis erfordert ständig besonders hohe Ausgaben an Arbeitslöhnen. Die Portalbagger hingegen bieten mit der großen Schwellenbasis und mit dem auf den Baggerschwellen mitverlegten Fördergleis dauernd wesentliche Ersparnisse. Daher ist der wichtigste und gebräuchlichste aller Eimerkettenbagger für den Tiefbau der Portalbagger. Der Kraftantrieb geschieht entweder durch Dampf oder Elektrizität.

Die Eimerkettenbagger können entweder als Hochbagger den Boden abgraben, der sich über ihrer Gleislage befindet, oder als Tiefbagger den Boden graben und heben, der unterhalb ihrer Gleisebene liegt. Soll der Eimerbagger als Hochbagger arbeiten, so muß eine tiefliegende ebene Fläche vorhanden sein oder vorher hergestellt werden, auf welcher die Gleise für die Bewegung des Baggers verlegt werden können. Der Hochbagger arbeitet also in den Fällen mit Vorteil, wenn zur Gewinnung von Boden eine Bodenerhebung abgetragen werden soll, wie bei Uferabgrabungen oder Erweiterung von Einschnitten, oder wenn die Geländeoberfläche sehr uneben ist. In letzterem Falle müßten für einen Tiefbagger zunächst bedeutende Einebnungsarbeiten vorgenommen werden, bei einem Hochbagger fallen sie fort, da dieser sein Planum selbst herstellen kann. Im Flachlande wird dagegen vorwiegend der Tiefbagger zur Verwendung kommen, zumal da er bei der Lage seiner Gleisebene oberhalb des Einschnittes unabhängig vom Grundwasserstande arbeiten kann.

Bedeutend jüngeren Datums als der Eimerkettenbagger ist der Löffelbagger; er ist erst seit dem Jahre 1904 in Deutschland im

Tiefbaugewerbe bekannt. Die Löffelbagger zerfallen nach ihrer Bauart in die beiden Gruppen: Universallöffelbagger und Eisenbahnlöffelbagger. Der Unterschied zwischen beiden besteht darin, daß der Universallöffelbagger seinen Oberwagen mit daran befestigtem Ausleger um 360° zu drehen vermag, während bei dem Eisenbahnlöffelbagger die drehende Bewegung nur vom Ausleger, der durch einen starken Bock gehalten wird, ausgeführt wird. Dadurch wird zwar eine Kraftersparnis erzielt, aber dieser Vorteil wird bei den gewöhnlichen Erdarbeiten durch den Mißstand wieder aufgehoben, daß der Ausleger sich nur um 200° drehen und daher nicht wie der Universalbagger nach vollendetem Baggerschnitt direkt wieder zum neuen Schnitt ansetzen kann, sondern entweder zurückgeführt oder gedreht werden muß. Der Universalbagger ist daher der gebräuchlichste, die Löffelgröße beträgt 0,6—3,0 cbm, normal 2,0 cbm. Die Kraftquelle kann ebenfalls Dampf oder Elektrizität sein.

Der Löffelbagger kann nach zwei Methoden arbeiten, als Kopf- oder Seitenbaggerung, welche sich nach der Lage des Baggergleises und durch die Art der Baggergleisverschiebung unterscheiden. Bei der Kopfbaggerung besteht das Gleis aus einzelnen, am besten aus 4 Stößen Gleis von 2,5 m Länge, die der Bagger vermittels zweier Ketten selbst nach und nach auf das von ihm hergestellte Planum vorstreckt. Bei der Seitenbaggerung arbeitet der Löffelbagger auf einem über das ganze Baggerfeld durchgehenden Baggergleis, das durch Arbeiter oder vermittels maschineller Kraft gerückt wird. Bei der Kopfbaggerung muß der Zug vorgezogen werden, während bei der Seitenbaggerung der Bagger meistens am stehenden Zuge auf seinem langen Baggergleis während der Beladung entlang fährt. Dies hat den Nachteil, daß das Entlanglaufen des Baggers am leeren Zuge sehr zeitraubend ist und dem Bagger diese Zeit, wo er sonst Boden fördern könnte, verlorengeht. Die Seitenbaggerung ist auch nur möglich, wenn ein breites abzutragendes Gelände vorhanden ist, die Kopfbaggerung kann dagegen in allen Fällen angewandt werden, und ihre in dem kurzen und leicht verschieblichen Baggergleis bestehenden Vorzüge wiegen leicht den einzigen Nachteil auf, daß der zu beladende Zug am Bagger entlang vorgezogen werden muß, wodurch häufig eine weitere Lokomotive bedingt wird. Eine Abart der Kopfbaggerung ist noch die Schlitzbaggerung, bei welcher das Ladegleis kein durchgehendes sein kann, sondern links und rechts vom Bagger in den vorzutreibenden Schlitz auf dem Baggerplanum verlegt und mit dem Bagger vorgestreckt werden muß. Die Schlitzbaggerung ist daher auch teuerer als die normale Kopfbaggerung und wird in der Praxis durch eine mehrschnittige Kopfbaggerung mit durchgehenden höher liegenden Fördergleisen zu vermeiden gesucht.

Eür alle Trockenbagger ist neben der Bodenart die Höhe der Baggerwand für die Leistungsfähigkeit des Baggergerätes von großer Bedeutung. Ein übermäßig hoher Baggerschnitt beeinträchtigt die Leistungsfähigkeit und damit die Wirtschaftlichkeit des Trockenbaggers derartig, daß die Anlegung eines zweiten Schnittes vorteilhafter ist, wenn nur irgendwie die Möglichkeit hierzu besteht. Auch kleinere

Schnitte bis zu 6 m sind für Eimerkettenbagger wegen des häufigen Gleisrückens unwirtschaftlich. Für Löffelbagger stellt den besten Schnitt im mittleren Boden die 4—6 m hohe Baggerwand dar, nur der Sandboden gestattet wegen seiner Neigung, langsam zu rutschen, auch Schnitte von 10—15 m ohne Beeinflussung der Leistungsfähigkeit.

Über die Leistungen und aufgewendeten Lohnstunden hat Rathjens[1]) die Erfahrungsergebnisse aus 16 Baggerbetrieben zusammengestellt und daraus die in folgender Tabelle zusammengestellten durchschnittlichen Leistungen und Lohnstunden für einen Eimerkettenbagger und einen Löffelbagger in den verschiedenen Bodenarten abgeleitet.

**Eimerkettenbagger Typ B.**

Eimerinhalt 0,25 cbm, Ausschüttungen in der Minute 20, theoretische Leistung $0,25 \cdot 20 \cdot 60 = 300$ cbm/Std.

Durchschnittliche Leistung in der Baggerstunde und durchschnittliche Lohnstunden für 1 cbm Boden.

| Bodenklasse | Leistung in der Baggerstunde cbm | Lohnstunden für 1 cbm | | | | |
|---|---|---|---|---|---|---|
| | | Lösen u. laden | Transport | Kippe | Werkstatt | Gesamt |
| **1. Einschichtiger 14stündiger Betrieb.** | | | | | | |
| **a) Ohne Wassereinfluß.** | | | | | | |
| I | 185 | 0,189 | 0,066 | 0,170 | 0,047 | 0,472 |
| II | 150 | 0,198 | 0,075 | 0,217 | 0,057 | 0,547 |
| III | 140 | 0,255 | 0,085 | 0,264 | 0,038 | 0,642 |
| IV | 120 | 0,283 | 0,094 | 0,292 | 0,047 | 0,716 |
| V | 90 | 0,491 | 0,170 | 0,340 | 0,038 | 1,039 |
| **b) Mit Wassereinfluß.** | | | | | | |
| I | 170 | 0,208 | 0,066 | 0,189 | 0,047 | 0,510 |
| II | 135 | 0,217 | 0,075 | 0,236 | 0,057 | 0,585 |
| III | 105 | 0,368 | 0,151 | 0,387 | 0,057 | 0,963 |
| IV | 90 | 0,443 | 0,198 | 0,453 | 0,057 | 1,151 |
| V | 80 | 0,528 | 0,208 | 0,528 | 0,057 | 1,321 |
| **2. Doppelschichtiger 24stündiger Betrieb.** | | | | | | |
| **a) Ohne Wassereinfluß.** | | | | | | |
| I | 180 | 0,189 | 0,066 | 0,170 | 0,047 | 0,472 |
| II | 145 | 0,198 | 0,075 | 0,217 | 0,057 | 0,547 |
| III | 120 | 0,274 | 0,089 | 0,283 | 0,038 | 0,684 |
| IV | 105 | 0,311 | 0,104 | 0,321 | 0,057 | 0,793 |
| V | Wegen Betriebsgefahr durch unsichere Gleislage wird in dieser Bodenklasse keine Tag- und Nachtschicht in Frage kommen. | | | | | |
| **Mit Wassereinfluß.** | | | | | | |
| I | 165 | 0,208 | 0,066 | 0,189 | 0,047 | 0,510 |
| II | 130 | 0,217 | 0,075 | 0,236 | 0,057 | 0,585 |
| III | 95 | 0,396 | 0,151 | 0,415 | 0,057 | 1,019 |
| IV | 80 | 0,472 | 0,208 | 0,491 | 0,057 | 1,228 |

Für die Bodenklassen VI und VII kommt die Verwendung von Eimerkettenbaggern im Kanal- und Eisenbahnbau nicht in Frage.

---

[1]) Rathjens: s. S. 346.

**Universallöffelbagger Typ G.**

Löffelinhalt 2 cbm, Hübe in der Minute 2, theoretische Leistung
$2{,}0 \cdot 2 \cdot 60 = 240$ cbm/Std.

Durchschnittliche Leistung in der Baggerstunde und durchschnittliche Lohnstunden für 1 cbm Boden.

| Boden-klasse | Leistung in der Baggerstunde cbm | Lohnstunden für 1 cbm Lösen u. laden | Transport | Kippe | Werkstatt | Gesamt |
|---|---|---|---|---|---|---|
| | 1. Einschichtiger 14stündiger Betrieb. | | | | | |
| I | 98 | 0,094 | 0,094 | 0,189 | 0,038 | 0,415 |
| II | 90 | 0,113 | 0,094 | 0,226 | 0,038 | 0,471 |
| III | 80 | 0,123 | 0,113 | 0,236 | 0,038 | 0,510 |
| IV | 75 | 0,160 | 0,123 | 0,245 | 0,057 | 0,585 |
| V | 60 | 0,302 | 0,170 | 0,340 | 0,038 | 0,850 |
| | 2. Doppelschichtiger 24stündiger Betrieb. | | | | | |
| I | 98 | 0,094 | 0,094 | 0,189 | 0,038 | 0,415 |
| II | 90 | 0,113 | 0,094 | 0,226 | 0,038 | 0,471 |
| III | 80 | 0,123 | 0,113 | 0,236 | 0,038 | 0,510 |
| IV | 75 | 0,160 | 0,123 | 0,245 | 0,057 | 0,585 |
| V | Wegen Betriebsgefahr durch unsichere Gleislage wird in dieser Bodenklasse keine Tag- und Nachschicht in Frage kommen. | | | | | |

Für Baggerung unter Wasserhaltung kommt der Löffelbagger nicht in Frage.

Die angegebenen Leistungszahlen stellen die Leistungen für die tatsächlich geleistete Betriebs- oder Baggerstunde dar und berücksichtigen nicht, daß die Anzahl der möglichen Betriebsstunden und die Anzahl der wirklich geleisteten Betriebsstunden bei jedem Bau mehr oder weniger voneinander abweichen, da Störungen im Betriebe unvermeidlich sind. Will man daher diese Störungen im Betriebe berücksichtigen und die effektive Stundenleistung für die ganze Anzahl der möglichen Betriebsstunden wissen, so muß man die angegebenen Zahlen um etwa 10 vH bei leichtem, 15 vH bei mittelschwerem und 25 vH bei schwerem Boden ermäßigen. Mit diesen verkleinerten Leistungen ist zu rechnen bei der Bestimmung der Bauzeit, während für die Bemessung des Geräteparkes die höheren Zahlen maßgebend sind.

Nach Eckert[1]) können als Leistungen für die ganze Anzahl der möglichen Betriebsstunden unter sonst normalen Verhältnissen die in folgenden Tabellen angegebenen Werte angenommen wurden.

I. Eimerbagger der Lübecker Maschinenbaugesellschaft.

| Type | E 1 300 l | E 1 250 l | B | A | O | C | F |
|---|---|---|---|---|---|---|---|
| Effektive Stundenleistungen in cbm: | | | | | | | |
| 1. Einschichtiger Betrieb. a) Material trocken. | | | | | | | |
| in leichtem Boden . . . . | 250 | 210 | 165 | 128 | 92 | 65 | 36 |
| in mittelschwerem Boden . | 190 | 160 | 128 | 95 | 65 | 42 | 25 |
| in schwerem Boden . . . | 120 | 100 | 80 | 60 | 40 | 24 | 16 |

[1]) Eckert, s. S. 343.

I. Eimerbagger der Lübecker Maschinenbaugesellschaft (Fortsetzung).

| Type | E 1 300 l | E 1 250 l | B | A | O | C | F |
|---|---|---|---|---|---|---|---|
| b) Material gegen Wasser wenig empfindlich. | | | | | | | |
| in leichtem Boden . . . . | 220 | 185 | 150 | 115 | 82 | 60 | 32 |
| in mittelschwerem Boden . | 170 | 140 | 115 | 85 | 60 | 38 | 22 |
| in schwerem Boden . . . | 105 | 90 | 75 | 55 | 35 | 20 | 15 |
| c) Material gegen Wasser empfindlich. | | | | | | | |
| in leichtem Boden . . . . | 200 | 165 | 130 | 100 | 72 | 50 | 27 |
| in mittelschwerem Boden . | 145 | 120 | 95 | 68 | 48 | 30 | 17 |
| in schwerem Boden . . . | 90 | 75 | 60 | 45 | 28 | 16 | 12 |
| 2. Doppelschichtiger Betrieb. | | | | | | | |
| a) Material trocken. | | | | | | | |
| in leichtem Boden . . . . | 245 | 205 | 160 | 125 | 90 | 62,5 | 35 |
| in mittelschwerem Boden . | 180 | 150 | 120 | 90 | 60 | 40 | 24 |
| in schwerem Boden . . . | 110 | 90 | 72 | 55 | 35 | 21 | 14 |
| b) Material gegen Wasser wenig empfindlich. | | | | | | | |
| in leichtem Boden . . . . | 215 | 180 | 145 | 112 | 80 | 58 | 30 |
| in mittelschwerem Boden . | 160 | 132 | 110 | 80 | 56 | 35 | 20 |
| in schwerem Boden . . . | 95 | 80 | 68 | 50 | 32 | 18 | 13 |
| c) Material gegen Wasser empfindlich. | | | | | | | |
| in leichtem Boden . . . . | 195 | 160 | 125 | 98 | 70 | 48 | 25 |
| in mittelschwerem Boden . | 138 | 115 | 90 | 65 | 45 | 28 | 15 |
| in schwerem Boden . . . | 80 | 68 | 54 | 40 | 25 | 14 | 10 |

II. Löffelbagger von Menck & Hambrock.

| Modell | G 20 | F 2 | F 1 | E | C 2 |
|---|---|---|---|---|---|
| Effektive Stundenleistungen in cbm: | | | | | |
| 1. Einschichtiger Betrieb. | | | | | |
| in leichtem Boden . . . . . . | 96—120 | 75 | 60 | 45 | 35 |
| in mittelschwerem Boden . . . | 75 | 60 | 48 | 35 | 25 |
| in schwerem Boden . . . . . | 55 | 40 | 28 | — | — |
| in sehr schwerem Boden . . . | 32 | 24 | — | — | — |
| 2. Doppelschichtiger Betrieb. | | | | | |
| in leichtem Boden . . . . . . | 92—115 | 72 | 58 | 44 | 34 |
| in mittelschwerem Boden . . . | 72 | 58 | 46 | 34 | 24 |
| in schwerem Boden . . . . . | 52 | 38 | 27 | — | — |
| in sehr schwerem Boden . . . | 30 | 22 | — | — | — |

Aus diesen Zusammenstellungen ist der Einfluß der Bodenart auf die Baggerleistung ohne weiteres zu entnehmen. Der Einfluß des Wassers äußert sich auf die Wirtschaftlichkeit des Baggerbetriebes bei den einzelnen Bodenklassen ganz verschieden. Während in den Bodenklassen 1 und 2 kaum ein Einfluß des Wassers zu spüren ist, kann in den anderen Bodenklassen 3—5 das Material durch das Wasser ganz andere Eigenschaften erhalten und hierdurch die Leistung stark beeinflußt werden. Im allgemeinen wird stets versucht werden, das Wasser von der Baugrube fernzuhalten, sei es durch Ableitung in natürlichem Gefälle oder sei es durch Wasserhaltung mit Handpumpen oder mit maschinell betätigten Pumpenanlagen. Nur die Klassen 1 und 2 lassen häufig wegen der Durchlässigkeit des Bodens ein Abpumpen des Grundwassers gar nicht oder nur unter ganz erheblichen Kosten zu. Wenn bei diesen Bodenklassen die gewöhnliche Wasserhaltung nicht genügt, so verzichtet man in der Regel überhaupt auf ein Trockenhalten der Baugrube, um so mehr, da das Wasser selbst nur geringen Einfluß auf die Beschaffenheit des Materials hat, höchstens daß der feine Sandboden in den Wagen haften bleibt und das Auskippen erschwert. Bei den Bodenklassen 3—5 ist es aber stets erforderlich, das Wasser aus der Gewinnungsstelle fortzuschaffen, aber es wird selten vollkommen gelingen und ein Teil des Bodens naß gebaggert werden müssen, wodurch die Leistungen stark beeinflußt werden.

Aus den in den Zusammenstellungen angegebenen Lohnstunden lassen sich die Lohnkosten berechnen, wenn man für die gesamte Baggermannschaft einen Durchschnittssatz ermittelt. Die angegebenen Lohnstunden beziehen sich sämtlich auf einen normalen Betrieb und sind daher entsprechend zu erhöhen, wenn besondere Erschwernisse vorkommen, als Gefällwechsel im Baggerfelde des Eimerkettenbaggers, weite Transporte, schlechte, schmale oder hohe Kippe, Einbringen von Mergel in hohe Dammschüttungen usw. Sie lassen sich aber um durchschnittlich rund 0,1 Lohnstunde beim Eimerkettenbagger ermäßigen, wenn an Stelle des Baggergleisrückens mit menschlicher Arbeitskraft eine Gleisrückmaschine verwandt wird.

Der Baggerbetrieb kann entweder einschichtig als Tagesbetrieb oder doppelschichtig als Tag- und Nachtbetrieb betrieben werden. Bei einschichtigem Betrieb muß zur Erfassung der Überzeit- und Sonntagsarbeit, z. B. für Kesselwaschen u. dgl., das Maschinenpersonal bei täglich 8 Stunden Arbeitszeit mit $9^1/_2$ Stunden und bei täglich 12 Stunden Arbeitszeit mit 14 Stunden eingesetzt werden. Der Durchschnittslohnkostensatz ist also bei einschichtigem Betrieb für das Maschinenpersonal um rund 20 vH zu erhöhen.

Der Tag- und Nachtbetrieb bedeutet für das Gerät die größte Ausnutzung, aber gleichzeitig auch die höchste Beanspruchung. Durch die gesteigerte Arbeitstätigkeit leidet das Gerät mehr als bei der reinen Tagesschicht, weil die sich am Tage ergebenden kleinen Mängel nachts nicht beseitigt werden können, sondern nur an den Sonntagen Gelegenheit ist, notwendig gewordene Ausbesserungen auszuführen. Der doppelschichtige Betrieb hat daher wohl Vorteile, aber auch Nachteile, die bei den verschiedenen Baggersystemen sowie in den verschiedenen Bodenarten verschieden sind. Der Eimerkettenbagger Typ B ist z. B. infolge seiner Bauart häufiger Brüchen unterworfen, die eine Arbeitseinstellung zur Folge haben, als der Löffelbagger, so daß der Tag- und Nachtbetrieb bei dem ersteren einen größeren Einfluß auf die Wirtschaftlichkeit des Baggerbetriebes hat als bei dem letzteren, wo der Einfluß fast ganz oder ganz verschwindet. Die neuzeitlichen Doppelschütterbagger stehen indes infolge ihrer stärkeren Bauart den Löffelbaggern gleich, auch bei ihnen kommen im allgemeinen Brüche nicht mehr vor.

Auch die Witterung wirkt auf die Baggerbetriebe ein, und zwar durch Niederschläge und Frost. Diese Einwirkung ist sowohl bei den verschiedenen Bodenarten, als auch bei den Baggersystemen verschieden. Die Niederschläge haben auf die Baggerarbeiten in den Bodenklassen 1 und 2 keinen oder nur einen ganz geringen Einfluß, während ihre Wirkung sich in den Bodenarten 3—5 mehr bemerkbar macht, und bei Eimerkettenbaggern mehr als bei Löffelbaggern. Der Frost wirkt ebenfalls verschieden auf die Baggersysteme ein, beim Eimerkettenbagger kann andauernder Frost den Betrieb zum Stillstand bringen, dem Löffelbagger dagegen ist es meistens noch möglich, selbst bei — 20 bis 28° C zu arbeiten, freilich auf Kosten der Wirtschaftlichkeit des Betriebes.

Bei der Wahl der Betriebsart für größere Erdarbeiten kommen außer den rechnungsmäßig erfaßbaren Größen noch verschiedene andere Momente in Betracht, nämlich die Gesamtmenge des zu fördernden Bodens, die Größe und Lage der Abtragsflächen, Arbeitsunterbrechungen usw. Kommen viele flache Abgrabungen, viele Anschlüsse von Dammschüttungen an Bauwerke vor und ist mit öfteren Arbeitsunterbrechungen zu rechnen, so kann der an und für sich teuere Handbetrieb im Vorteil sein gegen maschinellen Betrieb. Der Trockenbagger als Tiefbagger hebt den gewonnenen Boden, daher kann oft der Steigungszuschlag zum Förderpreis fortfallen. Der Löffelbagger hingegen erfordert keine oder geringe vorbereitende Handarbeit, er arbeitet sich selber frei und beseitigt die meisten Hindernisse ohne Nachhilfe durch Handarbeit. Alle diese technischen Erwägungen sind neben den wirtschaftlichen Vorteilen der einzelnen Arbeitsmethoden bei der Disposition und Kalkulation einer Erdarbeit zu berücksichtigen, um zu erkennen, welche Betriebsart unter gegebenen Verhältnissen die wirtschaftlich richtige ist.

Für kleinere Arbeiten, insbesondere für den Aushub tiefer Baugruben, kommt noch der Greifbagger zur Anwendung. Seine Vorzüge bestehen darin, daß er nur geringen Platz beansprucht, da der Greifer mittels eines Drehkranes lotrecht niedergelassen wird und daß mit ihm auch unreiner, mit Steinen oder Holz durchsetzter Boden gefördert werden kann. Die Leistung eines Greifbaggers ergibt sich theoretisch aus der Größe des Greifers, 0,40—1,25 cbm Inhalt, und der Zahl der Hübe, die zu 25—40 in der Stunde angenommen werden kann. Die Leistungen wechseln aber sehr, je nach der Bodenart und nach dem Zustand, ob trocken oder naß, außerdem nach Hubhöhe, Drehwinkel und den sonstigen Verhältnissen der Baustelle. Bei Aushub im Trockenen kann nach Ritter[1]) mit einer Leistung von 80 vH bei leichtem und von 50 vH bei schwerem Boden, bei Aushub unter Wasser von 50 vH bei

[1]) Ritter, Hugo: Kostenberechnung im Ingenieurbau, Berlin 1922.

leichtem und 30 vH bei schwerem Boden gerechnet werden. Die Förderkosten ergeben sich bis zum Abtransport des Bodens durch Division der Betriebskosten durch die Leistung. Einen Anhalt für die Berechnung der Betriebskosten ergeben folgende für die beiden gebräuchlichsten von Menck & Hambrock gebauten Greifbaggertypen von Ritter gemachten Angaben:

| | Baggergröße | |
|---|---|---|
| | C 1 | E |
| Greiferinhalt | 0,4 cbm | 0,8 cbm |
| Konstruktionsgewicht | 13 t | 23 t |
| Höchste Leistung der Dampfmaschine | 25 PS | 45 PS |
| Bedienung des Baggers | 1 Maschinist | 1 Maschinist und 1 Heizer |
| Hilfsmannschaft | 1—3 Mann | 1—5 Mann |
| Kohlenverbrauch | 40 kg/Std. | 60 kg/Std. |
| Zylinder- und Maschinenölverbrauch | 0,20 „ | 0,40 „ |
| Putzwolleverbrauch | 0,10 „ | 0,15 „ |

Unter Hilfsmannschaft sind zu verstehen: 1 Mann für Kohlen- und Wassertransport, event. 1—2 Mann zum Führen des Greifers beim Entleeren in Transportwagen und event. 1—2 Mann zum Führen des Greifers beim Baggern unter Wasser. Die Löhne für Maschinist und Heizer sind wieder um 20 vH zu erhöhen, wenn ein Durchschnittslohnsatz ermittelt werden soll.

**Die Bodenförderung.** Die Bodenförderung umfaßt das Bewegen des Bodens und das Entleeren der Fördergefäße, deren Unterhaltung sowie die Anlage und Unterhaltung der Förderbahnen. Die Bodenbewegung erfolgt durch Wurf, Schubkarren, Rollwagen auf Schienengleisen mit Hand- und Pferdebetrieb, Dampflokomotiven, Benzin- oder sonstigen Öllokomotiven, sowie elektrischen Lokomotiven, mit Drahtseilbahnen und Gurtförderern, mit Fuhrwerk und Schraper. Die früher vielfach verwendeten zweirädrigen Kippkarren mit Hand- und Pferdebetrieb sind durch die Rollwagen auf Schienen völlig verdrängt worden und kommen nicht mehr in Betracht. Auch das Tragen des Bodens in Tragkörben und Tragbahren, das älteste Beförderungsmittel, wird heute kaum noch angewendet. Das Befördern von Boden, der im Trocknen gewonnen ist, zu Wasser mit Kähnen oder Prähmen kommt auch nur in Ausnahmefällen vor, wie bei Dammschüttungen in offenem Wasser, aber auch hier ist meistens die Anlage einer Transportbrücke vorteilhafter.

Jeder Boden lockert sich nun beim Lösen, und diese Auflockerung ist beim Fortschaffen des Bodens zu berücksichtigen. Die Größe der Auflockerung ist von dem Zusammenhang des Bodens abhängig, sie ist daher bei den Bodenarten ohne Zusammenhang am geringsten und bei Felsen am größten. Das Verhältnis des aufgelockerten Bodens zum gewachsenen Boden ergibt den Ladekoeffizienten. Von dieser Auflockerung, welche nur für das Fortschaffen des gelösten Bodens in Betracht kommt, ist nun wohl zu unterscheiden die bleibende Auflockerung bei der Schüttung. Diese ist natürlich wesentlich kleiner, da der geschüttete Boden sich unter seinem Gewicht wieder zusammendrückt. Die Auflockerung ist etwa nach folgenden Sätzen zu berücksichtigen:

| Bodenklasse | Anfängliche Auflockerung | Ladekoeffizient im Mittel | Bleibende Auflockerung |
|---|---|---|---|
| Ia | 5—10 vH | 1,08 | 1—$1^1/_2$ vH |
| Ib | 10—15 ,, | 1,13 | 2—4 ,, |
| IIa | 15—25 ,, | 1,2 | 4—5 ,, |
| IIb | 25—30 ,, | 1,3 | 6—7 ,, |
| IIIa | 30—35 ,, | 1,35 | 8—10 ,, |
| IIIb | 35—40 ,, | 1,4 | 10—15 ,, |

Die einfachste Bodenbeförderung ist das Werfen. Die Wurfweite beträgt 3—5 m, die Wurfhöhe 2—4 m; die Mittelzahlen, welche für dauernde Leistung eines Arbeiters anzunehmen, sind 2,5—3 m Weite und 1,5—2,5 m Höhe. Der erste Wurf kommt nicht besonders zur Berechnung, da er an die Stelle des Ladens tritt. Das Werfen des Bodens kommt vor in engen Baugruben, wie für Rohrleitungen und Kanälen, beim Aufwerfen hoher kurzer Erdwerke, Kugelfängen usw. Das Werfen von Steinen mit der Hand ist dem Wurf mit der Schaufel gleichzuachten. Eine Schaufel faßt etwa 2,5 l Boden, aber bei leicht von der Schaufel abrollendem Boden nur 1,8—2,2, im Mittel 2,0 l. Jeder Wurf dauert einschließlich kleiner Ruhepausen 5 Sekunden, so daß sich eine Stundenleistung eines Arbeiters ergibt von

$$\text{Stichboden } \frac{60 \cdot 60}{5} \cdot 0{,}0025 = 1{,}80 \text{ cbm},$$

$$\text{rollender Boden } \frac{60 \cdot 60}{5} \cdot 0{,}002 = 1{,}44 \text{ ,,}$$

Hiernach lassen sich die Kosten für das Werfen des Bodens berechnen. Bei nassem Boden sind die Kosten wieder wegen der größeren Schwere des Bodens um 15 vH zu erhöhen.

Die Bodenförderung in Schubkarren erfolgt in der Regel auf Karrbahnen. Sie eignet sich nur bei Förderweiten bis 120 m, darüber hinaus wird sie unwirtschaftlich. Bei beschränktem Raum, für Vorbereitungsarbeiten und bei kleinen Massen ist sie die vorteilhafteste Förderart. Die Schubkarre hat meist einen Fassungsraum von 0,1 cbm, so daß sich hieraus unter Berücksichtigung der vorhin angegebenen Auflockerung die Zahl der erforderlichen Ladungen für 1 cbm gewachsenen Boden berechnen läßt. Kleinere Karren als 0,1 cbm sollte man bei Erdarbeiten nicht einstellen, da sie unwirtschaftlich sind. Zum Fortbewegen der Karren sind gewöhnlich Karrbahnen erforderlich, sie bestehen aus Dielen von 25 cm Breite und 5 cm Stärke, am besten eignet sich Eichen-, Buchen- oder Kiefernholz. An den Enden werden sie zur Verhütung des Aufspaltens mit Bandeisen benagelt.

Die gefüllte Karre wird vom Arbeiter stets geschoben, während er die leere Karre hinter sich herzieht, was leichter ist und ihm Erholung gewährt. Die Geschwindigkeit, mit der ein Arbeiter die Schubkarre in der Horizontalen fortbewegt, beträgt 0,8 m in der Sekunde, für den Aufenthalt beim Anschieben und Auskippen ist bei jeder Fahrt 1,5 Min. anzunehmen.

Für Lösen, Laden und Fortbewegen des Bodens mit Handbetrieb läßt sich folgende allgemeine Zeitformel aufstellen:

$$t = \frac{60}{nq} + \left(\frac{2\,l + hs}{60 \cdot v} + a\right) \left(\frac{1 + \frac{p}{100}}{k}\right).$$

Hierin bedeutet:

$t$ = Zeit in Minuten für Lösen, Laden und Bewegen von 1 cbm gewachsenem Boden,
$q$ = cbm gewachsener Boden, welche 1 Arbeiter in 1 Stunde durchschnittlich lösen und laden kann (aus der Tabelle zu entnehmen),
$n$ = Zahl der Arbeiter,
$l$ = Transportweite in m,
$v$ = Geschwindigkeit in m pro Sekunde,
$a$ = Aufenthalt am Anfang und Ende jeder Fahrt,
$p$ = Ladekoeffizient in vH,
$k$ = Inhalt des Fördergefäßes in cbm,
$h$ = Gesamtsteigung in m,
$s$ = Steigungszuschlag.

Diese Zeitformel ist die einfachste, die es gibt, mit ihr lassen sich die Zeit, also auch die Kosten für alle Bodenarten und alle Förderweiten berechnen.

Beim Schubkarrentransport ist in diese Formel einzusetzen:

$k$ = 0,01 cbm,
$v$ = 0,8 m,
$a$ = 1,5 Min. für Anschieben und Auskippen,
$s$ = 12—30 m.

Hierzu kommen außer den Nebenkosten bei der Bodengewinnung noch die Kosten der Karre und der Karrbahn sowie die Kosten der Aufsicht. Für letztere kann man annehmen, daß auf etwa 15 Arbeiter ein Vorarbeiter oder Aufseher entfällt, so daß für die Aufsicht etwa 8 vH der Arbeiterstunden zu rechnen sind. Die Karre kostet etwa 25 M. und kann etwa 1 Jahr benutzt werden, so daß an Anschaffungskosten auf 1 Arbeitstag $\frac{25}{250} = 10$ Pf. entfallen. Die Karrbahn kostet etwa 1 M. für 1 m, ihre Dauer kann auch auf 1 Jahr angenommen werden, so daß die Anschaffungskosten für 1 Arbeitstag sich wie für die Karre berechnen lassen. Zu den Anschaffungskosten sind dann noch 10—15 vH Unterhaltungskosten und ferner die Transportkosten von und nach der Baustelle zu rechnen.

Schließlich ist je nach den Umständen noch ein kleiner Zuschlag für Arbeitslöhne zu rechnen, die aufgewendet werden müssen, um die Karrbahnen umzulegen, mit Sand zu bestreuen usw. Für Überschläge kann man bei Schubkarrentransport, bezogen auf 1 cbm gewachsenen Boden, annehmen:

| | |
|---|---|
| Kosten der Karren und der Karrbahn einschließlich An- und Abtransport . . . . . . . . . . . . . | 4—5 Pf. |
| Unterhaltung der Karrbahn . . . . . . . . . . . | 1—2 Pf. |

Die Gerätekosten sind also nur gering. Zu diesem Vorzug des Schubkarrentransportes kommt dann noch ein weiterer, das ist die Möglichkeit. Steigungen bis 1 : 12 mit Schubkarren überwinden zu können, ein Vorteil, der namentlich zur Geltung kommt bei kleinen Baugruben und bei Deichbauten, wenn der Boden nahe am Deichfuß aus dem Vorlande entnommen werden kann. Bei Steigungen ist aber eine der Steigung entsprechende Verlängerung der Förderweite anzunehmen und bei der Berechnung des Zeitaufwandes für eine Fahrt zu berücksichtigen. Man rechnet jeden Meter Steigung gleich 12—30 m horizontale Weglänge, je nachdem es sich um trockenen oder feuchten Boden handelt, der letztere macht die Karrbahnen schmierig und erschwert daher das Schieben. Sobald es sich um größere Förderweiten als 100—150 m handelt, wird die Schubkarrenförderung unwirtschaftlich und an die Stelle der Schubkarren treten die auf Schienen bewegten Wagen.

Die Bodenförderung mit **Rollwagen** oder **Kippwagen** auf **Schienengleisen** ist bei fast allen Erdarbeiten heute die gebräuchliche. Als fortbewegende Kraft dienen Menschen, Pferde oder Lokomotiven. Die Größe der Wagen und die fortbewegende Kraft hängen von dem Umfang der Arbeit und von der Förderweite ab. Für Handbetrieb kommen Rollwagen von 0,75—0,90 cbm Fassungsraum zur Anwendung, und zwar vorwiegend die eisernen Muldenkipper, welche in neuerer Zeit durch Kugellager, Federkuppelungen und besondere Feststellvorrichtungen für die Mulden sehr vervollkommnet sind. Für Pferdebetrieb kommen dieselben Muldenkipper, aber bis zu 1,50 cbm Füllraum in Anwendung und ebenso für kleinen Betrieb mit Lokomotiven, während für schweren Betrieb mit Lokomotiven hölzerne Kastenwagen von 1,5—5 cbm und mehr Inhalt verwendet werden. Die hölzernen Rollwagen haben aufklappbare Seitenwände und sind entweder Seitenkipper oder Rundkipper. Bei letzteren ist der Kasten auf einem Schemel drehbar gelagert, so daß er nach allen Seiten gekippt werden kann. Für Hand- und Pferdebetrieb beträgt die Spurweite der Gleise 0,60—0,75 m, bei Lokomotivbetrieb 0,90—1,435 m; 90 cm ist die normale Spurweite und sollte auch bei kleinen Lokomotiven nicht unterschritten werden. Für Hand- und Pferdebetrieb sind die auf eisernen Schwellen montierten Gleise zweckmäßig, für Lokomotivbetrieb eignen sich aber nur hölzerne Schwellen.

Die wirtschaftlichen Grenzen zwischen Handbetrieb, Pferdebetrieb und Lokomotivbetrieb lassen sich allgemein nicht bestimmen, die Wahl des Betriebes hängt neben den wirtschaftlichen Faktoren auch von technischen Erwägungen, von einer geschickten Arbeitsdisposition ab. Grenzwerte für die verschiedenen Betriebsarten lassen sich daher nicht angeben, nur für die Förderweiten kann man ungefähr als Grenzwerte annehmen

für Handbetrieb bis 500 m,
für Pferdebetrieb von 300—1200 m,
für Lokomotivbetrieb von 500 m an.

Auch die Gleisanlage ist Sache der Arbeitsdisposition; man tut aber gut, bei allen Bauarbeiten das Schienenprofil nicht zu klein zu nehmen, ein zu leichtes Gleis verursacht namentlich bei nassem Wetter in der Regel so viel Betriebsstörungen, daß diese weit mehr kosten, als der Unterschied im Anschaffungspreis bei einem schwereren Gleis ausmacht. Unter 8 kg schwere Schienen sollte man auch bei Handbetrieb nicht anwenden, bei leichtem Lokomotivbetrieb Schienen nicht unter 15 kg und bei schwerem Lokomotibvetrieb Schienen nicht unter 25 kg für 1 m. Eine sichere und zweckmäßige Gleisanlage ist die Vorbedingung für einen wirtschaftlichen Erdarbeitsbetrieb. So ist z. B. beim Trockenbaggerbetrieb darauf zu achten, daß beim Rücken des Baggers jedesmal nur eine möglichst geringe Länge des Transportgleises mit verlegt werden muß. Man muß von vornherein einen zweckmäßigen Drehpunkt für das Transportgleis wählen, der für die ganze Baggerfläche ausreicht. Ebenso ist auf eine zweckmäßige Anlage der Ausweichstellen zu achten, sie dürfen vor allem nicht in starkem Gefälle liegen, um die lebendige Kraft des Zuges nicht unnütz zu vernichten, usw.

1. Handbetrieb. Der Reibungswiderstand auf den Schienen beträgt bei Rollwagen im Mittel $^1/_{100}$, er ist namentlich von der Lage, Stärke und Beschaffenheit des Gleises abhängig. Die Zugkraft eines Arbeiters beträgt 15 kg; er kann also 1500 kg auf gutem, horizontal liegendem Gleis schieben. 1500 kg entsprechen unter Berücksichtigung des Wagengewichtes einem beladenen $^3/_4$ cbm-Wagen. Da aber beim Bau durchweg gut und horizontal liegende Gleise nicht vorkommen, so hat man auf einen $^3/_4$ cbm-Wagen 2 Mann zu rechnen, und diese können den beladenen Wagen auch bei kurzen Steigungen bis 1 : 60 noch schieben, größere Steigungen erfordern schon 3 Mann für den Wagen. Die Fahrgeschwindigkeit beträgt 0,9 m in der Sekunde. Die Zeit, welche mit dem Anfahren und auf der Kippe bei jeder Fahrt verlorengeht, beträgt 5 Minuten. Für Steigungen sind bei Handbetrieb 80 m Mehrlänge für 1 m Steigung zu rechnen. In der Zeitformel sind also einzusetzen

$k = 0{,}75$—$0{,}90$ cbm $\qquad s = 80$ m
$v = 0{,}9$ m $\qquad n = 2.$
$a = 5$ Minuten

2. Pferdebetrieb. Die Zugkraft eines Pferdes ist 75 kg, mithin kann 1 Pferd beim Reibungswiderstand von $^1/_{100}$ : 7500 kg oder 5 beladene Wagen von $^3/_4$ cbm Füllraum auf gut liegendem horizontalem Gleis ziehen. Da dies aber nicht vorkommt, so rechnet man durchschnittlich nur mit 4 Wagen von $^3/_4$ cbm als Dauerleistung für 1 Pferd auf horizontaler Bahn. Die Fahrgeschwindigkeit beträgt 1,25 m in der Sekunde.

Bei Steigungen ermäßigt sich die Leistung, man rechnet

| | | | | |
|---|---|---|---|---|
| bei Steigungen | über | 1 : 150 | noch | 5 Wagen, |
| ,, ,, | von | 1 : 75 | bis 1 : 150 = | 4 Wagen, |
| ,, ,, | von | 1 : 50 | bis 1 : 75 = | 3 Wagen, |
| ,, ,, | von | 1 : 25 | bis 1 : 50 = | 2 Wagen, |
| ,, ,, | unter | 1 : 25 | = | 1 Wagen. |

Bei der Berechnung der Leistung berücksichtigt man die Steigung wieder durch Hinzurechnung von je 100 m Weglänge für 1 m Steigung.

Bei Pferdetransport ändert sich nun die Zeitformel insofern, als die Arbeiter nur noch das Lösen und Laden des Bodens und nicht mehr das Fortschaffen bewirken, hierfür kommt vielmehr jetzt eine besondere Kraft, das Pferd, hinzu, und es kommen außerdem noch besondere Arbeiter hinzu, welche das Entladen der Wagen auf der Kippe bewirken. Es ist nun Sache der Disposition, die Zahl der Arbeiter an der Ladestelle und an der Entladestelle, die Zahl der Förderwagen und der Pferde und die Gleisanlage so zu bestimmen, daß ein ununterbrochener Betrieb stattfinden kann, daß die Arbeiter an der Ladestelle stets Wagen zum Beladen zur Verfügung haben und nicht zu warten brauchen. Für die Zeit des Aufenthaltes beim Umspannen an der Ladestelle und auf der Kippe sind 3—5 Minuten zu rechnen.

Die Kosten eines Pferdes von 800 M. Anschaffungswert betragen für ein Jahr:

| | |
|---|---|
| 1. Pferd: Zinsen 10 vH von 800 = | 80,— M. |
| Abnutzung 10 vH von 800 | 80,— M. |
| Beschlag und Kurkosten | 50,— M. |
| 2. Unterhaltung: Hafer für 1 Woche 50 kg zu 20,0/100 kg = | 520,— M. |
| Heu für 1 Woche 50 kg zu 10,0/100 kg = | 260,— M. |
| Stroh für 1 Woche 15 kg zum Häcksel und 15 kg zu Streu = 30 kg zu 5,0/100 kg . . = | 78,— M. |
| 3. Pferdegeschirr: Anschaffungswert 200 M. | |
| Verzinsung 10 vH | 20,— M. |
| Abschreibung 25 vH | 50,— M. |
| Unterhaltung 20 vH | 40,— M. |
| 4. Miete für Pferdestall und Geräte | 50,— M. |
| zus.: | 1228,— M. |

d. i. für 1 Arbeitstag $\frac{1228}{250} = 4{,}90$ M.

Hierzu kommt der Lohn des Kutschers mit 5,0—7,0 M.

Um allgemein die Anzahl der zu einer Erdarbeit erforderlichen Fördergeräte und Arbeiter zu ermitteln, muß man die Menge des zu befördernden Bodens, die Förderweite und die Zeitdauer kennen, innerhalb welcher die Arbeit beendet sein muß. Sollen in $T$ Tagen $Q$ cbm Boden auf durchschnittlich $l$ m befördert werden, so müssen täglich geleistet werden: $E = \frac{Q}{T}$ cbm.

Beträgt der Rauminhalt eines Fördergefäßes $K$ cbm, so sind täglich zu leisten bei $p$ vH Auflockerung an Wagenladungen

$$W = \frac{E\left(1 + \frac{p}{100}\right)}{K}.$$

Löst und ladet 1 Arbeiter täglich in $t$ Stunden $t \cdot q$ cbm gewachsenen Boden, so entspricht dies bei $p$ vH Auflockerung an Wagenladungen $w = \frac{t \cdot q\left(1 + \frac{p}{100}\right)}{K}$, folglich Zahl der Arbeiter $n = \frac{W}{w}$, und die zu einer Ladung durch einen Arbeiter erforderliche Zeit ist

$$Z = \frac{t \cdot 60}{w} = \frac{t \cdot 60 \cdot K}{t \cdot q\left(1 + \frac{p}{100}\right)} \text{ in Minuten.}$$

Die Zeit, die erforderlich ist, um bei Pferdebetrieb einen Wagen $l$ m weit zu transportieren, ergibt sich zu $Z_1 = \frac{2 \cdot l}{60 \cdot 1{,}25} + 4$ in Minuten.

Diese Zeit $Z_1$ muß nun in Übereinstimmung gebracht werden mit der Zeit $Z$ zum Lösen und Laden; ist z. B. $Z_1 = {}^1/_2\, Z$, so sind zum Beladen eines Wagens 2 Arbeiter anzustellen, damit die Ladezeit = der Transportzeit wird; ist $Z_1 = 2\,Z$, so kann 1 Arbeiter 2 Wagen laden, oder es muß ein zweiter Zug eingestellt werden. Wir erkennen also, daß sich eine allgemeine Formel jetzt nicht mehr aufstellen läßt, sondern daß zunächst eine Arbeitsdisposition aufgestellt werden muß, und daß dann erst die Zeitberechnung erfolgen kann.

Es sollen $Q = 20000$ cbm Boden in $T = 50$ Arbeitstagen $l = 500$ m weit bewegt werden. Bodenklasse Ib. Dann müssen täglich bewegt werden: $E = \frac{Q}{T} = \frac{20000}{50} = 400$ cbm gewachsener Boden oder bei 0,75 cbm Wageninhalt und 7 vH Auflockerung $W = \frac{400 \cdot 1{,}07}{0{,}75} = 571$ Wagenladungen. Ein Arbeiter schafft pro Tag bei Bodenklasse Ib und t = 10 Stunden Arbeitszeit:

$$W = \frac{10 \cdot 0{,}82 \cdot 1{,}07}{0{,}75} = 11{,}7 \text{ Wagenladungen.}$$

Die Zahl der erforderlichen Arbeiter wird also

$$N = \frac{W}{w} = \frac{571}{11{,}7} = 49$$

und die Zeit, in der ein Arbeiter einen Wagen beladet, wird

$$Z = \frac{t \cdot 60}{w} = \frac{10 \cdot 60}{11{,}7} = 51{,}3 \text{ Minuten.}$$

Die Fahrzeit bei Pferdebetrieb beträgt

$$Z_1 = \frac{2 \cdot 500}{60 \cdot 1{,}25} + 4 = 13{,}3 \text{ Minuten}$$

und es können in 10 Stunden $\frac{10 \cdot 60}{13{,}3} = 45$ Fahrten gemacht werden. Es sind also erforderlich $\frac{571}{45} = 13$ Wagen für einen Zug. Wie wird man nun disponieren?

Das einfachste wäre, Züge von 13 Wagen einzurichten und zum Beladen eines jeden Wagens 4 Arbeiter einzustellen, so daß die Ladezeit mit der Transportzeit übereinstimmt, nämlich $\frac{Z}{4} = \frac{51{,}3}{4} = 13$ Minuten. 4 Arbeiter zum Beladen eines ${}^3/_4$ cbm-Wagens sind aber unzweckmäßig, weil einer dem anderen im Wege steht. Man stellt daher stets nur 2 Arbeiter an einen Wagen, welche ihn also in $\frac{51,3}{2} = 26$ Minuten beladen. Da nun die Fahrzeit eines Zuges nur 13 Minuten dauert, so richtet man 2 Ladestellen ein, von welchen die beladenen Wagen abwechselnd fortgeholt werden. Man wird so disponieren, daß man 2 Ladestellen zu 12 Wagen und 24 Arbeiter einrichtet und $\frac{12}{4} = 3$ Pferde mit 1 Kutscher zum Transport einstellt. Auf der Kippe muß dann der Zug während einer Fahrzeit von 13 Minuten entladen werden, und da für das Entladen eines $^3/_4$ cbm-Wagens durch Kippen 2 Minuten zu rechnen sind, so sind für das Kippen von 12 Wagen in 13 Minuten $\frac{12 \cdot 2}{13} = 2$ Mann erforderlich. An Wagen sind demnach erforderlich:

| | |
|---|---|
| Ladestelle $2 \cdot 12$ | = 24 |
| Fahrt | = 12 |
| Kippe | = 12 |
| | zus.: 48. |

Zu dieser erforderlichen Zahl der Wagen müssen als Reserve noch 10 vH bei Handbetrieb und 15 vH bei Pferdebetrieb hinzugerechnet, und die sich so ergebende Zahl muß der Berechnung der Anschaffungskosten zugrunde gelegt werden.

Die Betriebskosten ergeben sich nunmehr für 1 Arbeitstag zu 10 Stunden bei 70 Pf. Stundenlohn des Arbeiters:

| | | |
|---|---|---|
| Arbeiter: Ladestelle | 48 | |
| Kippe | 2 | |
| | 50 zu 7,00 = | 350,00 M. |
| 3 Pferde zu 4,90 . . . . . . | = | 14,70 M. |
| 1 Kutscher . . . . . . . . . . | | 6,00 M. |
| | | 370,70 M., |

d. i. für 1 cbm $\frac{370,7}{400} = 0,93$ M.

Man würde die Disposition auch so treffen können, daß man 3 Ladestellen zu je 8 Wagen einrichtet, würde dann aber 4 Pferde und 2 Kutscher nötig haben, also teurer arbeiten.

Dieses Beispiel zeigt also, daß es nicht angängig ist, die Förderkosten einfach aus den Kosten für 1 Pferd und Kutscher und aus der Anzahl der täglichen Fahrten zu je 4 Wagen zu berechnen, sondern daß man zunächst die zweckmäßigste Disposition für die Arbeit zu ermitteln und dann erst die Kosten zu berechnen hat. In dem Beispiel würden sich die Förderkosten für 1 cbm Boden aus den Kosten für 1 Pferd und Kutscher und aus der Zahl der täglichen Fahrten ergeben zu

| | |
|---|---|
| $\frac{490 + 600}{45 \cdot 4 \cdot \frac{0,75}{1,07}}$ . . . . . . . . . . . . = | 8,6 Pf. |
| dazu Lösen und Laden . . . . . = | 85,0 „ |
| Entladen $\frac{2 \cdot 700}{400}$ . . . . . . . . . = | 3,5 „ |
| | 97,1 Pf. |

während wir 93 Pf. errechnet hatten. Rechnen und Disponieren gehört bei allen Bauarbeiten zusammen, nur so ist es möglich, wirtschaftlich zu arbeiten.

In derselben Weise verläuft auch die Rechnung beim Lokomotivbetrieb. Man unterscheidet den kleinen Betrieb mit Lokomotiven von 20—40 PS und Wagen von 1,0—1,50 cbm und den schweren Betrieb mit Lokomotiven bis 200 PS und mehr und mit Wagen von 1,5—5 cbm Inhalt. Zum Transport des Baggergutes an den Bestimmungsort kommen bei maschinellen Betrieben aber außer der Förder- oder Transportbahn mit Lokomotiven und Wagen noch die mannigfaltigsten Transportmittel zur Anwendung, wie die Kettenbahn, die Drahtseilbahn, das Förder- oder Transportband usw. Die Wahl der Transportmittel hängt ab von der Örtlichkeit, und zwar insbesondere von der Beschaffenheit des Gewinnungsortes, des Transportweges und des Verwendungsortes. Bei Tiefbauarbeiten kommt in der Hauptsache nur die Förder- oder Transportbahn in Betracht, Ketten- oder Drahtseilbahnen kommen im allgemeinen nur für ständige Betriebe, wie Ziegeleien, Zementfabriken und ähnliche Grubenbetriebe zur Anwendung. Das Transportband findet im Kanal- und Eisenbahnbau mit Vorteil Verwendung, wenn es sich um Ablagerung des Baggergutes auf kleine Entfernungen handelt, bei größeren Entfernungen machen die häufig auftretenden Reparaturen einen einigermaßen durchlaufenden Betrieb unmöglich.

Bei den Transportbahnen sind je nach der Örtlichkeit und der Größe des Betriebes die Spurweite und Schwere des Transportgleises, die Größe und Bauart der Transportwagen und die Antriebskraft verschieden. Für die Anlage der Transportbahn bestimmend ist die Größe der Ladegefäße, und diese ist wieder abhängig von dem Baggergerät und der Länge des Transportweges. Bei kleinen Wagen ist das Beladen ungünstiger und ein öfterer Zugwechsel erforderlich als bei großen Wagen, wodurch Leistungsausfälle entstehen. Wagen unter 4 cbm Inhalt beschränken die Leistungsfähigkeit des Baggers. Hinsichtlich des Transportweges gilt die Regel: „Je länger der Weg, desto größer der Wageninhalt“, d. h. bei längeren Transporten müssen Züge mit großem Inhalt gefahren werden, um die Leistungsfähigkeit des Baggers auszunützen und an Fahrpersonal zu sparen. Nur auf der Abladestelle, der Kippe, sind die kleinen Wagen bei geringer Kipphöhe und wenigen Massen vorteilhafter als die großen, weil bei letzteren mehr Massen durch die Arbeiter verarbeitet werden müssen. Die Transportwagen werden als Holzkastenkipper und Muldenkipper oder als Kastenkipper-Selbstentlader gebaut. Der Holzkastenkipper kippt meist nur nach einer Seite und ist daher bei Ablagerungskippen, d. i. bei Kippen mit weiter seitlicher Ausdehnung am Platze, der Muldenkipper ist nach beiden Seiten kippbar und daher bei Dammschüttungen vorteilhafter. Der Holzkastenkipper ist in der Anschaffung und Unterhaltung billiger als der Muldenkipper und erfordert auch infolge seiner größeren Elastizität weniger Gleisunterhaltung. Dagegen ist der Muldenkipper auf der Kippe vorteilhafter, er kann beim Planumkippen leicht vorgezogen werden ohne auszusetzen, da die behinderliche Klappe am Wagen fehlt, und bedingt weniger Arbeiter als der Holzwagen. Während die schwere 5 cbm-Mulde leicht mit 10—12 Mann gekippt werden kann, erfordert der Holzwagen mit gleichem Inhalt etwa 20 Mann. Bei derselben Anzahl von Arbeitern wird der Muldenkipperzug mit 2 Kolonnen, der Holzwagenzug mit einer Kolonne gekippt, wodurch eine wesentlich schnellere Abfertigung des Zuges möglich ist. Die Größe der Wagen schwankt in Baggerbetrieben bei Kanal- und Eisenbahnbauten zwischen 1 und 5 cbm Inhalt, der gebräuchlichste Wagen ist bei größeren Erdarbeiten der 4,5 cbm-Wagen.

Von den Selbstentladern haben sich die Schrägbodenselbstentlader nicht bewährt und auch die Flachbodenselbstentlader haben im Betriebe größere Mängel gezeigt, dagegen stellen die Kastenkipper-Selbstentlader System Doerr-Polzin in Holz ausgeführt nicht nur eine ganz erhebliche Verbesserung in wirtschaftlicher Beziehung in bezug auf Reparaturkosten gegenüber den in Eisen ausgeführten Selbstentladern dar, sondern auch gegenüber den normalen Holzkostenkippern, indem durch die Anordnung der Aufhängung die Klappe sich ganz vom Wagen abhebt, so daß sie durch die fallenden Bodenmassen nicht berührt werden kann und auch selbst beim Vorziehen die gekippten Bodenmassen nicht berührt. Durch die Verwendung dieser Selbstentlader kann an Arbeitslöhnen sehr gespart werden, denn das Kippen eines Wagens durch einen Mann nimmt nur 20—30 Sekunden in Anspruch, so daß ein Zug von 20 Wagen auf normaler Kippe bei 10 Mann Kippbesetzung 40—60 Sekunden braucht.

Als Antriebskraft für die Züge kommt fast ausschließlich Dampfkraft in Betracht, nur bei stationären Betrieben, wie Abraumarbeiten wird mit Vorteil Elektrizität verwandt. Bei Tiefbauarbeiten ist Lokomotivkraft die gebräuchlichste Arbeitskraft, und zwar bei kleinen Entfernungen von 2—3 km die 80 PS-Lokomotive, bei größeren Entfernungen die 160—230 PS-Maschine, so daß sich als vorteilhaftester Typ für alle Arbeiten die 160 PS-Lokomotive ergibt.

Von der Wagengröße und der Lokomotivstärke ist schließlich das Transportgleis abhängig. Die Spurweite wechselt von 0,90 m Spur bis zur Normalspur von 1,435 m, die im Baggerbetrieb am häufigsten vorkommende Spur ist aber die 0,90 m-Spur. Die Hauptregel bei der Wahl des Oberbaues ist die, ihn möglichst schwer zu nehmen, denn in den Erdbetrieben wird selten Bettungsmaterial unter die Gleise gebracht und daher ist ihre Lage nicht sehr gesichert. Die Mehrkosten an Neuanschaffung der Schienen und an Arbeitslohn für Gleislegen des stärkeren und tragfähigeren Oberbaues werden durch den Vorteil einer gesicherten Gleislage leicht aufgewogen und damit zeitraubende und teuere Zugentgleisungen bis zu einem gewissen Grade vermieden. Nur Betriebe, die ständig erhebliche Gleisumlegungen erfordern, wie Mutterbodenabdeckung oder Mergelförderung in der Landwirtschaft usw. müssen mit möglichst leichtem Gleismaterial arbeiten.

Bei Verwendung leichterer Lokomotiven stellen sich die Kosten allgemein etwas höher als bei Verwendung schwerer Lokomotiven, weil die Kosten für Lokomotive und Wagen nicht im Verhältnis ihrer Leistungsfähigkeit abnehmen. Hinsichtlich der Länge des Transportgleises kann man bei Kostenüberschlägen annehmen, daß für je 100 m-Gleis der freien Strecke im Durchschnitt 25 m für Lade- und Ausweichgleise hinzukommen, so daß für je 100 m Transportlänge 125 m Gleis zu rechnen sind. Bei Berechnung von Angebotspreisen muß aber wieder die Ausarbeitung einer Disposition mit der Rechnung Hand in Hand gehen, um die wirtschaftlichste Betriebsart zu erhalten. Namentlich sind bei der Disposition der Gleisanlage die Krümmungs- und Steigungsverhältnisse zu berücksichtigen. Starke Krümmungen und Steigungen vermindern die Leistungen ganz wesentlich. Kommen größere Steigungen nur beim Ausfahren aus dem Ladeschacht vor, so muß man die Züge nicht verkleinern, sondern geteilt herausholen und dann wieder zusammensetzen.

Steigungszuschläge werden im allgemeinen erst berechnet, wenn die Steigung größer ist für Schubkarren als 1:20, für Rollwagen auf Schienen durch Menschen bewegt als 1:100, durch Pferde bewegt als 1:150 und durch Lokomotiven bewegt als 1:200. Um bei der Bergförderung eine möglichst gute Ausnutzung der Kräfte zu erzielen, muß eine bestimmte Steigung innegehalten werden, über die hinaus Arbeitsaufwand und Leistung sich immer ungünstiger gestalten. Die günstigsten Steigungsverhältnisse sind für Förderung mit Schubkarren 1:15, für Rollwagen auf Schienengleisen durch Menschen geschoben 1:60 und durch Pferde gezogen 1:75. Für Lokomotiven lassen sich bestimmte günstigste Steigungsverhältnisse nicht angeben, vielmehr sind diese nach der Bauart der Maschinen zu bestimmen. Etwas anders gestalten sich die Steigungsverhältnisse, wenn man die Rückfahrt der leeren Fördergefäße mit zu berücksichtigen hat, da bei bestimmten Steigungsverhältnissen sehr wohl der Fall eintreten kann, daß die Rückfahrt der leeren Gefäße ebenso teuer oder noch teurer wird als die Hinfahrt der beladenen Gefäße auf wagerechter Strecke. Das Gefälle, bei dem die Rückfahrt der leeren Gefäße ebenso teuer wird wie die Hinfahrt der beladenen auf wagerechter Bahn ist bei Schubkarren 1:12, bei Rollwagen auf Schienen 1:60. Es sind dies also die Maximalsteigungen, welche nicht überschritten werden sollten.

Bei Baubetrieben kommen nun noch für Erdarbeiten im Trocknen folgende Förderungsarten zur Anwendung, die sich aber nur für besondere Fälle eignen und daher nur kurzer Erwähnung bedürfen, d. s. der Bodentransport auf Fuhrwerken und mit Drahtseilbahnen, der Bremsbergbetrieb und die sog. Transporteure und Kräne.

Der Bodentransport auf F u h r w e r k e n kommt bei Ingenieurbauten nur in Städten und Ortschaften vor, wenn überflüssiger Boden abgefahren werden muß. Dies besorgen gewöhnlich besondere Fuhrunternehmer, so daß der Bauingenieur selten in die Lage kommt, die Transportkosten selbst zu berechnen. Wir können uns daher mit einigen Angaben zur Kontrolle der Forderungen der Fuhrunternehmer begnügen.

Das Eigengewicht der Wagen ist für

Landfuhrwerk 600— 900 kg,
Lastfuhrwerk 900—1500 kg.

Das höchste Ladegewicht beträgt bei vierrädrigen Wagen und

Felgenbreite 5 cm = 1000 kg,
„ 10 cm = 2500 kg,
„ 15 cm = 5000 kg.

Wagen mit 2 Rädern, sog. Schlagkarren, dürfen nur mit der Hälfte des angegebenen Gewichtes belastet werden. Die erforderliche Zugkraft $Z$ ist auf horizontaler Bahn $Z = K \cdot Q$, worin $Q$ das gesamte auf den Achsen ruhende Gewicht und $K$ den Koeffizienten der Gesamtreibung bedeutet; dieser beträgt

| | |
|---|---|
| für Asphaltstraßen | $^1/_{100}$ |
| „ gutes Steinpflaster | $^1/_{50}$—$^1/_{66}$ |
| „ geringes Steinpflaster | $^1/_{30}$ |
| „ Holzpflaster | $^1/_{55}$ |
| „ gute Chausseen | $^1/_{36}$—$^1/_{66}$ |

je nachdem ob sie mit Staub bedeckt sind oder nicht,

| | |
|---|---|
| für schlechte mit Schlamm bedeckte Chausseen | $^1/_{28}$ |
| „ Erdwege | $^1/_{10}$—$^1/_{20}$ |
| „ schlechte Sandwege | $^1/_5$ |

In ansteigender Straße ist $Z = K \cdot Q + (Q + G) \operatorname{tg} \alpha$, wenn $\alpha$ der Steigungswinkel der Straße, $G$ das Gewicht des Zugtieres ist. Mit ansteigender Bahn nimmt die Leistung der Zugtiere stark ab. Die mittlere Zugkraft eines Pferdes beträgt $^1/_4$—$^1/_5$ des Eigengewichtes, bei starken Pferden von 400 kg Gewicht also 100—80 kg, für kurze Zeit kann sie jedoch bis auf das Zwei- und Dreifache, selbst bis zum Eigengewichte des Pferdes gesteigert werden.

Die mittlere Geschwindigkeit ist zu 72 m in der Minute, der täglich zurückzulegende Weg jedoch nur zu 30000 m anzunehmen. Bei längeren Fahrten wird es in Wirklichkeit kaum vorkommen, daß nur horizontal liegende Wege ohne jede Steigung und in der ganzen Länge solche von gleicher Güte vorkommen, man rechnet im günstigsten Fall für Baubetriebe deshalb zweckmäßig im Flachlande mit Steigungen 1:100, in gebirgigen Gegenden im 1:40 und für mittelgute Chausseen mit $K = {}^1/_{40}$, für mittelgute Erdwege mit $K = {}^1/_{15}$.

Aus der Gleichung $Z = 90\,\text{kg} = KQ + (Q + G) \operatorname{tg} \alpha$ abzüglich des Wagengewichtes ergibt sich dann die Nutzlast für ein Pferd, und aus der Weglänge ergeben sich die Fahrkosten. Diese erhöhen sich oftmals noch dadurch, daß sowohl an der Ladestelle, als auch an der Entladestelle Vorspann genommen werden muß. Das Aufladen ist bei Fuhrwerken wegen der größeren Höhe teurer als bei Rollwagen, und man muß je nach der Höhe der Seitenbretter die Ladekosten um 25—50 vH höher rechnen als bei Rollwagen.

Der Bremsbergbetrieb wird erforderlich, wenn so bedeutende Steigungen zu überwinden sind, daß die Gleise ein für den gewöhnlichen Rollwagenbetrieb unzulässiges Gefälle erhalten würden. Es werden dann die Wagen auf zwei nebeneinander liegenden schiefen Ebenen mittels eines Seils, welches am oberen Ende der Bahn auf der Seiltrommel einer Dampfwinde läuft, hinaufgezogen und hinabgelassen. Die bergab fahrenden leeren Wagen helfen dabei die beladenen Wagen hinaufziehen. Es hat sich für Seilbetrieb bei größeren Massen und größerer Bahnlänge besonders die Dampfpflugwinde gut bewährt. Anstatt der feststehenden Dampfwinde mit Seiltrommel kann bei starken Gefällen auch eine Lokomotive verwendet werden, welche oben auf einer horizontalen Strecke läuft und die Wagen am Seil hochzieht und hinunterläßt, ohne selbst in das Gefälle zu kommen. Leistungsfähigkeit und Kosten des Bremsbetriebes sind von den örtlichen Verhältnissen abhängig, die Betriebskosten sind aber für jeden einzelnen Fall aus der Dampfkraft und der erforderlichen Bedienung leicht zu berechnen. Zum Rangieren der Wagen sind unten und oben je 2—4 Arbeiter erforderlich.

Die Bodenförderung mit Drahtseilbahnen kommt bei Baubetrieben selten, dagegen für ständigen Betrieb und auch zur Förderung von Baustoffen öfter zur Anwendung. Die Wagen haben eine Größe von 0,25—0,40 cbm, die Geschwindigkeit der Wagen ist 1,5—2,5 m sekundlich, sie folgen in Abständen von 40 m, so daß in 15—30 Sekunden ein Wagen abgelassen werden kann. Hieraus läßt sich dann die Leistung einer Drahtseilbahn berechnen. Die Anlagekosten hängen wieder von den örtlichen Verhältnissen ab, hinzu kommt hier aber in der Regel noch eine Miete für das zu überfahrende Gelände. Die Betriebskraft ist verhältnimsäßig gering, bei geraden Strecken und ziemlich gleicher Höhenlage beider Endstationen kann für 1 km Bahnlänge und 1 cbm stündliche Leistung je nach dem Gewicht der Bodenart 0,15—0,20 PS gerechnet werden. Bei Baubetrieben kommt bei Berechnung der mittelbaren Betriebskosten besonders die Wertverminderung der Anlage in Betracht, da nach Beendigung des Baues die Drahtseilbahn wieder entfernt werden muß, und wenn sie nicht anderweitig verwendet werden kann, nur noch Altwert besitzt. Die sonst übliche Abschreibung von 10—15 vH genügt also bei Baubetrieben nicht, sie wird vielmehr zu 50—75 vH anzunehmen sein, namentlich wenn sie für den betreffenden Bau besonders angelegt ist. Die unmittelbaren Betriebskosten ergeben sich wieder aus der erforderlichen Betriebskraft und den Arbeitslöhnen beim Beladen und bei der Entleerung der Wagen. Die Drahtseilbahn hat gegen andere Fördermittel den großen Vorteil, daß sie für jedes Gelände und Überschreitung aller Hindernisse benutzbar ist, sie findet daher hauptsächlich bei Baubetrieben Anwendung, wenn ein tiefes Tal oder ein Fluß zu überschreiten ist, um eine kostspielige Brücke zu ersparen. Beim Bau der Eisenbahnbrücke über die Eider war eine Drahtseilbahn in Betrieb zum Fortschaffen des aus den Caissons bei der Luftdruckgründung geförderten Bodens und zum Heranschaffen der Baustoffe, namentlich des Betons von den binnendeichs liegenden Lager- und Arbeitsplätzen über das Vorland weg nach den Strompfeilern. Infolge der vielen erforderlichen Weichenanlagen nach den Lösch- und Lagerplätzen und infolge der herzustellenden Verbindung mit den Pfeilergerüsten stellten sich die Anlagekosten verhältnismäßig hoch. Nach Beendigung des Baues betrugen sie nach Zurückrechnung der wiedergewonnenen Gerüsthölzer und der Ausrüstung 36500 M. Die Anlage war nur 180 Tage in Betrieb, befördert wurden 81 373 Wagen. Die größte stündliche Leistung war 61 Wagen mit etwa 12 cbm. Auf jeden Wagen entfällt also ein Anlagekapital von 45 Pf. oder auf 1 cbm von 2,25 M. Trotz dieser hohen Anlagekosten hat sich die Anlage gut bewährt, jede andere Förderart hätte, abgesehen von den Störungen, welche sie verursacht hätte, noch mehr erfordert.

Dieses Beispiel ist erwähnt worden, um zu zeigen, wie hoch die Anlagekosten werden können, und daß alle Angaben über Durchschnittskosten für derartige besondere Förderanlagen wertlos sind. Die örtlichen Verhältnisse und eine geschickte Disposition sind hier allein maßgebend für einen wirtschaftlichen Betrieb.

Die Gurtförderer sind Förderbänder ohne Ende, welche unmittelbar mit der Grabmaschine verbunden sind und entweder von dieser selbst oder von einem besonderen Motor in Bewegung gesetzt werden. Der tragende obere Gurt nimmt die Massen auf und bringt sie an die Bestimmungsstelle, er wird in Abständen von 1,2—1,8 m durch Rollen unterstützt, und zwar sind diese Rollen so zueinander gestellt, daß der Gurt trog- oder muldenförmig gebogen ist, damit das Fördergut nicht abfällt. Auf dem Rückweg des leeren Gurts sind Unterstützungen durch Rollen, welche horizontal liegen können, nur in größeren Abständen von 2,5—3,5 m erforderlich. Der Boden wird gewöhnlich unmittelbar von der Grabmaschine auf das Förderband gebracht und das Band kann den Boden entweder am Ende oder an jeder beliebigen Stelle mittels besonderer Abwurfvorrichtungen abwerfen, auch kann der Boden wieder auf andere Förderbänder, welche eine andere Richtung haben, abgeworfen werden, so daß die Abwurfstellen beliebig eingerichtet werden können. Die Geschwindigkeit des Gurtes beträgt etwa 2,5 m in der Sekunde bei horizontal liegenden Bändern. Die Leistung der Förderbänder hat bis zu 600 cbm gewachsenen Sandboden in der Stunde betragen bei einer Breite des Bandes von 914 mm. Mit Bändern von 610 mm Breite ist eine Leistung von 300 cbm, mit Bändern von 457 mm Breite eine solche von 150 cbm in der Stunde erreicht worden. Die Bänder liegen horizontal oder geneigt, es sind Hubhöhen bis zu 20 m erreicht worden. Die Länge der Förderbänder, also die Transportweiten, haben 200—300 m und darüber betragen. Die Gurtförderer werden hauptsächlich auf Auslegern in Verbindung mit Trocken- und Naßbaggern bei Kanalbauten zur gleichzeitigen Herstellung des Kanalbettes und der Dämme angewandt. Die Betriebskosten sind nur gering, da lediglich eine Kraftmaschine und eine besondere Bedienung nicht notwendig ist. Auch bei Tunnelbauten, überhaupt bei beengten Räumen, sind die Gurtförderer besonders geeignet.

Die Bodenförderung mit Kränen geschieht zweckmäßig aus Rohrgräben oder tiefen Baugruben, wenn die Hubhöhe mit Gleisbetrieb nicht mehr zu überwinden ist. Der Boden wird von Hand in Kübeln geladen, welche hochgezogen und entweder neben der Baugrube oder in Rollwagen zum weiteren Transport entleert werden. Bei größeren Baugruben, in welchen Platz zum Aufstellen von Rollwagen vorhanden ist, werden die Wagen selbst mit dem Kran gehoben und gesenkt. Bei Aushub von Rohrgräben ersetzt die Kranförderung das Werfen. Die Leistung berechnet sich wieder aus der Größe des Fördergefäßes und der Geschwindigkeit der Hebekette, und die Betriebskosten ergeben sich aus dem Kraftverbrauch und der Bedienung. Da hier die Kübel von Hand beladen werden, so kann die theoretische Leistung möglichst ausgenutzt werden.

Eine Kombination der Kran- und Seilförderung sind schließlich die Kabelkräne und der Temperley-Transporter. Bei den ersteren werden die Fördergefäße mit Kran hochgezogen und an einem Drahtseil weiterbefördert, die letztere Fördereinrichtung besteht aus einem langen Baum aus I-Trägern mit einer Laufkatze. Diese trägt die Last, bei Baubetrieben in Kübeln oder in Rollwagenkasten. Die Betriebsmaschine bewegt ein einziges Seil, durch welches sämtliche Bewegungen des Auf- und Abwärtsgehens, der Vorwärts- und Rückwärtsbewegung sowie auch das selbsttätige Kippen der Kübel bewirkt werden kann, und zwar erfordert die Bedienung nur einen geübten Arbeiter. Der Transporter kommt bei Baubetrieben zur Entleerung von Baggerschuten und zum Aushub von tiefen Baugruben bei kurzen Transportweiten zur Anwendung. Die Leistung beträgt bis zu 40 cbm Boden in der Stunde. Er wird auf einem turmartigen Unterbau aufgestellt, seine Ausladung kann bis 20 m und bei Anordnung mehrerer Unterstützungen bis etwa 50 m betragen.

Der Hauptvorzug dieses Transportmittels liegt darin, daß Hindernisse zwischen der Beladestelle und der Entladestelle, als Eisenbahnen, Straßen, Schuppen usw., welche einen Transport mit Gleis zu ebener Erde unmöglich machen, überwunden werden können, ohne kostspielige Brücken bauen zu müssen. Ein kleiner Transporter wurde in Hamburg beim Aushub eines Kanalisationsgrabens benutzt, der zwischen Eisenbahngleisen und einem nicht zu sperrenden Fußweg lag. Der Boden wurde über den Fußweg, über einen daneben mit Ziegelsteinen besetzten Straßenstreifen und über die Alleebäume hinweg bis auf den Straßendamm gefördert und hier in Fuhrwerke geschüttet. Der Bodentransport geschah auf 6 m Höhe und 14 m seitlich mit Kübeln von 0,175 cbm Inhalt. In 10 Stunden wurden mit einem solchen Transporter 90 cbm gefördert, der Antrieb erfolgte elektrisch.

Für alle diese besonderen Förderarten wendet man sich im Bedarfsfalle am besten an Spezialfabriken und läßt sich von diesen ein Angebot für die Anlage machen, wenn die erforderliche Leistung bekannt ist. Die Berechnung der Betriebskosten erfolgt immer nach denselben Grundsätzen und nur die Abschreibungsquote hat sich nach den jedesmaligen Verhältnissen zu richten.

Die Erdarbeiten unter Wasser. Zur Bodengewinnung unter Wasser dienen außer dem Greifbagger die eigentlichen Naßbagger. Sie sind entweder Eimerkettenbagger oder Pumpenbagger und als Betriebskraft haben wir fast immer die Dampfkraft. Handbetrieb kommt nur bei kleinen Baggern bis etwa 20 cbm stündlicher Leistung in Frage, sie werden beim Aushub von Baugruben verwandt und haben eine schräge oder häufiger eine vertikale Eimerleiter. Bei hohen Arbeitslöhnen wird jedoch auch bei der Ausbaggerung von Baugruben der Dampfbetrieb wirtschaftlicher als Handbetrieb, wenn die Massen nicht zu gering sind. Beim Naßbetrieb mit großen Dampfbaggern ist wieder von wesentlichem Einfluß auf die Kosten die Disposition, und zwar um so mehr, je größer der Bagger ist. Wenn man auch allgemein sagen kann, daß je größer die Arbeit und je größer die Leistungsfähigkeit des Baggers ist, um so mehr die Gewinnungskosten abnehmen, so ist dies doch nur bedingt richtig, denn es muß immer eine Arbeitsdisposition hinzukommen, welche die größtmögliche Ausnutzung des Baggers gestattet. Alle Störungen im Baggerbetriebe durch das Warten auf leere Prähme oder Schuten, durch das Schwenken des Baggers, durch Ausbesserungen während der Arbeitszeit usw. müssen nach Möglichkeit vermieden werden, ebenso ist ein ungünstiges Anschneiden von Böschungen, welches die Leistungsfähigkeit verringert, durch eine geschickte Disposition und durch geschickte Lage des Baggers zu vermeiden.

Die theoretische Leistung eines Eimerkettenbaggers ergibt sich wieder aus der Eimergröße und der Geschwindigkeit der Eimerkette. Die Eimer halten 0,20—1 cbm und die Kettengeschwindigkeit beträgt 0,25—0,40 m in der Sekunde, so daß in der Minute 15—20 Eimer gefördert werden. Bei den meisten Baggern, welche z. B. bei der Erweiterung des Kaiser-Wilhelm-Kanals in Betrieb waren, vergrößerte man die Eimer immer mehr, machte aber die Kettengeschwindigkeit etwas kleiner. Die wirkliche Leistung im Durchschnitt eines längeren Zeitraumes ist natürlich wieder kleiner und kann zu 30—60 vH der theoretischen je nach der zu baggernden Bodenart angenommen werden. Die Betriebskosten ergeben sich wieder aus den Anlagekosten, aus den Arbeitslöhnen für die Bedienung, aus den Kosten der Betriebsmaterialien und der Ausbesserungen sowie aus den Zuschlägen. Sie sind je nach der Größe des Baggers, nach der Art des Betriebes, nach der Art und der Gesamtmenge des Bodens so verschieden, daß allgemeine Angaben darüber nicht gemacht werden können, sie müssen vielmehr nach den allgemeinen Grundsätzen für jede Arbeit besonders ermittelt werden. Die Besatzung eines Eimerkettenbaggers besteht aus 1 Baggermeister, 1 Maschinist, 1 Heizer und 1—4 Matrosen.

Für Voranschläge kann man annehmen, daß bei Eimerkettenbaggern der Kraftbedarf für 1 cbm stündlicher Leistung in leichtem Boden 0,7 und in festerem Boden 1,4 PS erfordert. Hieraus läßt sich dann der Kohlenverbrauch berechnen.

Während nun die Eimerkettenbagger den Boden nur gewinnen und über Wasser heben, wird von den Pumpenbaggern meistens die Bodengewinnung und Förderung ausgeführt, so daß sich die Kosten der Bodengewinnung und des Fortschaffens gewöhnlich nicht voneinander trennen lassen. Die Bodengewinnung erfolgt ja hier außer durch die Schneide- oder Rührvorrichtung am Saugkopf durch eine Kreiselpumpe, das Baggergut ist eine flüssige Masse mit einem Bodengehalt von 10 bis 20 vH und wird in der Regel unmittelbar von der Pumpe oder unter Zusatz von weiterem Wasser durch eine zweite Kreiselpumpe in schwimmender oder schwebender Rohrleitung nach der Ablagerungsfläche gedrückt. Das Baggern in Prähme kommt wegen des großen Wassergehaltes des Baggergutes selten vor, dagegen sind die Pumpenbagger, welche als Seebagger verwendet werden, des Wellenschlages wegen gewöhnlich mit einem eigenen Laderaum ausgerüstet, es sind sog. Hopper- oder Schachtbagger, also gleichzeitig Bagger und Transportschiff. Nach Füllung der Laderäume fährt der Bagger selbst nach der Löschstelle, die Laderäume sind mit Boden- oder Seitenklappen versehen und durch Öffnen der Klappen wird der Bagger wieder entleert. Soll aber der mit einem Pumpenbagger gewonnene Boden zu Anschüttungszwecken verwandt werden und ist eine direkte Druckrohrleitung vom Bagger nach der Ablagerungsfläche wegen der Schiffahrt oder wegen zu großer Entfernung nicht möglich, so muß auch der Pumpenbagger in Prähme baggern, welche dann nach der Ablagerungsstelle geschleppt und hier mittels einer besonderen Förderpumpe entleert werden.

Eine ähnliche Bodenförderung durch Pumpen findet auch beim Eimerkettenbagger statt. Es kann entweder ein besonderes Spülschiff mit dem Bagger verbunden werden, dessen Pumpen das Baggergut wieder in einer Rohrleitung nach der Ablagerungsstelle drücken, oder es werden die Prähme mittels eines Spülschiffes oder Schutensaugers entleert. Bei dem von einem Eimerkettenbagger gebaggerten Boden ist aber die Förderung in einer Rohrleitung ohne weiteres nicht möglich, sondern der Boden muß erst aufgelöst, flüssig gemacht werden. Hierzu ist ein Wasserzusatz von 5—15 Teilen Wasser zu 1 Teil Boden je nach der leichteren oder schwereren Löslichkeit und der Förderweite erforderlich, die Spülschiffe sind also mit einer Spülpumpe und einer Förderpumpe auszurüsten. Die Spülpumpe pumpt entweder das Wasser in den Schüttkasten des Baggers, der als Saugbrunnen ausgebildet wird, bei direkter Bodenförderung vom Bagger nach der Ablagerungsstelle oder in die Prähme und die Förderpumpe saugt dann das verdünnte Baggergut aus dem Saugbrunnen oder den Prähmen und drückt es in einer Rohrleitung nach der Ablagerungsstelle.

Die Bodenförderung durch Pumpen eignet sich aber, wie ja ohne weiteres aus der Betriebsart hervorgeht, nur für reinen Boden ohne Steine und sonstige Hindernisse, sie wird um so billiger, je leichter der Boden sich im Wässer löst, sie eignet sich also besonders für sandige und moorige Bodenarten. Die Verdünnung des Baggergutes, d. h. die Menge des für die Fortbewegung zuzusetzenden Wassers wächst mit der Entfernung und nimmt ab mit der Weite der Druckrohre. Reiner Sand erfordert einen Wasserzusatz von etwa dem Zehnfachen der festen Masse, er läßt sich noch vorteilhaft bis 400 m Entfernung und 3—4 m Höhe über dem Wasserspiegel spülen, und dementsprechend ist die Maschinenstärke zu berechnen. Sandiger Lehm erfordert schon eine fünfzehnfache Wasserverdünnung, läßt sich aber unter Umständen, wenn der Lehm gut gelöst ist, bis 800 m weit spülen. Mooriger Boden wird gewöhnlich schon vom Bagger in starker Verdünnung gefördert, die aber unter Umständen bis auf 60 vH gesteigert werden muß, um bis 1000 m weit gedrückt zu werden. Ton und Kies lassen sich nicht mehr spülen. Die Rohrleitung ist zur Vermeidung von Verstopfungen mit gleichmäßigem Gefälle zu verlegen, Rohrweite 350—800 mm. Der Kraftbedarf beträgt bei mittleren Verhältnissen 3—4 PS/Stunden für 1 cbm.

An Stelle der Pumpenförderung tritt beim Eimerkettenbagger die Bodenförderung mit Transporteur oder Elevator, wenn eine Aufschüttung mit Spülung nicht möglich ist, also Dämme od. dgl. mit dem Baggerboden hergestellt werden sollen. Der Transporteur kann als

Gurtförderer wieder direkt mit dem Bagger verbunden werden und erfordert 3—10 PS. Der Elevator dient zur Entleerung von Prähmen und fördert entweder den Baggerboden direkt auf die Ablagerungsstelle oder schüttet ihn in Rollwagen zur Weiterbeförderung. Der Elevator steht entweder fest auf einer in das Wasser hineingebauten Brücke oder auf 2 Prähmen, und die zu entleerenden Prähme fahren unter die Brücke oder zwischen die beiden Elevatorprähme. Der Elevator selbst besteht aus einer Eimerleiter, welche in der Einfahrt hängt, das untere Ende hängt an Ketten, so daß sie gehoben und gesenkt werden kann. Ist ein beladener Prahm eingefahren, so wird die Eimerleiter so weit gesenkt, daß die unteren Eimer den Boden des Prahms fast berühren, und der Elevator wird durch Dampfkraft in Bewegung gesetzt. Der Boden wird also aus den Prähmen wieder ausgebaggert und bis zur erforderlichen Höhe gehoben, fällt entweder auf eine Schüttrinne, welche ihn zur Weiterbeförderung in Rollwagen bringt, oder er wird mittels Gurtförderer trocken oder in offenen Rinnen unter Zusatz von Wasser auf die Ablagerungsstelle gebracht. Sandige und moorige Bodenarten lassen sich mit einer dreifachen Wasserverdünnung bis zu 150 m weit in offenen Rinnen fördern. Kraftbedarf für den Elevator etwa 0,4 PS für 1 cbm/Std. Der Elevatorbetrieb ist etwas teurer als der Pumpenbetrieb, wenn die Leistungsfähigkeit dieselbe sein soll. Die Entleerung der Prähme mit Spülpumpe kostet etwa 15 Pf. für 1 cbm gewachsenen Boden, während beim Elevator 20 Pf. zu rechnen sind, wobei natürlich eine moderne Anlage und ein rationeller Betrieb vorausgesetzt ist. Ebenso arbeiten auch die Pumpenbagger billiger wie die Eimerkettenbagger; für große Bagger kann man rechnen, daß bei einem Pumpenbagger die unmittelbaren Betriebskosten für Gewinnen und Fortschaffen des Bodens nicht höher sind als beim Eimerbagger für die Gewinnung allein. Dagegen sind die mittelbaren Betriebskosten beim Pumpenbagger wegen des größeren Anlagekapitals höher.

Ist für den Baggerboden keine Verwendung vorhanden, so ist das Fortschaffen mit Klapprähmen oder Klappschuten das billigste, indem eine geeignete Stelle ausgesucht wird, wo der Boden einfach durch Öffnen der Boden- oder Seitenklappen versenkt werden kann. Ob Boden- oder Seitenklappen anzuwenden sind, hängt von der Wassertiefe an der Entladestelle ab. Die Prähme werden entweder von Dampfern geschleppt oder haben eigene Dampfkraft zum Fortbewegen. Die Zahl der erforderlichen Prähme hängt von der Förderweite ab; die Geschwindigkeit, mit der die Prähme vom Dampfer geschleppt werden, beträgt etwa 6—10 km in der Stunde. Aus der Zeit, in der der Bagger einen Prahm beladet, und aus der Zeit, welche zum Fortschaffen erforderlich ist, ergibt sich die Zahl der erforderlichen Prähme. Bei kurzen Entfernungen werden jedesmal nur 1—2 Prähme geschleppt, und es genügt eine geringe Zahl sowie ein kleiner Dampfer, bei größeren Entfernungen dagegen muß der Dampfer jedesmal eine größere Zahl Prähme mitnehmen, die in der Zwischenzeit beladen worden sind; es sind also mehr Prähme und ein stärkerer Schleppdampfer erforderlich. Im allgemeinen kann man im stauen bis mäßig fließenden Wasser für einen 100 PS-Schlepper 4 Prähme mit je 200 t

Ladung bei 4 km stündlicher Geschwindigkeit rechnen. Die Schleppkraft nimmt mit zunehmender Strömung rasch ab. Das Aufklappen der Prähme an der Klappstelle erfordert keinen besonderen Aufenthalt und keine besondere Arbeitskraft, es wird von der Besatzung der Prähme bei langsamer Fahrt besorgt. Die Kosten für den Transport von 1 cbm gewachsenen Boden in Klappprähmen stellen sich ungefähr auf 1—2 Pf. auf 1 km Förderweite.

Von der Berechnung der Kosten eines großen Naßbaggerbetriebes kann Abstand genommen werden, da die Grundlagen der Berechnung dieselben wie beim Trockenbaggerbetrieb sind (s. Beispiele auf S. 384 u. f.). Von der Preußischen Wasserbauverwaltung sind die Betriebsergebnisse von Baggerarbeiten in den Regierungsbezirken Stettin und Stralsund aus den Betriebsjahren 1907, 1908 und 1909 im Zentralblatt der Bauverwaltung, Jahrgang 1910, 1911 und 1912, veröffentlicht. Derartige Veröffentlichungen sind sehr dankenswert, ihr Wert würde aber noch erhöht werden, wenn die Betriebsergebnisse aus allen wichtigeren Bauamtsbezirken veröffentlicht werden möchten. Die mitgeteilten Betriebskosten umfassen sämtliche Ausgaben für Gehälter, Löhne, Betriebsstoffe usw., d. s. also die unmittelbaren Betriebskosten, von den mittelbaren Betriebskosten sind nur die Unterhaltungskosten angegeben, nicht aber die Verzinsung und Abschreibung der Anschaffungskosten, auch sind keine allgemeinen Unkosten berücksichtigt. Die Betriebs- und Unterhaltungskosten sind für 1 cbm geförderten Boden im Prahm gemessen angegeben, und es zeigt sich hier sofort die außerordentliche Verschiedenheit der Kosten sowohl in den einzelnen Jahren bei denselben Baggern wie auch zwischen den verschiedenen Baggern. So schwanken z. B. bei einem Eimerbagger mit 178 PS der Kohlenverbrauch zwischen 0,57 und 0,92 kg, die Betriebskosten zwischen 10,8 und 20,2 Pf. und die Unterhaltungskosten zwischen 4,0 und 9,0 Pf. für 1 cbm Boden bei Jahresleistungen von 635195 und 288185 cbm. Je größer die Leistung in einem bestimmten Zeitabschnitt, um so geringer werden also die Kosten, und man muß immer die entsprechenden Leistungen kennen, wenn man die Kosten für die Leistungseinheit beurteilen will.

Noch bedeutend größer sind die Unterschiede, wenn man die Einzelkosten für die verschiedenen Eimerbagger, es sind im ganzen für 10 Eimerbagger die Betriebsergebnisse mitgeteilt, in Vergleich setzt, man erhält dann z. B. für das Betriebsjahr 1909 den Kohlenverbrauch zu 0,60 bis 3,66 kg, die Betriebskosten zu 10,8—50,1 Pf. und die Unterhaltungskosten zu 4,0—21,7 Pf. für 1 cbm Boden. Um daher einen brauchbaren Maßstab für Vergleiche zu erhalten, empfiehlt es sich, die Kosten nicht allein für die Arbeitsleistungseinheit, sondern auch für die Betriebseinheit, d. i. die Nutzpferdekraftstunde, zu ermitteln. Betriebsleistung und Arbeitsleistung zusammen ergeben erst die Grundlage für eine richtige Preisermittlung und für Kostenvergleiche.

In der nachstehenden Tabelle sind aus den Ergebnissen der drei Betriebsjahre die Durchschnittswerte für die verschiedenen Baggerarten und Baggergrößen ermittelt, und zwar sowohl für die Leistungseinheit wie für die Betriebseinheit. Die Maschinenleistung der einzelnen Bagger ist in den Veröffentlichungen in indizierten Pferdestärken angegeben und mußten diese daher als Betriebseinheit beibehalten werden. Zweckmäßiger für einen Vergleich ist aber die Angabe der Nutzpferdestärken, um die in der Bauart der Maschinen liegenden Kraftverluste ausschalten zu können. Immerhin bieten die Veröffentlichungen genügende brauchbare Anhaltspunkte für die Beurteilung der Betriebskosten von Baggerarbeiten.

Aus der Zusammenstellung ist nun zu ersehen, daß Kohlenverbrauch, Betriebs- und Unterhaltungskosten mit der Größe der Maschinen für 1 PSi/Stunde regelmäßig abnehmen und daß bei kleinen Maschinen die Arbeitslöhne eine bedeutend größere Rolle spielen, als die Kosten für den Maschinenbetrieb selbst. Dies ergibt sich sowohl aus den Kosten wie aus der Leistung für die Betriebseinheit. Von wesentlichem Einfluß auf die Kosten ist natürlich auch die Ausnutzung der Bagger, d. i. die Zahl der Arbeitstage in einem Jahre. Die geringsten Kosten für die Betriebseinheit ergeben sich für die größten Eimerbagger und für den Pumpenbagger, während für die Leistungseinheit dies nur für die Eimerbagger zutrifft. Daraus ergibt sich, daß die Pumpenbagger eine verhältnismäßig größere Maschinenstärke erfordern als die Eimerbagger. Eine solche Zusammenstellung entschleiert also gewissermaßen die Betriebsgeheimnisse der Bagger, und darin liegt ihr Wert für die Praxis. Der Wert würde indes noch größer sein, wenn die Betriebskosten nach Betriebsstoffen und Arbeitsstunden geteilt und auch die Preise für die Betriebsstoffe und die durchschnittlichen Lohnsätze mit angegeben würden, um bei deren Änderungen die Betriebskosten umrechnen zu können. Zur Zeit werden diese etwa 50 vH höher liegen.

Für das Verbauen des Bodens an der Ablagerungsstelle kommt im allgemeinen nur Handarbeit in Betracht, und die Zahl der erforderlichen Arbeitskräfte ist abhängig von der Art der Ablagerung, ob es sich um eine einfache Schüttung oder um die Herstellung eines profilmäßigen Dammes handelt, der unter Umständen noch in einzelnen Lagen geschüttet und eingestampft oder eingewalzt werden muß. Auch die Anordnung der Gleise auf der Kippe ist von Einfluß auf die Kosten der Schüttung. Für das einfache Entleeren der Fördergefäße durch Auskippen können gerechnet werden 0,10—0,20 Arbeiterstunden für 1 cbm Boden. Dazu kommt dann die Einebnung des Bodens und das Verschieben der Gleise mit 0,15—0,25 Arbeiterstunden. Für das Schütten in einzelnen Lagen und das Stampfen oder Einwalzen muß man weiter 0,50—1,0 Arbeiterstunde rechnen.

Schließlich kommen bei allen Erdarbeiten noch einige Nebenarbeiten vor, die noch zu erwähnen sind, das sind

1. Mutterboden- oder Rasenabdecken für 1 qm 0,25—0,35 Arbeiterstunden,

2. Ausroden von Sträuchern oder Baumstümpfen für 1 qm 0,35 bis 0,50 Arbeiterstunden,

3. Böschungen ebnen, mit Rasen belegen oder mit einer 20 cm starken Schicht Mutterboden bekleiden und Ansäen 1 qm 0,50—1,0 Arbeiterstunde je nach der Höhe der Böschungen.

| Bezeichnung des Baggers | Maschinenleistung | Arbeitszeit | | | | Geförderter Boden (im Prahm gemessen) | | | Bodenbeschaffenheit | Durchschnittliche Entfernung der Löschstelle |
|---|---|---|---|---|---|---|---|---|---|---|
| | | Tage | Stunden | für 1 Tag durchschnittlich Stunden | in PSi/Std. | im ganzen | für 1 Stunde | für 1 PSi/Std. | | |
| | PSi | | | | | cbm | cbm | cbm | | km |
| Eimerbagger | 6 | 151 | 1275 | 8,4 | 7 650 | 37 215 | 29 | 4,9 | Moor, Sand, Ton, Schlick, Steine | 0,7 |
| Eimerbagger | 40 | 179 | 1034 | 5,8 | 41 360 | 58 130 | 56 | 1,4 | Moder, Sand, Schlick, Ton | 3,2 |
| Eimerbagger | 85 | 210 | 1803 | 8,6 | 153 255 | 254 260 | 141 | 1,7 | Schlick, Torf, Sand, Ton, Kies, Steine | 4,7 |
| Eimerbagger | 95 | 199 | 2096 | 10,5 | 199 120 | 319 969 | 153 | 1,6 | Sand mit Steinen, Schlick, Torf, Ton | 4,7 |
| Eimerbagger | 100 | 191 | 1144 | 6,0 | 114 400 | 114 325 | 100 | 1,0 | Moder, Sand, Lehm, Steine | 7,0 |
| Eimerbagger | 178 | 168 | 1696 | 10,1 | 301 888 | 442 649 | 261 | 1,5 | Sand, Ton, Torf, Schlick | 6,8 |
| Greifbagger | 60 | 163 | 1519 | 9,3 | 91 140 | 28 888 | 19 | 0,32 | Schlick, Torf, Sand, Ton, Steine, Ziegelbrocken, Roheisen, Wrackstücke | 7,2 |
| Pumpen-Schachtbagger a) Baggern | 370 | 174 | 993 | 5,7 | 367 410 | 128 922 | 130 | 0,35 | Schlick, Sand | |
| b) Fahrt | 370 | | 890 | 5,1 | 329 300 | | | | | 11,7 |
| | | | 1883 | 10,8 | | | | | | |

Zu den Nebenarbeiten gehört bei Einschnitten weiter die Sorge für die Entwässerung des Einschnittes. Das Wasser kann entweder aus seitlichen Quellen kommen oder es ist Grundwasser. Die Quellen müssen abgefangen und ebenso wie das Grundwasser auf der Einschnittssohle durch Drainageleitungen oder in offenen Gräben nach einem natürlichen Vorfluter oder nach einem Pumpschacht geleitet und hier künstlich gehoben und beseitigt werden. Die Entwässerung ist sowohl in tech-

| Kohlenverbrauch im ganzen | Kohlenverbrauch für 1 PSi | Kohlenverbrauch für 1 cbm Boden | Baggern: Betriebskosten für 1 PSi | Baggern: Betriebskosten für 1 cbm Boden | Baggern: Unterhaltungskosten für 1 PSi | Baggern: Unterhaltungskosten für 1 cbm Boden | Baggern: zusammen für 1 PSi | Baggern: zusammen für 1 cbm Boden | Fortschaffen und Löschen: Betriebskosten für 1 cbm Boden | Fortschaffen und Löschen: Unterhaltungskosten für 1 cbm Boden | Fortschaffen und Löschen: Zusammen | Baggern, Fortschaffen u. Löschen für 1 cbm Boden | Bemerkungen über Fortschaffen und Löschen des Bodens |
|---|---|---|---|---|---|---|---|---|---|---|---|---|---|
| t | kg. | kg | Pf. | Pf. | Pf. | Pf. | Pf. | Pf. | Pf. | Pf. | Pf. | Pf. | |
| 26,21 | 3,4 | 0,70 | 122,6 | 25,2 | 32,1 | 10,0 | 154,7 | 35,2 | 21,8 | 4,2 | 26,0 | 61,2 | Boden teils ausgekarrt, teils ausgeworfen, teils auf Land gespült, teils durch Schlepprähme verstürzt |
| 106,90 | 2,6 | 1,80 | 41,3 | 29,4 | 20,8 | 14,8 | 62,1 | 44,2 | 21,2 | 4,9 | 26,1 | 70,3 | Boden durch Schleppprähme verstürzt |
| 154,50 | 1,0 | 0,61 | 13,9 | 8,4 | 6,6 | 4,0 | 20,5 | 12,4 | 9,8 | 2,4 | 12,2 | 24,6 | Boden durch zwei Dampfprähme verstürzt |
| 278,52 | 1,4 | 0,87 | 17,0 | 10,6 | 7,2 | 4,5 | 24,2 | 15,1 | 11,7 | 2,8 | 14,5 | 29,6 | Boden teils durch Schlepp- und Dampfprähme verstürzt, teils auf Land gespült |
| 162,93 | 1,4 | 1,4 | 15,6 | 15,6 | 9,3 | 9,3 | 24,9 | 24,9 | 18,0 | 7,1 | 25,1 | 50,0 | Boden durch Schlepp- und Dampfprähme verstürzt |
| 320,77 | 1,1 | 0,72 | 7,9 | 5,4 | 5,1 | 3,5 | 13,0 | 8,9 | 10,0 | 3,1 | 13,1 | 22,0 | Boden durch drei Dampfprähme verstürzt |
| 01,76 | 1,0 | 3,2 | 13,1 | 41,2 | 7,0 | 22,1 | 20,1 | 63,3 | 17,3 | 0,9 | 18,2 | 81,5 | Boden teils ausgekarrt, teils durch Schlepp- und Dampfprähme verstürzt |
| 689,30 | 0,35 | 5,3 | 7,9 | 22,4 | 2,2 | 6,2 | 10,1 | 28,6 | | | | | Laderaum 450 cbm |
| 604,50 | 0,39 | 4,7 | 7,7 | 19,6 | 2,2 | 5,6 | 9,9 | 25,2 | | | | | |
| | | 10,0 | | 42,0 | | 11,8 | | 53,8 | | | | | |

nischer wie wirtschaftlicher Hinsicht von großer Wichtigkeit, weil einerseits eine mangelnde Entwässerung leicht zu Rutschungen Anlaß gibt und weil andererseits das Arbeiten in nassem Boden bedeutend teurer wird. Die Kosten für derartige Entwässerungen hängen ganz allein von den örtlichen Verhältnissen ab; es ist aber wichtig, bei den Vorarbeiten die Quell- und Grundwasserverhältnisse möglichst sorgfältig festzustellen, wenn man bei der Ausführung vor Überraschungen geschützt sein will, denn unerwartete Wasserverhältnisse können die ganze Disposition und Kostenberechnung über den Haufen werfen. Die Bodenförderung unter Wasserhaltung kann unter Umständen selbst bei der Herstellung von Kanälen, Häfen und Durchstichen mit Vorteil angewandt werden, wenn die Wasserhaltung keine technischen Schwierigkeiten macht und das Fortschaffen des Bodens zu Land erfolgen muß. Andererseits können auch die Naß- oder Schwimmbagger in geeigneten Fällen mit den Trockenbaggern in Wettbewerb treten, besonders wenn das Gelände nur wenig über Grundwasser liegt, wenn der Boden weich und ohne Hindernisse ist, wenn die Bagger schwimmend herangeschafft werden können und wenn der Boden zu Wasser fortgeschafft werden kann, wie beispielsweise bei Herstellung von Durchstichen für Flußregulierungen oder Kanalbauten. Notwendig wird aber in der Regel immer die Wasserhaltung und der Aushub des Bodens im Trockenen bei der Herstellung von Baugruben für Bauwerke, nur wenn eine Beseitigung des Wassers technisch nicht zulässig oder mit unverhältnismäßig großen Kosten verknüpft ist, wird man auch bei Baugruben den Boden unter Wasser ausheben und die Gründung des Bauwerks unter Wasser herstellen.

## Kostenberechnung der Baggerbetriebe.

Die Kosten eines Baggerbetriebes setzen sich zusammen aus:

### 1. Einmalige Kosten.

1. Anfuhr und Fracht der Geräte bis zur Baustelle
2. Zusammenbau der Geräte und Einrichtung der Gleisanlagen
3. Abbruch der Geräte und Abreißen der Gleisanlagen
4. Rückbeförderung und Transport der Geräte zum Lagerplatz
5. Allgemeine einmalige Unkosten.

### 2. Dauernde Kosten

1. Abschreibung und Verzinsung der Geräte
2. Aufgewendete Arbeitslöhne
   a) Lösen und Laden
   b) Transport und Gleisunterhaltung
   c) Kippe
   d) Werkstatt
   e) Zuschlag für Erschwerungen, Wasserhaltung usw.
   f) Unbezahlte Nebenarbeiten, wie Mutterboden ab- und andecken usw.
3. Kohlen- und Wasserverbrauch
4. Schmier- und Putzmittel, Packungen usw.
5. Ausbesserungen
6. Beleuchtung bei Tag- und Nachtschicht
7. Allgemeine Unkosten.

Der Berechnung vorausgehen muß die Festsetzung des nötigen Geräteparkes, die Ermittlung der zu erwartenden Leistung des zur Anwendung kommenden Baggergerätes in der in Frage kommenden Bodenart unter Berücksichtigung der örtlichen Verhältnisse und die Festlegung der Zeitdauer des Baues, die sich aus den Leistungen der Geräte ergibt. Ist die Zeitdauer des Baues vorgeschrieben, so muß die Anzahl der Geräte bestimmt werden, die ein Einhalten der Bauzeit gewährleisten. Wenn $n$ die Anzahl der Jahre der Bauzeit, $Q$ in cbm die Aushubmassen, $q$ die jährliche Leistung,

$t_1$ die Zeit für die Einrichtungsarbeiten, $t_2$ die Zeit für die Abräumungsarbeiten angeben, so ist

$$n = \frac{Q}{q} + t_1 + t_2;$$

$t_1$ und $t_2$ können als konstant angenommen werden, und zwar beim Eimerkettenbaggerbetrieb $t_1 = {}^1/_6$ Jahr und $t_2 = {}^1/_{12}$ Jahr, beim Löffelbaggerbetrieb $t_1 = {}^1/_{12}$ und $t_2 = {}^1/_{24}$ Jahr.

Den Kostenberechnungen seien folgende Annahmen zugrunde gelegt[1]). Die Erdbewegung betrage 2250000 cbm, der Boden sei aus einer für beide Baggersysteme, Eimer- und Löffelbagger, günstig gelegenen 800 m langen Seitenentnahme zu gewinnen, das Material auf rund 3 km Länge mit rd. 5 m Steigung zu transportieren und in einen breiten Damm einzubauen, der auf eine starke Moorschicht zu schütten ist. Durch Wasser soll die Arbeit nicht beeinträchtigt werden. Bedingung soll Tag- und Nachtschicht sein. Die Kostenberechnung soll für die Bodenklassen 1 und 4 (S. 346) aufgestellt werden, und zwar sowohl für Eimerbagger- als für Löffelbaggerbetrieb.

## I. Eimerkettenbaggerbetrieb.

### Lübecker Bagger Typ B.

### a) Bodenklasse 1.

Die Leistung beträgt nach der Tabelle S. 357 unter 2a 180 cbm in der Baggerstunde und die effektive Stundenleistung für die ganze Anzahl der möglichen Betriebsstunden nach Tabelle S. 359 160 cbm. Die Anzahl der möglichen Betriebsstunden beträgt bei ununterbrochenem Betrieb nach den Angaben S. 343 $276 \cdot 24 = 5624$ Stunden und somit die jährliche Leistung $5624 \cdot 160 =$ rd. 900000 cbm. Bauzeit

$$n = \frac{2250000}{900000} + \frac{1}{6} + \frac{1}{12} = 2^3/_4 \text{ Jahre.}$$

Für die Berechnung des erforderlichen Geräteparkes sind nun nicht diese durchschnittlichen Leistungszahlen maßgebend, sondern die tatsächlich mit dem Bagger zu erzielenden Höchstleistungen. Denn erfahrungsgemäß kann die tatsächliche Leistung in der Baggerstunde wesentlich höher sein als die Durchschnittsleistung. Eckert beziffert diesen Höchstleistungszuschlag auf 35 vH zu der Durchschnittsleistung, während Rathjens sogar mit 70 vH rechnet. Als Mittelsatz soll daher 50 vH angenommen werden, so daß für die Ermittlung der Transportgeräte mit einer Baggerleistung von 180 + 50 vH = 270 cbm in der Stunde zu rechnen ist.

Der erforderliche Fassungsraum $F$ ergibt sich bei der Maximalleistung des Baggers $L$ cbm in der Stunde bei $l$ m Transportweite und bei $v$ m Geschwindigkeit in der Minute, wenn die Zeitverluste auf der Kippe $t_k$, in der Umsatzweise $t_u$ und für Wasser- und Kohlenfassung $t_w$ in Minuten betragen, aus der Formel

$$F = \frac{L}{60}\left(\frac{2\,l}{v} + t_k + t_u + t_w\right).$$

Im vorliegenden Falle ist $L = 270$ cbm, $l = 3000$ m, die Geschwindigkeit kann erfahrungsgemäß bei 900 mm Spur zu 12 km/Std. oder 200 m/Min. angenommen werden. Der Aufenthalt auf der Kippe $t_k$ sei 5 Min.[2]), für jedes Umsetzen eines Zuges in der Weiche müssen 5—10 Min. angenommen werden; es soll auf der vollen Rundfahrt einmal umgesetzt werden müssen mit $t_u = 8$ Min. Der Zeitverlust $t_w$, der im allgemeinen auch zu 10 Min.

[1]) Vgl. Rathjens: Erfahrungsergebnisse, S. 346.

[2]) Der Zug besteht aus 20 Muldenkippern, die mit 2 Kolonnen gekippt werden, von denen jede einen Wagen in einer halben Minute kippt, so daß $t_k = \frac{20}{2} \cdot 0{,}5 = 5$ Minuten.

angenommen werden kann, fällt hier fort, da beim Eimerkettenbaggerbetrieb die Maschine stets Kohlen und Wasser während der Zeit des Zugvollbaggerns nimmt. Es wird also

$$F = \frac{270}{60}\left(\frac{2 \cdot 3000}{200} + 5 + 8\right) = 193{,}5 \text{ cbm}.$$

Zu dieser Menge kommt ein Zuschlag für Auflockerung, der bei Bodenklasse 1 zu 10 vH anzunehmen ist, mithin $F = 213$ cbm.

Der Transportzug soll aus 20 Stück 4,5 cbm-Muldenkippern bestehen, so daß ein Zug $20 \cdot 4{,}5 = 90$ cbm faßt. Der Bagger gebraucht also an Zeit, um den Zug zu beladen,

$$T_1 = \frac{60 \cdot 90}{213} = 25{,}3 \text{ Min.},$$

und die Zeit für eine Fahrt des Zuges vom Bagger zur Kippe und zurück wird

$$T_2 = \frac{2 \cdot 3000}{200} + 5 + 8 = 43 \text{ Min.}$$

Die Zugzahl wird $Z = \frac{43}{25{,}3} + 1$ Zug am Bagger $= 3$ Züge.

Die erforderlichen Transportgeräte sind also 3 Lokomotiven je 160 PS und $3 \cdot 20 = 60$ Muldenkipper + 10 vH Reservewagen = 66 Stück.

| | |
|---|---|
| Tägliche effektive durchschnittliche Förderung $24 \cdot 160$ | = 3840 cbm |
| Auflockerung 10 vH . . . . . . . . . . . . . . . . . | = 384 „ |
| | 4224 cbm |

Inhalt eines Zuges $20 \cdot 4{,}5 = 90$ cbm, somit erforderlich

$$\frac{4224}{90} = 47 \text{ Züge}.$$

Die Anzahl der Lokomotivstunden beträgt $3 \cdot 24 = 72$, so daß Zeitaufwand für einen Zug $\frac{72}{47}$ = rund 1,5 Stunden.

Die Entnahmestelle ist 800 m lang, das Baggergleis wird daher vorteilhaft ebenso lang angelegt. Das Fahrgleis wird bei 3 km Transportlänge etwa $3000 \cdot 1{,}25$ = rd. 4000 m lang.

## I. Einmalige Kosten.

Zur Ermittlung der einmaligen Kosten ist das Gewicht der Geräte erforderlich, das sich wie folgt zusammensetzt:

| | | |
|---|---|---|
| 1 | Eimerkettenbagger, Typ B, mit Reserveteilen und Ballast . . . . . . . . . . . . . . . . . . . . | 90 t |
| 3 | Lokomotiven 160 PS, je 15 t . . . . . . . . . . | 45 t |
| 66 | Stück Muldenkipper 4,5 cbm je 3 t . . . . . . . | 198 t |
| 800 | Baggergleis für 1 m $3 \cdot 44 = 132$ kg . . . . . . . | =106 t |
| 1200 | Stück Baggerschwellen je 85 kg . . . . . . . . | =102 t |
| 4000 | m Fahrgleis für 1 m $2 \cdot 33 = 66$ kg . . . . . . . | =264 t |
| 4800 | Stück Fahrgleisschwellen je 25 kg . . . . . . . . | =120 t |
| | | 925 t |

1. Bei 300 km Entfernung betragen die Frachtkosten in Wagenladungsklasse $E$[1]) für 1 t 11,20 M., wozu die Kosten für das Aufladen auf dem Lagerplatz, Anfuhr zur Aufgabestation, Umladen auf dem Bahnhof in die Eisenbahnwagen hinzukommen, welche mit mindestens 6,0 M. für 1 t zu berechnen sind. Die Kosten für den Abtransport der Geräte stellen sich somit auf 925 (11,20 + 6,0) = 15910.— M.

[1]) Vgl. Abschn. III, Kap. 3a, S. 165.

2. Das Ausladen auf der Eingangsstation, der Transport nach der Baustelle sowie der Zusammenbau der Geräte und die Einrichtung der Gleisanlagen können mit folgenden Sätzen in Anrechnung gebracht werden:

| | |
|---|---|
| Eimerkettenbagger | 3000.— M. |
| 3 Lokomotiven und 66 Wagen, Antransport 243 t je 5 M. | 1215.— M. |
| 800 m Baggergleis einschl. Einebnen des Geländes, je 7,50 M. | 6000.— M. |
| 4000 m Fahrgleis einschl. Planierungsarbeiten, je 2,50 M. | 10000.— M. |
| | 20215.— M. |

3. Für Abbruch der Geräte und Abreißen der Gleisanlagen kann gerechnet werden:

| | |
|---|---|
| Abbruch und Verladen des Eimerkettenbaggers | 2000.— M. |
| Verladen der 3 Lokomotiven und 66 Wagen, 243 t je 5,0 M. | 1215.— M. |
| Abreißen und Verladen des Baggergleises, 800 m je 3,0 M. | 2400.— M. |
| Abreißen und Verladen des Fahrgleises, 4000 m je 1,0 M. | 4000.— M. |
| | 9615.— M. |

4. Rückfracht und Rücktransport nach dem Lagerplatz wie oben . . . . . 15910.— M.

5. Unter die einmaligen allgemeinen Unkosten fallen alle Kosten, die durch Antransport und Aufstellen von Baubuden, Werkstätten, Schuppen, Wasserpumpen, durch Antransport der Kleingeräte usw., sowie durch Verlust und Beschädigung der Geräte beim Verladen und Transport entstehen; diese können zu 10 vH der bisher ermittelten einmaligen Kosten angenommen werden. Wir erhalten somit folgende einmalige Kosten:

| | |
|---|---|
| 1. Anfuhr und Fracht der Geräte bis zur Baustelle | 15910.— M. |
| 2. Zusammenbau der Geräte und Einrichtung der Gleisanlagen | 20215.— M. |
| | 36125.— M. |
| Für allgemeine Unkosten 10 vH | 3613.— M. |
| Einrichtungskosten zusammen | 39738.— M. |
| 3. Abbruch der Geräte und Gleisanlagen | 9615.— M. |
| 4. Rückbeförderung und Fracht der Geräte nach dem Lagerplatz | 15910.— M. |
| | 25525.— M. |
| Für allgemeine Unkosten 10 vH | 2553.— M. |
| | 28078.— M. |

Die einmaligen Kosten betragen somit für 1 cbm Boden

$$\frac{39738 + 28078}{2250000} = 0{,}030\text{ M.}$$

## II. Dauernde Kosten.

### 1. Abschreibung und Verzinsung der Geräte.

Der Zinsfuß für die Verzinsung des Anlagekapitals muß mit Rücksicht darauf, daß das Gerät in der Regel nicht dauernd arbeiten kann, zu mindestens 3 vH über Reichsbankdiskont angenommen werden, d. i. zur Zeit zu 10 vH. Die zweckmäßigen Abschreibungssätze sind in folgender Tabelle (S. 388) in Hundertstel der Anschaffungswerte zusammengestellt.

Für Abschreibung und Verzinsung sind demnach zu rechnen beim Baggerbetrieb in Bodenklasse I (s. Tabelle S. 389):

Für Abschreibung und Verzinsung der Kleingeräte, Schuppen usw. sind erfahrungsgemäß 10 vH zu dem errechneten Betrage zuzuschlagen, und ferner kommt noch die Verzinsung des Betriebskapitals hinzu, das sich zusammensetzt aus den Einrichtungskosten und einem Betrage zur Deckung

**Abschreibung der Geräte in vH des Anschaffungswertes.**

a = einschichtiger Betrieb, b = doppelschichtiger Betrieb.

| Jahr | Eimerkettenbagger | | Löffelbagger | | Lokomotiven | | Muldenkipper | | Holzkastenkipper | | Baggergleis ohne Schwellen | | Fahrgleis ohne Schwellen | | Jahr | Baggerschwellen | | Fahrgleisschwellen | |
|---|---|---|---|---|---|---|---|---|---|---|---|---|---|---|---|---|---|---|---|
| | a | b | a | b | a | b | a | b | a | b | a | b | a | b | | a | b | a | b |
| 1. | 20 | 30 | 20 | 30 | 15 | 20 | 20 | 30 | 20 | 30 | 10 | 15 | 10 | 15 | | Für Bodenklassen I u. II | | | |
| 2. | 15 | 20 | 15 | 20 | 15 | 20 | 15 | 20 | 15 | 20 | 10 | 15 | 10 | 15 | 1. | 40 | 50 | 40 | 50 |
| 3. | 15 | 20 | 15 | 20 | 10 | 15 | 15 | 20 | 15 | 20 | 10 | 15 | 10 | 15 | 2. | 35 | 40 | 30 | 40 |
| 4. | 15 | 20 | 15 | 20 | 10 | 15 | 15 | 20 | 15 | 20 | 10 | 15 | 10 | 15 | 3. | 25 | 10 | 20 | 10 |
| 5. | 15 | 10 | 15 | 10 | 10 | 15 | 15 | 10 | 15 | 10 | 10 | 15 | 10 | 15 | 4. | | | 10 | |
| 6. | 10 | | 10 | | 10 | 15 | 10 | | 10 | | 10 | 15 | 10 | 15 | | Für Bodenklassen III—V | | | |
| 7. | 10 | | 10 | | 10 | | 10 | | 10 | | 10 | 10 | 10 | 10 | 1. | 50 | 60 | 50 | 60 |
| 8. | | | | | 10 | | | | | | 10 | | 10 | | 2. | 40 | 40 | 40 | 40 |
| 9. | | | | | 10 | | | | | | 10 | | 10 | | 3. | 10 | | 10 | |
| 10. | | | | | | | | | | | 10 | | 10 | | | | | | |

| Bezeichnung des Gerätes | Jahr | vH | Abschreibung für das Stück oder für 100 m M | Gesamtabschreibung M | 10 vH Verzinsung für das Stück oder für 100 m M | 10 vH Gesamtverzinsung M |
|---|---|---|---|---|---|---|
| 1 Eimerkettenbagger Typ B, Anschaffungswert 85000 M. | 1. | 30 | 25500 | 25500 | 8500 | 8500 |
| | 2. | 20 | 17000 | 17000 | 5950 | 5950 |
| | $^3/_4$ v. 3. | 20 | 12750 | 12750 | 3188 | 3188 |
| 3 Stück Lokomotiven 160 PS, Anschaffungswert je 20000 M. | 1. | 20 | 4000 | 12000 | 2000 | 6000 |
| | 2. | 20 | 4000 | 12000 | 1600 | 4800 |
| | $^3/_4$ v. 3. | 15 | 2250 | 6750 | 900 | 2700 |
| 66 Stück Muldenkipper 4,5 cbm, Anschaffungswert je 1200 M. | 1. | 30 | 360 | 23760 | 120 | 7920 |
| | 2. | 20 | 240 | 15840 | 84 | 5540 |
| | $^3/_4$ v. 3. | 20 | 180 | 11880 | 45 | 2970 |
| 800 m Baggergleis, Gewicht f. 1 m $3 \cdot 44 = 132$ kg. 1000 kg kosten 200 M., Anschaffungswert für 100 m 2640 M. | 1. | 15 | 396 | 3168 | 264 | 2112 |
| | 2. | 15 | 396 | 3168 | 244,40 | 1955 |
| | $^3/_4$ v. 3. | 15 | 297 | 2376 | 138,60 | 1109 |
| 4000 m Fahrgleis, Gewicht für 1 m $2 \cdot 33 = 66$ kg. 1000 kg kosten 180 M., Anschaffungswert für 100 m 1188 M. | 1. | 15 | 178,20 | 7128 | 118,80 | 4752 |
| | 2. | 15 | 178,20 | 7128 | 100,98 | 4039 |
| | $^3/_4$ v. 3. | 15 | 133,65 | 5346 | 62,37 | 2495 |
| Schwellen für 800 m Baggergleis, Anschaffungswert je Stück 18 M., für 100 m Gleis 120 Stück = 2160 M | 1. | 50 | 1080 | 8640 | 216 | 1728 |
| | 2. | 40 | 864 | 6912 | 108 | 864 |
| | $^3/_4$ v. 3. | 10 | 162 | 1296 | 16,20 | 130 |
| Schwellen für 4000 m Fahrgleis, Anschaffungswert je Stk. 2,80 M., für 100 m Gleis 120 Stk. = 336 M. | 1. | 50 | 168 | 6720 | 33,60 | 1344 |
| | 2. | 40 | 134,40 | 4376 | 16,80 | 672 |
| | $^3/_4$ v. 3. | 10 | 25,20 | 1008 | 2,52 | 101 |
| Gesamtbetrag für Abschreibung und Verzinsung | | | | 194746 | | 68869 |

der laufenden Ausgaben. Der letztere kann mit Rücksicht auf Abschlagszahlungen zu 20000 M. geschätzt werden, so daß ein Betriebskapital von 39738 + 20000 = rd. 60000 M. erforderlich ist. Der Gesamtbetrag für Abschreibungen und Zinsen wird nunmehr

| | | |
|---|---|---|
| Großgerät: | Abschreibungen . . . . . . . . . | 194746.— M. |
| | Verzinsung . . . . . . . . . . . | 68869.— „ |
| | | 263615.— M. |
| Kleingerät, Schuppen usw. 10 vH | . . . . . | 26362.— „ |
| | | 289977.— M. |
| Verzinsung des Betriebskapitals | $\frac{2^3/_4 \cdot 10 \cdot 60000}{100} =$ | 16500.— M. |
| | | 306477.— M. |

Auf 1 cbm geförderten Boden entfallen $\frac{306477}{2250000} = 0{,}136$ M.

## 2. Aufgewendete Arbeitslöhne.

Die Lohnstunden sind aus der Tabelle S. 357 unter 2a zu entnehmen. Der Durchschnittslohnsatz für die gesamte Baggermannschaft berechnet sich wie folgt:

| | | | |
|---|---|---|---|
| 1 | Baggermeister | | 1,50 M. |
| 1<br>3 | Maschinist<br>Lokomotivführer | je 1,25 = | 5,— „ |
| 4 | Heizer (1 Bagger- und 3 Lokomotivheizer) | je 0,90 = | 3,60 „ |
| 1<br>1 | Kippmeister<br>Schachtmeister zur Gleisunterhaltung | je 1,20 = | 2,40 „ |
| 1<br>1 | Vorarbeiter am Bagger<br>Vorarbeiter auf Kippe | je 0,90 = | 1,80 „ |
| 18<br>3<br>4 | Kipper<br>Arbeiter am Bagger<br>Arbeiter am Gleis | je 0,70 = | 17,50 „ |
| 5 | Handwerker (Anteil der Werkstatt für 1 Bagger) | je 1,10 = | 5,50 „ |
| 43 | | | 37,30 M. |
| | Soziale Lasten 10 vH[1]) | | 3,73 „ |
| | für 43 Arbeiterstunden | | 41,03 M. |

mithin durchschnittlicher Lohnsatz für 1 Arbeiterstunde

$$\frac{41,03}{43} = 0,954 \text{ M.}$$

Demnach ergeben sich die Lohnkosten für 1 cbm Baggerboden zu

| | | |
|---|---|---|
| Lösen und Laden | 0,189 · 0,954 = | 0,180 M. |
| Transport | 0,066 · 0,954 = | 0,063 „ |
| Zuschlag für 3. Lokomotive [2]) | | 0,025 „ |
| Kippe | 0,170 · 0,954 = | 0,162 „ |
| Zuschlag für Erschwerung durch Kippe auf Moorboden 25 vH | | 0,041 „ |
| Werkstatt | 0,047 · 0,954 = | 0,045 „ |
| | | 0,516 M. |
| Unbezahlte Nebenarbeiten 5 vH | | 0,026 „ |
| Gesamtlohnkosten für 1 cbm | | 0,54 M. |

Diese Lohnkosten lassen sich bei Verwendung von Gleisrückmaschinen um etwa 0,10 M. auf 0,44 M. ermäßigen.

## 3. Kohlen- und Wasserbrauch.

Die Dampfmaschine des Eimerkettenbaggers verbraucht etwa 12 kg Dampf für 1 PS-Std., mithin bei 120 PS Leistung

| | |
|---|---|
| 120 · 12 = | 1440 kg |
| für zeitlich höhere Leistungen Zuschlag 10 vH = | 144 kg |
| | 1584 kg. |

[1]) S. Abschn. III, Kap. 3b. Der dort errechnete Betrag von 8,75 vH ist mit Rücksicht auf die Kosten der Bearbeitung der Versicherungen auf 10 vH erhöht.

[2]) Die angegebenen Lohnstunden für Transport gelten für 2 Lokomotiven, für die 3. Maschine muß ein Zuschlag gemacht werden. Die Besatzung der 3. Lokomotive besteht aus 2 Mann, so daß bei 43 Mann Gesamtbesatzung $^{43}/_{2}$ = rd. $^{1}/_{22}$ Teil Personal hinzukommt, d. i. bei 0,54 M. Gesamtlohnkosten $^{0,54}/_{22}$ = 0,025 M.

Kohlenverbrauch für eine Betriebsstunde von $1584 \cdot 0{,}13 = 206$ kg[1]) oder für 1 cbm geförderten Boden $\frac{24 \cdot 206}{24 \cdot 160} = 1{,}28$ kg.

Der Kohlenverbrauch der Lokomotiven ist je nach dem Grade der Ausnutzung sehr verschieden und wird außerdem von dem Zustand der Gleisanlage und des Wagenmaterials sowie von der zu befördernden Bodenart stark beeinflußt. In dem Beispiel zu Abschn. V, 3c sind die gleichen Betriebsverhältnisse angenommen und der Kohlenbedarf ist zu 70 kg für eine Betriebsstunde berechnet, d. i. für 1 cbm geförderten Boden

$$\frac{70}{160} = 0{,}44 \text{ kg.}$$

Der Kohlenbedarf für Bagger und 3 Lokomotiven beträgt demnach $1{,}28 + 3 \cdot 0{,}44 = 2{,}60$ kg und bei einem Kohlenpreise von 25 M/t werden die Kohlenkosten für 1 cbm geförderten Boden $2{,}60 \cdot 0{,}025 = 0{,}065$ M.

Der Wasserverbrauch kann zu dem Zehnfachen des Kohlenbedarfs angenommen werden, mithin für 1 cbm Boden zu 26 l, und die Kosten werden bei 0,20 M./cbm $0{,}026 \cdot 0{,}20 = 0{,}005$ M. Die Kosten für Kohlen und Wasser betragen demnach zusammen $0{,}065 + 0{,}005 = 0{,}07$ M. für 1 cbm geförderten Boden.

### 4. Schmier- und Putzmittel.

Zu den Schmier- und Putzmitteln für den Baubetrieb gehören Zylinderöl, Maschinenöl, Kompressorenöl, Staufferfett, Putzöl und Putzwolle. Der Verbrauch an diesen Stoffen hängt von der Sorgfalt ab, mit der sie verwendet werden, und von der Kontrolle, die über die Verwendung ausgeübt wird. Die Kosten lassen sich am einfachsten in Hundertteilen der Kohlenkosten angeben und stellen sich nach den vorliegenden Erfahrungsergebnissen auf 15—30 vH der Kohlenkosten. Nimmt man 20 vH an, so beziffern sich die Kosten auf 20 vH von 0,065 = 0,013 M. für 1 cbm geförderten Boden.

### 5. Ausbesserungen.

Die Kosten für Ausbesserungen umfassen alle die Ausgaben, die sowohl für die laufenden Ausbesserungen auf der Baustelle und für die Beschaffung von Ersatzteilen, als auch für die Wiederinstandsetzung der Geräte nach Beendigung der Arbeiten aufgewendet werden. Hiervon sind die Arbeitslöhne für die laufenden Ausbesserungen auf der Baustelle bereits bei den Arbeitslöhnen berücksichtigt, die weiteren Kosten lassen sich am einfachsten in Hundertteilen der Anschaffungskosten der Geräte ausdrücken und betragen nach Erfahrungswerten für 1 Jahr

| | |
|---|---|
| Eimerkettenbagger . . . . | 10—25 vH |
| Löffelbagger . . . . . . . | 8 20 „ |
| Lokomotiven . . . . . . . | 5—15 „ |
| Holzkastenkipper . . . . . | 10—20 „ |
| Muldenkipper . . . . . . . | 15—30 „ |

Für den vorliegenden Fall können daher folgende Kosten für 1 Jahr angenommen werden:

| | | |
|---|---|---|
| 1 | Eimerkettenbagger 15 vH von 85000 M. . . . = | 12750,— M. |
| 3 | Lokomotiven 10 vH von 60000 M. . . . . . . = | 6000,— „ |
| 66 | Stück Muldenkipper 20 vH von 79200 M. . . . = | 15840,— „ |
| | | 34590,— M. |

[1]) Eckert gibt den Kohlenverbrauch für 12stündigen Betrieb zu 200 kg für die Baggerstunde an und beziffert den Mehrverbrauch bei 24stündigem Betrieb infolge der nur allwöchentlich einmal möglichen Reinigung des Kessels auf 10 vH.

Zur Erzeugung von 1 kg Dampf 0,13 kg Steinkohle gerechnet ergibt einen Die jährliche Baggerleistung beträgt 900000 cbm, so daß auf 1 cbm geförderten Boden entfallen

$$\frac{34590}{900000} = \underline{0{,}038 \text{ M.}}$$

### 6. Beleuchtung bei Tag- und Nachtbetrieb.

Die Kosten der Beleuchtung umfassen nicht nur die Ausgaben für die Brennstoffe, wie Karbid, Petroleum usw., sondern auch die Ausgaben für die Anschaffung der Lampen und deren kostspielige Unterhaltung, wenn nicht eine elektrische Lichtanlage angelegt werden kann. Sie können unter gewöhnlichen Verhältnissen zu 10000 M. pro Jahr angenommen werden, so daß sich für 1 cbm geförderten Boden $\frac{10000}{900000} = 0{,}011$ M. ergeben.

### 7. Allgemeine Unkosten.

Der Zuschlag für allgemeine Unkosten kann zur Zeit etwa wie folgt berechnet werden:

| | |
|---|---|
| Allgemeine Geschäftsunkosten . . | 14 vH |
| Steuern und Versicherungen . . . | 6 „ |
| | 20 vH |

### 8. Zusammenstellung der Kosten für 1 cbm Boden.

| | |
|---|---|
| I. Einmalige Kosten . . . . . . . . . . | 0,030 M. |
| II. Dauernde Kosten: | |
| 1. Abschreibung und Verzinsung der Geräte . . . . . . . . . . . . . . . | 0,136 „ |
| 2. Aufgewendete Arbeitslöhne . . . . . | 0,540 „ |
| 3. Kohlen- und Wasserverbrauch . . . | 0,070 „ |
| 4. Schmier- und Putzmittel . . . . . . | 0,013 „ |
| 5. Ausbesserungen . . . . . . . . . . | 0,038 „ |
| 6. Beleuchtung . . . . . . . . . . | 0,011 „ |
| | 0,838 M. |
| 7. Allgemeine Unkosten 20 vH . . . . | 0,168 „ |
| | 1,006 M. |
| Dazu kommt für den Unternehmer die Wagnisgebühr mit 5 vH und der angemessene Gewinn mit 10 vH, zusammen 15 vH . . . . . . . . . = | 0,151 M. |
| Angebotspreis für 1 cbm Boden | 1,16 M. |

### b) Bodenklasse 4.

Die Zeitdauer der Arbeit wird bei einer jährlichen Leistung nach Tabelle S. 357 unter 2a von $276 \cdot 24 \cdot 105 = 590520$ cbm

$$n = \frac{2250000}{590520} + \frac{1}{6} + \frac{1}{12} = 4 \text{ Jahre.}$$

Höchstleistung des Baggers $105 + 50$ vH $= 158$ cbm.

Erforderlicher Fassungsraum

$$F = \frac{158}{60}\left(\frac{2 \cdot 3000}{200} + 5 + 8\right) = 113 \text{ cbm},$$

Auflockerung 30 vH = 34 „

147 cbm.

Transportzug aus 20 Wagen zu 4,5 cbm = 90 cbm

$$T_1 = \frac{60 \cdot 90}{147} = 37 \text{ Min.}$$

$$T_2 = \frac{2 \cdot 3000}{200} + 5 + 8 = 43 \text{ Min.}$$

$$\text{Zugzahl } Z = \frac{37}{43} + 1 = 2 \text{ Züge.}$$

Der Fahrpark verringert sich also auf 2 Lokomotiven und 44 Wagen.

## I. Einmalige Kosten.

### Anfuhr und Fracht der Geräte.

| | |
|---|---|
| 1 Eimerbagger | 90 t |
| 2 Lokomotiven je 15 t | 30 t |
| 44 Stück Muldenkipper je 3 t | 132 t |
| 800 m Baggergleis | 106 t |
| 1200 Baggerschwellen | 102 t |
| 4000 m Fahrgleis | 264 t |
| 4800 Fahrgleisschwellen | 120 t |
| | 844 t |

844 (11,20 + 6,0) . . . . . . . . . . . . . . . . 14517 M.

### Zusammenbau der Geräte und Einrichtung der Gleisanlagen.

| | | |
|---|---|---|
| Eimerbagger | 3000 M. | |
| 2 Lokomotiven und 44 Wagen | 810 „ | |
| 800 m Baggergleis | 6000 „ | |
| 4000 m Fahrgleis | 10000 „ | 19810 M. |
| | | 34327 M. |
| Allgemeine Unkosten 10 vH | | 3433 „ |
| | | 37760 M. |

### Abbruch der Geräte und Abreißen der Gleisanlagen.

| | | |
|---|---|---|
| Eimerbagger | 2000 M. | |
| 2 Lokomotiven und 44 Wagen | 810 „ | |
| 800 m Baggergleis | 2400 „ | |
| 4000 m Fahrgleis | 4000 „ | 9210 M. |
| Rücktransport | | 14517 „ |
| | | 23727 M. |
| Allgemeine Unkosten 10 vH | | 2373 „ |
| | | 26100 M. |

Einmalige Kosten für 1 cbm geförderten Boden

$$\frac{37760 + 26100}{2250000} = \underline{0{,}028 \text{ M.}}$$

## II. Dauernde Kosten.

### 1. Abschreibung und Verzinsung der Geräte.

| Bezeichnung des Gerätes | Jahr | vH | Abschreibung für das Stück oder für 100 m M | Gesamtabschreibung M | 10 vH Verzinsung für das Stück oder für 100 m M | 10 vH Gesamtverzinsung M |
|---|---|---|---|---|---|---|
| 1 Eimerkettenbagger Typ B, Anschaffungswert 85000 M. | 1. | 30 | 25500 | 25500 | 8500 | 8500 |
| | 2. | 20 | 17000 | 17000 | 5950 | 5950 |
| | 3. | 20 | 17000 | 17000 | 4250 | 4250 |
| | 4. | 20 | 17000 | 17000 | 2550 | 2550 |
| 2 Lokomotiven 160 PS, Anschaffungswert je 20000 M. | 1. | 20 | 4000 | 8000 | 2000 | 4000 |
| | 2. | 20 | 4000 | 8000 | 1600 | 3200 |
| | 3. | 15 | 3000 | 6000 | 1200 | 2400 |
| | 4. | 15 | 3000 | 6000 | 900 | 1800 |
| 44 Muldenkipper 4,5 cbm, Anschaffungswert je 1200 M. | 1. | 30 | 360 | 15840 | 120 | 5280 |
| | 2. | 20 | 240 | 10560 | 84 | 3696 |
| | 3. | 20 | 240 | 10560 | 60 | 2640 |
| | 4. | 20 | 240 | 10560 | 36 | 1584 |
| 800 m Baggergleis, Anschaffungswert 100 m 2640 M. | 1. | 15 | 396 | 3168 | 264 | 2112 |
| | 2. | 15 | 396 | 3168 | 244,40 | 1955 |
| | 3. | 15 | 396 | 3168 | 184,80 | 1478 |
| | 4. | 15 | 396 | 3168 | 145,20 | 1162 |
| 4000 m Fahrgleis, Anschaffungswert 100 m 1188 M. | 1. | 15 | 178,20 | 7128 | 118,80 | 4752 |
| | 2. | 15 | 178,20 | 7128 | 100,98 | 4039 |
| | 3. | 15 | 178,20 | 7128 | 83,16 | 3326 |
| | 4. | 15 | 178,20 | 7128 | 65,34 | 2614 |
| 800 m Baggerschwellen[1]), Anschaffungswert 100 m 2160 M. | 1. | 50 | 1080 | 8640 | 216 | 1728 |
| | 2. | 40 | 864 | 6912 | 108 | 864 |
| | 3. | 10 | 216 | 1728 | 21,60 | 173 |
| | 4. | 50 | 1080 | 8640 | 216 | 1728 |
| 4000 m Fahrgleisschwellen[1]), Anschaffungswert 100 m 336 M. | 1. | 50 | 168 | 6720 | 33,60 | 1344 |
| | 2. | 40 | 134,40 | 4376 | 16,80 | 672 |
| | 3. | 10 | 33,60 | 1344 | 3,34 | 134 |
| | 4. | 50 | 168 | 6720 | 33,60 | 1344 |
| Gesamtbetrag für Abschreibung und Verzinsung . . . . . . . . . . | | | | 238284 | | 75275 |

| | |
|---|---|
| Großgeräte, Abschreibung . . . . . . . . . . . | 238284 M. |
| Verzinsung . . . . . . . . . . . | 75275 „ |
| | 313559 M. |
| Kleingerät, Schuppen usw. 10 vH . . . . . . | 31356 „ |
| | 344915 M. |

Verzinsung des Betriebskapitals

$$37760 + 20000 = \text{rd. } 58000 \text{ M. } \frac{4 \cdot 10 \cdot 58000}{100} \quad . \; . \; . \; . \quad 23200 \text{ M.}$$

368115 M.

$$\text{Auf 1 cbm geförderten Boden } \frac{368115}{2250000} = \underline{0{,}164 \text{ M.}}$$

[1]) Im 4. Jahr ist Neubeschaffung der Schwellen erforderlich, wenn nicht bei doppelschichtigem Betrieb bereits im 3. Jahre.

### 2. Aufgewendete Arbeitslöhne.

| | | |
|---|---|---|
| Lösen und Laden . . . . . . . . | $0{,}311 \cdot 0{,}954 =$ | 0,297 M. |
| Transport . . . . . . . . . . . | $0{,}104 \cdot 0{,}954 =$ | 0,099 „ |
| Kippe . . . . . . . . . . . . | $0{,}321 \cdot 0{,}954 =$ | 0,306 „ |
| Zuschlag für Kippe auf Moorboden 25 vH . . | | 0,077 „ |
| Werkstatt . . . . . . . . . . . | $0{,}057 \cdot 0{,}954 =$ | 0,054 „ |
| | | 0,833 M. |
| Unbezahlte Nebenarbeiten 5 vH. . . . . . . . | | 0,042 „ |
| Gesamtlohnkosten für 1 cbm . . . . . . . . . | | 0,875 M. |

### 3. Kohlen- und Wasserverbrauch.

| | |
|---|---|
| Tägliche durchschnittliche Förderung $24 \cdot 105 =$ | 2520 cbm |
| Auflockerung 30 vH $=$ | 756 „ |
| | 3276 cbm. |

$$\text{Zugzahl } Z = \frac{3276}{90} = 37.$$

$$\text{Zeitaufwand für 1 Zug } \frac{2 \cdot 24}{37} = 1{,}3 \text{ Stunden.}$$

Die Dampfhaltungspausen sind also etwas geringer wie bei der Förderung des Bodens Klasse I, der Einfluß des Teilwiderstandes oder der Arbeitshöhe $h_0$ ist aber so gering, daß er vernachlässigt werden und der Kohlenbedarf für einen Zug wieder zu 104 kg angenommen werden kann. Die Kosten des Kohlenbedarfs werden demnach für 1 cbm geförderten Boden:

| | | |
|---|---|---|
| Eimerbagger . . . . . . . . . . . . . | 1,28 kg | |
| 2 Lokomotiven $2 \cdot \frac{104}{1{,}3 \cdot 105}$ . . . $=$ | 1,52 „ | |
| | 2,80 kg zu $0{,}025 =$ | 0,070 M. |
| Wasser $0{,}028 \cdot 0{,}20$ . . . . . . . . . . . . . . . . | $=$ | 0,006 „ |
| | | 0,076 M. |

### 4. Schmier- und Putzmittel.

20 vH der Kohlenkosten $= 0{,}2 \cdot 0{,}07$ . . . . . . . . . $=$ 0,014 M.

### 5. Ausbesserungen.

| | | |
|---|---|---|
| 1 Eimerkettenbagger 15 vH von 85000 M. . . . . . | $=$ | 12750 M. |
| 2 Lokomotiven 10 vH von 40000 M. . . . . . . . | $=$ | 4000 „ |
| 44 Muldenkipper 20 vH von 52800 M. . . . . . . . | $=$ | 10560 „ |
| Jahreskosten | | 27310 M. |

$$\text{Für 1 cbm geförderten Bodens } \frac{27310}{590520} = 0{,}046 \text{ M.}$$

### 6. Beleuchtung.

Für 1 cbm geförderten Boden bei 10000 M. Jahreskosten

$$\frac{10000}{590520} = 0{,}017 \text{ M.}$$

Zusammenstellung.

| | |
|---|---|
| I. Einmalige Kosten | 0,028 M. |
| II. Dauernde Kosten: | |
| 1. Abschreibung und Verzinsung | 0,164 ,, |
| 2. Arbeitslöhne | 0,875 ,, |
| 3. Kohlen- und Wasserverbrauch | 0,076 ,, |
| 4. Schmier- und Putzmittel | 0,014 ,, |
| 5. Ausbesserungen | 0,046 ,, |
| 6. Beleuchtung | 0,017 ,, |
| | 1,220 M. |
| 7. Allgemeine Unkosten 20 vH | 0,244 ,, |
| | 1,464 M. |
| Wagnisgebühr und Gewinn 15 vH | 0,220 ,, |
| Angebotspreis für 1 cbm Boden | 1,68 M. |

## II. Löffelbaggerbetrieb.

Universalbagger Typ G.

a) Bodenklasse 1.

Die Leistung beträgt nach Tabelle S. 358 bei 24stündigem Betrieb 98cbm in der Baggerstunde, welche auch nach Tabelle S. 359 als effektive Stundenleistung angenommen werden können, so daß die jährliche Leistung $264 \cdot 24 \cdot 98 = 621\,000$ cbm wird.

$$\text{Bauzeit } n = \frac{2\,250\,000}{621\,000} + \frac{1}{12} + \frac{1}{24} = 3^2/_3 \text{ Jahre.}$$

Es soll aber dieselbe Bauzeit wie beim Eimerbagger, d. i. $2^3/_4$ Jahre, eingehalten werden, daher ist ein zweiter Löffelbagger einzustellen. Beide zusammen leisten dann die Arbeit in 1 Jahr $11^1/_2$ Monaten oder rd. 2 Jahren. Höchstleistung eines Löffelbaggers 98 + 50 vH = 147 cbm, mithin erforderlicher Fassungsraum

$$F = \frac{147}{60}\left(\frac{2 \cdot 3000}{200} + 5 + 3 + 5\right) = 105 \text{ cbm}$$

$$\text{Auflockerung } 10 \text{ vH} = 11 \;\;,,$$

$$116 \text{ cbm.}$$

Der Zug soll wieder aus 20 Muldenkippern 4,5 cbm bestehen, so daß Beladungszeit eines Zuges

$$T_1 = \frac{60 \cdot 90}{116} = 47 \text{ Min.}$$

$$\text{Fahrzeit } T_2 = \quad = 43 \text{ Min.}$$

$$\text{Zugzahl } Z = \frac{43}{47} + 1 = 2 \text{ Züge.}$$

Die erforderlichen Transportgeräte für einen Löffelbagger sind 2 Lokomotiven und 44 Wagen. An Fahrgleislänge genügen für den zweiten Betrieb rd. 2000 m, so daß für beide Baggerbetriebe zusammen 6000 m zu rechnen sind.

Einmalige Kosten.

a) Anfuhr und Fracht der Geräte bis zur Baustelle:

| | |
|---|---|
| 2 Löffelbagger G mit Ballast und Baggerstößen je 75 t | 150 t |
| 4 Lokomotiven 160 PS je 15 t | 60 t |
| 88 Muldenkipper je 3 t | 264 t |
| 6000 m Fahrgleis je 2 · 33 kg | 396 t |
| 7200 Stück Fahrgleisschwellen je 25 kg | 180 t |
| | 1050 t |

Bei 17,60 M./t Kosten = 18480 M.

b) Zusammenbau der Geräte und Einrichtung der Gleisanlagen:

| | |
|---|---|
| 2 Löffelbagger je 2000 M. | 4000 M. |
| 4 Lokomotiven und 88 Wagen ausladen und anfahren 324 t je 5,— M. | 1620 „ |
| 6000 m Fahrgleis je 2,50 M. | 15000 „ |
| | 20620 M. |

c) Abbruch der Geräte und Abreißen der Gleisanlagen:

| | |
|---|---|
| 2 Löffelbagger je 1500 M. | 3000 M. |
| 4 Lokomotiven und 88 Wagen | 1620 „ |
| 6000 m Fahrgleis je 1,— M. | 6000 „ |
| | 10620 M. |

| | |
|---|---|
| d) Rückbeförderung der Geräte | 18480 „ |
| Einmalige Kosten zusammen: | |
| Einrichtung 18480 + 20620 M. | 39100 „ |
| Allgemeine Unkosten 10 vH | 3910 „ |
| | 43010 M. |
| Räumung 10620 + 18480 M. | 29100 M. |
| Allgemeine Unkosten 10 vH | 2910 „ |
| | 32010 M. |

Für 1 cbm Boden $\frac{43010 + 32010}{2250000} = \underline{0{,}033 \text{ M.}}$

## II. Dauernde Kosten.

### 1. Abschreibung und Verzinsung der Geräte.

| Bezeichnung des Gerätes | Jahr | vH | Abschreibung für das Stück oder für 100 m M | Gesamtabschreibung M | 10 vH Verzinsung für das Stück oder für 100 m M | 10 vH Gesamtverzinsung M |
|---|---|---|---|---|---|---|
| 2 Löffelbagger Typ G, Anschaffungswert je 45000 M. | 1. | 30 | 13500 | 27000 | 4500 | 9000 |
| | 2. | 20 | 9000 | 18000 | 3150 | 6300 |
| 4 Lokomotiven 160 PS, Anschaffungswert je 20000 M. | 1. | 20 | 4000 | 16000 | 2000 | 8000 |
| | 2. | 20 | 4000 | 16000 | 1600 | 6400 |
| 88 Muldenkipper 4,5 cbm, Anschaffungswert je 1200 M. | 1. | 30 | 360 | 31680 | 120 | 10560 |
| | 2. | 20 | 240 | 21120 | 84 | 7392 |
| 6000 m Fahrgleis, Anschaffungswert 100 m 1188 M. | 1. | 15 | 178,20 | 10692 | 118,80 | 7128 |
| | 2. | 15 | 178,20 | 10692 | 100,98 | 6059 |
| 7200 Schwellen, Anschaffungswert 100 Stück 280 M. | 1. | 50 | 140 | 10080 | 28 | 2016 |
| | 2. | 40 | 112 | 8064 | 14 | 1008 |
| | | | | 169328 | | 63863 |
| | | | + | 63863 | | |
| | | | | 233191 | | |
| Kleingerät, Schuppen usw. 10 vH . . . . . . = | | | | 23319 | | |
| Betriebskapital 43010 + 20000 = 63000 M., Verzinsung 2 · 10 vH = | | | | 12600 | | |
| Gesamtbetrag für Abschreibung und Verzinsung | | | | 269110, | | |

d. i. für 1 cbm Boden $\frac{269100}{2250000} = \underline{0{,}120 \text{ M.}}$

### 2. Arbeitslöhne.

| | | |
|---|---|---|
| 2 | Baggermeister je 1,50 M. | 3,—M. |
| 2<br>4 | Löffelführer<br>Lokomotivführer } je 1,25 M. | 7,50 „ |
| 6 | Heizer je 0,90 M. | 5,40 „ |
| 1 | Schachtmeister | 1,20 „ |
| 2<br>1 | Vorarbeiter am Bagger<br>Vorarbeiter auf Kippe } je 0,90 M. | 2,70 „ |
| 8<br>18 | Arbeiter für Bagger und Gleise<br>Kipper } je 0,70 M. | 18,20 „ |
| 6 | Handwerker (Werkstatt) je 1,10 M. | 6,60 „ |
| 50 | | 44,60 M. |
| | Soziale Lasten 10 vH | 4,46 „ |
| | Für 50 Arbeiterstunden | 49,06 M. |

Für 1 Arbeiterstunde $\frac{49,06}{50} = 0,981$ M.

Lohnkosten nach Tabelle S. 358.

| | | |
|---|---|---|
| Lösen und Laden | $0,094 \cdot 0,981 =$ | 0,092 M. |
| Transport | $0,094 \cdot 0,981 =$ | 0,092 „ |
| Kippe | $0,189 \cdot 0,981 =$ | 0,185 „ |
| Moorkippe, Zuschlag 25 vH. | $=$ | 0,046 „ |
| Werkstatt | $0,038 \cdot 0,981 =$ | 0,037 „ |
| | | 0,452 M. |
| Unbezahlte Nebenarbeiten 5 vH | | 0,023 „ |
| Gesamtlohn für 1 cbm | | **0,475 M.** |

### 3. Kohlen- und Wasserverbrauch.

Kohlenverbrauch für 2 Löffelbagger bei 80 PS Leistung der Hauptmaschine und 40 PS Leistung der Löffelmaschine in der Stunde etwa $(^2/_3 \cdot 80 + {}^1/_3 \cdot 40)\ 12 \cdot 0,13 \cdot 2 = 232$ kg, d. i. für 1 cbm geförderten Boden

$$\frac{232}{2 \cdot 98} = 1,18 \text{ kg}.$$

Tägliche durchschnittliche wirkliche Förderung

| | |
|---|---|
| $2 \cdot 24 \cdot 98$ | = 4704 cbm |
| Auflockerung 10 vH. | = 470 „ |
| | 5174 cbm, |

Zugzahl $\frac{5174}{90} = 58$, Zeitaufwand für 1 Zug $\frac{4 \cdot 24}{58} = 1,66$ Stunden.

Der Kohlenbedarf für 1 Zug wird $34,57 \cdot 4,0 = 138$ kg.
Kosten des Kohlenbedarfs für 1 cbm geförderten Boden:

| | | |
|---|---|---|
| 2 Löffelbagger | 1,18 kg | |
| 4 Lokomotiven $\frac{4 \cdot 138}{1,66 \cdot 98} =$ | 3,39 „ | |
| | 4,57 kg zu 0,025 = | 0,114 M. |
| Wasser | $0,046 \cdot 0,20 =$ | 0,009 „ |
| | | **0,123 M.** |

### 4. Schmier- und Putzmittel.

20 vH der Kohlenkosten $0,20 \cdot 0,114$ . . . . . . . . = **0,023 M.**

5. Ausbesserungen.

| | | | |
|---|---|---|---|
| 2 Löffelbagger . . . . . . . . | 12 vH von | 90000 M. = | 10800 M. |
| 4 Lokomotiven . . . . . . . . | 10 vH von | 80000 „ = | 8000 „ |
| 88 Muldenkipper . . . . . . . . | 20 vH von | 105600 „ = | 21120 „ |
| | | | 39920 M. |

Bei 2 · 621000 cbm jährlicher Baggerleistung für 1 cbm Boden

$$\frac{39920}{2 \cdot 621000} = \mathbf{0{,}032\ M.}$$

6. Beleuchtung.

Jährliche Kosten für 2 Baggerbetriebe zu 15000 M. angenommen, ergibt für 1 cbm Boden

$$\frac{15000}{2 \cdot 621000} = \mathbf{0{,}012\ M.}$$

Zusammenstellung der Kosten für 1 cbm Boden.

| | |
|---|---|
| I. Einmalige Kosten . . . . . . . . . . . . . . . . . | 0,033 M. |
| II. Dauernde Kosten | |
| 1. Abschreibung und Verzinsung . . . . . . . . . . . | 0,120 „ |
| 2. Arbeitslöhne . . . . . . . . . . . . . . . . . . | 0,475 „ |
| 3. Kohlen und Wasser . . . . . . . . . . . . . . . | 0,123 „ |
| 4. Schmier- und Putzmittel . . . . . . . . . . . . | 0,023 „ |
| 5. Ausbesserungen . . . . . . . . . . . . . . . . | 0,032 „ |
| 6. Beleuchtung . . . . . . . . . . . . . . . . . . | 0,012 „ |
| | 0,818 M. |
| 7. Allgemeine Unkosten 20 vH . . . . . . . . . . | 0,164 „ |
| | 0,982 M. |
| Wagnisgebühr und Unternehmergewinn 15 vH . . . | 0,147 „ |
| Angebotspreis für 1 cbm Boden | **1,13 M.** |

b) Bodenklasse 4.

Die Zeitdauer der Arbeit wird bei einer jährlichen Leistung nach Tabelle S. 358 von 264 · 24 · 75 = 475200 cbm

$$\text{Bauzeit } n = \frac{2250000}{475200} + \frac{1}{12} + \frac{1}{24} = 4^7/_8 \text{ Jahre.}$$

Es soll aber dieselbe Bauzeit wie beim Eimerbagger, d. s. 4 Jahre, nicht überschritten werden, daher ist wieder ein zweiter Löffelbagger erforderlich, der für $^7/_8$ Jahre mitarbeiten muß. In Berücksichtigung des besonderen Aufstellens und Abbrechens des Baggers kann mit 1 Jahr gerechnet werden. Höchstleistung eines Löffelbaggers 75 + 50 vH = 113 cbm, mithin erforderlicher Fassungsraum

$$F = \frac{113}{60}\left(\frac{2 \cdot 3000}{200} + 5 + 5 + 5\right) = 84 \text{ cbm,}$$

$$\text{Auflockerung 30 vH} = \underline{26 \text{ cbm,}}$$

$$110 \text{ cbm.}$$

$$\text{Beladungszeit } T_1 = \frac{60 \cdot 90}{110} = 49 \text{ Min.,}$$

$$\text{Fahrzeit } T_2 = 45 \text{ Min., Zugzahl } Z = \frac{45}{49} + 1 = 2 \text{ Züge.}$$

Gerätepark: 1 Löffelbagger, 2 Lokomotiven, 44 Wagen, 4000 m Fahrgleis auf 4 Jahre, 1 Löffelbagger, 2 Lokomotiven, 44 Wagen und 2000 m Fahrgleis auf 1 Jahr.

## I. Einmalige Kosten.

Wie 2a für 1 cbm Boden **0,033 M.**

## II. Dauernde Kosten.

### 1. Abschreibung und Verzinsung.

| Bezeichnung des Gerätes | Jahr | vH | Abschreibung für das Stück oder für 100 m<br>M | Gesamtabschreibung<br>M | 10 vH Verzinsung für das Stück oder für 100 m<br>M | 10 vH Gesamtverzinsung<br>M |
|---|---|---|---|---|---|---|
| 1 Löffelbagger Typ G, Anschaffungswert 45000 M. | 1. | 30 | 13500 | 13500 | 4500 | 4500 |
| | 2. | 20 | 9000 | 9000 | 3150 | 3150 |
| | 3. | 20 | 9000 | 9000 | 2250 | 2250 |
| | 4. | 20 | 9000 | 9000 | 1350 | 1350 |
| 1 desgl. | 1. | 30 | 13500 | 13500 | 4500 | 4500 |
| 2 Lokomotiven 160 PS, Anschaffungswert je 20000 M. | 1. | 20 | 4000 | 8000 | 2000 | 4000 |
| | 2. | 20 | 4000 | 8000 | 1600 | 3200 |
| | 3. | 15 | 3000 | 6000 | 1200 | 2400 |
| | 4. | 15 | 3000 | 6000 | 900 | 1800 |
| 2 desgl. | 1. | 20 | 4000 | 8000 | 2000 | 4000 |
| 44 Muldenkipper 4,5 cbm, Anschaffungswert je 1200 M. | 1. | 30 | 360 | 15840 | 120 | 5280 |
| | 2. | 20 | 240 | 10560 | 84 | 3696 |
| | 3. | 20 | 240 | 10560 | 60 | 2640 |
| | 4. | 20 | 240 | 10560 | 36 | 1584 |
| 44 desgl. | 1 | 30 | 360 | 15840 | 120 | 5280 |
| 4000 m Fahrgleis, Anschaffungswert 100 m 1188 M. | 1. | 15 | 178,20 | 7128 | 118,80 | 4752 |
| | 2. | 15 | 178,20 | 7128 | 100,98 | 4039 |
| | 3. | 15 | 178,20 | 7128 | 83,16 | 3326 |
| | 4. | 15 | 178,20 | 7128 | 65,34 | 2614 |
| 2000 m desgl. | 1. | 15 | 178,20 | 3564 | 118,80 | 2376 |
| 4800 Schwellen, Anschaffungswert 100 Stück 28 M. | 1. | 50 | 140 | 6720 | 28 | 1344 |
| | 2. | 40 | 112 | 5376 | 14 | 672 |
| | 3. | 10 | 28 | 1344 | 2,80 | 134 |
| | 4. | 50 | 140 | 6720 | 28 | 1344 |
| 2400 desgl. | 1. | 50 | 140 | 3360 | 28 | 1344 |
| | | | | 208896 | | 71575 |
| | | | + | 71575 | | |
| | | | | 208471 | | |
| Kleingerät, Schuppen usw. 10 vH . . . . . . . | | | = | 28047 | | |
| Betriebskapital, Verzinsung 4 · 10 vH v. 63000 M. | | | = | 25200 | | |
| Abschreibung und Verzinsung zusammen | | | | 333718 | | |

d. i. für 1 cbm Boden $\frac{333718}{2250000} = $ **0,148 M.**

### 2. Arbeitslöhne.

| | | |
|---|---|---|
| 1 Baggermeister | | 1,50 M. |
| 1 Löffelführer<br>2 Lokomotivführer | je 1,25 M. | 3,75 „ |
| 3 Heizer je 0,90 M. | | 2,70 „ |
| 1 Schachtmeister | | 1,20 „ |
| 1 Vorarbeiter am Bagger<br>1 Vorarbeiter auf Kippe | je 0,90 M. | 1,80 „ |
| 4 Arbeiter für Bagger und Gleise<br>18 Kipper | je 0,70 M. | 15,40 „ |
| 3 Handwerker (Werkstatt) je 1,10 M. | | 3,30 „ |
| 35 | | 29,65 M. |
| | Soziale Lasten 10 vH | 2,97 „ |
| | für 35 Arbeiterstunden | 32,62 M. |

für 1 Arbeiterstunde $\frac{32,62}{35} = 0,932$ M.

Lohnkosten nach Tabelle S. 358 für 1 cbm Boden:

| | | |
|---|---|---|
| Lösen und Laden | $0,160 \cdot 0,932 =$ | 0,149 M. |
| Transport | $0,123 \cdot 0,932 =$ | 0,115 „ |
| Kippe | $0,245 \cdot 0,932 =$ | 0,228 „ |
| Moorkippe, Zuschlag 25 vH | = | 0,057 „ |
| Werkstatt | $0,057 \cdot 0,932 =$ | 0,053 „ |
| | | 0,602 M. |
| Unbezahlte Nebenarbeiten 5 vH | = | 0,030 M. |
| Gesamtlohn für 1 cbm | | **0,632 M.** |

### 3. Kohlen- und Wasserverbrauch.

Kohlen für 1 Löffelbagger für 1 cbm Boden 1,18 kg.
Anzahl der Lokomotivstunden für einen Baggerbetrieb $2 \cdot 24 = 48$.

| | |
|---|---|
| Tägliche durchschnittliche Baggerleistung $24 \cdot 75 =$ | 1800 cbm, |
| Auflockerung 30 vH $=$ | 540 „ |
| | 2340 cbm. |

An Zügen erforderlich $\frac{2340}{90} = 26$.

Zeitaufwand für 1 Zug $\frac{2 \cdot 24}{26} = 1,85$ Stunden.

Dampfhaltungspausen $1,85 - 0,75 = 1,10$ Stunden.

Die Arbeitshöhe $h_0$ vergrößert sich gegenüber der Berechnung auf S. 211 um $1,10 - 0,983 = 0,117$ Stunden, es wird $h_0$ für den Vollzug $= 3,300$ m und für den Leerzug $= 9,941$ m, mithin $H_w = 28,376$ bzw. $36,907$ m.

$Q \cdot H_w = 232 \cdot 28,376 = 6583$ bzw. $79 \cdot 36,907 = 2916$ t/m und Kohlenbedarf für 1 Zug $\frac{6583 + 2916}{270} \cdot 4,0 = 141$ kg.

Kosten des Kohlenbedarfes für 1 cbm geförderten Boden:

| | | |
|---|---|---|
| 1 Löffelbagger | 1,18 kg | |
| 2 Lokomotiven $\frac{2 \cdot 141}{1,85 \cdot 75} =$ | 2,03 „ | |
| | 3,21 kg zu 0,025 $=$ | 0,080 M. |
| Wasser $0,20 \cdot 0,032$ | $=$ | 0,006 „ |
| | | **0,086 M.** |

### 4. Schmier- und Putzmittel.

20 vH der Kohlenkosten $= 0,20 \cdot 0,08 =$ **0,016 M.**

5. Ausbesserungen.

| | | | | | |
|---|---|---|---|---|---|
| 1 Löffelbagger | 12 vH | von | 45000 M. | = | 5400 M. |
| 2 Lokomotiven | 10 vH | von | 40000 M. | = | 4000 „ |
| 44 Muldenkipper | 20 vH | von | 52800 M. | = | 10560 „ |
| | | | | | 19960 M. |

Bei 475200 cbm jährlicher Baggerleistung für 1 cbm Boden

$$\frac{19960}{475200} = \mathbf{0{,}042\ M.}$$

6. Beleuchtung.

Jährliche Kosten für 1 Baggerbetrieb 10000 M. ergibt für 1 cbm Boden

$$\frac{10000}{475200} = \mathbf{0{,}021\ M.}$$

Zusammenstellung der Kosten für 1 cbm Boden.

| | |
|---|---|
| I. Einmalige Kosten | 0,033 M. |
| II. Dauernde Kosten | |
| 1. Abschreibung und Verzinsung | 0,148 „ |
| 2. Arbeitslöhne | 0,632 „ |
| 3. Kohlen- und Wasserverbrauch | 0,086 „ |
| 4. Schmier- und Putzmittel | 0,016 „ |
| 5. Ausbesserungen | 0,042 „ |
| 6. Beleuchtung | 0,021 „ |
| | 0,978 M. |
| 7. Allgemeine Unkosten 20 vH | 0,196 „ |
| | 1,174 M. |
| Wagnisgebühr und Unternehmergewinn 15 vH | 0,176 „ |
| Angebotspreis für 1 cbm Boden | **1,35 M.** |

Gegenüberstellung der Kosten für 1 cbm geförderten Boden:

| Bodenklasse | Eimerbagger | | | Löffelbagger | | |
|---|---|---|---|---|---|---|
| | Maschinenbetrieb u. Geräte Pf. | Arbeitslöhne Pf. | zusammen Pf. | Maschinenbetrieb u. Geräte Pf. | Arbeitslöhne Pf. | zusammen Pf. |
| 1 | 29,8 | 54,0 | 83,8 | 34,3 | 47,5 | 81,8 |
| 4 | 34,5 | 87,5 | 122,0 | 34,6 | 63,2 | 97,8 |

Die Kosten für Maschinenbetrieb und Geräte sind sowohl für beide Baggersysteme als auch für beide Bodenarten fast gleich, im Mittel 35 vH, der Unterschied liegt lediglich bei den Löhnen. im Mittel 65 vH.

Der Löffelbagger arbeitet in beiden Bodenklassen billiger als der Eimerbagger, besonders aber in der schwereren Bodenart 4. Indes wird für die Bodenklasse 1 der Eimerbaggerbetrieb als der vorteilhaftere anzusehen sein, da für die Arbeit ein Eimerbagger genügt, während zwei Löffelbagger erforderlich sind und die Verwendung von zwei Baggergeräten infolge vermehrter Betriebsstörungen letzten Endes sich doch teurer stellt. Im allgemeinen wird der Eimerbagger in den Bodenklassen 1 und 2 dem Löffelbagger gleich, vielleicht etwas überlegen sein, während der Löffelbagger in den schwereren Bodenarten fraglos das wirtschaftlichste Gerät ist. Nur bei Baggerungen aus dem Wasser oder unter Wasserhaltung kommt fast allein der Eimerbagger in Frage.

b) Wasserhaltungsarbeiten.

Die technischen Mittel zur Absenkung des Wassers in Baugruben sind einmal die wasserdichte Umschließung der Baugrube und das Auspumpen des Wassers aus dem Innenraum oder die Absenkung des Grundwassers durch Brunnen innerhalb oder außerhalb der Baugrube. Im ersteren Falle behält der Wasserstand außerhalb der Baugrube seine gewöhnliche Höhe und es ist eine Umschließung der Baugrube erforderlich, welche das Außenwasser abhält und den Wasserdruck aufnimmt. Im anderen Falle wird das Grundwasser allgemein, also auch außerhalb der Baugrube abgesenkt und die Baugrube kann im Trockenen ohne besondere Befestigung der Baugrubenwände ausgehoben werden. Hierin liegt der grundsätzliche Unterschied zwischen beiden Wasserhaltungsmethoden. Bei Arbeiten im offenen Wasser muß natürlich erst eine dichte Umschließung der Baugrube zur Abhaltung des offenen Wassers hergestellt werden, bevor das Grundwasser mit Brunnen abgesenkt werden kann. Eine dritte Art der Wasserhaltung in Baugruben ist noch die Entfernung und die Fernhaltung des Wassers durch den Luftdruck, wobei die Baugrube nicht offen, sondern geschlossen ist und die Umschließungen luftdicht sein müssen, das sog. pneumatische Verfahren.

Bei der Wasserhaltung aus der Baugrube selbst wird innerhalb der Umschließung ein Pumpensumpf angelegt, aus welchem dann mit Hand- oder Dampfpumpen das Wasser entfernt wird. Dieser Pumpensumpf wird am besten zuerst als Schacht bis etwa 1,0 m unter Bausohle hergestellt, beim Aushub des Bodens wird dann durch Gräben das Wasser ständig dem Pumpensumpf zugeführt, so daß die Arbeitssohle stets trocken ist, und die Bausohle selbst wird schließlich durch Anlage von Drainagen und Einführung derselben in den Pumpensumpf entwässert. Wird dann das Wasser in dem Pumpensumpf stets etwa 0,50 unter Bausohle gehalten, so bleibt diese trocken und es kann kein Wasser mit dem frischen Mauerwerk oder Beton in Berührung kommen. Diese Drainage der Bausohle ist sehr wichtig, damit das Wasser dauernd unterhalb der Bausohle abfließen kann. Die Trockenlegung der Bausohle ist aber nicht möglich, wenn der Untergrund so quellig ist, daß er durch das aufquellende Wasser gelockert und dadurch seine sonst vorhandene Tragfähigkeit verliert. Bei einem solchen Untergrunde ist also das Wasserschöpfen aus der Baugrube unstatthaft.

Als Handpumpen werden in neuerer Zeit die Kolbenpumpen nicht mehr verwandt, sie sind ersetzt worden durch die Diaphragmapumpen, welche bedeutend weniger Kraft beanspruchen und auch unreines Wasser fördern. Die Diaphragmapumpen für Handbetrieb werden in Größen von 8—24 cbm stündlicher Leistung je nach der Saughöhe gebaut, zu deren Bedienung 1—2 Mann genügen. Sie sind leicht versetzbar und stets betriebsfertig. Sie werden auch für mechanischen Antrieb als doppelt wirkende Saugpumpen bis zu 45 cbm stündlicher Leistung bei einer Saughöhe bis zu 7 m gebaut.

Für maschinellen Betrieb sind bis heute die Kreisel- oder Zentrifugalpumpen für alle Bauarbeiten die vorteilhaftesten, da sie leicht zu mon-

Betriebskosten von Kreiselpumpen im Jahr mit 2000 Betriebsstunden bei 60 vH Ausnutzung der Leistung. Druckhöhe 10 m.

| Leistung | Gewicht | Preis | Leistung | Kraft²) PS/Std. | Kraft²) Lokomobile | Kraft²) Benzolmotor | Kraft²) Elektromotor | Schmier- und Putzmittel | Ausbesserungen | Abschreibung | Verzinsung | Transport und Montage | Verzinsung | Summe Lokomobile | Summe Benzolmotor | Summe Elektromotor |
|---|---|---|---|---|---|---|---|---|---|---|---|---|---|---|---|---|
| cbm/Std. | kg | M. | cbm | | M | M | M | M | M | M | M | M | M | M | M | M |
| | | | | | | | | | 15 vH | 10 vH | 6 vH | | 10 vH | | | |
| 60 | 200 | 350 | 72000 | 6400 | 1792 | 2688 | 1600 | 40 | 53 | 35 | 2,10 | 50 | 35 | 2007 | 2903 | 1815 |
| 100 | 270 | 450 | 120000 | 10000 | 2800 | 4200 | 2500 | 45 | 68 | 45 | 2,70 | 60 | 45 | 3066 | 4466 | 2766 |
| 200 | 380 | 570 | 240000 | 20000 | 5200 | 5600 | 4200 | 50 | 86 | 57 | 3,40 | 80 | 57 | 5533 | 5933 | 4533 |
| 300 | 580 | 730 | 360000 | 30000 | 7500 | 7500 | 6200 | 55 | 110 | 73 | 4,40 | 90 | 73 | 7905 | 7905 | 6605 |
| 400 | 750 | 930 | 480000 | 40000 | 9600 | | 8000 | 60 | 140 | 93 | 5,60 | 120 | 93 | 10112 | | 8512 |
| 500 | 1100 | 1150 | 600000 | 48000 | 11520 | | 9600 | 65 | 173 | 115 | 6,90 | 140 | 115 | 12135 | | 10215 |

tieren sind, wenig Unterhaltung erfordern und auch unreines Wasser fördern. Sie werden für Bauzwecke im allgemeinen in Größen von 50 bis 300 mm Weite des Saug- und Druckrohres gebaut und leisten 6 bis 600 cbm in der Stunde bei Förderhöhen[1]) bis 10 m. Die Umdrehungsgeschwindigkeit muß mit der Saughöhe zunehmen und ist am größten bei kleinen Rohrweiten. Die Kreiselpumpe verdankt ihre Beliebtheit im Baubetriebe dem Fehlen aller Ventile und sonstiger durch Schmutzwasser gefährdeten Teile, der einfachen Bauart und dem niedrigen Preis. Nur sandhaltiges Wasser kann bei größeren Druckhöhen und Umfangsgeschwindigkeiten gefährlich werden. Der Wirkungsgrad und damit die Leistung und der Kraftbedarf hängen sehr von den Bedingungen ab, unter denen die Pumpe arbeitet. Es sind daher auch die Kraftbedarfsangaben mit Vorsicht zu gebrauchen. Eine Wartung während des Betriebes ist nicht erforderlich. In nebenstehender Tabelle sind die Betriebskosten im Jahre bei 60 vH Ausnutzung der Leistung zusammengestellt.

Steht weder Elektromotor noch Transmission zur Verfügung und soll die Aufstellung einer Lokomobile vermieden werden, so kommt noch die schwungradlose Dampfpumpe in Betracht, z. B. für Kessel-

[1]) Unter Förderhöhe ist die manometrische Förderhöhe, d. i. die Summe von Saughöhe, Druckhöhe und Rohrleitungswiderstand, zu verstehen.

[2]) Vgl. Tabelle S. 218.

speisung oder als Spülpumpe beim Rammen. Sie hat aber den großen Nachteil, daß sie einen Dampfkessel braucht und große Dampf- und damit auch Kohlenmengen frißt, 40 kg für 1 PS-Std. ist durchaus normal und wird oft noch überschritten. Sie stellt also ein teueres Wasserförderungsmittel dar und kommt nur in Frage, wenn die örtlichen Bedingungen eine andere Pumpenart ausschließen. Sonst sind für diese Fälle immer die doppeltwirkenden Hochdruckkolbenpumpen vorzuziehen.

Für die Bestimmung der zweckmäßigsten Pumpe ist abgesehen von den örtlichen Verhältnissen notwendig die Kenntnis der zu hebenden Wassermenge, die Förderhöhe und die Dauer der Wasserhaltung. Förderhöhe und Dauer sind bekannt, schwierig ist nur die Bestimmung der zu hebenden Wassermenge. Der Wasserzufluß findet statt durch die nicht vollständig dichten Umschließungswände und durch den Boden der Grube. Er ist abhängig von der Druckhöhe und der Bodenbeschaffenheit und kann daher nur nach ähnlichen Ausführungen geschätzt werden. Man nimmt vielfach an, daß der Wasserzufluß proportional der Wurzel aus der Druckhöhe ist, und nimmt für 1 m Druckhöhe die minutliche Wassermenge für 1 m² Baugrube zu 0,87 $l$ an. Daraus berechnet sich dann der Zufluß in der Minute für 1 m² Baugrube bei 2 m Druckhöhe zu $\sqrt{2} \cdot 0{,}87 = 1{,}23\,l$, bei 3 m Druckhöhe zu 1,51 $l$, bei 4 m Druckhöhe zu 1,74 $l$ usw. Diese Berechnung ist aber nicht einwandfrei, sie wird z. B. sogleich falsch, sobald Grundquellen auftreten. Man ist hier auf Schätzung nach Erfahrungen angewiesen und allgemein zutreffende Angaben können nicht gemacht werden. Hat man die zu fördernde Wassermenge nach Erfahrung oder Schätzung angenommen, so richtet sich nach ihr der Kraftbedarf. Hierbei kann man im Durchschnitt annehmen, daß 1 Arbeiter mit der Diaphragmapumpe 20 m³ 1 m hoch in 1 Stunde heben kann. Nimmt man bei Dampfmaschinen und Zentrifugalpumpen die Nutzleistung des Motors zu 80 vH und die Nutzleistung der Pumpe zu 60 vH an, so ergibt sich der Kraftbedarf für das Fördern von 100 m³ Wasser 1 m hoch in 1 Stunde zu $\frac{100 \cdot 1000 \cdot 1{,}0}{0{,}8 \cdot 0{,}6 \cdot 60 \cdot 60 \cdot 75} = 0{,}8$ PS. und der Kohlenverbrauch zu $\frac{0{,}8 \cdot 9}{7{,}5} = 1{,}0$ kg. Mit 1 kg Steinkohle können also in 1 Stunde 100 m³ Wasser 1 m hoch gefördert werden.

Nach dem Umfang der Wasserhaltung wird man zunächst zu entscheiden haben, ob mechanische oder Menschenkräfte anzuwenden sind. Die mechanischen Kräfte verursachen die geringsten Betriebskosten, aber die größten Anlagekosten für Maschinen usw. Sie können daher erst bei einem bestimmten Umfang der Arbeiten ebenso billig werden, als die nur geringe Anlagekosten aber hohe Betriebskosten verursachende Arbeit der Menschen. Verteilen sich also die Anlagekosten auf eine diese Grenze überschreitende Gesamtleistung, so liegt der wirtschaftliche Vorteil in der Anwendung der mechanischen Kräfte und wächst mit der Größe der Gesamtleistung. Mit der Verbilligung der Maschinen und dem Steigen der Arbeitslöhne ist die Grenze, bei welcher die Verwendung der Menschenkraft zu mechanischen Leistungen aufhört vorteilhaft zu sein, immer mehr herabgedrückt worden. Trotzdem behält die Wasserhaltung mit Handpumpen ihre große Bedeutung bei wenig umfangreichen und kurze Zeit andauernden Arbeiten oft auch über die Grenze des rein wirtschaftlich Vorteilhaften hinaus, und zwar wegen der weniger umständlichen Vorbereitungen, welche sie erfordert, wegen des geringeren Raumerfordernisses und wegen der leichter möglichen Vermehrung der Handpumpen bei plötzlich eintretendem Bedarf.

Zu der Absenkung des Grundwassers für Bauzwecke bedient man sich der Rohrbrunnen, welche gewöhnlich außerhalb der Baugrube angeordnet werden. Zahl, Abstand und Tiefe dieser Brunnen richtet sich nach der erforderlichen Absenkungstiefe und nach der Beschaffenheit und Tiefenlage des Wasserträgers, d. i. der wasserführenden Schicht. Die Wirkung der Rohrbrunnen ist um so größer, je durchlässiger der wasserführende Boden ist, und um so kleiner, je weniger der Boden das Wasser durchläßt. Die Wirkung ist also bei grobem Sand größer wie bei feinem Sand und hiernach muß der Abstand der Brunnen bestimmt werden, er beträgt 4—10 m. Ein großer Vorzug dieses Verfahrens ist, daß man damit auch den Auftrieb beseitigen, also die Quellbildung in der Bausohle verhindern kann.

Zur Herstellung der Rohrbrunnen wird zunächst ein Bohrloch mit Futterrohr von gewöhnlich 200 mm Weite bis in die wasserführende Schicht unter der Bausohle abgeteuft. Darauf wird in das Futterrohr das eigentliche Brunnen- oder Filterrohr von 150 mm Weite eingesetzt und das Futterrohr wieder herausgezogen. In dieses Filterrohr wird dann das Saugrohr von 100 mm Weite eingehängt und an die Sammelleitung angeschlossen. Zwischen Saugrohr und Sammelleitung wird zweckmäßig eine Rücklaufklappe eingeschaltet und in der Sammelleitung müssen mehrere Schieber vorgesehen werden, um einzelne Teile der Anlage ausschalten zu können. Für die Sammelleitung werden am zweckmäßigsten Muffenrohre verwandt, deren Verlegung und Dichtung mit Gummiringen am einfachsten ist. Das Filterrohr muß so hergerichtet werden, daß nur Wasser und nie Sand eindringen kann, je feiner der Sand, um so dichter muß auch die Filtergaze sein. Bei ganz feinem Sand werden zweckmäßig noch Kiesfilter um das Filterrohr hergestellt. Die Pumpenanlage besteht in der Regel aus einer Zentrifugalpumpe, welche von einer Lokomobile oder einem Elektromotor angetrieben wird. Für die Pumpenanlage muß aber stets eine Reserve vorhanden sein, damit bei einem Versagen des Motors durch das schnelle Ansteigen des Grundwassers kein Schaden angerichtet wird. Bei elektrischem Antrieb ist dazu entweder eine Dampfreserve oder der Anschluß an ein zweites Stromnetz vorzusehen.

Die Kosten einer Grundwassersenkung berechnen sich etwa wie folgt: Baugrube sei 40 m lang, 10 m breit, 8 m tief, 5 m unter Grundwasser. Dauer der Grundwasserabsenkung sei 60 Tage.

Anschaffungskosten einschl. An- und Abfuhr:

| | |
|---|---|
| 1 Bohrzeug mit Futterrohr . . . . . . . . . . . . . | 700,— M. |
| 10 Rohrbrunnen 10 m lang mit 5 m Filter zu 220,—M. = | 2200,— „ |
| 10 Einhänger mit Klappe zu . . . . . . . 65,— „ = | 650,— „ |
| | 3550,— M. |

| | | |
|---|---|---|
| | Übertrag: | 3550,— M. |
| **Rohrleitung aus gußeisernen Muffenrohren:** | | |
| 30 m Rohre 150 mm weit zu | 9,— M. = | 270,— „ |
| 4 T-Stücke | 14,— „ = | 56,— „ |
| 2 Schieber | 45,— „ = | 90,— „ |
| 2 Überschieber | 7,50 „ = | 15,— „ |
| 40 m Rohre 200 m weit zu | 11,— „ = | 440,— „ |
| 4 T-Stücke | 21,50 „ = | 86,— „ |
| 2 Schieber | 75,— „ = | 150,— „ |
| 2 Überschieber | 9,50 „ = | 19,— „ |
| 30 m Rohre 250 mm weit zu | 14,— „ = | 420,— „ |
| 3 T-Stücke | 34,— „ = | 102,— „ |
| 2 Bogen | 21,— „ = | 42,— „ |
| 2 Schieber | 95,— „ = | 190,— „ |
| 1 Zentrifugalpumpe mit 250 mm Weite des Saug- und Druckrohres | | 750,— „ |
| 2 Lokomobilen 25 PS | | 7000,— „ |
| | Anschaffungskosten zus.: | 13180,— M. |

Einmalige Betriebskosten:

| | | |
|---|---|---|
| Verzinsung auf 3 Monate 10 vH von | 13180 M. = | 330,— M. |
| Maschinen und Rohrleitungen, Abschreibung 10 vH von | 10980 M. = | 275,— „ |
| Filterrohre, Abschreibung 50 vH von | 2200 M. = | 275,— „ |
| Montage: 10 Rohrbrunnen herstellen und wieder ausziehen à 10 m zu | 25,— M. = | 2500,— „ |
| 100 m Rohrleitung verlegen und beseitigen nebst Gummiringen zu | 3,50 M. = | 350,— „ |
| Lokomobile und Pumpen montieren und demontieren | | 300,— „ |
| | | 4030,— M. |

bei $60 \cdot 24 = 1440$ Betriebsstunden

für 1 Betriebsstunde $\frac{4030}{1440} = 2{,}80$ M.

Laufende Betriebskosten:

| | | |
|---|---|---|
| Arbeitslöhne: 1 Maschinist | 1,— M. | |
| 1 Rohrmeister | 1,25 „ | |
| 1 Arbeiter | 0,70 „ | 2,95 M. |
| Soziale Lasten 10 vH | | 0,30 „ |
| Betriebsmaterialien bei 15 PS durchschnittlicher Inanspruchnahme der Lokomobile, Dampfverbrauch $15 \cdot 9 = 135$ kg, mithin | | |
| Kohlenverbrauch $\frac{135}{7{,}5} = 17$ kg zu 2,50 M/100 kg | | 0,43 „ |
| Wasserverbrauch | | — |
| Putz- und Schmiermaterial | | 0,10 „ |
| Ausbesserungen | | 0,30 „ |
| | für 1 Betriebsstunde | 4,08 M. |

Einmalige und laufende Betriebskosten zusammen $2{,}80 + 4{,}08 = 6{,}88$ M. und für 1440 Betriebsstunden im ganzen

$$1440 \cdot 6{,}88 = 9907{,}20 \text{ M.}$$

Es muß aber hier bemerkt werden, daß die Kosten für den Dampfverbrauch reichlich hoch berechnet sind, da bei den neueren Lokomobilen die Wärmeausnutzung tatsächlich eine bessere ist. Für die Heißdampflokomobilen wird sogar nur 3,7 kg Dampfverbrauch und 0,45 kg Kohle für die Nutz-PS-Stunde angegeben, während hier noch mit 9 kg Dampfverbrauch und 1,20 kg Kohle gerechnet ist.

Bei der Grundwasserabsenkung sinkt mit dem Beginn des Pumpens der Wasserstand erst langsam, bei gut durchlässigem Boden kann man annehmen, daß die Senkung von 1 m etwa 15 Stunden dauert. Der am häufigsten eintretende Übelstand ist der, daß die Wassersäule abreißt und die Pumpe kein Wasser mehr liefert. Dies kann seine Ursache haben in einer Undichtigkeit der Rohrleitungen oder in einem ungenügenden Wasserzufluß zu den Rohrbrunnen. Hier muß nun der Rohrmeister achtgeben. Ein vor der Pumpe in die Rohrleitung eingebautes Vakuummeter leistet gute Dienste, indem es etwaige Undichtigkeiten in der Rohrleitung sofort anzeigt. Durch Regelung der Motorgeschwindigkeit und durch rechtzeitiges Absperren der Brunnen, welche zeitweise kein Wasser geben, mittels der in der Rohrleitung eingebauten Schieber läßt sich der Übelstand fast immer verhüten.

Aber es bleibt bei jeder Wasserhaltung immer ein Risiko bestehen, die Berechnung der Wasserhaltungskosten gehört zu den schwierigsten und unsichersten Faktoren einer Preisberechnung für Bauarbeiten, die Höhe der Wagnisgebühr ist hier daher besonders sorgfältig zu überlegen. Nur sorgfältige Boden- und Grundwasseruntersuchungen können eine Grundlage für eine möglichst sichere Preisberechnung geben.

Bei allen Wasserhaltungsanlagen muß man darauf Bedacht nehmen, die Saughöhe möglichst zu vermindern und nur Pumpen zu verwenden, die durch Verunreinigungen des Wassers nicht so leicht in ihrer Wirksamkeit gestört werden. Saughöhen über 6 m sind möglichst zu vermeiden. Soll das Grundwasser mehr als 6 m tief abgesenkt werden, so empfiehlt sich eine zweite tieferliegende Brunnenstufe anzulegen und so fort. Mit stufenförmiger Absenkung sind bereits Grundwasserabsenkungen bis über 20 m tief erreicht worden.

Die Kostenberechnung für eine Grundwasserabsenkung zeigt auch den Weg, der eingeschlagen werden muß, wenn man vergleichsfähige Angebote erhalten will. Die Brunnenanlage und der Betrieb der Anlage sind die beiden Hauptarbeiten, man wird daher auch am besten sich diese getrennt anbieten lassen, und zwar

a) das Vorhalten des gesamten zur Grundwasserhaltung erforderlichen Gerätes für eine bestimmte Arbeitszeit in Kalendertagen,

b) den Antransport, Einbau, Ausbau und Abtransport des Gerätes,

c) die Betriebskosten, Kraft und Bedienung, auf den Kalendertag bezogen.

Solche Angebote mit begrenztem Wagnis für den Unternehmer können berechnet werden und fallen dann auch niedriger aus, als wenn dem Unternehmer ein unbegrenztes Wagnis auferlegt wird.

### c) Rammarbeiten.

Mit den Wasserhaltungsarbeiten im Zusammenhange stehen die Arbeiten zur Umschließung der Baugrube oder zur Befestigung der Baugrubenwände, das sind hauptsächlich Fangedämme und Spundwände und wir kommen daher jetzt zu den Rammarbeiten. Die Rammarbeiten gehören ebenfalls zu den technisch und wirtschaftlich unsicheren Bauarbeiten, da der Erfolg nach beiden Richtungen hin sehr von den Bodenverhältnissen abhängt. Sorgfältige Bodenuntersuchungen sind also wieder Vorbedingung für eine richtige Preisberechnung.

Das Material der einzurammenden Pfähle erträgt nur ein gewisses durch sein inneres Gefüge und die Abmessungen bedingtes Maß der Schlagwirkung. Je weniger stark die einzelnen Schläge sind, und je mehr man durch eine schnelle Aufeinanderfolge derselben die geringe Wirkung eines jeden zu ersetzen sucht, desto mehr wird das Material geschont und das regelmäßige Eindringen des Pfahls in den Boden gefördert. Daher bevorzugt man heute auch allgemein schwere Bären und geringe Fallhöhen bei schnell aufeinander folgenden Schlägen. Der Rammbär leistet beim Herabfallen eine mechanische Arbeit $= G \,.\, h.$, welche der lebendigen Kraft gleich ist, die der Rammbär während seiner Falldauer erreicht $= \frac{m\,v^2}{2}$. In dem Augenblick, wo der Rammbär diese lebendige Kraft erreicht, stößt er gegen den ruhenden Pfahl. Nach den bekannten Gesetzen der Mechanik wird ein Teil der lebendigen Kraft auf die Erzeugung anderer Energieformen, wie Schall, Wärme usw. verbraucht oder geht verloren, der restliche Teil verbleibt als nutzbare Energie des Rammbären und des Rammpfahles und setzt diese in einen Bewegungszustand, der nur durch die mechanische Arbeit anderer auf sie einwirkenden Kräfte wieder in den Zustand der Ruhe übergehen kann. Und diese Kräfte sind das Eigengewicht des Pfahles und der Eindringungswiderstand des Bodens als äußere Kräfte und die durch den Rammstoß erzeugten inneren Kräfte, welche je nach der Elastizität der Rammkörper eine verschieden große Formänderungsarbeit, also wieder eine verlorene Arbeit leisten. Es bleibt also immer nur ein Teil der mechanischen Arbeit des Rammbären nutzbar, welche die Eindringungstiefe ergibt, und diese nutzbare lebendige Kraft beträgt bei vollkommen elastischen Rammkörpern nur 50—60 vH der mechanischen Arbeit des Rammbären $G \,.\, h$.

Je elastischer Rammbär und Pfahl sind, um so größer ist die nutzbare Rammenergie. Aber je größer die Fallgeschwindigkeit des Rammbären und seine Fallhöhe ist, und je kleiner der Eindringungswiderstand des Bodens ist, um so eher trennt sich der Rammbär vom Pfahl und verringert die nutzbare Rammenergie. Das Kennzeichen hierfür ist ein zweites Aufschlagen des Rammbären auf den Pfahl. Daraus folgt, daß bei weichen Bodenarten mit geringem Eindringungswiderstand die Fallhöhe des Bären nicht zu groß genommen werden darf. Ist der Eindringungswiderstand des Bodens aber ein größerer, so ist die sofortige Verzögerung der Anfangsgeschwindigkeit des Pfahles größer als die Verzögerung des Rammbären, es kann keine Trennung des Bären vom Pfahl stattfinden und es erfolgt kein zweiter Aufschlag, der Rammbär übt vielmehr einen andauernden Druck auf den Pfahl während seiner Eindringung aus. Dies ist die wirtschaftlich günstigste Wirkung des Rammbären für die Absenkungsleistung und man muß also, da die Elastizität des Rammbären und des Pfahlbaustoffes gegeben ist, das Gewicht des Bären und die Fallhöhe so bemessen, daß ein zweiter Aufschlag nicht stattfindet, daß die Verzögerung des Rammbären durch den Stoß nicht größer wird als die vom Bodenwiderstand herrührende Verzögerung des Pfahles, denn dann erreicht man die größte Eindringungstiefe. Wird aber das Bärgewicht kleiner als die durch die Elastizität des Pfahles hervorgerufene Formänderung des Pfahles, also als der aus der Stoßelastizitätsziffer und dem Pfahlgewicht sich ergebende Bruchteil des Pfahlgewichtes, dann ist stets die Bärgeschwindigkeit unmittelbar nach dem Rammstoße aufwärts statt abwärts gerichtet und es findet in diesem Falle ein Abprallen des Rammbären vom Pfahle statt oder, wie man sagt, der Bär tanzt auf dem Pfahle. Es geht dann die lebendige Kraft des Rammbären für die nutzbare lebendige Kraft, welche das Eindringen des Pfahles bewirkt, verloren. Dieser Fall tritt aber auch ein, wenn ein Pfahl selbst von entsprechend geringem Gewichte bereits so großen Eindringungswiderstand im Boden findet, daß durch den Rammschlag keine weitere Verdrängung des umliegenden Bodens, sondern bloß dieselbe Erschütterung des Bodens, wie sie der Pfahl selbst erfährt, eintritt. Das Tanzen des Bären ist dann stets ein Zeichen dafür, daß entweder mit einem zu leichten Rammbären gearbeitet wird, oder daß auf einen bereits völlig festsitzenden Pfahl gedankenlos weitergerammt wird und dadurch nicht nur Zeit vergeudet, sondern auch der Pfahl beschädigt wird. Will man in einem solchen Falle noch größere Absenkungen der Pfähle erreichen und ist genügende Festigkeit des Pfahlbaustoffes gegenüber den erhöhten Rammbeanspruchungen vorhanden, so ist nur die Wahl eines entsprechend schweren Rammbären, der eben nicht mehr tanzt, für die weitere Fortsetzung der Rammarbeit ratsam. Diese grundlegenden naturgemäßen Erkenntnisse werden vielfach nicht beachtet, es wird trotz des Tanzens des Bären immer weiter auf den Pfahl losgerammt und schließlich weiter nichts erreicht, als daß der Pfahl gestaucht oder entzweigeschlagen wird[1]). Eine gute Faustregel besagt, ein Pfahl sitzt genügend fest, wenn er bei einem Rammstoß mit einem 1 t schweren Bären bei 1 m Fallhöhe nicht mehr wie 1 cm eindringt. Ist dieses Ziel erreicht, so kann man unter gewöhnlichen Verhältnissen annehmen, daß der Pfahl genügende Tragfähigkeit hat.

Aus verschiedenen Gründen läßt man mitunter den Rammbären nicht unmittelbar auf den Kopf des einzurammenden Pfahles, sondern auf ein am Pfahlkopfe aufgesetztes Zwischenglied herabfallen. Bezweckt man hierdurch die Verlängerung des abzusenkenden Pfahles, so nennt man es R a m m k n e c h t oder J u n g f e r, während dasselbe dann, wenn es bloß dazu dient, um den Pfahlkopf vor den zerstörenden Wirkungen des herabfallenden Rammbären zu schützen, als S c h l a g h a u b e bezeichnet wird, wie bei Eisenbetonpfählen. Dieses Zwischenglied muß nun vor allem während des Einrammens am Pfahlkopfe durch geeignete Mittel gut festgehalten werden und die Eindringungs-

---

[1]) Vgl. S t e r n, O.: Das Problem der Pfahlbelastung. Berlin 1908.

wirkung wird am wenigsten beeinträchtigt, wenn möglichst schwere und unelastische Zwischenglieder und schwere Rammbären mit geringer Fallhöhe angewendet werden.

Die heute gebräuchlichsten Rammen sind die Zugramme, die Dampfkunstramme mit rücklaufender oder endloser Kette und die Dampframme mit direkt wirkendem Bär.

Die Zugramme erfordert wieder geringe Anlagekosten, aber bei unseren hohen Arbeitslöhnen große Betriebskosten und kommt daher nur noch in Frage bei kleinen Arbeiten, als Einrammen schwacher Hölzer, namentlich schwacher Spundbohlen, und beim Einrammen von Gerüstpfählen, wo die Ramme häufig versetzt werden muß. Das Bärgewicht der Zugramme beträgt 100—600 kg. Auf 50 kg Bärgewicht rechnet man 3 Arbeiter, dazu 1 Rammeister und 1 Zimmermann für jede Ramme. Das Bärgewicht richtet sich nach dem Pfahlgewicht und dem Eindringungswiderstande des Bodens. Aus Pfahlgewicht und Eindringungswiderstand ergibt sich auch die Leistung, wobei allerdings noch verschiedene Nebenumstände, wie oftmaliges Versetzen der Ramme usw. mit in Betracht kommen. Allgemeine Angaben lassen sich über die Leistungen nicht machen, sie sind je nach den örtlichen Verhältnissen zu verschieden. Genaue Bodenuntersuchungen und das Einschlagen von Probepfählen ergeben allein sicheren Anhalt für eine Preisberechnung.

Man berechnet die erforderliche Arbeitsleistung für das Einrammen eines Pfahles oder einer Spundbohle in Meterkilogramm und hieraus dann die erforderliche Arbeits- oder Betriebskraft. Unter Voraussetzung sandigen Bodens kann man annehmen, daß das Einrammen für 1 m Rammtiefe eine Nettoleistung am Rammbären erfordert von etwa 80000—125000 mkg, von welchen also 50—60 vH für das Eindringen des Pfahles nutzbar werden. Bei der Zugramme kann man 10 Schläge in der Minute rechnen, nach jeder Hitze von 25—30 Schlägen ist eine Pause von 2—3 Minuten zur Erholung der Arbeiter notwendig. Bei der Dampframme mit rücklaufender Kette kann man 3—5, mit endloser Kette 10—15 und bei Dampfbären 30—80 Schläge in der Minute rechnen, so daß sich in der Zeitausnutzung die Überlegenheit der direkt wirkenden Dampframme zeigt, sie arbeitet bei gleicher Kraftleistung doppelt so schnell.

Die tägliche Leistung eines Arbeiters an der Zugramme kann man zu 60000 mkg annehmen und die Wirkung auf den Rammbären, die Nettoleistung nach Abzug von 5 vH für Seilwiderstand und Reibung zu 57000 mkg. Bei den Dampframmen ist wegen der größeren Reibungswiderstände die Nettoleistung nicht so günstig, man kann höchstens mit 75 vH Nutzwirkung auf den Rammbären rechnen.

Nach diesen Angaben würden z. B. bei einer Zugramme mit 500 kg Bärgewicht $\frac{500}{50} \cdot 3 = 30$ Arbeiter erforderlich sein, deren tägliche Leistung $30 \times 57000 = 1710000$ mkg betragen würde. Schätzt man die Nettoleistung für 1 m Rammtiefe zu 100000 mkg, so würden mit der Zugramme $\frac{1710000}{100000} = 17$ m Pfähle täglich eingerammt werden können.

Bei einem 1000 kg schweren Bären beträgt bei 2 m Fallhöhe die mechanische Arbeit des Rammbären 2000 mkg. Zum Heben des Rammbären sind bei 12 Schlägen in der Minute und 25 vH Reibungswiderständen $\frac{2000 \cdot 12}{75 \cdot 60} \cdot 1{,}25 = 6{,}7$ PS erforderlich. Um 1 m Pfahl einzurammen seien wieder 100000 mkg Nettoleistung am Rammbären erforderlich, so daß $\frac{100000 \cdot 1{,}25}{2000} = 63$ Schläge oder $\frac{63}{12} = 5{,}3$ Minuten notwendig sind. Hiernach läßt sich die erforderliche Zeit zum Einrammen eines Pfahles und unter Berücksichtigung der Zeitverluste beim Verschieben der Ramme, bei Aufziehen und Stellen der Rammpfähle, welche von den örtlichen Verhältnissen abhängen, die tägliche Leistung der Ramme berechnen. Aus dem Kraftverbrauch und der Bedienung ergeben sich dann in üblicher Weise die Betriebskosten.

Im allgemeinen rechnet man aber umgekehrt und rechnet für eine gegebene Ramme die täglichen Betriebskosten, ermittelt die Nettoleistung am Rammbären, schätzt dann nach Pfahlgewicht und Bodenverhältnissen die zum Einrammen eines Pfahles erforderliche Arbeitsleistung in Meterkilogramm, erhält daraus unter Berücksichtigung der Nebenarbeiten die tägliche Leistung und schließlich aus Betriebskosten und Leistung den Einheitspreis für 1 m Pfahl.

Beispiel. Mit einer Dampfbärramme mit 1000 kg Bärgewicht bei 1 m Fallhöhe sollen 500 Stück 5 m lange Pfähle eingerammt werden.

1. Betriebskosten für 1 Tag zu 8 Arbeitsstunden:

a) Einmalige Kosten:

| | |
|---|---|
| Antransport und Montage (Konstruktionsgewicht etwa 13 t) . . . . . . . . . . . . . . . . . . . . | 1000,— M. |
| Demontage und Abtransport . . . . . . . . . . . . | 800,— „ |
| | 1800,— M. |
| für allgemeine Unkosten 10 vH . . . . . . . . . . . | 180,— „ |
| | 1980,— M. |

d. i. für 1 m Pfahl $\frac{1980}{500 \cdot 5} = 0{,}75$ M.

b) Laufende Kosten:

Anschaffungswert 9000,— M., Abschreibung 15 vH, Verzinsung 10 vH, Ausbesserungen 10 vH, zusammen 35 vH für 1 Jahr = 3150 M., d. i. bei etwa 200 Betriebstagen für 1 Tag 15,75 M.

Bei 40 Schlägen in der Minute und 60 vH Nutzleistung beträgt die Nettoleistung des Rammbären $1000 \cdot 1{,}0 \cdot 40 \cdot 0{,}60 = 24000$ mkg/Min. Die erforderliche Nettoleistung, um 1 Pfahl 1 m tief einzurammen, werde zu 90000 mkg geschätzt, somit für 1 Pfahl 5 m lang Rammzeit $\frac{90000 \cdot 5}{24000} = 19$ Minuten. Für Versetzen der Ramme, Stellen des Pfahles und für Nebenarbeiten muß im allgemeinen die doppelte Zeit gerechnet werden, so daß die tägliche Leistung bei achtstündiger Arbeitszeit $\frac{8 \cdot 60}{19 + 38} =$ rund 8 Pfähle wird und die Kapitalkosten für 1 m Pfahl sich stellen auf $\frac{15{,}75}{8 \cdot 5} = 0{,}39$ M.

| | | | |
|---|---|---|---|
| Arbeitslöhne: | 1 Pfahlmeister | 8 · 1,40 = | 11,20 M. |
| | 1 Maschinist | 10 · 1,10 = | 11,— „ |
| | 1 Zimmerer | 8 · 1,10 = | 8,80 „ |
| | 2 Arbeiter | 8 · 0,70 = | 11,20 „ |
| | | | 42,20 M. |
| | Soziale Lasten 10 vH | | 4,22 „ |
| | | | 46,42 M. |

d. i. für 1 m Pfahl $\frac{46{,}42}{8 \cdot 5} = 1{,}16$ M.

Betriebsstoffe: Bei 10 PS Maschinenleistung kann an Dampfverbrauch gerechnet werden pro Tag $\frac{1}{2} \cdot 10 \cdot 8 \cdot 25 = 1000$ kg.

| | | |
|---|---|---|
| Kohlenverbrauch | $\frac{1000}{7{,}5}$ | = 133 kg |
| für Anheizen und Dampfhaltungspausen | 25 vH | = 33 kg |
| | | 166 kg |

| | | |
|---|---|---|
| 1 t Kohle = 25 M. ergibt | 166 · 0,025 = | 4,15 M. |
| Wasserverbrauch 1,7 m³ zu | 0,20 = | 0,34 „ |
| Schmier- und Putzmittel 20 vH der Kohlenkosten | | 0,83 „ |
| | | 5,32 M. |

d. i. für 1 m Pfahl $\frac{5{,}32}{8 \cdot 5} = 0{,}13$ M.

Zusammenstellung für 1 m Pfahl:

| | |
|---|---|
| a) Einmalige Kosten | 0,75 M. |
| b) Laufende Kosten: | |
| Kapitalkosten | 0,39 „ |
| Arbeitslöhne | 1,16 „ |
| Betriebsstoffe | 0,13 „ |
| | 2,43 M. |
| c) Allgemeine Unkosten 20 vH | 0,48 „ |
| | 2,91 M. |
| Wagnis und Gewinn 15 vH | 0,44 „ |
| Angebotspreis | 3,35 M. |

In nachstehender Zusammenstellung sind für die hauptsächlich in Betracht kommenden Rammen die Betriebskosten pro Jahr bei 60 vH Ausnutzung der Normalleistung zusammengestellt. Der Dampfverbrauch und damit die Kosten für Brennmaterial und Wasser sind bei den Rammen mit direkt wirkendem Bär höher wie bei den Rammen mit endloser Kette. Diese Nachteile werden aber bei weitem dadurch aufgehoben, daß die Leistungen durch die höhere Schlagzahl unverhältnismäßig viel größer sind. Der Schmier- und Putzmittelbedarf ist bei den Kleindampframmen nur gering und infolge des Ketten- oder Seilantriebes bei indirekt wirkenden Rammen etwas größer als bei direkt wirkenden gleicher Leistung. Als Bedienung ist für die größeren Rammen mit 1 Maschinist, 1 Heizer und 2 Mann gerechnet, die Arbeiter für das Zurichten und Heranbringen der Pfähle sind nicht mitgerechnet.

Eiserne Spundbohlen werden nach Gewicht bezahlt, die Gewichte der verschiedenen Spundwandsysteme sind aus den Tabellen der betreffenden Walzwerke zu entnehmen und die für 1 lfd. m Spundwand erforderliche Anzahl Kilogramm ist der Berechnung zugrunde zu legen.

Betriebskosten von Rammen im Jahr mit 2000 Betriebsstunden bei 60 vH Ausnutzung der Leistung.

| Bärgewicht | Schlagleistung | Bauart | Gewicht | Preis | Leistung | Kohle | | Wasser | | Schmier- u. Putzmittel | Ausbesserungen | Löhne | Transport und Montage | Abschreibung | Verzinsung | Versicherung | Summe |
|---|---|---|---|---|---|---|---|---|---|---|---|---|---|---|---|---|---|
| kg | mkg | | kg | M. | mkg | t | M. | m³ | M. | M. | M. | M. | M. | M. | M. | M. | M. |
| | | | | | | | | | | | 10 vH | | | 15 vH | 10 vH | 8 vH | |
| 500 | 450 | Kleindampframme | 4000 | 6000 | 810000000 | 55 | 1375 | 450 | 90 | 250 | 600 | 5000 | 360 | 540 | 600 | 48 | 8863 |
| 1250 | 1880 | Reihenramme mit endloser Kette | 14000 | 8500 | 1350000000 | 80 | 2000 | 650 | 130 | 550 | 850 | 7600 | 1050 | 1275 | 850 | 68 | 14373 |
| 2500 | 3380 | Dampfbärramme | 27000 | 25000 | 7300000000 | 230 | 5750 | 2000 | 400 | 675 | 2500 | 10000 | 2000 | 3750 | 2500 | 200 | 27775 |
| 4000 | 5300 | Betonpfahldampfbärramme | 35000 | 34000 | 11500000000 | 320 | 8000 | 2800 | 560 | 850 | 3400 | 10000 | 2700 | 5100 | 3400 | 272 | 34282 |

Bei den Pfählen und Spundbohlen aus Eisenbeton ist zu unterscheiden zwischen denen, die in Schalung hergestellt und in fertiger Form eingerammt werden, und solchen, die durch Einstampfen von Beton in eingetriebene Blechröhren oder in durch Ramm- oder Bohrrohre vorbereitete Hohlräume im Boden hergestellt werden, vgl. folgendes Kapitel.

Das Rammen ist eine Kunst, die gelernt sein will, jeder gewöhnliche Zimmermann ist nicht dazu zu gebrauchen, nur ein tüchtiger geübter Pfahlmeister kann eine größere Rammarbeit mit Erfolg ausführen. Auf einige wichtige praktische Regeln bei der Ausführung von Rammarbeiten mag noch hingewiesen werden.

Die Stärke der hölzernen Rammpfähle kann man hinsichtlich der Beanspruchung beim Einrammen wie folgt nehmen:

bis 4 m Länge mittlere Stärke . . . . . . . . 25 cm,
bis 6 m Länge mittlere Stärke . . . . . . . . 30 cm,

bis 12 m Länge gibt man für jeden Meter größere Länge 1,5 cm zu und von 12 m aufwärts für jeden Meter 1 cm. Die Höhe der Spitze soll etwa gleich der mittleren Pfahlstärke und nicht über 50 cm betragen. Die Spitze muß die Form eines abgestumpften Kegels haben. Das Anspitzen eines Pfahles und das Aufziehen des Pfahlringes erfordert 0,8—2 Zimmererstunden je nach Stärke und Länge des Pfahles. Kiefernholz ist dem Tannenholz vorzuziehen.

Für Spundwände ist die Dreieckspundung bei schwächeren und die quadratische Spundung bei stärkeren Bohlen die beste. Vielfach wird die Feder kleiner gemacht wie die Nut, dies ist aber nicht richtig, da sich dann sehr leicht Sand, Steinchen und erdige Teile zwischen Nut und Feder setzen, was stets die Ursache des seitlichen Ausweichens der Spundbohle bildet. Die Feder muß daher stets so hoch wie die Nut gemacht werden, besser noch 2—4 mm länger. Die Feder braucht in keinem Falle höher zu sein als 5 cm und dementsprechend die Nut 4,6—4,8 cm tief. Die Nut soll 5 mm breiter als die Feder und gleich ein Drittel der Holzstärke sein. Hohe Federn sind ohne Einfluß auf den dichten Schluß der Wand und bedingen nur eine Materialvergeudung. Hohe Federn und dementsprechend hohe Backen brechen auch leicht.

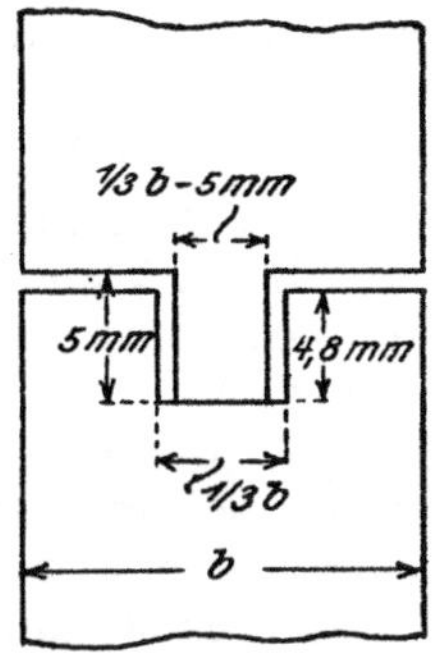


Die Feder muß durchweg vollkantig sein, Federmitte, Nutmitte und Pfahlmitte müssen überall zusammenfallen, jede Abweichung hiervon verursacht Bruch. Die Holzstärken bei Spundbohlen sind vom Boden abhängig, den die Bohle durchdringen soll, bei den gewöhnlich vorkommenden Bodenarten haben sich folgende Abmessungen bewährt:

| Pfahllänge m | Holzstärke cm | geringste Pfahlbreite cm |
|---|---|---|
| 2 bis 3 | 8 bis 10 | 20 |
| 4 „ 5 | 12 „ 14 | 20 |
| 6 „ 8 | 16 „ 18 | 25 |
| 9 „ 10 | 20 | 25 |
| 11 „ 13 | 21 bis 22 | 25 |
| 14 „ 15 | 23 „ 24 | 25 |

Auch eine größte zulässige Pfahlbreite vorzuschreiben, ist nicht ratsam, denn breite Bohlen rammen sich ebenso bequem wie schmale Bohlen und verbilligen daher die Rammarbeit. Jede Spundbohle ist keilförmig anzusetzen, damit sie beim Einrammen an die bereits vorgerammte Wand herangedrängt wird. Damit der Bär nicht die Pfahlkanten trifft, der Schlag vielmehr achsial erfolgt, werden schmale Spundbohlen paarweise gekuppelt und mit einem gemeinschaftlichen Pfahlring versehen. Es muß beim Einrammen von Spundbohlen überhaupt darauf geachtet werden, daß die Auflagerfläche größer ist als die Unterfläche des Bären. Das Anspitzen und Kuppeln der Spundbohlen sowie das Aufziehen des gemeinschaftlichen Pfahlringes erfordert je nach der Länge der Pfähle 2—4 Zimmererstunden für 1 Pfahl und 5—8 Zimmererstunden für 1 lfd. m Spundwand.

Das Aufziehen der Pfahlringe ist von großer Wichtigkeit, sie bezwecken, daß der Pfahlkopf beim Einrammen seine glatte Fläche behält und nicht zersplittert. Die Pfahlringe müssen mindestens 100 mm hoch und 30 mm stark sein, leichtere sollten nicht verwendet werden, da sie unter dem Rammschlag springen, herabfallen und die Arbeiter gefährden. Jeder Ring muß etwas konisch gearbeitet, wenigstens aber konisch aufgezogen werden.

Das Einrammen der Spundbohlen geschieht zwischen Zwingen, welche aber nicht an den Bundpfählen oder an den zuerst eingerammten Spundpfählen, sondern an besonderen Hilfspfählen befestigt werden sollten, weil sonst die ersteren leicht aus der senkrechten Stellung gezogen werden und die Spundwand nicht dicht wird. Die Zwingen dienen als Führung für die Spundbohlen, mit Keilen oder mit einer Winde müssen außerdem die einzurammenden Bohlen gegen die bereits eingerammten gepreßt werden, damit ein dichter Schluß entsteht. Um eine dichte Wand zu erzielen rammt man auch nicht jede einzelne Bohle für sich ein, sondern setzt immer 2—3 m Wand vor und rammt dann erst nach.

Zur Erleichterung der Rammarbeit dient die Wasserspülung, indem der Pfahlspitze Druckwasser zugeführt wird, um den Eindringungswiderstand des Bodens zu verringern. Zu beachten ist, daß das Strahlrohr ständig bewegt wird, sonst saugt es sich fest oder verstopft sich. Die Wasserspülung ist anwendbar in Sand, Kies und Sand mit Lehm und Ton gemischt, sie ist auch oft noch wirksam in Ton und Lehm, je nach der Beschaffenheit desselben. Namentlich bei festgelagertem feinem Sande, der ein schlechter Rammgrund ist, ist die Spülung besonders vorteilhaft. Bei Spundwänden erleichtert sie auch die Vorsetzarbeit und das dichte Einrammen, denn wenn eine Spundbohle abgehen will, so spült man an der entgegengesetzten Seite und beim Nachrammen drängt dann die Spundbohle stets nach der Seite, an welcher das Strahlrohr steht. Dampframmen sollten daher stets mit einer Spülpumpe versehen sein, und zwar empfehlen sich Pumpen von größerer Wasserförderung mit geringem Druck, etwa 1 Atmosphäre, mehr als Pumpen mit geringerer Wasserförderung und einem Druck von 5 bis 6 Atmosphären. Die Wasserspülung ist auch ein vorzügliches Mittel, um Hindernisse unter den Pfählen zu beseitigen, selbst größere Steine lassen sich in sandigem Boden zur Seite oder tiefer spülen.

Zur Kontrolle aller Rammarbeiten und namentlich, um ein unbefugtes Abschneiden der Pfähle zu verhüten, müssen die Pfähle mit einem oder mehreren eingebrannten Zeichen am oberen Ende versehen werden, so daß jederzeit die Länge und die Rammtiefe zu erkennen ist. Bei dem Einrammen von Tragpfählen ist es ferner notwendig, einen Pfahlriß anzufertigen, aus welchem die Stellung der einzelnen Pfähle sowie die Nummern, welche sie erhalten, zu ersehen sind, und in Verbindung hiermit ein Rammregister zu führen, welches folgende Spalten enthält:

1. Seite.

| Datum | Pfahl | | | Ganze Rammtiefe | Bärgewicht | Ramm- | | | |
|---|---|---|---|---|---|---|---|---|---|
| | | | | | | 0 bis 3 m | | 3 bis 5 m | |
| | Nr. | Länge | Stärke | | | Fallhöhe | Schlägezahl | Fallhöhe | Schlägezahl |
| | | m | cm | m | kg | m | | m | |
| Juli 3 | 1 | 8,0 | 30 | 6,0 | 1000 | 1,0 | 125 | 1,0 | 112 |

Bei Spundwänden erübrigt sich die Führung eines Rammregisters, da sie in den seltensten Fällen als tragende Bauteile, sondern in der Regel nur zur Absperrung einer Baugrube gegen Wasserzudrang und Unterspülung dienen und ihren Zweck erfüllen, wenn sie in unverletztem Zustande im Boden stehen. Ihre Stärke ist daher auch im allgemeinen nicht statisch bestimmbar, wie bei einem bestimmten Seitendruck, sondern hängt vielmehr von der dynamischen Inanspruchnahme durch die Rammarbeit ab. Bei größerer freistehender Länge einer Spundwand und bei größerem Seitendruck darf man daher eine Absteifung nicht vergessen. Die Kosten solcher aus starken Rahmhölzern und Rundholzsteifen bestehenden Absteifungen hängen von der Größe und Tiefe der Baugrube ab, müssen aber den Kosten der Spundwand zugerechnet werden.

Muß eine Baugrube mit senkrechten Wänden ausgehoben werden und ist kein oder nur ein geringer Wasserandrang vorhanden, so erübrigen sich die Spundwände und an ihrer Stelle treten lotrecht eingetriebene Bohlen, die sog. Stülpwände oder der horizontale Ausbau.

Die Stülpwände werden zwischen horizontalen Zangen aufgestellt und mit dem Fortschreiten der Vertiefung der Baugrube mit dem Hammer oder einer Handramme nachgetrieben. An Arbeitslohn erfordern sie für 1 m² etwa 1—2 Arbeiterstunden; die Bohlen werden 5—6 cm stark genommen.

Bei dem horizontalen Ausbau werden die Bohlen von 5—6 cm Stärke horizontal gelegt, je 2 oder 3 Bohlen werden durch eine Lasche oder ein Brustholz, d. i. ein senkrecht gestelltes Bohlenstück, gefaßt und durch ein Rundholz gegen die gegenüberliegende Baugrubenwand oder gegen einen anderen festen Punkt abgesteift. Die üblichen Längen der Bohlen sind 4,0, 4,5 und 5,0 m, welche an beiden Enden und einmal in der Mitte oder bei stärkerem Bodendruck noch zweimal abgesteift werden. Dieser Ausbau ist der beim Verlegen von Rohrleitungen und Herstellung von Entwässerungskanälen übliche, wird daher vielfach angewandt und sollen die Kosten an einem Beispiel berechnet werden.

Es soll die Schalung für 112,5 m Rohrgraben von 4 m Tiefe bei 1,5 m Breite der Baugrube berechnet werden unter Verwendung von 4,5 m langen und 5 cm starken Bohlen. Erforderlich sind bei dichtem Ausbau $2 \cdot 112{,}5 \cdot 4{,}0 = 900$ m² Bohlen. Bei 25 cm Breite der Bohlen sind 16 Bohlen für 4 m Tiefe erforderlich, auf die oberen 12 Bohlen je 1 Lasche für 3 Bohlen und auf die unteren 4 Bohlen je 1 Lasche auf 2 Bohlen gerechnet, ergibt bei

2. Seite.

| tiefe 5 bis 6 m | | | | | | Eindringungstiefe bei den letzten 5 Schlägen | Bemerkungen |
|---|---|---|---|---|---|---|---|
| Fallhöhe m | Schlägezahl | Fallhöhe m | Schlägezahl | Fallhöhe m | Schlägezahl | cm | |
| 1,0 | 95 | ...... | ......... | ...... | ......... | 5 | |

3 Steifen auf 1 Bohlenlänge $2 \cdot 4 \cdot 3 \cdot \frac{112{,}5}{4{,}5} = 600$ Stück Laschen 70 cm lang, 20 cm breit, 5 cm stark und $2 \cdot 2 \cdot 3 \cdot \frac{112{,}5}{4{,}5} = 300$ Stück Laschen 45 cm lang und $\frac{600 + 300}{2} = 450$ Stück Steifen 1,40 m lang, 15 cm stark.

Demnach Holzbedarf:

| | | | |
|---|---|---|---|
| 900 m² Bohlen 5 cm stark zu . . . . . . . . . | 4,50 M. | = | 4050,— M. |
| 600 Stück Laschen 70 cm lang zu . . . . . . . | 0,80 „ | = | 480,— „ |
| 300 Stück Laschen 45 cm lang zu . . . . . . . | 0,50 „ | = | 150,— „ |
| 450 Stück Steifen 1,40 m lang, 15 cm stark = 0,018 m³ zu 40,0 | = 0,72 M. | = | 324,— „ |
| | | | 5004,— M. |

Von diesen Anschaffungskosten sind jährlich zu rechnen:

Verzinsung 10 vH
Abschreibung 40 vH

50 vH von 5004 M. . . . . . . . . . . . = 2502,— M.

d. i. für 1 Arbeitstag $\frac{2502}{250} = 10,—$ M.

Werden an 1 Arbeitstag 10 m Kanal gefertigt und sind 2500 m Kanal herzustellen, so sind die Materialkosten für

1 m Kanallänge $\frac{10{,}0}{10}$ . . . . . . . . . . . . . . . . . = 1,— M.

| | | | |
|---|---|---|---|
| Anfuhr etwa 60 m³ = 15 Fuhren zu 10,— M. = | 150,— M. | | |
| Abfuhr . . . . . . . . . . . . . . . . . . . . . | 150,— „ | | |
| | 300,— M. | | |
| für 1 m Kanal $\frac{300}{2500}$ . . . . . . . . . . . . . . . . . | | = | 0,12 „ |

Arbeitslöhne. Einschalen:

| | | | | |
|---|---|---|---|---|
| 2 Zimmerer zu . . . . . . . . . . | 8,— M. | = | 16,— M. | |
| 2 Arbeiter zu . . . . . . . . . . | 5,60 „ | = | 11,20 „ | |
| Soziale Lasten 10 vH . . . . . . . . . | | = | 2,72 „ | |
| für einen Tag | | | 29,92 M. | |
| Leistung 10 m, d. i. für 1 m . . . . . . . . . . . . . . | | | | 2,99 M. |
| Ausschalen ¹/₃ von . . . . . . . . . . . . . . | 2,99 M. | = | | 1,— „ |
| 1 m Baugrube zus.: | | | | 5,11 M. |

oder für 1 m² Baugrubenwand $\frac{5{,}11}{2 \cdot 4} = 0{,}64$ M.

Ist die Gesamtleistung kleiner, so erhöhen sich die Materialkosten entsprechend. Bei größeren Tiefen erhöhen sich die Arbeitslöhne, man kann für jeden Meter Mehrtiefe etwa je 10 Pfg. an Arbeitslohn für 1 m² Baugrubenwand mehr rechnen.

Bei städtischen Entwässerungskanälen wird die Breite der Baugrube, wie hier nebenbei bemerkt werden mag, gerechnet nach der größten planmäßigen Breite des Kanals mit einem beiderseitigen Zuschlage von je 0,30 m für Tonrohr- und Zementrohrkanäle bis 60 cm lichte Breite, je 0,40 m für größere Ton- und Zementrohrkanäle als Zuschlag zu deren Lichtweiten und von je 0,20 m für alle gemauerten und Betonkanäle gerechnet als Zuschlag zu der größten seitlichen Ausladung des Bauwerks.

### d) Beton- und Maurerarbeiten.

Nachdem die Baugrube hergestellt ist, beginnen die Arbeiten zur Herstellung des Baukörpers oder des Bauwerks selbst und diese sind hauptsächlich die Maurerarbeiten und die Betonierungsarbeiten, zu welchen als Nebenarbeit die Herstellung der Gerüste kommt.

Die Gerüste werden fast durchweg aus Holz hergestellt, es sind entweder Arbeitsgerüste zum Heranschaffen der Baustoffe, oder Lehrgerüste und Schalungen zur Unterstützung und zur Formengebung der Bauwerkteile. Die zur Herstellung der Arbeits- und Lehrgerüste benötigten Holzmengen sind nach den örtlichen Verhältnissen verschieden, für überschlägliche Berechnungen sind in Abschnitt III 3d bereits die nötigen Angaben gemacht. Das Abbinden, Aufstellen und Wiederabbrechen von Lehrgerüsten erfordert an Arbeitszeit 0,7—1,5 Zimmererstunden für 1 m Bauholz.

Für die Betonarbeiten dient die Schalung zur Formgebung. Bedingung ist genügende Widerstandsfähigkeit gegenüber den Erschütterungen durch das Stampfen und den durch das Gewicht des Betons und der Arbeiter erzeugten Druck und Schub. Die Aufstellung muß derart erfolgen, daß ein leichtes Ausrüsten möglich ist. Die Schalung als Unterlage des Betons besteht fast immer aus Holz, nur bei oftmaligem wiederholtem Gebrauch derselben Form macht man sie aus Eisen, wie z. B. bei Herstellung von Betonkanälen. Für reine Betonbauten verwendet man die Schalbretter meist so, wie sie aus der Säge kommen, nur wenn die Außenflächen des Betons nicht mehr verputzt werden sollen, werden die Bretter einseitig gehobelt und die Fugen mit Gips verstrichen oder mit Packpapier, Leinwand oder Jute bedeckt. Um ein Anhängen des Betons an der Schalung zu verhindern, bestreicht man sie zuweilen mit Seife oder Mineralöl. Die Stärke der Schalbretter sollte bei Stampfbetonarbeiten nicht unter 5 cm betragen, bei Eisenbetonarbeiten, die weniger Stampfarbeit erfordern, kann man bis 3 cm hinuntergehen. Bei der Herstellung der Schalung sind des leichten Ausrüstens wegen alle festen Verbindungen durch Zapfen, Blattungen usw. zu vermeiden, sie werden ersetzt duch stumpfe Stöße, welche durch aufgenagelte Brettstücke, durch Zwingen, Klammern usw. gehalten werden. Ebenso ist Nagelung nach Möglichkeit zu vermeiden, dagegen sind Drahtverbindungen zweckmäßig. Zum Antreiben der Stützen und Losmachen beim Ausschalen dienen Holzkeile.

Jede Rüstung für Betonarbeiten besteht aus 3 Teilen: 1. die Schalung zur Formgebung, 2. das diese stützende Holzgerüst, 3. die Konstruktionsteile, welche ein späteres Ausrüsten gestatten. Diese 3 Teile müssen immer vorhanden sein, ob es sich um Decken, Balbenbrücken, Gewölben oder Mauern usw. handelt. Und dabei ist als Grundsatz zu beachten, daß alle Teile leicht lösbar sind, und daß für öfters wiederkehrende Bauteile die Schalungen so herzustellen sind, daß sie möglichst oft benutzt werden können. Soweit es angängig, ist die Schalung fertig herzustellen, bevor mit dem Betonieren begonnen wird, um zu verhüten, daß durch Unterbrechungen im Betonieren Trennungsflächen entstehen. Bei schwachen Bauteilen ist dies nicht immer angängig, weil der Beton von der Seite her eingebracht und gestampft werden muß. Dann muß aber unter allen Umständen der Aufbau der Schalung gleichzeitig mit dem Betonieren erfolgen, damit keine Unterbrechung des Betonierens stattfindet. Als Unterstützungen dienen beim Deckenbau einfache Rundholzstützen, beim Brückenbau kommen außerdem abgebundene Konstruktionen, als Jochkonstruktionen, Sprengwerke und Hängewerke, in Frage.

Als Ausrüstungsvorrichtungen dienen Keile, Schrauben, Sandtöpfe. Sie sind in genügender Zahl vorzusehen, um ein leichtes Ausrüsten zu erzielen und den frischen Beton nicht zu sehr zu erschüttern.

Für die Berechnung der Kosten ist maßgebend der Holzbedarf, das Eisenzeug und der Arbeitslohn für Zurichten, Ein- und Ausrüsten. Man berechnet die Kosten der eigentlichen Schalung für die abgewickelte Schalungsfläche, und für den Verbrauch an Schalbrettern ist der Verschnitt besonders zu beachten, der namentlich bei gebrochenen Flächen, Ecken, Abrundungen usw. entsteht. Für die Schalbretter ist daher mit einem Verlust von 10—25 vH zu rechnen, und zwar bei jeder Zurichtung einer Schalung. An Arbeitslohn kann man rechnen für 1 $m^2$ Schalung herrichten 0,3—2 Zimmererstunden und für das Ein- und Ausschalen 0,2—1 Zimmererstunde.

Für die Holzgerüste zur Unterstützung der Schalungen kann man für 1 $m^2$ Schalungsfläche 0,05—0,10 $m^3$ Rund- oder Kanthölzer rechnen und an Arbeitslohn für 1 $m^3$ Abstützungshölzer zurichten 10—20 Zimmererstunden, d. i. für 1 $m^2$ Schalungsfläche 0,2—2 Zimmererstunden; für Ein- und Ausrüsten 5—10 Zimmererstunden, d. i. für 1 $m^2$ Schalung 0,1—1 Zimmererstunde. Für 1 lfd. m Rüstholz zurichten und aufstellen rechnet man 0,5—0,8 Zimmererstunden. Diese Angaben gelten natürlich nur für Regelfälle, für besondere Fälle sind ebenso wie bei den Lehrgerüsten die Kosten nach dem wirklichen Holzbedarf zu berechnen. Für Verlust, Abnutzung und Verzinsung sind dieselben Sätze wie für die Schalbretter zu rechnen.

Das benötigte Material für die Schalung von Eisenbetondecken[1]) setzt sich in der Hauptsache zusammen aus:

Schalbrettern, parallel besäumt von in der Regel 3 cm Stärke.

Schalbögen aus Brettern von durchweg gleicher Breite, welche auf die hohe Kante gestellt zur Unterstützung der Schalbretter dienen und selbst durch Kanthölzer unterstützt werden. Entfernung der Schalbögen 30—60 cm, Stärke 30 mm.

Kanthölzer in der Regel 10—12 cm stark.

Rundholzsteifen von meist etwa 13 cm mittlerer Stärke.

An sonstigem Material kommen Hartholzkeile, Nägel und Schrauben in Betracht.

Die Schalung normaler Eisenbetonkonstruktionen kann man sich aus folgenden Elementen zusammengesetzt denken:

1. Deckenschalung, d. i. die Schalung für eine ebene Deckenplatte über beliebig viele Stützen, wobei über die dazwischen liegenden Balken hinweg gemessen wird, so daß die Schalung etwaiger Balkenbodenflächen hier mitgemessen wird.

---

[1]) Vgl. Palen, Dr.-Ing.: Die Kosten der Schalung von Eisenbetondecken. Der Bauingenieur 1926, Heft 3.

2. Balkenfläche, d. s. die abgewickelten Flächen aller Balken, wie der Unterzüge, Oberzüge und Stürze. Bei Unterzügen und Oberzügen, die zur Unterstützung damit zusammenhängender Deckenplatten dienen, kommen nur die Seitenflächen in Betracht, bei Stürzen dagegen Seiten- und Bodenflächen, weil deren Boden noch nicht mit in der Deckenschalung enthalten ist.

3. Unterzugslänge, d. i. die Länge der Unterstützung der Balkenkästen der Unterzüge, die besonders berechnet werden muß, weil je nach der Steifenhöhe und der Balkenhöhe mehr oder weniger auf 1 qm Balkenfläche entfällt.

4. Sturzlänge für die Unterstützung der Stürze.

5. Säulenfläche, d. i. die abgewickelte Schalungsfläche einer Säule.

6. Wandfläche.

7. Fundamentschalung.

In den nachstehenden Abbildungen., welche dem angeführten Aufsatze von Palen entnommen sind, sind die Einzelheiten der Deckenschalung und der Unterstützung dargestellt. Bei der Schalung für Plattenbalkendecken ist zu beachten, daß die Deckenfelder zwischen den Balken und die Seiten der Balken früher ausgeschalt werden dürfen als die Balkenböden, bei der Herstellung der Balkenkästen muß also hierauf Rücksicht genommen werden.

Für die einzelnen Schalungselemente werden folgende Hölzer benötigt:

1. Deckenschalung.

a) Bretter:

| | |
|---|---|
| Schalung . . . . . . . . . . . . . . . . . . . . . . . . | 1,00 $m^2$ |
| Bretter unter den Steifen, unterhalb der Keile, 1,00 · 0,20 = | 0,20 „ |
| | 1,20 $m^2$ |

Darüber aus Abfallstücken:

| | |
|---|---|
| Laschen oben an einer Seite . . . . . . . 0,40 · 0,15 = | 0,06 $m^2$ |
| je 3 Laschen an $^2/_3$ der Steifen, welche gestoßen sind $^2/_3 \cdot 0{,}15 \cdot 0{,}80 \cdot 3 =$ | 0,24 „ |
| | 0,30 $m^2$ |

b) Schalbögen:

Alle 50 cm ein Paar, je eins das andere um $^1/_3$ der Länge übergreifend . . . . . . . . . . . . . . . . $\frac{1{,}00}{0{,}50} \cdot \frac{6}{5} =$ 2,40 m

c) Kanthölzer:

1 m Kantholz über den Steifen liegend, welches zur Unterstützung der Schalbögen dient, wenn zwischen je 2 Unterzügen eine Reihe Steifen steht . . . . . . . . . . . 0,50 m

d) Rundhölzer:

Ihre Höhe ist Geschoßhöhe vermindert um Schalungsstärke, Schalbogenhöhe, Kantholzhöhe, Höhe zweier Keile, Stärke des Unterlagsbrettes, also wenn $H$ die Geschoßhöhe

$$H - 0{,}03 - 0{,}15 - 0{,}12 - 0{,}07 - 0{,}03 = H - 0{,}40$$

Mithin kommt auf 1 $m^2$ Decke $H - 0{,}40$ m Steifen.

2. **Balkenfläche.**

a) Bretter:

Wandung . . . . . . . . . . . . . . . . . . . . . . . 1,00 m²

Hierüber aus Abfallholz 14 cm breite Laschen, alle 70 cm

$$1{,}00 \cdot 0{,}14 \frac{1{,}00}{0{,}70} = \quad 0{,}20\ \text{m}^2$$

3. **Unterzugslänge.**

Unter den Unterzügen stehen alle 1 m 2 Steifen. Bei schwachen Unterzügen, also in der Regel unter den Nebenunterzügen, abwechselnd 1 und 2 Steifen. Angenommen auf $\frac{1}{4}$ der Unterzugslänge alle 1 m 2 Stück, auf $\frac{3}{4}$ alle 1 m 1 Stück, so kommen im Mittel auf 1 m Unterzugslänge

$$\frac{1 \cdot 2 + 3 \cdot 1{,}5}{4} = 1{,}63 \text{ Stück.}$$

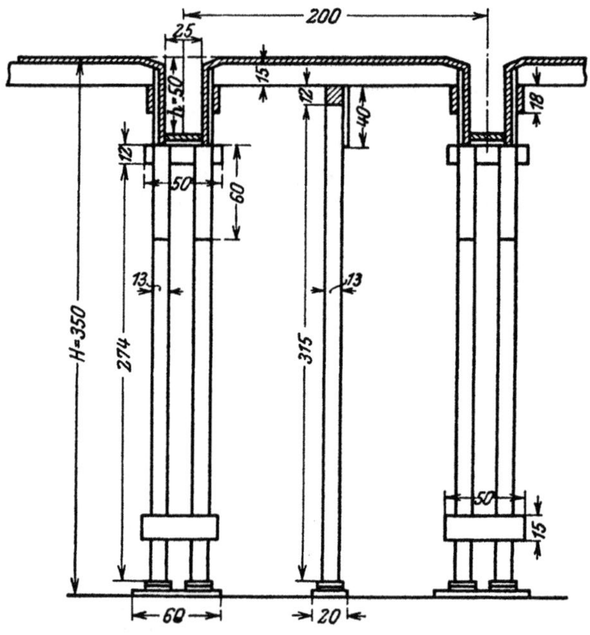


a) Bretter:

Bretter an den Kastenseiten als Auflager für die Schalbögen

$$2 \cdot 0{,}18 \cdot 1{,}0 = \quad 0{,}36\ \text{m}^2$$

Hierüber aus Abfall:

Laschen oben und unten an den Steifen $2 \cdot 0{,}15 \cdot 0{,}50 =$ 0,15 m²

Jede 4. Steife gestoßen, Laschen dazu $\frac{3 \cdot 0{,}15 \cdot 0{,}80}{4} =$ 0,09 „

Laschen der Kastenböden alle 70 cm $0{,}30 \cdot 0{,}15 \cdot 0{,}70 =$ 0,06 „

0,30 m²

b) Kantholz:

Querriegel oben über je 2 oder 1 Steife, im Mittel je 0,50 m lang, 1 Stück auf 1 lfd. m aus Abfall . . . . . . . . . 0,50 m

c) Rundholzsteifen:
Wenn die mittlere Balkenhöhe einschl. Platte $h$ ist,

$$1{,}63\,(H - h - 2\cdot 0{,}03 - 0{,}12 - 0{,}07 - 0{,}03) - (H - 0{,}40)$$
$$= 1{,}63\,(H - h - 0{,}28) - (H - 0{,}40) = 0{,}63\,H - 1{,}63\,h - 0{,}06\,.$$

4. Sturzlänge.

Bei einer mittleren Sturzlänge von 2,5 m ergeben sich $\frac{3{,}5}{2{,}5} = 1{,}4$ Steifenpaare auf 1 m lichte Länge.

a) Bretter aus Abfall:

| | | |
|---|---|---|
| Unter den Steifen . . . . . . . . . . . | $1{,}4\cdot 0{,}60\cdot 0{,}20 =$ | $0{,}17\ m^2$ |
| Laschen oben und unten an den Steifen | $1{,}4\cdot 3\cdot 0{,}15\cdot 0{,}50 =$ | 0,32 „ |
| Jedes 4. Steifenpaar gestoßen, Laschen dazu | $\frac{1{,}4\cdot 3\cdot 0{,}15\cdot 0{,}80}{4} =$ | 0,13 „ |
| | | $0{,}62\ m^2$ |

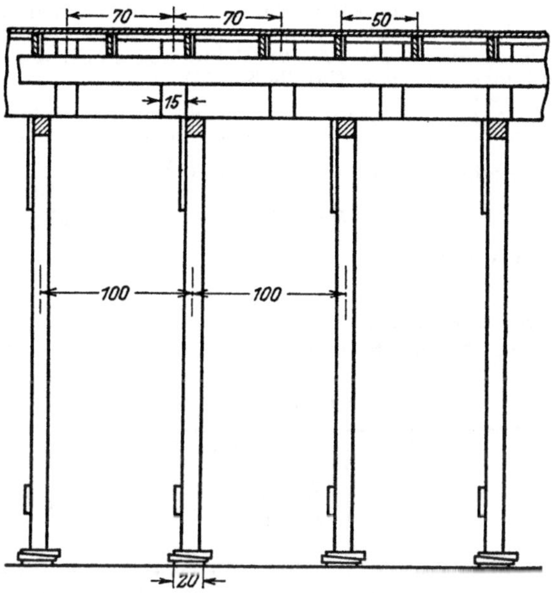


b) Kantholz aus Abfall:

Querriegel oben . . . . . . . . . . . . . . $1{,}4\cdot 0{,}50 =$ 0,70 m

c) Rundholzsteifen $1{,}4\cdot 2\,(H - h - 0{,}28) = 2{,}8\,(H - h - 0{,}28)$.

5. Säulenfläche.

Die Säulen sind an drei Seiten zugeschalt gedacht, während an der vierten Seite die Schalbretter mit dem Fortschreiten des Betonierens wagerecht eingeschoben werden. Zusammengehalten wird die Säule durch eiserne Spannvorrichtungen oder Vierecke von horizontal liegenden Brettern. Es wird eine Säule von 40 · 40 cm Querschnitt und 3 m Höhe als eine mittlere angenommen.

a) Bretter:

Wandung . . . . . . . . . . . $3{,}0\,(0{,}52 \cdot 3 + 0{,}46) = 6{,}06\ \text{m}^2$

Hierüber aus Abfall:

Laschen der 3 Wände . . . . $4 \cdot 0{,}20\,(0{,}52 + 2 \cdot 0{,}60) = 1{,}38$ „

3 Rahmen . . . . . . . . . . . . . . $3 \cdot 0{,}20 \cdot 4 \cdot 1{,}0 = 2{,}40$ „

$3{,}78\ \text{m}^2$

Die Abwicklung der Säulenfläche ist

$$F = 3{,}0 \cdot 4 \cdot 0{,}40 = 4{,}80\ \text{m}^2,$$

demnach kommt auf 1 m² abgewickelte Säulenfläche:

a) Bretter . . . . . . . . . . . . . . . . . . . . $\frac{6{,}06}{4{,}80} = 1{,}26\ \text{m}^2$

Hierüber aus Abfall . . . . . . . . . . . . . . $\frac{3{,}78}{4{,}80} = 0{,}79\ \text{m}^2$

6. Wandfläche.

Die Bretter der Schalung seien alle 0,50 m durch ein horizontales und alle 1 m durch ein vertikales Kantholz unterstützt und dieses alle 2 m durch ein Rundholz unter 30° zur Wand abgesteift, dann kommt auf 1 m² Wandfläche bei einer Wandhöhe $H$

a) Bretter . . . . . . . . . . . . . . . . . . . . . . . . . 1,00 m²

b) Kanthölzer . . . . . . . . . . . . . . . . . . . . . . . 2,50 m

c) Rundholzsteifen für 1 lfd. m Wand $\frac{(2 + 4 + \ldots + H)}{\cos \cdot 30^0}$

$= 1{,}15\,(2 + 4 + \ldots + H)$, für 1 m² Wand dividiert durch $H$.

7. Fundamentschalung.

a) Bretter . . . . . . . . . . . . . . . . . . . . . . . . . 1,00 m²

Hierüber aus Abfall:

Laschen von 15 cm Breite alle 50 cm . . . . $2 \cdot 0{,}15 = 0{,}30\ \text{m}^2$

Zusammenstellung.

| | | Gutes Holz | | | | Abfall | |
|---|---|---|---|---|---|---|---|
| | | Bretter m² | Bögen m | Kantholz m | Rundhölzer m | Bretter m² | Kantholz m |
| Deckenschalung | D. S. | 1,20 | 2,40 | 0,50 | H — 0,40 | 0,30 | — |
| Balkenfläche . . | B. F. | 1,00 | — | — | — | 0,20 | — |
| Unterzugslänge | U. L. | 0,36 | — | — | $0{,}63H - 1{,}63h - 0{,}06$ | 0,30 | 0,50 |
| Sturzlänge. . . . | S. L. | | — | | $2{,}8\,(H - h - 0{,}28)$ | 0,62 | 0,70 |
| Säulenfläche . . . | S. F. | 1,26 | — | — | — | 0,79 | — |
| Wandfläche . . . | W.F. | 1,00 | — | 2,50 | $1{,}15(2 + 4 + \ldots + H)$ | — | — |
| Fundamentschalung | F.S. | 1,00 | — | — | — | 0,30 | — |

Die Werte dieser Tabelle sind für Verschnitt mit $\frac{100 + p}{100}$ zu multiplizieren, wenn der Verschnitt $p$ vH beträgt. In der Regel rechnet man für Schalbretter, Kant- und Rundhölzer mit $p = 10$ vH, nur für die Schalbögen kann $p = 0$ angenommen werden, da ein Verschnitt nicht stattfindet. Die Zusammenstellung geht dann über in die folgende für den praktischen Gebrauch verwendbarere Zusammenstellung.

| | Gutes Holz | | | | Abfall | |
|---|---|---|---|---|---|---|
| | Bretter | Schalbögen | Kantholz | Rundholzsteifen | Bretter | Kantholz |
| | m² | m | m | m | m² | m |
| D. S. | 1,32 | 2,40 | 0,55 | 1,1 ($H$ — 0,40) | 0,33 | — |
| B. F. | 1,10 | — | — | — | 0,22 | — |
| Hpt.-U. L. | 0,40 | — | — | 1,1$H$ — 2,2$h$ — 0,18 | 0,33 | 0,55 |
| Neben-U. L. | 0,40 | — | — | 1,1$H$ — 3,0$h$ — 0,04 | 0,33 | 0,55 |
| Mittel-U. L. | 0,40 | — | — | 0,69$H$ — 1,76$h$ — 0,07 | 0,33 | 0,55 |
| St. L. | — | — | — | 3,08 ($H$ — $h$ — 0,28) | 0,68 | 0,77 |
| S. F. | 1,39 | — | — | — | 0,87 | — |
| W. F. | 1,10 | — | 2,75 | 1,27 (2 + 4 + ... + $H$) | — | — |
| F. S. | 1,10 | — | — | — | 0,33 | — |

Zahlenbeispiel.

Es soll der Holzbedarf für folgende im Grundriß dargestellte normale Decke berechnet werden.

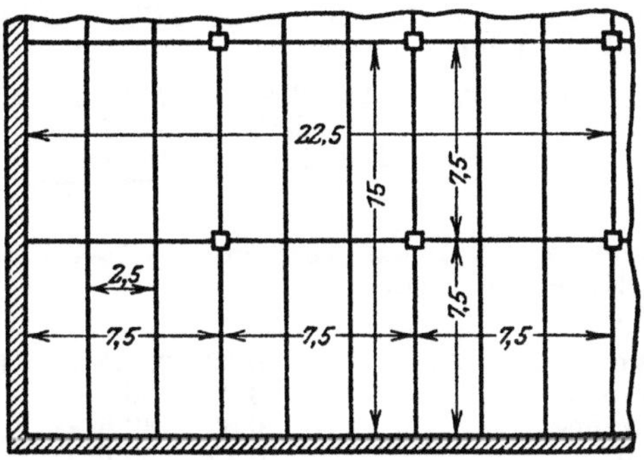


| | | |
|---|---|---|
| Geschoßhöhe $H$ | | 3,50 m |
| Höhe der Hauptbalken | | 0,80 m |
| Höhe der Nebenbalken | | 0,40 m |
| Deckenfläche | 15,0 · 22,5 = | 337,5 m² |
| Hauptbalken | 2 · 22,5 = | 45 m |
| Nebenbalken | 9 · 15,0 = | 135 m |
| | | 180 m |

Mittlere Balkenhöhe . . . . . . . . . . $\frac{45 \cdot 80 + 135 \cdot 40}{180} =$ 0,50 m

Bei einer Deckenstärke von 10 cm und einer Höhe der Schräge von 5 cm an den Nebenbalken ist

Balkenfläche . . . . . . 45 · 2 · 0,70 = 135 · 2 (0,30 — 0,50) = 130,5 m²

Säulenfläche bei 40 · 40 cm Querschnitt . 6 · 3,40 · 4 · 0,40 = 32,6 m²

Erforderliche Holzmengen:

| | | | |
|---|---|---|---|
| Bretter: | Decke | 1,32 · 337,5 = | 446 m² |
| | Balken | 1,10 · 130,5 = | 144 „ |
| | Unterzüge | 0,40 · 180 = | 72 „ |
| | Säulen | 1,39 · 32,6 = | 46 „ |
| | | | 708 m² |

| | | |
|---|---|---|
| Schalbögen . . . . . . . . . . . . . . . . . . | $2{,}40 \cdot 337{,}5 =$ | 810 m |
| Kantholz . . . . . . . . . . . . . . . . . . . | $0{,}55 \cdot 337{,}5 =$ | 185 m |

Rundholzsteifen:

| | | |
|---|---|---|
| Decke . . . . . . . . . . . . . . | $1{,}10\,(3{,}50 - 0{,}40)\,337{,}5 =$ | 1150,9 m² |
| Unterzüge . . . | $1{,}10\,(0{,}63 \cdot 3{,}50 - 1{,}63 \cdot 0{,}50 - 0{,}06)\,180 =$ | 263,3 „ |
| | | 1414,2 m² |

Aus dieser Berechnung der Rundholzsteifen sind die Längen der einzelnen Steifen nicht erkennbar, es ist aber für die Materialverwaltung notwendig, sie zu kennen und empfiehlt sich daher folgende Nebenrechnung:

Für die Unterzugslänge sind für $h$ m hohe Unterzüge bei Hauptunterzügen 2 Steifen auf 1 m nötig von je $H - h - 2 \cdot 0{,}03 - 0{,}07 - 0{,}03 = H - h - 0{,}28$ m Länge, mithin für 1 m $2\,(H - h - 0{,}28)$ m. Bei Nebenunterzügen stehen auf 1 m abwechselnd 2 und 1 Steife, also im Durchschnitt auf 1 m $= 1{,}5\,(H - h - 0{,}28)$ m. Für die Sturzlänge sind für $h$ m hohe Stürze, deren Oberkante $H$ m über dem Fußboden liegt, $2{,}8\,(H - h - 0{,}28)$ m erforderlich.

Hiernach ergeben sich folgende Anzahl und Längen der Rundholzsteifen: Hauptunterzüge: $2 \cdot 45 = 90$ Stück von $3{,}50 - 0{,}80 - 0{,}28 = 2{,}42$ m Länge. Nebenunterzüge: $1{,}5 \cdot 135 = 203$ Stück von $3{,}50 - 0{,}40 - 0{,}28 = 2{,}82$ m Länge. Für die Decke sind daneben nötig $337{,}5 - 180 = 158$ Stück von $3{,}50 - 0{,}40 = 3{,}10$ m Länge.

| | | |
|---|---|---|
| Zusammen: | $90 \cdot 2{,}42 =$ | 217,8 m |
| | $203 \cdot 2{,}82 =$ | 572,5 „ |
| | $158 \cdot 3{,}10 =$ | 489,8 „ |
| | | 1280,1 m, |

in fixen Längen und mit 10 vH Verschnitt = 1408,1 m, also annähernd dieselbe Gesamtlänge wie oben.

Abfallbretter:

| | | |
|---|---|---|
| Decke . . . . . . . . . . | $0{,}33 \cdot 337{,}5 =$ | 111 m² |
| Balken . . . . . . . . . . | $0{,}22 \cdot 130{,}5 =$ | 29 „ |
| Unterzüge . . . . . . . . | $0{,}33 \cdot 180{,}0 =$ | 60 „ |
| Säulen . . . . . . . . . . | $0{,}87 \cdot 32{,}6 =$ | 25 „ |
| | | 225 m² |

Abfall-Kantholz:

| | | |
|---|---|---|
| Unterzüge . . . . . . . . . . . . . . . . | $0{,}55 \cdot 180 =$ | 99 m. |

Bei einem Gewicht des Holzes von 550 kg/m³ wird für die einzelnen Holzarten

| | |
|---|---|
| 1 m² Schalbretter 30 mm stark = 0,03 m³ . . . . . . . . . . | 16,5 kg |
| 1 m Schalbogen 15 cm breit, 30 mm stark = 0,0045 m³ . . = | 2,5 „ |
| 1 m Kantholz bei 10 · 12 cm Querschnitt = 0,012 m³ . . . . . . | 6,6 „ |
| 1 m Rundholz 13 cm mittlerer Durchmesser = 0,0133 m³ . . = | 7,3 „ |

Hiernach sind die erforderlichen Holzmengen in nachstehender Tabelle zusammengestellt und auf 1 m² Decke umgerechnet, S. 427,

Die Holzmengen sind berechnet für einmalige Verwendung auf der Baustelle, besteht die Möglichkeit, sie $n$mal zu verwenden, so berechnet sich die erforderliche Menge $Q$ für jedes Element bei $p$ vH Verschnitt aus der Gleichung

$$Q = \frac{\dfrac{x\,(100 - p)^n}{100} - x}{\dfrac{100 - p}{100} - 1} \qquad x = \frac{1 - \dfrac{100 - p}{100}}{1 - \left(\dfrac{100 - p}{100}\right)^n} \cdot Q.$$

| | Länge für 1 Stück | Für 337,5 m² | | | Für 1 m² Decke | | | | |
|---|---|---|---|---|---|---|---|---|---|
| | | Stück | m | m² | Stück | m | m² | m³ | kg |
| Schalbretter . . . . | — | — | — | 708 | — | — | 2,10 | 0,0630 | 34,6 |
| Schalbögen . . . . | — | — | 810 | — | — | 2,42 | 0,36 | 0,0109 | 6,0 |
| Kantholz . . . . . | — | — | 185 | — | — | 0,55 | — | 0,0066 | 3,6 |
| Steifen für Hauptunterzüge . . . . | 2,42 | 90 | 218 | — | — | 0,65 | — | 0,0087 | 4,8 |
| Steifen für Nebenunterzüge . . . . | 2,82 | 203 | 572 | — | — | 1,70 | — | 0,0226 | 12,4 |
| Steifen für Decken | 3,20 | 158 | 490 | — | — | 1,45 | — | 0,0193 | 10,6 |
| Abfallbretter . . . | — | — | — | 225 | — | — | 0,67 | 0,0201 | 11,1 |
| Abfallkantholz . . . | — | — | 99 | — | — | 0,29 | — | 0,0035 | 1,9 |
| Zusammen für 1 m² Decke | | | | | | | | 0,1547 | 85,0 |

Bei $p = 10$ vH für Bretter, Kant- und Rundholz wird $x = \frac{0,1}{1 - 0,9^n} \cdot Q$ und für $p = 0$ bei Schalbögen $x = \frac{Q}{n}$.

Nimmt man $n = 2$ an, so wird bei $p = 10\,\text{vH} : x = \frac{0,1}{1 - 0,9^2} \cdot Q = 0,53\,Q$ und bei $p = 0 : x = 0,5\,Q$.

Es wären also für 1 m² Decke anzuliefern:

| | | | |
|---|---|---|---|
| Schalbretter . . . . . | $2,10 \cdot 0,53 = 1,11$ m² | $=$ | 0,0333 m³ |
| Schalbögen . . . . . . | $2,42 \cdot 0,50 = 1,21$ m | $=$ | 0,0054 „ |
| Kantholz . . . . . . . | $0,58 \cdot 0,53 = 0,29$ m | $=$ | 0,0035 „ |
| Rundholzsteifen . . . . | $3,80 \cdot 0,53 = 2,01$ m | $=$ | 0,0267 „ |
| Abfallbretter . . . . . | $0,67 \cdot 0,53 = 0,35$ m² | $=$ | 0,0105 „ |
| Abfallkantholz . . . . | $0,29 \cdot 0,53 = 0,15$ m | $=$ | 0,0018 „ |

Der der Kalkulation zugrunde zu legende Preis setzt sich nun zusammen aus dem Werte $C$ für die Einheit angelieferten Holzes und den auf diese Einheit entfallenden Transportkosten. Die letzteren umfassen in der Regel die Abholung des Holzes vom Werk oder Lagerplatz, das Verladen in den Bahnwagen, die Fracht, das Umladen in Kraftwagen oder Fuhrwerk, die Anfuhr und das Abladen und Stapeln am Bau. Für den Abtransport nach Beendigung des Baues kommen dieselben Posten in umgekehrter Reihenfolge in Betracht, wenn sie auch andere Größen haben können als beim Abtransport. Für das Abfallholz kommt nur An- und Abtransport in Betracht, und zwar rechnet man beim Abtransport nur noch mit der Hälfte des Abfalls, ein Holzwert selbst bleibt unberücksichtigt, weil das Holz bezahlt sein soll, wenn es Abfall wird. Die Zahl der möglichen Verwendungen und der vH.-Satz des Verschnittes sind Erfahrungswerte, die sich nach der Art der Bauausführungen und nach der Betriebseinrichtung des Unternehmens richten. Die Kosten der Hartholzkeile, Nägel und Schrauben werden am einfachsten durch einen Zuschlag zu den Holzpreisen berücksichtigt, den man zu 5 vH des Holzwertes annehmen kann.

Stellt man nun für die Verrechnung der Kosten des Schalungsmaterials die Forderung auf, daß ein Baukonto stets mit demselben Werte belastet wird, gleichgültig ob das Holz neu oder gebraucht ist, so müssen die Baukonten das Holz zu konstanten Preisen erhalten, solange der Holzpreis konstant bleibt. Diese Forderung ist berechtigt, weil sonst die Angebote nicht gleichwertig sind, ein Unternehmer, der für eine Bauausführung neues Holz anschaffen muß, würde dann stets im Nachteil sein gegenüber anderen Unternehmern, die gebrauchtes Holz zur Verfügung haben. In welcher Beziehung dann dieser konstante Wert, mit dem ein Baukonto belastet wird, zum Markt- oder Neuwert des Holzes steht, untersucht Dr.-Ing. Palen in dem angeführten Aufsatze, auf welchen hier verwiesen wird und dem auch die Beispiele entnommen sind.

Es gibt zwei Wege, die eingeschlagen werden können:

1. Das Baukonto wird mit den vollen Kosten des neuen Holzes belastet und gibt das Holz nach Abzug des Verschnittes der Materialverwaltung zu einem verminderten Werte zurück. Der Unterschied beider Werte muß dann für ein und denselben Neuwert des Holzes konstant bleiben, wenn das Holz einem anderen Baukonto geliefert wird.

2. Das Holz wird zu einem bestimmten Preise, der auch eine Funktion des Neuwertes und konstant ist, dem Baukonto vorgehalten.

Bei jedem Bau wird ein vH.-Satz des Holzes verschnitten und die Verwendung kann nur so oft erfolgen, bis der Verschnitt oder die Abnutzung so groß ist, daß es nur noch Abfall darstellt. Nach jeder Verwendung ändert sich also der Wert des Holzes vom Neuwert bis zum Abfallwert und, wenn es nur noch Abfall ist, muß der Einkaufswert bezahlt sein.

Angenommen, das Holz könne überhaupt $m$ mal verwandt werden und der Verschnitt sei $p$ vH der jeweiligen Menge, so wird, wenn $N$ die Menge des gelieferten Holzes ist, zurückgeliefert $N \cdot \frac{100-p}{100}$. Die Materialverwaltung liefert dann diese Menge wieder einem anderen Bau und von diesem werden dann $N\left(\frac{100-p}{100}\right)^2$ zurückgeliefert und so fort, bis das Holz nach $m$ maliger Verwendung nur noch Abfall ist. Die Mengen, die die Materialverwaltung liefert, stellen also folgende geometrische Reihe dar:

$$N,\ N\frac{100-p}{p},\ N\left(\frac{100-p}{100}\right)^2,\ \ldots,\ N\left(\frac{100-p}{100}\right)^{m-1}$$

und die Summe dieser Reihe ist

$$S = \frac{\frac{100-p}{100}\,N\left(\frac{100-p}{100}\right)^{m-1}}{\frac{100-p}{100}-1} = N\,\frac{1-\left(\frac{100-p}{100}\right)^m}{1-\frac{100-p}{100}}$$

Ist $P$ der ursprüngliche Wert des Holzes und soll der Holzwert für jeden Bau immer der gleiche, konstant $= C$ sein, so gilt die Gleichung

$$P \cdot N = C \cdot N \frac{1 - \left(\frac{100 - p}{100}\right)^m}{1 - \frac{100 - p}{100}},$$

hieraus folgt

$$C = P \frac{1 - \frac{100 - p}{100}}{1 - \left(\frac{100 - p}{100}\right)^m} = P \alpha_m \quad \text{und} \quad \alpha_m = \frac{1 - \frac{100 - p}{100}}{1 - \left(\frac{100 - p}{100}\right)^m}.$$

Die Materialverwaltung leiht also dem Baukonto die Menge $N$ zum konstanten Preis $C$. Im anderen Falle, wenn das Holz dem Bau zum Preise $P$ geliefert wird, so gibt der Bau die Menge $N \left(\frac{100 - p}{100}\right)^n$ der Materialverwaltung zurück zu einem Preise $R$, der sich aus folgender Gleichung ergibt, wenn das Holz $n$ mal auf dem betreffenden Bau verwendet worden ist.

$$NP - N\left(\frac{100 - p}{100}\right)^n R = N \frac{1 - \left(\frac{100 - p}{100}\right)^n}{1 - \frac{100 - p}{100}} \cdot C$$

$$= N \frac{1 - \left(\frac{100 - p}{100}\right)^n}{1 - \frac{100 - p}{100}} \cdot \frac{1 - \frac{100 - p}{100}}{1 - \left(\frac{100 - p}{100}\right)^m} \cdot P$$

$$R = \left(\frac{100}{100 - p}\right)^n \cdot P \left[1 - \frac{1 - \left(\frac{100 - p}{100}\right)^n}{1 - \frac{100 - p}{100}} \cdot \frac{1 - \frac{100 - p}{100}}{1 - \left(\frac{100 - p}{100}\right)^m}\right]$$

$$R = \beta \gamma P, \quad \text{wobei} \quad \beta = \left(\frac{100}{100 - p}\right)^n$$

$$\text{und} \quad \gamma = \left[1 - \frac{\alpha_m}{\alpha_n}\right]$$

eine Funktion der Werte $m$, $n$ und $p$ ist.

Zu dem Holzpreise selbst kommt noch derjenige für die Anfuhr und die Abfuhr des verbleibenden Holzes. Auch ein Teil des Abfalls wird zurückbefördert, da er noch zu Laschen u. dgl. Verwendung finden kann. er kann etwa mit der Hälfte des Verschnittes $p$ vH angenommen werden,

Von der Menge $N$ des angelieferten Holzes bleibt also für den Rücktransport übrig

$$N\left(\frac{100-p}{100}\right)^n+\frac{1}{2}\left[N-N\left(\frac{100-p}{100}\right)^n\right]=\frac{N}{2}\left[\left(\frac{100-p}{100}\right)^n+1\right].$$

Kostet der Antransport für die Einheit Holz $A$, der Abtransport $B$, so kostet der ganze Transport $A\cdot N+B\frac{N}{2}\left[\left(\frac{100-p}{100}\right)^n+1\right]$. Diese Kosten verteilen sich, wenn das Holz $n$ mal auf der Baustelle verwendet worden ist, auf

$$N+N\cdot\frac{100-p}{100}+N\left(\frac{100-p}{100}\right)^2+\cdots+N\left(\frac{100-p}{100}\right)^{n-1}$$

$$=N\frac{1-\left(\frac{100-p}{100}\right)^n}{1-\frac{100-p}{100}}.$$

Sie betragen also für die Einheit

$$T=\frac{N\left\{A+\frac{1}{2}B\left[\left(\left(\frac{100-p}{100}\right)^n+1\right)\right]\right\}}{N\frac{1-\left(\frac{100-p}{100}\right)^n}{1-\frac{100-p}{100}}}$$

$$T=\frac{\left\{A+\frac{1}{2}B\left[\left(\frac{100-p}{100}\right)^n+1\right]\right\}\left(1-\frac{100-p}{100}\right)}{1-\left(\frac{100-p}{100}\right)^n}$$

$$T=\frac{\left\{A+\frac{1}{2}B\left[1+\left(\frac{100-p}{100}\right)^n\right]\right\}\left(1-\frac{100-p}{100}\right)}{1-\left(\frac{100-p}{100}\right)^n}$$

$$T=\alpha(A+\delta\cdot B),$$

worin

$$\alpha=\frac{1-\frac{100-p}{100}}{1-\left(\frac{100-p}{100}\right)^n}\quad\text{und}\quad\delta=\frac{1}{2}\left[1+\left(\frac{100-p}{100}\right)^n\right].$$

In nachstehenden Tabellen sind die Werte $\alpha$, $\beta$, $\delta$ für verschiedene Größen von $p$, $m$ und $n$ zusammengestellt.

$\alpha$-Werte.

| $p$ | $m = 1$ $n = 1$ | $m = 2$ $n = 2$ | $m = 3$ $n = 3$ | $m = 4$ $n = 4$ | $m = 6$ $n = 6$ | $m = 10$ $n = 10$ |
|---|---|---|---|---|---|---|
| 0 | 1 | 0,500 | 0,333 | 0,250 | 0,167 | **0,100** |
| 5 | 1 | 0,513 | 0,351 | 0,270 | 0,188 | |
| **10** | **1** | **0,526** | **0,369** | **0,291** | **0,213** | |
| 15 | 1 | 0,541 | 0,389 | 0,314 | 0,241 | |
| 20 | 1 | 0,556 | 0,410 | 0,339 | 0,271 | |

Für $p = 0$ wird $\alpha = \frac{0}{0}$ unbestimmt und $C = \frac{P}{m}$ oder $\alpha = \frac{1}{m}$.

$\beta$-Werte.

| $p$ | $n = 1$ | $n = 2$ | $n = 3$ | $n = 4$ |
|---|---|---|---|---|
| 0 | 1 | 1 | 1 | 1 |
| 5 | 1,053 | 1,109 | 1,168 | 1,230 |
| **10** | **1,111** | **1,234** | **1,371** | **1,523** |
| 15 | 1,177 | 1,385 | 1,630 | 1,919 |
| 20 | 1,250 | 1,563 | 1,954 | 2,443 |

$\delta$-Werte.

| $p$ | $n = 1$ | $n = 2$ | $n = 3$ | $n = 4$ |
|---|---|---|---|---|
| 0 | 1 | 1 | 1 | 1 |
| 5 | 0,975 | 0,951 | 0,929 | 0,907 |
| **10** | **0,950** | **0,905** | **0,865** | **0,828** |
| 15 | 0,925 | 0,861 | 0,807 | 0,761 |
| 20 | 0,900 | 0,820 | 0,756 | 0,705 |

Werden für die Preise ab Lagerplatz $P$, für den Verschnitt $p$ vH und für die Verwendungszahl $m$ folgende Werte angenommen:

| | | | |
|---|---|---|---|
| Schalbretter | $P = 55$ M./m³, | $p = 10$ vH, | $m = 4$ |
| Schalbögen | $P = 60$ M./m³, | $p = 0$ , | $m = 10$ |
| Kanthölzer | $P = 55$ M./m³, | $p = 10$ vH, | $m = 6$ |
| Rundhölzer | $P = 28$ M./m³, | $p = 10$ vH, | $m = 6$, |

so ergibt sich der konstante Preis $C = P \cdot \alpha_m$ nach Tabelle 1 für

| | |
|---|---|
| Schalbretter | zu $55 \cdot 0{,}291 = 16{,}01$ M./m³ |
| Schalbögen | zu $60 \cdot 0{,}100 = 6{,}00$ M./m³ |
| Kanthölzer | zu $55 \cdot 0{,}213 = 11{,}72$ M./m³ |
| Rundhölzer | zu $28 \cdot 0{,}213 = 5{,}96$ M./m³ |

Zu diesen konstanten Preisen kommen dann die Transportkosten. Der Antransport koste für 10000 kg 100 M., der Abtransport 80 M., so daß bei einem Gewicht der Hölzer von 550 kg/m³ der Antransport $A = 5{,}50$ M. und der Abtransport $B = 4{,}40$ M. für 1 m³ kostet. Die Gesamttransportkosten werden nach der Formel $T = \alpha_n (A + \delta \cdot B)$ nach den Tabellen 1 und 3 bei einmaliger Verwendung auf der Baustelle, $n = 1$, für Schalbretter, Kant- und Rundhölzer

$$T = 1{,}0\ (5{,}50 + 0{,}95 \cdot 4{,}40) = 9{,}68\ \text{M./m}^3,$$

für Schalbögen

$$T = 1{,}0\ (5{,}50 + 1{,}0 \cdot 4{,}40) = 9{,}90\ \text{M./m}^3$$

und bei zweimaliger Verwendung auf der Baustelle, $n = 2$:

$$T = 0{,}526\ (5{,}50 + 0{,}905 \cdot 4{,}40) = 5{,}00 \text{ M./m}^3$$
$$\text{bzw. } T = 0{,}50\ (5{,}50 + 1{,}0 \cdot 4{,}40) = 4{,}95 \text{ M./m}^3.$$

Unter Hinzurechnung von 5 vH für Keile, Nägel, Schrauben usw. ergeben sich jetzt die Kosten für 1 m² Decke bei $n = 1$ zu

$$1{,}05\,[0{,}063\,(16{,}01 + 9{,}68) + 0{,}0109\,(6{,}0 + 9{,}90) + 0{,}0066\,(11{,}72 + 9{,}68) + (0{,}0087 + 0{,}0226 + 0{,}0193) + (5{,}96 + 9{,}68) + (0{,}0201 + 0{,}0035)\,9{,}68] = 3{,}14 \text{ M.}$$

und bei zweimaliger Verwendung, $n = 2$, zu

$$1{,}05\,[0{,}0333\,(16{,}01 + 5{,}0) + 0{,}0054\,(6{,}0 + 4{,}95) + 0{,}0035\,(11{,}72 + 5{,}0) + 0{,}0267\,(5{,}96 + 5{,}0) + (0{,}0105 + 0{,}0018)\,5{,}0] = 1{,}23 \text{ M.}$$

In diesem beträchtlichen Preisunterschiede zeigt sich also der große Vorteil, wenn die Schalungshölzer mehrmals auf derselben Baustelle benutzt werden können.

Für den Fall, daß die Hölzer dem Bau nicht zu konstanten Preisen $C$, sondern zu den Preisen $P$ ab Lagerplatz geliefert werden, berechnen sich die Werte $R = \beta\gamma P$, mit welchen die übriggebliebenen Hölzer außer dem Abfall, der nicht berechnet wird, der Materialverwaltung zurückgegeben werden, wie folgt.

Einmalige Verwendung, $n = 1$:,

Schalbretter $p = 10$, $m = 4$

$$\beta = 1{,}111,\ \gamma = \left[1 - \frac{0{,}291}{1}\right] = 0{,}709$$

$R = 55 \cdot 1{,}111 \cdot 0{,}709$ . . . . . . . . . . $= 43{,}34$ M./m³

Schalbögen $p = 0$, $m = 10$

$$\beta = 1,\quad \gamma = \left[1 - \frac{0{,}100}{1}\right] = 0{,}900$$

$R = 60 \cdot 1{,}0 \cdot 0{,}900$ . . . . . . . . . . $= 54{,}00$ M./m³

Kanthölzer $p = 10$, $m = 6$

$$\beta = 1{,}111,\ \gamma = \left[1 - \frac{0{,}213}{1}\right] = 0{,}787$$

$R = 55 \cdot 1{,}111 \cdot 0{,}787$ . . . . . . . . . . $= 48{,}07$ M./m³

Rundhölzer $p = 10$, $m = 6$

$R = 28 \cdot 1{,}111 \cdot 0{,}787$ . . . . . . . . . . $= 24{,}47$ M./m³

Zweimalige Verwendung, $n = 2$

Schalbretter $\beta = 1{,}234,\ \gamma = \left[1 - \frac{0{,}291}{0{,}526}\right] = 0{,}447$

$R = 55 \cdot 1{,}234 \cdot 0{,}447$ . . . . . . . . . . $= 30{,}36$ M./m³

Schalbögen $\beta = 1,\quad \gamma = \left[1 - \frac{0{,}10}{0{,}50}\right] = 0{,}80$

$R = 60 \cdot 1{,}0 \cdot 0{,}80$ . . . . . . . . . . $= 48{,}00$ M./m³

Kanthölzer $\beta = 1{,}234,\ \gamma = \left[1 - \frac{0{,}213}{0{,}526}\right] = 0{,}595$

$R = 55 \cdot 1{,}234 \cdot 0{,}595$ . . . . . . . . . . $= 40{,}37$ M./m³

Rundhölzer $R = 28 \cdot 1{,}234 \cdot 0{,}595$ . . . . . . . . . . $= 20{,}55$ M./m³

Für die Berechnung der Schalungskosten kommt also in diesem Falle die Differenz zwischen den Preisen $P$ und $R$ zuzüglich der Transportkosten in Betracht.

Zu diesen Kosten der Schalungshölzer kommen dann schließlich hinzu die Arbeitslöhne, die sich aus der auf die einzelnen Schalungselemente entfallenden Zahl der Arbeitsstunden und den Lohnsätzen ergeben. Im Durchschnitt kann man für das Zurichten, Zusammenbauen und Wiederabbrechen der Schalung für 1 qm Deckenfläche bis 3 Zimmerer- und 3 Arbeiterstunden rechnen.

Ist die Verschalung fertiggestellt, so kann das Einbringen des Betons erfolgen. Etwaige Arbeitsgerüste und Aufzugsvorrichtungen sind natürlich den örtlichen Verhältnissen entsprechend ebenfalls vorher herzustellen. Für die Herstellung des Betons sind bereits die Mischungsverhältnisse und der Bedarf an Materialien bei der Veranschlagung S. 235 u. f. angegeben, es kommt also jetzt zunächst das Mischen in Betracht. Hier haben wir zu unterscheiden, ob die Mischung mit Hand oder mit Maschine erfolgt. Bei Handmischung soll man die Mischung nicht größer wie $^1/_2$ $m^3$ Rauminhalt nehmen. Zum Abmessen von Sand und Kies oder Steinschlag bedient man sich am besten viereckiger Rahmen, die auf der Mischbühne aufgestellt und nach Füllung einfach hochgezogen werden. Den Zement läßt man in der richtigen Packung gleich von der Fabrik liefern, so daß zu jeder Mischung 1 Sack gehört. Zunächst werden Zement und Sand 2—3mal trocken gemischt, dann wird der angefeuchtete Kies oder Steinschlag zugesetzt und nochmals 2—3mal trocken gemischt; schließlich erfolgt der Wasserzusatz mit der Gießkanne und nochmaliges 2—3maliges Mischen. Zum Mischen sind also bei ständiger Arbeit $3 \cdot 2 = 6$ Arbeiter erforderlich, ferner zum Herbeischaffen der Materialien ebenfalls 3 Arbeiter und dazu 1 Vorarbeiter, der das Wasser zusetzt und das Mischen beaufsichtigt. Eine solche Mischkolonne aus 1 Vorarbeiter und 9 Arbeitern kann in 10stündiger Arbeitszeit bis 30 $m^3$ Beton mischen, so daß sich hieraus die Kosten der Mischung berechnen lassen.

Der Handmischung überlegen ist stets die Maschinenmischung und daher bei genügend großer Arbeit stets anzuwenden, sie wird billiger und liefert besseren Beton. Zu bevorzugen sind die Maschinen, bei welchen der Beton erst trocken durcheinandergearbeitet werden kann, bevor der Wasserzusatz erfolgt. Die Größe der Mischmaschinen ist der täglich herzustellenden Betonmenge anzupassen. Zum Antrieb der Mischmaschinen wird entweder eine Lokomobile benutzt oder die Maschinen sind mit eigenen Motoren ausgerüstet. In nachstehender Tabelle sind die Betriebskosten für die gebräuchlichsten Größen der Betonmaschinen zusammengestellt. Die größte Füllungszahl ist mit 25 in der Stunde anzunehmen, sie kann aber nur bei nahezu automatischer Abwicklung des ganzen Mischungsvorganges und bei günstigen örtlichen Verhältnissen hinsichtlich des Zu- und Abtransportes des Materials erreicht werden und ist daher in der Tabelle nur mit 17—18 Füllungen in der Stunde gerechnet. Zur Bedienung sind erforderlich bei Lokomobilbetrieb 1 Maschinist und 1 Arbeiter, beim Benzinmotor und Elektromotor genügt 1 Maschinist oder angelernter Arbeiter. Zum Heranschaffen der Materialien sind weitere 3—7 Arbeiter erforderlich je nach der Größe der Maschine. Unter Ausscheidung der Arbeitslöhne stellen die Kosten für die Antriebsenergie den größten Beitrag zu den Mischungskosten, daher läßt sich mit dem Elektromotor bei Anschluß an ein Elektrizitätswerk mit niedrigerem Stromtarif als 20 Pf/kWst eine wesentliche Ersparnis erzielen. Zu beachten ist bei der Maschinenmischung, daß die Materiallagerplätze sich möglichst nahe bei der Maschine befinden und daß beim Heranschaffen der Materialien sowohl, wie beim Fortschaffen des fertigen Betons alle Umwege vermieden werden. Eine geschickte Disposition kann hier wieder viele Arbeitskräfte ersparen.

Das Einbringen des Betons geschieht beim reinen Stampfbetonbau in Schichten von etwa 20 cm beim erdfeuchten und 30 cm bei weichem Beton, bei dünnen Bauteilen wie Decken entsprechend weniger. Die Einlage der einzelnen Schichten soll möglichst senkrecht zu der im Bauteil herrschenden Druckrichtung erfolgen. Soll auf bereits abgebundenen Flächen weiterbetoniert werden, so sind diese mit Stahlbesen abzukehren und aufzurauhen und die Verbindungsflächen sind mit Zementmilch einzuschlemmen. Bei Herstellung größerer Flächen, wie Decken oder Brückengewölben, ist die Arbeit so einzuteilen, daß am Ende der Tagesschicht auch die Stampfschicht vollendet ist. Brückengewölbe stampft man am besten in Tagesschichten normal zur Längsachse entsprechend der vorteilhaftesten Belastung des Lehrgerüstes. Das Stampfen in Längsstreifen von beiden Widerlagern ab aufwärts ist wegen der ungünstigen Belastung des Lehrgerüstes zu vermeiden.

Über das Hinschaffen des Betons nach der Verwendungsstelle lassen sich allgemeine Angaben nicht machen, da die Kosten allein von den örtlichen Verhältnissen abhängen. Für das Einlegen des Betons von Hand sind 0,7—1,5 Einlegerstunden und für das Stampfen 1,5 bis 2,0 Stampferstunden zu rechnen, je nach den Abmessungen des herzustellenden Betonkörpers. Das Stampfen des Betons ist eine verhältnismäßig schwere Arbeit, welche Übung und Geschick verlangt, mit Luftdruckstampfer wird sie sehr erleichtert.

Bei massigen Betonkörpern empfiehlt es sich, zur Ersparung von Mörtel große Steinstücke, Bruchsteine oder groben Kies mit einzubetonieren; man muß nur dafür sorgen, daß sie nicht an die Außenfläche treten und daß sie gut vom Mörtel umhüllt sind.

Diejenigen Teile der Schalung, die nicht gleichzeitig als Stütze für die Betonmasse dienen, sind möglichst bald nach dem Abbinden zu entfernen, weil durch das Hinzutreten der Luft das Erhärten des Betons befördert wird. Die tragenden Teile dürfen aber nicht eher entfernt werden, als bis der Beton genügend erhärtet ist und mindestens seine eigene Last tragen kann.

Beim Eisenbetonbau unterscheidet man mit Rücksicht auf die Reihenfolge der Arbeiten dreierlei Ausführungsweisen:

1. Aufstellung des Eisengerippes, Herstellung der Schalung und Einbringen des Betons,

2. Herstellung der Schalung ganz oder teilweise und Anbringen der Eiseneinlagen mit dem Fortschreiten der Betonierung,

3. vollständige Ausführung der Schalung, vollständiges Anbringen der Eiseneinlagen und Fertigstellung durch Aufbringen des Betons.

Die erste Ausführungsweise setzt voraus, daß die Eiseneinlagen schon an und für sich standfeste und tragfähige Konstruktionen bilden, daß sie also entweder aus Walzprofilen, wie bei Trägern und Säulen, oder aus vollständigen Eisenkonstruktionen bestehen, die dann auch imstande sind die nachher anzubringende Schalung zu tragen. Diese wird also an die Eisenkonstruktion angehängt, wie bei Decken zwischen Eisenträgern usw.

Die zweite Ausführungsweise wird angewandt bei Bauweisen, die keine Verbindung der Eiseneinlagen unter sich aufweisen und bei denen die Eisen nur mit Hilfe des Betons in ihrer Lage gehalten werden, Bauweise Hennebique.

Die dritte Ausführungsweise ist die gewöhnliche bei Plattenbalken und Bogenbrücken; es wird die Schalung vollständig fertiggestellt und die ganzen Eiseneinlagen werden verlegt, bevor mit dem Betonieren begonnen wird. Bei Plattenbalken beginnt man mit dem Einlegen der Bügel, die zur Sicherung ihrer Lage an 7—10 mm starken Rundeisen mittels Bindedraht angebunden werden. Alsdann werden sämtliche Balkeneisen und hierauf die Deckeneisen eingelegt, deren Lage ebenfalls durch 7—10 mm starke Rundeisen, die Verteilungsstäbe, gesichert wird. Sodann erfolgt das Einbringen des Betons in weichem oder höchstens plastischem Zustande, da das Stampfen nur unvollkommen durchgeführt werden kann. Zu beachten ist bei dieser Ausführungsweise nur, daß die Eiseneinlagen so gegeneinander festgelegt werden, daß sie während des Betonierens nicht aus der richtigen Lage gebracht werden können. Die Eiseneinlagen lassen sich leicht montieren, sobald eine

Betriebskosten von Betonmaschinen
im Jahr mit 2000 Betriebsstunden und 60 vH Ausnutzung der Leistung.

| Füllung | Gewicht | Preis | Leistung | Kraft: PS-Std. | Kraft: Lokomobile | Kraft: Benzinmotor | Kraft: Elektromotor | Wasser | Wasser | Schmier- und Putzmittel | Ausbesserungen | Löhne | Transport und Montage | Abschreibung | Verzinsung | Versicherung | Summe in M: Lokomobile | Summe in M: Benzinmotor | Summe in M: Elektromotor |
|---|---|---|---|---|---|---|---|---|---|---|---|---|---|---|---|---|---|---|---|
| l | kg | M | m³ | | M | M | M | m³ | M | M | M | M | M | M | M | M | | | |
| | | | | | | | | | | | 5 vH | | | 10 vH | 10 vH | 6 vT | | | |
| 200 | 3500 | 2500 | 7000 | 12000 | 3600 | 5040 | 3120 | 700 | 140 | 150 | 125 | 2000 | 330 | 250 | 250 | 15 | 6860 | 8300 | 6380 |
| 300 | 4500 | 3300 | 10400 | 15000 | 4200 | 5700 | 3750 | 1040 | 208 | 160 | 165 | 2000 | 360 | 330 | 330 | 19,80 | 7773 | 9273 | 7323 |
| 500 | 6000 | 4000 | 17600 | 24000 | 6240 | 7200 | 5280 | 1760 | 352 | 180 | 200 | 2000 | 440 | 400 | 400 | 24 | 10236 | 11196 | 9276 |
| 700 | 8500 | 5700 | 24400 | 30000 | 7500 | 8100 | 6300 | 2440 | 488 | 220 | 285 | 2000 | 600 | 570 | 570 | 34,20 | 12267 | 12867 | 11067 |
| 1000 | 12000 | 8300 | 35000 | 44000 | 10120 | 11000 | 8800 | 3500 | 700 | 280 | 415 | 2000 | 750 | 830 | 830 | 49,80 | 15975 | 16855 | 14655 |

obere Bewehrung vorhanden ist. Diese wird durch geeignete Hölzer unterstützt und in richtiger Lage gehalten, an ihr werden die Bügel in richtiger Lage und Entfernung angehängt und schließlich wird die untere Bewehrung in den Bügeln verlegt. Dadurch wird die vom Beton zu umhüllende Eiseneinlage ein räumliches Gebilde und als solches während des Betonierens in richtiger Lage gehalten.

Leichte Rostbildung auf den Eisenstäben ist belanglos, soll jedoch eine durchaus gute Haftung zwischen Beton und Eisen erzielt werden, so muß das ganze Eisengerippe mit Zementmilch sorgfältig gestrichen werden. Reichen die verfügbaren Längen der Eisenstäbe nicht aus, so müssen sie bei den auf Biegung beanspruchten Konstruktionsteilen sachgemäß gestoßen werden, hierbei kommt entweder ein Zusammenschweißen oder eine Verbindung durch Schraubenmuffen wie bei Säulen, endlich ein Übereinandergreifen und Zusammenbündeln der Eisen in Frage. Eine besonders gute Schweißung der Stäbe wird durch ein gleichzeitiges Stauchen derselben während der Schweißung erzielt, da alsdann nahe der Schweißstelle ein größerer Querschnitt entsteht. Empfehlenswert ist es, die Schweißung an Ort und Stelle durch Abbiegen der geschweißten Eisen nahe der Schweißstelle zu prüfen, um sich zu überzeugen, ob die Schweißung gut ausgeführt ist. Die Schweißstellen sind zweckmäßig dorthin zu legen, wo die kleinste Zugbeanspruchung vorkommt, z. B. nahe den Abbiegungen von einem Gurte zum andern.

Der Beton wird in Schichten von 15—20 cm eingebracht und möglichst festgestampft. Nach der Anordnung der Eisen und deren Anzahl richtet sich der Wassergehalt des Betons, die Korngröße des Zuschlagsmaterials, da diese kleiner sein muß als der geringste Abstand zweier Eisenstäbe oder eines Stabes von der Betonaußenfläche, Korngröße am besten nicht über 25 mm, und die Größe und Art der zum Verdichten des Betons zu verwendenden Stampfer. Durch das Stampfen wird nicht nur ein dichter und fester Beton erzielt, sondern es wird auch die Luft herausgetrieben, was sehr günstig für den Bestand des Eisens ist. Es ist anzustreben, die ganze Deckenfläche oder Brückentafel wenn möglich in einem Gusse herzustellen. Ist man gezwungen, die Betonierung zu unterbrechen, so wird der Beton nicht senkrecht, sondern durch eine schwach geneigte Fläche begrenzt, rauh gelassen und mit feuchtem Sand oder Säcken, die mit Wasser besprengt werden, überdeckt. Wird die Arbeit wieder begonnen, so muß die Anschlußstelle gut genäßt und mit Zementmilch eingeschlemmt werden. Die Oberfläche des Betons ist ziemlich rauh zu halten, wenn nachträglich ein Verputz aufgebracht werden soll.

Der fertige Beton muß nach seiner Herstellung 6—8 Tage, besonders in den heißen Monaten, dauernd feucht gehalten werden, damit der Abbinde- und Erhärtungsprozeß gut vor sich gehen kann. Zu diesem Zwecke wird die Deckenfläche, die Brückentafel oder das Gewölbe mit Sand und leeren Säcken, die immer feucht gehalten werden, bedeckt. Hierdurch wird zugleich der Beton auf einer ständig niedrigen Temperatur gehalten, und dies ist vorteilhaft mit Rücksicht auf die schädlichen Einflüsse der Temperaturschwankungen, also auf etwaige Anfangsspannungen. Während der Abbindezeit ist streng darauf zu achten, daß keine Erschütterungen durch den Arbeitsvorgang usw. verursacht werden.

Zu den Eiseneinlagen wird fast ausschließlich Flußeisen von möglichst hoher Elastizitätsgrenze verwendet, und nur in besonderen Fällen, wenn besonders hohe Ansprüche an eine Konstruktion gestellt werden, wird Stahl verwendet. In Amerika ist allerdings häufiger Stahl in Gebrauch. Für die Eiseneinlagen ist nach den Zeichnungen eine Eisenliste anzufertigen, welche zu enthalten hat die Positionsnummern der Eisen, die Anzahl, Stärke, Länge im Zuschnitt sowie das Gewicht und Skizzen mit allen Maßen der Abbiegungen usw. Nach dieser Eisenliste erfolgt die Bestellung und sodann das Zurichten in der Werkstatt oder auf der Baustelle.

Die Normallänge der Rundeisen beträgt für Stärken von 5—16 mm über 1—15 m, für Stärken von 16—90 mm über 1—10 m, für Überlängen ist ein Aufpreis zu zahlen. Toleranz nach unten und oben 50 mm, bei fix bestellten Längen 10 mm. Fixe Längen bedingen ebenfalls einen Aufschlag. Auch schwächere Eisen bedingen Überpreise, sind daher möglichst zu vermeiden; am besten ist es, möglichst wenig verschiedene Stärken bei einem Bau zu verwenden. Das verlegungsfertige Zurichten der Eiseneinlagen geschieht teils auf dem Bauplatze selbst, teils in besonders hierfür eingerichteten Werkstätten, wo natürlich das Herrichten viel schneller vonstatten gehen kann, als auf der Baustelle. Das Herrichten beginnt mit dem Abhauen der Eisen auf die richtige Länge. Handelt es sich um schwache Eisen, so kann das Eisen noch mit Hilfe der Schere abgeschnitten werden. Dann folgt das Biegen, das bei dünnen Eisen kalt geschehen kann, während bei dickeren Eisen die Biegestellen warmgemacht werden müssen. Das Biegen dünner Eisen geschieht in der Weise, daß in ein starkes Brett an den Biegepunkten eiserne Bolzen geschlagen werden und das Eisen um diese herumgelegt wird. Stärkere Eisen werden auf besonders konstruierten Biegemaschinen abgebogen.

Bei der Berechnung der Eiseneinlagen sind zu den nach der statischen Berechnung und Zeichnung ermittelten theoretischen Längen für Abbiegungen und Übereinandergreifen, für Abfälle und Bindedraht noch 10—25 vH zuzuschlagen. Die Verbindung der Eiseneinlagen an den Kreuzungsstellen wird, soweit solche überhaupt notwendig ist, durch $^3/_4$—1 mm starken ausgeglühten Eisendraht hergestellt. Der Draht wird um die zu verbindenden Stäbe gewunden und mit der Monierzange zusammengedreht. Das Zurichten und Verlegen der Eiseneinlagen wird von den Betonarbeitern mit ausgeführt, wenn das Zurichten auf der Baustelle erfolgen kann und Schweißungen nicht erforderlich sind, sonst gehört es zu den Arbeiten der Schmiede und Schlosser. Für 1 kg Eisen sind 0,10—0,15 Arbeitsstunden zu rechnen, wenn Abbiegungen und Schweißungen nicht vorkommen, wie z. B. bei Monierkonstruktionen, sonst 0,25—0,40 Arbeitsstunden. Die Kosten für das Einbringen und Stampfen des Betons sind bei Eisenbetonarbeiten etwa doppelt so hoch wie bei reinen Betonarbeiten, da es sich um bedeutend geringere Massen handelt, man muß also mindestens mit je 1,5—3,0 Arbeitsstunden eines Einlegers und eines Stampfers rechnen. Maschinelle Stampfung kommt bei Eisenbeton nur in seltenen Fällen vor, da die Eiseneinlagen es in der Regel nicht zulassen.

Beton kann in allen Fällen an Stelle eines wie immer gearteten Mauerwerks treten und hat noch den Vorzug der größeren Formfähigkeit. Bei jeder Betonkonstruktion ist aber zu beachten, daß der Zement beim Erhärten unter Wasser oder in feuchter Erde sich mäßig ausdehnt, beim Erhärten an der Luft aber eine Raumverminderung erfährt, die man als Schwinden bezeichnet. Letzteres kann verringert werden, wenn man den Beton während des Erhärtens genügend feucht hält und vor zu raschem Austrocknen schützt. Zementmörtel dehnt sich aus oder schwindet parallel dem Feuchtigkeitsgehalte der Luft. Außerdem sind bei der Konstruktion die Volumänderungen durch die Temperaturschwankungen zu berücksichtigen. Dem Gefrieren des Betons kann mit einem Zusatz von etwa 5 vH Kochsalz zum Anmachewasser mit Erfolg begegnet werden, alle anderen Frostschutzmittel sind mit Mißtrauen zu behandeln, da sie meistens Salze enthalten, die später zu Ausblühungen Veranlassung geben. Alle Säuren sind vom Beton fernzuhalten, da diese den Beton zerstören. Als brauchbare Anstriche gegen die Einwirkung von Säuren haben sich Siderosthen, Inertol und Magnesiafluate erwiesen, die letzteren sind namentlich gute Schutzmittel gegen die Wirkungen der atmosphärischen Niederschläge auf die Sichtflächen der Betonbauwerke.

Im übrigen sind für die Ausführung von Bauwerken aus Beton und Eisenbeton die „Bestimmungen für Ausführung von Bauwerken aus Beton und Eisenbeton“ vom 13. 1. 1916 und die „Bestimmungen des deutschen Ausschusses für Eisenbeton“ vom September 1925 zu beachten (s. auch DIN 1967), welche von allen deutschen Ländern bis auf Braunschweig amtlich eingeführt sind. Für Bayern und Sachsen haben die Eisenbetonbestimmungen in einigen Punkten Änderungen erfahren.

Bei der Kostenberechnung der Eisenbetondecken müssen die Decken in ihrer tatsächlichen Ausdehnung, also einschließlich der in das Mauerwerk eingreifenden Auflagerflächen, berechnet werden. Aufgemessen und bezahlt werden aber die Decken vielfach nach einem anderen Aufmaß, und zwar entweder nach dem Lichtmaß der durch sie überdeckten Räume oder nach dem Lichtmaß der darüber befindlichen Räume. Wie die fertigen Decken aufgemessen werden sollen, ist also genau zu vereinbaren und danach der Preis zu berechnen. Aber die Berechnung der Selbstkosten muß nach der tatsächlichen Ausführung erfolgen. In dem Deckenpreise müssen sämtliche für die Decke nötigen Konstruktionsteile mit enthalten sein, also die Deckenplatten, die Neben- und Hauptträger. Eine Trennung der Preise für die einzelnen Bestandteile der Decke empfiehlt sich nicht, weil sie konstruktiv zusammenhängen. Über nichttragende Zwischenwände gegen die Decken durch und sind daher auch bei Vergütung nach den Lichtmaßen als durchgehend zu berechnen. Alle besonderen Träger, wie zur Unterstützung von Zwischenmauern, sind besonders zu bezahlen, und bei Kreuzungen sind die Träger ganz durchzurechnen, da auch die Eiseneinlagen bei Kreuzungen durchgehen. Ebenso sind alle zusätzlichen Konstruktionsteile, welche erforderlich sind, um die etwa von anderen Unternehmern hergestellten Unterlagskonstruktionen (Mauern, Pfeiler usw.) zur Aufnahme der Eisenbetonkonstruktion genügend tragfähig zu machen, wie auch Fenster- und Türstürze besonders zu vergüten, und es ist im voraus zu vereinbaren, ob sie nach laufenden Metern, nach Kubikmetern, nach dem lichten Maß der zu überdeckenden Öffnungen oder einschließlich ihrer Auflager zu berechnen sind.

Säulen sind in der Regel nicht mit in dem Deckenpreis zu berechnen, sondern besonders und zwar nach steigenden Metern von Oberkante Fundament bzw. von Oberkante Decke bis Oberkante Decke.

Auch die Frage, ob bei der Abrechnung von Betonbauten die Putzstärken in Abzug zu bringen sind, ist von vornherein im Kostenanschlag zu regeln. Üblich und auch am zweckmäßigsten ist es, im Kostenanschlag die Betonstärken einschließlich Putz anzugeben und dann den Preis für den Putz als Zuschlag zum Beton einzusetzen.

Es sollen nunmehr die Kosten für die Herstellung der auf S. 425 dargestellten Decke berechnet werden.

1. Baustoffe, Baustoffpreise frei Baustelle:

| | | |
|---|---|---|
| Zement . . . | 100 kg | 5 M. |
| Sand . . . . | 1 $m^3$ | 8 M. |
| Kies . . . . | 1 $m^3$ | 9 M. |

Nach der Beanspruchung des Betons soll eine Betonmischung von 1 : 2 : 4 erforderlich sein. Die Ergiebigkeit eines Zementmörtels 1 : 2 beträgt 2,2 Rtl., der Kies soll 0,40 Hohlräume enthalten, zur Ausfüllung der Hohlräume von 4 $m^3$ Kies sind also $4 \cdot 0{,}40 = 1{,}60$ $m^3$ Mörtel erforderlich. Zur Verfügung stehen 2,2 $m^3$ Mörtel, es ist also ein Überschuß von 0,62 $m^3$ = rd. 39 vH vorhanden und somit die Bedingung für einen dichten Beton erfüllt. Der Mörtel 1 : 2 kann als dicht angenommen werden, so daß es einer Untersuchung des Sandes und eines Zuschlages zum Zement nicht bedarf. Die Ergiebigkeit der Betonmischung 1 : 2 : 4 wird $4{,}0 - 1{,}60 + 2{,}20 = 4{,}6$ $m^3$ und zu 1 $m^3$ Beton sind erforderlich

$$\frac{1}{4{,}6} = 0{,}127 \text{ m}^3 \text{ Zement zu } 1400 \text{ kg} = \text{rd. } 300 \text{ kg}$$

$$\frac{2{,}0}{4{,}6} = 0{,}435 \text{ m}^3 \text{ Sand}$$

$$\frac{4{,}0}{4{,}6} = 0{,}87 \text{ m}^3 \text{ Kies.}$$

Für Streuverluste usw. sollen die Sand- und Kiesmengen auf 0,45 $m^3$ Sand und 0,90 $m^3$ Kies erhöht werden. Der Wasserverbrauch kann zu 15 vH des Betongemisches angenommen werden, mithin für 1 $m^3$ Beton einschl. Zuschlag für etwaiges Feuchthalten des Betons rd. 0,20 $m^3$ Wasser.

Die Kosten für die Stoffe zu 1 $m^3$ Beton ergeben sich jetzt zu

| | | | |
|---|---|---|---|
| 300 kg Zement | 5,00 . . . . . . . . . . . . . . . . | = | 15,00 M. |
| 0,45 $m^3$ Sand | 8,00 . . . . . . . . . . . . . . . . | = | 3,60 M. |
| 0,90 $m^3$ Kies | 9,00 . . . . . . . . . . . . . . . . | = | 8,10 M. |
| 0,20 $m^3$ Wasser | 0,20 . . . . . . . . . . . . . . . . | = | 0,04 M. |
| | | | 26,74 M. |

Die einfache Rechnung ist:

| | | | |
|---|---|---|---|
| 1 $m^3$ Zement = 1400 kg zu 5,00 % kg | . . . . . . . . . | = | 70,00 M. |
| 2 $m^3$ Sand 8,00 | . . . . . . . . . . . | = | 16,00 M. |
| 4 $m^3$ Kies 9,00 | . . . . . . . . . . . | = | 36,00 M. |
| Einstampfung 20 vH von 6 $m^3$ = 4,8 $m^3$ | . . . . . . . | = | 122,00 M. |
| 1 $m^3$ | . . . . . . . . . . . . . . . . . . . . . . | = | 25,42 M. |
| Streuverlust 5 vH | . . . . . . . . . . . . . . . . . . . | = | 1,27 M. |
| | | | 26,69 M. |

ergibt also fast die gleichen Kosten.

Nach der Massenberechnung sollen auf 1 $m^2$ Decke einschl. Säulen 0,22 $m^3$ Beton und 25 kg Rundeisen entfallen. Der Preis für das Eisen sei frei Baustelle 200 M./t. Demnach ergeben sich die Baustoffkosten für 1 $m^2$ Decke zu $0,22 \cdot 26,74 + 25 \cdot 0,20 = 10,88$ M.

2. Maschinen, Geräte, Werkzeuge usw.

Das Mischen des Betons soll mit einer durch einen Elektromotor angetriebenen Betonmaschine erfolgen und es soll angenommen werden, daß im ganzen für den Bau 700 $m^3$ Beton herzustellen sind. Zur Verfügung für die Betonierungsarbeiten allein sollen 30 Arbeitstage zu je 8 Stunden = 240 Arbeitsstunden stehen, so daß eine Leistung der Betonmaschine von $\frac{700}{240}$ = rd. 3 $m^3$ erforderlich ist. Es genügt eine Maschine mit 200 l Füllung, die bis 30 $m^3$ täglich leisten kann. Gesamtleistung $\frac{700 \cdot 6}{5} = 840$ PS/st. Belastungsfaktor $\frac{840}{6 \cdot 240} = 0,57$. Demnach können die in der Tabelle auf S. 435 für 60 vH Ausnutzung berechneten Betriebskosten von 6380 M. für 1 Jahr zugrunde gelegt werden und es sind für 30 Arbeitstage zu rechnen $\frac{6380 \cdot 30}{250} = 765,50$ M. und für 1 $m^3$ Beton $\frac{765,50}{700} = 1,09$ M.

Zum Transport des Betons soll ein Doppelaufzug mit Elektromotor aufgestellt werden. Zu hebende Last: 0,20 $m^3$ Beton = 420 kg, Hubhöhe rd. 4,0 m, Fahrzeit 30 sek, mithin erforderliche Leistung $\frac{420 \cdot 4}{30 \cdot 75} = 0,8$ PS. Es genügt ein kleiner Motor von 5 kW mit Betriebskosten für 1 PS/st nach Tabelle S. 218 von 23 Pf., mithin für 1 $m^3$ Beton bei 50 vH Wirkungsgrad $\frac{0,23 \cdot 1,6}{3} = 0,12$ M.

Aufzug: Anschaffungskosten 2000 M.

Ausbesserungen, Abschreibung und Verzinsung für 2 Monate

| | | | |
|---|---|---|---|
| $\frac{10 + 15 + 10}{100} \cdot 2000 \cdot \frac{30}{250}$ | . . . . . . . . . . . . . . . . . | = | 84 M. |
| Aufstellen und Wiederabbruch einschl. Transport | . . . | = | 300 M. |
| | | | 384 M. |

d. i. für 1 $m^3$ Beton $\frac{384}{700} = 0,55$ M.

Für Transportwagen, Gleise, Transportgerüste, Schuppen, Werkzeuge usw. können gerechnet werden bei einem Anschaffungswert von 3000 M. im Durchschn. $\frac{30 \cdot 3000}{100} \cdot \frac{30}{250} = 108$ M., d. i. für 1 $m^3$ $\frac{108}{700} = 0,15$ M.

Gesamtkosten für Maschinen und Geräte für 1 $m^3$ Beton:

$$1,09 + 0,12 + 0,55 + 0,15 = 1,91 \text{ M.},$$

d. i. für 1 $m^2$ Decke $0,22 \cdot 1,91 = 0,42$ M.

3. Schalung. Das Vorhalten der Schalungshölzer ist berechnet bei zweimaliger Verwendung zu 1,23 M. für 1 m² Decke.

An Arbeitslöhnen für Zurichten, Ein- und Ausschalen sind zu rechnen für 1 m² Decke:

| | |
|---|---|
| Schalbretter, Schalbögen und Abfallbretter $1,11 + 1,21 \cdot 0,30 + 0,35 = 1,823$ m² je 0,8 Zimmererstunden zu 0,95 M. und 0,5 Arbeiterstunden zu 0,70 M. . . . . . . . . . . . . . . . | = 2,02 M. |
| 0,44 lfd. m Kanthölzer je 1 Zimmererstunde zu 0,95 M. und 0,5 Arbeiterstunden zu 0,70 M. . . . . . . . . . . | = 0,57 M. |
| 2,01 m Rundholzsteifen je 0,3 Zimmererstunden zu 0,95 M. und 0,2 Arbeiterstunden zu 0,70 M. . . . . . . . . . . | = 0,85 M. |
| | 3,44 M. |
| Soziale Lasten 10 vH . . . . . . . . . . . . . . . . . . | = 0,34 M. |
| für 1 m² Decke zusammen: | 3,78 M. |

4. Arbeitslöhne. Die Arbeitslöhne bei Eisenbetonarbeiten schwanken in ziemlich weiten Grenzen, denn es ist ein wesentlicher Unterschied, ob es sich um große oder kleine Massen, um einfache oder komplizierte Konstruktionen handelt, ob die Bewehrung ein ziemlich ungehindertes Arbeiten und Einbringen des Betons gestattet oder ob sie die Arbeiten stark behindert und verzögert. Auch die Transportverhältnisse der Materialien zur Mischmaschine sowie von dieser zur Arbeitsstelle spielen eine große Rolle; es können sowohl größere Entfernungen, als auch größere Höhenunterschiede überwunden werden müssen. Man rechnet bei Hochbauten einen Höhenzuschlag für jedes Geschoß 2 vH der Arbeitslöhne für das Erdgeschoß mehr, d. i.

für das 1. Obergeschoß . . . 2 vH mehr
„ „ 2. „ . . . 4 vH „
„ „ 3. „ . . . 6 vH „ usf.

Zurichten und Verlegen der Eisenbewehrung für 1 m² Decke 25 kg zu 8 Stunden eines Schmiedes und Arbeiters für 100 kg bei einem Durchschnittsstundenlohnsatz von 0,80 M. + 10 vH Zuschlag für soziale Lasten $= 0,25 \cdot 0,88 = 0,22$ M.

Für Anfertigen und Einbringen des Betons sind für 1 m³ Beton zu rechnen:

| | |
|---|---|
| Heranschaffen der Materialien zur Mischmaschine 1,5 Arbeiterstunden zu 0,70 M. . . . . . . . . . . . . . . . . . | = 1,05 M. |
| Transport der Betonmischung zur Arbeitsstelle 2 Arbeiterstunden zu 0,70 M. . . . . . . . . . . . . . . . . . . . | = 1,40 M. |
| Einlegen und Stampfen des Betons 4 Zementarbeiterstunden zu 0,95 M. . . . . . . . . . . . . . . . . . . . . | = 3,80 M. |
| | 6,25 M. |
| Soziale Lasten 10 vH . . . . . . . . . . . . . . . . . . | = 0,63 M. |
| | 6,88 M. |

d. i. für 1 m² Decke $0,22 \cdot 6,88 = 1,51$ M.

Zusammenstellung:

| | |
|---|---|
| 1. Baustoffe . . . . . . . . . . . . . . . . . . . . . | = 10,88 M. |
| 2. Maschinen und Geräte . . . . . . . . . . . . . . . . | = 0,42 M. |
| 3. Schalung 1,23 + 3,74 . . . . . . . . . . . . . . . . | = 4,97 M. |
| 4. Arbeitslöhne 0,22 + 1,51 . . . . . . . . . . . . . . | = 1,73 M. |
| | 18,00 M. |
| 5. Betriebsunkosten 7,5 vH . . . . . . . . . . . . . . | = 1,35 M. |
| | 19,35 M. |
| 6. Geschäftsunkosten 15 vH . . . . . . . . . . . . . . | = 2,90 M. |
| | 21,25 M. |
| 7. Wagnis und Gewinn 10 vH . . . . . . . . . . . . . . | = 2,15 M. |
| Angebotspreis . . . . . . . . . . . . . . . . . . . . . | = 23,40 M. |

An Stelle des Heranschaffens und Einbringens des Betons von Menschenhand tritt beim Gußbetonverfahren die maschinenmäßige Förderung und Einbringung, und da diese einen Beton von nahezu flüssiger Beschaffenheit voraussetzt, so wird auch das beim wasserärmeren Stampfbeton erforderliche Stampfen überflüssig. Der Gußbeton wird gewissermaßen in die Schalung eingegossen und füllt sie unter der Einwirkung der eigenen Schwere, höchstens durch ein leichtes Verziehen oder Rühren unterstützt, selbsttätig aus. Am gebräuchlichsten ist das Rinnengießverfahren, bei welchem der von der Mischanlage gelieferte flüssig angemachte Beton vermöge seiner Schwere in Gießrinnen, die mit einem Gefälle von 1:2 bis 1:3 an Drahtseilen aufgehängt werden, selbsttätig zur Verwendungsstelle hinabgleitet. Ist das erforderliche Gefälle nicht im Baugelände vorhanden, so muß zu der Gießrinne der Gießturm hinzukommen, in dem der Beton so hoch gehoben wird, daß das Gefälle künstlich gewonnen wird. Als Material für das Gießgerät empfiehlt sich nur Eisen, und eiserne Gießanlagen werden jetzt auch bereits in Deutschland fabrikmäßig hergestellt. Außer dem Rinnengießverfahren können aber auch für die Beförderung des Gußbetons Gurtförderer, Kabelbahnen sowie Rollwagen mit gutem Erfolg verwendet werden. Die Förderungsart hängt lediglich von der Gestaltung und dem Umfang der Baustelle ab.

Im Vergleich zu den Betonarbeiten sind von einfacherer Art die Maurerarbeiten. Bei Ingenieurbauten ist die Hauptbedingung die Verwendung fester, wetter- und wasserbeständiger Materialien und ein vollständiges Ausfüllen aller Fugen mit Mörtel, der dem verwendeten Steinmaterial an Festigkeit nicht nachsteht. Die Kosten der Maurerarbeiten setzen sich zusammen aus den Kosten des Mörtels, der Steine, den Arbeitslöhnen für Mörtelbereitung und Mauern sowie aus den Kosten der Geräte, Gerüste und etwaiger Maschinen. Der Maurer vermauert nur das Steinmaterial mit dem Mörtel und richtet evtl. das Steinmaterial zu, die Mörtelbereitung und das Heranschaffen der Materialien wird von gewöhnlichen Arbeitern besorgt, die man Handlanger nennt.

Die Kosten für die Mörtelbereitung und das Heranschaffen der Steine und des Mörtels richten sich in erster Linie nach der horizontalen Entfernung der Verwendungsstelle von den Lagerplätzen. Man muß daher so disponieren, daß die Lagerplätze so nahe wie möglich am Bau liegen. Andererseits hängt aber die Größe der Handlangerarbeit auch wesentlich von der Höhe des Bauwerks ab. Bei der nachfolgenden Zusammenstellung ist vorausgesetzt, daß die Lagerplätze unmittelbar am Bau liegen, und es ist daher nur der Höhenunterschied berücksichtigt. Die Kosten für das Mauern selbst sind verschieden je nach der Dicke des Mauerwerks und ob eine oder zwei Ansichtsflächen vorhanden sind.

Wir unterscheiden zunächst Trocken- und Mörtelmauerwerk, sodann Bruchstein- und Ziegelmauerwerk, ferner Grund- und aufgehendes Mauerwerk mit ein oder zwei Ansichtsflächen und schließlich Gewölbemauerwerk. Bei all diesen verschiedenen Mauerwerksarten sind die Leistungen eines Maurers verschieden und die erforderlichen Arbeits-

| Nr. | Art des Mauerwerks | Für 1 cbm Mauerwerk<br>Maurer-Stunden | <br>Handlanger-Stunden | Bemerkungen |
|---|---|---|---|---|
| I | **Trockenmauerwerk aus Bruchsteinen:** | | | |
| | a) Eine Ansichtsfläche, Steine werden von oben auf die Mauer geschafft . . . . . | 2,5 | 2 | |
| | b) Eine Ansichtsfläche, Steine müssen von unten auf die Mauer geschafft werden. . | 2 | 2 + 0,5 T | Böschungsmauern |
| | c) Zwei Ansichtsflächen und eine obere Abdeckung . . | 3 | 3 | Einfriedigungs- und Schutzmauern |
| II | **Mörtelmauerwerk:** | | | |
| 1 | Grundmauerwerk | | | |
| | a) aus Bruchsteinen . . . . | 4 | 6 + 0,3 T | |
| | b) aus Ziegeln . . . . . . . | 3 | 5 + 0,3 T | |
| 2 | Aufgehendes Mauerwerk, einhäuptig | | | |
| | a) aus Bruchsteinen bei weichen und mittelharten Steinen . . . . . . . . | 5 + 1/B | 7 + 0,5 T | Zurichten erfordert mehr Zeit |
| | bei harten Steinen . . . | 6 + 1/B | 7 + 0,5 T | |
| | b) aus Ziegeln . . . . . . . | 4 + 1/B | 6 + 0,5 T | |
| | c) aus Quadern . . . . . . | 4 + 1/B | 8 + 0,5 T | |
| 3 | Aufgehendes Mauerwerk, zweihäuptig | je eine Stunde mehr als für einhäuptiges Mauerwerk | | |
| 4 | Gewölbemauerwerk | | | |
| | a) aus Bruchsteinen . . . . | 8 + 3/W | 6,5 + 0,5 T | |
| | b) aus Ziegeln . . . . . . . | 7 + 3/W | 5,5 + 0,5 T | |
| | c) aus Quadern . . . . . . | 9 | 9 + 0,5 T | |
| 5 | Mörtelpflaster | für 1 $m^2$ | | |
| | a) aus Bruchsteinen . . . . | 2—3 | 2—3 | |
| | b) aus Ziegelsteinen: | | | |
| | Flachschicht . . . . . . | 0,8 | 0,5 | |
| | Rollschicht . . . . . . . | 1,5 | 1 | |
| | c) aus Platten . . . . . . . | 2 | 2 | |
| 6 | Ausfugen mit Zementmörtel: | | | |
| | Ziegelmauerwerk . . . . | 1 | 0,3 | Bei Bruchsteinmauerwerk ist ein nachträgliches Ausfugen zu vermeiden, Fugen müssen beim Aufmauern voll ausgestrichen werden |
| 7 | Zementputz: | | | |
| | rauher Putz . . . . . . . | 0,4 | 0,2 | |
| | glatter Putz 1—2 cm stark | 1 | 0,5 | |

zeiten zur Herstellung eines Kubikmeters Mauerwerk sind in nachstehender Tabelle zusammengestellt. Hierin bezeichnet *T* die Höhe des Mauerwerks über oder die Tiefe unter der Ebene des Lagerplatzes, *B* die Stärke der Mauer und *W* die Lichtweite des Gewölbes. Die Mörtelbereitung ist von Hand angenommen, so daß sich die Arbeitszeiten der Handlanger auf Mörtelbereiten und Herbeischaffen der Materialien beziehen. In Berlin rechnet man bei Hochbauten, daß 1 Maurer bei Zeitlohn in

9stündiger Arbeitszeit 500—750 Ziegelsteine von Normalformat vermauert. Beim Bruchsteinmauerwerk wird gewöhnlich Schichtenmauerwerk verlangt, wenn die Bruchsteine weich und leicht mit dem Hammer zu bearbeiten sind, bei mittelharten Bruchsteinen genügt ein ordentliches Lager und Stoßfugen ohne Zwickel, bei harten Steinen dagegen wird auch das Lager unregelmäßig und ist ein gutes Auszwicken der Fugen notwendig.

Zu den Maurerarbeiten rechnet man schließlich noch das Verlegen von Ton- und Zementröhren, obgleich diese Arbeit nicht von gewöhnlichen Maurern, sondern von besonders angelernten Rohrlegern ausgeführt werden sollte. Das Verlegen von Leitungen besteht allgemein aus zwei verschiedenen Arbeitsleistungen, erstens der Verlegarbeit und zweitens der Dichtungsarbeit. Die Mannschaft zum Verlegen und Dichten von Rohren besteht aus 1 Rohrleger, 1 Rohrdichter, 3—4 Arbeitern je nach Größe der Rohre, sie kann täglich unter gewöhnlichen Verhältnissen fertigstellen bei runden Röhren:

| | | | | | | | | |
|---|---|---|---|---|---|---|---|---|
| 50 m | Leitung | bei | Röhren | von | 20 | bis | 30 cm | Weite |
| 40 m | ,, | ,, | ,, | ,, | 30 | ,, | 40 cm | ,, |
| 30 m | ,, | ,, | ,, | ,, | 40 | ,, | 50 cm | ,, |
| 25 m | ,, | ,, | ,, | ,, | 50 | ,, | 60 cm | ,, |

bei eiförmigen Röhren:

25—30 m Leitung bei den kleineren Profilen bis 90 cm Höhe,
15 m ,, ,, ,, größeren Profilen.

Bei tieferen Baugruben als 4 m verringern sich die Leistungen. Hiernach lassen sich die Arbeitslöhne berechnen. Das Dichten der Tonrohre geschieht heute allgemein mit Teerstrick und Asphaltkitt. Der Teerstrick nimmt den Muffengrund auf etwa 2 cm Höhe ein, er wird mit Strickeisen und Hammer fest zusammengepreßt. Die Asphaltdichtung selbst nimmt die übrige Muffentiefe ein mit einem Zuschlage von 10 vH für den schrägen Überstand über dem Muffenrande. Der Bedarf an Teerstrick und Asphaltkitt beträgt bei

| Rohren mit Weite mm | Muffenraum l | Teerstrick kg | Asphaltkitt kg |
|---|---|---|---|
| 150 | 0,69 | 0,39 | 0,90 |
| 200 | 0,97 | 0,47 | 1,31 |
| 250 | 1,32 | 0,66 | 1,84 |
| 300 | 1,55 | 0,78 | 2,17 |
| 350 | 1,88 | 0,94 | 2,61 |
| 400 | 1,97 | 1,00 | 2,80 |
| 450 | 2,24 | 1,11 | 3,13 |
| 500 | 2,62 | 1,31 | 3,66 |
| 550 | 2,86 | 1,43 | 4,00 |
| 600 | 2,94 | 1,47 | 4,11 |

100 kg Teerstrick kosten etwa 35,— M., 100 kg Asphaltkitt etwa 10,— M. frei Baustelle.

Das Dichten der Zementrohre erfolgt mit Zementmörtel 1 : 2, Muffen- und Schwanzende der zu verlegenden Rohre werden mit reinem Wasser benetzt, dann wird die untere Hälfte des verlegten Rohres und die obere Hälfte des zu verlegenden Rohres mit dem Zementmörtel bestrichen und die Rohre werden fest ineinander geschoben, so daß möglichst überall der Zementmörtel herausquillt. Die Fugen werden innen und außen glatt verstrichen und der herausgequollene Mörtel beseitigt. Die Umgebung der äußeren Stoßfuge mit einem Zementwulst ist überflüssig und kann unterbleiben, die Hauptsache ist die vollständige Ausfüllung der Stoßfugen mit Mörtel. Die Mörtelmenge zur Dichtung einer Stoßfuge beträgt bei runden Zementröhren:

| | | | |
|---|---|---|---|
| 300 mm | 0,53 l | 800 mm | 2,74 l |
| 400 mm | 0,86 l | 900 mm | 3,08 l |
| 500 mm | 1,24 l | 1000 mm | 3,74 l |
| 600 mm | 1,80 l | 1200 mm | 5,35 l |
| 700 mm | 2,08 l | | |

und bei eiförmigen Zementröhren:

| | | | |
|---|---|---|---|
| 300/450 mm | 0,72 l | 700/1005 mm | 3,41 l |
| 400/600 mm | 1,47 l | 800/1200 mm | 4,45 l |
| 500/750 mm | 2,19 l | 900/1350 mm | 5,37 l |
| 600/900 mm | 2,92 l | 1000/1500 mm | 6,54 l |

### e) Eisenarbeiten.

Alle Eisenkonstruktionen kommen in fertig zugerichteten Teilen auf die Baustelle und werden nach Gewicht berechnet. Der Lieferpreis hängt außer von den zeitigen Eisenpreisen von der Zurichtungs- und Verbindungsarbeit sowie von der Lage und Beschaffenheit der Baustelle ab. Zu der Montage sind zunächst wieder Gerüste erforderlich, welche im allgemeinen aus Holz gefertigt werden, nur bei großen frei zu lassenden Öffnungen kommen ebenso wie bei den Lehrgerüsten Eisenkonstruktionen in Frage. Die Kosten für die Montagegerüste sind aber wesentlich geringer als für Lehrgerüste, da das Gewicht der Eisenkonstruktionen bedeutend geringer ist, als bei den massigen Gewölben und die einzelnen Konstruktionsteile sich auch zum Teil selbst freitragen. Für hölzerne Montagegerüste für eiserne Brücken benutzt man vielfach zur Berechnung der Kosten die Formel $K = H\sqrt{G}$ in Mark, wenn $H$ die Höhe der Brückenoberkante bis Flußsohle oder Gelände in $m$, $G$ das Eisengewicht der ganzen Brücke in Kilogramm bedeutet

Die Kosten des Montierens der Eisenteile und der Vernietung hängen hauptsächlich von der Stützweite der Eisenkonstruktion ab, sie sind bei kleinen Stützweiten niedriger als bei großen. Für Überschläge können angenommen werden 10—30 M. für 100 kg.

Von Bedeutung bei allen Eisenbauten ist noch der Anstrich, dessen Kosten entweder pro Quadratmeter oder pro 1000 kg berechnet werden. Die tägliche Arbeitsleistung eines Anstreichers ist 10—12,5 qm Fläche bei zweimaligem Anstrich. Es kostet ein zweimaliger Ölfarbenanstrich einschließlich der erforderlichen Hilfsrüstungen für 100 kg bei Blechträgerkonstruktionen etwa 1,20 M. und bei Fachwerkskonstruktionen 1,50 M. Für die Anfertigung, Anlieferung und Aufstellung von Eisenbauwerken bestehen besondere Vertragsbedingungen, welche zu beachten sind; sie enthalten auch die näheren Bestimmungen über die Gewichtsberechnung. (S. auch DIN 1970.)

Der Anstrich soll das Eisenbauwerk gegen Rostgefahr schützen und daher ist besonders auf den ersten Anstrich großes Gewicht zu legen, denn er bildet die Grundlage für alle späteren Anstriche.

Jede Rostschicht bildet eine porige, schwammige Masse, in der sich Luftteilchen festsetzen und in die daher ein Anstrich nicht eindringen kann. Daher ist auch die Ansicht, daß ein geringer Rostanflug des Eisens der Haltbarkeit des Anstriches nicht schade und zu weiterer Rostbildung keinen Anlaß geben könne, falls nur der Anstrich selbst gut ausgeführt werde, irrig; die erste Vorbedingung für den weiteren Rostschutz des Eisens und für die Dauerhaftigkeit des Anstriches ist vielmehr die tadellose Reinigung des Eisens.

Für die Reinigung sind heute dreierlei Arten im Gebrauch, erstens das Reinigen von Hand mit Schabern und Drahtbürsten, zweitens das Reinigen im Säurebad mit nachfolgendem Kalkwasser- und heißem Reinwasserbad, drittens das Reinigen mit dem Sandstrahlgebläse. Bei der Reinigung von Hand mit Schabern und Bürsten ist es auch bei der größten Sorgfalt nicht möglich, das Eisen vollständig von Glühspan, Rost und Schmutz zu befreien. Wie man sich leicht durch Augenschein oder durch Abreiben der gereinigten Flächen mit einem weißen Lappen überzeugen kann, sind die so gereinigten Flächen stets noch mit einer feinen Schicht von Rost und Staub bedeckt. Durch die Reinigung im Säurebad wird zwar das Eisen von Glühspan, Rost und Schmutz vollständig gesäubert, es besteht aber die Gefahr, daß die Säure an einzelnen Stellen im nachfolgenden Kalkwasser- und heißen Reinwasserbad nicht vollständig entfernt wird oder daß durch Nachlässigkeit diese Bäder bereits stark von Säure angereichert sind und deshalb auf der ganzen Eisenfläche Säurerückstände verbleiben. Säurehaltige Stellen sind aber die Quellen neuer Rostbildung und der Zerstörung des Anstriches. Die chemische Reinigung des Eisens erfordert außerdem viel Platz und kostspieliege Handhabungen. Sie hat auch noch den Nachteil, daß nur die einzelnen Stücke vor ihrer Verbindung gereinigt werden können, da sonst die Säure in die Fugen eindringen würde, aus denen sie auch in den Wasserbädern nicht wieder entfernt werden kann. Die chemisch gereinigten Teile werden also bei den späteren Bearbeitungen wieder verschmutzen und verstauben, so daß sie nochmals von Hand nachgereinigt werden müssen. Die Reinigung mit dem Sandstrahlgebläse ist entschieden die beste und zuverlässigste. Es gelingt auch bei starken Verrostungen leicht, das Eisen in kurzer Zeit so von Glühspan, Rost und Schmutz zu säubern, daß es eine vollständig metallisch reine Oberfläche zeigt. Auch unzugängliche Stellen, wie Ecken und Innenflächen von kastenförmigen Querschnitten, lassen sich leicht mit dem Sandstrahl bestreichen. Versuche haben gezeigt, daß Anstriche auf Eisenflächen, die mit dem Sandstrahlgebläse gereinigt sind, weit besser haften als auf Flächen, die mit Schabern und Drahtbürsten gesäubert sind. Die Reinigung mit dem Sandstrahlgebläse geht schnell vonstatten, je nach dem Grad der Verrostung werden in einer Stunde mit einem Schlauch von 10 mm Düsenweite 4—6 qm gereinigt. Der Betriebsdruck beträgt 1—1,5 kg/cm². Der Sand muß frei von Staub und erdigen Beimengungen und von ungefähr 2 mm Korngröße sein. Eine die Tragfähigkeit irgendwie merklich beeinflussende Schwächung der Eisenteile durch die Reinigung mit dem Sandstrahlgebläse ist nicht zu befürchten. Die Sandstrahlgebläsemaschinen lassen sich dadurch gut ausnutzen, daß sie auch gleich zum Aufbringen der Farbe benutzt werden können. Man hat nur nötig, das Sandstrahlgebläse gegen einen Farbenstreichapparat für Druckluftbetrieb auszuwechseln.

Nach der Reinigung müssen sodann die Eisenteile sogleich mit dünnflüssigem, schnell trocknendem, wasser- und säurefreiem Leinölfirnis gestrichen werden, um einerseits vor neuerRostbildungge schützt zu sein und um andererseits einen durchsichtigen Anstrich zu erhalten, der es dem Abnahmebeamten ermöglicht, alle Schäden an den Eisenteilen zu erkennen. Nach Abnahme erhalten dann die Eisenteile vor dem Versand einen Grundanstrich und nach der Aufstellung auf dem gehörig ausgebesserten Grundanstrich in der Regel noch drei Deckanstriche. Während früher als Grundanstrich in den meisten Fällen Bleimennige verwendet wurde, ist man neuerdings wegen der schädlichen Einwirkungen der bleihaltigen Farben auf die Gesundheit der Anstreicher von diesem bewährten Grundanstrichmittel abgekommen und verwendet vielfach für den Grundanstrich dieselbe Farbe wie für die Deckanstriche.

Für die Deckanstriche sind die bekannten Ölfarben und die von den einzelnen Farbwerken auf den Markt gebrachten Rostschutzfarben im Gebrauch. Die Ölfarben bestehen aus dem Bindemittel (Öl) und den sog. Pigmenten (Farbstoffen). Das Bindemittel ist in der Regel reines Leinöl. Für sich ist es nicht wetterbeständig, mit den Pigmenten bildet es aber nach dem Trocknen eine widerstandsfähige gute Farbhaut. Als Farbstoffe sind außer den jetzt verpönten Bleifarben Zinkweiß, Eisenmennige, Ruß, Ocker, Eisenoxyd, Graphit usw. im Gebrauch. Trockenmittel, sog. Sikkative, sollten nicht zugesetzt werden, da sie den Anstrich leicht spröde und rissig machen. Die Zusammensetzung der verschiedenen Rostschutzfarben wird von den Farbwerken geheimgehalten, sie bestehen aber auch wie die Ölfarben in der Hauptsache aus Leinöl und einem Pigment. Von einem guten Anstrich muß man zweierlei verlangen, erstens, daß er haltbar und dauerhaft ist, zweitens aber auch, daß er während seiner Lebensdauer die Entstehung von Rost unter der Farbe verhütet. In der Tat rostet das Eisen häufig unter einem unversehrten Anstrich weiter, und durch Versuche ist festgestellt worden, daß das Eisen unter der Farbe desto stärker rostet, je mehr Anstriche übereinander hergestellt sind. Die Erklärung hierfür läßt sich wohl nur in elektrolytischen Vorgängen unter der Farbschicht finden.

Die Haltbarkeit der Farbe ist außer von der Güte der Zusatzstoffe vor allem von der gleichmäßigen Verteilung der Farbstoffe in den Bindemitteln abhängig. Die Farbe muß daher vor dem Verstreichen sorgfältig verrührt werden und mit kurzhaarigen Pinseln so dünn wie möglich aufgetragen werden. Bei dick aufgetragener Farbe bildet sich eine Farbhaut, unter der der übrige Teil der Farbe überhaupt nicht oder nur sehr schwer trocknet. Vor dem Aufbringen eines neuen Anstriches muß der vorhergehende Anstrich nicht nur getrocknet, sondern auch gut verhärtet sein. Die Anstreicherarbeiten dürfen nur in der warmen Jahreszeit und nur bei trockenem Wetter ausgeführt werden, bei Nebel und Regen sind sie unbedingt einzustellen. Nach Niederschlägen darf erst mit den Arbeiten fortgefahren werden, wenn die Niederschläge auf den zu streichenden Flächen vollständig abgetrocknet sind. Für die einzelnen Anstriche sind verschiedene Farbtönungen vorzuschreiben, um stets nachprüfen zu können, welche Nummer der Anstriche in Arbeit ist und ob tatsächlich alle vorgeschriebenen Anstriche aufgebracht sind. Auch ist es aus demselben Grunde ratsam, den einzelnen Anstrich erst für das ganze Bauwerk oder für einzelne in sich geschlossene Teile des Bauwerks fertigzustellen und dann erst mit dem folgenden Anstrich zu beginnen.

Beachtet man alle diese Erfordernisse für einen haltbaren und dauerhaften Rostschutzanstrich, so ergibt sich zweierlei: erstens die Reinigung und den Grundanstrich nicht von der Eisenbauanstalt in der Werkstätte ausführen zu lassen, sondern die Eisenteile ungereinigt zur Baustelle schaffen und so dort einbauen zu lassen, zweitens die Entrostung erst nach Vollendung aller Aufstellungs- und Nietarbeiten durch Sandstrahlgebläse vorzunehmen, und zwar durch den Unternehmer, der die Anstriche ausführt. In den staubigen Werkstätten wird selten eine sorgfältige Reinigung stattfinden und somit eine einwandfreie Grundlage für die Deckanstriche geschaffen werden können, aber wenn auch in besonderen staubfreien Hallen die Reinigung, der Leinölfirnisüberzug und der Grundanstrich einwandfrei hergestellt werden, so werden doch diese Arbeiten durch die vielen gewaltsamen Handhabungen, denen die gestrichenen Teile bei der Beförderung bis zur Baustelle, bei dem Einbau und der Vernietung ausgesetzt sind, teilweise wieder nutzlos gemacht. Viele Stellen müssen von neuem entrostet und dann mit neuem Grundanstrich versehen werden, an anderen Stellen ist der Grundanstrich auszubessern. Diese Arbeiten und die dann folgenden Deckanstriche läßt die Eisenbauanstalt von einem ortsansässigen Malermeister ausführen, der kennt aber die Güte der ursprünglichen Entrostung des Eisens, des Leinölfirnis- und des Grundanstriches nicht, so daß auch von ihm keine Gewährleistung für die Dauerhaftigkeit seiner Arbeiten verlangt werden kann. Um daher ganz klare Verhältnisse zu schaffen und um wirklich in jeder Weise einwandfreie Rostschutzanstriche zu erhalten, empfiehlt es sich, die Eisenbauanstalt nur zur Reinigung und zum Anstrich der Flächen, die sich beim Zusammenbau in der Werkstatt oder auf der Baustelle überdecken, zu verpflichten, im übrigen aber alle Eisenteile während der Lagerung und der Bearbeitung im Werk nur nach Kräften vor Rosten und Verschmutzen zu schützen und sie ungereinigt zur Baustelle zu schaffen und so dort einzubauen. Hier soll dann erst nach Vollendung aller Aufstellungs- und Nietarbeiten die Entrostung durch Sandstrahlgebläse vorgenommen werden, und zwar durch den Unternehmer, der die Anstriche ausführt. Bei diesem Verfahren werden die besten Vorbedingungen für einen einwandfreien Rostschutz der Eisenbauten und klare Vertrags- und Rechtsverhältnisse geschaffen. Es ist auch ganz unbedenklich die Entrostung erst auf der Baustelle auszuführen, es kann bis zu diesem Zeitpunkt keine die Tragfähigkeit irgendwie merklich beeinflussende Rostbildung entstehen. Die Reinigung mit dem Sandstrahlgebläse gewährleistet die vollständige Entfernung des Rostes, es müssen nur die entrosteten Teile während des Fortschreitens der Entrostungsarbeit sofort mit dem ersten Anstrich versehen werden, damit neue Rostbildung verhütet wird. Gegen die Kosten der Entrostung des Eisens und gegen die Löhne für die Anstreicherarbeiten treten die Ausgaben für die Beschaffung der Farbe selbst zurück. Es ist deshalb ratsam, die Farbe ohne Rücksicht auf die Kosten allein nach ihrer Güte zu wählen.

Etwas anders liegen die Verhältnisse, wenn die Eisenteile unmittelbar dem Auspuff der Lokomotiven ausgesetzt sind. Die Erfahrung hat gezeigt, daß Eisenteile, die von dem Auspuff der Lokomotiven unmittelbar getroffen werden und die infolge schlechter Abzugsmöglichkeit länger unter der Wirkung der Gase stehen, durch Rostschutzfarben nicht vor starker Rostbildung und allmählicher Zerstörung geschützt werden können. Durch die chemische Einwirkung der schwefligen Säure und des Wasserdampfes und durch den mechanischen Angriff der Funken und Schlackenteilchen wird jede Rostschutzfarbe bald zerstört. Die Farbschicht wird weich und bildet im Verein mit dem Ansatz von Ruß und Schlackenteilchen auf der Oberfläche der Eisenteile eine porige Masse, die dadurch, daß in ihr schweflige Säure und Wasser festgehalten werden, die Rostbildung sehr begünstigt. Es entstehen in kurzer Zeit Rostblätter, die durch die Kraft des Auspuffes und durch die Erschütterungen des fahrenden Zuges losgelöst werden und abstürzen. Der Zerstörungsvorgang beginnt dann von neuem. Hier kann nur durch eine Konstruktionsänderung Abhilfe geschaffen werden.

Am wirksamsten ist eine Umhüllung der Eisenteile mit Beton, und je dichter der Beton ist, um so besser ist die Wirkung. Die Dichtigkeit des Betons selbst ist auch ein besserer Schutz als ein dichtender Anstrich auf der Betonoberfläche durch Kesslersche Fluate od. dgl. Je nach der Stärke des Angriffes ist die Betonschutzschicht 2,5—5 cm stark zu machen. Dichter Beton schützt auch angerostetes Eisen vor dem Weiterrosten. Zur Aufbringung einer solchen Betonschutzschicht ist das Spritzverfahren sehr geeignet. Da, wo eine Umhüllung mit Beton aus wirtschaftlichen, schönheitlichen oder anderen Gründen nicht in Frage kommt, müssen die Eisenteile vor dem Auspuff der Lokomotiven durch untergehängte Tafeln aus Holzbohlen, deren Unterfläche mit Wasserglas zu streichen ist, aus Drahtglas, aus Eisenbimsbeton oder aus Eternit, einer Mischung aus Asbest und Zement, geschützt werden. Bei niedrigen Bahnsteighallen empfiehlt es sich, die Dachfläche über den Lokomotivschornsteinen durch Auspufföffnungen zu unterbrechen, damit die Lokomotivgase schnell abziehen können[1]).

[1]) Vgl. Zentralbl. d. Bauverw. 1916, S. 584.

Die Deutsche Reichsbahn hat besondere Vorschriften für die Lieferung von Farben und die Ausführung von Anstrichen für Eisenbauwerke (FAE), welche durch Verfügung vom 8. November 1926 durch folgende Bestimmungen ergänzt sind:

Bei kleineren und mittleren Bauwerken, bei denen sich die Entrostung der Überbauten mit Sandstrahlgebläse auf der Baustelle nicht lohnt, ist der Grundanstrich in der Eisenbauanstalt auszuführen. Bei größeren Bauwerken bleibt es den Reichsbahndirektionen überlassen, das gleiche Verfahren anzuwenden oder die Eisenteile ungestrichen auf die Baustelle zu bringen und erst die fertiggestellten Überbauten mit Sandstrahlgebläse zu entrosten und dann weiter nach den Vorschriften FAE zu behandeln. In den Eisenbauanstalten werden dann nur die bei der fertigen Konstruktion sich überdeckenden Teile mit Bleimennige gestrichen. Entrostung und Anstrich auf der Baustelle werden zweckmäßig zusammen vergeben.

Als Ersatz für Leinölfirnisfarben ist neuerdings ein Anstrich unter der Handelsmarke „Asphaltose" auf den Markt gekommen, der aus reinem Naturasphalt hergestellt und gegen Luft, Licht, Feuchtigkeit, Gasen, Säuren usw. chemisch vollständig indifferent sein soll, so daß Asphaltose-Anstriche einen bedeutenden Fortschritt auf dem Gebiete der Schutzanstriche für Eisen bedeuten, um so mehr, als jeglicher Mennigeanstrich oder sonstiger Voranstrich sich erübrigt.

Ein gut unterhaltenes Eisenbauwerk kann hinsichtlich der Dauerhaftigkeit wohl mit massiven Bauten erfolgreich in Wettbewerb treten und ist jedenfalls den Eisenbetonbauten mit Betonzugrissen weit überlegen, das beweist die alte Dirschauer Gitterbrücke über die Weichsel, die vom Jahre 1857—1891 dem Eisenbahnverkehr gedient hat und seitdem dem Straßenverkehr dient. Sie ist heute, nach 69 Jahren, noch in so vorzüglichem Unterhaltungszustande, daß nicht abzusehen ist, wie lange sie noch weiter dem Verkehr dienen kann.

### 5. Preisberechnung für eine Eisenbeton-Bogenbrücke.

Als Beispiel für die Anwendung der Regeln und Angaben ist eine Eisenbetonbrücke mit kleiner Spannweite gewählt worden, weil bei einem kleinen Bauwerk die einzelnen Arbeiten leichter zu überblicken sind und die Bedeutung der Zuschläge mehr in die Erscheinung tritt. Die Brücke ist außerdem auf Grundpfählen unter Wasser gebaut, so daß auch Rammarbeiten und Wasserhaltung, also möglichst vielseitige Arbeiten vorkommen. Die Preisberechnung soll nun lediglich dazu dienen, das Verfahren und den Gang der Berechnung darzulegen, die Preise selbst sind Nebensache. Die Berechnung wird auch weiter zeigen, daß bei einer Preisberechnung für Ingenieurbauten einerseits immer ein vollständiger Arbeitsplan notwendig ist und andererseits mit mehr oder weniger unbestimmten Größen gerechnet werden muß, daß daher die richtige Erkennung und Bewertung der preisbildenden Elemente stets die Hauptsache ist.

#### Straßenbrücke.

Eisenbetongewölbe von 7,20 m Lichtweite und 1,0 m Höhe, Widerlager aus Beton auf Grundpfählen, Gesamtbreite der Brücke 13,0 m. Bauzeit 80 Arbeitstage.

#### I. Erdarbeiten.

a) 180 m³ sandiger Tonboden über Wasser 2,0 m tief auszuheben, 50 m weit zu verkarren und wieder zu hinterfüllen.

b) 95 m³ sandigen Ton- und Moorboden zwischen den Spundwänden unter Wasserhaltung auszuheben und 50 m weit zu verkarren.

Bodenklasse Ib, durchschnittliche Leistung eines Arbeiters beim Lösen und Laden 0,82 $m^3$ in 1 Std. Auflockerung 13 vH, Betriebskoeffizient 1,13.

1. Löhne.

Zu a) Erforderliche Zeit für Lösen, Laden und Verkarren von 1 $m^3$ Boden bei 2,0 m Steigung:

$$t = \frac{60}{0{,}82} + \left(\frac{2 \cdot 50{,}0 + 2{,}0 \cdot 20{,}0}{60 \cdot 0{,}8} + 1{,}5\right)\frac{1{,}13}{0{,}10} = 124 \text{ Min.}$$

1 Arbeiter leistet also an 1 Tage von 8 Arbeitsstunden $\frac{8 \cdot 60}{124} = 4\ m^3$.

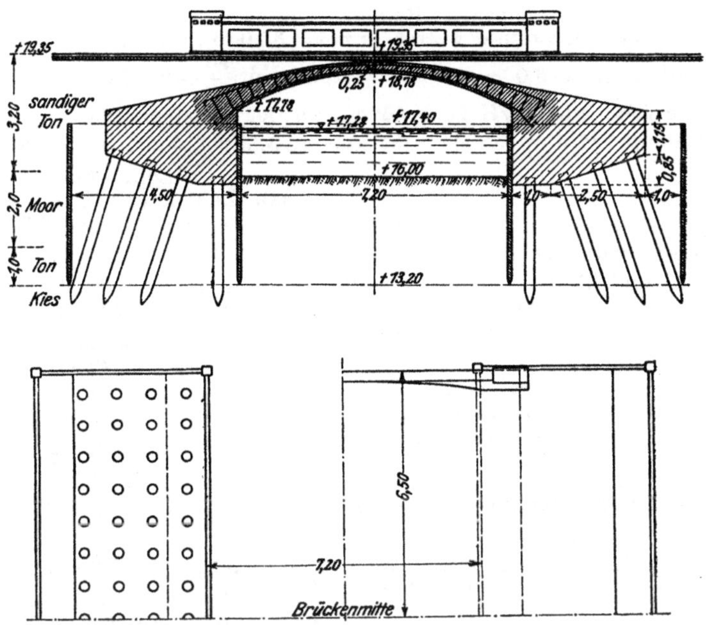


Soll die Arbeit in 4 Tagen geleistet werden, so sind erforderlich $\frac{180}{4 \cdot 4} = 11$ Arbeiter, mithin Löhne $11 \cdot 4 \cdot 8 \cdot 0{,}70 =$ 246,40 M.

Erforderliche Zeit für Hinterfüllen, Laden, Verkarren und Stampfen $180 \cdot 1{,}13 = 203\ m^3$ aufgelockerter Boden

$$t = \frac{60}{1{,}25} + \left(\frac{2 \cdot 50}{60 \cdot 0{,}8} + 1{,}5\right)\frac{1{,}0}{0{,}10} = 84 \text{ Min.}$$

1 Arbeiter leistet an 1 Tag $\frac{8 \cdot 60}{84} = 5{,}7\ m^3$, Arbeitszeit

für 11 Arbeiter $\frac{203}{11 \cdot 5{,}7} = 3{,}2$ Tage.

Löhne: $11 \cdot 3{,}2 \cdot 8 \cdot 0{,}70$ . . . . . . . . . . . . . . . . = 197,12 „
Stampfen: 2 Arbeiter zu $2 \cdot 3{,}2 \cdot 8 \cdot 0{,}70$ . . . . . . = 35,84 „

479,36 M.

Übertrag: 497,36 M.

Zu b) Erforderliche Zeit für Lösen und 1 mal Werfen $t = \frac{60}{0,82}$ $= 73$ Min., tägliche Leistung eines Arbeiters

$$\frac{60 \cdot 8}{73} = 6,6 \text{ m}^3.$$

Erforderliche Zeit für Laden und Verkarren des aufgelockerten Bodens

$$t = \frac{60}{1,25} + \left(\frac{2 \cdot 50,0 + 2,0 \cdot 20,0}{60 \cdot 0,8} + 1,5\right)\frac{1,0}{0,10} = 72 \text{ Min.}$$

Tägliche Leistung eines Arbeiters $\frac{8 \cdot 60}{72} = 6,8 \text{ m}^3 = \frac{6,8}{1,13}$ $= 6,0$ cbm gewachsener Boden.

5 Arbeiter lösen und werfen je 6,6 = 33,0 m³, 6 Arbeiter verkarren je 6,0 = 36,0 m³. Arbeitszeit $\frac{95}{33} = 2,9$ Tage, welche um 15 vH zu erhöhen, da der Boden naß ist.

| | |
|---|---|
| Löhne 11 (2,9 + 15 vH) = 37 Tage zu 5,60 . . . . . = | 207,20 „ |
| Löhne zus. | 686,56 M. |
| Soziale Lasten 10 vH = | 68,66 „ |
| | 755,22 M. |

2. Geräte und Gerüste.

Zu a) und b)

| | | |
|---|---|---|
| 10 Karren zu 15,0 . . . . . . . = | 150 M. | |
| 2 · 60 = 120 m Karrbahn 1,0 . = | 120 „ | |
| Spaten und Hacken . . . . . . . | 50 „ | |
| Anschaffungskosten | 320 M. | |
| Verzinsung . . . . . . . . . . . | 10 vH | |
| Abschreibung . . . . . . . . . . | 100 „ | |
| Unterhaltung . . . . . . . . . . | 20 „ | |
| | 130 vH | |
| für 80 Arbeitstage $\frac{320 \cdot 130 \cdot 80}{100 \cdot 250}$ . . . . . . . . . . | | 133,— M. |
| An- und Abfuhr: 1 Fuhre 2 · 25,0 . . . . . . . . . . = | | 50,— „ |
| Zu b) Transportgerüst 2 · 13,0 = 26,0 m lang und 1,60 m hoch, mithin Kosten 26,0 · 0,50 · 1,6² . . . . . . = | | 33,— „ |
| Geräte und Gerüste zus. | | 216,— M. |

## II. Rammarbeiten.

a) 71,0 lfd. m Spundwände 4,20 m lang, 10 cm stark zu liefern und einzurammen.

b) 120 Stück Grundpfähle 3,50 m lang, 25 cm stark zu liefern und einzurammen.

1. Baustoffe.

| | |
|---|---|
| Spundbohlen 71,0 · 4,2 · 0,10 = | 29,82 m² |
| für Bundpfähle und Verschnitt 5 vH | 1,68 „ |
| | 31,5 m³ |
| Grundpfähle $120 \cdot 3,5 \frac{\pi \cdot 0,25^2}{4}$ = | 20,62 m³ |
| Verschnitt 4 vH . . . . . . . . . | 0,88 „ |
| | 21,5 m³ |

Lieferung frei Baustelle:

| | |
|---|---|
| 31,5 m³ Spundbohlen zu 65,0 . . . . . . . . . . . = | 2047,50 M. |
| 21,5 m³ Rundhölzer zu 35,0 . . . . . . . . . . . = | 752,50 „ |
| Baustoffe zus. | 2800,— M. |

2. Rammbetrieb. 1 direkt wirkende Dampframme 7 PS. Bärgewicht 1000 kg.

Nettoleistung des Rammbären bei 1,0 m Fallhöhe des Bären und 40 Schlägen in der Minute

$$1000 \cdot 1{,}0 \cdot 40 \cdot 0{,}60 = 24000 \text{ mkg}.$$

Erforderliche Nettoleistung, um 1 Spundbohle 25 cm breit 1 m tief einzurammen, geschätzt zu 120000 mkg, ergibt die Rammzeit zu $\frac{120000}{24000} = 5$ Min., mithin für 4,2 m Rammtiefe $5 \cdot 4{,}2 = 21$ Min. Für Versetzen der Ramme, Einsetzen der Spundbohle und Nebenarbeiten 15 Min. gerechnet ergibt eine tägliche Leistung von $\frac{8 \cdot 60}{21 + 15} = 13$ Spundbohlen 25 cm breit = 3,25 lfd. m Spundwand.

Erforderliche Nettoleistung, um 1 m Grundpfahl 1 m tief einzurammen, geschätzt zu 90000 mkg, ergibt die Rammzeit für 1 Pfahl von 3,5 m Länge zu $\frac{90000 \cdot 3{,}5}{24000} = 14$ Min.; für Versetzen der Ramme, Stellen des Pfahles und Nebenarbeiten 28 Min. gerechnet ergibt eine tägliche Leitsung von $\frac{8 \cdot 60}{14 + 28} = 11$ Pfähle 3,5 m lang = 38,5 lfd. m Pfähle.

Erforderliche Arbeitszeit:

| | | |
|---|---|---|
| Spundwände | $\frac{71{,}0}{3{,}25}$ | = 22 Arbeitstage |
| Grundpfähle | $\frac{120 \cdot 3{,}5}{38{,}5}$ | = 11 „ |
| | | 33 Arbeitstage. |

Betriebskosten nach Berechnung S. 412 für 1 Tag:

Einmalige Kosten . . . . . . . . . . . . . . 1980,— M.

Laufende Kosten:

| | |
|---|---|
| a) Kapitalkosten . . . . . . . . . . . . . . | 15,75 M. |
| b) Arbeitslöhne . . . . . . . . . . . . . . | 46,42 „ |
| c) Betriebsstoffe . . . . . . . . . . . . . . | 5,32 „ |
| | 67,40 M. |

Für 33 Arbeitstage $1980 + 33 \cdot 67{,}49 = 4207{,}17$ M.

3. Hilfsarbeiten.

Zangen für Spundwände $2 \cdot 2 \cdot 13{,}0 = 52{,}0$ m 15/12 cm = 1,0 m³
Bolzen 30 Stück 50 cm lang, 2 cm stark = 60 kg Eisen.

| | | |
|---|---|---|
| 1,0 $m^3$ Kantholz vorhalten $^1/_2 \cdot 55{,}0$ M. . . . . . . . | = | 27,50 M. |
| 60 kg Schraubenbolzen vorhalten $^1/_3 \cdot 0{,}60$ M. . . . | = | 12,— „ |
| $2 \cdot 71{,}0 = 142{,}0$ m Zangen anbringen und abnehmen je 2,0 Zimmererstunden zu 1,10 . . . . . . . . . | = | 312,40 „ |
| Soziale Lasten 10 vH . . . . . . . . . . . . . . | = | 31,24 „ |
| | | 383,14 M. |

Zum Einrammen der Grundpfähle muß eine Rammebene in Höhe Oberkante Spundwände geschaffen werden; es soll dazu der Bachlauf sowie je eine Baugrube überdeckt werden. Dazu erforderlich

| | | | |
|---|---|---|---|
| 17 Balken 8,0 m lang = 136 m | | | |
| 17 Balken 5,0 m lang = 85 „ | | | |
| 221 m 22/18 | = | 8,75 $m^3$ | |
| Bohlen 16,0 (7,20 + 4,50) = 187,2 $m^2$ | | | |
| 5 cm stark . . . . . . . . . . . . . . . | = | 9,36 „ | |
| | | 18,11 $m^3$ | |
| 18,11 $m^3$ Kanthölzer und Bohlen vorhalten $^1/_4 \cdot 55{,}0$ M. | = | | 249,— M. |
| 136,0 + 2 · 85,0 = 306 m Balken verlegen und wieder aufnehmen je 0,5 Zimmererstunden zu 1,10 . . . | = | | 168,30 „ |
| 187,2 + 2 · 16,0 · 4,5 = 331,2 $m^2$ Bohlen verlegen und wieder aufnehmen je 0,25 Zimmererstunden zu 1,10 | = | | 91,08 „ |
| Soziale Lasten 10 vH . . . . . . . . . . . . . . | = | | 25,94 „ |
| | | | 534,32 M. |
| | | Zus.: | 917,46 M. |

### III. Wasserhaltung.

Dauer der Wasserhaltung für eine Baugrube:

| | |
|---|---|
| Erdarbeiten unter Wasser . . . . . . . . . . . . . . . | 3 Tage |
| Einrammen der Grundpfähle . . . . . . . . . . . . . . | 6 „ |
| Betonieren des Widerlagers . . . . . . . . . . . . . | 3 „ |
| Erhärtung des Betons und Nebenarbeiten . . . . . . . | 8 „ |
| | 20 Tage |

1. Betrieb. Für zwei Baugruben 40 Betriebstage und einschl. An- und Abfuhr 50 Arbeitstage.

Druckhöhe 1,70 m, Wasserzufluß bei $13{,}0 \cdot 4{,}5 = 58{,}5$ $m^2$ Fläche einer Baugrube

$$58{,}5 \cdot 0{,}87\sqrt{1{,}70} = 66 \text{ l in der Minute.}$$

Dieser Wasserzufluß würde bei sandigem Boden und Grundwasser zu klein sein, im vorliegenden Falle liegt aber unter dem Moorboden eine undurchlässige Tonschicht, und es ist mit einem Wasserzufluß von unten nicht zu rechnen, sondern nur mit einem seitlichen Zufluß. Die berechnete Wassermenge kann daher vielleicht zutreffend sein, aber die Pumpenanlage muß doch größer bemessen werden, um auch für unerwarteten Zufluß gesichert zu sein. Es wird daher eine Kreiselpumpe mit 60 $m^3$ Stundenleistung vorgesehen. Saug- und Druckleitung 100 mm ∅, Kraftbedarf 5 PS bis 10 m Druckhöhe. Betriebskosten lt. Tabelle S. 404 mit Lokomobilantrieb im Jahr 2007 M., mithin für $40 \cdot 24 = 960$ Betriebsstunden.

$$\frac{2007}{2000} \cdot 960 = 963{,}40 \text{ M.}$$

2. Hilfsanlagen.

| | | |
|---|---|---|
| 2 Pumpschächte je 350 . . . . . . . . . . . . . . . . . | | 700,— M. |
| 2 Sickerleitungen je 13,0 m lang, aus Drainröhren mit Kiesumschüttung zu 3,50 . . . . . . . . . . . . . . . . . . | | 91,— „ |
| 20 m Rohrleitung 100 mm ∅ zu 5,0 . . . . . . . . . | = | 100,— „ |
| | Zus.: | 891,— M. |

### IV. Betonarbeiten.

a) 161 $m^3$ Beton der Widerlager aus Kiesbeton 1 : 6 : 6.

b) 61 $m^3$ Beton des Gewölbes aus Kiesbeton 1 : 4 : 4, mit 2500 kg Eiseneinlagen.

c) 6 $m^3$ Beton der Stirnmauern aus Kiesbeton 1 : 5 : 5.

d) 4 $m^3$ Beton der Geländer aus Kiesbeton 1 : 5 : 5 steinmetzmäßig bearbeitet.

1. Baustoffe. Verdichtung 20 vH.

| | | Zement kg | Kiessand m³ | Kiessteine m³ | Eisen kg |
|---|---|---|---|---|---|
| 161 m³ Beton 1 : 6 : 6, Ergiebigkeit 9,6 m³ . . . . | | 23 506 | 101 | 101 | |
| 61 m³ Beton 1 : 4 : 4, Ergiebigkeit 6,4 m³ . . . . | | 13 359 | 38 | 38 | 2500 |
| 10 m³ Beton 1 : 5 : 5, Ergiebigkeit 8,0 m³ . . . . | | 1 750 | 6 | 6 | |
| | | 38 615 | 145 | 145 | 2500 |
| Verlust . . . . . . . . . . . | | 1 385 | 10 | 10 | |
| | | 40 000 | 155 | 155 | |
| Kosten frei Baustelle . . | M. | %kg 5,50 | 9,0 | 12,0 | 0,18 |
| | M. | 2200 | 1395 | 1860 | 450 |
| | | | 5905 M. | | |

2. Arbeitslöhne.

Arbeitszeit: 161 m³ Widerlager . . . . . . 8 Tage
61 „ Gewölbe. . . . . . . . 4 „
10 „ Stirnmauern u. Geländer 3 „
15 Tage

Arbeitskräfte: 1 Vorarbeiter $8 \cdot 0{,}95$ . . . . . 7,60 M.
2 Zementarbeiter $8 \cdot 1{,}0$ . . . 16,— „
12 Arbeiter $8 \cdot 0{,}70$ . . . . . . 67,20 „
15 Tage zu . . . . . . . . . 90,80 M. = 1362,— M.

2500 kg Eisen zurichten und verlegen, für 1 kg 0,15 Arbeitsstunden zu 0,95 . . . . . . . . . . . . . . . . 356,25 „
70 m² Sichtflächen steinmetzmäßig bearbeiten, 1 m² 1,5 Steinmetzstunden zu 1,10 . . . . . . . . . . 115,50 „
1833,75 M.
Soziale Lasten 10 vH . . . . . . . . . . . . . . = 183,38 „
2017,13 M.

3. Hilfsarbeiten.

| | Schalbretter m² | Kanthölzer m³ | Gerüstpfähle m | Eisenzeug kg | Löhne M. |
|---|---|---|---|---|---|
| Widerlager: | | | | | |
| $2\,(1{,}15 + 0{,}25)\,13{,}0 + 4 \cdot \frac{1{,}0 + 0{,}35}{2} \cdot 3{,}50$ . . = | 46 | | | | |
| 46 m² zu 0,02 . . . . . . . . . | | 0,92 | | 20 | |
| Zurichten, Ein- und Ausschalen 46 m² je 0,8 Zimmerer-Std. zu 1,10 . . . . . . . . . = | | | | | 40,48 |
| Gewölbe: | | | | | |
| $(16{,}0 + 2 \cdot 0{,}40)\,8{,}50$ . . . . = | 143 | | | | |
| | 189 | 0,92 | | 20 | 40,48 |

Hilfsarbeiten. (Fortsetzung.)

| | Schalbretter $m^2$ | Kanthölzer $m^3$ | Gerüstpfähle m | Eisenzeug kg | Löhne M. |
|---|---|---|---|---|---|
| Übertrag: | 189 | 0,92 | | 20 | 40,48 |
| Lehrgerüst: | | | | | |
| 16,0 · 7,40 · 1,50 · 0,06 . . . = | | 10,70 | | 270 | |
| Pfähle 26Stück 5,0 m lang . . . | | | 130 | | |
| Stirnschalung 2 · 0,40 · 8,50 = 7 $m^2$ zu 0,05 . . . . . . . . . . = | | 0,35 | | 8 | |
| Zurichten, Ein- und Ausschalen | | | | | |
| 143 $m^2$ je 0,50 Std. zu 1,10 . = | | | | | 157,30 |
| 11,05$m^3$ je 30 Std. zu 1,10 . = | | | | | 364,65 |
| 130 m Pfähle einrammen und wieder ausziehen je 4,0 . . . = | | | | | 520,— |
| Stirnmauern: | | | | | |
| $2 \cdot 2 \cdot 2 \dfrac{0{,}20 + 1{,}50}{2} \cdot 7{,}10$ . . = | 48 | | | | |
| 48 $m^2$ · 0,05 . . . . . . . = | | 2,40 | | 60 | |
| 48 $m^2$ je 1 Std. zu 1,10 . . = | | | | | 52,80 |
| Geländer: | | | | | |
| 19,2 · 2 · 1,20 . . . . . . . . = | 46 | | | | |
| 46 $m^2$ · 0,05 . . . . . . . . . = | | 2,30 | | 58 | |
| 46 $m^2$ je 2 Std. zu 1,10 . . = | | | | | 101,20 |
| | 283 | 16,67 | 130 | 416 | 1236,43 |
| Soziale Lasten 10 vH . . . . . . . . . . . . . . . . . . | | | | | 123,64 |
| | | | | | 1360,07 |

Schalbretter und Kanthölzer für Widerlager werden bei den Stirnmauern wieder verwendet, die Schalungskosten berechnen sich daher wie folgt. Preise einschl. An- und Abfuhr:

Schalbretter 143 + 48 + 46 = 237 $m^2$
Verschnitt 10 vH . . . . = 24 „
261 $m^2$ 5 cm stark
= 13,05 $m^3$ zu $^1/_4$ von 60,0 . . . . . . . . . . = 195,75 M.

Kanthölzer 10,70 + 0,35 + 2,40 + 2,30 =
15,75 $m^3$
Verschnitt 10 vH = 1,58 „
17,33 $m^3$ zu $^1/_4$ von 60,0 . . . = 259,95 „

Gerüstpfähle 130 m, 25 cm mittl. ∅ = 6,38 $m^3$ zu $^1/_4$ von 40,0 . . . . . . . . . . . . . . . . . . . . . . . 63,80 „
Eisenzeug 416 kg zu $^1/_{10}$ von 0,60 . . . . . . . . = 24,96 „
Arbeitslöhne . . . . . . . . . . . . . . . . . . . . . . . 1360,07 „
1904,53 M.

Arbeitsgerüste 2 · 13 = 26 m, 3 m hoch
= 26 · 0,50 · 3,$0^2$ . . . . . . . . . . . . . = 117,— M.
Geräte . . . . . . . . . . . . . . . . . . . 200,— „ 317,— „
Hilfsarbeiten zus.: 2221,53 M.

### V. Dichtungsarbeiten.

192 m² Gewölberückfläche mit doppelter Lage Dachpappe und Goudronverstrich abdecken.

43 m² Rückflächen der Stirnmauern mit Goudron streichen.

| | | |
|---|---|---|
| 1. Baustoffe: Dachpappe 192 m² zu 1,50 M. . . . . . | = | 288,— M. |
| Goudron 192 + 43 = 235 m² zu 0,60 . . | = | 141,— „ |
| | | 429,— M. |
| 2. Löhne: 192 m² je 1,5 Arbeiterstunden zu 0,70 . . . | = | 201,60 M. |
| 43 m² je 0,7 Arbeiterstunden zu 0,70 . . . . | = | 21,07 „ |
| | | 222,67 M. |
| Soziale Lasten 10 vH . . . . . . . . . . . . . . . | = | 22,27 „ |
| | | 244,94 M. |
| 3. Hilfsarbeiten: Kessel und Feuerung . . . . . . . . . . | | 40,— M. |

### VI. Betriebsunkosten.

| | | |
|---|---|---|
| 1 Bauführer 4 Monate zu 300 M. . . . . . . . . . . . | = | 1200,— M. |
| Baubureau . . . . . . . . . . . . . . . . . . . . . . . | | 400,— „ |
| Reisen für Beamte und Arbeiter . . . . . . . . . . . . | | 300,— „ |
| Einrichten und Abräumen der Baustelle . . . . . . . . | | 500,— „ |
| Fuhrlöhne besonders . . . . . . . . . . . . . . . . . . | | 100,— „ |
| | | 2500,— M. |

### Zusammenstellung.

| | | |
|---|---|---|
| 1. Baustoffe: Rammarbeiten . . . . . . . . | 2800,— M. | |
| Betonarbeiten . . . . . . . . . . | 5905,— „ | |
| Dichtungsarbeiten . . . . . . . | 429,— „ | 9134,— M. |
| 2. Löhne: Erdarbeiten . . . . . . . . . . . . | 755,22 M. | |
| Betonarbeiten . . . . . . . . . . . . | 2017,13 „ | |
| Dichtungsarbeiten . . . . . . . . . | 244,94 „ | 3017,29 „ |
| 3. Hilfsbetriebe: Rammarbeiten . . . . . . . . | 4207,17 M. | |
| Wasserhaltung . . . . . . . | 963,40 „ | 5170,57 „ |
| 4. Hilfsarbeiten: Erdarbeiten . . . . . . . . | 216,— M. | |
| Rammarbeiten . . . . . . . | 917,46 „ | |
| Wasserhaltung . . . . . . . | 891,— „ | |
| Betonarbeiten . . . . . . . | 2221,53 „ | |
| Dichtungsarbeiten . . . . . | 40,— „ | 4285,99 „ |
| | | 21607,85 M. |

| | | |
|---|---|---|
| 5. Betriebsunkosten, zu verteilen unter Berücksichtigung ihrer Entstehung mit 5 vH auf Baustoffe . . . . . . . | | 456,70 M. |
| 20 vH auf Löhne, Hilfsbetriebe und -arbeiten . . . . . | | 2494,77 „ |
| | | 2951,47 M. |
| 6. Allgemeine Unkosten 15 vH, mithin Selbstkosten $S = (9134 \cdot 1{,}05 + 12473{,}85 \cdot 1{,}20)\,1{,}15$ | = | 28243,22 M. |
| 7. Wagnis und Gewinn 10 vH . . . . . . . . . . . . | = | 2824,32 „ |
| Lieferpreis $L$ . . . . . . . . . . . . . . . . . . | = | 31067,54 M. |

**Ermittelung der Einheitspreise.**

## I. Erdarbeiten.

a) 180 m³ über Wasser ausheben und wieder hinterfüllen.

Löhne . . . . . . . . . 479,36 M.
Soziale Lasten 10 vH = 47,94 „
Geräte . . . . . . . . . 120,— „

647,30 M. · 1,20 · 1,15 · 1,10 = 982,60 M.

$$1\text{ m}^3 = \frac{982{,}60}{180} = 5{,}46\text{ M.}$$

b) 95 m³ unter Wasser ausheben.

Löhne . . . . . . . . . 207,20 M.
Soziale Lasten 10 vH = 20,72 „
Gerüste und Geräte . . 96,— „

323,92 M. · 1,20 · 1,15 · 1,10 = 491,71 „

$$1\text{ m}^3 = \frac{491{,}71}{95} = 5{,}18\text{ M.}$$

## II. Rammarbeiten.

a) 298,2 m² Spundwände 10 cm stark.
Baustoffe 2047,50 · 1,05 . . . = 2149,88 M.
Betriebskosten für 22 Arbeitstage:

$$\text{für 1 Tag } \frac{4207{,}17}{33} = 127{,}48,$$

22 · 127,48 = 2804,56 M.
Hilfsarbeiten 383,14 „

3187,70 M. · 1,20 = 3825,24 „

5975,12 M. · 1,15 · 1,10 = 7558,53 „

$$1\text{ m}^2 = \frac{7558{,}53}{298{,}2} = 25{,}35\text{ M.}$$

b) 420 m Grundpfähle 25 cm stark.
Baustoffe 752,50 · 1,05 . . . . = 790,13 M.

Betriebskosten für 11 Arbeitstage:
11 · 127,48 = 1402,28 M.
Hilfsarbeiten 534,32 „

1936,60 M. · 1,20 = 2323,92 „

3114,05 M. · 1,15 · 1,10 = 3581,16 „

$$1\text{ m} = \frac{3581{,}16}{420} = 8{,}53\text{ M.}$$

## III. Wasserhaltung: 40 Betriebstage zu 24 Stunden.

963,40 + 891,00 = 1854,40 · 1,20 · 1,15 · 1,10 . . . . = 2814,98 „

$$1\text{ Tag} = \frac{2814{,}98}{40} = 70{,}37\text{ M.}$$

Seite: 15428,98 M.

## IV. Betonarbeiten.

| | Widerlager 161 m³ 1 : 6 : 6 M. | Gewölbe 61 m³ 1 : 4 : 4 M. | Stirnmauern 6 m³ 1 : 5 : 5 M. | Geländer 4 m³ 1 : 5 : 5 M. |
|---|---|---|---|---|
| 1. Baustoffe: Zement . . . . . . | 1347,50 | 753,50 | 57,75 | 41,25 |
| Kiessand . . . . . | 972,— | 365,40 | 34,20 | 23,40 |
| Kiessteine . . . . | 1296,— | 487,20 | 45,60 | 31,20 |
| Eisen . . . . . . . | — | 450,— | — | — |
| | 3615,50 | 2056,10 | 137,55 | 95,85 |
| Betriebsunkosten 5 vH | 180,78 | 102,81 | 6,88 | 4,79 |
| 1. Baustoffe | 3796,28 | 2158,91 | 144,43 | 100,64 |
| 2. Löhne: Betonierung . . . . . | 726,40 | 363,20 | 136,20 | 136,20 |
| Eiseneinlagen . . . . | — | 356,25 | — | — |
| Schalung . . . . . . | 40,48 | 1041,95 | 52,80 | 101,20 |
| Geländer bearbeiten . | — | — | — | 115,50 |
| | 766,88 | 1761,40 | 189,— | 352,90 |
| Soziale Lasten 10 vH | 76,69 | 176,14 | 18,90 | 35,29 |
| 2. Löhne | 843,57 | 1937,54 | 207,90 | 388,19 |
| 3. Schalung . . . . . . . . . . . | 46,40 | 386,23 | 64,20 | 47,63 |
| 4. Gerüste und Geräte . . . . . | 139,— | 153,— | 15,— | 10,— |
| | 1028,97 | 2476,77 | 287,10 | 445,82 |
| 5. Betriebsunkosten 20 vH . . . | 205,79 | 495,35 | 57,42 | 89,16 |
| | 1234,76 | 2972,12 | 344,52 | 534,98 |
| Baustoffe | 3796,28 | 2158,91 | 144,43 | 100,64 |
| | 5031,04 | 5131,03 | 488,95 | 635,62 |
| 6. Allgemeine Unkosten 15 vH . | 754,66 | 769,65 | 73,34 | 95,34 |
| | 5785,70 | 5900,68 | 562,29 | 730,96 |
| 7. Wagnis und Gewinn 10 vH . . | 578,57 | 590,07 | 56,23 | 73,10 |
| | 6364,27 | 6490,75 | 618,52 | 804,06 |
| | 14277,60 M. | | | |
| 1 m³ | 39,53 | 106,41 | 103,09 | 201,02 |

Übertrag: 15428,98 M.

Betonarbeiten: 14277,60 „

## V. Dichtungsarbeiten.

a) 192 m² Dachpappe-Abdeckung:

Dachpappe . . . . 288,—

Goudron 192 · 0,60 = 115,20

403,20 · 1,05 = 423,36

Löhne . . . 201,60

S.L. 10vH 20,16

221,76

Geräte . . 30,— 251,76 · 1,20 = 302,11

725,47 · 1,15 · 1,10 = 917,72 „

$$1\ \text{m}^2 = \frac{917,72}{192} = 4,78\ \text{M.}$$

Seite: 30624,30 M.

Übertrag: 30624,30 M.

b) **43 m² Goudronanstrich:**

| | | | | |
|---|---|---|---|---|
| Goudron . . | 43 · 0,60 = 25,80 · 1,05 = 27,09 | | | |
| Löhne . . . . | 21,07 | | | |
| S. L. 10 vH . | 2,11 | 23,18 | | |
| Geräte . . . . . . . . | | 10 — | | |
| | | 33,18 · 1,20 = 39,82 | | |
| | | | 66,91 · 1,15 · 1,10 = | 84,64 „ |

$$1\ \text{m}^2 = \frac{84,64}{43} = 1,97\ \text{M.}$$

Summe: 30708,94 M.

# Zehnter Gefahrtarif der Tiefbau-Berufsgenossenschaft.

Gültig zur Berechnung der Beiträge vom 1. Januar 1925 ab.

## Abschnitt I. Zuteilung der Betriebe zu den Gefahrziffern.

| Lfde. Nr. | Bezeichnung der Betriebsarten und Betriebstätigkeiten | Gefahrziffer |
|---|---|---|
| | **A. Laufende Reinigungs- und Unterhaltungsarbeiten im Eigenbetriebe von staatlichen Behörden, Kreisverwaltungen, Gemeinden, Gemeindeverbänden oder anderen öffentlichen Körperschaften.** | |
| 1 | Alle laufenden Reinigungs- und Unterhaltungsarbeiten, einschl. der Nebenarbeiten; auch mit Anfuhr, Bearbeitung und Gewinnung der erforderlichen Baustoffe . . . . . . | 9 |
| 2 | Wie vor, jedoch ohne Bearbeitung oder Gewinnung der erforderlichen Baustoffe; Reinigung von Straßen, Wegen, Gräben, Straßenkanalisationsanlagen oder sonstigen Straßenanlagen; auch Müll- und Fäkalienabfuhr für sich allein . . . . . . . . . . | 5 |
| | Anmerkung zu A: Neubauten rechnen nicht zu dieser Gruppe. Für sie muß jedesmal eine besondere Anmeldung erfolgen, und die Löhne müssen gesondert nachgewiesen werden. | |
| | **B. Hauptbetriebe der gewerblichen Unternehmer.** | |
| 3 | Reine Felddränierungen und Erdarbeiten ohne oder mit nur ausnahmsweiser (zu Nebenarbeiten) Verwendung von Karren, Fuhrwerk oder sonstigem kleinen Handgerät . . | 8 |
| 4 | Erdarbeiten und Oberbauarbeiten aller Art; Ufer-, Böschungs- und Sohlenbefestigungen; auch mit den zugehörigen Bauwerken und dem Werkstättenbetriebe; Bemergelungs-, Rodungs-, Pflug- und Holzfällerarbeiten; alles im Handbetriebe oder mit Verwendung verwaltungsseitig gestellter und bedienter Betriebsbauzüge oder Bahnwagen, ohne Fels-, Spreng- oder Steinbrucharbeiten und ohne maschinelle Einrichtungen; Werben und Herstellen von Faschinen; Pferde- und Dampfwalzenbetrieb sowie Beförderung von Baustoffen im Handbetrieb für sich allein . . . . . . . | 12 |
| 5 | Wie vor, jedoch auch mit maschinellem Betrieb oder mit Fels-, Spreng- oder Steinbrucharbeiten; Naßbaggerungen für sich allein; Einzelbauwerke für Tiefbau oder Gründungen für Bauwerke aller Art sowie Teile von solchen, im wesentlichen in Holz, Eisen oder Mauerwerk, einschl. der zugehörigen Erdarbeiten und des Werkstättenbetriebes . . . . . . . . . . . . | 17 |
| 6 | Dieselben Einzelbauwerke und Gründungen wie vor, jedoch im wesentlichen nur in Beton oder Eisenbeton; Grundwasserabsenkungen; Rohrbrunnenherstellungen; Bohrungen; Abdichten von Tiefbauwerken; Rammarbeiten aller Art; alles für sich allein . . . . . . . . . . . . | 15 |
| 7 | Tunnel-, Stollen- und Schachtbauten aller Art, auch Schachtbrunnen sowie andere Bauten unter Tage . . . . . . . | 22 |

Gefahrtarif (Fortsetzung).

| Lfde. Nr. | Bezeichnung der Betriebsarten und Betriebstätigkeiten | Gefahrziffer |
|---|---|---|
| 8 | Kabelverlegungs- und Kabelkanalarbeiten; Gas-, Wasser-, Kanalisations- und ähnliche geschlossene Leitungen; alles bei Herstellung in offener Baugrube, sofern die Tiefe der Gräben im Rohrnetz 1,75 m oder der lichte Rohrdurchmesser 200 mm nicht übersteigt; auch mit den zugehörigen Bauwerken; Hausinstallationen aller Art . . . . . . . . | 9 |
| 9 | Wie vor, jedoch auch mit Rohrgrabentiefen von mehr als 1,75 m oder lichten Rohrdurchmessern von mehr als 200 mm; auch mit den zugehörigen Bauwerken; Wasserschürfungsarbeiten; Rohrverlegungen über Gelände; Quellfassungen . . . . . . . . . . . . . . . . . . . . | 13 |
| | **C. Nebenbetriebe der gewerblichen Unternehmer.** | |
| 10 | Betriebsbeamte . . . . . . . . . . . . . . . . . . . . . . . Anmerkung: Schachtmeister, Baggermeister, Poliere, Lokomotiv- oder Maschinenführer usw. rechnen nicht zu den Betriebsbeamten, sondern gehören zu dem Betriebe, in dem sie beschäftigt sind. | 3 |
| 11 | Pflasterarbeiten und Verlegen von Platten oder Fliesen sowie Straßenbefestigungen in Stein, Asphalt oder Holz; alles einschl. Herstellung der Unterbettung mit kleinem Handgerät . . . . . . . . . . . . . . . . . . . . . | 6 |
| 12 | Anfertigung von Zement- und Eisenbetonwaren (Rohre, Pfähle, Platten usw.); Kunststeinherstellung . . . . . . . . . . . . . . . . | 7 |
| 13 | Hochbauarbeiten aller Art; auch mit den zugehörigen Erdarbeiten, aber ohne Steinbrucharbeiten . . . . . . . . . | 9 |
| 14 | Transport- und Hilfsarbeiten über Tage für Zechen, Hütten, Fabriken oder ähnliche Anlagen; Lagerplatzarbeiten und Werkstättenbetriebe aller Art, die nicht zu einer bestimmten Bauarbeit gehören . . . . . | 10 |
| 15 | Steinbearbeitung, Steinschlagherstellung und sonstige Steinhauerarbeiten; Kies-, Sand-, Ton- und Mergelgewinnung sowie Findlingsgräberei; alles auch mit Verladen und Transport . . . . . . . . . . . . . . . . . . . . . . | 17 |
| 16 | Herstellung elektrischer Freileitungen, auch Mastenstellen für sich allein, einschl. der Erd- oder Betonarbeiten; Montierungen von Maschinen und Eisenkonstruktionen . . | 20 |
| 17 | Fuhrwerks-, Kraftwagen- und Motorradbetriebe . . . . . | 23 |
| 18 | Steingewinnung in Brüchen; Stein-, Stubben- usw. Sprengerei für sich allein . . . . . . . . . . . . . . . . . . | 33 |
| 19 | Abbruch von Tiefbauten und diesen gleichstehenden Bauten, einschl. der Aufräumungsarbeiten . . . . . . . . . . | 38 |
| 20 | Arbeiten unter Tage in Preßluft und Taucherarbeiten . . | 45 |
| 21 | Abbruch von Hochbauten, einschl. der Aufräumungsarbeiten | 80 |

## Abschnitt II. **Besondere Bestimmungen und Erläuterungen.**

1. Für alle Betriebe, die im Tarif nicht aufgeführt sind, setzt der Genossenschaftsvorstand die Gefahrziffer fest. Sie darf in keinem Falle die Ziffer 100 überschreiten.

Ausbesserungsarbeiten sind den Neubauten nach Abschnitt I, B—C gleich zu achten.

2. Bei der Zuteilung der Betriebe zu den Gefahrziffern sind der Regel entsprechende Betriebsverhältnisse und sachgemäße Einrichtungen sowie

das Vorhandensein aller üblichen und durch die Unfallverhütungsvorschriften angeordneten Schutzvorrichtungen vorausgesetzt.

Wenn wegen einer von der üblichen erheblich abweichenden Betriebsweise diejenigen Gefahren nicht vorliegen, für welche die Gefahrziffer eines Gewerbezweiges in dem Tarif berechnet ist, oder wenn in einem Betriebe ungewöhnliche Gefahren bestehen, so ist der Genossenschaftsvorstand ermächtigt, eine Herabsetzung oder eine Erhöhung bis zu 50 vH vorzunehmen oder einen entsprechenden festen Betrag in Ansatz zu bringen.

3. Ein ganzer Bau kann, falls der Abschnitt I nichts anderes bestimmt, nur einheitlich nach einer Gefahrziffer veranlagt werden und nicht nach den einzelnen unselbständigen Betriebstätigkeiten. Eine Ausnahme bilden die Tunnel-, Stollen- und Schachtbauten sowie die Preßluft- und Taucherarbeiten, die stets besonders eingeschätzt werden.

4. Setzt sich ein Betrieb aus mehreren räumlich oder zeitlich getrennten selbständigen Teilbetrieben zusammen, die nach dem Tarife verschiedenen Gefahrziffern angehören, so sind die Teilbetriebe nach den verschiedenen Gefahrziffern getrennt zu veranlagen, sofern besondere Lohnnachweise geführt werden können.

5. Die Gefahrziffern sind aus der Gegenüberstellung der Lohnsummen und der Entschädigungsbeträge auf 1000 M. Lohn errechnet.

Beschlossen in der Genossenschaftsversammlung zu Essen (Ruhr) am 24. Juni 1925.

**Der Vorstand der Tiefbau-Berufsgenossenschaft.**
H. Kitterle.

Der vorstehende Gefahrtarif, gültig zur Berechnung der Beiträge vom 1. Januar 1925 ab, ist durch Beschluß vom 14. August 1925 genehmigt worden.

Berlin, den 14. August 1925.

**Das Reichsversicherungsamt, Abteilung für Unfallversicherung.**
Dr. Bassenge.

*Anlage 2.*

## Arbeitsbedingungen für Notstandsarbeiter.

gemäß Beschluß des Verwaltungsausschusses des Landesarbeitsamtes auf Grund der Bestimmungen des Reichsarbeitsministers über öffentliche Notstandsarbeiten vom 30. April 1925.

1. Die Beschäftigung der Erwerbslosen bei Notstandsarbeiten ist gemäß § 9 der Bestimmungen des Herrn Reichsarbeitsministers eine Form der Erwerbslosenfürsorge, gilt aber als Beschäftigung gegen Entgelt im Sinne der Reichsversicherung — und im Sinne des Einkommensteuergesetzes.

Die Notstandsarbeiter erhalten an Stelle der Erwerbslosenunterstützung eine Vergütung, die der Leistung anzumessen ist. Soweit die Art der Arbeit es irgend zuläßt, ist nach der Bestimmung des Herrn Reichsarbeitsministers eine Akkordvergütung oder eine Leistungsprämie vorzusehen. Falls dies nicht möglich ist, muß nach den Bestimmungen mindestens ein angemessenes Maß an Arbeitsleistung für den Arbeitstag festgesetzt werden.

2. Die Arbeitsdauer beträgt wöchentlich 48 Stunden.

3. Die Zahlung der Vergütung erfolgt in der vom Verwaltungsausschuß des Landesarbeitsamtes festgesetzten und vom Herrn Oberpräsidenten von Berlin und Brandenburg genehmigten Höhe. Es gelten hierfür folgende Richtlinien:

Ungeübte Tiefbauarbeiter (ohne sechsmonatliche Beschäftigung im Tiefbaugewerbe) Tariflohn — 10 vH.
Geübte Tiefbauarbeiter sowie Facharbeiter aller Gattungen = Tariflohn.

Von dem Bruttoverdienst werden für Kranken-, Invaliden- und Unfallversicherung sowie für Erwerbslosenfürsorge und Steuern dieselben Abzüge in gleicher Höhe gemacht wie bei freier Arbeit.

Die Zahlung erfolgt nur für wirklich geleistete Arbeit. Ausfall infolge Regens wird gemäß der im Baugewerbe üblichen Regelung nicht bezahlt.

Der Unternehmer kann von der Vergütung einen Betrag einbehalten, der der Vergütung für eine dreitägige Arbeitsleistung entspricht.

4. Der Notstandsarbeiter hat eigenes Werkzeug in demselben Umfange wie bei freier Arbeit zu stellen. Es ist ihm hierfür die tarifliche oder berufsübliche Entschädigung zu zahlen.

5. Die Dauer der Beschäftigung bei Notstandsarbeiten beträgt in der Regel drei Monate. Die Notstandsarbeiter haben den Anordnungen der Bauleitung oder deren Vertretung unverzüglich nachzukommen. Sie dürfen die Arbeit ohne Erlaubnis nicht verlassen oder derselben fernbleiben. Auch steht den Notstandsarbeitern nicht das Recht zu, den Arbeitsnachweis zu besuchen, da dieser verpflichtet ist, sie abzurufen, wenn er ihnen vor der Auswechselung Arbeit im Beruf nachweisen kann. Im Falle von Zuwiderhandlungen steht der Bauleitung das Recht zu, Entlassungen auszusprechen.

6. Gibt der Notstandsarbeiter die Arbeit freiwillig auf oder wird er infolge eines selbstverschuldeten Grundes entlassen, so verliert er seinen Anspruch auf Weiterzahlung der Erwerbslosenunterstützung. Die Arbeitgeber sind verpflichtet, dem Landesarbeitsamt unter Angabe des Grundes und der Personalien von jedem Abgang auf der Baustelle Mitteilung zu machen.

7. Die Notstandsarbeiter unterstehen nicht dem Betriebsrätegesetz. Es bleibt ihnen aber überlassen, sich zur Vertretung ihrer Interessen Vertrauensleute zu wählen, und zwar:

bis zu einer Stärke der Belegschaft von 25 Mann = 1 Vertrauensmann,
„ „ „ „ „ „ „ 50 „ = 2 Vertrauensleute,
über 50 Mann . . . . . . . . . . . . . . . . . = 3 „

Die Vertrauensleute haben ständig mitzuarbeiten. Die Wahl der Vertrauensleute darf nicht während der Arbeitszeit erfolgen.

8. Zur Schlichtung von Streitfällen zwischen der Bauleitung und der Belegschaft ist das Gewerbegericht gemäß den Bestimmungen des Herrn Reichsarbeitsministers nicht zuständig. Beschwerden der Notstandsarbeiter können nur durch die Verwaltungsinstanzen erledigt werden. Dieselben sind im Landesarbeitsamt vorzubringen. Will der Vertrauensmann das Landesarbeitsamt persönlich zur Unterbreitung einer Beschwerde aufsuchen, so hat er sich vorher mit der Bauleitung darüber zu verständigen. Sämtliche Wünsche der Belegschaft sind, ehe sie beim Landesarbeitsamt vorgetragen werden, zuerst der Bauleitung zu unterbreiten.

9. Auskunftsstelle für Notstandsarbeiten ist das Landesarbeitsamt.

*Anlage 3.*

## Allgemeine Bestimmungen über die Annahme und Entlassung von Arbeitnehmern beim Bau des Weser-Elbe-Kanals.

### Vorbemerkung.

Außer den nachfolgenden Bestimmungen sind sämtliche in Betracht kommenden gesetzlichen Vorschriften und Verordnungen genau zu beachten, insbesondere:

a) das Betriebsrätegesetz vom 4. Februar 1920,

b) die Verordnungen über die Beschäftigung Schwerbeschädigter vom 9. Januar 1919 (RGBl. S. 28, Nr. 13/21, 48/21).

c) Verordnung, betreffend Abänderung der Verordnung über die Freimachung von Arbeitsstellen während der wirtschaftlichen Demobilmachung vom 25. April 1920 (RGBl. S. 708) und vom 5. März 1921 (RGBl. S. 222).

## I. Auswahl.

1. Es sind nur männliche Arbeitnehmer, in der Regel nach vollendetem 17. Lebensjahre anzunehmen. Wenn Väter mit ihren Söhnen in Arbeit treten, genügt für letztere das vollendete 15. Lebensjahr.

Jüngere männliche sowie weibliche Personen dürfen nur ausnahmsweise unter der von Fall zu Fall einzuholenden Zustimmung der Bauverwaltung angenommen werden. Die Verweigerung der Zustimmung berechtigt den Unternehmer nicht zur Geltendmachung irgendwelcher Entschädigungsansprüche gegen die Bauverwaltung.

2. Die Arbeitnehmer müssen gesundheitlich zur Arbeit fähig und dürfen nicht mit einer ansteckenden Krankheit behaftet sein. Bruchleidende müssen ein Bruchband tragen.

3. Der Arbeitnehmer darf weder aus seinem letzten Arbeitsverhältnis unter Verletzung eingegangener Verpflichtungen geschieden, noch durch ein anderes Arbeitsverhältnis gebunden sein.

Stellt sich nachträglich heraus, daß diese Voraussetzungen für einen Angenommenen nicht zutreffen, so ist er sofort zu entlassen.

4. Da die Baukosten zum Teil aus Zuschüssen aus der produktiven Erwerbslosenfürsorge bestritten werden, sind die für die Gewährung solcher Zuschüsse jeweils geltenden Bestimmungen zu beachten. Außer den vom Unternehmer ständig beschäftigten Stammannschaften und Facharbeitern dürfen nur Arbeitnehmer eingestellt werden, die von den zuständigen Arbeitsnachweisen überwiesen sind. Ausnahmen sind nur im Benehmen mit den Arbeitsnachweisen zulässig.

5. Die Beschäftigung von Korrigenden ist unzulässig, die von Strafgefangenen bedarf der im Einzelfall einzuholenden Genehmigung der Bauverwaltung. Bezüglich der Verweigerung der Genehmigung gilt das Gleiche wie bei Ziffer 1.

6. Offenbar schlechte Elemente sind bei der Meldung ohne weiteres abzuweisen. Die Annahme von zweifelhaften Personen und Vorbestraften ist nicht ausgeschlossen.

7. Den landwirtschaftlichen und gewerblichen Betrieben des Inlandes sollen möglichst keine Arbeiter entzogen werden. Die Unternehmer dürfen daher in Fällen von Arbeitermangel durch Aufrufe landwirtschaftliche Arbeiter zu ihren Bauten nicht heranlocken.

8. Die Einstellung ausländischer Arbeiter bedarf in jedem Falle der besonderen Genehmigung der Bauverwaltung. Bezüglich der Genehmigung gilt das gleiche wie bei Ziffer 1.

## II. Befugnis zur Annahme.

Die Befugnis zur Annahme von Arbeitnehmern darf nur zuverlässigen Angestellten — nicht Schachtmeistern — des Unternehmers übertragen werden, die der ausdrücklichen, widerruflichen Bestätigung der Bauverwaltung unterliegen.

## III. Verfahren bei der Annahme.

Der Unternehmer hat dafür Sorge zu tragen, daß der Gesundheitszustand des Arbeitnehmers vor der Einstellung in die Arbeit, soweit nicht Abweichungen von der Bauverwaltung zugelassen werden, durch einen vom Unternehmer zu bestellenden Arzt geprüft wird. (Vgl. Allgem. Vertrags-Bed. § 3 und Techn. Vorschriften § 13.) Bestehen hiernach Bedenken gegen die Einstellung des Arbeitnehmers, so ist von seiner Annahme abzusehen und der Arbeitnehmer sofort zu entlassen. Der Unternehmer ist verpflichtet, erforderlichenfalls mit Hilfe des Streckengendarmen dafür Sorge zu tragen, daß derartige Personen sofort die Baustelle verlassen.

## IV. Entlassung.

Die Entlassung eines Arbeitnehmers darf nur von den Personen bewirkt werden, die zu der Annahme von Arbeitnehmern befugt sind.

### V. Vertragsstrafe.

1. Für jede bewußte Zuwiderhandlung gegen vorstehende Bestimmungen durch den Unternehmer oder seine Vertreter verpflichtet sich der Unternehmer eine für jeden Fall von der Bauverwaltung festzusetzende Vertragsstrafe, soweit Vorschriften über die Annahme von Arbeitnehmern in Frage kommen, bis zum Höchstbetrage von 500 M. (fünfhundert Mark), im übrigen bis 50 M. (fünfzig Mark) zu zahlen.

2. Die Vertragsstrafen sind binnen einer Woche nach der Festsetzung auf der Regierungs-Hauptkasse in Hannover zu zahlen.

Die Bauverwaltung ist berechtigt, die Strafen, deren Zahlung nicht rechtzeitig erfolgt ist, durch Einbehaltung vom Guthaben des Unternehmers oder durch Verwertung der gemäß § 26 der „Allgemeinen Vertragsbedingungen" bestellten Sicherheit einzuziehen.

Anerkannt.

.................................., den .................................. 19.....

(Unternehmer:) ..................................

*Anlage 4.*

## Allgemeine Bestimmungen über die Arbeiterfürsorge beim Bau des Weser-Elbe-Kanals.

### I. Fürsorge für die Unterkunft der Arbeitnehmer.

1. Der Unternehmer hat dafür zu sorgen, daß seine Arbeitnehmer angemessene Unterkunft finden. Soweit sie diese in geeigneten Privatquartieren nicht finden, sind sie in Baracken unterzubringen. Der Unternehmer ist verpflichtet, in seinen Baracken, soweit es die Verhältnisse gestatten, auf Erfordern Arbeitnehmer der Bauverwaltung gegen das übliche Entgelt aufzunehmen.

2. Für etwa beschäftigte Ausländer hat der Unternehmer tunlichst besondere Unterkunftsräume zu schaffen, in denen sie getrennt von den inländischen Arbeitnehmern untergebracht werden.

3. Für die in Privatquartieren liegenden Arbeitnehmer ist ein Aufenthaltsraum für den Sonntag und die sonstigen arbeitsfreien Tage zu beschaffen, damit sie nicht zum Besuch des Wirtshauses verleitet werden. In der Regel wird dazu der Aufenthaltsraum der nächstgelegenen Baracke dienen können.

### II. Bau und Einrichtung der Unterkunftsbaracken.

1. Plan, Zeichnung und Kostenüberschlag für jede zu errichtende Unterkunftsbaracke nebst den dazugehörigen Nebenanlagen, desgleichen für die Kantinen, sowie für jedes Barackenlager, sind vorher der Bauverwaltung zur Genehmigung einzureichen.

2. Beschaffenheit und Benutzung der Unterkunftsbaracken müssen, sofern nicht weitergehende gesetzliche oder polizeiliche Anordnungen bestehen, mindestens den nachfolgenden Anforderungen entsprechen:

3. Die Unterkunftsbaracken müssen den Arbeitern ein gesundes, ausreichenden Schutz gegen alle Witterungseinflüsse bietendes Unterkommen, sowohl für die Tages- als auch für die Nachtzeit, gewähren. Sie müssen dichte Wände und Holzfußböden sowie ein regendichtes Dach besitzen. Mehr als 25 Personen sind in einem Schlafraum nicht unterzubringen. Jeder Schlafraum ist mit besonderem Eingange anzulegen. Auch auf die Beschaffung von Schlafräumen für eine geringere Anzahl von Arbeitnehmern ist in den Baracken tunlichst Bedacht zu nehmen. Durch den Bau kleinerer

Baracken oder abgetrennter Barackenteile ist dem Bedürfnis bestimmter Arbeitergruppen sowie einzelner Arbeiterfamilien nach gemeinsamer Wirtschaftsführung Rechnung zu tragen.

4. Türen, Fenster und Gänge sind so einzurichten, daß bei etwaiger Feuersgefahr ein schnelles Verlassen der Baracken möglich ist. Zahl und Größe der öffnungsfähigen Fenster müssen in einem angemessenen Verhältnis zur Größe des Raumes stehen. Für jede Person ist mindestens eine Grundfläche des Schlafraumes von 3 m² und ein Luftraum von 10 cbm zu rechnen. Bei schwimmenden Baracken kann eine Unterschreitung der vorstehenden Zahlen zugelassen werden.

5. In jeder Unterkunftsbaracke ist außer den Schlafräumen ein entsprechend großer Aufenthaltsraum und ein besonderer, heizbarer Raum zum Trocknen durchnäßter Kleider vorzusehen. Letzterer ist so groß herzustellen, daß auf 4 Arbeiter wenigstens 1 m² Grundfläche entfällt. Der Unternehmer hat für den Streckenarzt und den Streckengendarmen je ein Barackenzimmer oder ein Zimmer seines Bureaus zur Verfügung zu halten, auch für einen Desinfektionsraum Sorge zu tragen. In den auf längere Dauer berechneten Baracken, in denen mehr als 25 Schlafgäste untergebracht sind, und sonst auf Verlangen der Bauverwaltung, ist ein heizbares Krankenzimmer mit mindestens zwei Betten einzurichten. Auf jedes Bett sind mindestens 6 qm Bodenfläche und 20 m³ Luftraum zu rechnen.

6. In der nächsten Umgebung der Unterkunftsbaracken hat der Unternehmer für Ordnung und Reinlichkeit zu sorgen.

7. Baracken, die auch in der kälteren Jahreszeit benutzt werden, müssen heizbar sein.

8. Der Unternehmer hat für gutes und hinreichendes Trink- und Gebrauchswasser in der Nähe der Baracken, wenn erforderlich durch Herstellung von Brunnen zu sorgen. Um Speisen und Getränke frisch erhalten zu können, ist ein geeigneter Kellerraum vorzusehen.

9. Abortanlagen sind in einiger Entfernung von den Baracken in besonderen Baulichkeiten unterzubringen, regelmäßig zu entleeren, zu desinfizieren und demnächst wieder zu entfernen.

10. Für jeden Schlafgast ist eine Bettstelle von mindestens 80 cm Breite und 1,90 m Länge mit einem Strohsack und einem Strohkissen, daneben, falls er nicht geeignetes Bettzeug besitzt, auch ein Bettlaken, ferner im Sommer eine, im Winter zwei wollene Decken und ein Überzug für diese und das Kissen vorzuhalten. Außerdem soll ihm ein kleiner verschließbarer Schrank und ein Waschbecken nebst Handtuch zur Verfügung stehen. Für eine ausreichende Zahl von Tischen, Stühlen, Schemeln oder Bänken ist zu sorgen.

11. Bei Ausländern können je nach deren Gewohnheiten, mit Zustimmung der Bauverwaltung, die vorstehenden Einrichtungen durch andere geeignete ersetzt werden.

12. Die regelmäßige Reinigung der Unterkunftsbaracken, der Bettwäsche, Handtücher usw., sowie die Lieferung der Brennmaterials erfolgt im Auftrage und auf Rechnung des Unternehmers. Es steht ihm aber frei, für die Benutzung der Baracke von den Schlafgästen eine Gebühr zu erheben, deren Höhe die Selbstkosten deckt und von der Bauverwaltung zu genehmigen ist. Die Sorge für hinreichende Beleuchtung liegt dem Unternehmer allein ob. Ein geeigneter Bewohner der Baracke, Aufseher, Schachtmeister, Vorarbeiter u. dgl., ist mit der Aufsicht über die ordnungsmäßige Benutzung, die durch eine besondere, von der Bauverwaltung zu genehmigende Hausordnung zu regeln ist, zu betrauen. Es ist diesem wie jedem anderen Barackenbewohner und deren Familienangehörigen verboten, Handel mit Speisen, Getränken oder anderen Gegenständen zu betreiben.

### III. Fürsorge für die Verpflegung der Arbeitnehmer.

1. Der Unternehmer hat Vorsorge zu treffen, daß seine Arbeitnehmer, soweit ihnen das Essen nicht aus ihrer Häuslichkeit oder aus ihren Privat-

quartieren zugetragen wird, angemessen verpflegt werden. Liefert er ihnen, wozu er auf Erfordern der Bauverwaltung verpflichtet ist, das Essen gegen Entgelt, so unterliegt die allgemeine Zusammenstellung des Essens sowie die Preisbestimmung der Genehmigung der Bauverwaltung (s. auch Abschnitt IV, Ziffer 4). In dieser Beziehung ist auf die Wünsche und Gewohnheiten der Arbeitnehmer Rücksicht zu nehmen. Die von den Arbeitnehmern etwa gebildeten Kochgemeinschaften sind durch Beschaffung ausreichender Kochgelegenheit und Erleichterung der Wirtschaftsführung sowie Entlehnung einer, zweckmäßig aus der Mitte der Arbeitnehmer zu wählenden, geeigneten Persönlichkeit, die das Kochen besorgt, nach Möglichkeit zu unterstützen.

2. Soweit besondere Kantinen nicht errichtet werden, ist, unbeschadet der Bestimmung in Ziffer 1, in Verbindung mit den Unterkunftsbaracken je ein besonderer Koch- und Speiseraum einzurichten; in dem ersteren muß dem Arbeitnehmer Gelegenheit zur Zubereitung der Speisen geboten sein. Der letztere kann auch als Aufenthaltsraum dienen.

3. Auf der Baustelle sind zum Schutze der Arbeitnehmer gegen Witterungseinflüsse Unterkunftshütten (Wärmehallen) zu schaffen, in denen auch Gelegenheit zum Kochen oder Erwärmen der mitgebrachten Speisen zu geben ist. Erforderlichenfalls ist für das Heranführen warmer Speisen Fürsorge zu treffen.

## IV. Errichtung und Betrieb der Kantinen.

1. Auf größeren Baustellen hat der Unternehmer die erforderlichen Kantinen zu errichten. Die Entscheidung über die Notwendigkeit einer Kantine trifft in Zweifelsfällen die Bauverwaltung.

2. Die Kantinen dürfen von dem Unternehmer nur in eigener Regie durch Verwalter, die gegen festes Gehalt angestellt sind, nicht durch Pächter betrieben werden. Die Annahme der Kantinenverwalter unterliegt der Genehmigung der Bauverwaltung, auf deren Verlangen diese, wenn sie sich nach dem Ermessen der Bauverwaltung als ungeeignet erweisen, entlassen werden müssen. Von dem Vertriebe alkoholfreier (aber nicht alkoholischer) Getränke ist dem Verwalter eine mäßige Tantieme zu gewähren.

3. Die Übertragung der Kantinenverwaltung an einen gemeinnützigen Verein unter gleichen Voraussetzungen ist mit Genehmigung der Bauverwaltung zulässig, doch bleibt der Unternehmer für den Betrieb stets verantwortlich.

4. Die Preise, die die Selbstkosten des Unternehmers decken sollen, unterliegen der Genehmigung der Bauverwaltung und sind durch Anschlag in der Kantine bekanntzumachen. Die Gewährung von Kredit bei Verabreichung alkoholhaltiger Getränke ist untersagt.

5. Die Bauverwaltung hat das Recht, die zur Abgabe an die Arbeitnehmer bereitgehaltenen Lebensmittel, Getränke und sonstigen Waren jederzeit einer Untersuchung auf ihre Güte zu unterziehen.

6. Für jede Kantine ist eine Hausordnung zu erlassen, die der Genehmigung der Bauverwaltung unterliegt.

7. Der Unternehmer muß es gestatten, daß auch vorübergehend auf der Baustelle beschäftigte Arbeitnehmer anderer Unternehmer oder der Bauverwaltung in den von ihm für seinen Bedarf errichteten Kantinen, soweit es deren Verhältnisse und die Bedürfnisse der eigenen Arbeitnehmer gestatten, verpflegt werden.

8. Der Unternehmer ist verpflichtet, die Räume der Kantine auf Verlangen der Bauverwaltung zu besonderen Zwecken (Gottesdienst, Vorträge usw.) freizugeben.

## V. Gesundheitliche Fürsorge.

1. Der Unternehmer hat allen Anforderungen zu entsprechen, die zur Sicherung der Gesundheit der Arbeitnehmer und zur Wahrung der Reinlichkeit auf den Arbeitsstellen sowie in den Baracken und Kantinen von der Bauverwaltung gestellt werden.

2. Für tunlichste Einschränkung der Arbeitszeit und Sicherung genügender Nachtruhe für die Arbeitnehmer ist Sorge zu tragen. Die jeweilige Festsetzung der täglichen Arbeitszeit und der Ruhepausen ist der Bauverwaltung anzuzeigen.

3. Die Bauverwaltung behält sich vor, Abkommen mit benachbarten Krankenhäusern zur Aufnahme Schwerkranker zu treffen. Unternehmer, deren Betriebskrankenkassen zugelassen sind, haben für die bei ihnen beschäftigten Arbeitnehmer auf Verlangen der Bauverwaltung in dieses Abkommen einzutreten.

4. Auf der Baustelle sind die zur ersten Hilfeleistung erforderlichen Verbandmittel, in dem für den Streckenarzt zur Verfügung zu haltenden Baracken- oder Bureauzimmer sonstige Heil-, Verband-, Transport- und Desinfektionsmittel vorrätig zu halten, soweit sie nach dem Urteil der Bauverwaltung erforderlich sind.

5. Geeigneten Arbeitnehmern ist die Möglichkeit zu bieten, ohne Lohnabzug an der von der Bauverwaltung einzurichtenden Ausbildung für die erste Hilfeleistung bei Unglücksfällen teilzunehmen.

6. Soweit angängig, ist für Badegelegenheit im Freien zu sorgen. In Baracken, die auf längere Dauer berechnet sind, ist die Anlage einer einfachen Brausebadeinrichtung erwünscht.

## VI. Bekämpfung des Alkoholmißbrauchs.

1. Die Bekämpfung des Alkoholmißbrauchs in den Baracken erfolgt in erster Linie durch die Hausordnungen. Die Verabfolgung von Branntwein morgens vor der Arbeit und abends von 9 Uhr ab ist zu verbieten. Für die weitgehendste Darbietung guter alkoholfreier Getränke (Tee, Kaffee, Limonade u. dgl.), sowie für unentgeltliche Verabreichung heißen Wassers ist Sorge zu tragen.

2. Auf der Arbeitsstelle ist das Mitbringen, der Erwerb und Genuß von Branntwein zu verhindern. Betrunkene sind von der Arbeitsstelle zu entfernen, in Wiederholungsfällen sofort zu entlassen.

3. Fliegende Händler mit alkoholischen Getränken sind nötigenfalls mit Hilfe der Streckengendarmen von der Arbeitsstelle fernzuhalten. Das Angebot wohlfeiler alkoholfreier Getränke auf der Arbeitsstelle ist dagegen tunlichst zu fördern.

4. Der Unternehmer hat dafür Sorge zu tragen, daß auf der jeweiligen Arbeitsstelle gutes Trinkwasser in ausreichender Menge den Arbeitnehmern kostenlos zur Verfügung steht.

## VII. Förderung der Sparsamkeit.

1. Die Löhnung der Arbeitnehmer hat in tunlichster Nähe der Baustelle und so zeitig am Tage zu erfolgen, daß die Arbeitnehmer in der Lage sind, noch am nämlichen Tage Geldbeträge mit der Post abzusenden. Lohnzahlungen an Sonn- und Feiertagen, sowie in Gast- oder Schenkwirtschaften sind verboten. Sie dürfen in den Kantinen erfolgen, doch muß während der Löhnung der Wirtschaftsbetrieb ruhen.

2. Der lohnzahlende Beamte des Unternehmers ist zu verpflichten, Ersparnisse der Arbeitnehmer auf ihren Wunsch in Verwahrung zu nehmen, sowie Geldsendungen an die Angehörigen der Arbeitnehmer auf ihre Kosten abzufertigen. Eine Gebühr darf nicht erhoben werden.

3. Für die sichere Verwahrung des Geldes haftet der Unternehmer dem Arbeitnehmer.

## VIII. Vertragsstrafe.

1. Für jede bewußte Zuwiderhandlung gegen diese Bestimmungen durch den Unternehmer oder seinen Vertreter verpflichtet sich der Unternehmer eine für jeden Fall von der Bauverwaltung festzusetzende Vertragsstrafe im Höchstbetrage von 100 M. (hundert Mark) zu zahlen. Auch räumt der Unternehmer der Bauverwaltung das Recht ein, die nach ihrem Ermessen erforderlichen Einrichtungen, welche auf ihr wiederholtes Verlangen von

dem Unternehmer nicht ausgeführt sind, auf seine Kosten herstellen zu lassen.

2. Die hiernach festgesetzten Vertragstsrafen und nachgewiesenen Kosten sind binnen zwei Wochen nach erhaltener Aufforderung auf der Regierungshauptkasse in Hannover zu zahlen.

3. Die Bauverwaltung ist berechtigt, Strafen und Kosten, deren Zahlung nicht rechtzeitig erfolgt ist, durch Einbehaltung vom Guthaben des Unternehmers oder durch Verwertung der bestellten Sicherheit gemäß § 26 der „Allgemeinen Vertragsbedingungen“ einzuziehen.

Anerkannt.

.................................., den .................................... 19....

(Unternehmer:) ................................................

*Anlage 5.*

# Verordnung über die Einstellung und Beschäftigung ausländischer Arbeiter.

Auf Grund von § 26 des Arbeitsnachweisgesetzes vom 22. Juli 1922 (Reichsgesetzblatt I, S. 657) wird im Einvernehmen mit den obersten Landesbehörden folgendes verordnet.

## 1. Abschnitt.
## Einstellung und Beschäftigung.

### A. Allgemeine Bestimmungen.

#### Genehmigungspflicht.

§ 1.

Ausländische Arbeiter dürfen nur in Arbeitsstellen eingestellt und beschäftigt werden, für die das Landesamt für Arbeitsvermittlung oder die von ihm beauftragte Stelle (§ 14) die Beschäftigung ausländischer Arbeiter genehmigt hat.

#### Ausländische Arbeiter.

§ 2.

1. Ausländische Arbeiter im Sinne dieser Verordnung sind alle Arbeiter im Sinne des § 11 des Betriebsrätegesetzes, die nicht deutsche Reichsangehörige sind.

2. Nicht als ausländische Arbeiter im Sinne dieser Verordnung gelten solche Ausländer, die

a) in der See- und Binnenschiffahrt beschäftigt sind oder
b) sich im Besitz eines Befreiungsscheines befinden.

3. Den Befreiungsschein erhalten

a) ausländische landwirtschaftliche Arbeiter, die mindestens vom 1. Januar 1913 ab im Inland in der Landwirtschaft nicht nur vorübergehend beschäftigt sind,

b) ausländische nichtlandwirtschaftliche Arbeiter, die mindestens vom 1. Januar 1919 ab im Inland in nichtlandwirtschaftlichen Betrieben nicht nur vorübergehend beschäftigt sind,

c) ausländische nichtlandwirtschaftliche Arbeiter, die am 1. Juli 1914 seit mindestens einem Jahre im Inland in einem nichtlandwirtschaftlichen Betriebe beschäftigt waren und unverzüglich an ihre alte Arbeitsstelle zurückgekehrt sind, sobald die durch den Krieg geschaffenen Hinderungsgründe in Fortfall gekommen waren,

d) ausländische Arbeiter, die am 1. Januar 1919 bereits im Inland ansässig, aber noch nicht 14 Jahre alt waren,

e) Arbeiterinnen, die durch die Verheiratung mit einem Ausländer die deutsche Reichsangehörigkeit verloren haben,

f) ausländische Arbeiter, die das zuständige Landesamt für Arbeitsvermittlung im Einzelfalle mit Zustimmung der höheren Landesverwaltungsbehörde von den Bestimmungen dieser Verordnung befreit hat, weil ihre Anwendung eine besondere Härte gegen sie bedeuten würde.

4. Den Befreiungsschein stellt die Deutsche Arbeiterzentrale oder eine andere von der obersten Landesbehörde beauftragte Stelle aus, und zwar in den Fällen des Abs. 3 a bis e auf Grund der Feststellungen der Ortspolizeibehörde, im Falle des Abs. 3f nach Zustimmung der höheren Landesverwaltungsbehörde und des Landesamts für Arbeitsvermittlung.

5. Die Reichsarbeitsverwaltung (Reichsamt für Arbeitsvermittlung) ist berechtigt, die Bestimmungen dieser Verordnung auch auf andere Gruppen von ausländischen Arbeitnehmern auszudehnen.

### Reiseausweis; Paß.

### § 3.

1. Ausländische Arbeiter, die vom Ausland neu zureisen, dürfen in eine nach § 1 für ausländische Arbeiter freigegebene Arbeitsstelle nur eingestellt werden, wenn sie sich im Besitz

a) eines in einem Grenzamt der Deutschen Arbeiterzentrale ausgestellten, auf die Arbeitsstelle lautenden Reiseausweises oder

b) eines mit einem Einreisesichtvermerke versehenen Passes befinden.

2. Reiseausweis und Paß gelten nur für die erste Einstellung nach der Einreise.

### Legitimationskarte.

### § 4.

1. Die Beschäftigung ausländischer Arbeiter auf einer nach § 1 für ausländische Arbeiter freigegebenen Arbeitsstelle ist nur zulässig, wenn sich die Arbeiter im Besitz einer ordnungsmäßigen Legitimationskarte der Deutschen Arbeiterzentrale befinden. Für die erste Beschäftigung nach der Einreise bis zur Beendigung des Legitimierungsverfahrens genügt Reiseausweis oder Paß (§ 3).

2. Beim Wechsel der Arbeitsstelle darf der ausländische Arbeiter in eine neue Arbeitsstelle nur eingestellt werden, wenn die Legitimationskarte die im § 6 vorgesehene Bestätigung des letzten Arbeitgebers oder die in den §§ 6 und 7 vorgesehene Bescheinigung des öffentlichen Arbeitsnachweises trägt.

3. Hat der ausländische Arbeiter seine Legitimationskarte verloren, so darf er nur eingestellt werden, wenn er eine Bescheinigung der für die letzte Arbeitsstelle zuständigen Polizeibehörde beibringt, daß er für die letzte Arbeitsstelle ordnungsmäßig legitimiert war. Diese Bescheinigung muß einen der in den §§ 6 und 7 vorgesehenen Vermerke tragen.

### Sonderfälle.

### § 5.

1. Kann sich ein ausländischer Arbeiter nicht ordnungsmäßig nach den Bestimmungen der §§ 3 und 4 ausweisen, so darf er nur eingestellt oder beschäftigt werden, wenn das für die Arbeitsstelle zuständige Landesamt für Arbeitsvermittlung die Einstellung und Beschäftigung dieses ausländischen Arbeiters genehmigt hat. Das gleiche gilt für Ausländer, die noch nicht ausländische Arbeiter (§ 2) waren. Der Antrag ist an den öffentlichen Arbeitsnachweis zu richten, in dessen Bezirk die Arbeitsstelle liegt.

2. Der für die Arbeitsstelle zuständige öffentliche Arbeitsnachweis oder die Deutsche Arbeiterzentrale sind berechtigt, ausländische Arbeiter, die sich nicht im Besitze der nach den §§ 3 und 4 vorgeschriebenen Ausweise befinden, bis zur Entscheidung des Landesamts oder bis zur nachträglichen Beibringung der Ausweise, längstens jedoch für drei Monate, auf einer nach § 1 für ausländische Arbeiter freigegebenen Arbeitsstelle vorläufig unterzubringen. Die deutsche Arbeiterzentrale hat den für die Arbeitsstelle zuständigen öffentlichen Arbeitsnachweis von der vorläufigen Unterbringung unverzüglich zu benachrichtigen.

### Bestätigung der Beendigung des Arbeitsverhältnisses.

§ 6.

1. Der Arbeitgeber ist verpflichtet, dem ausländischen Arbeiter bei Beendigung des Arbeitsverhältnisses zu bestätigen, daß gegen die Einstellung des Arbeiters in eine andere Arbeitsstelle nichts eingewendet wird. An die Stelle dieser Bestätigung tritt auf Wunsch des Arbeiters die entsprechende Bescheinigung des für die letzte Arbeitsstelle zuständigen öffentlichen Arbeitsnachweises. Dieser darf die Bescheinigung nur mit Zustimmung des Arbeitgebers erteilen, soweit nicht die Bestimmungen des § 7 Anwendung finden.

2. Angaben über die Gründe für die Beendigung des Arbeitsverhältnisses oder sonstige Vermerke des Arbeitgebers oder Arbeitsnachweises dürfen auf der Legitimationskarte nicht gemacht werden. Die Bestätigung des Arbeitgebers muß von der zuständigen Polizeibehörde, die Bescheinigung des öffentlichen Arbeitsnachweises von diesem abgestempelt werden.

### Verweigerung der Bestätigung.

§ 7.

Die Bestätigung des Arbeitgebers (§ 6, Abs. 1, Satz 1) oder seine Zustimmung (§ 6, Abs. 1, Satz 3) darf nur verweigert werden, wenn der Arbeiter seine Arbeitsstelle unter Vertragsbruch verläßt oder verlassen hat. In diesem Falle kann der Prüfungsausschuß (§ 12) oder ein von ihm gebildeter Unterausschuß nach Anhörung des Arbeitgebers und Arbeitnehmers trotzdem gestatten, daß der ausländische Arbeiter in eine andere Arbeitsstelle eingestellt wird, wenn die Versagung der Erlaubnis sich als unbillige Härte darstellen würde oder die Bestätigung oder Zustimmung von dem Arbeitgeber offenbar zu Unrecht verweigert worden ist. Der öffentliche Arbeitsnachweis hat dann die im § 6 vorgesehene Bescheinigung auszustellen.

### Gebühren und Kosten.

§ 8.

Die von den Landesämtern für Arbeitsvermittlung nach den Landesgesetzen erhobenen Gebühren für die Genehmigung zur Beschäftigung ausländischer Arbeiter und die Kosten für das Legitimierungsverfahren trägt der Arbeitgeber. Er darf ihre Erstattung von dem ausländischen Arbeiter nicht verlangen. Bei Zuwiderhandlung kann die Genehmigung zurückgezogen werden.

## B. Besondere Bestimmungen für landwirtschaftliche Arbeiter.

### Wechsel von der Landwirtschaft in die Industrie.

§ 9.

Ausländische landwirtschaftliche Arbeiter dürfen in nichtlandwirtschaftliche Betriebe unbeschadet der Bestimmungen der §§ 1 bis 7 nur mit besonderer Zustimmung des für die neue Arbeitsstelle zuständigen Landesamts für Arbeitsvermittlung eingestellt werden.

Arbeitsvertrag für landwirtschaftliche Wanderarbeiter.

§ 10.

1. Ausländische landwirtschaftliche Wanderarbeiter dürfen nur auf Grund des vom landwirtschaftlichen Fachausschusse der Reichsarbeitsverwaltung (Reichsamt für Arbeitsvermittlung) aufgestellten Arbeitsvertrags für ausländische Wanderarbeiter beschäftigt werden.

2. Andere Arbeitsverträge mit ausländischen landwirtschaftlichen Wanderarbeitern sind insoweit unwirksam, als sie von dem im Abs. 1 genannten Arbeitsvertrage zuungunsten der Arbeiter abweichen. An die Stelle unwirksamer Vereinbarungen treten die entsprechenden Bestimmungen des im Abs. 1 genannten Arbeitsvertrags.

3. Die Bestimmungen der Vorläufigen Landarbeitsordnung vom 24. Januar 1919 (Reichsgesetzblatt S. 111) werden hierdurch nicht berührt.

## II. Abschnitt.

## Genehmigungsverfahren.

### Antrag.

§ 11.

Wer ausländische Arbeiter beschäftigen will, hat die Genehmigung hierzu bei dem öffentlichen Arbeitsnachweise zu beantragen, in dessen Bezirk die Arbeitsstelle liegt.

### Vorprüfung.

§ 12.

1. Die Anträge werden durch einen vom Verwaltungsausschusse des öffentlichen Arbeitsnachweises (§ 7 des Arbeitsnachweisgesetzes) aus seinen Beisitzern und Stellvertretern gebildeten Prüfungsausschuß vorgeprüft, dem außer dem Vorsitzenden des öffentlichen Arbeitsnachweises höchstens je drei Arbeitgeber und Arbeitnehmer als Beisitzer angehören. Besteht für den in Frage kommenden Berufszweig ein Fachausschuß (§ 33 des Arbeitsnachweisgesetzes), so erfolgt die Vorprüfung durch einen von ihm entsprechend gebildeten Prüfungsausschuß. Das Ergebnis ist auf den Anträgen zu vermerken; wurde bei dem Gutachten Einstimmigkeit erzielt, so ist dies besonders hervorzuheben.

2. Befindet sich unter den Beisitzern des Verwaltungsausschusses nicht mindestens je ein Arbeitgeber und Arbeitnehmer des in Frage kommenden Faches, so sind zu der Vorprüfung der Anträge ein Arbeitgeber und ein Arbeitnehmer dieses Faches mit beratender Stimme hinzuzuziehen. Sie sind zu diesem Zwecke von den für das Fach zuständigen wirtschaftlichen Vereinigungen der Arbeitgeber und Arbeitnehmer vorzuschlagen. Schließen sie sich der Stellungnahme des Prüfungsausschusses nicht an, so ist dies unter Angabe der Gründe auf den Anträgen zu vermerken.

3. Der Prüfungsausschuß kann mit Zustimmung des Landesamts für Arbeitsvermittlung dem Vorsitzenden des öffentlichen Arbeitsnachweises die jederzeit widerrufliche Befugnis erteilen, die Vorprüfung der Anträge in seinem Auftrag durchzuführen.

4. Das Landesamt für Arbeitsvermittlung kann mit Zustimmung seines Verwaltungsausschusses (Fachausschusses) bestimmen, daß ihm die Anträge nur mit einem Gutachten des Vorsitzenden des öffentlichen Arbeitsnachweises zur Entscheidung vorgelegt werden, wenn für alle oder einzelne Berufsgruppen eines Bezirkes ein Bedürfnis für eine Vorprüfung der Anträge durch den Prüfungsausschuß des öffentlichen Arbeitsnachweises nicht vorliegt.

### Genehmigung durch das Landesamt.

§ 13.

1. Über die Genehmigung entscheidet der Vorsitzende des Landesamts für Arbeitsvermittlung. Ist bei der Vorprüfung (§ 12) keine Einstim-

migkeit erzielt worden oder schließt sich der Vorsitzende dem Gutachten nicht an, so erfolgt die Entscheidung durch den Prüfungsausschuß des Landesamts, der endgültig entscheidet. § 12, Abs. 1 und 2 finden für die Bildung und Zusammensetzung des Prüfungsausschusses entsprechende Anwendung.

2. Der Prüfungsausschuß kann durch einstimmigen Beschluß dem Vorsitzenden des Landesamts die Befugnis erteilen, in seinem Auftrag zu entscheiden. Die Befugnis kann auf Fälle oder Entscheidungen bestimmter Art beschränkt werden. Sie ist auf Verlangen von einem Drittel der Beisitzer des Prüfungsausschusses jederzeit zurückzuziehen.

### Übertragung der Entscheidung auf den Vorsitzenden des öffentlichen Arbeitsnachweises.

### § 14.

1. Der Vorsitzende des Landesamts kann unbeschadet der Bestimmungen im § 13, Abs. 1, Satz 2 und 3 mit Zustimmung der obersten Landesbehörde oder der von ihr bestimmten Stelle den Vorsitzenden einzelner oder sämtlicher öffentlichen Arbeitsnachweise des Bezirkes die von ihm jederzeit widerrufliche Befugnis erteilen, in seinem Auftrag über die Genehmigung zu entscheiden. Diese Ermächtigung kann von dem Vorsitzenden des Landesamts an Bedingungen geknüpft werden.

2. Abs. 1 findet auf die Bestimmungen des § 13, Abs. 2 keine Anwendung.

### Dauer der Genehmigung; Bedingungen.

### § 15.

1. Die Genehmigung zur Beschäftigung ausländischer Arbeiter kann für die Arbeitsstelle bis zur Dauer von 12 Monaten erteilt werden. Für landwirtschaftliche Arbeitsstellen ist die Genehmigung, soweit die Beschäftigung ausländischer Wanderarbeiter in Frage kommt, nur bis zum 15. Dezember eines jeden Jahres zu erteilen.

2. Die Genehmigung kann an Bedingungen geknüpft werden.

### Einspruch.

### § 16.

1. Gegen die Entscheidung des Vorsitzenden des Landesamts (§ 13, Abs. 1, Satz 1) oder des Vorsitzenden des öffentlichen Arbeitsnachweises (§ 14) über die Zulassung ausländischer Arbeiter ist binnen vier Wochen Einspruch des Antragstellers bei dem Prüfungsausschusse des Landesamts zulässig, der endgültig entscheidet.

2. Der Einspruch ist von dem Antragsteller bei dem für die Arbeitsstelle zuständigen öffentlichen Arbeitsnachweis einzureichen und hat, soweit die ausländischen Arbeiter bereits auf der Arbeitsstelle beschäftigt sind, aufschiebende Wirkung.

## III. Abschnitt.

## **Sondervorschriften und Ausnahmen.**

### Gewerbebetriebe im Umherziehen.

### § 17.

1. Für die Beschäftigung ausländischer Arbeiter in Gewerbebetrieben im Umherziehen ist die Genehmigung bei dem Landesamte zu beantragen, in dessen Bezirk der Gewerbebetrieb zunächst seine Tätigkeit ausüben will. Die Prüfung und Entscheidung über die Anträge erfolgt durch den Vorsitzenden des Landesamts für Arbeitsvermittlung. Gegen die Entscheidung steht dem Antragsteller Einspruch bei einem vom Verwaltungsausschusse gebildeten Prüfungsausschusse zu, dem außer dem Vorsitzenden höchstens je drei Arbeitgeber und Arbeitnehmer als Beisitzer angehören. Die Entscheidung des Prüfungsausschusses ist endgültig.

2. Wird der Betrieb während der Gültigkeitsdauer der Genehmigung in den Bezirk eines andern Landesamts verlegt, so ist die Ausdehnung der Genehmigung auf diesen Bezirk bei dem andern Landesamt unter Vorlage der laufenden Genehmigung oder ihrer beglaubigten Abschrift zu beantragen. Der Antrag kann auch bereits vor der Verlegung des Betriebes bei dem andern Landesamte gestellt werden. Abs. 1, Satz 2 bis 4 finden Anwendung.

Ausnahmen.

§ 18.

Die Reichsarbeitsverwaltung (Reichsamt für Arbeitsvermittlung) kann mit Zustimmung der beteiligten Länder für bestimmte Bezirke oder bestimmte Gruppen ausländischer Arbeiter oder für bestimmte Arten von Arbeitsstellen Ausnahmen von den vorstehenden Bestimmungen zulassen. In gleicher Weise kann sie diese Befugnisse auf einzelne Landesämter für Arbeitsvermittlung übertragen, die bei der Zulassung von Ausnahmen an die Zustimmung der obersten Landesbehörde oder der von ihr bestimmten Stelle und des Verwaltungsausschusses (Fachausschusses) gebunden sind. Die Reichsarbeitsverwaltung (Reichsamt für Arbeitsvermittlung) kann nach Benehmen mit den Ländern die Ermächtigung zurücknehmen.

## IV. Abschnitt.

## Straf- und Schlußbestimmungen.

§ 19.

1. Mit Geldstrafe bis zu 10000 M. oder mit Gefängnis bis zu sechs Monaten wird bestraft, wer den Bestimmungen dieser Verordnung zuwiderhandelt.

2. Abs. 1 findet auf Handlungen keine Anwendung, die im Betrieb einer Körperschaft des öffentlichen Rechts begangen werden. Die Durchführung dieser Verordnung gegenüber den Körperschaften des öffentlichen Rechts liegt den Dienstaufsichtsbehörden ob.

§ 20.

Sonstige Vorschriften über Einreise und Aufenthalt von ausländischen Arbeitern im Inland, insbesondere die landesrechtlichen Vorschriften über die Legitimierung, werden durch diese Verordnung nicht berührt.

*Anlage 6.*

# Normalarbeitsordnung für das Tiefbaugewerbe.

herausgegeben vom Reichsverband des Deutschen Tiefbaugewerbes E. V.

## I. Geltung der Arbeitsordnung.

§ 1. Mit dem ........................................................ tritt für unterzeichnete Firma nachstehende Arbeitsordnung in Kraft. Sie ist für alle Beteiligten rechtsverbindlich.

## II. Beginn und Ende des Arbeitsverhältnisses.

### a) Beginn des Arbeitsverhältnisses.

§ 2. Die Annahme des Arbeitnehmers erfolgt nur durch die hierzu Beauftragten. Bei der Annahme wird der Zeitpunkt verabredet, an welchem die Arbeit aufgenommen werden soll.

§ 3. Bei der Annahme zur Arbeit ist jeder Arbeitnehmer verpflichtet, seine Legitimationspapiere, die Invalidenkarte, sowie eine Bescheinigung des letzten Arbeitgebers über die Dauer und Art seiner Beschäftigung dem Arbeitgeber oder seinem Stellvertreter vorzulegen. Ferner erklärt er sich damit einverstanden, daß die Invalidenkarte von dem Arbeitgeber bzw. von dessen Beauftragten bis zur Aushändigung bei Lösung des Arbeitsverhältnisses verwahrt wird. Der Arbeitnehmer erhält bei der Einstellung einen Einstellungsschein, auf dem vermerkt wird, zu welcher Arbeiterkategorie er gehört und welchen Stundenlohn er erhält.

§ 4. Jeder Arbeitnehmer ist verpflichtet, der zuständigen Betriebskrankenkasse anzugehören; wenn eine solche nicht besteht, der zuständigen Ortskrankenkasse.

§ 5. Der Arbeitnehmer empfängt beim Eintritt in das Arbeitsverhältnis einen Abdruck vorliegender Arbeitsordnung, deren Anerkennung er durch eigenhändige Namensunterschrift zu bekunden hat. Die im Betriebe ausgehängte Arbeitsordnung ist mit der dem Arbeitnehmer übergebenen völlig gleichlautend.

### b) Beendigung des Arbeitsverhältnisses.

§ 6. Das Arbeitsverhältnis kann von beiden Teilen ohne Einhaltung einer Kündigungsfrist zum Schlusse jedes Arbeitstages gelöst werden.

Beim Vorliegen eines wichtigen Grundes kann die Lösung des Arbeitsverhältnisses zu jeder Tageszeit erfolgen.

§ 7. Der Arbeitnehmer hat Anspruch auf sofortige Lohnzahlung im Baubureau nur dann, wenn er vom Arbeitgeber entlassen wird.

§ 8. Die dem Arbeitnehmer eingehändigte Arbeitsordnung ist bei Beendigung des Arbeitsverhältnisses zurückzugeben. Für verlorene, beschmutzte oder beschädigte Exemplare wird 1 M. bei der letzten Lohnzahlung in Abzug gebracht.

9. Auf Verlangen erhält der Arbeitnehmer eine Bescheinigung, aus welcher die Art und Dauer seiner Beschäftigung zu ersehen ist.

## III. Arbeitszeit.

§ 10. Die Arbeitszeit beginnt morgens um ......... Uhr und endet abends um .......... Uhr. Dazwischen werden $^1/_2$ Stunde Frühstückspause, 1 Stunde Mittags- und $^1/_2$ Stunde Vesperpause gewährt. Die Frühstückspause beginnt um .......... Uhr, die Mittagspause um .......... Uhr und die Vesperpause um ......... Uhr.

In den Wintermonaten richten sich Arbeitszeit und Pausen nach der Tageslänge.

Wird eine kürzere Winterarbeitszeit bei ausreichenden Lichtverhältnissen durch Vereinbarung auf die regelmäßige Arbeitszeit verlängert, so gelten die durch diese Verlängerung gewonnenen Arbeitsstunden als zuschlagfrei.

Änderungen in der Lage der Arbeitszeit bleiben der Bauleitung, im Einverständnis mit den Vertretern der Arbeiter, vorbehalten.

§ 11. Als Überstunden-, Nacht- und Sonntagsarbeit, sowie Arbeit an gesetzlichen Feiertagen gelten während des ganzen Jahres:

1. als Nachtarbeit jede Arbeit von 8 Uhr abends bis 5 Uhr morgens,
2. als Überstunden jede Arbeit, die in der Zeit zwischen der Nachtarbeit und der tarifmäßigen Arbeitszeit liegt,
3. als Sonntagsarbeit und Arbeit an gesetzlichen Feiertagen jede Arbeit an diesen Tagen von morgens 5 Uhr bis abends 12 Uhr.

Alle Arbeiten, die zur Inbetriebsetzung und Außerbetriebsetzung der Bauarbeiten notwendig sind, gelten nicht als Überstunden.

Mehrschichtarbeiten (Wechselschichten) sind zuschlagfrei. Bei Dreischichtarbeiten wird $^1/_2$ Stunde Pause für jede Schicht gewährt und als Arbeitszeit bezahlt.

Überstunden, Nacht- und Sonntagsarbeit, sowie Arbeit an gesetzlichen Feiertagen werden nur dann bezahlt, wenn sie auf Anordnung des Arbeitgebers oder seines Stellvertreters geleistet sind.

§ 12. Die Wächter fallen nicht unter die Bestimmungen der §§ 10 und 11. Die Länge der Arbeitszeit der Wächter unterliegt besonderer Vereinbarung.

## IV. Entlohnung.

§ 13. Jeder Arbeitnehmer erhält grundsätzlich denjenigen Stundenlohn, der auf seinem Einstellungsschein vermerkt ist. Anspruch auf einen andern Stundenlohn hat der Arbeitnehmer nur, wenn er im Besitz einer schriftlichen Bestätigung des Arbeitgebers oder seines Stellvertreters hierfür ist, oder wenn nach der Einstellung ein höherer Lohnsatz tariflich festgelegt wird.

§ 14. Über Akkordarbeit ist von Fall zu Fall ein schriftlicher Akkordtarif abzuschließen.

§ 15. Der Lohn wird nur für die wirklich geleistete Arbeitszeit gezahlt.

§ 16. Die Lohnperiode umfaßt 2 Wochen, sofern durch Tarifvertrag nichts anderes bestimmt ist. Auf Verlangen des Arbeitnehmers ist demselben bei einer 14tägigen Lohnperiode nach Ablauf der ersten Woche ein einmaliger Vorschuß von 80 vH des bis dahin erzielten Verdienstes zu zahlen.

Die Auszahlung des Lohnes erfolgt am ........................................ und in der Regel während der Arbeitszeit.

§ 17. Das Geld ist sofort beim Empfang nachzuzählen. Einwendungen sind sogleich bei der Lohnzahlung anzubringen. Spätere Einwendungen werden nicht berücksichtigt.

## V. Verhalten der Arbeiter auf der Baustelle.

§ 18. Die Arbeitnehmer sind zu einer angemessenen Gegenleistung verpflichtet. Diese Bestimmung berechtigt nicht zu einer Kürzung des festgesetzten Lohnes, gilt aber als Entlassungsgrund.

Jeder Arbeitnehmer ist verpflichtet, auch andere Arbeiten und an andern Orten auszuführen, als diejenigen und an denjenigen, für die er angenommen ist.

§ 19. Die Arbeitnehmer sind gehalten, den Anordnungen des Arbeitgebers oder seines Stellvertreters sowie der Poliere und Schachtmeister und sonstiger übergeordneter Personen nachzukommen. Zuwiderhandlungen gelten als Entlassungsgründe.

§ 20. Der Arbeitnehmer hat die Geräte und das sonstige Eigentum des Arbeitgebers oder des Bauherrn mit Sorgfalt zu behandeln und ist für schuldhaftes Beschädigen, Verschleudern und Abhandenkommen dem Arbeitgeber haftbar.

Den Arbeitnehmern ist verboten, sich Holzabfälle oder sonstige Materialien anzueignen und mitzunehmen, auch wenn diese als wertlos betrachtet werden.

Die bei der Arbeit üblichen Werkzeuge (Schaufeln und Spaten) hat der Arbeitnehmer ohne besondere Entschädigung mitzubringen und bei der Arbeit zu verwenden.

§ 21. Der Genuß alkoholischer Getränke und das Rauchen während der Arbeitszeit auf der Baustelle ist untersagt.

§ 22. Das Betreten solcher Räume, in denen maschinelle Einrichtungen oder Dampfkessel untergebracht sind, sowie die Berührung von Maschinen jeder Art, ist jedem Unbefugten untersagt.

§ 23. Der Arbeitnehmer hat die auf der Baustelle angebrachte Unfallvorschrift strengstens zu befolgen.

Unfälle jeder Art, auch wenn sie unerheblich erscheinen, müssen dem Arbeitgeber oder dessen Stellvertreter sofort mitgeteilt werden, desgleichen Fehler an Werkzeugen und Maschinen.

§ 24. Verfehlungen gegen die Bestimmungen in den §§ 20, 22, 23, Abs. 2 der Arbeitsordnung, sowie unbegründetes wiederholtes Zuspätkommen werden je nach der Schwere des Falles mit Verweis, Geldstrafen oder Entlassung bestraft.

Die Geldstrafen werden zum Besten der Arbeitnehmer verwandt, sie dürfen die Hälfte des durchschnittlichen Tagesarbeitsverdienstes nicht übersteigen, jedoch können Tätlichkeiten gegen Mitarbeiter, erhebliche Verstöße gegen die guten Sitten sowie gegen die zur Aufrechterhaltung der Ordnung des Betriebes, zur Sicherung eines gefahrlosen Betriebes oder zur Durchführung der Bestimmungen der Gewerbeordnung erlassenen Vorschriften mit Geldstrafen bis zum vollen Betrage des durchschnittlichen Tagesarbeitsverdienstes belegt werden.

Die Festsetzung der Strafen im Einzelfalle erfolgt durch den Arbeitgeber gemeinsam mit der nach § 80 BRG. vorgesehenen Arbeitnehmervertretung.

..............................., den .............................. 19....

*Anlage 7.*

## Lohnabkommen für das Baujahr 1926[1]).

Die unterzeichneten Verbände schließen folgendes vorläufiges Abkommen:

§ 1.

Die durch das Abkommen vom 26. November 1925 verlängerten bezirklichen Lohnabkommen können spätestens am 8. März zum 31. März 1926 gekündigt werden.

Sofern keine Kündigung erfolgt, gilt das bisherige bezirkliche Abkommen bis zum 30. Juli 1926 als verlängert.

§ 2.

Wird ein bezirkliches Lohnabkommen gekündigt, so haben die Parteien innerhalb des Bezirks über ein neues Lohnabkommen zu verhandeln.

Kommt eine Vereinbarung zustande, so gilt sie bis zum 30. Juni 1926. Falls keine Verständigung erfolgt oder das Ergebnis der bezirklichen Verhandlungskommission von einer Partei abgelehnt wird, so ist das zentrale Schiedsgericht bis zum 20. März 1926 anzurufen. Der Antrag ist an das Reichsarbeitsministerium, den Deutschen Arbeitgeberbund für das Baugewerbe und den Deutschen Baugewerksbund zu richten, und zwar nötigenfalls telegraphisch. Maßgebend für die Innehaltung der Frist ist der Eingang beim Reichsarbeitsministerium.

Die Entscheidung des zentralen Schiedsgerichts hat bis zum 31. März 1926 zu erfolgen.

§ 3.

Das von dem zentralen Schiedsgericht festgesetzte Lohnabkommen gilt bis zum 30. Juni 1926.

§ 4.

Die bis zum 30. Juni 1926 gültigen Lohnabkommen können spätestens am 8. Juni zum 30. Juni 1926 gekündigt werden. Sofern keine Kündigung erfolgt, gilt das bisherige bezirkliche Abkommen bis zum 30. September 1926 als verlängert.

Im übrigen finden die Bestimmungen der §§ 2 und 3 sinngemäß Anwendung.

§ 5.

Das zentrale Schiedsgericht ist zuständig zur Entscheidung ausschließlich über:

a) Lohnstreitigkeiten,

b) Überstundenzuschläge und sonstige Zuschläge sowie besondere Entschädigungen,

---

[1]) Ein neuer Reichstarifvertrag für das Baugewerbe ist zwischen den Arbeitgeber- und Arbeitnehmer-Verbänden am 30. März 1927 für die Dauer vom 1. April 1927 bis zum 31. März 1929 abgeschlossen.

c) Art und Weise der Lohnzahlung,
d) Streitigkeiten über Ortsklasseneinteilung,
e) Auslegung der eigenen Schiedssprüche und dieses Abkommens.

§ 6.

Die Entscheidungen des zentralen Schiedsgerichtes sind endgültig.

§ 7.

Sollten in laufenden bezirklichen Tarifverträgen und Vereinbarungen Kündigungsfristen oder Schiedsstellen vereinbart sein, so werden sie durch dieses Abkommen ersetzt, soweit es sich um Angelegenheiten handelt, die nach § 5 zur Zuständigkeit des zentralen Schiedsgerichtes gehören.

§ 8.

Das zentrale Schiedsgericht setzt sich zusammen aus einem unparteiischen Vorsitzenden, zwei unparteiischen Beisitzern, von denen je einer von jeder Partei zu bestellen ist, und aus je vier weiteren Beisitzern, die von den Parteien jeweils unverzüglich zu bestellen sind.

§ 9.

Für die Dauer dieses Abkommens werden zum Vorsitzenden Herr Senatspräsident a. D. Dr. Spiegelthal und zu unparteiischen Beisitzern die Herren Landeshauptmann Dr. Caspari und Direktor Dr. Staubach bestellt.

Im Falle der Behinderung eines der beiden unparteiischen Beisitzer ist von der betreffenden Partei ein Stellvertreter unverzüglich zu bestellen.

§ 10.

Die Kosten des zentralen Schiedsgerichts trägt jede Partei zur Hälfte.

§ 11.

Während der Dauer dieses Abkommens verpflichten sich beide Parteien, in allen den durch dieses Abkommen geregelten Fällen jegliche Kampfmaßnahme zu unterlassen.

§ 12.

Dieses Abkommen läuft bis zum 28. Februar 1927. Die Arbeiterverbände haben jedoch das Recht, bis zum 1. September 1926 gemeinsam durch eingeschriebenen Brief zu erklären, daß sie eine Verlängerung des Abkommens über den 30. September 1926 nicht wünschen.

Wird seitens der Arbeiterverbände diese Erklärung nicht abgegeben, so finden für die auf den 30. September 1926 folgenden Monate die Bestimmungen des § 4 entsprechende Anwendung.

Im Falle der Kündigung endet die Zuständigkeit des zentralen Schiedsgerichtes mit dem Tage der Kündigung, jedoch mit der Maßgabe, daß das zentrale Schiedsgericht gemäß § 5 des Abkommens für die Zeit bis zum 30. September 1926 entscheiden soll.

Berlin, den 13. Februar 1926.

**Arbeitsgemeinschaft des Deutschen Hoch- und Tiefbaugewerbes:**

a) **Deutscher Arbeitgeberbund für das Baugewerbe.**
gez.: C. Behrens.

b) **Reichsverband des Deutschen Tiefbaugewerbes.**
gez.: Walter Ziegler.

**Beton- und Tiefbau-Arbeitgeber-Verband für Deutschland.**
gez.: Max Pommer.

**Deutscher Baugewerksbund.**
gez.: N. Bernhard.

**Zentralverband der Zimmerer.**
gez.: W. Wolgast.

**Christlicher Bauarbeiterverband.**
gez.: J. Wiedeberg.

**Verband der Maschinisten und Heizer.**
gez.: C. Balleng.

*Anlage 8.*

# Reichstarifvertrag für die technischen Angestellten im Hoch-, Beton- und Tiefbaugewerbe.

## A. Hauptvertrag.

Zwischen

1. der Arbeitsgemeinschaft des Deutschen Hoch- und Tiefbaugewerbes (Deutscher Arbeitgeberbund für das Baugewerbe E.V., Berlin, und Reichsverband des Deutschen Tiefbaugewerbes E.V., Berlin),

2. dem Beton- und Tiefbauarbeitgeberverband für Deutschland E.V., Berlin,

einerseits

und

1. dem Bund der technischen Angestellten und Beamten, Berlin,
2. dem Verband Deutscher Techniker in Essen

andererseits

wird folgender Hauptvertrag abgeschlossen:

### § 1. Geltungsbereich.

1. Dieser Vertrag gilt für die technischen Angestellten des Hoch-, Beton- und Tiefbaugewerbes mit Ausnahme jedoch der Lehrlinge, Volontäre, der Techniker mit abgeschlossener Hochschulbildung und der im Handelsregister eingetragenen sowie der mit ständiger Vollmacht versehenen Vertreter des Arbeitgebers.

2. Die bezirklichen Organisationen der Vertragsparteien haben nach anliegendem Muster Bezirkstarifverträge abzuschließen, für deren räumlichen Geltungsbereich die anliegende Gebietseinteilung maßgebend ist. Die Verträge unterliegen der Genehmigung der Vertragsparteien des Reichstarifvertrages.

Wo die technischen Angestellten im Baugewerbe bereits einem gemischtgewerblichen Tarifvertrag unterstellt sind, kann dieser Zustand bestehen bleiben. Die Vertragsparteien werden jedoch bemüht sein, bei Ablauf solcher bestehenden Verträge den Abschluß eines Bezirkstarifvertrages auf Grund dieses Reichstarifvertrages herbeizuführen.

3. Die Vertragsparteien werden gemeinsam die Allgemeinverbindlicherklärung dieses Reichstarifvertrages beantragen. Die Bezirksorganisationen sind verpflichtet, das gleiche hinsichtlich der Bezirkstarifverträge zu veranlassen.

### § 2. Arbeitszeit.

1. Die regelmäßige wöchentliche Arbeitszeit beträgt ausschließlich der Pausen 48 Stunden, bei durchgehender Arbeitszeit 45 Stunden. Bei vorliegendem wirtschaftlichen Bedürfnis ist auf Anordnung des Geschäftsleiters oder seiner Stellvertreter Mehrarbeit über die 48-Stundenwoche hinaus bis zu 35 Stunden innerhalb drei Monaten zu leisten. Auf Einspruch der Angestelltenorganisationen, der jedoch keine aufschiebende Wirkung hat, kann das Tarifamt diese Anordnung aufheben, wenn es feststellt, daß kein Bedürfnis für diese Anordnung vorlag. Das Tarifamt entscheidet in diesem Falle, in welchem Umfange die geleistete Mehrarbeit zu vergüten ist.

2. An Sonnabenden und am Tage vor Weihnachten und Neujahr soll ein früherer Schluß der Arbeitszeit stattfinden. Die durch den früheren Schluß der Arbeitszeit an Sonnabenden ausfallenden Stunden sind auf die übrigen Wochentage zu verteilen.

3. Auf dem Bau fällt die Arbeitszeit der Angestellten, deren Tätigkeit unmittelbar mit derjenigen der Arbeiter in Verbindung steht, mit der Arbeitszeit der Poliere und Schachtmeister zusammen.

Die üblichen Arbeiten des Bau- und Baubureaupersonals vor und nach der Arbeitszeit, soweit sie zur Aufrechterhaltung und Sicherung des Betriebes notwendig sind, gehören zur regelmäßigen Arbeitszeit; sie sollen täglich $^1/_2$ Stunde nicht überschreiten.

§ 3. Überstunden, Nacht- und Sonntagsarbeit.

1. Über die Bestimmungen des § 2 hinaus sind auf Anordnung des Geschäftsleiters oder seiner Stellvertreter und möglichst im Benehmen mit der Angestelltenvertretung des Betriebes in Ausnahmefällen Überstunden zu leisten, für welche $^1/_{200}$ des Monatsgehaltes mit 20 vH Zuschlag, für Nacht- und Sonntagsarbeit mit 50 vH Zuschlag bezahlt wird.

2. Als Nachtarbeit gilt jede Arbeit in der Zeit von 9 Uhr abends bis 5 Uhr morgens. Bei Mehrschichten wird für die in die Nachtzeit fallenden Arbeitsstunden ein Zuschlag nicht bezahlt.

§ 4. Gehaltsregelung.

1. Das Gehalt der im Hoch-, Beton- und Tiefbau beschäftigten technischen Angestellten wird unter Berücksichtigung der nachfolgenden Gruppeneinteilung festgesetzt und ist abhängig von den Leistungen der Angestellten und ihrer Stellung im Betriebe. In den Bezirkstarifverträgen werden für die Gehaltsgruppen I—IV Mindestgehälter festgelegt. Angestellten, deren Leistungen das normale, billigerweise zu erwartende Maß ihrer Gruppe überschreiten, können Leistungszuschläge gewährt werden. Diese Zuschläge werden in freier Vereinbarung festgesetzt.

2. Es werden folgende Gehaltsgruppen gebildet:

Gruppe I: Zeichner und technische Hilfskräfte ohne abgeschlossene Fachschulbildung, die vorwiegend mit zeichnerischen oder mechanischen Arbeiten beschäftigt werden.

Gruppe II: Hoch-, Tief-, Beton- und Eisenbetontechniker, Vermessungstechniker, Architekten, also Angestellte, die nach ordnungsmäßiger Lehrzeit im Baugewerbe ihre theoretische Ausbildung in einer staatlichen oder einer anderen als gleichwertig anerkannten Fachschule erlangt haben und hierfür das Schlußprüfungszeugnis vorlegen (Anfänger und solche Techniker, welche die Voraussetzungen der Gruppe III nicht erfüllen). Diese Angestellten müssen nach besonderer Anleitung einfache statische Berechnungen, Eingabepläne und Arbeitspläne aller Art, Massenberechnungen sowie Abrechnungen fertigen können. Sie sollen auch unter Aufsicht erfahrener Techniker einfache Bauausführungen zu überwachen imstande sein. Hierher gehören auch Techniker, die einfache landmesserische Arbeiten verrichten, sowie Maschinentechniker.

Gruppe III: Fertige Techniker, die in der Regel mindestens drei Jahre der Gruppe II in der gleichen Fachrichtung angehörten, mittlere Konstruktionen entwerfen, berechnen und entweder selbständig ausführen oder bei größeren Bauausführungen unter einem verantwortlichen Bauführer, Bauleiter oder Geschäftsführer tätig sind, welcher für ihre Tätigkeit die Hauptverantwortung trägt. Hierher gehören auch Techniker, die landmesserische Arbeiten selbständig verrichten.

Gruppe IV: Selbständige Techniker, selbständige Bauführer und Ingenieure eigener Verantwortung, die in der Regel mindestens 5 Jahre in Gruppe III beschäftigt gewesen sind, wovon mindestens 3 Jahre in die gleiche Fachrichtung ihrer Stelle fallen müssen, Bauten und Konstruktionen unter eigener Verantwortung entwerfen oder berechnen oder Bauausführungen selbständig leiten oder abrechnen sowie auf Verlangen den Verkehr mit Bauherren und Behörden führen. Hierher gehören auch selbständige Vermessungstechniker, denen solche der Gruppen II und III unterstellt sind oder die größere und schwierigere Arbeiten auszuführen haben, sowie Spezialisten für statische Berechnungen und Veranschlagungen, letztere jedoch nur, wenn sie Kalkulationen selbst aufstellen.

3. Die Selbständigkeit der zu Gruppe IV gehörigen Techniker wird dadurch nicht beeinträchtigt, daß ihre Tätigkeit durch den Geschäftsleiter

oder die mit der allgemeinen Aufsicht beauftragten Direktoren, Oberingenieure, Oberleiter größerer Baustellen und ähnliche Vorgesetzte beaufsichtigt wird.

4. Aushilfsweise Tätigkeit in einer anderen Gruppe oder vorübergehende Stellvertretung (z. B. in der Urlaubszeit, in Krankheitsfällen oder dergleichen) bis zur Dauer von drei Monaten begründet keinen Anspruch auf Änderung der Gruppenzugehörigkeit.

5. Jugendliche Angestellte (bis zur Vollendung des 20. Lebensjahres) und Angestellte, die das erste Berufsjahr noch nicht vollendet haben, können um 10 vH unter dem Mindestgehalt entlohnt werden. Für Angestellte, die in der Gruppe I im vierten Berufsjahr und in der Gruppe II im dritten Berufsjahre derselben Fachrichtung stehen, soll der Leistungszuschlag nach § 4, Ziffer 1, in der Regel 10 vH des Mindestgehaltes ihrer Gruppe betragen.

Für minderleistungsfähige und erwerbsbeschränkte Angestellte können geringere als die tariflichen Mindestgehälter unter Hinzuziehung der Angestelltenvertretung des Betriebes vereinbart werden. Wird eine Einigung nicht erzielt, so entscheiden die tariflichen Schlichtungsstellen.

6. Bedingt die Lage der Baustelle, daß der Angestellte für seinen Lebensunterhalt erhöhte Kosten aufwenden muß, so ist von Fall zu Fall hierüber zwischen dem Arbeitgeber und dem Angestellten eine besondere Entschädigung zu vereinbaren.

7. Für Techniker, deren Ausbildung infolge Einberufung zum Kriegsdienst erst in späterem Lebensalter beendet war, kann die Durchlaufszeit für die Gruppe II verkürzt werden.

## § 5. Urlaub.

1. Jeder Angestellte hat einmal im Kalenderjahr (Urlaubsjahr) Anspruch auf einen möglichst zusammenhängenden Urlaub. Der Urlaub wird unter Fortzahlung des Gehaltes gewährt und ist nicht ablösbar.

2. Im ersten Kalenderjahr der Beschäftigung bei einer Firma steht dem Angestellten nur die Hälfte des nachstehenden Urlaubs zu und nur dann, wenn er vor dem 1. Juli eingetreten ist.

Wer im Laufe eines Urlaubsjahres ausscheidet, hat an den bisherigen Arbeitgeber Anspruch auf Urlaub, der nach den Dienstmonaten im laufenden Jahr anteilig unter Aufrundung auf volle Tage berechnet wird.

3. Der Zeitpunkt des Urlaubs wird von der Geschäftsleitung im Benehmen mit den Angestellten unter Berücksichtigung der geschäftlichen und persönlichen Verhältnisse festgelegt; das gleiche gilt für eine etwaige, aus besonderen Gründen zugebilligte Verlängerung des Urlaubs über die nachstehende Aufstellung hinaus. Die geregelte Fortführung des Betriebes muß sichergestellt sein.

Der Urlaub beträgt in Arbeitstagen:

| Alter des Angestellten am 1. Januar des Urlaubsjahres | Gruppe I u. II | Gruppe III | Gruppe IV |
|---|---|---|---|
| Bis zum vollendeten 21. Lebensjahre . . . . . . . | 6 | — | — |
| Über 21 Jahre bis zum vollendeten 25. Lebensjahre | 9 | 9 | 12 |
| Über 25 Jahre bis zum vollendeten 30. Lebensjahre | 10 | 12 | 15 |
| Über 30 Jahre . . . . . . . . . . . . . . . . . . . | 12 | 15 | 18 |
| Über 30 Jahre bei gleichzeitiger dreijähriger ununterbrochener Betriebszugehörigkeit . . . . . . . . | 14 | 18 | 21 |

4. Arbeitszeitversäumnis infolge Krankheit wird bis zur Dauer der Frist des § 8 auf den Urlaub nicht angerechnet, auch nicht Arbeitsversäumnis infolge Wahrnehmung von Sitzungen oder Verhandlungen, die sich aus diesem Reichstarifvertrage oder den auf Grund desselben bestehenden oder zu schaffenden Bezirkstarifverträgen ergeben, ferner Arbeitsver-

säumnis infolge Todesfall im engsten Familienkreise (Ehegatten, Eltern, Kinder und Geschwister).

§ 6. Wettbewerbsverbot.

Mit Angestellten, die eine besondere Vertrauensstellung innehaben, kann ein Wettbewerbsverbot nach den Bestimmungen des Handelsgesetzbuches schriftlich vereinbart werden. Im übrigen sind Wettbewerbsverbote unstatthaft.

§ 7. Kündigung.

1. Für die Kündigung gelten die gesetzlichen Bestimmungen, d. h. die Kündigungsfrist beträgt grundsätzlich 6 Wochen und ist nur zum Vierteljahresschluß zulässig. Kürzere Kündigungsfristen, die für beide Teile gleich sein müssen, und nicht unter einem Monat betragen dürfen, können zwischen dem Arbeitgeber und dem Angestellten vereinbart werden, jedoch nur für die ersten fünf Dienstjahre im Betriebe. Diese Vereinbarung hat schriftlich zu erfolgen. In jedem Falle ist die Kündigung nur zum Monatsschluß zulässig.

2. Die Kündigung soll schriftlich erfolgen.

§ 8. Gehaltsfortzahlung in Krankheitsfällen.

1. In unverschuldeten Fällen von Krankheit und Heilverfahren wird das Gehalt ohne Abzug von Bar- und Sachleistungen gesetzlicher Versicherungen bis zur Höchstdauer von 6 Wochen, bei verheirateten Angestellten nach fünfjähriger Tätigkeit in demselben Betriebe einmal im Jahr bis zur Dauer von drei Monaten weitergezahlt.

2. Bei jedem Fernbleiben von der Arbeitsstelle ist der Angestellte verpflichtet, dem Arbeitgeber tunlichst am ersten Tage Mitteilung zu machen. Angestellte, die einer Krankenkasse angehören, haben für Vorlegung ihres Krankenscheines, der ihre Arbeitsunfähigkeit bescheinigt, Sorge zu tragen. Bei Erkrankung von mehr als 5 Tagen kann der Arbeitgeber auf seine Kosten eine Untersuchung durch einen beamteten Arzt (Kreisarzt oder diesem gleichgestellten) verlangen.

§ 9. Zeugnis.

Der Angestellte kann bereits nach erfolgter Kündigung ein Zeugnis verlangen, das den gesetzlichen Bestimmungen über Zeugnisse entspricht, jedoch als vorläufiges bezeichnet werden kann, und dann beim Ausscheiden durch ein endgültiges zu ersetzen ist. Das Zeugnis muß, wenn es der Angestellte wünscht, eine Angabe darüber enthalten, in welcher Gehaltsgruppe er tätig war und welches Gehalt er zuletzt bezogen hat.

§ 10. Unfall- und Haftpflichtversicherung.

Die Arbeitgeberorganisationen werden darauf hinwirken, daß die Arbeitgeber die technischen Angestellten, die nicht in der Berufsgenossenschaft versicherungspflichtig sind, gegen Unfall, und ferner die Angestellten, denen die Leitung oder Beaufsichtigung einer Baustelle übertragen ist, gegen Haftpflicht versichern.

§ 11. Vertretung der Angestellten im Betriebe.

Die Vertretung der Angestellten in den Betrieben regelt sich nach den gesetzlichen Bestimmungen.

§ 12. Schlichtung von Streitigkeiten.

1. Die Schlichtungsstellen geben sich ihre Geschäftsordnung selbst nach einem von den Vertragsparteien des Reichstarifvertrages aufgestellten Muster.

2. Organisationsfremde können die Schlichtungsstellen durch Vermittlung der vertragschließenden Organisationen anrufen, wenn sie sich verpflichten, die Kosten des Verfahrens zu tragen. Die Schlichtungsstelle kann die Verhandlung von der Hinterlegung eines Kostenvorschusses abhängig machen.

3. Streitigkeiten aus den Tarifverträgen können durch die Organisationen innerhalb einer Ausschlußfrist von 14 Tagen nach Entstehen des Streitfalles einer bezirklichen paritätisch zusammengesetzten Schlichtungskommission zur Entscheidung unterbreitet werden, die möglichst innerhalb einer Woche zu entscheiden hat.

4. Tritt die Schlichtungskommission nicht innerhalb einer Woche in Tätigkeit oder tritt bei der Abstimmung Stimmengleichheit ein oder will sich eine Organisation dem Spruch nicht unterwerfen, so kann jede Organisation innerhalb einer Frist von 10 Tagen nach Ablauf der Frist bzw. Zustellung des Spruches die Angelegenheit an das Tarifamt bringen.

Die Organisationen können vereinbaren, daß eine Streitsache unter Umgehung der Schlichtungskommission sofort dem Tarifamt vorgelegt wird.

5. Das Tarifamt besteht aus der gleichen Anzahl von Arbeitgebern und Angestellten und einem unparteiischen Vorsitzenden.

Kommt über die Person des Vorsitzenden eine Einigung nicht zustande, so sollen die bezirklichen Organisationen eine Stelle bestimmen, welche den Vorsitzenden ernennt. Kommt auch über diese Stelle eine Einigung nicht zustande, so soll der Landgerichtspräsident des Bezirkes, in welchem das Tarifamt seinen Sitz hat, den Vorsitzenden ernennen.

6. Gegen Entscheidungen des Tarifamtes kann jede zentrale Organisation innerhalb einer Ausschlußfrist von 21 Tagen nach Zustellung Berufung an das Haupttarifamt einlegen, jedoch nur dann, wenn die angefochtene Entscheidung gegen den Sinn des Reichstarifvertrages oder gegen Entscheidungen des Haupttarifamtes verstößt. Die Berufung bewirkt keinen Aufschub.

7. Tritt ein Tarifamt innerhalb 14 Tagen nach Anrufung nicht in Tätigkeit, so entscheidet auf Antrag einer zentralen Organisation das Haupttarifamt.

8. Das Haupttarifamt besteht aus je drei Vertretern der Arbeitgeber und Angestellten und aus einem Unparteiischen.

9. Außer in den Fällen der Ziffern 6 und 7 ist das Haupttarifamt auf Antrag einer Partei berufen, grundsätzliche Streitfragen aus dem Reichstarifvertrage zu entscheiden.

### Besondere Fälle.

10. Kommt eine Einigung über den Abschluß eines Bezirkstarifvertrages innerhalb drei Monaten nach Inkrafttreten des Reichstarifvertrages nicht zustande, oder scheitern die Verhandlungen vorher, so hat sich das Haupttarifamt auf Anruf einer Partei der Sache anzunehmen, um eine Einigung zu erzielen. Wird ein Einigungsvorschlag des Haupttarifamtes von einer beteiligten Bezirksorganisation abgelehnt, so ist auf Antrag in erneuter Verhandlung ein Schiedsspruch zu fällen, der für die beteiligten Organisationen bindend ist.

11. Wenn bezirkliche Verhandlungen über Regelung der Gehälter (§ 2 des Bezirkstarifvertrages) zu keinem Ergebnis führen, so kann jede Organisation das Tarifamt anrufen. Das Tarifamt hat eine Einigung zu versuchen. Gelingt diese nicht, so hat es einen Schiedsspruch zu fällen, über dessen Annahme oder Ablehnung sich die Parteien innerhalb einer vom Tarifamt festzusetzenden Frist gegenüber dem Tarifamt zu erklären haben.

Wird der Schiedsspruch nicht von allen beteiligten Organisationen angenommen, so kann er auf Antrag einer der beteiligten Organisationen vom Haupttarifamt für bindend erklärt werden. Hierzu ist erforderlich, daß der Spruch des Haupttarifamtes mit einer Stimme über die absolute Mehrheit gefällt wird.

Hält das Haupttarifamt den Spruch des Tarifamtes, dessen Bindenderklärung beantragt wird, nicht für tragbar, so kann es nach Ziffer 10 verfahren.

### § 13. Durchführung der Verträge.

Die vertragschließenden Parteien verpflichten sich, ihren ganzen Einfluß zur Durchführung und Aufrechterhaltung dieses Hauptvertrages sowie der auf Grund des angefügten Vertragsmusters abgeschlossenen und von ihnen genehmigten Bezirkstarifverträge einzusetzen und Verstöße oder Umgehungen nachdrücklichst zu bekämpfen. Kampfmaßnahmen vor Erschöpfung der vertraglichen Schlichtungsstellen sind unzulässig.

### § 14. Vertragsdauer.

1. Dieser Vertrag gilt vom 15. Februar 1926 bis 28. Februar 1927. Er gilt jedesmal um ein Jahr verlängert, wenn er nicht drei Monate vor Ablauf gekündigt wird.
2. Jede am Vertrage beteiligte Organisation ist berechtigt, unter Wahrung der vorgenannten Kündigungsfrist aus dem Vertragsverhältnis auszuscheiden.

Berlin, den 15. Februar 1926.

**Arbeitsgemeinschaft des Deutschen Hoch- und Tiefbaugewerbes:**

Deutscher Arbeitgeberbund für das Baugewerbe E.V.
E. Behrens.

Reichsverband des Deutschen Tiefbaugewerbes E.V.
Walter Ziegler.

**Beton- und Tiefbau-Arbeitgeber-Verband für Deutschland E.V.**
König.

**Bund der technischen Angestellten und Beamten.**
E. Lustig.

**Verband Deutscher Techniker.**
Zuther.

## B. Muster für die Bezirkstarifverträge.

Vertragsgebiet ..........................................................................................

Auf Grund des am 15. Februar 1926 abgeschlossenen Reichstarifvertrages für technische Angestellte im Baugewerbe ist zwischen

..........................................................................................................

und

..........................................................................................................

nachstehender Bezirkstarifvertrag für die technischen Angestellten im Baugewerbe abgeschlossen worden.

### § 1. Geltungsbereich.

Der Vertrag gilt für folgendes Gebiet:

..........................................................................................................
..........................................................................................................
..........................................................................................................

### § 2. Gehaltsregelung.

1. Das Gehalt beträgt ab ................................ mindestens

| Ortsklasse | 1 | 2 | 3 |
|---|---|---|---|
| in Gruppe I . . . . . . | .......... | .......... | .......... |
| in Gruppe II . . . . . . | .......... | .......... | .......... |
| in Gruppe III . . . . . . | .......... | .......... | .......... |
| in Gruppe IV . . . . . . | .......... | .......... | .......... |

2. Bestehende Gehälter, die über das vorstehend festgesetzte tarifliche Mindestgehalt der betreffenden Gruppe hinausgehen, gelten, soweit sie das Mindestgehalt übersteigen, künftig als Leistungszulage gemäß § 4 Ziffer 1 des Reichstarifvertrages.

3. Ortsklasseneinteilung.

a) Zur Ortsklasse 1 gehören folgende Orte:

..........................................................................................

..........................................................................................

b) Zur Ortsklasse 2 gehören folgende Orte:

..........................................................................................

..........................................................................................

usw.

4. Die vorstehenden Gehaltssätze können mit einer Kündigungsfrist von 14 Tagen erstmalig zum ..................... gekündigt werden. Macht keine der Parteien von dem Kündigungsrecht Gebrauch, so verlängert sich die Geltungsdauer jeweils um ..... Monate.

Im Falle der Kündigung durch eine Partei hat sich die Gegenpartei innerhalb 14 Tagen zu Verhandlungen über die Neuregelung der Gehälter zu stellen.

## § 3. Behandlung von Streitigkeiten.

### I. Schlichtungskommission.

1. Zur Schlichtung von Streitigkeiten aus dem Bezirkstarifvertrage wird (werden) für den Geltungsbereich dieses Vertrages ..... Schlichtungskommission .. gebildet, die aus ..... Arbeitgebern und ..... Angestellten besteh ... Den Vorsitz führt ein Mitglied der Schlichtungskommission nach Maßgabe der Geschäftsordnung.

2. Die Schlichtungskommission .. hat (haben) ihren Sitz in ..........

### II. Tarifamt.

1. Es wird (werden) ..... Tarifamt .. gebildet, welche(s) aus ..... Arbeitgebern und ..... Angestellten besteh ... Den Vorsitz führt ..........

2. Das (die) Tarifamt .. hat (haben) seinen (ihren) Sitz in ...........

## § 4. Vertragsdauer.

Dieser Bezirkstarifvertrag gilt vorbehaltlich der Genehmigung durch die Vertragsparteien des Reichstarifvertrages vom ........ an für die Dauer des Reichstarifvertrages für technische Angestellte.

.................................., den ..................................

Vorstehender Bezirkstarifvertrag wird hiermit genehmigt.

.................................., den ..................................

Berlin, den 15. Februar 1926.

**Arbeitsgemeinschaft des Deutschen Hoch- und Tiefbaugewerbes:**

Deutscher Arbeitgeberbund für das Baugewerbe E.V.
E. Behrens.

Reichsverband des Deutschen Tiefbaugewerbes E.V.
Walter Ziegler.

**Beton- und Tiefbau-Arbeitgeber-Verband für Deutschland E.V.**
König.

**Bund der technischen Angestellten und Beamten.**
E. Lustig.

**Verband Deutscher Techniker.**
Zuther.

*Anlage 9.*

# Allgemeine Verbindlichkeit der Vereinbarung über die Einrichtung einer besonderen Betriebsvertretung für das Baugewerbe.

In dem abgelaufenen alten Reichstarifvertrage für das Baugewerbe (Arbeiter) ist im § 7 die bisher immer übliche Betriebsvertretung beibehalten gewesen. Da ein neuer Reichstarifvertrag wegen verschiedener Umstände nicht zustande kommen konnte, mußte die entstandene Lücke hinsichtlich der Betriebsvertretung ausgefüllt werden, und zwar durch eine besondere Vereinbarung, die am 9. Oktober 1924 in Hannover zustande kam. Eine solche Vereinbarung hat nach dem Betriebsrätegesetz nur bindende Kraft, wenn sie für allgemeinverbindlich erklärt ist. Diese allgemeine Verbindlichkeit ist ausgesprochen worden durch Verfügung der Reichsarbeitsverwaltung vom 15. Januar 1925.

## Vereinbarung über die Betriebsvertretung der Arbeiter im Baugewerbe.

Zwischen

1. dem Deutschen Arbeitgeberbund für das Baugewerbe E.V.,
2. der Arbeitsgemeinschaft der deutschen industriellen Bauunternehmungen:
   a) Reichsverband des Deutschen Tiefbaugewerbes E.V.,
   b) Beton- und Tiefbau-Arbeitgeber-Verband für Deutschland E.V.

einerseits

und

1. dem Deutschen Baugewerksbund,
2. dem Zentralverband der Zimmerer und verw. Berufsgenossen Deutschlands,
3. dem Zentralverband christlicher Bauarbeiter Deutschlands,
4. dem Zentralverband der Maschinisten und Heizer sowie Berufsgenossen Deutschlands

andererseits

ist nachstehende Vereinbarung getroffen:

1. Von den Arbeitern eines Unternehmers sind auf jeder Arbeitsstelle Bau- oder Platzdelegierte zu ernennen oder von den vertragschließenden Arbeiterorganisationen zu bestimmen. Beschäftigt ein Unternehmer auf einer Arbeitsstelle Arbeiter mehrerer Berufe, so sind nach Möglichkeit alle beteiligten Berufe oder Organisationen zu berücksichtigen, und zwar können gewählt werden:

| | | | | | |
|---|---|---|---|---|---|
| Bei einer Arbeiterzahl | | bis | 19 | 1—2 | Delegierte, |
| „ „ „ | von | 20 „ | 49 | 3 | „ |
| „ „ „ | „ | 50 „ | 99 | 5 | „ |
| „ „ „ | „ | 100 „ | 199 | 6 | „ |

Die Zahl der Delegierten erhöht sich um je einen in Betrieben von 200 bis 999 Arbeitern für je weitere 200, von 1000 bis 5999 Arbeitern für je weitere 500, von 6000 und mehr Arbeitern für je weitere tausend.

Für das eigentliche Zimmerergewerbe können neben den Platzdelegierten auf jeder Arbeitsstelle besondere Delegierte bestimmt werden.

2. Die Namen der Baudelegierten und der Mitglieder des Delegiertenausschusses sind dem Arbeitgeber oder dessen Stellvertreter in der Reihenfolge, in der sie gewählt oder bestimmt sind, schriftlich mitzuteilen. Erst wenn die Meldung erfolgt ist, beginnt das Amt des Baudelegierten. Der Arbeitgeber hat die Namen durch Aushang an der Arbeitsstelle bekanntzugeben.

3. Sind auf einer Arbeitsstelle mehrere Delegierte bestellt, so erlischt bei Verringerung der Arbeiterzahl das Amt der dadurch überzählig werdenden Delegierten entsprechend der vorstehenden Tabelle.

Nach Aufforderung des Arbeitgebers hat die Belegschaft innerhalb von drei Tagen zu entscheiden, welche Personen als Delegierte ausscheiden. Kommt keine Einigung zustande, verlieren diejenigen Personen die Delegierteneigenschaft, welche zuletzt benannt worden sind oder auf der dem Arbeitgeber mitgeteilten Liste an letzter Stelle verzeichnet sind.

Die Baudelegierten sollen mindestens 24 Jahre alt, mindestens ein Jahr im Baugewerbe tätig sein und nicht mehr in der Berufsausbildung stehen. In Angelegenheiten, die einen einzelnen Arbeiter betreffen, soll nach Möglichkeit nur der für seine Organisation oder seine Berufsgruppe zuständige Baudelegierte angerufen werden.

4. Die Baudelegierten gelten für Arbeitsstellen mit weniger als 20 Arbeitern als Betriebsobleute und für Arbeitsstellen mit 20 und mehr Arbeitern als Betriebsräte im Sinne des Betriebsrätegesetzes. Die Aufgaben und Befugnisse der Baudelegierten erstrecken sich lediglich auf die einzelne Arbeitsstelle, auf der sie tätig sind.

5. Zur Erledigung der über die einzelnen Arbeitsstellen hinausgehenden Aufgaben aus dem Betriebsrätegesetz wählen die Baudelegierten aus ihrer Mitte für alle innerhalb einer Gemeinde oder eines zusammengehörigen Wirtschaftsgebietes befindlichen Arbeitsstellen eines Unternehmers einen Delegiertenausschuß. Dieser hat die Befugnisse eines Gesamtbetriebsrates, und wenn bei demselben Unternehmer für das gleiche Wirtschaftsgebiet eine Angestellten- oder sonstige Betriebsvertretung besteht, die Befugnisse eines Arbeiterrates im Sinne des Betriebsrätegesetzes für die unter diesen Tarifvertrag fallenden Arbeitergruppen.

Die Zahl der Delegiertenausschußmitglieder richtet sich nach der Zahl der in den Gesamtbetrieben beschäftigten Arbeiter gemäß den Bestimmungen unter Ziffer 1. Die einzelnen Berufsgruppen oder Organisationen sollen in dem Delegiertenausschuß möglichst ihrer Stärke entsprechend vertreten sein.

6. Zur Vertretung der Arbeitgeber gegenüber den Baudelegierten und den Mitgliedern des Delegiertenausschusses sind neben dem Arbeitgeber und den Bevollmächtigten seines Geschäftssitzes auch die bevollmächtigten Vertreter des Arbeitgebers auf den Arbeitsstellen befugt.

7. Die Baudelegierten haben die wirtschaftlichen Interessen der Arbeiter dem Arbeitgeber gegenüber wahrzunehmen. Insbesondere haben sie in Gemeinschaft mit dem Arbeitgeber oder dessen Stellvertreter darüber zu wachen, daß auf der Arbeitsstelle der Lohn- und Arbeitstarif durchgeführt wird. Es liegt ihnen ob, das gute Einvernehmen innerhalb der Arbeiterschaft, sowie zwischen dieser und dem Arbeitgeber zu fördern. Außerdem haben sie gemeinsam mit dem Arbeitgeber oder seinem Stellvertreter ihr Augenmerk auf die Bekämpfung der Unfall- und Gesundheitsgefahren auf der Arbeitsstelle zu richten und die Gewerbeaufsichtsbeamten und andere in Betracht kommende Stellen bei dieser Bekämpfung durch Anregung, Beratung und Auskunft zu unterstützen.

8. Den Arbeitgebern und ihren Stellvertretern ist untersagt, Arbeiter in der Übernahme oder Ausübung eines Delegiertenpostens zu beschränken oder sie wegen der Übernahme oder der Ausübung dieses Postens zu benachteiligen.

9. Das Amt des Baudelegierten erlischt ohne weiteres, wenn die Arbeit auf der Arbeitsstelle, für die er bestellt war, oder die Arbeit seiner Berufsgruppe dem Ende nahe oder beendet ist. Wird ein Baudelegierter aus diesem Grunde entlassen, so gilt dies nicht als Maßregelung. Für die Entlassung gelten im übrigen die Bestimmungen der §§ 96 und 97 des Betriebsrätegesetzes. Mit dem Erlöschen des Amtes als Baudelegierter erlischt ohne weiteres auch die Mitgliedschaft im Delegiertenausschuß.

10. Die Baudelegierten haben ihre Tätigkeit in der Regel außerhalb der Arbeitszeit auszuüben. Notwendige Versäumnis von Arbeitszeit infolge Ausübung des Platz- oder Baudelegiertenpostens hat eine Minderung der Entlohnung nicht zur Folge. Auf Verlangen des Arbeitgebers hat der Baudelegierte die Notwendigkeit der Arbeitsversäumnis nachzuweisen.

11. Soweit durch die vorstehenden Bestimmungen die Rechte und Pflichten der Arbeitervertreter nicht geregelt sind, gelten sinngemäß die Bestimmungen des Betriebsrätegesetzes.

12. Um die Pflichten aus dem Vorstehenden zu erfüllen, sind die Vertreter der vertragschließenden Arbeiterorganisationen berechtigt, die Arbeitsstelle im Benehmen mit den Vertretern des Arbeitgebers, und zwar möglichst während der Pausen, zu betreten. Der Arbeitgeber haftet nicht für Unfälle, die dem Betreffenden auf der Baustelle zustoßen.

13. Diese Vereinbarung tritt am 20. Oktober 1924 in Kraft. Sie kann mit einer Frist von drei Monaten zum Schluß jedes Kalendervierteljahres gekündigt werden.

Kommt ein neuer Reichstarifvertrag zustande, so geht diese Vereinbarung in den Reichstarifvertrag über.

Hannover, den 9. Oktober 1924.

**Arbeitsgemeinschaft der deutschen industriellen Bauunternehmungen:**
**Reichsverband des Deutschen Tiefbaugewerbes E.V.**
gez. i. A.: A. Dietrich.

**Beton- und Tiefbauarbeitgeberverband für Deutschland E.V.**
gez. i. A.: Stroux.

**Deutscher Arbeitgeberbund für das Baugewerbe E.V.**
gez. i. A.: Grundmann.

**Deutscher Baugewerksbund.**
gez.: Fritz Paeplow.

**Zentralverband der Zimmerer und verw. Berufsgenossen Deutschlands.**
gez. i. A.: Schönfelder.

**Zentralverband christlicher Bauarbeiter Deutschlands.**
gez.: Jos. Wiedeberg.

**Zentralverband der Maschinisten und Heizer sowie Berufsgenossen Deutschlands.**
gez.: F. Rusch.

**Der Präsident der Reichsarbeitsverwaltung**
(Tarifabteilung)
Nr. IV 401/307.

Berlin NW 40, den 15. Januar 1925.
Scharnhorststr. 35.

## Entscheidung.

Die nachstehende tarifliche Vereinbarung wird für den angegebenen Geltungsbereich gemäß § 2 der Verordnung vom 23. Dezember 1918 in der Fassung des Gesetzes vom 23. Januar 1923 (Reichsgesetzblatt S. 67) für allgemeinverbindlich erklärt:

1. Vertragsparteien

a) auf Arbeitgeberseite:

Deutscher Arbeitgeberbund für das Baugewerbe E.V.;

Arbeitsgemeinschaft der Deutschen industriellen Bauunternehmungen (Reichsverband des Deutschen Tiefbaugewerbes E.V. und Beton- und Tiefbauarbeitgeberverband für Deutschland E.V.);

b) auf Arbeitnehmerseite:

Deutscher Baugewerksbund;

Zentralverband der Zimmerer und verwandter Berufsgenossen Deutschlands E.V.;

Zentralverband christlicher Bauarbeiter Deutschlands;

Zentralverband der Maschinisten und Heizer sowie Berufsgenossen Deutschlands.

2. Abgeschlossen am 9. Oktober 1924 (Vereinbarung über die Betriebsvertretung der Arbeiter im Baugewerbe).

3. Beruflicher Geltungsbereich der allgemeinen Verbindlichkeit: Gewerbliche Arbeiter im Bau-, Maurer-, Zimmerer-, Beton-, Eisenbeton- und Tiefbaugewerbe. Die allgemeine Verbindlichkeit erfaßt nicht das Arbeitsverhältnis von Bauarbeitern, die in einem Betriebe, der nicht Baubetrieb ist, dauernd mit Instandsetzungs- oder Erneuerungsarbeiten beschäftigt sind. Sie erstreckt sich ferner nicht auf das Arbeitsverhältnis von Bauarbeitern, die in Betrieben der Reichs-, Staats- oder Kommunalverwaltungen ständig beschäftigt werden.

4. Räumlicher Geltungsbereich der allgemeinen Verbindlichkeit: Gebiet des Deutschen Reiches.

5. Die allgemeine Verbindlichkeit beginnt mit Wirkung vom 1. Dezember 1924.

I. V.: (gez.) Meyer.

**Die Vereinbarung über die Betriebsvertretung der Arbeiter im Baugewerbe vom 9. Oktober 1924**

erfährt unter Aufhebung der Abänderungsvereinbarung vom 13. Februar 1926 folgende Abänderung:

a) Die Ziffer 2 der Vereinbarung lautet in Zukunft:

„Die Namen der Baudelegierten und der Mitglieder des Delegiertenausschusses sind dem Arbeitgeber oder dem hierfür bevollmächtigten Bauführer, Polier oder Schachtmeister in der Reihenfolge, in der sie gewählt oder bestimmt sind, schriftlich mitzuteilen. Der Arbeitgeber ist verpflichtet, den zur Empfangnahme der Mitteilung Bevollmächtigten zu benennen. Erst wenn die Meldung erfolgt ist, beginnt das Amt des Baudelegierten. Der Arbeitgeber hat die Namen durch Aushang an der Arbeitsstelle bekanntzugeben.“

b) Der Absatz 2 der Ziffer 3 der Vereinbarung lautet in Zukunft:

„Nach Aufforderung des Arbeitgebers hat die Belegschaft innerhalb von drei Tagen zu entscheiden, welche Personen als Delegierte ausscheiden. Kommt keine Entscheidung zustande, verlieren diejenigen Personen die Delegierteneigenschaft, welche zuletzt benannt worden sind oder auf der dem Arbeitgeber oder seinem nach Ziffer 2 Bevollmächtigten mitgeteilten Liste an letzter Stelle verzeichnet sind.“

Berlin, den 27. August 1926.

**Arbeitsgemeinschaft des Deutschen Hoch- und Tiefbaugewerbes:**

a) Deutscher Arbeitgeberbund für das Baugewerbe.
gez.: Dr. Grundmann.

b) Reichsverband des Deutschen Tiefbaugewerbes E.V.
gez.: Walter Ziegler.

**Beton- und Tiefbauarbeitgeberverband für Deutschland.**
gez.: Unterschrift.

**Deutscher Baugewerksbund.**
gez.: N. Bernhard.

**Zentralverband der Zimmerer und verw. Berufsgenossen Deutschlands.**
gez.: Wolgast.

**Zentralverband christlicher Bauarbeiter.**
gez.: Jos. Wiedeberg.

**Zentralverband der Maschinisten und Heizer.**
gez.: Balleng.

# Sachverzeichnis.

Die Zahlen bedeuten die Seiten.

**Betriebswissenschaft.** Ein Überblick über das lebendige Schaffen des Bauingenieurs. Von Dr.-Ing. **Max Mayer,** Duisburg. Mit 31 Textabbildungen. („Handbibliothek für Bauingenieure". I. Teil: Hilfswissenschaften, 5. Band.) X, 220 Seiten. 1926. Gebunden RM 16.50

Aus den zahlreichen Besprechungen:

... Die vom Verfasser behandelten Punkte beziehen sich vor allem auf die Groß-Unternehmungen, bei welchen der einzelne nicht die Gesamtverantwortung, sondern nur Teilverantwortungen, sei es für den Betrieb, an der Baustelle, auf dem Bureau oder in irgendwelcher anderen Form zu übernehmen hat. Er führt die 12 Grundsätze von Emerson auf, wobei er jeden einzelnen Grundsatz in Hinsicht auf die Betriebswissenschaft eingehender beleuchtet ... Es ist zu begrüßen, daß gerade die Groß-Unternehmungen, wie auch von dem Verfasser aufgeführt, sich in ihren Verbänden zusammengefunden haben, um sich neben dem Fortschritt der Wissenschaft, die sich auf das Konstruktive des Bauens bezieht, für die neue Hilfswissenschaft „Betriebswissenschaft" einzusetzen.

Das vorliegende Werk kann also nicht nur dem in der Praxis stehenden Bau-Ingenieur, sondern auch jedem Unternehmer zum Studium der Betriebswissenschaft bestens empfohlen werden. (Bauzeitung.)

... Das Werk gibt dem, der im Betriebe lebt und in die Anschauung und Erfahrung hineingewachsen ist, wertvolle Anregungen und einen richtigen Standpunkt für Urteil und Weiterentwicklung. Auch demjenigen, der die Betriebe erst oberflächlich kennt, dem Anfänger und Studenten, dem Praktikanten und Bureauingenieur, schärft es den Blick für seine Beobachtungen und bietet ihm die Grundlage zu einer gesunden Kritik und einem richtigen Verständnis der Bautätigkeit. (Elektrotechnische Zeitschrift.)

---

**Betriebskosten und Organisation im Baumaschinenwesen.** Ein Beitrag zur Erleichterung der Kostenanschläge für Bauingenieure mit zahlreichen Tabellen der Hauptabmessungen der gangbarsten Großgeräte. Von Dipl.-Ing. Dr. **Georg Garbotz,** Privatdozent an der Technischen Hochschule Darmstadt. Mit 23 Textabbildungen. IV, 124 Seiten. 1922. RM 4.20

---

**Kalkulation und Zwischenkalkulation im Großbaubetriebe.** Gedanken über die Erfassung des Wertes kalkulativer Arbeit und deren Zusammenhänge. Von **Rudolf Kundigraber.** Mit 4 Abbildungen. IV, 58 Seiten. 1920. RM 2.50

---

**Über Kostenberechnung im Tiefbau** unter besonderer Berücksichtigung größerer Erdarbeiten. Von Dr.-Ing. **Heinrich Eckert.** Mit 5 Abbildungen im Text und 96 Tabellen. IV, 120 Seiten. 1925. RM 6.—; gebunden RM 7.—

---

**Kostenberechnung im Ingenieurbau.** Von Dr.-Ing. **Hugo Ritter,** Berlin. VI, 114 Seiten. 1922. RM 3.40

---

(W) **Material- und Zeitaufwand bei Bauarbeiten.** 109 Tabellen zur Ermittlung der Kosten von Erd-, Maurer-, Zimmerer-, Dachdecker-, Spengler-, (Klempner-), Tischler-, Glaser-, Hafner- (Ofensetzer-), Maler- und Anstreicher-Arbeiten. Von **Arnold Ilkow,** Zivilingenieur für das Bauwesen. Zweite, vermehrte und verbesserte Auflage. VI, 64 Seiten. (Zweifach mit Notizblättern durchschossen.) 1926. RM 4.40

---

Das mit (W) bezeichnete Werk ist im Verlag von Julius Springer in Wien erschienen.

Ⓦ **Taschenbuch für Ingenieure und Architekten.** Unter Mitwirkung von Prof. Dr. **H. Baudisch,** Wien, Ing. Dr. **Fr. Bleich,** Wien, Prof. Dr. **Alfred Haerpfer,** Prag, Dozent Dr. **L. Huber,** Wien, Prof. Dr. **P. Kresnik,** Brünn, Prof. Dr. e. h. **J. Melan,** Prag, Prof. Dr. **F. Steiner,** Wien, herausgegeben von Ing. Dr. **Fr. Bleich** und Prof. Dr. e. h. **J. Melan.** Mit 634 Abbildungen im Text und auf einer Tafel. X, 706 Seiten. 1926. Gebunden RM 22.50

Alles, was der Bauingenieur, Architekt, Baumeister und Bautechniker an wichtigstem Wissensstoff, vor allem aber an Tabellenmaterial, Formeln, Regeln und Bauvorschriften, beim Entwurf im Bureau oder an der Baustelle benötigt, wird ihm in diesem neuen Taschenbuch auf mehr als 700 Seiten und an Hand von über 600 klaren Zeichnungen, übersichtlich geordnet, in gedrängter Kürze und dennoch lückenlos zur Verfügung gestellt. Damit dürfte das Taschenbuch sehr bald zum ständigen Rüstzeug jedes Baufachmannes werden. Aber nicht nur für den Praktiker, sondern auch für den Studierenden an technischen Hochschulen, den höheren Gewerbeschulen und ähnlichen Anstalten wird dieses Buch als Lehrbehelf und Nachschlagewerk unentbehrlich werden.

Das Taschenbuch tritt in dieser Neugestaltung an die Stelle des zuletzt 1924 in 56. Ausgabe erschienenen Österreichischen Ingenieur- und Architektenkalenders und berücksichtigt sämtliche Bauvorschriften Österreichs und der Nachfolgestaaten, daneben aber auch alle reichsdeutschen und schweizerischen Bauvorschriften, wo diese von denen Österreichs und der Nachfolgestaaten abweichen, so daß mit diesem Werk sämtlichen Ingenieuren und Architekten das neuzeitlichste Taschenbuch des gesamten Bauingenieurwesens geboten ist.

---

**Taschenbuch für Bauingenieure.** Unter Mitwirkung von Fachleuten herausgegeben von Geh. Hofrat Prof Dr.-Ing. e. h. **M. Foerster,** Dresden. Vierte, verbesserte und erweiterte Auflage. Mit 3193 Textfiguren. In zwei Teilen. XVI, 2399 Seiten. 1921. Gebunden RM 16.—

Das Taschenbuch umschließt das gesamte Gebiet des Bauingenieurwesens, einschließlich der grundlegenden mathematischen und mechanischen Wissenschaften und der für Bauingenieure bedeutsamen Grenzgebiete. Es ist sowohl ein Lehr- und Unterrichtsbuch für die Studierenden der technischen Hochschulen, als auch ein Nachschlage- und Ergänzungswerk für die Praxis.

**Ergänzungen zur vierten Auflage des Taschenbuchs für Bauingenieure,** betreffend neue deutsche Bestimmungen für den Eisenbetonbau und den Eisenbau vom Jahre 1925. Von Geh. Hofrat Prof. Dr.-Ing. e. h. **Max Foerster,** Dresden. Mit 16 Textfiguren. 30 Seiten. 1925. RM 0.60

---

**Der Bauingenieur.** Zeitschrift für das gesamte Bauwesen. Organ des Deutschen Eisenbau-Verbandes und des Deutschen Beton-Vereins, der Deutschen Gesellschaft für Bauingenieurwesen, des Beton- und Tiefbau-Wirtschaftsverbandes und des Beton- und Tiefbau-Arbeitgeberverbandes für Deutschland mit Beiblatt: Die Baunormung. Mitteilungen des Deutschen Normenausschusses. Herausgegeben von Prof. Dr.-Ing. e. h. **M. Foerster,** Dresden, Prof. Dr.-Ing. **W. Gehler,** Dresden, Prof. Dr.-Ing. **E. Probst,** Karlsruhe, Dr.-Ing. **W. Petry,** Oberkassel, Dipl.-Ing. **W. Rein,** Berlin. Vierteljährlich RM 7.50; Einzelheft RM 0.80

„Der Bauingenieur" behandelt sämtliche Gebiete der Bauwissenschaften unter Berücksichtigung folgender Gesichtspunkte: Planmäßige Erzeugung und wirtschaftliche Ausnutzung der Baustoffe, Sparsamkeit und Wirtschaftlichkeit bei der Herstellung von Bauwerken des Hochbau- und Bauingenieurwesens mit gleichzeitiger Sicherheit und befriedigender äußerlicher Gestaltung, Zusammenarbeit von Bauingenieuren und Architekten, Erhöhung der Wirtschaftlichkeit durch Normung der Einzelteile.

---

Das mit Ⓦ bezeichnete Werk ist im Verlag von Julius Springer in Wien erschienen.

**Die Statik des ebenen Tragwerkes.** Von **Martin Grüning,** ord. Professor an der Technischen Hochschule zu Hannover. Mit 434 Textabbildungen. VIII, 706 Seiten. 1925. Gebunden RM 45.—

---

**Statik für den Eisen- und Maschinenbau.** Von Prof. Dr.-Ing. **Georg Unold,** Chemnitz. Mit 606 Textabbildungen. VIII, 342 Seiten. 1925. Gebunden RM 22.50

---

**Elastizität und Festigkeit.** Die für die Technik wichtigsten Sätze und deren erfahrungsmäßige Grundlage. Von **C. Bach** und **R. Baumann.** Neunte, vermehrte Auflage. Mit in den Text gedruckten Abbildungen, 2 Buchdrucktafeln und 25 Tafeln in Lichtdruck. XXVIII, 687 Seiten. 1924. Gebunden RM 24.—

---

**Die Kraftfelder in festen elastischen Körpern und ihre praktischen Anwendungen.** Von Privatdozent Dr.-Ing. **Th. Wyss,** Danzig. Mit 432 Abbildungen im Text und auf 35 Tafeln. VIII, 368 Seiten. 1926. Gebunden RM 25.50

---

**Die Knickfestigkeit.** Von Dr.-Ing. **Rudolf Mayer,** Privatdozent an der Technischen Hochschule in Karlsruhe. Mit 280 Textabbildungen und 87 Tabellen. VIII, 502 Seiten. 1921. RM 20.—

---

**Die gewöhnlichen und partiellen Differenzengleichungen der Baustatik.** Von Dr.-Ing. **Friedrich Bleich,** Wien, und Prof. Ing. Dr. **E. Melan,** Wien. Mit 74 Abbildungen. VII, 350 Seiten. 1927. Gebunden RM 28.50

---

**Der durchlaufende Träger über ungleichen Öffnungen.** Theorie, gebrauchsfertige Formeln, Zahlenbeispiele. Von Prof. Dr.-Ing. **Emil Kammer,** Darmstadt. Mit 303 Abbildungen im Text und auf 4 Tafeln. VIII, 269 Seiten. 1926. RM 25.50; gebunden RM 27.—

---

**Berechnung von Behältern nach neueren analytischen und graphischen Methoden** für Studierende und Ingenieure und zum Gebrauche im Konstruktionsbüro. Zweite, vollständig umgearbeitete und erweiterte Auflage mit Benutzung der gemeinsam mit Prof. Dr. K. v. Terzaghi bearbeiteten ersten Auflage herausgegeben von Prof. Dr.-Ing. **Theodor Pöschl,** Prag. Mit 71 Textabbildungen. VI, 212 Seiten. 1926. Gebunden RM 15.60

---

**Die Sicherheit der Bauwerke und ihre Berechnung nach Grenzkräften anstatt nach zulässigen Spannungen.** Von Dr.-Ing. **Max Mayer,** Duisburg. Mit 3 Textabbildungen. VI, 66 Seiten. 1926. RM 2.70

---

(W) **Baupolitik als Wissenschaft.** Von Dr. **Karl H. Brunner.** 80 Seiten. 1925. RM 2.85

---

**Das mit (W) bezeichnete Werk ist im Verlag von Julius Springer in Wien erschienen.**

GPSR Compliance

*The European Union's (EU) General Product Safety Regulation (GPSR) is a set of rules that requires consumer products to be safe and our obligations to ensure this.*

*If you have any concerns about our products, you can contact us on ProductSafety@springernature.com*

In case Publisher is established outside the EU, the EU authorized representative is:

Springer Nature Customer Service Center GmbH
Europaplatz 3
69115 Heidelberg, Germany

**Batch number: 10682323**

Printed by Printforce, the Netherlands